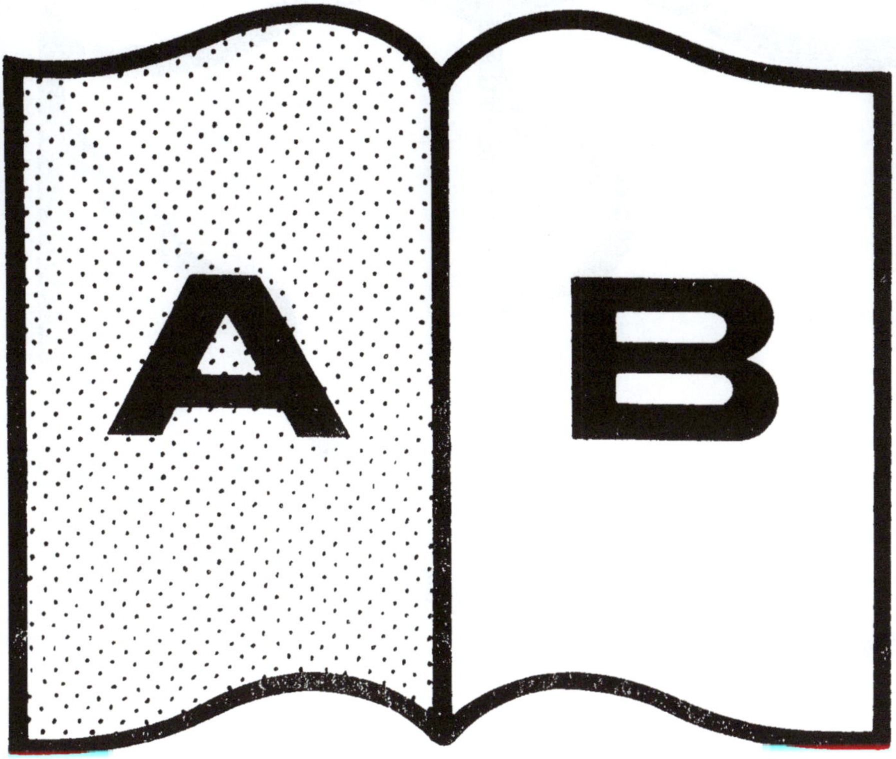

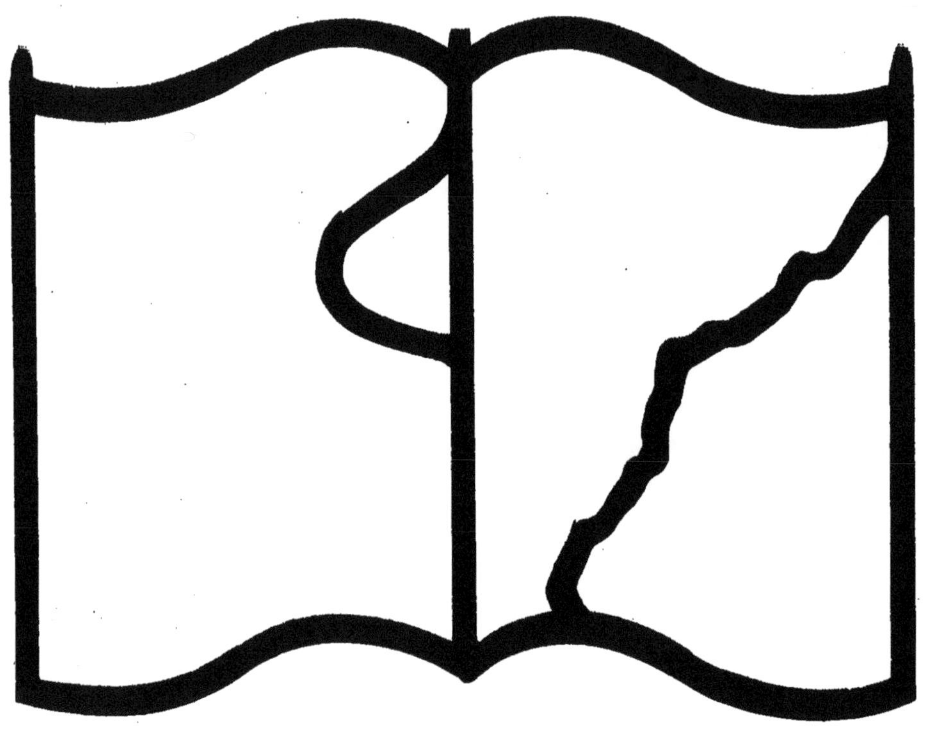

Texte détérioré — reliure défectueuse

NF Z 43-120-11

EXPOSITION UNIVERSELLE DE 1867

A PARIS.

CATALOGUE OFFICIEL

DES

EXPOSANTS RÉCOMPENSÉS

PAR

LE JURY INTERNATIONAL.

EXPOSITION UNIVERSELLE DE 1867

A PARIS.

CATALOGUE OFFICIEL

DES

EXPOSANTS RÉCOMPENSÉS

PAR

LE JURY INTERNATIONAL.

PARIS,

E. DENTU, LIBRAIRE-ÉDITEUR,

PALAIS-ROYAL, 17 ET 19, GALERIE D'ORLÉANS.

Paris.-Imp. PAUL DUPONT.

NOUVEL ORDRE

DE

RÉCOMPENSES.

ÉTABLISSEMENTS ET LOCALITÉS
OU RÈGNENT A UN DEGRÉ ÉMINENT L'HARMONIE SOCIALE
ET LE BIEN-ÊTRE DES POPULATIONS (1).

Hors concours.

Schneider et Cie. — Établissement du Creusot...... France.......

(Le Creusot avait été classé au rang des prix ; mais M. Schneider, comme membre du Jury spécial, a été, sur sa demande, déclaré hors concours.)

Prix.

Baron de **Diergardt**. Viersen (Prusse). — Fabrique de soie et velours.. Allemagne du Nord..

Staub. Kuchen (Wurtemberg). — Filature et tissage de coton.. Allemagne du Sud..

Jean **Liebig**. Reichenberg (Bohême).—Filature de laine. Autriche......

Société des mines et fonderies de la Vieille-Montagne (province de Liége).................. Belgique.....

Colonie agricole de Blumenau (Province de Sainte-Catherine).................................. Brésil........

Chapin. Laurence (Massachussets). — Filature et fabrique de tissus.............................. États-Unis....

De Dietrich et Cie. Forges de Niederbronn (Bas-Rhin). France.......

Goldenberg. Saverne (Bas-Rhin). — Forges du Zornhoff.. France.......

Groupe industriel de Guebwiller (Haut-Rhin).. France.......

Alfred **Mame**. Tours (Indre-et-Loire). — Établissement d'imprimerie et de reliure........................ France.......

Comte de **Larderel**. Larderello (Toscane). — Exploitation d'acide borique........................... Italie.........

Société des mines et usines de Höganas (Scanie). Suède.........

Mentions honorables.

Boltze. Salzmünde (Saxe). — Fabrication de briques. Allemagne du Nord.

Krupp. Essen (Prusse Rhénane). — Fonderie d'acier. Allemagne du Nord.

Consul **Quistorp**. Lebbin, près Stettin (Poméranie). —Fabrique de ciment de Portland.................. Allemagne du Nord.

(1) Les douze prix et les vingt-quatre mentions sont classés suivant l'ordre alphabétique des contrées, et dans chaque contrée, suivant l'ordre alphabétique des noms.

Stumm. Neunkirchen (Prusse Rhénane). — Fonderie et forges........ Allemagne du Nord.

Faber. Stein, près Nuremberg (Bavière). — Fabrique de crayons........ Allemagne du Sud..

Haueisen et fils. Neuenbourg (Wurtemberg). — Fabrique de faux et faucilles........ Allemagne du Sud..

Metz. Fribourg, en Brisgau (Bade). — Filature de soie. Allemagne du Sud..

Henri **Drasche** (Hongrie et Basse-Autriche). — Houillères et fabrication de briques........ Autriche......

Philippe **Haas** et fils. Mitterndorf et Ebergassing. — Fabrique de tapis et de tissus pour meubles........ Autriche......

Chevalier F. **Wertheim.** Vienne. — Fabrique d'outils et de coffres-forts........ Autriche.....

Société des mines et fonderies du Bleyberg (Province de Liége)........ Belgique.....

Vincent **Lassala.** Masia de la Mar, près Chiva (province de Valence). — Agriculture........ Espagne......

Colonie agricole de Vineland. New-Jersey..... États-Unis....

Cristallerie de Baccarat (Meurthe)........ France.......

Bouillon. Rivière (Haute-Vienne). — Forges........ France.......

Baron **de Bussierre.** Graffenstaden (Bas-Rhin). — Fabrique de machines........ France.......

Société des forges de Châtillon et Commentry. (Côte-d'Or et Allier)........ France.......

Gros, Roman, Marozeau et Cie. Wesserling (Haut-Rhin). — Filature et fabrique de tissus........ France.......

Japy frères. Beaucourt (Haut-Rhin). — Fabrique d'horlogerie........ France.......

Legrand et **Fallot.** Ban de la Roche (Vosges). — Fabrique de rubans de coton........ France.......

Compagnie des glaces de Saint-Gobain (Aisne) et Meurthe)........ France.......

Sarda. Les Mazeaux (Haute-Loire). — Fabrique de rubans de velours........ France.......

G. **Steinheil, Dieterlen** et Cie. Rothau (Vosges). — Filature et fabrique de tissus........ France.......

J. **Dickson.** — Forges et exploitations forestières des golfes de Christiania et de Bothnie........ Suède........

Citations.

Institutions de bien public........ Confon suisse.

Coutumes spéciales de la Catalogne et du Pays Basque........ Espagne......

Société du bien public........ Pays-Bas.....

Associations professionnelles........ Portugal......

Artèles, ou Associations d'ouvriers pour les travaux des villes........ Russie......

BEAUX-ARTS.

GROUPE I

ŒUVRES D'ART.

PREMIÈRE SECTION.

CLASSES 1 ET 2 RÉUNIES

PEINTURE ET DESSIN.

Grands prix.

Cabanel.................................... France.......
Gérôme.................................... France.......
Ernest **Meissonnier**.............................. France.......
Théodore **Rousseau**.............................. France.......

Guillaume **de Kaulbach**.............................. Bavière.......
Knaus.................................... Prusse.......
Baron H. **Leys**.............................. Belgique.....
Ussi.................................... Italie........

Premiers prix.

Bida.................................... France.......
Jules **Breton**.............................. France.......
Charles **Daubigny**.............................. France.......
Français.................................... France.......
Fromentin.................................... France.......
Jean-François **Millet**.............................. France.......
Pils.................................... France.......
Joseph **Robert-Fleury**.............................. France.......

P.-H. **Calderon**.............................. Gde-Bretagne .
Horschelt.................................... Bavière......
J. **Matejko**.................................... Autriche.....

Piloty	Bavière
E. **Rosalès**	Espagne
Alfred **Stevens**	Belgique
F. **Willems**	Belgique

Deuxièmes prix.

Mlle Rosa **Bonheur**	France
Bonnat	France
Brion	France
Corot	France
Delaunay	France
Jules **Dupré**	France
Hamon	France
Hébert	France
Jalabert	France
Yvon	France
Alma Tadema	Pays-Bas
Church	États-Unis
Clays	Belgique
Gude	Norvége
Sigismond **L'Allemand**	Autriche
Menzel	Prusse
Morelli	Italie
Nicol	Gde-Bretagne
Palmaroli	Espagne
Vautier	Suisse

Troisièmes prix.

Henri **Baron**	France
Belly	France
Bouguereau	France
Busson	France
Cabat	France
Comte	France
De Curzon	France
Émile **Levy**	France
Puvis de Chavannes	France
Vetter	France
F. **Adam**	Bavière

André **Achenbach**............................ Prusse.......
Bergh.. Suède........
Fayerlin.. Suède........
Faruffini....................................... Italie.........
Gisbert... Espagne.....
Gonsalvo....................................... Espagne.....
Israels... Pays-Bas....
Kotzebue....................................... Russie.......
Lenbach.. Bavière......
W.-Q. **Orchardson** .... G^de^-Bretagne..
Pagliano....................................... Italie.........
F. **Walker**...................................... G^de^-Bretagne..
Wurzinger..................................... Autriche.....

DEUXIÈME SECTION.

CLASSE 3

SCULPTURE.

Grands prix.

Eugène **Guillaume**.............................. **France**.......
Perraud...................................... **France**.......

Drake.. **Prusse**.......
J. **Dupré**..................................... **Italie**........

Premiers prix.

Carpeaux...................................... **France**.......
Gustave **Crauk**................................. **France**.......
Falguière..................................... **France**.......
Gumery.. **France**.......
Aimé **Millet**................................... **France**.......
Ponscarme..................................... **France**.......
Jules **Thomas**.................................. **France**.......

Vela.. **Italie**.........

Deuxièmes prix.

Paul **Dubois**................................... **France**.......
Fremiet....................................... **France**.......
Gruyère....................................... **France**.......
Mathurin **Moreau**............................... **France**.......
Ottin... **France**.......
Salmson....................................... **France**.......

Argenti....................................... **Italie**........
Blaeser....................................... **Prusse**.......
Caroni.. **Suisse**.......
Luccardi...................................... **États-Pontif.** .

Pescador	Espagne
Strazza	Italie

Troisièmes prix.

Cain	France
Cambos	France
Cugnot	France
Feugère des Forts	France
Maillet	France
Merlet	France
Montagny	France
Sanson	France
Drossis	Grèce
Pikery	Belgique
G. Sunol	Espagne
J.-S. Wyon, **A.-B. Wyon**, médaille collective	Gde-Bretagne

CLASSE 4

ARCHITECTURE.

Grands prix.

Ancelet.. France.......

H. **Ferstel**.. Autriche.....
A. **Waterhouse**.. Gde-Bretagne..

Premiers prix

Joyau.. France.......
Lameire.. France.......
Thierry.. France.......

Feu le capitaine **Fowke**.. Gde-Bretagne..
Resanoff.. Russie.......
F. **Schmitz**.. Prusse.......

Deuxièmes prix.

Boitte.. France.......
Deperthes.. France.......
Esquié.. France.......
Edmond **Guillaume**.. France.......
Questel.. France.......

W.-D. **Lynn**.. Gde-Bretagne..
T. **Hanzel**.. Autriche.....
Hlavka.. Autriche.....

Troisièmes prix.

Ambroise **Baudry**.. France.......
Daumet.. France.......
Félix **Thomas**.. France.......

E.-M. **Barry**.. Gde-Bretagne..
Carpentier.. Belgique.....
G. **Semper**.. Suisse.......

CLASSE 5

GRAVURE ET LITHOGRAPHIE.

Grands prix.

Alphonse **François** .... France.......

J. **Keller** .... Prusse.......

Premiers prix.

Bertinot .... France.......
Achille **Martinet** .... France.......

E. **Mandel** .... Prusse.......

Deuxièmes prix.

Salmon .... France.......

Bal .... Belgique.......
N. **Barthelmess** .... Prusse.......
Edouard **Girardet** .... Suisse.......

Troisièmes prix.

Auguste **Blanchard** .... France.......
Charles **Jacque** .... France.......
Jacquemard .... France.......
Rousseaux .... France.......

AGRICULTURE ET INDUSTRIE

GROUPE II

MATÉRIEL ET APPLICATION DES ARTS LIBÉRAUX.

CLASSE 6

PRODUITS DE L'IMPRIMERIE ET DE LA LIBRAIRIE.

EXPOSANTS.

Hors concours.

Exposant	Pays	N°
Imprimerie impériale. Paris (Administration de l'État). — Livres, cartes, caractères, électrotypes....	France........	22
Imprimerie de la cour impériale et royale. Vienne (Administration de l'État).—Livres, cartes, etc.	Autriche.....	21
Le Conservateur des archives. Londres. — Documents historiques..................................	Gde-Bretagne .	44
Le Département de la science et de l'art. — Londres (Administration de l'État). — Publications faites en Angleterre en 1866........................	Gde-Bretagne.	45
Imprimerie royale. Berlin (Administration de l'État). — Papier-monnaie................................	Prusse.......	1
Clowes et fils (G. Clowes membre du Jury). Londres. — Livres....................................	Gde-Bretagne .	39

Grand prix.

Exposant	Pays	N°
Alfred **Mame** et fils. Tours. — Livres et reliures.....	France.......	47

Médailles d'or.

Exposant	Pays	N°
Imprimerie nationale. Lisbonne. — Livres, caractères, etc..	Portugal.....	3
J. Claye. Paris. — Livres..........................	France.......	52
Goupil et Cie. Paris. — Estampes..........	France.......	51

J. **Best**. Paris. — Livres illustrés	France	5
Hangard-Maugé. Paris. — Chromolithographies	France	98
V. **Brooks**. Londres. — Chromolithographies	Gde-Bretagne	6
L. **Hachette** et Cie. Paris. — Livres	France	1
A. **Morel**. Paris. — Livres sur l'architecture et les beaux-arts	France	17
Giesecke et **Devrient**. Leipzig. — Livres	Saxe	22
Crété et fils. Corbeil. — Livres	France	16

Médailles d'argent.

F.-A. **Brockhaus**. Leipzig. — Livres	Saxe	20
A. **Salmon**. Paris. — Estampes	France	96
Fr. **Vieweg** et fils. Brunswick. — Livres	Brunswick	13
Bertauts. Paris. — Lithographies	France	125
Cotta. Stuttgart. — Livres	Wurtemberg	2
Victor **Masson** et fils. Paris. — Livres	France	10
Ch. **Gérold**. Vienne. — Livres	Autriche	14
Martinet. Paris. — Livres	France	28
Dessain. Malines. — Livres de liturgie	Belgique	7
Gauthier-Villars. Paris. — Livres de sciences	France	25
Spottiswoode et Cie. Londres. — Livres et journaux	Gde-Bretagne	47
Ehrhard Schieble. Paris. — Cartes gravées sur pierre	France	116
R. de **Decker**. Berlin. — Livres	Prusse	7
Annoot-Braeckman. Gand. — Spécimens de typographie	Belgique	1
Charles **Derriey**. Paris. — Types et ornements pour la typographie	France	144
W. et R. **Chambers**. Londres. — Livres	Gde-Bretagne	36
Avril frères. Paris. — Plans et cartes chromolithographiés	France	120
Bradbury, Evans et Cie. Londres. — Livres	Gde-Bretagne	34
Chardon jeune. Paris. — Estampes	France	99
Muquardt. Bruxelles. — Livres illustrés	Belgique	13
Lallemant frères. Lisbonne. — Livres	Portugal	4
Silbermann. Strasbourg. — Impressions typographiques en couleur	France	21
Virtue et Cie. Londres. — Livres illustrés	Gde-Bretagne	29
Laurent et **Deberny**. Paris. — Types pour l'imprimerie	France	135
Stephenson, Blake et Cie. Londres et Sheffield. — Types pour l'imprimerie	Gde-Bretagne	29
Henri **Plon**. Paris. — Livres	France	20
Fonderie Dresler. F. Flinch. Francfort-sur-le-Mein. — Poinçons et caractères d'imprimerie	Prusse	19

Ch. **Chardon** aîné. Paris. — Estampes	France	93
Wilhelm **Braumüller**. Vienne. — Livres	Autriche	2
Paul **Dupont**. Paris. — Impressions et livres	France	15
Cassel, Petter et **Galpin**. Londres. — Livres	Gde-Bretagne	38
Ambroise-Firmin **Didot** frères, fils et Cie. Paris. — Livres	France	53
P. P. Mekhitaristes de Saint-Lazare. Venise. — Livres en langues orientales	Italie	11
Auguste **Delâtre**. Paris. — Estampes	France	100
Al. **Duncker**. Berlin. — Livres	Prusse	14
D. **Jouaust**. Paris. — Livres	France	31
Ernst et **Korn**. Berlin. — Livres de sciences	Prusse	2
Vve **Berger-Levrault** et fils. Strasbourg. — Livres et impressions	France	83
Trowitzsch et fils. Berlin. — Livres et caractères d'imprimerie	Prusse	8
Becquet. Paris. — Lithographies	France	60
L.-C. **Zamarski**. Vienne. — Impressions	Autriche	42
Bertrand **Lœuillet**. Paris — Caractères français et étrangers	France	138
M. et N. **Hanhart**. Londres. — Chromolithographies.	Gde-Bretagne	13
Adrien **le Clere**. Paris. — Livres de liturgie	France	35
W. **Mackenzie**. Glasgow. — Livres	Gde-Bretagne	42
J. **Hetzel**. Paris. — Livres	France	4
Ebner et **Seubert**. Stuttgart. — Livres.	Wurtemberg	5
J. **Baudry**. Paris. — Livres de science et d'architecture	France	12
Hallberger. Stuttgart. — Livres et éditions musicales.	Wurtemberg	8
Dunod. Paris. — Livres de science	France	14
Mme Vve J. **Renouard**. Paris. — Livres illustrés	France	23
Ed. **Lièvre**. Paris. — Livres sur les beaux-arts	France	54
César **Daly**. Paris. — Livres d'architecture	France	42
J. **Armengaud**. Paris. — Livres illustrés	France	13
Bry père et fils aîné. Paris. — Lithographies	France	124
L. **Curmer**. Paris. — Livres illustrés	France	9
Henri **Charpentier**. Nantes. — Livres artistiques	France	64
Ch. de **Mourgues** frères. Paris. — Livres et impressions administratives	France	6
Victor **Goupy**. Paris. — Impressions en caractères étrangers	France	81
Ad. **Réné** et Cie. Paris. — Types pour l'imprimerie	France	142
Virey frères. Paris. — Types pour l'imprimerie	France	134
Wiesener. Paris. — Impressions industrielles	France	34
Poitevin. Paris. — Livres, timbres mobiles	France	48
J. **Delalain** et fils. Paris. — Livres	France	30

Keller. Giessen. — Impressions diverses.............	Hesse........	2
Hulot. Paris. — Timbres-poste et cartes à jouer.....	France........	11
Rivadeneyra. Madrid. — Livres....................	Espagne	7
Propriétaires de l'Illustrated London News. Londres. — Collection de ce journal..............	Gde-Bretagne.	23
Garnier. Chartres. — Livres........................	France.......	90
L. **Guérin**. Paris. — Livres.........................	France.......	50
Furne, Jouvet et Cie. Paris. — Livres............	France.......	24
G. **Rowney** et Cie. Londres. — Chromolithographies.	Gde-Bretagne.	24
Ch. **Lorck**. Leipzig. — Livres	Saxe.........	17
Charpentier. Paris. — Livres......................	France.......	4
Van Doosselaere. Gand. — Livres	Belgique	20
Didier et Cie. Paris. — Livres.....................	France.......	2
Gust. d'**Emich**. Pesth. — Impressions diverses.......	Autriche.....	7
Imprimerie de Boulâq. Le Caire.—Livres orientaux.	Egypte.......	1
Godchaux. Paris. — Modèles d'écriture	France.......	41
Pustet. Ratisbonne. — Livres de liturgie............	Bavière......	7
Ad. **Delahaye**. Paris. — Livres......................	France.......	44
F. **Paterno**. Vienne. — Lithochromies..............	Autriche	30
Théodore **Dupuy**. Paris. — Lithochromies...........	France.......	127
Digeon. Paris. — Gravures et impressions en couleur.	Autriche.....	77
H. **Engel** et fils. Vienne. — Impressions diverses.....	Autriche	8

Médailles de bronze.

Sarazin. Paris. — Impressions diverses.............	France.......	101
W. **Dickes**. Londres. — Impressions en couleur......	Gde-Bretagne.	9
Martin. Châlons-sur-Marne. — Livres....	France.......	70
Brepols et **Dierckx**. Turnhout. — Livres et impressions diverses..................................	Belgique	3
Barbat. Châlons-sur-Marne. — Livres	France.......	71
Day et fils. Londres. — Chromolithographies	Gde-Bretagne.	8
Dejussieu. Châlons-sur-Saône. — Livres	France.......	72
Maclure, Macdonald et **Mac Grégor**. Londres et Glasgow. — Chromolithographies..................	Gde-Bretagne.	18
A.-W. **Schulgen**. Dusseldorf. — Impressions diverses.	Prusse.......	3
Renaud et **Robcis**. Paris. — Matériaux en cuivre pour la typographie................................	France.......	136
Bradbury, Wilkinson et Cie. Londres. — Billets de banque et obligations.........................	Gde-Bretagne.	5
Golovine. Saint-Pétersbourg. — Impressions diverses.	Russie.......	4
Mme Vve **Battenberg** et **Mayeur**. Paris. — Caractères et ornements typographiques......................	France.......	141
Van Genechten. Turnhout. — Livres	Belgique.....	21

J. **Dumaine.** Paris. — Livres militaires	France	87
J. **Ferres.** Melbourne. — Livres et journaux	Col. anglaises.	
A. **Hérissey.** Evreux. — Impressions diverses	France	68
Lelong. Bruxelles. — Livres	Belgique	12
Richards. Sydney. — Livres	Col. anglaises.	
Germer-Baillière. Paris. — Livres	France	27
Bianco-Luno. Copenhague. — Livres	Danemark	3
Asselin. Paris. — Livres	France	92
Guyot. Bruxelles. — Impressions diverses	Belgique	10
Mellado. Paris. — Livres	France	82
W.-C. **Beldridge.** Brisbane. — Livres et journaux	Col. anglaises.	1
G.-J. **Manz.** Ratisbonne. — Livres et estampes	Bavière	6
Cox. Adélaïde. — Livres et journaux	Col. anglaises.	
Louis **Pomba.** Turin. — Livres	Italie	3
Mathieu. Paris. — Chromolithographies	France	123
J.-E. **Desbarats.** Québec. — Livres	Col. anglaises.	3
D. **Appleton** et Cie. New-York. — Livres	États-Unis	7
Dentu. Paris. — Livres	France	7
H. **Castermann.** Tournai. — Impressions diverses.	Belgique	4
L.-T. **Neumann.** Vienne. — Chromolithographies	Autriche	29
J. **Kösel.** Kimpfen. — Livres de liturgie	Bavière	8
Firth. Bombay. — Impressions	Inde anglaise.	
Jules **Tardieu.** Paris. — Livres	France	3
Daveluy d'Elhoungne. Bruges. — Chromolithographies	Belgique	6
Reiffenstein et **Bosch.** Vienne. — Chromolithographies	Autriche	32
Philadelphes. Athènes. — Livres et journaux	Grèce	9
Breidenbach et Cie. Dusseldorf. — Impressions en couleur	Prusse	12
Georges **Bridel.** Lausanne. — Livres et journaux	Suisse	1
T. **Nelson** et fils. Londres et Edimbourg. — Livres.	Gde-Bretagne	43
Marc et Cie. Paris. — Journal l'*Illustration*	France	16
Félix **Le Monnier.** Florence. — Livres	Italie	19
Brousseau frères. Québec. — Livres et journaux	Col. anglaises.	4
Mme Vve **Bouchard-Huzard.** Paris. — Livres d'agriculture	France	43
Butler et **Tanner.** Frome. — Livres	Gde-Bretagne	7
Martial **Ardant** frères. Limoges. — Livres	France	89
Chev. Henry de **Förster.** Vienne. — Impressions sur zinc	Autriche	11
C.-W. **Gronau.** Berlin. — Impressions et caractères.	Prusse	6
Delagrave. Paris. — Livres	France	86
George **Wallis.** Londres. — Autotypographie	Gde-Bretagne	30

Mathias Mull. Bombay. — Livres et journaux........	Inde anglaise.	
Orgelbrandt. Varsovie. — Caractères typographiques.	Russie.......	8
Eugène **Lacroix**. Paris. — Livres de sciences.......	France.......	84
Brunhofer. Olten. — Aquarelles................	Suisse.......	2
C. **Maecken**. Stuttgart. — Livres................	Wurtemberg..	6
Poussielgue frères. Paris. — Livres..............	France.......	37
Lehmann. Saint-Pétersbourg. — Caractères typographiques..................................	Russie.......	7
Gaspard **Barbéra**. Florence. — Livres..............	Italie........	14
Nanabhai Rastamji Ranima. Bombay. — Impressions indigènes..............................	Inde anglaise.	
Guillaumin et Cie. Paris. — Livres................	France.......	40
Bixio et Cie. Paris. — Livres.....................	France.......	29
W. **Nitzschke**. Stuttgart. — Livres................	Wurtemberg..	12
Janson. Paris. — Cartes imprimées en couleur.....	France.......	107
Fajans. Varsovie. — Lithographies et chromolithographies..................................	Russie.......	13
Henry **Reiss**. Vienne. — Imprimés chromotypographiques.	Autriche.....	33
Duvergé-Dubois. Paris. — Imprimés divers......	France.......	56
Joseph **Stoufs**. Vienne. — Lithographies...........	Autriche.....	40
Dusacq et Cie. Paris. — Estampes et albums......	France.......	102
Gaëtan **Nobile**. Naples. — Livres et épreuves chromotypographiques..............................	Italie........	50
Kautz. Paris. — Cartes gravées sur pierre..........	France.......	118
Société littéraire finlandaise. Helsingfors. — Impressions diverses..............................	Russie.......	6
E. **Donnaud**. Paris. — Impressions diverses........	France.......	93
Van de Weyer. Utrecht. — Reproductions lithographiques et chromolithographiques..................	Pays-Bas.....	4
Enschedé et fils. Harlem. — Impressions diverses..	Pays-Bas.....	20
Imprimerie du gouvernement hawaïen. Honolulu. — Documents officiels et journaux............	Hawaï........	4
H.-O. **Houghton** et Cie. Cambridge. — Livres.....	Etats-Unis...	5
Byramjee Furdoonjee. Bombay. — Livres et journaux en langue indigène..........................	Inde anglaise..	
Roret. Paris. — Livres..........................	France.......	46
Braun et **Schneider**. Munich. — Impressions diverses.	Bavière......	2
Ducrocq. Paris. — Livres........................	France.......	38
Smets. Anvers. — Clichés galvanoplastiques........	Belgique.....	16
E. **Gailliard** et Cie. Bruges. — Impressions..........	Belgique.....	15
E. **Hochdanz**. Stuttgart. — Impressions en couleur..	Wurtemberg..	
Théodore **Lefèvre**. Paris. — Livres et cahiers d'écriture.	France.......	32
Bastide. Alger. — Ouvrages pour l'enseignement de la langue arabe..............................	France.......	12
Société biblique de France. Paris. — Livres...	France.......	39
Nistri frères. Pise. — Livres.....................	Italie........	21

Turgan. Paris. — *Les Grandes Usines*.............	France.......	26
Bourgerie-Villette. Paris. — Lithochromies ; papiers de fantaisie................................	France.......	129
Baeumer et **Schnorr**. Stuttgart. — Journal d'art pour les écoles techniques et d'architecture........	Wurtemberg..	20
G. et C. **Merriam**. Springfield.—Impressions diverses.	Etats-Unis. ..	6
L. **Turgis** jeune. Paris. — Lithographies et chromolithographies......................................	France.......	106
Testu et **Massin**. Paris. — Lithochromies.........	France.......	126
W. **Beyerle**. Darmstadt. — Lithographies............	Hesse........	1
Mayoux et **Honoré**. Paris. — Chromolithographies.	France.......	103
Delamare. Paris. — Cartes gravées sur pierre......	France.......	117
H.-C. **Gerold**. Berlin. — Lithochromies.............	Prusse.......	24
Fr. **Schulze**. Berlin. — Lithochromies..............	Prusse.......	26
Rosa et **Bouret**. Paris. —Livres en langue espagnole.	France.......	67
Appel. Paris. — Chromolithographies et tableaux sur tôle..	France.......	63
Henry **Omer**. Paris. — Chromolithographies et papiers de fantaisie...................................	France.......	128
Cellini-Mariano et Cie. Florence. — Livres.......	Italie........	47
Bonasse-Lebel. Paris. —Estampes; images en taille-douce et en lithographie..........................	France.......	62
Jules **Hoffmann**. Stuttgart. — Livres..............	Wurtemberg..	16
Gouweloos frères et sœur. Bruxelles. — Impressions diverses......................................	Belgique.....	9
Desgodets. Paris. — Estampes.....................	France.......	121
Guesnu. Paris. — Lithographies....................	France.......	61
François **Lao**. Palerme. — Livres..................	Italie........	28
Badoureau. Paris. — Lithographies en noir et en couleur.....................................	France.......	131
Baulant aîné. Paris. — Chromolithographies et papiers de fantaisie............................	France.......	133
Longien. Paris. — Caractères en cuivre pour la dorure sur cuir, toile, papier........................	France.......	143
Viel-Cazal. Paris. — Poinçons de caractères typographiques....................................	France.......	140
Minster. Sèvres. — Gravures mises en relief pour la typographie..................................	France.......	47
Nissou. Paris. — Etiquettes en couleur............	France.......	57
Jailly. Paris. — Epreuves autographiques..........	France.......	116
Emrik et **Binger**. Harlem. — Chromolithographies..	Pays-Bas....	
A. **Becker**. Munich. — Chromolithographies.........	Bavière......	»

Mentions honorables.

Bogaard et **Dechavanne**. Paris. — Impressions lithographiques or et couleur........................	France.......	115

J.-C. **Kœnig** et **Ebhardt**. Hanovre. — Impressions diverses	Prusse.......	23
John **Bellows**. Gloucester. — Livres	Gde-Bretagne.	4
Danel. Lille. — Étiquettes	France.......	80
Robuchon. Fontenay-le-Comte. — Livres	France.......	74
Hoy et **Widmayer**. Munich. — Lithographies	Bavière......	4
Allier. Grenoble. — Livres	France.......	77
Fichot. Paris. — Éditions diverses	France.......	60
Reibel-Feindel. Paris. — Chromolithographies	France.......	56
Romain et **Palyart**. Paris. — Chromolithographies.	France.......	59
Gasté. Paris. — Impressions lithographiques par report	France.......	108
Brier. Paris. — Impressions diverses en lithographie.	France.......	112
Prodhomme. Paris. — Impressions lithographiques.	France.......	58
Marie. Paris. — Lithographies	France.......	140
Gounouilhou. Bordeaux. — Impressions diverses...	France.......	79
Céas. Grenoble. — Livres	France.......	76
Trenel. Saint-Nicolas-du-Port. — Livres	France.......	75
Gras. Montpellier. — Impressions diverses	France.......	73
Prudhomme. Grenoble. — Livres	France.......	94
Chauvin. Paris. — Autographies	France.......	
Géruzez, directeur de l'imprimerie du Gouvernement. Pondichéry. — Livres en langues française et indigène	Col. françaises.	
Caron, directeur de l'imprimerie du Gouvernement. La Guadeloupe. — Impressions diverses	Col. françaises.	
Bénard, directeur de l'imprimerie du Gouvernement. La Martinique. — Impressions diverses	Col. françaises.	
Leroy, directeur de l'imprimerie du Gouvernement. Sénégal. — Impressions diverses	Col. françaises.	
S.-G. **Liesching**. Stuttgart. — Livres	Wurtemberg..	7

COOPÉRATEURS.

Médailles d'argent.

Adolphe **Guichard**, chef d'atelier à l'Imprimerie impériale. Paris	France.......	22
Gustave **Lehu**, contre-maître à l'Imprimerie impériale. Paris	France.......	22
François **Sageret**, compositeur à l'Imprimerie impériale. Paris	France.......	22
Jules **Hée**, graveur à l'Imprimerie impériale. Paris...	France.......	22

Arthur **Viot**, sous-directeur chez MM. A. Mame et fils. Tours	France	49
John **Quartley**, chef de l'atelier de gravure chez MM. A. Mame et fils. Tours	France	49
Augustin **Liverani**, conducteur de machines typographiques chez MM. A. Mame et fils. Tours	France	49
Baysse, contre-maître chez MM. Goupil et Cie. Paris.	France	51
A. **Cabasson**, dessinateur présenté par le Jury. Paris.	France	23
Samson, chimiste et galvanoplaste, présenté par le Jury. Paris	France	

Médailles de bronze.

L. **Ternon**, compositeur à l'Imprimerie impériale. Paris.	France	22
J.-B. **Rigal**, compositeur à l'Imprimerie impériale. Paris	France	22
B. **Lauga**, imprimeur à l'Imprimerie impériale. Paris.	France	22
F.-A. **Ancel**, imprimeur à l'Imprimerie impériale. Paris	France	22
Charles **Pouget**, graveur lithographe à l'Imprimerie impériale. Paris	France	22
H.-A. **Fity**, graveur sur bois à l'Imprimerie impériale. Paris	France	22
T. **Deshayes**, graveur-fondeur à l'Imprimerie impériale. Paris	France	22
F. **Kohler**, dessinateur calligraphe à l'Imprimerie impériale. Paris	France	22
G.-J.-B. **Landrot**, imprimeur lithographe à l'Imprimerie impériale. Paris	France	22
A.-P. **Werson**, imprimeur lithographe à l'Imprimerie impériale. Paris	France	22
J. **Donat**, imprimeur chez MM. Goupil et Cie. Paris.	France	22
Charles **Unsinger**, conducteur de machines chez M. J. Claye. Paris	France	52
A. **Mottet**, correcteur chez MM. J. Delalain et fils. Paris.	France	30
A. **Viez**, prote chez MM. J. Delalain et fils. Paris	France	30
N.-P. **Chausselle**, correcteur chez M. Henri Plon. Paris	France	20
Fugière, correcteur chez M. Gauthier-Villars. Paris.	France	25
Bernier, correcteur chez M. Gauthier-Villars. Paris.	France	25
Émile **Francoz**, typographe chez M. Gauthier-Villars. Paris	France	25
J.-W. **Day**, prote chez MM. Clowes et fils. Londres	Gde-Bretagne	37
Cosson, graveur chez M. J. Best. Paris	France	15
Smeeton, graveur chez M. J. Best. Paris	France	5
Pellegrin-Dorfeuil, prote chez M. J. Best. Paris	France	5

Alexandre **Sourdeau**, prote chez MM. Crété et fils. Corbeil	France	15
Henri **Chaussemiche**, typographe chez MM. A. Mame et fils. Tours	France	49
Georges **Glairon**, contre-maître chez M. Chardon aîné. Paris	France	95
Xavier **Stimpflin**, contre-maître chez M. Hangard-Maugé. Paris	France	98
Reylof, chef d'atelier chez M. Annoot-Brackman. Gand	Belgique	1
Lücke, chef d'atelier chez M. Vieweg et fils. Brunswick	Brunswick	13
L.-F. **Godron**, imprimeur chez M. Rivadeneyra. Madrid	Espagne	7
Hermann **Sauberlich**, contre-maître chez M. Hulot, directeur de la fabrication des timbres-poste. Paris	France	11
Jules **Boyer**, directeur de l'imprimerie Paul Dupont. Paris	France	18
L.-J. **Richard**, prote, chef de l'imprimerie Paul Dupont. Paris	France	18
Clostre, correcteur chez M. Paul Dupont. Paris	France	18
J.-A. **Manière**, prote chez M. Gauthier-Villars. Paris	France	25

Mentions honorables.

M.-V.-E. **Desmarres**, compositeur à l'Imprimerie impériale. Paris	France	22
J.-A. **Baudoin**, compositeur à l'Imprimerie impériale. Paris	France	22
P.-L. **Prot**, compositeur à l'Imprimerie impériale Paris	France	22
L. **Carpentier**, compositeur à l'Imprimerie impériale. Paris	France	22
Jean **Guenin**, imprimeur à l'Imprimerie impériale. Paris	France	22
Rémond **Coquerel**, imprimeur à l'Imprimerie impériale. Paris	France	22
Christophe **Schuler**, imprimeur chez MM. Goupil et Cie. Paris	France	25
F.-V.-G. **Gentien**, conducteur de machines chez M. J. Claye. Paris	France	52
C. **Rhodé**, conducteur de machines chez M. J. Claye. Paris	France	52
L.-M. **Varnier**, clicheur chez M. J. Claye, Paris	France	52
Besançon, conducteur de machines chez MM. J. Delalain et fils. Paris	France	30
H.-E. **Chemaslé**, conducteur de machines chez M. Henri Plon. Paris	France	

C.-H. **Pousse**, prote chez MM. Ch. Demourgues frères. Paris........ France....... 6

Cudennec, compositeur chez M. Gauthier-Villars. Paris........ France....... 25

Villetier, compositeur chez M. Gauthier-Villars. Paris. France....... 25

A.-A. **Lemaitre**, compositeur chez M. Gauthier-Villars. Paris........ France....... 25

Tulen, compositeur chez M. Gauthier-Villars. Paris.. France....... 25

Motteroz, conducteur de machines chez M. Gauthier-Villars. Paris........ France....... 25

Cerclier, imprimeur chez M. Gauthier-Villars. Paris. France....... 25

John **Stotesbury**, chef d'atelier chez MM. J. Clowes et fils. Londres........ G^de^-Bretagne. 27

John **Parsons**, chef d'atelier chez MM. J. Clowes et fils. Londres........ G^de^-Bretagne. 37

E.-R. **Dorrell**, compositeur chez MM. J. Clowes et fils. Londres........ G^de^-Bretagne. 37

Seigneurye, conducteur de machines chez M. J. Best. Paris........ France....... 5

Moll, conducteur de machines chez M. J. Best. Paris. France....... 5

A.-Th. **Barfé**, conducteur de machines chez MM. A. Mame et fils. Tours........ France....... 49

Léon **Gendron**, compositeur typographe chez MM. A. Mame et fils. Tours........ France....... 49

Alfred **Jacques**, imprimeur chez M. Chardon aîné. Paris........ France....... 95

Hippolyte **Petit**, imprimeur chez M. Chardon aîné. Paris........ France....... 95

Eugène **Jacquet**, imprimeur chez M. Chardon aîné. Paris........ France....... 95

Adolphe **Ardail**, imprimeur chez M. Salmon. Paris. France....... 96

Julien **Bois**, imprimeur chez M. Salmon. Paris...... France....... 96

Massias, imprimeur chez M. Salmon. Paris......... France....... 96

J.-B. **Libotte**, imprimeur chez M. Salmon. Paris.... France....... 96

Godard, imprimeur chez M. Salmon. Paris......... France....... 96

Victor **Javaut**, imprimeur chez M. Salmon. Paris... France....... 96

E.-E. **Christophe**, graveur chez M. Bouasse-Lebel. Paris........ France....... 42

Verbeke, contre-maître chez M. Daveluy d'Elhoungne. Bruges........ Belgique..... 6

Suel, chef d'atelier chez M. Lelong. Bruxelles....... Belgique..... 12

C.-A. **Huart**, compositeur typographe chez M. Paul Dupont. Paris........ France....... 18

Dargent, contre-maître des presses chez M. Paul Dupont. Paris........ France.......

Michau, conducteur de machines chez M. Paul Dupont. Paris........ France....... 18

Perny, imprimeur chez M. Paul Dupont. Paris...... France....... 18

CLASSE 7

OBJETS DE PAPETERIE; RELIURE; MATÉRIEL DES ARTS DE LA PEINTURE ET DU DESSIN.

EXPOSANTS.

Hors concours.

Blanchet frères et **Kléber** (**Kléber**, membre suppléant du Jury). Rives. — Papiers blancs et de couleurs; papiers photographiques....................	France......	63
Hoesch frères (**Hoesch**, membre du Jury). Düren. — Papiers de toutes sortes........................	Prusse.......	1
Smith et **Meynier** (**Meynier** membre du Jury). Fiume. — Papier à la mécanique................	Autriche.....	41
Blanzy-Poure et Cie (**Blanzy**, associé au Jury). Boulogne-sur-Mer. — Plumes d'acier et porte-plumes divers..	France.......	171
Haro (Expert associé au Jury). Paris.— Couleurs, vernis et toiles pour la peinture.....................	France.......	135
Société anonyme des Papeteries du Marais et de Sainte-Marie (**Doumerc**, directeur, membre du Jury). — Papiers pour l'impression et la lithographie, cartons pour apprêts.................	France.......	59
W.-S. et R. **Portal** (Wyndham **Portal**, membre du Jury). Laverstoke. — Papiers filigranés............	Gde-Bretagne.	25

Grand prix.

Le Japon. — Papeterie, cl. 7. — Arts industriels, cl. 8. — Laques, cl. 26. — Sériciculture, cl. 43 et 81.

Médailles d'or.

A. **Cowan** et fils. Londres. — Papiers	Gde-Bretagne.	10
Lacroix frères. Angoulême. — Papiers............	France.......	62
T.-H. **Saunders**. Londres. — Papiers...............	Gde-Bretagne..	26
A.-W. **Faber**. Stein. — Crayons.....................	Bavière......	11-12
F.-H. **Schoeller**. Düren. — Papiers...............	Prusse.......	2
H.-A. **Schoeller**. Düren. — Papiers................	Prusse........	3

Médailles d'argent.

L.-F. **Leidesdorf** et Cie. Vienne. — Papiers........	Autriche.....	17
Canson et **Montgolfier**. Vidalon-lez-Annonay. — Papiers....................................	France.......	69
Ebart. Berlin. — Papiers........................	Prusse.......	11
Joseph **Gillott** et fils. Birmingham. — Plumes métalliques....................................	Gde-Bretagne.	12
Outhenin-Chalandre fils et Cie. Besançon.—Papiers.	France.......	67
Drewsen et fils. Silkeborg. — Papiers.............	Danemark....	3
Ebbinghaus. Lethmathe. — Papiers................	Prusse.......	9
J.-R. **Crompton**. Bury. — Papiers..................	Gde-Bretagne.	11
Bécoulet et Cie. Paris. — Papiers................	France.......	55
Pierre **Milliani**. Fabriano. — Papiers..............	Italie........	26
L. et C. **Hardtmuth**. Budweis. — Crayons.........	Autriche.....	21
Société par actions de Tervakoski. Helsingfors. — Papiers....................................	Russie.......	
Hüttenmüller et Cie. Lorenzdorf. — Cartons......	Prusse.......	37
Eichmann et Cie. Arnau. — Papiers..............	Autriche.....	5
Marcus **Ward** et Cie. Belfast. — Reliure, papeterie et registres....................................	Gde-Bretagne.	42
Gruel-Engelmann. Paris. — Reliure............	France.......	116
F. **Rollinger**. Vienne. — Registres................	Autriche.....	36
Schaeffer et **Scheibe**. Berlin.—Papiers de fantaisie.	Prusse.......	10
G. **Rowney** et Cie. Londres. — Couleurs pour la peinture et crayons à dessin..........................	Gde-Bretagne..	50
Legrand. Paris. — Enveloppes....................	France.......	40
G. **Waterston** et fils. Edimbourg. — Cire à cacheter.	Gde-Bretagne.	31
A. **Marion** et Cie. Paris. — Enveloppes et papier à lettres....................................	France.......	4
C. **Goodall** et fils. Londres.—Cartes à jouer et cartons.	Gde-Bretagne.	13
A. **Latry** et Cie. Paris. — Cartes porcelaine.........	France.......	72
Couture. Paris. — Cartonnages....................	France.......	78
Paillard. Paris. — Couleurs pour la peinture.......	France.......	151
W. **Knepper** et Cie. Vienne. — Papiers colorés à cigarettes....................................	Autriche.....	16
Letts fils et Cie. Londres. — Reliure et registres....	Gde-Bretagne.	38
Grumel. Paris. — Reliures d'album................	France.......	19
Lemercier et Cie. Paris. — Encres, crayons et vernis lithographiques....................................	France.......	184
Lorilleux. Paris. — Encre d'imprimerie (Classe 59)..	France.......	179
F. **Mordan**. Londres. — Plumes d'or et cire........	Gde-Bretagne.	22
H.-C. **Stephens**. Londres. — Encres à écrire........	Gde-Bretagne.	28
Gilbert et Cie. Givet. — Crayons..................	France.......	198

Bac. Paris. — Porte-plumes et œillets	France	169
Kœnig et **Ebhardt**. Hanovre. — Registres. (Cl. 6)	Prusse	23
Fr. **Lorenz** fils. Arnau, Bohême. — Papiers	Autriche	19
Gustave **Röder** et Cie. Marschendorf. — Papiers	Autriche	35
Latune et Cie. Blacons. — Papiers	France	63
Schmitz frères. Düren. — Papiers	Prusse	5
Breton frères et Cie. Pont-de-Claix. — Papiers	France	66
Tonnelier et Cie. La Flèche. — Papiers	France	41
Varin. Jean d'Heurs. — Papiers	France	61
H. **Voelter**. Heidenheim. — Papiers	Wurtemberg	2
G. **Boulard**. Vilette. — Papiers	France	52
Fabrique Zum Bruderhaus. Dettingen. — Papiers	Wurtemberg	2
Jacob et Cie. Rovereto. — Papiers	Italie	12
G. **Chertier** et Cie. La Prade. — Papiers	France	54
Vve **Vorster**. Montfourat. — Papiers	France	53
Fischer. Bautzen. — Papiers	Saxe	16
F. **Johannot**. Annonay. — Papiers	France	65
Papeterie d'Hermanetz. — Papiers	Autriche	6
Montgolfier. Saint-Marcel-lez-Annonay. — Papiers	France	90
Société anonyme des Papeteries de Basse-Wavre et Gastuche. Gastuche. — Papiers	Belgique	22
J. de **Mauduit**. Quimperlé. — Papiers à cigarettes	France	93
Carl-Louis **Posner**. Pesth. — Registres	Autriche	27
R. **Rivière**. Londres. — Reliures	G[de]-Bretagne	40
Olier. Paris. — Papiers de sûreté	France	123
Humblot-Conté et Cie. Paris. — Crayons	France	200
W. **Brockedon** et Cie. Londres. — Mine de plomb	G[de]-Bretagne	45
Maquet. Paris. — Ornementation de papiers à lettres et d'enveloppes	France	127
Lefranc. Paris. — Encres noires et de couleur, pour typographie et lithographie (Classe 59)	France	77
Hyde et Cie. Londres. — Encres à écrire	G[de]-Bretagne	16
Sakamoto-Riodzo. — Papiers	Japon	
Djiro. — Papiers et encriers	Japon	
Ousabouro. — Papiers et encriers	Japon	
H. **Maya**	Japon	
Omigra-Yebe	Japon	
John **Leighton**. Londres. — Reliures	G[de]-Bretagne.	
Schavye. Bruxelles. — Reliure ancienne et moderne	Belgique	21

Médailles de bronze.

Pinondel. Paris. — Couleurs pour la peinture	France	152
Ph. **Schnell**. Munden. — Papier glacé	Prusse	35

M. Huber. Munich. — Couleurs pour la peinture....	Bavière......	2
Bellangé. Paris. — Registres..........................	France.......	9
Engel et fils. Paris. — Reliures.....................	France.......	149
Gérault. Paris. — Registres..........................	France.......	30
Ch. **Kuehn** et fils. Berlin. — Registres...............	Prusse.......	22
Gouweloos frères et sœur. Bruxelles. — Registres...	Belgique.....	9
Eyre et **Spottiswoode**. Londres. — Reliure.......	Gde-Bretagne.	
Hughes et **Kimber**. Londres. — Plaques d'acier...	Gde-Bretagne.	47
J. **Newman**. Londres. — Couleurs pour peinture....	Gde-Bretagne.	48
Reeves et fils. Londres. — Couleurs pour peinture..	Gde-Bretagne.	49
Jundt fils. Robertsau.— Papiers et cartons porcelaine.	France.......	70
Ducroquet. Paris. — Registres.......................	France.......	38
Ignace **Regen**. Vienne. — Cartons....................	Autriche.....	31
F. **Hendler**. Alt-Friedland. — Cartons................	Prusse.......	26
Charles **Beckh** fils. Faurndau. — Papiers...........	Wurtemberg..	4
Papeterie de Troitsko-Kondrovsk. — Papiers..	Russie.......	2
Culmsée. Havreholm. — Cartons......................	Danemark....	2
Voisin frères et Cie. Jallieu. — Cartons............	France.......	86
Romani y Miro. Torre-de-Claramunt. — Papiers...	Espagne......	5
Romani y Tarrès fils. Barcelone. — Papiers......	Espagne......	6
J.-D. **Court** et Cie. Renage. — Papiers.............	France.......	64
Pinson. Troyes. — Papiers.............................	France.......	91
Papeterie de Gryeksbo. Falun. — Papier-filtre..	Suède........	3
Epstein. Gt de Varsovie. — Papiers à filtrer.......	Russie.......	4
Vargounine. Saint-Pétersbourg. — Papiers........	Russie.......	11
Mme Vve **Ridaura** et fils. Alicante.— Papiers à cigarettes..	Espagne......	20
Bernardin **Nadari** et Cie. Vicence. — Papiers.......	Italie........	5
Jessup et **Moore**. Philadelphie. — Papiers et pâtes.	États-Unis...	3
Antonio **Fornari**. Fabriano. — Papiers..............	Italie........	24
Victoria **Pasarell** et Cie. Alcoy. — Papiers à cigarettes..	Espagne.....	21
Mme Vve **Brutinel** et fils. Alcoy.—Papiers à cigarettes.	Espagne.....	17
Manterola et Cie. Aoiz. — Papiers...................	Espagne.....	9
Francisco **Botella**. Alcoy. — Papiers.................	Espagne.....	16
Zuber et **Rieder**. Rixheim. — Papiers.............	France.......	47
Korn et **Bock**. Sacrau. — Papiers..................	Prusse.......	27
P. **Piette**. Vorder-Ovenez. — Papiers...............	Autriche.....	26
Th. **Jarry**. Saint-Vincent de Blanzat. — Papiers....	France.......	45
Bichelberger et Cie. Clairefontaine. — Papiers....	France.......	57
Chesnaud-Blanchard. Cugnand. — Papiers.......	France.......	»
F. **Jagenberg** et fils. Solingen. — Papiers.........	Prusse.......	4
Société de Munich-Dachau. — Papiers..........	Bavière......	4

Cottin neveu. Paris. — Reliure....................	France......	145
Andouard. Paris. — Registres.....................	France......	31
Mercier. Paris. — Vélins et parchemins..............	France......	16
Longuet. Paris. — Albums et portefeuilles.........	France......	18
Bell et **Daldy**. Londres. — Reliure..................	Gde-Bretagne.	»
Ed. **Gauche**. Paris. — Registres..................	France......	34
Hoffsümmer frères. Düren. — Enveloppes.........	Prusse.......	6
C. **Kreul**. Forchheim. — Couleurs pour peinture...	Bavière......	3
Vacquerel. Paris. — Papiers de couleur et cartons..	France.......	85
A.-F. **Syré** et neveu. Vienne. — Armes et monogrammes	Autriche.....	44
Duret aîné. Paris. — Couleurs non vénéneuses.....	France.......	153
W.-E. **Wiley**. Birmingham. — Plumes d'or..........	Gde-Bretagne.	»
Nopitsh. Nuremberg. — Crayons..................	Bavière......	6
Bréham. — Encres d'imprimerie........(Classe 59).	France.......	80
Staedtler. Nuremberg. — Crayons................	Bavière......	9
Berolzheimer et **Ilfelder**. Furth. — Crayons....	Bavière......	7
E. **Wolff** et fils. Londres. — Crayons.............	Gde-Bretagne.	53
J.-B. **Mallat**. Paris. — Plumes inaltérables........	France......	174
B.-S. **Cohen**. Londres. — Crayons................	Gde-Bretagne.	46
Van Loey-Nouri. Bruxelles. — Encres et vernis pour imprimerie..................................	Belgique.....	27
Mathieu **Plessy**. Paris. — Encres à écrire... (Cl. 44).	France.......	128
J. **Zaehnsdorf**. Londres. — Reliures.............	Gde-Bretagne.	44
Lenègre. Paris. — Reliures....................	France.......	144
Cabasson. Paris. — Registre sans coutures	France.......	15
Day et fils. Londres. — Reliures .... (Classe 6).	Gde-Bretagne.	8
Schoellhorn. Munich. — Reliures................	Bavière......	13
Leprince. Paris. — Copies de lettres.............	France.......	195
Successeur de C. **Schauer**. Berlin. — Figures en papier..............................(Classe 39).	Prusse.......	11
Pedro **Laserra**. Séville. — Cartes à jouer..........	Espagne.....	27
Schiavello. — Reliures.........................	Italie........	»
Leblond. Paris. — Mannequins mi-caoutchouc.......	France......	167
Adam **Blaise**. Charleville. — Brosses et pinceaux....	France......	
Bouillotte-Dobignie. Paris. — Enveloppes.......	France.......	2
J. **Lussereau**. Paris. — Papier-dentelle...	France.......	75
A. **Almin**. Paris. — Cartonnage et papiers de couleur..	France......	99
Vor **Tardif**. Paris. — Papier à calquer.............	France......	122
De Larenaudière. Paris. — Encres à écrire.......	France.......	178
Croc. Aubusson. — Encres et couleurs............	France.......	203
Bavikine. Moscou. — Cires à cacheter............	Russie.......	1
Cie **Alexandra**. Londres. — Encres d'imprimerie...	Gde-Bretagne.	1
Antoine père et fils. Paris. — Encres et colles liquides.	France.......	182

Golfier-Besseyre. Paris. — Encres liquides et solides.	France.......	180
W. **Lyons**. Manchester. — Encres à écrire..........	Gde-Bretagne.	21
Rehbach. Ratisbonne. — Crayons..................	Bavière......	8
Hafiz-Omer. Andrinople. — Encres................	Turquie......	16
Dugeur. Anzin. — Registres......................	France	11
Eugène **Fortin**. Paris. — Registres et carnets........	France.......	35
Brepols et **Dierckx**. Turnhout. — Reliures........	Belgique.....	1
Gayler-Hirou. Paris. — Reliures en parchemin et cartonnages..	France.......	143
Gasté. Paris. — Registres.........................	France	8
Fr. **Schneider**. Berlin. — Encadrements pour photographies..	Prusse.......	39
W.-F. **Murphy's** fils. Philadelphie. — Registres	États-Unis...	2
A.-W. **Bain**. Londres. — Reliures....................	Gde-Bretagne.	33
J. **Causton** et fils. Londres. — Registres............	Gde-Bretagne.	34
J. **Blackie** et fils. Londres. — Reliures............	Gde-Bretagne.	
Benley et fils. — Reliures.........................	Gde-Bretagne.	
Galenbek. Moscou. — Tubes pour cigarettes........	Russie.......	
Compagnie américaine pour la fabrication des crayons. New-York. — Crayons	États-Unis....	
Beisbarth. Nuremberg. — Pinceaux................	Bavière......	
Bullier. Paris. — Pinceaux........................	France.......	162
L. **Mulard**. Paris. — Couleurs fines................	France.......	156
Macle et **Meraux**. Paris. — Couleurs.............	France.......	155
Binet. Paris. — Couleurs..........................	France.......	164
Bonel. Paris. — Mannequins.......................	France.......	166
Renault. Paris. — Pinceaux.......................	France.......	186
Besse. Paris. — Pinceaux.........................	France.......	187
Chagnat. Paris. — Papiers de couleur.............	France.......	84
Cerf et **Naxara**. Bordeaux. — Cartonnages.........	France.......	100
Daveluy d'Elhoungue. Bruges. — Cartes à jouer pour tous les pays............................	Belgique.....	5
F. **Garofoletti**. Milan. — Encres solides et liquides..	Italie.......	34
Ch. **Maurin** et Cie. Paris. — Cartes à jouer.........	France.......	22
Navier. Paris. — Cartons d'emballage et de bureau..	France.......	81
Pitet et **Lydy**. Paris. — Pinceaux, brosses à peindre.	France.......	163
Van Genechten. Turnhout. — Papiers de fantaisie et cartes à jouer..............................	Belgique.....	26
Hartwig frères. Offenbach. — Papiers gaufrés.......	Hesse	5
Jean **Nejedly**. Ottakring. — Cartes à jouer..........	Autriche.....	23
Vve **Hatterer**. Paris. — Papiers à cigarettes.........	France.......	112
J. **Richard** aîné. Paris. — Tubes pour couleurs et viroles pour pinceaux.............................	France.......	154
C.-T. **Wells**. Londres. — Bois pour la gravure.......	Gde-Bretagne.	52

Reynolds. Londres. — Bois pour la gravure........	Gde-Bretagne.	52
Laroche frères. Angoulême. — Papiers............	France.......	56
J.-Em. **Purkert**. Teplitz. — Papiers................	Autriche.....	29
C.-F. **Meissner** et fils. Raths-Damnitz.—Papiers.....	Prusse.......	13
J. **Bernard** et Cie. Prouzel. — Papiers............	France.......	58
Andrieux et Cie. Glaslan. — Papiers..............	France.......	60
R. **de Decker**. Berlin. — Papiers..................	Prusse.......	25
Frenckel et fils. Tammersfors. — Papiers..........	Russie.......	5
Tenge. Dalbke. — Papiers.........................	Prusse	36
Ambroise **Binda** et Cie. Milan. — Papiers...........	Italie........	16
Capdevilla et Cie. Barcelone. — Papiers...........	Espagne.	2
Romani y **Maisana**. Barcelone. — Papiers.........	Espagne.	7
Ch. **Ball**. Pont-Audemer. — Papiers................	France.......	97
J. **Lamb**. Newcastle-sur-Tyne. — Papiers..........	Gde-Bretagne.	18
Djevri Dédé Effendi. Constantinople. — Étui pour plumes..	Turquie.....	7
Hector **Rieter de Zahony**. Goritz. — Papiers.....	Autriche.	34
Dambricourt frères. Saint-Omer. — Papiers.......	France.......	41
Hennecart et Cie. Écharcon. — Papiers...........	France.......	25
Émile **Desloye** et Cie. Plancher-Bas.—Papiers vergés.	France.......	26
Darras. Paris. — Registres......................	France.......	12
J. **Ramage** et Cie. Londres. — Reliures...........	Gde-Bretagne.	39
Olivieri. — Reliures............................	États-Pontif..	
Maglia-Pigna et Cie. Milan.—Fabrique de papiers..	Italie.	1
Secombe manufacturing Company. New-York. — Timbres humides............................	États-Unis. ..	4
Dupont. Lyon. — Restauration de tableaux.........	France.......	159
Masetti et **Maranesi**. Bologne. — Encres..........	Italie.	40
Rabuteau. Paris. — Pinceaux.....................	France.......	189
Olea. Cadix. — Cartes à jouer.	Espagne......	26
Cristobal Vila et fils. Barcelone. — Papiers........	Espagne......	
W.-W. **Morley**. Wooburn. —Fabrique de papiers...	Gde-Bretagne.	
A.-J. **Day**. — Crayons et pastels..................	États-Unis....	
L.-A.-C. **Capelle**. Paris. — Cartonnages............	France.	80
Kade et Cie. Sorau. — Papiers.	Prusse.	33
L.-W. **Fairchild**. New-York. — Porte-plumes et plumes d'or...	États-Unis....	8
S. A. **Le Taishiou de Satzouma**.—Papiers de fantaisie..	Japon........	
Swanioto-Shiobe. — Papiers de fantaisie..........	Japon........	
Saidkondgo. — Encriers.........................	Japon........	
Nihire-Hitté-Sayemouth. — Encriers..............	Japon........	
S. **Yebisouya**....................................	Japon........	
Yeshi Saden.	Japon........	

L. **Hoenle.** Munich.—Papiers de fantaisie... (Cl. 19.)	Bavière......	1
Dessauer et **Hansen.** Aschaffenburg. — Papiers de fantaisie.............................(Cl. 19.).....	Bavière.... .	4
Alois **Dessauer.** Aschaffenburg. — Papiers de fantaisie......................................(Cl. 19.)	Bavière......	2
Lafrance-Lemieux. Québec. — Reliures.........	Col. anglaises.	

Mentions honorables.

Girard frères et Cie. Tiffauges. — Papiers..........	France.......	43
Georges **Holtzmann.** Carlsruhe. — Papier à calquer.	Bade.........	4
Quetin-Bezard. Poncé. — Papiers..................	France.......	49
Alamigeon frères. Villement. — Papiers...........	France	94
Pierre **Sergueeff.** Penza. — Papiers.............	Russie.......	10
Couto. Feira. — Papiers..........................	Portugal......	2
Casasempere y **Valor.** Alcoy. — Papiers	Espagne......	14
De Naeyer et Cie. Bruxelles. — Pâtes à papier......	Belgique.....	16
Vignerie et Cie. Saint-Junien. — Papier-paille.....	France.......	105
Olin et fils. Bruxelles. — Papiers..................	Belgique.....	16
Scheffen et Cie. Düsseldorf. — Parchemin végétal...	Prusse.......	8
E. **Zawadill.** Vienne. — Papiers...................	Autriche.....	48
Esper y Grau. Bunol. — Papiers	Espagne.	11
V. **Gisbert** et fils. Alcoy. — Papier à cigarettes.	Espagne.	18
Vicomte **da Villa Nova da Rainha.** — Papiers...	Portugal.	
Fabrique de Rosendahl. Gothenbourg.—Papiers.	Suède........	2
F. et S. **Pouslovski.** Gt de Vilna. — Papiers.......	Russie.......	2
Ferrario frères et **Ventura.** Maslianico — Papiers.	Italie.........	15
Antoine **Poli.** Lucques. — Papiers.	Italie.	22
Jean **Baccari.** Naples. — Papiers..................	Italie........	27
Visocchi frères. Naples. — Papiers.	Italie........	29
Teams Wood Pulp Company. Gateshead. — Papiers de bois.....................................	Gde-Bretagne.	29
Blanes et **Llacer.** Alcoy. — Papiers à cigarettes...	Espagne	13
Tr. **Thiele.** Osterode. — Papiers...........(Cl 59.).	Prusse.......	1
D. **Grimme** et Cie. Goslar. — Papiers.......(Cl. 59).	Prusse.......	1
Prat-Dumas. Couze-Saint-Front. — Papiers.	France	139
Mme Vve **Maurin** et **Toiray.** Paris. — Registres.....	France.......	17
J. **Bettridge** et Cie. Birmingham. — Reliures........	Gde-Bretagne.	
Charles **Fortin.** Paris. — Registres................	France.......	7
Bettembost frères. Paris. — Passe-partout pour photographies..	France.......	5
Boudin. Paris. — Encres à écrire.................	France........	179
Devillers. Paris. — Encres à écrire..............	France........	177
Duchemin-Ducasse et Cie. — Encres à écrire.....	Chine........	1

P. **Jollecœur**. Paris. — Encre et tampons pour marquer le linge	France	165
Hinks, Wells et Cie. Birmingham.—Plumes métalliques	Gde-Bretagne	15
Lebeau aîné. Boulogne-sur-Mer. — Plumes et porte-plumes	France	172
Chevalier. Paris. — Cartonnages	France	82
Brenot. Paris. — Cartonnages	France	83
L.-A.-N. **Biliard**. Paris. — Cartonnages de luxe	France	103
A. **Chevalier**. Paris. — Papiers à lettres ornés	France	120
Collard. Bas-en-Basset. — Crayons à dessin et fusains	France	191
Dagneau-Thierry. Paris.—Brosses et pinceaux	France	107
Ch. **Dauvois**. Paris. — Carton bristol. Fournitures photographiques	France	71
Burnet. Paris. — Papier-dentelle doré et argenté	France	77
Acker. Paris. — Registres	France	32
Arrufat y Torrens. Barcelone. — Registres	Espagne	24
Cornillac. Châtillon-sur-Seine. — Reliures	France	146
Supot. Paris. — Registres reliés et lithographiés	France	10
Hubert. Paris. — Registres	France	14
Nachmann. Paris. — Registres	France	29
Lesort. Paris. — Reliures	France	147
J. **Rosenthal**. Berlin. — Registres	Prusse	42
H. **Von der Moolen**. Geldern. — Cires et encres	Prusse	19
Bernard **Piron**. Paris. — Encriers à ressort	France	204
Plateau. Paris. — Encres à écrire	France	201
H. **Rosenberg**. Posen. — Encres à écrire	Prusse	18
François **Appiani** et Cie. Florence.—Encre d'imprimerie.	Italie	38
Sevin. Paris. — Encres à écrire	France	183
Monchicourt aîné. Paris.— Plumes et porte-plumes.	France	170
Heintze et **Blanckertz**. Berlin. — Plumes	Prusse	22
Tournier. Paris. — Encres	France	181
Talle et Cie. Paris. — Couleurs et vernis pour la photographie	France	196
Loizeau. Paris. — Crayons	France	199
Rouffia frères. Perpignan. — Papier balsamique pour cigarettes	France	111
Galibert et Cie. Paris. — Mannequins	France	145
Ernest **Lemoine**. Paris.—Composteurs et timbres secs.	France	126
Fabre. Paris. — Planches et règles	France	160
Fontaine fils. Paris. — Couleurs pour dessins	France	161
Lorentz et Cie.		
J.-B. **Proissonniez** et Ch. **Godefroid**. Bruxelles. — Cartonnages	Belgique	20

O. **Nelcke.** Berlin.—Carton pour photographie...(Cl. 9).	Prusse.......	30
Werner et **Schumann.** Berlin. — Carton pour la photographie............................	Prusse.......	9
Ferd. **Opitz.** Prague. — Cachet à l'anglaise..........	Autriche	25
Spiller Wallich. Bâle. — Registres...............	Suisse.	2
Martin et **Peris.** Madrid. — Reliures..............	Espagne......	23
Cruzel et Cie. Dieppe. — Papiers	France.......	98
P. **Capitaine** et **Guely.** Fures. — Papiers..........	France.......	108
E. **Odent.** Courtalin. — Papiers....................	France.......	44
Vaissier et Cie. Azay-le-Rideau. — Papiers........	France.......	27
Rax. Jœnkoeping Dyckas. — Encres................	Suède........	6
Th. **Sottocorona.** Dignano. — Encres.............	Autriche.	43
Ferd. **Fritsch.** Vienne. — Encres..................	Autriche.	
L.-A. **Binant.** Paris. — Bloc-notes................	France.......	37
Bruyere aîné. Lyon. — Reliures.	France.......	134
F.-H. **Beer.** Munich. — Reliures..................	Bavière.......	14
W. **Brown** et Cie. Londres. — Registres............	Gde-Bretagne .	5
H. **Dessain.** Malines. — Reliures...................	Belgique.	6
Paul **Comini.** Nave. — Reliures.	Italie.	4
Gonthier-Dreyfus. Paris. — Registres............	France.......	36
Van-Campenhout frères et sœurs. Bruxelles. — Registres et buvards..................................	Belgique......	24
Low fils et **Marston.** Londres. — Reliures.	Gde-Bretagne .	
Smith, Elder et Cie. Londres. — Reliures..........	Gde-Bretagne .	
Clément. Copenhague. — Reliures..................	Danemark....	1
Brown frères. Toronto, Canada. — Reliures.........	Col. anglaises.	3
Bouton. Paris. — Or en relief sur parchemin.	France.	138
F. **Eilers.** Bielefeld. — Registres..................	Prusse.......	30
Husson. Paris. — Toiles transparentes.	France.......	158
Joseph **Aumueller.** Munich. — Couleurs pour lavis.	Bavière.	1
Abdul-Kadir. Boudjak. — Canifs et ciseaux pour bureaux..................................	Turquie......	14
Mikhael. Sivas. — Canifs et ciseaux pour bureaux..	Turquie......	17
Trister. Jérusalem. — Serre-papiers................	Turquie......	37
Hussein-Effendi. Constantinople.—Étuis à plumes.	Turquie......	2
Mlle C. **Rosenberg.** Hofmansgave.—Papiers à lettres décorés..................................	Danemark. ...	6
Mahmoud-Effendi. Constantinople. — Buvards....	Turquie......	9
Grégoire **Seraschin.** Rovigno. — Reliures...........	Autriche.....	40
Montgolfier père et fils. Fontenay-lez-Montbard. — Papiers..................................	France.......	109
Ecole des Diaconesses. Smyrne. — Buvards......	Turquie......	44
Stepan. Andrinople. — Étuis à plumes...........	Turquie......	21
Haïn. Jérusalem. — Encriers.....................	Turquie......	40

Berg. Christiania. — Reliures.................... Norvége .....
Escoffier. — Papiers à calquer.................... France.......
Société lithographique de Norrkoeping. — Cartonnage et papier.................... Suède........
P. et P. **Derode** frères. — Tissus de papier.................... Chine........
G. **Ferber**. Hirsau. — Cartons.................... Wurtemberg..
Émile **Neumann**. Reinthal. — Pâtes de bois.................... Autriche.....
Kathan frères. Augsbourg.—Papiers de fantaisie.................... Bavière. (Cl.19.) 5

COOPÉRATEURS.

Médaille d'or.

Eugène **Frémont**, directeur des travaux chez MM. Smith-Meynier. Fiume.................... Autriche....

Médaille d'argent.

Yeoussima.................... Japon.......
Tanaca.................... Japon.......
Hipp. **Barbot**, chef des ateliers de reliure chez MM. A. Mame et fils. Tours.................... France.......
Georges **Gillott**, contre-maître en chef chez MM. Blanzy et Cie. Boulogne-sur-Mer.................... France.......
Courtois, chef d'atelier à l'Imprimerie impériale. Paris. France.......
Soodjima.................... Japon.......
Nakayama.................... Japon.......
Kitamouna.................... Japon.......

Médailles de bronze.

Jacob **Vieth**, contre-maître chez MM. Hoesch frères. Düren.................... Prusse.......
Henri **Barbot**, contre-maître chez MM. A. Mame et fils. Tours.................... France.......
Jacques **Rédinger**, collaborateur de MM. Latry et Cie. Vaugirard-Paris.................... France.......
François **Salomon**, chez M. Haro. — Restauration de peintures.................... France.......
Docteur **Geyger**, chez M. Kuhlmann. Lille. — Cristallisation anormale pour la production de papiers de fantaisie et pour la reliure.................... France.......
Brietschoff, contre-maître chez MM. Knepper et Cie,

à Vienne. — Papiers de fantaisie; carnet pour cigarettes et autres objets............................ Autriche. ....

Pierre **Pasquier**, doreur sur cuir chez MM. A. Mame et fils. Tours.................................. France.......

Boilet, contre-maître à l'Imprimerie impériale. Paris. France.......

David, relieur à l'Imprimerie impériale. Paris...... France.......

Langlois, doreur à l'Imprimerie impériale. Paris... France.......

Mme **Bordes**, relieuse à l'Imprimerie impériale. Paris. France.......

Mentions honorables.

Charles **Gogot**, doreur sur cuir chez MM. A. Mame et fils. Tours.................................. France.......

Joseph **Leroux**, doreur sur tranche chez MM. A. Mame et fils. Tours.................................. France.......

Guthbrod, doreur à l'Imprimerie impériale. Paris.. France.......

CLASSE 8

APPLICATION DU DESSIN ET DE LA PLASTIQUE AUX ARTS USUELS.

EXPOSANTS.

Médailles d'or.

Atelier de mosaïque de Rome. — Mosaïques....	États-Pontif..	»
Atelier de mosaïque de Saint-Pétersbourg. — Mosaïques..................................	Russie.......	»
Empire Persan. — Peintures sur carton..........	Perse........	»
E. **Philippe.** Paris. — Composition et exécution de coupes, coffrets, émaux, etc......................	France.......	186
Henri **Cole,** C.-B., directeur du Musée de Kensington. Londres. — Illustration et collection de modèles, catalogues universels des livres et œuvres d'art.......	Gde-Bretagne.	15
Berrus. Paris. — Dessins de châles................	France.......	19
Rambert. Paris.—Dessins d'objets d'arts, meubles,etc.	France.......	198
Prignot. Paris. — Dessins d'ornements, ameublements, etc	France.......	194
Dufresne. Paris. — Coupe artistique en acier damasquiné......................................	France.......	94
E. **Collinot** et **Adalbert de Beaumont.** Boulogne. — Produits céramiques et faïences d'art	France.......	57
Stern. Paris.—Gravure sur métaux, billets de banque.	France.......	228

Médailles d'argent.

Zuloaga père et fils. Madrid. — Métaux damasquinés.	Espagne......	»
Henry. Paris. — Dessins de tapis et papiers peints.	France.......	108
Guyétant. Paris. — Camées gravés, etc............	France.......	104
A. **Roussel.** Paris. — Dessins de dentelles.........	France.......	215
École Stroganoff. Moscou. — Dessins industriels.	Russie.......	2
Manguin. Paris.—Dessins de meubles et décorations.	France.......	153
Guéritte. Paris. — Dessins de robes, tapis et papiers peints..	France.......	96
Société des Arts. Londres.— Modèles et sculptures.	Gde-Bretagne.	»
Poterlet. Paris. — Dessins de papiers peints........	France.......	190
Jardin-Blancoud. Paris. — Métaux, pierres dures gravées, etc......................................	France.......	114

Bissinger. Paris. — Gravures sur pierres fines	France	23
Salviati. Venise. — Mosaïques	Italie	»
Bouquet. Paris. — Plaques, médaillons, etc., en faïence peinte	France	33
R. Contreras. Grenade. — Modèles d'architecture arabe.	Espagne	»
Villeminot. Paris. — Modèles d'architecture d'orfévrerie	France	»
Glatou-Reynaud. — Dessins pour bijoux	Suisse	»
Jean **Herman.** Liége. — Dessins d'armes et d'ameublement	Belgique	6
Pinto. Porto. — Ornementation et sculpture sur bois.	Portugal	3
Vichy. Paris. — Dessins de châles	France	»
H. **Wirth** frères. Brienz. — Sculpture de bois	Suisse	22
Grandjean **Perrenoud.** Le Locle. — Inscription gravée sur or et découpure	Suisse	»
J.-S. et A.-B. **Wyon.** Londres. — Gravure et réductions	Gde-Bretagne.	22
Saulini. Rome. — Camées	États-Pontif.	»
La Roue. Paris. — Peintures héraldiques et paléo-calligraphies	France	127
Baron **Baldini.** — Tables d'échantillons de marbres et mosaïques	États-Pontif.	»
Lord **Romilly,** conservateur des archives. Londres. — Reproductions de manuscrits par photolithographie	Gde-Bretagne.	»
Gattiker. Paris. — Dessins d'ameublement	France	
Écoles ouvrières communales. — Dessins et bonnes méthodes	Wurtemberg	
Sy Ali el Kebidi, émin des menuisiers	Tunis	
Ben el Hadj Younes, émin des sculpteurs. — Sculptures	Tunis	
El Hadj Mohammed el Dahán. — Peintures	Tunis	
Mohammed Ben Cherif. — Mosaïques	Maroc	
Sid Kaddour. — Mosaïques	Maroc	
Marquis **d'Hervey de Saint-Denys.** — Exposition chinoise	Chine	
Chanton. Paris. — Objets divers	Chine	
Ousabouro et **Djiro.** Yeddo. — Objets divers	Japon	»
Alfred **Chapon,** architecte du Bardo. Paris	France	»
Colette. Paris. — Lithographies pour décoration	France	»
H. **Reiss.** Vienne. — Chromotypographie	Autriche	»

Médailles de bronze.

Sreeram Paul. — Modèles en argile	Inde anglaise.	»
Ch. **Fasol.** Vienne. — Dessins pour imprimeurs et fondeurs	Autriche	7
Stebakoff. Ekaterinbourg. — Objets en pierres dures.	Russie	

Marcus **Ward** et Cie. Belfast. — Enluminures.......	Gde-Bretagne.	3
Staiger et Cie. Paris. — Gravures en pierres fines et camées..	France.......	227
Charlotte **Newman**. Londres. — Dessins de dentelles.	Gde-Bretagne.	10
Roucou. Paris. — Damasquinages, restaurations....	France.......	214
Beaugeant. — Statuettes........................	France.......	»
Vaillant. Paris. — Dessins sur tissus..............	France.......	239
Agathagelos. Athènes. — Sculptures sur bois......	Grèce........	»
Association commerciale. Porto. — Décors.....	Portugal.....	1
Reich frères. Paris. — Dessins de broderies.........	France.......	203
Gonelle frères. Paris. — Dessins de châles..........	France.......	93
Perot père. Argenteuil. — Armes et écussons gravés et incrustés..................................	France.......	181
L. Berthon. Paris. — Peinture en émail sur cuivre.	France.......	85
Eugène **Adam**. Paris. — Dessins industriels........	France.......	2
Placet. Paris. — Damasquinage...................	France.......	187
Riester. Paris. — Dessins de papiers peints et lithographies d'ornements..........................	France.......	207
A. Geffroy. Paris. — Orfévrerie religieuse.........	France.......	87
Parvillée. — Terre cuite émaillée................	France.......	»
Ph. **Ulmann**. Paris. — Dessins de rubans et d'impression..	France.......	238
Sauvage. Paris. — Reproduction et sculpture par contre-partie..................................	France.......	219
J. Feuquières. Paris. — Émaux et coffrets.........	France.......	78
Faraoni. Paris. — Repoussé.....................	France.......	76
Ouri. Paris. — Dessins de décors..................	France.......	172
Fouché. Paris. — Dessins de machines, modèles....	France.......	81
Delaye. Paris. — Dessins et mosaïques, etc.........	France.......	64
A. **Martin**. Paris. — Procédé de réductions.........	France.......	15
Vo-Van-Van. Cochinchine. — Meubles en nacre....	Col. françaises.	»
Henri **Justin**. Chaux-de-Fonds. — Portraits gravés...	Suisse.......	»
Oberland Bernois. — Sculpture en bois.........	Suisse.......	»
Cremnitz. Paris. — Peinture-annonce sur tôle.....	France.......	61
Mme H. **Delong**. Paris. — Nouveau procédé, bijouterie artistique et repercé...............	France.......	65
P. **Nocker**. Groeden (exposé par J. **Thuille**. Botzen). — Sculpture en bois........................	Autriche.....	28
Em. **Lanos**. Paris. — Dessins d'impressions et d'ameublement....................................	France.......	125
Henri **Abend**. Paris. — Dessins d'impressions......	France.......	1
Paullet et **Tetrel**. Paris. — Dessins de tapis......	France.......	174
Émile **Briffaud**. Genève. — Paysage gravé sur or...	Suisse.......	»
Ortner et **Houle**. Londres. — Gravures en creux et cachets..	Gde-Bretagne.	11
Boeringer. Paris. — Verres décorés..............	France.......	2

Aubry. Paris. — Objets d'art	France	9
Maincent. Paris. — Dessins d'ameublement	France	146
L. **Laine**. Paris. — Dessins de bijouterie et de joaillerie	France	122
Péquégnot. Paris.— Gravures et dessins d'ornement.	France	177
Bresnier. Alger. — Écriture et miniature orientales.	Algérie	»
Derode. — Objets divers	Chine	»
Thomas **Martin**. Newton Abbott. — Cachets gravés à la mécanique	Gde-Bretagne	9
Sauvageot. Paris. — Gravure de dessins industriels.	France	220
H.-H. **Moulin** père. Paris. — Dessins et chromolithographies	France	166
D. **Marnyhac**. Paris. — Photosculpture	France	»
Institut industriel. Madrid. — Dessins industriels.	Espagne	»
L. **Schoenhaupt**. Mulhouse. — Dessins, album genre missel	France	223
Menin. Paris. — Dessin pour tapisserie à l'aiguille...	France	159
Picard. Paris. — Dessin d'impression	France	»
Baudelocq. Paris. — Dessins d'ornements d'église..	France	14
Rubicondi. Rome. — Mosaïques	États-Pontif.	»
Martinori. Rome. — Mosaïques	États-Pontif.	»
Briganti Bellini frères. Osima — Fruits en cire..	Italie	»
G. **Rooke**. South Kensington, Londres. — Mosaïque.	Gde-Bretagne	»
Dumont. — Dessins pour étoffes	France	»
John **Sparkes**. Londres.— Dessins et reliefs d'écoles d'art	Gde-Bretagne	17
Biais. Paris. — Dessins de broderies pour ornements d'église	France	22
Souze. Paris.— Gravure pour dorer et gaufrer le maroquin, le papier et les étoffes	France	226
Petyt. Gand. — Manuscrit enluminé	Belgique	14
J. **Leemann**. Genève. — Modèle de la cathédrale de Strasbourg	Suisse	»
Henrard. Bruxelles. — Imitation de fruits	Belgique	»
Lanzi. Rome. — Cristal de roche sculpté	États-Pontif.	»
Guy. Paris. — Gravure sur ivoire	France	»
Kellerhoven. Paris. — Chromolithographie	France	»

Mentions honorables.

Buchetet. Paris. — Fruits et légumes artificiels....	France	40
Rose **Arnoux**. La Martinique. — Fruits en cire.....	Col. françaises.	»
Albert **Slatter**. Saint-Leonard's-on-Sea. — Fleurs en cire	Gde-Bretagne	»
Arthur **Horcholle**. Passy. — Gravures sur bois.....	France	111

Émile **Bourdelin**. Paris. — Dessins, gravés sur bois, de machines	France	34
Guilbot et Cie. Paris. — Procédés de gravure pour les impressions et héliogravure	France	98
Drivot. Paris. — Procédés de gravure pour les impressions et héliogravure	France	»
E. **Weber**. Paris. — Dessins de dentelles	France	242
Géant. — Dessins de dentelles	France	»
A. **Favre**. — Dessins de cotonnades	France	»
Vauquier et **Delfosse**. Paris. — Décors	France	247
Desaide-Roquelay. Paris. — Gravure héraldique et gravure en médaille	France	67
Maharajah de Travancore. Madras. — Fruits en ivoire peint	Inde anglaise	»
Meisner. — Orfévrerie	France	»
Marchi. Paris. — Plastique	France	149
Lagnier. Bordeaux. — Sculptures sur bois	France	121
Otto. Paris. — Gravure héraldique	France	»
Mlle E. **de Maussion**. Paris. — Peinture sur porcelaine	France	157
Mellinger. Paris. — Dessins pour papiers peints	France	158
Malteau frères. Paris. — Dessins de châles	France	148
Comte. Paris. — Gravure en relief	France	68
Delphine de **Cool**. Paris. — Peintures et panneaux décoratifs	France	59
Landry **Fritz**. Neuchâtel. — Paysage gravé sur or	Suisse	»
Troublé. Paris. — Papiers peints et dessins	France	237
Herman **Dyck**. Munich. — Objets plastiques	Bavière	6
Montani. Constantinople. — Théorie de couleurs et sons	Turquie	»
Société industrielle de Nassau. — Travaux des élèves des écoles de dessin	Prusse	4
Rhadaranam Mistry. Bengale. — Sculpture sur ivoire	Inde anglaise	»
Paul **Joodo**. Kishnaghor. — Modèles en terre	Inde anglaise	»
Jeanmet. — Procédé de peinture à fresque	France	»
Rogeau. Paris. — Procédé de reproduction et de moulage	France	210
Ranayanaragou. Pondichéry. — Statuettes	Col. françaises	»
Bawool Rajor. Bengale. — Sculpture sur ivoire	Inde anglaise	»
Pestonjee Droutia. Madras. — Modèle de fruits	Inde anglaise	»
Jenner et **Knewstub**. Londres. — Gravures en creux	Gde-Bretagne	6
Maurice **Greiner**. Vienne. — Calligraphie	Autriche	»
W. **Bogler**. Wiesbaden. — Modèles de dessin	Prusse	3
B.-L. **Ibbetson-Boscawen**. Bieberich. — Galvanoplastie de fougères	Prusse	12
Samson. Paris. — Reproduction galvanique de gravures	France	»

Charles-Grandjean **Perrenoud**. Le Locle. — Inscription gravée	Suisse	»
A.-F. **Syré** neveu. Vienne.—Empreintes monogrammes.	Autriche	»
H. **Martin**. Paris. — Dessins d'impression	France	153
Mertz et **Benoît**. Paris. — Dessins de châles	France	160
Müller. Paris. — Dessins de tapis	France	169
G. **Wilhelm**. Paris. — Dessins pour impression	France	248
E. **Tschaggeny**. Bruxelles. — Dessins anatomiques.	Belgique	18
Bowan Dost. Bengale. — Sculpture de Lucknow	Inde anglaise.	»
L. **Madeleine**. Paris. — Dessins de dentelles	France	145
Gopal Dost. Bengale. — Sculpture de Oude	Inde anglaise.	»
Roncin. Paris. — Dessin de joaillerie	France	211
Raphaël **Salari**. Florence. — Reproduction à la plume des caractères d'imprimerie	Italie	3
Grandbarbe. — Dessins de tapisserie	France	»
E. **Pottier**. Paris. — Dessins de papiers peints	France	192
Belhatte. Paris. — Gravures sur bois	France	17
Reiber. Paris. — Dessins et faïences	France	»
C. **Schmoll**. Paris. — Camées	France	222
Caussinus. Paris. — Plâtres métallisés	France	»
C.-A. **Musson**. Lyon. — Coins de monnaies et médailles gravés au moyen de l'électricité	France	170
Angelo **Maestri**. Pavie. — Fruits en cire	Italie	»
Thérèse de **Grandi-Avignone**. Milan. — Fleurs en cire	Italie	23
Ali-Effendi. Constantinople. — Gravure sur pierre	Turquie	»
Le Conservateur des Archives. Londres. — Reproductions photozincographiques du Domesday-Book, faites par sir Henry James, avec le concours des lords de la Trésorerie	G^{de}-Bretagne	»
Caqué. Paris. — Gravure en médaille	France	43
Perrachon. Lyon. — Dessins pour être exécutés en soie	France	182
André **Martin**. Levallois-Perret.—Groupes en plâtre.	France	154
F. **Pautrot**. Paris. — Bronze sculpté	France	175
C. **Revel**. Paris. — Dessins de vitraux	France	205
J.-L.-P. **Leroux**. Paris. — Dessins en chromolithographie	France	138
Corroyet. — Dessins	France	»
Hugot et **Turin**. Paris. — Maquettes de décorations.	France	112
A. **Le Luyer**. Plouaret. — Panneaux peints	France	134
A. **Guilletat**. Belleville. — Dessins d'objets d'art	France	100
Mme Urbain **Fontaine** et fils. Paris. — Gravures à la mécanique pour cartes géographiques	France	80
Robert frères. Paris. — Dessins de sculpture	France	208
V. **Heng**. Paris. — Dessins de bijouterie	France	107

Victor **Rose**. Paris. — Dessins de mécanique et d'architecture	France	212
A.-H. **Cheneveau**. Paris. — Dessins industriels	France	51
F. **Gillot**. Paris. — Gravure paniconographique	France	90
N.-A. **Girault**. Paris. — Dessins de bronze composés d'après des plantes vivantes	France	92
A. **Tambon**. Paris. — Gravures pour dorures	France	229
M.-I. **Guignet**. Paris. — Dessins industriels	France	97
T. **Dopff**. Paris. — Dessins pour meubles et papiers peints	France	72
Ed. **Ollion**. Paris. — Dessins industriels	France	171
P.-E. **Fromont**. Paris. — Gravure héraldique	France	84
P.-V. **Morand**. Paris. — Pierres fines gravées	France	163
Joseph **Hudetz**. Hohenbruck. — Sculpture en bois	Autriche	
G. **Boucherat**. Paris. — Dessins d'étoffes	France	31
W. **Brunnhofer**. Olten. — Gouaches	Suisse	»
Joseph **Brunner**. Vienne. — Figures modelées en cire	Autriche	»
Z. **Ansel**. Paris. — Dessins d'étoffes	France	5
L. **Chaumont**. Paris. — Gravures et dessins pour l'industrie	France	50
Minton et Cie. Stoke-sur-Trent. — Mosaïque	Gde-Bretagne	»
Harland et **Fisher**. Londres. — Mosaïques	Gde-Bretagne	»
École royale d'application des ingénieurs. Turin. — Modèles	Italie	»
L. **Moulin** fils. Paris. — Dessins industriels	France	»
Mme **Benigna de Callias**. Paris. — Panneaux en faïence artistique	France	
Mme **Delahaye**. — Médaillons en stuc	France	
Nunez. Caracas. — Imitations de fruits et fleurs	Venezuela	
Carniole. — Cachets et pierres gravés	Roumanie	
S. **Himely**. Berne. — Clichés pour impressions	Suisse	
Prodhomme. Paris. — Dessins industriels	France	

COOPÉRATEURS.

Grand prix.

De Jacobi. Saint-Pétersbourg. — Application de la galvanoplastie aux arts	France	»

Médailles d'argent.

Landwerlin, chez M. Thierry Mieg. Mulhouse. — Dessins d'étoffes imprimées pour meubles	France	»

Chevrillon. Paris. — Organisation de l'exposition japonaise	France.......	»

Médailles de bronze.

Gravollet, chez M. Dollfus Mieg. Mulhouse. — Dessins pour robes, nouveautés	France.......	»
Lachaussée, chez M. Philippe. — Objets d'art divers, ciselures, etc.	France.......	»
Esparon, chez M. Stern. Paris — Gravure de médailles et cachets	France.......	228
Paul **Lebas,** chef d'atelier chez M. Guyétant. Paris. — Camées	France.......	104
Lesaché, chez M. Stern. Paris	France.......	
Biard, chez M. Stern. Paris. — Impressions en taille-douce	France.......	228
Fournier, chef d'atelier chez M. Vichy. Paris. — Dessin de cachemire	France.......	244
Choquelle, dessinateur de hautes nouveautés	France.......	»
Delacour, chez M. Berrus. Paris.— Dessins de châles.	France.......	»
Chmielewski, atelier de Saint-Pétersbourg. — Mosaïques	Russie.......	»
Bourovkhine. — Mosaïques	Russie.......	»
Mouravlev. — Mosaïques	Russie.......	»
Agafonov, atelier de Saint-Pétersbourg. — Mosaïques.	Russie.......	»
Bonafede. — Émaux pour mosaïques	Russie.......	»
Miss **Cole.** Musée de Kensington. Londres. — Mosaïques.	Gde Bretagne.	»
S. **Cooper**, chez MM. Minton et Cie. Stoke-sur-Trent. — Mosaïques	Gde-Bretagne.	»
Follet, chez M. Collinot. Boulogne	France	57
W.-F. **Aldridge**. — Musée de Kensington. Londres.. —Mosaïques.	Gde-Bretagne.	»
Hadj Mohammed ben Zaccour. — Menuiserie..	Tunis........	»
Moustapha el Nakash. — Sculptures	Tunis........	»
El Manoubi. — Peintures	Tunis........	»
Theami ben Moussa. — Mosaïques	Maroc........	»
Fabrizio d'Ambrozio. Rome. — Mosaïques	Etats-Pontif ..	»
Angelo **Poggesi.** Rome. — Mosaïques	Etats-Pontif ..	»
Borgna. Rome. — Mosaïques	Etats-Pontif...	»

CLASSE 9

ÉPREUVES ET APPAREILS DE PHOTOGRAPHIE.

EXPOSANTS.

Hors concours.

Niepce de Saint-Victor. (Membre du jury.) Paris. — Spécimens de ses travaux sur l'héliochromie et autres........ France....... 128

Docteur Hugh W. **Diamond**. (Membre du Jury.) Londres. — Calotypie........ Gde-Bretagne. 30

Docteur **Vogel**. (Membre du Jury.) Berlin. — Épreuves photographiques........ Prusse....... 33

L.-A. **Davanne**. (Secrétaire du Jury du groupe II.) Paris. — Paysages photographiques........ France....... 48

Duboscq. (Associé au Jury.) Paris. — Appareils optiques pour la photographie........ France....... 58

L. **Robert**. (Associé au Jury.) Paris. — Reproduction des collections de la manufacture de Sèvres........ France....... 150

Grand prix.

H. **Garnier**. Paris. — Gravure héliographique....... France....... 74

Médailles d'or.

Tessié du Motay et **Maréchal**. Metz.—Photographie aux encres grasses et photographie vitrifiée.... France....... 165

Lafon de Camarsac. Paris. — Émaux photographiques........ France....... 100

Médailles d'argent.

Bingham. Paris. — Reproduction de tableaux....... France....... 17

Soulier. Paris. — Vues et intérieurs; positifs sur verre........ France....... 17

Louis **Angerer**. Vienne. — Portraits et reproductions photographiques........ Autriche..... 20

W.-B. **Woodbury**. Londres. — Nouveau mode d'impression photographique........ Gde-Bretagne. 105

F. **Bedford**. Londres. — Vues d'après nature.......	Gde-Bretagne.	
Adam **Salomon**. Paris. — Portraits...............	France......	1
Placet. Paris. — Gravure héliographique...........	France......	139
Nègre. Nice. — Gravures héliographiques..........	France......	125
Baldus. Paris. — Gravures héliographiques........	France.......	7
L.-M. **Rutherford**. New-York. — Photographie astronomique......................................	États-Unis...	13
Lackerbauer. Paris. — Épreuves micrographiques.	France......	96
Neyt. Gand. — Épreuves micrographiques.........	Belgique.....	11
Amand-Durand. Paris. — Gravure héliographique..	France,......	3
Poitevin. Paris. —Lithophotographie..............:	France.......	142
Civiale. Paris. — Travail scientifique sur les Alpes.	France......	37
Gustave **Schauer**. Berlin. — Reproductions photographiques de tableaux..........................	Prusse.......	10
Deroche et **Heygland**. Milan. — Émaux photographiques..	Italie........	6
H. **Vauvray**. Paris. — Portraits photographiques...	France;.......	173
Jules **Leth**. Vienne. — Photographies par la lumière du magnésium..................................	Autriche.....	26
Paul **Pretsch**. Vienne. — Gravure héliographique....	Autriche.....	37
H.-P. **Robinson**. Londres. — Vues photographiques.	Gde-Bretagne.	77
Ch. et Rud. **Mahlknecht**. Vienne. — Épreuves diverses..	Autriche.....	28
Wigand. Berlin. — Portraits	Prusse	24
J.-W. **Swan**. Newcastle-sur-Tyne. — Perfectionnement des procédés au charbon........................	Gde-Bretagne.	88
Naya. Venise. — Reproductions..................	Italie........	13
Lœscher et **Petsch**. Berlin. — Portraits..........	Prusse.......	
Ferrier. Paris. — Vues et intérieurs..............	France......	66
Voigtlander et fils. Vienne. — Objectifs photographiques..	Autriche.....	56
Busch. Rathenow. — Objectif nouveau embrassant un angle très-considérable........................	Prusse.......	4
J.-H. **Dallmeyer**. Londres.— Objectif dit *rectilinéaire*.	Gde-Bretagne.	26
A. **Darlot**. Paris. — Progrès dans la confection des objectifs à paysages	France.......	47
Braun. Dornach. — Photographie au charbon.......	France.......	23
Baldi et **Würthle**. Salzbourg. — Grands paysages.	Autriche.....	4
J. **Mudd**. Manchester. — Vues photographiques	Gde-Bretagne..	68
Aug. **Chevallier**. Paris. — Application de la photographie au lever des plans	France.......	36
Jeanrenaud. Paris. — Vues photographiques......	France.......	91
I. **Rousset**. Paris. — Paysages photographiques....	France.......	155
Milster. Berlin. — Portraits et reproductions	Prusse.......	42
W. **England**. Londres. — Vues photographiques...	Gde-Bretagne.	34
P. **Berthier**. Paris. — Photographies..............	France.......	14

Reutlinger. Paris. — Portraits....................	France.......	19
Franck de Villecholle. Paris. — Portraits et reproductions..	France.......	69
Gaillard. Paris. — Épreuves photographiques.......	France.......	71
Klokh et **Doudkiewicz.** Varsovie. — Vues et portraits..	Russie.......	5
Benque et **Sebastianutti.** Trieste. — Portraits et agrandissements....................................	Autriche.....	6
Mme Adèle **Perlmutter.** Vienne. — Portraits.........	Autriche.....	36
Fierlants et Cie. Ixelles-lez-Bruxelles. — Reproduction des tableaux................................	Belgique.....	5
C. **Thurston Thompson.** Londres. — Vues photographiques...	Gde-Bretagne.	92

Médailles de bronze.

T. **Ross.** Londres. — Objectifs photographiques......	Gde-Bretagne,	26
Steinheil. Munich. — Objectif grand angulaire......	Bavière......	5
Michelez. Paris. — Reproduction de tableaux.......	France.......	»
K. **Nelson Cherril.** Londres.—Épreuves au charbon..	Gde-Bretagne.	»
Albert. — Reproductions........................	Bavière......	4
Henri **Graf.** Berlin. — Portraits.................	Prusse.......	45
Colonel Stuart **Wortley.** Londres. — Paysages.......	Gde-Bretagne.	106
Mulnier. Paris. — Portraits......................	France.......	122
Maxwell-Lyte. Bagnères-de-Bigorre. — Paysages...	France.......	119
Villette. Paris. — Collodion transporté............	France.......	174
Carlevari. — Lumière magnésienne................	Italie	
V. **Blanchard.** Londres. — Portraits...............	Gde-Bretagne.	8
Vernon Heath. — Paysages.......................	Gde-Bretagne.	46
Mante. Asnières. — Gravure héliographique.........	France.......	111
Pinel-Peschardière. Paris. — Gravure héliographique..	France.......	137
Marville. Paris. — Photographies................	France.......	116
Aug. **Knoblich.** — Photozincographie..............	Autriche.....	»
Szekely et **Massak.** Vienne. — Vues et reproductions..	Autriche.....	41
Ph. **Graff.** Berlin. — Photographies...............	Prusse.......	15
Sorgato. Venise. — Photographies................	Italie.........	15
Remelé. Berlin. — Paysages......................	Prusse.......	28
Colonel **Briggs.** Leamington. — Vues des Indes......	Gde-Bretagne.	11
W. **Griggs.** Londres. — Vues des Indes.............	Gde-Bretagne	»
Shepherd et **Bourne.** Simla. — Vues des Indes...	Inde anglaise.	»
Küss. Vienne. — Vues...........................	Autriche.....	25
Fr. **Brandseph.** Stuttgart. — Vues et portraits......	Wurtemberg.	»
Victor **Angerer.** Vienne. — Photographies diverses...	Autriche.....	3

Marquis **de Bérenger**. Paris. — Reproductions photographiques	France	11
Léon et **Lévy**. Paris. — Épreuves stéréoscopiques	France	107
Kœllner et **Giesemann**. Berlin. — Épreuves photolithographiques	Prusse	7
Ed. **Grüne**. Berlin. — Émaux, dorure et argenture photographiques	Prusse	6
Capitaine A.-G. **Tod**. Cheltenham. — Épreuves photographiques	Gde-Bretagne.	94
Martinez et **Hébert**. Madrid. — Amplifications	Espagne	9
Abdullah frères. — Panorama de Constantinople	Turquie	»
J.-E. **Mayall**. Londres. — Grands portraits	Gde-Bretagne.	62
Ch. de **Jagemann**. Vienne. — Portraits	Autriche	19
C. **Suck**. Berlin. — Portraits et architecture	Prusse	13
G. **Sommer**. Naples. — Photographies diverses	Italie	31
Carjat et Cie. Paris. — Portraits	France	32
Hermagis. Paris. — Objectifs photographiques	France	66
Derogy. Paris. — Objectifs photographiques	France	34
Secrétan. Paris. — Objectifs photographiques	France	160
Bertsch. Paris. — Appareils optiques pour la photographie	France	16
F. **Joubert**. Londres. — Photographie émaillée	Gde-Bretagne.	»
Simonau et **Toovey**. Bruxelles. —Photolithographies.	Belgique	
Mieczkowski. Varsovie. — Portraits	Russie	11
Eurenius et **Quist**. Stockholm. — Portraits et épreuves diverses	Suède	2
Macfarlane. Londres. — Paysages	Gde-Bretagne.	»
Puech. Paris. — Produits chimiques pour la photographie	France	146
F. **Beyrich**. Berlin. — Produits chimiques et papiers.	Prusse	2
Poulenc et **Wittmann**. Paris. — Produits chimiques	France	144
E. **Schering**. Berlin. — Produits chimiques	Prusse	12
A. **Moll**. Vienne. — Produits chimiques	Autriche	31
Relandin. Paris. — Appareils pour la photographie.	France	148
Warmbrunn, Quilitz et Cie. Berlin. — Ustensiles de verre pour la photographie	Prusse	3
Poitrineau. Paris. — Voiture pour opérer en voyage.	France	143
Cousin. Paris. — Épreuves photographiques, émaux.	France	41
Oscar **Kramer**. Vienne. — Voiture contenant un appareil photographique pour opérer en voyage	Autriche	23
Van Monckhoven. Gand. — Appareils à agrandissement	Belgique	12
P. **Meagher**. Londres. — Ébénisterie photographique.	Gde-Bretagne.	65
Reiffenstein et **Rosch**. Vienne. — Photolithographies	Autriche	
W. **Korn** et Cie. — Photolithographies	Prusse	»

A. **Duvette**. Amiens. — Grandes vues directes.......	France.......	63
Henri **White**. Londres. — Photographies diverses....	Gde-Bretagne.	101
Bretillot. Besançon. — Paysages..................	France.......	24
Champion. Paris. — Épreuves de la Chine.........	France.......	33
Muzet et **Joguet**. Lyon. — Photographies diverses..	France.......	124
Jean **Bauer**. Vienne. — Vues et portraits............	Autriche.....	5
Martens. Paris. — Appareil panoramique...........	France.......	»
Most et **Schrœder**. Copenhague. — Émaux photographiques....................................	Danemark ...	7
M. **Lotze**. Vérone. — Paysages....................	Italie........	10
C.-E. **Watkins**. San Francisco. — Paysages.........	Etats-Unis....	9
Ant. **Widter**. Vienne. — Photographies historiques..	Autriche.....	»
Baron de **Champlouis**. — Procédés sur papier.....	Algérie......	»
Garcin. Genève. — Paysages.....................	Suisse.......	»
Verveer. La Haye. — Groupes et portraits..........	Pays-Bas.....	3
Borchardt. Riga. — Portraits.....................	Russie.......	3
Capitaine **Piboul**. — Épreuves du désert...........	Algérie......	1
S. **Beer**. New-York. — Épreuves stéréoscopiques....	États-Unis ...	5
Notman. Montréal, Canada. — Portraits...........	Col. anglaises.	3
Mandel. Stockholm. — Photolithographie..........	Suède	6
D. **Constantine**. Athènes. — Ruines...............	Grèce........	2
Daviselli. — Photographies diverses..............	États-Pontif..	»
Jubert. Grignon. — Application de la photographie à l'enseignement agricole..........................	France.......	92
I. **Petersen**. — Epreuves photographiques..........	Danemark ...	»
Caldesi. Londres. — Médaillons photographiques....	Gde-Bretagne.	»
Cuvelier. Arras. — Paysages au papier sec.........	France.......	43
Désiré. Le Caire. — Photographies................	Égypte.......	»
Drivet. Paris. — Héliogravures..................	France.......	»
Th. **Lilienthal**. Nouvelle-Orléans. — Vues photographiques...................................	États-Unis ...	
Laurence et Houseworth. San Francisco. — Vues photographiques..............................	États-Unis ...	

Mentions honorables.

Lt-colonel **Verschoyle**. Londres. — Épreuves photographiques................................	Gde-Bretagne.	97
Humbert de Molard. Paris. — Appareils..........	France.......	88
Charles **Bergamasco**. Saint-Pétersbourg. — Photographies....................................	Russie.......	2
F. **Joostens**. Anvers. — Photographies............	Belgique.....	9
Mme **Breton**. Rouen. — Vues photographiques.......	France.......	5
A. De Constant **Delessert**. Lausanne. — Vues......	Suisse.......	4
Julià et **Garcia**. Madrid. — Portraits.............	Espagne	7

Willard et Cie. New-York. — Objectifs	États-Unis	3
Leuzinger. Rio de Janeiro. — Photographies	Brésil	»
Département des travaux publics. — Photographies	Col. anglaises	1
T.-M. **Brownrigg**. Dublin. — Paysages	Gde-Bretagne.	13
Koch et Wilz. Paris. — Appareils photographiques.	France	95
François **Friedrich**. Prague. — Vues	Autriche	10
G. **Voelkerling**. Dessau. — Vues	Anhalt	44
Hafstaengel. Paris. — Portraits	France	64
Père **Garucci**.—Photographies de peintures anciennes.	États-Pontif.	»
Schmidt et Cie. Kiel. — Portraits	Prusse	48
J. **Pouncy**. Dorchester. — Épreuves au charbon	Gde-Bretagne.	76
Gaucherel. Saint-Martin-de-Ré. — Modèles de lavis reproduits par la photographie	France	77
Léopold **Strelizky**. Pesth. — Vues photographiques	Autriche	49
E. **Mathieu-Plessy**. Paris. — Produits chimiques	France	117
Mme **Cameron**. Ile de Wight. — Photographies artistiques	Gde-Bretagne.	17
Dagron. Paris. — Bijoux microscopiques	France	44
Briois. Paris. — Produits et appareils photographiques.	France	26
Guillaume **Burger**. Vienne. — Vues photographiques.	Autriche	7
Gilles frères. Paris. — Appareils photographiques	France	82
Gasc et **Charconnet**. Paris. — Objectifs	France	76
Fred. **Beasley** jeune. Londres. — Photographies	Gde-Bretagne.	4
Delondre. Paris. — Photographies	France	52
Ruckert. Paris. — Appareils	France	156
Théod. **Glatz**. Hermannstadt. — Vues	Autriche	12
Mme **Laffon**. Paris. — Photographies sur soie	France	98
Lemercier et Cie. Paris. — Héliographie	France	106
Garin jeune. Paris. — Papier photographique	France	72
Schaeffner et **Mohr**. Paris. — Papier photographique.	France	158
Langlois. Paris. — Matériel photographique	France	101
Numa-Blanc. Paris. — Portraits	France	130
Romanet. Bovelles. — Épreuves photographiques	France	152
François **Richard**. Heidelberg. — Vues photographiques.	Bade	2
Corps de l'artillerie impériale (Ministère de la guerre). Vienne. — Photographies diverses	Autriche	»
Stephen **Thompson**. Londres. — Photographies diverses	Gde-Bretagne.	93
Alophe. Paris. — Grands portraits	France	2
Dubroni. Paris. — Appareils photographiques	France	60
Henri **Van Lint**. Pise. — Photographies	Italie	20
Bénard. Paris. — Verres, glaces et cuvettes pour la photographie	France	40
G.-W. **Wilson**. Aberdeen. — Vues stéréoscopiques	Gde-Bretagne.	103
Selmer. Bergen. — Photographies	Norvége	5

Henry **Swan**. Londres. — Nouveaux stéréoscopes....	Gde-Bretagne.	87
Godard. Angoulême. — Papier photographique......	France.......	84
Mme Ve **Plasse** et **Oberty**. Constantine.—Photographies.	Algérie......	»
Manguin. Paris. — Architecture................	France.......	110
Papot. Paris. — Vues stéréoscopiques sur verre.....	France.......	132
Lécu. Paris. — Verreries, cuvettes et glaces pour la photographie	France.......	105
G. **Schucht**. Berlin. — Paysages................	Prusse.......	14
H. **Günther**. Berlin. — Fleurs..................	Prusse.......	31
Fontaine. Marseille. — Gravures héliographiques....	France.......	68
Joseph **Homolatsch**. Vienne. — Portraits..........	Autriche.....	17
Ignace **Lowy**. Vienne. — Photographies............	Autriche.....	27
Fr. **Bruckmann**. Munich. — Reproductions........	Bavière......	2
E. **Harboe**. Copenhague. — Vues..................	Danemark....	4
Delton. Paris. — Photographie hippique...........	France.......	53
Neümann. Saint-Jean-d'Angély. — Portraits.......	France.......	126
Couthon. Vichy. — Vues........................	France.......	42
N. **Alassine**. Moscou. — Portraits................	Russie.......	1
Jos. **Maes**. Anvers. — Photographies.............	Belgique.....	10
Schmitt père et fils. Rothenfels. — Vues...........	Bade........	
Adolphe **Beau**. Londres. — Portraits................	Gde-Bretagne.	5
W.-D. **Hemphill**. Clonmel. — Vues................	Gde-Bretagne.	48
Sir J.-J. **Coghill**. Glen Barrahane Skibbereen. —Vues.	Gde-Bretagne.	22
Joseph **Solomon**. Londres. — Lampe au magnésium.	Gde-Bretagne.	84
Tiffereau. Paris. — Portraits photographiques......	France.......	167
Cruttenden. Maidstone. — Photographies...........	Gde-Bretagne.	»
Georges **Wardley**. Manchester. — Vues............	Gde-Bretagne.	99
Fr. **Poncy**. Genève. — Reproductions photographiques.	Suisse.......	6
Braquehais. Paris. — Plaques daguerriennes......	France.......	22
Th. **Joop** et Cie. Bromberg. — Portraits............	Prusse.......	27
Jæger. Stockholm. — Photographies................	Suède.......	4
Dr **Heid** et **Renniger**. Vienne. — Portraits photographiques................................	Autriche.....	16
Roman. Arles. — Vues..........................	France.......	151
Jas. **Ross**. Édimbourg. — Photographies............	Gde-Bretagne.	78
Ch. **Richard**. Genève. — Vues....................	Suisse.......	9
A. **Terpereau**. Bordeaux. — Vues et reproductions..	France.......	164
Atelier photographique du Caucase. — Vues.	Russie.......	7
E. **Liesegang**. Elberfeld. — Appareils..............	Prusse.......	8
Henry **Eckert**. Prague. — Vues...................	Autriche.....	9
J.-H. et G. **Van Heteren**. Amsterdam. — Photolithographies................................	Pays-Bas.....	7
William **Austen**. Londres. — Appareils de photographie................................	Gde-Bretagne.	42
Joop. Stockholm. — Photographies................	Suède........	5

Despaquis. Paris. — Procédé au charbon........	France.......	55
Collard. Paris. — Vues...........................	France.......	39
W.-W. **Rouch** et Cie. Londres. — Produits et appareils...	Gde-Bretagne.	80
Mariano **Trari**. Bologne. — Portraits en graphite sur cristal..	Italie........	»
R. Wheeter **Thomas**. Londres. — Produits	Gde-Bretagne.	91
Jules-Edouard **Schindler**. Vienne. — Reproduction d'oiseaux..	Autriche.....	43
Ch. **Ponti**. Venise. — Vues et appareils photographiques..	Italie........	»
Leggo et **Desbarats**. Québec. — Photographies....	Col. anglaises.	2
Antoine **Perini**. Venise. — Photographies...........	Italie........	14
R. **Falk**. Berlin. — Photographies....................	Prusse.......	39
Henderson. Montreal. — Photographies............	Col. anglaises.	6
Corps royal du Génie. — Photographies.........	Gde-Bretagne.	»
G. **Schultz**. Naumbourg. — Photographies	Prusse.......	37
Victor **Daveluy**. Bruges. — Portraits...............	Belgique.....	3
Compagnie Pantascopique. Londres. — Épreuves photographiques, pantascopes, etc................	Gde-Bretagne.	73
Géruzet frères. Bruxelles. — Portraits............	Belgique.....	6
Fabre. La Martinique. — Photographies............	Col. françaises	»
Azéma. La Réunion. — Photographies............	Col. françaises	»
Siebe frères. Breslau. — Portraits..................	Prusse.......	21
Ed. **Kozics**. Presbourg. — Vues....................	Hongrie......	22
Jules **Gertinger**. Vienne. — Portraits...............	Autriche.....	11
Archibald W. **Hosmer**. Cheltenham. — Épreuves photographiques..	Gde-Bretagne.	50
G.-E. **Hansen**. Copenhague. — Épreuves photographiques..	Danemark ...	2
Louis **Montabone**. Turin. — Épreuves photographiques..	Italie........	3
Louis **Mussini**. Sienne. — Épreuves photographiques.	Italie........	23
Cramb frères. Glasgow. — Épreuves photographiques.	Gde-Bretagne.	23
Alfred **Chardon** jeune. Paris. — Reproductions photographiques...	France.......	34
David d'Angers. Paris. — Reproductions et paysages..	France.......	49
Pector. Paris. — Paysages..........................	France.......	133
Walery. Marseille. — Portraits.....................	France.......	»
Decagny. Paris. — Photographies stéréoscopiques sur verre et vitraux...................................	France.......	51
G. **Anthoni**. Paris. — Chambre laboratoire.........	France.......	4
Brussey. Paris. — Fonds photographiques..........	France.......	27
Liébert. Paris. — Portraits et agrandissements.....	France.......	108
J. **Reiner**. Klagenfurt. — Vues de la Carinthie......	Autriche.....	40
C. **Szatmary**. Bukarest. — Photographies..........	Roumanie....	»
Huaux. Constantine. — Vues photographiques.......	Algérie......	»

CLASSE 10

INSTRUMENTS DE MUSIQUE.

EXPOSANTS.

Hors concours.

J. et P. **Schiedmayer**. (J. **Schiedmayer**, Membre du Jury.) Stuttgart. — Pianos et harmonium........	Wurtemberg..	3
A. **Cavaillé-Coll**. Paris. (Associé au Jury.) — Orgues.	France.......	180
A.-F. **Debain**. (Associé au Jury.) Paris. — Harmoniums..	France.......	1
Mme Vve **Érard**. (**Schaeffer**, associé au Jury.) Paris. — Pianos..	France.......	20
Henri **Herz**. (Associé au Jury.) Paris. — Pianos.....	France.......	22
Pleyel-Wolff et Cie. (**Wolff**, associé au Jury.) Paris. — Pianos..	France.......	21
J.-B. **Vuillaume**. (Associé au Jury.) — Paris. Instruments à archet..................................	France.......	116

Grand prix.

A.-J. **Sax**. Paris. — Instruments à vent (cuivre)......	France.......	86

Médailles d'or.

John **Broadwood** et fils. Londres. — Pianos........	Gde-Bretagne.	6
Steinway et fils. New-York. — Pianos............	États-Unis ...	5
Chickering et fils. Boston et New-York. — Pianos...	États-Unis ...	6
Société anonyme pour la fabrication des grandes orgues. (Établissements Merklin-Schütze.) Paris et Ixelles-lez-Bruxelles. — Orgues	France et Belgique...	9
Alexandre père et fils. (Société des Magasins-Réunis.) Paris. — Orgues..................................	France	5
F. **Triebert**. Paris. — Instruments à vent (bois)....	France.......	114
J.-B. **Streicher** et fils. Vienne. — Pianos..........	Autriche.....	49
Ph.-H. **Herz** neveu. Paris. — Pianos................	France.......	»

Médailles d'argent.

Schiedmayer et fils. Stuttgart. — Pianos..........	Wurtemberg..	7
Joseph **Kirkman** et fils. Londres. — Pianos........	Gde-Bretagne.	16

Kriegelstein père et fils. Paris. — Pianos........	France.......	7
J. **Gaveau**. Paris. — Pianos........................	France.......	6
F. **Ehrbar**. Vienne. — Pianos........................	Autriche.....	14
B. **Knake**. Münster. — Pianos........................	Prusse.......	28
C. **Bechstein**. Berlin. — Pianos........................	Prusse.......	15
J. **Blüthner**. Leipzig. — Pianos........................	Saxe.........	8
J. **Günther**. Bruxelles. — Pianos........................	Belgique.....	6
L. **Sternberg**. Bruxelles. — Pianos........................	Belgique.....	10
Sprecher et Cie. Zurich. — Pianos........................	Suisse.......	10
J.-L. **Allinger**. Strasbourg. — Pianos........................	France.......	12
H. **Vogelsangs**. Bruxelles. — Pianos........................	Belgique.....	11
Malecki et **Schroeder**. Varsovie. — Pianos........	Russie.......	5
Berden et Cie. Bruxelles. — Pianos........................	Belgique.....	2
Huni et **Hubert**. Zurich. — Pianos........................	Suisse.......	10
L. **Bösendorfer**. Vienne. — Pianos........................	Autriche.....	10
Aloyse **Biber**. Munich. — Pianos........................	Bavière......	9
Blanchet fils. Paris. — Pianos........................	France.......	8
A. **Bord**. Paris. — Pianos........................	France.......	11
J.-M. **Schweighofer**. Vienne. — Pianos...........	Autriche.....	42
Bevington et fils. Londres. — Orgues............	Gde-Bretagne.	
Müstel. Paris. — Harmoniums........................	France.......	3
Trayser et Cie. Stuttgart. — Harmoniums..........	Wurtemberg..	2
Mason et **Hamlin**. New-York et Boston. — Orgues de salon........................	États-Unis ...	1
C.-A. **Miremont**. Paris. — Instruments à archet....	France.......	57
Gand et **Bernardel** frères. Paris. — Instruments à archet........................	France.......	72
N.-F. **Vuillaume**. Bruxelles. — Instruments à archet.	Belgique.....	12
Gabriel **Lemboeck**. Vienne. — Instruments à archet..	Autriche.....	30
Henri **Distin**. Londres. — Instruments à vent (cuivre).	Gde-Bretagne.	10
V.-F. **Cerveny**. Koniggratz. — Instruments à vent (cuivre)........................	Autriche.....	11
F. **Besson**. Londres et Paris. — Instruments à vent (cuivre)........................	Gde-Bretagne et France	2-92
Mahillon père et fils. Bruxelles. — Instruments à vent (cuivre)........................	Belgique.....	3
Antoine **Courtois**. Paris.— Instruments à vent (cuivre).	France.......	95
P.-L. **Gautrot**. Paris. — Instruments à vent (cuivre)..	France.......	135
J.-C. **Labbaye**. Paris. — Instruments à vent (cuivre)..	France.......	101
François **Bock**. Vienne. — Instruments à vent (cuivre).	Autriche.....	8
J.-C.-H. **Roth**. Strasbourg.—Instruments à vent (cuivre).	France.......	113
Millereau. Paris. — Instruments à vent (cuivre).....	France.......	110
Missenharter. Stuttgart.— Instruments à vent (cuivre).	Wurtemberg..	1
Jules **Martin**. Paris. — Instruments à vent (cuivre)..	France.......	107

E. Albert. Bruxelles. — Instruments à vent (bois)...	Belgique.....	1
Buffet-Crampon et Cie. Paris. — Instruments à vent (bois).....	France.......	92
L. Lot. Paris. — Instruments à vent (bois)..........	France.......	109
Romero et **Andia**. Madrid.— Instruments à vent (bois).	Espagne.....	2
Clair **Godfroy** aîné. Paris.— Instruments à vent (bois).	France.......	103
V. Coche. Paris. Instruments à vent (bois)..........	France.......	145
J. Ziegler. Vienne. — Instruments à vent (bois).....	Autriche.....	56
Bollée. Le Mans. — Carillon......................	France.......	
Welte et fils. Voehrenbach.— Instruments mécaniques.	Bade........	2
P.-E. Kelsen. Paris. — Orgues mécaniques.........	France.......	170
Schwander et Cie. Paris. — Mécaniques de pianos..	France.......	76
Rohden. Paris. — Mécanique pour piano............	France.......	56
Poehlmann. Nüremberg. — Cordes de piano d'acier fondu........	Bavière......	11
Breitkopf et **Haertel**. Leipzig. — Éditions de musique........	Saxe........	18
Heugel. Paris. — Éditions de musique.............	France......	136
Brandus et G. **Dufour**. Paris.— Éditions de musique.	France.......	149
Lemoine. Paris. — Éditions de musique...........	France.......	151
Bonifacio **Eslava**. Madrid. — Éditions de musique...	Espagne.....	11
Gérard et Cie. Paris. — Éditions de musique.......	France.......	150
Martin. Toulouse. — Pianos.......................	France.......	24
Amédée **Thibout** et Cie. Paris. — Pianos...........	France.......	128
Mangeot frères et Cie. Nancy. — Pianos............	France.......	156
L. **Escudier**. Paris. — Éditions de musique........	France.......	152

Médailles de bronze.

John **Brinsmead**. Londres. — Pianos...............	G^de^-Bretagne..	5
Kaim et **Guenther**. Kircheim. — Pianos..........	Wurtemberg..	10
F. Elcké. Paris. — Pianos........................	France.......	41
J. Promberger et fils. Vienne. — Pianos..........	Autriche.....	37
R. Allison et fils. Londres. — Pianos.............	G^de^-Bretagne.	1
Aucher frères. Paris. — Pianos..................	France.......	14
G. Schwechten. Berlin. — Pianos.................	Prusse.......	29
Carl **Hardt**. Stuttgart. — Pianos..................	Wurtemberg..	8
Louis **Beregszaszy**. Pesth. — Pianos...............	Autriche.....	3
Dorner. Stuttgart. — Pianos......................	Wurtemberg..	6
Hals frères. Christiania. — Pianos................	Norvége.....	2
Malmsioe. Gothenbourg. — Pianos.................	Suède.......	2
François **Blümel**. Vienne. — Pianos................	Autriche.....	7
Hornung et **Moeller**. Copenhague. — Pianos......	Danemark....	1
Prestel. Strasbourg. — Pianos....................	France.......	29

Wornum et fils. Londres. — Pianos	Gde-Bretagne.	24
Stoltz et fils. Paris. — Orgues	France	165
Bryceson frères et Cie. Londres. — Orgues	Gde-Bretagne.	
W. **Dawes**. Londres. — Harmoniums	Gde-Bretagne.	
Rodolphe. Paris. — Harmoniums	France	
Christophe et **Étienne**. Paris. — Harmoniums	France	4
Fourneaux. Paris. — Harmoniums	France	31
C.-F. **Darche** aîné. Bruxelles. — Instruments à archet.	Belgique	4
Jacquot père. Paris. — Instruments à archet	France	61
F. **Diehl**. Darmstadt. — Instruments à archet	Hesse	2
S. **Vuillaume**. Paris. — Instruments à archet	France	52
Mennegand. Paris. — Instruments à archet	France	54
Jacquot fils. Nancy. — Instruments à archet	France	62
Grandjon. Paris. — Instruments à archet	France	102
G. **Germünder**. New-York. — Instruments à archet.	États-Unis	4
A. **Guadagnini**. Turin. — Instruments à archet	Italie	
C. **Grimm**. Berlin. — Instruments à archet	Prusse	37
Dav. **Bittner**. Vienne. — Instruments à archet	Autriche	6
Jean **Haselwander**. Munich. — Instruments à cordes pincées	Bavière	3
Antoine **Kiendl**. Vienne. — Instruments à cordes pincées	Bavière	7
M. **Amberger**. Munich. — Instruments à cordes pincées	Bavière	7
F. **Gonzalez**. Madrid. — Instruments à cordes pincées	Espagne	4
Mart. **Tomschik**. Brünn. — Instruments à vent (cuivre)	Autriche	53
E.-P. **Van Osch**. Maëstricht. — Instruments à vent (cuivre)	Pays-Bas	5
L. **Schreiber**. New-York. — Instruments à vent (cuivre)	États-Unis	8
J. **Couturier**. Lyon. — Instruments à vent (cuivre).	France	98
G. **Bohland**. Graslitz. — Instruments à vent (cuivre).	Autriche	9
J.-W. **Lausmann**. Linz. — Instruments à vent	Autriche	29
Joseph **Pelitti**. Milan. — Instruments à vent (cuivre).	Italie	4
A. **Lecomte** et Cie. Paris. — Instruments à vent (cuivre).	France	44
J.-D. **Breton**. Paris. — Instruments à vent (bois)	France	96
Martin frères. Paris. — Instruments à vent (bois)	France	7
A. **Choudens**. Paris. — Éditions de musique	France	148
L. **Moucelot**. Paris. — Éditions de musique	France	146
J.-F. **Colombier**. Paris. — Éditions de musique	France	147
Maho. Paris. — Éditions de musique	France	
Mme Vve **Panseron**. Paris. — Solfége et méthode de chant	France	139

Thibouville aîné. — Instruments à vent (bois)......	France.......	111
Buffet et Cie. Paris. — Instruments à vent (bois)	France.......	99
Blé. Paris. — Instruments à vent (bois).............	France.......	94
F. **Heintzmann**. Voehrenbach. — Instruments de musique..................................	Bade	
Émile **Chaillot**. Paris. — Outils et fournitures pour orgues..................................	France.......	93
Thibouville-Lamy. Paris. — Instruments à vent (bois, cuivre)................................	France.......	51
L.-H. **Savaresse**. Paris. — Cordes à boyaux........	France.......	55
Duval et fils. Paris. — Fournitures pour pianos.....	France.......	59
L.-D. **Weickert**. Wurzen. — Feutres pour pianos...	Saxe.........	7
E. **Billion**. Saint-Denis. — Feutres pour pianos......	France.......	46
Rieter-Biedermann. — Éditions de musique......	Suisse.......	
J.-B. **Baudon**. Paris. — Gravure de musique.......	France.......	138
Bressler fils. Nantes. — Pianos..................	France.......	84
Philippi frères. Paris. — Pianos	France.......	
Baudassé-Cazotte. Montpellier. — Cordes harmoniques..................................	France.......	58
G. et A. **Klemm**. Markneukirchen. — Cordes métalliques..................................	Saxe.........	6
B.-A. **Bremond**. Genève. — Boîtes à musique.......	Suisse.......	
Ducommun-Girod. Genève. — Boîtes à musique..	Suisse.......	19
Th. **Greiner**. Genève. — Boîtes à musique	Suisse	7
Lecoultre-Sublet. Sainte-Croix.— Boîtes à musique.	Suisse.......	13
Paillard-Vaucher fils. Sainte-Croix. — Boîtes à musique..................................	Suisse	17
L.-U. **Jaccard**. Sainte-Croix. — Boîtes à musique ...	Suisse	11
Gavioli et Cie. Paris. — Orgues mécaniques.........	France.......	160
Ch. **Hesse**. Vienne. — Orgues d'église.............	Autriche.....	21
Constant **Busson**. Paris. — Harmoniflûtes..........	France.......	
F. **Blée**. Paris. — Harmoniflûtes..................	France.......	
Hoeberechts et fils. Liége. — Pianos.............	Belgique.....	

Mentions honorables.

Franche. Paris. — Pianos.........................	France.......	32
Tessereau. Paris. — Pianos......................	France.......	
J.-L. **Lévêque**. Paris. — Pianos	France.......	88
Westermann et Cie. Berlin. — Pianos...........	Prusse.......	9
Godefroi **Cramer**. Vienne. — Pianos............ ..	Autriche.....	12
Heinrich **Haegele**. Aalem. — Pianos...............	Wurtemberg..	4
L. **Stavenow**. Stockholm. — Pianos...............	Suède	3
Miguel **Soler**. Saragosse. — Pianos...............	Espagne......	8
E. **Dopéré**. Bruxelles. — Pianos..................	Belgique.....	5

J.-B. **Klems**. Düsseldorf. — Pianos	Prusse	1
E. **Westermayer**. Berlin. — Pianos	Prusse	35
Yot-Schreck et Cie. Paris. — Pianos	France	30
Christian **Oehler**. Stuttgart. — Pianos	Wurtemberg	5
Souffleto. Paris. — Pianos	France	
Jules **Simon**. Vienne. — Pianos	Autriche	446
Bernareggi et Cie. Barcelone. — Pianos	Espagne	7
P. **Bertringer**. Paris — Pianos	France	
Burckardt et Cie. Paris. — Pianos	France	129
Rinaldi-Usse. Paris. — Pianos	France	39
Salaün, Schwab et Cie. Paris. — Harmoniums	France	162
C. **Kelly**. Londres. — Harmoniums	Gde-Bretagne	15
Couty et **Richard**. Paris. — Harmoniums	France	157
Louis **Kirchweger**. Frankenthal. — Instruments à archet	Bavière	8
I. **Padewet**. Carlsruhe. — Instruments à archet	Bade	1
Dubois. Paris. — Instruments à archet	France	
Neuner et **Hornsteiner**. Mittenwald. — Instruments à archet	Bavière	5
Jean **Reiter**. Mittenwald. — Instruments à archet	Bavière	7
F. **Lechner**. Munich. — Instruments à cordes pincées	Bavière	12
F. **Thumhart**. Munich — Instruments à cordes pincées	Bavière	4
Fr. **Weigel**. Sazlbourg. — Instruments à cordes pincées	Autriche	54
J.-F. **Farsky**. Pardubitz. — Instruments à vent (cuivre)	Autriche	16
Fr. **Leroux** aîné et **Castegnier**. Paris. — Instruments à vent (bois)	France	106
C. **Kruspe**. Erfurt. — Instruments à vent (bois)	Prusse	16
Prestreau. Paris. — Instruments à vent (bois et cuivre)	France	100
Th. **Mollenhauer**. Fulda. — Instruments à vent (bois)	Prusse	39
Grégoire. Paris. — Taroles à serrage, à vis de traction	France	50
Joseph **Galeotti**. Crémone. — Instruments à percussion	Italie	
Keropé-Zildji. Psamatia. — Instruments à percussion	Turquie	
C. **Baudet**. Paris. — Instruments artistiques	France	
Elizabeth **Lachenal**. Londres. — Concertinas anglais	Gde-Bretagne	
C. **Gerhling**. Paris. — Mécaniques pour pianos	France	
Hensel. Paris. — Pianos	France	
J.-A. **Pfeiffer** et Cie. Stuttgart. — Pianos	Wurtemberg	
E. **Steingraeber**. Baireuth. — Pianos	Bavière	
Giuseppe **Mola**. Turin. — Harmoniums	Italie	
Antonio **Petroni**. Rome. — Instruments à cordes	États Pontif	
A. Quentin **de Gromard**. Eu. — Ceciliums	France	
Menard. Coutances. — Orgues	France	

Pierre **Faccini**. Forli. — Instruments à vent.......... Italie........ 6
G. **Marcopoulos**. Athènes. — Luth et mandoline.... Grèce........

COOPÉRATEURS.

Médailles de bronze.

Pierre **Linnemann**, chez M. Érard. Paris.......... France.......
Basile **Neukom**, chez M. Érard. Paris.............. France.......
Stockhausen, chez MM. Pleyel, Wolff et Cie. Paris.. France ......
A. **Neuburger**, contre-maître, chez M. Cavaillé-Coll. Paris.. France.......
Gabriel **Reinburg**, chef harmoniste, chez M. Cavaillé-Coll. Paris.................................. France.......
Achille **Paris**, chez M. Debain. Paris .... France.......
Knust, chez MM. Herz neveu et Cie. Paris......... France.......
Lappuchin, chez M. Rohden. Paris................. France.......
Dominique **Cabrol**, chez M. Blanchet. Paris.......... France.......
Claude **Éland**, chez M. Blanchet. Paris............... France.......
Thiemann, chef monteur, chez M. Cavaillé-Coll. Paris. France.......
G. **Gandilhon**, chez M. Gautrot aîné. Paris......... France.......
Sarazin, chez M. Gautrot aîné. Paris............... France.......
Mary, chez M. Gautrot aîné. Paris.................. France.......
Ch. **Charbonnier**, chez M. Grandjon. Paris........ France.......
F. **Mahin**, chez M. Grandjon. Paris.............. France.......
J. **Brulard**, chez MM. Mangeot frères. Nancy........ France.......
Bartsch, chez M. Ad. Sax. Nancy................ France.......
P. **Feuillet**, chez M. Ad. Sax. Nancy............... France.......
P. **Scheyven**, chef d'atelier, chez MM. Merklin-Schütze. Bruxelles .... Belgique.....
Dols, chez M. Sternberg. Bruxelles.................. Belgique.....
Lepaon, contre-maître chez MM. Merklin-Schütze. Bruxelles.. Belgique.....

Mentions honorables.

Georges **Michel**, chez M. Érard. Paris.............. France.......
Michel **Galesne**, chez M. Érard. Paris.............. France.......
Gann, chez MM. Pleyel, Wolff et Cie. Paris......... France.......
D'Haëne, chez MM. Pleyel, Wolff et Cie. Paris.... France.......
A.-E. **Millot**, chez M. Debain. Paris.. ... . France.......
François-Nicolas **Voirin**, chez M. Vuillaume. Paris... France.......
Aimable **Barbé**, chez M. Vuillaume. Paris .... France.......

François **Deschner**, Chez M. Schiedmayer.. Stuttgart.	Wurtember .
Otto **Raupp**, chez M. Henri Herz. Paris............	France.......
Hippolyte **Guellier**, chez M. Henri Herz. Paris.......	France.......
Bellanger, chez M. Henri Herz. Paris............	France.......
J.-H.-M. **Rémon**, chez M. Herz. Paris..............	France.......
Gontier, chez M. Herz. Paris......................	France.......
Louis **Michel**, sculpteur, chez M. Herz. Paris........	France.......
Bardoux, chez M. Herz. Paris....................	France.......
J. **Bouvet**, chez M. Ad. Sax. Paris................	France.. ....
L. **Courtois**, chez M. Ad. Sax. Paris..............	France ......
H. **Husson**, chez M. Ad. Sax. Paris................	France.......
W. **Farnow**, chez M. Ad. Sax. Paris...............	France.......
A. **Roche**, chez M. Ad. Sax. Paris..................	France.......
E. **Cherpitel**, chez M. Grandjon. Paris...............	France.......
Fr. **Crytsager**, chez M. Eug. Albert. Bruxelles.....	Belgique.....
Ed. **Percy**, chez MM. Mahillon père et fils. Bruxelles.	Belgique. . ..
Blanchard, chez MM. Berden et Cie. Bruxelles......	Belgique.....
L. **Pinçon**, chez MM. Merklin-Schütze. Bruxelles...	Belgique.....
J. **Claus**, chez MM. Merklin-Schütze. Bruxelles........	Belgique.....
J. **Game**, chez MM. Merklin-Schütze. Bruxelles......	Belgique.....
H. **Desmarets**, chez M. Millereau. Paris...........	France.......
A. **Andriot**, chez M. Millereau. Paris..............	France.......
T. **Andriot**, chez M. Millereau. Paris...............	France.......

CLASSE 11

APPAREILS ET INSTRUMENTS DE L'ART MÉDICAL.

EXPOSANTS.

Hors concours.

Département du quartier-maître, ministère de la guerre. Exposition nationale collective. — Matériel des ambulances et secours aux blessés	États-Unis	6
Comité français. Exposition nationale collective. — Matériel des ambulances et secours aux blessés	France	7
Comité italien. Exposition nationale collective. — Matériel des ambulances et secours aux blessés	Italie	8
Comité prussien. Exposition nationale collective. — Matériel des ambulances et secours aux blessés	Prusse	9
Comité autrichien. Exposition nationale collective. — Matériel des ambulances et secours aux blessés	Autriche	10
Comité suisse. Exposition nationale collective. — Matériel des ambulances et secours aux blessés	Suisse	11
Ministère de la guerre. Exposition nationale collective. — Matériel des ambulances	France	
Ministère de la guerre. Exposition nationale collective. — Matériel des ambulances	Gde-Bretagne	

Grand prix.

L.-J. **Mathieu.** Paris. — Instruments de chirurgie, orthopédie, etc.	France	67

Médailles d'or.

Robert et **Collin.** Paris. — Instruments de chirurgie, orthopédie, etc.	France	68-80
G. **Charles.** Paris. — Appareils balnéaires et hydrothérapiques	France	99
A. **Préterre.** Paris. — Appareils de prothèse buccale et dentaire	France	43
S.-S. **White.** Philadelphie — Instruments de chirurgie; Instruments et meubles à l'usage des dentistes	États-Unis	5
Lollini frères. Bologne. — Instruments de chirurgie	Italie	6
C. **Ash** et fils. Londres. — Dents artificielles	Gde-Bretagne	7

H. **Galante.** Paris. — Application du caoutchouc à l'art médical	France	28
F. **Fischer** et Cie. Heidelberg. — Appareils pour ambulances militaires	Bade	9

Médailles d'argent.

A. **Lüer.** Paris. — Instruments de chirurgie	France	69
Ministère de la guerre. St-Pétersbourg. — Instruments de chirurgie	Russie	3
Joseph **Leiter.** Vienne. — Instruments de chirurgie	Autriche	12
A. **Lutter.** Berlin. — Instruments de chirurgie	Prusse	1
L.-R. **Bechard.** Paris. — Appareils orthopédiques	France	6
Wickham frères. Paris. — Bandages herniaires	France	1
E.-M. **Méricant.** Paris. — Instruments de chirurgie vétérinaire	France	104
Bouillon, Muller et Cie. Paris. — Appareils balnéaires et hydrothérapiques	France	95
Burlot et **Viau.** Paris. — Appareils de gymnastique	France	61
H. **Windler.** Berlin. — Instruments de chirurgie	Prusse	2
A. **Stille.** Stockholm. — Instruments de chirurgie	Suède	2
Moses **Masters.** Londres. — Membres artificiels	Gde-Bretagne	16
J.-B. **Baillière** et fils. Paris. — Librairie médicale	France	103
Émile **Javal.** Paris. — Optomètre	France	
Arrault. Paris. — Appareils et instruments pour ambulances	France	
Docteur J.-K. **Barnes.** Washington. — Matériel des hôpitaux militaires des États-Unis	États-Unis	1
P.-N. **Vasseur.** Paris. — Modèles en cire d'affections de la peau	France	90
Evans et **Stevens.** Londres. — Instruments de chirurgie	Gde-Bretagne	
Savory et **Moore.** Londres. — Boîte de chirurgie pour ambulances	Gde-Bretagne	26
P.-F. **Leplanquais.** Paris. — Bandages herniaires	France	7
Vitry frères. Nogent. — Instruments de chirurgie	France	
C.-E. **Capron.** Paris. — Instruments de chirurgie	France	4
Camillus **Nyrop.** Copenhague. — Instruments de chirurgie	Danemark	
P.-J. **Le Belleguic.** Paris. — Membres artificiels, appareils orthopédiques	France	5
S. **Favre.** Paris. — Instruments de chirurgie	France	13
S. A. R. le Prince **Oscar**, duc d'Ostrogothie. Stockholm. — Appareils de gymnastique (système Ling)	Suède	1
A. **Fichot.** Paris. — Bandages herniaires	France	32

Médailles de bronze.

Galibert et fils. Paris. — Bandages herniaires.......	France.......	26
Chevalier frères. Madrid. — Appareils orthopédiques.	Espagne.	4
Lemâle et Cie. Londres. — Dents artificielles.......	Gde-Bretagne.	13
C.-N. **L'Hopital**. Paris. — Dents artificielles.......	France.......	50
H. **Gennari**. Milan. — Instruments de chirurgie......	Italie........	50
Compagnie russo-américaine. St-Pétersbourg. — Application du caoutchouc aux usages médicaux......	Russie.......	1
J. **Mang**. Prague. — Instruments de chirurgie et bandages..	Autriche.....	3
H. **Reim**. Berlin. — Instruments de chirurgie et bandages..	Prusse.......	3
Benas. Paris. — Sondes en gomme et en métal......	France.......	232
P. **Asselin**. Paris. — Librairie médicale............	France.......	87
F. **Bru**. Paris. — Brosse volta-électrique.............	France.......	38
Gion. Paris. — Prothèse dentaire, redressement des dents...	France.......	50
Aguilera, comte de **Villalobos**. Madrid.—Appareils de gymnastique médicale.........................	Espagne.	6
Dr E.-D. **Hudson**. New-York. — Membres artificiels.	États-Unis....	
Johnson et **Lund**. Philadelphie.—Dents artificielles.	États-Unis....	22
Boissonneau père. Paris. — Yeux artificiels........	France.......	38
A.-P. **Boissonneau** fils. Paris. — Yeux artificiels....	France.......	39
Émile **Pilon**. Paris. — Yeux artificiels..............	France.......	35
C.-M. **Rommetin**. Paris. — Instruments pour dentistes..	France.......	
Cummings et fils. New-York. — Wagon-hôpital.....	États-Unis....	20
F.-G. **Rein** et fils. Londres. — Appareils acoustiques..	Gde-Bretagne.	22
H.-A. **Gateau** fils. Paris. — Appareil acoustique.....	France.......	81
J.-B. **Blanchard**. Rio de Janeiro. — Instruments de chirurgie...	Brésil........	1
Alexandre **Locati**. Turin.— Voitures et appareils d'ambulance..	Italie........	35
Docteur J. **Mundy**. Moravie. — Maison modèle pour le traitement des aliénés............................	Autriche.....	
Dr M. **Roth**. Londres. — Modèles pour gymnastique..	Gde-Bretagne.	24
Ernest **Pischel**. Breslau. — Appareils galvanoplastiques..	Prusse.......	17
C. **Abbey** et fils. Philadelphie. — Or en feuilles pour dentistes..	États-Unis....	21
Dr **Grout**. Rouen.— Appareils de bains de vapeur.....	France.......	93
H. **Biondetti**. Paris. — Bandages et orthopédie.......	France.......	19
A. **Durier**. Paris. — Appareils balnéatoires.........	France.......	92
T. **Longdon** et Cie. Derby.— Tissus élastiques......	Gde-Bretagne.	14

L.-P. **Grandcollot**. Paris. — Bandages et membres artificiels	France	9
A. **Dejardin**. Paris. — Appareils dentaires	France	44
V.-T. **Junod**. Paris. — Grandes ventouses	France	76

Mentions honorables.

Flamet. Paris. — Tissus élastiques	France	
Mme Ve **Darbo**. Paris. — Irrigateurs et biberons	France	70
A.-H. **Guéride**. Paris. — Instruments de chirurgie	France	65
W. **Selpho** et fils. New-York. — Membres artificiels	États-Unis	15
Drapier père et fils. Paris. — Bandages herniaires	France	10
G. **Goldschmidt**. Berlin. — Instruments de chirurgie	Prusse	8
A.-L.-G. **Lasserre**. Paris. — Bandages herniaires	France	66
Émile **Clausolles**. Barcelone. — Instruments de chirurgie	Espagne	1
H.-F. **Mayor**. Paris. — Instruments en caoutchouc vulcanisé	France	21
Lagrange aîné. Paris. — Dentiers	France	
W.-J. **Marsden** et Cie. Sheffield. — Appareils respiratoires et garde-vue	Gde-Bretagne	14
Twinberrow et fils. Londres. — Irrigateurs	Gde-Bretagne	28
Tollay, Martin et **Leblanc**. Paris. — Irrigateurs	France	71
Desjardins de Morainville. Paris. — Yeux artificiels	France	36
Théodore et Jean **Warypaeff** frères. Gouvernement de Nijni-Novgorod. — Instruments de chirurgie	Russie	5
Dr A. **Uytterhoeven**. Bruxelles. — Appareils à fracture	Belgique	
Carl **Schmid**. Stuttgart. — Bandages	Wurtemberg	1
C.-F. **Taylor**. New-York. — Modèles d'institut orthopédique	États-Unis	23
J. **Chauson**. Paris. — Bandages orthopédiques	France	3
Dr Henry-G. **Wright**. Londres. — Instruments de chirurgie	Gde-Bretagne	30
J. **Allen** et fils. New-York. — Dents artificielles	États-Unis	18
E. **Clausolles** et **Pontet**. Barcelone — Pierre à aiguiser les instruments	Espagne	7
A.-F. **Forté**. Paris. — Tissus élastiques	France	18
Mme M.-J.-E. **Julienne**. Paris. — Ceintures pour bains	France	96
Laurys sœurs et Cie. Louvain. — Tissus élastiques	Belgique	4
S. **Speier**. Berlin. — Chaises et lits pour malades	Prusse	9
Aug. **Reiss**. Vienne. — Appareils balnéatoires	Autriche	17
Lecuyer. Paris. — Appareils balnéatoires et chauffe-bains	France	101

L. **Lefebvre**. Paris. — Appareils à bains de vapeur.	France.......	91
Maboux Delafrasse. Paris. — Bandages..........	France.......	16
J.-W. **Crane**. Paris. — Dentiers en porcelaine sculptée..	France.......	45
J. **Py** et **Masanès**. Barcelone. — Appareils en cuirs rigides pour fractures..........................	Espagne.....	3
G.-W. **Bacon**. Londres. — Appareils gymnastiques..	Gde-Bretagne.	3
Perot. Paris. — Dessins et gravures pour instruments de chirurgie..................................	France.......	62
Schimanovski. Kiew. — Instruments de chirurgie..	Russie.......	8
Thomas **Dixon**. Londres. — Lits suspendus de miss Nightingale..................................	Gde-Bretagne.	
E.-A. **Carré**. Paris. — Dossiers mécaniques pour malades et blessés..............................	France.......	62
Félix **Demaurex**. Genève. — Appareils pour blessés..	Suisse.......	4
R. **Van den Hende**. Steenhuysen-Wynhuysen. — Sondes œsophagiennes pour grands ruminants......	Belgique.....	5
Kadi-Effendi. Le Caire. — Instruments de chirurgie.	Égypte.......	1
M. **Gallus**. Christiania. — Instruments de chirurgie..	Norvége......	3
Fayk-Bey della Sudda. Constantinople. — Instruments de chirurgie............................	Turquie.....	
Godefroy. Versailles. — Lit-brancard pour blessés..	France.......	
A. **Babek**. Vienne. — Instruments en étain pour chirurgie..	Autriche.....	2
Comte de **Caithness**. Londres. — Jambe artificielle..	Gde-Bretagne.	
S. **Norman** jeune. Londres. — Pied artificiel.......	Gde-Bretagne.	
A.-A. **Andrade**. Porto. — Sondes en ivoire flexible.	Portugal.....	1
R. **Bates**. Philadelphie. — Appareils contre le bégayement....................................	États-Unis....	3
T. **Courant**. Paris. — Tissus électriques..........	France.......	85
P. **Charlier**. Paris. — Système de ferrure..........	France.......	105
A.-J. **Sax** dit **Adolphe**. Paris. — Goudronnières pour inspiration hygiénique........................	France.......	75
Thomas-Partridge **Salt**. Birmingham. — Bandages herniaires..	Gde-Bretagne.	25
Silvan. Lyon. — Ressorts et bandages herniaires....	France.......	
H.-B. **Condy**. — Appareil pour mesurer la viciation de l'atmosphère................................	Gde-Bretagne.	
Marco **Aureli**. Rome. — Instrument pour cautérisation..	États-Pontif..	1
E. **Ferguson**. Paris. — Instruments pour dentistes..	France.......	40
Pierre **Pfeffermann**. Vienne. — Dentiers artificiels.	Autriche.....	15
Samuel **Stockton**. Philadelphie. — Dents à pivot...	États-Unis....	
Comité portugais. — Matériel d'ambulance et secours aux blessés............................	Portugal.....	
Comité suédois. — Matériel d'ambulance et secours aux blessés..................................	Suède.......	

Comité hessois. — Matériel d'ambulance et secours aux blessés	Hesse	
Dr B. **Howard**. New-York. — Matériel d'ambulance et secours aux blessés	États-Unis	
T. **Morris-Perrot**. Philadelphie. — Wagon à médicaments	États-Unis	
J. **Unger**. Erfurt. — Wagon à médicaments	Prusse	12
Dr **Gauvin**. Paris. — Wagon à médicaments	France	
Capitaine **Cogent**. Paris. — Wagon à médicaments	France	
Dr **Martrès**. Paris. — Matériel d'ambulance	France	
Noeth. Strasbourg. — Matériel d'ambulance	France	
Laforge. — Plantes médicinales conservées par compression	France	
Joseph **Neuss**. Berlin. — Matériel d'ambulance	Prusse	61-1
Tobold. Berlin. — Matériel d'ambulance	Prusse	
Albert **Eckstein**. Gaudenzdorf. — Matériel d'ambulance	Autriche	1
G. **Redford**. Londres. — Matériel d'ambulance	Gde-Bretagne.	21
Dr **Appia**. Genève. — Matériel d'ambulance	Suisse	5
Dr Stephen **Fadda**. Florence. — Matériel d'ambulance.	Italie	
Dr Antoine **Piras**. Florence. — Matériel d'ambulance.	Italie	
La Richellière. Laprairie. — Appareil pour fracture.	Col. anglaises.	
W. **Spence**. Inde. — Instruments de petite chirurgie.	Inde anglaise.	
Belin. Paris. — Instruments en caoutchouc	France	
Ninck. Nice. — Dentiers et prothèse dentaire	France	
E. **Rouy**. Paris. — Dentiers et prothèse dentaire	France	

COOPÉRATEURS.

Médailles d'argent.

G. **Tieman**, fabricant des instruments du Dr Barnes.	États-Unis
Hippolyte **Guyot**, contre-maître chez MM. Robert et Collin (ancienne maison Charrière). Paris	France
Genygros, imprimeur en couleur chez MM. J.-B. Baillière et fils. Paris	France
Georgii. Stockholm. — Collaboration aux appareils gymnastiques du prince Oscar	Suède

Mentions honorables.

Ernest **Moulon**, ouvrier chez M. Mathieu. Paris.	France
J.-Éléonore **Basset**, ouvrier chez M. Mathieu. Paris.	France

Louis **Beguin**, ouvrier chez M. Mathieu. Paris...... France.......

Auguste **Monlon**, ouvrier chez M. Mathieu. Paris.... France.......

Amédée **Leblon**, contre-maître chez MM. Robert et Collin. Paris.................................... France.......

F.-V. **Richard**, contre-maître chez MM. Robert et Collin. Paris.................................... France.......

Pierre **Le Grand**, contre-maître chez MM. Robert et Collin. Paris.................................... France.......

Louis **Dunou**, contre-maître chez M. Charles. Paris. France.......

Victor **Aubry**, chez M. Charles. Paris.............. France.......

Louis **Thibaud**, ouvrier chez M. Charles. Paris.... France.......

Joseph **Cherau**, ouvrier chez M. Charles. Paris...... France.......

CLASSE 12

INSTRUMENTS DE PRÉCISION ET MATÉRIEL DE L'ENSEIGNEMENT DES SCIENCES.

EXPOSANTS.

Hors concours.

Philippe **Parlatore.** (Membre du Jury.) Florence. — Collection de botanique..........................	Italie	
Breguet. (Membre du Jury.) Paris. — Baromètres anéroïdes	France.......	105
Arnould **Thénard.** (Secrétaire du groupe VI du Jury.) Paris. — Machine pneumatique à mercure.........	France.......	17
Merz. (Mis hors de concours par suite de l'impossibilité de soumettre ses objectifs au mode d'essai réclamé par l'auteur.) Munich. — Objectifs astronomiques...	Bavière.......	6

Grands prix.

Père **Secchi.** Rome. — Météorographe et travaux météorologiques et astronomiques	États-Pontif. .	1
Dr L. **Brunetti.** Padoue. — Préparations anatomiques	Italie	75

Médailles d'or.

Pistor et **Martins.** Berlin. — Théodolites.........	Prusse.......	6
Duboscq. Paris. — Instruments d'optique..........	France.......	88
Nachet et fils. Paris. — Microscopes...............	France.......	19
J.-H. **Dallmeyer.** Londres. — Télescopes astronomiques..	Gde-Bretagne .	9
Kœnig. Paris. — Instruments d'acoustique	France.......	57
Ruhmkorff. Paris. — Instruments pour l'étude de l'électricité..	France.......	1
Dr Joseph **Hyrtl.** Vienne. — Injections anatomiques..	Autriche	1
Louis **Auzoux.** Paris. — Anatomie clastique	France.......	8
T. **Ross.** Londres. — Télescopes et microscopes.....	Gde Bretagne .	22
Dumoulin-Froment. Paris. — Instruments de précision	France.......	83
Secretan. Paris. — Instruments de précision.......	France.......	9

Brunner frères. Paris. — Instruments d'astronomie.	France.....	9
R. et J. **Beck**. Londres. — Instruments de précision et microscopes..............................	Gde-Bretagne.	3
C.-A. **Steinheil**. Munich. — Verres d'optique.......	Bavière......	5
Brauer. St-Pétersbourg. — Instruments de précision..	Russie.......	16
Hartnack. Paris. — Microscopes..................	France.......	51
Th. **Daguet**. Fribourg. — Verres d'optique.........	Suisse.......	3
Chance frères. Birmingham. — Verres d'optique.....	Gde-Bretagne.	
Feil. Paris. — Verres d'optique..................	France.......	19
J.-A. **Deleuil**. Paris. — Pompe pneumatique à piston libre, balances automatiques et photomètre.........	France.......	97
Société génevoise pour la construction d'instruments de physique. Genève..........................	Suisse.......	12

Médailles d'argent.

G.-A. **Hirn**. Logelbach. — Pandynamomètre.........	France.......	16
Elliott frères. Londres. — Instruments de précision..	Gde-Bretagne.	13
Évrard. Paris. — Lunette astronomique............	France.......	92
Hardy. Paris. — Chronographe, gyroscope et appareils divers..	France.......	91
Soleil. Paris. — Cristaux taillés et appareils d'optique.	France.......	53
Rigaud. Paris. — Lunette méridienne..............	France.......	94
Dr **Gundlach**. Cuba. — Collection d'histoire naturelle.	Col. espagnol.	
Schübeler. Christiania. — Collection de végétaux et carte..	Norvége......	6
Santi. Marseille. — Compas de route et appareils propres à les régler..........................	France.......	22
Berlioz. Paris. — Machine électro-magnétique servant à produire la lumière électrique dans les phares....	France.......	
Hipp. — Appareils enregistreurs pour la météorologie.	Suisse.......	
Arthur **Chevalier**. Paris. — Microscopes et appareils d'optique....................................	France.......	50
Lorieux. Paris. — Sextant et cercle à réflexion.....	France.......	28
Hasler et **Escher**, directeurs de l'atelier fédéral des télégraphes. Berne. — Enregistreur météorologique..	Suisse.......	
Bardou. Paris.—Lunettes terrestres et astronomiques.	France.......	49
W. **Bond** et fils. Boston. — Horloge astronomique et chronographe....................................	États-Unis...	4
Wesslhöft. Riga. — Instruments de physique......	Russie.......	14
Amsler-Laffon. Schaffhouse. — Planimètre........	Suisse.......	
Balbreck. Paris. — Instruments de géodésie et microscopes....................................	France.......	85
Kern. Aarau. — Théodolites......................	Suisse.......	10
R.-F. **Tolles**. New-Jersey. — Microscopes...........	États-Unis....	5
Collot frères. Paris. — Balances..................	France.......	3

Golaz. Paris. — Instruments pour l'étude de la chaleur.	France.......	15
Tavernier-Gravet. Paris. — Instruments de géodésie..	France.......	23
Perreaux. Paris. — Cathétomètre et machine à diviser..	France.......	31
Gavard. Paris. — Pantopolygraphe................	France.......	93
Hempel. Paris. — Instruments de physique et balances..	France.......	84
Schrœder. Darmstadt.—Modèles pour l'enseignement de la mécanique..	Hesse........	1
Thomas. Colmar. — Arithmomètre................	France.......	29
Serrin. Paris.—Régulateur automatique de la lumière électrique..	France.......	41
A. **Pierson**. Paris. — Niveau à lunette..............	France.......	43
Mme Vve **Berthaud**. Paris. — Cristaux taillés et instruments d'optique..	France.......	58
W. **Ladd**. Londres. — Machine magnéto-électrique..	Gde-Bretagne.	
Ed. **Sacré**. Bruxelles. — Balances..................	Belgique.....	7
E.-W. **Breithaupt** et fils. Cassel. — Instruments de géodésie..	Prusse.......	1
Jean **Kravogl**. Inspruck. — Machine pneumatique à mercure..	Autriche.....	6
Siegfried **Marcus**. Vienne. — Pile thermo-électrique.	Autriche.....	10
Institut industriel de Lisbonne. — Instruments de géodésie..	Portugal......	2
Voitglander et fils. Vienne. — Jumelles à 12 verres.	Autriche.....	18
Gettliffe père, fils et Cie. Paris. — Verres d'optique.	France.......	57
Richer. Paris. — Règles diverses et instruments de géodésie..	France.......	44
Coyen-Carmouche. Paris. — Compas............	France.......	46
A. **Lemaire**. Paris. — Jumelles......................	France.......	55
Tournier frères. Longchaumois. — Mesures métriques.	France.......	12
L. **Moret-Bailly** aîné. Paris. — Lunettes...........	France.......	80
Ed. **Verreaux**. Paris. — Objets d'histoire naturelle.	France.......	110
Krantz. Bonn. — Objets de minéralogie et de paléontologie..	Prusse.......	17
Grabhorn. Genève. — Balances....................	Suisse.......	5
Sequenza. Messine. — Collection de minéraux de la Sicile..	Italie........	63
Docteur **Ziegler**. — Préparations anatomiques en cire.	Bade	7
Van Wetteren frères. Harlem. — Aimant artificiel..	Pays-Bas.....	9
P. **Vasseur**. Paris. — Préparations anatomiques en cire..	France.......	81
Académie royale d'agriculture de Poppelsdorff. — Échantillons pour l'enseignement agricole.	Prusse.......	19
Scacchi. Musée de l'Université de Naples. — Minéraux du Vésuve..	Italie........	65

Coulvier-Gravier. Paris. — Tableau des bolides..	France.......	
Targioni-Tozzetti. Florence. — Étude anatomique d'un lombric terrestre modelé en cire..............	Italie	90
Gaiffe. Paris. — Instruments d'électricité	France.......	2
Edm. **Tschaggeny**. Bruxelles. — Atlas d'anatomie..	Belgique	
Chambre des arts et manufactures du Haut-Canada. Toronto. — Collections d'histoire naturelle.	Col. anglaises.	2
Comité local de la Guadeloupe. — Collections d'histoire naturelle................................	Col. françaises.	
Darling, Brown et **Scharpe**. Bangor. — Mesures en acier..	États-Unis....	11
Wales. Lee. New-York. — Instruments d'optique...	États-Unis....	10
Laussedat. Paris. — Chambre claire et appareil photographique à laver les plans	France.......	
Gautier. Paris. — Télémètres divers..............	France.......	
J.-M. **dos Reis**. Rio de Janeiro. — Instruments de précision	Brésil......	

Médailles de bronze.

Alvergniat. Paris. — Objets en verre soufflé.......	France.......	36
E. **Gundlach**. Berlin. — Microscopes..................	Prusse.......	13
Radiguet frères. Paris. — Glaces parallèles.........	France.......	78
Hoffmann. Paris. — Cristaux taillés..............	France.......	
Jaspar. Liége. — Régulateur de lumière électrique et appareils divers..................................	Belgique	6
Dr Ph. **Carl**. Munich. — Instruments de physique....	Bavière	4
Lackerbauer. Paris. — Dessins pour les sciences naturelles et médicales..........................	France.......	99
Thomsen. Copenhague. — Pile de polarisation....	Danemark....	
Longoni dell'Acqua. Milan. — Instruments de physique	Italie.........	24
Bourgogne et **Alliot**. Paris. — Préparations microscopiques.....................................	France.......	102
Baudin. Paris. — Thermomètres divers.............	France.......	10
Delabre, Muneaux et **Videpied**. Paris. — Verres d'optique travaillés	France.......	34
Conrad **Schroeder**. Nuremberg. — Objets d'optique...	Bavière	11
Franchini frères. Bologne. — Instruments de physique.....................................	Italie	26
W.-E. **Statham**. Londres. — Appareils pour l'enseignement de la physique et de la chimie	Gde-Bretagne.	26
Henri **Robert**. Paris. — Appareils pour l'enseignement de la cosmographie.......................	France.......	20
W. **Schultz**. Berlin. — Machine pneumatique et machine de Holtz..............................	Prusse.......	
Kern. Onstmettingen. — Balances.................	Wurtemberg..	2

Wedel Jarlsberg. Christiania.—Compas de contrôle. Norvége..... 7

De Rossi. Rome. — Machine ichnographique pour les travaux des catacombes.......................... États-Pontif.. 5

Lebrun. Paris. — Instruments d'optique........... France....... 77

Wentzel. Paris. — Verres et instruments d'optique.. France....... 59

Hommel-Esser. Aarau.—Étuis de mathémathiques.. Suisse....... 9

Gysi. Aarau. — Étuis de mathématiques............ Suisse....... 4

Talrich. Paris. — Préparations anatomiques en cire. France....... 79

Société industrielle de Hesse Darmstadt. — Modèles et dessins pour l'instruction des ouvriers.... Hesse....... 43

Mme Vve A. **Lendy**. Turin. — Poinçons gravés à la machine.. Italie........ 43

Arthur C. **Cole**. Liverpool.— Objets pour microscopes. Gde-Bretagne. 5

Teigne. Paris. — Longues-vues et jumelles......... France....... 18

Scheidig et fils. Furth. — Verres de lunettes...... Bavière...... 13

Mottura. Turin. — Collections géologiques......... Italie........ 53

Peigné. Paris. — Calculateur graphique............ France....... 65

W. **Horn**. Berlin. — Balances de précision........... Prusse....... 8

Dickert. Riga. — Collection cristallographique...... Russie.......

G. **Cavalleri**. Monza. — Psychromètre.............. Italie........ 38

Flonck. Paris. — Modèle de locomotive............ France....... 62

Ch. **Winter**.Vienne. — Machine électrique.......... Autriche..... 20

J.-M. **Schary**. Prague.—Collection minéralogique.... Autriche..... 13

Parent. Paris. — Règles divisées.................. France....... 101

De Hennault et fils. Fontaine-l'Évêque. — Instruments de précision.............................. Belgique..... 4

Haff frères. Pfrondlen. — Compas................. Bavière...... 9

Jules **Reimann**. Berlin. — Balances................ Prusse....... 9

Riefler. Maria-Rhein. — Compas.................. Bavière...... 10

Ange **Maestri**. Pavie. — Modèles de raisins en cire.. Italie........ 89

Bourbouze. Paris. — Instruments de physique...... France....... 48

Presas. Barcelone. — Système de cristallographie.... Espagne..... 1

Theorell. Upsala. — Enregistreur météorologique.... Suède....... 9

Éloffe. Paris.—Objets de minéralogie et de paléontologie France....... 86

Luchtmans. Zutphen.— Préparations anatomiques... Pays-Bas....

Dr **Ruedinger**. Munich. — Objets d'histoire naturelle. Bavière...... 8

Hartkopf. Stockholm. — Préparations anatomiques.. Suède....... 13

Boutkewitch. Moscou. — Régulateur électromagnétique.. Russie....... 9

Bertsch. Paris. — Machine électrique.............. France....... 96

Borchart. Berlin. — Électrophore tournant......... Prusse....... 10

Dr **Abdullah-Bey**. Constantinople. — Collection de botanique.. Turquie..... 12

Bailly. Paris. — Balances......................... France....... 86

Wehefritz. Nuremberg. — Balances	Bavière	15
A. **Sauter**. Ebingen. — Balances de précision	Wurtemberg	1
Alphonse **Mathieu**. Paris. — Baromètre	France	16
Gouin. Cagliari. — Cristaux	Italie	61
Dr Louis **Teichmann**. Cracovie. — Préparations ostéologiques	Autriche	15
Goulier. Paris. — Téléomètre	France	»
Sous-Commission de Catane. — Collections zoologiques	Italie	64
Costa. Naples. — Collections de crustacés	Italie	87
Brito. Limpo. — Niveau à double lunette	Portugal	»
Royer. Paris. — Compas de précision	France	69
Guérin-Müller. Paris. — Instruments de précision	France	32
Ch. **Lamotte-Lafleur**. Paris. — Instruments de mathématiques	France	71
José Antonio **Torres**. Lisbonne.—Balance monétaire	Portugal	1
M. **Barlow**. Lexington. — Planétaire	États-Unis	»
Triana. — Collections de botanique	Nlle-Grenade	»
Académie royale d'Eldena. — Objets d'enseignement agricole	Prusse	2
Académie royale de Proskau. — Objets d'enseignement agricole	Prusse	1
Sagot. Guyane. — Herbiers	Col. françaises	»
Pancher. Nouvelle-Calédonie. — Herbiers	Col. françaises	»
Marie. Nouvelle-Calédonie. — Collections zoologiques	Col. françaises	»
Eug. **Thirion**. — Collections zoologiques	Venezuela	»
Barba. — Herbiers	Équateur	»
Du Puy de Podio. — Stadiomètres	France	26
H. **Lelièvre**. Paris. — Mesures diverses	France	45
Seguin. Buénos-Ayres. — Collection paléontologique	Con Argentine.	»
Dupressoir. Paris. — Instruments de mathématiques	France	47
Mirand. Paris. — Microscopes	France	52
J.-F. **Luhme**. Berlin. — Instruments de physique	Prusse	2
Adolphe **Nunez**. Caracas. — Collection de fleurs et fruits en cire	Venezuela	

Mentions honorables.

Caminada frères. Rotterdam. — Balances et boussole de sinus	Pays-Bas	5
G. **Demunter**. Bruxelles. — Modèles en bois pour l'enseignement	Belgique	2
Besson. Paris. — Balances	France	4
Seguy. Paris.—Appareils en verre pour la physique	France	35
L.-A. **Grosclaude**. Genève. — Thermomètre et baromètre	Suisse	7

J.-M. et H. **Cronmire**. Londres. — Instruments de mathématiques	G^de^-Bretagne.	7
Richard-Danger. Paris. — Appareils en verre	France	37
Joseph **Candido**. Lecce. — Piles	Italie	30
Révérend. Paris. — Graduations sur verre à l'usage des sciences	France	39
Louis **Magrini**. Florence. — Appareils électro-magnétiques	Italie	36
G. **Davidson**. Washington. — Sextant	États-Unis	8
J. **Epkens**. Bonn. — Modèles pour l'enseignement des mathématiques	Prusse	16
Strauss. Moscou. — Herbiers	Russie	13
Bethune. Cobourg. — Collection d'insectes	Col. anglaises.	3
Caillette. Paris. — Cadran solaire sphérique	France	12
Charles **Sickler**. Carlsruhe.—Instruments de géodésie.	Bade	2
Georg **Schœner**. Nuremberg. — Étuis de mathématiques	Bavière	1
J. et L. **Knie** frères. Nuremberg. — Compas	Bavière	2
Richard. Paris. — Instruments de physique	France	4
J. **Greiner**. Munich. — Préparations microscopiques	Bavière	12
Eusèbe **Ohel**. Pavie. — Préparations microscopiques	Italie	76
Dr Edward **Smith**. Londres. — Spiromètre	G^de^-Bretagne.	25
Naudet et Cie. Paris. — Baromètres système Vidi	France	11
Ph.-J. **Knewitz**. Francfort-sur-le-Mein. — Balance pantographe	Prusse	11
G. **Lunel**. Genève.— Poissons préparés pour collection.	Suisse	4
François **Randacio**. Palerme. — Modèles d'anatomie en cire	Italie	80
E. **Mocquerys**. Évreux. — Collections d'entomologie appliquée	France	107
D^r^ Ad. **Politzer**. Vienne. — Anatomie du tympan et de l'organe de l'ouïe	Autriche	11
François **Faà-di Bruno**. Turin. — Ellipsigraphe	Italie	13
Trouvé. Paris. — Moteurs électriques	France	8
P. **Parnisetti**. Alexandrie. — Anémométrographe	Italie	33
Attilius **Cerato**. Brescia. — Fossiles	Italie	55
L. **Reimann**. Berlin. — Balances	Prusse	4
Colombi. Paris. — Instruments de géodésie	France	21
Gaëtan **Copani**. Palerme.—Modèles d'anatomie en cire.	Italie	81
Letho. Paris. — Yeux artificiels	France	109
C.-M. **Braun**. Nuremberg. — Balances	Bavière	16
Ch. **Ponti**. Venise. — Instruments d'optique	Italie	39
Depoisier. Cluses. — Thermomètre bi-métallique	France	»
G.-A. **Lenoir**. Vienne.— Appareils scientifiques adaptés aux besoins de l'industrie	Autriche	8
M. **Bonelli**. Alexandrie. — Modèles de cristallographie.	Italie	47

Chappée. Paris. — Yeux artificiels	France	72
Jean **Leopolder**. Vienne. — Appareil enregistreur	Autriche	9
Bordé. Paris. — Lunettes terrestres et astronomiques	France	56
Apprandino **Mussina**. Cuneo. — Machine à calcul	Italie	1
L'abbé **Poitevin**. Paris. — Moteur électrique	France	30 *bis*
Warmbrunn, Quilitz et Cie. Berlin. — Instruments de physique	Prusse	»
Jules **Lefebvre**. Paris. — Niveaux et clitographes	France	42
Pierre **Marchi**. Florence. — Préparations microscopiques	Italie	77
Académie de Waldau. — Collections pour l'enseignement agricole	Prusse	20
Berthelemy. Paris. — Compas à ellipse	France	68
De Vesian. Chartres. — Baromètre à indicateur automatique des variations	France	106
Chuard. Paris. — Lampes de sûreté	France	38
Cam. Paris. — Jumelles	France	
Silbermann. Paris. — Desseins d'appareils de physique.	France	93
Dubois et **Casse**. Paris. — Manomètre à tube plissé	France	2
Mme **Giraudeau**. Paris. — Herbier pour l'enseignement.	France	73
Darnet et **Luizard**. Paris. — Appareil d'électricité	France	30
Dr H. **Meidinger**. Carlsruhe. — Dessins de machines.	Bade	4
Nicolle. Paris. — Jumelles	France	62
Lakowski. Paris. — Préparations anatomiques	France	»
Germain. Cochinchine. — Objets d'histoire naturelle	Col. franç.	68
Lantz. La Réunion. — Objets d'histoire naturelle	Col. franç.	»
J. **Lavizzari**. Mendrisio. — Appareils pour étudier l'action des acides sur les cristaux	Suisse	13
Société de Climatologie. — Collection d'histoire naturelle	Algérie	2
R. **Brendel**. Breslau. — Modèles de fleurs	Prusse	23
Wenceslas **Fric**. Prague. — Collection d'objets d'histoire naturelle pour l'enseignement	Autriche	
Bourcier. — Herbiers et collection de colibris	Équateur	
J. **Wittmaack**. Kiel. — Dessins pour l'enseignement de l'histoire naturelle	Prusse	18
J. **Montesinos** et **Capo**. Madrid. — Buste anatomique en plâtre	Espagne	3
Gonzalez-Velasco. Madrid. — Pièces anatomiques en cire	Espagne	4
École d'application des ingénieurs de Turin. — Modèles de cristallographie en bois colorié	Italie	48
Institut technique de Florence. — Collection géologique	Italie	60
Hoel. Paris. — Pince-nez et lunettes	France	
R. **Dunlop**. Cwm Avon. — Calculateur	G^de-Bretagne	

P. **Embriaco**. Rome. — Horloges	États-Pontif..	5
Dr Ed. **Crisp**. Chelsea. — Préparations anatomiques.	Gde-Bretagne.	11
Laboratoire géologique de Florence. — Collection de fossiles	Italie	»
Jules **Maistre**. Paris. — Thermomètre électrique	France	»
Paillard. Paris. — Jumelles	France	74
Institut des sciences, lettres et arts de Venise. — Photographie des plantes fossiles	Italie	58
Gaggini et **Moissette**. Paris. — Instruments de précision	France	72
Mlle **Jervis**. Naples. — Collection d'algues	Italie	70

COOPÉRATEURS.

Grand prix.

W. **Eichens**. Paris. — Instruments d'astronomie	France

Médailles d'argent.

Becker, directeur de la construction chez MM. Elliot frères. Londres	Gde-Bretagne.
Joseph **van Malderen**, chez MM. Berlioz et Cie. — Paris. Perfectionnement des machines magnéto-électriques	France
Théodore **Duboscq**, directeur des ateliers de M. Jules Duboscq, depuis plus de quinze années. Paris	France
Prasmowski, coopérateur de M. Hartnack. Paris. — Nouvel analyseur et améliorations pratiques dans la combinaison des lentilles de longues-vues	France
Lemercier, auxiliaire de M. le docteur Auzoux pendant de longues années	France

Médailles de bronze.

Léon **Laurent**, chef du cabinet de dessin chez M. Dumoulin-Froment. Paris	France
Leroy, chez M. Bréguet, Paris. — Collaboration pour la fabrication des baromètres métalliques	France
Lorel, chez M. Secretan. Paris. — Construction d'instruments de haute précision	France
Tortoli. — Préparations anatomiques en cire appartenant au musée de Florence	Italie
Heiser. — Modèles en carton-pierre des aérolithes tombés en Russie et appartenant à l'Académie des sciences de Saint-Pétersbourg	Russie
Brassart. — Constructeur des instruments du R. P. Secchi	États-Pontif...

Mentions honorables.

Mousselet. — Chez M. A. Chevalier. Paris	France
P. **Abault**. — Chez M. Wentzel. Paris	France

CLASSE 13

CARTES ET APPAREILS DE GÉOGRAPHIE ET DE COSMOGRAPHIE.

EXPOSANTS.

Hors concours.

Exposant	Pays	
Dépôt de la Guerre. (Administration de l'État). Paris. — Cartes topographiques, minutes et dessins réduits, reproductions galvanoplastiques; atlas de Crimée, de Chine et d'Italie	France	6
Service de la carte de la Grande-Bretagne. (Administration de l'Etat). Southampton. — Cartes topographiques du Royaume-Uni et des possessions anglaises	Gde Bretagne.	6
Bureau hydrographique de l'Amirauté. (Administration de l'Etat). Londres. — Cartes, atlas, instructions pour la navigation	Gde-Bretagne.	1
Dépôt des cartes et plans de la Marine. (Administration de l'État). Paris. — Atlas des principales publications du dépôt : cartes de la Cochinchine et de la Nouvelle-Calédonie	France	5
Service de la carte géologique de la Grande-Bretagne. (Administration de l'Etat). Londres. — Cartes géologiques du Royaume-Uni et des possessions anglaises	Gde-Bretagne.	4
Institut géographique militaire. (Administration de l'Etat). Vienne. — Cartes topographiques et géographiques	Autriche	22
Bureau de Statistique I. R. (Administration de l'Etat). Vienne	Autriche	
Bureau hydrographique. (Administration de l'Etat). Washington. — Cartes marines	États-Unis	4
Dépôt de la Guerre. (Administration de l'Etat). Bruxelles. — Cartes de Belgique	Belgique	3
Bureau topographique du ministère de la guerre. (Administration de l'Etat). La Haye. — Cartes géographiques et topographiques	Pays-Bas	1
B. **de Chancourtois,** (Secrétaire de la Commission impériale et du Conseil supérieur du Jury). Paris. — Etudes de géologie générale et instruments de sphérodésie	France	
Martin de Moussy (membre du jury). — Atlas de la Confédération argentine	Con Argentine.	

Médailles d'or:

Général **Dufour**. Berne. — Carte topographique de la Suisse	Suisse	2
Justus **Perthes**. Gotha. — Cartes, atlas; annales mensuelles de géographie	Saxe-Gotha	6
De Dechen. Bonn. — Carte géologique de la Prusse rhénane et de la Westphalie	Prusse	17
Elie de Beaumont. Paris. — Carte géologique détaillée de la France, comprenant la partie nord et nord-est du territoire de l'Empire	France	

Médailles d'argent.

Bureau royal de statistique. — Carte topographique de Wurtemberg	Wurtemberg	2
Institut impérial-royal géologique. — Carte géologique de la monarchie autrichienne	Autriche	23
Direction royale des mines et salines. — Carte géologique de la Bavière	Bavière	2
Thierry **Reimer**. Berlin. — Cartes diverses; Neuer-Hand; atlas de Kiepert	Prusse	3
Wurster, Randegger et Cie. Winterthur. — Cartes topographiques	Suisse	8
Bureau topographique de l'état-major du royaume d'Italie. Direction de Turin. — Carte des anciens Etats sardes	Italie	10
Corps d'état-major royal. Copenhague. — Cartes topographiques et géographiques	Danemark	
Bureau des cartes marines. Stockholm. — Cartes marines	Suède	6
Commission géologique du Canada. Montréal. — Cartes géologiques du Canada	Col. anglaises.	
De Verneuil. — Cartes géologiques de l'Espagne et du Portugal	France	19
Edouard **Stanford**. Londres. — Cartes géographiques.	Gde-Bretagne.	7
Andriveau-Goujon. Paris. — Cartes géographiques, globes et atlas	France	25
Ministère du commerce, département des Mines. Berlin. — Carte géologique des deux Silésies et du duché de Saxe	Prusse	20-47
Bardin. Paris. — Plans en relief, photographies de plans en relief	France	
Delesse. Paris. — Carte agronomique, hydrographique et géologique du département de la Seine; carte géologique des fonds de mer	France	47
Charles **Flemming**. Glogau. — Carte topographique de l'Europe centrale	Prusse	
Alex. **Mœring**, aux archives du ministère de l'intérieur. Vienne. — Carte du cours du Danube	Autriche	26

Compagnie de l'isthme de Suez. Paris. — Plan en relief de l'isthme de Suez	France	
Frère **Ogérien**. — Carte du département du Jura ; ouvrages et renseignements statistiques	France	21
Ministère du commerce. Carlsruhe. — Carte géologique du grand-duché de Bade	Bade	
Avel **Erdmann.** Stockholm. — Carte géologique de la Suède	Suède	2
Théodor **Kjerulf** et **Tellef-Dahll.** Christiania. — Carte géologique de la Norvége méridionale	Norvége	3
G. **de Helmersen.** Saint-Pétersbourg. — Carte géologique de la Russie	Russie	
Société géologique du Mittel-Rhein. — Carte géologique de la Hesse	Hesse	1
François **Foetterle.** Vienne. — Carte géologique de la Moravie et de la Silésie autrichienne	Autriche	17
Denys **Stur.** Institut géologique. Vienne. — Carte géologique de la Styrie	Autriche	34
Alphonse **Favre**. Genève. — Carte géologique des parties de la Savoie, du Piémont et de la Suisse voisines du mont Blanc	Suisse	3
Ponzi. Rome. — Carte géologique de l'Italie centrale.	Etats-Pontif.	2
Valentin **Streffleur.** Vienne.—Plans ; cartes géographiques et maritimes destinées à l'enseignement	Autriche	33
E. Carlos **Ribeiro** et **Delgado.** — Carte géologique du Portugal	Portugal	
Amalio **Maestre**. Madrid. — Carte géologique de l'Espagne	Espagne	1
Alfred **Selwyn.** — Carte géologique des mines de la colonie de Victoria	Col. anglaises.	
Thomas **Dickert**. — Modèle en relief de l'Etna	Prusse	
Coello. Madrid. — Atlas et carte de l'Espagne	Espagne	3
Pierre **Maestri**. Florence. — Cartes et tableaux statistiques et de météorologie	Italie	32
Tchihatchef. — Carte géologique de l'Asie Mineure	Russie	
Boisse. Rodez. — Atlas physique et statistique du département de l'Aveyron	France	10
Adolphe **de Skrzeski**. Vienne et Prague. — Atlas; carte de la Hongrie	Autriche	32
Pissis. — Carte géologique du Chili	Chili	
Bureau topographique de la province de Buénos-Ayres.—Carte cadastrale de la province	Con Argentine.	

Médailles de bronze.

Bureau topographique de l'état-major. Direction de Naples. — Triangulation et carte topographique de la Sicile	Italie	9
Mulhaupt et fils. Berne. — Feuilles de la carte du canton de Lucerne	Suisse	6

W. **Liebenow**. Berlin. — Cartes topographiques ; spécimens d'études militaires	Prusse	1
Émile **Bertaux**. Paris. — Globes, sphères, atlas et cartes géographiques	France	29
Joseph **Silbermann**. Paris. — Sphères terrestres et célestes, imprimées par un procédé nouveau	France	14
Alexandre **Bertrand**. — Carte oro-hydrographique muette des Gaules	France	18
Mussy. Vicdessos.— Carte géologique et minéralogique de l'Ariége	France	2
Lorieux, ingénieur des mines, et **Wolki**, garde-mine. Nantes. — Carte géologique du terrain dévonien de la Loire-Inférieure	France	3
Mallard. Saint-Étienne. — Carte géologique de la Haute-Vienne et de la Creuse	France	3
Surveyor général's office. Queensland. — Premier atlas des cartes de la colonie	Col. anglaises.	
Owen. Queensland. — Carte cadastrale des pacages de la colonie	Col. anglaises.	
Louis **Clos**. — Plan en relief du département du Jura.	France	
Ernest **Schotte**. Berlin. — Carte en relief et globe...	Prusse	
Joseph **Bouchette**. Canada. — Carte géographique des provinces anglaises de l'Amérique du nord	Col. anglaises.	4
Nicolas **Glyboff**. Saint-Pétersbourg. — Cartes géographiques et géologiques	Russie	1
A.-J. **Johnson**. New-York.—Atlas de famille illustré.	États-Unis	1
R. Montgomery **Martin**. —Grand relief de la presqu'île de l'Inde	Col. anglaises.	
C. **Sutherland**. Natal.—Carte générale de la colonie.	Col. anglaises.	1
Ilyine. Saint-Pétersbourg. — Cartes géographiques...	Russie	2
Timiriazeff. Saint-Pétersbourg.— Cartes statistiques.	Russie	5
Dr Joseph **Lorenz**. Vienne. — Carte du cours du Danube	Autriche	65
Von Mentzer. Stockholm. — Cartes et tableaux statistiques	Suède	10
Regnier et **Dourdet**. Paris. — Cartes et plans	France	27
Sagansan. Paris. — Cartes de France, d'Europe et d'Italie	France	2
Lanée. Paris. — Cartes de France, globes terrestres.	France	28
Collomb. Paris. — Cartes géologiques des environs de Paris	France	19
J.-A. **Friis**. Christiania. — Carte ethnographique des contrées boréales de la Norvége	Norvége	
F. **Vallardi**. Milan. — L'Italie sous ses aspects physique, historique, statistique	Italie	29
J. **Schedler**. Hudson, New-Jersey. — Sphères terrestres	États-Unis	7
Joseph **Civelli**. Milan.— Album géographique, cartes d'Europe et d'Italie	Italie	5

Ernest **Bourdin.** Paris. — Publication géographique d'après le système de M. Babinet..................	France.......	
Sanis. Paris. — Cartes en relief et photographies de reliefs	France.......	23
Lefèvre. Villejuif. — Atlas communal du département de la Seine........	France.......	
A. **Dardenne.** Ile Maurice. — Carte chromolithographique de l'île Maurice......................	Col. anglaises.	2
Mac Carthy. Alger. — Carte de l'Algérie...........	Algérie.......	2
Municipalité de Forli. — Monographie de la province de Forli..	Italie	31
Th. **Fischer.** Cassel. — Cartes en relief de la Terre-Sainte...	Prusse.......	8
A.-A. **Lez.** Lorrez-le-Bocage. — Plans, coupes et élévations géologiques relatifs à la découverte des sources.	France.......	1
Vinot. Paris. — Publications et tableau figuratif d'astronomie élémentaire..............................	France.......	9
Jager. Paris. — Tableau, tables et guéridons géographiques et cosmogéographiques..................	France.......	22
Cavrois. — Cartes géographiques..................	France.......	
Jules **Baedeker.** Iserlohn. — Cartes géologiques et plans	Prusse.......	
A. Mac **Kinlay** et Cie. Nouvelle-Ecosse. — Appareil de géographie..	Col. anglaises.	
Ingénieurs du ministère des travaux publics. — Carte de la Roumanie méridionale..............	Roumanie....	
Pomel. Oran. — Carte géologique de l'Algérie avec les cercles du réseau pentagonal	Algérie	
Rocard, Pouyanne et **Pomel.** Oran. — Carte géologique de la province d'Oran.......................	Algérie	
L. **Ville.** Alger. — Carte géologique de la province d'Alger..	Algérie	
Chatelain. — Carte des communications terrestres et maritimes..	France.......	
Carl. **Schrœder.** — Plan en relief de la Basse-Egypte..	France.......	
Royer et **Barotte.** Vassy. — Carte géologique de la Haute-Marne...	France.......	
Kœchlin-Schlumberger et **J. Delbos.** Mulhouse. — Carte géologique du Haut-Rhin.................	France.......	

Mentions honorables.

Smulders et Cie. La Haye. — Carte topographique des Pays-Bas et cartes géographiques	Pays-Bas.....	2
Salomon. — Cartes géographiques.....	France.......	4
Bayssellance. Toulon. — Plan en relief d'une partie des Pyrénées..	France.......	7
Piloty et **Loehle.** Munich. — Carte spéciale de Bavière, de Wurtemberg et de Bade...................	Bavière......	3

Abbé **Richard.** Paris et Montlieu. — Cartes et coupes hydrogéologiques relatives à la découverte des sources. France....... 20

A. **Boehm.** Munich. — Carte des postes et chemins de fer de Bavière, et typo-autographie............... Bavière .....

Le Touzé de Longuemar. — Carte géologique de la Haute-Vienne................................. France..... . 16

Ponsin. — Carte de la vallée de Montmorency....... France....... 17

J. **Felkl.** Prague. — Tellurium et planétaires en plusieurs langues................................. Autriche. 16

Joseph **Schönninger.** Vienne. — Globes terrestres, lunaires et célestes................................. Autriche. 31

Roosen. Trondjhem. — Carte générale de Norvége. . Norvége......

R. **Leuzinger.** Berne. — Carte de la Suisse orientale. Suisse....... 5

Aug. **Schöll.** Saint-Gall. — Cartes géographiques en relief................................. Suisse....... 7

T. **Nelson** et fils. Londres. — Cartes géographiques.. Gde-Bretagne . 5

E.-H. **Bousquet.** Ile Maurice. — Cartes de cyclones.. Col. anglaises. 1

Lindhé. Gothembourg. — Album de cartes géologiques. Suède....... 3

COOPÉRATEURS.

Médaille d'or.

Dr A. **Petermann,** directeur scientifique de la maison J. Perthes................................. Saxe-Gotha...

Médailles d'argent.

De Milly. Dépôt de la guerre. — Application de la photographie et de l'héliographie à l'établissement des cartes topographiques et géographiques............ France.......

Collin, graveur aux dépôts de la guerre et de la marine................................. France.......

Médailles de bronze.

George, graveur au dépôt de la guerre. — Procédé pour la correction des cuivres..................... France.......

Cosquin, graveur au dépôt de la guerre............ France.......

Geisindörfer, graveur au dépôt de la marine....... France.......

Regnier, graveur au dépôt de la marine........... France.......

Picard, dessinateur au dépôt de la guerre.......... France.......

Kautz, graveur. Paris............................ France.......

RENSEIGNEMENTS DU GROUPE II

PAUL DUPONT ET Cie

Imprimerie administrative des Chemins de Fer, de la Banque de France, du Crédit Foncier et des principales Sociétés financières et industrielles. Lithographie. — Librairie administrative et librairie classique. — Fonderie de caractères. — Ateliers de reliure et de brochure.

Rue de Grenelle-Saint-Honoré, 45, et rue du Bouloi, 22, à Paris.

SUCCURSALE A CLICHY-LA-GARENNE.

Les travaux de la maison **Paul Dupont** comprennent : 1° l'imprimerie ; 2° la lithographie ; 3° la librairie.

Elle a créé en France, il y a près d'un demi-siècle, l'imprimerie administrative, qui forme toujours la branche la plus importante de sa vaste exploitation. Elle fournit à l'administration publique tous les cadres, modèles et formules prescrits par les lois, règlements et arrêtés ministériels.

L'Imprimerie administrative livre journellement de nombreuses impressions aux grandes entreprises industrielles et commerciales, telles que : Chemins de fer, Messageries, Banques, Compagnies d'Assurances, Maisons de commerce, etc.

L'impression des ouvrages de luxe, des livres illustrés, des actions, des obligations, des mandats, etc., tirés à une ou à plusieurs couleurs, forme une autre spécialité très-importante de cette maison.

La librairie **Paul Dupont** possède deux catalogues : 1° les ouvrages et recueils administratifs; 2° les Classiques élémentaires. — (Voir classes 6, 89, 90, et l'exposition spéciale au ministère de l'instruction publique.)

La maison de **M. Paul Dupont** se compose d'un établissement à Paris et d'une succursale à Clichy. Elle occupe un personnel de 120 employés et 1,200 ouvriers, 45 mécaniques à vapeur, 30 presses typographiques à bras, 10 presses mécaniques lithographiques à vapeur, 10 presses lithographiques à bras, 6 presses hydrauliques pour le satinage, 2 machines à sécher le papier par la vapeur et 15 presses à copier.

Il s'imprime, dans l'établissement, 30 millions de feuilles par année ; le nombre de ses clients dépasse 150,000 ; son matériel en caractères, planches conservées et presses mécaniques, est estimé à 2 millions de francs ; le chiffre de ses affaires s'élève par an à plusieurs millions.

Cet établissement se distingue, en outre, par plusieurs institutions d'un caractère spécial : logements à bon marché, — bains, — école, — ouvroir, — bibliothèque, — orphéon, — société de secours mutuels, soins du médecin et médicaments gratuits, — caisse de retraite, participation des ouvriers aux bénéfices annuels de la maison, etc., tout y témoigne d'une organisation ouvrière très-remarquable.

Médaille d'or en 1849. — *Prize Medal* à Londres en 1851 et en 1862. Onze médailles à ses ouvriers. — Médaille d'honneur en 1855.

Deux médailles à l'Exposition universelle de 1867. — Cinq médailles et cinq mentions à ses chefs de service et ouvriers.

(Voir classe 6, n° 18; classe 59, n° 83; classe 89, n° 125; classe 90, n° 216; classe 93, n° 12; cl. 95, n° 19.)

LIBRAIRIE ACADÉMIQUE DIDIER et Cie (D. Glorian, gérant), quai des Augustins, 35, à Paris. — Littérature, philosophie, histoire. — Bibliothèque d'éducation; Ouvrages de Mmes Craven de la Ferronnays, Eugénie de Guérin, Swetchine. — Dictionnaire de Nap. Landais. — Trésor de numismatique. — Revue archéologique, etc. — Mention à l'Exposition universelle de 1855. Médaille d'Argent 1867. — Groupe II, classe 6, n° 2.

CLASSE 8.

MAX-CREMNITZ, 89, avenue d'Eylau.

Spécialité de **Tableaux-Annonces** sur tôle et sur carte. La supériorité de son travail lui a fait obtenir la *seule médaille* accordée pour cet article.

CLASSE 9.

F. MULNIER, peintre-photographe,
25, *boulevard des Italiens, Paris.*
Médailles à l'Exposition universelle 1867 et à l'exposition des beaux-arts 1863.
Portraits en tous genres. — **Atelier spécial** de reproductions et d'agrandissements.

LEGÉ et BERGERON, anciens associés, successeurs de **Carjat et Cie, photographes.** Méd. à Paris 1863, Paris 1864. Ment. hon. à l'Exposition universelle de Londres 1862. Méd. de bronze Paris, 1867.

56, rue Laffitte, à Paris.
Rez-de-chaussée. — Grand Jardin.

Fondée en 1861, la maison Carjat et Cie conquit, dès ses débuts, une popularité méritée. — Jouissant d'une situation exceptionnelle au rez-de-chaussée, placée au centre d'un des plus beaux quartiers de Paris, **rue Laffitte, 56,** au coin de la rue Olivier, sa position même la désignait aux préférences du public choisi qui a formé sa clientèle. — Aussi fut-elle bientôt le rendez-vous des plus hautes notabilités de la littérature et du théâtre, de la science et de la politique. Un nombre infini de clichés des plus recherchés, conservés dans ses archives, lui donnent une importance commerciale de premier ordre.

Restés, par suite de dissolution de Société, seuls propriétaires de ce magnifique établissement, MM. Legé et Bergeron lui ont donné une impulsion nouvelle. Opérant eux-mêmes, apportant un goût particulier aux choix des poses, si important en photographie, veillant rigoureusement à ce qu'aucun portrait défectueux ne compromît leur signature, en maintenant, en un mot, l'exécution de leurs travaux à la hauteur des exigences qu'est en droit de réclamer leur clientèle d'élite; ils se sont définitivement placés au premier rang dans leur spécialité. *Tous les clichés sont conservés indéfiniment.*

CLASSE 10.

MÉDAILLE D'ARGENT 1867.

Amédée THIBOUT et Cie (N.-C.), **facteurs de pianos,** magasins rue du Faubourg-Montmartre, 21, fabrique rue de Laval, 33. Maison fondée en 1840. Médailles aux Expositions 1844 et 1849. — France. Exportation.

Victor MUSTEL, harmoniums, facture artistique, 42, rue de Malte, à Paris. — Inventeur de la double expression, du forte expressif, du jeu de harpe éolienne, et du typophone. — 8 Méd. d'hon. et de 1re classe aux Expos. univ. et régionales. — Expos. dans la chapelle du Parc. MÉD. D'ARGENT 1867.

Jérôme THIBOUVILLE-LAMY. MAISON BUTHOD ET THIBOUVILLE ET Henry SAVARESSE, rue **Réaumur, 42** *bis*, à Paris. — Médaille de bronze en 1839. Médaille de bronze et d'argent en 1849. Médaille de 1re classe 1855. Deux médailles à Londres en 1862.

Cette importante maison, dont la fondation date de 1803, tient une place à part dans la fabrication des **instruments de musique.** Elle est connue par l'excellence de ses violons, basses, guitares, cornets, saxhorns, clarinettes, cordes harmoniques et de ses orgues. Son importance, sans cesse croissante, a surtout reçu une impulsion remarquable, dans ces dernières années, sous la direction de M. J. THIBOUVILLE-LAMY, son propriétaire actuel. Cette maison occupe un personnel de 420 ouvriers et ouvrières, dans ses quatre fabriques : Celle de Mirecourt occupe 125 ouvriers; celle de la Couture (Eure), 40 ou 45 ouvriers; celle de Grenelle, fondée en 1861, occupe 80 ouvriers à la fabrication des instruments en cuivre. En 1864, M. J. THIBOUVILLE-LAMY s'est rendu acquéreur de l'importante fabrique de cordes harmoniques de M. Henry SAVARESSE, qui occupe 140 ouvriers et ouvrières, et à laquelle a été ajouté depuis quelques mois un atelier pour la fabrication des orgues à manivelle et à automate. — L'outillage de ce vaste établissement très-important et des plus modernes, est mû par la vapeur. Enfin, tous les instruments sont expédiés à l'atelier de Paris pour être finis et ajustés.

Tous ces titres, joints à divers brevets pour inventions et perfectionnements, désignaient M. J. THIBOUVILLE-LAMY à l'attention du Jury, qui lui a en effet décerné deux médailles à ajouter à des récompenses déjà nombreuses.

MARTIN frères, instruments à vent en bois, 13, rue de la Jussienne, Paris. — Fabrique à la Couture-Boussey (Eure).

Médailles aux Expositions 1834, 1839, 1844, 1855, 1867. Produits estimés pour leurs qualités supérieures, justesse et solidité.

Il a été décerné à MM. CHICKERING ET FILS (*Boston et New-York*) une des quatre **médailles d'or** d'égale valeur accordées aux facteurs de pianos pour la grande perfection et la supériorité de leurs instruments. Outre cette médaille de première classe, Mr CHICKERING a reçu la récompense qui les prime toutes : la **croix de la Légion d'honneur**, confirmation éclatante de la décision du Jury.

Mr CHICKERING est le seul facteur de pianos concourant à qui cette récompense suprême a été accordée à l'occasion de l'Exposition universelle de 1867.

La maison CHICKERING, aujourd'hui la plus importante de l'Amérique, a été fondée en 1823. En ce moment elle occupe près de cinq cents ouvriers et fabrique environ deux mille pianos par an.

CLASSE 11.

LEPLANQUAIS, ✱, fabr. d'**appareils herniaires** et d'**instruments de chirurgie**, or, acier, argent, gomme et caoutchouc. 15, rue de Rivoli, à Paris.—*Méd. d'argent* 1867, la plus haute récompense décernée aux bandages.

TOLLAY, MARTIN et LEBLANC, fabts du seul véritable IRRIGATEUR du Dr **Eguisier**, pour lavements, injons, douches. Maison fondée en 1842. Médailles aux Exptions 1849-1855, et récompense *unique* aux Exptions universelles, 1862, Londres; 1867, Paris. — Rue Cadet, 7, à Paris.

AGRICULTURE ET INDUSTRIE

GROUPE III

MEUBLES ET AUTRES OBJETS DESTINÉS A L'HABITATION.

CLASSES 14 ET 15

MEUBLES DE LUXE ET OUVRAGES DE TAPISSIER ET DE DÉCORATEUR.

EXPOSANTS.

Hors concours.

South Kensington Museum. (Administration de l'Etat). — Modèles, bronzes, mosaïques...........	Gde-Bretagne.	
Manufacture impériale de mosaïques de St-Pétersbourg. (Administration de l'Etat). — Mosaïques....................................	Russie.......	3
Manufacture impériale de Peterhof. (Administration de l'Etat). — Meubles en pierres dures.....	Russie.......	3
Manufacture impériale d'Ekaterinbourg, gouvernement de Perm. (Administration de l'Etat). — Objets en pierres dures........................	Russie.......	2
Grohé. (Membre du Jury). Paris.—Meubles et bronzes.	France	21
Jackson et **Graham**. (M. **Graham**, membre du Jury). Londres. — Tapis et objets d'ébénisterie d'art..	Gde-Bretagne.	28
John-Gregory **Crace** (Membre du Jury). Londres. — Décors et objets d'ébénisterie.....................	Gde-Bretagne.	10
Wolfgang **Knussmann.** (Membre du Jury). Mayence. — Parquets et meubles...........................	Hesse........	2

Grand prix.

Henri **Fourdinois.** Paris. — Meubles et tapisserie...	France.......	4

Médailles d'or.

Roudillon. Paris. — Meubles, tapisserie...........	France.......	44
G. **Viot** et Cie. Paris. — Onyx d'Algérie........	France.......	67
H. **Lemoine.** Paris. — Meubles	France.......	

Wright et **Mansfield**. Londres. — Meubles........	Gde-Bretagne.	40
Guéret. Paris. — Meubles..........................	France.......	5
De la Pierre. Paris. — Sculpture.................	France.......	172
F. **Roux**. Paris. — Meubles.........................	France.......	83
Beurdeley. Paris. — Meubles et vases............	France.......	74
Parfonry et **Lemaire**. — Marbres..................	France.......	80
Penon frères. Paris. — Décoration................	France.......	296
Antoine **Salviati**. Venise. — Mosaïque.............	Italie........	39
Thonet frères. Vienne. — Meubles.................	Autriche.....	35
Leclercq et fils. Bruxelles. — Marbres............	Belgique.....	14
Giusti. Turin. — Sculpture........................	Italie........	45

Médailles d'argent.

George **Trollop** et fils. Londres. — Meubles..........	Gde-Bretagne.	34
Jeanselme fils, **Godin** et Cie. Paris. — Meubles....	France.......	6
Allard fils et **Chopin**. Paris. — Meubles...........	France........	82
Duval frères. Paris. — Tapisserie (Pavillon de l'Empereur)..	France.......	231
P.-A. **Chaix**. Paris. — Meubles et ébénisterie.........	France.......	35
J. **Crapoix**. Paris. — Stucs.........................	France.......	132
C.-J.-L. **Marcelin**. Paris. — Parquets...............	France.......	63
J.-P. **Deville**. Paris. — Tapisserie..................	France.......	86
L. **Geruzet**. Bagnères-de-Bigorre. — Marbres........	France.......	142
Bembé. Mayence. — Meubles........................	Hesse........	1
Gatti. Rome. — Meubles gravés.....................	Etats pontif..	
Tasson et **Washer**. Bruxelles. — Parquets........	Belgique.....	11
Frémiet. Paris. — Sculpture........................	France.......	131
N.-J.-A. **Quignon**. Paris. — Meubles................	France.......	161
G. **Blanchet**. Paris. — Billards.....................	France.......	204
Goyers frères. Louvain. — Chaire..................	Belgique.....	9
C. **Charmois** et E. **Lemarinier**. Paris. — Meubles.	France.......	31
E. **Knecht**. Paris. — Sculpture......................	France.......	32
Semey. Paris. — Meubles..........................	France.......	16
François **Richstaedt** aîné. Paris. — Meubles........	France.......	68
Sormani. Paris. — Meubles de fantaisie............	France.......	49
N.-J. **Tronchon**. Paris. — Meubles en fer..........	France.......	187
Alexandre jeune. Paris. — Glaces montées..........	France.......	200
Société pour l'encouragement de l'union des beaux-arts et de l'industrie. Copenhague — Meubles..	Danemark....	5
Parvillée. Paris. — Sculpture......................	France......	227
Torrini et Cie. Florence. — Mosaïque..............	Italie........	15
Luigi **Antoni** et **Brambilla**. Milan. — Meubles.....	Italie........	19

E. **Depont**. Azay-le-Rideau. — Meubles, sculpture...	France.......	24
C.-A. **Gallais**. Paris. — Laques, meubles...........	France.......	65
J.-B.-A. **Lanneau**. Paris. — Siéges, ébénisterie.....	France.......	159
Gillow et Cie. Londres. — Meubles..................	Gde-Bretagne.	14
Holland et fils. Londres. — Meubles................	Gde-Bretagne.	18
A. **Sauvrezy**. Paris. — Meubles....................	France.......	46
Dyer et **Watts**. Londres. — Meubles..............	Gde-Bretagne.	12
Snyers-Rang. Bruxelles. — Meubles................	Belgique.....	10
J. **Leimer**. Vienne. — Sculpture, chapelle portative..	Autriche.....	
Pohlmann et **Dalk**. Bruxelles. — Cadres...........	Belgique.....	19
Mazaroz-Ribalier et Cie. Paris. — Meubles, sculpture..	France.......	64
A. **Kneib**. Paris. — Meubles........................	France.......	3
Aug. **Kitschelt**. Vienne. — Meubles en fer...........	Autriche.....	13
Stoevesandt. Carlsruhe. — Meubles................	Bade.........	2
Louis **Melot**. Bruxelles. — Marbres..................	Belgique.....	17
Frullini. Florence. — Sculpture....................	Italie........	97
Brüggen. Saint-Pétersbourg. — Meubles............	Russie.......	1
Chanton. Paris. — Meubles et décorations de la Chine...	France.......	

Médailles de bronze.

Duchesne. Paris. — Marbres.......................	France.......	152
E. **Vichot**. Orléans. — Meubles.....................	France.......	144
Georges **Diéterle**. Paris. — Architecte décorateur....	France.......	
L. **Chamouillet**. Paris. — Miroirs..................	France.......	221
Huret et **Lonchambon**. Paris. — Lits d'enfants....	France.......	194
A. **Drapier**. Paris. — Meubles.....................	France.......	41
Mme Vve Henri **Bex**. Paris. — Marbres...............	France......	60-183
Mme Vve **Saulière**. Paris. — Restauration de tapisserie.	France.......	19
Meyer et **Raulin**. Paris. — Meubles en laque.......	France.......	56
J.-B.-A. **Boulenger**. Auneuil. — Carrelage mosaïque.	France......	162-256
Leglas-Maurice. Nantes. — Meubles................	France.......	17
G. **Jackson** et fils. Londres. — Sculpture en plâtre..	Gde-Bretagne.	16
Huber frères et Cie. Paris. — Sculpture............	France.......	133
Bruzeaux et Cie. Paris. — Tapisseries..............	France.......	148
Gouault. Paris. — Marbres.........................	France.......	157
Landeau et Cie. Sablé-sur-Sarthe. — Marbres.......	France.......	79
Hardouin. Paris. — Sculpture......................	France.......	215
H. **Racault**. Paris. — Meubles......................	France.......	
Pecquereau père et fils et **Gilbert**. Paris. — Meubles.	France.......	47
A. **Loichemolle**. Paris. — Marbres..................	France.......	123
Hertenstein père et fils. Paris. — Meubles.........	France.......	160

Loremy et **Grisey**. Paris. — Cadres	France	23
J. **Wedgwood** et fils. Stoke-sur-Trent. — Cheminées (cl. 17)	Gde-Bretagne	17
James **Lamb**. Manchester. — Meubles	Gde-Bretagne	223
Cuypers et **Stolzenberg**. Roermond. — Mobilier d'église	Pays-Bas	7
Friedrich. Dresde. — Meubles	Saxe	3
Mansbach. Saint-Pétersbourg. — Parquets	Russie	3
Virebent. — Décoration en faïence	France	
De Boissimon. — Décoration en faïence	France	
Edberg. Stockholm. — Meubles (cl. 14.)	Suède	1
Swanberg. Stockholm. — Miroirs (cl. 15.)	Suède	1
E.-J. **Correa**. Lisbonne. — Meubles	Portugal	4
Miguez. Porto. — Meubles	Portugal	2
J.-G. **Lund**. Copenhague. — Meubles	Danemark	6
S. et A. **Jensen**. Copenhague. — Meubles	Danemark	4
J. de **Mannstein**. Vienne. — Meubles	Autriche	19
Brulant. Paris. — Meubles	France	9
Hunsinger. Paris. — Meubles	France	13
Goëkler. Paris. — Meubles	France	134
Clayton et **Bell**. Londres. — Mosaïque	Gde-Bretagne	11
W. et J.-R. **Hunter**. Londres. — Meubles	Gde-Bretagne	19
Ouri. Paris. —	France	
Pascal **Leoncini**. Sienne. — Sculpture	Italie	69
F. **Betti** et Cie. Florence. — Mosaïques	Italie	6
F. **Lancetti**. Fuligno. — Sculpture	Italie	43
T.-H. **Wyatt**. — Décoration	Gde-Bretagne	
J. **Barthélemy**. Paris. — Billards	France	210
L.-W. **Collmann**. Londres. — Meubles	Gde-Bretagne	9
Mazzioli et **Del Turco**. Paris. — Mosaïque	France	98
Mme Vve **Fontenelle**. Paris. — Mosaïque	France	108
L.-A.-J. **Neveu**. Paris. — Mosaïque et marqueterie	France	167
Frédéric **Ribal**. Paris. — Tables	France	220
C. **Ingledew**. Londres. — Siéges	Gde-Bretagne	20
J. **de Laterrière**. Paris. — Sommiers	France	189
Baud, **Penel** et Cie. Lyon. — Autel, sculpture	France	153
Baillif et **Rasetti**. Paris. — Sculpture	France	168
Heal et fils. Londres. — Meubles	Gde-Bretagne	6
G. **Colomb** et Cie. Aigle. — Parquets	Suisse	
Comité local de la Cochinchine. — Meubles	Col. françaises	
Comité local de Pondichéry. — Meubles	Col. françaises	
J. et C. **Cairoli**. Milan. — Meubles	Italie	
Bhowanis, **Hanker**, **Harivalubh**. Bombay. — Meubles	Inde angl.	

Sreeram-Paul. Inde. — Meubles	Inde anglaise.	
Comité local de l'Inde. — Collection de figures..	Col. françaises	
Salvador **Coco**. Palerme. — Meubles	Italie	18
Albert **Bigaglia**. Venise. — Marbres	Italie	37
Fr. **Schenzel**. Vienne. — Meubles	Autriche	29
J. **Bettridge** et Cie. Birmingham. — Papier mâché..	Gde-Bretagne.	4
Sœrensen. Lausanne. — Meubles	Suisse	8
Charles **Weber**. Vienne. — Peinture à la brosse	Autriche	36
Bonet père. Rouen. — Sculpture	France	253
Mme Vve de **Bay**. Paris. — Sculpture	France	248
S. **Wertheimer**. Londres. — Meubles	Gde-Bretagne.	37
Wirth frères. Brientz. — Meubles	Suisse	9
Volossatikoff. Moscou. — Meubles religieux	Russie	12
Petit. Saint-Pétersbourg. — Meubles	Russie	4
P.-A. **Duval**. Paris. — Miroirs	France	207
Mac Donald Field et Cie. Berden. — Décoration en marbre	Gde-Bretagne..	
Bazzanti. Florence. — Mosaïque	Italie	5
Koelbl et **Threm**. Vienne. — Dorure	Autriche	17
Varangoz et **Tiercelin**. Paris. — Matières dures...	France	112
J.-F. **Solon**. Paris. — Sculpture	France	180
Pickery. Bruges. — Sculpture	Belgique	18
Türpe. Dresde. — Meubles	Saxe	1
E. **Gajani**. Florence. — Sculpture	Italie	65
V. d'**Hautel**. Paris. — Décoration	France	205
C. **Rowley**. Manchester. — Cadres	Gde-Bretagne.	22
G. W. **Voeltzkow** jeune. Berlin. — Cadres	Prusse	2
J. **Ratte**. Paris. — Dorure	France	118
C.-C. **Diehl**. Paris. — Meubles	France	42
Warnemünde frères. Paris. — Meubles	France	20
E. **Lexcellent**. Paris. — Sculpture	France	38
C. **Munz**. Paris. — Meubles	France	34
Boutung. — Meubles	France	27
Auboüer fils. Paris. — Sculpture	France	33
L. **Gradé** et **Pelcot**. Paris. — Meubles	France	52
Pagny. Paris. — Meubles	France	55
Mercier frères. Paris. — Meubles	France	85
J.-V. **Louvet**. Paris. — Marbres	France	149
J. **L'Hoste**. Paris. — Meubles	France	164
Mme Vve **Lacroix**. Paris. — Lits en fer	France	129
J. **Roll**. Paris — Meubles	France	30
Bertaud frères. Paris. — Meubles	France	73
Berl. Paris. — Lits en fer	France	

Jabouin. Bordeaux. — Marbrerie sculptée..........	France.......	158
Becucci. Valterre. — Marbres...............(cl. 15.)	Italie........	25
N. **Ferri** et C. **Bartolozzi**. Sienne. — Meubles.......	Italie........	15
Jacques **Descalzi**. Chiavari. — Siéges....(cl. 14.)....	Italie........	25
Emmanuel **Descalzi**. Chiavari. — Siéges............	Italie.........	
A. **Barbetti** et fils. Florence. — Sculpture	Italie........	13
J. **Pizzuto**. Palerme — Lits en métal...............	Italie........	
J. **Taylor**. Londres. — Décoration..................	Gde-Bretagne.	23
H. **Cole**, C. B. Musée de Kensington. Londres. — Cadres rayonnants......................................	Gde-Bretagne.	8
Peyton et **Peyton**. Birmingham. — Lits en métal....	Gde-Bretagne..	
Vandermesch. Gand. — Imitation en bois...........	Belgique	23
A. **Beernaert**. Auderghem-lez-Bruxelles. — Cheminées en marbre.......................................	Belgique	2
Colonie de la Guyane. — Meubles...............	Col.françaises.	
Pons et **Rivas**. Barcelone. — Meubles.............	Espagne......	7
Mme Vve **Canela**. Barcelone. — Meubles.............	Espagne......	
E. **Neuhaus**. Berlin. — Meubles....................	Prusse.......	17
Bernard **Dennery**. — Coffret en bois incrusté........	Algérie	
G. **Coulhon**. — Meubles	Algérie.......	
Jean **Heininger**. Mayence. — Meubles.............	Hesse........	3
F. **Wirth** fils. Stuttgart. — Parquets	Wurtemberg..	3
Heiser. Figures en carton-pierre...................	Russie.......	
R. **Whytock** et Cie. Édimbourg. — Meubles........	Gde-Bretagne.	
A. **Cornevin**. La Flèche. — Marqueterie............	France.......	54
Samuel **Kramer**. Pesth. — Meubles.................	Autriche.....	19
Société de la Renaissance. Berlin. — Meubles...	Prusse.......	14

Mentions honorables.

F. **Wissler** et Cie. Goldbach. — Parquets	Suisse.......	10
Müller-Bridel. Grenchen. — Parquets...............	Suisse.......	6
Levera frères. Turin. — Meubles sculptés...........	Italie........	4
Ch. **Buquet**. Paris. — Miroirs	France.......	7
B. **Masseron**. Paris. — Sculpture	France.......	8
Vrignaud, Terral et **Pitetti**. Paris. — Meubles....	France.......	15
Gerson et **Weber**. Paris. — Meubles	France.......	50
H.-P. **Santerre**. Paris. — Cheminée................	France.......	70
Éliaers. Paris. — Meubles	France.......	90
Bellot aîné. Troyes. — Meubles...................	France.......	91
Ch. **Martin**. Paris. — Miroirs et dorure.............	France.......	96
L.-A. **Foulley**. Paris. — Peinture...................	France.......	106
A. **Caron**. Paris. — Cuirs pour ameublements.......	France.	115

L. **Reverdy**. Paris. — Dorure et miroiterie..........	France.......	117
O. **Champigneulle**. Metz. — Sculpture.............	France......	119-159
Peretmère et **Martin**. Paris. — Marbres...........	France.......	122
Leger-Albrech et Cie. Paris. — Meubles...........	France.......	124
F. **Rebeyrotte**. Paris. — Meubles dorés............	France.......	125
Galinier. Marseille. — Marbres....................	France.......	135
Mouillon et **Edon**. Paris. — Albâtres.............	France.......	141
G. **Facchina**. Paris. — Mosaïques.................	France.......	107
A. **Bernard**. Paris. — Fleurs.....................	France.......	165
L.-P.-A. **Gaudray**. Paris. — Cadres...............	France.......	171
Charles **Hallé**. Paris. — Sculpture................	France.......	186
Dulud. Paris. — Cuirs d'ameublement..............	France.......	193
Jean **Piret**. Paris. — Tables.......................	France.......	198
G. **Bay**. Paris. — Glaces..........................	France.......	213
Pierre **Haffner**. Paris. — Coffres-forts.............	France.......	216
J.-B. **Haffner** aîné. Paris. — Coffres-forts..........	France.......	214
Mme **Bavoillot**. Paris. — Dentelles d'ameublement.....	France.......	236
Dutel. Saint-Quentin. — Marbres incrustés..........	France.......	239
L. **Grados**. Paris. — Décoration en zinc............	France.......	267
Raffl. Paris. — Sculpture.........................	France.......	281
Pellegrin. Paris. — Billard, jeux..................	France.......	293
J.-A. **Boisville**. Paris. — Montures.................	France.......	75
J.-P. **Huart**. Paris. — Décoration, cadres............	France.......	92
V. **Baron** et Cie. (Association des menuisiers en fauteuils.) Paris. — Siéges..........................	France.......	178
Larroque. Paris. — Billards........................	France.......	202
Galliena et **Cera**. Nice. — Marqueterie.............	France.......	25
Emel. Paris. — Meubles...........................	France.......	21
C. **Moreau**. Paris. — Tapisserie.....................	France.......	39
L. **Poullain**. Paris. — Billards......................	France.......	208
L.-V.-A. **Fouqueau**. Orléans. — Billards............	France.......	206
Letourneur frères. Paris. — Lits en fer............	France.......	130
T.-H. **Filmer** et fils. Londres. — Meubles et tables..	G^de^-Bretagne.	13
J. **Alderman**. Londres. — Siéges pour infirmes.....	G^de^-Bretagne.	1
Skidmore's Art manufactures and construction Iron Company. Coventry. — Décorations en fer.......................................	G^de^-Bretagne.	
J. **Ward**. Londres. — Siéges pour infirmes..........	G^de^-Bretagne.	35
Lady **Carington**. Londres. — Broderies de meubles..	G^de^-Bretagne.	3
Benham et fils. Londres. — Décorations en métal...	G^de^-Bretagne.	
Ch.-Forster **Hayward**. Londres. — Meuble sculpté...	G^de^-Bretagne.	16
Cox et Cie. Londres. — Décorations religieuses......	G^de^-Bretagne.	
Nowrojee Shapoojee et Cie. Bombay. — Meubles.	Inde anglaise.	
J. **Deschamps**. Madras. — Meubles...............	Inde anglaise.	

J. **Erxleben.** Cap de Bonne-Espérance. — Meubles. ... Col.anglaises. 1

R. **Moulton.** Cap de Bonne-Espérance. — Meubles.... Col.anglaises. 3

Peter-Glass. Barton. — Mosaïques.................. États-Unis...

Ecole de peinture du couvent de Saint-Serge. Images.. Russie...... 1

Alexandre **Safonoff.** Gouvernement de Moscou. — Images sculptées.............................. Russie...... 9

Comité auxiliaire du Caucase. Tiflis. — Meubles en marbre onyx, etc.............................. Russie.......

Lastrom. Stockholm. — Meubles.................. Suède.......

Sandberg et **Cook.** Stockholm. — Meubles......... Suède....... 5

Usine d'Elfdalen. — Matières dures................ Suède....... 9

Malmstrœm et **Wessberg.** — Canapé-lit........... Suède....... 6

Schröder. Christiania. — Meubles.................. Norvége..... 9

F. **Ottesen.** Copenhague. — Meubles................ Danemark ... 9

Pfaffly. Lisbonne. — Meubles..................... Portugal..... 1

Campolini. — Figurines........................... Portugal.....

F. **Plagnat.** Genève. — Meubles.................... Suisse....... 7

Herold. Pesth. — Meubles......................... Autriche..... 12

P.-J. **Lerchenfelder.** Vienne. — Meubles........... Autriche..... 17

A. **Winkler.** Vienne. — Cristaux................... Autriche..... 36

Bauer frères. Breslau. — Meubles................. Prusse....... 6

F. **Winkel.** Berlin. — Meubles..................... Prusse....... 18

Schaar et **Rehse.** Berlin. — Meubles............. Prusse.......

W.-J. **Bürgers.** Cologne. — Moulures............... Prusse....... 13

Charles **Hasslinger.** Carlsruhe. — Meubles. (cl. 14).. Bade........ 1

F. **Meurer** et fils. Lahr. — Moulures....... (cl. 15).. Bade........ 1

F.-W. **Brauer.** Stuttgart. — Meubles (cl. 14)........ Wurtemberg.. 1

Vetter et **Stang.** Stuttgart. — Moulures (cl. 15)...... Wurtemberg . 1

A. **Kerschbaumer.** Berchtesgaden. — Marbres...... Bavière...... 1

E. **Baldauf.** Nuremberg. — Vitrines................ Bavière......

Cambier frères. Ath. — Siéges pliants.............. Belgique.....

Croquet et **Courbain.** Beaumont. — Marbres...... Belgique.....

H. **Luppens.** Bruxelles. — Pendules en marbre...... Belgique..... 16

De Villers et Cie. Bruxelles. — Cheminées de marbre.. Belgique..... 26

J. J. **Rousseaux.** Anvers. — Cheminées de marbre.. Belgique..... 20

Em. de **Gobart.** Gand. — Meubles.................. Belgique.....

Van Gingerdeuren. Bruxelles. — Bois sculptés.... Belgique. 24

Vve G. **Dorens.** Amsterdam. — Miroirs............. Pays-Bas..... 6

Andrea **Picchi.** Florence. — Meubles............... Italie........ 12

Dominique **Giovanni.** — Sculptures................. Italie........

François **Polli.** Florence. — Sculpture.............. Italie........

Ange **Mengozzi.** Faënza. — Meubles................ Italie........

Gaëtan **Scotti.** Milan. — Sculpture................. Italie........ 88

Luigi **Gargiulo.** Naples. — Marqueterie...........	Italie.........	17
François **Sanguineti.** Gênes. — Chaises fines.......	Italie.........	
Maximilien **Scagliarini.** Bologne. — Incrustations.	Italie.........	29
Alexandre **Rinaldelli.** Florence. — Meubles de bois et mosaïque..	Italie.........	9
Achille **Lavaganini.** Sienne. — Sculpture..........	Italie.........	68
Hercule **Porcasi.** Palerme. — Lits.................	Italie.........	66
Valentin **Panciera Besarel.** Bellune. — Sculpture.	Italie.........	55
Montelatici frères. Florence. — Mosaïques.........	Italie.........	8
Antonio **Rossi.** Sienne. — Sculpture...............	Italie.........	85
Antonio **Luraschi.** Milan. — Billards..............	Italie.........	20
F. **Cambiaggio** et Cie. Milan. — Tuyaux de fer...	Italie.........	59
Antoine **Sandrini.** Florence. — Mosaïque..........	Italie.........	14
Emile **Franceschi.** Florence. — Cadres...........	Italie.........	66
Rosetti. Rome. — Marbres........................	Etats-Pontif...	
Donnadieu. — Emploi des marbres d'Algérie.......	Algérie.......	
Gouvernement du Canada. — Meubles..........	Col. anglaises.	
Mme Vve J. **Borzo.** Bois-le-Duc. — Cadres et miroirs.	Pays-Bas.....	5
Miguel **Marin.** — Figurines.......................	Espagne......	
Bassiliadis. Pirée. — Siéges......................	Grèce........	19
Spiridion **Petrovick.** — Mosaïques en bois.........	Grèce........	
E. **Methlow.** Berlin. — Cadres......................	Prusse.......	

COOPÉRATEURS.

Grand prix.

Klagmann, Paris. — Œuvres d'art................. France.......

Médaille d'or.

Owen **Jones,** architecte décorateur. Londres......... Gde-Bretagne.

Médailles d'argent.

Leroux, architecte décorateur. Paris.............. France.......

Henri **Coignet,** dessinateur chez MM. Gueret frères. Paris.................................... France.......

Niviller, dessinateur chez M. Fourdinois. Paris...... France.......

Eugène **Petit,** dessinateur. Paris.................. France.......

Médailles de bronze.

Eug. **Cornu,** dessinateur chez M. G. Viot et Cie. Paris. France.......

Professeur Amélius **Schleidt,** dessinateur chez M. Knussmann. Mayence.............................. Hesse........

Baillif, sculpteur chez M. P.-N. Delapierre. Paris.... France.......

Alfred **Lormier,** dessinateur chez MM. Jackson et Graham. Londres.................................... Gde-Bretagne.

Hilaire, sculpteur chez M. Fourdinois. Paris.......... France.......

Party, modeleur chez M. Fourdinois. Paris........... France.......

Schaller, chef d'atelier depuis 1834 chez M. Grohé. Paris.. France.......

Henri **Penel,** ébéniste chez M. Grohé. Paris. .... France.......

Chabro, sculpteur chez M. Grohé. Paris. .... France.......

Jean **Pelletier,** dessinateur chez M. Roudillon. Paris. France.......

Polish, peintures et tapisseries, chez M. Roudillon. Paris.. France.......

Fresson, dessinateur chez M. Lemoine. Paris........ France.......

Noël **Quillet,** dessinateur-sculpteur chez Mazaroz-Ribalier et Cie. Paris.............................. France.......

Josiah-W. **Axford,** directeur des travaux chez M. Crace. Londres.. Gde-Bretagne.

Georges **Wright,** contre-maître dessinateur chez M. Holland. Londres........................... Gde-Bretagne.

Mentions honorables.

Charles **Cross,** dessinateur chez MM. Wrihgt et Mansfield. Londres.................................. Gde-Bretagne.

Auguste **Haelin,** directeur des travaux chez M. Crace. Londres.. Gde-Bretagne.

Paul **Ricci,** sculpteur à la Manufacture royale des pierres dures de Florence...................... Italie........

Léopold **Brodeau,** sculpteur chez MM. Leclercq et fils. Bruxelles.. Belgique.....

Quillard, contre-maître sculpteur chez M. Fourdinois. Paris.. France.......

Debeauvillié, contre-maître ébéniste chez M. Fourdinois. Paris... France.......

Georges **Jacob,** ébéniste chez M. Grohé. Paris......... France.......

J.-M. **Massai,** contre-maître ébéniste chez M. Knussmann. Mayence.................................. Hesse........

Marié, monteur chez M. Grohé. Paris................ France.......

Désiré **Michel,** contre-maître marbrier chez M. Viot. Paris.. France.......

Debray, contre-maître monteur chez M. Viot. Paris....	France......
Frédéric **Fischbach**, dessinateur chez MM. Haas et Faber. Vienne	Autriche.....
Joseph-Brown **Woodward**, directeur des travaux chez MM. Wright et Mansfield. Londres................	Gde-Bretagne.
Mark **Rogers**, sculpteur chez M. Trollop et fils. Londres.	Gde-Bretagne.
John **Barnet**, chef d'atelier chez MM. Jackson et Graham. Londres................................	Gde-Bretagne.
Robert **Jefferson**, contre-maître dessinateur chez M. Gillow et Cie. Londres.........................	Gde-Bretagne.
Alex. **Hermanus**, dessinateur chez M. Snyers-Rang. Bruxelles..	Belgique....
C. **Marchand**, contre-maître chez MM. Jackson et Graham. Londres................................	Gde-Bretagne.
Jean **Schmidt**, chez MM. Tasson et Washer. Bruxelles. — Parquets	Belgique....
Ch. **Malot**, chez M. Marcelin. Paris. — Parquets mosaïques..	France......
Jean **Sokoloff**. Employé à la Manufacture impériale de meubles en pierres dures. Saint-Pétersbourg.....	Russie......
Jean **Korovine**. — Manufacture impériale de meubles en pierres dures. Saint-Pétersbourg................	Russie......
Jacques **Doktoroff**. — Manufacture impériale de meubles en pierres dures. Saint-Pétersbourg.............	Russie......
Ferdinand **Gaud**, contre-maître sculpteur chez M. Guéret. Paris..	France......
Jean **Durat**, contre-maître ébéniste chez M. Guéret. Paris..	France......
Henry **Podio**, mosaïste chez M. Salviati. Venise.......	Italie ....
François **Novo**, mosaïste chez M. Salviati. Venise....	Italie ....

CLASSE 16

CRISTAUX, VERRERIE DE LUXE ET VITRAUX.

EXPOSANTS.

Hors concours.

Manufacture impériale de verreries de Saint-Pétersbourg. (Administration de l'Etat). — Collection d'émaux pour mosaïques	Russie	2
Institut royal de peinture sur verre de Berlin. (Administration de l'Etat). — Vitraux peints	Prusse	14
Chance frères et Cie. (Henry **Chance,** membre du Jury.). Birmingham. — Verre à vitre, d'optique et d'ornement	Gde-Bretagne	2
Dr **Hasenclever.** (Membre du Jury.). Aix-la-Chapelle. — Verres à vitres	Prusse	10
Jonet. (Membre du Jury.) Charleroi. — Verres à vitres.	Belgique	19
Maës. (Membre de la Commission impériale.) Clichy-la-Garenne. — Cristaux de table et d'ornementation.	France	1
Clément **Rasch.** (Membre du Jury.) Ulrichsthal. — Cristaux	Autriche	24

Grand prix.

Compagnie des cristalleries de Baccarat. — Cristaux	France	10

Médailles d'or.

Compagnie de Saint-Gobain, Chauny et Cirey. Paris, Stolberg, Mannheim. — Glaces	France, Prusse et Bade.	37
Compagnie des cristalleries de Saint-Louis. Saint-Louis. — Cristaux	France	
W. **Kralik** (**Meyr** neveu.). Adolf. — Cristaux	Autriche	11
E.-S. **Monot.** Pantin. — Cristaux	France	3
G. **Roux** fils et Cie. Montluçon. — Glaces	France	77
C. **Paris.** Paris. — Cristaux et émaux	France	39

Médailles d'argent.

Comte **Harrach.** Neuwelt. — Verrerie de luxe	Autriche	6

Comte **Schaffgotsch**. Scheiberhau. — Verrerie de luxe	Prusse	8
C.-L.-N. **Maréchal** et C.-R. **Maréchal**. Metz. — Vitraux	France	71
Bennert et **Bivort**. Jumet. — Verre à vitres	Belgique	4
Ch. **Raabe** et Cie. Rive-de-Gier. — Verre à vitres, bouteilles et gobeleterie	France	15
Walter, **Berger** et Cie. Gœtzenbruk. — Verres de montres et de lunettes	France	36
Burgun, **Schverer** et Cie. Meysenthal. — Gobeleterie fine	France	5
Compagnie de Plaine de Walsch et Wallerysthal. — Gobeleterie fine	France	9
G. **Andelle**. Epinac. — Bouteilles	France	33
Patoux, **Drion** et Cie. Aniche. — Glaces	France	27
Nicolas **Coffetier**. Paris. — Vitraux	France	53
A.-N. **Didron**. Paris. — Vitraux	France	46
P.-F. **Goglet-Queynoux**, **Pouyet**. Paris. — Vitraux	France	50
A. **Lusson**. Paris. — Vitraux	France	45
Compagnie d'Herbatte. Herbatte-lez-Namur. — Cristaux	Belgique	34
Brossette et Cie. Paris. — Argenture des glaces	France	21-45
Schreiber et neveux. Vienne. — Verrerie de luxe	Autriche	28
Richarme frères. Rive-de-Gier. — Bouteilles	France	17
J. **Powel** et fils. Londres. — Cristaux	Gde-Bretagne	17
J. et L. **Lobmeyr**. Vienne. — Verrerie de luxe; lustres	Autriche	19
Haarmann, **Schott** et **Hahne**. Witten. — Verre à vitres	Prusse	5
Eric **Rachm**. Wiesenthal. — Perles et émaux	Autriche	26
Renard père et fils. Fresne. — Verre à vitres; bouteilles; gobeleterie	France	29
De Violaine frères. Vauxrot. — Bouteilles	France	20
Laurent **Gsell**. Paris. — Vitraux	France	66
Guillaume **Hofmann**. Prague. — Verres de luxe	Autriche	18
Eugène **Oudinot**. Paris. — Vitraux	France	57
Hardman et Cie. Birmingham. — Vitraux	Gde-Bretagne	26
J. **Dobson**. Londres. — Cristaux	Gde-Bretagne	4

Médailles de bronze.

Prosper **Lafaye**. Paris. — Vitraux	France	72
C. **Heckert**. Berlin. — Lustres de fleurs en verre	Prusse	2
Cristallerie de Lyon. Lyon. — Cristaux	France	4
L. **De Dorlodot de Mariamé** et fils. Lodelinsart. — Verre à vitres	Belgique	11

Daubresse frères. La Louvière. — Verre à vitres...	Belgique.....	7
Léon **Mondron.** Lodelinsart. — Verre à vitres......	Belgique.....	25
Vicomte **Van Leempoel, Dehu** et Cie. Quiquengrogne. — Bouteilles..........	France.......	24
André **Michon** et Casimir **Pierre.** Porto. — Verre à vitres..........	Portugal.....	4
Pellatt et Cie. Londres. — Cristaux..........	Gde-Bretagne.	14
Ward et **Hughes.** Londres. — Vitraux..........	Gde-Bretagne.	31
Heaton Butler et **Bayne.** Londres. — Vitraux....	Gde-Bretagne.	27
Ernest **Schmid.** Vannes-le-Chatel. — Gobeleterie fine.	France.......	30
Nicolle et **Dubois.** Aubervilliers. — Verrerie d'éclairage..........	France.......	26
Gugnon fils. Paris. — Verres à vitres décorés......	France.......	62
Dopter. Paris. — Glaces gravées par impression....	France.......	80
J. **Green.** Londres. — Cristaux..........	Gde-Bretagne.	3
Chevandier et **Vopelius.** Sulzbach, Saint-Imgbert. —Verre à vitres..........	Bavière......	
Vallet. Forbach. — Verre à vitres de couleur......	France.......	28
Wagret, E. **Serret** et Cie. Escautpont, Fresne et Anzin. — Verre à vitres et bouteilles..........	France.......	34
Wisthoff et Cie. Kœnigs-Steele-sur-Rhour. — Verre à vitres et cornues..........	Prusse.......	9
Guilbert et **Martin.** Paris. — Émaux..........	France.......	13
Aubriot-Roussaux. Clairey. — Gobeleterie fine.....	France.......	23
Siegwart frères et Cie. Stolberg. — Gobeleterie.....	Prusse.......	4
Alfred **Marchand.** Saint-Ouen. — Verres bombés cylindriques..........	France.......	
Krause frères et Cie. Steinschonau. — Verrerie de luxe.	Autriche.....	18
Fourcault-Frison et Cie. Damprémy. — Verre à vitres..........	Belgique.....	12
Industrie verrière d'Aniche. (Exposition collective). Aniche. — Verre à vitres, gobeleterie et bouteilles..........	France.......	
Michael de **Poschinger.** Theresienthal. — Petites glaces..........	Bavière......	2
Société des verreries de Gosselies. Gosselies-Courcelles. — Verre à vitres..........	Belgique.....	33
Schmid et **Duhoux.** Fains. — Gobeleterie..........	France.......	35
Aug. **Hegenbarth.** Haida. — Gobeleterie..........	Autriche.....	7
F. **Palme** et **Kœnig.** Steinschonau. — Verrerie de luxe.	Autriche.....	
Andris-Lambert et Cie. Marchienne-au-Pont. — Verre à vitres..........	Belgique.....	2
Chatelain. Moutier. — Verre à vitres..........	Suisse.......	1
Regout. Maëstricht. — Cristaux..........	Pays-Bas....	2
Schmidt, Brasseur et **Evrard.** Montigny-sur-Sambre. — Verre à vitres..........	Belgique.....	32
Fabrique de Marinha-Grande. Leiria. — Cristaux.	Portugal.....	2

Antoine **Salviati.** Venise. — Verres filigranés......	Italie.......	
Compagnie Aire et **Calder.** Londres. — Bouteilles.	Gde-Bretagne.	1
H. **Houtart-Roullier.** La Louvière.— Verre à vitres.	Belgique.. ..	8
H. **Lebrun** et Cie. Roux. — Verre à vitres..........	Belgique.....	21
Paul **Bitterlin** fils. Paris. — Glaces et verres gravés.	France.......	7
Émile **Thibaut.** Clermont. — Vitraux..............	France.......	
L.-Victor **Gesta.** Toulouse. — Vitraux..............	France.......	67
Edmundson et fils. Manchester. — Vitraux........	Gde-Bretagne.	23
A. **Pelletier.** Saint-Just.. — Verre à vitres de couleur.	France.......	
Ch. **Leverne** et Cie. Velars-sur-Ourche. — Verre à vitres....................................	France.......	22
Comte de **Dampierre.** Bligny. — Gobeleterie fine...	France.......	14
Cifuentes, Pola et Cie. Gijon. — Cristaux et gobeleterie....................................	Espagne	1
Dr H. **Oidtmann.** Linnich. — Vitraux............	Prusse.......	15
Millet-Bricourt et Cie. Masnières. — Bouteilles....	France.......	
Acker et Cie. Gaggenau. — Coussinets en verre......	Bade.........	
J.-B. **Lyon** et Cie. Pittsburg. — Cristaux moulés....	États-Unis....	4
C. **Stoelzle** fils. Suchenthal. — Verrerie de luxe.....	Autriche......	30
Ernest **Vopelius.** Sulzbach. — Verre à vitres.......	Prusse.......	
Wagner. St-Imgbert. — Verre à vitres............	Bavière......	

Mentions honorables.

Paul **Chalons.** Toulouse. — Vitraux..............	France.......	5
Guilbert d'Anelle. Avignon — Vitraux..........	France.......	49
Lévêque. Beauvais. — Vitraux....................	France.......	69
Bourrières. Paris. — Vitraux....................	France.......	
Henri **Dobbelaere.** Bruges. — Vitraux............	Belgique.....	10
Bruin. Paris. — Vitraux.........................	France.......	65
Joseph **Goussard.** Condom. — Vitraux............	France.......	63
C. **Geyling.** Vienne. — Vitraux..................	Autriche.....	4
Henry **Greene.** Londres. — Cristaux..............	Gde-Bretagne.	8
John **Millar** et Cie. Édimbourg. — Cristaux..........	Gde-Bretagne.	11
W.-P. et G. **Phillips** et **Pearce.** Londres.— Cristaux.	Gde-Bretagne.	16
H. et J. **Gardner.** Londres. — Cristaux............	Gde-Bretagne.	5
Guerner. Croismare. — Verrerie fine.............	France.......	11
Vander Borght Degand. Boussu. — Verrerie d'éclairage....................................	Belgique.....	38
S. **Reich** et Cie. Vienne. — Verrerie de luxe.........	Autriche.....	27
Henri **Ulrich** et Cie. Vienne.— Verrerie de luxe.....	Autriche.....	34
Jos. **Grohmann.** Haida. — Verrerie de luxe........	Autriche.....	5
J. **Zahn** et Cie. Steinschonau. — Verrerie de luxe.....	Autriche.....	40

J.-G. **Zahn** et L.-V. **Pantoschek**. Zlatno (Hongrie). — Verrerie de luxe..................	Autriche.....	3
Dallemagne. Paris. — Carafes à rafraîchir.........	France.......	6
Camot et Cie. Paris. — Gravures sur cristal.........	France.......	38
Soyer. Paris. — Émaux.........................	France.......	25
Gallé-Reinemer. Nancy. — Cristaux gravés.......	France.......	8
Becker frères et fils. Uckange. — Bouteilles........	France.......	
Victor **Masson.** Chagny. — Bouteilles..............	France.......	32
J.-B. **Ledoux.** Jumet. — Bouteilles...............	Belgique.....	22
Lefèvre frères. Lodelinsart. — Bouteilles...........	Belgique.....	23
Andris et Cie. Lodelinsart. — Verre à vitre.........	Belgique.....	1
Devillez et Cie. Lodelinsart. — Verre à vitre.......	Belgique.....	9
Gobbe-Hocquemiller. Lodelinsart.—Verre à vitre.	Belgique.....	14
Hindel. Lodelinsart. — Verre à vitre..............	Belgique.....	16
A. **Morel.** Lodelinsart. — Verre à vitre............	Belgique.....	27
Francart et **Pouplier.** Gilly. — Verre à vitre.....	Belgique.....	13
Schmidt et fils. Lodelinsart. — Verre à vitre........	Belgique.....	30
Schmidt-Devillez et Cie. Dampremy.—Verre à vitre.	Belgique.....	33
Nicod. Paris. — Vitraux........................	France.......	
Erdman et **Kremer.** Paris. — Vitraux..........	France.......	58
Henry **Ely.** Nantes. — Vitraux.....................	France.......	70
Honer père et fils. Nancy. — Vitraux.............	France.......	59
Lavers et **Barraud.** Londres. — Vitraux..........	Gde-Bretagne.	28
D. **Cottier.** Glasgow. — Vitraux.................	Gde-Bretagne.	20
Cox et fils. Londres. — Vitraux..................	Gde-Bretagne.	21
P.-H. **Newmann.** Londres. — Vitraux.............	Gde-Bretagne.	13
A. **Mauvernay.** Saint-Galmier. — Vitraux..........	France.......	47
Stéphane **Bazin.** Mesnil-Saint-Firmin. — Vitraux....	France.......	48
Pagnon-Deschelettes. Lyon. — Vitraux.........	France.......	74
N. **Lorin.** Chartres. — Vitraux..................	France.......	68
T. **Dury.** Warwick. — Vitraux..................	Gde-Bretagne.	22
Scharrer et **Koek.** Bayreuth. — Perles et émaux....	Bavière......	8
J.-S. **Bettmann.** Bayreuth.— Perles et émaux......	Bavière.......	12
Ullmann. Paris. — Gravure sur glace en cristal....	France.......	40
Gotthlif **Wilhelm.** Stuttgart.— Vitraux............	Wurtemberg..	1
M.-Hubert **Schmitz.** Aix-la-Chapelle. — Vitraux.....	Prusse.......	
Lascar Bogdan. Grosti. — Gobeleterie..........	Roumanie....	
Portes fils. — Bouteilles........................	Algérie......	
E. **Guenivet.** Vierzon. — Gobeleterie.............	France.......	31
Brusewitz. Svenljunga-Limmared. — Gobeleterie....	Suède.......	1
Glass Company. Hudson. — Bouteilles...........	Col. anglaises.	2
J.-C. **Spence.** Montréal. — Vitraux.............	Col. anglaises.	1
Van der Poorten. Molenbeck-Saint-Jean-lez-Bruxelles. — Vitraux......................	Belgique.....	39

COOPÉRATEURS.

Médailles d'argent.

Léopold **Bonafede**, attaché à la manufacture impériale de Saint-Pétersbourg. — Fabrication d'émaux....... Russie........

Jean-François **Robert**. Sèvres — Peintures sur cristal.. France.......

Médailles de bronze.

Combé, à la verrerie de Goetzenbruck.............. France.......

Gabriel **Dumler**, directeur de la cristallerie d'Herbatte. Belgique.....

E. **Reyen**, chef de l'école de dessin à Saint-Louis... France.......

Pievez. — Four d'étendage........................ Belgique.....

Jean-Baptiste **Simon**, graveur à la cristallerie de Baccarat.. France.......

Mentions honorables

Léon **Baudoux**. Charleroi. — Machine à supporter la canne du verrier................................ Belgique.....

Charles **Hallé**, Birmingham, chez MM. Chance frères et Cie... Gde-Bretagne.

Richard **Pearsall**, Birmingham, chez MM. Chance frères et Cie...................................... Gde-Bretagne.

Bugleau, à la cristallerie de Saint-Louis, par Goëtzenbruck...................................... France.......

Joseph **Blascheck**, ouvrier à la cristallerie de Baccarat.. France.......

Wincler, graveur à la cristallerie de Saint-Louis, par Goëtzenbruck.................................. France.......

François **Pertuzot**, tailleur sur cristaux et à la cristallerie de Baccarat.............................. France.......

E. **Bauthière**. Montigny-sur-Sambre. — Procédé pour l'étendage.. Belgique.....

Jos. **Pihet**, à la Compagnie d'Herbatte............... Belgique.....

Alexandre **Amiable**, verrier à la Compagnie d'Herbatte... Belgique.....

Antoine **Seguso**, chez M. Salviati. — Venise....... Italie........

Jean **Beroviero**, chez M. Salviati. — Venise........ Italie........

CLASSE 17

PORCELAINES, FAIENCES ET AUTRES POTERIES DE LUXE.

EXPOSANTS.

Hors concours.

Manufacture impériale de Sèvres. (Administration de l'État.) — Objets céramiques de toute nature.	France.......	1
Manufacture royale de Berlin. (Administration de l'État.) Objets d'art et autres en porcelaines......	Prusse.	1
Manufacture royale de porcelaine de Meissen. (Établissement public.) — Vases, figures, services, candélabres, etc.	Saxe	21
Manufacture impériale de porcelaine de Saint-Pétersbourg. (Administration de l'Etat.) — Vases, services à thé, tasses, etc..................	Russie.	
Fabrique royale de porcelaine de Copenhague. (Administration de l'État.) — Porcelaine et biscuit..	Danemark....	3
Paul et Émile **March.** (Paul **March,** membre du Jury.) Charlottenbourg. — Objets en terre cuite....	Prusse	25

Médailles d'or.

Minton et Cie. Stoke-sur-Trent.—Porcelaines anglaises et faïences..	Gde-Bretagne.	12
Utzschneider et Cie. Sarreguemines. — Faïence et grès artistiques, services de table, etc.............	France.......	83
C. **Pillivuyt** et Cie. Mehun, Noirlac et Nevers. — Porcelaines blanches et décorées..................	France......	30
W.-T. **Copeland** et fils. Londres et Stoke-sur-Trent. — Porcelaines anglaises et faïences..................	Gde-Bretagne.	5
Lebeuf Milliet et Cie. Creil et Montereau.—Faïences fines, blanches, imprimées et décorées............	France......	85

Médailles d'argent

Gibus et Cie. Limoges. — Porcelaine blanche, objets d'art avec couleurs au grand feu..................	France.......	47
J. **Wedgwood** et fils. Stoke-sur-Trent. — Porcelaines opaques..	Gde-Bretagne.	17
Villeroy et **Boch.** Mettlach. — Objets en grès.......	Prusse.......	4

Maurice **Fischer**. Herend. — Objets en porcelaine de style antique	Autriche	4
Doulton et **Watts**. Londres. — Poterie de grès	Gde-Bretagne	7
Haviland et Cie. Limoges. — Porcelaine blanche et décorée	France	59
Boch frères. Keramis-lez-Saint-Vaast et Tournai. — Porcelaine tendre, faïence, grès	Belgique	2
Marquis Laurent **Ginori-Lisci**. Florence. — Porcelaine artistique	Italie	2
Hache et **Pépin-Lehalleur**. Vierzon. — Porcelaines et décors	France	5
Alluaud aîné. Limoges. — Kaolins et feldspaths bruts et préparés, porcelaines blanches et décorées	France	45
Geoffroy-Guérin et Cie. Gien. — Faïence fine, blanche et décorée	France	
W. **Brownfield**. Cobridge. — Faïence anglaise	Gde-Bretagne	4
Deck. Paris. — Faïences décoratives	France	84
E.-W. **Collinot** et Cie. Boulogne. — Faïences persanes	France	
Ardant et Cie. Limoges. — Porcelaine	France	44
L. **Labesse**. Limoges. — Services de table	France	38
Jullien. Saint-Léonard. — Porcelaines blanches et décorées	France	46
L. **Sazerat**. Limoges. — Porcelaines et matières premières	France	37
Gille jeune. Paris. — Porcelaines d'art	France	37
Fischer et **Mieg**. Pirkenhammer. — Services de table, objets de luxe en porcelaine	Autriche	5
Fabrique de Gustafsberg. Stockholm. — Porcelaines dures et tendres, imitation des terres cuites de Henri II	Suède	1
L.-A.-C. **Macé**. Auteuil. — Chromolithographie céramique	France	22
Letu et **Mauger**. Isle-Adam, Villeneuve. — Biscuit blanc	France	23
Teilsch et Cie. Altwasser. — Services de table	Prusse	3
Haas et **Czjzek**. Schlagenwald. — Porcelaines	Autriche	6

Médailles de bronze.

Pinder, **Bourne** et Cie. Burslem. — Faïences	Gde-Bretagne	13
G. **Jones**. Stoke-s.-Trent. — Faïences, grès et majoliques	Gde-Bretagne	10
Brianchon aîné. Paris. — Couleurs nacrées appliquées sur porcelaines	France	6
F.-C. **Fikentscher**. Zwickau. — Appareils chimiques en grès	Saxe	23
Jules **Richard**. Milan. — Porcelaine opaque	Italie	1
Pickmann et Cie. Séville. — Porcelaine	Espagne	1

Jules **Aubry**. Bellevue (près Toul). — Vases, jardinières, figurines	France	69
Boulenger. Choisy-le-Roi. — Faïence	France	
Manufacture de Foëcy. — Services de table en tout genre	France	48
Fabrique de Roerstrand. Stockholm. — Porcelaines, faïences et biscuits	Suède	2
Michel **Aaron**. Paris. — Porcelaines décorées	France	21
Jean **Demol** et fils. Bruxelles. — Faïences peintes	Belgique	3
Joseph **Devers**. — Faïences artistiques	Italie	
A. **Jean**. Paris. — Faïences artistiques	France	81
Ch.-G. **Longuet**. Paris. — Poteries d'art et terres vernissées	France	61
G. **Gray**. Londres. — Peintures sur porcelaines	G^de^-Bretagne	9
H.-A. **Pinard**. Paris. — Faïences d'art	France	68
H. **Wimmer**. Munich. — Peintures sur porcelaine	Bavière	1
C. **Schmidt**. Bamberg. — Peinture sur porcelaine	Bavière	2
Alfred **Meyer**. Sèvres. — Imitation d'anciens émaux	France	60
E. **Avisseau**. Tours. — Poteries artistiques	France	76
G. **Pull**. Paris. — Faïences artistiques	France	63
Soupireau, **Fournier** et Cie. Paris. — Faïence d'art décorée au grand feu	France	77
Laurin. Bourg-la-Reine. — Faïences d'art	France	80
J.-B. **Prevost**. Paris. — Porcelaines décorées	France	15
Leullier fils et **Bing**. Paris, Conflans et Esternay.— Porcelaines blanches et décorées	France	2
Fabrique de Witteburg. (E. Kruse.) — Grès	Prusse	6
E. **Rousseau**. Paris. — Porcelaines et faïences	France	54
C.-A. **Levassor-Boyer**. Paris.—Porcelaines décorées et faïences	France	55
J. et C. **Price** et frères. Bristol. — Poteries et grès	G^de^-Bretagne	18
Monseu et Cie. Haine-Saint-Pierre.—Grès cérames	Belgique	6
F. **Primavesi** et fils. Cardiff et Swansea. — Faïence.	G^de^-Bretagne	15
Dominique-Fereira-Pinto **Bastos**. Aveiro. — Porcelaines	Portugal	4
J. **Klotz**. Paris. — Décors et impressions chromolithographiques sur porcelaine	France	26
P. **Regout**. Maëstricht. — Faïence	Pays-Bas	4
De Boissimon et Cie. Langeais. — Faïences	France	
Champigneulle. Metz. — Terres cuites	France	
Gossin frères. — Terres cuites	France	
Pannier-Lahoche. Paris. — Porcelaines	France	57
Chablin. — Application d'ornements en argent galvanoplastique sur porcelaine	France	
Ch. **Krister**. Waldenbourg. — Porcelaines diverses.	Prusse	2
P. **Burguin**. Couleuvre. — Service de table	France	

Armand Bazille et Cie. — Porcelaines............	France.......	7
E. et C. **Lévy**. Paris.— Porcelaine décorée, imitation de vieux Sèvres et porcelaines tendres.............	France.......	9
J. **Machereau**. Paris. — Porcelaine tendre........	France.......	12
P.-A. **Lebourg**. Paris.— Imitation de porcelaine de Chine et du Japon............................	France.......	72
Ernie, Paris. — Impression chromolithographique sur porcelaine.............................	France.......	24
Faugeron et **Dupuis**. Paris. — Porcelaines et faïences................................	France.......	19
Gustave **Fouque** jeune. Toulouse. — Peinture et gravures sur porcelaine par un procédé spécial........	France.......	11
P. **Dartout**. Paris.—Porcelaines blanches et décorées.	France.......	32

Mentions honorables.

C. **Poyard**. Paris. — Application de la photographie sur porcelaines et faïences.......................	France.......	35
L. **Coblentz**. Paris. — Nouveau procédé de montage des pièces céramiques.........................	France.......	29
F.-H. **Dutertre** aîné. Paris. — Dorure brillante sans brunissage..............................	France.......	13
Chailly et fille aînée. Paris. — Dorure brillante sans brunissage..............................	France.......	17
Véry et **Baratte**. Paris. — Porcelaines peintes et décorées..............................	France.......	14
Raingo et Cie. Fontainebleau. — Porcelaines et statuettes genre Saxe.........................	France.......	10
Demartial et **Tallandier**. Limoges. — Dorure sur porcelaine..............................	France.......	40
Jacquel et Cie. Paris. — Services de table, porcelaines dorées, etc........................	France.......	25
H.-F. **Signoret**. Nevers. — Faïences artistiques....	France.......	75
J.-J. **Ulysse**. Blois. — Faïences d'art et objets de décoration pour meubles.........................	France.......	74
Houry. Paris. — Faïence d'art..................	France.......	70
V. **Barbizet**. Paris. — Faïences d'art et porcelaines.	France.......	67
Genlis-Rudhart. Paris.—Faïences d'art et peintures.	France.......	64
Guyonnet-Colville. Paris. — Couleurs vitrifiables.	France.......	28
Lacroix. Paris. — Couleurs vitrifiables...........	France.......	5
De Caranza, Parvillée, Flandrin et **Labbé**. Paris. — Faïences décoratives.................	France.......	
A. **Monvoisin**. Paris. — Fleurs et statuettes.......	France.......	4
M. **Ponty**. Paris. — Fleurs......................	France.......	31
Mme Vve **Pinot**. Paris. — Fleurs.................	France.......	33
P. Van der **Want** Gzn. Gouda. — Pipes en terre...	Pays-Bas.....	1
P.-J. Van der **Want** Azn. Gouda. — Pipes en terre..	Pays-Bas.....	3

D. **Barth**. Andenelte-lez-Andenne. — Grès	Belgique	1
A. **Lecat**. Baume-St-Vaast. — Poterie de grès	Belgique	5
Macheleidt, **Triebner** et Cie. Volkstedt. — Porcelaines et figurines	Prusse	9
F. **Merkesibach**. Grenzhausen. — Vases et cruches à bière	Prusse	8
S.-P. **Gerz**. Hoehr. — Cruches à bière ornées	Prusse	11
Guillaume **Schiller** et fils. Bodenbach. — Faïences	Autriche	13
John **Adams** et Cie. Hanley. — Poterie imitant le jaspe, majoliques	Gde-Bretagne	1
G.-T. **Allen**. Watcombe. — Objets de *terra cotta*	Gde-Bretagne	2
Bishop's Waltham Clay Company. — Poteries et briques d'ornement	Gde-Bretagne	2
Mme Vve P. **Ipsen**. Copenhague.—Objets de terre cuite.	Danemark	2
P. **Gardner**. Gouvernement de Moscou.— Services de table, etc	Russie	2
Juan **Fernandez Sierra**. Rambla. — Alcarazas et terre cuite	Espagne	9
Compagnie Constancia. Lisbonne. — Faïences	Portugal	2
Albin **Denk**. Vienne. — Porcelaines décorées	Autriche	
J. **Pelly**. Séville. — Terres cuites	Espagne	

COOPÉRATEURS.

Médailles d'or.

A. **Milet**, chef des fours et pâtes à la Manufacture impériale de Sèvres	France
F. **Richard**, peintre décorateur à la Manufacture impériale de Sèvres, a composé la palette de couleurs, demi-grand feu	France

Médailles d'argent.

Goddé, décorateur à la Manufacture impériale de Sèvres, nouveau procédé de décoration pour la porcelaine tendre	France
Gély, sculpture pâte sur pâte, à la Manufacture impériale de Sèvres	France
Forgeot, sculpteur en pâte, à la Manufacture impériale de Sèvres	France
Gobert, peintre sur émail à la Manufacture impériale de Sèvres	France
Paul **Avisse**, ornemaniste à la Manufacture impériale de Sèvres	France
Roussel, peintre à la Manufacture impériale de Sèvres.	France

Fragonard, peintre à la Manufacture impériale de Sèvres.. France.......

Abel **Schilt**, peintre à la Manufacture impériale de Sèvres.. France.......

Barriat, peintre à la Manufacture impériale de Sèvres. France.......

Ferdinand **Regnier**, sculpteur en pâte à la Manufacture impériale de Sèvres.. France.......

Delacour, chef du grand coulage à la Manufacture impériale de Sèvres.. France.......

Léon **Arnoux**, directeur et chimiste chez MM. Minton et Cie. Stoke-s.-Trent.. Gde-Bretagne.

Green Harry, dessinateur chez MM. Minton et Cie. Stoke-s.-Trent.. Gde-Bretagne.

George **Eyre**, dessinateur chez M. W.-T. Copeland et fils. Gde-Bretagne.

Lessore, peintre chez MM. Wedgwood et fils....... Gde-Bretagne.

Jules **Mantel**, chef d'atelier et chef modeleur à la Manufacture royale de Berlin.. Prusse.......

H. **Looschen**, chef de peinture à la Manufacture royale de Berlin.. Prusse.......

Jean **Kieffer**, dessinateur et modeleur chez MM. Villeroy et Bosch.. Prusse.......

Leuteritr, chef modeleur et d'atelier à la Manufacture royale de Meissen.. Saxe ....

Médailles de bronze.

Solon, sculpteur en pâte à la Manufacture impériale de Sèvres.. France.......

Damousse, sculpteur en pâte à la Manufacture impériale de Sèvres.. France.......

Larue, sculpteur de figures à la Manufacture impériale de Sèvres.. France.......

Renard, dessinateur d'ornement à la Manufacture impérlaie de Sèvres.. France.......

Brumel-Roques, peintre de figures à la Manufacture impériale de Sèvres.. France.......

Humbert, peintre de figures à la Manufacture impériale de Sèvres.. France.......

Cabau, peintre à la Manufacture impériale de Sèvres. France.......

Bulot, peintre à la Manufacture impériale de Sèvres.. France.......

Barré, peintre à la Manufacture impériale de Sèvres. France.......

Van Mark, peintre à la Manufacture impériale de Sèvres.. France.......

Mulleret, ciseleur à la Manufacture impériale de Sèvres.. France.......

Flequenet, décorateur de faïence à la Manufacture impériale de Sèvres.. France.......

Lièvre, chef de l'atelier de montages à la Manufacture impériale de Sèvres.. France.......

Bastide, poseur de fonds au grand feu, à la Manufacture impériale de Sèvres........................ France.......

Bothereau, enfourneur à la Manufacture impériale de Sèvres.. France.......

Breton, mouleur en plâtre à la Manufacture impériale de Sèvres.................................... France.......

Halot, chimiste chez MM. Pillivuyt et Cie............ France.......

Lachaise, sculpteur chez MM. Hache et Pepin-Lehalleur. France.......

Arthur **Wright**, directeur et chimiste chez MM. Minton et Cie. Stoke.................................. Gde-Bretagne.

Thomas **Allen**, peintre chez MM. Minton et Cie. Stoke. Gde-Bretagne.

Henri **Mitchell**, peintre chez MM. Minton et Cie. Stoke. Gde-Bretagne.

Christian **Heuk**, peintre chez MM. Minton et Cie. Stoke. Gde-Bretagne.

Thomas-Alfred **Simpson**, peintre chez MM. Minton et Cie. Stoke.. Gde-Bretagne.

Frédérick **Maet**, doreur chez MM. Minton et Cie. Stoke. Gde-Bretagne.

Charles-F. **Hurtin**, dessinateur et peintre chez MM. Copeland et Cie.................................. Gde-Bretagne.

N. **Balle**, doreur chez MM. Copeland et Cie.......... Gde Bretagne.

Daniel **Lucas**, peintre de paysages chez MM. Copeland et Cie.. Gde-Bretagne.

W. **Adams**, directeur de la fabrication des jaspes chez MM. J. Wedgwood et Cie......................... Gde-Bretagne.

James **Adams**, directeur des pâtes pour jaspes chez MM. J. Wedgwood et Cie.......................... Gde-Bretagne.

W. **Hall**, directeur de la fabrication des majoliques chez MM. J. Wedgwood et Cie...................... Gde-Bretagne.

Joseph-B. **Evans**, dessinateur chez M. Brownfield.... Gde-Bretagne.

James **Smith**, dessinateur chez M. Brownfield........ Gde-Bretagne.

George **Mollard**, modeleur.......................... Gde-Bretagne.

Mantel jeune, modeleur à la Manufacture royale de Berlin.. Prusse.......

Fack, modeleur à la Manufacture royale de Berlin.... Prusse.......

W. **Escher**, à la Manufacture royale de Berlin....... Prusse.......

Kuhn, à la Manufacture royale de Berlin............ Prusse.......

Muller aîné, chef d'atelier de peinture à la Manufacture royale de Meissen........................... Saxe........

Mueller jeune, peintre de portraits et professeur..... Prusse.......

Optat **Milet**, décorateur de faïences à la Manufacture impériale de Sèvres............................ France.......

Charles **Baury**, sculpteur chez M. Gille. Paris...... France.......

CLASSE 18

TAPIS, TAPISSERIES ET AUTRES TISSUS D'AMEUBLEMENT.

EXPOSANTS.

Hors concours.

Manufactures impériales des Gobelins et de Beauvais. (Administration de l'Etat.) — Tapis....	France......	
O. **Sallandrouze de la Mornaix**. (Membre de la Commission Impériale). Aubusson. — Tapis et tapisseries..........	France.......	37
Leisler. (Membre eu Jury.) Hanau. — Tapis........	Prusse........	2

Médailles d'or.

Ville d'Aubusson. Aubusson. — Tapisseries......	France.......	
Braquenié frères. Aubusson. — Tapisseries........	France.......	35
Réquillart, Roussel et **Chocqueel**. Aubusson.— Tapisseries..........	France.......	34
H. **Moureeau**. Paris. — Reps riches, tapisseries.....	France.......	4
Flaissier frères. Nîmes. — Tapis..........	France.......	12-43
Inde anglaise. — Tapis..........	Inde anglaise.	
Empire Persan, — Tapis..........	Perse........	
Empire Ottoman. — Tapis..........	Turquie......	
Arnaud **Gaidan** et Cie. Nîmes. — Tapis..........	France......	1-42
James **Templeton** et Cie. Londres et Glasgow. — Tapis..........	Gde-Bretagne.	15
Mazure-Mazure. Roubaix. — Tissus pour meubles.	France.......	6
C.-E.-A. **Bouchard-Florin**. Tourcoing. — Tissus pour meubles..........	France.......	10
Ph. **Haas** et fils. Vienne. — Tapis et tissus pour meubles..........	Autriche.....	3
Brinton et **Lewis**. Kidderminster. — Tapis.......	Gde-Bretagne.	2

Médailles d'argent.

Walmez, Duhoux et **Dager**. Paris. — Reps et tapisseries..........	France.......	3
Krugmann et **Haarhaus**. Elberfeld. — Reps; velours..........	Prusse.......	6

Bernaud-Laurent. — Tapis, velours	France	25-31
Manufacture royale de Tournai. Bruxelles. — Tapis	Belgique	5
Braquenié frères et Cie. Ingelmunster. — Tapis et tapisseries	Belgique	2
J.-J. **Sallandrouze** père et fils. Aubusson. — Tapis.	France	39
F. **Duplan** et Cie. Aubusson. — Tapis et tapisseries.	France	36
J. **Vayson**. Abbeville. — Tapis	France	49
James **Akroyd** et fils. Halifax. — Damas	Gde-Bretagne	
Al. **Castel**. Aubusson. — Tapisseries	France	33
Patent Woollen Cloth Company. Leeds. — Tapis	Gde-Bretagne	11
John **Wilkinson** fils et Cie. Leeds. — Tapis	Gde-Bretagne	18
Fl. **Cocheteux** fils et Cie. Templeuve-en-Pevele. — Damas; satins laine et soie	France	5
Payen et Cie. Amiens. — Velours	France	27
Bulot et **Lhotellier**. Amiens. — Velours d'Utrecht.	France	26
A. **Baudouin**. Paris. — Toile cirée	France	23-58
Le Crosnier. Paris. — Toile cirée	France	47
Ch. **Mengen**. Viersen. — Velours	Prusse	14
Ed. **Lohse**. — Damas	Prusse	
Clément **Gravier**. Nîmes. — Tapis	France	44
Leather Cloth Company. Londres. — Toile-cuir	Gde-Bretagne	31
Croc père et fils et **Jorrand**. Aubusson. — Tapis	France	40
Gevers et **Schmidt**. Schmiedeberg. — Tapis	Prusse	18
Rose-Abraham frères. Tours. — Tapis	France	52
Robert **Hosel** et Cie. — Damas	Prusse	22
H.-R. **Willis** et Cie. Kidderminster. — Tapis	Gde-Bretagne	19
Lapworth frères. — Londres. — Tapis	Gde-Bretagne	9
Morton et fils. Kidderminster. — Tapis	Gde-Bretagne	10
Poulet. Paris. — Tissus de crin	France	30
Henderson et Cie. Durham. — Tapis	Gde-Bretagne	5
M. **Nairn** et Cie. Kirkcaldy. — Toile cirée	Gde-Bretagne	32
L. **Berchoud** et **Guerreau**. Paris. — Reps fin, tapisseries	France	2
J. **Boquet** et Cie. Amiens. — Velours d'Utrecht	France	28
Ad. **Catteau** et Cie. Roubaix. — Damas et popelines.	France	
Félix **Van Outryve** et Cie. Roubaix. — Reps, popeline	France	

Médailles de bronze.

Paris jeune. Aubusson. — Tapis	France	38
J. **Bougon**. Amiens. — Velours	France	29

Jourdain-Herbet fils. Amiens. — Velours	France.......	31
Martin **Delacroix**. Paris. — Toile cirée............	France.......	53
Rouvière-Cabane. Nîmes. — Reps Gobelin........	France.......	16
Karl **Franck**. Mulhouse. — Satins laine et soie.....	France.......	46
A.-C. **Herbet**. Paris. — Draps imprimés...........	France.......	18
Masure-Lorthiois. Tourcoing. — Tapis	France.......	54
Jules **Imbs**. Paris. — Tissu indien................	France.......	19
Woodvard, Palmer et **Radford**. Kidderminster.— Tapis	Gde-Bretagne.	21
Fabrique royale de Deventer. — Tapis.........	Pays-Bas	2
J. et J.-S. **Templeton**. Glasgow. — Reps et tapis	Gde-Bretagne.	16
O. **Delétoille**. Amiens. — Tapis.................	France.......	50
Flipo-Flipo. Tourcoing. — Reps; damas; popeline.	France.......	11
Thomas **Tréloar**. Londres. — Tapis...............	Gde-Bretagne..	34
J. **Humphries** et fils. Londres. — Tapis...........	Gde-Bretagne..	7
Edwin **Firth** et fils. Leeds. — Tapis	Gde-Bretagne.	40
M. **Protzen** et fils. Berlin. — Tapis...............	Prusse	9
Exposition collective du Caucase. — Tapis....	Russie.......	
Harinkouck et **Cuvillier**. Roubaix.—Reps et damas	France.......	7
W.-H. **Townsend**. — Toile cirée.................	Etats-Unis....	
Langlois. Paris. — Toile cirée...................	France.......	68
Cantel. Rouen. — Toile-cuir....................	France.......	24
Maréchal. Paris. — Toile cirée..................	France.......	59
Th. **Kuhn** et Cie. Cottbus. — Tapis...............	Prusse.......	28
Dulud. Paris. — Cuir repoussé..................	France	69
Abid ben Ameur, caïd des Beni-Chebana. Sétif. — Tapis....................................	Algérie.......	14
Empire du Maroc. — Tapis	Maroc........	
Gouvernement hawaïen. — Nattes	Hawaï........	2
Léopold **Schœller** et fils. Düren. — Tapis...........	Prusse.......	1
E. **Becker** et **Hoffbauer**. Berlin. — Tapis	Prusse.......	12
Britannia Rubber and Kamptulicon Cy. Londres. — Tapis, liége et caoutchouc	Gde-Bretagne.	22
H. et M. **Southwell**. Bridgnorth. — Tapis..........	Gde-Bretagne.	13
Woodward et **Grosvenor**. Kidderminster.—Tapis.	Gde-Bretagne.	21
Tayler Harry et Cie. Londres.—Tapis Kamptulicon.	Gde-Bretagne.	33
Cerf fils. Stains. — Toile cirée..................	France.......	66
Lefournier-Roullin. Vire. —Toile damassée et reps de coton..................................	France.......	
John-S. **Deed** et fils. Londres. — Tapis en peau....	Gde-Bretagne.	27
T.-J. **Ferreira**. Lisbonne. — Nattes...............	Portugal.....	
Bruno da Silva. — Nattes......................	Portugal.....	
H. **Kohnstamm**. Londres. — Toile-cuir...........	Gde-Bretagne.	30
S. E. le prince **Mohammed**. — Tapis de table.....	Tunis.......	

E. **Roze**. Paris. — Toile cirée	France	48
Bosch frères. Amsterdam. — Velours d'Utrecht	Pays-Bas	6
Chaumette. Gaillon. — Tapis	France	60
Allard et **Crombé**. Roubaix. — Popelines et reps	France	15-56
Dumortier-Vandergothe. Tournai. — Tapis	Belgique	

Mentions honorables.

Moulin Pipart. Tourcoing. — Tapis	France	55
Livinio Stuyck. Madrid. — Tapis	Espagne	
Mlle **Bazin**. Canada. — Tapis de table	Col. anglaises.	1
Royaume de Grèce. — Tapis	Grèce	
Boucart. Paris. — Cuir repoussé	France	67
Durand père et fils. Amiens. — Velours	France	22
Beauvais. Amiens. — Velours et reps	France	32
Gamot et **Delahaye**. Lyon. — Reps et tapis de table.	France	13
J.-E. **Meyer**. Copenhague. — Toile-cuir et toile cirée	Danemark	4
Mme veuve **Daumezon**. Nîmes. — Tapis de table	France	21-46
Burkard Müller. Fulda. — Reps imprimés	Prusse	15
Siegfried-Karschelitz. Leipzig. — Tapis de table.	Saxe	27
B. **Burchardt** et fils. Berlin. — Toile cirée	Prusse	7
Plaut Schreiber. Jessnitz. — Tapis de table	Anhalt	20
P.-B **Cow, Hill** et Cie. Londres. — Tapis en caoutchouc.	Gde-Bretagne.	25
Bardin. Paris. — Tapis en plume	France	64
Hammo ben saïd. Constantine. — Tapis	Algérie	17
Mohamed seghir ben Ganah. Biskra. — Tapis	Algérie	22
El Menouar, kaïd de Kalaa. — Tapis	Algérie	20
Zerroug ben Henni, caïd des Amar-Dahara. Sétif. — Tapis	Algérie	12
Hoff et fils. Louth. — Tapis	Gde-Bretagne.	6
T.-R. **Whiteley**. Wakefield. — Tapis de coco	Gde-Bretagne.	38
Carl **Roskamp**. Springe. — Tapis	Prusse	13
Ch. **Dürfeld**. Chemnitz. — Damas; algérienne	Saxe	22
W. **Tull** et Cie. Londres. — — Tapis Kamptulicon	Gde-Bretagne.	36
Prince **Engalytchef**. Gouvernement de Tambov. — Tapis	Russie	
Almeida. — Nattes	Portugal	
J.-V. **Tello** et **Ticulat**. Valence. — Tapis et rideaux.	Espagne	
C. **Breiding** et fils. Soltau. — Tapis de feutre	Prusse	19
Korte et Cie. Herfort. — Tapis	Prusse	
Wildey et Cie. Londres. — Tapis de coco	Gde-Bretagne.	
Jean **Peschkoff**. Gouvernement de Moscou. — Tapis.	Russie	
Prochaska et **Stenzl**. Prague. — Tapis de table	Autriche	

Joseph **Whincup**. Londres. — Tapis de table........ Gde-Bretagne.
I. **Siemsen**. Hanovre. — Tapis de coco............ Prusse.......
G.-W. **Chipman** et Cie. Boston. — Doublure de tapis. États-Unis...
Henri **Paget**. — Toile cuite.......................... Autriche.....

COOPÉRATEURS.

—

Médailles d'or.

Chabal-Dussurgey, artiste peintre.................. France.......
Hippolyte **Henri**, dessinateur de tapis et d'étoffes d'ameublement.................................... France.......

Médailles d'argent.

Adan, dessinateur.................................. France.......
Eugène **Petit**, dessinateur.......................... France.......
Gilbert, chef d'atelier à la Manufacture des Gobelins. France.......
Greliche père, artiste ouvrier à la Manufacture des Gobelins.................................... France.......
Collin, sous-chef d'atelier à la Manufacture des Gobelins.................................... France.......
Munier père, sous-chef d'atelier à la Manufacture des Gobelins.................................. France.......
Chevalier, chef d'atelier à la Manufacture de Beauvais. France.......
Fillette, chef d'atelier à la Manufacture des Gobelins. France.......
Auguste **Lemoyne**, chef ouvrier chez M. O. Sallandrouze de la Mornaix............................ France.......
Jules **Peemans**, directeur chez MM. Braquenié frères. France.......
Seglas, directeur chez MM. Requillart, Roussel et Choqueel.................................... France.......
Flament père, sous-chef à la manufacture impériale des Gobelins.................................... France.......
Margarita, artiste ouvrier à la manufacture impériale des Gobelins................................ France.......
Dufour, sous-chef à la Manufacture impériale de Beauvais.. France.......
Grouchy, sous-chef à la Manufacture impériale de Beauvais.................................... France.......
Préjan, sous-chef à la Manufacture impériale de Beauvais.. France.......
Plistat, sous-chef à la Manufacture impériale des Gobelins.................................... France.......

Médailles de bronze.

Prévoté père, artiste ouvrier à la manufacture impériale des Gobelins .... France.......

Lucas, professeur de dessin à la manufacture impériale des Gobelins........ France.......

Lacroix, artiste ouvrier à la Manufacture impériale de Beauvais........ France.......

Desroy, artiste ouvrier à la Manufacture impériale de Beauvais........ France.......

Barat, sous-chef à la Manufacture impériale des Gobelins .... France.......

Rochard, ouvrier chez M. O. Sallandrouze de la Mornaix........ France.......

Léonard **Clairavaux**, chef ouvrier chez MM. Braquenié frères........ France.......

Aymard, ouvrier chez M. O. Sallandrouze de la Mornaix........ France.......

L. **Hennequin**, dessinateur chez M. Mourceau....... France.......

Pierre **Bourret**, ouvrier chez MM. Requillart, Roussel et Chocqueel........ France.......

Jules **Leblanc**, dessinateur chez MM. Braquenié frères........ France.......

Jacques **Bouret**, ouvrier chez MM. Requillart, Roussel et Chocqueel........ France.......

Clerjeaud mère, ouvrière chez MM. Requillart, Roussel et Chocqueel........ France.......

François **Laporte**, chef teinturier chez M. O. Sallandrouze de la Mornaix........ France.......

Léonard **Paris**, chef teinturier chez MM. Braquenié frères........ France.......

Martial **Droulez**, contre-maître chez M. Bouchard-Florin........ France.......

Michel **Bécharlat**, chef d'atelier chez MM. J.-J. Sallandrouze père et fils. — Felletin........ France.......

Treille, chef d'atelier chez MM. Croc père et fils et Jorrand........ France.......

Toty, chef d'atelier chez M. Duplan........ France.......

Gaunin, ouvrier chez M. Mourceau........ France.......

Eugène **Prévost**, contre-maitre chez MM. Walmez, Duboux et Dager........ France.......

Émile **Bouet**, contre-maître chez MM. Walmez, Duboux et Dager........ France.......

François-Xavier **Bourut**, chef d'atelier chez M. J.-J. Sallandrouze père et fils. Aubusson........ France.......

Jacques **Tramicheck**, contre-maître chez M. A. Castel. France.......

Léonard **Rigaud**, chez M. A. Castel. — Aubusson.. France.......

Michel **Doumet**, ouvrier chez MM. Braquenié frères.. France.......

CLASSE 19

PAPIERS PEINTS.

EXPOSANTS.

Médailles d'or.

J. **Zuber** et Cie. Rixheim. — Papiers peints, tableaux, paysages, travail à la mécanique, etc.	France	22
J.-M.-F. **Bezault**. Paris. — Papiers peints et décors.	France	2
Gillon et **Thoraillier**. Paris. — Perfection de la fabrication à la machine	France	11
I. **Leroy**. Paris. — Création en France de la machine à bras pour fabriquer les papiers peints	France	15
C. et J.-G. **Potter**. Over-Darwen. — Invention de la machine à vapeur pour fabriquer les papiers peints.	Gde-Bretagne.	7
Hoock frères. Paris. — Papiers peints et décors	France	12

Médailles d'argent.

A. **Seegers**. Paris. — Invention et perfectionnement du procédé de dorure et relief sur papier-cuir et étoffe.	France	19
Balin frères. Paris. — Papiers peints	France	17
Follot et **Paupette**. Paris. — Imitation d'étoffe en papier peint	France	8
Scott, Cuthbertson et Cie. Londres. — Nouveaux procédés pour obtenir le papier velouté en relief	Gde-Bretagne.	8
Riottot et **Pacon**. Paris. — Papiers peints	France	18
Spoerlin et **Zimmermann**. Vienne. — Papiers peints.	Autriche	4
Bach et Cie. Paris. — Stores	France	

Médailles de bronze.

Learch. Bruxelles. — Imitation de cuirs en relief	Belgique	
H.-W. **Woollams** et Cie. Londres. — Papiers peints.	Gde-Bretagne	11
Mme Ve **Josse** et fils. Paris. — Obtention de nouveaux effets sur papiers peints	France	13
Jeffrey et Cie. Londres. — Papiers peints	Gde-Bretagne.	4
W. **Cooke**. Leeds. — Fabrication à la mécanique	Gde-Bretagne.	1
S. **Ballesteros**. Madrid. — Papiers peints	Espagne	1
C. **Marsden**. Londres. — Imitation de marbre et stucs.	Gde-Bretagne.	

J. **Woollams** et Cie. Londres. — Papiers peints......	Gde-Bretagne.	10
Vetter et Cie. Varsovie. — Papiers peints..........	Russie.......	3
Everaerts-Fizenne. Louvain. — Papiers peints.....	Belgique.....	
E.-L. **Flaunet**. Neuilly. — Imitation de bois par procédé mécanique..............................	France.......	7
Daniel. Paris. — Papiers peints..................	France.......	4
A. **Duluat**. Paris.—Toiles peintes, et extension donnée à l'emploi du papier peint dans la décoration.......	France.......	6
Chotteau-Hattat. Paris. — Stores.................	France.......	

Mentions honorables.

Robert **Horne**. Londres. — Papiers peints et décors..	Gde-Bretagne.	3
H. **Carpentier** fils. Paris. — Fabrication mécanique.	France.......	3
J.-H. **Rutten**. Maëstricht. — Papiers peints..........	Pays-Bas....	1
C.-G. **Mineur**. Stockholm. — Imitations de cuirs repoussés....................................	Suède........	
A. **de Skrzészewski**. Vienne et Prague. — Papiers peints...	Autriche.....	2
H. **Marsoulan**. Paris. — Papiers à la mécanique....	France.......	16
Dubreuil aîné. Paris. — Décoration...............	France.......	5
L. **Lepetit**. Paris. — Devants de cheminée.........	France.......	14
Howell et frères. Philadelphie. — Papiers peints....	États-Unis....	3
Ch. **Leroy**. Paris. — Stores......................	France.......	
R. **Graves** et Cie. New-York. — Papiers peints......	États-Unis....	

COOPÉRATEURS.

Médailles d'argent.

Victor **Dumont**, dessinateur........................	France.......
Eugène **Ehrmann**, chimiste et dessinateur chez M. Zuber....................................	France.......

Médailles de bronze.

Bochter, chef de la gravure chez M. Zuber.........	France.......
Jules **Petit**, décorateur...........................	France.......
Schmit, contre-maître coloriste chez M. Bezault......	France.......
Ruble, contre-maître coloriste chez MM. Hoock frères.	France.......
E. **Thioust**, dessinateur chez MM. Gillou et Thorailler.	France.......

Mentions honorables.

Louis **Moreau**, contre-maître coloriste chez MM. Balin frères....................................	France.......

CLASSE 20

COUTELLERIE.

EXPOSANTS.

Médailles d'or.

Parisot et **Gallois**. Paris. — Coutellerie en tout genre et orfévrerie de table	France	37
Mermilliod frères. Vienne. — Coutellerie de table, rasoirs et grosse coutellerie	France	15
Brookes et **Crookes**. Sheffield.— Couteaux de table, couteaux fermants, rasoirs et ciseaux	Gde-Bretagne.	1

Médailles d'argent.

Sabatier père et fils. Thiers. — Coutellerie de table, grosse coutellerie, couteaux fermants, rasoirs	France	4
Picault fils. Paris. — Coutellerie en tout genre, couteaux de chasse, cisaille, sécateurs et rasoirs	France	36
George et Joseph **Morton**. Londres. — Coutellerie en tout genre	Gde-Bretagne.	5
Sommelet et **Wichard**. Courcelles. — Ciseaux et sécateurs	France	6
Cardeilhac. Paris. — Coutellerie de table	France	34
Fr. **Herder**. Solingen. — Coutellerie de table, ciseaux et sécateurs	Prusse	3
Chatelet et **Cornet**. Thiers. — Couteaux fermants et serpes	France	42
Luneteau. Paris.— Manches et viroles pour couteaux.	France	57
Jules **Piault**. Paris. — Coutellerie de table	France	62
Vitry frères. Nogent. — Ciseaux et sécateurs	France	3
Languedocq. Paris. — Coutellerie et orfévrerie de table	France	28
Banine. Paviolo. — Ciseaux	Russie	1
Marmuse fils. Paris. — Coutellerie et orfévrerie de table	France	38
C.-G. **Kratz**. Solingen. — Coutellerie fermante	Prusse	2
Pingault. Coindres. — Couteaux de table	France	16
Charles **Girard**. —Grosse coutellerie, tranchets	France	2

Médailles de bronze.

Mappin, Webb et Cie. Sheffield. — Coutellerie en tout genre	Gde-Bretagne.	4
Masset-Licot. Namur. — Coutellerie en tout genre..	Belgique.....	2
Girodias-Chabrol. Thiers. — Couteaux catalans et autres couteaux fermants	France.......	25
Thuillier-Lefranc. Nogent. — Ciseaux pour corps d'état et sécateurs	France.......	8
Le Boullanger. Paris. — Tire-bouchons, pinces et articles en acier poli	France.......	11
Astier-Prodon. Thiers. — Coutellerie de table et grosse coutellerie fermante	France.......	39
Joseph **Dufrène**. Cannes. — Sécateurs	France.......	17
C. **Macdaniel** et Cie. Londres. — Couteaux de table..	Gde-Bretagne.	3
Malaingre-Staurenghi. Nogent. — Rasoirs	France.......	4
Théodore et Jean **Varipaeff** frères. — Pavlolo. — Couteaux de table et ciseaux	Russie.......	7
Benoist-Genest Thinet. Thiers. — Couteaux fermants	France.......	18
Heljestrand. Eskilstuna. — Rasoirs	Suède	1
Charbonier. Nogent. — Ciseaux	France.......	9
P. **Aubret**. Paris. — Tire-bouchons, poinçons et acier poli	France.......	10
Pagé frères. Châtellerault. — Couteaux de table et rasoirs	France.......	14
J.-D. **Schwarte**. Solingen. — Couteaux fermants et rasoirs	Prusse.......	1
Journoud-Riberon. Thiers. — Couteaux fermants, catalans et autres	France	24
Pradel-Chomette. Thiers. — Couteaux fermants...	France.......	26
Stahlberg. Eskilstuna. — Couteaux droits	Suède.......	2
Zavialoff frères. Worsma. — Coutellerie et outils..	Russie.......	9
Ludovic **Sella**. Biella. — Couteaux fermants, ciseaux et sécateurs	Italie........	1

Mentions honorables.

Archimbaud-Sannajust. Thiers. — Coutellerie fine et couteaux fermants	France.......	56
Granje jeune. Thiers. — Coutellerie de table et couteaux fermants	France.......	50
Dmitry Kondratoff. Gouvernement de Vladimir. — Couteaux de table et outils	Russie.......	6
Mich. **Sergl**. Steyer. — Coutellerie de table et grosse coutellerie	Autriche....	7

Quellon et **L'héraud**. Thiers. — Couteaux de table et couteaux fermants	France	21
Saint-Joannis-Sugier. Thiers. — Couteaux fermants	France	55
Buisson-Barrière. Thiers. — Couteaux fermants	France	20
Chevalier. Paris. — Cuirs à rasoirs	France	58
Baudoin et **Dethier**. Gembloux. — Coutellerie de table et couteaux fermants	Belgique	1
Muleur et fils. Paris. — Boutons en acier poli	France	46
Guillemin-Renaut. Nogent. — Couteaux fermants	France	5
Hamon. Paris. — Cuirs à pâte à rasoirs	France	33
Lécollier. Nogent. — Rasoirs	France	7
Duclos-Gonin. Thiers. — Coutellerie	France	54
A.-P. **Rousseville** frères. Paris. — Métal anglais	France	44

CLASSE 21

ORFÈVRERIE.

EXPOSANTS.

Hors concours.

Christofle et Cie (Paul **Christofle**, membre du Jury). Paris. — Orfèvrerie, services de table et objets d'art. France....... 2

Médailles d'or.

Lepec. Paris. — Émaux...........................	France.......	
Fannière frères. Paris. — Orfévrerie..............	France.......	4
Odiot. Paris. — Orfévrerie.........................	France.......	1
Elkington et Cie. Londres. — Orfévrerie...........	Gde-Bretagne.	8
Froment-Meurice. Paris. — Orfévrerie............	France.......	5
Hunt et **Roskell**. Londres. — Orfévrerie...........	Gde-Bretagne.	16
P. **Poussielgue-Rusand**. Paris. — Orfévrerie et bronze d'église....................................	France.......	20
Armand **Calliat**. Lyon.— Orfévrerie et bronze d'église.	France.......	17
C.-F. **Hancock** fils et Cie. Londres. — Orfévrerie...	Gde-Bretagne.	11
H. **Duponchel**. Paris. — Orfévrerie................	France.......	3
Sy et **Wagner**. Berlin. — Orfévrerie................	Prusse.......	1
Sasikoff. Saint-Pétersbourg et Moscou. — Orfévrerie.	Russie.......	3

Médailles d'argent.

Bachelet. Paris. — Orfévrerie et bronze d'église.....	France.......	18
Trioullier et fils. Paris.—Orfévrerie et bronze d'église.	France.......	22
Marrel fils. Paris. — Orfévrerie....................	France.......	7
Rudolphi. Paris. — Orfévrerie-bijoux..............	France. Danemark.	
H. **Emanuel**. Londres. — Orfévrerie...............	Gde-Bretagne.	9
Veyrat. Paris. — Orfévrerie........................	France.......	23
Thiery. Paris. — Orfévrerie........................	France......	12
Bourdon-Debruyne. Gand. — Orfévrerie..........	Belgique.....	
Cosson-Corby. Paris. — Orfévrerie................	France.......	25
Paul **Owtchinnikow**. Moscou. — Orfévrerie........	Russie.......	2

Médailles de bronze.

Virgile **Sandoz**. Bruxelles. — Gravure sur métaux..	Belgique. (cl. 22)	8
Tiffany et Cie. New-York. — Orfévrerie..........	États-Unis....	
Dufouret frères. Bruxelles. — Orfévrerie...........	Belgique.....	3
Ch[les] **Dotin**. — Émaux..........................	France.......	
Moratilla. Madrid. — Orfévrerie d'église..........	Espagne......	1
Mappin, Webb et Cie. Londres. — Orfévrerie......	G[de]-Bretagne.	20
Van Kempen. Voorschoten.— Orfévrerie..........	Pays-Bas....	5
Christessen. Copenhague. — Orfévrerie...........	Danemark....	1
Balaine. Paris. — Orfévrerie......................	France.......	9
Hugo. Paris. — Orfévrerie.........................	France.......	24
Harleux. Paris. — Orfévrerie......................	France.......	6
Watherston et fils. Londres. — Orfévrerie.........	G[de]-Bretagne.	32
Dominicus **Forster**. Gmünd. — Orfévrerie...........	Wurtemberg.	7
Shaw et **Fisher**. Sheffield. — Orfévrerie...........	G[de]-Bretagne.	27
A. **Gombault** et **Desclercs**. Paris. — Orfévrerie...	France.......	10
Fraget. Varsovie. — Orfévrerie....................	Russie.......	

Mentions honorables.

Coffignon. — Orfévrerie, bijoux..................	France.......	
Robillard. — Émaux...............................	France.......	
Hardmann et Cie. Birmingham. — Orfévrerie et bronzes d'église................................	G[de]-Bretagne.	12
Debruge. — Bronzes émaillés.......................	France.......	
Société pour l'encouragement de l'union des beaux arts et de l'industrie. Copenhague. — Orfévrerie................................	Danemark....	6
De Meyer. La Haye. — Orfévrerie.................	Pays-Bas....	1
Boivin. Paris. — Orfévrerie......................	France.......	14
William **Donne** et fils. Londres. — Orfévrerie.......	G[de]-Bretagne.	6
Parisot et **Gallois**. Paris.—Orfévrerie et coutellerie.	France. (Cl. 20.)	37
Fallon. Namur. — Orfévrerie d'église..............	Belgique.....	
Dahl. Stockholm. — Orfévrerie....................	Suède. (Cl. 22.)	1
Fizaine. Paris. — Orfévrerie.....................	France.......	15
Roussel. Paris. — Orfévrerie.....................	France.......	21
Turquet. Paris. — Orfévrerie.....................	France.......	16
Caillar et **Bayard**. Paris. — Orfévrerie...........	France.......	8
H. **Grandjean-Perrenoud**. Chaudefonds.—Gravures sur plaques..........................	Suisse. (Cl. 23.)	157
Émile **Briffaud**. Genève. — Gravures sur plaques...	Suisse. (Cl. 23.)	9
Henry frères. Chaudefonds. — Gravures sur plaques.	Suisse.......	31-23

H.-A. **Dubois**. Chaudefonds. — Guillochage.......... Suisse. (Cl. 23..) 156
Boyer-Callot. Paris. — Orfévrerie.................. France....... 13
Roger-Vanaken. Anvers. — Orfévrerie........... Belgique..... 5
Yorghi Dimitri. Monastir. — Orfévrerie.......... Turquie......
Carapati. Bukarest. — Orfévrerie.................. Roumanie....
Yanaki. Vidin. — Orfévrerie....................... Turquie......
J. **Dehin**. Liége. — Orfévrerie...................... Belgique.....

COOPÉRATEURS.

Médailles d'or.

Morel-Ladeuil, sculpteur-ciseleur chez M. Elkington. Gde-Bretagne.

Médailles d'argent.

Madroux, sculpteur chez MM. Christofle et Cie....... France.......
Schropp, ciseleur chez MM. Christofle et Cie....... France.......
F. **Gilbert**, sculpteur chez M. Odiot................. France.......
Michaut, ciseleur chez MM. Christofle et Cie......... France.......
Armsted, ciseleur chez MM. Hunt et Roskel........ Gde-Bretagne.
Bossan, architecte-dessinateur chez M. Armand Calliat. France.......
A. **Wilms**, sculpteur chez M. Elkington............ Gde-Bretagne.
Colliot, ciseleur chez M. Fannière................. France.......
Monti, sculpteur chez MM. Hancock et Cie......... Gde-Bretagne.

Médailles de bronze.

William **Ryland**, chef orfévre chez M. Elkington..... Gde-Bretagne.
A. **Cortellazzo**. Vicenza. — Ciseleur.............. Italie........
Lindeneher, sculpteur, chez M. Fannière........... France.......
Van-de-Vyver, chef orfévre chez M. Odiot......... France.......
Ambroise **Dumoulin**, chef orfévre chez M. Froment-Meurice.. France.......
Diomède **Guillemin**, ciseleur chez M. Odiot........ France.......
Deluite, ciseleur chez M. Fannière................ France.......
Bastié, chef orfévre chez M. Poussielgue-Rusand.... France.......
Thomas-J. **Pairpoint**, ciseleur chez M. Emmanuel.... Gde-Bretagne.
Zacharias, sculpteur chez MM. Sy et Wagner......... Prusse.......
Hervier-Méray, chef ciseleur chez M. Armand Caillat. Lyon.. France.......

Giaccardo, chef monteur chez M. Poussielgue-Rusand. Paris .... France ....

Mentions honorables.

Léon Binder, chef ciseleur chez M. Rudolphi. Paris. France.......

Charlin, chef orfévre chez M. Armand Caillat. Paris. France.......

N.-J.-D. **Poirier**, chef orfévre chez M. Cosson-Corby Paris.. France.......

J. Archibald **Barret**, sculpteur chez MM. Hunt et Roskell. Gde-Bretagne.

George-Armson **Carter**, sculpteur chez MM. Hunt et Roskell.. Gde-Bretagne.

Mme **Kicken**, chef brunisseuse chez M. Christofle et Cie. Paris.. France.......

Mme **Cohadon**, brunisseuse (atelier d'apprentissage). Paris.. France.......

CLASSE 22

BRONZES D'ART, FONTES DIVERSES, OBJETS EN MÉTAUX REPOUSSÉS.

EXPOSANTS.

Hors concours.

Denière fils (membre du Conseil supérieur du Jury). Paris. — Bronzes d'art et d'ameublement........ France.......

F. **Barbedienne** (membre du Jury). Paris. — Bronzes lustres, statues, groupes, etc...................... France .....

Médaille d'or.

J.-J. **Ducel** et fils. — Fonte de fer, décoration monumentale...................................... France.......

Victor **Paillard**. Paris. — Bronzes d'art et d'ameublement...................................... France....... 41

Lerolle. Paris. — Bronzes d'art et d'ameublement... France.......

A. **Delafontaine**. Paris. — Bronzes d'art et d'ameublement...................................... France....... 27

Victor **Thiébaut**. Paris. — Bronzes d'art, fonte de statues monumentales........................... France....... 26-53

Mène, artiste, éditant ses modèles. Paris. — Bronzes d'art. France....... 49

Barbezat et Cie. Paris. — Fonte de fer, décoration monumentale...................................... France....... 30

Durenne. Paris. — Fonte de fer, décoration monumentale...................................... France....... 25

Comte **Einsiedel**. Lauchhammer. — Fontaines monumentales et bronzes................................ Prusse....... 14

Comte **Stolberg-Wernigerode**. Ilsenburg. — Moulages de fonte de fer............................ Prusse....... 13

Dziedzinski et **Hanusch**. Vienne. — Bronze et bronzes dorés...................................... Autriche..... 7

Monduit et **Béchet**. Paris. — Métaux martelés et repoussés...................................... France....... 29

Marchand. Paris. — Bronzes d'art et d'ameublement. France....... 40

G. **Servant**. Paris. — Bronzes d'art et d'ameublement. France....... 28

Raingo frères. Paris. — Bronzes d'art et d'ameublement...................................... France....... 62

D. **Hollenbach**. Vienne. — Candélabres et lustres.. Autriche 9

Industrie du zinc d'art de la ville de Paris. — Zinc d'art	France	

Médailles d'argent.

Caïn, artiste, éditant ses modèles. Paris	France	48
Graux-Marly. Paris. — Bronzes d'art et d'ameublement	France	43
Charpentier et Cie. Paris. — Bronzes d'art et d'ameublement	France	61
Busson et **Le-Roux**. Paris. — Bronzes d'art et d'ameublement	France	36
Lemaire. Paris. — Bronzes d'art et d'ameublement.	France	56
Compagnie anonyme pour la fabrication du zinc et des bronzes d'art. Bruxelles. — Statues colossales	Belgique	2
Clément **Papi**. Florence. — Statue colossale	Italie	5
Blot et **Drouard**. Paris. — Zinc d'ameublement, imitation de bronze d'art	France	1
Gagneau. Paris. — Luminaires de luxe	France	49
Auguste **Klein**. Vienne. — Bronzes d'ameublement et bronzes divers	Autriche	10
Villemsens. Paris. — Bronzes d'art	France	34
H. **Tucker** et Cie. New-York. — Fontes de fer, imitation de bronze	États-Unis	1
Jules **Lefèvre**. Paris. — Zinc d'ameublement	France	21
Clavier. Paris. — Garnitures de foyers	France	96
Morisot. Paris. — Garnitures de foyers	France	95
Peyrol. Paris. — Bronzes d'art et animaux	France	46
Boy. Paris. — Zinc d'ameublement et de grande décoration	France	24
Henri **Perrot**. Paris. — Petits bronzes d'art et de fantaisie	France	70
Antoine **Rasek**. Vienne. — Ciselure d'art	Autriche	
E. **Royer**. Paris. — Bronzes d'ameublement	France	77
Henri **Houdebine**. Paris. — Bronzes d'ameublement.	France	9
Cornibert. Paris. — Bronzes d'ameublement	France	65
Pohl et Cie. Berlin. — Fonte en zinc	Prusse	7
Jules **Graux**. Paris. — Bronzes d'ameublement	France	59

Médailles de bronze.

Matifat. Paris. — Bronzes d'art et d'ameublement	France	84
E. **Dryepondt**. Bruges. — Cuivre repoussé	Belgique	3
J. **Wilmotte** fils. Liége. — Ornements d'église en bronze	Belgique	9

Brix et **Anders**. Vienne. — Ornements d'église en bronze doré.......... Autriche..... 5

Descole. Paris. — Luminaires et montures de porcelaine.......... France. .(Cl. 24.) 46

Schlossmacher. Paris. — Luminaires.......... France....... 38

J. **Voruz** aîné. Nantes. — Fonte en bronze.......... France....... 85

W. **Seidan**. Vienne. — Bronze doré et émaillé.......... Autriche..... 19

Domange-Rollin. Paris.—Bronzes d'ameublement.. France....... 74

Mourey. Paris. — Objets dorés et argentés sans mercure, soudures d'aluminium et cordes harmoniques platinées.......... France....... 99

Languereau et Cie. Paris.—Bronzes d'ameublement et d'éclairage.......... France....... 31

Kumberg. Saint-Pétersbourg. — Kiosque ornementé, bronze et cuivre.......... Russie....... 3

Gautier et **Albinet**. Paris. — Bronzes d'art et d'ameublement.......... France....... 54

Wagner père et fils. Paris. — Bronzes d'art et garnitures de foyer.......... France....... 92

G. **Delfau de Pontalba**. Paris. — Bronzes de fantaisie.......... France....... 55

Broquin et **Lainé**, fondeurs et fabricants de bronze. Paris.......... France....... 60

Dietsch. Paris. — Bronze.......... France....... 51

Bodart. Paris.— Fer repoussé.......... France. (Cl. 24.) 44

Koch et **Bein**. Berlin.—Caractères et armoiries, alphabets variés.......... Prusse....... 8

Évrard et **Bertin**. Paris. — Bronzes d'art et de fantaisie.......... France....... 69

Kissing et **Mœllmann**. Iserlohn.—Fils métalliques, bronzes estampés.......... Prusse....... 1

Nicolas **Stange**. Saint-Pétersbourg. — Candélabres, bronzes d'art.......... Russie....... 5

H.-L. **Assmann**. Iserlohn.—Cuivre estampé.......... Prusse....... 2

B. **Gravet**. Paris. — Bronzes d'ameublement.......... France....... 47

H. **Gladenbeck**. Berlin. — Bronze ciselé.......... Prusse....... 6

Hussein Agha. Constantinople. — Cuivre (mangals). Turquie....... 4

A.-G. **Dufva**. Stockholm.—Service de table et objets de fantaisie.......... Suède....... 1

Bion. Paris. — Garnitures de foyer.......... France....... 94

L.-E. **Cana**. Paris. — Animaux.......... France....... 52

Jean **Fel**. Paris. — Bronzes.......... France....... 86

Susse frères. Paris. — Bronzes d'art et de fantaisie... France....... 37

Ch. **Siebenpfeiffer**. Pforzheim. — Bronzes, objets divers, galvanoplastie.......... Bade....... 1

André **Tognozzi-Marini**. Florence. — Fonderie de bronze.......... Italie....... 6

Requilé et **Pecqueur**. Liége. — Fonte de fer, ornements, vases, coupes, etc. Belgique. 7

Popon. Paris. — Bronzes d'art et d'ameublement. France. 72

Mercier. Paris. — Bronzes d'ameublement. France. 80

Picard et **d'Hermanni**. Paris. — Bronzes d'ameublement, lustres, etc. France. 78

Miroy frères et fils. Paris. — Zinc et bronzes de grande décoration. France. 22-73

Vullierme. Paris. — Zinc d'ameublement, pendules, coupes. France. 8

Sidi Mohammed Cabbash.—Cuivre poli, lampes, plateaux, etc. Maroc. 1

Jacques **Loew**. Vienne. — Objets de fantaisie, reliures; bronze doré. Autriche. 12

G.-J. **Lévy**. Paris.—Bronzes d'art et d'ameublement. France. 23

Renauld. Paris. — Luminaires. France. 33

Lambin, **Saguet** et **Fouchet**. Paris.—Zinc d'ameublement, statuettes. France. 6

Robin frères. Paris. — Zinc d'ameublement. France. 5

Boyer fils frères. Paris. — Bronzes d'ameublement. France. 75

Chopin. Saint-Pétersbourg. — Bronzes d'art; collection de bustes des souverains de l'empire de Russie. Russie. 1

Delesalle. Paris. — Bronzes d'art. France. 45

Legost, Paris. — Bronzes émaillés. France. 76

Mme Vve **Raulin-Bigot** et Cie. Paris. — Bronzes d'ameublement. France. 82

Mentions honorables

Faget. Bordeaux. — Fer repoussé. France. 35

Ruiton et **Levrat**. Paris. — Statuettes; garnitures de cheminée. France. 67

A. **Sokoloff**. Saint-Pétersbourg.—Médaille en bronze de l'empereur Alexandre. Russie. 4

François **Bergmann** et Joseph **Ott**. Vienne. — Petits bronzes. Autriche. 2

Fr. **Kahle** et fils. Potsdam — Zinc; animaux. Prusse. 21

Gillet et E. **Bouret**. Paris.—Bronzes d'ameublements; garnitures de foyer. France. 93

Les successeurs de A. **Mèves**. Berlin. — Articles de fantaisie. Prusse. 9

L.-Th. **Lange**. Berlin. — Ornements d'architecture. Prusse. 15

L. **Bohm**. Vienne. — Garnitures de bureau. Autriche. 4

Charles **Guillaume**. Naples. — Statuettes en bronze. Italie. 7

Ignace **Luksch**. Vienne. — Porte-cigares; objets de fantaisie. Autriche. 13

Joseph **Michieli**. Padoue.—Bronzes d'art. Italie. 9

Petit et **Fritsen**. Aarle-Rixtel. — Cloches. Pays-Bas. 5

Ceriani et **Barzaghi.** Milan. — Figures en bronze..	Italie........	2
H. **Hoy**. Copenhague. — Poterie d'étain.............	Danemark....	2
Nicolas **Molerat.** Florence. — Bronzes d'ornement...	Italie........	12
A.-R. **Seebass** et Cie. Offenbach. — Fonte de fer recouverte de bronze............................	Hesse........	2
Garnier et **Van den Berghe**. Paris. — Zinc, imitation de bronze............................	France.......	20
Nicolas **Simon**. Munich. — Fonte de fer............	Bavière......	1
Dufour. Paris. — Bronzes d'art et d'ameublement ...	France.......	81
Masson. Paris. — Pièces en fer forgé et repoussé....	France.......	91
Martinet frères. Paris. — Bronzes d'ameublement...	France.......	87
Bavelaere. Paris. — Zinc et imitation de bronze....	France.......	19
Chassagne. Paris. — Zinc et imitation de bronze ...	France.......	23
Duval. Paris. Zinc et imitation de bronze............	France.......	2
Hencke et **Pleske.** Saint-Pétersbourg. — Porte en bronze pour l'église de Jérusalem.................	Russie.......	2
Francisco **Isaura.** Barcelone. — Bronzes divers	Espagne.....	3
G. **Schmoll.** Paris. — Garnitures de cheminées......	France.......	68
Armand **Vêtu**. Paris. — Bronze d'ameublement.......	France.......	97
Hottot. Paris. — Zinc et imitation de bronze	France.......	18
Brichon. Paris. — Zinc et imitation de bronze.......	France.......	4
Levy frères. Paris. — Garnitures de porcelaines......	France.......	83
Gastambide. Paris. — Bronzes; petits ornements....	France.......	88
David et Cie. Paris. — Bronzes; garnitures de foyer..	France.......	89
Noël **Quillet.** Paris. — Bronzes de fantaisie..........	France.......	71
Commun. Paris. — Zinc et imitation de bronze.....	France.......	9
Régence de Tunis. — Ustensiles en cuivre poli...	Tunis........	

COOPÉRATEURS.

Médailles d'or.

Carrier-Belleuse. Paris. — Sculpteur statuaire...	France........
Constant-Sevin. Paris. — Sculpteur ornemaniste chez M. Barbedienne............................	France.......

Médailles d'argent.

Plat, sculpteur ornemaniste chez M. Marchand........	France.......
Désiré **Attarge,** ciseleur-repousseur ornemaniste chez M. Barbedienne..............................	France.......
Lebeau, ciseleur de figures chez M. Marchand........	France.......

Faraoni, repousseur chez M. Paillard. .... France.......
Walcher, dessinateur-sculpteur chez M. Paillard...... France.......
Bouhon, sculpteur chez M. Denière................. France.......
George, sculpteur-dessinateur chez M. Paillard. .... France.......

Médailles de bronze.

Lecompte, contre-maître ciseleur chez M. Barbedienne.................................... France.......
Fribourg, contre-maître émailleur chez M. Barbedienne.................................... France.......
Leblanc, contre-maître monteur chez M. Barbedienne.................................... France.......
Gardès, contre-maître fondeur chez M. Barbedienne.. France.......
Lecoq, contre-maître marbrier chez M. Barbedienne. France.......

Mentions honorables.

Pierre **Lesot-Léonard**, ciseleur chez M. Barbedienne.
Chatain, ciseleur-figuriste chez M. Paillard......... France.......
Gouvignon, ciseleur-ornemaniste chez M. Paillard.. France.......
Charuel, ciseleur-figuriste chez M. Paillard.......... Belgique.....
Bastien, monteur chez M. Marchand................ France.......
Baré, monteur chez M. Denière..................... France.......
Mlle Rosalie **Gravet**, ciseleur chez M. Gravet........ France.......
Rasquinet, mouleur chez MM. Requilé et Pecqueur. Liége.................................... Belgique.....
Gérard, mouleur à la compagnie anonyme de Bruxelles. Belgique.....
Pierre **Dussart**, ajusteur à la Compagnie anonyme de Bruxelles.................................... Belgique.....
Philippe **Valcker**, ciseleur à la Compagnie anonyme de Bruxelles.............................. Belgique.....
L.-J.-B. **Dorléans**, monteur chez M. Barbedienne. .. France.......
Louis-Maxime **Bette**, monteur chez M. Barbedienne... France.......

CLASSE 23

HORLOGERIE.

EXPOSANTS.

Hors concours.

L. **Bréguet.** (Membre du Jury.) Paris. — Horlogerie, chronomètres, etc.	France.	
Charles **Frodsham.** (Membre du Jury.) Londres. — Balanciers compensateurs, chronomètres, etc.	Gde-Bretagne.	

Médailles d'or.

J. **Poole**. Londres. — Horlogerie : montres, chronomètres	Gde-Bretagne.	23
Onésime **Dumas**. Saint-Nicolas-d'Alliermont.—Chronomètres, régulateurs	France.	2-30
V. **Kullberg**. Londres.—Horlogerie de précision	Gde-Bretagne.	17
Patek, Philippe et Cie. Genève.—Montres et chronomètres	Suisse	130
Sylvain **Mairet**. Le Locle.—Montres et chronomètres	Suisse	120
Montandon frères. Paris. — Fabrication des ressorts	France	24
Vissière. Le Havre.— Chronomètres; pendule astronomique	France	29-76
Lutz frères. Genève.—Spirales de montre	Suisse	118
Scharf. Saint-Nicolas-d'Alliermont.—Chronomètres	France	3-31
Parkinson et **Frodsham**. Londres.—Horlogerie	Gde-Bretagne.	22
Ekegren. Genève.—Chronomètres et secondes à arrêts instantanés	Suisse	17
Borrel. Paris. — Grosse hologerie	France	34

Médailles d'argent.

Le Roy. Paris. — Excellence du réglage des montres marines	France	4
G. **Blackie**. Londres.—Chronomètres, etc	Gde-Bretagne.	5
Hohwu. Amsterdam. — Chronomètres et pendules astronomiques, etc	Pays-Bas	1
Grandjeau et Cie. Le Locle. — Horlogerie	Suisse	15
Jacob. Dieppe.—Chronomètres	France	6

H.-A. Rodanet. Paris.—Chronomètres et montres..	France........	8
Tiede. Berlin.—Pendule astronomique, horlogerie...	Prusse........	1
Samuel **Kralik.** Pesth.—Pendules et échappements..	Autriche........	8
S. **Fournier.** Nouvelle-Orléans. — Horloge monumentale, sonnerie électrique..............................	États-Unis ...	3
M.-F. **Dent** et Cie. Londres.—Chronomètres, montres et pendules...	Gde-Bretagne.	9
Wildschjœdtz. Copenhague. — Pendule astronomique et chronomètres......................................	Danemark....	6
T. **Mercer.** Londres. — Chronomètres.............	Gde-Bretagne.	18
F.-B. **Adams** et fils. Londres. — Montres et chronomètres..	Gde-Bretagne.	1
J.-H. **Martens.** Fribourg en Brisgau. — Horlogerie...	Bade	5
Rossel-Bautte. Genève. — Horlogerie...............	Suisse........	142
E. **Beignet.** Paris. — Horlogerie mécanique et électrique, etc..	France.......	44
G.-C.-H. **Desfontaines.** Paris. — Régulateurs, chronomètres, montres de précision, etc..................	France........	87
Jules-F.-U. **Jurgensen.** Le Locle. — Montres et chronomètres...	Suisse.......	42
Ulysse **Nardin.** Le Locle. — Horlogerie...............	Suisse.......	147
Humbert-Ramuz. Chaudefonds. — Montres........	Suisse.......	35
Brocot. Paris. — Régulateurs, pendules, etc........	France.......	81
W. **Schönberger.** Vienne. — Horlogerie...........	Autriche.....	17
Claudius **Saunier.** Paris. — Machine pour tailler les dents des roues, etc..	France.......	84
Industrie de l'horlogerie du département du Doubs. Exposition collective. — Horlogerie.......	France....	123-22
Actiengesellschaft ou **Société anonyme pour la fabrication de l'horlogerie.** Lenzkirch. — Rouages de pendules et régulateurs.................	Bade	10
Phillips. Paris. — Travaux sur les spiraux de chronomètres..	France.......	74
Nicole et **Capt.** Londres. — Montres se montant sans clef, et chronographe....................................	Gde-Bretagne.	»
Ch. **Reithmann.** Munich. — Horloges.............	Bavière......	1
Vérité. Beauvais. — Horloges électriques..........	France.......	»
Ernst **Scholtz.** Breslau. — Régulateur...............	Prusse.......	»
Lecoutre, Borgeaud et Cie. Le Sentier. — Pignons.	Suisse.......	
Jacot. Paris. — Pendules de voyage..............	France.......	

Médailles de bronze.

Industrie de l'horlogerie du Jura bernois. — Exposition collective..	Suisse....	44 à 113
École d'horlogerie. Genève. — Horlogerie et divers.	Suisse.......	153
École municipale d'horlogerie. Besançon. —		

Horlogerie et divers	France	189
École d'horlogerie. Le Locle. — Horlogerie et divers	Suisse	»
École Impériale d'horlogerie. A. Benoît, directeur. Cluses. — Études et travaux des élèves	France	77
Bussard. Versailles. — Chronomètres de poche	France	5
Corcelle, Fournier et Cie. Genève. — Cadrans d'émail	Suisse	10
Mauler et Cie. Val-de-Travers. — Objets d'horlogerie.	Suisse	122
W. **Weichert.** Cardiff. — Chronomètres	Autriche	21
F. **Joergensen.** Copenhague. — Chronomètres	Danemark	2
L.-J. **Lecocq.** Argenteuil. — Chronomètres de bord et de poche	France	75
J. **Sewill.** Liverpool. — Chronomètres et montres	Gde-Bretagne	25
H.-C. **Johannsen.** Londres. — Chronomètres	Gde-Bretagne.	15
Edward **White.** Londres. — Chronomètres, montres et pendules	Gde-Bretagne.	29
J. **Walker.** Londres. — Chronomètres, montres et pendules	Gde-Bretagne.	27
Édouard **Berlie.** Genève. — Horlogerie	Suisse	
Seibold. Landau. — Horloge	Bavière	4
L.-M. **Richard.** Nantes.—Montre à échappement libre.	France	68
Haas jeune. Besançon. — Horlogerie	France	
Herliez. Versailles. — Chronomètres de poche, etc.	France	65
G. **Sandoz** fils. Paris. — Montres et pendules	France	27-80
Courvoisier frères. Chaudefonds. — Montres avec étuis	Suisse	11
Girard-Perregaux. Chaudefonds. — Montres	Suisse	22
Ernest **Guinand.** Le Locle. — Montres	Suisse	28
Perrenoud. Le Locle. — Montres	Suisse	131
J.-W. **Benson.** Londres. — Horlogerie	Gde-Bretagne.	4
A. **Jeannot-Droz.** Besançon. — Horlogerie	France	202
Savoye frères. Besançon. — Horlogerie	France	203
G.-F. **Roskopf.** Chaudefonds. — Montres	Suisse	141
Coüet. Paris. — Montres et pendules	France	85
E. **Farcot.** Paris. — Pendule conique	France	118
Victor **Fleury.** Paris. — Régulateurs, etc	France	100
Léo **Kaltenbach.** Furtwangen. — Régulateurs, etc.	Bade	8
A.-E. **Bourdin.** Paris. — Pendules de voyage, etc	France	91
Rupert **Maurer.** Eisenbach. — Horloges et pendules.	Bade	4
P. **Drocourt.** Paris. — Pendules de voyage	France	99
S. **Marti** et Cie. Montbéliard et Paris. — Réveils de poche, compteurs, mouvements de jouets, etc., etc.	France	1
Émile-J. **Martin.** Saint-Nicolas d'Alliermont. — Mouvements d'horlogerie	France	48
Domont fils et **Dinichert.** Montiller. — Ébauches et		

boîtes de montres	Suisse	14
Roux et Cie. Besançon. — Horlogerie	France	123
L.-A. **Gindraux.** Paris. — Trous et chappes	France	14
J. **Devain.** Chaux-de-Fonds.— Joaillerie pour horlogerie.	Suisse	13
R. **Claxton.** Londres. — Chronomètres, etc	Gde-Bretagne.	7
S. **Holdsworth.** Londres. — Pierres fines et mouvements de chronomètres	Gde-Bretagne.	13
Ferret. Corbeil. — Horlogerie	France	
J. **Linder.** Brienz. — Régulateurs	Suisse	116
P.-A. **Charpentier.** Paris. — Montres de luxe	France	86
H. **Lepaute.** Paris. — Grosse horlogerie	France	
Ignace **Marenzeller.** Vienne. — Pendules	Autriche	11
C. **Rozé.** Paris. — Appareils de démonstration	France	73
Clavel et Cie. Genève. — Montres	Suisse	
M.-A. **Bosio.** Paris. — Régulateurs à force constante.	France	43
Alleaume. Angers. — Horlogerie	France	120
Jacques **Weber.** Vienne. — Pendules	Autriche	20
H. **Boitel** et fils. Paris. — Montres de poche	France	9
W. **Petersen.** Copenhague.— Chronomètres et pièces détachées d'horlogerie	Danemark	4
J.-N. **Heckmann.** Bruxelles. — Montres	Belgique	4
A. **Le-Roy.** Argence. — Montres; chronomètres	France	63
Paul **Garnier.** Paris. — Montres	France	
O. **Vivier.** Londres. — Chronomètres, chronographes.	Gde-Bretagne.	
H.-A. **Delépine.** Saint-Nicolas-d'Alliermont. — Réveille-matin, habitacles, pièces de voyage, etc	France	47
F.-W. **Baab.** Alzey. — Régulateur	Hesse	1
L. et J. **Resch.** Vienne. — Pendules, horloges	Autriche	
Collin. Paris. — Grosse horloge	France	

Mentions honorables.

Richard **Webster.** Londres. — Chronomètres, montres et pendules	Gde-Bretagne.	28
L.-C. **Detouche.** Paris. — Pendules et horloge	France	26-92
C. **Weiss.** Gross-Glogau. — Horloge	Prusse	12
G. **Faure.** Le Locle. — Montres	Suisse	18
J.-A. **Jurgensen** fils. Le Locle. — Montres et chronomètres	Suisse	43
Meylan frères. Genève. — Montres	Suisse	126
Ph. **Perret.** Chaudefonds. — Montres	Suisse	
Robert **Theurer** et fils. Chaudefonds. — Montres	Suisse	141
Bouttay. Besançon. — Montres	France	207

De Liman. Besançon. — Montres	France	210
H. **Robert** père et fils. Paris. — Horlogerie	France	83-96
E. **Bornand** et Cie. Sainte-Croix. — Montres	Suisse	7
Cuendet frères. Sainte-Croix. — Montres	Suisse	12
Dubois-Bandelier. Chaux-de-Fonds. — Montres	Suisse	15
Auguste **Huguenin** et fils. Le Locle. — Montres	Suisse	32
Jaccard et **Bornand.** Sainte-Croix. — Montres	Suisse	38
Reynaud et Cie. Genève. — Objets d'horlogerie	Suisse	138
Henri **Son.** Mohilèv et Paris. — Montres sphériques	Russie et France.	
Raphaël **Bezzi.** Paris et Italie. — Montres	France et Italie.	
Fernier. Besançon. — Montres	France	204
Cressier. Besançon. — Montres	France	207
Henri **Montandon.** Besançon. — Montres	France	190
G. **Becker.** Freibourg. — Régulateurs	Prusse	
J.-B. **Beha.** Eisenbach. — Horloges et pendules	Bade	12
Gordian **Hettich.** Furtwaangen. — Horloges de la Forêt-Noire	Bade	7
E. **Wehrle** et Cie. Furtwangen. — Horloges à trompettes	Bade	9
Fuerderer, Jaegler et Cie. Neustadt. — Horloges de la forêt Noire	Bade	11
Edouard **Schirmann.** Paris et Offenbourg. — Horloge de la forêt Noire	Bade et France.	12
C.-L.-M. **Requier.** Paris. — Régulateurs	France	51
P.-D. **Maillot.** Paris. — Pendules à quantièmes	France	59
Pierret et Cie. Paris. — Montres et pendules	France	90
J.-E. **Bovy.** Chaudefonds. — Horlogerie	Suisse	162
Christophe. Angerville. — Horloge	France	116
M. **Bob.** Triberg. — Horloges	Bade	19
Ph. **Haas** et fils. Saint-Georgen. — Horloges	Bade	13
Henri **Adler.** Otchakov. — Pendule	Russie	5
Howell James et Cie. Londres. — Horloges, etc.	Gde-Bretagne.	14
J. **Calame.** Paris. — Montres sémaphoriques et d'axiomètres	France	117
Maurel. Paris. — Machines à calculer et horlogerie	France	122
F. **Effenberger.** Vienne. — Pendules de voyage	Autriche	2
Damiens Duvilliers. Paris. — Régulateurs, etc.	France	33-38
Fabrique d'horloges wurtembergeoises. Schwenningen. — Horloges, contrôleurs	Wurtemberg.	5
P.-M. **Lemaistre.** Paris. — Pièces d'horlogerie	France	113
Auguste **Baud.** Le Sentier. — Mouvements d'horlogerie	Suisse	3
A. **Croutte** et Cie. Saint-Aubin-le-Cau. — Réveille-matin, pièces diverses	France	64
Sautteur frères. Saint-Nicolas-d'Alliermont. — Pièces diverses d'horlogerie	France	45

Noblet. Paris. — Sonnerie applicable aux pendules.	France.......	49
J.-L.-E. **Moreau** et fils. Paris. — Clef compteur et mnémo-technique pour régler les pendules........	France.......	64
J.-G. **Weisser** et fils. Saint-Georgen. — Instruments d'horlogerie..................................	Bade........	18
John **Bovy**. Chaudefonds. — Aiguilles..............	Suisse.......	8
V. **Jacquin**. Paris.—Montre biméridienne pour chemins de fer..................................	France.......	61
Roblin et fils frères. Paris. — Pendules dorées et à glaces..................................	France.......	98
J.-L. **Ducommun**. Paris. — Lames d'acier, ressorts.	France.......	21
Hangard. Paris. — Ressorts d'horlogerie.........	France.......	
Ph. **Kissel**. Passau. — Pendule électrique.........	Bavière......	56
P. **Hoerz**. Ulm. — Horloge monumentale...........	Wurtemberg..	1
E. **Mueller**. Schwenningen. — Horlogerie..........	Wurtemberg..	
Barthélemy **Masetti** et Gaëtan **Maranesi**. Bologne. — Sonnerie, pendules de voyages, etc............	Italie.......	
J. **Gundina**. Genève. — Montres..................	Suisse.......	
Aug. **Baud**. Canton de Vaud. — Montres...........	Suisse.......	
C. **Prost**. Vevey. — Montres......................	Suisse.......	
Pierre **Morand**. Barcelone. — Horlogerie...........	Espagne.....	1
Mlle Mélanie **Jacquet**. Genève. — Montres..........	Suisse.......	
Céline **Gostly**. Ponts de Martel. — Montres.........	Suisse.......	
Ami **Rauss**. Genève. — Montres....................	Suisse.......	
A.-R. **Guilmet** aîné. Paris. — Synchromètre.......	France.......	119
Lesieur et **Prudhomme**. Paris. — Pendules et cadrans électriques...........................	France.......	49
New-Haven **Clock** et Cie. Connecticut. — Horlogerie..	États-Unis....	
Eugène **Grumbach**. Bienne. — Horlogerie..........	Suisse.......	
Gérard. Liége. — Horloges et pendules............	Belgique.....	
Antoine **Schlesinger**. Vienne. — Pendules........	Autriche.....	16
G. **Avril**. Trois-Fontaines. — Verres de montre....	France.......	3 8
J.-F. **Wilmot**. Genève. — Pièces d'horlogerie.......	Suisse.......	
Racapé. Rennes. — Mouvements de pendule.......	France.......	
Reclus. Paris. — Réveille-matin.................	France.......	

COOPÉRATEURS.

Médailles d'argent.

Brown, chez M. Bréguet. Paris....................	France.......
R. **Watkins**, chez M. Frodsham, Londres...........	Gde-Bretagne.
G.-M. **Rouge**, chez MM. Patek, Philippe et Cie. Genève.	Suisse.......

Hauser, à la Société anonyme pour l'horlogerie. Lenzkirch	Bade
Aug. **Pointaux**, chef d'atelier che M. Desfontaines. Paris	France
Pierre **Boisdechêne**, visiteur d'horlogerie chez M. Rossel-Bautte. Genève	Suisse
E. **Buteux**, centre-maître chez M. Detouche	France
Bailleux, chef d'atelier chez M. Bréguet	France

CLASSE 24

APPAREILS DE CHAUFFAGE ET D'ÉCLAIRAGE.

EXPOSANTS.

Hors concours.

S. A. le **Vice-Roi d'Égypte.** — Appareils d'éclairage.	Égypte......	
Ministère de la guerre. (Administration de l'État.) — Foyers et appareils de ventilation.............	Gde-Bretagne.	
Amirauté anglaise. (Administration de l'État.) — Cuisine de navire..............................	Gde-Bretagne.	
Stobwasser. (Membre du Jury.) — Lampes........	Prusse.......	

Médailles d'or.

Dr **Hamelincourt**. Paris. — Grands chauffages et ventilation....................................	France.......	10-69
Mme Ve **Duvoir-Leblanc**. Paris. — Grands chauffages et ventilation............................	France.......	13
A. **Lacarrière** père et fils et Cie. Paris. — Éclairage au gaz....................................	France.......	120
R.-W. **Winfield** et Cie. Birmingham. — Appareils d'éclairage au gaz............................	Gde-Bretagne.	57
Sulzer frères. Winterthur. — Chauffage...........	Suisse.......	6
Schlossmacher. Paris. — Lampes à huile végétale.	France.......	56
Gagneau. Paris. — Lampes, suspensions pour salle à manger......................................	France.......	54

Médailles d'argent.

Grouvelle. Paris. — Chauffage et ventilation.......	France.......	18
Audoin et **Bérard**. Paris. — Études sur l'éclairage au gaz; appareils d'essai..........................	France.......	39
Chaussenot jeune et **Chatelain**. Paris. — Calorifères à air chaud...................................	France.......	4-110
Chabrié frères. Paris. — Éclairage au gaz..........	France.......	35
J. **Weibel** et Cie. Genève. — Chauffage et ventilation.	Suisse.......	5
Schaeffer et **Walcker**. Berlin. — Éclairage au gaz.	Prusse.......	2

F. **Baudon** et fils. Paris. — Fourneaux de cuisine.. France...... 14-88

Spinn et fils. Berlin. — Appareils d'éclairage à l'huile et au gaz.. Prusse (Cl. 27.) 17

Boyer. Paris. — Appareils de chauffage........... France....... 9-91

Geneste fils et **Herscher** frères. Paris. — Chauffage et ventilation.. France....... 16-32

Léon **Luchaire** et Cie. Paris. — Éclairage minéral.. France....... 62

Four et Cie. Marseille. — Allumettes-bougies........ France....... 115

Kumberg. — Appareils d'éclairage à l'huile minérale. Russie....... 3

Baudon fils. Lille. — Fourneaux de cuisine et calorifères.. France....... 17-77

Benham et fils. Londres. — Chauffage et éclairage. Gde-Bretagne. 7

W. **Bowser** et fils. Glasgow. — Chauffage.......... Gde-Bretagne. 9

Lecoq frères. Paris. — Appareils à gaz............. France....... 38-87

B. **Bengel**. Paris. — Appareil d'éclairage et de chauffage au gaz.. France........51-104

Friese. Berlin. — Chauffage....................... Prusse....... 6

Gaudineau, Valle et Cie. Paris. — Éclairage au gaz. France....... 121

E. **Boucher** et Cie. Fumay. — Appareils de chauffage. France....... 70

Godin-Lemaire. Guise. — Appareils de chauffage.. France....... 79

Joly. Paris. — Appareils de chauffage.............. France....... 19

Jos. **Zarzetski**. Pesth. — Allumettes de toute nature. Autriche..... 147

P. **Girardin**. Paris. — Éclairage à l'huile végétale... France....... 48

Compagnie parisienne d'éclairage et de chauffage par le gaz. Paris. — Appareils de chauffage au coke.. France....... 1

Fabrique d'allumettes. Jönkopping. — Allumettes amorphes et autres.. Suède....... 3

Descole. Paris. — Lampes en bronze pour l'huile et le gaz.. France....... 46

E. **Delaroche** aîné. Paris. — Chauffage. Fourneaux de cuisine.. France....... 5-73

Médailles de bronze.

S. **Elster**. Berlin. — Appareils à gaz.............. Prusse....... 77

Gervais. Paris. — Chauffage de serres............ France....... 2

Heu Guillemont. Paris. — Éclairage minéral...... France....... 59

Forster et **Wavra**. Vienne. — Allumettes diverses.. Autriche..... 36

Cerbelaud. Paris. — Chauffage de serres.......... France....... 103

Pratt et **Wentworth**. Boston. — Chauffage....... Etats-Unis.... 11

Brown et **Green**. Luton. — Chauffage............ Gde-Bretagne. 10

Caussemille jeune. Marseille. — Allumettes-bougies, etc.. France....... 147

Bykoff. Moscou. — Modèle de calorifères........... Russie.......

C.-J. **Philip**. Birmingham. — Lustres à gaz......... Gde-Bretagne. 39

E. Jullien. Paris. — Fourneaux de cuisine......... France........ 20
C. Vidal. Fernsicht. — Chauffage.................... Prusse........ 6
J. Solomon. Londres. — Éclairage au magnésium... Gde-Bretagne. 44
J. de **Schwartz.** Nuremberg. — Becs en stéatite.... Bavière........ 2
Guillaume **Mertens.** Overboulaere.—Allumettes amorphes et autres.............................. Belgique........ 5
Purlcelli frères. Rheinbœllerhütte. — Chauffage..... Prusse........ 15
Th. **Khüry.** Pilsen. — Chauffage...................... Autriche........ 42
Musgrave frères. Belfast. — Chauffage............ Gde-Bretagne. 34
C. **Nicolle** et Cie. Paris. — Éclairage au gaz........ France....... 52-92
Wild et **Wessel.** Berlin. — Éclairage minéral...... Prusse....... 3
London Warming and Ventilating Company. Londres. — Chauffage.............................. Gde-Bretagne. 31
Isaura. Barcelone. — Éclairage au gaz et à l'huile... Espagne....... 3
Pichon. Paris. — Chauffage......................... France....... 74
Comte **Einsiedel.** Lauchhammer. — Chauffage...... Prusse....... [illegible]
Bonnard. Paris. — Éclairage au gaz................ France....... 50-86
Renauld. Paris. — Éclairage à l'huile............. France....... 57
Lehmann. Sargans. — Chauffage.................. Suisse....... 12
Boutier. Lyon. — Chauffage........................ France....... 22-72
Vve **Colin.** Paris.—Appareil à gaz pour écoles de dessin. France....... 94
Ph. **Gœlzer.** Paris. — Éclairage au gaz............ France....... 40
Jacquet. Paris. — Chauffage au gaz............... France....... 29
Mansuy. Paris. — Éclairage en tout genre.......... France....... 64
J. Williams. Paris. — Chauffage au gaz........... France....... 111
Koerner et Cie. Gothembourg. — Allumettes........ Suède....... 4
Balthazar **Mertens** et Cie. Lessines. — Allumettes diverses.. Belgique....... 4
W. S. **Adams** et fils. Londres. —Fourneaux de cuisine. Gde-Bretagne. 1
Schwemmer. Nuremberg. — Becs en stéatite....... Bavière....... 1
Léoni. Londres. — Becs en silicate de magnésie..... Gde-Bretagne. 30
Vande Wiele. Bruxelles. — Chauffage............ Belgique....... 13
Chambon-Lacroisade. Paris. — Chauffage des fers à repasser...................................... France....... 28-68
Brisson et Cie. Paris. — Becs divers.............. France....... 37
Coignet frères et Cie. Paris. — Chauffage et allumettes.. France....... 101
Maurel. Paris. — Abat-jour......................... France....... 113
Roussel. Paris. — Mèches diverses................ France....... 112
Marmet. Nevers. — Éclairage minéral.............. France....... 95
S. de **Lairesse.** Liége. — Chauffage............... Belgique....... 2
Mathys-Declerck. Bruxelles. — Chauffage.......... Belgique....... 3
[illegible]**ousseron.** Paris. — Chauffage.................. France....... 31-88
[illegible]**undt.** Nitedal-Christiania. — Allumettes en bois... Norvége....... 4

O.-L.-A. **Bertcher**. Douai. — Chauffage...........	France.......	3-102
Loupe. Paris. — Chauffage...........................	France.......	23
Laperche. Paris. — Chauffage.....................	France.......	21
Fréville frères et **Poisson**. Paris.—Appareils à gaz.	France.......	39
Añez. Meudon. — Chauffage.......................	France.......	24
Rimailho. Paris. — Allumettes en bois, mèches et veilleuses..	France.......	100
L. **Hadrot** jeune, **Bonnet** et **Bordier**. — Lampes modérateurs. Appareil de gaz du grand-duché de Hesse.	France.......	

Mentions honorables.

L. **Feivel**. Pesth. — Chauffage....................	Autriche.....	
Leamington Kitchen Range Company. Leamington. — Chauffage..........................	Gde-Bretagne.	32
H.-J. **Friederichs**. Cologne. — Chauffage.........	Prusse.......	8
Favier. Paris. — Abat-jour et lanternes...........	France.......	60
Best et **Hobson**. Birmingham. — Appareils à gaz..	Gde-Bretagne.	8
M. Mc. **Sherry**. Limerick. — Chauffage............	Gde-Bretagne.	35
Steel et **Garland**. Sheffield. — Chauffage.........	Gde-Bretagne.	45
Jacob. Paris. — Chauffage........................	France.......	20-67
H. **Kœrner** et Cie. Berlin. — Éclairage minéral.....	Prusse.......	19
Monier. Paris. — Becs en cristal...................	France.......	41
Jahan. Paris. — Chauffage.........................	France.......	32
Radclyffe et Cie. Leamington. — Chauffage.......	Gde-Bretagne.	40
Désiré **Robert**. — Appareils à gaz..................	France.......	42
Vigan. Le Havre. — Éclairage minéral.............	France.......	107
Administration des phares de la Baltique. Reval. — Éclairage minéral.......................	Russie.......	2
Travers. Paris. — Éclairage à l'huile..............	France.......	58
Gödel et Cie. Barn. — Allumettes diverses.........	Autriche.....	39-44
Strode et Cie. Londres. — Éclairage au gaz........	Gde-Bretagne.	46
B. **Sobolstchikoff**. Saint-Pétersbourg.—Chauffage..	Russie.......	
Vaillant. Metz. — Chauffage........................	France.......	78
Forrest. Londres. — Éclairage au gaz.............	Gde-Bretagne.	19
Jusseaume. Nantes. — Chauffage.................	France.......	80
William **Barton**. Boston. — Chauffage..............	Gde-Bretagne.	4
Leras. Auxerre. — Chauffage......................	France.......	8
Siglé. Paris. — Allumettes diverses................	France.......	114
C. **Ramboux**. Anvers. — Foyers de luxe..........	Belgique.....	9
Dr H. **Meidinger**. Carlsruhe. — Chauffage.........	Bade.........	
O. H. **Akerlindh**. Stockholm. — Poêles en faïence.	Suède........	
John **Sullivan**. St-Hélier. Ile de Jersey. — Éclairage minéral..	Gde-Bretagne.	48

Young frères. Londres. — Éclairage minéral	Gde-Bretagne.	58
Leitner et **Grünwald**. Pesth. — Allumettes diverses	Autriche	66-44
Cordier. Sens. — Chauffage	France	7
Denis. Arras. — Chauffage au gaz	France	33
G. **Glover** et Cie. Londres. — Appareils à gaz	Gde-Bretagne.	23
De **Roubaix, Œdenkoven** et Cie. Borgerhout-lez-Anvers. — Allumettes en cire	Belgique	11
Girard. Paris. — Chauffage	France	106
Huxhams et **Brown**. Exeter. — Chauffage	Gde-Bretagne.	28
Vve **Lizarbe**. Tarazona. — Allumettes en cire	Espagne	4
Ch. **Guérard Deslauriers**. Caen. — Appareils pour pétrole	France	97
Engel et **Tremblay**. Paris. — Appareils en faïence	France	11
Vogt. Paris. — Appareils en faïence	France	15
Loebnitz. Paris. — Appareils en faïence	France	25
Thomas **Freeman**. Londres. — Illuminations au gaz.	Gde-Bretagne.	20
J. **Defries** et fils. Londres. — Illuminations au gaz.	Gde-Bretagne.	17
Aubert. Paris. — Chauffage	France	
Toussaint-Lemaistre. Paris. — Ventilation des fosses d'aisances	France	
Nouailhier. Paris. — Appareils aspirateurs	France	
Lupi et **Segré**. Florence. — Allumettes-bougies	Italie	10
Lafond. Paris. — Chauffage	France	109
Mœllinger et **Wagner**. Aschbach. — Allumettes diverses	Hesse	1
Raphaël-Max. Breslau. — Objets divers en mica	Prusse	
Laviron. Paris. — Chauffage	France	
Munk. — Chauffage	France	
Deroo-Collette. Bruges. — Chauffages	Belgique	

COOPÉRATEURS.

Médailles d'or.

Guérin, ingénieur chez M. Duvoir-Leblanc .... France.......

Médailles d'argent.

Ogros, chef d'atelier chez MM. Chabrié frères .... France.......

Kuhlmann, chef de l'atelier des bronzes chez M. Stobwasser .... Prusse.......

Médailles de bronze.

Artaud, contre-maître chez M. Caussemille..........	France.......
Henecke, maître ferblantier chez M. Stobwasser......	Prusse.......
Boyenval, contre-maître à la Compagnie parisienne..	France.......

Mentions honorables.

Fontesse, ouvrier tôlier chez M. Laperche...............	France.......
S. Merentier, ouvrier chez M. Caussemille..........	
Stiller, chef de l'atelier de peinture sur porcelaine de M. Stobwasser....................................	Prusse.......

CLASSE 25

PARFUMERIE.

EXPOSANTS.

Hors concours.

Piver. (Associé au Jury.) Paris. — Parfumerie	France	48
J. **Méro** et **Boyveau.** (J. Méro, associé au Jury.) Grasse. — Matières premières de la parfumerie	France	13

Médaille d'or.

A. **Chiris.** Grasse. — Matières premières	France	1

Médailles d'argent.

Chardin-Hadancourt fils. Paris. — Parfums, huiles et essences	France	56
Christo. Andrinople. — Essence de rose	Turquie	
J. et E. **Atkinson.** Londres. — Parfumerie	Gde-Bretagne.	1
Gellé frères. Paris. — Parfumerie	France	50
L. Claye, maison Violet. Paris. — Parfumerie	France	47
Mme Vve **Des Cressonnières** et fils. Bruxelles. — Parfumerie, savons	Belgique	1
Rallet et Cie. Moscou. — Parfumerie	Russie	6
Kalderara et **Bankmann.** Vienne. — Parfumerie.	Autriche	5
Coudray. Paris. — Parfumerie	France	49
Pinaud et **Meyer.** Paris. — Parfumerie	France	46
Rieger. Francfort. — Parfumerie, savons	Prusse	12

Médailles de bronze.

Chételat et **Hubault** (Maison **Demarson-Chételat** et Cie). Paris. — Savons	France	48
Eugène **Rimmel.** Londres. — Parfumerie	Gde-Bretagne.	12
Eeckelaers. St-Josse-ten-Noode-lez-Bruxelles. — Parfumerie	Belgique	5
F.-S. **Cleaver** et fils. Londres. — Savons de toilette.	Gde-Bretagne.	3

A. et F. **Pears**. Londres. — Savons transparents....	Gde-Bretagne.	
A. **Raynaud**, maison Legrand. Paris. — Parfumerie.	France.......	31
Hugues aîné. Grasse. — Matières premières	France.......	2
F. **Robillard**. Valence. — Matières premières.......	Espagne	
Maska-Yani. Chio. — Matières premières..........	Turquie	11
Guerlain. Paris. — Parfumerie....................	France.......	43
Piesse et **Lubin**. Londres. — Parfumerie	Gde-Bretagne..	6
Boutron-Faguer. Paris. — Parfumerie............	France.......	28
Bouis. Moscou. — Parfumerie....................	Russie.......	1
F. **Fischer**. Vienne. — Parfumerie................	Autriche.....	
Hylin et Cie. Stockholm. — Parfumerie............	Suède........	1
Friederich **Jung** et Cie. Leipzig. — Parfumerie.....	Saxe	14
Victor **Van den Put**. Bruxelles. — Parfumerie.....	Belgique.....	11
Gustave **Boehm**, Offenbach. — Parfumerie..........	Hesse........	
R. et G.-A. **Wright**. Philadelphie. — Parfumerie....	États-Unis ...	1
Landon-Lemercier. Paris. — Vinaigre de toilette de Jean-Vincent Bully	France.......	57
Jean-Marie **Farina**. Cologne, vis-à-vis le Julichs platz. — Eau de Cologne........................	Prusse.......	19
Delabrierre-Vincent. Paris. — Parfumerie......	France.......	
Félix **Genèvois**. Naples. — Savons de Naples........	Italie	16
F. **Rancé**. Grasse. — Matières premières.............	France.......	3
Isnard-Maubert. Grasse. — Matières premières....	France.......	9
Saujot et **Tiengou**, maison Alphonse Isnard. Paris. — Matières premières	France.......	32
S. **Perks**. Hitchin. — Parfumerie.................	Gde-Bretagne.	
D. **Semeria**, ancienne maison Rimmel. Nice. — Matières premières..............................	France.......	
Warrick. Nice. — Matières premières.............	France.......	12

Mentions honorables.

Chakir-Effendi. Constantinople. — Matières premières..	Turquie	1
Halema. — Matières premières.....................	Turquie......	
P. **Simonnet**. Hussein-Dey. — Produits industriels..	Algérie	8
Dullmann. La Martinique. — Matières premières....	Col. françaises	
Daniel. Inde française. — Matières premières.......	Col. françaises	
Delettrez. Paris. — Parfumerie..................	France.......	51
Mouilleron neveu. Paris. — Parfumerie...........	France.......	36
Chalmin. Rouen. — Parfumerie	France.......	58
Napoléon **Price** et Cie. Londres. — Parfumerie......	Gde-Bretagne.	9
Arthur **Remington**. St-Hélier, Ile-de-Jersey. — Parfumerie..	Gde-Bretagne.	11

W. **Ransom**. Hitchin. — Parfumerie.	Gde-Bretagne.	10
Eyckens. Anvers. — Parfumerie	Belgique	6
A.-C. **Leyer**. Wetzelsdorf. — Parfumerie	Autriche	7
Roger et **Gallet**, maison J.-M. Farina. — Eau de Cologne	France	
John-Anton **Farina**. Zur Stadt Mailand. Cologne. — Eau de Cologne	Prusse	18
Maison **Schaeben**. M.-C. Martin de Klosterfrau. Cologne. — Eau de Cologne	Prusse	2
Laurent **Richard**. Paris. — Eau de Botot	France	23
Lamoureux et **Chouet**, maison Dr Pierre. Paris. — Eau dentifrice	France	22
Hermelin et **Philippe**, maison Philippe et Cie. — Eau dentifrice	France	24
H.-A. **Monin**, maison Dorin-Titard. Paris. — Fards	France	35
P.-B. **Mougeot**. Bar-sur-Aube. — Savons	France	59
Vibert frères. Paris. — Parfumerie	France	42
Proux-Oger. — Parfumerie	France	44
Chardin-Pinta. Paris. — Parfumerie	France	30
Thorel, C. **Sergent** succ. Paris. — Parfumerie	France	24
Petit aîné. Paris. — Parfumerie	France	40
Chardin jeune. — Parfumerie	France	29
Simon fils. Paris. — Parfumerie	France	27
A. **Laurent**. Paris. — Parfumerie	France	62
Bleuze-Hadancourt. Paris. — Parfumerie	France	37
Nègre, **Fiedler** et Cie. Nîmes. — Matières premières	France	60
J. **Muraour** et Cie. Paris. — Eau de fleur d'oranger	France	10
F. **Michel**. Paris. — Fards	France	34
Tallmann et **Collins**. Janesville-Wis. — Parfumerie	États-Unis	
W.-P. **Gill**. Iles Philippines. — Matières premières	Col. esp.	
Dr **Bonn**. Paris. — Eau dentifrice	France	
Palanca. — Parfumerie	Etats Pontif.	
Cavalier jeune. Montpellier. — Parfumerie	France	

COOPÉRATEUR.

Médaille de bronze.

P. **Gros** fils, directeur des cultures de géranium de M. A. Chiris. Boufarick	Algérie

CLASSE 26

OBJETS DE MAROQUINERIE, DE TABLETTERIE ET DE VANNERIE.

EXPOSANTS.

Hors concours.

S. A. le vice-roi d'Égypte. — Vases en corne et en ivoire; échiquier; pipes; corbeilles; porte-monnaie	Égypte	
S. A. le bey de Tunis. — Coffrets incrustés de nacre; frottoirs; corbeilles; pipes en cerisier	Tunis	
Gouvernement du Taishiou de Satzouma.— Laques sur ivoire sculpté, boîtes, maroquin, intérieur laqué, porte-cigares écaille, etc., etc	Japon	
Louis **Aucoc.** Paris. (Membre du Jury.)—Nécessaires.	France	5
Simon **Schloss** et neveu. Paris. (Simon **Schloss,** associé au Jury.) — Maroquinerie	France	7
Latry aîné. Paris. (Associé au Jury.) — Bois durci	France	15

Médailles d'or.

Midocq et **Gaillard.** Paris. — Maroquinerie	France	8
Gellée frères. Paris. — Gaînerie	France	6
Tahan. Paris. — Petite ébénisterie	France	48
Rodeck frères. Vienne. — Maroquinerie	Autriche	62
Charles **Girardet.** Vienne. — Maroquinerie	Autriche	20
Auguste **Klein.** Vienne. — Maroquinerie	Autriche	38
Alessandri et fils aîné. Paris. — Meuble ivoire	France	40

Médailles d'argent.

Louis **Hartmann** et gendre. Vienne. — Pipes écume,	Autriche	26
W. **Leuchars.** Londres. — Nécessaires	Gde-Bretagne	12
Sormani. Paris. — Nécessaires	France	4
Marx. Paris. — Albums	France	2
Gerson et **Weber.** Paris. — Petite ébénisterie	France	1
C.-V. **Mercier.** Paris. — Tabatières	France	62
Duvinage et **Harinkouck.** Paris. — Petite ébénisterie	France	18

J.-L. **Moreau.** Paris. — Tabletterie	France	29
Alméric **Gargiulo.** Naples. — Petite ébénisterie	Italie	4
F. **Loonen.** Paris. — Brosserie fine	France	50
Dupont et **Deschamps.** — Brosserie fine	France	37
Beisiegel et **Hess.** Vienne. — Pipes écume	Autriche	5
G.-F. **Pingot.** Paris. — Tabletterie	France	91
P.-L.-M. **Poisson.** Paris. — Tabletterie	France	47
J.-B. **Correaux.** Paris. — Tabletterie	France	44
J.-G. **Kugler.** Nuremberg. — Maroquinerie	Bavière	6
L.-J. **Massue.** Paris. — Peignes ivoire	France	69
C. **Kronig.** Vienne. — Laque, papier mâché	Autriche	44
Fauvelle-Delebarre et fils. Paris. — Peignes	France	68
C.-G. **Diehl.** Paris. — Petite ébénisterie	France	9
E.-F. **Germain.** Paris. — Laque	France	23
Pitet aîné et **Lidy.** Paris. — Pinceaux ; brosses à peindre	France	33
Borzynski. Genève. — Porte-montre	Suisse	1
Carl **Deffner.** Esslingen. — Tôles vernies	Wurtemberg	15
E.-C.-J. **Chatelain.** Paris. — Petits bronzes	France	11
F. **Vetter.** Ludwigsburg. — Ferblanterie vernie	Wurtemberg	16
E. **Pinson.** Paris. — Imitation écaille, nacre et perles fines	France	72
J.-G. **Schwartz** et fils. Copenhague. — Ivoire sculpté	Danemark	2
Denis **Pruckner.** Munich. — Brosserie	Bavière	5
A.-J.-M. **Rennes.** Paris. — Brosserie d'appartement et d'écurie	France	35
Triefus et **Ettlinger.** Paris. — Tabletterie et maroquinerie	France	86
L.-A.-F. **Allain-Moulard.** Paris. — Maroquinerie et nouveauté	France	89
Schlender et **Edlinger.** Vienne. — Maroquinerie	Autriche	66
P. et F. **Schäfer.** Londres. — Sacs et nécessaires	Gde-Bretagne	14
Kauzmann frères. Geislingen. — Tabletterie	Wurtemberg	2
Jacques **Loew.** Vienne. — Maroquinerie	Autriche	49
G. **Keller** et Cie. Paris. — Sacs de voyage	France	70
F.-L. **Leruth.** Paris. — Petite ébénisterie	France	3
Bondier, Donninger et **Ulbrich.** — Pipes en écume sculptée	France	64

Médailles de bronze.

Jehin-Turin. Spa. — Ouvrages de Spa	Belgique	5
M.-S. **Boulanger.** Paris. — Caves à liqueurs	France	22
Théodore **Klein.** Vienne. — Maroquinerie	Autriche	39

Jenner et **Knewstub**. Londres. — Nécessaires et maroquinerie .... Gde-Bretagne. 9

J.-F. **Cretzschmar.** Paris.—Albums et maroquinerie. France....... 92

A. **Ricard**. Paris. — Pinceaux à barbe.......... France. 56

Cheville-Loddé. Paris. — Brosses.......... France....... 31

Paillette père et fils. Paris. — Brosserie de bois.... France....... 30

E. **Cassella**. Paris. — Peignes en écaille et imitation. France....... 82

A. **Fontaine**. Ezy (Eure).—Peignes en buffle et corne. France....... 85

Luigi **Gargiulo**. Naples. — Mosaïque de bois...... Italie........

F. **Gossart**. Paris. — Émaux montés en bronze doré. France....... 13

Maréchal. Paris. — Petite ébénisterie.......... France....... 28

Duthoit. Paris. — Petite ébénisterie.......... France....... 18

Desbois et **Weber**.Paris.—Pipes en écume sculptée. France....... 6

Hector **Fromont**. Paris. — Cachets.......... France....... 73

C.-A. **Carlsson**. Stockholm. — Brosserie.......... Suède....... 8

E.-F. **Mutet**. Paris. — Vannerie fine.......... France....... 20

Xavier **Tournay**. Paris. — Porcelaines et cristaux montés en bronze doré.......... France....... 18

L.-H. **Chouquet** jeune. Paris. — Tabletterie et ivoire sculpté.......... France.......

F. **Neiber**. Vienne. — Maroquinerie.......... Autriche..... 56

François **Hiess**. Vienne. — Pipes en écume de mer.. Autriche..... 21

(-A. **Margage** fils. Vienne. — Peignes en écaille et imitation.......... France....... 79

Math. **Fuchs**. Vienne. — Pipes en écume.......... Autriche..... 18

Charles **Stenzel**. Vienne. — Tabletterie en noisetier imitant le cuir.......... Autriche..... 70

A.-A. **Desruelles**. Paris. — Peignes en écaille, buffle et corne.......... France....... 84

Dumas-Gardeux. Paris. — Brosserie fine.......... France....... 58

V.-M. **Lefort** fils. Paris. — Tabletterie et écaille sculptée.......... France....... 53

E. **Cleray**. Paris.—Tabletterie et écaille incrustée... France.......

Gauchot père et fils. Paris. — Brosserie, tabletterie et ivoire.......... France....... 34

Alexandre **Feist**. Varsovie. — Brosserie.......... Russie....... 9

Alexandre **Loukoutine**. Moscou. — Tabatière en carton-pierre.......... Russie....... 2

A. **Joubert**. Paris. — Brosserie.......... France....... 35

Scherff frères. Paris. — Albums et maroquinerie... France....... 93

Auguste **Stolzmann**. Varsovie. — Articles en cuir de Varsovie.......... Russie..... .

J. **Raimond**. Paris. — Caves à liqueurs.......... France....... 9

Arnold **Trebitsch**. Vienne. — Pipes en écume et imitation.......... Autriche..... 74

N. **Reus** Pzn. Dordrecht. — Brosserie d'appartement et de la marine.......... Pays-Bas 3

Wilhelm **Germer** et Cie. Baden.—Tuyaux de pipe en griottier..........................	Autriche.....	19
R. **Hoffmann**. Vienne. — Pipes en écume de mer...	Autriche.....	29
Franz **Theyer**. Vienne. — Boîtes avec marbre et bronze..	Autriche e ...	73
M. **Goldmann**. Vienne. — Pipes imitation d'écume.	Autriche.....	21
J. **Friedrich**. Vienne. — Pipes en écume de mer....	Autriche.....	17
Suleiman. Bosnie. — Tuyaux de pipes incrustés d'argent..	Turquie......	127
Seid. Damas. — Petits meubles couverts de nacre...	Turquie......	
Stefan et **Micallo**. Constantinople.—Tables turques, nacre et écaille..................................	Turquie......	18
Ed. **Posen** et Cie. Offenbach. — Maroquinerie......	Hesse........	1
J.-F. **Knipp**. Offenbach. — Maroquinerie...........	Hesse........	2
Tourneurs en ivoire et en os de Geislingen. — Tabletterie..	Wurtemberg..	3-13
J. **Goggin**. Dublin. — Bijoux en chêne pétrifié d'Irlande..	Gde-Bretagne.	6
Rau et Cie. Coeppingen. — Ferblanterie vernie.......	Wurtemberg.	18
Oliveira, Thomas **Cyrille** et fils. Lisbonne.—Peignes, tabletterie..	Portugal.....	5
Henrard-Cajot. Spa. — Ouvrage de Spa..........	Belgique.....	4
Somzé-Mahy. Liége. — Ouvrages en brosses........	Belgique.....	11
E. **Deryckere** aîné. Iseghem. — Brosserie..........	Belgique.....	2
M. **Ward** et Cie. Belfast. — Carnets en maroquin...	Gde-Bretagne.	29
Mauritius. — Vannerie en fibres de la double noix de coco marine..	Gde-Bretagne.	
Louis **Posner**. Pesth.—Album avec panneau en pierres gravées..	Autriche.....	
Kraus frères. Lichtenfels. — Meubles en vannerie....	Bavière......	
Diaz **Medina**. Valladolid. — Table mosaïque de bois..	Espagne.....	
Ricardo **Beneyto**. Valence. — Sparterie...........	Espagne......	
G. **Betjemann** et fils. Londres. — Nécessaires et pupitres..	Gde-Bretagne.	1
H.-M. **Engeler** et fils. Berlin. — Brosses, pinceaux électriques et galvaniques..........................	Prusse.......	1
A. **van Gorp**. Paris. — Tabletterie et ivoire.........	France.......	39
J. **Sommer**. Paris. — Pipes en écume...............	France.......	63
Antoine-Ignace **Krebs**. Vienne. — Tabletterie et maroquinerie..	Autriche.....	42
C.-H. **Beugnot**. Paris. — Coffrets en ivoire incrusté, pièces or et vermeil..............................	France.......	45
Mme Ve **Thévenot**. Paris. — Brosserie.............	France.......	52
Benedick. Paris. — Brosserie buffle.................	France.......	57
C.-F. **Chatenoud**. Paris. — Porcelaines et cristaux montés en bronze..	France.......	17
Hadji Hussein Effendi. Constantinople. — Cuillers, peignes, écaille découpée à jour.....................	Turquie.....	22

Jules **Houry**. Paris. — Faïences montées sur bois sculpté	France	14
Kaffel frères. Paris. — Caves, glaces et marbres	France	10
Charles **Six**. Paris. — Pipes en écume de mer	France	66
Louis **Goetsch**. Paris. — Pipes écume de mer	France	65
Comtesse **Picot de Dampierre**. Paris. — Découpure en papier et cuir et fleurs	France	
Adt frères. Forbach. — Tabatières; laques; petits meubles	France	
Oliveira. Rio-Janeiro. — Boîtes et écrins	Brésil	
Fr. **Jaburek**. Vienne. — Pipes	Autriche	
J. **Brix**. Vienne. — Pipes	Autriche	

Mentions honorables.

Bhowanis, Hanker, Harivalubh. **Cowasjee Muncherjee**. **Framjee Heerjeebhoy**. **Jamsetjee Heerjeebhoy**. Bombay — Papier mâché et laque; bois de sandal sculpté à jour; ivoire incrusté de mosaïque	Inde anglaise.	
Ignace-André **Kunowitsch**. Vienne. — Briquets; boîtes à tabac	Autriche	46
Howell, James et Cie. Londres. — Nécessaires de toilette	Gde-Bretagne.	8
Jouve-Legrand. Paris. — Brosserie	France	59
Caussin et Cie. Paris. — Divers	France	60
Josef **Pinto Zeferino**. Porto. — Sculpture sur bois.	Portugal	9
M. **Fentum**. Londres. — Tabletterie	Gde-Bretagne.	18
P. **Renaudin**. Paris. — Vannerie fine	France	27
Turbot et **Meyer**. Paris. — Tabletterie	France	45
Jules **Porcellaga**. Alger. — Coupe thuya; vases en œufs d'autruche sculptés	Algérie	29
Borger-Borgersen. — Sculpture sur bois	Norvége	2
Johannes **Borgersen**. — Sculpture sur bois	Norvége	3
E. **Bagès**. Paris. — Tabletterie écaille incrustée	France	71
T.-M. **Leroy**. Nantes. — Objets tournés et guillochés, bois, ivoire, bronze	France	74
E.-F. **Lamarre**. Paris. — Articles de bureau bois, ivoire	France	76
E.-F. **Schuldheis**. Stockholm. — Peignes buffle, écaille	Suède	4
J. **Clausse**. Paris. — Brosserie	France	32
Jean **Kuzel**. Vienne. — Objets tournés en bois	Autriche	47
Jean-Baptiste **Daems-Dewrée**. Bruxelles. — Objets sculptés en bois	Belgique	
Salih-Effendi. Nedjca. — Porte-cigares	Turquie	7
Fenni-Effendi. Trébizonde. — Objets en ébène incrustés d'argent	Turquie	79

Kaldenberg et fils. New-York. — Pipes en écume de mer	États-Unis...	4
Martel frères. Paris. — Peignes	France......	80
Essner. Paris. — Peignes	France......	81
Jeuniaux frères. Paris.—Peignes en buffle, imitation d'écaille	France......	83
Th. **Sick.** Genève. — Brosserie	Suisse......	6
J.-C. **Menschke** et fils. Altenbourg. — Brosserie....	Saxe-Altenb..	9
Chakir-Effendi. Mahmoud-Pacha. Constantinople. — Chapelets en ambre	Turquie......	1
Riza-Effendi. Constantinople. — Chapelets en ambre	Turquie......	2
Joseph **Leiter** et Cie. Vienne. — Tabatières en caoutchouc durci	Autriche.....	48
Hezel et **Behr.** Ludwigsburg. — Ferblanterie vernie.	Wurtemberg..	17
Martin **Weiss.** Vienne. — Petits meubles et tabletterie	Autriche.....	78
F.-G. **Behl.** Nuremberg, — Sculpture ambre et bois..	Bavière......	8
Em. R. **Gaspar.** Funchal. — Bureaux incrustés	Portugal.....	1
Mathieu **Brodure.** Spa. — Pendule en bois sculpté..	Belgique.....	1
F. **Dua.** Gand. — Objets tournés en bois et en ivoire.	Belgique.....	3
Établissement de la Ressource. La Réunion. — Pupitre et cassette en bois du pays	Col. franç....	
F.-F. **Kullrich.** Berlin.— Maroquinerie	Prusse......	5
J.-F **Vité.** Berlin. — Nécessaire et porte-monnaie...	Prusse......	
J. **Cubero.** Malaga. — Statuettes coloriées	Espagne......	
Antonio **Roman.** Grenade. — Statuettes en terre cuite.	Espagne......	
Francisco **Gispert.** Barcelone. — Maroquinerie	Espagne......	
Cao-Van-Hien. Cochinchine. — Laque; bois incrusté de nacre	Col. franç....	
Bou l'Assel. El Djouah. — Ceintures et porte-monnaie	Algérie......	
Marc **Cyrus.** La Martinique. — Vannerie de bambou.	Col. franç....	
Corporation des nègres de Biskra. — Corbeilles	Algérie......	1
Palinski. Paris. — Moules pour cigarettes	France......	77
Georges **Ziegèle.** Furth. — Petite ébénisterie	Bavière.	3
Ignace **Luksch.** Vienne. — Maroquinerie	Autriche.....	50
P.-A. **Lundmark.** Stockholm. — Bois sculpté	Suède......	2
O. **Landgren.** Lund. — Tabletterie	Suède......	1
Mme C.-C. **Bjoerkman.** Grenna. — Boîtes; écorce de bouleau	Suède	5
Léon **Héméry.** Paris. — Petits bronzes	France......	12
A. **Bork.** Paris. — Caves à liqueurs	France......	28
E. **Brisvin.** Paris. — Tabletterie en ivoire	France......	43
Guirand. Paris. — Peignes baguette métal intérieur.	France......	67

L. Caillat. Paris. — Peignes buffle et imitation...... France....... 78

P.-L. Gâteau. Paris. — Tabletterie en écaille....... France....... 46

Maximilien **Symon.** Paris. — Tabletterie ivoire et écaille.. France....... 51

J. Fournier. Paris. — Tabletterie ivoire............. France....... 54

J. Barbotte. Paris. — Vannerie..................... France.......

P. Chevrié. Paris. — Petits meubles................ France....... 16

Bry frères. Paris. — Caves à liqueurs.............. France....... 25

Zimberg. Paris. — Boîtes appliquées émail.......... France....... 75

Rassapamodeliar. Inde. — Pagodes en bois sculpté imitant l'ivoire.................................. Col. franç....

H. Canelle. Paris. — Ivoire sculpté................ France....... 41

Contest-Lacour. Inde. — Marqueterie............... Col. franç....

P. Esparon. La Réunion. — Corbeilles latanier..... Col. franç....

Mlle **Panon.** La Réunion. — Corbeilles latanier..... Col. franç....

V. Millet. Paris. — Petits cadres en bronze doré..... France.......

COOPÉRATEURS.

Médailles d'argent.

Mme Vve **Grandon.** Paris. — Procédé pour blanchir l'ivoire.................................... France.......

Charles **Kleesattel**, professeur de dessin, modelure et sculpture. Geislingen.............................. Wurtemberg..

Wilh-Hohm, professeur de sculpture. Berchtesgaden.................................... Bavière......

Schwarz, professeur de dessin et de sculpture. Rottenburg................................... Wurtemberg..

Médailles de bronze.

Samuel **Daniel**, dessinateur-graveur et guillocheur. Paris.. France.......

Bresson, chef d'atelier chez M. Aucoc. Paris....... France.......

Mentions honorables.

Hohenholz, chef d'atelier chez MM. Schindler et Edlinger. Vienne.................................. Autriche.....

Haschky, chef d'atelier chez MM. Schindler et Edlinger. Vienne.................................. Autriche.....

Marais, ouvrier de M. Tahan.......................... France.......

Hitier, chef garnisseur chez MM. Gellée............ France.......

Kowalewski, chef ébéniste chez M. Diehl........... France.......

Amédée **Verly**, dessinateur chez M. Germain......... France.......

Canu, chez M. Latry aîné............................ France.......

Dangoisse, chez MM. Midocq et Gaillard............. France.......

L. Fadin, chez M. Schloss........................... France.......

RENSEIGNEMENTS DU GROUPE III

CLASSE 17.

C. PILLIVUYT et Cie, manuf. de porcelaines, 34, r. Paradis-Poissonniere.

Maison fondée en 1817, et récompensée par une médaille d'argent Paris 1823. Médaille à New-York 1853. 1re médaille d'argent Paris 1855. Médaille à Londres 1862. Médaille d'OR, 1867. Fabrication très-étendue, comprenant tout ce qui se fait et peut se faire en porcelaine blanche et décorée.

CLASSE 21.

MARREL fils, 21, boulevard de la Madeleine, à Paris.
Ancienne maison **Marrel** aîné ✻ (*N.C.*) et **fils.**

Orfèvre-Bijoutier de LL. MM. l'Empereur et l'Impératrice, et de l'Administration des Haras. — MÉDAILLE d'OR 1839. — Council Médal à Londres 1851. — Méd. 1re classe 1855. — Décoration de la LÉGION D'HONNEUR.

CLASSE 22.

BOYER fils frères, fabricants de **bronzes d'art et d'ameublement.**
64, *Rue de Saintonge, à Paris.*

Viennent de succéder à leur père; dont la maison est très-honorablement connue pour le choix de ses modèles, dont la plus grande partie sont signés de noms d'artistes bien connus.

C'est ce beau choix de modèles et la fabrication très-soignée de cette maison, qui lui a valu des récompenses à toutes les expositions depuis 1844, ainsi que la **Médaille de bronze** à l'EXPOSITION UNIVERSELLE DE 1867, et des fournitures très-importantes en France et à l'étranger, entre autres les bronzes de plusieurs salons dans le palais, à Saint-Pétersbourg, de S. A. R. le grand-duc Michel de Russie, qui a honoré la maison BOYER d'une attestation très-flatteuse de sa satisfaction pour la belle exécution et la qualité des pièces qui lui ont été fournies.

La Collection des portraits de chevaux, faits d'après nature, que la maison BOYER a créée, obtient chaque jour un succès légitime; car ces bronzes, qui peuvent servir comme ornements d'étagères ou de pendules, ou comme prix de courses, sont soignés de manière à leur conserver un véritable cachet d'objets d'art.

MM. BOYER fils frères, désirant étendre leurs relations, viennent de créer une belle Collection de modèles de bon goût en Pendules, Candélabres, Groupes et Coupes d'art, ainsi que de toutes les autres pièces composant l'ameublement des maisons de ville et de campagne.

CLASSE 23.

A.-H. RODANET et Cie. — Paris, MÉDAILLE D'ARGENT 1867.

Horlogerie de commerce et de haute précision. — Seule maison en France qui vende des moutres Patek Philippe et Cie (MÉDAILLE D'OR Paris 1867) aux mêmes conditions de prix et garantie qu'à Genève. 38, rue Vivienne, Paris

---

CLASSE 25.

MÉDAILLE D'ARGENT 1867.

ED. PINAUD et MEYER. — Paris, rue Saint-Martin, 298, boulevard des Italiens, 30. Bruxelles, rue des Longs-Chariots, 44. — **Parfums et savons de toilette.** Médailles aux Expositions universelles de 1851, 1855, 1862, 1867. La maison ED. PINAUD et MEYER expédie actuellement dans le monde entier. — Groupe IV, classe 25, nº 46.

L'habile direction donnée à cette maison par ses propriétaires actuels, MM. ED. PINAUD et MEYER, l'a mise au premier rang de la parfumerie parisienne, pour la qualité de ses produits et l'importance de ses affaires.

Ce qui distingue la parfumerie ED. PINAUD et MEYER, et que nous devons signaler avant tout, c'est cet esprit de progrès qui lui fait chercher les applications pratiques des enseignements que donne la science, et dont on retrouve de si remarquables preuves lorsqu'on étudie ses procédés de fabrication et la composition de ses produits.

Une des branches les plus importantes de la parfumerie, les **savons de toilette,** et une spécialité qu'elle a créée et qui est devenue, pour ainsi dire, l'emblême de sa maison, les parfums à la **violette de Parme,** lui ont surtout valu son légitime succès.

Nous ne croyons pas nous tromper en disant que la parfumerie ED. PINAUD et MEYER est celle qui fournit aujourd'hui la plus grande quantité de savons fins à la consommation.

AGRICULTURE ET INDUSTRIE

GROUPE IV

VÊTEMENTS (TISSUS COMPRIS) ET AUTRES OBJETS PORTÉS PAR LA PERSONNE

CLASSE 27

FILS ET TISSUS DE COTON

EXPOSANTS.

Hors concours.

T. Barrois frères. (T. **Barrois**, associé au Jury.) Lille. — Fils. .... France....... 141

Dolfus-Mieg et Cie. (Membre du Jury.) Mulhouse. — Fils .... France....... 160

Fauquet-Lemaître. (Membre du Jury.) Bolbec. — Fils et tissus........ France....... 58

Ferouelle fils, **Saphore** et **Gillet** (ancienne maison Ferouelle et Rolland.) (**Rolland**, associé au Jury.) Saint-Quentin. — Mousselines brodées........ France.......

A. **Mimerel** et fils. (**Mimerel** fils, secrétaire du Jury du groupe IV.) Roubaix. — Fils........ France....... 79

N. **Schlumberger** et Cie. (Membre du Jury.) — Guebwiller. Fils........ France....... 44

Aimé **Seillière** et Cie. (Membre du Jury.) Senones. — Fils et tissus .... France....... 157

Wolff, **Schlafhorst** et **Bruel**. (F. **Wolff**, membre du Jury.) Gladbach. — Fils et tissus........ Prusse....... 27

Médailles d'or.

Steinbach-Kœchlin et Cie. Mulhouse. — Tissus imprimés........ France....... 214

Kœchlin frères. Mulhouse. — Tissus imprimés..... France....... 221

Gros, **Roman**, **Marozeau**. Wesserling. — Tissus imprimés .... France....... 159

Thierry-Mieg et Cie. Mulhouse. — Tissus imprimés. France....... 222

Industrie des fils à coudre d'Écosse et d'Angleterre. (Exposition collective.)........ Gde-Bretagne.

E. Armitage et fils. Manchester. — Tissus de coton.	Gde-Bretagne.	16
H. Bazley et Cie. Ancoats. — Fils.	Gde-Bretagne.	2
Industrie des Siamoises. Saint-Gall. (Exposition collective.)	Suisse.	
Industrie des filés et des tissus de coton du district de Gladbach. (Exposition collective.)	Prusse	
Jean **Liebig** et Cie. Reichenberg.—Filés de coton et tissus	Autriche	17
Radcliffe et fils. Oldham. — Draps de lit	Gde-Bretagne.	29
Girard et Cie. Déville-lez-Rouen. — Tissus imprimés	France	106
Delebart-Mallet. Fives-Lille. — Cotons filés	France	75
Horrockses, Miller et Cie. Preston et Londres. — Tissus croisés	Gde-Bretagne.	24
Lemaître-Lavotte. Rouen. — Tissus imprimés	France	95
Bourcart et Cie, Guebwiller. — Filés de coton	France	169
J.-J. Rieter et Cie. Winterthur. — Filés de coton	Suisse	29
Daliphard-Dessaint. Radepont — Tissus imprimés.	France	101
Charles **Mieg.** Mulhouse. — Filature et tissus	France	177
Desgenetais. Bolbec. — Filature et tissus	France	57
Scheurer-Rott. Thann. — Tissus imprimés	France	218
Chambre consultative de Tarare. (Exposition collective.) — Tissus brodés	France	208
Japuis-Kastner et Cie. — Impressions	France	
Industrie des filés et tissus de coton de l'arrondissement de Gand. (Exposition collective.)	Belgique	
Schlumberger fils et Cie. Mulhouse. — Tissus imprimés	France	178

Médailles d'argent.

Ve Dubois, Bertaux et **Massart.** Saint-Quentin. — Rideaux et mousseline	France	130
David et **Troullier.** Paris. — Rideaux et mousseline.	France	121
Hamelin. Ochs. Tarare. — Rideaux et mousseline	France	207
A. Bellon. Cazaban, Matagrin. Tarare. — Rideaux et mousseline	France	191
A. Bedin. Tarare. — Tarlatanes et mousseline	France	194
Margand aîné, **Mazeran** et Cie. Tarare. — Tarlatanes et mousseline	France	201
Janisson fils. Tarare. — Rideaux et mousseline	France	200
Devillaine-Madinier et L. **Bréguet.** Tarare. — Tarlatanes et mousseline	France	197
Thivel-Michon. Tarare. — Rideaux et mousseline	France	195
Avril. Tarare. — Tarlatanes, mousselines et toiles	France	211
Brun frère, fils, et **Denoyel.** Tarare. — Rideaux et mousseline	France	186
Ruffier-Leutner. Tarare. — Rideaux et mousseline	France	184

Meunier et Cie. Tarare. — Rideaux et mousseline....	France.......	185
Straszlewez et **Grosjean**. Guebwiller. — Cotons filés	France.......	136
Hauschild. Chemnitz. — Fils à tricoter...........	Saxe.........	40
J.-H. **Stametz** et Cie. Vienne. — Fils et tissus.	Autriche.....	32
Boigeol-Japy et Cie. Giromagny. — Tissus de coton	France.......	156
Mac-Culloch et **Gourdiat**. Tarare. — Tissus apprêtés	France.......	205
Delharpe. Tarare. — Tissus apprêtés..............	France.......	192
François **Leitenberger**. Cosmanos. — Tissus apprêtés	Autriche.....	16
Henri **Kunz**. Zurich. — Cotons filés................	Suisse.......	20
Émile **Zundel**. Moscou. — Indiennes...............	Russie.......	18
Filature Newsky. — Filets.......................	Russie.......	3
Barlow et **Jones**. Manchester. — Couvertures......	Gde-Bretagne .	17
Manufacture de Linden. — Tissus de coton......	Prusse.......	21
Edmond **Cox**. Lille. — Filés et retors..............	France.......	135
Kesselmeyer et **Mellodew**. Manchester. — Velours.	Gde-Bretagne .	26
Wilson. Harlem. — Impressions..................	Pays-Bas.....	3
Delamarre-Deboutteville fils aîné. Rouen. — Filés	France.......	80
Marquis **De Croix**. — Filés	France.......	
De Jongh et fils. Lautenbach. — Fils à coudre.....	France.......	137
Exposition collective de Flers. — Coutils de coton	France.......	49
Léop. **Dormizer** fils. Prague. — Tissus imprimés....	Autriche.....	4
A.-B. **Przibram**. Smichov. — Tissus imprimés......	Autriche.....	26
Porgès frères. Prague. — Tissus imprimés	Autriche.....	25
Rolffs et Cie. Cologne. — Tissus imprimés	Prusse.......	4
Barth. **Jenny** et Cie. Ermenda. — Tissus imprimés...	Suisse.......	16
Jenny et Cie. Glaris. — Tissus imprimés	Suisse.......	17
Kubli. Netstall. — Tissus imprimés	Suisse.......	19
Joly frères et Cie. Saint-Quentin. — Filés	France.......	119
Bertel. Rouen. — Filés et tissus de coton	France.......	89
Géliot, Bourges, Plainfaing. — Tissus divers........	France.......	154
Kessler. Soultzmatt. — Tissus de coton............	France.......	164
Keittinger. Rouen. — Tissus imprimés.............	France	104
Hugues **Cauvin**. Saint-Quentin. — Rideaux brochés..	France.......	118
Paraf Javal et Cie. Thann. — Tissus imprimés....	France.......	22
Bian. Seuthein. — Fils et tissus..................	France.......	176
Louis **Weiss-Fries** et Cie. Kuigershein. — Tissus imprimés	France.......	216
Thiriez père et fils. Lille. — Filés de coton........	France.......	134
Pouyer-Quertier. Rouen. — Filés de coton.........	France.......	86
Société anonyme de Stalle. Bruxelles. — Tissus imprimés..	Belgique.....	
Basile **Zouboff**. Alexandrov. — Impressions........	Russie.......	19

Henri **Rondeau**. Rouen. — Tissus imprimés......... France....... 107
Baranoff. Alexandrow. — Tissus imprimés rouges .. Russie.......
Gaillard et Cie. Barentin. — Filés et tissus....... France....... 63
Wattinne et **Pruvost**. Auchy-lez-Hesdin. — Cotons filés...................................... France....... 146
Eug. **Lemaître** et **Manchon**. Bolbec. — Tissus de coton mélangés.................................. France.......99 100
D. **Wibaux-Florin**. Roubaix. Fils de coton et tissus France....... 77
Crewdson et **Worthington**. Manchester. — Tissus blancs...................................... Gde-Bretagne. 20
Jules **Lepicard**. Rouen. — Rouenneries............ France....... 70
Filature de Coire. — Cotons filés................ Suisse....... 6
Nathan **Wolff** et **John**. Berlin. — Tissus imprimés.. Prusse....... 27
Goldschmidt. Berlin. — Tissus imprimés.......... Prusse....... 28
Dannenbergesche kattunfabrik. Berlin. — Tissus imprimés.................................... Prusse....... 26
Ernest **Fauquet**. Deville-lez-Rouen. — Tissus imprimés France....... 98
Ledoux-Bédu. Saint-Quentin. — Tissus et devants de chemises.................................... France....... 131
Risler et Cie. Cernay. — Tissus divers............ France....... 179
J.-C. **Moesly**. Teufen. — Plumetis................ Suisse....... 115
Tassel. Deville-lez-Rouen. — Tissus imprimés...... France....... 109
Sydenham frères et Cie. Rouval-lez-Doullens. — Filés de coton................................ France....... 82
J. **Hawkins** et fils. Preston. — Shirtings.......... Gde-Bretagne. 23
Flipo fils aîné. Tourcoing. — Filés de coton........ France....... 78
Ign. **Richter** et fils. Niedergrund. — Velours........ Autriche..... 28
Octave **Fauquet**. Rouen. — Filés de coton........... France....... 90
Cartier-Bresson. Paris. — Filés de coton......... France....... 77
N. **Hazard**. Rouen. — Imprimés.................. France....... 105
Leroux, Eude. Rouen. — Rouenneries............ France....... 68
Elisseï **Morozoff**. Gouvt de Vladimir. — Cotonnades... Russie....... 11
Witschel et **Reinisch**. Warnsdorf. — Filés et croisés. Autriche..... 36
Langworthy frères et Cie. Manchester. — Coutils et velours.................................. Gde-Bretagne. 27
Troemé et **Baudouin**. Saint-Quentin. — Rideaux brodés.................................... France....... 120
Finlayson et Cie. Finlande. — Tissage et teinture... Russie....... 4
De Loys. Rouen. — Filature et tissage............. France....... 97
Haeffely. Haut-Rhin. — Impression et teinture....... France....... 180
Colombier frères. Saint-Quentin. — Piqués divers.... France....... 127
Khloudoff frères. Egorievsk. — Filature........... Russie....... 6
Henri **Hofer** et Cie. Hautbloin (Kayserberg). — Filés. France....... 140
Stork. Hengelo. — Tissus de coton................ Pays-Bas..... 11
F. **Dumonceau**. Bruxelles. — Tissus mélangés...... Belgique.....

V. **Moncouet, Querette** et Cie. Saint-Quentin. — Tissus et coton	France	132
Guyer et Cie. Grunthal. — Percales et jaconas	Suisse	12
Compagnie de Reütovo. Gouv[t] de Moscou.—Filés et tissus	Russie	
Michel **Hainisch.** Nadelburg. — Filés	Autriche	12
Gaspard **Honegger.** Rüti. — Filés et tissus	Suisse	48
Cie **Gresland.** Paris. — Coton filé pour mèches	France	72
Société de Forssa. Finlande.— Filés et tissus	Russie	15
Rieter Ziegler et Cie. Winterthur. — Impressions	Suisse	47
La España industrial. Barcelone. — Impressions.	Espagne	12
Lehoult et Cie. Saint-Quentin. — Tissus brochés	France	115
Hubner. Moscou. — Impressions et teintures	Russie	5
Mercier-Meyer et Cie. Ourscamp. — Impressions et teintures	France	7
C. et J. **Prohoroff.** Moscou.—Impressions et teintures.	Russie	12
Joseph **Grillmayer** et fils. Kleinmünchen. —Filés et tissus	Autriche	9
Mertzdorff. Vieux-Thann. — Blanchiment	France	171
Napoléon **Kœchlin** et Cie. Massevaux. —Filés et tissus	France	182
Lauwich. Comines. — Rubans	France	113
Troemé Thiery. Hervilly.—Nouveautés pour gilets.	France	120
Michelez fils aîné. Paris. — Coton à coudre	France	26
Fabrique d'Inspruck. — Filés et tissus	Autriche	18
Filature d'Aidussina. — Filés	Autriche	31
J. **Konschine.** Serpoukhov. — Filés	Russie	7
Exposition collective de Tournai. — Tissus laine et coton	Belgique	89
Buhler et fils. Winterthur. — Filés	Suisse	5
Cronier père et fils. Rouen.— Doublures et reliures.	France	25
Alphonse **Cordier.** Bapeaume-lez-Rouen.—Impressions	France	108
New-York Mill's. New-York. — Filés et tissus	États-Unis	2
Spetz. Issenheim. — Filés et tissus	France	151
Naegely. Mulhouse. — Cotons filés	France	166
Flageollet. Vosges. — Filés et tissus	France	169
Éd. **Davillier** et **Champy.** Gisors. —Filés et tissus	France	60
Rousselin. Rouen. — Filés	France	71
Dollfus et **Mantz.** Mulhouse. — Filés	France	139
C. **Steinheil, Dieterlen** et Cie. Rothau. — Filés	France	172
Ville. Cours. — Couvertures	France	
Clark Thread Company. Newart. —Filés et tissus.	États-Unis	
Exposition de Plauen. — Rideaux brochés	Saxe	
Schlumberger, Steiner et Cie. Mulhouse. — Filés et tissus	France	158
Exposition collective de Courtrai. — Tissus mélangés	Belgique	

Exposition collective de Renaix. — Tissus mélangés	Belgique	
Motte-Bossut. Roubaix. — Filés	France	
Tissage de Wallenstadt. — Écharpes, mouchoirs.	Suisse	35
J.-B. **Muller** et Cie. Wyl. — Tissus de coton	Suisse	25
Exposition de Roanne. — Cotonnades	France	
Mitscherlich. Eilenbourg. — Tissus façonnés blancs	Prusse	20
Van der Smissen frères. Alost. — Fils à coudre	Belgique	69
Frédéric **Graumann Eidam** et Cie. Sechshaus	Autriche	8
J.-E. et L. **Dujardin**. Bruges. — Fils de coton	Belgique	3
J.-R. **Raschle** et Cie. Wattwyl. — Tissus de coton	Suisse	35

Médailles de bronze.

Coulombe. Flers. — Coutils	France	43
Noury et **Dethan.** Flers. — Coutils	France	44
Eugène **Lefrançois.** Flers. — Coutils	France	46
Alfred **Lecornu.** Flers. — Coutils	France	47
Diot et Cie. Flers. — Coutils	France	48
Foucault-Laumonnier et **Lehugeur.** — Coutils.	France	
Desauney et **Halbout.** Flers. — Coutils	France	53
Désiré **Ausouf.** Flers. — Coutils	France	54
Virgile **Hue.** Flers. — Coutils	France	55
Heydenreich. Witzschdorf. — Retors	Saxe	39
Hoeffer. Tannenberg. — Filés et retors	Saxe	41
Vve de feu J.-J. **Brunnschweiler.** Hauptweil. — Filés rouges	Suisse	
Boucly-Marchand. Saint-Quentin. — Devants de chemises	France	124
André. Paris. — Filés imitation soie	France	41
H. **Sulzer.** Aadorf. — Teintures rouges	Suisse	
Leumann frères. Mattiveil. — Teintures rouges	Suisse	
Deffrennes-Duplouy frères. Lannoy. — Piqués, couvertures	France	126
Schlaepfer. Hérisau. — Mousselines	Suisse	30
Zähner et **Schiess.** Hérisau. — Plumetis	Suisse	46
Staub et Cie. Kuchen. — Tissus filés	Wurtemberg	4
Elsass et Cie. Cannstatt. — Tissus de coton et demi-laine.	Wurtemberg	2
Steiger, Schoch et **Éberhard.** Hérisau. — Plumetis	Suisse	30
J. **Nef.** Hérisau. — Mousselines	Suisse	43
Fils d'**Emmanuel Lang.** Waldighoffen. — Tissus divers	France	65
Jean **Foerster** jeune. Rumbourg. — Tissus divers	Autriche	6
Barthels, Feldhoff. — Poult de coton	Autriche	23

W.-M. **Christy** et fils. Manchester.— Piqués et couvertures	Gde-Bretagne.	19
Zeller frères. Oberbruck. — Filés et tissus de coton.	France	
Exposition collective de Termonde. — Tissus et couvertures de coton	Belgique	76
Huet et **Benner.** Darnetal. — Tissus imprimés	France	103
C. **Goldberg.** Warnsdorf. — Filés et tissus	Autriche	7
Erhard. Massevaux.— Filés et tissus	France	175
Hall et **Udall.** Manchester et Oldham. — Velours	Gde-Bretagne.	22
J. **Heitz** et Cie. Münchweilen. — Tissus de coton	Suisse	14
Mettler frères. Butschwyl. — Cotonnet	Suisse	24
J. **Widmer** et Cie. Oberutzwyl. — Tissus de coton	Suisse	36
J.-J. **Häberlin**. Neukirch. — Tissus de coton	Suisse	13
C. et A. **Bulan.** Amiens. — Velours	France	1
Eduardo y Achilles **Paul.** Barcelone. — Impressions.	Espagne	11
Trétiakoff frères. Serpoukhov. — Impressions	Russie	16
Tissage de Gruneck. — Filés et tissus	Suisse	11
Altermatt et **Hasenfratz.** Fraunfeld. — Tissus	Suisse	1
Louis **Lacroix** et **Berger.** Tarare. — Tarlatanes	France	199
Mme Vve C.-N. **Raffin** et fils. Tarare. — Tarlatanes	France	196
Fougerat-Lacroix. Tarare. — Tarlatanes	France	204
Brossette et **Chanel.** Tarare. — Tarlatanes	France	202
Eugène **Pépin**. Tarare. — Tarlatanes	France	193
Favel-Godde. Tarare. — Mousselines unies	France	203
Chatellard père et fils. Tarare. — Tarlatanes	France	209
J.-J. **Zurcher** et Cie. Cernay. — Impressions	France	219
Forel. Breuchotte. — Tissus	France	174
Molher et fils. Bas-Rhin. — Tissus divers	France	66
Havas frères. Rouen. — Rouenneries	France	69
Dub et **Hocke.** Niedergrund. — Tissus	Autriche	5
Siepermann et **Mœhlau.** Düsseldorf. — Tissus	Prusse	6
Herzog. Neuyersdorf. — Tissus mélangés	Saxe	4-42
Boisard. Évreux. — Coutils	France	2
Ch. **Dierig.** Ober-Langenbielau. — Tissus	Prusse	32
J. **Breitenstein** et Cie. Zofingue. — Filés et tissus.	Suisse	3
Geiser-Ryser. Zofingue. — Impressions	Suisse	9
Ricart et fils. Barcelone. — Impressions	Espagne	16
Schoop. Biberach. — Cotonnades	Wurtemberg	1
Hadley Company. Holyok, Mass. — Fils à coudre	États-Unis	
G. **Juncadella.** Barcelone. — Impressions	Espagne	
Leguay-Lebaillif. Falaise. — Filés	France	27
A. **Lepelletier-Loisel.** Condé. — Filés	France	29
Faure-Beaulieu. Paris. — Ouate de coton	France	155
Société de Nydalen. Christiania.— Fils et tissus	Norvége	2

Slater et **Son**. Webster. — Percalines	États-Unis....	1
Alder et **Meyer**. Hérisau. — Tissus brochés	Suisse	40
Payen-Baudoin. Saint-Quentin. — Rideaux brochés	France	117
Poiret et neveu. Paris. — Canevas	France	34
J. **Martin** et Cie. Wald. — Mousselines	Suisse	22
L. **Meyer**. Hérisau. — Impressions	Suisse	23
Gustave **Denis**. Fontaine-Daniel—Filés et tissus de coton	France	62
S. **Freund** et Cie. Hérisau. — Étoffes	Suisse	41
Humbert et Cie. Gamaches. — Filés	France	31
Douine frères. Troyes. — Filés	France	
Pernolet. Paris. — Filés	France	33
Edouard **Lehugeur** et Cie. Flers. — Tissus	France	52
Lehugeur, Paildieu et **Villeroy**. Flers. — Tissus	France	45
Philippe et Cie. Corneville. — Filés	France	85
Victor **Tesse-Baillieux**. Lille. — Filés	France	142
Ottenheimer frères. Gœppingen.— Tissus mélangés.	Wurtemberg..	3
Rabeneck. Gouv[t] de Moscou. — Impressions	Russie	13
Louis **Toussaint**. Flers. — Coutils	France	137
Lemoine. La Rivière-Thibouville. — Filés	France	50
H. **Faulkner** et Cie. Londres. — Ficelles de coton..	G[de]-Bretagne.	9
E.-V. **Gross**. Berg. — Couvertures	Wurtemberg..	8
J.-H. **Neuburger**. Ulm. — Mousselines	Wurtemberg..	7
Kaufmann et fils. Gœppingen. — Tissus	Wurtemberg..	6
C.-A. **Windrath**. Heindeheim. — Couvertures	Wurtemberg..	5
Lang et **Seiz**. Stuttgart. — Tissus	Wurtemberg..	0
Boisne. Condé. — Filés	France	30
Achon. Barcelone. — Impressions.	Espagne	13
Ferrer et Cie. Barcelone. — Impressions	Espagne	14
Compagnie Lisbonnaise de filature et tissage. — Filés et tissus	Portugal	4
Joniaux frères. Bruxelles. — Tissus mélangés	Belgique	66
Filature et tissage de Veenendaal. — Filés et tissus.	Pays-Bas	14
J. **Gromann** et fils. Sternberg. — Filés et tissus	Autriche	
Java. Almelo. — Tissus de coton	Pays-Bas	5
Dumont-Duflot. Saint-Quentin. — Tissus unis et brochés	France	116
G. **Duchamps**. Bruxelles. — Tissus mélangés	Belgique	2
Rommel Winther et Cie. Dunkerque.—Cotons filés	France	93
Lallemand. Senones. — Cotons à coudre et à tricoter.	France	163
L. **Delamare Debouteville**. Rouen. — Filés	France	89
Sébastien **Wiedenkeller**. Arbon. — Impressions	Suisse	38
Berleymont-Rey. Bruxelles. — Impressions	Belgique	45
Jariel Falaise. — Cotons filés	France	94

Guillou et Cie. Rouen. — Cotons filés..............	France.......	92
A. **Franchomme**. Lille. — Cotons filés............	France.......	74
Quiet-Michard. Cours. — Couvertures............	France.......	148
Jean **Larger**. Felteringer. — Tissus de coton.......	France.......	150
Roederer et Cie. Mulhouse. — Madapolams........	France.......	180
Clovis et Henri **Rallu** jeunes. Ferté-Macé. — Tissus de coton......................................	France.......	112
Maurice **Hacque Hainselin**. Ansenvillers. — Tissus de coton...	France.......	123
Plantrou. Oissel. — Cotons filés.................	France.......	81
Larivière-Renouard. Paris. — Rideaux brodés...	France.......	212
Joseph **Grunfeld**. Heiligenstadt. — Tissus mélangés..	Prusse.......	19
Postpischil. Langenbielau. — Tissus pour pantalons	Prusse	31
Antoine **Breuer**. Kuttenberg. — Mouchoirs imprimés	Autriche......	3
Ateliers d'apprentissage des Deux Flandres. Exposition collective. — Tissus unis et façonnés.....	Belgique.....	
Jos. **Westhauser**. Vienne. — Piqués..............	Autriche.....	35
Fabrique de teinture en rouge de Seebach. — Teinture en rouge..............................	Autriche	45
Schloesser. — Filés de coton....................	Russie.......	21
Collin et **Lecherpy**. Falaise.— Filés de coton......	France.......	83
Lecœur frères. Bapeaume-lez-Rouen. — Teinture et cotons filés...	France.......	87
Henry. Rouen. — Impressions....................	France.......	102
Honoré et Cie. Tourcoing. — Cotons et filés.........	France.......	143
Méquillet, Noblet et Cie. Héricourt.— Filés, tissus et impressions......................................	France.......	153
Viarmé. Paris. — Cotons à coudre et à broder	France.......	145
Delavallée. Paris. — Cotons à coudre et retors....	France.......	138
B. **Pruvost**. Lapugnoy-lez-Béthune. — Cotons filés et retors..	France.......	147
E. Aug. **Seitz**. Granges. — Filés et tissus..........	France.......	173
Conard et fils. Orbec. — Rubans de coton..........	France.......	110
G. **Prieur** et **Bonnette** fils.— Tissus teints et blanchis.	France.......	
J.-J. **Weber**. Winterthur. — Tissus teints et blanchis.	Suisse	45
W. **Tolson**. Fazeley. — Filés et tissus..............	Gde-Bretagne.	13
Johnson, Jabez et **Fildes**. Manchester. — Piqués, tissus	Gde-Bretagne.	25
W.-H. **Glover** et Cie. Manchester. — Essuie-mains .	Gde-Bretagne.	21
Chazelle père et fils, et **Badolle**. Thizy.—Cotonnades	France.......	3
Collin et Cie. Bar-le-Duc. — Tissus de coton.......	France.......	6
Collette frères. Paris. — Coton à coudre...........	France.......	32
Sanson et **Prunier**. Paris. — Coutils.............	France.......	42
Legris. Rouen. — Rouenneries..................	France.......	67
Konschine, fils de Nicolas. Serpoukhov.—Impressions.	Russie.......	8

Sergeieff frères. Gouvt de Moscou.— Tissus de coton.	Russie.......	14
Zimine. Gouvt de Moscou. — Impressions............	Russie.......	17
Zoubkoff frères. Vovnesensk. — Impressions.......	Russie.......	20
Kraut et **Ottiker.** Rickenbach. — Tissus de coton écrus, blanchis et teints............................	Suisse........	18
Harg. Nykœping. — Filés de coton.................	Suède........	2
Kampenhof. Voddewalla. — Filés et tissus.........	Suède........	3
F. **Toutain** aîné. Lillebonne. — Tissus de coton....	France.......	28
Gouvernement de la Perse. — Tissus de coton..	Perse........	
J.-R. **Hainisch.** Aue. — Fils de coton.............	Autriche.....	11
Mare aîné et **Lemazurier.** Rouen. — Tissus de coton blanchis et apprêtés..............................	France.......	
Carl Faber. Stuttgart. — Tissus..................	Wurtemberg.(cl.30)	11
Couvent de Sejulonitza. — Tissus................	Grèce........	
Dubar-Delespaul. Roubaix. — Tissus............	France.......	147

Mentions honorables.

Filature de Rosenlund. Gothembourg. — Filés et tissus.....................................	Suède........	4
Hill. Alingsas. — Toile de coton..................	Suède........	
Andersson. Boras-Kinn-Sanda. — Toile de coton....	Suède........	6
C. **Mikulaschek.** Sternberg. — Toile de coton.......	Autriche.....	
Regordosa et Cie. Barcelone. — Cotons filés et teints.	Espagne.....	1
Puig et **Carsi.** Barcelone. — Tissus de coton.......	Espagne.....	6
Baurier frères. Barcelone. — Piqués, tissus divers...	Espagne.....	8
Anjos-Cunha, Miranda et Cie. Lisbonne. — Impressions.....................................	Portugal......	1
Compagnie de Xabregas.— Filés et tissus	Portugal......	5
Lopez dos Anjos. Lisbonne. — Impressions	Portugal......	6
José **Tolra** et Cie. Barcelone. — Tissus de coton....	Espagne......	7
Adolphe **Trèves** et fils. Paris. — Tissus divers.......	France.......	129
Spanjaard. Borne. — Tissus de coton.............	Pays-Bas.....	4
Ably frères. Rouen.—Déchets de coton filés et cordés	France.......	114
Derche-Girarde. — Broderies et jupons...........	France.......	
Bell-Factory. Huntsville. — Tissus de coton.......	États-Unis ...	
Blydenstein et Cie. Enschedé. — Doublures de coton	Pays-Bas.....	8
J.-A. **Deschamps.** Saint-Symphorien-de-Lay. — Rideaux brodés.................................	France.......	189
Manouiloff frères. Gouvt de Moscou.—Tissus de coton	Russie.......	10
De Vanssay. Nonancourt. — Filés de coton........	France.......	38
Martin et **Johnson.** Bolton. — Tissus divers.......	Gde-Bretagne.	28
Ch. **Le Pelletier** fils et Cie. Paris.—Rideaux brodés	France.......	210
Esnault-Pelterie aîné et Cie. Paris.—Coutils divers.	France.......	23
Empire Ottoman. — Serviettes de coton..........	Turquie......	

Pol. Hengelo. — Sarongs........................ Pays-Bas..... 2

Domingos **Rodriguez**. Porto. — Tissus de coton.... Portugal..... 7

COOPÉRATEURS.

Médailles d'argent.

Gravollet.—Dessinateur chez MM. Dolfus-Mieg et Cie. Mulhouse .... France.

Léon **Duboc.** Bolbec. — Directeur des établissements de M. Fauquet-Lemaître .... France.

Assenmacher. — Contre-maître imprimeur chez MM. Kœchlin.. France.

Médailles de bronze.

Fromm. — Directeur de la gravure sur rouleau chez MM. Dolfus-Mieg et Cie.............................. France.

Bonhomme.— Dessinateur de rideaux brodés. Tarare. France.

Alexandre **Méquignon.**—Attaché à la Société d'Ourscamp .... France.

Auguste **Marnaut.** — Contre-maître de la Société d'Ourscamp.. France.

Ch. **Wehrlin.** — Chimiste de la maison Lemaitre-Lavotte et fils.. France.

F. **Dauw.** — Directeur de la filature de M. Dujardin. Bruges.. Belgique.

Dietz. — Directeur de l'établissement de la Société anonyme de Stalle-lez-Bruxelles.................... Belgique.

Louis **Lodewick.** — Contre-maître chez MM. Hooreman-Cambier et fils. Gand. .... Belgique

Chirat. — Contre-maître chez M. Thivel-Michon. Tarare.. France.

François-Aloys **Zœller.** — Directeur de filature chez MM. A. Mimerel et fils........................... France.

Kœtschet. — Directeur chez MM. Flageollet et Cie. Vagney.. France.

Mentions honorables.

Aimé **Dambrin.** — Ouvrier à la Société d'Ourscamp.. France.

Michel **Perret.** —Ouvrier chez MM. Chatelard père et fils.. France.

J. L. **Deléeluze.** — Contre-maître chez MM. Saffre et Gravelines. Mouscron.............................. Belgique.

Etienne **Giroudon.** — Contre-maître chez MM. Thivel-Michon. Tarare................................ France.

Pothier-Noël. — Ouvrier chez MM. Thivel-Michon. Tarare.. France.

Miagronnier. — Fileur chez MM. Mimerel et fils... France.

CLASSE 28

FILS ET TISSUS DE LIN ET DE CHANVRE

EXPOSANTS.

Hors concours.

Exposant	Pays	N°
J. **Casse** et fils. (A. **Casse**, membre du Jury.) Lille. — Linge damassé	France	
Fauquet-Lemaître et **Prévost**. (**Fauquet-Lemaître**, membre du Jury.) Bolbec. — Fils de lin.	France	111
A.-F. **Lang**. (Membre du Jury.) Blaubeuren. — Toiles et mouchoirs, coutils, etc	Wurtemberg.	4
G. **Mévissen**. (Membre du Jury.) Dülken. — Fils de lin	Prusse	34
Raymann et **Regenhart**. (**Regenhart**, membre du Jury.) Feywaldau. — Toiles damassées	Autriche	25
Schöller, Mévissen et **Bücklers**. (G. **Mévissen**, membre du Jury.) Düren.—Fils de lin	Prusse	36

Médailles d'or.

Exposant	Pays	N°
Industrie des fils et toiles de Belfast. Exposition collective	Gde-Bretagne.	
Droulers et **Agache**. Lille. — Fils	France	117
Société linière gantoise. Gand. — Fils écrus et blanchis	Belgique	31
Société de la Lys. Gand. — Fils	Belgique	30
Rey aîné. Bruxelles. — Toiles	Belgique	70
J. et W. **Charley** et Cie. Belfast. — Toiles	Gde-Bretagne.	5
Industrie des fils et toiles de Bielefeld. (Exposition collective.)	Prusse	
A. **Kufferle** et Cie. Vienne. — Toiles et damassé	Autriche	11
Heuzé, Homon, Goury et **Le Roux**. Landerneau. — Fils de lin et de jute, toiles de ménage et toiles à voiles	France	75
Dickson et Cie. Dunkerque. — Fils de lin, de chanvre et de jute, et toiles à voiles	France	73
Proelss sen. Seel-Sœhne à Dresde et Gross-Schœnau. — Damassés	Saxe	58
Kramsta et fils. Fribourg. — Toiles	Prusse	53

Exposant	Pays	N°
S.-G. **Fenton** fils et Cie et **Fenton** et Cie. Belfast. — Fils et tissus	G^de^-Bretagne..	
Wallaert frères. Lille. — Fils et toiles	France	
Industrie des fils à coudre de l'arrondissement de Lille. (Exposition collective)	France	27 à 45
J.-B. **Jelie.** Alost. — Fils à coudre	Belgique	64
John-S. **Brown.** Belfast. — Toiles unies, ouvrées et damassées	Gde-Bretagne. .	
Filature et tissage mécanique d'Erdmannsdorf. — Toiles	Prusse	68
Exposition collective des fabricants de l'arrondissement de Roulers et Iseghem. — Fils et toiles	Belgique	

Médailles d'argent.

Exposant	Pays	N°
J. **Gromann** et fils. Sternberg. — Toiles	Autriche	5
E. **Laniel** père et fils. Vimoutiers. — Toiles	France	93
Drummond Baxter et Cie. Lille.—Fils et toiles de jute	France	66
Société linière de Bruxelles.—Fils et toiles de lin	Belgique	76
Mahieu-Delangre. Armentières. — Fils et tissus	France	11
Faber. Stuttgart.—Toiles unies ouvrées et damassées	Wurtemberg..	3
Jourdain-Defontaine. Tourcoing. — Coutils	France	106
Magnier, Pouilly, Brunet et Cie. Paris.— Fils et toiles de lin, chanvre et jute, linge damassé	France	94
H. **Matier** et Cie. Belfast. — Toiles unies ; toiles damassées	Gde-Bretagne..	13
J.-G. **Queissen.** Laubau. — Mouchoirs	Prusse	46
Isaac D. **Pick.** Nachod. — Fils et toiles	Autriche	23
Bertrand-Milcent. Cambrai.—Fils, toiles, batistes. — Mouchoirs	France	20
Scrive frères. Lille. — Fils	France	123
Joubert-Bonnaire et Cie. Angers. — Fils et toiles de lin et de chanvre	France	76
Lemaître-Demeestère et fils. Halluin. — Toiles écrues, blanches et de couleur ; toiles et linge de table damassés	France	15
C.-F. **Neumann.** Eybau. — Toiles légères, etc	Saxe	60
L. **Cornilleau** aîné et Cie. Le Mans.—Fils et toiles de chanvre	France	79
J.-C. **Van Ackere.** Courtrai. —Toiles et mouchoirs.	Belgique	16
G. **Strache.** Rumburg. — Coutils	Autriche	28
Baron A. **Stieglitz.** Narva. — Toiles	Russie	16
Bricout-Molet. Cambrai. — Batistes et mouchoirs.	France	19
Guynet. Cambrai.— Batistes et mouchoirs	France	20
L. **Monchain.** Lille. — Fils simples et retors	France	122
J. **Dequoy** et Cie. Lille. — Fils et toiles	France	72 et 116

Henri **Deroubaix**. Courtrai. — Tissus de lin........	Belgique.....	15
S. **Fraenkel**. Neustadt. — Toiles unies et damassées	Prusse.......	44
A.-T. **Godard**. Paris. — Batistes.................	France.......	100
Mautner et Cie. Troppau. — Fils...............	Autriche.....	15
François **Débuchy**. Lille. — Coutils et tissus divers.	France.......	112
Victor **Pouchain**. Armentières. — Fils et toiles....	France.......	10
Beck père et fils. Courtrai. — Fils et toiles.........	Belgique.....	
J.-L. **Fournet**. Lisieux. — Fils et toiles............	France......	95
Eug. **Verstraete**. Lille.—Fils simples et fils à coudre	France......	126
J.-D. **Gruschwitz** et fils. Neusalz-sur-Oder. — Fils.	Prusse.......	67
Ernest **Denys**. Courtrai. — Toiles................	Belgique.....	9
Saint frères. Paris. — Fils et toiles de jute et d'emballage....................................	France	65
C.-R. **Goldberg**. Warnsdorf. — Coutils et tissus mélangés..	Autriche.....	
Fritz **Helling**. Borghalzhausen. — Toiles à voiles...	Prusse.......	
Fabrique d'Almedahl, C.-J. **Busck**. Gothembourg. — Fils et toiles...........................	Suède	2
Fabriques de toiles à voiles. Christiania. — Fils et toiles..............................	Norvége	
Beghin-Duflos. Armentières. — Fils. — Toiles. — Linge de table................................	France.......	9
F. et A. **Heinz**. Freudenthal. — Toiles et coutils....	Autriche.....	6
R. **Sternenberg**. Schwelm. — Toiles et coutils damassés..	Prusse.......	5
Hambis et Cie. Ligugé. — Fils de chanvre simples et retors......................................	France.......	7
Société linière de Saint-Léonard. Liége. —Fils de lin et d'étoupes............................	Belgique.....	77
Danset frères. Lille. — Fils de lin et de chanvre. — Toiles diverses, toiles à voiles..............	France.......	14
J. **Joannard**. Paris. — Linge damassé...........	France.......	92
Moerman van-Laere. Gand. — Toiles............	Belgique.....	29
Lussigny frères. Paris. — Batistes et mouchoirs....	France	99
J. **Scrive** et fils. Lille. — Toiles..................	France......	67
J.-U. **Röthlisberger** et fils. Walkringen (Berne).— Toiles..	Suisse	4
Delame-Lelièvre et fils et **Sueur**. Valenciennes.— Toiles et batistes............................	France.......	98
J. et P. **Leblan** frères. Lille. — Fils et toiles......	France.......	64
Société anonyme pour la filature de lin et d'étoupe à la mécanique. Malines — Fils.	Belgique.....	78
Société anonyme de Viersen pour la filature et la fabrication de tissus. — Fils de lin.....	Prusse.......	37
Duhamel frères. Merville. — Toiles, linge de table.	France.......	71
Deneux frères. Hallencourt. — Linge de table	France.......	96
Vinchon et **Basquin**. Cambrai. — Batistes.......	France.......	18

Schoop-Vonderwahl. Dozweil (Turgovie). — Toiles et linge damassés	Suisse.......	5
Jonglez-Hovelacque, Carlos Cardon et Cie. Lille. — Fils et toiles	France.......	5
Odon Dekeyser et Achille **Nisse**. Armentières. — Linge ouvré	France	56
Brigot et Cie. Paris.— Lins, fils et toiles	France.......	107
Simon-Boucher. Warchin-lez-Tournai.— Fils de lin et de chanvre	Belgique	74
Bocquet et Cie. Ailly-sur-Somme. — Fils de jute	France.......	55
T.-G. **Weinert** jeune et fils. Lauban. — Mouchoirs	Prusse.......	48
W. **Wilford**. Tamise. — Toiles à voiles	Belgique.....	90
Max **Richard** et **Caillault**. Angers. — Fils de chanvre	France.......	46
May et **Holfeld.** Georgswalde (Bohême). — Toiles	Autriche	16
Therin et Cie. Roubaix. — Coutils et tissus mélangés.	France.......	110
Aug. **Kissel.** Boeblingen. — Coutils et pantalons	Wurtemberg..	1
H.-S. **Aschrott.** Cassel. — Toiles larges	Prusse.......	42
J. **Meyer**. Dresde et Gross-Schœnau. — Damassés	Saxe.........	57
L. **Thienpont** et fils. Gand. — Toiles et damas	Belgique	33
Witschel et **Reinisch**. Warnsdorf. — Coutils tissus mélangés	Autriche	33
Sak-Volders. Turnhout. — Coutils	Belgique.....	72
Villette et **Dubois**. Lille. — Coutils	France.......	101
Bary jeune et Cie. Le Mans. — Fils et toiles	France.......	80
Ateliers d'apprentissage des Deux Flandres. Exposition collective. — Toiles et tissus divers	Belgique	
Vande Wynckele frères et **Alsberghe**. Gand. — Lins blanchis	Belgique (Cl. 45).	6

Médailles de bronze.

Methner frères. Landeshut. — Toiles	Prusse.......	63
A. **Porteu**. Rennes. — Fils et toiles à voiles en chanvre	France.......	17
Société de la manufacture de toilerie et de fer. Tammerfors (Finlande). — Fils et toiles	Russie.......	15
Dub et **Hocke.** Niedergrund. — Coutils	Autriche.....	
F. **Devos** et H. **Decoene**. Courtrai. — Fils à la main	Belgique	11
Ch. **Mikulaschek.** Sternberg (Moravie). — Basins et Coutils	Autriche.......	18
Huret-Lagache et Cie. Condettes. — Fils et toiles à voiles	France.......	84
Desmedt-Wallaert et Ch. **Lemaître.** Lille. — Fils et toiles	France.......	63
Compagnie de Torres-Novas. — Toiles et coutils.	Portugal.....	

Aug. **Bernard** et **Devos** frères. Lille. — Toiles......	France.......	
C.-W. **Delius** et Cie. Versmold. — Fils et toiles......	Prusse.......	30
P.-A. **Schlechta** et fils. Lomnitz (Bohême). — Baptistes, toiles blanches..............................	Autriche.....	29
Mme Vve J.-B. **Franckx.** Alost. — Linge de table...	Belgique.....	63
Wäntig et Cie. Zittau. — Coutils.................	Saxe.........	62
Ch. **Parent** et **Danchin.** Lille. — Coutils..........	France.......	105
F.-W. **Alberti.** Hirschberg. — Damassés............	Prusse.......	65
J.-A. **Kluge.** Hermanseifen. — Fils et toiles........	Autriche.....	10
Compagnie de la manufacture Norskaya. Norsk près Jaroslaw. — Toiles..................	Russie.......	4
Roelandts et Cie. Courtrai. — Coutils............	Belgique.....	
Jacques de **Brandt.** Alost. — Linge ouvré et damassé.	Belgique.....	2
W. **Jerie.** Hohenelbe. — Fils de lin................	Autriche.....	9
Fabrique nationale de la corderie. Junqueira. — Toiles à voiles..............................	Portugal......	7
B.-M. **Weinstein.** Insterburg. — Fils...............	Prusse.......	66
Debuchy frères. Tourcoing. — Coutils..............	France.......	111
F. **Hesdoerffer.** Fulda. — Toiles..................	Prusse.......	41
G.-F. **Ruwe** et **Künsemüller.** Bramsche, près Osnabruck. — Toiles..............................	Prusse.......	
Eckstein et **Kahn.** Stuttgart. — Toiles...........	Wurtemberg..	5
Dufour et **Lorent.** Armentières. — Fils, toiles et coutils..	France.......	58
C.-F. **Matthes.** Schœnbach. — Toiles..............	Saxe.........	56
Tack frères. Meulebeke. — Toiles.................	Belgique.....	80
J. **Wurst** et fils. Freudenthal (Silésie). — Toiles damassées.......................................	Autriche.....	34
J.-L. **Cuenin** et fils et Cie. Dunkerque. — Fils de jute.	France.......	26
A.-A. **Badin.** Barentin. — Fils de lin..............	France.......	53
Meauzé-Pelou et Cie. Angers. — Fils de chanvre....	France.......	47
C. **Epner** aîné. Berlin. — Treillis et toiles.........	Prusse.......	54
Société linière de la Liève. Gand. — Fils de lin.	Belgique.....	32
Piednoir et **Gontier.** Laval. — Coutils...........	France.......	103
G. **Kolb.** Laineck. — Fils de lin..................	Bavière......	1
Henri **Deren.** Armentières. — Toiles...............	France.......	59
C.-E. **Burghardt.** Lauban. — Mouchoirs...........	Prusse.......	50
A. **Dathis.** Courtrai. — Toiles.....................	Belgique.....	8
Méry, Samson, Rattray et Cie. Lisieux. — Fils...	France.......	51
Sirejacob et **Coucke.** Bruxelles. — Toiles ouvrées et damassées.......................................	Belgique.....	75
J. **Plischke.** Frendenthal. — Toiles damassées......	Autriche.....	24
E. **Cornut** et Cie. Amiens. — Toiles...............	France.......	77
J.-G. **Wauer.** Hernhut. — Toiles...................	Saxe.........	59
Dubois et Cie. Cholet. — Toiles et mouchoirs.......	France.......	3

Jaime **Sadò.** Barcelone — Linge de table...........	Espagne......	3
B. et A. **Diakonoff** frères. Nérekta. — Fils et toiles.	Russie.......	5
W. **Gibson** et fils. Gothembourg. — Toiles à voiles..	Suède........	1
Hipp. **Van Brabander.** Courtrai. — Toiles.........	Belgique.....	
E. **Butruille** et Ch. de **Baillencourt.** Douai.—Fils.	France.......	49
Wulphy-Vacossaint. Gamaches. — Fils, toiles à voiles..	France.......	74
Lammens fils aîné et Cie. Lille. — Fils............	France.......	118
Désiré **Desmet.** Gand. — Toiles....................	Belgique.....	26
S. **Frank.** Banberg. — Toiles unies et damassées....	Bavière......	3
Guillemaud aîné. Seclin. — Fils..................	France.......	115
P. **Verriest.** Courtrai. — Coutils.................	Belgique.....	
C. **Montag** et Cie. Romerstadt, Moravie. — Toiles...	Autriche......	19
G. et A. **Lammens** frères. Lille. — Fils............	France.......	119
J.-G. **Schæfer** fils. Neukirch. — Toiles, coutils damassés..	Saxe........	61
Glasgow Jute Company. Glasgow. — Fils et tissus de jute..................................	Gde-Bretagne.	10
Marcelli-Steyaert. Courtrai. — Toiles et coutils..	Belgique.....	13
Permanne frères. Armentières. — Toiles............	France.......	60
L. **Hovyn.** Commines, — Linge de table............	France.......	8
Göldy et Cie. Straubenzell. — Fils................	Suisse.......	6
Manufacture de la Compagnie de la Baltique. Kengerragge. — Fils..............................	Russie.......	12
Leleup-Giet. Ypres. — Toiles.....................	Belgique.....	65
D. **Deblock.** Lille. — Toiles......................	France.......	70
Alb. Neumann. Bielitz. —Fils.....................	Autriche.....	21
P.-F. **Schulz** et fils. Luechow. — Toiles...........	Prusse.......	
Sociedad de tegidos de lino de Renteria. Guipuzcoa. — Toile..................................	Espagne.....	3
C.-A. **Anquetin.** Rouen. — Toiles..................	France.......	108
Comité de la Bourse de Riga.—Fils de chanvre.	Russie.......	2
F. **Dierman-Seth.** Gand.—Tissus de lin et de coton.	Belgique.....	27
Félix **Deren** et Henri **Fauvergue.** Armentières. — Toiles..	France.......	61
C. **Lefebvre.** Armentières. — Serviettes...........	France.......	57
S.-J. **Spanjaard.** Borne. — Tissus mélangés........	Pays-Bas.....	4
A. **Brukhanoff** et J. **Mikhine.** Kostroma. — Fils..	Russie.......	1
Amélie **Decasper.** Bruxelles. — Toiles fines........	Belgique.....	24
Degrelle et Cie. Cholet. — Mouchoirs.............	France.......	2
Woldemar **Gribanoff.** Oustioug-Veliki. — Fils et toiles..	Russie.......	
B. **Macke.** Laichingen. — Toiles de lin............	Wurtemberg..	6
Rücker frères. Romerstadt. — Toiles..............	Autriche.....	27
Meusel (maison **Nobiling** et Cie). Friedersdorf-sur-Queis. — Mouchoirs..............................	Prusse.......	45

L. **Verdure**. Lille. — Fils de lin, de chanvre, china-grass	France	127
A.-J.-B. **Daudré**. Saint-Quentin. — Linge damassé	France	91
Boulard. Cholet. — Toiles et mouchoirs	France	1
A.-A. **Knapp**. Pfullingen. — Fils retors	Wurtemberg	7
A.-P. **De Carvalho** et **Cunha**. Lisbonne. — Fils à coudre, toiles	Portugal	3
J.-J. **Lefébure**. Bruxelles. — Fils de lin, traitement des lins et chanvres	Belgique	(Cl. 45)

Mentions honorables.

Mousselet. Quintin. — Toiles unies et damassées	France	4
Maschek et **Machacka**. Starkenbach, Bohême. — Toiles blanches	Autriche	13
H. **Gonzalez** et Cie. Soria. — Toiles	Espagne	8
A. **Zotoff**. Kostroma. — Fils simples et retors	Russie	17
Menard et **Denduvel**. Courtrai. — Toiles	Belgique	21
J. **Breitenstein** et Cie. Zofingue. — Tissus mélangés.	Suisse	1
Bertheloot, Sharp, Dubuisson et Cie. Dunkerque. — Fils de lin	France	25
Debacker, Pauwels et Cie. Dunkerque. — Fils de lin et de jute	France	24
Andries et **Brys**. Tamise.—Fils de lin, de chanvre et de jute	Belgique	1
Steverlynck-Delecroix. Lille. — Fils de lin	France	124
P. **Marie** et Cie. Lisieux. — Toiles	France	104
Wauters, Descamps, Ritter et Cie. Ath. — Fils de lin	Belgique	89
M. **Emelianoff**. Mourom. — Toiles	Russie	7
F.-A. **Boudard**. Amiens. — Fils blanchis, toiles	France	85
Garnier, Thiébaut et fils. Gerardmer. — Toiles des Vosges	France	84
Noël frères. Alost. — Linge de table	Danemark	69
Gobel et **Spiller**. Romerstadt. — Toiles	Autriche	4
S. **Planteydt**. Krommenie. — Toiles à voiles	Pays-Bas	13
G. **Zimmer**. Lauban. — Toiles et mouchoirs	Prusse	47
A. **Veau-Garsiau**. Cholet. — Toiles et mouchoirs	France	90
A. **Vandenhove**. Gand. — Toiles	Etats-Unis	34
Aug. **Mahieu** fils. Armentières. — Fils de lin	France	121
W. **Struebe**. Neuenkirchen. — Linge damassé	France	39
Detraux-Bouquillon et Cie. Dunkerque. — Fils, toiles blanches	France	6
Bailleux-Lemaire et Cie. Lille. — Fils d'étoupe	France	113
Moens-Meert. Alost. — Toiles blanches	Belgique	68
Van-Doorn-De-Sutter. Eecloo. — Toiles	Belgique	35

Sociedad economica de Amigos del pais. Murcie. — Toiles de chanvre	Espagne	9
Th. **Ainsworth.** Whitchaver. — Fils à coudre	Gde-Bretagne.	1
Ch. **Pegler** et Cie. Leeds. — Toiles damassées	Gde-Bretagne.	16
T. **Vandenbranden.** Enghien. — Toiles diverses	Belgique	84
C. **Gerber.** Guestrow. — Toiles damassées	Mecklembourg.	55
J. **Heysse-Claeys** et **van Meldert-Claeys.** Eecloo. — Toiles	Belgique	28
Lambert frères. Saint-Jacques, Lisieux. — Fils de lin et de jute	France	52
Mas-Faucheur et **Mas.** Lille. — Toiles blanches et de couleur	France	68
Oliver y Fonrodona. Mataro. — Toiles à voiles	Espagne	
Bossi et Cie. Saint-Martin-lez-Riom. — Fils de chanvre	France	23
Lung et **Roeseler.** Saint-Dié. — Toiles des Vosges et coutils	France	83
Marquès, Caralt et Cie. Barcelone. — Fils de chanvre.	Espagne	
J.-G. **Van Eden.** Krommenie. — Toiles à voiles	Pays-Bas	18
Rath frères. Veghel. — Linge de table	Pays-Bas	17
L. **Franchomme** et Cie. Molenbeek-Saint-Jean-lez-Bruxelles. — Coutils	Belgique	62
C.-L. **Domeier.** Eimbeck. — Toiles communes	Prusse	
Mme **Bouchard.** Saint-Vallier, Canada. — Toiles à mouchoirs	Col. anglaises.	6
Mme Sara **Anderson.** Helsingborg-Wrams-Gunnarstop. — Linge de table	Suède	8
Mlle Charlotte **Brodin.** Gefle. — Toiles damassées	Suède	3
Mlle Élisabeth **Brodin.** Gefle. — Toiles damassées	Suède	4
Paysannes de la paroisse Svaerdsiœ. Falun Svardsioe, Dalécarlie. — Fils de lin	Suède	5
Miss **Mac-Curdy.** Nova Scotia. — Fil de lin	Col. anglaises.	1
Ahmed-ben-Saïd. Djijeli. — Toiles	Algérie	1
Ali-ben-Hassaïn, des Reus-Tughlis, Béni-Messaoud. — Toiles	Algérie	17
Saïd-Ben-Braham. Beni-Oughlis. — Toiles	Algérie	18
Moussa-Ben-Ahmed. Beni-Messaoud. — Toiles	Algérie	19
Felhoen-Aubry. Courtrai. — Toiles	Belgique	
Usines de Florival sur la Dyle. — Toiles	Belgique	

COOPÉRATEURS.

Médailles d'argent.

G.-L. **Renier.** Bruges. — Inspecteur des ateliers d'apprentissage de la Flandre occidentale	Belgique	

Aubry-Lecomte. — Organisation de l'exposition des matières textiles des colonies françaises........... Col. franç....

Schmit. Freywaldau. — Direction du tissage de la maison Rayman et Regenhart.................... Autriche..... 25

L. **Plantard.** Lille. — Employé de la maison J. Casse et fils.. France....... 12

Daniel **Dorrity.** Pont-Audemer. — Directeur de la filature de lin de MM. Fauquet-Lemaître et Prévot... France....... 54

Pierre **Dedauw.** Gand. — Directeur de filature à la Société linière gantoise......................... Belgique..... 31

Médailles de bronze.

Farnèse-Farvarcq. Lille. — Direction et surveillance de l'exposition des produits liniers de l'Algérie, exposés par le Ministère de la guerre......... France....... 11

N. **Debuchy.** Tourcoing. — Chef ourdisseur chez MM. Debuchy frères.............................. France....... 112

Aug. **Flaveau.** Tourcoing.— Directeur chez MM. Debuchy frères.................................... France.......

Louis **Scamps.** Tourcoing. — Contre-maître de filature chez MM. Debuchy frères.................. France.......

Alfred **Janson.** Lille. — Contre-maître de tissage chez MM. J. Casse et fils......................... France....... 12

Frédéric **Deguillage.** Lille. — Directeur de la filature chez MM. J. Casse et Cie.................. France.......

Julien **Bayart.** Lille. — Chef du tissage chez MM. J. Casse et fils.................................... France....... 12

Henri **Janvier.**—Directeur du tissage chez MM. Bary jeune et Cie, au Mans.......................... France....... 80

Jean **Keller.** — Directeur chez MM. Bary jeune et Cie, au Mans... France....... 80

Young. — Contre-maître chez MM. A. Bocquet et Cie, à Ailly-sur-Somme.............................. France....... 55

Easson-Kenneth. — Directeur de la filature de MM. Jonglez-Hovelacque, Carlos Cardon et Cie, à Sailly-sur-la-Lys.............................. France....... 5

Julie **Maréchal.** Wevelghem.
Barbe **Joye.** Rumbeke....... } Ont filé les fils à la main d'une finesse exceptionnelle, exposés par MM. Devos et Decoenne de Courtrai .... Belgique..... 11

François **Dehaes.** — Employé à la Société linière de Bruxelles, dite de Saint-Gilles-lez-Bruxelles......... Belgique..... 76

François **Verbeke.** Saint-Gilles-lez-Bruxelles. — Employé à la même administration.................. Belgique..... 76

De Bruille. Courtrai. — Chez M. Van Ackere....... Belgique..... 16

John **Attack.** Liége. — Contre-maître de la Société linière de Saint-Léonard......................... Belgique..... 77

Mittmann. Blaubeuren. — Contre-maître du tissage mécanique chez A.-F. Lang	Wurtemberg..	4
D. **Frank.** Blaubeuren. — Employé chez M. A.-F. Lang.	Wurtemberg..	4

Mentions honorables.

Delebart-Mallet. Lille. — Filature de diverses matières textiles provenant des colonies	France	
Jeannissen. Tarare. — Tissage de diverses matières textiles provenant des colonies	France	
Quièt-Michard. Cours (Rhône). — Tissage de matières textiles provenant des colonies, en tissus à froid	France	
Édouard **Verstraeten,** contre-maître en chef du peignage à la Société linière gantoise. Gand	Belgique	31
Colette **Mussely,** à Wevelghem, Thérèse **Werbrouck,** à Rumbeke, Eugénie **Verhulst,** à Wevelghem, ont filé les fils à la main d'une finesse exceptionnelle, exposés par MM. Devos et Decoene, de Courtrai	Belgique	11
De Leu, chez M. J.-C. Van Ackere de Courtrai	Belgique	16
Buelens, employé à la Société linière de Malines	Belgique	78
Jean **Van Durne.** Saint-Gilles. — Employé à la Société linière de Bruxelles	Belgique	76
Baisieux, contre-maître en chef de la filature chez M. Simon Boucher, à Tournai	Belgique	74
Van Outryve, contre-maître chez M. P. Parmentier, à Iseghem	Belgique	15
D. **Matthys,** contre-maître et directeur chez M. Moerman Van Laere, à Gand	Belgique	29
Steenmayer et **Rasson,** contre-maîtres tisserands chez MM. Bertrand et Milcent, à Courtrai	Belgique	7
Glimez et Ch.-L. **Gryspeert,** contre-maîtres tisserands chez M. Dathis, à Courtrai	Belgique	8
Demeurice, contre-maître chez M. Maes Van Campenhoudt, à Iseghem	Belgique	67
François **Hannet,** contre-maître directeur chez MM. Thienpont et fils, à Gand	Belgique	33
Jean **Gheysens,** contre-maître chez MM. Beck père et fils, à Courtrai	Belgique	6

CLASSE 29

FILS ET TISSUS DE LAINE PEIGNÉE.

EXPOSANTS.

Hors concours.

Exposant	Pays	N°
Clabburn fils et **Crisp.** (W.-H. **Clabburn,** membre du Jury.) Norwich. — Tissus	Gde-Bretagne..	16
Larsonnier frères et **Chenest.** (G. **Larsonnier,** membre du Jury.) Puteaux. — Tissus	France	109
N. **Reichenheim** et fils. (W. **Reichenheim,** membre du Jury.) Berlin. — Tissus	Prusse	2
A. **Seydoux, Sieber** et Cie. (A. **Seydoux,** membre du Jury.) Le Cateau. — Tissus	France	191
Victor **Villeminot-Huard, Rogelet** et Cie. (**Villeminot-Huard,** associé au Jury.) Reims — Tissus.	France	12

Médailles d'or.

Exposant	Pays	N°
Industrie des tissus de laine de Bradford. Exposition collective	Gde-Bretagne.	
Chambre de commerce de Reims. Exposition collective. — Tissus	France	
Chambre de commerce de Roubaix. Exposition collective. — Tissus	France	
H. **Delattre** père et fils. Roubaix. — Tissus	France	190
C. **Rogelet, Gand, Grandjean, Ibry** et Cie. Reims. — Tissus	France	11
Harmel frères. Reims. — Fils	France	7
Trapp et Cie. Mulhouse. — Fils	France	135
Terninck frères. Roubaix. — Tissus	France	167
J. **Akroyd** et fils. Halifax. — Tissus	Gde-Bretagne.	1
Lelarge et **Auger.** Reims. — Tissus	France	30
Lefebvre-Ducatteau. Roubaix. — Tissus	France	184
Industrie des tissus de laine de Meerana. Exposition collective. — Tissus	Saxe	
George, Hooper, Carroz, Tabourier et Cie. Paris. — Tissus	France	90

Médailles d'argent.

Société de Carlswik. — Tissus................	Suède.......	1
Holden et fils. Reims. — Peignés....................	France.......	28
Brach et Cie. Berlin. — Tissus....................	Prusse.......	16
Spott et **Weber.** Glauchau. — Tissus...............	Saxe........	20
Benoist père, fils et C. **Poulin.** Reims. — Tissus..	France......	16
Société de **Bietigheim.** — Fils......................	Wurtemberg..	1
Hartmann Schmalzer et Cie. Malmerspach. — Fils.	France.......	117
J. **Vatin** et Cie. Paris. — Tissus....................	France.......	51
Louis **Cordonnier.** Roubaix. — Tissus............	France.......	168
Julien **Lagache** fils. Roubaix. — Tissus.............	France.......	182
Ganeschine frères. Moscou. — Fils.................	Russie.......	6
Oudin Dubois frères. Betheneville. — Tissus.......	France.......	34
Machet-Marotte et **Paroissien.** Reims. — Tissus.	France.......	2
Gramounet-Dehollande. Amiens. — Tissus......	France.......	114
T.-E. **Willet** neveu et Cie. — Tissus................	Gde-Bretagne.	
Eugène **Armand** et fils. Près Moscou. — Tissus....	Russie.......	1
Tresca, Carlet, David et Cie. Amiens. — Fils....	France.......	122
Weigert et Cie. Berlin. — Tissus....................	Russie.......	15
Schrader. Moscou. — Tissus.........................	Russie.......	13
Gilbert et **Ohl.** Reims. — Fils....................	France.......	45
Kauffmann. Berlin. — Tissus.......................	Prusse.......	25
Delfosse frères. Roubaix. — Tissus..................	France.......	
Collet, Dubois et Cie. Amiens. — Tissus.........	France.......	113
Leclercq-Dupire. Roubaix. — Tissus..............	France.......	179
Dillies frères. Roubaix. — Tissus..................	France.......	166
César **Screpel.** Roubaix. — Tissus..................	France.......	181
Pierre **Catteau.** Roubaix. — Tissus..................	France.......	164
Dauphinot frères. Reims. — Tissus................	France.......	13
Middleton-Answsorth et Cie. Londres. — Tissus...	Gde-Bretagne.	1
Poulain frères. Paris. — Tissus.....................	France.......	97
Exposition collective de Tourcoing. — Tissus.	France.......	
Delloue-Straicq et Cie. Fourmies. — Fils.........	France.......	71
Poiret frères et neveu. Saint-Épin — Fils..........	France.......	52
Navières et **Fourier.** Paris. — Tissus.............	France.......	92
Vulfran-Mollet. Amiens. — Tissus................	France.......	112
François **Roussel.** Roubaix. — Tissus..............	France.......	170
Mazure-Mazure. Roubaix. — Tissus...............	France.......	185
Joseph **Pollet** et fils. Roubaix. — Tissus.............	France.......	188
Johann **Liebieg** et Cie. Reichenberg. — Tissus.......	Autriche.....	

C. **Bellot** et **Collière.** Angecourt (Ardennes). — Fils.	France	75
Gouvernement de la Perse. — Tissus	Perse	
Perrin, Piédanna et **Jumeaux.** Paris. — Tissus.	France	93
Bloch frères. Sainte-Marie. — Tissus	France	139
F.-G. **Lehmann.** Bohringen. — Tissus	Saxe. (Cl. 30.)	119
Léopold et Léon **Florin.** Roubaix. — Tissus	France	163
Kœchlin-Schwartz et Cie. Mulhouse. — Tissus	France	116
E. **Fournival.** Rethel. — Tissus	France	22
Bulteau frères. Roubaix. — Tissus	France	171
B. **Desteuque.** Reims. — Tissus	France	38
De Fourment et Cie. Frévent. — Tissus	France	38
E. **Rodier** et Cie. Paris. — Tissus	France	91
Filature de **Vöslau.** — Fils	Autriche	1
Mitchell et **Shepherd.** Bradeford. — Tissus	Gde-Bretagne.	7
Morel et Cie. Roubaix. — Laines peignées	France	176
Sabran et **Jessé.** Paris. — Tissus	France	108
Screpel-Roussel et fils. Roubaix. — Tissus	France	180
Pin-Bayart. Roubaix. — Tissus	France	165
Amédée **Prouvost.** Roubaix. — Laines peignées	France	175
Preibisch. Reichenau. — Tissus	Saxe	23
Zeitlmann, Pietzel et **Wilhelm.** Glauchau. — Tissus.	Saxe	22
Allart-Rousseau. Roubaix. — Laines peignées	France	172
Croutelle neveu. Reims. — Fils	France	8
Sudon et Cie. Roubaix. — Tissus	France	149
Steiner. Sainte-Marie. — Tissus	France	138
Antongini. Milan. — Tissus	Italie	2
Boutuguine. Gouvt de Moscou. — Tissus	Russie	3
Quenoble frères et **Marquant.** Reims. — Tissus	France	6
Fassin jeune. Reims. — Tissus	France	48
Lochet frères. Reims. — Tissus	France	21
Noiret et **Choppin.** Paris. — Fils	France	74
Prevel. Rouen. — Tissus	France	125
Édouard **Mille-Gensse.** Amiens. — Lainage et satin.	France	115
J.-M. **Philippot.** Reims. — Tissus	France	42
J **Badia.** Sabadell. — Fils	Espagne	2
Napoléon **Kœnig** et frères. Sainte-Marie. — Tissus	France	136
Joseph **Westhauser.** Vienne. — Tissus	Autriche	19
Alb. **Reiss.** Liesing. — Tissus	Autriche	15
A. **Lepoutre** et Cie. Roubaix. — Tissus	France	18
Blazy frères. Paris. — Laines filées	France	89
E. **Anceaux.** Saint-Masmes. — Fils cardés	France	9
Fr. **Audresset** et fils et **Menuet.** Paris. — Tissus	France	99
Fr. **Bockmühl.** Düsseldorf. — Fils	Prusse	19

Société de Loth-lez-Bruxelles. — Fils, tissus de laine et coton et de laine pure	Belgique	3
Mme Vve **Dawant** et Cie. Paris — Tissus pour chaussures.	France	102
Bossuat. Paris. — Tissus	France	50
Gustave **Hess.** Paris. — Tissus	France	61
B. **Wulveryck** et Cie. Paris. — Fils de laine	France	106
Carré, Carabin et Cie. Paris. — Tissus	France	67
L. **Planche** et Cie. Paris. — Tissus	France	105
Franz **Liebieg.** Reichenberg. — Tissus, laine impériale.	Autriche	8
David **Dautresmes.** Rouen. — Tissus	France	126
Dietsch frères. Sainte-Marie-aux-Mines. — Tissus	France	137
H. **Masse-Cressin** fils et Cie. Corbie. — Fils	France	77
Thomas **Coma.** Barcelone. — Laine peignée	Espagne (Cl. 30).	20
Tranchart. La Neuville-lez-Vessigny. — Fils	France	27
D.-J. **Lehmann.** Berlin. — Tissus	Prusse	

Médailles de bronze.

Givelet frères. Reims. — Tissus	France	49
Victor **Durand.** Paris. — Tissus	France	53
J.-E. **Taylor** frères. Almond-Bury. — Tissus	Gde-Bretne (Cl. 30.).	89
Borodine. Moscou. — Tissus	Russie	2
A. **Walbaum** et Cie. Reims. — Tissus	France	14
J. **Smithson** et Cie. Halifax. — Tissus	Gde-Bretagne.	9
Brueninghaus. Barmen. — Tissus	Prusse	5
Heindrickx-Dormeuil. Roubaix. — Tissus	France	183
Eloy-Duvillier. Roubaix. — Tissus	France	160
Dervaux-Couvreur. Roubaix. — Tissus	France	194
Filature de Kaiserslautern. — Fils	Bavière	1
Ernoult et **Palatte.** Roubaix. — Fils	France	177
Lepoutre-Pollet. Roubaix. — Tissus	France	159
Legrand et **Jandin.** Fourmies. — Fils	France	100
Lacambre. Reims. — Tissus	France	36
Silva. Lisbonne. — Tissus	Portugal. (Cl. 30.)	18
Dauphinot et **Mangon.** Isles-sur-Suippes. — Tissus.	France	37
Andréa **Buffoni.** Milan. — Tissus	Italie	
Ph. **Dufourmantel** et Cie. Fouilloy-lez-Corbie. — Fils, laine et soie	France	63
Lucas frères. Elberfeld. — Tissus	Prusse	11
Lessieux. Réthel. — Tissus	France	23
Scalabre-Delcour. Tourcoing. — Fils de laine	France	151
Born et **Joachim.** Berlin. — Tissus	Prusse	3
Guérin et **Jouault.** Paris. — Tissus	France	95

Legros fils aîné. **Marne**. — Tissus	France	35
Six, Monnier et Cie. Tourcoing. — Fils	France	154
Hartmann-Reichard et Cie. Erstein. — Fils de laine peignée	France	133
Paté frères. Reims. — Tissus	France	15
Bourgeois **Joly**. Sainte-Marie-aux-Mines. — Tissus	France	131
Guittard fils et **Olin**. Paris. — Laine filée	France	82
Edmond **Pasquier**. Autrecourt. — Fils de laine	France	73
Blum Simon et Cie. Sainte-Marie-aux-Mines. — Fils de laine	France	130
Achille **Maderna**. Milan. — Tissus	Italie	
Benoist et **Grévin**. Reims. — Tissus	France	47
Louis **Quaas**. Aussig. — Tissus	Autriche	
Lefèvre. Reims. — Tissus	France	38
Pinon. frères. Reims. — Tissus	France	31
Société dite Berlin-Nuendörfer Action-Spinnerei. Neuendorf, près Postdam. — Fils	Prusse	17
Appert-Tatat. Reims. — Tissus	France	32
Guillaume **Dervillée**. Fourmies. — Fils	France	79
Jules **Auger**. Reims. — Tissus	France	18
Ad. **Schmitt**. Bohmisch-Aicha. — Tissus	Autriche	16
E. Massé et **Clignet**. Reims. — Tissus	France	10
Fréd. **Moreau**. Aisne. — Tissus	France	57
Vernier-Delaoutre. Roubaix. — Fils	France	162
Maumy frères et **Lestang**. Paris. — Tissus	France	103
Les fils **David-Labbez** et Cie. Saint-Gobert. — Tissus.	France	66
Sautret-Ponsinet. Betheniville. — Tissus	France	43
Starker et **Egger**. Stuttgart. — Tissus	Wurtemberg	
Exposition collective de Saint-Nicolas. — Tissus.	Belgique	1
H. **Grégoire**. Oise. — Tissus	France	68
Pierre **Delporte** et Cie. Roubaix. — Tissus	France	186
Eug. **Grimonprez**. Roubaix. — Tissus	France	148
Sellier-Delaforge. Oise — Tissus	France	65
Darras-Lemaire. Tourcoing. — Fils	France	150
Laubry-Aubreux et Cie. Paris. — Tissus	France	56
Lucas frères. Marne. — Fils	France	44
A. **Vinchon** et Cie. Roubaix. — Laines peignées	France	145
Victor **Béchet**. Paris. — Tissus	France	59
Lecœur et **Manchon**. Rouen. — Tissus	France	127
J. **Bonnet**. Roubaix. — Tissus	France	142
Pouche et **Vasseur**. Amiens. — Fils	France	123
Eug. **Parant**. Paris. — Tissus	France	99
Ollier père, fils et Cie. Lozère. — Tissus	France	
Ferd. et Théod. **Frey**. Haut-Rhin. — Tissus	France	64

Eugène **Werth**. Sainte-Marie-aux-Mines. — Fils	France	132
Givelet-Desteuque et **Dauphinot**. Reims. — Déchets	France	25
Neuillon. Louviers. — Fils	France	78
Dreyfus, Lévy et **Bernheim**. — Sainte-Marie-aux-Mines. — Tissus	France	129

Mentions honorables.

Mely père et fils. Mende. — Tissus	France	55
A. Fortel et **A. Villeminot**. Reims. — Laines peignées	France	6
E. **Ferrier**. Roubaix. — Fils	France	172
A. **Barril**. Louviers. — Fils	France	46
L.-J. **Godard**. Reims. — Tissus	France	20
Avédis Oghlou Sakez. Erzeroum. — Tissus	Turquie	34
Solà et **Sert** frères. Barcelone. — Tissus	Espagne. (Cl 30.)	24
Renard et Cie. Reims. — Tissus	France	3
Vuliamy. Paris. — Fils	France	84
Voigt et Cie. Près Roubaix. — Fils	France	174
Semet-Derrevaux. Roubaix. — Tissus	France	144
Fabrique belge de laines peignées de Tournai. — Tissus de laines peignées	Belgique	2
Saint-Denis-Petit. Marne. — Tissus	France	41
Bulteau-Desbonnet. Roubaix. — Tissus	France	143
Paul **Dubrule** et Cie. Tourcoing. — Laines peignées	France	194
Pierrard Parpaite et fils. Reims. — Laines peignées	France	4
Petzold et **Ehret**. Reichenbach. — Fils	Saxe	24
Lepoutre-Duhamel. Tourcoing. — Fils	France	153
Collin-Denis et fils. Aubenton. — Fils	France	72
Félix **Harmel**. Reims. — Fils	France	7
Vaucher. Réthel. — Tissus	France	24
Émélianoff et **Rochefort**. Moscou. — Tissus	Russie	5
Narcisse **Ronnet**. Ardennes. — Fils	France	107
Thuillier-Gellée. Amiens. — Laines peignées	France	110
Petit-Fortier. Marne. — Tissus	France	40
Démétrius Zykakis. — Tissus	Grèce	4
Hamelle-David et Cie. Saint-Quentin. — Tissus	France	69
Guiot-Dumain. Boult-sur-Suippes. — Tissus	France	39
Robert **Galland**. Marne. — Tissus	France	25
Louis **Miller**. Moscou. — Tissus	Russie	10
Alexandre **Timascheff**. Moscou. — Tissus	Russie	17
Schoeller. Breslau. — Laines peignées	Prusse	18
J.-Ant. **Teixeira**. Lisbonne. — Tissus	Portugal. (Cl. 30.)	19
Dubois père et fils. Louviers. — Fils	France	157

Faraguet-Buirette. — Dijon. — Fils............	France.......	87
Lorthiois-Desplanques. — Fils.................	France.......	152
Dewavrin-Crombez. Tourcoing. — Fils...........	France.......	140
Lantein fils. Reims. — Fils....................	France.......	29
Onésime **Elaguine** et frères. Bogorodsk. — Tissus..	Russie.......	4
Rodolphe **Kindler.** Pabianice. — Tissus...........	Russie.......	7
Benjamin **Krouché.** Pabianice. — Tissus...........	Russie.......	
Dmitry **Sopoff.** Moscou. — Tissus.................	Russie.......	14
Adolphe **Schneidemann.** Riga. — Tissus...........	Russie.......	12
Théodore **Mikhaïloff.** Moscou. — Tissus...........	Russie.......	9
Jean **Shepeler.** Riga. — Tissus...................	Russie.......	11
Marchwald et **Werner.** Berlin. — Tissus.........	Prusse.......	14
F. **Mayer.** Cologne. — Tissus.....................	Prusse.......	4
G. **de Vanssay.** Nonencourt. — Lacets drapés.......	France.......	104
L.-Salomon **Schill-Dreyfus** et Cie. Paris. — Tissus.	France.......	70
Ch. **Denis** et **Houël.** Eure. — Fils................	France.......	155
Joseph **Bossi.** Saint-Veit, près Vienne. — Tissus de laine..	Autriche.....	

COOPÉRATEURS.

Médailles d'argent.

Adolphe **Regnaudin,** chez MM. Auguste Seydoux, Sieber et Cie, au Cateau. — Acheteur des laines brutes et peignées..............................	France.......	191
Henry-Joseph **Screpel,** chef de fabrication chez MM. Lefebvre-Ducatteau frères. Roubaix............	France.......	184
Tagnion, chef de fabrication chez MM. Lelarge et Auger. Reims....................................	France.......	30
Henri-Joseph **Ducatteau,** directeur chez MM. Lagache fils. Roubaix..................................	France.......	

Médailles de bronze.

Victor **Sedain,** contre-maître de tissage à mécanique à la fabrique de Saint-Nicolas.....................	Belgique.....	1
François **Delahaye,** fileur chez M. Delattre père et Cie. Roubaix....................................	France.......	190
Augustin **Derripon,** directeur de la filature chez MM. Auguste Seydoux, Siber et Cie. Le Cateau......	France.......	191
Louis-Henry **Ducatteau,** créateur de nouveautés, chargé de la fabrication, chez MM. Lefebvre-Ducatteau. Roubaix....................................	France.......	184

François-Louis **Chatillon**, ouvrier dégraisseur chez MM. Rogelet, Gand, Gandjean et Ibry. Reims.......	France.......	5
Henry **Guyon**, compositeur de nouveauté chez MM. Bulteau frères. Roubaix....................	France.......	
Carlos-Joseph **Blacq**, directeur des métiers à la Jacquart chez M. Pin-Bayart. Roubaix...............	France.......	165
Léopold **Kahn**, contre-maître chez M. Hess. Paris....	France.......	61
Édouard **Richon**, acheteur de laines chez MM. Seydoux, Sieber et Cie. Le Cateau.....................	France.......	191
J.-Baptiste **Mas**, directeur de la fabrication chez MM. Six-Monnier. Turcoing.....................	France.......	
Pierre **Segard**, directeur de fabrication chez MM. Ternynck frères..............................	France.......	167
Pierre **Desalmont**, directeur d'ouvroir chez MM. J. Pollet. Roubaix..............................	France.......	188
Tardif, directeur de fabrication chez MM. Navières et Fourrier. Paris............................	France.......	36
Giovanni **Noa**, chef d'atelier chez M. Franz Liebieg. Reichenberg...............................	Autriche......	8
Louis **Govaere**, dessinateur chez MM. A. Lepoutre et Cie. Roubaix............................	France.......	186
André **Mathieu**, filateur chez MM. Delattre père et fils. Roubaix...............................	France.......	190
Despretz, filateur chez MM. Delattre père et fils. Roubaix..................................	France.......	

Mentions honorables.

Martine **Vandamme**, chez MM. H. Delattre père et fils. Roubaix...............................	France.......	190
Martial **Kiebbe**, employé chez MM. Delattre père et fils. Roubaix..................................	France.......	190
Théodore **Bachelart**, directeur des tissages mécaniques chez MM. Benoist et Grevin. Reims.........	France.......	47
Cassiodore **Vandepeute**, mécanicien chez MM. Ternynck frères. Roubaix........................	France.......	167
Ferdinand **Guislain**, contre-maître de peignage chez MM. Ternynck frères. Roubaix................	France.......	167
Augustine **Lepers**, peigneuse chez MM. Delattre père et fils. Roubaix............................	France.......	190
Charles **Lelong**, mécanicien chez MM. Six et Monnier. Turcoing.................................	France.......	154
Jean-Baptiste **Chopar**, directeur de filature chez MM. Lefebvre-Ducatteau. Roubaix.............	France.......	184
François **Gosman**, directeur de tissage à mécanique chez MM. Lefebvre-Ducatteau. Roubaix............	France.......	184
Jean-Baptiste **Cau**, contre-maître de filature chez M. Ed. Ferrier. Roubaix.........................	France.......	173

Charles **Aublé**, ouvrier mécanicien chez MM. Seydoux, Sieber et Cie. Le Cateau	France	191
Charles-Joseph **Leroy**, tisseur à la main chez MM. Ch. Rogelet, Gand-Grandjean, Ibry. Reims	France	5
Xavier **Hertemberger**, tisseur mécanique chez MM. Rogelet, Gand-Granjean, Ibry. Reims	France	5
Charles **Soufflet**, fileur chez MM. Seydoux, Sieber et Cie. Le Cateau	France	191
Nestor **Cattiaux**, tisseur mécanique chez MM. Seydoux, Sieber et Cie. Le Cateau	France	191
Adolphe **Mathieu**, contre-maître de fileurs chez MM. Tranchard Froment. Neuville-lez-Wasigny	France	27
Henri **Carissimo**, directeur de fabrication chez M. P. Catteau. Roubaix	France	164
Jean-Baptiste **Collet**, contre-maître de tissage chez M. Lessieux. Rethel	France	23
Jean-François **Lepeigneur**, monteur de nouveautés chez M. Massé-Clignet. Reims	France	10
Jeanne **Labruyère**, ourdisseuse chez M. Massé-Clignet. Reims	France	10
Jean-François **Guerbet**, contre-maître de fileurs chez MM. Tranchard Froment. Neuville	France	27
Louis **Champagne**, ajusteur-mécanicien chez MM. Tranchard et Cie. Neuville-lez-Wasigny	France	27

CLASSE 30

FILS ET TISSUS DE LAINE CARDÉE.

EXPOSANTS.

Hors concours.

Balsan. (Membre du Jury.) Châteauroux.—Draps militaires.	France.......	93
Grégoire Joseph **Laoureux.** (Membre du Jury.) Verviers. — Filature et draperies	Belgique....	21 et 37
Larcher. (Membre du Jury.) Portalegre. — Draperies.	Portugal.....	1
E. **de Montagnac.** (Membre du Jury.) Sedan. — Nouveautés	France.......	84
Alexandre **Rossi.** (Membre du Jury.) Vicence. — Draperies	Italie........	6
Gustave **de Schœller.** (Membre du Jury.) Brünn. — Draps nouveautés	Autriche.....	61
Hermann **Sterken.** (Associé au Jury.) Aix-la-Chapelle. — Nouveautés	Prusse.......	11
Vauquelin. (Membre du Jury.) Elbeuf. — Nouveautés.	France.......	2
Randall et **Way.** (H.-S. Way, membre du Jury.) Londres. — Draperies	Gde-Bretagne.	69

Médailles d'or.

Chambre de commerce d'Elbeuf pour les villes d'Elbeuf et de Louviers. — Draperies..	France.......
Ville de Sedan.—Draperies	France.......
Industrie des draps du sud de l'Écosse pour les villes de Dumfries, Galashiels, Hawick, Inverleithen. Langholm et Selkirk. — Draperies	Gde-Bretagne.
Fabricants de l'ouest de l'Angleterre pour les villes de Gloucestershire et Wiltshire. — Draperies	Gde-Bretagne.
Province rhénane. — Draperies	Prusse.......
Province de Silésie. — Draperies	Prusse.......
Chambre de commerce de Brünn. — Draperies de Brünn	Autriche.....
Arrondissement de Verviers. — Draps et filatures	Belgique.....
Arrondissement de Riga. — Draperies	Russie......

Médailles d'argent.

Iwan Simonis. Verviers. — Draperies............	Belgique.....	33
François **Biolley** et fils. Verviers. — Draperies......	Belgique.....	6
H. **Lieutenant**. Verviers. — Fils de laine...........	Belgique.....	26
Hauzeur, fils aîné et Cie. Verviers. — Draperies.....	Belgique.....	17
Peltzer et fils. Verviers. — Draperies..............	Belgique.....	29
H. **Lejeune Vincent**. Dison. — Draperies.........	Belgique.....	23
Hauzeur Gérard fils. Verviers.—Fils de laine cardée.	Belgique.....	18
Bonvoisin fils. Verviers. — Filatures..............	Belgique.....	7
H. et J. **Drèze**. Dison. — Draperies..............	Belgique.....	12
J.-J. **Henrion**. Dison. — Draperies................	Belgique.....	19
Clément **Bettonville**. Verviers. — Draperies........	Belgique.....	5
L. et J. **Garot**. Verviers. — Draperies..............	Belgique.....	16
Chambre de commerce de Verviers. Verviers. — Draperies militaires...........................	Belgique.....	
Maurice **Redlich**. Brünn. — Draperies..............	Autriche.....	53
L. **Auspitz** petit-fils. Brünn. — Draperies...........	Autriche.....	2
Strakosch frères. Brünn. — Draperies.............	Autriche.....	70
Moro frères. Klagenfurt. — Draperies.............	Autriche.....	44
Low et **Schmal**. Brünn. — Draperies.	Autriche.....	43
Teuber et fils. Brünn. — Draperies................	Autriche.....	75
Antoine **Trenkler** et fils. Reichenberg.— Draperies...	Autriche.....	76
Max **Bum**. Brünn. — Draperies.	Autriche.....	7
Otto **Bauer**. Brünn. — Draperies....................	Autriche.....	5
J. **Ginzkey**. Maffersdorf. — Couvertures de laine.....	Autriche.....	17
Popper frères. Brünn.—Draperies.	Autriche.....	49
Marling et Cie. Stroud. — Draperies...............	Gde-Bretagne.	59
Marling Léonard et Cie. Stonehouse.—Draperies ..	Gde-Bretagne.	60
W. **Bliss** et fils. Chipping-Norton.—Draperies.	Gde Bretagne.	11
Abraham **Laverton**. Westbury. — Draperies........	Gde-Bretagne.	53
Samuel **Salter** et Cie. Trowbridge. — Draperies.....	Gde-Bretagne.	74
H. **Geissler**. Kirkburton. — Draperies...............	Gde-Bretagne.	31
Strachan et Cie. Stroud. — Draperies.	Gde-Bretagne.	87
I.-T. **Clay**. Rastrick. — Draperies..................	Gde-Bretagne.	19
H. **Houston** et fils. Frome. — Draperies............	Gde-Bretagne.	42
George **Lawton**. Micklehurst. — Flanelles..........	Gde-Bretagne.	54
J. et H. **Brown** et Cie. Selkirk. — Draperies........	Gde-Bretagne.	12
R.-S. **Davies** et fils. Stonehouse. — Draperies.......	Gde-Bretagne.	22
Chambre de commerce de Batley. — Draperies.	Gde-Bretagne.	6
Naish. — Feutres..................................	Gde-Bretagne.	
J.-E. **Taylor** frères, Almondbury.—Draperies.......	Gde-Bretagne.	89

Roberts Jowling et Cie. Stroud.—Draperies.......	Gde-Bretagne.	72
Léopold **Schœller**. Düren. — Draperies.............	Prusse.......	16
J.-P. **Schœller** et fils. Düren. — Draperies..........	Prusse.......	15
J.-W. **Jansen**. Montjoie. — Draperies..............	Prusse.......	14
Ch. **Bockhacker**, successeur. Hucheswagen. — Draperies..............................	Prusse.......	2
J.-A. **Bischoff** fils. Aix-la-Chapelle.—Draperies.....	Prusse.......	17
G. **Pastor**. Aix-la-Chapelle. — Filatures de laines cardées..............................	Prusse.......	27
E. **Geissler**. Gœrlitz. — Draperies................	Prusse.......	39
Feulgen frères. Werden. — Draperies.............	Prusse.......	8
J.-F. **Mayer**. Eupen. — Draperies..................	Prusse.......	12
Alfred **Kayser**. Aix-la-Chapelle. — Draperies.......	Prusse.......	19
Schüll frères. Düren. — Laines artificielles........	Prusse.......	108
Zschille frères. Grossenhain. — Draperies.........	Saxe.........	115
S. **Foerster**. Grünberg. — Draperies...............	Prusse.......	60
Gevers et **Schmidt**. Goërlitz. — Draperies........	Prusse.......	38
Fédor **Zschille** et Cie. Grossenhain. — Draperies...	Saxe.........	114
M. **Mayer** et Cie. Aix-la-Chapelle. — Draperies......	Prusse.......	21
Wœhrmann et fils. Zintenhoff.—Draperies.........	Russie.......	31
Chrétien **Moës**. Khorochtch. — Draperies...........	Russie.......	17
Ferdinand **Nitsche**. Opatówek.—Draperies..........	Russie.......	19
Babkine frères et Cie. Moscou. — Draperies........	Russie.......	2
Baron Alexandre **Stieglitz**. Saint-Pétersbourg.—Draperies..............................	Russie.......	26
Fabrique de Bergsbro. Norrkoeping.—Draperies..	Suède........	2
J.-J. **Krantz** et fils. Leyde. — Draperies...........	Pays-Bas.....	23
J. **Scheltema** fils. Leyde. — Couvertures..........	Pays-Bas.....	2
Zoeppritz. Heidenheim. — Couvertures............	Wurtemberg..	1
Sella et Cie. Biella. — Draperies..................	Italie.........	4
Washington Woollen Mill's. Massachussets. — Draperies..............................	États-Unis....	
Webster Woolen Mill's. Massachussets.—Draperies.	États-Unis....	
Santos et Cie. Tolosa. — Draperies................	Espagne......	35
Antonio **Gali** et Cie. Tarrasa. — Draperies.........	Espagne......	32
B. de **Dauplas** et Cie. Lisbonne. — Draperies......	Portugal......	7
F.-N. **Marques de Païva**. Covilhã. — Draperies...	Portugal......	16
Intendance de l'Armée. Copenhague. — Draps de troupe..............................	Danemark....	7
De Labrosse frères. Sedan. — Draperies..........	France.......	87
L. **Demar**. Elbeuf. — Draperies..................	France.......	6
Auguste **Robert** et fils. Sedan. — Draperies........	France.......	89
E. **Bellest, Benoist** et Cie. Elbeuf. — Draperies...	France.......	
Borderel jeune et Cie. Sedan. — Draperies........	France.......	124

Dannet et Cie. Louviers. — Draperies .... France....... 31
Lesage Maille. Elbeuf. — Nouveautés .... France....... 52
Lecomte frères. Sedan. — Nouveautés .... France....... 126
Poitevin et fils. Louviers. — Draperies .... France....... 37
Bertèche-Baudoux, Chesnon et Cie. Sedan. — Draperies .... France....... 86
Flavigny frères. Elbeuf. — Draperies .... France....... 5
Gollnisch-Labauche et fils. Sedan. — Draperies. France....... 125
Industrie des draps et flanelles. Tilbourg. — Exposition collective .... Pays-Bas....
A. **Lenormand.** Vire. — Draperies .... France....... 109
Louis **Bacot.** Sedan. — Draperies .... France....... 83
P. **Decaux** père, fils et gendre. Elbeuf.—Draperies. France....... 48
Ch. **Cunin-Gridaine** et **Christin.** Sedan. — Draperies .... France....... 85
T. **Chennevière** fils. Elbeuf. — Draperies .... France....... 43
J. **Thillard.** Elbeuf. — Draperies .... France....... 4
Cosse. Elbeuf. — Draperies .... France....... 7
Legrix et **Maurel.** Elbeuf. — Draperies .... France....... 40
Normant frères. Romorantin. — Draperies .... France....... 81
Cormouls-Houlès père et fils. Mazamet.— Draperies. France....... 82
Olombel frères. Mazamet. — Draperies .... France....... 90
Bouvier frères. Vienne. — Draperies .... France....... 77
Fouchet père et fils, et **Hulme.** Elbeuf.—Draperies. France....... 44
Blin et **Bloch.** Bitschwiller. — Draperies .... France....... 114
H^{te} **Gastinne** et Cie. Louviers. — Draperies .... France....... 30
E. **Guyon.** Paris. — Couvertures .... France....... 39
H. **Hulin** et E. **Paquin.** Sedan. — Draperies .... France....... 88
Imhaus. Elbeuf. — Draperies .... France....... 14
Jean **Bochner.** Brünn. — Draperies .... Autriche..... 6
S. **Strakosch** et fils. Brünn. — Nouveautés .... Autriche..... 73

Médailles de bronze.

. **Fels.** Gratz. — Draperies .... Autriche.....
Henri **Kafka.** Brünn. — Nouveautés .... Autriche..... 29
Antoine-Joseph **Demuth** et fils. Reichenberg.— Nouveautés .... Autriche..... 9
Adolphe **Schœller.** Brünn. — Nouveautés .... Autriche..... 60
François **Schmidt** et fils. Reichenberg. —Nouveautés. Autriche..... 58
Godhair frères. Brünn. — Filatures .... Autriche.....
Henri **Herschmann.** Brünn. — Draperies .... Autriche..... 23
J. **Philippe, Schmidt** et fils .... Autriche..... 59

Corporation des Drapiers de Reichenberg (Exposition collective). Bohême. — Draperies	Autriche.....	77
Schaumann frères. Stokerau. — Draperies........	Autriche.....	55
Exposition collective de Jagendorf. — Draperies.	Autriche.....	
A.-S. **Demuth**. Reichenberg. — Draperies..........	Autriche.....	8
S. **Spitz**. Brünn. — Draperies..................	Autriche.....	65
Bernhard **Engel** et Cie. Brünn. — Draperies	Autriche.....	11
Samek frères. Brünn. — Draperies..............	Autriche.....	54
Eduard **Leidenfrost** et fils. Brünn. — Draperies...	Autriche.....	41
Charles **Lefort**. Verviers. — Draperies............	Belgique.....	
Lhoest et **Devaux**. Verviers. — Nouveautés	Belgique.....	25
Lahaye et Cie. Hodimont. — Draperies...........	Belgique.....	20
Charles **Berck**. Herve. — Filatures.	Belgique.....	4
Matthieu **Chatten** et Cie. Dison. — Draperies	Belgique.....	8
Jacobs, Poelaert et Cie. Bruxelles. — Couvertures.	Belgique.....	40
Jean **Taelemans**. Bruxelles. — Baies et flanelles...	Belgique.....	46
Walthère **Frère**. Ensival. — Fils de laine cardée ...	Belgique.....	15
F. **Hendrichs**. Eupen. — Draperies.	Prusse.......	13
C.-G. **Grossmann** fils. Bischofswerda. — Draperies.	Saxe	113
F.-G. **Herrmann** et fils. Bischofswerda.— Draperies.	Saxe	112
Tannenbaum-Pariser et Cie. Luckenwalde. — Draperies.......................................	Prusse.......	33
Heinrich frères. Luckenwald. — Draperies.........	Prusse.......	31
S.-B. **Ruffer** et fils. Liegnitz. — Draperies.........	Prusse.......	44
Muller et Cie. Gœrlitz. — Draperies...............	Prusse.......	42
S. **Schliff**. Guben. — Draperies	Prusse.......	68
C. **Hahn** et **Haldschinsky**. Berlin. — Laines artificielles..	Prusse.......	107
Graeser frères et Cie. Langensalza. — Draperies....	Prusse.......	78
Blecher et **Clarenbach**. Hueckeswagen.— Draperies.	Prusse.......	1
G. **Klemm**. Forst. — Draperies..................	Prusse.......	49
F.-G. **Lehmann**. Böhringen. — Draperies..........	Saxe	119
Exposition collective des Fabricants de flanelle de Hainichen. — Flanelles..............	Saxe	120
C. **Eichmann**. Grünberg. — Draperies	Prusse.......	57
Richter et **Kreissler**. Cottbus. — Draperies	Prusse.......	70
N. **Marx** et fils. Aix-la-Chapelle. — Draperies......	Prusse.......	26
Facilides et **Wiede**. Plauen. — Filatures de laines cardées et mélangées de coton	Saxe	131
Exposition collective des Fabricants de Spremberg. — Draperies............................	Prusse.......	
A. **Metzke** et Cie. Sagan. — Draperies............	Prusse.......	75
Gebhardt et **Wirth**. Frauenmühle. — Draperies...	Prusse.......	63
Braun frères. Hersfeld. — Draperies..............	Prusse.......	7

Fr.-Tr. **Meissner**. Grossenhain. — Draperies........	Saxe........	118
Lommel et **Nacke**. Striegau. — Draperies.......	Prusse.......	43
I. **Carr** et Cie. Twerton-Mills. — Draperies.........	Gde-Bretagne.	16
Martin **Mahony** et frères. Cork. — Draperies.......	Gde-Bretagne.	57
William **Stockdale**. High-Burton. — Draperies	Gde-Bretagne.	85
Thackrah, Ellis et Cie. Dewsbury. — Draperies..	Gde-Bretagne.	93
Fleury-Desmares. Elbeuf. — Draperies	France......	20
Philippe. Elbeuf. — Draperies....................	France.......	8
Devaux. Elbeuf. — Draperies.....................	France.......	24
Morel **Beer** fils aîné et Cie. Elbeuf. — Draperies ...	France.......	45
Clovis **Hue**. Elbeuf. — Draperies..................	France.......	54
F. **Lambling**. Bitschwiller. — Draperies............	France.......	117
Schwebel et **Schmidt**. Bitschwiller. — Draperies...	France.......	115
Juhel-J. **Desmarès**. Vire. — Draperies............	France.......	108
Roger frères. Lastours. — Draperies	France.......	112
E. **Beer** et A. **Viot**. Elbeuf. — Draperies...........	France......	3
P. **Desbois**. Elbeuf. — Draperies...................	France.......	15
Gasse frères. Elbeuf. — Draperies	France.......	11
A. **Osmont** et E. **Lermuzeaux**. Elbeuf.— Draperies.	France.......	12
Bruyant-Desplanques. Elbeuf. — Draperies	France.......	55
Lavoisey et **Thevenin**. Elbeuf. — Draperies......	France.......	22
G. **Talamon** et **Limet**. Elbeuf. — Draperies	France.......	13
P. **Sevaistre**. Elbeuf. — Draperies	France.......	33
E. **Nivert**. Elbeuf. — Draperies	France.......	23
Olivier **Lecorneur** et Cie. Elbeuf. — Draperies	France.......	56
Dusseaux et **Drouet**. Louviers. — Draperies......	France.......	39
Vouillon. Louviers. — Fils feutrés...............	France.......	37
Touzé. Elbeuf. — Draperies......................	France.......	42
J.-J. **Olivier** et fils. Verviers. — Draperies.........	Belgique.....	28
Jean **Tasté** et Cie. Verviers. — Nouveautés.........	Belgique.....	35
Winandy-Veuster. Dison. — Draperies	Belgique.....	36
Nicolas **Leclercq**. Dison. — Draperies	Belgique.....	22
E. **Mullendorff** et Cie. Verviers. — Filatures	Belgique.....	27
Fabrique de Drag. Norrkoeping. — Draperies....	Suède.......	1
Zuurdeeg et fils. Leyde. — Couvertures...........	Pays-Bas....	4
Joh. George **Finckh**. Reutlingen. — Draps et couvertures	Wurtemberg..	2
Lamparter frères. Reutlingen. — Draperies........	Wurtemberg..	4
Schill et **Wagner**. Calw. — Couvertures et flanelles.	Wurtemberg..	3
H. **Stursberg**. New-York. — Draperies	États-Unis....	2
Mission-Woollen-Mill's. San-Francisco. — Draperies..	États-Unis....	4
Filatures de laines de Worms. — Filatures	Hesse........	1

Manufacture de tissus de laine de Cremine. Berne. — Draps d'uniforme	Suisse	5
Casanovas et fils. Sabadell. — Draperies	Espagne	29
Gorina et fils. Sabadell. — Draperies	Espagne	
J.-V. **Tello** et **Tieulat**. Valencia. — Couvertures	Espagne	49
Volta et **Vivé**. Barcelone. — Draperies	Espagne	
Mathieu Mieg et fils. Mulhouse. — Draps	France	72
John **Taylor** et fils. Huddersfield. — Draperies	Gde-Bretagne.	90
James **Howgate** et fils. Dewsbury. — Draperies	Gde-Bretagne.	44
Énoch **Kern** fils. Altenburg. — Draperies	Autriche	32
Gerin-Roze. Elbeuf. — Draperies	France	25
S.-J. **Simon** et fils aîné. Elbeuf. — Draperies	France	41
B. **Mandoul** neveu. Carcassonne. — Draperies	France	120
Raymond **Barbarin** et Cie. Vienne. — Draperies	France	73
Mery-Samson, Samson et **Fleuriot**. Lisieux. — Draperies	France	103
Breton et **Barbe**. Louviers. — Draperies	France	59
Eugène **Hennebert**. Elbeuf. — Draperies	France	60
Samuel **Simon** et C. **Bernard**. Elbeuf. — Draperies	France	47
Henry **Noufflard** et Cie. Louviers. — Draperies	France	32
Bruyant et **Vitcoq**. Elbeuf. — Draperies	France	57
Les fils **Pepin-Veillard**. Orléans. — Couvertures	France	36
Albinet. Paris. — Couvertures	France	38
Fabrique impériale d'Ismit. Constantinople. — Couvertures	Turquie	5
Cogalnitchano. Niamtzo. — Draps	Roumanie	
Bouchholtz. Suprasl. — Draperies	Russie	3
Ernest **Holm** et Cie. Riga. — Draperies	Russie	11
Alexandre **Ossipoff**. District de Podolsk, gouvernement de Moscou. — Draperies	Russie	20
Athanase **Koubareff**. Klinty. — Draperies	Russie	14
Barons L. et E. **Ungern-Sternberg**. Dago-Kertell. — Draperies	Russie	29
Adolphe **Thilo**. Sassenkof. — Draperies	Russie	27
Guillaume-Frédéric **Zachert**. Suprasl. — Draperies	Russie	32
Fabrique de **Quellenstein**. — Draperies	Russie	34
Chambre d'agriculture du Bas-Canada pour la production des nouveautés en couvertures de laines. — Draperies et étoffes laines	Col. anglaises.	
Gabriel-Chennevière. Elbeuf. — Draperies	France	51
Lecallier fils et H. **Quidet**. Elbeuf. — Draperies	France	6
R. et A. **Anderson** et Cie. Galashiels. — Draperie	Gde-Bretagne.	75
Day, Watkinson et Cie. Huddersfield. — Draperie	Gde-Bretagne.	25
Barnicot et **Kenyon**. Huddersfield. — Draperie	Gde-Bretagne.	5
Harrison et Cie. Édimbourg. — Draperie	Gde-Bretagne.	36

Hunt et **Winterbotham**. Cam et Dursley-Mill's.— Draperie........ Gde-Bretagne. 45
T. **Mellor** et fils. Thongs-Bridge. — Draperie...... Gde-Bretagne. 62
Taylor et **Lodge**. Huddersfield. — Draperie....... Gde-Bretagne. 90
Hall et **Frater**. Langholm. — Draperie............ Gde-Bretagne. 34
Dixon Nicholls et Cie. Morley. — Draperie....... Gde-Bretagne. 27
Riley frères. Fenay-Mill's. — Draperie............ Gde-Bretagne. 71
Thomson et **Dodds**. Huddersfield. — Draperie.... Gde-Bretagne. 94
Day Howgate et **Holt**. Dewsbury. — Draperie.... Gde-Bretagne. 26
P. **Olivier** et J. **Brunel**. Elbeuf. — Draperie....... France....... 17
Bouten-Holvoet. Roulers. — Tissus de laine....... Belgique..... 28
Urbain **Adeline** et neveu. Lisieux.— Draps blancs..... France....... 98
J.-D. **Birchall** et Cie. Leeds. — Draperie.......... Gde-Bretagne. 10
Hargreave et **Nusseys**. Leeds. — Draperie....... Gde-Bretagne. 35
A. **Byers** et fils. Langholm. — Draperie............ Gde-Bretagne. 14
E. **Firth** et fils. Heckmondwike. — Draperie........ Gde-Bretagne. 29
A. **Scott** et fils. Morley. — Draperie.............. Gde-Bretagne. 77
Tolson, Haig et **Brooke**. Mold-Green. — Draperie. Gde-Bretagne. 95
George **Haigh**. Slaithwaite. — Draperie .... Gde-Bretagne. 32
William **Smith** jeune. Morley. — Draperie.......... Gde-Bretagne. 84
Godfrey Binns et fils. — Draperie................ Gde-Bretagne. 9
John-J. et W. **Wilson**. Kendal. — Draperie......... Gde-Bretagne. 105
B. **Vickerman** et fils. Huddersfield. — Draperie .... Gde-Bretagne. 96
Laing et **Irvine**. Hawick. — Draperie............ Gde-Bretagne. 51
J. **Walker** et fils. Lindley. — Draperie............ Gde-Bretagne. 99
S.-J. **Schwarz**. Prague. — Draperies............... Autriche. (Cl. 29.) 17
J.-P. **Schmidt** et fils. Reichenberg. — Draperies..... Autriche..... 59
C. **Poitevin**. Louviers. — Draperie................. France....... 33
Baril. Louviers. — Filature....................... France.(Cl. 29) 46
J.-L. **Pohl**. Prague. — Draperie.................... Autriche.....

Mentions honorables.

Hoffmann-Gönner et Cie. Klein-Beranau.—Draperie Autriche..... 27
A.-F. **Doepper**. Neutitschein. — Draperie.......... Autriche..... 10
Henry **Latzko**. Brünn. — Draperie................. Autriche..... 40
Jean **Raschka**. Freiberg. — Draperie............... Autriche..... 52
François **Kœnig**. Vienne. — Couvertures .... Autriche..... 34
Vogt frères. Biala. — Draperie.................... Autriche..... 78
Fabrique de Gács. Hongrie. — Draperie.......... Autriche..... 16
S. **Schönfeld**. Brünn. — Draperie.................. Autriche..... 62
Jacques **Quittner**. Troppau. — Draperie .... Autriche..... 51
Preissler frères. Gablonz. — Draperie............ Autriche..... 50

Rudolf **Strakosch** et Cie. Brünn. — Draperie....... Autriche..... 72
Drèze frères. Dison. — Draperie.................... Belgique..... 11
Lecloux. Dison. — Draperie...................... Belgique.....
Sagehomme-Lutaster. Dison. — Draperies....... Belgique..... 31
Siegerist et **Schuermans**. Louvain.—Couvertures. Belgique..... 44
André **Desonay.** Dison. — Draperie................ Belgique..... 10
Simon **Diet** et **Grandjean.** Ensival. — Filature.... Belgique..... 32
M. Polinard. Dison. — Draperie.................. Belgique..... 30
François **Sirtaine.** Dison. — Draperie............. Belgique..... 34
C. **Begasse.** Liége. — Couvertures................ Belgique..... 2
L.-F. **Delcour.** Grand-Ry. — Filature............ Belgique..... 9
Vercken et **Neef.** Liége. — Filature.............. Belgique..... 48
Hélan et **Pelletier.** Louviers. — Filature.......... France.......
Mme Vve **Plantefol.** Elbeuf. — Filature............ France......
Lecœur et **de Postel.** Louviers. — Draperie....... France....... 58
G. **Aubert.** Louviers. — Draperie................ France....... 38
Maze et **Coquerel.** Elbeuf. — Draperie............ France....... 21
Lemaire-Vedié et V. **Patallier.** Elbeuf.—Draperie. France....... 50
Laurent **Vidal.** Carcassonne. — Draperie............ France....... 121
Harel et **Delarue.** Elbeuf. — Draperie............ France....... 49
Chevallier frères. Orléans. — Couvertures.......... France....... 32
J. **Communeau.** Mouy. — Couvertures............. France....... 34
Daudier père et fils. Orléans. — Couvertures....... France....... 37
C.-L. **Bouvier.** Vienne. — Draperie................ France....... 64
Dolfus-Dettwiller. Mulhouse. — Draperie......... France....... 70
E. **Brocard** et Cie. Vienne. — Draperie............ France....... 75
Vène, Houles et **Julien.** Mazamet. — Draperie.... France....... 91
Alba **Lasource.** Mazamet. — Draperie.............. France....... 92
Desmortreux-Queillé. Vire. — Draperie.......... France....... 104
Leconte père et fils. Carcassonne. — Draperie..... France....... 122
Vincent frères et **Frecon.** Vienne. — Draperie..... France....... 67
Bourrel. Elbeuf. — Draperie...................... France....... 71
Ch. **Delarue.** Elbeuf. — Draperie.................. France....... 111
Fournet et **Duchesne.** Lisieux. — Draperie........ France....... 100
Lefebvre et **Bourdon.** Lisieux. — Draperie....... France....... 101
Mingaud père et **Seignourel.** Saint-Pons.—Draperie. France....... 96
Miquel aîné et fils. Saint-Pons. — Draperie........ France....... 97
Thiolier et **Burle.** Vienne. — Draperie.......... France....... 74
Les fils **Gaudchaux-Picard.** Nancy. — Draperie.... France....... 94
Lemaignen fils. Lisieux. — Draperie.............. France....... 102
J. **Œhlert.** Schoenthal. — Draps.................. Bavière...... 2
J.-F. **Caspari.** Grossenhain. — Draperie........... Saxe......... 116
Janssen frères. Aix-la-Chapelle. — Draperie....... Prusse....... 24

E.-P. **Schlief**. Guben. — Draperie	Prusse	67
F. **Bockhacker** et fils. Hückeswagen. — Draperie	Prusse	28
Jules **Deussen**. Sagan. — Draperie	Prusse	76
Filature de Dessau. Anhalt. — Filature de laine.	Anhalt	103
A. **Gohr (maison Scheiffgen** et fils). Guentersberg. — Draperie	Prusse	61
Th. **Tobias**. Gruenberg. — Draperie	Prusse	58
Busse frères. Saarmund. — Draperie	Prusse	36
E. **Hammer**. Forst. — Draperie	Prusse	50
Jules **Lermuzeaux**. Elbeuf. — Draperie	France	10
E. **Menzel**. Forst. — Draperie	Prusse	52
G.-H. **Blum**. Osterode. — Draperie	Prusse	81
Philippe **Rechberg**. Hersfeld. — Draperie	Prusse	6
O. et M. **Sommerfeld**. Cottbus. — Draperie	Prusse	71
F.-L. **Matthesius** et fils. Cottbus. — Draperie.	Prusse	82
C. **Wippern** et **Wiche**. Crimmitzchau. — Filature de laine cardée mélangée de coton	Saxe	130
H. **Hüffer**. Crimmitzchau. — Filature de laine cardée mélangée de coton	Saxe	133
A. **John**. Crossen. — Draperie	Prusse	62
S. **Loewen** et **Hildesheimer**. Brandebourg. — Draperie	Prusse	37
C.-T. **Singer**. Kirchberg. — Draperie	Saxe	126
Fabrique de laine de Winsen. Winsen.— Laine artificielle	Prusse	
Greve et **Uhl**. Osterode. — Laine artificielle	Prusse	
Philippe **Rüdiger**. Forst. — Draperie.	Prusse	55
Böttger frères. Leisnig. — Draperie	Saxe	121
Robert **Scott**. Huddersfield. — Draperie	Gde-Bretagne.	80
Walter **Scott**. Dumfries. — Draperie	Gde-Bretagne.	81
Kelsall et **Kemp**. Rochdale. — Draperie.	Gde-Bretagne.	50
M. **Intyre, Hoog** et Cie. Glasgow. — Draperie.	Gde-Bretagne.	61
J. **Schofield** et fils. Huddersfield. — Draperie.	Gde-Bretagne.	76
J. et E. **Stockwell**. Morley. — Draperie	Gde-Bretagne.	86
James **Scott** et fils. Langholm. — Draperie	Gde-Bretagne.	79
James **Crowther** et fils. Huddersfield. — Draperie.	Gde-Bretagne.	21
Cambrian Flannel Company. Newtown. — Flanelles	Gde-Bretagne.	15
James **Leathley**. Gildersome. — Draperie	Gde-Bretagne.	55
Watson, Rhodes et Cie. Morley. — Draperie.	Gde-Bretagne.	101
J.-D. **Ness**. — Draperie	Gde-Bretagne.	
Adam **Wade**. Wakefield. — Draperie	Gde-Bretagne.	97
John **Glendinning**. Langholm. — Draperie	Gde-Bretagne.	30
J. **Wallberg**. Halmstad-Slottsmöllan. — Draps et couvertures	Suède	4

J.-C. **Zaalberg** et fils. — Couvertures	Pays-Bas	3
Zuccarelli et Cie. Fuligno. — Draperie	Italie	17
Alex et **Bouneton**. Vienne. — Draperie	France	52
P. **Bœringer**. Mulhouse. — Draps	France	69 30
Bonucci frères. Fuligno. — Draperie	Italie	21
Lang et **Hess**. Marbach. — Draperie	Hesse	2
Fleckenstein-Schultheis. Waedensweil. — Draperie	Suisse	3
Juan **Gorina**. Sabadell. — Draperie	Espagne	33
A. **Brujas** fils et Cie. Barcelone. — Draperie	Espagne	
Les fils de A.-A. **Rodriguez**. Béjar. — Draperie	Espagne	41
Ignacio **Amat**. Tarrasa. — Draperie	Espagne	27
Juan **Sallarès**. Sabadell. — Draperie	Espagne	4
Tarrat y Sociats. Teruel. — Draperie	Espagne	37
C. Carrilho **Garcia**. Almodovar. — Couvertures	Portugal	10
Mello Campo et frères. Corvilha. — Draperie	Portugal	14
José Diego **da Silva**. Lisbonne. — Draperie	Portugal	18
Nicolas **Seliverstoff**. Simbirsk. — Draperie	Russie	23
Simon **Tcheverikoff**. Gouvernement de Moscou. — Draperie	Russie	
Basilo **Iokisch**. Gouvernement de Moscou. — Draperie.	Russie	12
K.-A. **Moes**. Pilica, Pologne. — Draperie	Russie	36
Commission technique du Ministère de la guerre. — Draperie	Russie	6
Basile et Nicètas **Ganeschine** frères. Moscou. — Draperie	Russie	9
Alexandre **Skirmoundt**. Gouvernement de Minsk. — Draperie	Russie	24
Adolphe **Schneideman**. Riga. — Draperie	Russie	2[illegible]
Farbstein et **Kleiff**. Varsovie. — Laines Renaissance	Russie	35
Jean, Nicolas et Théodore **Goutchkoff** frères. Moscou. — Draperie	Russie	8
Mathieu **Kirck**. Moscou. — Draperie	Russie	13
Charles **Lévè**. Gouvernement de Moscou. — Draperie.	Russie	15
Paul **Tsourikoff**. Moscou. — Draperie	Russie	28
Fonsny frères. Dison. — Draperie	Belgique	14
A. **Xhrouet**. Dison. — Draperie	Belgique	38

COOPÉRATEURS.

Médailles d'argent.

Désiré **Delamarre**, directeur. Elbeuf	France	2
Alexandre **Jamin**, directeur. Verviers	Belgique	9
Valentin **Schmideck**. Brünn	Autriche	
Paul **Cocu**, directeur. Sedan	France	84
François **Fouché**, directeur. Louviers	France	31
Ambroise-Michel **Alavoine**, monteur. Elbeuf	France	40
Joseph **Nannan**, directeur. Verviers	Belgique	6
Joseph **Smith**, directeur. South	Gde-Bretagne.	59

Médailles de bronze.

Henri **Pottier**, contre-maître. Elbeuf	France	43
Jean-Antoine **Liegeois**, chef tisserand. Verviers	Belgique	21
Frank **Jolz**, contre-maître. Brünn	Autriche	7
Jean-Baptiste **Letellier**, directeur. Sedan	France	83
Ferdinand-Joseph **Lemestre**, comptable. Verviers	Belgique	6
Toussaint **Leclerc**, contre-maître. Louviers	France	
Pierre **Thomas**. Lisieux	France	103
Gustave **Monpin**, directeur. Châteauroux	France	93
Henri **Polis**, directeur de tissage. Verviers	Belgique	29
Gustave **Lorette**, monteur. Elbeuf	France	6
Jean-Louis **Courtois**. Sedan	France	125
John **Scott**, directeur. Selkirk	Gde-Bretagne.	12
Eléonore-Michel **Ragault**, monteur. Elbeuf	France	2
Tob. **Stefan**, contre-maître. Brünn	Autriche	
Ab. **Gouva**, contre-maître. Bitschwiller	France	115
James **Adey**, contre-maître. Dublin	Gde-Bretagne.	78
A. **Barbançon**, directeur. Essonne	France	

Mentions honorables.

Pierre-Stanislas **Chevalier**, contre-maître. Elbeuf	France	44
Jean **Fuyat**, sous-directeur de fabrique chez MM. Biolley et fils. Verviers	Belgique	6
Ernest **Frankl**, contre-maître. Brünn	Autriche	7
Benjamin **Lemaire**, monteur. Louviers	France	

Bishop, directeur. Chipping-Norton	Gde-Bretagne.	11
Charles **Campion**, comptable. Lisieux	France	103
Thiéry, monteur. Romorantin	France	81
Jean **Hollander**, directeur de fabrique, chez M. H. Lieutenant. Verviers	Belgique	26
Auguste-François **Deshayes**, comptable. Vire	France	109
Jacques **Cazenave**, monteur. Mazamet	France	82
John **Park**, directeur. Langholm	Gde-Bretagne.	14
Jacques **Goellner**, contre-maître. Bitschwiller	France	115
Jean **Benezèch**, contre-maître. Mazamet	France	90
Pierre **Blanchet**, tisserand. Châteauroux	France	93
François **Stepanek**, contre-maître. Brünn	Autriche	7
Bernard **Daure**, monteur. Mazamet	France	82
Onésime **Cagigal**, directeur. Sedan	France	89
Guenin-Bataille, teinturier. Romorantin	France	81
Jean **Hinant**, chef tisserand chez MM. Biolley et fils. Verviers	Belgique	

CLASSE 31

FILS ET TISSUS DE SOIE.

EXPOSANTS.

Hors concours.

A. **Girodon.** (Membre du Jury.) Lyon.—Étoffes de soie. France....... 233

Antoine **Harpke.** (Membre du Jury.) Vienne.—Rubans. Autriche..... 24

Grand prix.

Ville de Lyon. — Institutions créées en faveur de l'industrie de la soie.......................... France.......

Médailles d'or.

Chambre de commerce de Lyon. — Étoffes de soie unies et façonnées.......................... France.......

Chambre de commerce de Saint-Étienne. — Rubans unis et façonnés.......................... France.......

Royaume d'Italie. — Soies gréges et ouvrées..... Italie........

Industrie des soies du département de l'Ardèche comme centre principal de la production des soies gréges et ouvrées.......................... France.......

Canton de Zurich. — Étoffes de soie............ Suisse.......

Chambre de commerce de Paris. — Soies à coudre.. France.......

Canton de Bâle-Ville. — Rubans de soie et filatures de Schapes.......................... Suisse.......

Royaume-Uni de Grande-Bretagne et d'Irlande. — Étoffes de soie pures et mélangées....... Gde-Bretagne.

Chambre de commerce de Vienne. — Soie et ses emplois divers.......................... Autriche.....

Empire Ottoman. — Production et filature de soie. Turquie......

Royaume de Prusse. — Velours et soieries....... Prusse.......

Ville de Moscou. — Soies du Caucase et étoffes lamées or et argent.......................... Russie.......

Médailles d'argent.

C.-J. **Bonnet** et Cie. Lyon. — Soieries unies	France.......	211
Brosset-Heckel et Cie. Lyon. — Soieries..........	France.......	203
Schulz et **Béraud**. Lyon. — Soieries façonnées.....	France.......	207
Gérentet et **Coignet**. Saint-Étienne. — Rubans ...	France.......	124
Louis **Blanchon**. Saint-Julien. — Soies	France.......	37
Palluat et **Testenoire**. Lyon. — Soies...........	France.......	51
C. **Ponson**. Lyon. — Soieries.....................	France.......	201
A. **Lamy** et A. **Giraud**. Lyon. — Soieries façonnées.	France.......	145
Gourd-Croizat fils et **Dubost**. Lyon. — Soieries..	France.......	144
Dugnat et **Gauthier**. Saint-Étienne. — Rubans....	France.......	118
Louis **Martin** et Cie. La Salle. — Soies............	France.......	3
Barrès frères. Saint-Julien. — Soies..............	France.......	38
Jaubert-Lions et **Audras**. Lyon. — Soieries......	France.......	196
J.-B. et P. **Martin**. Tarare. — Peluches.............	France.......	197
Million et **Servier**. Lyon. — Velours..............	France.......	210
P. **Troyet** et Cie. Saint-Etienne. — Rubans..........	France.......	140
Champanhet-Sargeas frères. Vals. — Soies.......	France.......	27
C.-M. **Teillard**. Lyon. — Soieries unies............	France	208
Tapissier fils et **Debry**. Lyon. — Soieries unies....	France	185
Durand frères. Lyon. — Crêpes et foulards.........	France.......	206
Barrallon et **Brossard**. Saint-Étienne. — Rubans..	France.......	106
Louis **Boudon**. Saint-Jean-du-Gard. — Soies	France.......	43
Séruselat. Etoile. — Soies......................	France.......	288
Savoie Ravier et **Chanu**. Lyon. — Soieries.......	France	174
Michel frères. Lyon. — Soieries unies..............	France.......	180
Caquet-Vauzelle et **Côte**. Lyon.—Soieries façonnées.	France	154
De Barry-Mérian. Guebwiller. — Rubans..........	France.......	25
César **Bozotti** et Cie. Milan. — Soies..............	Italie.	21
Albert **Keller**. Milan. — Soies.....................	Italie.........	43
Brunet-Lecomte Devillaine et Cie. Lyon. — Soieries façonnées, gaz et foulards......................	France......	202
Mathevon et **Bouvard**. Lyon. — Étoffes pour meubles	France.......	148
François **Bujatti**. Vienne. — Soieries................	Autriche	8
Giron frères. Saint-Etienne. — Rubans..............	France.......	126
A. **Hamelin** fils. Paris. — Soies écrues et teintes	France.......	9
Ch. **Révil** et Cie. Amilly. — Filature de déchets de soie......................................	France.......	20
Baron **de Diergardt**. Viersen. — Velours..........	Prusse	1
Montessuy et **Chomer**. Lyon. — Crêpes...........	France.......	204
S. **Courtauld** et Cie. Londres. — Crêpes..........	G^de^-Bretagne.	4

J.-B. **David**. Saint-Étienne. — Rubans..............	France.......	113
Monestier aîné. Avignon. — Soies et soieries.......	France.......	88
Combier frères. Livron. — Soies	France.......	
Massing frères. Puttelange. — Peluches.............	France.......	83
Bardon et **Ritton**. Lyon. — Soieries..............	France.......	193
Bréband Salomon et Cie. Lyon. — Soieries.......	France.......	191
Bodoy Jacquemont. Saint-Étienne. — Rubans.....	France.......	109
Grand frères. Lyon. — Étoffes pour meubles........	France.......	209
E. **Trapier**. Chomérac. — Soies...................	France.......	33
A. **Fougeirol**. Les Ollières. — Soies................	France.......	32
Ronze et **Vachon**. Lyon. — Tissus de soie.........	France.......	147
Charles **Giani**. Vienne. — Tissus de soie............	Autriche.....	20
Véra **Sapojnikoff**. Moscou. — Velours et damas.....	Russie.......	28
Charles **Mœring** et fils. Vienne. — Rubans..........	Autriche.....	43
J. **Chabert** et Cie. Chomérac. — Soie...............	France.......	34
Sève et Cie. Lyon. — Velours......................	France......	187
Gautier et Cie. Lyon. — Velours...................	France.......	200
Poncet-Lenoir et Cie. Lyon. — Soieries............	France.......	176
Blache-André-Lemaître. Lyon. — Velours	France.......	270
Patriau et **Ducrocq**. Paris. — Tissus à bluter.....	France	66
Grout et Cie. Londres. — Crêpes..................	Gde-Bretagne.	8
Antoine **Denis**. Saint-Étienne. — Passementeries et velours.......................................	France.......	115
Vincent **Denina**. Turin. — Organsins...............	Italie........	116
Pim frères et Cie. Dublin. — Popelines..............	Gde-Bretagne.	29
R. **Shiers** et fils. Oldham. — Velours...............	Gde-Bretagne.	31
Thomas **Seamer** et fils. Londres. — Moires antiques.	Gde-Bretagne.	
Preynat et **Rozier**. Saint-Étienne. — Rubans.....	France.......	136
Chancel frères. Sainte-Catherine-sous-Briançon. — Déchets de soie peignés	France.......	19
Taylor et **Stokes**. Londres. — Tissus de soie......	Gde-Bretagne.	35
John **Birchenough**. Londres. — Écharpes et châles.	Gde-Bretagne.	
Larcher-Faure. Saint-Étienne. — Rubans.........	France	139
Jean-Ange **Moschetti de Boves**. Cuneo. — Soies...	Italie........	114
Auguste **Villy** et Cie. Lyon. — Foulards	France.......	218
Jandin et **Duval**. Lyon. — Foulards...............	France.......	212
Vial et **Drogue**. Lyon. — Popelines	France.......	227
S. **Trebitsch** et fils. Vienne. — Tissus de soie......	Autriche.....	
Adensamer et Cie. Vienne. — Rubans.............	Autriche	1
Guillaume de **Ritter** et Cie. Gorice. — Fils de bourre de soie	Autriche.....	53
William **Fry** et Cie. Dublin. — Popelines............	Gde-Bretagne.	19
A. **Coudere** et **Soucaret**. Montauban. — Soies et tissus à bluter.................................	France.......	67

Epitalon frères. Saint-Étienne. — Rubans.........	France.......	149
Plailly. Paris. — Soies écrues et peintes.............	France.......	56
Antoine **Flandrin**. Lyon. — Soieries..............	France.......	166
Pascal et **Tabard**. Lyon. — Soieries.............	France.......	233
J.-M. Piotet. Lyon. — Soieries façonnées..........	France.......	175
Schumacher et **Schmidt**. Wermelskirchen. — Rubans......................................	Prusse.......	6
Producteurs de soie des Indes Orientales. — Soies..	Inde anglaise.	
Eug. **Macors** et Cie. Lyon. — Soieries............	France.......	193
Fay et Martin. Tours. — Étoffes pour meubles....	France.......	100
André **Nissen**. Saint-Pétersboug. — Soieries.........	Russie.......	26
Colcombet fils et Cie. — Saint-Étienne. — Rubans.	France.......	112
Ve B. **Blanchon** fils et Cie. Flaviac. — Soies.......	France.......	40
Ve Louis **Chambon**. Alais. — Soies..................	France.......	94
Gibelin et fils. Lasalle. — Soies..................	France.......	46
Juan **Escuder**. Barcelone. — Soieries..............	Espagne......	5
Mauvernay et **Dubost**. Lyon. — Soieries.........	France.......	157
Henry **Adam** et Cie. Lyon. — Soieries..............	France.......	169
A. **Descours** et Cie. Saint-Étienne. — Rubans.....	France.......	116
Paul **Deydier** et fils. Ucel. — Soies...............	France.......	35
Étienne **Berizzi**. Bergame. — Soies................	Italie.......	36
Pascal **de Vecchi**. Milan. — Soies................	Italie.......	40
De Boissieu et **Cochaud**. Lyon. — Soieries......	France.......	173
Gindre et Cie. Lyon. — Soieries.................	France.......	186
Boyriven frères et Cie. Lyon. — Étoffes pour meubles..	France.......	162
Fortunato **Consonno**. Milan. — Soies...............	Italie.......	22
Michel **Delprino**. Alexandrie. — Soies..............	Italie.......	12
Exposition collective de Côme. — Étoffes de soie..	Italie........	128
Sevène Barral et Cie. Lyon. — Soieries...........	France.......	58
Léon **Emery**. Lyon. — Étoffes pour meubles.........	France.......	60
Yéméniz. Lyon. — Soieries.......................	France.......	146
Vincent **Alberti** et neveux. Turin. — Soies.........	Italie	113
Ritaud Plataret et Cie. Paris. — Fils de déchets de soie...	France.......	22
A. **Franc** père et fils et **Martelin**. Lyon. — Fils de déchets de soie..................................	France.......	18
Pillet-Meauzé et fils. Tours. — Étoffes pour meubles.	France.......	102
Poncet, Papillon et **Girodon**. Lyon. — Soieries.	France.......	164
Gouvernement du Taishiou de Satsouma. — Soie et tissus de soie..............................	Japon.......	
Slater Buckingham et Cie. Londres. — Écharpes et cravates..	Gde-Bretagne.	32

F. **Brouilhet** et H. **Baumier.** Le Vigan. — Soies..	France.......	97
Stefoni. Rome. — Soieries........................	États-Pontif..	
Gebhardt et Cie. Elberfeld. — Soieries............	Prusse.......	8
Ernest **Teissier du Cros.** Valleraugue. — Soies...	France.......	98
Dumas et **Martin.** Lasalle — Soies...............	France.......	54
Huber-Pauly et Cie. Sarreguemines. — Peluches...	France.......	84
William **Franklin** et fils. Coventry. — Rubans.....	Gde-Bretagne.	18
Durand frères et **Dumas.** Flaviac. — Soies........	France.......	41
Victor **Picquefeu.** Paris. — Soies écrues et teintes...	France.......	14
Araud frères. Lyon. — Soieries..................	France.......	231
Algoud. Lyon. — Soieries........................	France.......	182
Hippolyte **Pravaz** et Cie. Lyon. — Crêpes..........	France.......	205
Chartron père et fils. Saint-Vallier. — Soies.......	France.......	70
Ernest **Chardin.** Paris. — Soies écrues et teintes....	France.......	55
Ve **Jaricot** et fils. Paris et Lyon. — Soies écrues et teintes....................................	France.......	13
Ed. **Rhodé** et Cie. Paris. — Soies écrues et teintes...	France.......	10
Ed. **Chiliat.** Paris. — Soies écrues et teintes.......	France.......	57
Carter et **Phillips.** Coventry. — Rubans...........	Gde-Bretagne.	14
Ch. **Metz** et fils. Fribourg-en-Brisgau. — Soies écrues et teintes......................................	Bade.........	2
A. **Villard, Bocoup** fils et Cie. Lyon. — Gazes...	France.......	234
Bayard aîné et fils. Lyon. — Soieries.............	France.......	237
Richard et **Gelly.** Lyon. — Soieries..............	France.......	232
Vanel et Cie. Lyon. — Soieries...................	France.......	153
Laboré et **Barbequot.** Lyon. — Soieries...........	France.......	178
J.-G. **Escher.** Zurich. — Fils de bourre de soie.....	Suisse.......	4
Brough Nicholson et Cie. Leek. — Soies écrues et teintes....................................	Gde-Bretagne.	2
Cordeiro et **Irmao.** Lisbonne. — Soieries.........	Portugal.....	10
E. **Feer-Grossmann** et Cie. Aarau. — Rubans.....	Suisse.......	5
A. **Langevin** et Cie. La Ferté-Alais. — Fils de bourre de soie..................................	France.......	16
Empire Persan. — Soies et soieries..............	Perse........	
Royaume de Grèce. Soies et soieries.............	Grèce........	
Paul **Krüpner.** Moscou. — Soies..................	Russie.......	18
Couvent de Calamata. — Soieries................	Grèce........	
Gaëtan **de Ferrari.** Gênes. — Tissus de soie.......	Italie........	

Médailles de bronze.

Stéphane **Guyot.** Lyon. — Tissus de soie..........	France.......	224
Castellan Audras et Cie. Lyon. — Tissus de soie.	France.......	155
Eug. **Lacroix.** Saint-Étienne. — Rubans...........	France.......	128

J.-B. **Neyret**. Saint-Étienne. — France	France	152
Barbe. Saint-Étienne. — Rubans	France	105
Ferteau et **Clarion**. Lyon. — Soieries	France	172
C.-W. **Oehme**. Berlin. — Peluches	Prusse	9
Mariano **Garin** et fils. Valence. — Tissus mélangés d'or et d'argent	Espagne	15
Garnier-Lombard. Nîmes. — Soies écrues et teintes	France	7
Liebermann et fils. Berlin. — Soies écrues et teintes.	Prusse	8
Bon de Chabran. Avignon. — Soies	France	90
Croué et **Gillier**. Tours. — Étoffes pour meubles	France	101
Casparsson et **Schmidt**. Stockholm. — Soieries	Suède	7
Charles **Hetzer** et fils. Vienne. — Rubans	Autriche	25
James **Hart**. Coventry. — Rubans	Gde-Bretagne.	21
Penel Lacour et **Dufour**. Saint-Étienne. — Rubans.	France	133
Antoine **Wiesenburg** et fils. Vienne. — Rubans et tissus à bluter	Autriche	73
John **Chadwick**. Manchester. — Tissus de soie	Gde-Bretagne.	15
Peyronnet et **Laprade**. Saint-Étienne. — Rubans.	France	134
Ed. **Bindschedler**. Thann. — Fils de déchets de soie.	France	6
J. **Servant**. Lyon. — Tissus de soie	France	156
A. **Trapadoux** et Cie. Lyon. — Foulards	France	220
Balmont et Cie. Lyon. — Étoffes pour meubles	France	159
Marcelin frères. Saint-Étienne. — Tissus élastiques.	France	130
Vindry et **Pothin**. Saint-Étienne. — Rubans	France	142
Barthélemy **Burlaton** et Cie. Lyon. — Velours	France	199
Cléto **Tassirani** et Cie. Lyon. — Étoffes pour meubles.	France	150
Sagnier-Teulon. Nîmes. — Tissus de soie	France	81
Gémier et **Frécon**. Saint-Étienne. — Rubans	France	123
Ruas et Cie. Saint-André-de-Valborgne. — Soies	France	96
A. **Lascour**. Crest. — Soies	France	73
Jacques **Keppel**. Rovérédo. — Soies	Autriche	29
Elastic Weaving Company. Coventry. — Tissus élastiques	Gde-Bretagne.	17
E. **Posselt** et Cie. Derby. — Tissus élastiques	Gde-Bretagne.	30
William **Wanklyn**. Manchester. — Foulards	Gde-Bretagne.	36
Valancogne fils. Saint-Étienne. — Rubans	France	141
B.-A. **Lenassi**. Goritz. — Soies	Autriche	37
Valentin et Isidore **Salvadori**. Trente. — Soies	Autriche	55
François **Tschurtschenthaler**. Botzen. — Soies	Autriche	70
Albert **Kostner** jeune. — Tissus de soie	Autriche	33
Philipon, Blanc et Cie. Lyon. — Soieries	France	170
Falsan et Cie. Lyon. — Velours	France	192
Fleury fils. Saint-Étienne. — Rubans	France	121

L. **Fromentin** et E. **Sarrasin**. Paris. — Soies, lins et cotons à coudre.......... France....... 61

A. **Gat**. Avignon. — Soies.......... France....... 89

Blanc-Baratier. Mirmande. — Soies.......... France.......

Louis **Péalat**. Lyon. — Tissus de soie.......... France....... 239

Bosserand, Févret et Cie. Lyon. — Tissus de soie.. France....... 221

H. **Biraud**. Paris. — Soies teintes et écrues.......... France....... 53

Rosset et **Rendu**. Lyon. — Tissus de soie.......... France....... 264

Guitton-Nicolas et Cie. Saint-Étienne.—Rubans... France....... 125

Isidore **Perbost** et Cie. Largentière. — Soies.......... France....... 75

Arsène **Perbost** aîné. La Sigalière. — Soies.......... France....... 42

A. **Franquebalme** et fils. Avignon. — Soies.......... France....... 87

Testa et Cie. Turin. — Soies.......... Italie........ 91

Gondre et Cie. Lyon. — Velours.......... France....... 271

Fraisse, Brossard fils jeune. St-Étienne.— Rubans. France....... 122

Salvador Gonzalez. Valence. — Soies.......... Espagne...... 13

A. **Debacq**. Paris. — Soies écrues et teintes.......... France....... 62

Mahistre-Rousset et **Estanove**. Avignon. — Soies écrues et teintes.......... France....... 24

Georges **Mutschlechner**. Inspruck.— Soieries et velours.......... Autriche..... 46

Joseph **Lauwenstein**. Schmiebeberg (Bohême). — Soieries et velours.......... Autriche..... 36

Framondon, Veyret et **Coront**. Lyon. — Étoffes pour meubles.......... France....... 163

Léopold **Klinger**. Vienne. — Rubans.......... Autriche..... 39

Dufreney. Paris. — Soies écrues et teintes.......... France....... 60

Bozzoni frères. Riva. — Soies.......... Autriche..... 4

Ch. **Thys**. Bruxelles. — Soies écrues et teintes.......... Belgique..... 4

Levionnois-Dekens. Alost. — Taffetas.......... Belgique..... 3

Belmont frères et Cie. Lyon. — Soieries.......... France....... 167

De Ferrari frères. Gênes. — Velours.......... Italie....... 139

D. **Evans** et Cie. Londres. — Tissus de soie.......... Gde-Bretagne. 5

A. **Grout**. Paris. — Rubans.......... France....... 26

E. **Helme**. Crest. — Soies.......... France....... 72

F. **Boudet**. Uzès. — Soies.......... France....... 99

H. **Meynard** et Cie. Valréas. — Soies.......... France....... 93

José **Reig** et fils. Barcelone. — Crêpes.......... Espagne..... 3

Louis **Franch**. Barcelone. — Tissus de soie.......... Espagne.....

Suter frères. Zofingue. — Tissus de soie.......... Suisse....... 14

Thomas **Carr** et Cie. Leek. — Soie et tissus.......... Gde-Bretagne. 3

Lister et Cie. Halifax. — Fils de déchets de soie.... Gde-Bretagne.. 11

J.-B. **Denegri**. Novi. — Soies.......... Italie........ 60

Franchi frères. Brescia. — Soies.......... Italie........ 80

Exposant	Pays	N°
Buisson frères. Blajan. — Soies et tissus à bluter....	France........	63
Furnion et Cie. Lyon. — Tissus de soie...........	France........	196
Jean-Marie **Manteux**. Lyon. — Tissus de soie......	France........	177
Augustin **Sarda**. Saint-Étienne. — Rubans...........	France........	138
Zuppinger-Siber et Cie. Bergame. — Soies........	Italie.........	33
Jean **Steiner**. Bergame. — Soies......................	Italie.........	14
Sylvestre **Vagnone**. Turin. — Soies.....................	Italie.........	20
Benoist **Lardinelli** et fils. Bergame. — Soies........	Italie.........	97
Charbin et **Troubat**. Lyon. — Velours.............	France........	263
Lachard et **Besson**. Lyon. — Tissus de soie.......	France........	235
A. **Portallier**. Saint-Étienne. — Velours.............	France........	135
Charles **Verza** et frères. Milan. — Soies...........	Italie.........	46
Lattes et **Sinigallia**. Cunéo. — Soies...........	Italie.........	10
Hanse et **Quinson**. Tenay. — Déchets de soie peignés.	France........	5
Lepoutre-Parent. Roubaix. — Fils de bourre de soie..	France........	157
Tissage mécanique de soie. Harlem. — Tissus de soie..	Pays-Bas.....	1
Gravalosa Beneyto et Cie. Valence. — Tissus de soie..	Espagne......	14
Francisco **Santonja** et fils. Barcelone. — Rubans......	Espagne.....	2
Jean **Mazzonelli**. Trente. — Soies.....................	Autriche.....	40
Gütermann et Cie. Obergrafendorf. — Soies........	Autriche.....	22
François **Chicco**. Cunéo. — Soies.....................	Italie.........	8
Charles **Abegg**. Cunéo. — Soies.......................	Italie.........	112
T.-W. **Hodges** et fils. Leicester. — Tissus élastiques.	Gde-Bretagne.	22
Norwich Crape Company. — Crêpes noirs.......	Gde-Bretagne.	27
Reyre-Louvier, Verset. Lyon. — Soieries........	France........	228
Vindry et **Goulaud**. Saint-Étienne. — Tissus de soie et rubans..	France........	143
Laurent **Siccardi** et fils. Cunéo. — Soies..........	Italie.........	11
Louis **Filippi**. Clevesana. Cunéo. — Soies.........	Italie.........	9
Filature de Rothen. Lucerne. — Fils de bourre de soie..	Suisse........	9
J. **Dursteler**. Wesikon. Zurich. — Soies écrues et teintes..	Russie........	3
Ogier frères. Lyon. — Soieries........................	France........	168
Faye et **Thévenin**. Lyon. — Soieries...............	France........	179
Pierre et Louis **Fortoul**. Lyon. — Soieries.........	France........	195
Berne père et fils. Saint-Étienne. — Rubans........	France........	108
A. **Denis** et Cie. — Fils de bourre de soie..........	France........	21
J. **Mazaurin, Viel** et Cie. Saint-Hippolyte-du-Fort. — Soies..	France........	95
G. **Barrois** et Cie. Alais. — Soies.....................	France........	44
Ch. **Buisson**. La Tronche. — Soies....................	France........	63

F. **Desmarquest-Préant** et Cie. Lyon. — Velours.	France	266
Jean **Janin-Zoagli**. Chiavari. — Velours	Italie	142
Paul **Gérin** et Cie. Chabeuil. — Soies	France	54
Corneille et **Fabre**. Trans. — Soies	France	64
Comte de **Samadaes**. Porto. — Soies	Portugal	28
Exposition collective de la Roumanie	Roumanie	
A.-J. **Peres, da Silva** et **Alves**. Porto. — Soies	Portugal	30
Baron de **Nova-Cintra**. Porto. — Soies	Portugal	
Joseph **Marianni**. Porto. — Soies	Portugal	16
Kuister-Margaron. Lyon. — Tissus de soie	France	236
Pierron et **Roche**. Lyon. — Foulards	France	218
Waschka et fils. Vienne. — Peluches	Autriche	72
Michel **Vitomereo**. Jassy. — Soies	Roumanie	
Voronine frères. Noukh, Caucase. — Soies	Russie	58
Aug. **Solichon**. Lyon. — Tissus divers	France	
T. **Simon** et Cie. Soulzmatt. — Fils de déchets de soie	France	

Mentions honorables.

Hoelzermann frères. Gladbach. — Velours	Prusse	3
A. **Lacour**. Paris. — Peluches	France	82
Joseph **Brun**. Lyon. — Taffetas	France	230
Espiard frères et Cie. Lyon. — Soieries	France	160
Alfred **Canoville**. Paris. — Soies écrues et teintes	France	12
Charles **Néchuta**. Vienne. — Rubans	Autriche	47
Chambre de commerce de Côme. — Soies	Italie	29
Pierre **Cadel** fils aîné. Nîmes.—Soies écrues et teintes.	France	23
Cantini-Borgognini et Cie. Florence. — Soies	Italie	95
E. **Pinson**. Paris. — Soies teintes	France	11
Perrin et **Revol-Sandoz**. Lyon. — Foulards	France	219
Favrot frères. Lyon. — Tissus de soie	France	217
George **Holme**. Derby. — Tissus élastiques	Gde-Bretagne.	23
Turner, Barrs et **Tookey**. Hulme. — Tissus élastiques	Gde-Bretagne.	34
G.-G. **Schennis**. Côme. — Soies	Italie	25
Ch. et Mario **Gnecchi** frères. Garlate-Lecco. — Soies.	Italie	31
Ant.-Marie **Pizzorni**. Gênes. — Soies	Italie	65
Gaëtan **Aducci**. Rimini. — Soies	Italie	85
Williams Silk Manufacturing Company. New-York.—Cordonnets pour machines à coudre	États-Unis	2
Joseph-Marçal **Brandao**. Porto. — Soies	Portugal	
Bélingard. Saint-Étienne. — Rubans	France	107
Paul **Kolokolnikoff**. Moscou. — Brocarts	Russie	14

F.-R. **Vollschwitz**. Zerbst. — Pannes de soie..... Anhalt....... 10

Kesselmeyer et **Mellodew**. Manchester. — Velours et peluches.................................. Gde-Bretagne. 26

Auguste **Perret**. Lyon. — Soieries unies............ France....... 238

Isaac **Cassin**. Cunéo. — Soies....................... Italie........ 7

Gabriel **Trieste**. Padoue. — Soies.................... Italie........ 63

Charles **Decanville**. Milan. — Soies.................. Italie........ 39

Ch. **Sisteron**. Pierrelatte. — Soies grèges teintes.... France....... 52

Rével aîné et Cie. Saint-Étienne. — Rubans....... France....... 137

Clayette et **Mantellier** jeune. Lyon. — Soieries... France....... 272

Guise frères et Cie. Lyon. — Soieries............... France....... 188

Fonteyn frères. Alost. — Tissus de soie........... Belgique..... 1

Jean-Hector **Bancalari**. Chiavari. — Soies grèges.... Italie........

Producteurs de soie des Colonies françaises. — Soies.................................... Col. françaises.

Morganti et Cie. Lugano. — Déchets de soie cardée.. Suisse....... 6

J.-B. **Oppizzi**. Lugano. — Soies..................... Suisse....... 7

Philippe **Tarditi**. Turin. — Soies.................... Italie........ 17

A. **Cohué**. Paris. — Soies écrues et teintes......... France....... 59

Louis et Jean-Antoine **Sozzi**. Bergame. — Soies...... Italie........ 37

C. **Arnaud** fils et Cie. Saint-Étienne. — Rubans, velours. France....... 103

Avak **Taroëff**. District de Schemakha (Caucase). — Tissus de soie.................................. Russie....... 56

G. **Hermann** et Cie. Thann. — Tissus de soie...... France....... 86

Association des tisseurs. Lyon. — Tissus de soie. France....... 251

Ronchetti frères. Milan. — Soies.................. Italie........ 44

Nicolas et Ange **Papadopoli** frères. Venise. — Soies. Italie........ 58

Michel **Solari**. Chiavari. — Soies grèges............ Italie........ 70

Roch **Lofaro**. Villa San-Giovanni. — Soies......... Italie........ 109

F. **Changea**. Lamastre. — Soies..................... France....... 36

L. **Blanc** et **Rochas** aîné. Malaucène. — Soies..... France....... 92

H.-A. **Senn**. Zofingue. — Rubans.................... Suisse........ 13

Ali Khanoum Schirin Kizi. Caucase. — Tissus de soie.................................. Russie....... 38

Hadji-Safar Oglou. Caucase. — Tissus de soies... Russie....... 46

Mamed Khalim Oglou. Caucase. — Tissus de soie. Russie....... 49

Hippte **Truckot** et **Bruneau**. Lyon. — Soieries.... France.......

V. **Borne** père et fils. Teil. — Soies............... France....... 39

A. **Kaufmann** et fils. Apathin, Hongrie. — Soies écrues.................................. Autriche.....

Dr Ignace **de Hoffmannsthal**. Vienne. — Soies.... Autriche..... 27

A. **Vernède**. Joyeuse. — Soies...................... France....... 31

J.-B. **Tivet** et **Chamussy**. Saint-Étienne. — Tissus divers.................................. France....... 139

Joseph **Hermann** aîné. Thann. — Tissus divers......	France.......	83
Carquillat. Lyon. — Tissus divers................	France.......	255
Janin et Cie. Lyon. — Velours......................	France.......	191
F. **Galland**. Lyon. — Soieries....................	France.......	225
D. **Constantoulakis**. — Soieries................	Grèce........	
F. **Woitech**. Vienne. — Drapeaux..................	Autriche.....	74
Vernet frères. Beaucaire. — Filature de soie........	France.......	48
Société de Sériciculture de la Carinthie. Klagenfurt. — Soies................................	Autriche.....	55
Société de Sériciculture de la Silésie. Troppau. — Soies....................................	Autriche.....	60
Société de Sériciculture. Koniggratz. — Soies...	Autriche.....	59
Institut général autrichien des sourds-muets israëlites. Vienne. — Soies...............	Autriche.....	68
Sigismond **Piva**. Trévise. — Soies................	Italie........	61
Dessales et Cie. **Société des rubaniers**. Saint-Étienne. — Rubans...........................	France.......	117
Ambroise **Clerc**. Lyon. — Tissus, crêpes...........	France.......	226
A. **Roset**. Lyon. — Soieries......................	France.......	158
Chenevier Duressy et Cie. Lyon. — Soieries......	France.......	252
Alexandre **Derbez** et Cie. Lyon. — Soieries.........	France.......	267
J. **Mertens** et Cie. Crefeld. — Rubans...............	Prusse.......	5
Bruny, Fillon et **Blanc**. Lyon. — Soieries.......	France.......	229
Monnet et **Bazin**. Lyon. — Soies écrues et teintes..	France.......	6
Alexandre **Cimbardi**. Milan. — Soies à coudre.....	Italie........	124
H. **Chenet**. Villevocance. — Soies...................	France.......	30
Estran. Mirmande. — Soies..........................	France.......	
Fischer frères et Cie. Muelheim. — Rubans.........	Prusse.......	7
Sébastien **William**. Soultz. — Rubans................	France.......	26
Joseph **Cardoso Pinto Maldonado**. Marco de Canavezes. — Soies..................................	Portugal.....	14
Simon **Ribas**. Guarda. — Soies.....................	Portugal.....	24
Antoine-Justin **Peixoto Miranda Vasconcellos**. Porto. — Soies.....................................	Portugal.....	35
Hyacinthe **Pereira Valverde Miranda Vasconcellos**. Porto. — Soies........................	Portugal.....	36
Antoine **Roche** et Cie. Lyon. — Velours.............	France.......	189
Billiard frères et Cie. Lyon. — Velours............	France.......	265
L. **Delasalle** et **Rebatel**. Lyon. — Étoffes pour meubles..	France.......	161
Spohn et **Daublin**. Mulhouse. — Tissus élastiques.	France.......	
Morier-Gresset et Cie. Lyon. — Velours...........	France.......	180
Grant et **Gask**. Londres. — Soies................	Gde-Bretagne.	1
Janvier **Dorey** et Cie. Lyon. — Foulards..........	France.......	214
Veyranne. Beaumont. — Soies....................	France.......	

Courthial et **Giraud.** Valence. — Soies	France	
Aubenas fils. Loriol. — Soies	France	74
Paganini frères. Bellinzona. — Soies	Suisse	8
Pierre **Abbati.** Parme. — Soies	Italie	71
Hergo et **Durand.** Mendoza. — Soies	Con Argentine.	
Antinori **Kircher.** Udine. — Soies	Italie	117
Mermet et **Mouly.** Lyon. — Soieries	France	184
César **de Antoni.** Milan. — Bourres de soie	Italie	
Escales frères. Deux-Ponts. — Peluches	Bavière	
A. Gaydou. Turin. — Soies	Italie	14
Balthazar **Sari.** Lucques. — Soies	Italie	87
Ludovic **Leporatti.** Sienne. — Soies	Italie	101
Cicéri et **Vicentini.** Valmadrera. — Soies	Italie	30
Silva et fils. — Tissus de soie	Tunis	
Feynas-Dousson. Saint-Étienne. — Tissus élastiques	France	120
Maurice **Andreani.** Varèse. — Soies	Italie	32
Antoine **Rota.** Chiari. — Soies	Italie	47
Comboni frères. Brescia. — Soies	Italie	49
André **Mai.** Brescia. — Soies	Italie	52
Eugène **Rainieri.** Brescia. — Soies	Italie	54
Hall et **Udall.** Manchester. — Velours	Gde-Bretagne.	20
Peel, Greenhalgh et Cie. Bury. — Tissus de soie	Gde-Bretagne.	28
Jourdan et Cie. Saint-Étienne. — Rubans	France	
S. E. Ali-Pacha. — Soies grèges	Égypte	
Vincent **Zatta.** Padoue. — Soies	Italie	64
Delcros-Héraud. Saint-Étienne. — Rubans	France	114
Gessi et **Rizzoli.** Ferrare. — Soies	Italie	79
Michel **Lega.** Ravenne. — Soies	Italie	81
Louis **Valozzi.** Pesaro. — Soies	Italie	92
Powall et P. **Wanderbyl.** Cap de Bonne-Espérance. — Soies brutes	Col. anglaises.	
Conservatoire de la Miséricorde. Savone. — Velours	Italie	141
Pénitencier d'Alexandrie. — Tissus de soie	Italie	144
Kay et **Richardson.** Manchester. — Crêpes	Gde-Bretagne.	24
Sébastien **Martinet.** Saint-Étienne. — Rubans grèges.	France	131
Joseph **Stecchini.** Ancône. — Soies	Italie	98
Jean **Lucisano** et frères. Saint-Jean. — Soies	Italie	110
Louis et Philippe **Marincola.** Catanzaro. — Soies	Italie	
François **Colombo.** Turin. — Soies	Italie	
Antoine **Siravegna** et Cie. Cunéo. — Soies	Italie	
Chillet et Cie. Saint-Étienne. — Tissus élastiques	France	111
Ceresa frères. Plaisance. — Soies	Italie	72

Jérôme **Giovannelli.** Sienne. — Soies	Italie	100
A. **Belli.** Kriens. — Fils de bourre de soie	Suisse	2
Charles **Schaeppi.** Aarau. — Tissus de soie	Suisse	12
Toricelli et **Lurati.** Lugano. — Déchets de soie cardée	Suisse	15
Biancardi Ferrari frères et Ditte François d'Antoine. Lodi. — Soies	Italie	24
François **Poggi.** Vérone. — Soies	Italie	55
Silvestri frères. Vérone. — Soies	Italie	56
Joseph **Lunghetti** et fils. Sienne. — Soies	Italie	102
Strada, Malerba et Cie. Milan. — Soies	Italie	45
Daniel **Bianchi.** Catanzaro. Soies	Italie	121
Primecerio et Cie. Catanzaro. — Soies	Italie	120
Baron Claude **de Bretton.** Moravie. — Soies	Autriche	5
Forgemol. — Soies	Col. françaises.	

COOPÉRATEURS.

Médailles d'argent.

Charles **Rebourg,** dessinateur. Saint-Étienne	France	
Duseigneur-Kléber, services séricicoles. Lyon	France	281
Wolff et **Granger,** dessinateur. Saint-Étienne	France	129
Vilmen-Franc, contre-maître. Viersen	Prusse	1
E. **Reidon,** producteur	Algérie	

Médailles de bronze.

Anthelme **Simon,** chef d'atelier chez MM. Mathevon et Bouvard. Lyon	France	148
Bichet, chef d'atelier chez MM. Lamy et Giraud. Lyon.	France	145
Burel, chef d'atelier chez MM. Lamy et Giraud. Lyon	France	145
Teillon, chef d'atelier chez M. Teillard, Lyon	France	208
Brillat, chef d'atelier chez M. Teillard. Lyon	France	208
Mlle **Laverlochère,** tisseuse chez M. Teillard. Lyon.	France	208
Jean Pierre **Maurice,** métiers mécaniques, chez M. Denys. Saint-Etienne	France	115
Édouard **Ribard,** contre-maître chez M. Teis du Cros. Valleraugue	France	98
Pennetier, chef ouvrier chez M. Plailly. Paris	France	56
Louis **Auger,** contre-maître chez M. Hamelin fils. Les Andelys	France	1

Rustique **Drouet** fils, chef ouvrier, présenté par le Jury. Paris	France	
Engelbert **Berger**, contre-maître chez M. le baron de Diergardt. Viersen	Prusse	1
Parceveaux. Sénégal. — Séricicultеur présenté par le Jury	Col. françaises	
Jacob **Schwengers**, contre-maître chez M. le baron de Diergardt. Viersen	Prusse	1
H. **Pütmann**, chef d'atelier chez M. le baron de Diergardt. Viersen	Prusse	
Foussemagne, contre-maître chez MM. Michel frères. Lyon	France	180
Étienne **Thevenet**, chef d'atelier chez M. A. Girodon. Lyon	France	223
Claude **Bassard**, chef d'atelier chez M. A. Girodon. Lyon	France	223
Louis **Vallet**, chef d'atelier, chez M. A. Girodon. Lyon.	France	223
Frédéric **Kehen**, contre-maître chez M. le baron de Diergardt. Viersen	Prusse	1
Dominique-Joseph **Avignon**, chef d'atelier chez MM. Schultz et Beraud. Lyon	France	207
Loupy, chef d'atelier chez MM. Schultz et Beraud. Lyon.	France	207

Mentions honorables.

Pierre **Vandewiele**, chez M. Levionnois-Dekens. Alost	Belgique	3
Pierre **De Sadeleer**, chef ouvrier chez M. Levionnois-Dekens. Alost	Belgique	3
Auguste **Malpertuy**, dessinateur chez M. Furnion. Lyon	France	198
Patré aîné, chef ouvrier chez M. Furnion. Lyon	France	198
Bois, chef ouvrier chez MM. Lamy et Giraud. Lyon.	France	145
Gonin, chef ouvrier chez MM. Lamy et Giraud. Lyon.	France	145
Mme Marie-Anne **Leroudier**, brodeuse chez MM. Lamy et Giraud. Lyon	France	145
Mme **Potier**, contre-maîtresse chez M. E. Chardin. Paris.	France	55
P. **Huppertz**, chef d'atelier chez M. le baron de Diergardt. Viersen	Prusse	1
M. **Goertz**, chef d'atelier chez M. le baron de Diergardt.	Prusse	1
J. **Molls**, ourdisseur chez M. le baron de Diergardt. Viersen	Prusse	1
Claudo **Oglietti**, chef d'atelier chez M. A. Girodon.	France	»
François-Honoré **Vitte**, chef d'atelier chez M. A. Girodon	France	
Jean-Baptiste **Fournier**, chef d'atelier chez MM. Schultz et Beraud. Lyon	France	207
Joseph **Perret**, chef d'atelier chez MM. Schultz et Beraud. Lyon	France	

CLASSE 32

CHALES.

EXPOSANTS.

Hors concours.

W.-H. **Clabburn** fils, et **Crisp.** (M. W.-H. **Clabburn**, membre du Jury.) Nortwich.—Châles de soie.	G^de^-Bretagne.	429
Hebert fils. (Expert.) Paris. — Châles cachemires.....	France.......	12
Hussenot, Berne et **Brunard.** Paris. (M. **Hussenot**, expert.) — Châles brochés....................	France.......	13

Médailles d'or.

Dewan Sing. Provinces de Kachemyr. — Châles de l'Inde..	Inde anglaise.	47
Chambre de commerce de Paris. — Industrie des châles brochés................................	France.......	72

Médailles d'argent.

E. **Lecoq, Gruyer** et Cie. Paris.—Châles spoulinés.	France.......	1
Maillard et **Bréant.** Paris. — Châles brochés......	France.......	22
Kerr, Scott et Cie. Londres. — Châles tartans.....	G^de^-Bretagne.	3
Hlawatsch et **Isbary.** Vienne. — Châles brochés..	Autriche.....	5
Calenge, L'Honneur, Françoise et Cie. Paris. — Châles brochés..................................	France.......	20
Lacassagne, Deschamps, Salaville et Cie. Paris. — Châles brochés..............................	France	28
Bourgeois frères et **Mahaut.** Paris.—Châles brochés.	France.......	25
Heuzey-Deneirouse père et fils et **Bloisglavy.** Paris. — Châles brochés.........................	France	17
H. **Guillaumaud.** Paris. — Châles brochés........	France.......	18
Paul **Duché** et Cie. Paris. — Châles brochés.......	France.......	16
Joseph **Chanel.** Lyon. — Châles brochés...........	France. (Cl. 31.)	261
Azeez Khan. Kachemyr. — Châles spoulinés.......	Inde anglaise.	
Russool Shah. Kachemyr.—Châles spoulinés......	Inde anglaise.	

Dachès père et fils. Paris. — Châles brochés........	France.......	26
Boutard et **Lasalle**. Paris. — Châles brochés......	France.......	23
A. **Pin** et Cie. Lyon. — Châles brochés.............	France.. (Cl. 31)	246
Exposition collective de Saint-Nicolas. — Châles tartans....................................	Belgique......	
Gérard et **Cantigny**. Paris. — Châles brochés.....	France.......	219

Médailles de bronze.

Bideau. Paris. — Châles brochés..................	France.......	24
Caillieux, Gautier et Cie. Paris.—Châles brochés..	France.......	27
Robert et **Gosselin**. Paris. — Châles brochés.....	France.......	21
Étienne **Rivoiron**. Lyon. — Châles brochés.........	France.. (Cl. 31)	249
Pierre **Mantellier** et Cie. Lyon. — Châles brochés...	France.. (Cl. 31)	263
Gouïn Janoray et Cie. Lyon. — Châles brochés...	France.. (Cl. 31)	260
Ducros et **Robert**. Nîmes. — Châles brochés......	France.......	6
Numa **Brunel**. Nîmes. — Châles brochés...........	France.......	8
Montfray. Paris. — Chinage pour châles..........	France.......	11
Brigg et fils. Leeds. — Châles tartans..............	Gde-Bretagne.	1
William **Bliss** et fils. Chipping-Norton. — Châles tartans....................................	Gde-Bretagne.	
A. **Kleiber**. Vienne. — Châles brochés...........	Autriche	6
Jean **Fial**. Vienne. — Châles brochés..............	Autriche	3
A. **Hoddick**. Berlin. — Châles tartans..............	Prusse.......	3
F. **Caspersohn** et **Levy**. Berlin. — Châles brochés.	Prusse.......	7
David et **Silber**. Berlin. — Châles brochés........	Prusse.......	
Noor Shâh. Province de Kachemyr. — Châles spoulinés....................................	Inde anglaise.	
Andrea **Buffoni**. Milan. — Châles tartans..........	Italie........	2
Bernardo **Daupias** et Cie. Lisbonne.—Châles tartans.	Portugal.....	
E. **Hessel**. Berlin. — Châles tartans................	Prusse.......	5
Lévy et **Aron**. Berlin. — Châles brochés..............	Prusse.......	
A. **Chambellan**. Paris. — Châles brochés..........	France.......	
Bouteille jeune et Cie. Paris. — Châles brochés.....	France.......	4
Roman et Cie. Nîmes. — Châles brochés..........	France.......	9

Mentions honorables.

Lair et **Lair**. Paris. — Châles brochés............	France.......
Claude **Bouteille**. Lyon. — Châles brochés.........	France.......
Perraud, Guignard oncle et neveu. Paris. — Châles brochés....................................	France.......
L. **Planche** et Cie. Paris. — Châles spoulinés.......	France.......
G. et A. **Smith**. Édimbourg. — Châles tartans.....	Gde-Bretagne.

Romanes et **Paterson**. Édimbourg. — Châles tartans..............................	Gde-Bretagne.	
John Manby et Cie. Paris. — Châles tartans.......	Gde-Bretagne.	
Ém. **Thieben**. Vienne. — Châles brochés..........	Autriche.....	11
Maximilien **Kock**. Vienne. — Châles brochés.........	Autriche.....	
Prade-Foule. Nîmes. — Châles brochés............	France.......	7
F. **Haensch**. Berlin. — Châles brochés..............	Prusse.......	1
Marckwald et **Werner**. Berlin. — Châles tartans..............................	Prusse.......	8
Marie **de Vilken**. Gouv. de Penza. — Châles de poil.	Russie.......	4
Marie **Ousskoff**. Orenbourg. — Châles de poil.......	Russie.......	2
Washington Mills. Boston. — Châles tartans......	États-Unis. ..	
Fürstenberg et Cie. Gothembourg. — Châles tartans.	Suède.......	1
J.-D. **Silva**. Lisbonne. — Châles tartans............	Portugal.....	
Achille **Maderna**. Milan. — Châles tartans...........	Italie........	3
Antoine **Bossi** et Cie. Milan. — Châles tartans.......	Italie........	1
Castells et **Sola**. Barcelone. — Châles de laine.....	Espagne.....	3
Sola et **Sert** frères. Barcelone. — Châles de laine...	Espagne.....	
Hitchcock, Williams et Cie. Londres. — Châles tartans..............................	Gde-Bretagne.	2
J. **Johnston**. Elgin. — Châles de soie de vigogne...	Gde-Bretagne.	
A. **Schneider**. Berlin. — Châles tartans............	Prusse.......	6
A. **Latouche**. Paris. — Châles brochés.............	France.......	12
Blaisot et Cie. Paris. — Châles...................	France.......	3

COOPÉRATEURS.

Médaille d'argent.

Eugène **Fabart**, inventeur présenté par le Jury. Paris.	France.......

Médailles de bronze.

Alexandre **Souvraz**, contre-maître chez MM. Boutard et Lasalle. Paris..............................	France.......
Louis-Gustave **Gauchet**, contre-maître chez M. Hébert fils. Paris..............................	France.......
Jules-Louis **Claverie**, dessinateur chez M. Hébert fils. Paris..............................	France.......
François **Némery**, contre-maître chez MM. Heusey-Deneirouse père et fils et Bloisglavy. Paris.........	France.......
John **Funnel**, contre-maître chez M. Clabburn. Nortwich..............................	Gde-Bretagne.

Pierre-Joseph **Lesur**, contre-maître chez **MM.** Calenge, L'Honneur, Françoise et Cie. Valdencourt.......... France.......

Claude-Étienne **Mathey**, maître-monteur chez **MM.** Dachès père et fils. Grougis.......................... France.......

François **Cauchefert**, présenté par le Jury. Longchamps (Aisne).................................. France.......

Tiburce **Clugnet**, dessinateur. Lyon................ France.......

CLASSE 33

D NTELLES, TULLES, BRODERIES ET PASSEMENTERIES.

EXPOSANTS.

Hors concours.

Biais aîné fils et **Rondelet.** (**Rondelet,** secrétaire du Jury du groupe IV.) Paris. — Broderies pour églises	France	65
Daniel **Biddle** et **Haywards.** (D. **Biddle,** membre du Jury.) — Dentelles	Gde-Bretagne.	5
Schlaepfer, Schlatter et **Kursteiner.** (**Kursteiner,** membre du Jury.) Saint-Gall. — Broderies pour ameublement	Suisse	19

Médailles d'or.

Auguste **Lefébure** et fils. Paris. — Dentelles	France	57
Aubry frères. Paris. — Dentelles	France	8
Verdé-Delisle frères. Paris. — Dentelles	France	4
Industrie des dentelles d'Ypres. — Exposition collective	Belgique	52
Industrie des dentelles de Grammont. — Exposition collective	Belgique	
Hoorickx et Cie. Bruxelles. — Dentelles	Belgique	55
Normand et **Chandon.** Bruxelles. — Dentelles	Belgique	
Ville de Nottingham. — Tulles	Gde-Bretagne.	
Industrie tullière de Saint-Pierre-lez-Calais. Tulles	France	
Aimé **Baboin.** Lyon. — Tulles	France	54
Dognin et Cie. Paris. — Tulles	France	
Industrie de la broderie suisse. Saint-Gall et Appenzell. — Broderies	Suisse	3
Chambre de commerce de Paris. — Broderies françaises	France	
Alamagny-Oriol et Cie. Saint-Chamond. — Passementeries	France	81
Truchy et **Vaugeois.** Paris. — Passementeries	France	68
A. **Louvet** fils. Paris. — Passementeries	France	71
Empire Persan. — Broderies	Perse	
Empire Ottoman. Exposition collective. — Travail à l'aiguille	Turquie	

Médailles d'argent.

Herbelot. Calais. — Tulles	France	54
Baenziger. Thal. — Broderies	Suisse	3
Heymann et **Alexander.** Nottingham. — Tulles	Gde-Bretagne.	15
Staeheli-Wild. Saint-Gall. — Broderies	Suisse	21
M. **Jacoby** et Cie. Nottingham. — Tulles	Gde-Bretagne.	18
B. **Rittemeyer** et Cie. Saint-Gall. — Broderies	Suisse	18
Copestake, Moore et Cie. Londres. — Tulles	Gde-Bretagne.	7
A. **Naef.** Saint-Gall. — Broderies	Suisse	15
Steiger, Schoch et **Eberhard.** Saint-Gall. — Broderies	Suisse	22
Exposition collective du Puy. — Dentelles	France	64
Mmes **Driou, Moret** et Cie. Paris. — Broderies	France	134
Arthur **Lecornu.** Caen. — Dentelles	France	11
Lallemant père et fils. Paris. — Broderies	France	139
A. **Pagny.** Bayeux. — Dentelles	France	7
Defrenne-Marlière. Saint-Quentin. — Broderies	France	132
Julie **Everaert** et sœurs. Bruxelles. — Dentelles	Belgique	5
Hembert et **Maniez.** St-Pierre-lez-Calais. — Tulles.	France	47
J.-E. **Gilbert.** Argenteuil. — Broderies	France	129
P. **Pallier.** Nîmes. — Lacets	France	3-31
A. **Foucher.** Paris. — Broderies	France	130
Raimbert et **Geoffroy.** Paris. — Passementeries	France	119
Bonnet jeune. Bayeux. — Dentelles	France	6
Wantelez frères. Paris. — Broderies	France	88
Félix **Cagnet.** Paris. — Passementeries	France	123
Buchholtz et Cie. Bruxelles. — Dentelles	Belgique	3
Vve **Lefort.** Grand-Couronne. — Tulles	France	26
Fuernkorn. Weingartein. — Broderies	Wurtemberg.	2
Dieutegard et **Antheaume.** Paris. — Passementeries	France	121
Van der Smissen Van den Bossche. Alost. — Dentelles	Belgique	74
Cordier frères. Saint-Pierre-lez-Calais. — Tulles	France	52
Huet-Jacquemin. Saint-Quentin. — Broderies	France	131
Charles **Darchsler.** Vienne. — Passementeries	Autriche	5
Jacques **Strehler.** Bruxelles. — Dentelles	Belgique	72
Vve **Juglar.** Paris. — Broderies	France	89
Ch. **Mehler** et Cie. Lyon. — Passementeries	France	112
Loiseau et **Poulet.** Paris. — Dentelles	France	30
Mullié-Truyffaut. Courtrai. — Dentelles	Belgique	66
Cliff frères. Saint-Quentin. — Tulles	France	29

W. **Vickers**. Nottingham. — Tulles	Gde-Bretagne.	15
Husson-Hemmerlé et Th. **Husson**. Paris. — Broderies	France	137
Parlot-Laurent. Paris. — Passementeries	France	79
Sophie **Gandillot**. Poussay. — Dentelles	France	58
Dubout aîné et ses fils. Calais. — Dentelles de soie.	France	45
Lachez-Bleuze. Paris. — Broderies	France	135
Adolphe **Mottet**. Paris. — Passementeries	France	75
José **Fiter**. Barcelone. — Dentelles	Espagne	2
Vve **Washer**. Bruxelles. — Tulles pour application	Belgique	80
Bacquet père et fils. Saint-Pierre-lez-Calais. — Dentelles de soie	France	56
André **Kreichgauer**. Paris. — Broderies	France	106
Spiquel et fils. Paris. — Passementeries	France	67
Ad. **Callot**. Paris. — Dentelles	France	33
Topham frères. Saint-Pierre-lez-Calais. — Dentelles de soie	France	53
J.-A. **Henry**. Lyon — Broderies	France	151
A. **Mullié** et Cie. Saint-Pierre-lez-Calais. — Dentelles.	France	50
Eugène **Melotte**. Bruxelles. — Broderies	Belgique	626
F. **Valois** et L. **Renard**. Saint-Pierre-lez-Calais. — Dentelles de soie	France	42
Hydayet-Effendi. Constantinople. — Broderies	Turquie	2
S. A. le vice-roi d'Égypte. Exposition collective. — Broderies	Égypte	1
James **Hartshorn**. Nottinghan. — Dentelles de soie	Gde-Bretagne	12
Horrer. Nancy. — Broderies	France	138
Hall frères. Saint-Pierre-lez-Calais. — Dentelles de soie	France	48
Charles **Brunot**. Saint-Pierre-lez-Calais. — Dentelles de soie	France	40
H. **Galoppe** et Cie. Paris. — Dentelles noires, dites de *France*	France	27
Maillot et **Oldknoe**. Lille. — Rideaux	France	1
Alfred **Bailey**. Douai. — Tulles unis	France	2
Grangier et **Raymondon**. Saint-Amand. — Passementeries	France	83
Samuel **Guérin**. Nîmes. — Passementeries	France	1
Henri **Grellou**. Paris.—Passementeries, boutons et fils.	France	77
Guillaume **Brangwyn**. Bruges. — Broderies d'église.	Belgique	2
Legrand. Paris. — Broderies	France	87
J.-C. **Alther**. Spreicher. — Broderies	Suisse	2
F. **Stoltzenberg**. Ruremonde. — Broderies d'or et de soie	Pays-Bas	3
Morin. Paris. — Passementeries	France	73
Margarit et **Lleonart**. Barcelone. — Dentelles	Espagne	

Poiret frères et neveu. Paris. — Broderies.........	France.......	99
Mme Vve **Torrès**. Almagro. — Dentelles............	Espagne......	3
Camille **Weber**. Paris. — Passementeries..........	France.......	69
Neveu et **Guichard**. Paris. — Passementeries	France.......	
Ministère de l'intérieur. Rome. — Dentelles....	États-Pontific.	

Médailles de bronze.

Picard. Remiremont. — Broderies.................	France.......	93
Debbeld, Pellérin et Cie. Paris. — Dentelles.......	France.......	62
Dunnicliff et **Smith.** Nottingham. — Tulles	G^de-Bretagne.	10
E. **Gast.** Caen. — Dentelles.......................	France.......	35
Lheureux frères. Saint-Pierre-lez-Calais. — Tulles..	France.......	51
Blazy frères. Paris. — Tapisseries à l'aiguille........	France.......	104
Azzopardi. Malte. — Dentelles....................	Col. anglaises.	
G. **Pulsford.** Saint-Pierre-lez-Calais. — Tulles......	France.......	41
Exposition collective de l'Inde anglaise. — Broderies..............................	Inde anglaise.	4
J.-B. **Van Rossum.** Hal. — Dentelles..............	Belgique.....	77
Mlle Jane **Maxton.** Saint-Pierre-lez-Calais. — Tulles...	France.......	44
Hietel. Leipzig. — Broderies.....................	Saxe.........	2
Ingelbach et **Schleicher.** Paris. — Passementeries.	France.......	82
Léon **Lefebvre.** Alost. — Dentelles................	Belgique.....	57
L. **Chapron.** Paris. — Broderies..................	France.......	136
Éd. **Clément-Lambin** et Eugénie **Eggermont.** Bruxelles. — Dentelles........................	Belgique.....	62
Vve **Calvet.** Bruxelles. — Tapis de table	Belgique.....	4
Francfort et **Élie.** Bruxelles. — Dentelles..........	Belgique.....	54
Charles **Allen.** Dublin. — Dentelles...............	G^de-Bretagne.	2
Delphine **Beels.** Gand. — Dentelles................	Belgique.....	1
Violard. Paris. — Dentelles	France.......	60
C. **Péju.** Lyon. — Tulles.........................	France.......	242-31
A.-H. **Ménage.** Paris. — Broderies pour églises.....	France.......	107
Guillemot. Paris. — Passementeries................	France.......	124
Houtmans et **Christiaens.** Bruxelles. — Dentelles.	Belgique.....	56
Packer, Manlove et Cie. Nottingham. — Tulles	G^de-Bretagne.	26
J.-W. **Barban** et **Masson.** Lyon. — Broderies pour églises..................................	France.......	110
Bocuze fils et Cie. Lyon. — Dorure et tréfilerie	France.......	78
J.-J. **Wechselmann.** Berlin. — Dentelles..........	Prusse.......	12
Ch. **Lecomte** et Cie. Paris. — Tulles	France.......	28
Najean. Paris. — Passementeries..................	France.......	76
Vanderplancke sœurs. Courtrai. — Dentelles......	Belgique.....	73
Sarazin frères et **Bonneville.** Paris. — Tulles.....	France.......	49

Ant. **Biella.** Milan. — Broderie or, argent	Italie	30
Girard-Thibault. Paris. — Filets à la main	France	80-31
J. **Vandezande-Gœmaere.** Courtrai. — Dentelles	Belgique	75
F. **Monard.** Paris. — Dentelles	France	15
Agnellet frères. — Tulles diamant	France	
Alexeieff. Moscou. — Tirage d'or	Russie	1
Lepeltier frères. Paris. — Dentelles	France	9
L. **Lockert.** Paris. — Tulles	France	14
Rauch et **Schaeffer.** Saint-Gall. — Stores brodés	Suisse	1
R. **Schaerff.** Brieg. — Passementeries	Prusse	5
J. **Badois.** Paris. — Dentelles	France	59
Barnett et **Maltby.** Nottingham. — Tulles	Gde-Bretagne	4
Sennhauser et Cie. Tablat-Saint-Gall. — Broderies mécaniques	Suisse	20
Aurnhammer frères. Freuchtlintgen. — Passementeries	Bavière	1
Ch. **Coppin.** Saint-Josse-ten-Noode. — Dentelles	Belgique	64
Vignon Jarosson et Cie. Lyon. — Tulles	France	254-31
Gebrüder Hirschfeld et Cie. Saint-Gall. — Stores brodés	Suisse	8
Schickler. Paris. — Passementeries	France	122
G. **Lapersonne** et V. **Thomas.** Toulouse. — Dentelles	France	32
J. **Palliat.** Lyon. — Tulles et dentelles	France	257-31
C. **Marcheix.** Paris. — Broderies laine	France	103
Simon fils. Paris. — Passementeries	France	116
Senente-Monard. Gisors. — Dentelles	France	37
Dollfus-Moussy. Lyon. — Tulles	France	243-31
Gustave **Helbronner.** Paris. — Broderies laine	France	100
Auguste **Deterville.** Paris. — Passementeries militaires	France	76
Auber frères. Amiens. — Lacets	France	69
J.-A. **Cabañeras.** Barcelone. — Dentelles	Espagne	31
Mlle **Dugrenot.** Paris. — Dentelles	France	36
Warée. Paris. — Dentelles	France	34
T. **Lester** et fils. Bedford. — Dentelles	Gde-Bretagne	20
Mary-Jane **Jones.** Londres. — Dentelles	Gde-Bretagne	19
Rebière, Pouilly, Destombes. Saint-Pierre-lez-Calais. — Tulles	France	46
Antoine **Champagne.** Lyon. — Tulles	France	245
Cabin. Paris. — Broderies et laines	France	39
A.-F. **Naake.** Berlin. — Passementeries	Prusse	10
Bœttcher et **Weigand.** Berlin. — Broderies, laines et soies	Prusse	6
Rybine. Moscou. — Passementeries	Russie	4
Charlotte **Treadwin.** Exeter. — Dentelles	Gde-Bretagne	32
Louis **Martini.** Milan. — Broderies or et argent	Italie	49

Eugène **Martini**. Milan. — Broderies or et argent....	Italie.......	48
Ed. **Richter**. Vienne. — Broderies..................	Autriche.....	20
Th. **Dubus**. Paris. — Broderies pour églises.........	France	108
Jeannin et **Marre**. Paris. — Passementeries.......	France........	80
Carakache. Constantinople. — Travaux à l'aiguille.	Turquie......	12
Dabney. Horta. — Broderies.....................	Portugal.....	4
Samuel **Guérin** neveu, **Laget** et **Cabanis**. Nîmes. — Passementeries.........................	France.......	12
Lassablière et **Chaland** fils. Saint-Chamond......	France.......	
Mlle H. **Darin**. Lund. — Broderies..................	Suède........	
Mlle Louise **Lidbom**. Wadstena. — Dentelles........	Suède........	
H. **Féron**. Paris. — Broderies.....................	France.......	
Anne **Lowenthal**. Vienne. — Broderies.............	Autriche.....	
Mlle **Braconnier-Delaune** et Cie. Paris. — Broderies.	France.......	
Vaxelaire-Chatelot. Châtel-sur-Moselle. — Mouchoirs et jupons..............................	France.......	140
Foulquier et Cie. Paris. — Filets.................	France.......	79
Daulnoy et **Lecorney**. Malzéville.— Robes et mouchoirs..	France.......	94
Femmes de Peniche. — Dentelles..................	Portugal.....	5
Ch.-A. **Jahn**. Plauen. — Mouchoirs.................	Saxe.........	21
Schnorr et **Steinhœuser**. Plauen. — Mouchoirs brodés..	Saxe.........	22
Thomas Zelger. Vienne. — Broderies et passementeries.....................................	Autriche.....	29
Beckh et **Salzmann**. Ulm. — Broderies...........	Wurtemberg .	1
Jean **Fuchs** fils. Graslitz. — Broderies.............	Autriche.....	6
F. **Lafay**. Paris. — Robes de fantaisie brodées.......	France.......	12
Elie **Schadrine**. Moscou. — Broderies or et argent...	Russie.......	5
Gaillard père et fils. Saint-Pierre-lez-Calais. — Tulles.	France.......	31
H. **Biedermann** et Cie. Paris. — Laines et canevas.	France.......	96
Thorel aîné. Paris. — Tapisseries et canevas........	France.......	102
Costa Bitcho. Eyalet et ville de Yanina. — Broderies.	Turquie......	53
Ecole communale de jeunes filles. Corfou. — Broderies..	Grèce........	53
Lambelin et Cie. Malines. — Tulles................	Belgique.....	63
Angela **Bafico**. Sainte-Marguerite. — Dentelles.......	Italie........	
E. **Campodonico**. Rapatto. — Dentelles............	Italie.... ...	
L. **Toffin**. Coudry. — Tulles......................	France........	16
Robert frères. Courseulle-sur-Mer. — Dentelles......	France.......	63
Mlle Thérèse **Mirani**. Vienne. — Broderies..........	Autriche	31
R. **Ducrocq-Lefèvre**. Saint-Pierre-lez-Calais. — Dentelles, guipures..............................	France.......	55
G.-M.-P. **Christiansen**. Anvers. — Broderies......	Belgique	61

Mentions honorables.

Fisch frères, Buhler. — Broderies..................	Suisse.......	6
Bouju et **Leveau**. Paris. — Filets à la main.......	France.......	12
J. **Wehrli**. Saint-Fiden. — Broderies..............	Suisse	24
Adam. Paris. — Passementeries......................	France.......	71
P.-J. **Borg**. Malte. — Dentelles.....................	Col. anglaises.	1
Dhilly. Saint-Pierre-lez-Calais. — Dentelles..........	France.......	20
Atelier d'apprentissage de Sweveghem. — Broderies..	Belgique	619
Rescher. Paris. — Passementeries................	France	113
Théodore **Unger**. Graslitz. — Dentelles.............	Autriche	26
Geay et Cie. Lyon. — Tulles........................	France.......	256
Richier-Hervieu. Caen. — Broderies............	France.......	141
Louis **Desterbecq**. Paris. — Passementeries........	France.......	133
J.-L. **Mouilleron**. Paris. — Broderies............	France.......	97
Idril. Lyon. — Tulles.............................	France.......	31-244
Henri **Marre**. Paris. — Lacets.....................	France.......	126
Delodder-Lobelle. Iseghem. — Dentelles..........	Belgique	67
Berliet et Cie. Lyon. — Tulles de soie............	France.......	21-255
Asselineau-Proust. Paris. — Broderies, canevas..	France.......	101
Pignon et **Bayard**. Paris. — Passementeries.......	France.......	86
Association des tullistes de Lyon. — Tulles unis en soie.......................................	France.......	259-31
Bonnamour aîné. Lyon. — Lacets et tresses.......	France(Cl. 31).	49
M. **Faber** et Cie. Heinrichsthal— Rideaux pour ameublements......................................	Autriche......	6
Tessier et Cie. Paris. — Mouchoirs brodés.........	France.......	74
F.-A. **Mammen** et Cie. Plauen. — Broderies, passementeries..	Saxe.........	23
can et Simon **Vischniakoff** frères. Moscou. — Tirage d'or..	Russie.......	6
Renders-Van Dyck. Bruges. — Dentelles.........	Belgique	71
Gandel. Paris. — Passementeries...................	France.......	118
Mme Lizzie **Mac-Lean**. Enniskillen. — Dentelles	Gde-Bretagne .	21
Hertz et **Wegener**. Berlin. — Dessins pour broderies.	Prusse.......	15
Laurent fils. Paris. — Passementeries.............	France.......	117
Mme **Alderson**. Londres. — Dentelles..............	Gde-Bretagne .	1
Collége Carniti. Crême. — Broderies.............	Italie	32
Bartels, Dierichs et Cie. Barmen. — Passementeries.	Prusse.......	
J. **Van Loco**. Turnhout. — Dentelles................	Belgique	76
Duerselen et **Carnap**. Ronsdorf. — Passementeries.	Prusse.......	
Dominique et Angela **Broggi**. Côme. — Dentelles....	Italie.......	

Biquard frères. Paris. — Passementeries	France	114
Caroline **Colombo**. Côme. — Dentelles	Italie	3
S. A. le Bey de Tunis. Exposition collective. — Broderies	Tunis	1
Zoeller. Paris. — Passementeries	France	120
Mme Armand **Hussonmerel**. Paris. — Dentelles	France	10
Henry. Paris. — Passementeries	France	142
H. **Neuhaus**. Barmen. — Passementeries	Prusse	13
Mabesoone et sœurs. Saint-André-lez-Bruges. — Dentelles	Belgique	59
Marie **Benkowits**. Vienne. — Broderies	Autriche	3
D. **Baumgarten**. Barmen. — Passementeries	Prusse	12
Maison des pauvres. Gênes. — Broderies blanches	Italie	17
Mlle **Wensioe**. Stockholm. — Dentelles	Suède	
Mme **Hartwich**. Wadstend. — Dentelles	Suède	
Victor **Crespin** fils. Saint-Pierre-lez-Calais. — Tulles	France	24
Bertrand et **Linquette**. Saint-Pierre-lez-Calais. — Tulles	France	25
Dubrœucq. Saint-Pierre-lez-Calais. — Tulles	France	»
James **Frances**. Saint-Pierre-lez-Calais. — Tulles	France	56
Robert **West**. Saint-Pierre-lez-Calais. — Tulles, dentelles	France	»
Ransoms et **Yves**. Paris. — Passementeries	France	115
Comité auxiliaire de Helsingfors. — Dentelles	Russie	2
Collége royal de Ste-Catherine de Reggio d'Émilie. — Broderies	Italie	19
Ve **Richenet-Bayard**. Paris. — Passementeries	France	111
Ariane Gattaj. Pise. — Broderies	Italie	40
J. **Dunac**. Toulouse. — Passementeries	France	72
Anna **Rinuccini**. Pise. — Broderies	Italie	41
Successeurs de **Neïdel**. Nuremberg. — Passementeries	Bavière	3
Cath. **Gottardi-Morini**. Parme. — Broderies	Italie	38
J. **Blazincic**. Vienne. — Passementeries	Autriche	4
Maison pénitentiaire. Venise. — Broderies	Italie	»
Joseph **Pasta**. Milan. — Passementeries	Italie	55
Institut de charité. Reggio d'Émilie. — Mouchoirs brodés	Italie	»
Cuvyer-Bresson. Paris. — Passementeries	France	105
Maison des Enfants trouvés. Pernambuco. — Broderies or	Brésil	2
Duchemin et Cie. Paris. — Broderies	France	1
Davies et Cie. Londres. — Passementeries	Gde-Bretagne	8
Eug. **Thirion**. Venezuela. — Mouchoirs brodés	Venezuela	»
Bab. **Beck** et fille. Nuremberg. — Passementeries	Bavière	2
Hospice provincial. Cadix. — Mouchoirs brodés	Espagne	8

Hæhnel. Stockholm. — Passementeries............	Suède........	10
Dikran. Constantinople. — Broderies or, argent.....	Turquie......	16
Langenbeck et **Wex**. Barmen. — Passementeries.	Prusse.......	17
J.-B. Wunsch. Nuremberg. — Passementeries......	Bavière......	4
Mme Catalina **Prats**. Palma. — Broderies...........	Espagne......	6
Panagiota-Cokinaki. Calamata. — Broderies....	Grèce........	6
Kanella Papadopoulo. — Broderies.............	Grèce........	»
Ouvroir musulman. (Mme Luce, directrice.) Alger. — Broderies..................................	Algérie.......	
Ouvroir musulman. (Mme Barroil, directrice.) Alger. — Broderies..............................	Algérie.......	»
Province de Tucuman. — Dentelles.............	Con. Argentine	»
Demersay. — Broderies.........................	Paraguay.....	»
Ecole de charité de Ning-Pô. — Broderies.......	Chine........	»
Carl **Robeck**. Nuertingen. — Ganses et dentelles de fil de lin..	Wurtemberg..	5
Catherine **Polevoï**. Nijny Novgorod. — Broderies à la main......................................	Russie.......	»
Klose et **Feltzin**. Berlin. — Passementeries........	Prusse.......	
École centrale de demoiselles de Cracovie. — Broderies à la main.............................	Autriche.....	
Chorrier. Paris. — Broderies sur canevas.........	France.......	

COOPÉRATEURS.

Médailles d'argent.

Arthur **Cumming Biddle**, directeur de la fabrication chez M. Haywards. Londres.................	Gde-Bretagne..	5
La Providence. (École-ouvroir de dentelles.) Mirecourt...	France......	
Gabriel **Descombes**, directeur de la fabrication chez M. Dognin et Cie. Lyon.......................	France.......	3
Mlle Fanny **Bénard**, directrice des ateliers de M. Lefébure. Bayeux................................	France........	57
Breysse-Laugier, directeur de fabrication, présenté par le Jury.......................................	France.......	64
Mme Vve **Bourgade**, directrice des broderies pour MM. Biais aîné fils et Rondelet. Paris............	France.......	65
Mlle Justine **Griffon**, patronneuse dentelière. Ypres..	Belgique.....	5
École de dentelles de la Poterie, présentée par le Jury. Bayeux.....................................	France.......	
A. Roussel, dessinateur pour MM. A. Lefébure et fils. Paris..	France.......	57

Médailles de bronze.

Laurent **Florentin**, directeur de fabrication, présenté par le Jury. Diarville	France	8
J.-B. **Colnot**, directeur de fabrication, présenté par le Jury. Diarville	France	8
Charles **Maillière**, directeur de fabrication, présenté par le Jury. Valfroicourt	France	8
Romain **Hilaire**, dessinateur, présenté par le Jury. Mirecourt	France	8
M **Quesnot**, coloriste chez M. Cabin	France	8
Mlle **Haldebique**, maîtresse ouvrière chez M. Lecornu. Caen	France	11
Mlle Rosalie **Thérole**, maîtresse ouvrière chez MM. Lallemand père et fils. Mattincourt	France	139
Mme **Benjamin**, maîtresse ouvrière chez MM. Lallemand père et fils. Mirecourt	France	139
Joseph **Didier**, dessinateur de MM. Loiseau et Poulet. Mirecourt	France	30
Mme **Balaud**, directrice de fabrication, présentée par le Jury. Escles	France	8
Mme **Maudru**, directrice de fabrication, présentée par le Jury. Ville-sur-Illon	France	8
L.-G. **Mansuy**, directeur de fabrication, présenté par le Jury. Romoncourt	France	8
Mlle **Bourel**, directrice de piquage chez MM. A. Lefébure et fils. Bayeux	France	57
Mme Vve **Duval**, ouvrière chez MM. A. Lefébure et fils. Bayeux	France	57
Mme Julie **Bernard**, ouvrière chez MM. A. Lefébure et fils. Bayeux	France	57
Mlle Georgette **Sarron**, ouvrière chez MM. A. Lefébure et fils. Bayeux	France	57
Mme Vve **Pinchon**, ouvrière chez MM. A. Lefébure et fils. Bayeux	France	57
Mlle Félicité **Jullien**, ouvrière chez MM. A. Lefébure et fils. Bayeux	France	57
Mlle Pauline **Didier**, maîtresse ouvrière, présentée par le Jury. Mirecourt	France	
Mlle Catherine **Eulry**, maîtresse ouvrière, présentée par le Jury. Mirecourt	France	
Mlle Aspasie **Mustel**, maîtresse ouvrière chez M. A. Pagny. Bayeux	France	7
P. **Aubrée**, chef d'atelier chez M. A. Pagny. Bayeux.	France	7
Ernest **Lefortier**, chef d'atelier chez M. A. Pagny. Bayeux	France	7
Mlle **Haeck**, contre-maîtresse chez MM. A. Lefébure et fils. Bayeux	France	57
Mme **Champion**, patronneuse. Paris	France	

Chevallier-Balme, exécuteur de nouveautés exécutées pour M. Badois. Le Puy	France	59
J.-B.-V. **Baudrillard**, confectionneur chez MM. Biais fils aîné et Rondelet. Paris	France	65
Mlle Héléna **Bénard**, contre-maîtresse chez MM. A. Lefébure et fils. Bayeux	France	57
Mlle **Chaudouet**, contre-maîtresse chez MM. A. Lefébure et fils. Bayeux	France	57
Mlle **Royer**, contre-maîtresse chez MM. A. Lefébure et fils. Bayeux	France	57
Mme **Monroty**, raboutisseuse chez MM. A. Lefébure et fils. Bayeux	France	57
Mlle Marie **Guy**, raboutisseuse chez MM. A. Lefébure et fils. Paris	France	57
Mme **Henriet**, raboutisseuse chez MM. A. Lefébure et fils. Paris	France	57
Mme **Verrier**, dentellière chez M. Arthur Lecornu. Caen	France	
Mlle Laure **Chefdeville**, brodeuse en châles, présentée par le Jury. Paris	France	
N. **Clément**, directeur de fabrication, présenté par le Jury. Marainville	France	8
J.-B. **Ferry**, directeur de fabrication, présenté par le Jury	France	8
Désire **Gegonne**, directeur de fabrication, présenté par le Jury. Lerrain	France	8
Gerberon, directeur de fabrication, présenté par le Jury. Legeville	France	8
Mlle Charlotte **Benoît**, ouvrière en dentelles, présentée par le Jury. Mirecourt	France	
Mme **Robin**, chez M. Lalleman. Fontenay-le-Château	France	95
Mme **Ringenbach**, ouvrière. Mirecourt	France	
Mlle Annette **Streiff**, ouvrière en dentelles, présentée par le Jury. Mirecourt	France	
Mme Adeline **Fétique** née **Husson**, ouvrière en dentelles, présentée par le Jury. Mirecourt	France	
Mme **Lécavelle** née **Somny**, ouvrière en dentelles, présentée par le Jury. Mirecourt	France	
Mme **Vautrin-Maline**, ouvrière en dentelles, présentée par le Jury. Mirecourt	France	
G. **Perrin**, dessinateur chez MM. Verdé-Delisle frères et Cie. Paris	France	2
Théophile **Thibault**, dessinateur chez MM. Verdé-Delisle frères et Cie. Paris	France	4
Mlle **Ronssel**, directrice chez MM. Verdé-Delisle frères et Cie. Caen	France	4
Mlle **Billiel**, directrice chez MM. Verdé-Delisle frères et Cie. Bayeux	France	
Michel **Batiste**, chef d'atelier chez M. Verdé-Delisle frères et Cie. Bayeux	France	4

Mme **Besnard-Gouhier,** directrice chez MM. Verdé-Delisle frères et Cie. Alençon	France	4
Mlle **Laroche,** directrice chez Mme Driou, Morel et Cie. Metz	France	134
Adolphe **Brunel,** contre-maître chez M. Louvet. Paris.	France	71
Mlle **Haguenne,** dentellière chez MM. Aubry frères. Poussay	France	8
Mlle **Noiriel,** dentellière chez MM. Aubry frères. Barzeguey	France	4
Mlle Laurentine **Vatteville,** dentellière chez M. A. Lecornu. Caen	France	11
Mlle Onésime **Levée,** dentellière chez M. Lecornu. Caen	France	11
Mme **Canivet,** dentellière chez M. A. Lecornu. Caen.	France	
Mlle Marguerite **Pichon,** dentellière chez M. Badois. Gonnangles	France	59
Mlle **Goudet,** dentellière chez M. Badois. Chomelire..	France	59
Mlle Annalie **Gire,** dentellière chez M. Badois. Le Puy.	France	59
Grandgeon, metteur en cartes chez M. Badois. Le Puy	France	59
Le Renard, piqueur chez M. C. Lecornu. Caen.	France	11
César **Falcon,** contre-maître. Le Puy	France	64
Victor **Privat,** contre-maître. Le Puy	France	64
Joseph **Terrass,** contre-maître chez MM. Loiseau et Poulet. Le Puy	France	30
Henri **Chauvin,** piqueur-dessinateur chez MM. Loiseau et Poulet. Chantilly	France	30
Mairie de Fontenoy-le-Château. Brodeuses de la commune, présentées par le Jury. Vosges	France	
Joseph **Angois,** dessinateur, présenté par le Jury. Saint-Pierre-lez-Calais	France	
Mme **Guillet,** brodeuse. Paris	France	
Charles **Austin** fils, dessinateur chez M. Herbelot. Calais	France	54
Masson, dessinateur chez MM. Dubout aîné et ses fils. Calais	France	45
Boutenjeun jeune, dessinateur chez M. Brunot. Saint-Pierre-lez-Calais	France	
Charles **Sergeant,** apprêteur. Saint-Pierre-lez-Calais.	France	
Petit et **Debray,** apprêteurs-blanchisseurs. Saint-Pierre-lez-Calais	France	
Carré fils, apprêteur. Saint-Pierre-lez-Calais	France	
Cordier-Millieu, apprêteur. Saint-Pierre-lez-Calais..	France	
Laurent **Gravelle,** apprêteur. Calais	France	
Récipon-Fleuret, contre-maître présenté par le Jury. Le Puy	France	
Nicolas **Pinet,** dessinateur et metteur en cartes, présenté par le Jury. Calais	France	

Charles **Bertrand,** dessinateur et metteur en cartes chez MM. Mulié et Cie. Saint-Pierre-lez-Calais......	France.......	50
Bontenjeun aîné, dessinateur chez M. Brunot. Saint-Pierre-lez-Calais..............................	France.......	40
Louis **Renard,** dessinateur et metteur en cartes chez MM. Valois et Renard. Saint-Pierre-lez-Calais.......	France.......	42
Frédéric **Perry-James,** dessinateur chez MM. Cliff frères et fils. Saint-Quentin........................	France.......	29
Edmond **Laporte,** collaborateur chez Mme Vve Lefort. Grand-Couronne..................................	France.......	
Rémi **Barbier,** dessinateur chez MM. Maillot et Oldknow. Lille......................................	France.......	
Édouard **Hanson,** dessinateur présenté par le Jury. Saint-Pierre-lez-Calais..........................	France.......	
Simpson, dessinateur, présenté par le Jury. Saint-Pierre-lez-Calais...............................	France.......	
Fletcher, dessinateur, présenté par le Jury. Saint-Pierre-lez Calais..............................	France.......	
Gabriel **Perrins,** dessinateur, présenté par le Jury. Lyon..	France.......	
Armand **Chaudouet,** dessinateur chez MM. A. Lefébure et fils. Paris................................	France.......	
Leclerc, dessinateur de MM. Aubry frères. Paris....	France.......	8
Charles **Streiff,** dessinateur, présenté par le Jury. Mirecourt..	France.......	8
François **Van Liederkerke,** chef d'atelier. Bruxelles.	Belgique......	
François **Vanhoorde,** patronneur. Grammont.......	Belgique......	
Rosalie **Nienpondt,** dentellière. Bruxelles..........	Belgique......	
Julie **Brackeveld,** dentellière. Courtrai...........	Belgique......	
Blondine **Allard,** dentellière. Ypres................	Belgique.....	
Nevelstyn (Vve Leroi), dentellière. Ypres..........	Belgique.....	
Adolphe **Bernard,** contre-maître chez M. A. Legrand. Stenay..	France.......	87
Clémence **Fagel,** dentellière. Ypres.................	Belgique.....	
Ambroise **Devaux,** contre-maître, présenté par MM. Poiret frères. Salay........................	France.......	
Godard, contre-maître chez MM. Poiret frères........	France.......	
Caller, contre-maître chez MM. Poiret frères........	France.......	
Berthet, employé chez MM. Poiret frères...........	France.......	
Sylvie **Batheus,** dentellière. Grammont.............	Belgique.....	
Herminie **Lion,** dentellière. Grammont.............	Belgique.....	
Sophie **Demoor,** dentellière. Grammont.............	Belgique.....	
François **Mechaudeux,** piqueur. Grammont........	Belgique.....	
J.-B. **Rimeur,** piqueur. Grammont.................	Belgique.....	
Lisch, architecte-dessinateur pour MM. Biais aîné fils et Rondelet. Paris..................................	France.......	
Maurice **Ouradou,** architecte-dessinateur pour MM. Biais fils aîné et Rondelet. Paris.............................	France.......	65

Mme **Rongier**, supérieure au couvent de Notre-Dame-du-Puy, présentée par le Jury. Le Puy............	France.......	
Blancheton, contre-maître, présenté par le Jury. Le Puy..	France.......	
Mlle **Besgnard**, directrice pour MM. Verdé-Delisle frères et Cie. Touray..............................	France.......	4
Mmes **Parent**, directrices d'un orphelinat, à Constantine..	Algérie.......	
Lecomte, directeur de fabrication..................	France.......	54

Mentions honorables.

Lancel, dessinateur chez MM. Cordier frères. Saint-Pierre-lez-Calais...	France.......	5
Cordier, dessinateur chez MM. Valois et Renard. Saint-Pierre-lez-Calais................................	France.......	420
Louis **Brissard**, apprêteur chez M. Bailey. Douai....	France.......	2
Eggleton, metteur en cartes chez MM. Hall frères. Saint-Pierre-lez-Calais................................	France.......	48
Laporte, metteur en cartes chez MM. Hembert et Maniez. Saint-Pierre-lez-Calais.....................	France.......	47
Austin, metteur en cartes chez MM. Pulsford. Saint-Pierre-lez-Calais..	France.......	41
William **Prest**, metteur en cartes, présenté par le Jury. Saint-Pierre-lez-Calais................................	France.......	
Chauvin, metteur en cartes, présenté par le Jury. Saint-Pierre-lez-Calais................................	France.......	
Louis **Grenier**, mécanicien, présenté par le Jury. Saint-Pierre-lez-Calais................................	France.......	
Noyon et **Lavoine**, mécaniciens, présentés par le Jury. Saint-Pierre-lez-Calais.....................	France.......	
Duquenoy, mécanicien, présenté par le Jury. Saint-Pierre-lez-Calais...	France.	
Peron, metteur en cartes, présenté par le jury. Saint-Pierre-lez-Calais...	France.......	
Mme **Bezena**, directrice de fabrication de broderies. Vienne...	Autriche......	20
Jules **Merlin**, mécanicien. Saint-Pierre-les-Calais.....	France.......	
Gautron, blanchisseur et apprêteur. Saint-Pierre-lez-Calais..	France.......	
Bellin et **Vieillard**, apprêteurs. Saint-Pierre-lez-Calais..	France.......	
Mlle Amélie **Renaudin**, brodeuse chez MM. Biais aîné fils et Rondelet. Paris..............................	France.......	65
Mme **Bevalet**, chasublière chez MM. Biais aîné fils et Rondelet. Paris....................................	France.......	65
Charlotte **Bloos**, dentellière. Grammont............	Belgique.....	
Van Liefferinge, dentellière. Grammont............	Belgique.....	
Henri **Noël**, dessinateur chez MM. Lallemand père et fils. Paris..	France.......	139

Gustave **Bourdon**, dessinateur pour M. Lepeltier père. Paris	France	9
Champlois, dessinateur chez M. Debbeld-Pellerin et Cie. Paris	France	62
Mme Sophie **de Witte**, dessinateur chez MM. A. Lefébure et fils	France	57
Mme **Descombes**, directrice chez MM. Dognin et Cie. Lyon	France	3
Mlle Désirée **Martin**, dentellière chez M. A. Gast. Caen.	France	35
Mlle Aimée **Tillard**, dentellière chez M. E. Gast. Caen.	France	35
Mlle Élisa **Languedoc**, ouvrière dentellière pour MM. Verdé-Delisle frères et Cie. Grand-Cour	France	4
Mlle Alphonsine **Bernière**, ouvrière dentellière pour MM. Verdé-Delisle frères et Cie. Cagny	France	4
Mlle Théodelinde **Lepetit**, ouvrière dentellière pour MM. Verdé-Delisle frères et Cie. Thaon	France	4
Mme Annonciade **Fontaine**, ouvrière dentellière pour MM. Verdé-Delisle frères et Cie. Saint-Sulpice	France	4
Mlle Léonie **Gignet**, ouvrière dentellière pour MM. Verdé-Delisle frères et Cie. Caen,	France	4
Mme Hortense **Maurice**, ouvrière dentellière pour MM. Verdé-Delisle frères et Cie. Bayeux	France	4

CLASSE 34

BONNETERIE, LINGERIE ET AUTRES OBJETS ACCESSOIRES DU VÊTEMENT.

EXPOSANTS.

Hors concours.

Tailbouis et **Renevey.** (M. **Tailbouis,** Membre du Jury.) Paris. — Bonneterie	France	1
Duvelleroy. (Membre du Jury.) Paris. — Éventails.	France	125
M. E. **Groen** et fils. (L.-J. **Groen,** Membre du Jury.) Copenhague. — Bonneterie et literie	Danemark	6
Compagnie manufacturière de Nottingham. (M. A.-J. **Mundella,** directeur, Membre du Jury). — Bonneterie	Gde-Bretagne	8
S. **Hayem** aîné. (Associé au Jury.) Paris.— Chemises, cols, cravates, etc	France	122

Médailles d'or.

Guivet et Cie. Troyes. — Bonneterie de coton	France	39
Claude **Jouvin-Doyon** et Cie. — Gants de peau	France	
J.-F. **Bapterosses.** Briare. — Boutons en émail	France	165
Mc **Intyre Hogg** et **Buchanan.** Londres. — Chemises et lingerie	Gde-Bretagne	7
Chambre de commerce de Paris. — Industrie des éventails	France	
Poron frères. Troyes. — Bonneterie de coton	France	38
Chambre de commerce de Paris. — Industrie des boutons	France	

Médailles d'argent.

Hartog, Ch.-S. **Jean** et Cie. Paris. — Boutons	France	166
Bouly-Lepage fils et Cie. Moreuil. — Bonneterie de coton	France	24
Tréfousse et Cie. Chaumont. — Gants de peau	France	54
F. **Meyer.** Paris. — Éventails	France	12
A. **Sueur.** Paris. — Chemises	France	

Lucien **Fromage** et Cie. Rouen. — Bretelles........	France......	164
Fréd. **Contour**. Paris. — Bonneterie................	France.......	15
J.-B. **Blanchet**. Paris. — Bonneterie..............	France.......	3
Ph. **Courvoisier** et Cie. Paris. — Gants de peau ..	France.......	58
Ch. **Fortin** et Cie. Paris. — Gants de peau	France.......	59
J.-M. **Caron** et Cie. Rauenthal. — Boutons	Prusse.......	10
Lavalard frères. Paris. — Bonneterie.............	France.......	17
Th. **Delacour** et fils. Paris. — Bonneterie..........	France.......	18
Vve Xaxier **Jouvin** et Cie. Paris. — Ganterie.........	France.......	60
Milon aîné. Paris. — Bonneterie	France.......	2
Lebeuf-Millet et Cie. Montereau. — Boutons en céramique	France.......	184
Gourdin et Cie. Paris. — Boutons	France.......	172
Germain fils. Nîmes. — Bonneterie..............	France.......	13
E. **Jonniaux** et Cie. Bruxelles. — Ganterie	Belgique	5
Jean **Vanderborght**. Tournai. — Bonneterie	Belgique.....	10
Lauret frères. Ganges. — Bonneterie...............	France.......	1
A. **Francoz** fils. Grenoble. — Ganterie	France.......	61
Franz et Max **Stiassny**. Vienne. — Ganterie........	Autriche	35
F.-F.-V. **Alexandre**. Paris. — Éventails...........	France.......	137
Maigron-Neyret et **François**. Paris. — Ganterie de tissus	France.......	34
Wolf-Fürth et Cie. Strakonitz.—Bonnets orientaux.	Autriche.....	35-11
Fournier, Pontremoli, Malherbe et Cie. Paris.— Chemises et caleçons..............................	France.......	116
Salles jeune et Cie. Lyon. — Ganterie de tissus	France.......	33
Meruyeis frères. Paris. — Bonneterie...............	France.......	4
Coutant, Dubuy, Maréchaux et Cie.—Bonneterie.	France.......	14
Cheillez jeune et Cie. Paris. — Ganterie...........	France.......	57
F.-E. **Woller**. Stollberg. — Bonneterie..............	Saxe.........	24
E. **Compère** et **Dufort**. Paris. — Ganterie	France.......	56
Verdier. — Ganterie..................................	Danemark....	17
Risler et Cie. — Boutons............................	Bade.........	2
B. **Plant** et Cie. Leicester. — Bonneterie............	Gde-Bretagne.	10
D. **Jugla**. Paris. — Ganterie	France.......	69
F. **Calvat** et Cie. Grenoble. — Ganterie.............	France.......	71
Hermann **Staerker**. Chemnitz. — Bonneterie........	Saxe.........	23
C. **Charvet**. Paris. — Chemises	France.......	80
Smyth et Cie. Balbriggan. — Bonneterie............	Gde-Bretagne.	11
L.-A.-F. **Allain-Moulard**. Paris.— Bourses, sacs, etc.	France.......	176
H. **Schalck**. Lisbonne. — Boutons..................	Portugal	11
Ferdinand **Rouillon** et Cie. Grenoble. — Ganterie...	France.......	68
A.-F. **Bagriot**. Paris. — Boutons..................	France.......	168
Sarret-Terrasse. Angers. — Parapluies..........	France.......	139

Toupillier et **Lepault**. Paris. — Éventails........ France....... 128
Gros et Cie. Kisslau. — Corsets.................. Bade......... 1
A. Gruyer. Paris. — Parapluies .... France....... 144
P. Lenoir. Paris. — Corsets...................... France....... 112
Mme Josselin. Paris. — Corsets................... France....... 103
Mlle Deschamps-Alan. Paris. — Corsets........... France....... 112
Virginie **Gringoire**. Paris. — Corsets............. France....... 107
Ch. Lips. Paris. — Manches sculptés, cannes........ France....... 154
Hock. Strasbourg. — Tissus et rubans en coton imitation paille.......................... France....... 161
Franz **Märzinger**. Vienne. — Gants de peau........ Autriche..... 9
Thomson frères. Paris. — Jupons-cages .... France....... 100
Beaumont frères. Paris. — Chemises.............. France....... 89
Jules **Chambaud**. Paris. — Bonneterie.............. France....... 9
F.-G. **Herrmann**. Oberlungwitz. — Bonneterie...... Saxe 22
Colin-Renson. Bruxelles. — Gants de peau........ Belgique..... 2
L. Lotte. Bruxelles. — Boutons à l'aiguille .... Belgique..... 14
E. Charageat. Paris. — Parapluies .... France....... 140
J. Savouré. Paris. — Bonneterie .... France....... 19
Ulrich-Vivien. Bar-le-Duc. — Corsets.............. France....... 101
Longueville. Paris. — Chemises.................. France....... 81
Delétoille fils. Arras. — Bonneterie .... France....... 23
Aug. **Buissot**. Paris. — Éventails................. France....... 131
Guérin-Brécheux. Paris. — Éventails.............. France....... 126
Tonnel frères. Paris. — Bonneterie .... France....... 62
Alouise van de Voorde. — Éventails............... France....... 124
Mme Vve **Noirot**. Niort. — Gants de peau............ France....... 72
Théodore **Gülcher** fils. Vienne. — Fez............. Autriche..... 124
Robert **Ébert**. Chemnitz. — Bonneterie .... Saxe......... 21
A. Berteville. Paris. — Devants de chemise....... France....... 119
G. **Frossard**. Paris. — Cols-cravates.............. France....... 81
A. François et Cie. Paris. — Cannes et fouets...... France....... 180
A. Collette et F. **Guidon**. Paris. — Cannes et fouets. France....... 151
Rivière et Cie. Rouen. — Tissus pour bretelles..... France. (Cl. 44.) 348
Abel **Loroue**. Paris. — Chemises.................. France....... 85
L.-C. **Crocco**. Gênes. — Bonneterie................ Italie. (Cl. 29.) 3
A. Parent et T. **Hamet**. Paris. — Boutons........ France....... 174
Boileau frères. Paris. — Bonneterie.............. France....... 22
L. Tribout. Paris. — Bonneterie.................. France....... 11

Médailles de bronze.

Avit-Quinquarlet. Aix-en-Othe. — Bonneterie..... France....... 45

Exposant	Pays	N°
A.-L. **Préville**. Paris. — Ganterie	France	73
Ambroise **Binda**. Milan. — Boutons	Italie	24
Lertora-Marinoni et Cie. — Boutons	Italie	27
Mercier fils. Méharicourt. — Bonneterie	France	16
D. **Périnot**. Paris. — Ganterie	France	55
Darnet. Paris. — Chemises	France	121
A.-M. **Birnbaum**. Tœplitz. — Bretelles	Autriche	3
H. **Pentony**. Londres. — Bretelles	Gde-Bretagne	9
Huet et Cie. Paris. — Bretelles	France	162
Paillet-Maillot. Paris. — Bonneterie	France	7
Philipon-Degois et fils. Romilly-sur-Seine.—Bonneterie	France	37
Mariotte. Paris. — Ganterie	France	67
Edouard **Bossi**. — Ganterie	Italie	18
Planard frères. Paris. — Lingerie	France	95
Mme **Sweetman**. Londres. — Layettes d'enfants	Gde-Bretagne	13
P.-F.-J.-B. **Bézard**. Troyes. — Bonneterie	France	31
Amendola frères. Naples. — Ganterie	Italie	17
N.-F. **Larsen**. Copenhague. — Ganterie	Danemark	9
J. **Huet**. Paris. — Boutons	France	183
Mme Vve **Cauzard**. Aix-en-Othe. — Bonneterie	France	49
J. **Cambon**. Paris. — Bonneterie	France	5
Schmidt. Posen. — Chemises	Prusse	25
T. **Deschamps**. Paris. — Ganterie	France	78
A. **Caumont** et Cie. Paris. — Éventails	France	127
H. **Bethmont**. Paris. — Éventails	France	130
E. **Calvat** et H. **Navizet**. Grenoble. — Ganterie	France	79
E. **Bertin**. Paris. — Ganterie	France	63
Frérot. Troyes. — Bonneterie	France	43
Mariano **Bordas**. Barcelone. — Bonneterie	Espagne	3
Compagnie industrielle Lisbonnaise. — Bonneterie	Portugal	
Chr.-L. **Wagner**. Calw. — Bonneterie	Wurtemberg	6
Balduin Heller. Tœplitz. — Boutons	Autriche	44
C.-C. **Sporrong**. Stockholm. — Boutons	Suède	6
Mehemed Hairi. Damas. — Linge de lit	Turquie	240
Gouvernement de Sères. — Bonneterie	Turquie	298
A. **Quintard**. Paris. — Chemises	France	94
Vve J. **Beer**. Liegnitz. — Bonneterie	Prusse	18
Doré et Cie. Troyes. — Bonneterie	France	36
M. **Ottenheimer** et fils. Stuttgart. — Corsets	Wurtemberg	10
Ignace **Hœnig**. Vienne. — Faux-cols	Autriche	12
Sachse et fils. Philadelphie. — Chemises	États-Unis	3

N. **Regnier**. Troyes. — Ganterie de tricot...........	France.......	35
Philippe **Wattiez**. Tournai. — Bonneterie..........	Belgique.....	13
Guillaume fils. Troyes. — Bonneterie.............	France.......	47
Bollack frères. Paris. — Ombrelles................	France.......	150
L.-C. **Juhel** et fils. Paris. — Boutons..............	France.......	170
Carougeat. Troyes. — Bonneterie	France.......	51
J.-L. **Ranniger** et fils. — Altenbourg. — Ganterie..	Saxe-Altenbourg.	5
Victor **Garret**. Paris. — Chemises................	France.......	86
J.-G. **Shwartz** et fils. Copenhague. — Éventails.....	Danemark....	16
E.-D. **Sculfort**. Paris. — Bonneterie..............	France.......	8
Schottlaender et **Goldschmidt**. Copenhague. — Chemises....................................	Danemark....	15
J.-B. **Godin**. Paris. — Bonneterie................	France.......	6
H. **Vigelius** et Cie. Rotterdam. — Gants de peau.....	Pays-Bas.....	1
Moriquand. Grenoble. — Gants de peau..........	France.......	62
Jacquot. Lokerem. — Corsets....................	Belgique.....	16
Lemesle. Paris. — Boutons	France.......	180
A. **Cordier**. Paris. Boutons	France.......	
A. **Billion** jeune et **Lelarge**. Paris. — Ganterie....	France.......	77
Lafaist fils. Aix-en-Othe. — Bonneterie	France.......	46
Roulinat-Lemesle. Paris. — Boutons.............	France.......	182
Mayer et **Unger**. Stuttgart. — Bonneterie..........	Wurtemberg..	4
D.-J. **Fayet** et Cie. Paris. — Éventails	France.......	138
C.-F. **Veittinger**. Stuttgart. — Bonneterie	Wurtemberg..	5
Swears et **Wells**. Londres. — Bonneterie.........	Gde-Bretagne.	12
L. **Morin** jeune. Au Blanc. — Chemises............	France.......	115
C.-V. **Guyot**. Paris. — Bretelles, jarretières.........	France.......	158
Jean **Loforte**. Naples. — Ganterie.................	Italie........	19
Sand et **Buff**. Trogen, Saint-Gall. — Chemises......	Suisse.......	3
Ch. **Berthier** fils. Troyes. — Bonneterie............	France.......	52
William-F. **Coles**. Londres. — Semelles de liége.....	Gde-Bretagne.	1
F. **Boussard**. Paris. — Ganterie	France.......	66
Mlle Pauline **Carnaghi**. Milan. — Devants de chemises brodés..	Italie........	10
L. **Beyer**. Odense. — Ganterie	Danemark....	1
Mme **Léoty**. Paris. — Corsets......................	France.......	99
Mme **Hippolyte**. Paris. — Corsets..................	France.......	98
Jame père et fils. Paris. — Éventails..............	France.......	134
Mme Vve **Loutrel-Bastin**. — Corsets..............	Belgique.....	7
Mme Vve **Gruyer**. Paris. — Parapluies, ombrelles.....	France.......	144
Malfilâtre-Leboucher. Falaise. — Bonneterie.....	France.......	28
Charmantier. Nantes. — Bonneterie	France.......	21
C.-M. **Engel**. Erfurt. — Bonneterie................	Prusse.......	14

Vanier-Chardin. Paris. — Éventails	France	129
Combier. — Cannes	France	4
Loiseau. Paris. — Cols, cravates	France	128
L.-P. **Caillebotte.** Paris. — Boutons	France	173
A. **Tavernier.** Paris. — Jupons-cages	France	109
Millet. Valant-Saint-Georges. — Bonneterie en coton d'Alger	Algérie	10
S.-N. **Moody.** Nouvelle-Orléans. — Chemises	États-Unis	
Pinchon. — Boutons	France	1
Vanderplaetsen. Bruxelles. — Ganterie	Belgique	11
S. **Guérin** neveu, **Laget** et **Cabanis.** Nîmes. — Bonneterie et filets	France	12
Gauthier fils aîné. Falaise. — Bonneterie	France	25
Brunswick et **Wurmser.** — Lingerie	France	185
Bouharde aîné. Lyon. — Corsets plastiques	France	175
Roux jeune. Lisieux. — Gilets de tricot	France	20
L. **Kolbe** et Cie. Bessungen. — Boutons	Hesse	1
C.-F. **Lenz.** Berlin. — Bonneterie	Prusse	15
Born et **Joachim.** Berlin. — Bonneterie	Prusse	17
Volpini et fils. Vienne. — Fez	Autriche (Cl. 35).	73
Peugeot Jackson et Cie. Paris. — Branches d'acier.	France	145
Mathias **Zucker** et Cie. Strakonitz. — Fez	Autriche	45
V. **Rouquette.** Paris. — Ganterie	France	70
Marot frères. Troyes. — Bonneterie et coton d'Alger	France	10
Doré-Souillard. Villemaur. — Bonneterie et coton d'Alger	France	11
E. **Marie** et A. **Dumont.** Paris. — Boutons	France	167
Neau et **Lecomte.** Paris. — Boutons de soie et métal.	France	181
Plançon. Paris. — Boutons papier	France	171
Doré-Doré. Grès. — Bonneterie et coton d'Alger	France	8
Bégue-Rosé. Méry. — Bonneterie et coton d'Alger	France	6
C.-C. **Rumpf.** Bâle. — Crêpe de santé	Suisse	182
Mme Vve **Gouguenheim** et **Hesse.** — Lingerie	France	93
Taveaux. Paris. — Ombrelles, éventails	France	132
Menneret-Perrodin. Troyes. — Tricots à côtes	France	48
P. **Bouché.** Paris. — Jupons, crinolines	France	108
Lavaissière. Paris. — Parapluies	France	142
A. **Massé** et Cie. Paris. — Boutons	France	169
Lecomte-Maillard. Paris. — Lingerie	France	97
Ernest **Kees.** Paris. — Éventails	France	133
Mme Vve **Courseulle-Collin.** — Bonneterie	France	26
W.-H. **Martin.** Londres. — Parapluies	Gde-Bretagne.	6
D. **Rosenthal** et Cie. Cœppingen. — Corsets	Wurtemberg.	11
Bardy-Fossard. Falaise. — Bonneterie	France	27

Ch. Leprévost. Paris. — Cravates blanches........	France.....	185
Lafosse et **Béchet.** Paris. — Corsets et jupons......	France......	111
Budan. Prague. — Ganterie..........................	Autriche.....	7
G. **Jaquemar.** Vienne. — Ganterie................	Autriche.....	14
Ant. **Frese.** Prague. — Ganterie.....................	Autriche.....	10
Buxareu et **Masoliver.** Barcelone. — Bonneterie...	Espagne.....	2
Me François **Sala.** Milan. — Ganterie...............	Italie........	15
Piétro **Pérone.** Naples. — Ganterie..................	Italie........	
E.-Marc **Hälff.** Paris. — Chemises..................	France.......	113
D. **Jeitteles.** Eslingen. — Ganterie.................	Wurtemberg..	1
L. **Gamas** et **Carré.** Paris. — Chemises..........	France.......	82
Roisin. Paris. — Chemises............................	France.......	91
Reynaud. Paris. — Chemises.........................	France.......	88
C. **Gosselin.** Paris. — Cols de chemises...........	France.......	90
Williermot. Paris. — Chemises......................	France.......	84
G. **Berjeau.** Paris. — Cannes, fouets, éventails.....	France.......	153
A.-E. **Peyre.** Paris. — Ganterie......................	France.......	64

Mentions honorables.

Jean **Gilardini.** Turin. — Parapluies, ombrelles.....	Italie........	23
C. **Weyerbusch** et Cie. Elberfeld. — Boutons......	Prusse.......	9
Guérinau-Aubry. Paris. — Ganterie..............	France.......	74
Jean **Raschka** jeune. Freiberg. — Fez.............	Autriche.....	35-55
Joseph **Bossi.** Sanct-Veit. — Fez..................	Autriche.....	35-5
Russ-Glogau. Tœplitz. — Bonneterie.............	Autriche.....	29
P. **Pimbert.** Paris. — Chemises......................	France.......	87
F. **Elluin.** Paris. — Cannes et cravaches..........	France.......	152
F.-A. **Van Borto.** — Ganterie.......................	France.......	4
Mme **Weis.** Vienne. — Corsets......................	Autriche.....	43
E.-W. **Gross.** Stuttgart. — Corsets..................	Wurtemberg..	14
A **Fontaine** fils. Paris. — Ganterie................	France.......	65
A. **Bailly.** Paris. — Jupons-crinolines.............	France.......	105
Roux. — Dentelle tricot..............................	France.......	185
C. **Petit** et **Farcy.** Paris. — Corsets..............	France.......	106
Camus. Paris. — Cannes et cravaches............	France.......	156
L.-F. **Petersen.** Randers. — Ganterie..............	Danemark....	12
Longuet. Falaise. — Bonneterie....................	France.......	30
Ed. **Brocard.** Paris. — Ganterie....................	France.......	75
C.-L. **Graesser.** Zwickau. — Ganterie.............	Saxe.........	1
Ed. **Kramer.** Vienne. — Ganterie..................	Autriche.....	9
Meyer frères. Vienne. — Ganterie.................	Autriche.....	

G. **Chauvin**. Falaise. — Bonneterie.	France	29
Klinger frères. Vienne. — Bonneterie.	Autriche	17
J. **Matton**. Grenoble. — Ganterie.	France	75
G. **Wiedemuth**. Bunzlau. — Ganterie	Prusse	2
Ninoreille. Arcis. — Bonneterie	France	44
P.-Félix **Vialette**. Paris. — Parapluies, ombrelles.	France	146
J.-D. **Dumaine**. Paris. — Jupons, crinolines.	France	110
F. **Adam** et fils. Vienne. — Ganterie.	Autriche	1
D. **Oulman** fils. Paris. — Bretelles et jarretières	France	163
Commune de Siphonos. — Bonneterie.	Grèce	
A. **Mabille**. Saint-Gilles-lez-Bruxelles. — Boutons	Belgique	15
Oppenheim, Vie et **David**. Paris. — Cols et devants de chemises	France	117
Berton-Leblanc. — Bonneterie.	France	9
H.-J.-R. **Levillayer**. Paris. — Chemises et gilets de flanelle	France	114
Compagnie française des cotons et produits algériens. — Bonneterie.	France	5
L. **Larsen**. Odense. — Ganterie	Danemark	8
Leguay. Paris. — Bonneterie en coton d'Alger	France	13
Sœur **Saint-Bernard**. Bone. — Lingerie.	Algérie	3
Mlle Marie **Cominge**. — Lingerie brodée	France	18
Mlle Antoinette **Richard**. — Lingerie	France	22
A. **Bison** fils. Paris. — Parapluies et ombrelles.	France	148
Tsaoussopoulos frères. — Fez et bonnets orientaux.	Grèce	12
Spiliopoulos. — Fez et bonnets orientaux	Grèce	13
K.-L. **Momme**. Copenhague. — Chemises.	Danemark	11
Hidayet-Effendi. Constantinople. — Chemises et caleçons	Turquie	1
Manassès-Oghlou-Kirkor. Brousse. — Lingerie	Turquie	149
Haï-Rabed-Oghlou-Ohanès. Brousse. — Tabliers et mouchoirs	Turquie	148
Seïd-Mehi-Eddin. Damas. — Linge de lit	Turquie	240
C.-A. **Hénoc**. Paris. — Écrans.	France	147
Hippolyte **Cantrel**. Paris. — Écrans	France	135
Daubié frères. Paris. — Bretelles	France	159
E. **Bicheron**. Paris. — Parapluies	France	143
E. **Hantich**. Paris. — Parapluies	France	155
Mme Vve **Chatizel** et Cie. Angers. — Parapluies	France	149
Amédée **Crozet**. Paris. — Fantaisies	France	177
Victor **Richard**. Paris. — Articles au crochet	France	178
Charles et Cie. — Ganterie	Luxembourg	
Baudin-Horiot. Troyes. — Gants fil d'Ecosse	France	50
Canler-Feys. Tournai. — Bonneterie	Belgique	1

Beer Wolff Peltin. Berlin.—Vêtements et coiffures tricotées.... Prusse..... 11
M. **Teichmann.** Leobschuetz. — Fantaisies tricotées. Prusse....... 12
Lévy et **Aron.** Berlin. — Bonneterie.... Prusse....... 16
C.-H. **Potthoff.** Bielefeld. — Bonneterie.... Prusse....... 31
John **Jowett.** Londres. — Bonneterie.... Gde-Bretagne.. 4
Hegle fils et Cie. Bruxelles. — Ganterie.... Belgique..... 4
Thomas **Lane** et Cie. Londres. — Bonneterie.... Gde-Bretagne. 5
Mme **Clemençon.** Paris. — Corsets.... France....... 104
A.-S. **Claude** jeune. Paris. — Chemises.... France....... 118
Joseph **Piedade.** Lisbonne. — Parapluies.... Portugal..... 9
Em. **Ebstein.** Vienne. — Chemises.... Autriche.. .. 8
Paysans de la Fionie (M. G. **Lanenser**, collectionneur). Bogense. — Couvertures de lit en grosse laine, tricotées à la main, exposées par M. **Grön**.... Danemark.... 7
Paysans du Jutland (**Comité des Négociants**). Copenhague. — Gilets, bas, caleçons en grosse laine, tricotés à la main, exposés par M. **Grön**, membre du Jury.... Danemark....
H. **Cohen.** Copenhague. — Chemises.... Danemark... 5
Cathiard. Rio-de-Janeiro. — Parapluies.... Brésil........ 2
Ch. **Spangenber.** — Cannes sculptées.... Brésil........ 3
Ch. **Picquet.** Tournai. — Bonneterie.... Belgique..... 9
Bingley et De Becker. Londres. — Parapluies.... Gde-Bretagne. 2
Straehl Siebenmann. Zofingue.—Caleçons en crêpe. Suisse....... 5
S. et J. **Baer.** Zofingue. — Caleçons en crêpe.... Suisse....... 4
S. H. le Maharajah de Gwalior. Bengale. — Éventails en paon.... Inde anglaise. 1
S. H. le Maharajah Holkar. Bengale. — Éventails. Inde anglaise. 2
S. H. le Maharajah Ramsing. Bengale. — Éventails en plumes.... Inde anglaise. 3
Chef Kotal du Bengale.— Éventails en plumes.... Inde anglaise. 4
Gouvernement du Vice-Roi d'Égypte. — Cannes. Égypte...... 1
Poona. Bombay. — Éventails en plumes.... Inde anglaise. 20
Sawantwarée. Bombay. — Éventails en plumes.... Inde anglaise. 21
Assistant-Deputy. Bengale. — Éventails.... Inde anglaise. 7
S. A. le Vice-Roi d'Égypte. — Objets d'habillement. Égypte.......
Bangalore. Mysore. — Habillements de femme.... Inde anglaise. 24
Bhurtpore. Bengale. — Éventails.... Inde anglaise. 6
Bancoorah. Bengale.... Inde anglaise. 13
Bhaugulpore. Bengale. — Éventails.... Inde anglaise. 14
Division de Nuddéa. — Éventails.... Inde anglaise. 15
Sarun. — Chasse-mouches.... Inde anglaise. 16
A. **Chanton.** — Éventails et écrans.... France...... 1
H.-A. **Clausen.** Copenhague.— Bonneterie d'Irlande.. Danemark.... 3

Gouvernement de Djeddah. — Éventails.......	Turquie......	333
S. M. le Roi de Siam. — Éventails............	Siam.........	1
S. A. le Bey de Tunis. — Éventails.............	Tunis........	1
Peddapuram. Madras. — Éventails................	Gde Bretagne.	22
Schibsted. Christiania. — Tête de pipe en écume de mer..	Norvége.....	4
Commissaire de Dacca. Bengale. — Éventails....	Inde anglaise.	8
Collector de Hooghly. Bengale. — Éventails.	Inde anglaise.	9
Commissaire de la division du Raj. Moorshedabad. — Eventails et parapluies...............	Inde anglaise.	19
Deputy-Collector. Monghyr. — Eventails en velours..	Inde anglaise.	11
Rajah de Nagode. — Cannes et parapluies.	Inde anglaise.	12
N. **Cohn**. New-York. — Crinolines.................	Etats-Unis...	
Mmes **Faucon** et **Aubry-le-Comte**. — Éventails.....	Col. franç...	1
F.-A. **Prager** et fils. Liegnitz.—Cannes et parapluies...	Prusse.......	26
W.-E. **Rennebarth**. Odensée.—Crinolines à jour.....	Danemark....	14
Chituldroog. Mysore. — Habillements............	Inde anglaise.	25
Lainglet. Bruxelles. — Corsets de luxe............	Belgique.....	6
Frédéric **Strobl**. Vienne. — Éventails..............	Autriche.....	36
Ellore. Madras. — Éventails en feuilles de palmier...	Inde anglaise.	23
Exposition du Mysore. — Éventails...........	Inde Anglaise.	26
Blumer et **Wild**. Saint-Gall. — Ouvrages de fantaisie.	Suisse.......	1
V. **Othonéos**. — Fichus peints....................	Grèce........	5
W. **Balle**. Christiania. — Lingerie de femme.........	Norvége.....	1
Bérendt jeune et Cie. Stockholm. — Chemises et faux cols..	Suède........	1
Salles. Blidah. — Cannes en bois étranger..........	Algérie......	1
A. **Henninh**. Christiania. — Ganterie...............	Norvége......	2
A.-J. **Hirsch**. Stockholm. — Ganterie...............	Suède.......	3
Mme **Billard**. — Corsets..........................	France.......	188
Dominique **Schönbaumsfeld**. Vienne. — Boutons de fil...	Autriche.....	
Ansart-Cerisier et Cie. Paris.— Lingerie de table...	France.......	96

COOPÉRATEURS.

—

Médaille d'argent.

Bastard-Lanoy, sculpteur en éventails, présenté par le Jury. Andeville..................................	France.......	12

Médailles de bronze.

Georges **Coltmann,** chez M. Tailbouis. Saint-Just-en-Chaussée	France	1
Silvain **Ségard,** directeur en bonneterie, chez M. Tailbouis. Saint-Just-en-Chaussée	France	1
Louis **Compain,** contre-maître en bonneterie chez M. Vanderborght. Tournai	Belgique	10
Pierre **Shoonjans,** contre-maître coupeur en ganterie, chez MM. Jouniaux et Cie. Bruxelles	Belgique	5
Charles **Fleischander,** coupeur en ganterie	Autriche	
Rosalie **Gadaud,** contre-maîtresse en broderie chez M. Berteville. Fontenay-le-Château	France	119
Mlle Idalie **Lombart**, directrice de la fabrique de chemises chez M. Alex. Sueur. Paris	France	92
Adolphe **Perrinot.** Paris. — Ganterie	France	
A. **Alexandre,** contre-maître chez MM. Guivet et Cie. Troyes	France	39
Mme Jules **Simon,** contre-maîtresse chez M. Hayem aîné. Paris	France	122
Mlle Éléonore **Delattre,** directrice des machines à coudre chez M. Hayem aîné. Paris	France	122
Mme **Doll,** contre-maîtresse en faux-cols chez M. Hayem aîné. Paris	France	122
Mlle **Allier de Seinemont,** artiste peintre en éventails. Passy-Paris	France	
Goulleux, instituteur, professeur de dessin industriel à Sainte-Geneviève	France	
Eugène **Berger,** sculpteur-modeleur en éventails. Paris	France	
Paul **Rollet,** dit Marius, dessinateur-peintre en éventails et écrans	France	
Gavillet, dessinateur, peintre en éventails et écrans. Paris	France	
Mlle **Maisy-Dubois-Davesnes,** artiste dessinateur en éventails. Paris-Passy	France	
Isidore **Petit,** façonneur en éventails à Andeville	France	
Jules **Vaillant,** sculpteur en éventails. Andeville	France	
Dupont, graveur et sculpteur en éventails	France	
Marchand, artiste ornemaniste en éventails	France	
Jules **Cordonnier,** ornemaniste en éventails	France	
Alphonse **Baude,** inventeur d'outils à découper les éventails. Sainte-Geneviève	France	
Dourain fils, artiste sculpteur en éventails. Andeville	France	
Jorel, artiste sculpteur en éventails. Paris	France	137
Ch. **Colin,** graveur. Paris	France	

Georges **Todd**, peintre. Paris........................ France.......
Honoré **Henneguy**, sculpteur. Andeville............ France.......
A. **Soldé**, peintre. Paris.......................... France.......
Andrioli, façonneur d'écaille pour éventails. Nogent-sur-Marne.......................... France.......
Bertran, artiste peintre en fleurs sur éventails. Paris. France.......
Louis-Pierre **Bouillete**, façonneur en éventails. Sainte-Geneviève.................................. France.......
Garnier, artiste peintre en éventails. Boulogne........ France.......
Mme **Ledoux**, peintre artiste en éventails. Paris..... France.......

Mentions honorables.

Maurice **Cèbe**, coupeur chez M. Hayem. Paris....... France.......
Mme **Sabatier**, contre-maîtresse chez M. Hayem. Paris. France....... 123
Mme **Roidot**, brodeuse en éventails chez M. Meyer. Paris. France....... 123
Déon **Favel**, découpeur en éventails. Sainte-Geneviève. France.......
E. **Turpin**, sculpteur. Paris........................ France.......
Henri **Min**, sculpteur. Paris......................... France.......
Eugène **Bled**, bonnetier, chez M. Tailbouis. Saint-Just-en-Chaussée.................................. France....... 1
Armand **Lecureux**, bonnetier, chez M. Tailbouis. Saint-Just-en-Chaussée........................ France.......
Joseph **Marville**, bonnetier, chez M. Tailbouis. Saint-Just-en-Chaussée.......................... France....... 1
Philadelphi **Rémond**, débiteur d'ivoire en éventails. Andeville.................................. France.......
Joseph **Hennegrave**, artiste découpeur en éventails. Andeville.................................. France.......
F.-L. **Cadot**, contre-maître en boutons chez M. Hartog. Paris...................................... France....... 166
Eugène **Vasse**, contre-maître en boutons chez M. Hartog. France....... 166
Alexandre **Roy**, contre-maître en boutons chez M. Hartog. Paris.................................. France....... 166
Jules **Pannel**, contre-maître en boutons chez MM. Parent et Hamet. Paris......................... France....... 174
François **Legrand**, contre-maître en boutons chez MM. Parent et Hamet. Paris.................... France....... 174
Pierre **Bernard**, contre-maître en boutons chez MM. Parent et Hamet. Paris........................ France....... 174
Toupinard, contre-maître en éventails chez MM. Jame père et fils. Sainte-Geneviève.................. France....... 134
Xavier **Leduc**, artiste façonneur en nacre sur éventails. Andeville............................... France.......
Amable **Barbe**, artiste façonneur en ivoire et écaille sur éventails. Sainte-Geneviève.................. France.......
Mlle Léonie **Paillet**, peintre. Paris.................. France.......
Manceau, contre-maître chez M. Gourdin. Paris.... France.......

CLASSE 35

HABILLEMENT DES DEUX SEXES.

EXPOSANTS.

Hors concours.

Laville, Petit et **Crespin.** (M. LAVILLE membre du Jury.) — Chapeaux de feutre....................	France..... .	120
Latour. (Membre du Jury.) — Chaussures..........	France.......	
H. **Schmidt** (Membre du Jury).— Chaussures cousues et vissées....................................	Bavière......	
J. **Haas.** (Membre du Jury.) — Chapeaux...........	France. (Cl. 57.)	

Médailles d'or.

Chambre de commerce de Paris. — Fleurs.....	France.......	
Chambre de commerce de Paris. — Confection.	France.......	
Syndicat des confectionneurs d'habits. — Vienne..	Autriche.....	
Industrie française de la chaussure..........	France.......	
Industrie française de la chapellerie.........	France.......	

Médailles d'argent.

Delaplace. Paris. — Fleurs......................	France.......	46
J.-B. **Bouillet.** Paris. — Confection pour dames....	France.......	5
Quenot et **Lebargy.** Paris. — Chapeaux..........	France.......	81
Leduc. Paris. — Chapeaux.........................	France.......	103
Mélies. Paris. — Chaussures......................	France.......	191
Georges **Player.** Londres — Chaussures............	Gde-Bretagne..	40
Baulant. Paris. — Fleurs et feuillages............	France.......	41
Mathieu et **Garnot.** Paris. — Confection pour dames.	France.......	4
Vyse fils et Cie. Londres. — Chapeaux de paille.....	Gde-Bretagne.	15
Me Vve **Durst-Wild.** Paris. — Chapeaux de paille..	France.......	107
Delail. Paris. — Chaussures.......................	France.......	139
Suser. Nantes. — Chaussures......................	France.......	194
L. **Baquet.** Paris. — Fleurs.......................	France.......	2

Opigez-Gagelin et Cie. Paris. — Confections pour dames	France	35
Coupin. Aix. — Chapeaux	France	131
Christy et Cie. Londres. — Chapeaux	Gde-Bretagne.	3
Massez et Cie. Paris. — Chaussures	France	173
D.-H. **Pollak.** Vienne. — Chaussures	Autriche	53
L. **Marienval, Flamet** et Cie. Paris. — Fleurs et plumes	France	40
Enout et Cie. Paris. — Confections pour dames	France	1
Agnellet frères. Paris. — Confection de chapeaux et fournitures de modes	France	64
Joseph **Menotti-Carpi.** — Chapeaux de paille de riz.	Italie	
Savart. Paris. — Chaussures	France	170
J. **Lobb.** Londres. — Chaussures	Gde-Bretagne.	36
D'Ivernois. Paris. — Fleurs	France	76
Mouillet. Paris. — Habits de livrée	France	22
Brousson frères, **Marquès,** et Alexis **Lasne.** Paris. — Chapeaux	France	132
Samuel **Janowitz.** Brun. — Chapeaux	Autriche	28
G. **Vandenbós-Poelman.** Gand. — Chaussures	Belgique	9
J.-C. **Touzet.** Paris. — Chaussures	France	174
Comtesse **de Baulaincourt.** Paris. — Fleurs	France	58
Mme **Gossein-Jodon.** Paris. — Confections pour enfants	France	31
Avocat et **Compondu.** Bulle. — Tresses de paille.	Suisse	3
S. **Gandriau** fils. La Sablière. — Chapeaux	France	80
Exposition collective de Pirmasens. — Chaussures	Bavière	3 et 8
Poeschl et fils. Rohrbach. — Chaussures	Autriche	52
J.-D.-A. **Favier.** Paris. — Fleurs et feuillages	France	39
Bessand et Cie. Paris. — Confections pour hommes.	France	11
J. **Vimenet** fils. Cureghem-lez-Bruxelles. — Chapeaux.	Belgique	33
Lhoest-Dieudonné. Liége. — Chapeaux de paille.	Belgique	20
Compagnie russo-américaine. — Chaussures en caoutchouc	Russie	4
E.-C. **Burt.** New-York. — Chaussures	États-Unis	1
Deshayes. Paris. — Plumes de parure	France	77
Jacques **Rothberger.** Vienne. — Confections pour hommes	Autriche	58
Casimir **Mossant** et fils aîné. Bourg-du-Péage. — Chapeaux	France	133
Exposition collective Argovienne. — Articles en paille, crin	Suisse	1
Assennato. Palerme. — Chaussures	Italie	82
Mayer. Paris. — Chaussures	France	135
L. **Hiélard** et Cie. Paris. — Plumes et fleurs	France	59

V. **Harapatt.** Vienne. — Confections pour hommes. Autriche...... 20
C.-G. **Wilke.** Guben. — Chapeaux.................. Prusse........ 10
Maraval. Albi. — Chapeaux...................... France....... 112
S. **Dupuis** et Cie. Paris. — Chaussures à vis....... France....... 179
Javey et Cie. Paris. — Fleurs et apprêts............ France....... 60
Dardenne frères et **Nathan.** Bruxelles.—Confections militaires.............................. Belgique..... 7
Bessard et ses fils. Paris. — Chaussures........... France....... 176
A. **Bell.** Lucerne. — Tissus en crin pour chapeaux... Suisse....... 5
Zimmermann. Saint-Pétersbourg. — Chapeaux..... Russie....... 26
Joseph **Hoffer.** Paris. — Chaussures................ France....... 185
Les fils de Fanien. Lillers. — Chaussures......... France...... 175
Constantin. — Fleurs............................ France.......
Exposition collective de la Turquie.—Confections Turquie ....
L.-Ch. **Kampmann.** Strasbourg.—Chapeaux de latanier.............................. France....... 91
Mme J. **Vallagnose.** Marseille. — Chapeaux......... France....... 113
Jos. **Schumacher.** Mayenne. — Chaussures.......... Hesse........ 2
Delphine **Baron.** Paris. — Costumes historiques...... France...... 33
Chaumonot et Cie. Paris. — Chapeaux de paille.... France....... 83
Louis **Bayard.** Paris. — Chapeaux.................. France....... 128
Ch. **Morlent** et E. **Janssens.** Paris. — Confections pour hommes........................... France....... 23
Joseph **Bertrand.** Roclenge-sur-Geer. — Tresses de paille.............................. Belgique..... 2
Exposition collective de l'Algérie.—Confections. Algérie.......
Pinaud et **Amour.** Paris. — Chapeaux............ France....... 100
Ve **Barré.** Paris. — Chaussures..................... France....... 138
Christian **Keill.** Lisbonne. — Tailleur............. Portugal...... 14
Schuchard. Darmstadt. — Chapeaux................ Hesse........ 1
Léopold **Hahn.** Vienne. — Chaussures............... Autriche..... 16
J. **Rosalès** et Cie. Guayaquil.—Chapeaux de Panama très-fins.............................. Équateur..... 1
Doucet. Paris. — Confections..................... France.......

Médailles de bronze.

Taurel frères. Paris. — Fleurs..................... France 50
Larivière-Renouard. Paris. — Confections pour dames............................... France....... 2
Bockairy et Cie. — Confections pour dames........ France....... 6
François **Jean** et **Berteil.** Paris. — Chapeaux...... France....... 100
Alexis **Monier** et Cie. Montélimart. — Chapeaux....... France....... 121
Antoine **Del Panta.** Sesto. — Chapeaux de paille.... Italie........ 40
Tito **Testoni.** Ravenne. — Chaussures.............. Italie........ 66

Giot jeune. Paris. — Fleurs et épis	France	48
Leleux. Paris. — Habits d'homme	France	23
Walter. Paris. — Culottes et guêtres	France	24
Tress et Cie. Londres. — Chapeaux	Gde-Bretagne	14
Elijah **Browning.** Londres. — Chaussures	Gde-Bretagne	22
Guyot et **Migneaux.** Paris. — Fleurs et plumes	France	71
Geiger. Paris. — Culottes et guètres	France	21
G. **Trotry-Latouche** frères. Paris. — Chapeaux	France	106
Welch et fils. Londres. — Chapeaux de paille	Gde-Bretagne	17
M.-F. **Cahn.** Neuwied. — Chapellerie	Prusse	
G. **Wassel** et Cie. Berlin. — Chapellerie	Prusse	
Schloss père et fils et **Dennery.** Paris. — Chaussures	France	180
Carchon. Paris. — Fleurs et plumes	France	65
Chauchard, Hériot et Cie. — Confections pour dames	France	36
Lavigne et **Chéron.** Paris. — Confections pour dames	France	37
Baton frères. Lyon. — Chapeaux	France	115
Jean **Skrivan.** Vienne. — Chapeaux	Autriche	66
S. **Giraudeau** et Cie. Bordeaux. — Chapeaux de paille	France	86
Garcia et **Morago.** Madrid. — Chaussures	Espagne	15
Comtesse **de Baudissin.** — Fleurs	Autriche	
Versini. Paris. — Habits d'homme	France	25
Bouché et Cie. Paris. — Habits d'homme	France	26
Alexandroff. Moscou. — Chapeaux	Russie	1
Poirier. Nantes. — Chaussures	France	172
F. **Trane.** Stockholm. — Chaussures	Suède	13
Mlle **Malidor.** — Aigrettes et écrans	France	
Hoschedé Blémont et Cie. — Confections	France	
M. **Mottl** fils. Prague. — Habits d'homme	Autriche	43
Vincendon. Bordeaux. — Chapeaux	France	110
Frenay frères. Roclenge-sur-Geer. — Tresses de paille	Belgique	16
Hubner. Saint-Pétersbourg. — Chaussures	Russie	8
F. **Pinet.** Paris. — Chaussures	France	17
S. **Alberti.** Paris. — Fleurs, fruits artificiels	France	55
Adolphe **Welisch.** Vienne. — Habits d'homme	Autriche	74
Barmann **Straschitz.** Prague. — Habits d'homme	Autriche	70
Besson frères. Bordeaux. — Chapeaux	France	111
Jos. **Duffner** fils. Furtwangen. — Chapeaux de paille	Bade	
Sitnoff. Moscou. — Chaussures	Russie	15
Lebrun et Cie. Paris. — Plumes	France	69
Ad. **Godchau.** Paris. — Confections pour hommes	France	10
Liévain. Malines. — Chapeaux	Belgique	21
Gaudet du Fresne. Paris. — Feuillages	France	
Ammann. Wintherthur. — Chaussures	Suisse	2

Millière et **Huttner** sœurs. Paris. — Fleurs.......	France.......	51
Sexé et Cie. Paris. — Chapeaux....................	France.......	114
Thédy-Grémion. Enney. — Tresses de paille.......	Suisse.......	14
Watrigant. Bruxelles. — Chaussures...............	Belgique.....	34
Prévost-Bernard. Paris. — Fleurs et parures.....	France......	43
Anne **Vinogradoff.** Nijny-Novogorod. — Vêtements d'homme....................................	Russie.......	23
Tchilingaroff. Ahhaltsykh.—Vêtements en édredon.	Russie.......	31
H. **Melton.** Londres. — Chapeaux.................	Gde-Bretagne.	10
Carles frères. Londres. — Cheveux................	Gde-Bretagne.	2
Beaufour-Lemonnier. Paris. — Bijoux en cheveux....................................	France.......	213
A. **Elster.** Berlin. — Chapeaux de paille...........	Prusse.......	12
Exposition collective de Turquie. — Chaussures..	Turquie......	
Florimond. Paris. — Fleurs........................	France.......	73
Wolf, Bernheim et Cie. Genève. — Confections pour hommes..................................	Suisse.......	16
Iuseczyk. Varsovie. — Confections pour hommes....	Russie.......	9
Lemonnier père et fils. Paris. — Chapeaux........	France.......	104
H. **Desgrandchamps.** Paris. — Chapeaux........	France	117
Atloff et **Norman.** Londres. — Chaussures........	Gde-Bretagne.	19
Jeandron-Ferry. Paris. — Chaussures...........	France.......	163
Devriès et Cie. Paris. — Plumes...................	France.......	62
Boucher et **Arfvidson** fils. Paris. — Confections pour hommes..................................	France.......	12
Mmes **Cely.** Paris. — Confections pour femmes.......	France.......	34
Vandrague. Moscou. — Chapeaux..................	Russie.......	22
Freire et **Costa.** Porto. — Chapeaux..............	Portugal.....	12
C.-G. et E. **de Langenhagen** fils et **Hepp.** Strasbourg. — Chapeaux de paille.....................	France.......	92
Antoine-Charles **Kleinschuster.** Marburg. — Chaussures......................................	Autriche.....	31
D. **Chapelle.** Paris. — Chaussures................	France	193
D. **Gaucher.** Paris. — Plumes	France	75
Gustave **Marie.** Paris. — Confections pour hommes.	France.......	13
Deruaz et **Sebeaux.** Paris. — Chapeaux..........	France.......	118
F. **Atrux.** Paris. — Fournitures pour modes et fleurs..	France	83
Koroleff. — Chaussures..........................	Russie.......	
C. **Cabanis.** Paris. — Fleurs et plumes............	France.......	70
Sauveur et **Payen.** Paris. — Confections pour hommes...	France.......	14
Myle-Vandermeersch. Ypres. — Chapeaux........	Belgique.....	22
J. **Sparkes Hall.** Londres. — Chaussures..........	Gde-Bretagne.	31
O. **Herz** et Cie. Mayence. — Chaussures...........	Hesse........	3

Chagot aîné et Cie. Paris. — Fleurs et plumes......	France.......	49
Delatremblais et **Fayette.** Paris. — Confections pour hommes et enfants...........................	France.......	15
Blot. Paris. — Chapeaux...........................	France.......	29
Micsel et Cie. Pesth. — Chapeaux de paille.........	Autriche.....	42
Antoine **Szepesy.** Pesth. — Chaussures............	Autriche.....	71
Demarchelier.. — Plumes........................	Col. françaises.	
Durvis. Paris. — Confections pour hommes..........	France.......	16
G. **Plançon.** Paris. — Confections pour hommes....	France.......	17
Munt, Brown et Cie. Londres. — Chapeaux de paille.	G^de^-Bretagne.	11
Zinn. Stockholm. — Perruques, chignons............	Suède.......	5
Maia Silva et Cie. Porto. — Chapeaux...............	Portugal.....	21
Thibierge. Paris. — Postiches.....................	France.......	206
Bortolani, Modène. — Paille de riz................	Italie........	
Gaissad. Paris. — Cheveux........................	France......	204
Bretin. Paris. — Chaussures......................	France......	181
Tselibeeff. Saint-Pétersbourg. — Chaussures.......	Russie.......	20
Prin frères. Paris. — Plumes et fleurs.............	France......	66
Mme **Duvignaud.** Paris. — Confections pour enfants.	France......	28
Dubus. Paris. — Confections ecclésiatiques.........	France......	29
Félix **Moch.** Paris. — Chapeaux..................	France.......	125
Tito Bensi. — Paille de riz......................	Italie........	
Noël. Paris. — Chaussures......................	France......	152
Chandelet. Paris. — Fleurs......................	France......	74
Mersey. Paris. — Confections pour enfants..........	France......	30
Mlles **Anna, Rosa** et Cie. — Modes................	France.......	19
J. Bertin. Vienne. — Chapeaux..................	Autriche.....	3
Rœssler. Hanau. — Chapeaux....................	Prusse.......	7
Vincent et **Curton.** Paris. — Chapeaux de paille.	France.......	88
J.-H. **Glew.** Londres. — Chaussures...............	G^de^-Bretagne.	28
Finner. Bruxelles. — Chaussures..................	Belgique.....	15
Bourdin-Marly. Paris. — Fleurs..................	France......	
Barge et **Hermant.** Paris. — Habits pour hommes.	France......	21
Mme **Paul.** Paris. — Confections pour dames.........	France......	32
Franz **Hulla.** Vienne. — Chaussures...............	Autriche.....	27
Botteau et **Dubois.** — Chapeaux................	France.......	124
Gustave **De Vacht** et Cie. Bruxelles. — Cheveux.....	Belgique.....	8
Mme **Dufour.** Paris. — Chapeaux de paille..........	France......	101
Clercx. Paris. — Chaussures.....................	France......	134
Pellissier. Paris. — Modes......................	France......	7
Dufour. Paris. — Modes........................	France......	8
Turney-Brosset. Paris. — Fleurs et plumes........	France......	52
Foissac. Nogent-le-Rotrou. — Chapeaux...........	France.......	130

Bruno. Saint-Pétersbourg. — Chapeaux	Russie	28
Chevy jeune et Cie. Paris. — Chapeaux de paille	France	84
Goudal. Paris. — Chaussures	France	164
J. **de Voldere.** Bruges. — Chaussures	Belgique	
Vve **Moreau-Degois.** Paris. — Fleurs	France	78
Guérin et **Jouault.** Paris. — Mantelets	France	195-29
Olivier et Cie. Bruxelles. — Confections pour hommes	Belgique	25
Craig, Christie et Cie. Édimbourg	Gde-Bretagne	4
Duchaine Lachize et **Bailly.** Paris. — Chapeaux	France	127
F.-J. **Stangl.** Vienne. — Ganterie	Autriche	9
J. **Hogge.** Liége. — Equipements militaires	Belgique	18
Pasquier. Paris. — Fleurs	France	56
J.-P. **Haas** et Cie. Schramberg. — Chapeaux de paille	Wurtemberg	3
Delmart. Paris. — Plumes	France	72
J.-U. **Wild.** Nancy. — Chapeaux de paille	France	72
Dumoulin-Wilmotte. Liége. — Chaussures	Belgique	13
A. **Securat.** Paris. — Chaussures	France	168
M.-J. **Elsinger** et fils. Vienne. — Vêtements imperméables	Autriche	9
Exposition collective de Grèce. — Vêtements nationaux	Grèce	
Roxo. Lisbonne. — Chapeaux	Portugal	19
Röhrig et Cie. Prague. — Chapeaux	Autriche	56
Hamno ben Chouala. — Chaussures	France	33
Rasmussen. Copenhague. — Confections militaires	Danemark	6
Ant. **Ponzone.** Milan. — Chapeaux	Italie	17
Mme L. **Kemna.** Barmen. — Fleurs	Prusse	9-33
Bardin. Paris. — Fleurs et apprêts en plumes	France	61
Tait et Cie. Londres. — Confections militaires	Gde-Bretagne	13
Jose Fernandes de Campos **Arcos.** Rio-de-Janeiro. — Chapeaux	Brésil	7
Mathias et **Legat.** Paris. — Chapeaux de paille	France	87
F. **Mayser.** Ulm. — Chapeaux	Wurtemberg	1
S. **East.** Exeter. — Chaussures	Gde-Bretagne	27
Xafrédo. — Vêtements d'homme	Portugal	
Jules **Terrène.** Paris. — Cheveux	France	208
Nunez Corrêa. — Vêtements d'homme	Portugal	
Wallgren. Stockholm. — Uniformes militaires	Suède	3
Isidore **Rodriguez.** Madrid. — Uniformes militaires	Espagne	22
Miguel Soarez **Seminario.** — Chapeaux de Panama	Équateur	
Triana — Chapeaux de Panama	Nlle-Grenade	
Viol et **Duflot.** Paris. — Plumes	France	68
Joseph **Barbeau.** Québec. — Chaussures	Col. anglaises	3
Bodson Paris. — Habits d'homme	France	

Reynaldo. Madrid. — Chaussures	Espagne	17
M.-I. **Cahn** fils. Cologne. — Chapellerie	Prusse	4
S. **Vassel** et Cie. Berlin. — Chapellerie	Prusse	9
Vega. Madrid. — Chaussures	Espagne	14
Calderon et **Lebron**. Madrid. — Chaussures	Espagne	
Adolphe **Raison**. Naples. — Cheveux préparés	Italie	51
Wilheline jeune. — Ouvrage en cheveux	Gde-Bretagne	
Bernardès et **Raith**. Rio-de-Janeiro. — Chapellerie.	Brésil	
A.-M. **Moriamé**. Rio-de-Janeiro. — Chaussures	Brésil	
José **Caetano-Carreiro**. Rio-de-Janeiro. — Bottes	Brésil	10
Joseph **Brandt**. Bukarest. — Chaussures	Roumanie	
Dimonissie. Ocna. — Chapellerie	Roumanie	
Naco Mincovici. Bukarest. — Confections pour dames	Roumanie	
Nicolas **Ilié**. Bukarest. — Vêtements d'homme	Roumanie	
Ion **Asmaranti**. Piatra. — Vêtements	Roumanie	
Costa Braga et Cie. Rio-de-Janeiro.— Chapellerie.	Brésil	
Bourcier. — Chapeaux de paille	Équateur	
Bour. Paris. — Fleurs	France	44
Holfstetter et **Roth**. Reutlingen. — Tissus pour chaussures	Wurtemberg	9
Denamur. Paris. — Coiffures militaires	France	108
J. **Hérold**. Paris. — Képis, casquettes	France	217
Daniel **Jeitteles**. Esslingen. — Gants	Wurtemberg	
François **Neumann**. Vienne. — Vêtements fourrés	Autriche	
Prout. Paris. — Chaussures	France	136
G. **Trotry-Latouche** et fils. Paris. — Chaussures	France	182
Queiros et Cie. Rio-de-Janeiro. — Chaussures	Brésil	

Mentions honorables.

Estève. Barcelone. — Chaussures	Espagne	12
Lebrun. Paris. — Fleurs	France	64
Tony **Boussenot**. Paris. — Fleurs	France	79
Bouffé. Paris. — Fleurs	France	67
Fournier. Yvetot. — Chapeaux	France	95
Avisse. Paris. — Chapeaux	France	96
A. **Delion**. Paris. — Chapeaux	France	97
Lenoble. Paris. — Chapeaux	France	98
Maréchal. Paris. — Chapeaux	France	99
Société de Chapeliers (M. **Perrin**, directeur). Paris. — Chapeaux	France	119
Muller et Cie. Paris. — Chapeaux, casquettes	France	122

Moch Bernard. Paris. — Chapeaux	France	123
Béringer. Paris. — Chapeaux	France	126
Baugnée et **Vanveekhoven**. Bruxelles. — Chapeaux	Belgique	
Aug. **Choquet**. Leuze. — Chapeaux	Belgique	5
Dieudonné. Malines. — Chapeaux	Belgique	12
Fagel-Vallaeys. Ypres. — Chapeaux	Belgique	14
Pirson-Nizet. Seraing-lez-Liége. — Chapeaux	Belgique	27
P.-C. **De Vechten**. Anvers. — Chapeaux	Belgique	33
Th. **Muller**. Berlin. — Chapeaux	Prusse	1
J.-C. **Zehme**. Munich. — Chapeaux de feutre	Bavière	9
Montagne. Paris. — Confection pour hommes	France	9
Joseph **Lacroix**. Paris. — Confection pour enfants	France	27
Despaignes. Paris. — Confection pour hommes	France	38
J.-B. **Lambert** et Cie. Bruxelles. — Confection pour hommes	Belgique	
Jean **Borbely**. Debreczin. — Confection pour hommes.	Autriche	4
Pierre **Bahlin**. Agram. — Confection pour hommes.	Autriche	40
J. **Hirsch**. Vienne. — Confection pour hommes	Autriche	22
J.-N. **Reithoffer**. Vienne.—Confection pour hommes.	Autriche	57
J.-J. **Hossner**. Schlukenau. — Sparterie	Autriche	
Henri **Courtoise**. Paris. — Vêtements imperméables.	France	24
Pius **Kumpf**. Schluckenau. — Chapeaux de sparterie..	Autriche	36
Croisat. Paris. — Cheveux	France	197
Loisel et Cie. Paris. — Cheveux	France	200
Hippolyte et **Auguste**. Paris. — Cheveux	France	205
Mlle **Barth**. Paris. — Cheveux	France	207
Noirat. Paris. — Cheveux	France	210
Michel. Paris. — Cheveux	France	211
A. **Rasse** et Cie. — Modes	France	
Orphelinat de Durbuy. Luxembourg. — Chapeaux de paille	Belgique	26
G. **Simon**. Saint-Arnual. — Chapeaux de paille	Prusse	13
Kaiser et **Grieshaber**. Furtwangen. — Chapeaux de paille	Bade	2
Spuhler Dénéréaz. Bulle. — Tresses de paille	Suisse	13
Schaerly Baeriswyl. Fribourg.—Chapeaux de paille.	Suisse	18
Petit. Paris. — Chaussures	France	137
Herber. Paris. — Chaussures	France	142
Herth. Paris. — Chaussures	France	148
C. **Sesquès** fils. Paris. — Chaussures	France	150
Huret. Boulogne-sur-Mer. — Chaussures	France	154
Thierry et **Guerrier**. Paris. — Chaussures	France	183
Blondel. Lillers — Chaussures	France	186

Rousset et **Estriband.** Blois. — Chaussures.....	France.......	192
Gustave **Dubois.** Paris. — Chaussures.............	France.......	195
C. **Mac-Nish** et Cie. Paris. — Chaussures	France.......	216
Moncot et **Bayart.** Lyon. — Chaussures...........	France.......	
Hadj-ben-bou-Amor. M'sila. — Chaussures.......	Algérie.......	26
Hadj Drin. Tlemcen. — Chaussures...............	Algérie.......	40
Goëtz. Médéah. — Chaussures.....................	Algérie	44
J. **Candeil.** Bruxelles. — Chaussures...............	Belgique.....	3
Cardinael-Nefors. Gand. — Chaussures...........	Belgique.....	4
Collignon frères. Anvers. — Chaussures...........	Belgique.....	6
Dierick-Delobelle. Iseghem. — Chaussures.......	Belgique.....	10
J.-A. **Goossens.** Wavre. — Chaussures.............	Belgique.....	17
Jadin et Cie. Bruxelles. — Chaussures.............	Belgique.....	19
Nonkel-Desmet. Iseghem. — Chaussures...........	Belgique.....	23
N. **Vanderlinden** et fils. Anvers. — Chaussures....	Belgique.....	30
Van Doorne frères et sœurs. Iseghem.—Chaussures.	Belgique.....	31
Nicolas **Vienne.** Mons. — Chaussures	Belgique.....	32
Dierich van Pachtebeke. Iseghem. — Chaussures.	Belgique.....	11
E.-F. **Oppermann.** Berlin. — Chaussures	Prusse.......	17
Fr. **Langenickel.** Gotha. — Chaussures............	Saxe-Gotha..	18
A. **Gottliebsen.** Schleswig. — Chaussures..........	Prusse.......	20
Th. **Bach.** Vienne. — Chaussures..................	Autriche.....	2
F. **Czomzer.** Vienne. — Chaussures................	Autriche.....	8
J.-N. **Hanicki.** Lemberg. — Chaussures............	Autriche.....	19
J. **Huber.** Vienne. — Chaussures..................	Autriche.....	25
Jean **Kanitz.** Pesth. — Chaussures.................	Autriche.....	29
Meurein. Paris. — Fleurs	France.......	63
Lespiault. Paris. — Fleurs	France.......	41
Cormier. Paris. — Fleurs...........................	France.......	54
Hardy. Algérie. — Fleurs	France.......	48
Petit. — Fleurs	France.......	
Tournier. Paris. — Fleurs..........................	France.......	53
Henri **Paget.** Vienne. — Etoffes imperméables......	Autriche.....	48
Elise **Cheminon.** Genève. — Fleurs................	Suisse.......	
Mlle **Carlrsson.** Stockholm. — Fleurs..............	Suède........	7
A. **Cappeletti.** Trieste. — Chapeaux	Autriche.....	7
Charles **Krise** et Cie. Prague. — Chapeaux	Autriche.....	34
A. **Srba.** Prague. — Chapeaux......................	Autriche.....	68
Marin et Cie. Barcelone. — Chapeaux.............	Espagne.....	1
J. **Gomez.** Madrid. — Chapeaux....................	Espagne.....	4
M. **de Horna Gonzalez.** Zamora. — Chapeaux....	Espagne.....	5
Fortun et **Subirà.** Saragosse. — Chapeaux........	Espagne.....	8
J. **Ray.** Corogne. — Chapeaux	Espagne.....	

Custodio-Bahia. Braga. — Chapeaux	Portugal	1
E.-F. **Constante**. Oliveira. — Chapeaux	Portugal	9
Gontcharoff. Wladimir. — Chapeaux	Russie	7
Théodore **Weigt**. Varsovie. — Chapeaux	Russie	25
Tchourkine. Saint-Pétersbourg. — Chapeaux	Russie	
Ant. **Chiesa**. Milan. — Chapeaux	Italie	18
Jos. **Ponchielli**. Brescia. — Chapeaux	Italie	19
Evangéliste **Ferraro**. Asti. — Chapeaux	Italie	20
Jos. **Borsallino** et frères. Alexandrie. — Chapeaux	Italie	21
Ange **Azzi**. Castelnuovo. — Chapeaux	Italie	23
Ant. **Barli**. Florence. — Chapeaux	Italie	24
Geraldo **Peona**. Livourne. — Chapeaux	Italie	25
Louis **Biagi**. Montepulciano. — Chapeaux	Italie	26
Joseph **Ashton** et fils. Londres. — Chapeaux	Gde-Bretagne	1
Gaunt et **Poulter**. Londres. — Chapeaux	Gde-Bretagne	6
Robert et **Samuel Hall**. Londres. — Chapeaux	Gde-Bretagne	
Paul **Laurency**. Paris. — Postiches	France	198
W. **Wilson** et Cie. Newcastle-sur-Tyne. — Chapeaux	Gde-Bretagne	17
J. **Jacobi** Junior. Copenhague. — Confections pour hommes	Danemark	3
J. **Petersen**. Copenhague. — Confections pour hommes	Danemark	5
Claude **Reschko**. Orenbourg. — Mantilles en duvet	Russie	14
S. A. le Vice-Roi d'Egypte. — Vêtements	Egypte	
W.-O. **Linthicum**. New-York. — Vêtements	Etats-Unis	3
J.-C. **Zallée**. Saint-Louis. — Vêtements	Etats-Unis	
Exposition de l'Inde anglaise. — Etoffes imperméables	Inde anglaise	
Martin. Paris. — Cheveux	France	212
Mlle Lariotte. Paris. — Cheveux	France	213
Petit. Tours. — Cheveux	France	214
Bourgeois. Versailles. — Cheveux	France	215
Georges **Krafft**. Wetzlar. — Cheveux	Prusse	15
Bazile **Timofeeff**. Moscou. — Cheveux	Russie	19
Théodore **Vinogradoff**. Moscou. — Cheveux	Russie	24
Olympius **Becagli**. Petriolo. — Chapeaux de paille	Italie	36
Madeleine **Calzarossa**. Parme. — Chapeaux de paille	Italie	49
Thuilliers. Paris. — Chapeaux de paille	France	82
Joseph **Bertolla**. Florence. — Chapeaux de paille	Italie	38
Communes de Signa et de Lastra. — Chapeaux de paille	Italie	39
Cte Auguste **de Gori-Pannilini**. Sienne. — Chapeaux de paille	Italie	45
Simonet et Cie. Paris. — Chapeaux de paille	France	89
A. **Panesch**. Vienne. — Chaussures	Autriche	49

Horwitz, Mayer et Cie. — Chaussures	Autriche	
Joseph **Seykora**. Adler Kosteletz. — Chaussures	Autriche	64
A. **Taussig**. Prague. — Chaussures	Autriche	12
Kunz Demenga. Olten. — Chaussures	Suisse	7
S. **Rouge**. Aigle. — Chaussures	Suisse	9
J. **Strub** et **Heer**. Olten. — Chaussures	Suisse	13
Devesa. Santiago. — Chaussures	Espagne	18
F. **Cayatte**. Madrid. — Chaussures	Espagne	16
A.-D. **Souza-Carvathol**. Lisbonne. — Chaussures	Portugal	8
F.-P. **Carvalho**. Lisbonne. — Chaussures	Portugal	8
Manuel **Rodriguez**. Porto. — Chaussures	Portugal	18
Stellpflug. Lisbonne. — Chaussures	Portugal	23
Tzimbouraki fils. Lyra. — Chaussures	Grèce	3 et 4
Liljeqvist. Stockholm. — Chaussures	Suède	14
Lindmark. Stockholm. — Chaussures	Suède	16
J.-F.-L. **Akerlindh**. Stockholm. — Chaussures	Suède	17
Nordahl. Christianstad. — Chaussures	Norvége	7
Naess. Christiania. — Chaussures	Norvége	8
C. et J. **de Groot**. Utrecht. — Chapellerie	Pays-Bas	6
L. **Hirsch**. Paris. — Fournitures pour chaussures	France	
Mme **Roumbina**. Evangelodi. — Habillements	Grèce	
Nicétas **Dolgoff**. Moscou. — Chaussures	Russie	50
Michel **Mouratoff**. Nijny-Novgorod	Russie	11
Pierre **Nogatsky**. Vladimir. — Chaussures	Russie	12
Basile **Pouzakoff**. Nijny-Novgorod. — Chaussures	Russie	13
Etienne et Alexis **Tchouvatoff**. Kourgour.—Chaussures	Russie	17
Paul **Tsikhmistrenko**. Poltava. — Chaussures	Russie	21
Alexis **Rolando**. Turin. — Chaussures	Italie	57
Alexandre **Gorimaldi**. Alexandrie. — Chaussures	Italie	60
Nicolas **Grondona**. Gênes. — Chaussures	Italie	64
Gaëtan **Gnesi**. Florence. — Chaussures	Italie	67
Antoine **Fierro**. — Chaussures	Italie	78
Philippe **Baratta**. Naples. — Chaussures	Italie	81
Bowley et Cie. Londres. — Chaussures	G^de-Bretagne	21
W. **Sparkes Hall** et Cie. Londres. — Chaussures	G^de-Bretagne	29
S.-W. **Norman**. Londres — Chaussures	G^de-Bretagne	38
Charles **Mole**. — Chaussures	G^de-Bretagne	
Antonio **Gil** et **Campo**. Burgos. — Chapeaux	Espagne	
Hidalgo. — Chaussures	Équateur	
Leenarts. Utrecht. — Chapeaux de soie	Pays-Bas	
G. **Eberhard**. Stuttgart. — Cheveux	Wurtemberg	
Roesch frères. Rio-de-Janeiro. — Chaussures	Brésil	
J. **Campas** et fils. Rio-de-Janeiro. — Chaussures	Brésil	

Domingos do Faria Soares. Rio-de-Janeiro. — Chaussures	Brésil	
Constantin **Janaki**. Bukarest. — Chaussures	Roumanie	
Lazare **Cojacarou**. Tergovitz. — Vêtements	Roumanie	
H. **Bret**. Copenhague. — Chapeaux	Danemark	20
Petitgas. Copenhague. — Chapeaux	Danemark	13
Holm. Christiania. — Chapeaux	Norvége	
O. **Bonnaire**. Paris. — Chaussures	France	14
S. **Haulon** jeune. Bayonne. — Chaussures	France	187
Paul **Dargouge**. Paris. — Postiches	France	

COOPÉRATEURS.

Médailles de bronze.

Augustin **Lecamp**, contre-maître chez M. Bauland. Paris	France	47
Mathieu, dessinateur pour M. Bouillet. Paris	France	5
Roy, contre-maître chez MM. Quénot et Lebargy. Paris	France	81
Liégeois, chef d'atelier chez MM. Massez et Cie	France	173
Guillemont, contre-maître chez M. Delaplace. Paris.	France	46
Mme **David**, brodeuse pour M. Bouillet. Paris	France	5
Jeannette **de Craene**, première ouvrière chez M. Vandebos-Poelman. Gand	Belgique	29
Hipp. **de Henne**, contre-maître chez MM. Pinaud et Amour. Paris	France	186
Pierre **Saurey**, ouvrier chez M. Delail. Paris	France	139
Mme **Gogly**, chef de l'atelier de fleurs chez MM. Marienval, Flamet et Cie. Paris	France	40
Ignaz **Schonberger**, premier coupeur chez M. Jacob Rothberger. Vienne	Autriche	58
Victor **Decorte**, ouvrier chez MM. Dardenne frères et Nathan. Bruxelles	Belgique	7
Marie-Anne **Lenaerts**, ouvrière chez M. J. Bertrand. Roclenge	Belgique	2
Mme **Wallès**, employée chez MM. Opigez-Gagelin et Cie. Paris	France	35
Aubry, contre-maître chez MM. Mathieu et Garnot. Paris	France	4
Brissac, contre-maître chez MM. Laville, Petit et Crespin. Paris	France	120
Rudel, chef teinturier chez MM. Laville, Petit et Crespin. Paris	France	120

Louis **Besnard**, coupeur chez MM. Simon Schloss et neveu. Paris	France	
Ch. **Catelin**, contre-maître chez M. Favier. Paris	France	39
Christophe **Gaubatz**, contre-maître chez M. A. Smidt. Pirmasens	Bavière	
François **Lecluze**, ouvrier coupeur chez MM. Fanien fils. Lillers	France	175
Mme **Fritx**, ouvrière chez Mme Vve Barré. Paris	France	138
Jules **Suser**, ouvrier chez M. Suser. Paris	France	194
A. **Bozzi**, contre-maître chez M. Harapatt. Vienne	Autriche	20
Frantz **Hahn**, contre-maître chez M. D.-H. **Pollak**. Vienne	Autriche	53
Anthime **Le Boiteux**, employé chez M. A. Leleux. Paris	France	23
Marie **Gachet**, ouvrière chez M. Mayer. Paris. — Chaussures	France	
Mme A. **Cartier**, première ouvrière chez M. Delaplace. Paris	France	46
Louis **Delormel**, employé chez M. Savart. Paris	France	170
Sablayrolles, ouvrier chez M. Méliés. Paris	France	191
Jean **Beurdeley**, ouvrier chez M. Vimenet. Cureghem-lez-Bruxelles	Belgique	33
Jean-Baptiste **Paradis** fils, employé chez MM. S. Dupuis et Cie. Paris	France	179
Mme **Soudan**, contre-maîtresse chez M. Touzet. Paris	France	179
Valère, directeur de la fabrique de chapeaux chez M. Leduc. Paris	France	103
Josset, coupeur chez Mme Delphine Baron. Paris	France	33
Carette, premier commis chez M. Mouillet. Paris	France	22
Moreau, chef d'atelier chez M. Seeurat. Paris	France	

Mentions honorables.

Mme Félicie **Ruault**, première ouvrière chez M. Baulant. Paris	France	47
V. **Low**, contre-maître chez M. L. Hahn. Vienne	Autriche	16
Mme **Cheurlot**, maîtresse d'atelier chez M. Énout. Paris	France	1
Manière, employé chez M. Versini. Paris	France	25
Mlle Marie **Crohin**, monteuse chez M. Baulant. Paris	France	47
Mlle C. **Hansmann**, ouvrière chez M. Delaplace. Paris	France	46

Clémentine **Dehaeseler**, ouvrière chez MM. Dardenne et Nathau frères. Gand	Belgique	7
Jeannette **Delahaye**, ouvrière chez MM. Dardenne et Nathau frères. Gand	Belgique	7
Jules **Meissimilly**, employé chez M. Marie. Paris	France	13
Mlle A. **Mojard**, ouvrière chez M. Delaplace. Paris	France	46
Mme **Sabot**, ouvrière chez M. Delaplace. Paris	France	46
Jean **Furtcer**, coupeur chez M. F. Walter. Paris	France	24
Mme **Vaillault**, employée chez M. R. Mersey. Paris	France	38
Clarisse **de Roche**, employée chez M. Bouillet. Paris	France	5
Sablier, ouvrier chez MM. Ch. Morlent et E. Janssens. Paris	France	23
Marie **Couffiard**, ouvrière chez M. Bertrand. Roclenge	Belgique	2
Marie-Catherine **Fraikin**, ouvrière chez MM. J. Frenay frères. Roclenge	Belgique	16
Joseph **Thomard**, ouvrier chez MM. J. Frenay frères. Roclenge	Belgique	16
Charles **Lambert**, ouvrier chez MM. J. Frenay frères. Roclenge	Belgique	16
Élisabeth **Denaifve**, contre-maîtresse à l'Orphelinat de Durbuy. Luxembourg. — Tresses de paille	Belgique	26
Françoise **Gillard**, ouvrière chez Lhoest. Liége	Belgique	20
Pierre-Joseph **Lhœst**, ouvrier chez M. Lhoest. Liége	Belgique	20
Ch. **Daleyden**, ouvrier chez M. Vimenet. Cureghem-les-Bruxelles	Belgique	33
Eugène **Vanderlinden**, dessinateur chez MM. Vanderlinden et fils. Anvers	Belgique	30
Henri **Fastré**, ouvrier chez M. Watrigant. Bruxelles	Belgique	34
Leponce, ouvrier chez M. Dumoulin-Wilmotte. Liége	Belgique	13
Leonis, ouvrier chez M. Dumoulin-Wilmotte. Liége	Belgique	13
Vve **Speltjens**, ouvrière chez M. Devacht	Belgique	8
Rosalie **Chardon**, chef d'atelier chez M. Turney-Brosset. Paris et Lagny	France	52
Pauline **Beurteaux**, première ouvrière chez M. Chandelet. Paris	France	74
Mlle Arsène **Fonblanc**, ouvrière chez M. Chandelet. Paris	France	74
Baufils, teinturier-plumassier chez MM. Marienval et Flamet. Paris	France	40
Louis-François **Brouet**, ouvrier plumassier chez MM. Marienval et Flamet. Paris	France	40
Johann **Gielda**, contre-maître chez M. Janowitz. Brünn	Autriche	28
Stamer, contre-maître chez M. Walish. Vienne	Autriche	74
Mlle **Philibert-Darlez**, ouvrière chez Mme Delphine Baron. Paris	France	33

Burgard, premier coupeur chez M. Mouillet. Paris	France	22
Bolifraud, appiéceur chez M. Mouillet. Paris	France	22
Gustave-Alexandre **Gauthiez**, ouvrier cordonnier chez M. Petit. Paris	France	137
Mlle **Homer**, première ouvrière chez M. Delmart. Paris	France	72
Mlle **Boutle**, contre-maîtresse chez M. Delmart. Paris	France	72

CLASSE 36

JOAILLERIE ET BIJOUTERIE.

EXPOSANTS.

Hors concours.

Baugrand. (Membre du Jury.) Paris. — Joaillerie. France....... 127

G. **Ehni.** (Membre du Jury.) Stuttgart. — Bijouterie. Wurtemberg..

Médailles d'or.

Duron. Paris. — Bijouterie d'art.................. France....... 129

Massin. Paris. — Joaillerie........................ France....... 120

Fontenay. Paris. — Bijouterie..................... France....... 121

Castellani. Rome et Naples.—Joaillerie et bijouterie. Italie........ 37

Bouvenat. Paris. — Joaillerie et bijouterie........ France....... 119

Mellerio dit **Meller** frères. Paris. — Joaillerie et bijouterie.. France....... 128

Boucheron. Paris. — Bijouterie et joaillerie .... France....... 131

R. **Phillips.** Londres. — Bijouterie................ Gde-Bretagne . 22

Médailles d'argent.

Tchitchelef. Moscou. — Joaillerie .... Russie.......

Mme Vve H. **Nattan.** Paris.— Bijouterie et joaillerie. France....... 123

C.-F. **Hancock** fils et Cie. Londres. — Bijouterie et joaillerie .... Gde-Bretagne . 10

John **Brogden.** Londres. — Bijouterie et joaillerie.. Gde-Bretagne . 2

Hary **Emanuel.** Londres. — Bijouterie et joaillerie. Gde-Bretagne . 8

Savard. Paris. — Or et doublé.................... France....... 14

J. **Héricé.** Paris. — Bijouterie doublé .... France....... 11

Murat. Paris. — Bijouterie doublé................ France....... 12

Huet. Paris. — Bijouterie acier..................... France....... 6

Villemont et Cie. — Bijouterie cuivre............. France....... 102

Bender. Paris. — Bijouterie cuivre .... France....... 118

Savary. Paris. — Joaillerie imitation .... France....... 19

Constant-Valès Paris. — Perles imitation.. France....... 39
Coster. Amsterdam. — Taille de diamants.......... Pays-Bas.... 1
Pavillet et **Pavie.** Paris. — Bijouterie en or....... France....... 81
Soufflot. Paris. — Bijouterie or.................. France....... 40
Hunt et **Roskell.** Londres.—Joaillerie et bijouterie. Gde-Bretagne. 13
M. **Goldsmidt** fils. Prague. — Joaillerie, bijouterie.. Autriche.....
Bapst. Paris. — Joaillerie et bijouterie............. France....... 124
Rossel et fils. Genève. — Bijouterie or............ Suisse....... 5
Reynaud et Cie. Genève. — Bijouterie or.......... Suisse....... 4
Topart frères. Paris. — Perles imitation............ France....... 38
Brocard et **Maynfroy.** Paris. — Bijouterie or...... France....... 48
Clavier et **Husson.** Paris. — Dorure............ France....... 116
Dubois et **Demachy.** Paris. — Bijouterie or....... France....... 84
Casalta. — Bijouterie or......................... Italie........ 24
Étienne **Souza.** Lisbonne. — Bijouterie et joaillerie... Portugal..... 8
A. **Lion.** Paris. — Bijouterie or.................. France....... 70
Ferré. Paris. — Prépons, bijouterie et joaillerie....... France....... 28
Bolzani et **Füssl.** Vienne.—Joaillerie et bijouterie.. Autriche...... 2
Kesry Chund. Punjab. — Bijouterie or........... Inde anglaise.
Leysen-Kreybich. — Joaillerie et bijouterie....... Belgique.....
Lobjois. Paris. — Bijouterie or................ France....... 59
M. **Mananian.** Paris. — Joaillerie et bijouterie...... France....... 132
W. et J. **Randel.** Birmingham. — Bijouterie or..... Gde-Bretagne. 23
Maurice **Goldschmidt** et fils. Francfort-sur-Mein. — Bijouterie et joaillerie.......................... Prusse....... 12
Le Blanc-Granger. Paris. — Bijouterie cuivre, théâtre.................................... France....... 4 et 5
Lasne. Paris. — Ordres de chevalerie............. France....... 51
Bourguignon. Paris. — Bijouterie imitation....... France....... 18
J.-S. **Howell**, **James** et Cie. Londres. — Bijouterie or.. Gde-Bretagne. 12
Sordoillet. Paris. — Acier...................... France....... 2

Médailles de bronze.

Cadet-Picard. Paris. — Bijouterie or.............. France....... 44
Dabi-Persaud. — Bijouterie...................... Inde anglaise.
Plichon. Paris. — Doublé or..................... France....... 13
Crouch et fils. Édimbourg. — Bijouterie or........ Gde-Bretagne. 4
Belleau. Paris. — Bijouterie or.................. France....... 45
Delarue. Paris. — Bijouterie or.................. France....... 48
Fribourg. Paris. — Bijouterie or................. France....... 54
Wœhler et **Hascher.** Gmünd. — Bijouterie or.... Wurtemberg.. 3

Watherston et fils. Londres. — Bijouterie or.......	Gde-Bretagne.	28
Lefèvre aîné. Paris. — Bijouterie or................	France.......	58
Lejeune. Genève. — Bijouterie or..................	Suisse.......	8
Dupont fils. Paris. — Bijouterie or................	France	58
Silvano frères. Paris. — Bijouterie et joaillerie......	France.......	65
Mal **Bernard.** Paris. — Bijouterie et joaillerie......	France.......	125
Lemoine fils. Paris. — Bijouterie et joaillerie........	France.......	126
H. **Martincourt.** Paris. — Bijouterie..............	France.......	88
Lemaître. Paris. — Bijouterie, ordres.............	France.......	50
Maillard et fils. Paris. — Bijouterie	France	89
Baron et **Flusin.** Paris. — Bijouterie.............	France.......	90
V. **Lemoine.** Paris. — Bijouterie.................	France.......	43
Villeret. Paris. — Bijouterie...................	France.......	94
A. **Bruneau.** Paris. — Bijouterie.................	France.......	20
Arthur **Lefebvre.** Paris. — Bijouterie, préparation..	France.......	23
Poulot et fils. Paris. — Lunettes et pince-nez........	France.......	30
Faasse. Paris. — Bijouterie imitation..............	France.......	113
Roberto **Lopez Soton.** Madrid. — Argent ciselé.....	Espagne	6
Louis **Lebert.** Paris. — Bijouterie imitation	France.......	137
Rouzé. — Bijouterie imitation....................	France.......	111
Gerbaud. Paris. — Bijouterie imitation	France.......	106
Bourgain. Paris. — Acier.......................	France.......	7
Essique. Paris. — Acier.........................	France.......	1
Paul **Héros.** Paris. — Bijouterie or................	France.......	46
Renner et **Buechler.** Gmünd. — Bijouterie or....	Wurtemberg..	2
Veeck. Idar, Oldenbourg. — Bijouterie lapidaire	Prusse	14
W. **Marshall** et Cie. Édimbourg.—Bijouterie écossaise.	Gde-Bretagne.	18
Chistesen. Copenhague. — Bijouterie or............	Danemark....	1
Les fils de C.-N. **Weishaupt.** Hanau.—Bijouterie or.	Prusse.......	1
Gebr. **Gabler.** Schorndorf. — Dés à coudre..........	Wurtemberg..	5
H. **Filon.** Paris. — Bijouterie en or filigrane.......	France	78
Tostrup. Christiania. — Bijouterie or..............	Norvége......	4
Cervalo. Malte. — Bijouterie filigrane..............	Col. anglaises.	
P. **Muscat.** Malte. — Bijouterie filigrane............	Col. anglaises.	
Lepage. Paris. — Bijouterie et joaillerie...........	Prusse.......	122
Kan Kye Sicran. — Bijouterie filigrane...........	Inde anglaise.	
Steinheuer et Cie. Hanau. — Bijouterie............	France.......	3
Herrmann **Podiebrad.** Prague. — Grenat...........	Autriche.....	
Soergel-Stollmeyer. Gmünd. — Bijouterie	Wurtemberg..	4
Schlechta et Cie. Turnau. — Grenats taillés........	Autriche	23
Lund, Waldemar et Cie. Londres. — Bijouterie...	Gde-Bretagne.	16
Truchy. Paris. — Bijouterie et perles fausses........	France.......	36
Wiese. Paris. — Bijouterie d'art..................	France.......	45

Pascal-Carola. Naples. — Bijouterie or............	Italie........	
Leite. Lisbonne. — Fabricant d'ordres..............	Portugal.....	
Lanzi. Rome. — Orfèvrerie ciselée................	États-Pontif..	
D'Estradda. Rome. — Bijouterie or..............	États-Pontif..	
Joseph **Cavaliere.** Naples. — Bijouterie or.........	Italie........	
A. **Luquet** et Cie. Paris. — Bijouterie or...........	France.......	83
Braut. Paris. — Bijouterie or......................	France.......	85
Fuchs et **Labbé.** Paris. — Bijouterie or...........	France.......	87
Basy. Paris. — Bijouterie, lunettes.................	France.......	29
Jungman et **Beckmann.** Nuremberg. — Bijouterie; coraux..	Bavière......	1
Herbet. Paris. — Objets en corail.................	France.......	60
Rogier. Paris. — Bijouterie or.....................	France.......	86
Blot et **Chalmin.** Paris. — Bijouterie or...........	France.......	77
Beziel. Paris. — Bijouterie or.....................	France.......	53
Chailloux. Paris. — Bijouterie or..................	France.......	100
Moche. Paris. — Bijouterie or......................	France.......	69
Robineau fils. — Bijouterie argent doré............	France.......	61
Cipriani. Rome. — Bijouterie......................	États-Pontif..	114
Delahaye et **Decor.** Paris. — Bijouterie imitation.	France.......	108
P. **Bégard.** Paris. — Bijouterie or.................	France.......	97
Cottin. Paris. — Bijouterie or.....................	France.......	73
Michallet. Paris. — Bijouterie or..................	France.......	96
Schweich frères. Paris. — Bijoux imitation.........	France.......	104
A. **Jacob** et Cie. Londres. — Bijoux imitation.......	Gde-Bretagne.	14
Alexandre **Piel.** Paris. — Bijoux imitation..........	France.......	17
Bolzani fils. Paris. — Bijoux chaînes..............	France.......	22
Émile **Forte.** Gênes. — Filigrane...................	Italie........	15

Mentions honorables.

Muller. Paris. — Bijouterie imitation religieuse.....	France.......	114
Schmoll. Paris. — Bijouterie imitation argentée.....	France.......	115
Carmant et **Normant.** Paris. — Bijouterie imitation.	France.......	15
Janvier. Paris. — Bijouterie or, zébrée............	France.......	79
Benoist. Paris. — Bijouterie or....................	France.......	62
Berlize et **Ferare.** Paris. — Bijouterie or.........	France.......	75
Fontana et Cie. Paris. — Bijouterie................	France.......	130
Ravenel. Paris. — Bijouterie or....................	France.......	66
Richer. Paris. — Bijouterie or.....................	France.......	67
Holzbacher. Paris. — Bijouterie or................	France.......	71
W.-J. **Thomas.** Londres. — Bijouterie or...........	Gde-Bretagne.	26
Gustave **Lerl.** Vienne. — Bijoux faux...............	Autriche.....	74
Turnbull frères. Londres. — Bijouterie de jayet.....	Gde-Bretagne.	27

John **Neal**. Londres. — Bijouterie or................	Gde-Bretagne.	19
James **Wheatley**. Carlesle. — Bijouterie or..........	Gde-Bretagne.	
Billard. Paris. — Bijouterie ordres....................	France.......	49
Chobillon. Paris. — Bijouterie ordres..............	France.......	52
Normandin. Paris. — Bijouterie et médaillons argent....................................	France.......	21
Gentilhomme. Paris. — Bijouterie or............	France	35
Drouot et Cie. Paris. — Bijouterie imitation	France.......	109
Gilbert. Paris. — Bijouterie imitation..............	France.......	117
Thomasset frères et Cie. Lyon. — Bijouterie imitation..	France.......	16
Prieur-Hérault. Paris. — Bijouterie or...........	France.......	80
Compagnon. Paris. — Bijouterie or................	France.......	93
Renoud. Paris. — Bijouterie or.....................	France.......	95
Souza frères. Porto. — Bijouterie filigrane..........	Portugal.....	7
C. **Bordinckx**. Anvers.—Diverses tailles de diamants.	Belgique.....	1
Cladière et Cie. Paris. — Bijouterie or............	France.......	98
Boullanger. Paris. — Bijouterie or................	France.......	99
Birahim-Tiam. Sénégal. — Bijouterie or..........	Col. franç...	
Cho-tang. Cochinchine. — Bijouterie or............	Col. franç...	
Barbary. Paris. — Bijouterie or.....................	France.......	101
W.-E. **Willey**. Birmingham.—Divers porte-crayons.	Gde-Bretagne.	29
Alekan frères. Paris. — Bijouterie or..............	France.......	25
Muzard. Paris. — Bijouterie imitation.............	France.......	
Mikalef. Malte. — Filigrane.......................	Col. anglaises.	
Mme Vve **Riou** jeune. Paris. — Bijouterie or, chaînes.	France.......	
Jean **Gay**. Paris. — Bijouterie or....................	France.......	74
E. **Driebein**. Copenhague. — Bijouterie or.........	Danemark. ..	56
Montgeot. Paris. — Diverses faces-à-main.........	France.......	31
Mme **Gagné**. Paris. — Bois durci....................	France.......	32
Vergeot. Paris. — Bijouterie or.....................	France.......	78
P. **Pace**. Malte. — Filigrane.........................	Col. anglaises.	
Precca. Malte. — Filigrane..........................	Col. anglaises.	
Hesse fils jeune. Paris. — Bijouterie et imitation...	France.......	105
Voysin. Paris. — Diverses fantaisies..	France.......	112
Collin. Paris. — Bijouterie or......................	France.......	82
Mme Vve **Baudet** et fils. Paris. — Bijouterie argent..	France.......	27
Gounaut. Ronchaux. — Clefs de montres..........	France.......	26
Trux. Paris. — Bijouterie et imitation..............	France.......	110
Prieur. Paris. — Bijouterie or......................	France.......	68
Nicaud et **Duché**. Paris. — Bijouterie or..........	France.......	76
Lucy frères. Paris. — Bijouterie.....................	France.......	24
H. **Grohmann**. Prague. — Bijouterie or.............	Autriche.....	10

F.-X. **Miesler**. Prague. — Bijouterie grenats....... Autriche..... 19
J. **Rousseau**. Paris. — Bijouterie or................ France....... 91
J.-G. **Schwartz** et fils. Copenhague.—Ivoire incrusté.. Danemark...
Luist. Sidney. — Bijouterie or .... Col. anglaises.
Théodore et **Poirier**. Paris. — Bijouterie or..... France....... 10
Conin. Paris. — Bijouterie or...................... France....... 63
Moutton. Paris. — Bijouterie or..................... France....... 92
Raffin et **Durand**. Paris. — Tubes sans soudure et charnières sans soudure........................ France....... 38
Salomon Hadjadj. Alger. — Argenterie.......... Algérie...... 1
Wenzel Bubenicek. Prague. — Bijoux de grenat. Autriche.....
Chr. **Winter**. Nuremberg. — Bijoux............... Bavière......
Ferd. **Nièce**. Danzig. — Ambre jaune.............. Prusse.......

COOPÉRATEURS.

Médailles d'argent.

Sollier frères, peintres émailleurs. Paris........... France.......
Honoré, ciseleur. Paris. .... France.......
P. **Fauré**, dessinateur architecte, présenté par le Jury. Paris.................................... France....... 127
Richet, peintre, présenté par le Jury. Paris......... France....... 121
Closson, chef d'atelier, chez M. Rouvenat. Paris..... France....... 119
Bissinger, graveur sur camées, présenté par le Jury. Paris.................................... France.......

Médailles de bronze.

H.-A. **Tonet**, contre-maître chez M. Massin. Paris... France....... 120
Smets, contre-maître chez M. Fontenay. Paris....... France....... 121
Loyer, contre-maître chez M. Baugrand. Paris....... France....... 127
P. **Dumouza**, dessinateur chez M. Baugrand. Paris.. France....... 127
Armand **Riffault**, bijoutier émailleur, présenté par le Jury. Paris................................ France.......
Foullé, bijoutier, présenté par le Jury. Paris........ France....... 128
Bonnet, joaillier, présenté par le Jury. Paris....... France....... 128
Boucheron et **Guillain**, joailliers, présentés par le Jury. Paris.............................. France.......
Crouzet, bijoutier, présenté par le Jury. Paris..... France.......
A. **Falise** aîné, bijoutier, présenté par le Jury. Paris.. France.......
F. **Bapst**, chef d'atelier chez M. Baspt. Paris........ France....... 124

Eugène **Gagneré**, émailleur, présenté par le Jury. Paris.. France.......
Soyer, peintre émailleur, présenté par le Jury. Paris. France.......
A. **Topart**, peintre sur émail, présenté par le Jury. France.......
Jules **Debut**, dessinateur, chez M. Boucheron. Paris.. France....... 131

Mentions honorables.

Bourgoin, joaillier, chez M. Rouvenat. Paris....... France....... 119
Hue, graveur sur pierres, présenté par le Jury. Paris. France.......
Hallet, joaillier, présenté par le Jury. Paris......... France....... 127
Coche, ouvrier joaillier, présenté par le Jury. Paris... France....... 127
E.-E. **Métard**, ouvrier bijoutier, présenté par le Jury. Paris.. France....... 127
Bonnet, orfévre, présenté par le Jury. Paris........ France.......
Foucher, contre-maître chez M. Leysen-Kreybich. Bruxelles.. Belgique.....
Edmond **Sourdry**, contre-maître chez M. Savard... France....... 14
Lalouette, polisseuse chez M. Savard. Paris........ France....... 14
Saumard, contre-maître chez M. Hervé. Paris...... France.......
Petit, bijoutier, présenté par le Jury. Paris......... France.......
Homassel, bijoutier chez M. Fontenay. Paris....... France....... 121
Bourel, bijoutier chez M. Rouvenat. Paris........... France....... 119
Plessier, sertisseur chez M. Rouvenat. Paris........ France....... 119
Adolphe **Dumont-Vuilet**, lapidaire, présenté par le Jury. Paris.. France.......
Carré, sertisseur, présenté par le Jury. Paris....... France.......
Lussaud, contre-maître chez M. Lemoine. Paris...... France....... 43
Dardare, graveur à l'eau forte, présenté par le Jury. Paris.. France.......
Girault, chef d'atelier chez M. Brocard. Paris....... France....... 48
Caylus, chef d'atelier chez M. Lasne. Paris......... France....... 51
Brethiot et **Lejetté**, lapidaires, présentés par le Jury. Paris.. France.......
V. **Tainturier**, ouvrier bijoutier, chez M. Hesse. aris.. France....... 105
Leroy, joaillier, chez M. Rouvenat. Paris........... France....... 119
Baroux, contre-maître, chez Mal-Bernard. Paris..... France....... 125
Cordier, ouvrier joaillier, présenté par le Jury. Paris.. France.......
Breton, ouvrier bijoutier, chez M. Savard. Paris..... France....... 14
Weber, artiste graveur, chez M. Savard. Paris...... France....... 14
Dieudonné, joaillier, chez M. Bapst. Paris......... France....... 124
Paul **Grieu**, ouvrier bijoutier chez M. Brocard........ France....... 48
Groussin, ouvrier bijoutier chez M. Lasne. Paris.... France....... 31

Achille **Schwab**, ouvrier bijoutier chez M. Hesse. Paris	France	105
Durand, bijoutier en acier, présenté par le Jury. Paris	France	
Dulau et **Berthot**, orfévres, présentés par le Jury. Paris	France	43
Batardon, contre-maître chez M. Savard. Paris	France	14
Pirot, apprêteur chez M. Savard. Paris	France	14
Taquet, contre-maître chez M. Savard. Paris	France	14

CLASSE 37

ARMES PORTATIVES.

Hors concours.

Direction d'artillerie de Norvége. (Administration de l'État.) — Fusils de guerre..............	Norvége......	

EXPOSANTS.

Médailles d'or.

Industrie armurière de la ville de Paris. — Arquebuserie de luxe, armes blanches de luxe, etc.	France.......	
Industrie armurière de la ville de Liége. — Armes à feu..................................	Belgique.....	
Industrie armurière des États-Unis d'Amérique. — Armes à feu........................	États-Unis....	
Industrie armurière de la ville de Saint-Étienne. — Armes à feu........................	France.......	
Industrie armurière de la ville de Solingen. — Armes blanches................................	Prusse.......	

Médailles d'argent.

Léopold **Bernard**. Paris.—Canons de fusil.........	France.......	
Heuse-Lemoine et Cie. Nessonvaux. — Canons de fusil..	Belgique	13
Colt's fire arms manufacturing Cy. Harfoord. — Armes à feu....................................	États-Unis....	15
Pondevaux. Saint-Étienne. — Armes de luxe......	France.......	49
Kirschbaum. Solingen. — Armes blanches.......	Prusse.......	6
Gastinne-Renette. Paris. — Armes de luxe.	France.......	5
L. Ghaye. Liége. — Armes à feu..................	Belgique.....	12
E. Remington et fils. Ilion. — Armes de guerre...	États-Unis....	
Verney-Carron. Saint-Étienne. — Armes à feu....	France.......	76
Gévelot. Paris. — Cartouches, amorces.	France.......	15
Joseph **Lemille.** Liége.—Armes de guerre et de chasse.	Belgique.....	
Providence Tool Company. Providence. — Armes à feu, système Peabody..........................	États-Unis...	46

Javelle-Magan. Saint-Étienne. — Canons de fusil.	France.......	44
Devisme. Paris. — Armes de luxe................	France.......	16
Malherbe et Cie. Liége. — Armes de guerre........	Belgique.....	21
Smith et **Wesson**. Springfield. — Armes à feu et cartouches......................................	États-Unis....	11
Jérôme **Flachat**. Saint-Étienne. — Armes à feu....	France.......	
Delacour et **Backes**. Paris. — Armes blanches....	France.......	59
Dresse, Ancion, Laloux et Cie. Liége. — Armes de guerre et de luxe............................	Belgique.....	7
Escoffier. Saint-Étienne. — Armes de guerre et de chasse..	France.......	82
Le Page-Moutier et **Faure**. Paris. — Armes de luxe..	France.......	60
Simonis et Cie. Liége. — Canons laminés.........	Belgique.....	24
Gerest. Saint-Étienne. — Fusils de chasse.........	France.......	83
A. **Gaupillat**. Paris. — Amorces et cartouches.....	France.......	36
P. **Boitard**. Saint-Étienne. — Armes de luxe.......	France.......	51
Fabrique nationale d'armes de Tolède. Tolède. — Armes blanches........................	Espagne......	3
Fabrique d'armes d'Ijevsk. Viatka. — Carabines de guerre..	Russie.......	4
Standerskjold. Toula. — Armes à feu............	Russie.......	6
Joseph **Lang**. Londres. — Armes à feu.............	Gde-Bretagne.	10
Ferdinand **Claudin**. Paris. — Armes à feu.........	France.......	61
Dumoulin-Lambinon. Liége. — Armes de luxe....	Belgique.....	8
W. **Greener**. Birmingham. — Armes à feu.........	Gde-Bretagne.	8
Barella. Berlin. — Armes de luxe.................	Prusse.......	7
Windsor manufacturing Company. Windsor. — Armes système Ball..........................	États-Unis...	3
Zuazubiscar Isla et Cie. Placencia.—Armes à feu...	Espagne.....	5
Société industrielle de Neuhausen. Neuhausen. — Armes de guerre............................	Suisse.......	4
Svengren. Eskilstuna. — Armes blanches..........	Suède.......	1
Portalier. Saint-Malo. — Armes de chasse........	France.......	40
Lepage et **Chauvot**. Liége. — Armes de chasse...	Belgique.....	19
E.-M. **Reilly** et Cie. Londres. — Armes à feu.......	Gde-Bretagne.	19
Berger et Cie. Witten.—Canons de fusil en acier...	Prusse.......	
Spencer Repeating Rifle Company. Boston. — Carabines Spencer............................	États-Unis....	4
Le Baron. Caen. — Fusils de chasse..............	France.......	88
Ad. **Jansen**. Bruxelles. — Fusil de chasse..........	Belgique.....	14
Ronchard-Siauve. Saint-Étienne. — Canons de fusil..	France.......	53
Cie **Whitworth**. Manchester. — Armes à feu.......	Gde-Bretagne.	
Kronbiegel-Collenbusch. Soemmerda. — Capsules..	Prusse.......	1

Roblin. Paris. — Fusils de chasse................	France.......	16
Manufacture Liégeoise. Liége. — Armes à feu..	Belgique.....	2
Small Arms Company — Birmingham. — Armes à feu......................................	Gde-Bretagne.	
Eugène **Lefaucheux**. Paris. — Revolvers.........	France.......	8
Bayet frères. Liége. — Armes à feu................	Belgique.....	3
Doye. Paris. — Fusils de chasse................	France.......	3
E. **Lagrèze**. Paris. — Fusils de chasse.	France.......	4
Laffiteau-Lefaucheux. Paris. — Armes de luxe..	France.......	9
Houllier-Blanchard. Paris. — Armes de luxe. ...	France.......	1
Perrin. Paris. — Armes de luxe..................	France.......	7
Brun. Paris. — Armes de luxe.....................	France.......	21
Salles. Laval. — Armes de luxe.	France.......	91
G. **Schneider**. Paris. — Armes de luxe............	France.......	13
Brichet. Nantes. — Armes de luxe................	France.......	89
Albert **Bernard**. Paris. — Canons de fusil.........	France.......	48
Parent. Paris. — Cartouches..	France.......	69
Thomas. Paris. — Armes à feu....................	France.......	6

Médailles de bronze.

Tardy frères. Paris. — Capsules et cartouches.......	France.......	65
Cassegrain. Paris. — Armes de luxe et chargeoirs.	France.......	35
Rochatte. Paris. — Armes de luxe..................	France.......	17
Wasseige-Deflalque et Cie. Liége. — Cartouches et amorces..	Belgique.....	26
V. Chr. **Schilling**. Suhl. — Armes de chasse......	Prusse.......	5
G. **Gibbs**. Bristol. — Armes de chasse.............	Gde-Bretagne.	
Fabrique de **Sestroretsk**. St.-Pétersbourg.—Carabines	Russie.......	17
Amsler-Laffon. Schaffhouse. — Armes de guerre..	Suisse.......	
Irazabal. Eibar. — Armes de chasse.............	Espagne......	6
Alphonse **Izzo**. Naples. — Armes à feu............	Italie.......	18
H. **Biedermann**. Vienne. — Armes à feu...........	Autriche.....	6
Flobert. Paris. — Armes de chasse et de luxe.	France.......	28
Chaudun. Paris. — Cartouches....................	France.......	74
Dumonthier. Sailleville. — Pistolets et carabines...	France.......	94
Gaubert. Liége. — Armes à feu...................	Belgique.....	10
Kœnig et **Reunert**. Annen. — Armes à feu........	Prusse.......	11
Alfred **Lancaster**. Londres. — Fusils et carabines..	Gde-Bretagne.	9
Fabrique de **Zlatooust**. — Sabres, épées............	Russie.......	8
Zoller. Frauenfeld. — Carabines et pistolets.	Suisse.......	7
Verney jeune. Lyon. — Armes de luxe..............	France.......	77
Geerinckx. Paris. — Armes de chasse..............	France.......	32

Colonel **Le Mat**. Paris. — Carabines, revolvers......	France.......	72
Fusnot et Cie. Bruxelles. — Cartouches amorces....	Belgique.....	9
Braun et **Bloem**. Düsseldorf. — Capsules.........	Prusse.......	2
Gauchez jeune et fils. Paris. — Armes à feu........	France.......	71
Dabé. Semur. — Fusils de chasse..................	France.......	85
Clair frères. Saint-Étienne. — Canons de fusil.......	France.......	84
J.-J. **Montigny**. Bruxelles. — Armes de chasse et de précision....................................	Belgique.....	23
Jarre. Paris. — Armes à feu système Jarre.........	France.......	22
Jevelle et **Guichard**. Saint-Étienne. — Fusils de chasse..	France.......	58
Lainé. Paris. — Fusils de chasse..................	France.......	18
C.-F. **Galand**. Liége. — Armes à feu..............	Belgique.....	17
Firmin-Gaymu. Paris. — Armes à feu............	France.......	24
Spiquel et fils. Paris. — Armes blanches..........	France.......	14
Barth. **Mahillon**. Bruxelles. — Armes de luxe......	Belgique.....	20
Voytier. Saint-Étienne. — Fusils de chasse........	France.......	48
Rameau. Paris. — Carabines.....................	France.......	95
Le Blanc-Granger. Paris. — Armures, etc.	France.......	97
Jean **Peterlongo**. Inspruck. — Fusils, revolvers....	Autriche	18
Jean **Schaschl**. Ferlach. — Armes à feu..........	Autriche.....	12

Mentions honorables.

Collection d'armes des Indes orientales. — Armes indiennes................................	Inde angl....	188
Empire Ottoman. — Trophée d'armes...........	Turquie.	109
S. A. le Vice-Roi d'Égypte. — Armes diverses...	Égypte.......	110
Royaume de Siam. — Armes diverses...........	Siam.........	111
S. A. le Bey de Tunis. — Armes diverses........	Tunis........	112
Empire du Maroc. — Armes diverses...........	Maroc........	311
Empire Persan. — Armes diverses.............	Perse........	
Algérie. — Armes diverses......................	Algérie.......	114
Fabrique d'armes de Lombardie. Cariggio. — Carabines, canons de fusil......................	Italie........	6
Roussel. Troyes. — Cartouches..................	France.......	12
Lenoir. Paris. — Fusils et carabines.............	France.......	25
E. et A. **Ludlow**. Birmingham. — Capsules.........	Gde-Bretagne.	12
Florian **Wiszniewski** et fils. Saint-Pétersbourg. — Revolver..	Russie.......	7
H. **Leue** et **Timpe**. Berlin. — Armes à feu..........	Prusse.......	3
L. **Bachmann**. Bruxelles. — Cartouches...........	Belgique.....	12
Haurer frères. Vienne. — Armes de guerre.........	Autriche.....	8
Stevens. Maëstricht. — Armes à feu..............	Pays-Bas.....	3

Charles **Stiegele**. Munich. — Fusils et projectiles....	Bavière......	3
J. **Péter**. Genève. — Fusils et carabines...........	Suisse.......	2
Manufacture d'armes de Kronborg. — Revolvers	Danemark....	1
Jean **Glisenti**. Brescia. — Projectiles, fusils........	Italie........	24
Toni. Rome. — Armes à feu.........................	États Pontif..	2
J. **Martin**. Madrid. — Armes blanches............	Espagne.....	7
Cancalon. Bourganeuf. — Armes se chargeant par la culasse..	France.......	41
Marquis. Paris. — Armes de chasse..............	France.......	31
James-D. **Dougall**. Londres. — Armes à feu et projectiles..	Gde-Bretagne.	7
N. **Gonncaud**. Saint-Pétersbourg.— Fusils de chasse.	Russie.......	
S.-A. **Noël**. Saint-Germain-en-Laye. — Revolvers...	France.......	90
Leroux. Paris. — Armes de chasse de luxe........	France.......	62
Prentice et Cie. Birmingham. — Cartouches de fulmi-coton..	Gde-Bretagne.	
Joseph **Popoff**. Tiflis. — Poignards et sabres.......	Russie.......	15
Heurtier. Saint-Étienne. — Canons de fusil.......	France.......	55
Massardier-Poulat. Saint-Étienne. — Canons de fusils..	France.......	52
N.-G. **Vanlerberghe**. Malines. — Arcs et flèches...	Belgique.....	25

COOPÉRATEURS.

Médailles d'argent.

Tissot, graveur pour armes de luxe. Paris.........	France.......
Boussard, graveur. Liége..............................	Belgique.....
Echaluce, directeur de la fabrique Zuazubiscar et Cie.	Espagne......
Joseph **Waroux**, graveur sur armes de luxe. Liége.	Belgique.....
P. **Waroux**, graveur. Liége.............................	Belgique.....
Cuvelier, graveur sur armes de luxe. Liége........	Belgique.....
Norman, contrôleur à la fabrique d'armes de Toula.	Russie.......
Boussart, incrusteur. Paris	France.......
Nicolas **Bernard**, contre-maître chez M. Léopold Bernard. Paris	France.......
Philippe **Bocquet**, ouvrier chez M. Le Baron. Caen.	France.......
Missaire, ouvrier chez M. Bayet. Liége............	Belgique.....
Tronchon, platineur. Saint-Étienne..................	France.......
Henri **Urbain**, contre-maître chez M. Perrin. Paris..	France.......

Médailles de bronze.

Aristide **Veillaud**, sculpteur chez M. Gastinne-Renette. Paris.. France.......

Aveaux, graveur. Saint-Cloud.................... France.......

Edmond **Masselon**, premier ouvrier de M. Houllier-Blanchard. Paris.. France.......

Mougin, chef arquebusier de MM. Le Page, Moutier et Faure. Paris.. France.......

Tavernier, chef ouvrier chez M. Claudin. Paris..... France.......

Charles **Rode**, contre-maître chez M. Gastinne-Renette. Paris.. France.......

Fluhme, contre-maître chez M. Gastinne-Renette. Paris. France.......

Paul **Lhonneux**, équipeur chez M. Dumoulin-Lambinon. Liége.. Belgique.....

Danse, ajusteur-basculeur de M. Dumoulin-Lambinon. Liége.. Belgique.....

François **Counasse**, contre-maître chez L. Mimonis. Liége.. Belgique.....

Lambert **Lempereur**, premier ouvrier mécanicien chez M. Simonis. Liége........................... Belgique.....

François **Bija**, tourneur chez M. Simonis. Liége...... Belgique.....

Ciriaco de la Rosa, mécanicien à la fabrique de Zuazubiscar. Placencia........................ Espagne.....

Nicolas **Lejeune**, contre-maître chez M. Bayet. Liége. Belgique.....

Charles **Moreau**, président de la Société des ouvriers arquebusiers. Paris........................ France.......

Bar jeune, directeur chez MM. Lepage et Chauvot. Liége.. Belgique.....

Bar aîné, chef d'atelier chez MM. Lepage et Chauvot. Liége.. Belgique.....

Félix **Gempell**, chef ouvrier chef M. Mahillon. Bruxelles.. Belgique.....

Louis **Ceck**, directeur chez M. Fusnot. Bruxelles..... Belgique.....

Merveille, ciseleur chez M. Thomas. Paris.......... France.......

Gérard **Dewinter**, finisseur chez M. Montigny....... Belgique.....

Olivier, garde principal d'artillerie, chef de l'atelier de précision. Paris........................ France.......

Bentz, ouvrier d'Etat de 1re classe aux ateliers de précision. Paris........................ France.......

Louis **Murat**, platineur. Saint-Etienne............. France.......

Ploton, monteur. Saint-Etienne.................. France.......

Fontvielle, pistonneur. Saint-Etienne............. France.......

Cizeron aîné, pistonneur. Saint-Etienne............ France.......

Etienne **Fournel**, basculeur. Saint-Etienne.......... France.......

Vial, basculeur. Saint-Etienne..................... France.......

Martourey, graveur. Saint-Etienne................ France.......

Mentions honorables.

Leduc frères, graveurs chez M. Thomas. Paris...... France.......
Louis **Martel**, chef ouvrier chez M. Geerinckx. Paris. France.......
Joseph **Aimable**, monteur chez M. Delacour. Paris.. France.......
Blancheteau, modeleur chez M. Delacour. Paris... France.......
Rouget, ciseleur chez M. Delacour. Paris..... .... France.......
Coutolleau, chef ouvrier chez M. Roblin. Paris..... France.......
Frugier, ouvrier au dépôt central d'artillerie (ateliers de précision). Paris........... .... France.......
Robert, ouvrier au dépôt central d'artillerie (ateliers de précision). Paris............................ France.......
Pierre **Sauzet**, monteur. Saint-Etienne............. France.......
Claude **Danve**, forgeur de canons. Saint-Etienne.... France.......
Jean **Fournel** jeune, platineur. Saint Etienne....... France.......
Delmont, graveur. Saint-Etienne.................. France......
Chaumat-Fournel, platineur. Saint-Etienne....... France......
Etienne **Turban**, ouvrier chez M. Escoffier. Saint-Etienne..................................... France.......
Terras, trempeur. Saint-Etienne.................. France.......

CLASSE 38

OBJETS DE VOYAGE ET DE CAMPEMENT.

EXPOSANTS.

Médailles d'or.

Chambre de commerce de Paris. — Industrie des objets de voyage.	France	

Médailles d'argent.

Walcker. Paris. — Objets de voyage et de campement.	France	2
Société du dock du campement et articles de voyage. Paris. — Articles de voyage, de campement et de chasse.	France	18
Morand. Paris. — Objets de voyage.	France	1
Dubois fils. Paris. — Objets de voyage.	France	4
H.-J. **Cave** et fils. Londres. — Malles et objets de voyage.	Gde-Bretagne.	2
F. **Wilks.** Cheltenham. — Valises et autres objets de voyage.	Gde-Bretagne..	8
Bernard **Steinmetz.** Paris. — Fermoirs pour articles de voyage.	France	7
Germain. Paris. — Malles et autres articles de voyage.	France	19
Simon **Schloss** et neveu. Paris. — Objets de voyage	France	3
Nissen. Saint-Pétersbourg. — Objets de voyage.	Russie	3
Mohamed Seghir ben Ganah. — Constantine. — Tente de voyage.	Algérie	45
Le Cresnier. Paris. — Objets confectionnés en toiles imperméables, pour le voyage.	France	6
Hermann **Krammer** jeune. Vienne. — Objets de voyage.	Autriche	3
Ch. **Klein.** Paris. — Objets de voyage.	France	13
Colonel L.-H. **Melley.** Lausanne. — Objets de campement.	Suisse	
Toussaint. Paris. — Objets de voyage.	France	12

Médailles de bronze.

Thomas **de Miguel.** — Marmite de campagne à fourneau	Espagne	5
Ph. **Drevet.** Paris. — Articles de voyage	France	17
Vuitton. Paris. — Malles de voyage	France	26
Hammo ben Ali. Constantine. — Tente de voyage	Algérie	46
Goynaud et **Dollier.** Paris. — Serrurerie pour malles	France	14
Perreaux. Paris. — Modèle de tente	France	41
Mahmoud Effendi. — Articles de voyage	Turquie	1
Thareau. Paris. — Articles de voyage	France	23
Mohamed bel Arbi. Oran. — Articles de voyage	Algérie	17
Julien **Vaïsse.** Mazamet. — Articles de bonneterie de voyage	France	16
Fortune. Paris. — Objets de chasse et de voyage	France	15
S.-W. **Silver** et Cie. Londres. — Objets de voyage	Gde-Bretagne	6
Stolzmann. Varsovie. — Objets de voyage	Russie	6
Ed. **Perry** et Cie. Montréal. — Malles de voyage	Col. anglaises	

. . . .

Mentions honorables.

Bussey Smith et Cie. Londres. — Objets de voyage	Gde-Bretagne	1
Zerroug ben Henni. Constantine. — Litière de femme	Algérie	9
Rogé. Paris. — Articles de voyage et de chasse	France	8
Morhain. Paris. — Fermoirs, trousses, etc	France	9
Mohamed ben Moktar. Oran. — Objets de voyage	Algérie	16
Roquancourt-Demarcq. Paris. — Malles de voyage	France	
Kromhout. La Haye. — Objets de campement	Pays-Bas	
F.-V. **Carré.** Tours. — Objets de voyage	France	25
Coulembier. Paris. — Malles de voyage	France	28
Société de secours aux blessés. — Objets de campement	Etats-Unis	
G. **Barrington.** Montréal. — Malles de voyage	Col. anglaises	
M.-J. **Elsinger** et fils. Vienne. — Vêtements imperméables	Autriche	
Prestinari. Paris. — Articles imperméables	France	
Vincent **Denonne.** Bruxelles. — Malle de voyage	Belgique	
Poncelet et Cie. Paris. — Chaussures imperméables	France	10
Bodson. Paris. — Vêtements	France	

COOPÉRATEURS.

Médailles d'argent.

Édouard **Billot**, attaché à la maison Godillot et Walcker. Paris. — Articles de voyage et de campement	France
Léon **Fanon**, attaché à la maison Godillot et Walcker. Paris. — Articles de voyage et de campement	France

Médailles de bronze.

Alexandre **Rigaud**, attaché à la maison Steinmetz. — Articles de voyage et de campement	France
Mohamed ben Ali, principal ouvrier d'un fabricant algérien. — Articles de voyage et de campement	Algérie
Ch.-Joseph **Kress**, contre-maître chez MM. Simon Schloss et neveu. Paris	France

CLASSE 39

BIMBELOTERIE.

EXPOSANTS.

Médailles d'or.

Chambre de commerce de Paris. — Industrie des jouets.. France......

Médaille d'argent.

Andreux. Paris. — Armes, équipements et objets divers....................................	France.......	15
Théroude. Paris. — Automates et jouets mécaniques.	France.......	12
Dessein. Paris. — Jouets en fer-blanc............	France.......	3
Jumeau. Paris. — Poupées........................	France.......	10
Rock et **Graner.** Biberach. — Jouets en tôle......	Wurtemberg..	3
Huret et **Lonchambon.** Paris. — Poupées articulées, trousseaux, petits meubles..................	France.......	2
W.-H. **Cremer** jeune. — Jouets divers..............	G^de-Bretagne.	2

Médailles de bronze.

Allgeyer. — Jouets d'étain........................	Bavière......	2
A. **Osius.** Waldheim. — Jouets en bois............	Saxe.........	2
Léopold **Liebscher** et **Kunz.** Vienne. — Jouets mécaniques et autres..............................	Autriche......	4
Mme Vve **Fialont.** Paris. — Trousseaux de poupée et ameublements..................................	France.......	7
Hacker. Nuremberg. — Jouets en bois et en pâtes..	Bavière......	4
Scheibner. Waldkirchen. — Jouets en bois et en fer-blanc..	Saxe.........	3
Vuillaume. Paris. — Poupées articulées et trousseaux.	France.......	17
Bontemps. Paris. — Oiseaux et pièces mécaniques..	France.......	8
Finck et **Münch.** Schweinfurt. — Jouets en bois..	Bavière......	10
Mlle **Béreux.** Paris. — Trousseaux de poupée........	France.......	9
Gross. Stuttgart. — Jouets divers..................	Wurtemberg..	1

Blumhard et Cie. Stuttgart. — Jouets en tôle et en bois	Wurtemberg..	2
Dehors. Paris. — Jouets	France	16
Max. **Schudze.** Paris. — Jouets habillés	France	13
J. **Haffner.** Furth. — Jouets d'étain	Bavière	1
Henrotay. Verviers. — Pièces mécaniques	Belgique	

Mentions honorables.

Xavier **Wohlgschaft.** Nuremberg. — Cibles et roulettes	Bavière	5
Muth et **Hoffmann.** Nuremberg. — Cartonnages et jeux divers	Bavière	9
Duvinage et **Harinkouk.** Paris. — Jouets divers	France	11
Simonne. Paris. — Poupées et jouets divers	France	14
Rémond. Paris. — Jouets divers	France	1
Voisin. Paris. — Physique amusante	France	6
Verdavaine. Paris. — Jouets mécaniques	France	4
J.-G. **Birckmann.** Nuremberg. — Carrosse de gala en métal	Bavière	11

COOPÉRATEURS.

Médailles de bronze.

Ad.-Fortuné **Théroude,** chez M. Théroude	France	12
Louis **Creuzot,** monteur chez M. Andreux.	France	15
Ellen **Cremer-Meredeth.** Londres. — Scènes de poupées	Gde-Bretagne.	
J.-U. **Schindler,** contre-maître chez M. Osius	Saxe	

Mentions honorables.

Mme **Ball,** chez M. Simonne. — Arrangement de poupées	France	14
Mlle Élisa **Cadé,** chez M. Jumeau. — Monteuse de poupées	France	10
Mlle Marie **Guillemin,** chez M. Jumeau. — Couturière habilleuse de poupées	France	10
Mlle Isabelle **Callier,** chez M. Huret. — Poupées	France	2
Mme **Rohmer,** chez M. Wuillaume. — Poupées	France	17
Louis **Chédé,** mécanicien chez M. Voisin.	France	6
Mlle Clara **Bax,** ouvrière chez M. Cremer	Gde-Bretagne.	

RENSEIGNEMENTS DU GROUPE IV

CLASSE 32.

MÉDAILLE D'ARGENT 1867.

BOUTARD (N. C.) et LASSALLE.—**Châles brochés,** cachemire et laine, rue d'Aboukir, 21, à Paris. — Fabriques à Paris et à Bohain (Aisne). — Médaille de bronze, 1844, Paris. Médaille d'argent, 1849, Paris. Médaille de 2e classe, 1855, Paris. Médaille de 1re classe, 1862, Londres.

TERNAUX ✻ **(Maison).** — Paris, rue d'Aboukir, no 2. — Fabrique de **Châles cachemire.**

Dès 1819, le Jury déclarait TERNAUX le premier en France qui eût fabriqué des châles avec le poil soyeux provenant des chèvres de cachemire, dont il tentait plus tard l'acclimatation en France dans sa belle propriété de Saint-Ouen.

Les efforts persévérants faits par cette maison pour perfectionner ses tissus et donner à ses teintures une complète solidité, lui valurent les plus hautes récompenses industrielles, et méritèrent à ses produits la réputation universelle dont ils jouissent aujourd'hui.

Maurice DALSÈME Jeune, 9, rue Chauchat.

Maison fondée en 1836.

Cachemires des Indes. — Soieries des Indes et de Chine.

CLASSE 35.

DEUX MÉDAILLES EN 1867.

LARIVIÈRE-RENOUARD. — 8, rue Montesquieu et rue des Bons-Enfants.
Méd. classe 35 (confections); méd. classe 27 (rideaux brodés).

GRANDS MAGASINS DU COIN DE RUE

Les deux médailles que la **Maison du Coin de Rue** vient de recevoir à l'Exposition de 1867, prouvent une fois de plus qu'elle occupe une place hors ligne. Le Jury a consacré la grandeur et l'honorabilité de cette maison, dont la réputation est européenne, et a donné une marque d'honneur à M. LARIVIÈRE-RENOUARD, qui l'a fondée, et qui a fait prendre le plus brillant essor à ses affaires.

L'une des médailles a été accordée aux confections pour dames; rien de plus merveilleux que ces confections d'une distinction vraiment parfaite : l'autre, aux magnifiques rideaux brodés qui sont exposés. La **Maison du Coin de Rue** fait fabriquer elle-même ces broderies aux dessins splendides, et, de ce côté encore, elle ne craint aucune rivalité.

De fait, cette maison, fort ancienne déjà, a vu, d'année en année, augmenter et développer ses opérations, qui reposent sur un chiffre considérable (*plus de quinze millions*), pour arriver à être aujourd'hui une maison colossale, — *la première maison de Paris.* — *Vrai Bazar de la Nouveauté*, — ses immenses magasins sont peuplés de marchandises de toutes sortes. — Lyon, avec ses soieries opulentes, Rouen, avec ses cotonnades, et les autres villes industrielles, — y sont représentées. L'ameublement lui-même a trouvé place dans ces magasins si vastes et qui sont les plus grands du monde.

Opérer sur un chiffre considérable de capitaux toujours disponibles, profiter, par suite, des conditions les plus avantageuses du marché en réalisant ses achats sur une large échelle aux époques de baisse, tel est, avant tout, le secret du bon marché sans concurrence qui a fait du **Coin de Rue** la maison la plus suivie de la capitale, et ce qui lui permet de livrer la marchandise à des prix qui sont parfois inférieurs de 20, de 30 et jusqu'à 40 0/0 à ceux des maisons similaires.

La faveur que lui montre le public est donc méritée. Le **Coin de Rue** est, sans contredit, le magasin qui vend le **meilleur marché de tout Paris**.

CLASSE 36.

MELLERIO, dits **MELLER frères,** rue de la Paix, 9, Paris.

Succursale à Madrid. — MÉDAILLE D'OR Paris 1855-1867. — Prize Medal Londres 1862. — Joailliers de S. M. la Reine d'Espagne.

GROUPE II, CLASSE 9.

LEGÉ et BERGERON, anciens associés, successeurs de **Carjat et Cie photographes.** Méd. à Paris 1863, Paris 1864. Ment. hon. à l'Exposition universelle de Londres 1862. Méd. de bronze Paris 1867. — 56, rue Laffitte, à Paris. — Rez-de-chaussée. Grand jardin. — *Clichés conservés indéfiniment.*

AGRICULTURE ET INDUSTRIE

GROUPE V

PRODUITS (BRUTS ET OUVRÉS) DES INDUSTRIES EXTRACTIVES.

CLASSE 40

PRODUIT DE L'EXPLOITATION DES MINES ET DE LA MÉTALLURGIE.

EXPOSANTS.

Hors concours.

Commission géologique du Canada. (Administration de l'Etat.) — Minéraux divers	Col. anglaises.	1
Administration de Neuberg. (Administration de l'Etat.) — Fers et aciers	Autriche	113
Direction royale des mines. (Administration de l'Etat.) Freiberg. — Produits des mines et usines	Saxe	17
Direction royale des mines de Clausthal. (Administration de l'Etat). — Minerais, produits	Prusse	17-18
Ministère de l'Agriculture, du Commerce et des Travaux publics. (Administration de l'Etat.) Paris. — Minerais et minéraux	France	13
Direction royale des mines de Stassfurt. (Administration de l'Etat.) — Sel	Prusse	3
Administration des mines de l'Altaï. (Administration de l'Etat.) Gouvernement de Tomsk. — Minerais divers	Russie	56
Fonderie royale de Berlin. (Administration de l'Etat.) — Fontes moulées	Prusse	
Direction royale de l'usine de Königshütte. (Administration de l'Etat.) Silésie. — Fontes, fers, aciers	Prusse	56
Direction royale de l'usine de Malapane. (Administration de l'Etat.) — Cylindres de laminoirs	Prusse	42
Fonderie royale de Königsbronn. (Administration de l'Etat.) — Cylindres durs de laminoirs	Wurtemberg	4
Direction des mines de Goslar. (Administration de l'Etat.) — Minerais	Prusse	13

Ministère des Travaux publics. (Administration de l'État.) Bruxelles. — Roches et minéraux.......	Belgique.....	
Service géologique de Victoria. (Administration de l'Etat.) — Études géologiques..................	Col. anglaises.	
Administration du Plattenberg. (Administration de l'Etat.) Engi. — Ardoises..................	Suisse.......	7
Département des mines de Pologne. (Administration de l'Etat.) Varsovie. — Minerais..........	Russie.......	27
Administration des Cosaques du Don. (Administration de l'Etat.) Grouschevka. — Anthracite, ardoises, meules..............................	Russie.......	23
Administration des mines de Vieliczka. (Administration de l'Etat). — Sels gemmes............	Autriche.....	147
Saline de Friedrichshall. (Administration de l'Etat.) — Sel gemme..........................	Wurtemberg.	1
Usines de Bogoslovsk. Gouvernement de Perm. (Administration de l'Etat.) — Minerais...........	Russie.......	16
Administration royale des forges de Gruenthal. (Administration de l'Etat.) — Cuivres forgés.	Saxe........	89
Direction royale de l'usine de Friedrichshütte. (Administration de l'Etat.)—Plomb, argent.	Prusse.......	23
Forges royales de Friedrichsthal. (Administration de l'État.) — Faux et hache-paille...........	Wurtemberg..	3
Fabrique impériale de Saint-Jean d'Ypanema. (Administration de l'Etat.) — Minerais, fontes, fers..	Brésil.......	10-196
Administration des mines de Joachimsthal. (Administration de l'État.) — Nickel.............	Autriche.....	8
Usines d'Ijora du Ministère de la marine. (Administration de l'Etat.) Kolpino. — Chaînes et tôles..	Russie.......	86
Christofle et Cie. (Paul **Christofle**, membre du Jury.) Paris. — Galvanoplastie.................	France.......	275
Daguin et Cie. (**Daguin**, membre du Jury.) Paris. — Sels gemmes..........................	France.......	3
Comte de **Dudley** (membre du Jury). Dudley.— Fers et minerais..............................	G^de^-Bretagne.	38
Goldenberg (membre du Jury). Le Zornhoff.—Scies, outils, etc.................................	France.......	261
Martin **de Moussy** (membre du Jury). Paris. — Collections minéralogiques......................	C^on^ Argentine.	
F. de Wertheim (membre du Jury). Vienne. — Outils à main..............................	Autriche.....	27

Grands prix.

F. Krupp. Essen. — Aciers fondus et forgés	Prusse.......	
Petin et **Gaudet.** Rive-de-Gier.—Acier fondu et fer.	France.......	345
Schneider et Cie. Le Creusot. — Fers, tôles, etc. (Cl. 40 et 47.)	France.......	143
Japy frères. Beaucourt. — Quincaillerie, serrurerie, horlogerie..	France.......	181

Médailles d'or.

Société anonyme de Châtillon et Commentry. Paris. — Fers, tôles, fers-blancs, plaques de blindage, rails, acier Bessemer..................	France........	346
Laveissière et fils. Paris.—Cuivres, laiton, plomb, etc.	France.......	317
J. **Brown** et Cie. Scheffield. — Fers et aciers......	Gde-Bretagne.	21
De Dietrich et Cie. Niederbronn.—Bandages, roues, tôles, fontes de moulage, acier Bessemer...........	France.......	151
Estivant frères. Givet. — Cuivres et laitons........	France	320
Société des aciéries de Bochum. — Produits divers en acier, cloches, roues, etc..............	Prusse.......	67
Société des mines et usines de Hoerde. — Fontes; fers et aciers.........................	Prusse.......	68
Paul **Demidoff.** Nijnétaguilsk. — Fers et cuivres, minerais divers	Russie.......	26
Johnson, Matthey et Cie. Londres. — Métaux précieux..	Gde-Bretagne.	
Coulaux et Cie. Molsheim. — Scies, outils, faux, armes blanches et armes à feu..................	France.......	258
Verdié et Cie. Firminy. — Aciers fondus...........	France.......	139
J. **Holtzer, Dorian** et Cie. Unieux, Pont-Salomon et Ria. — Minerais, fers, fontes, aciers, faux et faucilles	France.......	172
Marrel frères. Rive-de-Gier. — Grandes pièces de forge, plaques de blindage et fers laminés.........	France.......	350
Société du Phénix. Laar. — Fonte, fers et produits divers.....................................	Prusse.......	56
Société de la Vieille-Montagne. Paris et Liége. — Zinc.....................................	France et Belgique	120
Baron **de Pomarao.** San-Domingos. — Pyrites de cuivre...	Portugal	34
Usine de Fagersta. C. Aspelin. — Fonte, fers et aciers; outils en acier Bessemer..................	Suède	69
Œschger, Mesdach et Cie. Paris. — Cuivre, laiton, plomb, argent, monnaies de bronze...............	France.......	113
Delloye-Mathieu. Huy. — Tôles...................	Belgique.....	24
Société anonyme des forges d'Audincourt. Paris. — Fontes, fers, tôles, tubes emboutis en divers métaux......................................	France.......	147
Forges de Bowling. Bradford. — Fers et aciers...	Gde-Bretagne.	16
A. **Borsig.** Berlin. — Fers et aciers.................	Prusse.......	55
L. **Oudry.** Paris-Auteuil. — Galvanoplastie	France.......	342
Houillères de la Loire (exposition collective). Saint Etienne. — Houilles, cokes et produits dérivés.	France.......	344
Compagnie des forges de Barrow. Ulverston. — Fontes, fers et aciers	Gde-Bretagne.	
Létrange et Cie. Paris. — Cuivre, plomb, zinc.....	France......	319
Paul **Morin** et Cie. Paris. — Produits en aluminium et bronze d'aluminium..........................	France.......	276

Compagnie de Villefort et **Vialas**. Paris. — Plomb, argent, minerais........................ France....... 20

Gouvernement du Chili. — Minerais de cuivre et d'argent.. Chili......... 1

Société anonyme d'Imphy Saint-Seurin. Paris. — Aciers Bessemer bruts et ouvrés................ France....... 154

F. de Mayr. Leoben. — Fonte, fer et acier .... Autriche..... 98

Mines et usines de Dannemora. — Minerais et fers de Suède .... Suède........ 70

Compagnie des forges de Low Moor, près Bradford. — Minerais, fers forgés.................. Gde-Bretagne. 17

Compagnie de Lilleshall. Shiffnall. — Houille, minerais, fers .... Gde-Bretagne. 74

E. Garnier. Paris. — Cuivre, laiton, zinc........... France....... 121

Ingénieurs des mines d'Espagne. Madrid. — — Collection de minéraux et minerais............. Espagne...... 29

Commission de la Nouvelle-Galles du Sud. — Minéraux et minerais divers.................. Col. anglaises.

Alibert. Mont Batougol. — Graphite de Sibérie....... Russie....... 3

Société pour l'exploitation des schistes. Mansfeld. — Minerais et cuivres .... Prusse....... 10

Peugeot Jackson. Pont-de-Roide. — Quincaillerie, aciers tréfilés.. France....... 256

Prince de Schwarzenberg. Murau et Schwartzbach. — Fers, aciers divers et graphite............ Autriche... 155-156

Burys et Cie. Sheffield. — Aciers, outils, limes..... Gde-Bretagne. 25

Mouchel. L'Aigle. — Cuivres et laitons............. France....... 118

Compagnie de Monkbridge. Leeds. — Pièces en acier, tôles.. Gde-Bretagne. 85

W.-D. Walbridge. Idaho.—Minerais d'or, d'argent, d'étain, etc...................................... États-Unis ...

A. Paschkoff. Bogoïavlensk. — Minerais, cuivres.. Russie....... 65

Société anonyme de Montataire. Paris.—Tôles et fers-blancs.. France....... 154

Société anonyme de Chatelineau, Marcinelle et **Couillet.** Couillet. — Fers marchands......... Belgique..... 91-94

Dupont et **Dreyfus.** Ars. — Fers spéciaux........ France....... 316

Roswag. Schelestadt. — Toiles métalliques......... France....... 277

Ménans et Cie. Fraisans. — Minerais, fers, tôles, etc. France....... 415

J.-P. Whitney. Boston. — Minerais d'argent du Colorado.. États-Unis...

H. Karcher et **Westermann.** Ars. — Fers, tôles, clouterie, fer battu .... France....... 317

Viellard Migeon et Cie. Grandvillard. — Vis à bois, boulons et rivets.................................. France....... 254

V. de Pruines. Plombières. — Taillanderie, quincaillerie, fer battu...................................... France....... 262

Société anonyme du Bleyberg. Montzen. — Argent, zinc et plomb pour la fabrication de la céruse et du cristal .... Belgique..... 86

Boigues, Rambourg et Cie. Paris. — Fontes moulées, fils de fer, pièces de forge, fers forgés et laminés.	France.......	146
Société anonyme de Denain et **Anzin**. Denain. — Fers spéciaux, etc..................	France.......	124
Societé anonyme de La Providence. Hautmont. — Profils de fers spéciaux, roues..................	France.......	141
Pinart et Cie. Marquise. — Fontes moulées........	France.......	155
Société anonyme des hauts fourneaux de Maubeuge. — Minerais, fontes et fers............	France.......	140
J. **Feuquières**. Paris. — Galvanoplastie...........	France.......	266
Ville. Alger. — Collection de minéraux et cartes géologiques..................................	France.....	9
T. **Turton** et fils. Sheffield.—Aciers, outils et limes..	Gde-Bretagne.	124
Haueisen et fils. Stuttgart. — Faux..............	Wurtemberg.	4
A. **Mannesmann**. Remscheid. — Aciers, limes.....	Prusse.......	148
Christophe **Weinmeister**. Wasserleit. — Faux de Styrie..................................	Autriche.....	48-79
L. **Hulin**. Château de Richelieu et Paris. — Bronze doré, argenté, poudre de bronze..................	France......	263
Mather père et fils. Toulouse. — Cuivres laminés et martelés..................................	France.......	92
Société anonyme de Terre-Noire, la Voulte et Bességes. Lyon. — Fers et aciers Bessemer.	France.......	141
Gouvernement de la Confédération argentine. — Minerais d'or, d'argent, de cuivre, et produits divers................ (Cl. 41, 43, 44 et 46.)	Con Argentine.	40
Gouvernement des États-Unis de Venezuela. — Minerais d'or et de cuivre, produits agricoles ou forestiers.................. (Cl. 41, 43, 72.)	Venezuela....	40
Gouvernement de Roumanie. Bukarest. — Sels gemmes, produits forestiers.............. (Cl. 41.)	Roumanie....	40
Groenland et Islande.— Produits des exploitations minérales et produits divers.....................	Danemark...	
M. E. **Coster**. Amsterdam. — Diamants bruts et taillés.................................. (Cl. 36.)	Pays-Bas.....	1
Félix **Dehaynin**. Paris. — Agglomérés............	France.......	50
V. **Thiébaut**. Paris. — Bobinets et cylindres pour impressions..................................	France.......	102
Gouvy frères et Cie. Hombourg (Moselle). — Aciers, ressorts pour chemins de fer....................	France et Prusse.	142
Apollinario **Soto**. — Minerais d'argent..............	Chili........	

Médailles d'argent.

Société de carbonisation de la Loire. Carvès et Cie. — Saint-Étienne. — Cokes, agglomérés.....	France.......	
C. **Ekman**. Norrkoeping-Finspong. — Fontes et fers..	Suède.......	33
Charrière et Cie. Allevard. — Aciers..............	France.......	152
E. **Martin**. Sireuil. — Métal homogène............	France.......	165
État de Nevada. — Minerais de cuivre et d'argent.	États-Unis...	

Usines à fer de Dowlais. — Fontes et fers	Gde-Bretagne.	
Léon **Gouin**. Cagliari. — Minerais de la Sardaigne.	Italie	235
F. **Simon**. Saint-Dié. — Tuiles en fer creux	France	24-119
James Russell et fils. Wednesbury. — Tubes en fer creux	Gde-Bretagne.	53-35
Comte **Henckel** de Donnersmark. Vienne. — Plaques de blindages, rails, essieux, roues, bandages en acier puddlé	Autriche	64
Lloyd et **Lloyd**. Birmingham. — Tubes en fer	Gde-Bretagne.	53-23
John **Russell** et Cie. Londres. — Tubes en fer	Gde-Bretagne.	54-3
Bollée. Le Mans. — Cloches et carillon	France	340
Société silésienne des mines et usines de zinc. Breslau. — Zinc et produits de zinc	Prusse	71
Duro et Cie. Felguera. — Minerais de fer	Espagne	143
Héritiers **Jakovleff**. Alapaevsk. — Tôles, fers marchands	Russie	35
L.-J. **Enthoven** et Cie. La Haye. — Cuivres	Pays-Bas	3
Hildebrand. Paris. — Cloches	France	341
Taylor frères et Cie. Leeds.— Bandages, essieux, etc.	Gde-Bretagne.	118
Société du chemin de fer du Sud. Grätz. — Acier Bessemer, rails, tôles	Autriche	16
Héritiers **Rastorgoulef**. Kyschtyme.—Fontes et fers.	Russie	71
Baron **Dikmann de Secherau**. Lölling (Carinthie). — Minerais et fontes, fers, essieux, tôles, etc	Autriche	26-27
Société des mines et forges de Storé. — Pièces de forge en acier Bessemer et acier de Styrie	Autriche	131-135
Rauscher et Cie. Saint-Veit, Heft. — Minerais, fontes, pièces de fonte en acier Bessemer et acier de Styrie	Autriche	
R. **Cubain** et Cie. Verneuil. — Cuivre et laiton	France	109
Mignon-Rouart et **Delinières**. Paris. — Tubes en fer forgé et pièces de raccord	France	208
Société anonyme des mines du Luxembourg et des forges de Saarbruck. Burbach.—Fontes et fer	Prusse	42
Société anonyme de la fabrique de fer d'Ougrée. Seraing. — Roues et bandages sans soudure.	Belgique	96
Compagnie des mines de Mokta el Hadid. Bône. — Minerais de fer	France	24
Société anonyme des mines et fonderies de Pontgibaud. Paris. — Minerai de plomb argentifère	France	13
Direction de la Société des usines d'Innerberg. Eisenerz. — Fers	Autriche	75
Société anonyme des hauts fourneaux et laminoirs de Montigny-sur-Sambre. — Fers, fontes et traverses pour chemins de fer	Belgique	95
Jean **Ansaldo** et Cie. Sampierdarena. — Pièces de forge	Italie	181
Société des forges et des usines de Dillingen. Sarrelouis. — Tôles, fers-blancs	Prusse	48

Exposant	Pays	N°
Compagnie patentée pour la fabrication des boulons et des écrous. Birmingham. — Boulons, écrous, etc.	Gde-Bretagne.	97
Joseph, Maré et **Gérard** frères. Bogny-sur-Meuse. — Boulons, écrous, pièces pour carrosserie	France	210
H. **Leveridge** et Cie. Wolverhampton. — Objets vernissés	Gde-Bretagne.	76
X.-F. **Girard.** Paris. — Fer battu, tôles plombées et étamées	France	225
W. **Zethelius.** Westeros-Surahammar. — Fers et aciers puddlés et laminés; tôles	Suède	80
C. **Lindberg.** Nora Carlsdahl. — Minerais, acier Bessemer et outils d'acier	Suède	66
Société de Wöllersdorf. Vienne. — Plaques de tôle étamées et zinguées	Autriche	188
Usines d'Eibiswald. Grätz. — Aciers puddlés, cémentés et fondus	Autriche	112
C.-R. **Ulff.** Hedemora et Wikmanshyttan. — Minerais, fers et aciers	Suède	67
Bracher et fils. Willingen. — Tissus métalliques	Bade	59-1
Dawans et **Orban.** Liége. — Clous	Belgique	22
Gaspard **Zeitlinger.** Blumau. — Faux	Autriche	48-96
Delage et **Boudinot.** Angoulême. — Fils de laiton	France	48-96
Mines de Kongsberg. — Minerais, cristaux et lingots d'argent	Norvége	7
H. **Godard.** Navarre. — Planches de cuivre et d'acier pour la gravure	France	115
Usine de Johann-Adolfhütte. Judenburg et Vienne. — Tôles de fer et d'acier; couverts en tôle laminée de fer et d'acier Bessemer	Autriche	78
Gailly fils aîné. Charleville. — Clous à la mécanique	France	258
C. et H. **Chaudoir.** Liége. — Tubes de cuivre et de laiton	Belgique	16
P. **Mourey.** Paris. — Dorure sur métaux	France	273
Wandel et **Steinmayer.** Reutlingen — Tissus métalliques	Wurtemberg	9
Douglas's axe manufacturing Company. Boston. — Taillanderie	États-Unis	21
Amb. **Beard** et fils. Bilston. — Tôles et fers laminés	Gde-Bretagne.	7
Usine d'Atvidaberg. — Cuivres	Suède	72
Eug. **Hubin.** Paris. — Plomb, étain, cuivre et zinc	France	88
Société française d'orfévrerie et d'objets d'art. Paris. — Ustensiles de cuivre et articles de chaudronnerie. (Procédés d'emboutissage de Florange)	France	274
Hart et fils. Londres. — Objets d'ornement en métal	Gde-Bretagne.	52
A.-R. **Laffone.** — Minerais de cuivre	Con Argentine	
W. **Boulton** et fils. Redditch. — Aiguilles	Gde-Bretagne.	15
A. **Everitt** et fils. Birmingham. — Tubes et plaques de métal	Gde-Bretagne.	43
A. **Durenne.** Paris. — Fontes moulées	France	

R. **Johnson** et neveu. Manchester. — Fils télégraphiques	Gde-Bretagne.	67
G.-A. **Beckh**. Nuremberg. — Fils d'or et d'argent faux.	Bavière......	6
H. **de Heus** et fils. Utrecht. — Cuivre et laiton laminés.	Pays-Bas.....	22-4
Usine de Motala. — Fers et aciers pour machines...	Suède	53-8
Juillard et **Amstutz**. Meslières. — Aciers tréfilés, pignons d'horlogerie	France.......	2
Wieland et Cie. Ulm. — Objets en laiton..........	Wurtemberg..	7
Zugmayer. Waldegg. — Cuivres laminés, coupole...	Autriche.....	192
T. **Lepan**. Lille. — Plomb et étain en plaques, en tuyaux et en fils	France.......	9
G. **Montefiore Lévi** et Cie. Val-Benoit, Liége. — Nickel et produits divers	Belgique.....	60
Lasson Salmon et Cie. Abainville. — Fers en barre.	France.......	148
M.-L. **Gautier**. Paris. — Taillanderie..............	France......	260
Compagnie des mines du Kef-Oum-Theboul. Constantine. — Minerai de plomb argentifère.......	Algérie	2
Mines de Gar-Rouban. Oran. — Minerai de plomb argentifère	Algérie	25
John-B. **Taft**. Chester (Massachusetts). — Émeri	États-Unis....	
J.-H. **Dresler** Senior. Siegen. — Fontes et fers.....	Prusse.......	49
Société des mines et usines de Georges Marie. Osnabrück. — Fontes et fers..............	Prusse.......	40
De Dorlodot frères. Acoz. — Fontes et fers, rails, etc.	Belgique.....	25
Pierre **Harkort** et fils. Wetter. — Fers et aciers....	Prusse.......	59
Propriétaires des mines de Moonta. Yorks Peninsula. Australie du Sud. — Minerais de cuivre.	Col. anglaises.	6
R. **Brough Smith**. Victoria. — Minéraux	Col. anglaises.	26
W. **Tonks** et fils. Birmingham. — Objets en laiton..	Gde-Bretagne.	119
Odenthal et **Leyendecker**. Cologne. — Plaques et tuyaux de plomb	Prusse.......	156
Comte **de Beurges**. Manois. — Fers laminés.	France.......	191
J. **Glisenti**. Brescia. — Fers, aciers, outils.........	Italie........	163
Vve J. **Chavane**. Bains. — Fers-blancs, tôles fines et taillanderie	France.......	182
E. **Muaux**. Boutancourt. — Spécimens de fontes et de fers.	France.......	203
Radmeister Communitaet. Voldernberg. — Minerais de fer, fontes	Autriche.....	133
Société autrichienne I. R. P. des chemins de fer de l'Etat. Vienne. — Minerais, fontes, tôles pour chaudières	Autriche.....	162
Berger et Cie. Witten-sur-Rhur. — Aciers et produits d'acier, canons	Prusse.......	79
Russery Lacombe. Rive-de-Gier. — Pièces de forge.	France.......	322
Société pour l'exploitation de la cryolithe du Groenland. — Cryolithe	Danemark....	5
A. **de Thier**. Theux. — Phosphorites.	Belgique.....	
J.-F. **Duyk**. Bruxelles. — Ciments.................	Belgique.....	
Hummeltenberg Harkort. Harkorten. — Pyrites.	Prusse.......	

Fedorovski. Cronstadt. — Fils de fer cuivrés, tubes sans soudure obtenus par la galvanoplastie........	Russie.......	28
Baraguey Fouquet. La Neuve-Lyre. — Cuivre jaune et cuivre rouge..	France.......	91
Griset et Cie. Paris. — Plaqué d'or, d'argent et de platine..	France	91
Société de la Nouvelle-Montagne. Engis.— Zinc, plomb, produits divers...........................	Belgique.....	88
W. **Gilpin** aîné et Cie. Cannock. — Outils tranchants.	Gde-Bretagne.	47
Kirby, Beard et Cie. Londres, Birmingham et Redditch. — Aiguilles..............................	Gde-Bretagne.	71
C. **Deffner**. Esslingen. — Articles de tôle vernie....	Wurtemberg..	10
Compagnie patentée pour la fabrication des creusets de plombagine. Londres. — Creusets de plombagine....................................	Gde-Bretagne.	
J. **Hynam**. Londres. — Creusets de plombagine.....	Gde-Bretagne.	
J. **Dixon** et Cie. Jersey-City.— Creusets de plombagine.	États-Unis....	
Simonin **Blanchard** et Cie. Paris.—Outils de sellerie.	France.......	249
George **Printz**. Aix-la-Chapelle. — Aiguilles........	Prusse.......	
E. **Bontoux**. Vienne. — Ardoises..................	Autriche.....	17
Commission centrale de Lisbonne.— Collection de marbres	Portugal.....	65-2
Propriétaires des Mines de Wallaroo. Australie du Sud. — Minerais de cuivre..................	Col. anglaises.	13
Commission centrale d'Athènes. — Marbres et minéraux divers.........................	Grèce........	78-79
H.-R. **Goppert**. Breslau.— Plantes fossiles du terrain houiller...	Prusse.......	16
V. **Meyer**. Limbourg. — Phosphates fossiles.........	Prusse.......	44-50
Mines de Sicilia. Meggen sur Lenne. — Pyrites...	Prusse.......	1
Jacobi, Haniel et **Huyssen**. Sterkerade.— Minerais de fer....................	Prusse.......	1
Administration de l'usine de Heinrichshütte. Hattengen. — Minerais, fonte et fer...............	Prusse.......	59
Stumm frères. Neunkirchen. — Minerai, fonte et fer.	Prusse.......	41
May et **Hilf**. Limbourg. — Minerai de manganèse...	Prusse.......	1
Compagnie des mines d'Aniche. — Auberchicourt. — Houilles, cokes, briquettes................	France.......	51
Compagnie des mines de Lens (Pas-de-Calais) — Houilles	France.......	45
Association générale des mines de la Nouvelle-Écosse. — Colonnes de houille...........	Col. anglaises.	
Société des mines d'Eschweiler. Eschweiler. — Houille, coke..	Prusse.......	1
État de l'Illinois. — Collection de minéraux......	États-Unis ...	1
Usine de Lesjoefors (G. **Ekman**). Philippstad. — Minerais, fers, fils, chaînes......................	Suède	92
Compagnie des usines de l'Aigle. Wellington. — Fers ronds pour tréfilerie........................	Gde-Bretagne.	39
Eug. **Marga**. Paris. — Marbres des Pyrénées et du Languedoc..	France......	

Société des forges de Zône. Marchienne. — Fers, tôles, essieux bruts	Belgique	98
Harel et Cie. Vienne. — Fers spéciaux	France	187
Zegut. Tusey. — Fontes moulées	France	2
C. de **Mandre.** La Chaudeau. — Fil de fer pour cardes	France	228
Lionnet frères. Paris. — Galvanoplastie	France	264
Evans et **Askin.** Birmingham. — Maillechort, cobalt, nickel	Gde-Bretagne	42
Broquin et **Lainé.** Paris. — Robinets en bronze et en laiton	France	101
Sainte-Marie Dupré frères. Arcueil-Paris. — Étain en feuilles, capsules	France	108
Institut technique de Florence. — Échantillons de roches	Italie	
Société générale des revêtements métalliques. Paris. — Galvanoplastie. (Procédés Frédéric Weil)	France	270
E.-J. **Comfort** et Cie. Londres. — Tissus métalliques.	Gde-Bretagne	31
D.-Mattias **Feuerheerd.** Mines de Braçal. — Galène, blende et plomb	Portugal	24
Jus, ingénieur des sondages de Hodna. Constantine. — Echantillons des terrains rencontrés dans les sondages.	Algérie	1
Gustave **Lehmann** et Cie. Paris. — Émeraudes de la Nouvelle-Grenade	France	135
Lucien **Tardieu.** Chenoa. — Marbres	Algérie	26
P.-S. **Hamilton.** Halifax, Nouvelle-Écosse. — Or et quartz aurifère	Col. anglaises	10
H. **Bigelow.** Boston. — Cuivre du lac Supérieur, minerai de fer	États-Unis	
Société civile des mines de Gennamariet d'Ingurtosu. Sardaigne. — Minerai de plomb argentifère	Italie	9-243
J.-B. **Pigné.** San-Francisco. — Minéraux	États-Unis	6
W.-P. **Blake.** San-Francisco. — Minéraux	États-Unis	65
Hermann **Gruson.** Buckau. — Fonte, canons	Prusse	62-8
Société houillère et métallurgique de Mières. — Houilles	Espagne	
Musée des sciences naturelles de Madrid. — Marbres, soufres, etc	Espagne	
Compagnie de l'Approuague. Guyane. — Sables aurifères	France	
A. **Havard.** Villedieu. — Cloches	France	332
Th.-F. **Calard, Brière** et Cie. Paris. — Tôles perforées.	France	289
Goguel et Cie. Paris. — Or en feuilles et en coquilles	France	119
J. **Whitley** et Cie. Leeds. — Robinets, objets en laiton.	Gde-Bretagne	131
Ph. **Fouquet** et Cie. Rugles. — Laiton en feuilles et en barreaux	France	93
D. **Lemaréchal** et Cie. Rugles. — Laiton manufacturé.	France	90
L. **Lang.** Schelestadt. — Tissus métalliques	France	284
Fr. **Goussel.** Metz. — Cloches	France	330

L.-F. **Vicaire**. Paris. — Tubes de cuivre et de laiton.	France.......	111
Boutmy père, fils et Cie. Messempré, Carignan. — Fonte, fer, tôle, etc	France.......	158
Compagnie anonyme des fonderies et forges d'Alais. Paris. — Fer, fonte et houille............	France... ...	179
C. **Mongin** et Cie. Paris. — Scies.....	France.......	58
W. **Bartleet** et fils.—Redditch.—Aiguilles, hameçons.	Gde-Bretagne.	5
L. **Lallemand**. Uzemain.—Fer fin de Franche-Comté.	France.......	168
Gandillot et Cie. Paris. — Fers creux, pièces de raccord.......... ..	France.......	198
Delloye-Masson et Cie. Laeken. — Objets de ménage en fer battu et verni..........	Belgique.....	23
Rau et Cie. Goppingen.—Objets de ferblanterie vernis.	Wurtemberg .	12
Park frères et Cie. Pittsburg.—Acier fondu, taillanderie.	États-Unis ...	39
Gouvernement Pontifical. — Aluns de la Tolfa..	États-Pontif..	
Brandeis. Furth. — Bronze en poudre, clinquant...	Bavière......	3
Société anonyme des mines et fonderies de plomb et de zing de Stolberg et de Westphalie. Aix-la-Chapelle. — Plomb et zinc	Prusse.......	19
V. **Huber**. Randegg. — Faux..........	Autriche.....	48-36
Mercier et Cie. Mines de Tharsis; Huelva. — Pyrites de cuivre..........	Espagne	
Empire du Japon. — Quartz hyalin..........	Japon	
Trémouroux frères et **de Burlet**. Saint-Gilles-lez-Bruxelles. — Ustensiles de ménage en fer battu et verni..........	Belgique.....	100
Brevillier et Cie. Vienne. — Vis à bois, écrous.....	Autriche.....	20
J. **Weiss** et fils. Vienne. — Outils divers..........	Autriche.....	54-26
Chevalier Fr. **de Fridau**. Vienne. — Fonte, aciers, combustibles..........	Autriche.....	46
Comte **de Méran**. Krems. — Fer et acier fondu.....	Autriche	99
Société métallurgique de l'Ariége. Pamiers et Paris. — Fonte, fer, acier, limes, ressorts	France.......	199
L. **Cailletet** et Cie. Châtillon. — Fers fins, tôles....	France.......	184
West-Cumberland Hematite Iron Company. Workington. — Fers, tôles..........	Gde-Bretagne.	128
Sharp Brown et Cie. Birmingham.— Fer et fil de fer.	Gde-Bretagne.	
Baron **de Kleist**. Neudeck. — Tôles..........	Autriche	82
Hobrecker, Witte et **Herbers**. Hamm. — Fils métalliques	Prusse.......	111
J. **Aall** et fils. Tvedestrand. — Acier et projectiles..	Norvége	1
Ibarra et Cie. Bilbao. — Fers..........	Espagne.....	181
Cosack et Cie. Hamm. — Fils de fer, boulons, etc...	Prusse.......	138
Dalifol père et fils. Paris. — Fonte malléable.......	France.......	308
Rolland et **Secretan**. Paris. — Cuivre, zinc, etc..	France.......	89
Grados. Paris. — Ornements en zinc....	France.......	134
Fr. **Winkler** fils. Vienne. — Faux..........	Autriche.....	48-85
Guillaume. Angers. — Cloches.......... ...	France	335

Limet-Lapareillé et Cie. Paris. — Limes, outils..	France.......	244
Proutat-Michot et **Thomeret**. Arnay-le-Duc. — Limes..	France.......	253
G. **Cremière** et L. **Boilleau**. Tours. — Limes.....	France.......	248
P.-F. **Taborin**. Paris. — Limes....................	France.......	178
Martin **Miller** fils. Vienne. — Quincaillerie..........	Autriche.....	103
Corts. Remscheid. — Limes.........................	Prusse.......	147
Despret frères. Milourd-sur-Anor. — Aciers, limes,	France.......	164
Saint-Edme Rémond. Paris. — Limes...........	France.......	252
Riegl. Mœhrisch-Ostrau. — Agglomérés............	Autriche.....	139
Mines de Zemberg. Dobschau. — Minerais de cobalt et de nickel....................................	Autriche.....	83
Société d'Eschweiler. Stolberg.— Minerais, plomb, zinc.....................................	Prusse.......	20
Boulland. Paris. — Limes..........................	France.......	245
Groppler. Constantinople. — Marbres de Panderma.	Turquie.... .	
J.-M. **Herdevin**. Paris. — Robinetterie, pompes.....	France	123
Bourse. Paris. — Limes...........................	France	251
Thiollière et Cie. Onzion. — Fers laminés et tréfilés, pointes..	France	190
Bouillon jeune et fils et Cie. Limoges. — Fils de fer, pointes..	France	189
Conraetz et **Dittler**. Vienne. — Couverts en maillechort..	Autriche. (Cl. 22.)	25
Gabriel **Dehaynin**. Paris. — Houilles et cokes......	France.......	40
Société anonyme du Rocheux et d'Oneux. Theux.— Minerais de plomb, pyrites, thallium.....	Belgique.....	89
Rogeat. Lyon. — Fontes émaillées.................	France.......	301
A. **Bisson**. Paris. — Moulures en laiton...........	France	306

Médailles de bronze.

C.-P. **Lindberg**. Ramsberg-Gammelbo. — Fers, fils de fers, etc	Suède	65
A. **De Maré**. Westervik-Ankarsrum. — Fontes moulées, fers laminés pour clous à cheval	Suède	31
Comte G. **Thurn**. Klagenfurt. — Acier, fer et fils de fer	Autriche	171
Compagnie Blaenavon. Londres. — Fer, houille, coke	Gde-Bretagne.	13
Forges et aciéries de Votkinsk. — Fers, acier, fondu et cémenté, tôle..........................	Russie.......	89
Wigan Coal and Iron Company. — Houilles et fontes...	Gde-Bretagne.	132
Jean **Weiss** et fils. Moscou. — Cloches............	Russie.......	29-97
Alex. **Robert** et Cie. Paris. — Étain en feuilles......	France	318
Massière. Paris. — Étain en feuilles	France......	103
Boursier. Paris. — Étain en feuilles...............	France......	94

P. **Lamal** et Cie. Bruxelles. — Tuyaux de plomb et d'étain	Belgique.....	49
Société des mines et usines du Stadtberg. Altena. — Cuivre	Prusse.......	14
H. **Foulon** et Cie. Liége. — Métaux perforés	Belgique.....	35
L. **de Lamine.** Liége. — Blende et zinc	Belgique.....	53
Joseph W., Parker et Cie. Newcastle Upon-tyne. — Blanc de plomb, plomb en feuilles	Gde-Bretagne.	95-127
M. **Hainisch.** Nadelburg et Vienne. — Objets en laiton	Autriche.....	60
Eiermann et **Tabor.** Furth. — Clinquant	Bavière......	2
Société anonyme des mines de Carmaux. Tarn. — Houille et coke	France.......	42
Conseil général des colonies portugaises. — Minerais divers	Colonies port.	
Charbonnages des Bouches-du-Rhône. (**Lhuillier** et Cie.) — Lignites de Fuveau	France.......	55
Société des houillères de Ronchamp. — Houille	France.......	
Nathaniel **Plaut.** Rio-Grande du Sud. — Houille	Brésil.......	212
Société anonyme du charbonnage des produits. Jemmapes. — Houille, coke et dérivés	Belgique.....	83
Aberdare Coal Company. Cardiff. — Houille	Gde-Bretagne.	1
Bwllfa Colliery Company. Londres. — Houille	Gde-Bretagne.	27
Reckitt et fils. Hull et Londres. — Graphites	Gde-Bretagne.	104
Mines de Meyrueis. (Eug. **Joly,** directeur.) Lozère. — Plomb et cuivre argentifères	France.......	18
Compagnie générale des asphaltes. (**Chabrier** et Cie.) Paris. — Bitumes et asphaltes	France.......	24
Forges de Clabecq. (C.-J. **Goffin.**) Bruxelles. — Tôle	Belgique.....	34
Usines de Kloster. (F. **Lagergren.**) Hedemora-Kloster. — Tôles, acier Bessemer, etc	Suède.......	68
Société anonyme des charbonnages et hauts fourneaux d'Ougrée. Ougrée-lez-Liége. — Fontes et fers	Belgique.....	814
Fr. **Goebel.** Meinhardt. — Aciers	Prusse.......	70
S. A. **le Vice-roi d'Egypte.** — Minéraux divers	Égypte.......	
Sillyé-Pauwels. Bruxelles. — Tôles	Belgique.....	76
Société des usines d'Aix-la-Chapelle. Rothe-Erde. — Fers profilés et rails	Prusse.......	48
Société anonyme des charbonnages, hauts fourneaux et laminoirs de l'Espérance. Liége. — Charbons, tôles, fontes et fer-blanc	Belgique.....	92
S. **Lambert.** Paris. — Feuilles d'étain, capsules	France.......	106
Gaëtan Broggi et fils. Milan. — Galvanoplastie	Italie........	210

Compagnie Saxonne pour la fabrication des

couleurs bleues. Schneeberg. — Cobalt, nickel et couleurs	Saxe Royale..	90
C.-L. **Heusler.** Dillenbourg. — Nickel	Prusse	76
Usine de Lessebo. Wexioe-Lessebo. — Nickel	Suède	76
C. **Moeller.** Copenhague. — Galvanoplastie	Danemark	3
H.-G. **Drewsen.** Copenhague. — Galvanoplastie	Danemark	1
N. **Paschkoff.** Preobrajensk.— Cuivre	Russie	66
N. et A. **Popoff.** Steppe des Kirghiz. — Cuivre	Russie	69
Marquis **de Villamejor.** Madrid. — Cuivre et Minerai d'argent	Espagne	89
W. **Borchert** jeune. Berlin. — Tôles de tombac	Prusse	9
Julius **Zobel.** Londres. — Objets en métal martelé.	Gde-Bretagne.	135
Compagnie des fonderies de Broughton. Manchester. — Objets en cuivre et en laiton	Gde-Bretagne.	20
J. **Andriessens.** Rœrmond.— Tuyaux et feuilles d'étain et de plomb	Pays-Bas	2
Raffin et Durand. Paris. — Tubes sans soudure	France	96
E.-D. **Brigham.** Boston. — Fonderie de cuivre du lac Supérieur	États-Unis	
Fonderie de cuivre de Charles-Albert **Signorelli.** Turin. — Cuivre	Italie	214
N. **Greening** et fils. Warrington. — Tissus métalliques fabriqués à la vapeur	Gde-Bretagne..	48
Société des mines de Holzappel. Laurenbourg-sur-Lahn. — Plomb et argent	Prusse	11
C. **Born.** Ems. — Minerais de plomb et de zinc	Prusse	12
L. **Eunicke**, L. **Kayser** jeune et Cie. Naumbourg. — Nickel	Prusse	75
W. **Meurer.** Cologne. — Minerai de fonte et de fer	Prusse	26
H. **Ayers.** Mines de Burra-Burra. Australie du Sud. — Minerai de cuivre	Col. anglaises.	1
Société des mines et usines dite **Vorwaerts.** Breslau. — Minerai de fer, fonte	Prusse	24
Bernière et Cie. Société des mines et fonderies de Santander. — Minerai de zinc	Espagne	184
Société Concordia. Mines d'Ichenberg. — Minerai de fer et de zinc	Prusse	29
J.-F. **Jowa** et Cie. Liége. — Tôles galvanisées et ondulées	Belgique	64
A. **de Lambert.** Liége. — Limes	Belgique	50
J. et L. **Robert** et Cie. Liége. — Limes	Belgique	72
Webster et **Horsfall.** Birmingham. — Fils d'acier brevetés	Gde-Bretagne.	127
P. et N. **Nicaise.** Marcinelle. — Boulons	Belgique	63
Henry Millward et fils. Redditch. — Aiguilles	Gde-Bretagne.	84
J.-J. **Labbé.** Gorcy. — Minerais de fer, métaux ouvrés	France	186

Aciérie **d'Oboukhoff**. — Acier pour outils, canons, cylindres, etc.	Russie... ...	62
Mathias **Lohninger**. Missling. — Fonte extraite des scories de forge	Autriche.....	93
J.-C. **Burdin** aîné. Lyon. — Cloches	France......	324
Ange **Villa Pernice**. Milan. — Chaudières et plats en cuivre	Italie.......	217
Société des mines de Mechernich. — Galène..	Prusse.......	1
Prince **de Solms Braunfels**. Wetzlar. — Minerai de fer	Prusse.......	1
Frothingham et **Workman**. Montréal (Canada). — Outils divers	Col. angl. (Cl. 54.)	1
George **Townsend** et Cie. Redditch. — Aiguilles, navettes pour machines à coudre	Gde-Bretagne..	120
Miette frères. Braux. — Boulons	France.......	209
Lecerf. Paris. — Boulons	France.......	214
Hubert **Lechanteur-Brézol** et Cie. Saint-Marceau. — Clous	France.......	246
Joseph **Hill**. Birmingham. — Métal repoussé, bronze doré	Gde-Bretagne..	57
J. **Pachernegg**. Uebelbach. — Faux	Autriche. (Cl. 48.)	54
Jubert frères. Charleville. — Boulons et ferrures	France.......	211
N. **Gueutal** et fils. Montécheroux. — Outils d'horlogerie	France.......	178
T. et C. **Clark** et Cie. Wolverhampton. — Fontes étamées et émaillées	Gde-Bretagne.	30
Auguste **Gallez** et Cie. Châtelet. — Fers marchands	Belgique.....	37
J. **Kreutz**. Siegen et Charlottenhütte. — Minerais et fontes	Prusse.......	28
Jamin, **Bailly** et Cie. Eurville. — Fils de fer	France.......	192
Delille et **de Jean**. Évreux. — Fontes moulées	France.......	328
Emm. **Chételat**. Schaerbeck-lez-Bruxelles. — Étain en feuilles	Belgique.....	67
Joseph **Pozdech**. Pesth. — Cloches	Hongrie......	126
Elliot's Patent Sheathing Company. Birmingham. — Cuivres et laitons	Gde-Bretagne..	40
Morewood et **Rogers**. Stratford (Londres). — Plaques laminées dites de Terne et fer galvanisé	Gde-Bretagne..	89
J.-R. **Tocha**. Estremoz. — Minerai de cuivre	Portugal.....	37
Compagnie lusitanienne des mines. Palhal. — Minerai de cuivre	Portugal.....	15
Baron **Clément de Romberg**. Brueninghausen. — Houille	Prusse.......	1
Compagnie des mines de Courrières. — Houille	France.......	47
P. **de Bavay** et Cie. Bruxelles. — Fils de fer, pointes	Belgique.....	4
C.-H. **Kuhlmann** et Cie. Gevelsberg. — Limes, faux	Prusse.......	6

H. Cribier. Viroflay. — Épingles	France	312
Keyser-Rinsfeldt. Bruxelles. — Rivets, etc	Belgique	48
Öhberg et Cie. Eskilstuna. — Limes	Suède	54-5
Ratisseau frères. Orléans. — Épingles	France	311
Thévenet et **Boudoint.** Le Chambon-Feugerolles. — Boulons	France	215
Compagnie des hauts fourneaux et fonderies de Givors. — Fontes moulées	France. (Cl. 47.)	54
Société des mines et usines de Niederfischbach. — Plomb, argent	Prusse	22
Baltimore and Cuba Smelting and Mining Company. — Cuivre	États-Unis	47
A. **Klinzer.** Klagenfurt. — Faux	Autriche	48-39
L. **Lammertz.** Aix-la-Chapelle. — Aiguilles	Prusse	120
Compagnie Green pour la fabrication des tubes brevetés. Birmingham. — Tubes sans soudure	Gde-Bretagne	49
Betts et Cie. Londres. — Capsules en étain	Gde-Bretagne	9
Salih Agha. Constantinople. — Plats en cuivre rouge	Turquie	7
Hadji Hussein. Constantinople. — Soupière à lait	Turquie	9
Ernst Schaetzler. Nuremberg. — Or fin battu	Bavière	4
Société des mines de Cologne-Musen. — Minerais et produits divers	Prusse	21
État du Wisconsin. — Collection de minéraux	États-Unis	18
Société anonyme métallique austro-belge. Corphalie. — Zinc et plomb	Belgique	85
Robert **de Carnelissen.** Vallée d'Aoste et Turin. — Pyrites, cuivre	Italie	198
J.-M. **Cailar.** Paris. — Cuivre laminé	France	98
Bontoux et **Taylor.** Couëron. — Plomb et argent	France	11
Assir-Agha. Trébizonde. — Ustensiles de cuivre	Turquie	46
A. **Guérin.** Paris. — Or et argent en feuilles	France	122
Hamelin et Cie. Paris. — Dorure sur métaux	France	272
Franck et Cie. Schlestadt. — Toiles métalliques	France	278
Besançon. Paris. — Dorure sur métaux	France	
Deplechin, Letombe et L. **Mathelin.** Lille. — Tuyaux de plomb et d'étain	France	
Birmingham patent Iron and Brass tube Company. Smethwick. — Tubes de fer et de laiton	Gde-Bretagne	11
Carpentier. Paris. — Tôles galvanisées	France	290
Martineau et **Smith.** Birmingham. — Robinets en bronze	Gde-Bretagne	81
Usine de Bolueta. Bilbao. — Fers	Espagne	180
Goitia et Cie. Beasain. — Fers	Espagne	79
Mourot. Paris. — Tôles perforées	France	293
Hamon et **Lebreton-Brun.** Nantes. — Tuyaux de plomb étamés	France	116

J. **Roque** frères. Cordova. — Minerais d'argent ..... C^(ie) Argentine. 5

H.-W. **Kasten**. Hanovre. — Sable avec pétrole et bitume ..... Prusse 16

Société des mines de Montebras. — Minerai d'étain ..... France 69

Th. **Stein.** Kirchen. — Minerai de cuivre ..... Prusse 1

Société civile des mines de l'Autunois. Autun. — Schistes bitumineux ..... France 6

Pierre **Beaune** et C^(ie). Autun. — Schistes bitumineux. France .....

Comte **de Fürstenberg-Herdringen.** — Minerais de plomb, d'antimoine et de fer ..... Prusse 1

Société des mines de l'Argentière. — Plomb argentifère ..... France 16

Roy. Paris. — Marbres onyx ..... France .....

Mussy, ingénieur des mines. Rancié. — Minerai de fer France 63

Compagnie d'Azambujeira. Lisbonne. — Minerai de cuivre ..... Portugal 16

A. **Eggert** et Cie. Mugrau. — Graphite ..... Autriche 38

Société de Solenhofen. — Pierres lithographiques Bavière 24

Carabès et **Ojeda.** Villanueva de los Castillejos. — Manganèse ..... Espagne 81

Ad. **Boivin Jenty.** Macstu. — Asphaltes ..... Espagne 31

Garnier. Nouvelle-Calédonie. — Collection de minéraux ..... Col. françaises.

Compagnie des charbonnages belges. (Agrappe et **Grisœul Escouffiaux.)** Frameries. — Houille et coke ..... Belgique 17

Engelbert **Moser.** Scheibbs. — Faux ..... Autriche (Cl. 48-47.)

V. **Lesage** et Cie. Bruxelles. — Fil de fer ..... Belgique .....

Société anonyme de Viesville. — Vis et boulons .. Belgique 37

Hasenclever et fils. Enneperstrasse. — Faux et outils ..... Prusse 66

H.-A. **Dubois.** Düren. — Aiguilles ..... Prusse 119

F.-W. **Krause.** Berlin. — Poterie en fonte émaillée. Prusse 112

Compagnie des forges de Husten. — Tôles au bois ..... Prusse 158

J.-J. **Bauer** et Cie. Stattersdorf. — Vis à bois ..... Autriche .....

G.-F. **Warner** et Cie. New-Haven. — Fonte malléable. États-Unis 40

Douglass manufacturing Company. New-York. — Taillanderie ..... États-Unis 66

Benj. **Baugh.** Birmingham. — Ustensiles de ménage et plaques émaillées ..... G^(de)-Bretagne. 6

John **Moreton** et Cie. Wolverhampton. — Quincaillerie. G^(de)-Bretagne. 88

Bellard et Cie. Saint-Étienne. — Enclumes, étaux .. France 167

Grothaus frères. Gosselies. — Clous forgés, ferronnerie ..... Belgique 14

C. **Adam,** ancienne maison Cornette. Metz. — Enclumes. France 195

Glenanth frères. Hochstein. — Fonte et fer ..... Bavière 25

Fabrique d'acier fondu de Saxe. Dochlen. — Acier.	Saxe Royale.	86
Ach. **Bertrand.** Paris. — Galvanoplastie...........	France......	271
Ch. **Falk.** Vienne. — Or et argent battus............	Autriche.....	41
Cordier. Paris. — Cuivre laminé doublé............	France......	107
G^ve **Dupuch.** Paris. — Robinets..................	France......	129
H. **Wargny.** Lille. — Robinets..................	France......	131
J.-M. **Callar** et **Guin.** Paris. — Robinets..........	France......	132
Société des mines de Grüneberg. — Lignites..	Prusse......	1
Dunand et **Nick.** Philippeville. — Marbres dn Filfila.	Algérie......	17
Baron **Waltz d'Eschen** et **Cramer.** Hirschberg. — Houille....................................	Prusse......	1
Ingénieurs des mines de la province d'Oran. — Echantillons de roches..................	Algérie......	10
Compagnie des mines de Saxe et Thuringe. Halle. — Lignite et produits divers..............	Prusse......	1
Mine d'Hibernia. Gelsenkirchen. — Houille.......	Prusse......	1
Société des mines de Scharley. — Calamine...	Prusse......	1
Marquis **de Querrieu.** Querrieu. — Minerais et lignites....................................	France......	73
André **Tœpper.** Scheibbs. — Fer, cuivre, tôle.........	Autriche....	174
Henri **Mitsch.** Gradenberg. — Houille, fonte, fer....	Autriche....	104
Danielsson. Uddeholm. — Fer..................	Suède......	41
W. de Croneborg. Carlstad-Oestanas. — Fonte, fer..	Suède......	32
T. de Bonnecaze. Froncles. — Tôles..............	France......	196
Bernard-Fleury et **Fournier.** Gondrillers. — Fils de fer pour cardes..............................	France......	177
Ricot-Patret. Varigney. — Fontes moulées.........	France......	176
Fonderie d'Alexandrovsk. Petrozavodsk. — Fontes et projectiles..............................	Russie......	2
Frédérick **Smith** et Cie. Halifax. — Fils de fer.......	G^de-Bretagne.	111
Jean-André **Gregorini.** Lovère (Bergame). — Minerais, fonte, acier..............................	Italie.......	161
G. **Dumont** et Cie. Châtelineau. — Fer fin..........	Belgique....	28
Asbeck, Osthaus, Eicken et Cie. Hagen. — Aciers	Prusse......	64
Brüninghaus frères et Cie. Werdohl. — Faux et aciers en barres..............................	Prusse......	64
Administration de la famille Albani. Pesaro. — Soufre....................................	Italie.......	137
Boulart et Cie. Paris. — Nickel..................	Italie.......	251
Germain **de Salles.** Lisbonne. — Marbres..........	Portugal....	65
English and Australian Copper Company. Londres. — Cuivre..............................	G^de-Bretagne	41
Compagnie des mines de cuivre et bismuth de Murninie. Spencers-Gulf. — Australie du Sud. Minerais et métaux..............................	Colonies angl.	7
Société anonyme des mines de soufre des Romagnes (Bologne). — Soufre..............	Italie.......	135

Carrières de Palazzuolo. Brescia. — Pierres à chaux.. Italie........ 74

Fromberg et **de Wildt.** Hermannshütte. — Minerais, fonte.. Prusse........ 31

M. Sidoroff. Krasnoïarsk. — Graphite de Sibérie... Russie....... 78

Compagnie Houillère de Haswell. Sunderland. — Houille.. Gde-Bretagne.. 53

Lebrun-Virloy et Cie. Paris. — Fonte de moulage.. France....... 197

Irroy frères et Cie. La Hutte. — Fer, taillanderie.... France....... 166

Baron O. **d'Adelswärd.** Longwy. — Fonte........ France....... 169

Durand et **Guyonnet.** Périgueux. — Fonte, fer... France.......

J. **Vandel** aîné et Cie. Laferrière-sous-Jougue. — Fils de fer.. France....... 188

A. **Bouvry.** Randonnai. — Fils à cardes et divers... France....... 226

État de Pensylvanie. — Anthracite.............. États-Unis...

Desailly. Grand-Pré. — Phosphates.............. France.. (Cl. 48.) 55

Bonehill frères. Marchienne-au-Pont. — Fer........ Belgique..... 11

Le marquis **d'Albon.** La Poultière. — Fontes moulées France...... 330

Forges de Baerum. Christiania. — Fer........... Norvége..... 2

Bodringalt Coal Company. Cardiff. — Houille... Gde-Bretagne.. 14

Coince. Arras. — Documents et échantillons relatifs au bassin houiller du Pas-de-Calais................. France. (Cl. 47.)

E. **Dormoy.** Tours. — Documents relatifs au bassin houiller du Nord.. France. (Cl. 47.)

D. **Davis** et fils. Cardiff. — Houille................ Gde-Bretagne. 35

Société des mines de Cronstadt. Transylvanie. — Houille.. Autriche..... 80

Sacqueleu. Tournay. — Marbres..................... Belgique..... 74

Société de Bergame pour la fabrication de la chaux et du ciment. Bergame. — Ciment, chaux. Italie........ 73

Société des mines de Monteponi. Cagliari. — Galène, minerai de fer........................ Italie........ 245

Compagnie des quatre mines réunies de Graissessac. Montpellier. — Houille, coke, agglomérés.. France....... 44

Œsterlein. Lilienfeld. Styrie. — Houille, fer....... Autriche.....

Société de la navigation à vapeur du Danube. — Houille.. Autriche.....

Le baron **de Veauce.** Paris. — Kaolin............. France....... 56

Vve **Carré Kerisouet,** ses fils et gendre. Vaublanc par Plemet. — Kaolin............................ France....... 59

Paul **Jacovenco.** Ploiesti. — Pétroles............. Roumanie....

Corret. Massiac. — Kaolins........................ France.......

Anglíviel et **Pothier.** Blidah. — Minerais de cuivre. Algérie....... 27

Bocquet. Paris. — Tourbe lavée.................. France....... 14

Le Dr **Honeyman.** Nouvelle-Écosse. — Collection de roches et de fossiles........................ Colonies ang..

F. **Klappenbach.** Buenos-Ayres. — Minerais d'argent. Con Argentine

Mines de nickel de Ringerige. — Nickel.......	Norvége.....	17
S. **Trabot.** Djidjéli. — Plâtre......................	Algérie......	17
Moreau frères. Boussu. — Robinets..............	Belgique.....	61
H. **Bivort Raymond.** Arbre. — Laiton et cuivre..	Belgique.....	9
Usines de Jougov. Gouvernement de Perm.—Cuivre.	Russie.......	85
Batachoff frères. Toula — Ustensiles de cuivre.....	Russie.......	12
Hussein Raz Oghlou. Kastamoni.—Vases de cuivre.	Turquie......	19
François **Pitiot.** Florence. — Minerais de cuivre.....	Italie.......	207
J. **Knapp.** Strasbourg. — Bronze en poudre........	France.......	
Leo **Haenle.** Munich. — Bronze en poudre..........	Bavière......	15
J.-C. **Biberbach.** Nuremberg.—Fils et feuilles de laiton.	Bavière......	11
F. **Rémy** et Cie. Alf-sur-Moselle. — Fer...........	Prusse.......	44
J.-W. **Buderus** fils. Oberlahnstein. —Minerais et fonte.	Prusse.......	85
Krieg et **Tigler.** Wesel. — Fils de fer...........	Prusse.......	135
A. **Daublé** et Cie. Forges du Blanc-Murger. Bellefontaine. — Fil de fer et taillanderie..................	France.......	170
Société des mines et forges de Neu-Oege. Près Limbourg-sur-Lenne.—Cylindres trempés et fer-blanc.	Prusse.......	58
L.-M. **Lagoutte.** Paris. — Fer....................	France.......	183
Iph. **Jobez.** Siam. — Fers et clous à cheval.......	France.......	230
Bonnamy, Paris et Cie. Doulaincourt. — Fers et chaînes..	France.......	
J.-A. **Dos Santos.** Lisbonne. — Marbres..........	Portugal.....	22
Société anonyme des mines du Bottino. Seravezza. — Minerais de plomb argentifère...........	Italie........	239
Robert et Cie. Oberalm. — Marbre...............	Autriche......	140
Emile **Zoli.** Forli. — Soufre........................	Italie........	136
Baron de **Kaiserstein.** Raabs. — Graphite.........	Autriche.....	80
H. **de Bonand.** Montaret. Terre réfractaire.........	France.......	10
Mines de Röros. — Cuivre.......................	Norvége......	18
A.-A. **da Silveira Pinto.** Porto. —Minerai d'argent.	Portugal.....	33
Société anonyme de l'ardoisière du moulin Sainte-Anne. Fumay. — Ardoises...............	France.......	325
T. **Charlier** et Cie. Caumont-l'Éventé. — Ardoises. .	France.......	324
James **Stickley.** Londres. — Métaux précieux et or en feuilles..	Gde-Bretagne..	115
Pauwels et fils. Paris. — Ustensiles de ménage.....	France. (Cl. 91.)	171
Société de la Marck et de Westphalie. Letmathe. — Minerais de zinc et de plomb.................	Prusse.......	74
A. **Stotz.** Stuttgard. — Fonte malléable............	Wurtemberg..	5
James **Heeley** et fils. Birmingham. — Tire-bouchons et objets en acier poli........................	Gde-Bretagne.	54
Th. **Moll** et Cie. Gosselies. — Poterie en fer étamé...	Belgique.....	59
G. et J. **Becquet.** Bruxelles. — Clous forgés........	Belgique.....	7
J.-P et D. **Goebel.** Voerde — Limes et faux........	Prusse.......	106

Ebel et **Lehmann**. Berlin. — Ustensiles de ménage. Prusse....... 118
J. **Alois Zeillinger**. Gaal. — Faux............... Autriche. (Cl. 48.) 88
Vve **Lambert**. Charleroi. — Clous forgés........... Belgique..... 81
Priqueler et **Loiseau**. Paris. — Boulons, vis de blindage.......... France....... 218
Siret Wagret. Trith-Saint-Léger. — Fer.......... France....... 224
Fr. **Vetter**. Ludwigsburg.—Objets de ferblanterie vernis. Wurtemberg.. 11
Tesnière et **Berthod**. Ivry-sur-Seine. — Boulons. France....... 218
Fondu et Cie. Braine-le-Comte. — Boulons.......... Belgique...... 66
Forges Carolina. Oberlahnstein. — Fer battu..... Prusse........ 124
Chouanard. Paris. — Outils...................... France....... 54
C.-M. **Rommetin**. Paris. — Limes................. France. (Cl. 60.)
Lecocq. Paris. — Ressorts, fourchettes de parapluies. France....... 287
Clett et Cie. Nuremberg. — Pointes............... Bavière....... 1
J. **Denk**. Vienne. — Objets estampés............... Autriche...... 25
Berthold **Fischer**. Traisen. — Objets en fer et en acier Autriche...... 44
Math. **Nehrer**. Rosenau. — Clouterie................ Autriche...... 106
Ziegler et **Bullaty**. Budweis. — Clouterie........ Autriche...... 191
Philippi et **Cotto**. Stromberg. — Fer-blanc et tôle émaillés.......... Prusse....... 123
Joseph **Page**. Birmingham. — Tire-bouchons......... Gde-Bretagne. 94
Association des ouvriers en limes. Paris.—Limes. France....... 242
A. **Berl**. Paris. — Lits et meubles en fer............ France....... 292
Schalk. Lisbonne. — Clous...................... Portugal......
Gautier-Baillet. Paris. — Outils montés.......... France.. (Cl. 54.) 83
Major **Rickart**. — Minerai d'argent................ Conf. Argne...
E. **Galibert** (maison J. Mongin fils). Paris. — Scies.. France.......
Soellner. Nuremberg. — Bronze en poudre......... Bavière.......
Lavigne. Saint-Martin. — Tourbes et dérivés....... France....... 79
Challeton de Brughat. Montauger. — Tourbe.... France....... 77
S.-H. **Randall**. New-York. — Mica................. États-Unis.... 6
Macdonald, Field et Cie. Aberdeen.—Granits polis. Gde-Bretagne. 7
Société la Providencia. Santander. — Minerai de zinc.......... Espagne..... 147
J. W. **Buderus** et fils. Audenschmied.—Minerai de fer.. Prusse....... 1
Société des carrières du Montblanc. Paris. — Jaspes.......... France....... 349
Vicomte **de Barbacena**. Santa-Catharina.—Houilles. Brésil....... 1
Gourju. Bonpertuis. — Acier...................... France....... 163
M. **Chavagnat**. Paris. — Articles de ménage et de ferblanterie.......... France....... 299
G. **Bourgerie**. Paris. — Œillets métalliques........ France....... 316
Baraduc. Paris. — Acier poli pour meubles........ France....... 282
Georges **Durozey** et Cie. Berdoulet. — Faux........ France....... 204
D. **Cazaubon**. Paris. — Robinets.................. France....... 13

Simonet. Paris. — Robinets................ France....... 127

Lambert. Vuillafans. — Clous.................... France....... 233

Tilley et Lefournier, (**Maison de la Flotte d'Angleterre**). Paris. — Quincaillerie.............. France. (Cl. 34.)

Steiner et fils. Laupheim. — Outils............. Wurtemberg. (Cl. 34.) 1

Lasagno frères. Aoste. — Acier, faux............... Italie......... 145

A. **Schweizer**, Furth. — Montures de lunettes en acier. Bavière...... 19

Demalle et Cie. Paris. — Tables de plomb.......... France.......

S.-J. **Addis**. Londres. — Outils tranchants.......... G^{de}-Bretagne. 2

Bachelay frères. Lisbonne. — Lits en fonte......... Portugal. 1

I.-I. **Wœrner**. Balingen. — Feuilles et fils de cuivre. Wurtemberg..

Héritiers de Ch. **Gottbill**. Mariahütte. — Ustensiles en fonte.......................... Prusse....... 146

Burkhardt, **Kaupert** et Cie. Schmalkalden — Alènes et poinçons............................ Prusse....... 140

A. **Bonis**. Moscou. — Fil de fer, clous.............. Russie....... 18

Hill et **Skerry**. Nouvelle-Écosse. — Outils et patins. Col. anglaises. 6

Fontenoy. Paris. — Vis à métaux, moulures étirées. France....... 220

Houssay. Paris. — Vis à métaux.................. France....... 216

A. **Letroteur**. Paris. — Boulons................. France....... 216

Bouchacourt. Paris. — Boulons et ferronnerie..... France....... 217

Legardeur et Perron. Paris. — Limes............. France....... 180

Justault de Bellevigne. Paris. — Chiffres, poinçons, timbres.......................... France....... 257

F. **Gonzalvès Ramos**. Rio de Janeiro. — Outils, chaudronnerie.......................... Brésil....... 194

Couto dos Santos. Rio de Janeiro. — Ornements en fonte et taillanderie.............. Brésil....... 196

Ph. **Cambiaggio**. — Tubes en fer.................. Italie.........

Gleize. Paris. — Chaudronnerie.................. France....... 280

Compagnie des mines de Bruay (Pas-de-Calais). — Houille.......................... France....... 362

Battistini et Frustuck. Ciudad Bolivar. — Quartz aurifère.......................... Venezuela......

Commission provinciale de Salto. — Améthystes.......................... Uruguay......

E. **Waeffelaer**. Bruxelles. — Robinetterie......... Belgique.....

H. **Hoy**. Copenhague. — Moules en cuivre et en fonte pour fonderie d'étain.......................... Danemark....

Jaquet. Paris. — Robinets........................ France....... 130

Terme. Paris. — Phosphates...................... France. (Cl. 48.) 65

Boulanger. Paris. — Étain en feuilles............ France....... 137

Dubuisson-Gallois. Paris. — Cloches............. France....... 336

Chauvel. Évreux. — Laiton ouvré .... France....... 114

D. **Alter**. Dantzig. — Succin brut, objets en ambre jaune. Prusse.......

Max. Raphaël. Breslau. — Mica brut et façonné.... Prusse.......

Ursulin **Doncausse** aîné. Tarbes. — Cloches........ France.......

P. **Vannoni**. Sestri-Levante. — Minerais de cuivre... Italie.......

A. **Bregante**. Sestri-Levante. — Minerais de cuivre. Italie.......

François **Zeitlinger.** Michldorf. — Faux .... Autriche. (Cl. 48.) 91
François-Joseph **Zeitlinger.** Moln. — Faux .... Autriche. (Cl. 48). 95
Joseph **Moser.** Spital-am-Pihrn. — Faux .... Autriche, (Cl. 48.) 50
Casimiro **Domenech.** Barcelone. — Cylindres en acier. Espagne .....
Barbou et fils. Paris. — Porte-bouteilles en fer ..... France 291
Mami Conti. Rome. — Soufre de Canale .... États Pontif... 5
Dervillé et Cie. Paris et Marseille. — Marbres ...... France ....
Petiteau. Paris. — Turquoises d'Arabie .... France ......
Université romaine. Rome. — Collections de roches. États Pontif..
Conseil départemental du district de Buzeo. — Ambre brun et noir .... Roumanie....
Mines de Langenzug. Mies. — Minerais de plomb. Autriche 5
Compagnie des ardoisières de Valongo. Porto. — Ardoises .... Portugal.....
Fr. Raph. **Gorjão Henriques.** Lisbonne. — Argile réfractaire, briques et tuyaux .... Portugal.....
Graphites du Canada .... Col. angl. 1, 2, 45, 46
J. Hodges. Bulstrode (Canada). — Tourbe .... Col. anglaises 38
Mines et usines de Rossitz. Moravie. — Houilles et fers .... Autriche .....
Pigeot et Cie. Revin. — Paumelles et clouterie mécanique .... France ....
Usine de Gunnebo. — Clous forgés .... Suède ....
Pottecher. Bussang. — Couverts étamés, étrilles .... France 307
B. Lisser. Berlin. — Aiguilles .... Prusse ....
Ch. **Ledoux.** Alais. — Documents et échantillons relatifs aux gîtes de minerais de fer de l'Ardèche .... France. (Classe 47.)
P.-H.-Félix **Winand.** Goffontaine (Liége). — Crics de sûreté .... Belgique .....

Mentions honorables.

Ruffié. Foix. — Minéraux pulvérisés .... France ....
Tulinius. Eskefiord. — Spath d'Islande .... Danemark.... 6
J. Perès. Batna. — Cuivre gris .... Algérie 38
Giuseppe **Bonizzi.** Rome. — Minerais métalliques de la Tolfa .... États Pontif.. 3
Musée minéralogique de l'Université (directeur M. John Strup). Copenhague. — Collection .... Danemark... 47
P. Llucayo. Trujillo. — Chaux phosphatée .... Espagne 54
Mario **Luna.** Logrosan. — Chaux phosphatée .... Espagne 58
Foucault. Paris. — Collection de pétroles de la Roumanie .... France ....
Lewis **Macpherson.** Sandhurst. Victoria. — Minerai d'or. Col. anglaises.. 5
Girard et **Nicolas.** Bône. — Minerai magnétique ... Algérie 5
Henry **How.** Nouvelle-Écosse. — Collection .... Col. anglaises. 12
Société civile de Malfidano. Paris. — Minerai de plomb et de cuivre .... France 61
Régis. Marseille. — Malachites importées d'Afrique ... France ....
Rosetti Tetzcano (district de Bacou). — Pétroles .. Roumanie ....

M. Christesco. Bukarest. — Ustensiles en cuivre...	Roumanie....	
Ghica. Comanesti. — Lignites et pétroles............	Roumanie....	
Désiré **Michel.** — Fuveau. — Lignite..............	France......	
Charbonnages de la Louvière et de la Paix. Saint-Vaast. — Houilles...........................	Belgique.....	82
Charbonnage du Bois-du-Luc. Houdeng-Aimeries. — Houilles..................................	Belgique.....	78
Schmowlin et **Merian.** Rorschach. — Marbres......	Suisse.......	13
Johnson. San-Paolo. — Houilles..................	Brésil.......	8
Charbonnage du Levant-du-Flénu. Cuesmes, près Mons. — Houilles.........................	Belgique.....	81
Société anonyme de Bellevue, Baisieux, Dour et Thulin. Elouges. — Houilles.....................	Belgique.....	77
Société anonyme de Crachet et de Pickery. Frameries. — Houilles..........................	Belgique.....	80
Société des charbonnages de Boussu et de **Sainte-Croix.** Sainte-Claire. — Houilles..........	Belgique.....	79
Commission de la Trinité. — Bitumes..........	Col. anglaises.	
G. **Hordliczka.** Rogoznik. — Minerais de zinc et de fer..	Russie.......	33
Société du chemin de fer du Nord. Vienne. — Houille et coke..................................	Autriche.....	79
Martin frères. Saint-Austell. — Kaolin.............	Gde-Bretagne.	80
Hardoin. Guyane. — Collections minéralogiques.....	Col. franç....	
Houillère de Lord Vane. Sunderland. — Houille..	Gde-Bretagne.	
Carranza. Buenos-Ayres. — Collection.............	Con Argentine.	2
Chavoix. Excideuil. — Sable réfractaire............	France.......	
Ath. **Oukhoff.** Ekatérinbourg. — Minerais de chrome et de nickel.......................................	Russie.......	63
Société du pétrole français (Van den Brule et **Alexandresco).** — Schwabwiller. — Pétroles	France.......	84
Guez-Lavie. Vagnas. — Schistes bitumineux.......	France.......	
Seytre. St-Étienne. — Agglomérés.................	France.......	15
Giron de Buzareingues. — Collection...........	France.......	53
Godefroy. Châteauroux. — Documents géologiques...	France.......	48
Société minière de l'ouest de la Bohême. Pilsen. — Houille................................	Autriche.....	184
Emile **Coupery de Saint-Georges.** Dinant. — Marbres..	Belgique	20
Paul **Rondeleux** et Cie. Buxières. — Schistes bitumineux..	France.......	31
Frédéric **Bayern.** Tiflis. — Collections du Caucase...	Russie.......	93
Lajarrige. Apt. — Soufre........................	France.......	4
Lassalle et Cie. Seyssel. — Bitumes..............	France.......	
J.-D. **Gould.** Boston. — Mica......................	États-Unis....	8
Martel. Marsanne. — Tripoli.....................	France	
Laballe. Ras-el-Ma (Bône). — Minerai de mercure	Algérie	14
De Jaiffe Devroye. Mazy-Golzinnes. — Marbres...	Belgique	47
Nicoli et **Rossi.** Paris. — Marbres	Italie	44-4
W. **Barnes.** Nouvelle-Écosse. — Collection du terrain carbonifère..	Col. anglaises.	4

Exposant	Pays	N°
Barrelet. Indes. — Collection géologique	Col. françaises.	
Thomas **Sopwith.** Londres. — Minerais de plomb	Gde-Bretagne.	113
Gouverneur de la province d'Albacète. — Soufre	Espagne	40
A. **Rebagliato.** Orihuela. — Marbres	Espagne	
Christophe **Ivanoff.** Alexandrovka (gouvernement de Ekaterinoslaw. — Houilles	Russie	39
Sigell. Syra. — Marbres	Grèce	77
Emmanuel **Galizia.** Malte. — Roches de construction	Col. anglaises.	4
Vict. **Noback.** Prague. — Graphite	Autriche	118
A. **Engelhart.** Burra-Burra, Australie du Sud. — Malachites	Col. anglaises.	2
Pitorre. Paris. — Collections	France	25
Prince **de Capoue.** Theux. — Minerais divers	Belgique	12
Minet frères. Denée. — Marbres	Belgique	57
Jean **Maggia.** Biella. — Marbres	Italie	9
Octavo di Canossa. Vérone. — Marbres	Italie	13
Bernard **Tolomei.** Sienne. — Marbres	Italie	37
Piccinini frères. Pradalunga. — Pierres à aiguiser	Italie	72
Joseph **Repetto.** Lavagne. — Pierres de Lavagne	Italie	60
Bernard **Repetto.** Lavagne. — Pierres de Lavagne	Italie	
Martin **Chiodelli.** Bergame. — Pierres à aiguiser les faux	Italie	71
Société de Brescia pour l'exploitation des mines. — Schistes	Italie	122
Ernest **Riccardi di Netro.** Turin. — Minerais	Italie	147
Sous-Commission de Catane. — Soufres de Sicile	Italie	139
Inspectorat des Mines d'Agordo. Venise. — Minerais de cuivre	Italie	199
H. **Ethestowen-Blacke.** Scopello. — Minerais de nickel	Italie	249
Clément **Santi.** Montalcino. — Terre brune et jaune	Italie	102
Adolphe **Allard.** Alexandrie. — Minerai d'or	Italie	253
De Mortemart, duc de Casole. Paris. — Cinabre	Italie	252
Chambre de commerce de Sienne. — Roches	Italie	257
J. **Voiret** aîné. Ménat. — Schistes bitumineux	France	80
Heusschen et Cie. Montjean. — Houilles et chaux	France	48
Dr L. **Elsberg.** New-York. — Tourbe préparée	États-Unis	58
J.-H. **Jackson.** New-York. — Minerais et fossiles	États-Unis	37
Compagnie de la Mine de Telhadella. Lisbonne. — Minerai de cuivre	Portugal	21
Ernest **Deligny.** Lisbonne. — Pyrites cuivreuses	Portugal	22
Direction des travaux publics de Angra do Héroismo. Ile de Terceira. — Minéraux	Portugal	
Direction des travaux publics. — Coïmbra. Minéraux	Portugal	

Carrières de Kalmarden. Norkœping.—Marbres.	Suède........	1
Igelström. Philippstad. — Manganèse	Suède........	
Ferd. Niese. Danzig. — Succin brut, objets en ambre jaune..	Prusse.......	
Musée de l'Université. Christiania. — Minéraux..	Norvége.....	12
Slatina. — Sel gemme	Autriche.....	
Georges **Volderauer.** Rothgulden-en-Lungau. — Arsenic..	Autriche.....	179
Mines de Sogen-Gottesberg. Lokenhaus (Hongrie). — Roches diverses................................	Autriche.....	158
E. **Ackermann.** Weissenstadt. — Syénites et granits.	Bavière......	23
Ardoisières de Cevins. — Ardoises..............	France	
Marietta **Gervasone.** Villeneuve d'Aoste.—Fonte et fer.	Italie........	156
Forges de Fritzö. Laurvig. — Fer...............	Norvége	4
John **Brotherton** et Cie. Wolverhampton. — Tuyaux soudés..	Gde-Bretagne.	19
C.-A. **Rettig.** Kihlaforss.— Fer..................	Suède........	61
J. **Swedberg.** Hellefors. — Fer..................	Suède	34
Direction des Usines de Kiefer. Kufstein. — Fers et aciers...................................	Autriche	73
Balascheff frères. Novo-Nikolskoé. — Fil de fer, clous.	Russie.......	8
Bochenski frères et **Wieloglowski.** Ruda-Maleniecka. Fonte et fer................................	Russie.......	15
Fabrique d'armes de Zlatooust. Gouvernement de Perm. — Essieux, cylindres en acier fondu.......	Russie.......	91
Forges de Kamsk (Gouvern. de Perm).—Tôle pour blindage..	Russie.......	41
Ignace et Marie **Furst.** Buchsengut. — Fils de fer...	Autriche.....	47
L.-F. **Buderus.** Walzwerk Germania, près Neuwied. — Tôle et fer-blanc..............................	Prusse.......	45
ociété romaine des mines de fer de Tivoli. — Fer..	États Pontif.	9
Société des usines de Limbourg. Limbourg-sur-Lenne. — Aciers..................................	Prusse.......	69
Bonnor jeune et Cie. Donjeux. — Feuillards de fer.	France.......	193
Héritiers de N.-L. **Arppe.** Waertsilae (Finlande). — Produits métallurgiques.........................	Russie.......	5
Ystalyfera Iron and tin plate Company. Swansea. — Étain en feuilles	Gde-Bretagne.	134
Vickerman et Cie. Tenby. — Fer..................	Gde-Bretagne.	125
Bozza, directeur des usines de la Perseveranza à Piombino. Pise. — Rails en acier......................	Italie........	171
H. D. F. **Schneider.** Neunkirchen. — Fonte	Prusse.......	27
F. **Hueber.** Josephsthal. — Fils de fer............	Autriche.....	72
Prince **Belosselsky-Belozersky.** Katav-Ivanovsk. — Fers marchands et aciers	Russie.......	94

P. Loef. Furudal. — Fer............................ Suède.......... 93

Leach, Flower et Cie. Neath. — Tôle étamée....... Gde-Bretagne. 73

Rubini et **Scalini.** Dongo, Côme. — Fonte et fer.... Italie........ 158

G.-W. **Sundblad.** Siljansfors. — Fer et acier......... Suède........ 64

P. **de Lagerhjelm.** Carlskoga-Bofors.—Fer laminé... Suède........ 37

Jahiet, Gorand, Lamotte et Cie. Ottange.—Pièces moulées et fer en barres........................ France....... 157

Diego **Morazo.** Albacete. — Produits métallurgiques. Espagne...... 37

J. **Wharton.** Philadelphie. — Nickel, cobalt et zinc.. États-Unis.... 44

La Société Esperanza. Santander. — Minerais de zinc.................................... Espagne..... 147

François **Walser.** Pesth. — Cloches et beffroi en fer. Autriche..... 181

Frédéric **Braby** et Cie. Londres. — Toitures de zinc et de fer galvanisé........................... Gde-Bretagne. 17

Société des mines et des usines de Reichenstein. — Minerais et produits d'arsenic...... Prusse....... 77

Bankart et fils. Briton-Ferry et Londres. — Minerais de cuivre.................................. Gde-Bretagne. 4

Lacroix et Cie. La Couronne. — Toiles métalliques... France....... 299

Baguès. Paris. — Objets en cuivre repoussé au marteau France....... 283

G. **Pradera.** Bilbao. — Laiton et cuivre............. Espagne...... 182

Comtesse Alexandrine **Kossakovsky.** Arkhangel (Orenbourg). — Minerai et barres de cuivre......... Russie....... 99

Mme **Daschkoff, usine de Blagovestchensk.** — Cuivres...................................... Russie....... 25

Huard et Cie. Paris. — Chaudronnerie de cuivre.... France....... 279

Regnlaud. Paris. — Chaudronnerie de cuivre....... France....... 281

Simon **Ouvaroff.** Toula. — Bouilloires *samovars* de tombac et de cuivre.......................... Russie....... 64

Stepan. Erzeroum. — Ustensiles de ménage......... Turquie...... 83

L. **Aubert.** Paris. — Appareils de chauffage......... France....... 297

Joseph **Mannelli.** Florence. — Ustensiles de cuivre... Italie........ 222

A. **Voloschinoff.** Saint-Pétersbourg. — *Samovars* (bouilloires.)................................ Russie....... 88

S. **Ebner.** Klagenfurt. — Plomb, zinc, zinc sulfuré... Autriche..... 36

Kolbenheyer. Vienne. — Objets en cuivre oxydé... Autriche..... 84

Kuschel. Vienne. — Zinc brut...................... Autriche..... 88

C. **Sachs.** Eppstein. — Objets en étain, fer-blanc.... Prusse....... 104

Gaillard fils. Paris. — Toiles métalliques........... France....... 300

Vialette et **Boutier.** Paris. — Tubes métalliques étirés. France....... 110

J.-A. **Varrentrapp.** Francfort-sur-le-Mein. — Or battu. Prusse.......

Cardozo et fils. Porto. — Feuilles d'or et d'argent.... Portugal..... 2

Eugène **Beau.** Alais. — Minerais d'antimoine et produits divers.............................. France....... 74

Haendler et **Natermann.** Münden. — Plaques de plomb et feuilles d'étain..................... Prusse....... 153

M.-L. Schleicher fils. Stolberg. — Laiton laminé, chaudron	Prusse	157
C. **Conradty.** Nuremberg. — Bronze en poudre	Bavière	17
Sélim-Effendi. Constantinople. — Robinets	Turquie	4
Mehmed-Agha. Kastamoni. — Service de cuivre jaune et rouge	Turquie	20
Benham et fils. Londres. — Ornements métalliques	Gde-Bretagne	8
André **Tognozzi-Moreni**, Florence. — Cloche de bronze	Italie	230
P. **Valdelièvre.** Lille. — Robinets	France	126
Silvio **Damioli.** Pisogne. — Fers	Italie	162
Cornéliani et Cie. Milan. — Fers	Italie	150
Morland, Watson et Cie. Montréal. — Scies	Col. anglaises.	
Fontaine et **Fourmon**, Paris. — Boulons et vis cylindriques	France	213
William **Heath.** Redditch. — Aiguilles	Gde-Bretagne.	53
Vve **Fauconier-Delire.** Châtelet. — Clous forgés	Belgique	31
Jourdain. Paris. — Vis cylindriques	France	200
Compagnie de Birmingham et du Nord de l'Angleterre pour la fabrication des clous et des rivets. York. — Clous et rivets forgés	Gde-Bretagne.	10
J.-F. **Milward.** Birmingham. — Poinçons d'acier et aiguilles pour machines à coudre	Gde-Bretagne.	83
James Foundry Company. Walsall. — Grosse ferronnerie	Gde-Bretagne.	64
Nicond. Paris. — Limes	France	241
John-I. **Parkes.** Birmingham. — Clous taillés	Gde-Bretagne.	96
Ed. **Dincq-Jordan.** Jemmapes. — Métaux galvanisés.	Belgique	
J.-M. **Offner.** Wolfsberg. — Faux	Autriche. (Cl. 48.)	58
J. **Karösl.** Andritz. — Enclumes	Autriche. (Cl. 54.)	12
J. **Higgins.** Saint-Hilaire. — Outils	Col. angl. (Cl. 41.)	19
Bourgeois Cosson. Nouzon. — Pelles et pincettes	France	295
Frédéric-T. **Stanley.** Londres. — Fers à cheval	Gde-Bretagne.	114
Libotte, Gillieaux et Cie. Gilly. — Limes	Belgique	55
Ignace **Schwarz.** Aichet. — Guimbardes	Autriche	154
José-Pereira **Cardoso.** Porto. — Plomb de chasse	Portugal	3
Pupil et **Lorée.** Paris. — Limes	France	269
Dollar frères. Londres. — Fers à cheval	Gde-Bretagne.	37
Vauzelle. Paris. — Boulons	France	217
Théophile **Weinmeister.** Spital-sur-Pibrn — Faux.	Autriche. (Cl. 45.)	80
Cte de **Moerner.** Norrkœping-Sonstorp. — Clous	Suède	87
Denille. Paris. — Pointes	France	339
Choquet. Paris. — Taillanderie	France	251
Marey. Paris. — Fil de fer, pointes	France	298

Verschave. Paris. — Ressorts pour meubles........ France....... 286

Gérard. Nouzon, — Clous.............................. France....... 353

J.-W. **Smith.** Leicester. — Aiguilles automotrices.... Gde-Bretagne. 112

H. **Bayard.** Liége. — Boulons......................... Belgique..... 5

Gérard et **Didier.** Bouillon. — Ferronnerie, fiches, charnières..................................... Belgique..... 83

Dahm, Knoedgen et **Kirchner.** Fraulautern. — Objets en tôle.................................. Prusse....... 122

Wennberg et **Stjernberg.** Stockholm. — Fils de fer et clous..................................... Suède........ 91

E. de **Gahlen.** Gerresheim. — Clous et rivets. ..... Prusse....... 148

Colleen et **Sjœbring.** Jonkœping Marieholm. — Clous.. Suède........ 90

Bouvier fils et Cie. Le Chambon-Feugerolles. — Boulons et limes.................................. France....... 381

Schumacher frères.—Châtelineau.—Rivets et chaînes. Belgique..... 75

Schaible. Paris. — Boulons......................... France....... 215

Beckers Damuzeaux. Laeken. — Rivets et chaînes. Belgique..... 30

V.-F. **Nunes.** Porto. — Meubles en fer... .... Portugal..... 31

P. **Maier.** Greifenburg. — Faux........................ Autriche. (Cl. 48.) 45

Jean **Horak.** Carolinenthal. — Outils montés......... Autriche. (Cl. 54.) 11

H.-W. **Date.** Galt. Canada. — Outils................ Col. anglaises

Pratt frères et **Farmer.** Birmingham. — Aiguilles.. Gde-Bretagne..

J. **Kahn** fils. Cologne. — Chaînes..................... Prusse....... 144

Devaureix. Paris. — Vis cylindriques............. France... ... 223

Chartier. Paris. — Filières et tarauds............. France....... 255

Otlet fils. Fontaine-l'Evêque. — Clous.............. Belgique..... 65

François **Maier.** Vomperbach. — Poêles et chaudrons. Autriche..... 95

A. **Quinar** et Cie. Revin.—Clous pour fers à cheval. France....... 237

Conrad **Forcher.** Rothenthurm. — Faux.............. Autriche. (Cl. 48.) 17

G. **Zeitlinger.** Strub. — Faux........................ Autriche. (Cl. 48.) 93

J.-N. **Eberlé** et Cie. Augsbourg. — Scies à contourner. Bavière...... 22

A. **Green.** Sheffield. — Outils de corroyeur......... Gde-Bretagne.

Starr et fils. Nouvelle-Écosse. — Patins et outils... Col. anglaises. 19

J.-P. **Grüber.** Wehringhausen. — Pelles, outils..... Prusse....... 109

Les fils de G. B. **Wiss.** Kleinschmalkalden. — Coutellerie. Saxe-Gotha.... 114

Charles **Panlechner.** Fünfhauss. — Petites scies... Autriche..... 54

Antoine **Brunner.** Vienne. — Petites scies. .... Autriche.....

J.-V. **Hill.** Londres. — Scies à main................. Gde-Bretagne. 58

Hayes, Cressley et **Bennett.** Alcester. Londres. — Aiguilles.. Gde-Bretagne. 53

Société des mines de Hoffnungszeche. Bentheim. — Asphaltes.................................. Prusse....... 1

P.-V. **Thisquen.** Neuhattlich. — Tourbe comprimée pour chauffage des machines et hauts fourneaux.... Prusse.......

J.-G. **Gentz**. Neu Ruppin. — Tourbe................	Prusse.......	
Fr. **Pietzker**. Dulzig. — Lignite..................	Prusse.......	
A. **Ritter**. Bochum. — Coke.......................	Prusse.......	
W. **Lode**. Breslau. — Pyrites et produits chimiques..	Prusse.......	78
J.-B. **Heimann**. Bonn. — Minerais de cuivre.......	Prusse.......	1
Burkard et **Döring**. Winkel. — Manganèse.......	Prusse.......	
Société dite **Oberhessischer-Hüttenverein**. Ludwigsdorf. — Minerais de fers et fers..............	Prusse.......	
Millouain. La Rochelle. — Agglomérés............	France.......	
De Lesdain. Paris. — Agglomérés..................	France.......	21
Laroche. Saulxures. — Tourbe.....................	France.......	
Compagnie des mines de cuivre du Cap. Namaqualand. — Minerais de cuivre....................	Col. anglaises.	2
Compagnie des Mines de cuivre de Peak Downs. Queensland. — Minerais de cuivre.........	Col. anglaises	
Commission géologique. Terre-Neuve.— Collection.	Col. anglaises.	1
Cardinal **Altieri**. Rome. — Collection..............	Etats Pontif..	1
John **Watson** et fils. Bathville. — Modèles en charbon cannel de Boghead.......................	Gde-Bretagne.	126
Perrens et **Harrison**. Stourbridge. — Terres réfractaires...	Gde-Bretagne.	99
Mines de Ruhle. Aveyron. — Houille.............	France.......	41
L. **Watrisse**. Dinant. — Marbre..................	Belgique.....	103
P. **Guerra** et fils. Massa-Carrara. — Marbre........	Italie	17
Édouard **Fairmann**. Florence. — Huile minérale...	Italie	127
Institut technique industriel de Bergame. — Combustibles..................................	Italie	254
A. **Gomes**. Mertola. — Manganèse................	Portugal	26
Ernest **Hofmann**. Plavishevicza. — Minerais de chrome......................................	Autriche	68
Mines de Saint-Pancrace. Nürschan. — Houille...	Autriche.....	116
Compagnie des mines de Tallsker. Australie du Sud. — Minerais...............................	Col. anglaises.	11
Thomas, Vieulles et Sons. Camarade. — Sels...	France	49
Députation provinciale de Lugo.—Pierres à bâtir.	Espagne	
Louis **Cazzago**. Brescia. — Pierres à bâtir	Italie........	
Ch. **Ribighini**. Chieti. — Bitume..................	Italie........	131
F. **d'Oliveira-Chamiço**. Lisbonne. — Minerais de cuivre..	Portugal	6
Compagnie des mines Transtagana. Lisbonne. — Minerais de cuivre...........................	Portugal	20
Compagnie Transcaspienne. Bakou. — Naphte.	Russie.......	22
James-R. **Gregory**. Londres. — Minéraux..........	Gde Bretagne.	50
Comte **Claës de Lewenhaupt**. Katrineholm-Claestorp. — Marbres	Suède... (Cl. 65.)	2

Société minière de Schwarz. Tyrol.—Minerai de cuivre..	Autriche......	
Mignon. Paris. — Minerais d'étain....................	France	67
De Pouhon et **Émérique.** Paris. — Minerais d'étain	France	71
J. **Cordova.** Angoulême. — Minerais de fer...........	France.......	60
Joseph **Javal.** Paris. — Minerais de plomb d'Urciers.	France.......	68
Rigaudeaux-Perdraux. Clermont-Ferrand. — Minerais de plomb..	France.......	65
G. **Langmead.** Terre-Neuve. — Galène..................	Col. anglaises.	9
Faustin **Butturini.** Sant-Ambrogio. — Marbres.....	Italie	12
Soarès neveu et Cie. Évora — Minerais d'antimoine et de cuivre..	Portugal.....	36
H.-L. **Perlbach.** Danzig. — Succin brut, objets en ambre jaune..	Prusse.......	
Stantien et **Becker.** Memel. — Ambre jaune.......	Prusse.......	
J. **de Cordemoy.** La Réunion. — Collection	Col.françaises.	
Ossent et Cie. Sierre. — Minerais....................	Suisse	6
Exploitation minéralogique de Ferrari-Gorbelli. Sienne. — Lignite..............................	Italie	115
Luiz do Prado Souza **Lacerda.** Alcobaça. — Minerais de fer, asphalte, lignite..............................	Portugal	27
Sanchelle Henraux. Lucques. — Marbres	Italie........	26
Agatino **Mazzello.** Messine. — Sel gemme...........	Italie	144
B.-Rodrigues **d'Oliveira.** Porto. — Anthracite....	Portugal.....	32
Wikström. Stockholm. — Feldspath.................	Suède	5
Compagnie des Mines d'asphalte de Servas. Alais. — Bitume..	France.......	75
H. **Serpieri.** Cagliari. — Minerais, argent et plomb..	Italie	236
Henri **Cojoli.** Livourne. — Lignite	Italie	112
Bretheau-Aubry. Meusnes. — Pierres à fusil......	France.......	28
Lonchamp et **Chaffanel.** Christel. — Plâtre.	Algérie	30
Whiteway et Cie. Kingsteignton.— Argiles pour pipes et poteries..	Gde-Bretagne.	130
Compagnie des mines de Wheal Coglin. Australie du Sud. — Plomb argentifère................	Col. anglaises.	15
Municipalité de Trembowla. — Meules	Autriche	166
Bondi et Cie. Rome. — Kaolins	États Pontif..	2
Comte Casimir **Wodzicki.** Cercle de Zloczow. — Argile réfractaire..	Autriche	187
G. **Meyerhofer.** Gratz. — Lignite	Autriche	101
W. **Hoffmann.** Auerbach. — Marbre..................	Hesse........	2
F. **Goding.** Barbades. — Bitume	Col. anglaises.	1
Cohn. Placentia-Bay, Terre-Neuve. — Galène........	Col. anglaises.	3
District du Storakopparberg. Falun. — Fonte et fer..	Suède........	38

Exposant	Pays	N°
Ch. **Guislain** et Cie. Surice. — Marbres	Belgique	39
Comte Alex. **Branicki**. Sucha. — Fonte, fer, vaisselle en fer émaillé	Autriche	19
Novello Ponsard et **Gigly**. Pise.— Acier Bessemer.	Italie	175
Aron Hirsch et fils. Halberstadt.—Tubes bouilleurs.	Prusse	155
P. **Ropolo** et fils. Turin. — Pièces en fer forgé	Italie	154
G.-A. **Lundqvist**. Stockholm. — Fonte et fer	Suède	49
Alex. **Amand**. Bouvignes. — Fers en barres pour armes	Belgique	1
V. **Gilleaux** et Cie. Charleroy. — Fers	Belgique	
Raikem, Verdbois et Cie. Liége. — Tôle	Belgique	69
A. **Pichelin** et Cie. Lamotte-Beuvron. — Phosphates fossiles	France. (Cl. 48.)	5
Angel **Milési**. Bergame. — Minerai de fer	Italie	160
Schipoff frères. Ilev et Voznessensk.— Minerais, fontes et fers	Russie	77
Baron **H. de Hamilton**. Palsboda-Boo. — Fer et acier.	Suède	58
Usine d'Oelsboda. Degerfors. — Fonte et fer	Suède	39
Campionnet et Cie. Gueugnon. — Tôle, fer, etc.	France	185
Azeredo Coutinho. Rio de Janeiro. — Palladium	Brésil	
Constant-Bonehill. Monceau-sur-Sambre. — Fers profilés	Belgique	19
Blondiaux et Cie. Thy-le-Château. — Rails	Belgique	
Vve **Charvet** et fils. Au Guas de Renage, près Rives. — Acier naturel, corroyé, fondu et outils	France	162
Gve **Ravand** et Cie. Pont-Chardon. — Fonte moulée.	France	329
Caron et **Chabal**. Paris. — Planches à graver la musique	France	302
S. et W. **Tudor**. Londres. — Blanc de plomb	Gde-Bretagne.	122
Perez Crespo. Ciudad-Real. — Minerais de cuivre et cuivre noir	Espagne	66
Compagnie minière d'Achenrain. Tyrol.— Produits des mines et usines	Autriche	172
Usine de Gusum. Sœderkœping. — Fils de cuivre et épingles	Suède	96
Berg. Gothembourg. — Graphite et nickel	Suède	77
Keiller. Smedjebacken-Schisshyttan. — Galène, plomb et argent	Suède	75
André **Giacon**. Padoue. — Objets de cuivre	Italie	218
Hadji-Ramazan. Khodavendighiar.—Moulins à café.	Turquie	174
Migoos. Sparta. — Cloches pour bétail	Turquie	77
Kirkor. Ismit. — Serrures et coffres-forts	Turquie	25
Ismaïl-Agha. Constantinople.—Plats en cuivre rouge.	Turquie	8
Loutfoullah. Ak-Hissar. — Moulins à café	Turquie	162
Roulet. Paris. — Tubes de cuivre	France	112
Cauvet et Cie. Marseille. — Étain en feuilles et capsules.	France	105

Vve **Bonvallet** et fils. Paris. — Paillettes et clinquant..	France........	104
J.-L. **Linz.** Furth. — Métal battu..................	Bavière.......	9
G.-U. **Linz.** Furth. — Métal battu..................	Bavière......	10
G. **Rey.** Linares. — Galène et plomb................	Espagne......	88
M. **Léon** et **Toran**. Madrid. — Tuyaux et feuille de plomb.	Espagne......	119
J. **Offenbacher.** Furth. — Bronze en poudre.......	Bavière.......	18
W. **Ehrmann.** Furth. — Clinquant................	Bavière......	13
A. **Briemont.** Châtelet. — Robinets à vapeur.......	Belgique.....	13
Pichard. Paris. — Chenets, articles de foyer........	France.......	304
Hirbec jeune. Paris. — Garde-étincelles............	France.......	91
Corlieu. Paris. — Vases en étain................	France.......	176
Héritiers de E. F. **Ohle.** Breslau. — Tuyaux de plomb.	Prusse.......	152
Hezel et **Behr.** Louisbourg. — Objets en tôle vernie...	Wurtemberg..	
Usine Guldsmeds Hyttan. — Galène, litharge, plomb.	Suède........	74
L. **Cadet** et Cie. Paris. — Robinets................	France.......	128
Herbepin. Paris. — Robinets....................	France.......	125
Guinier. Paris. — Robinets....................	France.......	124
Granjon. Paris. — Cloches, grelots...............	France.......	
Bavoux-Visconte. — Antimoine................	France.......	
Duvivier-Van Geert. Gand. — Fer étamé.........	Belgique.....	31
Fosselart-Baudoux. Fontaine-l'Evêque. — Clous forgés..................................	Belgique.....	33
Wiegand et **Kottenhoff.** Gosselies. — Quincaillerie..	Belgique.....	104
F. **Beyersmann.** Wehringhausen. — Pelles, fourches.	Prusse.......	108
Schneider frères. Hachenburg. — Chaînes, fils métalliques..................................	Prusse.......	137
I. **Dreher.** Gerresheim. — Chevilles, goupilles.......	Prusse.......	143
Schultheiss frères. Saint-Georges. — Ustensiles émaillés	Bade.........	2
L. **Schmauser.** Schwabach. — Aiguilles...........	Bavière......	3
Georges **Freier.** Nuremberg. — Limes, aiguilles......	Bavière......	14
Ad. **Pleischl.** Vienne. — Vaisselle en tôle émaillée..	Autriche.....	123
Fr. **Russ.** Gratz. — Vaisselle en tôle émaillée........	Autriche.....	142
Gustafsson. Joenkoeping. — Limes..............	Suède. (Cl. 54.)	8
Usine d'Artinsk. Gouvernement de Perm. — Faux.	Russie.......	6
Leborgne père. Fourby-sur-La-Rochette. — Pelles, pioches..................................	France.......	206
Th. **Hierzenberger.** Leonstein. — Faux...........	Autriche. (Cl. 48.)	30
Mollin-Laprade. Versillac-Chambonnet. — Minerais de plomb..................................	France.......	48
Sébastien **Pamer.** Schalchem. — Faux............	Autriche.....	247
Sutterlin et **Debenesse.** Mutzig. — Limes, outils.	France.......	
Louise **Bentz.** Vienne. — Faux..................	Autriche. (Cl. 48.)	3
G. **Flint.** Sainte-Catherine (Canada). — Scies.......	Col. angl. (Cl. 54.)	4

J.-T. **Bigelow** et Cie. Montréal. — Clous et pointes..	Col. anglaises.	56
C. **Dehlinger**. Schorndorf. — Fers à repasser........	Wurtemberg..	31
François **Reh**. Vienne. — Cisailles..................	Autriche. (Cl. 60.)	3
W.-C. **Evans**. Kingston (Canada). — Fonte malléable et serrures..................................	Col. anglaises.	
A. **Trolé**. Rouen. — Clous en fonte malléable.......	France.......	294
Usine de Lindfors. Carlstad. — Clous au marteau.	Suède........	85
Robson. Askersund-Aspa. — Clous au marteau.....	Suède........	86
H. **Schiller**. Uddevalla-Munkedal.—Clous au marteau.	Suède........	88
Usine de Morgards-Hammar. Smedjebacken. — Clous au marteau..............................	Suède........	89
Goodenough horse shoe Company. New-York. — Fers à cheval..................................	États-Unis....	55
Ch. **Protin**. Ixelles-lez-Bruxelles. — Objets en fer... .	Belgique.....	68
Mathieu **Egger**. Wissen. — Faux..................	Autriche.(Cl. 48.)	12
J.-J. **Mac-Cormick**. Meriden. Connecticut. — Patins.	États Unis....	
Lalance et **Grosjean**. New-Nork. — Fers battus..	États-Unis....	68
J. **Dawson**. Montréal. — Outils..................	Col. angl. (Cl. 54.)	5
Nic. **Martin**. Tubingen. — Fers à repasser..........	Wurtemberg..	1
E.-E. **Abbot**. Gananoque. Canada. — Boulons.......	Col. angl. (Cl. 54.)	5
H. **Kock**. Copenhague. — Outils de corroyeur.......	Danemarck...	
Divrechy. Pantin. — Craie et crayons..............	France.......	
Chaussée père. Paris. — Taillanderie..............	France.......	
Poyard. Paris. — Articles de foyer..................	France.......	305
E. **Mansoy** et Cie. Clichy-la-Garenne.—Fers à cheval.	France.......	323
Pellerin. Paris. — Clous à cheval................	France.......	
Jean **Jessernigg**. Feldkirchen. — Faux............	Autriche. (Cl. 48.).	38
Vve Mathieu **Koller** et fils. Rosenau. — Faux........	Autriche. (Cl. 48.)	40
Charles **Platzer**. Himmelberg. — Faux.............	Autriche. (Cl. 48.)	58
Michel **Piesslinger**. Steyrling. — Faux.............	Autriche. (Cl. 48.)	57
Charles **Veïgl**. Opponitz. — Faux..................	Autriche. (Cl. 48.)	75
Jean **Moser**. Opponitz. — Faux..................	Autriche. (Cl. 48.)	49
Joseph **Weinmeister**. Windischgarsten. — Faux...	Autriche. (Cl. 48.)	81
M.-C. **Trottier**. Paris.—Chaudronnerie de cuivre.....	France (Cl. 91.)	135
J.-M. **Ballarin**. San-Pietro dell' Isola Brazza.—Asphalte.	Autriche......	5
Brambilla frères. Trieste. — Minerais divers.......	Autriche......	18
Cloetta et **Schwarz**. Santa Croce. — Marbres.....	Autriche.....	22
Mines de Sala. Sala. — Minerai de plomb argentifère.	Suède........	12
Leguen. Brest.— Fonte et acier Bessemer au Tungstène.	France.......	23
Gueunier-Lauriac. — Cylindres en fonte..........	France.......	23
Compagnie des mines du Canada occidental. — Minerais de cuivre..........................	Col. anglaises.	
Compagnie anglo-canadienne. Leeds. — Minerais de cuivre..............................	Col. anglaises.	22

Compagnie des mines de Saint-François. Cleveland. — Minerais de cuivre........................ Col. anglaises. 21

Groupe des mines de Bolton (Canada). Minerais de cuivre.................................... Col. anglaises.

Groupe des mines d'Ascot (Canada). — Minerais de cuivre.................................... Col. anglaises.

Compagnie de la rivière Moisie (Canada). — Sable de fer oxydulé.......................... Col. anglaises.

Compagnie des salines de Goderich (Canada). — Sels.................................... Col. anglaises.

Commission de Mendoza. — Minerais divers..... Con Argentine.

Société d'agriculture de l'Indre. Châteauroux. — Collection de roches............................ France.......

De **Lavernède.** Castilhon de Gagnères. — Minerai d'antimoine, régule............................ France....... 76

Bourgeois et **Testard.** Épinal.—Couverts en fer battu. France.......

F. **Dumont.** Faches (Nord). — Calorigène............ France.......

Granet-Brown et Cie. Gênes. — Minerai.......... Italie........

COOPÉRATEURS.

Grand prix.

Bessemer. Londres. — Fabrication de l'acier....... Gde-Bretagne..

De Molon. Paris. — Découverte, exploitation et emploi direct des phosphates de chaux naturels....... France.......

Médaille d'or.

Domeiko. Valparaiso. — Étude de la minéralogie du Chili.. Chili.........

P. **Martin.** Sireuil. — Travaux métallurgiques...... France.......

Médailles d'argent.

Dr **Wedding.** Berlin. — A classé la collection des propriétaires des mines de la Prusse............... Prusse.......

Van Scherpenzeel Thim, ingénieur principal des mines. Liége. — A coopéré à la formation de la collection belge.................................... Belgique......

Dr **Plassard.** — Découverte des gisements aurifères du Caratal.................................... Venezuela....

Descos, ingénieur des mines. Paris. — A classé la collection exposée par le Ministère des travaux publics. France.......

De Alberti, directeur des salines. Friedrichshall.— Recherches géologiques sur les formations salifères. Wurtemberg..

Masselotte. Paris. — Dorure au mercure par la pile. France.......

M. **Pfetsch**, directeur des salines. Saint-Nicolas. — Amélioration dans les procédés d'exploitation....... France.......

Revel, directeur de la Casserie de MM. Karcher et Westermann. Ars. — Enseignement gratuit aux ouvriers pendant dix années........................ France.......

Dr **Jackson.** — Découverte de l'émeri aux États-Unis. États-Unis....

H. F. Q. d'**Aligny**. — Coopération à l'organisation de la section des Etats-Unis......................... États-Unis....

W. **Keene.** Nouvelle-Galles du Sud. — Travaux géologiques.................................... Col. anglaises.

Médailles de bronze.

Murray, attaché à la Commission géologique du Canada. — Coopération aux travaux de la Commission.. Col. anglaises.

Billings, attaché à la Commission géologique du Canada. — Coopération aux travaux de la Commission.................................... Col. anglaises.

Bischoff, directeur des salines. Stassfurt.— Étude des gisements des sels de potasse...................... Prusse.......

Stein, ingénieur des mines. Dietz. — Étude des gîtes de phosphates fossiles du Nassau................. Prusse.......

Dr **Drewermann.** — Utilisation des phosphates fossiles de la Westphalie............................ Prusse.......

Frédéric **Sack.** Sprockovel. — Utilisation des phosphates de la Westphalie......................... Prusse.......

Westmann — Application du four à gaz au grillage des minerais...................................... Suède........

Charles **Plain**, employé chey MM. Japy frères. Beaucourt.. France.......

Mention honorable.

Jannettaz. Paris.— Aide naturaliste au Museum... France.......

CLASSE 41

PRODUITS DES EXPLOITATIONS ET DES INDUSTRIES FORESTIÈRES.

EXPOSANTS.

Hors concours.

Administration impériale de l'État. Vienne. — Produits de diverses parties de l'empire........ Autriche...... 67 à 76

Ministère de la Marine et des Colonies. Musée colonial. (Administration de l'État.) Paris. — Collection de bois de construction et d'ébénisterie des colonies françaises, et particulièrement de la Guyane......... Col. françaises.

Administration des forêts de l'État. (Administration de l'État.) Paris. — Échantillons; instruments; carte géologique et forestière..................... France....... 1

Corps des ingénieurs des forêts. (Administration de l'État.) Madrid. — Collection de produits forestiers divers................................ Espagne...... 1 à 6

Administration des forêts de l'État. Lisbonne. — Collection d'échantillons.......................... Portugal.....

Commission de la Nouvelle-Galles du Sud. (Administration de l'État.) — Bois de construction. . Col. anglaises.

Commission de la Guyane anglaise. (Administration de l'État.) — Collection de bois d'ébénisterie.................................... Col. anglaises.

École d'application des ingénieurs de Naples. (Administration de l'Etat.) — Collection de bois décoratifs.................................... Italie........ 34

Administration forestière de Pologne. (Administration de l'Etat.) Varsovie. — Collection d'échantillons de bois................................ Russie....... 7

Jardin d'acclimatation d'Alger. (Administration de l'Etat.) — Échantillon de végétaux forestiers..... Algérie....... 11

Commission de Queensland. — Spécimens de bois indigènes.................................. Col. anglaises. 5

Rajah de **Mysore.** Indes Orientales. — Collection de bois décoratifs................................ Indes angl...

Jardin botanique de Madrid. (Administration de l'Etat.) — Échantillons de bois de Cuba......... Espagne......

Service forestier de la province d'Alger. (Administration de l'Etat.) — Collection de bois....... Algérie....... 8

École forestière de Berdiansk. (Administration de l'Etat.) Gouvernement de la Tauride. — Collection de bois..................................... Russie....... 17

Administration des domaines de l'État du gouvernement de la Tauride. (Administration de l'Etat.) — Collection de bois....................	Russie.......	1
Administration des domaines de l'État des provinces de la Baltique. (Administration de l'Etat.) — Collection de bois........................	Russie.......	
Administration des domaines du gouvernement de Grodno. (Administration de l'Etat.) — Collection de bois..	Russie.......	2
Administration forestière du gouvernement de Minsk. (Administration de l'Etat.) — Collection de bois..	Russie.......	1
Administration forestière du gouvernement de Wologda. (Administration de l'Etat.) — Collection de bois..	Russie.......	5
Jardin botanique impérial de Saint-Pétersbourg. (Administration de l'Etat.) — Collection d'échantillons de bois..	Russie.......	23
Présidence de Madras. Indes Orientales. — Echantillons de bois..	Indes anglaises	
Marquis **de Vibraye** (membre du Jury.) — Culture forestière; acclimatation d'essences exotiques.........	France.......	2
De Gayffier (membre du Jury). — Herbier forestier..	France.......	3
Da Sylva Coutinho (membre du Jury.) — Collection de bois de la province de Rio-Janeiro...............	Brésil	

Médailles d'or.

L'abbé **Brunet**. Canada. — Herbiers, dessins........	Col. anglaises.	1
Commissions provinciales du Para et de l'Amazones. — Collection de gros échantillons de bois d'ébénisterie et de construction....................	Brésil.......	54-55
Industrie forestière de la Norvége	Norvége	
Delarbre et **Jacob**. Paris. — Culture du chêne-liége.	France.......	13
Besson, Lecouturier et Cie. Collo. — Échantillons de liéges..	Algérie.......	17
Gouvernement du Paraguay. — Bois, produits agricoles, minéraux...............................	Paraguay (Cl. 40-43.).	
S. A. **le Bey de Tunis.** — Liéges, produits agricoles.	Tunis (Cl. 43.)...	

Médailles d'argent.

Chambrelent. Dijon. — Produits forestiers...........	France.......	
José Saldanha **de Gama.** Rio de Janeiro. — Collection d'échantillons..	Brésil........	10
S.-R. **Jacobsen** et Cie. Frederikstadt. — Échantillons de bois	Norvége	10
Biester et Cie. — Exploitation et commerce des liéges..	Portugal.....	

J. **Pfeiffer**. Vienne et Nasic. — Douves et madriers..	Autriche.....	47
Berthon-Lecoq et Cie. Edough. — Exploitation des liéges....................................	Algérie......	5
Sandholdt. Drammen. — Appareils de distillation et de carbonisation....................................	Norvége.....	
V. **Luard, Frappart** et Cie. Caen. — Bois découpés et moulures....................................	France.......	17
François **Reif**. Kuschewarda, Schattova et Millerschlag. — Bois pour instruments de musique, etc..........	Autriche.....	52
Théodore **Müllner**. Hinserbrühl. — Résines et procédés de gemmage....................................	Autriche.....	41
Florian **Anwander**. Mauth. — Parquets et bois pour tables d'harmonie....................................	Bavière......	
Les Inspecteurs des bois. Québec. — Grands bois de commerce....................................	Col. anglaises.	2
Du Prat. Oued el Aneb et Ain Mokra, près Bône. — Exploitation et commerce des liéges..............	Algérie.......	3
Comte C.-M. **de Lewenhaupt**. Katrineholm et Claestorp. — Gommes et résines, produits divers obtenus par la distillation....................................	Suède.......	23
Rozmanith Balko et Cie. Arad. — Parquets, tables d'harmonie....................................	Autriche.....	54
Van Oye-van Duerne. Anvers. — Préparations et emplois divers de rotins..............................	Belgique.....	8
Spissich et **Covacich**. Essegg. — Douves.........	Autriche.....	64
Wilhammer-Müller. Strasbourg. — Foudres, tonneaux de transport pour la bière.................	France.......	26
J. **Débonnaire**. Melun. — Plants d'osier et objets de vannerie....................................	France.......	20
Irroy frères. Hennezel. — Bois débités, parquets.....	France.......	16
Basile **Gromoff**. Saint-Pétersbourg. — Bois de construction....................................	Russie.......	19
M. **Bauer**. Warasdin. — Douves..................	Autriche.....	7
J. **Millar**. Montréal. — Extrait d'écorce pour la tannerie....................................	Col. anglaises.	11
A.-F. **Michel**. Lyon. — Préparation du bois de châtaignier pour le tannage des peaux................	France.......	25
F. et M. **Podany**. Vienne. — Bois d'ébénisterie......	Autriche. (Cl. 26.)	60
C. **Apostolopoulo**. Tripolitza. — Bois et résines..	Grèce........	
Dr **Robert**. Bellevue. — Spécimens de bois ravagés par les insectes et procédés curatifs................	France.......	11

Médailles de bronze.

Gouvernement ottoman. — Produits forestiers, collection d'échantillons....................................	Turquie......	3-5-7 (8-10-14 à 18-20 à 22-27-30-33-34-36-60 à 62
Pierre. Saïgon. — Collection de 120 échantillons de bois de construction et d'ébénisterie..................	Col. françaises.	

A.-H. **Kjœr** et Cie. Frederikstadt. — Bois d'industrie..	Norvége.....	11
Pimentel et fils.— Exploitation de liége et fabrication.	Portugal.....	
Société des importeurs trieurs de gomme pure du Sénégal à Saint-Louis. — Gomme arabique	Col. françaises.	
J.-C. **Sengen.** Vienne. — Bois d'ébénisterie..........	Autriche.....	60
Jean **Botchkareff.** Nijni-Nowgorod. — Vaisselle et ustensiles en bois	Russie.......	14
Institut provincial de l'instruction secondaire de Cordoue. — Collection de bois........	Espagne.....	
W.-L. **de Sturler.** Leyde. — Collection de bois des Indes Orientales	Pays-Bas....	
Lecart. Casamance. — Collection de bois de construction et d'ébénisterie	Col. françaises.	
Joseph-Paul **de Mira.** Evora. — Culture et exploitation	Portugal....	
Prince Adam **Sapieha.** Lemberg. — Produits résineux	Autriche.....	55
J.-G. **Muller.** Lœcherberg. — Résines et essences...	Bade........	3
E.-C. **Eadon.** Montmorency (Canada). — Boissellerie.	Col. anglaises.	16
Science and Art Department South Kensington. — Echantillons de bois soumis à des épreuves d'élasticité et de rupture	Gde-Bretagne.	7
Ernest **Lambert.** Philippeville. — Collection de bois de l'Algérie	Algérie......	15
Lichtlin. Constantine. — Collection de bois et de liéges	Algérie.......	1
Aimé **Bosquet.** Paris.— Bois de charpente et d'ébénisterie	Venezuela.....	
C.-J. **Schearer.** Montréal (Canada).— Portes et fenêtres fabriquées à la mécanique	Col. anglaises.	
Jean-Jacques **Dunser.** Bezau-Vorarber. — Bois de placage	Autriche......	13
Étienne **Specher** et **Bertoldy.** Torcegno. — Bois d'ébénisterie	Autriche.....	53
Marx **Forster** et fils. Waldhaus, près Zwiesel. — Tables d'harmonie	Bavière......	1
Edmond **Weiler.** Vienne. — Bois de placage.......	Autriche.....	83
Bernard **Pollack** jeune. Vienne. — Douves..........	Autriche.....	49
Commission de l'exposition de Queensland. — Collection de divers bois d'ébénisterie.	Col. anglaises.	5
Hackmann et Cie. Wiborg. — Collection de divers bois	Russie.......	20
A. **de Montebello** et Cie. La Calle. — Exploitation de liéges	Algérie.......	2
Carré et **Nepveu.** Rouen. — Préparation de bois de teinture	France.......	10
Comte Wladimir **Dzieduszycki.** Lemberg. — Acides et produits résineux	Autriche....	14

A. **Lambourg.** — Fère-en-Tardenois. — Sabots...	France......	
Schmidt-Missler. Paris. — Ouate végétale du pin maritime, produits bruts et tissus................	France.......	24
Institut royal technique de Florence. — Collection d'échantillons de bois de Toscane..........	Italie........	15
Baron **de Wedel.** Christiania. — Collection de divers bois d'ébénisterie................................	Norvége....	
John **Hammer.** Riga. — Planches.	Russie.....	21
Jules **Sturtz,** ci devant **Kriegsmann.** Riga. — Liéges ouvrés.......	Russie.....	13
Compagnie des Merrains. Paris. — Machines à fabriquer les merrains et produits divers..........	France.....	25
Soutif père et fils. Vimoutiers. — Sabots et galoches..	France.......	
Gouvernement de San Salvador. — Collection de bois..	San Salvador.	
Frédéric **Idestam.** Tammerfors. — Papier et autres objets en pâte de bois........................	Russie.......	24
Commission provinciale de Jujuy. — Bois de construction et d'ébénisterie..........................	Con Argentine.	
Lallemant, officier d'artillerie. La Guadeloupe. — Échantillons de bois d'ébénisterie et autres.........	Col. françaises.	
Pelayo de **Camps.** Jirone. — Échantillons de liéges et produits forestiers..............................	Espagne......	38-67
Aciérie Korsnaes. Gèfle. — Planches d'espèces diverses..	Suède.......	14
A.-O. **Haneborg.** Christiania. — Bois.............	Norvége......	9
Commission royale de Victoria. — Bois de construction..	Col. anglaises.	6
Comte Gustave **Batthyany.** Croatie — Bois de construction et autres..	Autriche.....	6
Hamilton frères. Hawksbury (Canada). — Échantillons de gros bois.....................................	Col. anglaises.	3
Société d'exploitation des liéges. Faro. — Exploitation et fabrication des liéges...................	Portugal.....	
Ricaut et **Dubuc** frères. Barbaste. — Liéges ouvrés.	France.......	14
C.-F. et G.-R. **Stroem.** Linkoeping-Bleckenstad. — Produits divers de la distillation du bois...........	Suède........	2
Nevissas. Niort. — Foudre ovale..................	France........	27
Société d'économie rurale du district de Stranda. — Cordes de racines................	Suède........	25
Frénaux père et fils. Condé. — Robinets en bois et manches d'outil....................................	France.......	
Domaine de Diacovar. Esclavonie. — Douves et bois ouvrés..	Autriche.....	28
Domaine de Lopatyn. Gallicie. — Produits résineux.	Autriche.....	29
Régis et Cie. Whdah. — Gommes et résines copales..	Col. françaises.	

Conseil des colonies portugaises. — Collection de bois .... Col. portug... 1-5

Commune de Sparte. — Vallonnées .... Grèce........

Commune de Zea. — Vallonnées .... Grèce ....

Reynes. Paris. — Tonnellerie .... France.......

M.-B. Bodenheim. Allendorf. — Tonnellerie .... Prusse.......

Mentions honorables.

François **Jimeno.** Cuba. — Herbiers et échantillons forestiers .... Col. espagn...

Compagnie de New-Quebrada. Londres. — Bois durs pour poutres .... Venezuela....

Henri **Keller.** Darmstadt. — Semences forestières.... Hesse........ 2

De Chabannes et **du Peux.** Bougie. — Liéges... Algérie....... 18

Combe d'Alma. Montfort-le-Rotrou. — Procédés de gemmage ; résine .... France..... . 6

Anton **Stock.** Samobor (Croatie). — Potasse........ Autriche..... 65

Hizaux fils. Villers-Cotterets. — Boissellerie .... France....... 18

Jean-Marie **Moniz.** Funchal. — Collections de bois d'ébénisterie .... Portugal.....

Shaw frères. Natal. — Collection de bois indigènes.. Col.anglaises.1-2-3-4

S. A. le Vice-Roi d'Égypte. — Échantillons de bois .... Égypte.......

P. Paterson. Natal. — Collection de bois indigènes. Col. anglaises.

Russel et Cie. Natal. — Collection de bois indigènes. Col. anglaises.

Landsberg. Natal. — Collection de bois indigènes.. Col. anglaises.

Pancher. Nouvelle-Calédonie. — Collection d'échantillons .... Col. franç....

Institut d'agronomie de Pesaro. — Collection de bois de la province .... Italie. 22

M.-H. Marsh. Queensland. — Collection de bois de service et d'industrie .... Col. anglaises.

John **Cuthbert.** Sydney. — Échantillons de bois d'ébénisterie .... Col. anglaises.

Compagnie de Johore. Singapore. — Collection d'échantillons .... Indes angl....

Demersay. — Bois de charpente et d'ébénisterie.... Paraguay ....

Conrad **Appel.** Darmstadt. — Essences forestières.... Hesse........ 3

Compagnie des Lezirias. — Culture et exploitation des liéges .... Portugal. 5

Percy **Jacobs.** Riga. — Liéges ouvrés .... Russie....... 22

J.-L. et A. **Hesshaimer.** Kronstadt (Transylvanie). — Potasse-amidon brute .... Autriche..... 30

Lanet père et fils. Cette. — Foudres de différentes formes .... France..... 28

Société de défrichement de Dordrecht.—Joncs et osiers	Pays-Bas.....	1
Nelson, Wood et Cie. Montréal. — Objets de vannerie	Col. anglaises.	15
Dupré. Madagascar. — Collection d'échantillons.....	Col. franç....	
Ange **Milési.** Bergame. — Collection de bois de placage	Italie..... ..	31
Isidore **Champagne.** Canada. — Bois de construction	Col. anglaises	8
Rouzaud père. Arnal (Philippines). — Bois de narra.	Col. espag...	82
Scierie de Skoenvik. Sundswall. — Madriers et planches	Suède........	2
J. **Ringborg.** Norrkoeping. — Échantillons de planches	Suède	17
Scierie de Stocka (R. Frisk). Hudiswall. — Échantillons de planches	Suède	15
Wilhelm **Gutzeit.** Fredriestad. — Madriers..........	Norvége	4
De Fleurieu et de Saint-Victor. Birkadem. — Culture de l'Eucalyptus globulus	Algérie	12
Carlos **Brandâo.** Porto. — Liéges ouvrés...........	Portugal	»
L. **Van der Hilst** et Cie. La Haye. — Liéges ouvrés.	Pays-Bas. ...	
Perrot de Chamarel. Boghar. — Colophane brute, clais, essences	Algérie.	20
Exposants réunis des Indes Orientales. — Résines brutes	Pays-Bas.....	6
Jules **Lepine.** Pondichéry. — Gommes brutes et résines	Col. françaises.	
Guibal. Saïgon. — Gomme laque.................	Col. françaises.	
Léon **Reyne** et Joseph **Gaudard.** Bouziques. — Foudres	France.......	
A.-F. **Kjellerstedt.** Umea. — Emploi des racines pour la fabrication des cordes	Suède........	30
A. **Doris.** Bordeaux — Gomme du Sénégal..........	France.......	
Basile **Mikhailoff.** Krestzy. — Vaisselle de bois.....	Russie.......	34
A. **Schmidt.** Reinerz-lès-Bains. — Clous de bois et formes à souliers	Prusse.......	16
Société d'agriculture. Cap-Town. — Echantillons de bois indigènes	Col. anglaises.	1
Docteur **Meller.** Ile Maurice. — Echantillons de bois indigènes	Col. anglaises.	
William **Jolly** et Cie. Nouvelle-Galles du Sud. — Echantillons de bois d'ébénisterie	Col. anglaises.	
J. **Dexter.** Nouvelle-Ecosse. — Spécimens de bois de construction et d'ébénisterie	Col. anglaises.	1
Société d'agriculture de Châteauroux. — Collection de bois bruts et ouvrés	France.......	4
José-Candido **de Silva Murici.** Parana. — Bois d'ébénisterie	Brésil	3

Antonio-Pereira **Rebouças** fils. Parana. — Bois d'ébénisterie et de construction	Brésil	38
A. **Kauffmann**. Riga. — Echantillons de bois	Russie	29
Baron **Trautenberg**. Moor (Hongrie). — Bois de charme pour la fabrication des outils	Autriche	81
Joachim **de Sâ Couto**. Feira. — Lièges ouvrés	Portugal	6
Loubère. Saïgon. — Huile de bois pour la conservation des navires	Col. françaises.	
Bosisto. Richmond, Victoria. — Huile essentielle	Col. anglaises.	
W.-H. **Slater**. Nunnawadin (Victoria). — Huile essentielle	Col. anglaises.	1
F.-V.-A. **Maret**. Paris. — Fabrication de charbon de bois	France	5
C. **Frey**. Diessenhofe. — Tonneaux	Suisse	3
Commission de l'exposition de Luléa. — Emploi des racines à la fabrication des cordes	Suède	31
G. **Hagar** et Cie. Montréal. — Ustensiles de ménage.	Col. anglaises.	14
F. **Buchegger**. Stockach. — Bondes de tonneaux en bois de sapin	Bade	2
Samuel **Norman**. Londres. — Sabots et socques	Gde-Bretagne	
Distillerie de Saint-Triphon et **Papeterie de Bex**. — Papiers de bois	Suisse	
Académie royale d'agriculture de Poppelsdorf. — Collection de bois défectueux, avec indications de moyens curatifs	Prusse	18
Carp. Vaslui. — Bois	Roumanie	
Savoiü. Tergu-Jiü. — Bois	Roumanie	
Jussitch. Bukarest. — Tonnellerie	Roumanie	
Isaac **Young**. Kansas. — Échantillons d'essences forestières de l'État	États-Unis	4
J.-F. **Paul** et Cie. Boston. — Échantillons de bois	États-Unis	51
Lamier et **Lambert**, Breuilpont. — Écorces à tan.	France	22
J. **Fahlberg**. Lycksele. — Emploi des racines pour la fabrication des cordes	Suède	35
J.-B. **Koch**. Hals. — Articles en bois de sapin	Bavière	2
Benoît **de Poschinger**. Oberzwieslau. — Tables d'harmonie	Bavière	4
Samuel **Westlake**. Londres. — Bois de placage	Gde-Bretagne.	9
Laurent **Jäger**. Essegg (Hongrie). — Bois fendus et douves	Autriche	83
Laurence **Brown**. Leicester. — Bois courbés à la vapeur.	Gde-Bretagne.	1
Baron **de Prandau**, au domaine de Valpo. — Douves	Autriche	50
Luc **Plouffe**. Saint-Martin (Canada). — Manches de hache	Col. anglaises.	17
Comte Frédéric **Kulmer**. Osterna. — Douves	Autriche	39

George-Benoît **de Poschinger**. Froenau. — Tables d'harmonie	Bavière	4
J. **Brugger.** Innsbruck. — Bois d'ébénisterie	Autriche	
Grassmayr frères. Feldkirch. — Bobines en bois et marqueterie	Autriche	25
W.-B.-M. **Begram**. Gorinchem. — Osiers blancs	Pays-Bas	2
J. **de Araujo Roso Danin**. Para. — Gomme du Massaranduba	Brésil	
L. **da Sylva Coutinho**. Amazones. — Résine du Annony	Brésil	

COOPÉRATEURS.

—

Hors concours.

Aubry-Lecomte. (Membre du Jury.) — Exposition des colonies françaises	France

Médailles d'or.

Wessely. — Exposition des produits forestiers de l'Autriche	Autriche
J.-C. **Taché.** Canada. — Collection des bois du Canada.	Col. anglaises.
Bosch y Julia. — Collection de produits forestiers...	Espagne

Médailles d'argent.

Bernardin José **Gomès.** Leiria. — Opérations de gemmage	Portugal
Pimenta-Bueno. — Collection du Para	Brésil

CLASSE 42

PRODUITS DE LA CHASSE, DE LA PÊCHE ET DES CUEILLETTES.

EXPOSANTS.

Hors concours.

Servant. (Membre du Jury.) Paris. — Pelleteries et fourrures..	France.......	49

Médailles d'or.

E. **Verreaux**. Paris. — Préparations taxidermiques..	France.......	9
De Clermont. Paris. — Poils de diverses natures...	France.......	30
Ashermann. Paris. — Poils de diverses natures....	France.......	26
Révillon père et fils. Paris. — Pelleteries et fourrures..	France.......	51
Viellard. Nouvelle-Calédonie. — Herbier de la colonie..	Col. françaises.	
Mamontoff frères. Moscou. — Crins et soies de porc.	Russie.......	13
Lhuillier et **Grebert**. Paris. — Pelleteries et fourrures..	France.......	46
Abdullah-Bey. Constantinople. — Collections scientifiques.......................... (Cl. 12, 40, 42.)	Turquie.......	

Médailles d'argent.

Krefft. Sydney. — Collection d'animaux de la Nouvelle-Galles du Sud..............................	Col. anglaises.	
Sibon et **Crozat**. Hydra (maison à Paris). — Eponges.	Grèce........	
Andrew **Downs**. Nouvelle-Écosse. — Oiseaux empaillés..	Col. anglaises.	
Rigaud frères. Paris. — Crins et soies............	France.......	29
A. **Lefèvre**. Paris. — Animaux empaillés..........	France.......	7
Touchard. Gabon. — Animaux empaillés..........	Col. françaises.	
Stanislas **Revillon**. Paris. — Pelleteries et fourrures..	France	33
Loyer père et fils et **Besnus**. Saint-Denis. — Crins et soies..	France.......	8
Perelis et **Pollak**. Prague. — Plumes et duvets.....	Autriche.	18
Direction royale du commerce de Groënland. — Peaux et autres produits groenlandais...........	Danemark....	

Benjamin. Graham'sTown (cap de Bonne-Espérance). — Plumes d'autruche	Col. anglaises.	9
M. **Tamamcheff**. Caucase. — Colle de poisson	Russie	
Coulombel frères et **Devismes**. Paris. — Éponges	France	1
Schramm. Guadeloupe. — Crustacés	Col. françaises.	
F. **Cailliaud**. Nantes. — Coquillages	France	28
Bevington et **Morris**. Londres. — Peaux teintes	Gde-Bretag. (Cl. 46.)	2
Quelle frères. Paris. — Peaux préparées et lustrées	France	45
A. **Pfeiffer-Brunet**. Paris. — Pelleteries et fourrures	France	50
Edwin **Ward**. Londres. — Animaux empaillés. Tigre et lion	Indes angl.	
J.-S. **Deed** et fils. Londres. — Peaux teintes	Gde-Bretagne (Cl. 46.)	6
Girodias. Montreuil-sous-Bois. — Peaux préparées et lustrées	France	12
Belkine. Moscou. — Pelleteries et fourrures	Russie (Cl. 35.)	2-27
A. **Guillaume** et fils et **Lesage**. Paris. — Poils de diverses natures	France	11
Jiline. Veliky-Oustioug. — Crins et soies	Russie	8
M. **Kahn** fils. Mannheim. — Plumes et duvets	Bade	1
Michel **Kojevnikoff**. Astrakan. — Colle de poisson	Russie	10
J. **Haymann**. Paris. — Éponges	France	5
Capitaine **Mitchell**. Indes Orientales. — Poissons empaillés	Indes angl.	
George **Kibitz** et fils. Pilsen. — Peaux teintes	Autriche. (Cl. 46.)	22
A. **Hesnault** et frère. Gand. — Peaux préparées et lustrées	Belgique	5
F. **Detmar**. Paris. — Pelleteries et fourrures	France	48
Sieurac jeune fils et frères. Valence-d'Agen. — Plumes et duvets	France	19
Donner et Cie. Molenbeek-Saint-Jean. — Poils de diverses natures	Belgique	4
J.-C. **Klütgen**. Rotterdam. — Plumes et duvets	Pays-Bas	1
A.-J.-M. **Rennes**. Paris. — Éponges	France	27
Franck **Alexander**. Paris. — Pelleteries et fourrures	France	34
A.-G. **Gon**. Paris. — Pelleteries et fourrures	France	47
X. **Schuster**. Munich. — Astrakans noirs lustrés	Bavière (Cl. 46.)	2
E.-D. **Bougenaux-Lolley**. Paris. — Pelleteries et fourrures	France	53
C.-G. **Gunther** et fils. New-York. — Fourrures	États-Unis	5
Bergstroem. Stockholm. — Fourrures	Suède	2
Gaudencio **da Costa** et fils. Para. — Caoutchouc	Brésil	
Peters frères. Amsterdam. — Plumes et duvets	Pays-Bas	
Henry **Ward**. Londres. — Oiseaux empaillés	Gde-Bretagne.	

Médailles de bronze.

J. **Kurella**. Cape-Town. — Plumes d'autruche	Col. anglaises.	10

Exposant	Pays	N°
Jean **Bobarikine**. Kholm. —Crins et soies..........	Russie.......	3
H.-F.-G. **Kratzenstein**. Amsterdam.—Plumes et duvets	Pays-Bas.....	7
Musée d'histoire naturelle. Bukarest. — Préparations taxidermiques; ossements fossiles	Roumanie....	
Chagot aîné. Paris.—Plumes d'autruche............	Algérie	9
C. **d'Ambly** et Cie. Paris. — Baleine fabriquée.....	France	17
Hort. Taïti. — Huîtres et perles....................	Col. franç....	
Gouvernement ottoman. Eyalet de Khodavendighiar, ville de Tchan et canal des Dardanelles. —Éponges...	Turquie......	47
Griffon du Bellay. Gabon.—Herbier..............	Col. françaises.	
Fauré et **Garambois**. Romans.—Peaux teintes.....	France.......	43
Van de Casteele et **Dubar**. Gand.—Crins et soies.	Belgique.....	7
Desmarchelier. Sénégal.—Plumes d'autruche......	Col. françaises.	
Prioust frères et **Noirot** fils. Niort.—Crins et soies.	France.......	10
H.-A. **Clausen**. Copenhague.—Plumes et duvets....	Danemark....	3
Raphaël **Laonarie**. Mers-el-Kebir.—Corail..........	Algérie	3
Ve **Letailleur**. Paris.—Peaux teintes..............	France.......	10
C.-A. **Trolle**. Copenhague.—Pelleteries et fourrures.	Danemark....	9
Cadiot frères. Niort.—Crins et soies...............	France.......	9
Califan-ben-Ali. Nossi-Bé.—Écailles..............	Col. franç....	
Comité de surveillance des Bahamas.—Éponges.	Col. anglaises.	1
E. **Fairmaire**. Paris.—Préparations................	France.......	4
Pasquier. Poitiers.—Peaux d'oie..................	France.......	36
Cavy. Moulins.—Pelleteries et fourrures............	France.......	44
D. **Forsell** et Cie. Stokholm.—Pelleteries et fourrures.	Suède........	3
Defaye-Patry. Limoges.—Poils de diverses natures..	France.......	25
Laborde-Bois. Arudy.— Peaux d'agneau.........	France.......	35
F. **Witzleben**. Leipzig.—Pelleteries et fourrures....	Saxe-Royale..	2
G. **Schraplau**. Moscou.—Pelleteries et fourrures.....	Russie... (Cl. 46.)	45
P. **Mathon**. Bourg-lez-Valence.—Poils de diverses couleurs..	France.......	22
J. **Cammann** et **Bloc**. Genève.—Pelleteries et fourrures...	Suisse... (Cl. 46.)	5
O. **Coté**. Québec (Canada).—Pelleteries et fourrures....	Col. anglaises.	4
Brandt. Bergen.— Pelleteries et fourrures..........	Norvége	1
Treyvoux et **Pondeveaux**. Lyon. — Pelleteries et fourrures..	France.......	
G. **Bonheur** et frères. Paris.—Pelleteries et fourrures.	France.......	
C.-W.-Th. **Haurand**. Vienne. — Cornes de cerf....	Autriche.....	
Cher Richard **d'Erco**. Trieste.—Eponges et crustacés.	Autriche......	
Nevroutsos. Hydra. — Eponges..................	Grèce........	
Millan, Ballen et Cie. Guyaquil. — Caoutchouc....	Equateur.....	
Auguste **Nanny**. Kœnigsberg. — Soies de porc......	Prusse.......	

Mentions honorables.

I.-C **Keller** et fils. Weissenfels.— Dos de petits-gris.	Prusse... (Cl. 46.)	1
J.-G. **Schwartz** et fils. Copenhague. — Baleine imitée.	Danemark....	8
Onnetto. Mers-el-Kébir.—Corail................	Algérie.......	2
Aublé frères. Paris. — Éponges de Rhodes.........	France.......	3
Fourcade. Bagnères-de-Luchon.—Herbier...........	France.......	14
M. **de Costa Andrade** et Cie. Londres.— Oiseaux empaillés..................................	Gde-Bretagne.	
J. **Greeve** et fils. Amsterdam. — Pelleteries et fourrures..................................	Pays-Bas... .	3
Grébennikoff. Gouvernement de Poltava. — Pelleteries et fourrures..........................	Russie.. (Cl. 46.)	17
Commission provinciale du Para. — Colle de poisson..................................	Brésil	51
G. **Roos**. Lausanne.—Pelleteries et fourrures.......	Suisse.. (Cl. 46.)	16
J. **Rouprecht**. Paris.—Pelleteries et fourrures......	France.......	38
Lautz-Prieur. Paris.—Pelleteries et fourrures......	France.......	39
Pouget. La Guyane.—Colle de poisson.............	Col. françaises.	
Straus et Cie. Cannstadt.—Plumes et duvets........	Wurtemberg..	1
Barthelemi **Avellino**. Livourne. — Colle de poisson.	Italie........	
Commune d'Élide. — Éponges	Grèce........	
Rustad. Drammen. — Pelleteries et fourrures	Norvége	5
Gouvernement ottoman. Eyalet de Trébizonde.— Pelleteries et fourrures	Turquie......	
Dmitry **Gavriloff**. Kouviazevo. — Pelleteries et fourrures..................................	Russie...(Cl. 46.)	16
Beller. Metz. — Pelleteries et fourrures.............	France	54
J.-S. **Van Deventer**. Utrecht.—Pelleteries et fourrures.	Pays-Bas.....	5
J. **Pellison** et Cie. Paris. — Teintures	France.......	
H. **Delmotte**. Gand.— Crins, soies de porc.........	Belgique	
J. **Goneau**. Paris. — Collection d'histoire naturelle..	France.......	
V. **Coupri**. Paris.— Collection d'histoire naturelle...	France.......	
P. **Dieudonné**. Malines. — Poils	Belgique.....	
F. **Stenfort**. Brest. — Herbiers	France.......	
A. **Gallet**. Presles. — Herbiers....................	France.......	
C. **Buchholtzer**. Bukarest. — Collection ornithologique et entomologique	Roumanie...	
J. **Raducano**. Bukarest. — Soies de porc...........	Roumanie...	
Corporation des pelletiers. Bukarest.—Fourrures.	Roumanie...	

COOPÉRATEURS.

Médailles d'argent.

Panchek. Nouvelle-Calédonie.— Herbier de la colonie.	Col. françaises.
Deplanche. Nouvelle-Calédonie. — Herbier.........	Col. françaises.

CLASSE 43

PRODUITS AGRICOLES (NON ALIMENTAIRES) DE FACILE CONSERVATION.

EXPOSANTS.

Hors concours.

Fermes de l'empereur des Français, en France et en Italie (Rambouillet, Landes, Sologne, Bolonais, etc.). — Laines, produits agricoles et forestiers	France.......
Ministère de la guerre (Administration de l'État). —Collection des produits de l'Algérie	France......
Ministère de la marine et des colonies (Administration de l'État). — Collection des produits des colonies	Col. françaises.
Direction générale des tabacs (Administration de l'État). — Tabacs en feuilles, cigares, poudres, scaferlati	France.......
Institut agronomique de Grignon (Administration de l'État). — Collection de produits et machines aratoires	France.......
Ministère d'outre-mer (Administration de l'État). Madrid. — Collection des produits des colonies	Espagne .....
Conseil royal d'agriculture (Central Stelle). Stuttgart (Administration de l'État). — Collection de produits agricoles	Wurtemberg .
Administration R. I. des tabacs (Administration de l'Etat). Vienne. — Collection	Autriche......
Jardin d'acclimatation d'Alger (Administration de l'Etat). — Collection	Algérie.......
Fabrique nationale des tabacs de Madrid (Administration de l'État). — Tabacs, cigares	Espagne......
Administration centrale et direction des tabacs (Administration de l'État). Manille. — Cigares.	Col. espagn...
Administration des domaines de l'État du gouvernement de Tchernigow (Administration de l'État). — Chanvre.	Russie......
Gouvernement des îles Philippines (Administration de l'État). — Plantes textiles diverses	Col. espagn..
Fabrique impériale de Pétropolis (Administration de l'État. — Cigares	Brésil.......
Direction des manufactures royales des tabacs (Administration de l'État). — Tabacs	Italie ....
Manufacture royale des tabacs de Hongrie (Administration de l'État). — Collection de tabacs...	Autriche . ...

Ministère du Fomento (Administration de l'État). Madrid. — Fibres textiles.......................... Espagne.....

Gouvernement de Bombay. — Cotons.......... Indes angl....

Gouvernement des Indes néerlandaises.— Cotons.. Col. néerland.

Gouvernement des Indes anglaises.— Jutes, etc. Indes angl...

Administration des domaines de l'Etat du Gouvernement de Vologda (Administration de l'État). — Lins.............................. Russie.......

Grands prix.

Triana. Bogota. — Collections de plantes médicinales et industrielles.................................. N[lle]-Grenade .

Algérie. — Culture du coton.......................... Algérie.......

Brésil. — Culture du coton.......................... Brésil........

Empire ottoman. — Culture de coton............. Turquie......

Indes anglaises. — Culture du coton.... .... Indes angl...

Italie. — Culture du coton........................ Italie........

Vice-Royauté d'Égypte.—Culture du coton....... Egypte ......

Médailles d'or.

Industrie agricole de la Silésie. Breslau. — Laines.. Prusse.......

Godin aîné. Châtillon-sur-Seine. — Laines.......... France.. . ..

Bohême, Moravie et **Silésie.** — Exposition collective de laines................................. Autriche .....

Général baron **Girod** (de l'Ain). Chevry. — Laines.... France.......

Baron **de Maltzahn.** Lenschow. — Laines.......... Mecklembourg

Hongrie. — Exposition collective de laines.......... Autriche .....

Glinka. Sczawin. Gouvernement de Plock. — Laines. Russie.......

A. **Philibert.** Atmanaï (gouvernement de Tauride). — Laines.. Russie ....

Jean **Dalle**, cultivateur et fabricant. Bousbecque. — Lins bruts, rouis, teillés et peignés............. France.......

Association agricole d'Ypres. — Lins bruts, rouis, teillés et peignés................................ Belgique......

Compagnie française des produits agricoles. Boufarik. — Lins en branches, rouis, teillés et peignés et laines .... Algérie.......

Calzoni. Bologne.—Chanvres............................ Italie.......

Léoni et **Coblenz.** Paris. — Teillage mécanique du chanvre sans rouissage............................ France.......

Conseil des colonies portugaises. — Collections agricoles...................................... Col. portug...

Comité linier des Côtes-du-Nord. — Lins en

branches, rouis, teillés et peignés, et produits de la Bretagne	France	
Facchini frères. Bologne.— Chanvres bruts, teillés et peignés	Italie	
L. **Trager**. Black-Hawk-Point.— Cotons courte soie.	Etats-Unis	
Victor **Meyer**. Concordia. — Cotons courte soie	États-Unis	
Masqueller fils et Cie. Saint-Denis du Sig. — Cotons longue soie	Algérie	38
Robert **Towns** et Cie. Brisbane-Queensland. — Cotons longue soie	Col. anglaises.	3
J. **Partagas**. La Havane. — Cigares	Col. espagn.	
Cabañas et **Carbajal**. La Havane. — Cigares	Col. espagn.	
A. **Digerini-Nuti**. Lucques. — Huile d'olive	Italie	
Vilmorin - Andrieux et Cie. Paris.— Collection de semences	France	1
F. **Sahut**. Montpellier. — Collection de graines et de plantes	France	107
A. **Despretz**. Capelle. — Graines de betterave à sucre	France	15(
C.-E. **Binger**. Bainville-aux-Miroirs. — Fourrages	France	217
Municipalité de Spalt. — Houblons	Bavière	72-3
Société d'agriculture d'Arras. — Produits agricoles divers	France	151
Cornuau, préfet de la Somme. — Produits agricoles et cartes agronomiques	France	58
Institut agricole de San-Isidro. — Collection de produits agricoles	Espagne	45-27
Flévet. Masny. — Collection de produits	France	152
Dantu-Dambricourt. Steenne. — Collection de produits agricoles	France	151
Pilat. Brebières. — Collection de produits agricoles	France	
Louis **Bignon** aîné. Theneuille.—Collection de produits agricoles	France	
Vandercolme. Rexpoëde. — Collection de produits agricoles	France	153
Gustave **Hamoir**. Saultain. — Collection de produits agricoles	France	1
Collection de produits agricoles, exposés sous le patronage du gouvernement ottoman	Turquie	
Empire persan. — Opium ; substances tinctoriales, produits agricoles divers	Perse	
Gouvernement de l'Uruguay. — Huiles, suifs, laines, produits divers (Cl. 41, 43, 76.)	Uruguay	
Gouvernement de l'Equateur. — Fibres textiles, cocons et produits minéraux agricoles et forestiers. (Cl. 40, 41, 43, 72.)	Equateur	
Gouvernement de Bolivie.—Substances colorantes et médicinales, produits agricoles ou minéraux. (Cl. 40, 43, 44.)	Bolivie	

Gouvernement de Costa-Rica. — Huiles, tabacs, produits agricoles, forestiers et minéraux......... (Cl. 40, 41, 43, 72.) Costa-Rica...

Gouvernement de Nicaragua. — Huiles, tabacs, produits agricoles, forestiers et minéraux........ (Cl. 40, 41, 43, 72.) Nicaragua....

S. M. le Roi de Siam. — Cotons, tabacs, graines et produits divers, engins et instruments de pêche. (Cl. 42, 43, 49 et 72.) Siam.........

Empire d'Annam. — Produits agricoles.......... Cochinchine..

Royaume de Cambodge. — Produits agricoles..... Cambodge ...

Gouvernement de Hawaï.—Cotons, fibres textiles, produits agricoles et forestiers.........(Cl. 41, 72.) Havaï........

Gouvernement de Haïti. — Tabacs, fibres textiles, produits forestiers et agricoles..........(Cl. 41, 72.) Haïti.........

A.-O. **Dedeyan.** Smyrne et Paris. — Collection de produits agricoles.............................. Turquie......

Ecole d'agriculture de Tyrinthe. — Cotons, laines, tabacs, cocons et produits agricoles divers... Grèce........

Médailles d'argent.

Robert **Lehmann.** Nitsche. — Laines et chanvres...	Prusse.......	17
Thaer. Moeglin. — Laines	Prusse.......	53
De Bruenneck. Bellschwitz — Laines............	Prusse	3
Hoffschlaeger. Weisin. — Laines...............	Mecklembourg.	78
V. **Gilbert.** Videville. — Laines...................	France.......	
E. **Hutin.** Lessard-Moutron. — Laines...........	France.......	135
Graux. Mauchamps. — Laines......................	France.......	
P. **Aristoff.** Tchardyn (gouvernement de Saratow). — Laines	Russie.......	13
Bailleau aîné. Illiers. — Laines	France.......	127
Lefèvre. Aulnois. — Laines.	France.......	
John **Bell.** Victoria. — Laines......................	Col. anglaises.	
Hannah. Buenos-Ayres. — Laines.................	Con Argentine.	
Alejandro **Alvarez.** Lario. — Laines.............	Espagne	60
Lecat-Butin. Nord. — Lins teillés et peignés......	France.......	150
Parrin. Vracene.— Lins teillés et peignés et collection de produits..................................	Belgique.....	
Gérard **Bossaert.** Passchendaele. — Lins teillés et peignés..	Belgique.....	
Van Lede. Wevelghem. — Lins bruts et rouis.......	Belgique.....	48
Salomez. Dikebusch. — Lins bruts et rouis.........	Belgique.....	
J.-F. **Bieussard.** Saint-Amand (Nord). — Lins bruts et rouis..	France.......	150
Maccaferri. Bologne.— Chanvre brut, teillé et peigné.	Italie........	123

Goubareff. Bolkhow (gouvernement d'Orelj). — Chanvre brut, teillé et peigné.	Russie	41
Jacques **Birnbaum**. Pesth. — Chanvre brut, teillé et peigné	Autriche	21
Biavati. Crevaliore. — Chanvre brut, teillé et peigné.	Italie	121
Auguste **Dauphin**. Rheinbischoffsheim. — Chanvre brut, teillé et peigné	Bade	25
Sous-Commission d'Ascoli. — Chanvre brut, teillé et peigné	Italie	118
Gessi-Benoît. Pieve di Custo. — Chanvre brut, teillé et peigné	Italie	131
Prokhoroff. Bolkhov. — Chanvre brut, teillé et peigné	Russie	98
Jean **Schüller**. Apathin. — Chanvre brut, teillé et peigné	Autriche	171
Comte Georges **Festetics**. Molnari. — Chanvre brut, teillé et peigné	Autriche	45
Herzog. Oran. — Cotons longue soie	Algérie	97
Roumanie. — Exposition collective de laines	Roumanie	
L. **Da Costa**. Rio-Grande du Sud. — Cotons longue soie	Brésil	
État de l'Alabama. — Cotons courte soie	Etats-Unis	
Sideri. Naples. — Cotons courte soie	Italie	
Général **Khérédine**. Tunis. — Cotons	Tunisie	
Orphelinat du baron Nova-Cintra. Porto. — Cocons	Portugal	
Joseph **Piccardi**. — Paille pour chapeaux	Italie	
E. et J. **dos Santos**. Rio de Janeiro. — Fibres du guaxima	Brésil	
Averseng. Cheragas. — Crin végétal	Algérie	
Perrotet. Pondichéry. — Fibres textiles	Col. françaises.	
A. **Miller**. Saint-Pétersbourg. — Cigarettes et tabac à fumer	Russie	77
Delpit et Cie. Nouvelle-Orléans. — Tabac à priser	Etats-Unis	
Stein et Cie. Anvers. — Cigares	Belgique	
Société anonyme des tabacs de Xabregas. Lisbonne. — Cigares et tabacs	Portugal	64
Upmann et Cie. La Havane. — Cigares	Col. espagn.	
Jané et **Gener**. La Havane. — Cigares	Col. espagn.	
Martinez Ibor. La Havane. — Cigares	Col. espagn.	170
Houpmann (Maison la Ferme). Saint-Péterbourg. — Cigarettes et tabac à fumer	Russie	43
Matias-Quevedo. La Havane. — Cigares	Col. espagn.	
Reynvaan. Amsterdam. — Cigares	Pays-Bas	24
Toe Water (Romano et Cavalini). Amsterdam. — Tabac en poudre	Pays-Bas	34
Hajenius. Amsterdam. — Cigares	Pays-Bas	31

Rombauts et **Waroquier**. Bruxelles. — Cigares...	Belgique......	34
Longoria Rosal et Cie. La Havane. — Tabac.....	Col. espagn..	
Clarke. Smyrne. — Plantes orientales diverses......	Turquie......	327
Schnorbusch. Bahia. — Cigares..................	Brésil.......	118
Andres **Cueto**. Porto-Rico. — Cigares..............	Col. espagn..	
Landfried. Rauenberg.— Tabacs en feuilles et cigares.	Bade........	11
C. **Graeff**. Bingen. — Tabacs en feuilles et cigares...	Hesse........	9
Association pour la culture du houblon. Saaz (Bohême). — Houblons..........................	Autriche.....	162
E. **de Beliczay** et fils. Pesth. — Miels et cires.....	Hongrie......	18
Mauget. Argence. — Miels et cires................	France.......	54
Schupp et **Humbert**. Epinal. — Glucoses et sirops blancs....................................	France. (Cl. 72.)	136
Paulmier. Caen. — Graines et huiles..............	France.......	
Roubaud et Cie. Paris. — Graines et tourteaux......	France.......	77
Alexandre **Botti**. Chiavari.— Huiles................	Italie........	17
Comtesse **Ottolini-Balbani**. Lucques.—Huile d'olive.	Italie........	20
École d'agriculture de Panteleïmon. — Collection de produits agricoles.........................	Roumanie....	
Antonio **Castell de Pons**. Barcelone. — Huile d'olive....................................	Espagne.....	
Juan José **Penen**. Huesca. — Huile d'olive..........	Espagne.....	
Marchand frères. Dunkerque. — Huiles et tourteaux.	France.......	150
Ferdinand **Piteira**. Béja. — Huile d'olive...........	Portugal.....	
Marc **Merle** neveu et fils. Saint-Louis. — Arachides..	Col. françaises.	
G. **Neighbour** et fils. Londres. — Huiles..........	Gde Bretagne.	7
Comte **de Gori-Pannilini**. Sienne. — Huile d'olive.	Italie.......	60
Popelin et fils. Paris. — Huiles	France......	78
Pelayo **Camps**. Gerona. — Huile d'olive............	Espagne......	
Deutsch. Paris. — Huiles à graisser..............	France.......	69
Pascal **Maupoey**. Valence. — Collection d'arachides..	Espagne.....	172
Roulet et **Chaponière**. Marseille. — Huiles.....	France. (Cl. 44.)	244
Estrangin de Roberty. Marseille. — Huiles de sésame et d'arachide..........................	France. (Cl. 44.)	240
Baron B. **Ricasoli**. Sienne. — Huile d'olive.........	Italie...... ..	
Ch. **Polenghi**. — Fourrages.......................	Italie........	
Comte **de Sanseverino**. Cattanzaro. — Fourrages..	Italie........	
Giot. Chevry-Cossigny. — Fourrages...............	France......	
Société agricole de la Flandre orientale. — Fourrages...................................	Belgique.....	
Tollard. Paris. — Graines pour semences...........	France......	2
Merle frères. Bone. — Graines oléagineuses.........	Algérie......	
Courtois-Gérard. Paris. — Graines pour semences.	France......	108

Valentin **Ballesteros**. Albacete. — Safran.......... Espagne.... 119
Costerisan. Sidi-Ali. — Safran.................... Algérie..... 200
Hadji Salim. Tripoli de Barbarie. — Garance........ Turquie..... 50
Raphaël **del Capellano**. Anola. — Garance......... Italie.......
Clarke **Sokia**. Smyrne. — Cocons.................. Turquie.... 428
Antonio **Spinelli**. Naples. — Garance................ Italie......
Durin. Steene (Nord). — Froments nouveaux.......... France...... 150
Lépine. Inde. — Plantes médicinales................. Col. françaises.
Ch. **Bélanger**. La Martinique. — Plantes médicinales et fibres textiles.............................. Col. françaises.
Lallemant. Aïn-Tedlès. — Plantes médicinales...... Algérie...... 163
Frère **Eugène-Marie**. Institution agricole de Beauvais. — Collection de produits agricoles............ France......
Société centrale d'agriculture de la Seine-Inférieure. — Collection de produits agricoles....... France...... 170
Société pratique d'agriculture de l'arrondissement du Havre. — Collection de produits agricoles.. France....... 171
Compagnie du chemin de fer de l'Illinois. — Collection de produits agricoles................. États-Unis...
Société d'agriculture départementale du Bas-Rhin. — Collection de produits agricoles..... France....... 218
Exposition départementale de Seine-et-Marne. — Collection de produits agricoles................ France.......
Société d'agriculture de Bourbourg. — Collection de produits agricoles......................... France.......
A. **Lanthiez**. Barolle. — Collection de produits agricoles.. France....... 156
Comice agricole de Saint-Amand (Cher). — Collection de produits.......................... France....... 150
Société d'agriculture d'Hazebrouck. — Collection de produits.................................. France....... 150
Société d'agriculture de Bavière. Munich. — Collection de produits........................... Bavière......
Majorana frères. Catane. — Collection de produits. Italie.......
Reccagni. Brescia. — Collection de produits........ Italie......
Ferme-modèle de Sainte-Anne. Canada. — Collection de produits................................ Col. anglaises.
Ed. **Hamoir**. Saint-Saulve. — Collection de produits. France.......
Comtesse **de Seebach**. Birsalowka. — Laine et colza.. Russie.......
Rouhier-Chaussenot. Dijon. — Laines............ France.......
F. **Scheidnagel**. Albacete. — Sparteries........... Espagne......
S. A. I. le grand-duc Michel. Grouschewzka. — Laine.. Russie....... 44
Ch. **de Briailles de Romont**. Epernay. — Laines. France.......

Médailles de bronze.

L. **Batteller**. Meix-Tiercelni. — Laines............	France.......	129
E. **Batteller**. Humbauville. — Laines.............	France.......	126
Neumann. Gaedebehn. — Laines................	Mecklembourg	48
T. et S. **Learmouth**. Victoria. — Laines..........	Col. anglaises.	
Théodore **Fels**. Montevideo. — Laines..............	Uruguay.....	
Bobée. Chenailles. — Laines......................	France.......	
De Behr. Vargatz. — Laines......................	Prusse.......	55
De Homeier. Ranzin. — Laines..................	Prusse.......	54
Krüger. Cambs. —Laines..........................	Mecklembourg.	79
Angel **Romero**. Soria. — Laines.................	Espagne......	72
De Passow. Grambow. — Laines................	Mecklembourg	85
Holtz Saatel. — Laines..............................	Prusse.......	57
De Meyenn. Gresse. — Laines....................	Mecklembourg	83
H. **Eggers**. Zahren. — Laines......................	Mecklembourg	77
Victoriano **Sanchon**. Tabera de Arriba. — Laines....	Espagne......	68
Steffen. Medow. — Laines.........................	Mecklembourg	90
Vassal. Sophievka. — Laines......................	Russie.......	120
Stegmann frères. Buenos-Ayres. — Laines..........	Con Argentine	
Ricardo-B. **Newton**. Buenos-Ayres. — Laines........	Con Argentine	
Drabble frères et Cie. Montevideo. — Laines........	Uruguay.....	
T.-H. **Mallmann**. Montevideo. — Laines...........	Uruguay.....	
A.-S. **Robertson**. Victoria. — Laines.............	Col. anglaises.	
P. **Russel**. Victoria. — Laines.....................	Col. anglaises.	
F. **Ormond**. Victoria. — Laines....................	Col. anglaises	
De Hagen. Premsloff. — Laines....................	Prusse.......	59
De Chlapowski. Kopanow. — Laines...............	Prusse.......	49
Kannenberg. Gross-Beuz. — Laines	Prusse.......	56
Du Pré de Saint-Maur. Arbal (Oran). — Laines...	Algérie.......	156
J.-L. **Currie de Larra**. Victoria. — Laines.........	Col. anglaises	
G. **Thomson**. Victoria. — Laines..................	Col. anglaises	
N.-P. **Bayley**. Nouvelle-Galles du Sud. — Laines...	Col. anglaises.	
G.-H. **Cox**. Nouvelle-Galles du Sud. — Laines	Col. anglaises.	
Falz-Fein. Tchapply (exposé sous le nom de Mahs et Cie, d'Odessa). — Laines..........................	Russie.......	71
Guenebault. Poiseul-la-Ville. — Laines	France.......	125
Duclert. Édrolles. — Laines	France......	133
Wendelstadt et Cie. Nueva-Mehlem. — Laines....	Uruguay	
Deetjen. — Laines................................	Uruguay......	4
Vuaflart-Oudin. Caumont. — Laines..............	France.......	137

Garnot. Genouilly. — Laines .... France.......

Pio del Castillo y Gayangos. Avila. — Laines.. Espagne .....

Perez **Crespo**. Ciudad-Real. — Laines .... Espagne .....

Vve **de Contreras** et fils. Segovia. — Laines....... Espagne 70

Blanchard. Saint-Avit. — Laines................. France........

W. **Latham**. Buenos-Ayres. — Laines............. Con Argentine.

Martinez de Hoz. Buenos-Ayres. — Laines....... Con Argentine.

Duportal. Buenos-Ayres. — Laines................ Con Argentine.

Société d'agriculture de la Baltique. Eldena. — Laines, etc.. Prusse 8

Lamy. Rémont-Voisin. — Laines .... France.......

Minelle. Villardelle. — Laines...................... France.......

Dieuleveux. Coupvray. — Laines.................. France.......

Richard-Richards. Racine. Wisconsin.— Laines.. Etats-Unis ...

Macedonio **Gras**. Etat de Jujuy. — Laine d'alpaga .... Con Argentine.

D.-Carlos **Hindebro**. — Laine de guanaco.......... Chili ....

Saïd Hamid. Smyrne. — Poil de chèvre .... Turquie......

Si Ahmed-ben el Kadi. Batna. — Poil de chameau. Algérie 6

Chapoulaud et Cie. Limoges. — Laines .... France.......

Ambrosio **Voto Nasarre**. Huesca. — Laines......... Espagne .....

J.-G. **Van Ackere-Hasaert**. Wevelghem. — Lins bruts et rouis.. Belgique 44

De Bruyn. Termonde. — Lins et huiles............ Belgique.....

Bouilliez. Merville. — Lins bruts et rouis........... France ......

Société Dodonée. Uccle. — Lins bruts et préparés. Belgique.....

R. **Twiss** et fils. Rotterdam. — Lins teillés et peignés. Pays-Bas 17

Perevaloff. Gouvernement de Vologda. — Lins teillés et peignés .... Russie....... 90

Morelli frères. Brescia. — Lins teillés et peignés ... Italie........

Docteur Rob.-H. **Collyer**. Boulogne-sur-Mer. — Lins teillés et peignés.. France.......

Massard frères. Ferin. — Lins bruts et préparés.... France.......

Van Nesté-Claerbout. Ingelmunster. — Lins teillés et peignés.. Belgique 50

Corneille **David**. Anvers. — Lins teillés et peignés.... Belgique..... 11

Vercruysse-Bracq. Deerlyk. — Lins teillés et peignés Belgique 53

Société agricole. Innsbruck.—Lins teillés et peignés. Autriche .....

Talboom Gœthals. Dacknam-lez-Lockeren. — Lins teillés et peignés.. Belgique 38

J.-A. **Donaldson**. Toronto (Canada). — Lins teillés et peignés.. Col. anglaises.

Leconte frères. Morlaix. — Lins teillés et peignés... France....... 96

Mairesse. Catillon. — Lins et fourrages .... France.......

François. Catillon. — Lins teillés et peignés .... France.......

Exposant	Pays	N°
Rouxel. Saint-Brieuc. — Lins teillés et peignés.....	France.......	
Richard **Thomas.** Roulers. — Lins bruts et peignés..	Belgique.....	40
Dambre-Thevelin. Kemmel. — Lins bruts et peignés..	Belgique.....	
A. **Mittnacht.** Klein-Lassowitz. — Lins bruts, rouis, teillés et peignés................................	Prusse.......	
Henze. Weichnitz. — Lins bruts, rouis, teillés et peignés..	Prusse.......	
E. **Benoît** et Cie. Planchamp. — Lins bruts, rouis, teillés et peignés..............................	Algérie......	109
Courtois-Jourdin. Berthenicourt. — Lins bruts, rouis, teillés et peignés..............................	France.......	
Herbo-Prévost. Éclances. — Lins bruts, rouis, teillés et peignés..	France.......	
Michelin frères. Bologne. — Chanvre.............	Italie.........	124
Adolphe **Kaufmann** et fils. Apatbin. — Chanvre brut, teillé et peigné..	Autriche.....	
A. **Durban.** Altfreistett. — Chanvre brut, teillé et peigné..	Bade.........	15
Société d'agriculture de Bologne. — Chanvre brut, teillé et peigné..............................	Italie........	27
Émile **Bertone de Sambuy.** Cuneo. — Chanvre brut, teillé et peigné..............................	Italie........	82
Chambre de commerce de Ferrare. — Chanvre brut, teillé et peigné..............................	Italie........	
Comte Georges **Andrassy.** Hongrie. — Chanvre brut, teillé et peigné..............................	Autriche.....	11
Beaudequin-Esméry. Béthisy-Saint-Pierre. — Chanvre brut, teillé et peigné..............................	France.......	
Kochlin. Pesth (Hongrie). — Chanvre brut, teillé et peigné..	Autriche.....	
Chambre de commerce de Cronstadt. — Chanvre brut, teillé et peigné..............................	Autriche.....	
Droujinine. Bolkhow. — Chanvre brut, teillé et peigné..	Russie.......	96
Michel **Pouzanoff.** Gouvernement de Koursk. — Chanvre brut, teillé et peigné..............................	Russie.......	
Comité de la Bourse. Riga. — Chanvre brut, teillé et peigné..	Russie.......	22
H. **Brandstetter.** Renchen. — Chanvre brut, teillé et peigné..	Bade..........	24
Michaël **Geyer.** Neumuehl. — Chanvre brut, teillé et peigné..	Bade..........	23
Francisco **Montaña.** Granollers. — Chanvre brut, teillé et peigné..............................	Espagne.....	
Dugardin frères. Saint-Amand. — Chanvre brut, teillé et peigné..............................	France.......	
Jean **Adamovich.** Csepin. — Chanvre brut, teillé et peigné..	Autriche.....	4

Charles **Mergenthaler**. Essegg. — Chanvre brut, teillé et peigné	Autriche	128
C. **Hiller** et Cie. Essegg. — Chanvre brut, teillé et peigné	Autriche	67
Georg **Butz**. Neumühl. — Chanvre brut, teillé et peigné	Bade	22
Michaël **Karch**. Leutesheim. — Chanvre brut, teillé et peigné	Bade	20
Huth et Cie. Neufreistett. — Chanvre brut, teillé et peigné. Tabacs	Bade	21
Syromiatnikoff. Koursk. — Chanvre brut et préparé	Russie	118
Davis. Queensland. — Coton longue soie	Col. anglaises.	
Dufourg. Biskra. — Coton longue soie	Algérie.	
Fleury. Hennaya. — Coton longue soie	Algérie	
Ferré. Oran. — Coton longue soie	Algérie	
Soarez et Cie. Taïti. — Coton longue soie	Col. françaises.	
A. **Winter**. Guyane. — Coton longue soie	Col. anglaises.	
F.-L. **Davis**. Londres. — Coton courte soie et longue soie	Venezuela	
J.-C. **Humphres**. Louisiane. — Coton courte soie	États-Unis	
Jose-Oriol **Dodero**. Badalona. — Coton courte soie	Espagne	5
Roc **Camerata Scovazzo**. Florence. — Coton courte soie	Italie	
Busetto Fisola. Venise. — Coton courte soie	Italie	
Canevaro et **Senoval**. Porto-Rico. — Coton courte soie.	Col. espagn.	
José **Cabrera**. Porto-Rico. — Coton courte soie	Col. espagn.	
Ali Pacha. — Coton courte soie	Égypte	
E. **Deligiorgis**. Missolonghi. — Cotons	Grèce	
N. **Manuel**. Élide. — Cotons	Grèce	
Pic aîné. La Guadeloupe. — Coton courte soie	Col. françaises	
John **Proudfoot**. Rio-Grande. — Coton courte soie	Brésil	
Valladeau. Boufarik. — Cocons	Algérie	
Ramond **Llauder**. Barcelone. — Cocons	Espagne	
Alexandre **Dimitriades**. Andrinople. — Cocons	Turquie	177
Costes frères. Ambert. — Cocons	France	
A. **Lellis**. Marienbourg. — Cocons	Prusse	
J.-A. **Hübner**. Prague. — Cocons	Autriche	75
Tavanakis et **Thlivèros**. — Cocons	Grèce	
Sœur Saint-Bernard, directrice de l'Orphelinat de Bône. — Cocons	Algérie	
Commission districtale de Bragance. — Cocons	Portugal	9
Duseigneur. Lyon. — Cocons	France	
De La Mardière. La Réunion. — Cocons	Col. françaises	
Renier-Coppoli. Foligno. — Cocons	Italie	150

Gomez de la Torre. Quito.— Cocons et quinquina.	Équateur....	
Molès et Fiter. Oliana. — Cocons	Espagne	93
Commission provinciale de l'Amazones. — Fibres du tucuma de Munguba et écorces fébrifuges..	Brésil	
Saraiva. Duque de Bragança Angola. — Fibres textiles nouvelles..................................	Portugal	35
Docteur **Meller**. Ile Maurice. — Fibres textiles....	Col. anglaises.	
Henry **Prestoe**. Ile de la Trinité. — Fibres textiles.	Col. anglaises.	
Luiz **Ferreira**. — Fibres de Piassava	Brésil	
Maximilien et Basile **Rosa**. Reggio d'Emilie. —Racine de chrysopogon..................................	Italie	
Wicks. Cape-Town. — Fibres diverses............	Col. anglaises.	
Touttain, Doré et Cie. Bordeaux.—Fibres du sorgho.	France.......	
Tribu des Mzita. Constantine. — Alfa...........	Algérie.......	
Commission de l'exposition de la Nouvelle-Galles du Sud. — Fibres de palmier...........	Col. anglaises.	
Bourcier. — Fibres tirées des feuilles du toquilla..	Équateur.....	
Edward **Lloyd**. Oran.—Esparto, fourrages alfas et tan	Algérie......	
Pavy. Paris. — Fibres diverses....................	France.......	
Joseph-Mariano **Conrado**. Iles Baléares.—Laine végétale.	Espagne	84
Pétroff. Saint-Pétersbourg. — Tabacs et cigarettes..	Russie.......	91
T.-G. **Williams** et Cie. Danville, Virginie. — Tabacs divers..	États-Unis ...	22
W. **Brunzlow** et fils. Berlin. — Tabacs et cigares ..	Prusse.......	149
Ferdinand **Arrigunaga**. — La Havane. — Cigares.	Col. espagn..	
P. **Van den Arend**. Rotterdam. — Cigares........	Pays-Bas.....	29
Antoine **Somoskeoï**. Szatmâr, Hongrie. — Tabacs..	Autriche	
E.-A. **Hartog** et **Herschel**. Amersfoort. — Tabacs en feuilles..	Pays-Bas.....	21
Mignot et de Block. Eindhoven. — Cigares.......	Pays-Bas.....	30
Evans et **Stafford**. Leicester. — Cigares..........	Gde-Bretagne.	5
Bosson frères. — Oran. — Tabacs divers et cigares.	Algérie	152
C. **Bakry** et Cie. Alger. — Tabacs divers et cigares.	Algérie	54
Couget et Cie. Ile Maurice.—Tabacs divers et cigares.	Col. anglaises.	1
Benoît **Göndöcs**. Kigyös. — Tabacs en feuilles.....	Autriche.....	56
J.-J. **Kohen**. Pesth. — Tabacs en feuilles..........	Autriche	89
J.-R. **De Bary**. Offenbach. — Cigares...............	Hesse........	3
Kronenberg. Varsovie. — Tabacs, cigares et cigarettes..	Russie.......	65
Krafft. Saint-Pétersbourg. — Tabacs, cigares et cigarettes..	Russie.......	63
Léonhard **Heyl**. Worms. — Tabacs en feuilles......	Hesse........	9
Ormond et Cie. Vevey et Genève. — Cigares........	Suisse	9
Vandevin et F. **Craen**. Anvers. — Cigares........	Belgique.....	
L. **Tinchant**. Anvers. — Cigares....................	Belgique.....	

A. **Gerlach**. Heidelberg. — Tabacs en feuilles......	Bade.........	5
Mehmet Ibrahim. Derekoï (Crimée). — Tabacs en feuilles....................................	Russie.......	150
Rosenbaum. Kichinew. — Tabacs en feuilles.......	Russie.......	103
V. **Van Zuylen**. Anvers. — Cigares..............	Belgique.....	52
J. **Boulet**. Sidi-Bel-Abbès. — Tabacs en feuilles....	Algérie.......	32
Samuel **Davis**. Montréal, Canada. — Tabacs divers et cigares....................................	Col. anglaises.	85
J.-R. **Sarrazin**. Nouvelle-Orléans.—Tabacs en carottes.	États-Unis....	
Babanine. Tcherniakovki. — Tabacs divers........	Russie.......	15
C.-H. **Lilienthal**. New-York. — Tabac à priser....	États-Unis....	7
J.-W. **Carroll**. Lynchburg. — Tabac à fumer.......	États-Unis....	18
Rapp. Mühlacker. — Tabacs en feuilles............	Wurtemberg..	
H. **Rheinboldt**. Baden-Baden. — Cigarettes........	Bade	2
Castanhera. Rio-de-Janeiro. — Cigares............	Brésil........	148
C. et G. **Cartangen**. Duisbourg. — Tabacs divers....	Prusse.......	
Stassenkoff. Stavropol. — Tabacs divers...........	Russie.......	116
Mesquita. Angra-do-Heroïsmo. — Tabac à fumer...	Portugal.....	44
Fabricants de cigares de Brême. Exposition collective. — Cigares....................................	Brême.......	150
Hirschhorn et fils. Mannheim. — Tabacs divers et cigares....................................	Bade.........	2
Commune d'Assopus. Épidaure. — Tabacs en feuilles....................................	Grèce........	93
Société de Nassau pour la culture du tabac. — Cigares....................................	Prusse.......	155
P.-G. **Van der Jagt**. Utrecht. — Cigares..........	Pays-Bas....	32
C. **Houtman**. Bois-le-Duc. — Cigares..............	Pays-Bas.....	28
Kühn et **Jansen**. Amsterdam. — Tabacs filés......	Pays-Bas.....	23
Delpit. La Réunion. — Tabacs divers.............	Col. franç....	
Vautier frères. Grandson. — Cigares..............	Suisse.......	14
Léonhardi et **Noll**. Minden. — Cigares..........	Prusse.......	152
Comtesse Pauline **Nostitz**. Schondorf. — Tabacs en feuilles....................................	Autriche.....	139
Vve **Fouet**. Saint-Charles. — Tabacs en feuilles.....	Algérie.......	103
Fr. **Grima**. Philippeville. — Tabacs en feuilles.......	Algérie.......	
A. **Tamboury**. Louisiane. — Tabacs en carottes....	États-Unis....	23
Polakewicz. Varsovie. — Tabacs divers et cigares...	Russie.......	94
Bielefeld et **Kraft**. Mannheim. — Tabacs en feuilles.	Bade.........	8
Jawitz et **Kolinsky**. Varsovie. — Tabacs divers et cigares....................................	Russie.......	48
Commune de Nauplie. — Tabacs en feuilles.....	Grèce........	6
A.-F. **Bader**. Lahr. — Cigares....................	Bade.........	7
F. **Reinhold**. Kœnigsberg. — Tabacs et cigares....	Prusse.......	151
A. **Politz** et Cie. Melbourne. — Tabacs divers.......	Col. anglaises.	2

Barraud. La Martinique. — Tabacs divers.........	Col. françaises.	
A. **Wahlig**. Lorsch. — Tabacs en feuilles..........	Hesse.........	11
Mildenberger. Stuttgart. — Cigares	Wurtemberg..	
Piazolo et **Ickrath**. Hockenheim. — Tabacs et cigares..	Bade.........	6
Hellgren et Cie. Stockholm. — Tabacs et cigares...	Suède	6
Campbell. Nouvelle-Galles du Sud.—Tabac à chiquer.	Col. anglaises.	
Dr **Genand**. Saint-Jacques, Canada.— Tabacs divers.	Col. anglaises.	5
Moussatoff frères. Moscou. — Tabac à fumer, cigares et cigarettes..................................	Russie.......	82
Gabaï et **Mitchry**. Saint-Pétersbourg.—Tabac à fumer et cigarettes..................................	Russie.......	36
Babao, Rumonee Mohunroy Chowdhree.. Rungpore. — Tabac en feuilles...................	Inde anglaise.	
Susini. Corse. — Cigares et tabacs en feuilles......	France......	
Alexandre **Jourdan**. Porto-Rico. — Tabacs en feuilles	Espagne	
W. **Scherzinger**. Stollhofen. — Cigarettes.........	Bade.........	12
Pappazoglu frères. Bukarest. — Tabacs en feuilles et coupés....................................	Roumanie....	
Jean **Marghiloman**. Buzeo. — Tabacs en feuilles..	Roumanie....	
Hagi-Stefan. Mihalesti. — Tabacs en feuilles	Roumanie....	
Jos **Schöffl**. Saaz. — Houblons....................	Autriche	169
Mustafa **Abd-ul-Kadir**. Salonique. — Tabacs......	Turquie......	11
Andon Hanna. Djebel. — Tabacs.................	Turquie.....	281
Prince Jean-Adolphe **de Schwarzenberg**. Prague.— Houblons..	Autriche	172
E. **Schmitt**. Rosheim. — Houblons	France.......	9
Jean **Hammerschmid**. Ilz. — Houblons............	Autriche	
Jourdeuil. Beire-le-Châtel. — Houblons...........	France.......	
Van **Dromme**. Westoutre. — Houblons..............	Belgique	
Société du commerce du houblon. Alost. — Houblons	Belgique	
Valke-Verkamer. Poperinghe. — Houblons... ...	Belgique.....	
S. **Pavlidis**. — Miel du mont Hymette.............	Grèce........	
Jean **Morf**. Bassersdorf. — Miels et cires..........	Suisse	
Vignon. — Miels et cires............................	France.......	
V. **Fuenmayor**. Berlanga de Duero. — Miels et cires.	Espagne......	
Donici. District de Vaslui. — Miels et cires........	Roumanie....	
Commune de Caristos. — Miels et cires	Grèce........	
Dupuis. — Miels et cires............................	France.......	
Lebre. Beja. — Miels et cires.......................	Portugal.....	
Bloch. Duttlenheim. — Glucoses et sirops blancs....	France.......	
Scheurer et **Grohenlz**. Colmar. — Glucoses et sirops blancs..	France.......	

Morel. Saint-Denis. — Glucoses et sirops blancs..... France.......

J.-F. **Heyl** et Cie. Berlin. — Huiles................. Prusse....... 44-21

Martine **Girardi.** Turin. — Huiles diverses......... Italie........

Louis **Prom.** Casamance. — Huiles d'arachide....... Col. françaises

Ve **Charpentier.** Paris. — Huile.................. France.......

P. **Viguier.** — Bou-far-Guelma. — Huile d'olive... Algérie.......

Maria. Marseille. — Huile d'olive................ France.......

P. **Bodart.** Louvain. — Huile de colza épurée...... Belgique...... 3

Alexandraki. Rhodes. — Cires................. Turquie......

Yanaki. Ténédos. — Graine de sésame........... Turquie......

A'**Ali.** Trébizonde. — Graine de lin. .... Turquie......

A'**Ali**, agha. Bagdad. — Noix de galle............ Turquie......

Hadji-Mehmed. Rhodes. — Graine de lentisque... Turquie......

Successeurs de Michel **Lay.** Essegg. — Huiles et tourteaux.................................. Autriche..... 111

Régis. Gabon. — Huile décolorée (noix de palme).. Col. françaises 27

A. **Herculano.** Santarem. — Huile d'olive......... Portugal.....

Commission centrale portugaise. Villa-Réal. — Produits agricoles............................ Portugal.....

Jean **de Carmo-Raposo-Moura.** — Huile d'olive. Portugal.....

J.-D. **Windle.** Oldham. — Huile pour chronomètre. Gde-Bretagne. 10

Jourdan. Paris. — Huiles....................... France....... 80

Pietro-Gamba. Lucques. — Huile d'olive......... Italie........ 22

Comtesse Sophie **Schouvaloff.** Gouvernement de Tauride. — Huile d'olive........................ Russie....... 109

José-Ferrandis **Carbonell.** Valence. — Huile d'arachide. Espagne.....

Segundo-Martin et **Garrido.** Tolède. — Huile d'olive.. Espagne.....

Pedro **Queralt.** Tarragone. — Huile d'olive........ Espagne......

Vicente-Piño **Ansaldo.** Castellon. — Huile d'olive.. Espagne.....

Trannin. Arras. — Graines oléagineuses et tourteaux. France....... 82

Ch. **Boyenval** fils. Arras. — Huiles à graisser...... France....... 71

Van der Plasse. Bruxelles. — Huiles pour horlogerie. Belgique.....

A. **Margaritis.** — Cires........................ Grèce........

Comtesse **de Villa-Réal.** — Huile d'olive.......... Portugal.....

C. **Pinillos.** S.-Martin de Valdeiglesia. — Huile d'olive. Espagne.....

Bissé et Cie. Cureghem-lez-Bruxelles. — Huile pour l'éclairage.................................... Belgique..... 44 3

Antoine **Cesarei.** Pérouse. — Huile d'olive......... Italie........ 76

Juan **Miret.** Tarragone. — Huile d'olive............ Espagne.....

Fausto **Morell.** Palma, Baléares. — Huile d'olive... Espagne.....

Juan **Gomez de Andrade.** Chiva. — Huile d'olive. Espagne.....

Louis **Claude.** Bruxelles. — Huile de colza........ Belgique.....

A. et J. **Verpoorten**. Bruges. — Huile de colza....	Belgique.....	
Modeste **Garro**. Alger. — Huiles..................	Algérie......	
J.-D. **Martenstein** fils. Worms. — Huiles.........	Hesse........	1
Ad. **Dethan**. Paris. — Huile pour horlogerie.......	France.......	85
Mis **de l'Espine**. Avignon. — Produits agricoles....	France.......	23
Douville de Franssu. Franssu.—Huiles et graines.	France.......	6
Joseph **Piccardi**. Florence. — Huiles de 1865-66...	Italie........	48
Louis d'Abreu Magalhaës **Figueiredo**. Guarda. — Huile d'olive..	Portugal.....	
Placido-Antonio da **Silva Rebello Coelho Vasconcellos**. — Huile d'olive......................	Portugal.....	
D. Antonio **Ferreira**. Guarda. — Huile d'olive.....	Portugal.....	
Ricquier frères. Warneton. — Huile d'œillette et de colza..	Belgique.....	
Mayrargue frères et Cie. Nice. — Huile d'olive.....	France.......	
Commission de la province de Séville.—Huiles.	Espagne.....	
Cornet. Huiles..................................	France.......	
Bernard **Pereira-Souza**. Porto. — Huile d'olive...	Portugal.....	19
S. **Moutier** et Cie. Philippeville. — Huiles.........	Algérie.......	
Henry **Andreani**. Saint-Denis. — Huile d'olive.....	France.......	
Ignacio **Alcibar**. Saragosse. — Huile d'olive.......	Espagne.....	
Isidore **de Lara**. Philippines. — Huile de palmier..	Col. espagn..	
Delahaye et **Vettier**. Saint-Pierre et Miquelon. — Huile de foie de morue..........................	Col. franç...	
Vve A. **Tip** et fils. — Westzaan. — Huiles.........	Pays-Bas.....	44-37
Van Vollenhoven frères. Rotterdam. — Huiles....	Pays-Bas....	15
H.-W. **Binkhorst**. Zaandam. — Tourteaux........	Pays-Bas....	16
C. **Van Rossem Pzn**. Rotterdam. — Huile de foie de morue..	Pays-Bas....	71-3
Schlink et **Rutsch**. Ludwigshafen. — Tourteaux.	Bavière......	
Comtesse **de Bureta**. Saragosse. — Huile d'olive...	Espagne......	
José **Farrerons** et **Escolà**. Lérida.—Huile d'olive.	Espagne.....	
Herssens frères. Termonde. — Huile de colza......	Belgique.....	18
Lazare **Bancalari**. Gênes. — Huile surfine.........	Italie........	14
Jacques **Sardini**. Lucques. — Huile d'olive.........	Italie........	30
Pérotis. Calamata. — Huile d'olive...............	Grèce........	
éorgandàs. Athènes. — Huile d'olive............	Grèce........	
Loisel. La Rivière-Thibouville. — Huiles...........	France......	
Pierre **Francisci**. Pise. — Huile d'olive............	Italie........	36
Ruschi frères. Pise. — Huile d'olive..............	Italie........	40
Pierre **Masetti**. — Huiles.........................	Italie........	45
Grisaldi del Taia. Sienne. — Huile fine.........	Italie........	63
Joseph **Danzetta-Alfani**. Pérouse. — Huile d'olive.	Italie........	78

Boccardi frères. Foggia. — Huile d'olive et garance. Italie........ 107
Antonio **Bellelli**. Salerne. — Huile d'olive......... Italie........ 119
Orace **Palumbo**. Bari. — Huile d'olive.............. Italie........ 135
Vincent **Silos-Labini**. Bari. — Huile fine.......... Italie........ 137
Scocchera-Savino. Bari. — Huile fine........... Italie........ 138
Louis **Mazzullo-Mirone**. Messine. — Huile d'olive. Italie........ 164
Safrané. Tlemcen. — Huiles..................... Algérie......
Dubourg. Bone. — Huiles........................ Algérie......
Leroux jeune. — Pont-Sainte-Maxence. — Huiles... France.......
Félix **Pissard**. — Huile de noix.................. France.......
José **Tortosa**. Onteniente. — Huile d'olive.......... Espagne.....
Pedro **Tarrago**. Monte-Aragon. — Huile d'olive...... Espagne.....
José **Salvador** et **Navas**. Tarragone. — Huile d'olive. Espagne.....
Jorge **Fortuny**. Baléares. — Huile d'olive........... Espagne.....
Comte **de Thomar**. Santarem. — Huile d'olive...... Portugal.....
Léon **Lagasse**. Huy. — Huiles diverses............. Belgique.....
Manuel **Montaner**. Reus. — Huile d'olive........... Espagne.....
Jorj. **Vasilakè**. Bukarest. — Huiles de noix, de pavot, etc.. Roumanie....
Edward-John **Davis**. Londres. — Fourrages.......... Gde-Bretagne.
Alp. **Lavallée**. Paris. — Brôme de Schrader........ France.......
Hecquet d'Orval. Port-Legrand. — Foin.......... France....... 159
Faulcon **Audru**. Mottes. — Luzerne de Poitou, sainfoin France.......
Sous-commission de Reggio d'Emilie.— Fourrages.. Italie........ 223
Du Couédic. Château du Lézardeau. — Foin........ France....... 208
Cte B. **Pinto**. Tortoles. — Graines d'anis............ Espagne..... 149
Ernst et **Von Spreckhen**. — Graines diverses..... Hambourg...
Raynbird, Caldecott, Bawtree, Dowling et Cie. Basingstoke. — Collection de semences............ Gde-Bretagne.
Goby. Koleah. — Graines de ricin, de coton, tabacs.. Algérie......
B. Escarrer. Porreras. — Safran................. Espagne..... 121
François **Rotsch**. Gratz. — Plantes diverses......... Autriche..... 158
Martial **Melian**. Las Palmas. — Cochenille.......... Espagne...... 127
José **Samper**. Manzanarès. — Safran............... Espagne..... 130
Ayuntamiento de Budia. Guadalajara. — Garance. Espagne...... 133
Ezéchiel **Vega**. Guadalajara. — Carthame.......... Espagne...... 134
Sous-Commission de Lecce. — Safran.......... Italie........
Enrico-Bellelli. Salerno. — Garance........... Italie........
José **Jove**. Lérida. — Plantes diverses............ Espagne.....
Union agricole de Saint-Denis du Sig. — Rae de garance.. Algérie......
Province d'Aquila. — Safran.................... Italie........

Caïd de Tizi-Ouzou. — Noix de galle............	Algérie......	
J.-F. Molini. Requena. — Safran..................	Espagne......	141
Mis de Ayerbe. Saragosse. — Réglisse..............	Espagne......	
Simounet. Hussein-Dey. — Cochenille..............	Algérie......	
A. Giljam. Ouwerkerk. — Garance................	Pays-Bas.....	3
W.-F. del Campo. Delft. — Garance...............	Pays-Bas.....	4
Bailly. — Plantes diverses.........................	France.......	
Sous-Commission de Reggio de Calabre.—Sumac	Italie........	
Norberto **Piñango.** Valence. — Safran.............	Espagne......	
Griffon du Bellay. Gabon. — Plantes médicinales..	Col. françaises	
Commission provinciale de Mendoza. — Plantes médicinales.................................	Con Argentine.	
Prof. Louis **Bouton.** Ile Maurice.—Plantes médicinales.	Col. anglaises.	
Rafaël **Abad.** Manzanarès, Ciudad-Real. — Produits agricoles du pays............................	Espagne......	
Comité d'agriculture du Wisconsin.—Produits agricoles du pays............................	Etats-Unis....	
Chevalier R. **de Dombrowski.** Ullitz. — Produits agricoles du pays............................	Autriche.....	
Comice agricole de Chinon. — Produits agricoles du pays................................	France.......	
Comice agricole de Châtellerault. — Produits agricoles du pays............................	France.......	
Société d'agriculture de Châteauroux. — Produits agricoles du pays....................	France.......	
Société d'agriculture de Lemberg. — Produits agricoles du pays............................	Autriche.....	103
Ecole d'agriculture de Nauplie. — Produits agricoles du pays............................	Grèce........	
Mme **Anisson du Péron.** Saint-Aubin-d'Ecroville. — Produits agricoles du pays..................	France.......	
Ottelet. Bouyuk. — Produits agricoles du pays.......	Turquie......	
Comte **de Thun.** Tetschen. — Produits agricoles du pays......................................	Autriche.....	189
Institut technique de Ferrare. — Produits agricoles du pays................................	Italie........	
Dominique **Del Ré.** Vasto.—Produits agricoles du pays.	Italie........	
Sous-Comité de Catane. — Produits agricoles du pays......................................	Italie........	
Baron E. **Peers.** Oscamp-les-Bruges. — Produits agricoles....................................	Belgique.....	
Société agricole du Nord. Anvers. — Produits agricoles du pays............................	Belgique.....	
Comte **de Cosnac.** Sallon. — Produits agricoles......	France.......	
J.-B. Collachioni. Sienne. — Produits agricoles du pays......................................	Italie........	
Comice de Vendôme. — Produits agricoles du pays.	France.......	

Simon. — Graines et racines de betterave........... France.......
Groult. Paris. — Produits agricoles divers........... France.......
E. **Ansberque.** Lyon.—Album de plantes fourragères. France.......
Bidard. Rouen. — Analyse de la fleur du blé....... France.......
Simon **Aguirre.** Soria. — Cire.................... Espagne.....
Uria et Cie. Cuba. — Cire.......................... Col. espagn.
Gomez et **Medina.** Montoro. — Huile d'olive........ Espagne....
Marquis **d'Almaguer.** Jaen. — Huile d'olive........ Espagne.....
François **Navarro.** Valdeganga. — Chenevis........ Espagne.....
François **Navarro.** Albacete. — Chanvre........... Espagne.....
Tooth. Queensland. — Laines..................... Col. anglaises.
Chabod fils. Lyon. — Cocons..................... France.......
Mlle **de Bronno-Bronski.** Saint-Selve. — Cocons. France.......
Demersay. — Tabacs............................. Paraguay....
Fabre. Carpentras. — Garance..................... France.......
François **Alexis.** Avignon. — Huiles.............. France.......
Blanchard. Thoreau. — Laines.................... France.......
Garric. Alby. — Pastel.......................... France.......
Chabrillat-Triozon. Saint-Germain-Lambron. — Divers produits................................ France.......
Mme Emile **Léon.** Bayonne. — Divers produits..... France.......
Frédéric **Rouxel.** Saint-Brieuc. — Divers produits.. France.......
A. **Kirkwood.** Ottawa, Canada. — Plantes diverses. Col. anglaises.
Ferdinand **Barrot.** Flanchamp. — Divers produits.. France.......
Dhombre. — Cocons............................ Équateur.....
Ojeda. San-Salvador. — Collection de bois......... San-Salvador.
H. **Bertin.** Roye. — Laines....................... France.......
Aug. **Julien.** Les Anges. — Produits agricoles de la Sologne.. France.......
J.-L. **Hovyn.** Villeneuve-Saint-Georges. — Collection de graines...................................... France.......
Mme **Estève.** — Cocons............................ France.......
De Cormenin. Paris. — Édredon d'*asclepias cornuti*.. France.......
C.-A. **Kraetschmar.** Rimaszombat. — Laines....... Autriche.....
Camus. Berthaucourt. — Laines et tabacs......... France.......
Giovanni-Batista **Castrati.** — Cires............... États-Pontif..
Nicod. Annonay. — Soies......................... France.......
V. **Chevallier** fils. Lyon. — Amidons.............. France.......
Perriollat. La Guadeloupe. — Rocou.............. Col. françaises.
Argant. Paris. — Produits agricoles.............. France.......
Tulceano frères. Ismaïl. — Laines................ Roumanie....
Palmieri frères. Montorio-Romano. — Huile....... États-Pontif..

L.-A. Beernaert. Thouront. — Tabacs, houblon... Belgique.....
S. A. le Taïshiou de Satzouma. — Tabacs... Japon.........
Settegast. Proskau. — Laines.................... Prusse.......
M. **Bostandjoglo** et fils. Moscou. — Tabacs....... Russie.......
Jan de Man. Anvers. — Cigares.................. Belgique.....
Cte Antoine **Lamberg**. Gratz. — Houblon........... Autriche.....
T. **Cabanes**. Gourdon. — Huile et liqueur de noix... France.......
Baumes de copahu du Brésil. (Exposition collective.).. Brésil........
J. **Ferreira da Costa**. Amazones.—Fruits du Guarana. Brésil........
E. **Mofllos**. Athènes. — Substances tinctoriales..... Grèce........
Kersanté. — Produits agricoles de la Bretagne..... France.......
Dr Louis **Bouyer**. Saint-Pierre de Fursac (Creuse). Produits agricoles divers........................ France.......

Mentions honorables.

Nicolas. Guebar-bou-Aoûn. — Laines et tabacs.... Algérie.......
Foacier de Ruzé et **Samson**. Constantine. — Laines et tabacs.................................. Algérie.......
Les Pères Maristes. Nouvelle-Calédonie. — Laines et tabacs.. Col. françaises.
Zeden. Ackerhof. — Laines et tabacs.............. Prusse....... 64
Diener. Schœnfliess. — Laines et tabacs........... Prusse....... 22
Breem. Mierendorf. — Laines..................... Mecklembourg. 75
Fernandez Llamazares. Léon. — Laines....... Espagne..... 59
Basile **Repphan**. Petryki, Gt de Varsovie.—Laines. Russie....... 100
Constantin **Kindiakoff**. Taroumovka. — Laines.... Russie....... 54
Angel **Pacheco**. Buenos-Ayres. — Laines......... Con Argentine. 6
Henri **Solanet**. Buenos-Ayres. — Laines........... Con Argentine.
Société d'agriculture du Cap de Bonne-Espérance. — Laines et tabacs.................. Col. anglaises.
J.-H. **Angas**. Collingrove, Australie du Sud.— Laines. Col. anglaises.
T. **Shaw**. Victoria. — Laines.......................... Col. anglaises.
G.-D. **Gill**. Victoria. — Laines....................... Col. anglaises.
Dunmore. Victoria. — Laines....................... Col. anglaises.
Goldsborough et Cie. Victoria. — Laines......... Col. anglaises.
W. **de Grave**. Victoria. — Laines.................. Col. anglaises.
J. H.-T..... Studley-Park, Victoria. — Laines....... Col. anglaises.
A. **Douglas** et Cie. Victoria. — Laines............ Col. anglaises.
J.-P. **Fernandez**. Beja. — Laines.................. Portugal.....
A. d'Oliveira **Cunha**. Vizeu. — Laines............ Portugal..... 49-50
Leguillette. Pavant. — Laines..................... France.......

De Neumann. Weedern. — Laines	Prusse.......	63
Mühlenbruch. Nipkau. — Laines	Prusse.......	62
Administration du prince Schaumbourg-Lippe. — Boldenbuck. — Laines	Prusse.......	80
De Rudzinski et Jules **Keïl**, successeurs. Endersdorf.— Laines	Autriche.....	159
Comte Maurice **Sandor**. Bia, Hongrie. — Laines..	Autriche.....	163
Ladislas **Labendzki**. Okence. — Laines............	Russie.......	66
Fabrique de l'armée. Bagdad. — Laines........	Turquie.....	
Jean **Korniss**. Gouvernement de Tauride. — Laines.	Russie.......	59
Yunger. Buenos-Ayres. — Laines...............	C^on^ Argentine.	
Baron **de Mauà**. Montevideo. — Laines............	Uruguay.....	7
José-Miguel **Diaz-Ferrera**. Mercedes. — Laines....	Uruguay.....	5
A. R. **Kummerer**. Nouvelle-Galles du Sud.—Laines.	Col. anglaises..	
Sir Daniel **Cooper**. Nouvelle-Galles du Sud.—Laines.	Col. anglaises.	
Lallemand. Aïn-Tedlès. — Laines...............	Algérie	190
Malglaive. Marengo. — Laines	Algérie.......	204
J. **Boudet**. Eladjar. — Laines	Algérie.......	107
W.-E. **Backer**. Port-Natal. — Laines............	Col. anglaises.	
Barry et neveu. Cap de Bonne-Espérance.— Laines et duvets...............	Col. anglaises.	
Commission de Jujuy. — Laines...............	C^on^ Argentine.	
Commission de Tucuman. — Laines de la montagne et de la vallée...............	C^on^ Argentine.	
Province de Catamarca. — Laines de la Puna...	C^on^ Argentine.	
Commission de Mendoza. — Laines diverses.....	C^on^ Argentine.	
Filature de lin de Tetschen. — Lins bruts, rouis et teillés...............	Autriche	
Moutardier. Thilleul-Othon. — Lins bruts, rouis et teillés	France.......	120
Papillon-Bardin. — Lins bruts, rouis et teillés....	France.......	
Larible. Saint-Aubin-sur-Scie. — Lins bruts, rouis et teillés...............	France.......	185
F. **Vrombout**. Eecloo. — Lins bruts, rouis et teillés.	Belgique	
D. **Degrave**. Gheluwe. — Lins bruts, rouis et teillés.	Belgique	
A. **Syx**. — Werwicq. — Lins bruts, rouis et teillés...	Belgique	
Ch. **Taulez-Bottelier**. Bruges. — Lins bruts, rouis et teillés...............	Belgique	39
Aug. **Maschelin**. Gheluve. — Lins bruts, rouis et teillés...............	Belgique	
C.-L. **Van Haeken**. Zele. — Lins bruts, rouis et teillés.	Belgique	
Louis **Boddaert**. Deynze. — Lins bruts, rouis et teillés...............	Belgique	
C.-L. **Vander Meersch**. Machelen. — Lins bruts, rouis et teillés	Belgique.....	

Félix **Vandamme** Gheluwe. — Lins bruts, rouis et teillés	Belgique	
Carron van Landeghem. Ingelmunster. — Lins bruts, rouis et teillés	Belgique	6
Thuet. May. — Lins bruts, rouis et teillés	France	106
Baron **de Reisewitz.** Wendrin. — Chanvre	Prusse	
Comte de **Larisch-Mönnich.** Ostrowitz. — Chanvre	Prusse	
Julie **da Camara.** Madère. — Lins bruts, rouis et teillés	Portugal	
Delannoy Behague. Warneton. — Tabacs	Belgique	
Willaert. Hooglede. — Lins bruts, rouis et teillés	Belgique	
N. **Leroy.** Beaumont. — Lins bruts, rouis et teillés	Belgique	20
Filature de Heidenpiltsch. — Lins bruts, rouis et teillés	Autriche	127
Louis **Chizzoli.** Crema. — Lins bruts, rouis et teillés	Italie	89
Bakker. Bzn. Ridderkerk. — Lins	Pays-Bas	7
Morton et Cie. Brantford (Canada). — Lins	Col. anglaises.	
Commission provinciale de Burgos. — Lins	Espagne	33
Justo Melon. Calaveras. — Lins	Espagne	
Marquant. Gondecourt. — Lins	France	150
Massart frères. Perrin. — Lins	France	150
H. **Duyvejonck.** Peteghem. — Lins	Belgique	
Jean-B. **Robiolio.** Biella. — Chanvres	Italie	
Salvator **Maresca.** Castellamarre. — Chanvres	Italie	
Bernarduzzi-Morelio. Voghera. — Chanvres	Italie	111
Pellegrino **Padoa.** Custo. — Chanvres	Italie	132
Joseph **Bianchini** Rovigo. — Chanvres	Italie	117
Juvenal **Trossarelli.** Gueno. — Chanvres	Italie	110
Ignacio **Romeo.** Lodosa. — Chanvres	Espagne	
F. **Ferran et Coll.** Barcelone. — Chanvres	Espagne	23
Société d'agriculture de Weiden. — Chanvres.	Bavière	
Thomas **Moran.** Vélilla de la Polvorosa. — Chanvres.	Espagne	20
Michel **Sargana.** — Chanvres	Italie	
Jacques **Dewolf.** Appels-lez-Termonde. — Chanvres.	Belgique	
Geerts. Moll. — Chanvres	Belgique	
Martin **Petermann.** Caserta. — Chanvres	Italie	
Bellecôte. Bône. — Cotons longue soie	Algérie	
Daudé. Oran. — Cotons longue soie	Algérie	
Charles **Gaulard.** Kroub, près Constantine. — Cotons longue soie	Algérie	
Abbé **Guieysse.** Alger. — Cotons longue soie	Algérie	
Jacques. Relizane. — Cotons longue soie	Algérie	
Laquière. Bône. — Cotons longue soie	Algérie	

Lescure. Oran. — Cotons longue soie............... Algérie.......
Vallier. Lac Halloula. — Cotons longue soie........ Algérie.......
Viret. Dellys. — Cotons longue soie.................. Algérie.......
Cordier. La Rassauta. — Cotons longue soie........ Algérie.......
Chuffart. Oued-el-Haleugh. — Cotons longue soie... Algérie.......
Goussons. Oued-el-Haleug. — Cotons longue soie.... Algérie.......
Sibour. Saint-Denis-du-Sig. — Cotons longue soie.. Algérie.......
Sœur Saint-Bernard. Saint-Denis du-Sig. — Cotons longue soie................................ Algérie.......
Paulin **Hallaire.** Porto-Civita-Nora. — Cotons longue soie.. Italie........
Pascal **Barbolace**. Reggio de Calabre. — Côtons longue soie.. Italie ....
Panton. Queensland. — Cotons longue soie......... Col. anglaises.
G. **Ore**. Queensland. — Cotons longue soie........... Col. anglaises.
Fairbairn. Guyane anglaise. — Cotons longue soie. Col. anglaises.
St-Michel **Leroux-Préville.** La Martinique.— Cotons longue soie.. Col. françaises.
J. **Albert**. La Martinique. — Cotons longue soie..... Col. françaises.
Bonneville. La Guadeloupe. — Cotons longue soie... Col. françaises.
Bonnet. La Guadeloupe.— Cotons longue soie....... Col. françaises.
Monègre. La Guadeloupe. — Cotons longue soie..... Col. françaises.
Heilmann. Sénégal. — Cotons longue soie.......... Col. françaises.
N'Gour Coumba N'Dar. Sénégal. — Cotons longue soie.. Col. françaises.
John **Gregor**. Nouvelle-Galles du Sud. — Cotons longue soie.. Col. anglaises.
J.-L. **Michael**. Nouvelle-Galles du Sud. — Cotons courte soie.. Col. anglaises.
Martin **Peetermans.** Moll. — Chanvres............ Belgique. ...
Ebsworth. Nouvelle-Galles du Sud. — Cotons courte soie.. Col. anglaises.
A. **Zanelli.** Nouvelle - Galles du Sud. — Cotons courte soie.. Col. anglaises.
Sous-Commission de Lecce. — Cotons courte soie. Italie........
Gaspard **Jourdan**. Naples. — Cotons courte soie.... Italie........
Société Sipontine (Frères **Menzini**). Polenza. — Cotons courte soie .... Italie........
Don Emmanuel **Lisi**. Foligno. — Cotons courte soie.. Italie........
Jean-Baptiste **Grossi**. Catanzaro.— Cotons courte soie. Italie........
Gallozzi frères. Naples. — Cotons courte soie....... Italie........
Jules **Garnier.** Duvivier. — Cotons courte soie...... Algérie.......
Ahmet-Bey. Salonique. — Cotons courte soie...... Turquie......
Adolphe **Runge**. Porto-Rico. — Cotons courte soie ... Col. espagn..
J.-D. **Almeida**. Mossamedes. — Cotons courte soie... Col. portug...

otelho. Novo-Redondo. — Cotons courte soie	Col. portug...	9
Alves. Mozambique. — Cotons courte soie	Col. portug...	2
Xavier. Pangim. — Cotons courte soie.............	Col. portug...	40
Comte **d'Andlau.** La Martinique.—Cotons courte soie.	Col. françaises	
Abbé **Granger.** La Guadeloupe.— Cotons courte soie.	Col. françaises	
Beauperthuy. La Guadeloupe. — Cotons courte soie.	Col. françaises	
Goyriena. Guyane française. — Cotons courte soie...	Col. françaises	
Ardin d'Elteil. Sénégal. — Cotons courte soie.....	Col. françaises	
Fritz **Koechlin.** Sénégal. — Cotons courte soie......	Col. françaises	
Tourris frères.— La Réunion. — Cotons courte soie.	Col. françaises	
Lopez de Oliveira. Saint-Paul. — Cotons courte soie..	Brésil.......	
Commune de Lebadi. — Cotons................	Grèce........	
Commission provinciale du Maragnon. — Cotons courte soie...............................	Brésil........	
José **Barboza da Silva.** — Cotons courte soie.....	Brésil........	
Maréchal marquis **del Duero.** Malaga. — Cotons courte soie..	Espagne	
François **Tornabene.** Catane.—Cotons courte soie....	Italie	
Jardin botanique de Naples. — Cotons courte soie.	Italie	
Hortolès fils. Montpellier.—Cotons courte soie	France.......	
Lacan. Calvi. — Coton Louisiane..................	France.......	
Mlle **d'Agincourt.** Saint-Amand. — Cocons.........	France.......	
Ursulines de Montigny-sur-Vingeane. — Cocons..	France.......	
Personnat. Laval. — Cocons.....................	France.......	
N'Guyen van Danh. Cochinchine. — Cocons	Col. françaises	
F. **Orri.** La Réunion. — Cocons..................	Col. françaises	
J. **Buning.** — Cocons..............................	Gde-Bretagne .	
Baron **de Bretton.** Moravie. — Cocons.............	Autriche.....	
Hadji-Garabet. Salonique. — Cocons.............	Turquie.....	19
Hadji-Salih. Brousse. — Cocons	Turquie......	217
Moussa Sali-bey. Kesrouan. — Cocons	Turquie......	277
Ahmed. Berkofdja. — Cocons......................	Turquie......	262
Société de Sériciculture. Prague. — Cocons....	Autriche......	174
Mariani. Porto. — Cotons........................	Portugal	40
J. **Cook.** Cap de Bonne-Espérance. — Plantes textiles diverses..	Col. anglaises.	
Ch. **Moore.** Nouvelle-Galles du Sud. — Fibres de gymnostachys	Col. anglaises.	
J. **Bawden.** Nouvelle-Galles du Sud.—Fibres textiles.	Col. anglaises.	
E. **Henderson.** Nouvelle-Galles du Sud. —Fibres de restriacées	Col. anglaises.	
I. **Simmonds.** Lagos. — Collection de fibres	Col. anglaises.	

Don José Candido. — Fibres de tucuma........	Brésil.......	
Da Costa. — Fibres de lilopia	Brésil.......	
Compagnie de commerce des Pays-Bas. — Fibres de pisang..............................	Pays-Bas.....	
Balguerie. La Guadeloupe. — Fibres de l'hibiscus connabinus.....................................	Col. françaises	
Le Thi-Nuong. Cochinchine.—Fibres du china-grass.	Col. françaises	
Marincola frères. Catanzaro. — Racine du chrysopogongrillure..	Italie	
T.-A. **De Souza.** — Écorce du muira-tingueira......	Brésil.........	
Baron **del Solar d'Espinosa.** Jumilla. — Esparto.	Espagne......	
Jules **Paris.** Oran. — Crin végétal..................	Algérie.......	
P. A. **d'Empaire.** Macaraïbo. — Moelle de roseau..	Venezuela....	
Bancal. Sénégal. — Soie végétale, asclepias gigantea.	Col. françaises	
Joachin **Basté.** Barcelone. — Soie végétale, asclepias preciosa......................................	Espagne......	
Montagne et **Carlos.** Nouv.-Orléans.—Mousse noire.	États-Unis...	
Cabanis. Paris. — Fibres de tiges de mûres........	France.......	
Caminade. Orléans. — Fibres de racine de luzerne..	France.......	
Auguste **Delay.** Crepol. — Fibres de bois et d'écorces.	France.......	
A.-F. **Mackenstein** et fils. Amsterdam. — Tabacs et cigares...	Pays-Bas.....	22
A.-I. **Verwey** Izn. Deventer. — Tabacs et cigares ..	Pays-Bas.....	25
Blokhuis Wzn. Amsterdam. — Tabacs et cigares...	Pays-Bas.....	23
K. **Van Oppen.** Harlingue. — Cigares..............	Pays-Bas.....	27
F.-H. **Raymakers** et fils. Eindhoven. — Tabacs en poudre..	Pays-Bas.....	30
Wallet. Philippeville. — Tabacs en feuilles.........	Algérie.......	111
Hanon. Boufarick. — Tabacs en feuilles............	Algérie.......	
Maguenot. Millesimo. — Tabacs en feuilles........	Algérie.......	
Delbays. Blidah. — Tabacs et cigares..............	Algérie.......	63
Commune de Thessalonique.—Tabacs en feuilles.	Grèce.........	130
École primaire de Saint-Miklos. Hongrie. — Tabacs en feuilles..................................	Autriche	138
É. **Vecsey.** Debreczin. — Tabacs en feuilles.........	Autriche	195
Étienne **Platthy.** Unghvar. — Tabacs en feuilles....	Autriche.....	147
Joachim-Martin **Correa.** Petropolis. — Tabacs en poudre, cigares..................................	Brésil.........	111
Mendonça. Rio-de-Janeiro. — Cigares..............	Brésil........	107
Paolo **Cordeiro.** Rio-de-Janeiro. — Tabacs..........	Brésil........	
Starke, Smith et Cie. Montréal. — Tabacs à fumer.	Col. anglaises.	8
Académie royale d'Agriculture de Proskau. Silésie. — Tabacs en feuilles........................	Prusse	
W. **Hartog.** Anvers. — Cigares......................	Belgique.....	17

Liévin Debruyn. Anvers. — Cigares	Belgique	4
Philippe **Thomas.** Namur. — Tabacs divers fabriqués.	Belgique	26
Ch. **Monney** et **Noquet** fils. Messines. — Tabacs en feuilles et coupés	Belgique	25
H. **Borgstroeme** et Cie. Helsingfors.—Tabacs, cigares et cigarettes	Russie	19
Comité auxiliaire du Caucase. — Tabacs en feuilles	Russie	
Colons de Samara. — Tabacs en feuilles	Russie	
Amet-Moustafa-Oglou. Crimée. — Tabacs	Russie	131
Fr. **Kortter.** Francfort-sur-l'Oder.—Tabacs en feuilles.	Prusse	150
T. **Bergicourt.** Ile Maurice. — Tabacs et cigares	Col. anglaises.	2
F.-S. **Cozzens.** New-York. — Cigares	États-Unis	4
E. **Bourgeois.** Saint-James. — Tabacs	États-Unis	1
H. **Labiche** et Cie. Moudon.— Tabacs en feuilles et à fumer	Suisse	5
Peter **Minnig.** Viernheim. — Tabacs en feuilles	Hesse	12
White et Cie. Melbourne. — Tabacs et cigares	Col. anglaises.	4
E. **Laroche.** Canada. — Tabacs	Col. anglaises.	
Mehemed-Bey. Salonique. — Tabacs	Turquie	13
Chaban-Effendi. Koniah. — Tabacs	Turquie	34
Hadji-Mehmed. Tripoli de Barbarie. — Tabac à priser	Turquie	57
Yorghi. Tirkhala. — Tabac à priser	Turquie	127
Atras. Djebel. — Tabac	Turquie	282
Vehie-Ibni-Hadji-Moussa. Jebel. — Tabac	Turquie	199
Société sédunoise des tabacs. Sion. — Tabacs et cigares	Suisse	12
Kottmann. Soleure. — Cigares	Suisse	4
Costa-Magalhães. — Tabacs	Col. portug.	
Jacques **Antonino.** Messine. — Cigares	Italie	284
J. **Barry-Munick.** Cap-Town. — Tabacs	Col. anglaises.	
H.-T. **Koppen.** Leerdam. — Cigares	Pays-Bas	26
A.-M. **Eckstein** et fils. Göttingue. — Tabacs	Prusse	156
Peter-Ehatt. Viernheim. — Tabacs en feuilles	Hesse	7
Da Silva-Castro. — Tabacs	Brésil	
Antonia-Maria **de Brito.** Pernambuco. — Tabacs et cigares	Brésil	152
Bastos et Cie. Rio-de-Janeiro. — Tabacs et cigares	Brésil	110
Valentin. La Réunion. — Cigares	Col. françaises	
Fabrique de tabacs du Verbano. — Tabacs et cigares	Suisse	
Kockum. Malmoe. — Tabacs	Suède	7

J. **Felgate**. Toowomba, Queensland. — Tabacs.....	Col. anglaises.	13
Olsen. Christiania. — Tabacs.....................	Norvége	3
J. **Thompson**. Ipswich, Queensland. — Tabacs.....	Col. anglaises.	12
Phillips. Natal. — Tabacs et cigares..............	Col. anglaises.	8
W.-H. **Middleton**. Natal. — Tabacs et cigares.....	Col. anglaises.	6
J.-E. **Glinister**. Natal. — Tabacs et cigares.........	Col. anglaises.	7
André **Braun**. Bâle. — Tabac à priser...............	Suisse.......	
Rodolphe **Schäfer**. Nouvelle-Galles du Sud.—Tabacs.	Col. anglaises.	
Peillonnex aîné. Chêne. — Tabacs et cigares........	Suisse.	10
Thematipa. — Tabacs..........................	San Salvador.	
Deflenne. Cochinchine. — Tabacs.................	Col. françaises.	
Brinck, Hafstroem et Cie. Stockholm. — Tabacs.	Suède........	5
Coemzopolo. Bukarest. — Graines de tabac et feuilles grandes et petites........................	Roumanie....	
Commune de Doude. District de Ilfove. — Tabacs en feuilles..	Roumanie....	
Jorj **Vassilaké**. Slatina. — Tabacs en feuilles......	Roumanie....	
Georges **Stanulesco**. — Tabacs en feuilles..........	Roumanie....	
I. Frossard. Paverne. — Tabacs en feuilles........	Suisse.......	
Lenoir. Beire-le-Châtel. — Houblons...............	France.......	
Auscher frères. Lauterbourg.— Houblons...........	France.......	10
Venceslas **Kratochwil**. Lounky. — Houblons.......	Autriche	99
Société pour la culture du houblon dans l'Odenwald. — Houblons...............................	Hesse........	
Jules **de Kaler**. Burgau. — Houblons..............	Autriche.....	80
A. **Bourel**. Steenvoorde. — Houblons...............	France.......	
N.-F. **Fidrit**. Dieulouard. — Houblons.............	France.......	
Louis **Bauby**. Strasbourg. — Houblons..............	France.......	
Scharrer et **Jaeger**. Strasbourg. — Houblons......	France.......	
Simonnot. Bèze. — Houblons.....................	France.......	
Woolloton et fils. Londres. — Houblons.....	Gde-Bretagne. (Cl. 67.)	10
Bakers, White et **Morgan**. Londres. — Houblons................................	Gde-Bretagne. (Cl. 67.)	1
J. **Kitchin**. Westerham. — Houblons..........	Gde-Bretagne. (Cl. 67.)	6
Samuel **Canover**. Port-Credit, Canada. — Houblons.	Col. anglaises.	14
Hermann **Ackner**. Hermannstadt. — Miels et cires....	Autriche.....	2
Mme **Daschkoff**. Gt d'Oufa — Miels et cires........	Russie (Cl. 72.)	9
Abbé **Sagot**. Saint-Ouen-l'Aumône. — Miels et cires.	France	
Faivre. Seurre. — Miels et cires..................	France.......	
Société d'agriculture de Malte. —Miels et cires.	Col. anglaises.	
Ch. **Robin**. La Réunion — Miels et cires............	Col. franç.....	
Société d'agriculture du Cap de Bonne-Espérance. — Miels et cires........................	Col. anglaises.	
Deproye. Reims. — Miels et cires................	France.......	

Urbain **Mércier**. — Miels et cires .... France.......
Orrego et Cie. — Miels et cires .... Chili . ...
Branco. Lisbonne. — Miels et cires................ Portugal .....
Aug. **Mona**. Faido. — Miels et cires................. Suisse.......
Christidis. Athènes. — Miels et cires............. Grèce.......
Cros. Narbonne. — Miels et cires...................... France.......
Manuel **Tato**. Lugo. — Miels et cires.............. Espagne .....
Pulido. Beja. — Miels et cires .... Portugal.....
Exposants réunis des Indes orientales.—Miels et cires.. Col. holland. 35
E.-E. **Visser**. Amersfoort. — Miels et cires......... Pays-Bas..... 18
Grün et **Schumann**. Lingolshein. — Glucose et sirops blancs..................................... France.......
Antheaume. Paris. — Glucoses et sirops blancs..... France.......
Claude **Bentivoglio**. Modène. — Huiles raffinées diverses.. Italie ....
Lion. Marseille. — Huiles .... France.......
Wacheux. Valenciennes. —Huiles................. France.......
Anselme et **Narassi**. — Huile de lin............. France......
Département de la Haute-Savoie. — Huile de noix.. France.......
S.-W. **Schossberger** et fils. Pesth. — Huiles et tourteaux de lin et de colza......................... Autriche .....
Berrûère fils. Pesth. — Huiles de lin et colza...... Autriche .....
J. Jules **d'Oliveira Pinto**. Mesâo-Frio.—Huile d'olive Portugal.. . .
Jean-Alves **Branco**. Lisbonne. — Huile d'olive....... Portugal .....
Macedo-Pinto. Porto. — Huile d'olive... .... Portugal .....
Ferd. **Palha**. Verdiguera. — Huile d'olive.......... Portugal .. ..
Vve George **Assan**. Bukarest. — Huile de colza ..... Roumanie.....
José **Vallterra**. Castellon. — Huile d'olive.......... Espagne .....
Mme Luisa **Llanza**. Barcelone. — Huile d'olive....... Espagne.... .
J. **Pedrosa**. Esparraguera, Barcelone.— Huile d'olive. Espagne......
Haouen. El Arrouch. — Huiles...................... Algérie ......
Labbé Gaudineau jeune. Luçon. — Huiles .... France.......
Bartolomé **Roca**. Palma. — Huile d'olive... .... Espagne .....
Auguste **Belda**. Valencia. — Huile d'olive .... Espagne .....
Le Charpentier. Saint-Pierre et Miquelon. — Huile de foie de morue blanche, blonde et brune .... Col.françaises.
Sœur **Victoire**. Saint-Pierre et Miquelon. — Huile de foie de morue blanche, blonde et brune .... Col.françaises.
Pyotte. Nouvelle-Calédonie. — Huile de baleine...... Col.françaises.
Keyzer. Zaandam. — Huile épurée..................... Pays-Bas..... 14
José **Paules**. Sarragosse. — Huile d'olive .... Espagne .....
F. **Zapater** et **Gomez**. Sarragosse. — Huile d'olive. Espagne......
Sarrazin. Sénégal. — Huile d'arachide............ Col.françaises.

Pilastre. Gabon. — Dika pur, pulvérisé............ Col. françaises.

Fitz-Gérald frères. Saint-Pierre et Miquelon.— Huile de poisson.. Col. françaises.

Saïd Omar. — Iles Mayotte et Nossi-Bé. — Huiles.. Col. françaises.

Peyruzat. La Réunion. — Huile de coco .... Col. françaises.

Bavay. Nouvelle-Calédonie. — Huiles.. .... Col. françaises.

Tétard. Mortières. — Huiles....................... Col. françaises.

Le Sénéchal. Somme. — Huiles.................... Col. françaises.

Mariano Ruiz. Iles Philippines. Huile de coco..... Col. espagn....

François **Lavie.** Guelma. — Huiles.................. Algérie.......

Hort. Taïti. — Huiles................................ Col. françaises.

De Châteauvieux. La Réunion. — Huile de pignon d'Inde.. Col. françaises.

Carrier. La Réunion. — Huile de pignon d'Inde...... Col. françaises.

Vincent. Guyane. — Huile de coco.................. Col. françaises.

Saint-Clair Clairbien. Martinique. — Huiles...... Col. françaises.

Scarpatopoulos. Athènes. — Huile d'olive .... Grèce........

Benedetto **Tucci.** — Huiles........................ États-Pontif. .

Marquis de **Benameji.** Cordoue. — Huile d'olive..... Espagne .....

B.-J.-F. **Souza.** Porto. — Huile d'amandes......... Portugal 44-19

Marquis **de S.-Nicolas.** Logroño. — Huiles.......... Espagne .....

Joseph **Monteiro.** Lisbonne. — Huile d'olive......... Portugal .....

Jean **Villazel.** Grasse.— Huile d'olive................ France.......

M.-B. **Sobrinho.** Lisbonne. — Huile d'amandes...... Portugal .....

Mohammed-Saïd-Naït el hadj. Tizi-Ouzou. — Huiles.. Algérie ......

J.-M. da **Guerra.** Elvas. — Huile d'olive............ Portugal.....

Montariol. Medjezamar. — Huiles .... Algérie ......

Albert **Kreglinger.** — Huiles......................... Uruguay .....

Léon **Salvador.** Tortosa. — Huile d'olive........... Espagne .....

E. **Remy** et Cie. Louvain.— Huiles et tourteaux de lin et de colza.. Belgique...... 31

Paul da **Silva Barbosa.** Porto. — Huile d'olive...... Portugal .....

Almeïda Silva et Cie. Lisbonne.—Huile d'olive...... Portugal. ....

Yani-Tremoli. Aivalik. — Huile d'olive............ Turquie......

Petro **Yanaki.** Candie. — Huile d'olive............. Turquie......

Emni-Aga. Édremil. — Huile d'olive .... Turquie......

Yorghi-Petro **Oglou.** Erdek. — Huile d'olive......... Turquie......

H. **De Kerchove-Lippens.** Moerbeke Waes. — Collection de fourrages.......................... Belgique .....

A. W. **Maysken.** Haarlemmermeer. — Fourrages.... Pays-Bas 5

Comice agricole de Bergame. — Fourrages. .... Italie.........

Comice agricole de Voghera. Pavie.— Fourrages. Italie........

A. Van Eetveld. Moll. — Fourrages.............. Belgique.....

Hovyn. Paris. — Graines pour semences............. France.......
Prudent **Thibault.** — Graines pour semences........ France.......
Fr. **Van den Eynde.** Lierre. — Graine de colza..... Belgique.....
Raveaud. Sidi-bel-Abbès. — Graines de lin, de ricin et de coton.............................. Algérie.......
Simon Legrand. Bersée. — Graine de luzerne .... France.......
Silvio **Ciccarone.** Chieti. — Produits agricoles....... Italie........
Nigra Compuerto. — Cochenilles tannantes et diverses........................... Italie........
J. **Marti y Lléonart.** Requena. — Safran.......... Espagne..... 143
Matteo **Gilbert.** Naples. — Matières tannantes et diverses........................... Italie........
Collection des matières tannantes et colorantes. — Matières tannantes et diverses......... Inde anglaise..
Firmin **Dufourc.** Alger. — Lentisque en nature et en poudre............................... Algérie......
Mlle Aurélie **Mikulitsch.** Czernowich. — Garance...... Autriche.....
Poulain. Inde. — Collection d'écorces............. Col. françaises.
Commune de Chalcis. — Garance................ Grèce........
Régis aîné. Marseille. — Garance................ France.......
Dr Adrien **Sicard.** Marseille. — Garance........... France.......
Bechu. Biskara. — Garance....................... Algérie.......
Cercle de Tizi-Ouzou. — Fleurs de carthame...... Algérie.......
Pépinière de Médéah. — Carthame................ Algérie.......
Sénac. Laghouat. — Noix de galle mondée .... Algérie ......
J.-E. **Pottier.** Alger. — Plantes médicinales........ Algérie ......
Dr **Forbes Watson.** — Plantes médicinales et pharmaceutiques.............................. Inde anglaise.
A. **Florez.** Quito. — Quinquina rouge.............. Équateur ....
Alvarez. Quito. — Quinquina rouge................ Équateur.....
Violand et Cie. Colmar. — Plantes médicinales.... France.......
A. **Benzon.** Copenhague. — Fleurs de plantes médicinales.................................. Danemark....
Odeph. Luxeuil. — Culture de pavots............. France.......
Capitaine **Kappel.** Kis-Thur, Hongrie. — Produits agricoles divers............................ Autriche.....
Colget-Delcroix. Falempin. — Produits agricoles divers................................... France.......
Baron Maurice **Wodianer** et Albert **Wodianer.** Pesth. — Produits agricoles divers............ Autriche .....
Yelilock. Roumélie. — Cires...................... Turquie......
Mazloum Mehmed Agha. Safranbolou. — Cires. Turquie......
Joulie. Paris. — Produits du sorgho.............. France.......
Emile **Nourrigat.** Lunel. — Sériciculture......... France.....

Ayuntamiento del Barco. Avila. — Lin......... Espagne......
Feliciano **Abadal.** Vich. — Lin.................... Espagne......
M. Mateo de **Gisbert.** Teruel. — Safran............ Espagne......
Goudounèche. Ussel. — Cire.................... France.......
Pourcin. Aix. — Cire d'Algérie.................. France.......
L. **Knecht.** Nomény. — Houblons................. France.......
Léon **Mauduit.** La Châtre. — Divers.............. France.......
Lucien **Houdeville.** Plessier. — Laines............ France.......
Triboulet. Plessier. — Laines.................... France.......
Alf. **Auvraga.** Saint-Laurent. — Laines........... France.......
Rassel fils. Saint-Laurent. — Laines............. France.......
Laugrenay père. Tote. — Laines................ France......
Villemot. Paris. — Pyrèthre...................... France.......
Deschamps. Paris. — Produits agricoles divers..... France.......
F. **Tesnières.** Tote. — Laines.................... France.......
G.-A. **Austen.** Nouvelle-Zélande. — Laines......... Col. anglaises.
Constantin. Avignon. — Glucoses................ France.......
Veys frères. Vlamertinghe. — Houblons........... Belgique .....
J.-B. **Brusselman.** Moorsel. — Houblons.......... Belgique......
J.-B. **Malou.** Vlamertinghe. — Houblons........... Belgique......
V. **Goelz.** Gross-Rohrid. — Miel .... Hesse........
Nicolas **Kriona.** Odessa. — Tabacs .... Russie ....
Hamelin. Paris.—Produits agricoles divers........... France.......
P.-M. **Hnevkovsky.** Zebrak, Bohême. — Cires..... Autriche.....
Maintz et Cie. Batavia. — Tabacs................ Col. holland.
Bizet et Cie. Compiègne.—Savons agricoles et produits divers .... France.......
Luizy Desforges. Pithiviers. — Miel.............. France.......
Bourgeois. Ivry, Seine. — Produits divers........ France.......
Rozière. Romainville. — Produits agricoles divers.. France.......

COOPÉRATEURS.

Hors concours.

Hardy, directeur du Jardin d'acclimatation d'Alger.... Algérie.........

Médaille d'or.

Faïk Bey della Sudda, pharmacien en chef du sultan .... Turquie.........

Ybino, a dirigé l'ensemble de l'exposition japonaise. Japon........

Médailles d'argent.

De Saldanha de Gama, professeur. Rio de Janeiro. Brésil ....

Navarro, gouverneur d'Albacète .... Espagne .....

P.-L. **Simmonds**, agent colonial.................. Gde-Bretagne.

Consakabé Kannodjiro, attaché à la Commission japonaise .... Japon........

Akouzowa Kudjiro, attaché à la Commission japonaise .... Japon........

Yosida Yoonoské, attaché à la Commission japonaise. Japon........

Médailles de bronze.

De Meunynck, président du Comice agricole de Bourbourg.................................... France .... .

CLASSE 44

PRODUITS CHIMIQUES ET PHARMACEUTIQUES.

EXPOSANTS.

Hors concours.

Administration des forêts de l'État. (Administration de l'Etat.) Vienne. — Résines, etc.......... Autriche.....

Direction des salines royales. Lunebourg. — Industrie soudière et produits divers .... Prusse....... 91

Salines de l'Etat. (Administration de l'État.)—Sel marin et sel gemme .... Espagne.....

Kuhlmann et Cie. Lille. — Industrie soudière et produits divers.................................... France......142-143

(M. Kuhlmann avait été proposé par la cl. 44 et le groupe V pour un grand prix, mais il a été, sur sa demande, maintenu hors concours comme membre du Conseil supérieur du Jury.)

Allen et Hanbury. (D. Hanbury jeune, membre du Jury.) Londres.— Produits chimiques et pharmaceutiques. Gde-Bretagne. 2

Chance frères et Cie. (H. Chance, membre du Jury.) Birmingham. — Industrie soudière .... Gde-Bretagne. 16

Alph. **Fourcade.** (Secrétaire du Jury du groupe V.) Javel-Paris. — Industrie soudière et produits divers. France 214

Guimet. (Associé au Jury.) Lyon. — Outremer...... France 5

Kunheim et Cie. (Le Dr A.-H. Kunheim, membre du Jury.) Berlin. — Industrie soupière et produits divers. Prusse....... 103

Menier. (Membre du Jury.) Paris. — Produits chimiques et pharmaceutiques......................... France 355

De Milly. (Associé au Jury.) Paris. — Bougies et savons .... France 115

Société Rhenania (Le Dr E.-V. Hasenclever, directeur membre du Jury.) Aix-la-Chapelle. — Industrie soudière et produits divers....................... Prusse....... 100

Médailles d'or.

C. **Allhusen** et fils. Newcastle-sur-Tyne. — Industrie soudière et produits divers...................... Gde-Bretagne. 30

Gossage et fils. Widnes. — Industrie soudière et savons.. Gde-Bretagne. 40

J. **Muspratt** et fils. Liverpool. — Produits divers de l'industrie soudière.............................. Gde-Bretagne. 7

Tessié du Motay et E. **Karcher.** Metz. — Acide fluosilicique, application à la fabrication de la soude de la potasse..	France......	296
Perret et ses fils. Lyon et Avignon. — Industrie soudière et produits divers........................	France......	215
Armet de Lisle et Cie. Nogent-sur-Marne. — Sels de quinine..	France......	116
Cte F. **de Larderel.** Livourne. — Acide borique.	Italie........	10
Établissement de la soudière de Chauny. — Industrie soudière et produits divers............	France......	210
Compagnie Jarrow. South-Shields. — Industrie soudière et produits divers............................	Gde Bretagne.	51
C. **Kestner.** Thann.— Industrie soudière et produits divers..	France......	217
Société anonyme des anciennes Salines domaniales de l'Est. Dieuze. — Sel, industrie soudière, produits divers et soufre régénéré........	France......	216
Société autrichienne. Aussig-sur-Elbe. — Industrie soudière, produits divers et soufre régénéré...	Autriche.....	9
Association des fabriques de produits chimiques. Mannheim. — Industrie soudière et produits divers..	Bade........	3
Merle et Cie. Alais. — Industrie soudière et produits divers..	France......	24
Administration des mines de Bouxwiller. — Produits chimiques, prussiates et alun..........	France......	110
Tissier aîné et fils. Le Conquet. — Iode et sels extraits des soudes de varechs........................	France......	287
Frank. Stassfurt. — Sels de potasse et produits accessoires..	Prusse......	117
Cournerie et fils et Cie. Cherbourg. — Varechs et produits dérivés..	France......	288
Vorster et **Grüneberg.** Kalk près Deutz. — Sels de potasse, engrais minéraux et substances diverses extraites des produits de la mine de Stassfurt......	Prusse.......	112
Compagnie parisienne d'éclairage et de chauffage par le gaz. — Produits des eaux ammoniacales; goudrons et ses dérivés........................	France.......	132
C.-F. **Böhringer** et fils. Stuttgart.— Sels de quinine.	Wurtemberg..	2
Howard et fils. Stratford. — Sels de quinine.......	Gde-Bretagne.	48
Fr. **Jobst.** Stuttgart. — Sels de quinine et autres alcaloïdes..	Wurtemberg .	1
E. **Merck.** Darmstadt. — Produits chimiques, sels de quinine, alcaloïdes........................	Hesse........	1
Ch. **Trommsdorff.** Erfurth. — Produits chimiques divers..	Prusse.......	71
John **Casthelaz.** Paris. — Produits chimiques, aniline, acide benzoïque........................	France.......	208
G. **Hardy-Milori.** Montreuil (Seine). — Couleurs diverses..	France.......	26

Exposant	Pays	N°
H. **Sielge**. Stuttgart. — Couleurs diverses............	Wurtemberg..	3
Gautier-Bouchard. Paris. — Céruses, couleurs diverses et vernis..................................	France.......	25
Jean **Zeltner**. Nuremberg. — Outremer...............	Bavière......	1
Société de la Fuchsine. Lyon. — Couleurs d'aniline.	France.......	61
A. **Gontard** et Cie. Saint-Ouen. — Savons..........	France.......	105
Baron **de Herbert**. Klagenfurt. — Céruse...........	Autriche......	46
Wagenmann, Seybel et Cie. Vienne. — Produits divers..	Autriche.....	140
Leroy et **Durand**. Gentilly. — Acide stéarique, bougies et savons....................................	France.......	145
Compagnie Price's Patent Candle. Londres. — Bougies, glycérine et savons........................	Gde-Bretagne.	78
Première Société autrichienne des fabricants de savons. Vienne. — Bougies, glycérine et savons.	Autriche.....	29
Manufacture de bougies stéariques. Gouda. — Bougies..	Pays-Bas.....	22
C. **Guibal** et Cie. Paris. — Objets en caoutchouc.....	France.......	308
Rattier et Cie. Paris. — Objets en caoutchouc.......	France.......	304
Aubert, Gérard et Cie. Paris et Harbourg. — Objets en caoutchouc....................................	France et Prusse....	306.118
J.-N. **Reithoffer**. Vienne. — Objets en caoutchouc...	Autriche.....	111
Hutchinson, Poisnel et Cie. Paris. — Objets en caoutchouc.....................................	France.......	303
R. **Knosp**. Stuttgart. — Produits d'aniline d'orseille et d'indigo...	Wurtemberg..	4
Meister, Lucius et Cie. Hoechst. — Couleurs d'aniline.	Prusse.......	5
G.-H. **Roulet** et **Chaponnière**. Marseille. — Savons et huiles..	France.......	244
Ch. **Cogniet, Maréchal** et Cie. Nanterre. — Huiles minérales ; sous-produits de la distillation des matières bitumineuses; paraffine...........................	France.......	254
G. **Wagenmann**. Vienne. — Bougies de paraffine..	Autriche.....	139
E. **Deiss**. Paris. — Sulfure de carbone, huiles et graisses.	France.......	191
B. **Hübner**. Zeitz. — Bougies de paraffine..........	Prusse.......	70
J. **Young**. Bathgate. — Bougies de paraffine, huiles..	Gde-Bretagne..	108
Cooppal et Cie. Wetteren. — Poudres de guerre.....	Belgique.....	15
H. **Arnavon**. Marseille. — Savons..................	France.......	243
Charles **Roux** fils. Marseille. — Savons.............	France.......	241
Poirrier et **Chappat** fils. Paris. — Invention et fabrication de couleurs de méthylaniline...............	France.......	2
Th. **Lefebvre** et Cie. Lille. — Céruses..............	France.......	101
Ch. **Camus** et Cie. Paris et Ivry. — Produits de la distillation du bois................................	France.......	106
Faulquier cadet et Cie. Montpellier. — Bougies, savons, cires..	France.......	107

Lefebvre. Corbehem. — Sels de vinasse de betterave, sucre, alcool	France	265
O. **Hermann.** Schoenebeck. — Industrie soudière et produits divers	Prusse	111
Gouvernement de San-Salvador. — Indigos et produits agricoles ou forestiers	(Cl. 41-43, 44.) San-Salvador.	
Gouvernement du Pérou. — Nitrates et borates naturels, guano, produits agricoles.	(Cl. 43, 44.) Pérou.	
S. A. le Vice-Roi d'Égypte. — Produits chimiques et pharmaceutiques, plantes médicinales ; collections de produits agricoles	(Cl. 43, 44 et 67). Egypte.	

Médailles d'argent.

Compagnie de Floreffe. — Industrie soudière et produits divers	Belgique	13
Gaskell, Deacon et Cie. Widnes. — Industrie soudière et produits divers	Gde-Bretagne	37
A. **Renouard** et Cie. (Salines du Midi.) Paris. — Sel marin, produits magnésiens, industrie soudière	France	209
Société de Moustier. Moustier-sur-Sambre. — Industrie soudière et produits divers	Belgique	65
Société anonyme des mines et produits chimiques de Vedrin. — Industrie soudière	Belgique	66
Compagnie Walker. Newcastle-sur-Tyne. — Industrie soudière	Gde-Bretagne	103
J.-F. **Macfarlan** et Cie. Édimbourg. — Produits chimiques, alcaloïdes	Gde-Bretagne	63
T. **Morson** et fils. Londres. — Alcaloïdes et produits chimiques	Gde-Bretagne	69
J. et H. **Smith** et Cie. Édimbourg. — Produits chimiques.	Gde-Bretagne	90
Fabrique de bleu d'outremer de Marienberg. — Outremer	Hesse	8
Deschamps frères. Vieux-Jean-d'Heurs. — Bleu et vert d'outremer	France	6
Comte Eug. **Larisch-Mönnich.** Peterswald. — Blanc de zinc	Autriche	64
Manufacture royale de bougies. Amsterdam. — Bougies	Pays-Bas	23
Heyl frères et Cie. Charlottenbourg. — Couleurs, vernis et laques	Prusse	1
H. **Tillmanns.** Crefeld. — Couleurs dérivées de l'aniline.	Prusse	8
Cappelemans-Rommel et Cie. Bruxelles. — Industrie soudière et produits divers	Belgique	7
De Miller et **Hochstetter.** Hruschau. — Industrie soudière, produits divers et soufre régénéré	Autriche	77
J.-A. **Benckiser.** Pforzheim. — Acide tartrique et tartre.	Bade	5
L.-C. **Marquart.** Bonn. — Produits chimiques et pharmaceutiques	Prusse	99

Johnson, Mathey et Cie. Londres. — Produits chimiques et pharmaceutiques........................ Gde-Bretagne.

F. Beyrich. Berlin. — Produits chimiques et pharmaceutiques........................ Prusse.......

Coignet père et fils. Paris et Lyon. — Phosphore, allumettes, colle et gélatine........................ France....... 60

Schering. Berlin. — Produits chimiques divers..... Prusse....... 73

Serpette, Lourmand, Larray et Cie. Nantes. — Savons et huiles........................ France...... 233

Th. **Kyber.** Moscou. — Savons.................... Russie....... 21

J-C. et J. **Field.** Londres. — Bougies............... Gde-Bretagne.. 31

Petit frères. Paris. — Bougies.................... France....... 152

E. **Bissé** et Cie. Cureghem-lez-Bruxelles. — Graisses et huiles........................ Belgique..... 3

Fenaille et Châtillon. Paris. — Huiles et graisses. France....... 257

Denton et **Jutsum.** Londres. — Vernis et huiles.. Gde-Bretagne. 27

Mander frères. Wolverhampton. — Vernis.......... Gde-Bretagne. 65

Demuth, Lewis et Cie. Birmingham. — Benzine, toluène, etc........................ Gde-Bretagne. 28

J.-R. **Geigy.** Bâle. — Couleurs d'aniline, extraits de bois........................ Suisse....... 10

Schaaff et **Lauth.** Strasbourg. — Extraits de garance........................ France....... 10

Jacques-Sauce. Paris. — Couleurs diverses........ France....... 88

G. **Sattler.** Schweinfurt. — Couleurs diverses....... Bavière...... 10

Brasseur. Gand. — Céruse et bleu d'outremer...... Belgique...... 4

J. **Curtius.** Duisburg. — Outremer................. Prusse....... 28

B. et F. **Richter.** Lille. — Outremer................ France....... 4

Bezançon frères. Paris. — Céruse................ France....... 99

L.-H. **Orsat.** — Paris. — Céruse et minium......... France....... 98

Bruzon et Cie. Saint-Cyr-sur-Loire. — Céruse, blanc de zinc et minium........................ France...... 100

Compagnie russo-américaine pour la fabrication du caoutchouc. Saint-Pétersbourg. — Objets de caoutchouc........................ Russie....... 10

India Rubber, Gutta-Percha and Telegraph works Company. Menuin. — Objets de caoutchouc........................ Belgique..... 14

W. **Warne** et Cie. Londres. — Objets de caoutchouc. Gde-Bretagne.. 104

L. **Serbat.** Saint-Saulve. — Mastic et huiles à graisser. France...... 269

J.-W. **Weller.** — Cologne. — Produits extraits du goudron, aniline et benzine........................ Prusse....... 7

A. **Parkes.** Birmingham. — Caoutchouc artificiel... Gde-Bretagne. 73

Fabrique de Waghaeusel. — Sels de potasse des vinasses de betteraves........................ Bade........

Capiton **Onschkoff,** près Elaboug. — Chromate de potasse et sulfate de cuivre........................ Russie....... 40

Delacretaz et **Clouet**. Le Havre. — Chromate de potasse	France	115
Ch. **Schlippe**. Pleessenskoe. — Produits chimiques divers	Russie	56
K. **Köpp** et Cie. Oestrich. — Acide oxalique et oxalates	Prusse	94
Peter-Mœller. Christiania. — Huile de foie de morue	Norvége	18
Leduc frères. Bruxelles. — Graisses, huiles et laques	Belgique	41
W.-Anderson **Rose**. Londres. — Graisses et huiles	Gde-Bretagne	82
De Roubaix, Œdenkoven et Cie. Anvers. — Bougies	Belgique	60
Souffrice et Cie. Saint-Ouen. — Utilisation des graisses perdues	France	231
Bewicke et **Vincent**. Londres. — Vernis	Gde-Bretagne	7
J.-C. **Schultze**. Berlin. — Vernis	Prusse	61
Fr.-C. **Calvert** et Cie. Bradford. — Acide phénique, coralline	Gde-Bretagne	15
H. **Vedlès** et Cie. Clichy-la-Garenne. — Benzine, nitrobenzine, aniline, violet	France	200
F. **Bayer** et Cie. Barmen. — Couleurs d'aniline	Prusse	10
A. **Lefranc** et Cie. Paris. — Couleurs, encres, vernis	France	108
Th. **Würtz**. Leipzig. — Couleurs et extraits	Saxe	41
L. **Faure**. Lille. — Céruse	France	95
S. et W. **Tudor**. Londres. — Céruse, minium	Gde-Bretagne. (Cl. 40.)	122
E. **Daubrée** et Cie. Clermont-Ferrand. — Objets de caoutchouc	France	307
Compagnie Luz stearica. Rio de Janeiro. — Bougies et savons	Brésil	
Hecquet Padmanabaretty et Cie. Pondichéry. — Indigos	Col. françaises	
J. **Knight** et fils. Londres. — Savons	Gde-Bretagne	
J. **Lymans, Clare** et Cie. Montréal, Canada. — Sels de potasse, produits d'incinération	Col. anglaises	1
J.-N. **Adam**. Nuremberg. — Prussiate de potasse	Bavière	6
British Seaweed Company. Glasgow. — Produits extraits des plantes marines	Gde Bretagne	10
W.-C. **Heraeus**. Hanau. — Produits chimiques et objets de platine	Prusse	72
H.-F. **Küderling**. Duisburg. — Prussiate de potasse	Prusse	17
E. **Moride**. Nantes. — Iode et produits extraits des plantes marines	France	289
Otto **Pauli**. Carlsruhe. — Prussiate de potasse	Bade	
J. **Schorm** et Cie. Vienne. — Produits chimiques	Autriche	122
Desespringalle et **Moreau**. Lille. — Éther, chloroforme et produits chimiques	France	121
Dubosc et Cie. Paris. — Sels de quinine et produits chimiques et pharmaceutiques	France	117
Dufour frères. Gênes. — Sels de quinine, mannite	Italie	139
Van der Elst et **Matthes**. Amsterdam. — Sels ammoniacaux	Pays-Bas	19

D. et W. **Gibbs.** Londres.— Savons................	Gde-Bretagne.	38
Veuve **Descressonnière** et fils. Bruxelles. — Savons.	Belgique.....	17
E. **Conti** et fils. Livourne.— Savons................	Italie........	76
F. **Steinfels.** Zurich.—Savons	Suisse.......	26
Vve **Cusinberche.** Clichy-la-Garenne. — Bougies et savons....................................	France.......	141
Thiboumery et Cie. Paris. — Bougies, acide sulfurique.	France.......	153
F. **Fournier.** Marseille.—Bougies	France.......	188
Viallon et Cie. Lyon.—Bougies..................	France.......	179
Albert **Weiss** et Cie. Lyon.—Bougies...	France.......	178
Krestovnikoff frères et Cie. Kasan. — Stéarine et acide sulfurique	Russie	26
Lecomte et Cie. Paris.—Vernis	France.......	72
Soehnée frères. Paris.—Vernis à l'alcool.	France.......	85
Coblenz frères. Paris. — Produits dérivés du goudron, aniline et acide nitrique	France.......	202
Ch. **Messonier.** Paris. — Orseille, extraits et laques.	France.......	15
J. **Pernod.** Avignon. — Garance et extraits.........	France.......	12
Fabrique de garancine et de garance. Tiel.— Garancine et garances	Pays-Bas....	12
J. **Bailey.** Stoke-sur-Trent.—Couleurs pour la peinture sur porcelaine et sur verre.......................	Gde-Bretagne.	5
Wilkinson Heywoods et **Clark.** Londres.—Couleurs et vernis	Gde-Bretagne.	106
Coëz et Cie. Saint-Denis. — Laques et extraits......	France.......	11
W. **Brosche.** Tyrolka. — Extraits de garance et produits divers..	Autriche.....	16
Rhodius frères. Linz. — Céruse..................	Prusse.......	
Schachtrupp et Cie. Osterrode. — Céruse.........	Prusse.......	37
P.-B. **Cow, Hill** et Cie. Londres.—Objets de caoutchouc.	Gde-Bretagne.	23
A. **Leverd** et Cie. Paris. — Gutta-percha...........	France.......	351
Fonrobert et **Reimann.** Berlin. —Objets de caoutchouc	Prusse.......	122
Buechner. Pfungstadt. — Outremer................	Hesse........	7
Dornemann. Lille. — Outremer....................	France.......	8
Fabrique de Kaiserslautern. — Outremer	Bavière......	15
Compagnie américaine de caoutchouc durci. Mannheim. — Objets de caoutchouc...............	Bade........	
José **Murga.** Madrid. — Bougies....................	Espagne.....	36
E. **Chouillou** et Cie. Lescure-lez-Rouen. — Industrie soudière et produits divers........................	France.......	208
Compagnie des salines de Sardaigne.—Sel marin et eaux mères...............................	Italie........	1
Fréd. **Curtius.** Duisburg. — Acide sulfurique et produits divers...	Prusse.......	101

Achille **Daniel** et Cie. Marseille. — Industrie soudière et produits divers	France	218
Fabrique de soude (Société anonyme d'Amsterdam). — Industrie soudière et produits divers	Pays-Bas	21
Gayet et **Gourjon.** Marseille.— Industrie soudière et produits divers	France	281
David **Raynaud** et Cie. Moustier-sur-Sambre. — Industrie soudière et produits divers	Belgique	
Charles **Kulmiz.** Marienhütte. — Industrie soudière et produits divers	Prusse	109
Matthes et **Weber.** Duisburg. — Industrie soudière et produits divers	Prusse	102
Patoux, Drion et Cie. Aniche.— Industrie soudière et produits divers	France	213
Renard et **Boude.** Marseille.—Industrie soudière, produits divers et soufre	France	220
Smits et **de Wolff.** Utrecht.—Soude et soufre des marcs de soude	Pays-Bas	18
Etablissement de produits chimiques. Fiume.— Soude et sulfate d'alumine	Autriche	19
P. et D. **Van der Elst.** Bruxelles.—Industrie soudière et produits divers	Belgique	76
H. **Douglas.** Leopoldshall. — Produits chimiques dérivés des sels de Stassfurt	Prusse	115
G. **Gossleth.** Hrastigg.—Chromates et sels de potasse.	Autriche	41
Charles **Lieber.** Charlottenburg.—Potasse, carbonate de potasse et borax	Prusse	104
Frédéric **Mueller.** Neuglueck. — Alun brut et sulfate d'alumine	Prusse	98
Compagnie Richer. Paris. — Engrais et produits chimiques	France	275
E. **Rousseau.** Paris.—Produits chimiques	France	123
Hopkin et **Williams.** Londres.—Produits chimiques.	Gde-Bretagne.	46
H.-B. **Condy.** Londres.—Produits désinfectants	Gde-Bretagne.	20
Hurlet and **Campsie Alum Works.** Glasgow. — Alun et prussiates	Gde-Bretagne.	49
Mathieu-Plessy. Paris.—Produits chimiques	France	128
Faïk Bey della Sudda. Constantinople. — Produits pharmaceutiques et collection de drogues	Turquie	
Faure et **Darrasse.** Paris. — Produits chimiques et pharmaceutiques	France	130
Henner et Cie. Saint-Gall. — Produits chimiques et pharmaceutiques	Suisse	15
Vve **Girard.** Neuvy-sur-Loire. — Acide acétique, acétates et ocres	France	111
Lichtenberger. Hambach. — Tartres et huiles essentielles	Bavière	2
E. **Sachsse** et Cie. Leipzig. — Huiles essentielles	Saxe	52

Fabrique norvégienne d'huiles de bois. Christiania. — Huiles de bois	Norvége	5
E. Cook et Cie. Londres. — Savons	Gde-Bretagne	21
Michaut et **Lyonnet.** Aubervilliers. — Savons	France	248
C.-L.-E. **Chiozza** et fils. Trieste. — Savons	Autriche	20
F. **Gruner.** Esslingen. — Savons	Wurtemberg	13
Manufacture de Keizerskroon. Amsterdam. — Savons	Pays-Bas	26
Zuydhoeck et Cie. Amsterdam. — Savons	Pays-Bas	28
Hylin et Cie. Stockholm. — Savons	Suède	6
Faulquier, Blanc et Cie. Galatz. — Bougies stéariques et savons	Roumanie	
F. **Fischer.** Vienne. — Savons	Autriche	93
Vve **Houzeau, Muiron** et fils. Reims. — Savons et graisses	France	235
A. **Baudesson** et P. **Houzeau.** Reims. — Graisses et huiles	France	252
Fabrique transylvanienne de stéarine. Hermannstadt. — Bougies et produits chimiques	Autriche	47
Ch. **Ogleby** et Cie. Londres. — Bougies et savons	Gde-Bretagne	72
G. **Dehaynin.** Paris. — Dérivés du goudron	France	40
Ozouf. Saint-Denis. — Céruse	France	97
Fabrique de Liljeholmen. Stockholm. — Bougies et acide sulfurique	Suède	7
O.-F. **Asp.** Copenhague. — Bougies	Danemark	2
Holmblad. Copenhague. — Bougies diverses	Danemark	6
Lanza frères. Turin. — Bougies	Italie	83
Société de Saxe-Thuringe pour l'utilisation des lignites. Hall. — Paraffine et bougies	Prusse	69
Viette et Cie. Billancourt. — Bougies	France	149
J.-A. **Gaillard.** Paris. — Bougies et cires	France	151
Ch. **Montaland** et Cie. Lyon. — Bougies et cires	France	176
F.-S. **Pease.** Buffalo. — Pétroles	États-Unis	2
Carl **Jæger.** Barmen. — Couleurs d'aniline	Prusse	
Lange-Desmoulins. Paris. — Couleurs diverses	France	21
A. **Vorster.** Dusseldorf. — Outremer	Prusse	29
J. **Setzer.** Weitenegg. — Outremer	Autriche	124
J.-H. **Ruef** et fils. Burgdorf. — Céruse	Suisse	20
Jacquand père et fils. Lyon. — Colle, cirage et phosphates	France	67
Société des mines et usines de Bonn. — Alun.	Prusse	68
Société des eaux de Vichy. — Bicarbonate de soude	France	156
A. **Lejeune.** Paris. — Objets de caoutchouc	France	347
Casassa. Paris. — Objets de caoutchouc	France	346

Robert de Massy et **Dècle.** Rocourt. — Sel des vinasses de betteraves et alcool....................	France.......	264
V. **Rogelet** et Cie. Reims. — Potasse et sels de potasse du suint...................................	France.......	284
Ziervogel et Cie. Stassfurt. — Produits chimiques dérivés des sels de Stassfurt..................	Prusse.......	113
Gustave **Luyckx.** Bruxelles. — Objets de caoutchouc.	Belgique.....	44
Poulenc et **Wittmann.** Paris.—Produits chimiques	France.......	124
Estrangin de Roberty. Marseille. — Savons.....	France.......	240
Heinrich. **Dingler** et Cie. Mährisch-Ostrau. — Paraffine..	Autriche.....	28
L. **de la Cotera.** San Salvador. — Indigo.........	San Salvador.	
Jardine, Skinner et Cie. Bengale. — Indigos.....	Inde anglaise.	
Pabst et **Lambrecht.** Nuremberg. — Couleurs diverses..	Bavière.......	17
Industrie des salines du Portugal. — Sel marin.	Portugal.	5-6-8-11 13-15-21
Haenlein frères. Francfort-sur-le-Mein. — Noirs....	Prusse.......	
Fournier-Laigny et Cie. — Produits de la distillation du bois..................................	France.......	106
Buis Crozier et **Cornut.** Lyon. — Vernis........	France.......	
Rivière et Cie. Rouen. — Tissus de caoutchouc.....	France.......	
Andès et **Froebe.** Simmering. — Vernis	Autriche.....	2
D'Enfert frères. Paris. — Colle et gélatine.........	France.......	59
Riess. Dieuze. — Gélatine et phosphates	France.......	58
Ch. **Verbessem.** Gand. — Colle et gélatine.........	Belgique.....	80
A. **Huillard** aîné. Paris. — Orseille et couleurs diverses..	France	1
De Luca. Naples. — Mannite de l'olivier; tartre du myrte d'Australie..........................	Italie........	

Médailles de bronze.

Société autrichienne des chemins de fer de l'État. Vienne. — Acide sulfurique, produits divers, sulfure de carbone..................................	Autriche......	128
J.-E. **Boyer.** Paris. — Borates, nitrate de potasse, etc.	France.......	279
May et **Baker.** Londres. — Produits chimiques.....	Gde-Bretagne..	67
G. **Merkel.** Nuremberg. — Carbonate de magnésie...	Bavière.	13
J.-T. **Bruneel.** Gand. — Acide acétique et acétates..	Belgique.....	5
Schimmel et Cie. Leipzig. — Huiles essentielles....	Saxe Royale..	51
Haentjens et Cie. Ivry-sur-Seine.—Graisses pour chemins de fer..................................	France.......	
Landre, Gras et Cie. Marseille. — Huiles minérales.	France.......	262
A. **Deutsch.** Paris. — Graisses et huiles..........	France.......	259

M.-I.-F. **Macedo.** Rio-de-Janeiro.—Savons et produits du palmier	Brésil	23
Th. **Müllner.** Hinterbrühl. — Produits de la distillation de la résine	Autriche	85
Imer, Fraissinet et **Baux.** Marseille. — Huiles minérales	France	
Hodgson et **Simpson.** Wakefield. — Savons	G^de^-Bretagne.	44
L. **Wunder.** Liegnitz. — Savons	Prusse	79
P.-M. **Maubec.** Elbeuf. — Savons	France	249
A. **Ranque, Paul** fils aîné et Cie. Marseille. — Savons	France	245
Duflos et Cie. Amiens. — Savons	France	238
Gracian et Cie. Malaga. — Savons	Espagne	
W. **Taylor** et Cie. Leith. — Bougies et huiles de schiste	G^de^-Bretagne.	96
Louis **Manganoni.** Milan. — Bougies stéariques	Italie	95
A. **Chatanay.** Lyon. — Bougies	France	177
Estelle **Lefebvre.** Ivry. — Bougies	France	148
Johnsrud. Christiania. — Bougies	Norvége	11
Epstein et **Lévy.** Varsovie. — Bougies	Russie	1
Lizariturri et Cie. Saint-Sébastien. — Bougies	Espagne	35
Pleschanoff (fils de Maxime). Ékaterinburg. — Bougies, savons	Russie	44
Moschnine. Pokrov. — Bougies, savons et produits chimiques	Russie	36
Comité agricole de Saïgon. — Cires	Col. franç.	
A'Ali **Riza-Effendi.** Constantinople. — Cires et stéarines	Turquie	2
Carrière. Paris. — Cires	France	135
Day et **Martin.** Londres. — Cirage	G^de^-Bretagne.	27
E. **Leroy.** Paris. — Cirage	France	
G. **Mertens.** Overboulaere. — Cirage	Belgique	46
B. **Mertens** et Cie. Lessines. — Cirage	Belgique	47
C. **de Brucq.** Paris. — Vernis	France	74
Davault, Doyen et Cie. Paris. — Vernis divers	France	70
Garrod et Cie. Londres. — Vernis	G^de^-Bretagne.	
Dida. Paris. — Vernis à l'alcool	France	86
J. **Mackay.** Édimbourg. — Vernis	G^de^-Bretagne.	64
J. **Mason** et Cie. Derby. — Vernis	G^de^-Bretagne.	66
C. **Turner** et fils. Londres. — Vernis	G^de^-Bretagne.	99
Donnay et fils. Givet. — Colle-forte	France	
Estivant fils aîné. Givet. — Colle-forte	France	
Théophile **Estivant.** Givet. — Colle-forte	France	
Estivant et Albéric **Parent.** Givet. — Colle-forte	France	55
Jules **Hofmeier.** Prague. — Albumine et dextrine	Autriche	54

Exposant	Pays	N°
J. **Loosen.** Cologne. — Colle-forte	Prusse	87
Metz et Cie. Heilbronn. — Colle-forte	Wurtemberg	11
Georg **Sumper.** Munich. — Albumine	Bavière	1
Ch. **Lowe** et Cie. Manchester. — Acide phénique et coralline	Gde-Bretagne.	61
De Cartier. Auderghem. — Minium de fer	Belgique	
D. et M. **Grootes.** Westzaan. — Bleu d'azur	Pays-Bas	
Gademann et Cie. Schweinfurt. — Couleurs diverses	Bavière	9
F. **Mittler.** Augsbourg. — Vert de chrôme	Bavière	5
C.-A. **Dubois.** Hirschberg. — Vermillon	Prusse	26
Lindgens et fils. Mülheim sur le Rhin. — Minium	Prusse	154
Pieschel et Cie. Neustadt-Magdebourg. — Céruse	Prusse	18
Antoine-L. **Moritsch.** Villach. — Minium	Autriche	81
J. **Perus** et Cie. Fives-Lille. — Céruse	France	
Torrilhon-Verdier et Cie. Paris. — Objets de caoutchouc	France	344
S. **Van der Held,** Szn. Rotterdam. — Céruse	Pays-Bas	35
Geo P. **Dodge.** Londres. — Objets de caoutchouc	Gde-Bretagne.	29
Britannia Rubber and Kamptulicon Company. Londres. — Objets de caoutchouc	Gde-Bretagne.	9
Rey et Cie. Paris. — Objets de caoutchouc	France	343
Fournet. Bordeaux. — Industrie soudière et produits divers	France	206
A. **Rasterinaeff.** Saint-Pétersbourg. — Carbonate de soude	Russie	49
Solvay et Cie. Couillet. — Carbonate de soude	Belgique	67
É. **Lacour.** Rouen. — Savons	France	231
Jourdain et Cie. Aubervilliers. — Bougies	France	150
Compagnie parisienne de stéarinerie. Nanterre. — Bougies	France	146
Guiller et **de La Picquerie.** Le Mans. — Bougies et cire	France	133
Havis (Société par actions). Viborg. — Bougies	Russie	57
Ravon. Paris. — Cires	France	256
M. **Nouroff.** Ekaterinburg. — Suif	Russie	38
E. **Biach** et Cie. Theresienfeld. — Graisses	Autriche	12
Mejer et **Hansen.** Copenhague. — Vernis	Danemark	8
Lodini frères. Bologne. — Vernis	Italie	106
Vaquier. Paris. — Vernis	France	81
Mme **Donny-Baertsoen.** Gand. — Produits dérivés du goudron	Belgique	23
Kalle et Cie. Biebrich. — Couleurs d'aniline	Prusse	6
Dubosc et Cie. Le Havre. — Extraits de bois de teinture	France	13
Barruel. Paris. — Couleurs diverses	France	302

G.-C. **Pulford.** Londres. — Couleurs magnétiques.	Gde-Bretagne.	79
Henry **Stephens.** Londres. — Couleurs pour bois..	Gde-Bretagne.	92
Fabrique d'outremer. Utrecht. — Outremer.....	Pays-Bas.....	6
J.-W. **Parker** et Cie. Newcastle-sur-Tyne. — Minium, céruse..................................	Gde-Bretagne.	95
Ramondin et **Venot.** La Teste. — Produits résineux..	France.......	266
Ph. **Peckolt.** Rio de Janeiro. — Produits pharmaceutiques..	Brésil.......	74
Alexis **Mandet.** Tarare. — Glycérocolle............	France.......	
Angelo **Curletti.** Treviglio. — Carbonate de potasse.	Italie........	21
Bayard de la Vingtrie. Paris. — Sels des marcs de betteraves, alcool............................	France.......	263
Kiesel et **Luecke.** Leopoldshall. — Produit des sels de rebut de Stassfurt........................	Prusse.......	116
Thoerl et **Heidtmann.** Harbourg. — Salpêtre, sel d'étain..	Prusse.......	93
Lepeschkine frères. Moscou. — Produits chimiques..	Russie.......	30
F. **Koch.** Oppenheim. — Sels de quinine..........	Hesse.......	17
A.-C. **Diedeck** fils. Vienne. — Savons............	Autriche.....	22
E.-E. **Eckelaers.** Bruxelles. — Savons............	Belgique.....	25
J. **Bousquet** et Cie. Delft. — Savons..............	Pays-Bas....	27
Secretain. Buenos-Ayres. — Savons et cires........	Con Argentine.	
Dobbelmann frères. Nimègue. — Savons..........	Pays-Bas.....	24
E.-P.-F. **Janssens.** Weert. — Savons.............	Pays-Bas....	25
Milliau jeune et Cie. Marseille. — Savons..........	France.......	239
Bignon. Lima. — Savons.......................	Pérou.......	
Victor **Vandenput.** Bruxelles. — Savons..........	Belgique.....	75
Lamasse et Cie. Strasbourg. — Bougies..........	France.......	138
Vitte et Cie. Bakou. — Paraffine, huiles...........	Russie.......	71
Litiaguine. Berdiansk. — Suif..................	Russie.......	33
Belhommet frères. Landerneau. — Bougies.......	France.......	137
Brandicourt. Amiens. — Bougies................	France.......	187
N. **Tchoumitchoff.** Koursk. — Cires..............	Russie.......	62
Savorelli. Rome. — Bougies stéariques...........	États Pontif..	
Ignaz **Rigler** fils. Pesth. — Paraffine..............	Autriche.....	115
F. **Perla.** Madrid. — Bougies stéariques...........	Espagne.....	37
Desforges-Baron. Orléans. — Cires..............	France.......	253
Langton et **Bicknells.** Londres. — Spermaceti...	Gde-Bretagne.	
Beghin et Cie. La Madeleine-lez-Lille. — Bougies...	France.......	139
Bourgeois-Rocques. Ivry. — Acétates et acide acétique..	France.......	112
H.-G. **Hotchkiss.** Lyons. — Huile de menthe, etc...	États-Unis...	

L.-B. **Hotchkiss.** Phelps. — Huiles essentielles	États-Unis ...	26
H. **Berrens.** Barcelone. — Produits chimiques.......	Espagne	
Lauritz **Devold.** Aalesund. — Huile de poisson......	Norvége	2
Lœflund. Stuttgart. — Substances pour l'alimentation des enfants	Wurtemberg..	9
L. **Spiess.** Tarchomine. — Produits chimiques	Russie.......	70
La Martinique. — Collection pharmaceutique.......	Col. franç ...	
Forgeois-Duhamel. Paris. — Utilisation de résidus, sulfate de fer	France.......	
Baux et fils. Givet. — Colle-forte	France.......	56
G.-H. **Koch.** Dornstetten. — Colle-forte............	Wurtemberg..	40
Otto **Loosen** et Cie. Cologne. — Colle-forte.........	Prusse.......	88
V. **Aubert.** Paris. — Vernis......................	France.......	74
Dupille. Paris. — Vernis........................	France.......	79
Chevenement. Bordeaux. — Cirage, encres.........	France.......	69
H. **Daniel.** Paris. — Cirages, encres et vernis.......	France.......	68
L. **Renard.** Paris. — Vernis......................	France.......	82
Drouard. Paris. — Cirage et vernis	France.......	65
A.-H. **Saeger.** Berlin. — Cirage	Prusse.......	48
J.-R. **Haas** et Cie. Leeds. — Indigo pur et carmin..	Gde-Bretagne .	
E. et A. **Pommier.** Leipzig.—Extraits et carmins......	Saxe	40
L. **Picard** et Cie. Lyon. — Orseille et carmins.......	France.......	20
Debbaudt frères. Courtrai. — Céruse..............	Belgique	19
Ch. **Delmotte-Hooreman.** Gand. — Céruse.......	Belgique	20
Leoni. Livourne. — Céruse.......................	Italie	41
T. **Kölle.** Ulm. — Amadou	Wurtemberg..	
L. **Wagner.** Deutz. — Céruse.....................	Prusse	25
Vavasseur. Paris. — Objets de caoutchouc.........	France.......	345
E. **Granier.** Paris. — Caoutchouc artificiel.........	France	354
E. **Roucaud.** Buenos-Ayres.— Huile de pied de bœuf.	Con Argentine.	
Albert **Kreglinger.** — Montevideo. — Graisses......	Uruguay	
Henry **Paget.** Vienne. — Vêtements imperméables...	Autriche.....	
Pol **De Schamphelaere.** Gand. — Objets de caoutchouc..................................	Belgique.....	
Lamoureux et **Gendrot.** Paris. — Produits chimiques et pharmaceutiques	France.......	126
M. Dougall frères. Manchester et Londres. — Produits desinfectants..........................	Gde-Bretagne .	62
Basile **Sanine.** Litachevka. — Acétates, etc	Russie.......	54
Usine d'Andrarum. Broesarp-Christinehof. — Alun .	Suède.......	2
Usine de Hoensaeter. Mariestadt-Hoensaeter. — Alun	Suède	3
G. Charles **Zimmer** et Cie. **Mannheim.** — Produits chimiques	Bade	4

Schlink et **Rutsch.** Ludwigshafen. — Huiles	Bavière......	
Société **La Philadelphienne.** Paris. — Huiles minérales	France.......	
Joseph **Nowak.** Prague. — Gomme et dextrine.....	Autriche......	89
F. **Winter.** Offenbach. — Colle-forte..............	Hesse........	11
Parquin, Legueux, Zagorowsky et **Lechiche.** Auxerre. — Ocres............................	France.......	103
C.-A. **Springmann.** Osnabrück. — Couleurs.......	Prusse.......	38
M. **Lucas.** Cunnersdorf. — Vermillon.............	Prusse.......	19
A. **Latry** et Cie. Paris. — Blanc de zinc...........	France.......	93
Ringaud jeune. Paris. — Prussiates...............	France.......	122
Gaspard **Dollfus.** Bâle. — Couleurs d'aniline.......	Suisse........	36
K. **Œhler.** Offenbach. — Couleurs d'aniline.........	Hesse........	3
E. **Bourdon.** Château-Renaut. — Colle-forte........	France.......	
Comte Léon **Larisch-Mönnich** et Cie. Petrowitz. — Industrie soudière, produits divers................	Autriche.....	68
Vve **Ringaud** aîné et Cie. Paris. — Couleurs et produits chimiques	France.......	24
Jose **Grau.** Séville. — Cirage......................	Espagne......	
Jules **Leirens** et Cie. Gand. — Industrie soudière, produits divers.....................................	Belgique.....	42
R. **Monroig.** Barcelone. — Garancine..............	Espagne......	
Mohr et Cie. Ribecourt. — Industrie soudière, produits divers...	France.......	19
Baron **Samora Correa.** Lisbonne. — Sel marin....	Portugal......	15
Société des salines de Pirano. — Sel marin, productions des eaux mères.........................	Autriche.....	115
Van Baerle et Cie. Worms. — Silicates de soude...	Hesse........	16
Jacques **Adragna.** Trapani. — Sel marin..........	Italie........	6
Joseph d'**Ali.** Trapani. — Sel marin................	Italie........	7
Giovanni **Campani.** Sienne. — Sel de soude.......	Italie........	31
Jos. **Candiani.** Milan. — Acide sulfurique, silicates alcalins..	Italie........	17
Vve **Chauvière.** Issy. — Acide sulfurique	France.......	283
Ed. **Cook** et Cie. Newcastle-sur-Tyne. — Bicarbonate de soude	Gde-Bretagne.	22
Hermann et **Mummenhoff.** Neusalzwerk. — Sulfates..	Prusse.......	108
R. **Hummeltenberg-Harkort.** Harkorten. — Industrie soudière, produits divers....................	Prusse.......	105
G.-F. **Ketjen** et Cie. Amsterdam. — Acides nitrique et sulfurique..	Pays-Bas.....	31
H. **Cazalis** et Cie. Montpellier. — Acide tartrique et tartre..	France.......	277

Exposant	Pays	N°
Prévost et Cie. Montpellier. — Acide tartrique.......	France.......	278
Fresson. Guyane. — Beberine, etc................	Col. anglaises.	
J.-H. **Diss-Debar.** West-Virginia. — Paraffine......	États-Unis....	24
Pouyot. San-Miguel-Santiago. — Savons divors......	Chili.........	
Lambert. Tamatave. — Cire des forêts............	Col. françaises	
E.-E. **Visser.** Amersfoort. — Cire brute............	Pays-Bas.....	18
Pons et **Mata.** Barcelone. — Cires................	Espagne......	
Gaertner et Cie. Mannheim. — Bougies stéariques.	Bade..........	7
Lacroix et **Quanonne.** Bruxelles. — Bougies stéariques....................................	Belgique.....	36
A.-J. **Teixeira de Mello.** Lisbonne. — Cire blanche.	Portugal.....	
Société rhénane pour l'éclairage. Cologne. — Paraffine....................................	Prusse.......	85
Califan-ben-Ali. Ile Mayotte. — Cires............	Col. franç....	
Venèque. Ivry. — Bougies........................	France.......	147
Perré et fils. Elbeuf. — Bougies...................	France.......	183
Elziar **Santonax.** Dôle. — Bougies...............	France.......	184
Liegey frères. Nancy. — Bougies.................	France.......	185
C. **Scholtze.** Varsovie. — Bougies................	Russie.......	
J. **Gauthier.** Saint-Pierre de la Réunion. — Cires.....	Col. franç....	
Imhaus. La Réunion. — Cires...................	Col. franç....	
Fabrique de bougies Polonia. Pesth. — Paraffine.	Autriche.....	88
Belmont Oil Company. Philadelphie. — Paraffine..	États-Unis...	20
Daire père et fils. Arras. — Bougies.............	France.......	186
Langerfeld. Sarepta. — Huiles essentielles.......	Russie.......	27
Alexis **Reichel.** Novgorod. — Huiles essentielles....	Russie.......	50
Salomon **Schmidl.** Misslitz. — Huiles essentielles....	Autriche......	118
Hansen. Aalesund. — Huile de poisson...........	Norvége......	6
A. **Benzon.** Copenhague. — Produits pharmaceutiques.	Danemark....	3
Burgoyne, Burbidges et **Squire.** Londres. — Matières premières pour la chimie et la pharmacie..	Gde-Bretagne.	11
Davy, Yates et **Routledge.** Londres. — Produits chimiques....................................	Gde-Bretagne.	26
Peter **Squire.** Londres. — Préparations pharmaceutiques....................................	Gde-Bretagne.	91
A. **Hottot.** Paris. — Pepsine et produits pharmaceutiques....................................	France.......	338
Institut pharmaceutique. Pesth. — Produits pharmaceutiques..............................	Autriche.....	99
Gaetan Durando. Alger. — Collection pharmaceutique....................................	Algérie.......	
J. **Goebel.** Siegen. — Colle-forte................	Prusse.......	87
Sahlstroem. Jonkoeping. — Albumine des œufs de poisson....................................	Suède........	14
Tancrède frères. Paris. — Colle, noir animal.......	France.......	53

J. **Bermüller.** Prague. — Dextrine	Autriche	26
Compagnie des tanneries de Château-Renault. — Colle-forte	France	46
J. **Darney** et fils. Londres. — Colle-forte	Gde-Bretagne	25
Ch. **Hammelrath.** Bruxelles. — Colle-forte	Belgique	31
Groote et **Romeny.** Amsterdam. — Produits chimiques	Pays-Bas	34
J. **Zacherl.** Vienne. — Poudre et liquide insecticides.	Autriche	146
H. **Cuntze.** Aix-la-Chapelle. — Huile pour horlogerie.	Prusse	57
E. **Cuntze.** Cologne. — Huile pour horlogerie	Prusse	58
C.-F. **Sautter.** Ulm. — Huile pour horlogerie	Wurtemberg	
Vaucher. Peseux. — Huile pour horlogerie	Suisse	27
Amblet, Poncet et Cie. Genève. — Huile pour horlogerie	Suisse	1
J.-D. **Windle.** Oldham. — Huile pour horlogerie	Gde Bretagne	10
J.-F. **Babcock.** Boston. — Résine	États-Unis	
W. **Goodwin.** Hanley. — Vernis	Gde-Bretagne	39
G.-I. **Krol** et Cie. Zwolle. — Noir animal	Pays-Bas	16
Nystrœm. Œrebro. — Noir animal	Suède	9
Vve P. **Smits** et fils. Utrecht. — Noir animal	Pays-Pas	15
J. **Clouet.** Paris. — Borates	France	
H. **Bock.** Brünn. — Noir animal	Autriche	13
Ch. **Hostmann.** Zelle. — Noirs pour imprimerie	Prusse	60
C.-E. **Milius** jeune et Cie. Paris. — Couleurs, vernis.	France	23
Olive jeune. Paris. — Couleurs, produits chimiques	France	28
Vossen frères. Aix-la-Chapelle. — Couleurs	Prusse	24
Hosegood et Cie. Londres. — Couleurs	Gde-Bretagne	47
Otton **Bredt.** Barmen. — Couleur d'aniline	Prusse	11
H. **De Clercq.** Harlem. — Objets en caoutchouc	Pays-Bas	11
J.-G. **Gros.** Mulhouse. — Orseille	France	9
Zeller frères. Oberbrück. — Produits chimiques	France	192
A. **Gary** et Cie. Rio-de-Janeiro. — Produits pharmaceutiques	Brésil	4
J.-D. **Vieira.** Rio-de-Janeiro. — Produits pharmaceutiques	Brésil	5
Chevé fils. Paris. — Produits chimiques	France	127
L. **Moulin.** Saint-Denis. — Produits chimiques	France	129
Vernet fils. Poussan. — Éthers	France	298
Destrem et Cie. Paris. — Procédé de décoration	France	»
I.-S. **Arnoux.** Paris. — Rouge pour aviver les métaux.	France	293
P.-H. **Dupont.** Cherbourg. — Vernis divers	France	300
Lambe et **Sterry.** Londres. — Paraffine et bougies.	Gde-Bretagne	56
Félix **Faraut.** Rio-de-Janeiro. — Produits pharmaceutiques	Brésil	

Rassapa Modeliar. Pondichéry. — Indigos........ Col. franç....

Amalric et Cie. Pondichéry. — Indigos............ Col. franç....

Exposants réunis de Batavia. — Indigos...... Col. holland..

Henri **Hell** et Cie. Sakowa, Bengale. — Indigos....... Inde anglaise.

S. **Clarke.** Londres. — Bougies, veilleuses.......... Gde-Bretagne. 77

J. **Simier.** Paris. — Couleurs.................... France....... 37

E. **Lefebvre.** Paris. — Vernis.................... France....... 73

Xardel. Malzéville. — Sels ammoniacaux, huiles et noir animal.................................. France....... 274

Carof et Cie et C. **Morio.** Pioudalmereau. — Produits des varechs.......................... France....... 120

Weeger et Cie. Paris. — Vernis.................. France....... 77

Cel **Roze.** Paris. — Huile de menthe................ France....... 316

J.-B. **Defay.** Paris. — Albumine pour impressions... France....... 41

C.-M. **Rivet.** Paris.—Poudre pour la clarification des vins.. France....... 43

Stœfs frères et sœurs. Bruxelles. — Savons......... Belgique.....

De Wyndt. Anvers. — Soufre raffiné.............. Belgique.....

Usine de Machelen. — Amidon..................... Belgique.....

J. **Owen** et fils. Copenhague. — Acide sulfurique.... Danemark.....

Miralta frères. Savone. — Produits chimiques...... Italie.......

Gigodot et **Laprévote.** Lyon. — Colle et phosphates..................................... France.......

Pagliari. Rome et Paris. — Produits chimiques et pharmaceutiques............................ États-Pontif..

Beyer. Chemnitz. — Encre......................... Saxe.........

Champy et Cie. Bruxelles.—Produits pharmaceutiques. Belgique.....

H. **Sittel.** Heidelberg. — Produits chimiques........ Bade.........

Mentions honorables.

Lewinski frères. Dobrisch. — Éther acétique et acétates.................................... Autriche..... 67

Esteban D. **Ozollo.** Madrid. — Savons.............. Espagne...... 44

Lambrechts et Cie. Anvers. — Savons............. Belgique..... 38

Marietta and Gales Fork Petroleum, Co. Marietta. — Pétrole brut........................... États-Unis.... 19

J.-F. **Uffhausen.** Mœlln. — Cirage de gutta-percha.. Prusse....... 49

G.-B. **Wahlbom.** Calmar-Kœhlby. — Noir animal.. Suède........ 10

J. **Wæchter.** Tilsitt. — Vernis..................... Prusse....... 62

Chevallier-Escot. Orléans. — Vernis............... France....... 34

Jules **Rütgers.** Berlin. — Produits du goudron...... Prusse....... 3

Dr Em. **Jacobsen.** Berlin. — Couleurs d'aniline..... Prusse....... 21

T. et C. **Holliday.** New-York. — Couleurs d'aniline. États-Unis.... 30

Charles **Huhn.** Prague. — Outremer................. Autriche.....

L. **Dooremans**. Dordrecht. — Outremer............	Pays-Bas....	4
L. **Robelin**. Dijon. — Outremer..................	France.......	7
Louchez, Legrand et Cie. Saint-André-lez-Lille. — Céruse....................................	France.......	96
Venzano frères. Gênes. — Céruse................	Italie	40
Pierre **Fuchs**. Ransbach. — Émeri...............	Prusse......	
Samuel **Calley**. Brixham. — Couleurs à base de fer.	G^de^-Bretagne..	14
Georges **Hoffmann**. Schweinfurt. — Couleurs et laques.	Bavière......	8
Rœther et **Meyer**. Mannheim. Couleurs...........	Bade.........	2
Salomonson et Cie. Rotterdam. — Garancine et garance.....................................	Pays-Bas.....	13
Prevost et **Blin**. Paris. — Objets de caoutchouc.....	France.......	
E.-S. **Rogers** et Cie. Manchester. — Huiles minérales	G^de^-Bretagne.	
Fr. **Nobiling**. Berlin. — Savons..................	Prusse.......	81
J. **Brown**. Natal. — Savons......................	Col. anglaises.	6
Compagnie de Hobson Bay. Victoria. — Savons..	Col. anglaises.	
Gimenez frères. Mora. — Savons.................	Espagne......	
Arezegui-ou-Tahar. Bougie. — Savons..........	Algérie.......	26
Bellon-Balme et Cie. Marseille. — Savons........	France	246
Thielens-Janssen. Tirlemont. — Huiles et graisses...	Belgique	69
N.-A. **Van der Plasse**. Bruxelles. — Huile pour horlogerie..	Belgique	77
E. **Buigas** et **Fabra**. Barcelone. — Produits chimiques.	Espagne	
Amigo et Cie. Barcelone. — Céruse...............	Espagne......	
Bartolomé **Pons**. Vich. — Crème de tartre...........	Espagne......	
Dos Santos Carneiro. Rio-de-Janeiro. — Cierges en cire..	Brésil........	
Vicente et **Steves**. Para. — Colle de poisson.......	Brésil........	
Lang. Rio-Grande du Sud. — Colle de poisson......	Brésil........	
A. **Voog**. Saint-Gilles-lez-Bruxelles. — Huile pour horlogerie.......................................	Belgique.....	84
Vianna et **Bosisio**. Rio-de-Janeiro. — Eau de fleur d'oranger....................................	Brésil	8
P. **Barbanson**. Bruxelles. — Noir animal...........	Belgique	1
Bernard **Seghers**. Gand. — Noir animal...........	Belgique.....	63
Brœnner. Francfort-sur-le-Mein. — Noir	Prusse.......	49
Jos. **Graf**. Vienne. — Cirage......................	Autriche.....	42
Jean **Parger**. Vienne. — Cirage....................	Autriche	94
Sutter, Krauss et Cie. Oberhofen. — Cirage et vinaigre......................................	Suisse.......	25
Vve **Audouin**. Paris. — Vernis	France.......	35
Bertaux frères. Paris. — Siccatif..................	France.......	
Comte Hugo **Henckel de Donnersmark**. Tarnowitz. — Blanc de zinc..................................	Prusse.......	12

Exposant	Pays	N°
Anna **Deschaux.** Annonay. — Albumine..........	France.......	42
J. **Hirsch.** Chicago. — Albumine des œufs.........	États-Unis ...	
T. **Nimmo** et Cie. Linlithgow. — Colle forte........	Gde-Bretagne.	71
Compagnie russe pour la fabrication des parfumeries. Saint-Pétersbourg. — Albumine.......	Russie.......	59
Gouvernement du Chili. — Collection de drogues et plantes médicinales.....................	Chili	
Collection de drogues et gommes du Sénégal.	Col. françaises	
Guilliermond père et fils. Lyon. — Produits pharmaceutiques................................	France.......	119
Juan **Canales.** Malaga. — Essences et acide nitrique.	Espagne	19
N. **Castello** et **Vila.** Barcelone.—Vert-de-gris.....	Espagne	1
Joseph **Falck.** Mayence.—Acide tartrique et essences.	Hesse........	5
Mulaton et Cie. Lyon. — Acide tartrique..........	France.......	120
L. **Paisant.** Pont-Labbé. — Produit des varechs.....	France.......	
A. **Darier.** Genève.—Émaux pour couleurs.........	Suisse.......	
R. **Haist.** Le Locle. — Produits chimiques.........	Suisse	13
W. **Huskisson** et fils. Londres.— Produits chimiques.	Gde-Bretagne .	
Brandon Kaolin and **Paint Company.** Brandon. — Ocres	États-Unis .	
Jean **Nejedly.** Ottakring. — Couleurs.............	Autriche.....	87
E. **Poignant.** Paris. — Couleurs métalliques........	France.......	
Dr J.-F. **Schœnfeld** et Cie. Düsseldorf. — Couleurs..	Prusse.......	16
P. **Taconis.** Joure. — Vert frison et huile.........	Pays-Bas	5
C. **Erdmann.** Leipzig. — Produits chimiques et huiles	Saxe	77
Collard. Basen-Basset.—Cirage et vernis..........	France.......	75
Fabrique de paraffine. Hermannstadt. — Paraffine.	Autriche.....	72
R. **Löhnert.** Böhmisch-Leipa.— Produits chimiques..	Autriche.....	93
H. **Schmidt.** Prague. — Huiles essentielles	Autriche.....	119
W. **Holland.** Market-Deeping.—Huiles essentielles...	Gde-Bretagne .	45
W.-J. **Bush.** Londres. — Huiles essentielles	Gde-Bretagne .	12
W. **Ransom.** Hitchin. — Produits pharmaceutiques et huiles essentielles............................	Gde-Bretagne.	80
Alexandre **Fries.** Cincinnati. — Extraits aromatiques.	États-Unis....	28
Imhof. Aarau. — Couleurs pour confiserie.........	Suisse.......	352
Chapoton-Feynas. Saint-Étienne. — Élastiques en caoutchouc	France..... .	
Brun père et fils aîné. Bordeaux.—Nitrate de potasse.	France.......	190
De **Coninck** frères et **Martel.** Bruxelles. — Nitrate de potasse	Belgique	10
Paul **Richelle.** Paris. — Acide nitrique...........	France.......	201
Dr F.-G. **Geiss.** Aken-sur-Elbe.—Huiles essentielles..	Prusse.......	56
Alexandre **Knobloch.** Sarepta. — Huile de menthe.	Russie.......	23
Störmer et **Kaurin.** Trondhjem.— Huile de bois...	Norvége	23

Talbot et **Alder.** Londres. — Couleurs.............	G^de^-Bretagne.	94
Dr Th. **Schuchardt.** Goerlitz.—Produits chimiques..	Prusse........	106
H. **Raussendorf.** Berlin. — Huiles volatiles et essences	Prusse........	55
Chevalier Erasme de **Wolanski.** Hussiatyn. — Huiles essentielles	Autriche	144
Dr Léonard **Cochn.** Berlin. — Produits chimiques et pharmaceutiques	Prusse.......	110
L.-A. **Adrian.** Paris.—Produits pharmaceutiques.....	France.......	309
F. **Berjot.** Caen. — Plantes sèches et fleurs........	France.......	222
S. **Ibenfeldt.** Aalesund.— Huile de foie de morue...	Norvége......	
N.-H. **Knutzen.** Christiansund. — Huile de foie de morue..	Norvége......	14
Green. — Gélatine..	G^de^-Bretagne.	
M.-F.-G. **Chalmel.** Paris. — Vernis..................	France.......	33
Georget aîné et Cie. Chantenay-sur-Loire.— Vernis.	France.......	84
Deltenre Walker. Bruxelles. — Vernis.............	Belgique	21
Vanheurk-Balus et Cie. Anvers. — Vernis et blanc d'Espagne	Belgique	78
Martin **Mathys.** Bruxelles. — Vernis................	Belgique	45
Ghibellini frères. San-Giovanni.—Fers vernis......	Italie........	105
Pierre **Mazzoni.** Rimini.—Vernis à feu.............	Italie........	107
Alois **Keil.** Vienne.—Vernis........................	Autriche	59
Gustave H. **Richter.** Warnsdorf.—Vernis............	Autriche	112
Landolt et Cie. Aarau.—Vernis....................	Suisse	17
Jean-C. **Leye.** Bochum.—Vernis et laques..........	Prusse.......	64
Jacobs et fils. Zwolle.—Vernis...................	Pays-Bas	8
Lommen frères. Tilburg.—Laques, vernis et couleurs minérales..	Pays-Bas.....	36
J. **Adams.** Sheffield.— Poudre à nettoyer..........	G^de^-Bretagne .	1
W.-S. **Rumsey.** Londres.—Poudre à nettoyer	G^de^-Bretagne .	83
D. **de Behr.** Ixelles-lez-Bruxelles.—Céruse..........	Belgique.....	2
C. **Oberreich.** Cologne.—Blanc fixe..................	Prusse.......	13
Odenthal et **Leyendecker.** Cologne.—Céruse.....	Prusse.......	156
François **Padilla.** Almeria.—Céruse..................	Espagne......	42
Coosemans et Cie. Berchem-lez-Anvers.—Huile de pétrole..	Belgique.....	16
H.-G. **Moehring,** agent de la Volcanic oil Cy de Western Virginia. New-York. —Huile de pétrole........	États-Unis....	15
R.-M. **Smith.** Baltimore.—Huile de pétrole.........	États-Unis....	18
Dr **Birdwood.** Indes. — Collection de drogues.......	Inde anglaise.	
Exposants réunis des Indes-Orientales. — Collection de drogues..	Col. holland..	
Baboo-Kanny-Lall-Dey. Calcutta.— Collection de drogues indigènes..................................	Inde anglaise.	7

Chambre de commerce de Ferrare. — Sel marin de Comacchio	Italie	3
Guido dalla Rosa-Prati. Parme. — Sel raffiné et iode	Italie	2
Entreprise des salines de Volterra. Pise. — Sel de cuisine, industrie soudière	Italie	4
Fabrique chimique néerlandaise. Amsterdam. — Acide sulfurique	Pays-Bas	29
F. **Guibé.** Caen. — Acide sulfurique, produits divers.	France	282
Fabrique chimique de Lysager. Christiania. — Acides sulfurique et nitrique	Norvége	16
Lange et **Mosel.** Cap de Bonne-Espérance. — Alcalis et graisses	Col. anglaises.	1
Roseleur. Paris. — Produits chimiques	France	196
J.-H. **Vicat.** Paris. — Poudres insecticides	France	221
Homolle et **Debreuil.** Paris. — Produits pharmaceutiques	France	334
Michel **Lespérance.** Canada. — Huile de poisson	Col. anglaises.	
J. **Tilley.** Terre-Neuve. — Huile de poisson	Col. anglaises.	
E.-J. **Waring.** Londres. — Plantes médicinales de la nouvelle pharmacie indienne	G^de^-Bretagne	8
John **Warrington.** Terre-Neuve. — Huile de foie de morue	Col. anglaises.	9
C.-N. **Winsback.** Metz. — Plantes et productions pharmaceutiques	France	327
James-Fitz. Melbourne. — Colle-forte et huile	Col. anglaises.	5
Honnens et Cie. Victoria. — Colle-forte	Col. anglaises.	2
Pierre **Rotcheff.** Archangel. — Colle forte	Russie	51
S. **Dumoulin.** Paris. — Colle-forte liquide	France	44
Charles **Nollod.** Paris. — Albumine	France	
Léon **Amene.** Clermont-Ferrand. — Graisses	France	270
Louis **Gennotte.** Bruxelles. — Poudre insecticide	Belgique	27
J.-B. **Grandval.** Reims. — Extraits pharmaceutiques	France	340
Delattre et Cie. Dunkerque. — Huile de foie de morue.	France	228
Chardonnaud et **Ducros-Olrat.** Nimes. — Suc de réglisse	France	323
Carénou, Bonifas et Cie. L'Habitarelle. — Réglisse.	France	324
Droop et **Storck.** Osnabrück. — Couleurs	Prusse	3
E. **De Haen** et Cie. List. — Produits chimiques et pharmaceutiques	Prusse	92
École forestière de Lissino. Gouvernement de Saint-Pétersbourg. — Produits de la distillation du bois.	Russie	13
Kluge et **Pœritzsch.** Leipzig. — Huile essentielle	Saxe	53
Estevan-Antonio **d'Oliveira.** Alcochete. — Sel marin.	Portugal	13
Sharon Chemical Company. Derby. — Acide sulfurique et produits divers	G^de^-Bretagne.	89

Toriades et Cie. Lisbonne.—Sel marin............ Portugal..... 21
Muns, Calvet et **Muntada.** Pueblo-Nuevo.—Salpêtre. Espagne 6
Sanchez Mateos. Alcazar-de-San-Juan. —Salpêtre.. Espagne 14
Braamcamp. Lisbonne. — Sel marin .... Portugal .....
Compagnie das Lesirias. Lisbonne.—Sel marin... Portugal 2
Commune de Sainte-Maure. — Sel de cuisine ... Grèce........
Jean Sesinando **de Freitas** Senior. Setubal. — Sel marin .... Portugal..... 8
W. **Blum** et Cie. Grenzhausen.—Couleurs minérales.. Prusse....... 33
H.-H. **Heynsius.** Harlem.—Couleurs minérales....... Pays-Bas.... 33
Hoorickx et **Gorrissen.** Bruxelles.—Couleurs minérales .... Belgique 34
Vernier, Roux et **Balois,** Dôle.—Bleus.......... France....... 10
E. **Caillat.** Paris.—Vernis......................... France....... 76
Blaive et Cie. Poitiers.—Savons.................. France....... 232
Ranagararettiar. Pondichéry.—Indigos.......... Col. franç....
Defienne. Cochinchine. —Indigos .... Col. franç....
Giorisello. La Martinique.—Indigos............... Col. franç....
Cadot frères. Paris. — Couleurs .... France.......
Mathieu-Dupont. Paris. — Couleurs .... France.......
G.-M. **Schaberick.** Mayence. — Couleurs.......... Hesse........
J. Ph. **Weitzel.** Ingelheim. — Huiles essentielles... Hesse........
Leroy. Paris. — Graisses pour machines............ France ....
Saurel. Paris. — Graisse dite *universelle* .... France.......
A.-G. **Day.** Seymour. — Caoutchouc artificiel .... États-Unis ...
Peyroulx père et fils. Levallois-Perret. — Couleurs. France....... 89
J. **Tesson.** Paris. — Huiles animales pour voitures.. France....... 267
F. **Faussemagne** fils. Lyon. — Gélatine d'écailles de poisson.. France....... 52
C. **Breton.** Paris. — Couleurs végétales pour les confections.. France....... 30
C.-F. **Piering.** Prague. — Acétate de plomb.......... Autriche..... 100
Lucovici. Bukarest. — Suifs et graisses............. Roumanie....
Couvents de la Roumanie. — Eau de mélisse... Roumanie....
Hamelin. Paris. — Cirages .... France.......
Domon et Cie. Val Profond, près Villeneuve-sur-Yonne. — Couleurs à base de fer................. France.......
Fouque. Nice. — Produits pharmaceutiques......... France....... 314
H. **Sachs.** Berlin. — Huiles volatiles .... Prusse.......
G. **Garttner.** Stuttgart. — Produits pharmaceutiques. Wurtemberg..

COOPÉRATEURS.

Grand prix.

A.-W. **Hofmann.** Berlin. — Découverte de couleurs d'aniline.. Prusse.......

Médailles d'or.

Girard et **Delaire.** Paris. — Découverte de couleurs d'aniline.. France.......

Coupier. Poissy. — Découverte de couleurs dérivées du toluène. (Avait mérité la médaille d'argent pour la séparation des hydrocarbures).............. France.......

Ch. **Lauth.** Paris. — Découverte de couleurs d'aniline.. France.......

Nicholson. Londres. — Découverte de la crisaniline. Gde-Bretagne.

H. **Tillmanns.** — Découverte de couleurs d'aniline. Prusse.......

P. **Schutzenberger.** — Procédé d'extraction de l'alizarine.. France.......

Médailles d'argent.

Docteur **Kœrner.** Gand. — Collection des produits dérivés de la benzine.............................. Belgique.....

Usèbe. Paris. — Découverte de couleurs d'aniline... France.......

Bardy. Paris. — Coopération à la découverte de couleurs d'aniline.............................. France......

Gastinel. Le Caire. — Directeur du laboratoire central et du jardin d'acclimatation du Caire........... Egypte.......

A. **Van Scherpenzeel Thim.** Mühlheim. — Procédé pour la régénération du soufre avec l'acide sulfureux des grillages.............................. Prusse.......

Mention honorable.

Docteur **Fabian.** Stuttgart.—Collaborateur de M. Siegl Wurtemberg..

CLASSE 45

SPÉCIMENS DES PROCÉDÉS CHIMIQUES DE BLANCHIMENT, DE TEINTURE, D'IMPRESSION ET D'APPRÊT.

EXPOSANTS.

Hors concours.

Bergmann et Cie. (Bergmann, membre du Jury.) Berlin..	Prusse.......	
Boutarel et Cie. (Aimé Boutarel, membre du Jury.) Paris. — Tissus teints en toutes couleurs..........	France.......	
Larsonnier frères et **Chenest.** (Gustave Larsonnier, membre du Jury.) Puteaux. — Tissus imprimés.....	France.......	

Médailles d'or.

Brunet-Lecomte et Cie. Bourgoin. — Impressions sur chaîne soie..................................	France.......	22
Descat frères. Roubaix. — Tissus de laine teints en toutes couleurs..................................	France.......	4
Aug^te **Rouquès.** Clichy-la-Garenne. — Tissus de laine teints en toutes couleurs..........................	France.......	13
Guillaume père et fils. Saint-Denis. — Tissus de laine imprimés en toutes couleurs..................	France.......	18
Wulvéryck. Paris. — Châles imprimés....	France (Cl. 29.)	106
Egg, Ziegler-Greuter et Cie. Winterthur et Islikon. — Tissus de coton imprimés (rouge d'Andrinople)........	Suisse.......	3
Tschudy et Cie. Schwanden. — Tissus de coton imprimés (rouge d'Andrinople)	Suisse.......	19
Guinon, Marnas et **Bonnet.** Lyon. — Fils de soie teints en couleur.	France (Cl. 31.)	273
Gillet-Pierron. Lyon. — Fils de soie teints en noir.	France (Cl. 31.)	276
François **Leitenberger**. Cosmanos. — Tissus de coton imprimés..................................	Autriche (Cl. 27.)	16
Kœchlin, Baumgartner et Cie. Lœrrach. — Tissus de coton imprimés et châles	Bade. (Cl. 27.)	1

Médailles d'argent.

A. **Guillaumet.** Puteaux. — Tissus de laine unis ou façonnés, teints en toutes couleurs.............	France.......	12
E. **Ripley** et fils. Bradford. — Tissus de laine unis ou façonnés, teints en toutes couleurs.................	Gde-Bretagne.	3
Vérité père, **Schuler** et Cie. Courbevoie. — Blanchisserie..	France.......	10
Chalamel frères. Puteaux. — Tissus de laine unis ou façonnés, teints en toutes couleurs..............	France......	15
E. **Fleury.** Amiens. — Tissus de laine unis ou façonnés, teints en couleur	France......	1
Alfred **Motte** et Cie. Roubaix. — Tissus de laine unis ou façonnés, teints en toutes couleurs...............	France.......	5
Delamotte et **Faille.** Reims. — Tissus de laine unis ou façonnés, en toutes couleurs...............	France. (Cl. 29.)	195
François **Pourchelle.** Amiens. — Velours de coton teints et apprêtés................................	France.......	17
L. **Chocqueel.** Paris. — Impressions de Paris.......	France.......	23
U. **Troester** et Cie. Jallien. — Impressions sur chaîne-soie..	France......	24
Théophile **Grison** et Cie. Saint-Désir de Lizieux. — Draps teints en pièces..............................	France.......	7
Joseph **Bossi.** Saint-Veit. — Tissus de laine imprimés.	Autriche. (Cl. 29.)	2
Vve **Godefroy** et fils. — Tissus de laine imprimés...	France.......	
Franz **Liebieg.** Dörfel. — Tissus de laine imprimés ..	Autriche. (Cl. 29.)	8
Joh. **Liebieg** et Cie. Reichenberg. — Tissus de laine imprimés..	Autriche. (Cl. 29.)	
E. **Guérin** et **Jouault.** Paris. — Châles imprimés..	France. (Cl. 29)	95
H. **Sulzer.** Aadorf. — Tissus de coton (rouge d'Andrinople)	Suisse.......	16
J. **Weisgerber.** Saint-Pierre. — Tissus de coton (rouge d'Andrinople)................................	France. (Cl. 27.)	183
Alphonse **Cordier.** Bapeaume-lez-Rouen. — Tissus de coton (rouge d'Andrinople)	France. (Cl. 27.)	108
Rieter, Ziegler et Cie. Winterthur. — Tissus de coton (rouge d'Andrinople)............................	Suisse.......	24
Baranoff frères. Alexandrov. — Tissus de coton (rouge d'Andrinople).....................................	Russie. (Cl. 27.)	1
L.-A. **Féau-Béchard** fils. Paris. — Fils de laine teints en toutes couleurs	France.......	26
Hertz et **Wegener.** Berlin. — Fils de laine teints en toutes couleurs..................................	Prusse.......	8
Poiret frères et neveu. Paris. — Fils de laine teints en toutes couleurs...............................	France. (Cl. 27.)	52
Burkard Müller. Fulda. — Fils de laine teints en toutes couleurs....................................	Prusse. (Cl. 29.)	26

Société de la filature de laine peignée. Vöslau. — Fils de laine teints en toutes couleurs.......	Autriche. (Cl. 29.)	1
Hulot et **Berruyer.** Puteaux. — Fils de laine, de soie, de coton et de poil de chèvre................	France.......	21
Amédée **Delamare.** Rouen. — Fils de laine, de soie, de coton et de poil de chèvre....................	France.......	25
Milliant et **Ducluzel.** — Fils de soie teints et blanchis.	France.......	
Teinturiers de Zurich. — Fils de soie teints et blanchis..	Suisse.......	18
Renard et **Villet.** Lyon. — Fils de soie teints et blanchis..	France.......	
Clavel et fils. Bâle. — Fils de soie teints et blanchis.	Suisse.......	23
E. **Drevon** aîné. Lyon. — Fils de soie teints et blanchis.	France.......	
Savigny et **Bunand.** Lyon. — Fils de soie teints et blanchis..	France.......	
J. de E.-O.-D. **Briffaud.** Paris. — Fils de soie teints et blanchis..	France.......	20
Ramel frères et **Couturier.** Lyon. — Fils de soie teints et blanchis..................................	France.......	
J.-B. et P. **Martin.** Tarare-Lyon. — Fils de soie teints et blanchis..................................	France.......	
Hands fils et Cie. Burges. — Fils de soie teints et blanchis..	Gde-Bretagne(Cl. 31)	9
Barth-Salvaterra. Vienne. — Fils de soie teints et blanchis..	Autriche......	4
F.-G. **Reulshagen** (maison Rittershaus). Dusseldorf. — Fils de coton teints en rouge d'Andrinople.......	Prusse.......	4
Atelier de teinture. Heidenschaft. — Fils de coton teints en rouge d'Andrinople.....................	Autriche.....	
A.-F. **Rikli.** Wangen. — Fils de coton teints en rouge d'Andrinople..................................	Suisse.......	13
J.-R. **Suter.** Zofingen. — Fils de coton teints en rouge d'Andrinople..................................	Suisse.......	17
E. **Idiers.** Auderghem-lez-Bruxelles. — Fils de coton teints en rouge d'Andrinople.....................	Belgique.....	3
J.-F. **Wolff.** Elberfeld. — Fils de coton teints en rouge d'Andrinople..................................	Prusse.......	
Leumann frères. — Mattweil. — Fils de coton teints en rouge d'Andrinople...........................	Suisse.......	9
Vve de J.-J. **Brunnschweiler.** Hauptweil. — Fils de coton teints en rouge d'Andrinople................	Suisse.......	
Petitdidier père et fils. Paris. — Apprêteurs et teinturiers-dégraisseurs............................	France.......	1
Antoine **Hamers.** Crefeld. — Apprêteur et teinturier-dégraisseur....................................	Prusse.......	5
Vandewynckele père et fils. Halluin. — Fils de lin et de chanvre....................................	France.......	
Dassonville et **Phalempin.** Halluin. — Fils de lin et de chanvre....................................	France.......	

Médailles de bronze.

Jean **Schepeler.** Riga. — Tissus de laine en toutes couleurs.......... Russie.. (Cl. 27) 11

Eug. **Armand** et fils. Pouschkino. — Tissus de laine teints en toutes couleurs.......... Russie... (Cl. 27) 1

H. **Haeffely** fils. Pfastatt. — Tissus de coton teints en toutes couleurs et apprêtés.......... France.....

Samuel **Barlow** et Cie. Manchester. — Tissus de coton teints en toutes couleurs et apprêtés.......... Gde-Bretagne(Cl.27)18

L. **Rabenek.** Sobolevo. — Tissus de coton et rouge d'Andrinople.......... Russie... (Cl. 27) 13

Zoubkof frères. Vosnesensk. — Tissus de coton et rouge d'Andrinople.......... Russie... (Cl. 27) 20

E. **Morozoff.** Nikolskoe. — Tissus de coton et rouge d'Andrinople.......... Russie... (Cl. 27) 11

N. et G. **Sergeieff.** Paranovsk. — Tissus de coton et rouge d'Andrinople.......... Russie... (Cl. 27) 14

Jean **Zimine.** Zouievo. — Tissus de coton et rouge d'Andrinople.......... Russie... (Cl. 27) 17

L. **Meyer.** Herisau. — Tissus de coton imprimés.... Suisse....... 12

Manufacture de toiles peintes. Rotterdam. — Tissus de coton imprimés.......... Pays-Bas.. (Cl. 27) 9

Revilled. Lyon. — Tissus de soie imprimés....... France... (Cl. 31) 282

Berta et **Wagner.** Fulda. — Fils de laine blanchis et teints.......... Prusse........

Vve **Blondel** et fils. Neuilly. — Fils de laine, de soie, de coton et chinés.......... France........

R. et D. **Matter** frères. Koelliken. — Fil diamanté... Suisse........ 11

Dickins et Cie. Manchester. — Fils de coton blanchis, teints et apprêtés.......... Gde-Bretag..(Cl.27) 7

Leveille et fils. Rouen. — Fils de coton blanchis, teints et apprêtés.......... France.......

Delebart-Mallet. Fives-Lille. — Fils de coton blanchis, teints et apprêtés.......... France......

J. **Thiriez** père et fils. Lille. — Fils de coton blanchis, teints et apprêtés.......... France.......

Tissage de Wallenstadt. Wallenstadt. — Fils de coton blanchis, teints et apprêtés.......... Suisse....... 20

Van der Smissen frères. Alost. — Fils de coton blanchis, teints et apprêtés.......... Belgique. (Cl. 27) 69

J.-J.-W. **Spindler.** Berlin. — Fils de soie teints et blanchis, et apprêts de tissus.......... Prusse....... 6

J. **Howe** et Cie. Coventry. — Fils de soie teints et blanchis.......... Gde-Bretag.(Cl.31) 10

Lauezzari. Barmen. — Fils de coton teints en rouge d'Andrinople.......... Prusse......

De Wolf et **Demey.** Rouge-Cloître-sous-Auderghem. — Fils de coton teints en rouge d'Andrinople....... Belgique..... 14

J. **Dumas** et fils. Pise. — Fils de coton teints en rouge d'Andrinople........................... Italie ... (Cl. 27) 18

Joletti, Weiss et Cie. Milan.— Fils de coton teints en rouge d'Andrinople........................ Italie 3

Albert **Reiss.** Liesing et Vienne. — Tissus de laine imprimés.................................... Autriche..... 15

Plaut et **Schreiber.** Jessnitz. — Tissus de laine imprimés.................................. Prusse.. (Cl. 18) 21

A. **Rupp.** Paris. — Apprêteur.................... France....... 9

A.-A. **Jolly** fils. Paris. — Apprêteur et teinturier-dégraisseur................................ France 11

Charnelet père et fils. — Apprêteurs.............. France.......

J.-V.-B.-D. **Tranchant.** Paris. — Apprêteur et teinturier-dégraisseur........................... France....... 8

Blanquet père et fils. Paris. — Apprêteurs et teinturiers................................... France....... 6

Teinturerie en rouge de Seebach. Vienne. — Fils de coton teints en rouge d'Andrinople........... Autriche... .

Mentions honorables.

Aug. **Schrader.** Moscou. — Tissus de laine et soie.. Russie.. (Cl. 29) 1

Joseph **Whincup.** Londres. — Tissus de laine imprimés.................................... G^de-Bretagne. 4

Deutsch frères. Diessenhofen. — Tissus de coton imprimés (rouge d'Andrinople)................... Suisse......... 2

Mac **Naughtan** et **Thom.** Manchester. — Tissus de coton imprimés.............................. G^de-Bretagne.. 1

Steinheil, Dieterlen et Cie. Rothau. — Tissus de coton teints en toutes couleurs.................. France.......

Janssens et **Remy.** Louvain. — Tissus de coton teints en toutes couleurs....................... Belgique.....

Mare aîné et **Lemazurier.** Rouen. — Tissus de coton teints en toutes couleurs................... France.......

Finlayson et Cie. Tammerfors. — Tissus de coton teints en toutes couleurs....................... Russie... (Cl. 27) 4

A. **Weyermann** et fils. Elberfeld. — Fils de coton teints en rouge d'Andrinople.................... Prusse. 1

Huber et **Dony.** Bains-Saint-Julien. — Fils de coton teints en rouge d'Andrinople................ Italie 5

Guillaume **Vita.** — Fils de coton teints en rouge d'Andrinople...................................... Italie.. (Cl. 27) 22

Achille **Serre.** — Teinturier-dégraisseur sur soie.... France.......

COOPÉRATEURS.

Médaille d'or.

Louis **Noizotte**. — Tissus de laine, teints en toutes couleurs .... France.......

Médaille d'argent.

Gattiker. — Dessins pour impressions.............. France.......

CLASSE 46

CUIRS ET PEAUX

EXPOSANTS.

Médailles d'or.

Houette et Cie. Paris. — Cuirs vernis.	France.	8
Mayer, Michel et **Deninger**. Mayence. — Maroquins.	Hesse.	1
Bayvet frères. Paris. — Maroquins.	France.	50
Ogerau frères. Paris. — Veaux cirés.	France.	38
F.-X. **Schwarzmann**. Munich. — Veaux mégissés.	Bavière.	3
A. et L. **Durand** frères. Paris. — Cuirs forts et veaux cirés	France.	2
Cornelius **Heyl**. Worms. — Veaux vernis.	Hesse.	2
J.-J. **Mercier**. Lausanne. — Cuirs, veaux.	Suisse.	12
Jullien. Marseille. — Maroquins.	France.	81
Donau et fils. Givet. — Cuirs, vaches.	France.	6
Ch. **Fortin** et Cie. Paris. — Chevreaux mégissés.	France.	
N. **Gallien** et Cie. Lonjumeau. — Cuirs forts, vaches et veaux.	France.	23
E. **Coüillard** et **Vitet**. Pont-Audemer. — Cuirs tannés, hongroyés, corroyés et vernis.	France.	22
Les fils de G.-F. **Herrenschmidt**. Strasbourg et Paris — Cuirs forts.	France.	41
Placide Peltereau le jeune frère. Château-Renault. — Cuirs.	France.	20
Suess et fils. Sechshauss, près Vienne. — Maroquins.	Autriche.	40

Médailles d'argent.

Ig. **Mayer**. Munich. — Cuirs vernis.	Bavière.	1
Th. **Sueur**. Montreuil. — Vernis.	France.	21
Doerr et **Reinhart**. Worms. — Cuirs vernis.	Hesse.	
Heintze et **Freudenberg**. Weinheim. — Cuirs vernis.	Bade.	5
Wilson, Walker et Cie. Leeds. — Maroquins.	Gde-Bretagne.	18

Jos. **Budan**. Prague. — Agneaux mégissés	Autriche	3
J. **Dixon**. Londres. — Cuirs vernis	Gde-Bretagne.	7
Wunderly. Zurich. — Cuirs forts	Suisse	19
Franz **Schmitt**. Krems. — Cuirs	Autriche	33
Goetz. Atzley. — Cuirs, veaux	Hesse	11
F. **Mehlchmidt**. Prague. — Chamois	Autriche	26
J.-J. **Flitch** et fils. Leeds. — Cuirs teints	Gde-Bretagne	8
C.-W. **Roth**. Francfort-sur-le-Mein. — Cuirs	Prusse	28
Noriller. Roveredo. — Cuirs	Autriche	27
Bahrouchine frères. Moscou. — Cuirs et maroquins	Russie	55
Courvoisier et Cie. Saint-Denis. — Chevreaux	France	77
Giraud aîné. Paris. — Maroquins	France	68
Jacob **Gerlach** et fils. Vienne. — Cuirs pour chaussures.	Autriche	12
Mélas et Cie. Worms. — Cuirs vernis	Hesse	4
François **Rieckh**. Gratz. — Cuirs vernis	Autriche	30
Marteau et Cie. Paris. — Veaux cirés	France	74
F. **Puckridge** et neveu. Londres. — Baudruches	Gde-Bretagne	13
V. **Martin** et Cie. Turin. — Cuirs	Italie	6
Schaffner Mayer. Mayence. — Veaux	Hesse	16
Soyer. Paris. — Cuirs vernis	France	1
Jacques **Goldschmidt**. Smichow. — Cuirs	Autriche	16
R. **Bierling**. Dresde. — Veaux mégissés	Saxe	36
Poeschl et fils. Rohrbach. — Cuirs, sellerie	Autriche	44
Brisset frères. Château-Renault. — Cuirs	France	87
Temler et **Szwede**. Varsovie. — Cuirs	Russie	51
Leven père et fils. Paris — Veaux vernis et cirés	France	65
Schmitz et Cie. Bruxelles. — Chèvres et moutons	Belgique	42
Fortier Beaulieu. Paris. — Cuirs tannés	France	5
Ch. **Simon** fils. Kirn-sur-la-Nahe. — Chèvres, agneaux	Prusse	42
Moellen et Cie. Bopfingen. — Cuirs vernis	Wurtemberg	4
A. **Peltereau**. Château-Renault. — Cuirs	France	26
Suser. Nantes. — Cuirs	France	29
A. **Domer**. Rouen. — Cuirs	France	9
Deseppi. Trieste. — Cuirs	Autriche	6
Ponche. Alençon. — Cuirs	France	34
Parker, **Sparke**, **Evans** et Cie. Bristol. — Cuirs.	Gde-Bretagne	8
Bunel frères. Pont-Audemer. — Cuirs	France	17
H. **Bertrand**. Le Pecq. — Cuirs	France	19
Diesel et **Weise**. Pœsneck. — Cuirs	Saxe-Meining.	39
E. **Courtois** et Cie. Paris. — Veaux vernis	France	14
Mellier. Paris. — Cuirs	France	19
Tosi di Cesare frères. Gorz. — Cuirs	Autriche	41

Piret-Pauchet. Namur. — Cuirs forts	Belgique	
Tiffou frères. Santiago. — Cuirs forts, cuirs vernis et maroquins	Chili	
Winter et **Masters**. Londres. — Peaux, cuirs	Gde-Bretagne	19
W. **Prætorius** et Cie. Alzey. — Cuirs, veaux	Hesse	7
A. **Baux** et fils. Givet. — Cuirs forts	France	32
Poullain frères. Paris. — Courroies	France	36
Compère et **Dufort**. Paris. — Chevreaux	France	
C. **Jumelle**. Vincennes. — Veaux vernis	France	44
J.-C.-H. **Lietzmann**. Prüm. — Peaux tannées	Prusse	5
Collin-Renson. Saint-Josse-en-Noode-lez-Bruxelles. — Chevreaux	Belgique	9
Cerf-Lanzenberg et fils. Strasbourg. — Maroquins.	France	104
Duchesne-Hapel et ses fils. Paris. — Maroquins	France	47
Floquet. Saint-Denis. — Maroquins	France	33
Grison et **Blanc**. Paris. — Chevreaux	France	58
Rouveure. Annonay. — Chevreaux	France	64
Ch. et Eug. **Chapuis**. Annonay. — Chevreaux	France	»
Tréfousse et Cie. Paris. — Chevreaux	France	»
A. **Landron**. Meung-sur-Loire. — Cuirs	France	4
Alégatière fils. Lyon-Vaise. — Cuirs	France	39
Paillart. Paris. — Cuirs, courroies	France	62
Bletscher. Buenos-Ayres. — Cuirs tannés avec la poudre de quebradcho	Con-Argentine.	
Mosley-Rickert et Cie. Montréal, Canada. — Vaches et cuirs vernis	Col. anglaises	7
J. **Lamas**. Lisbonne. — Cuirs, veaux	Portugal	
A. **Massange**. Stavelot. — Cuirs forts	Belgique	27
E. **Russel, Cherquefosse, Quanonne**.—Exposition collective. Tournai.— Cuirs	Belgique	14
Massemin et **Durand**. Paris. — Tiges et veaux cirés.	France	
F.-H. **Kammanns**. Neuss. — Cuirs	Prusse	

Médailles de bronze.

Louis **Miller**. Saint-Pétersbourg. — Tiges de bottes	Russie	32
P. **Imbault**. Paris. — Parchemins	France	5
Ph. **Pfeiffer**. Eberstadt. — Cuirs et vachettes	Hesse	12
Likhatcheff. Saint-Pétersbourg. — Cuirs, chaussures	Russie	28
H.-L. **Danchell**. Copenhague. — Cuirs	Danemark	5
Beetz et **Verboeckhoven**. Anderlecht-lez-Bruxelles. — Veaux et vaches	Belgique	3
Gustave **Mueller**. Bensheim. — Cuirs	Hesse	9

A. **Bouvy**. Liége. — Cuirs	Belgique	6
André et Prosper **Ponti**. Reggio. — Veaux et cuirs	Italie	25
Muller frères. Esslingen. — Veaux	Wurtemberg	7
H. **Reger** et Cie. Kunzelsau. — Veaux	Wurtemberg	8
René **Pillais**. Paris. — Veaux vernis	France	63
Adolphe **Schmitt** et Cie. Vienne. — Cuirs	Autriche	32
J. **Dück**. Kronstadt. — Cuirs	Autriche	6
P.-J. **Harff**. Cologne. — Cuirs	Prusse	
Weber et **Hess**. Pfungstadt. — Veaux	Hesse	1
Erdmann **Miller**. Saint-Pétersbourg. — Chaussures	Russie	
Kartavtseff et Cie. Scoubievka. — Cuirs	Russie	
Egger-Blondel. Nyon. — Cuirs	Suisse	6
J.-J. **Kappeler**. Wattwyl. — Cuirs	Suisse	9
Declerq-Vanhaverbeke. Iseghem. — Cuirs	Belgique	10
Klem-Hansen. Aalesund. — Cuirs	Norvége	
Vincent. Paris. — Maroquins	France	72
Mariotte. Paris. — Chevreaux	France	
Thibaud. Montpellier. — Cuirs et veaux	France	89
A. **Lipp** et Ch. **Knaffl**. Voitsberg. — Cuirs	Autriche	25
Louis B. **Goldschmit**. Prague.—Cuirs et moutons de couleur	Autriche	17
Jules **Wolner** et Cie. Pesth, Hongrie. — Maroquins	Autriche	
J.-S. **Deed** et fils. Londres. — Maroquins	Gde-Bretagne	6
R. et J. **Pullman**. Londres. — Chamois	Gde-Bretagne	14
Clark et fils. Victoria. — Cuirs	Col. anglaises	4
Norsa Eredi d'Isaïa. Milan. — Cuirs	Italie	11
A. **Baldini**. Pescio. — Cuirs	Italie	30
Joachim **Del Sere**. Florence. — Cuirs	Italie	33
Gabriel **Beau**. Bologne. — Chamois	Italie	53
Schovaers, Collet et Cie. Bruxelles. — Cuirs vernis	Belgique	43
Dieu et Vve **Peltier**. Paris. — Maroquins	France	49
C.-C. **Becke**. Mülhausen. — Maroquins	Prusse	34
H. **Pollak** fils. Vienne. — Cuirs	Autriche	28
Lesaulnier frères. Paris.— Cheval tanné et corroyé	France	1
J. **Alafouzoff** et **Alexandroff**. Kasan. — Cuirs	Russie	3
Dezaux Lacour. Guise. — Cuirs	France	70
A. **Siess**. Munich. — Veaux	Bavière	4
Chevillot frères. Paris. — Cuirs	France	30
J. **Seykora**. Adler-Kosteletz.— Cuirs	Autriche	35
Latouche Roger. Avranches. — Cuirs	France	27
J. **Klauck**. Trèves. — Cuirs	Prusse	10
Marcelot. Paris. — Veaux	France	48
P. **Vignaux**. Barcelone. — Veaux vernis	Espagne	1

Corneillan frères. Milhau. — Veaux	France	53
J. **Foges.** Prague. — Cuirs	Autriche	10
Giraud père et fils. Aniane. — Veaux	France	61
A.-F. **Erichsen.** Copenhague. — Maroquins	Danemark	7
Beaumevieille frères. Milhau. — Veaux	France	83
J. **Lebermuth** et Cie. Bruxelles. — Maroquins	Belgique	25
Dupuis Specque. Abbeville. — Cuirs	France	88
F. **Cerwenka.** Chrudim. — Cuirs	Autriche	4
Soehlmann. Linden. — Cuirs	Prusse	17
H. M. **Eckstein.** Lieben. — Agneaux	Autriche	7
Landron Davoust. Meung-sur-Loire. — Cuirs	France	10
Picot et Cie. La Suze. — Cuirs	France	12
Amic et **Fauchier** cousin. Solliès-Toucas. — Cuirs	France	27
Parent. Givet. — Cuirs	France	40
Briot frères. Saint-Hippolyte. — Cuirs	France	58
Vve P. **Hiriart.** Bayonne. — Cuirs	France	90
J.-L. **Latil.** Toulon. — Cuirs	France	96
Lécorché. Château-Renault. — Cuirs	France	101
Chesnay. Magny. — Cuirs	France	102
Bienvenu aîné. Tours. — Cuirs	France	105
Wolff et **Rohte.** Walsrode. — Cuirs	Prusse	16
F.-H. **Liedke.** Varsovie. Cuirs	Russie	27
I. I. **Jounoussoff** frères. Kasan. — Cuirs	Russie	52
Mayer-Hartogs et **Quitmann.** Bruxelles. Maroquins	Belgique	28
Robert **Stoht.** Bruxelles. — Maroquins	Belgique	44
Prilou et **Vercammen.** Bruxelles. — Moutons maroquinés	Belgique	38
Le Maroc. (Exposition collective). — Moutons et chèvres	Maroc	
Loewenthal et **Waldow.** Berlin. — Maroquins	Prusse	40
Puel et ses fils. Paris. — Maroquins	France	99
Mutel. Saint-Denis. — Maroquins	France	100
Fremier fils. Marseille. — Maroquins	France	78
Giraud jeune. Paris. — Maroquins	France	31
Aug. **Pichard.** Paris. — Maroquins	France	73
Légal. Chateaubriant. — Veaux	France	37
Marius Kiederlen. Ulm. — Veaux cirés	Wurtemberg	2
Reulos fils. Paris. — Cuirs	France	7
Varin. Paris. — Cuirs	France	28
Valentin. Paris. — Cuirs	France	35
Saladin. Paris. — Veaux	France	57
Stanislas **Vernière.** Aniane. — Veaux	France	86
Sendret fils. Metz. — Cuirs	France	92

Sornet. Château-Renault. — Cuirs	France	93
P. **Silbereisen** fils. S. Johann Saarbruken. — Cuirs.	Prusse	93
C.-L. **Boehme**. Itzehoe. — Cuirs	Prusse	
Hegh et **Dugniolle**. Malines. — Cuirs et basanes pour chapellerie	Belgique	
A. J. **Ferreira**. Campanha.— Cuirs	Portugal	2
S. A. le vice-roi d'Égypte. Le Caire. — Cuirs et peaux	Égypte	
Prungnaud et **Lemoine**. Paris. — Cuirs	France	94
J.-J. **Punter**. Uetikon. — Cuirs	Suisse	
J. **Bromme**. Berlin. — Cuirs vernis	Prusse	
Ch. **Haase**. Saint-Pétersbourg. — Chamois	Russie	18
Durand-Journet. Paris. — Buffles	France	11
Delaunay Josset. Énencourt-Léage. — Buffles	France	46
C. et B. **Durand**. Trye-Château. — Buffles	France	24
Allustante de Almerge. Saragosse. — Peaux mégissées	Espagne	13
Trempé et **Roblin**. Paris. — Chevreaux	France	84
J. **Boureau** et **Garnier**. Paris. — Veaux mégissés	France	79
Vve **Tabardel**. Paris. — Veaux mégissés	France	
Guérin-Delaroche. Romainville. — Cuirs vernis	France	42
Houdin et **Lambert**. Bruxelles. — Cuirs	Belgique	21
Cyp. **Pérathon**. Aubusson. — Cuirs	France	69
Sablon Waltens. Cureghem-lez-Bruxelles. — Maroquins	Belgique	39
A. **Georget**. Paris. — Peaux mégissées	France	71
Daniel **Beck**. Doebeln. — Cuirs	Saxe	37
Salmon et **Guillou**. Paris. — Maroquins	France	67
Descroix-Lefebvre. Gentilly. — Maroquins	France	51
H. **Rivière**. Paris. — Cuirs	France	36
Aloïs **Eschenlohr**. Munich. — Cuirs	Bavière	
Joâo Luiz **Pedroso** et Cie. Rio de Janeiro. — Cuirs	Brésil	
A. **Roques**. Montpellier. — Moutons	France	
H. **Tracol**. Annonay. — Chevreaux	France	59
H.-J. **Mueller**. Trèves. — Cuirs	Prusse	18
D. **Têtu**. Rivière-Ouelle, Canada.— Cuir de marsouin	Col. anglaises	
N. **Valois**. Montréal, Canada. — Cuirs	Col. anglaises	9
Province de Tucuman. — Cuirs	Con argentine	
Riza-Effendi. Constantinople. — Cuirs vernis	Turquie	
Boone. Alost. — Veaux cirés	Belgique	
Arretz-Wuyts. Aerschot. — Cuirs	Belgique	2
Panvier-Kayser. Bruxelles. — Maroquins	Belgique	83
Staudinger frères. — Marbourg. — Cuirs	Autriche	38
Fialla. Bukarest. — Cuirs	Roumanie	

Emmanuel **Mofilios**. Athènes. — Cuirs forts et chevreaux	Grèce	
C.-F.-W. **Schreier**. Copenhague—Cuirs pour courroies	Danemark	
J.-G. **Carlberg**. Wenersborg. — Cuirs	Suède	

Mentions honorables.

Antoine **Pies**. Trèves. — Cuirs pour semelles	Prusse	25
Édouard **Nels**. Prüm. — Cuirs pour semelles	Prusse	28
Bernard **Jacobi**. Weissentels. — Cuirs divers	Prusse	3
Guillaume **Ruland**. Bonn. — Cuirs à courroies	Prusse	33
J. **Fierz** jeune. Zurich. — Cuir fort	Suisse	7
L. **Mayor** fils. Montreux. — Cuirs forts et cuirs cirés.	Suisse	11
L. **Raichlen**. Genève. — Cuirs forts, vache et veau.	Suisse	14
L. **Poncin - Wilmotte**. Honffalize. — Cuir forts tannés	Belgique	37
J. **Courcoutakis**. Syra. — Cuirs tannés	Grèce	5
N. **Albech**. Svendborg. — Cuirs et peaux	Danemark	1
Tannerie de Flekkefjord. Flekkefjord. — Cuirs à semelles	Norvége	2
Webb et fils. Combstannery. Stowmarket, Suffolk. — Cuirs à courroies	Gde-Bretagne.	17
Dominique **Zorgniotti**. Bra.— Cuir et cuir de veau.	Italie	1
Antoine **Salomoni**. Vérone. — Cuirs forts	Italie	17
Sébastien **Bocciardo**. Gênes. — Peaux bœufs et vaches	Italie	21
David **Consiglio**. Naples. — Peaux bœufs et vaches.	Italie	48
W. **Peacock** et fils. Australie du Sud. — Peaux, cuirs et écorces	Col. anglaises.	1
Gérard et Cie. Soignies. — Cuirs tannés et corroyés	Belgique	15
Albin **Guinot**. La Réunion. — Cuirs	Col. françaises.	
J.-F. **Hassenmayer** et H. et Z. **Zahn**. Calw. — Maroquins de mouton	Wurtemberg.	
Thomas **Bayley**. Lenton, près Nottingham. — Cuirs fendus et teints	Gde-Bretagne.	1
Brearly frères. Melbourne. — Cuirs pour semelles	Col. anglaises.	1
F. **Bure**. Paris. — Peaux quadrillées	France	
Tanneurs de Tirnova. Tirnova. — Cuirs et maroquins	Turquie	92
Tanneurs de Sophia. Sophia. — Cuirs et maroquins	Turquie	
Michel **Jemotchkine**. Moscou. — Cuirs	Russie	20
J.-H. **Goldschmidt-Gull**. Fischingen.— Veau verni.	Suisse	8
D. J. **Browne**. Roxbury. — Cuirs vernis	États-Unis	5
A.-L. **Mac Cann**. Altona. — Cuirs, veau verni	Prusse	43

Wormatia. Worms. — Cuirs, veau verni..........	Hesse........	5
Ph. J. **Spicharz**. Offenbach.— Cuirs, peaux de vache et cuirs vernis.	Hesse........	8
Linse et Cie. Crailsheim. — Cuir verni.............	Wurtemberg..	3
Richard et Auguste **Korn**. Sarrebrück. — Veau verni.	Prusse.......	41
Alderson. Australie. — Cuirs......................	Col. anglaises.	
Auguste **Seehausen**. Arandsee. — Peaux de cheval tannées...................................	Prusse.......	6
J.-A. **Hainz** jeune. Bensheim. — Cuirs, peaux de veau....................................	Hesse........	10
Carl **Loesch**. Endingen. — Veau ciré.............	Bade.........	1
J.-J. **Schlayer**. Reutlingen. — Courroies et peaux pour sellerie............................	Wurtemberg..	6
Steidle et **Bühler**. Ulm. — Cuirs de veau blancs et cirés.....................................	Wurtemberg..	10
François **Kuchler** et fils. Passau. — Cuirs pour courroies, vaches lisses..........................	Bavière......	6
Vve **Heinlein**. Wittenburg.— Cuirs................	Prusse.......	
L. **Beyer**. Edenkoben. — Veau tanné et corroyé.....	Bavière......	7
Le Père Abram. Oran. — Cuirs forts, veau noir..	Algérie	4
Jean **Bené**. Saint-Pétersbourg. — Cuirs, tiges et empeignes.....................................	Russie.......	7
Frédéric **Lang** et Alexandre **Backmann**. Saint-Pétersbourg. — Cuirs pour chaussures...............	Russie.......	26
Adam **Miller**. Saint-Pétersbourg. — Tiges de bottes et empeignes.................................	Russie.......	30
Charles **Miller**. Saint-Pétersbourg. — Tiges de bottes et empeignes.................................	Russie......	31
Alexandre **Emélianoff**. Saint-Pétersbourg. — Tiges de bottes et empeignes..........................	Russie.......	14
Serge, Pierre et Simon **Varykhanoff** frères. Moscou. — Peaux mégissées et courroies............	Russie.......	54
H. **Reymond**. Morges. — Cuirs forts et veau.......	Suisse	15
Jules **Hogge**. Liége. — Cuirs pour cardes et courroies.....................................	Belgique	20
Liebaert-Peel. Courtrai. — Cuirs.................	Belgique.....	26
Juan **Espinosa**. San-Martin des Provensals. — Peaux tannées	Espagne	4
Holm et **Lunsdted**. Copenhague. — Cuirs et peaux..	Danemark....	
Clément **Heyerdahl**. — Christiania. — Peaux et cuirs.....................................	Norvége	
Levisson fils. Gothembourg. — Cuirs préparés	Suède........	1
C. **Korn**. New-York. — Cuir de veau tanné.........	États-Unis ...	3
François **Romana**. Turin. — Veau ciré et veau blanc.	Italie........	7
Jean-Marie **Bonnardi**. Iseo. — Cuirs..............	Italie........	15
Jacques **Bonnet**. Naples. — Cuirs	Italie........	47
Théodore **Bach**. Vienne. — Tiges de bottes.........	Autriche	35

Léopold **Haml.** Leobersdorf. — Cuirs pour courroies et cuirs de veau	Autriche......	19
Gauttieri. Rome. — Cuirs	États Pontif. .	
P. **Dugal.** Québec. Canada. — Cuirs	Col. anglaises	3
S. **Shönberger.** Prague. — Peaux pour gants	Autriche.....	34
Établissement pénitentiaire de Margineni. — Basanes et maroquins	Roumanie....	
Manuel **Saloustros.** Syra. — Cuirs forts	Grèce........	
P. **Caloutos.** Syra. — Cuirs forts	Grèce........	
A. **Lundin.** Stockholm. — Cuirs	Suède	

RENSEIGNEMENTS DU GROUPE V

CLASSE 42.

QUELLE frères, 38, rue Montmartre, Paris. — Classe 42, nº 45. — **Pelletiers, fourreurs et lustreurs.**

Manchon de ville et de voyage, brev. s. g. d. g., article haute nouveauté, d'un usage très-commode par son volume réduit et la garantie qu'il offre pour la conservation de la fourrure. Une boite de 30 centimètres carrés sur 6 centimètres de hauteur, contient : un manchon, un col et les manchettes. Peaux et tapis de mouton de toutes couleurs et dimensions pour appartements et voitures. Marchettes et dessous de lampes.

CLASSE 43.

MÉDAILLE D'ARGENT 1867.

POPELIN ET FILS, 70, rue de Rivoli. — **A l'Olivier.**

Spécialités d'*huiles de foie de morue, huiles pour mécaniques et huiles d'olive d'Italie et de Provence.* — La supériorité soutenue des produits que cette maison livre au consommateur lui a valu cette marque de distinction.

CLASSE 44.

MATHIEU-PLESSY (E.), 84, boulevard Saint-Germain, Paris. — Gr. v, cl. 44.

Produits chimiques purs pour laboratoires et la photographie. Acides gallique et pyrogallique. Coton poudre. Vert minéral de chrôme non-vénéneux.

Encre nouvelle, adoptée par LL. MM. l'Empereur et l'Impératrice, et les principales administrations.

Différents travaux scientifiques publiés dans les comptes rendus de l'Académie, et, d'autre part, les perfectionnements apportés aux produits de sa fabrication, ont été un double titre à la Commission Impériale pour justifier la décision qui confère à M. Mathieu-Plessy la *croix de la Légion d'honneur*.

AGRICULTURE ET INDUSTRIE

GROUPE VI

INSTRUMENTS ET PROCÉDÉS DES ARTS USUELS

CLASSE 47

MATÉRIEL ET PROCÉDÉS DE L'EXPLOITATION DES MINES ET DE LA MÉTALLURGIE.

EXPOSANTS.

Hors concours.

Exposant	Pays	N°
Ministère du Commerce, de l'Industrie et des Travaux publics. Directions royales et administrations de Clausthal, de Silésie, de Stassfurt, de Saarbruck, de Westphalie, d'Erfurth, de Halle, de Kœnigsgrube. — Exploitation de mines............	Prusse.......	3
Ministère de l'Agriculture, du Commerce et des Travaux publics. (Administration de l'Etat.) Paris. — Topographies souterraines. Plans en relief. Cartes..................................	France....	39-65-72
Ministère des Travaux publics. (Administration de l'Etat.) — Cartes et plans. Topographie souterraine du bassin houiller de Liége......................	Belgique.....	
Musée de géologie pratique et école royale des mines. (Administration de l'Etat.) — Modèle d'un atelier de fabrication d'acier Bessemer............	Gde-Bretagne...	11
Administration impériale et royale des mines et des salines. Pribram, Abrud-Banya, Aussée, Ebensée, Hall, Hallstadt, Ischl. — Exploitation de mines de sel.........	Autriche.....	1-3-15 16-17-18-19
Cies **Beaumont** et **Locock** R. E. (Cie Beaumont, Juré suppléant). Londres. — Machine à creuser les roches.	Gde-Bretagne.	1

Grand Prix.

Schneider et Cie. Creusot. — Exploitation houillère, forges et fonderies du Creusot (Classes 40 et 47)....	France.......	89

Médailles d'or.

P. de **Rittinger.** Vienne. — Atlas de dessins concernant la préparation mécanique des minerais........	Autriche.....	
Degousée et Ch. **Laurent.** Paris.— Appareils et outils de sondage....................................	France.......	57
Dru frères. Paris. — Appareils et outils de sondage...	France.......	58
Comité des Houillères du bassin de la Loire : Mines de la Loire, de Saint-Etienne, de Beaubrun, de Firminy, de Montrambert, de Rive-de-Gier, de Saint-Chamond, de la Chazotte, du Montcel, de Ville-Bœuf, etc. — Exploitation de mines..........	France.......	
Compagnie des Mines de la Grand'Combe. Paris. — Exploitation de mines......................	France.	6-19-31
Compagnie anonyme des Forges de Châtillon et **Commentry.** Paris. — Exploitation de mines...	France.......	88
Société houillère des mines d'Anzin. Anzin. — Haveuse mécanique. Exploitation de mines.........	France....	41-71-78
Compagnie anonyme des Houillères de la Chazotte. Paris. — Laveurs, Cribleurs ; Machine à agglomérer..................................	France......	8-22
L.-A. **Quillacq.** Anzin. — Machines d'extraction, de ventilation et d'épuisement......................	France.......	1-27
Compagnie de Fives-Lille, et **Huet** et **Geyler.** Paris. — Appareils pour la préparation mécanique des minerais............	France.......	55-87

Médailles d'argent.

Société houillère de Saint-Avold et l'Hopital. Paris. — Fonçage de puits à niveau plein...........	France.......	53
Société anonyme des charbonnages de Sars-Longchamps et **Bouvy.** Saint-Vaast. — Transport à l'intérieur des exploitations par l'air comprimé..	Belgique.....	21
F. **Lundin.** Carlstad-Munkfors. — Four à gaz.........	Suède........	10
Compagnie des Chemins de fer du Midi et du canal latéral à la Garonne. Paris.—Perforateur.	France.......	49-73
Doering. Dortmund. — Perforateur................	Prusse.......	7
Henri **Drasche.** Vienne. — Exploitations minérales...	Autriche.....	
Compagnie des Mines de houille de Blanzy. Paris.—Puits d'exploitation, Cage, Parachute.......	France.......	40-51

V. **Eggertz.** Falun.—Procédé de dosage du soufre et du carbone dans le fer	Suède	21
Compagnie anonyme des Chantiers et Ateliers de l'Océan. Paris. — Machine à agglomérer	France	5-42
Société anonyme des Houillères de Saint-Étienne et de l'usine d'agglomération de Givors. Lyon. — Machine à agglomérer	France	13
Wardwell. Rutland, Vermont. — Machine à entailler la pierre	États-Unis	5
Farcot et ses fils. Saint-Ouen. — Marteau-pilon	France	7-32
Schmerber frères. — Mulhouse. — Martinet-pilon	France	50
F. **Dorzée** et A. **Andry.** Boussu. — Machine d'extraction	Belgique	6
Compagnie des mines de Douchy. Lourches. — Puits d'extraction et accessoires	France	44
Carrett, Marshall et Cie. Leeds. — Haveuse automatique à pression d'eau	Gde-Bretagne.	3
Jones et Levick. Blaina. — Haveuse mécanique	Gde-Bretagne.	8
Administration des mines de Rancié. Vic-Dessos. — Exploitation de mines	France	4-5
Lemut. Clos-Mortier. — Four à puddler	France	64
Compagnie des Hauts Fourneaux et fonderies de Givors. — Appareil à mouler les tuyaux	France	54

Médailles de bronze.

X.-F. **Girard.** Paris. — Appareils mécaniques pour l'étamage	France	82
Marrel frères. Rive-de-Gier. — Laminoir universel	France	56-91
Hanrez et Cie. Monceau-sur-Sambre. — Essoreuse	Belgique	12
A. **Rouquayrol-Denayrouse.** Paris. — Appareil de sauvetage pour mines	France	45
F.-T. **Berrens.** Tarbes. — Duromètre	France	35-92
Carvès et Cie. Saint-Étienne. — Four à coke	France	
Bickford, Smith et Cie. Tuckingmill. — Fusées de sûreté	Gde-Bretagne.	2
N.-J. **Jacquet** aîné. Arras. — Parachute	France	43
N. **Libotte.** Gilly. — Wagons, Cages, Parachute	Belgique	16
M. **Colson.** Haine-Saint-Pierre. — Machines d'exploitation de Mines	Belgique	5
T. **Guibal.** Mons. — Ventilateur de mines	Belgique	11
A. **Évrard.** Douai.—Essieux creux à graissage continu. Berline	France	37
O. **Bergstroem.** Filipstad-Persberg. — Perforateur	Suède	1
Compagnie des Mines de Béthune. Bully-Grenay. — Chevalet, Parachute, Wagon-plate-forme	France	10-33
H. **Haupt.** Philadelphie. — Perforateur	États-Unis	6
Towler et Cie. Londres. — Poulie à gorge articulée.	Gde-Bretagne.	

C. **Ekman.** Norrkœping-Finspong. — Haut fourneau, Appareils de moulage	Suède	15
Cosset Dubrulle. Lille. — Fermeture de lampe de sûreté	France	20
Société anonyme des Hauts Fourneaux, usines et charbonnages de Châtelineau. Châtelineau. — Machine d'extraction	Belgique	19
L. **Micha.** Marles. — Parachute	France	36
Krauss. Moresnet. — Parachute	Prusse	
F. **Nyst.** Liége. — Parachute	Belgique	18
Régie d'Aubin. Aubin. — Système de chargement et de prise de gaz pour haut fourneau	France	66
Griset et Cie. Paris. — Laminoir à cylindres en acier trempé	France	52
L. **Guary.** Pernes-en-Artois.—Balancier hydraulique.	France	74
P.-J. **Gouteaux.** Gilly. — Évite-molettes	Belgique	10
Pernolet et Cie. Paris. — Four à coke	France	
J.-A. **Trouillet.** Dijon. — Appareil pour élargir les chambres de mines	France	38
C. **Wallmann.** Falun. — Modèle de mine	Suède	5
A.-E. **Fahlcrantz.** Upsala-Dannemora. — Modèle de mine	Suède	6
Bickfort, Davey, Chanu et Cie. Rouen. — Fusées de sûreté	France	59
Hawke, Martin et Cie. Vienne. — Mèches de sûreté.	France	76
C.-A. **Jakobson.** Filipstad. — Four à gaz	Suède	11
Usine de Kloster. Hédemora-Kloster.—Four à gaz.	Suède	12

Mentions honorables.

Usine d'Åtvidaberg. Atvidaberg. — Traitement du cuivre	Suède	14
Chaumé-Delabarre. Puteaux. — Système de tirage par jet de vapeur	France	85
E. **Westman.** Stockholm. — Four à gaz	Suède	22
D. **Clauset.** Saint-Étienne. — Lampes de sûreté	France	21
G. **Arnould.** Mons. — Lampes de sûreté	Belgique	3
Buttgenbach frères. — Neuss. — Haut fourneau	Prusse	4
Keller et **Banning.** Hamm. — Marteau-pilon	Prusse	6
A. **Chenot** aîné. Clichy-la-Garenne. — Traitement du fer et de l'acier	France	60
A. **Galy-Cazalat.** Paris. — Appareil pour la fabrication de l'acier	France	84
de **Thiele-Winkler.** Kattowitz. — Installation de pompes d'Avaleresse	Prusse	16
Symonds et Cie. Nouvelle-Écosse. — Boccard	Gde-Bretagne.	
Compagnie des mines d'Aniche. Aniche. — Exploitation de mines	France	

Baron de **Pommarão.** Mertola. — Plans et coupes du gîte et des travaux de la mine de San-Domingos.	Portugal.....	
J. **Monasterio.** Madrid. — Table à secousse........	Espagne.....	
Marcheteau, Potraies et **Laroche.** Angers. — Câbles..	France.......	30
F. **Besnard** et **Genest.** Angers. — Câbles.........	France.......	29
Stievenart-Gambier et fils. Lens. — Câbles.......	France.......	29
Commission des Ardoisières d'Angers. Angers. — Câbles métalliques	France.......	25
L. **Tiphaine.** Paris. — Câbles......................	France.......	24
B.-C. **Harmegnies.** Anzin. — Câbles..............	France.......	28
Société de charbonnage de Herné Bochum.— Plans en relief................................	Prusse.......	
H. **Kind.** Paris. — Trépan........................	France.......	75
Société houillère des Mines de Chalonnes, Saint-Lambert et Saint-Georges réunies. Chalonnes.— Coupe géologique du bassin houiller..	France.......	
Spiers. Paris. — Marchine à agglomérer...........	France.......	79
F. **Dehaynin.** Paris. — Machine à agglomérer......	France.......	
Bocquet. Paris. — Appareils pour l'extraction et la concentration mécanique de la tourbe.............	France.......	86
Ch. et E. **Oesinger.** Strasbourg. — Tuyères.........	France.......	
A.-T. **Gaïeski.** Corbeil. — Appareil de sondage....	France.......	47

COOPÉRATEURS.

Grand prix.

Kind et **Chaudron.** — Procédé de fonçage des puits de la compagnie de Saint-Avold..................	Saxe royale et Belgique

Médailles d'argent.

Max **Evrard.** Saint-Étienne. — Directeur de l'exploitation des houillères de la Chazotte...............	France.......
De la Roche-Tolay. Bordeaux.— Perforateur de la compagnie des chemins de fer du Midi............	France.......
Perret. Bordeaux. — Moteur à pression d'eau du perforateur de la compagnie des chemins de fer du Midi.	France.......
Ct **Lepainteur.** Paris.— Ingénieur du syndicat chargé de l'installation de la classe 47 dans la section française......................................	France.......

Médailles de bronze.

Borghers. Clausthal. — Exécution des plans et coupes de la direction royale de Clausthal exposés par le ministère prussien........................... Prusse.......

Mire. Bézenet. — Exécution des plans en relief de la houillère de Bézenet........................... France.......

Evrard. Paris. — Études sur les gîtes de Thostes et Beauregard........................... France.......

Jordan. Londres. — Exécution du modèle exposé par le Musée de géologie pratique..................... Gde-Bretagne.

Lemonnier. Aubin. — Système de chargement et de prise de gaz pour haut fourneau exposé par la régie d'Aubin........................... France.......

Charles **Courtin.** Anzin.—Système de dépôts à tiroirs pour l'emmagasinage, la conservation et le chargement de la houille et des minerais, exposé par la Cie des mines d'Anzin........................... France.......

Althaus. Halle. — Préparation des tableaux statistiques exposés par la direction royale des mines de Prusse........................... Prusse.......

Baentsch. Saarbrucken. — Modèles de houillères.. Prusse.......

Platon. Grand'Combe. — Géomètre de la compagnie des mines de la Grand'Combe..................... France.......

Wuillaume, contre-maître de la compagnie de la Chazotte........................... France.......

Mentions honorables.

Baylot. Bézenet. — Maître mineur................. France.......

Treuffet.— Chef d'exploitation à Thostes et Beauregard........................... France.......

Kœhler. — Profils de filons..................... Prusse.......

Sotzmann. Tarnowitz. — Modèles de houillères.... Prusse.......

CLASSE 48

MATÉRIEL ET PROCÉDÉS DES EXPLOITATIONS RURALES ET FORESTIÈRES.

EXPOSANTS,

Hors concours.

Sa Majesté l'Empereur Napoléon III. — Fermes modèles..	France.......	1
Ministère de l'Agriculture, du Commerce et des Travaux publics. École d'agriculture de Grignon. (Administration de l'Etat.) — Machines agricoles..	France........	
Institut agricole. (Administration de l'Etat.) Saint-Pétersbourg. — Procédé de préparation des os; collection d'engrais..	Russie.......	15
Administration impériale-royale des forêts de l'Etat. Outils forestiers........................	Autriche...	68-69-70
Corps des ingénieurs des forêts. (Administration de l'Etat.) Madrid. — Outils agricoles; études.......	Espagne......	1-14
Ministère de l'Agriculture. (Administration de l'Etat.) Berlin. — Travaux de dessèchement.........	Prusse.......	
Domaine royal de Ladegaardsoen. — Charrues et machine à ensemencer........................	Norvége.......	4
Comte de **Kergorlay.** (Membre du Jury.) Canisy. — Exploitations agricoles........................	France.......	15
Delesse. (Membre du Jury). Paris. — Cartes agronomiques..	France.......	
L. **Bouchard-Huzard.** (Secrétaire du Jury du 9e groupe.) Paris. — Plans de constructions rurales....	France.......	

Médailles d'or.

J. et F. **Howard.** Bedford. — Charrue à vapeur, Machines agricoles..	Gde-Bretagne.	28
Albaret et Cie. Liancourt. — Locomotive routière; machines agricoles..	France.......	78-84
Clayton Shuttleworth et Cie. Lincoln. — Locomobiles; locomotive routière; batteuses............	Gde-Bretagne.	16
J. **Fowler** et Cie. Londres. — Charrue à vapeur.....	Gde-Bretagne.	20
R. **Garrett** et fils. Leiston Works. — Locomobile, machines agricoles..	Gde-Bretagne.	23

C.-H. **Mac-Cormick.** Chicago. — Faucheuses et moissonneuses. Etats-Unis.... 17

Ransomes et **Sims.** Ipswich. — Locomobile, machines agricoles. Gde-Bretagne. 43

Walter A. **Wood.** Hoosick Falls. N. Y. — Faucheuses et moissonneuses. Etats-Unis.... 19

H.-F. **Eckert.** Berlin. — Machines agricoles. Prusse....... 17

C. **Gérard.** Vierzon. — Manéges, locomobiles, batteuses. France....... 72-91

Usine d'Oefverrum. Atvidaberg. — Machines agricoles. Suède....... 1

J. **Pinet** fils. Abilly. — Manéges, machines à battre. France....... 77

Cumming. Orléans. — Locomobile, machines agricoles. France....... 79-114

F.-R. **Lotz** fils aîné. Nantes. — Locomotive routière, charrue à vapeur. France....... 73

R. **Hornsby** et fils. Grantham. — Locomobile, batteuse, moissonneuse. Gde-Bretagne. 27

Médailles d'argent.

H. **Vidats.** Pesth. — Machines agricoles. Autriche..... 76

Aveling et **Porter.** Londres.—Locomotive routière. Gde-Bretagne. 4

E.-H. **Bentall.** — Heybridge-Works, Essex. — Instruments agricoles. Gde-Bretagne. 8

Collins et Cie. New-York. — Charrues en acier. États-Unis.... 7

A. **Rouffet** aîné. Paris. — Locomobiles. France....... 157

Samuelson et Cie. Banbury. — Instruments agricoles. Gde-Bretagne. 48

Tilkin-Mention. Liége. — Locomobile. Belgique..... 29

Borrosch et **Eichmann.** Prague. — Presse à foin, machines agricoles. Autriche..... 4

A. **Damey.** Dôle. — Locomobile, batteuse. France....... 87

C. **Leclercq-Bourguinion.** Bruges. — Locomobile; machines agricoles. Belgique..... 20

Marshall fils et Cie. Gainsborough. — Locomobile, batteuse. Gde-Bretagne. 33

C.-W. **Palmaer.** Carlsborg-Forswik. — Charrues. Suède........ 2

Paul **Renaud.** Nantes. — Machines à vapeur fixes et locomobiles, pressoirs, machines agricoles. France....... 82

Richmond et **Chandler.** Salford, Manchester. — Hache-paille, concasseur. Gde-Bretagne. 45

Robey et Cie. Lincoln. — Locomobile, batteuse. Gde-Bretagne. 46

F.-R. et F. **Turner.** Ipswich. — Machines agricoles, locomobile. Gde-Bretagne. 57

Bruel frères. Moulins. — Instruments d'agriculture. France....... 76-166

Coleman et **Morton.** Chelmsford. — Machines agricoles. Gde-Bretagne. 17

Picksley, Sims et Cie. Bedfordleigh. — Machines agricoles	Gde-Bretagne.	42
Pinaquy et **Sarvy**. Pampelune. — Machines agricoles	Espagne	2
Usine dite « The Reading Iron Works. » Reading. — Machines à vapeur et instruments d'agriculture	Gde-Bretagne.	44
Ed. **Van Maele.** Thielt — Machines agricoles	Belgique	36
E. **Farkas.** Pesth. — Charrues	Autriche	14
Lilpop et **Rau.** Varsovie. — Semoir et moissonneuse	Russie	18
Penney et Cie. Lincoln. — Crible	Gde-Bretagne.	41
J. **Smith** et fils. Peasenhall. — Semoirs et distributeurs d'engrais	Gde-Bretagne.	52
O. **Desoer.** Ben-Ahin. — Rouleau	Belgique	7
J. **Keelhoff.** Neerpelt.— Appareil pour déterminer le débit effectif du module milanais	Belgique	15
A. **Le Cler.** Paris. — Travaux d'endiguement	France	32
J.-J. **Marot.** Niort. — Trieurs	France	108
C. **Peltier** jeune. Paris. — Machines agricoles	France	44-111-165

Médailles de bronze.

J. et C.-G. **Bolinder.** Stockholm. — Locomobile	Suède	
Cail, Halot et Cie. Molenbeck-Saint-Jean-lez-Bruxelles. — Locomobile	Belgique	5
Deere et Cie. Moline. — Charrues en acier	États-Unis	9
F. **Horsky de Horskysfeld.** Kolin. — Machines agricoles	Autriche	34
C. de **Meixmoron** de **Dombasle** et N. **Noël.** Nancy. — Machines agricoles	France	80
W.-N. **Nicholson.** Newark. — Machines agricoles	Gde-Bretagne.	37
J.-G. **Perry.** Kingston. — Moissonneuse	États-Unis	20
Ruston, Proctor et Cie. Lincoln. — Locomobile, machines à battre et instruments agricoles	Gde-Bretagne.	47
W. **Smith.** Kettering. — Machines agricoles	Gde-Bretagne.	51
Wallis, Haslam et **Steevens.** Basingstoke. — Batteuses	Gde-Bretagne.	59
L.-G. de **Celsing.** Flen-Hellefors.—Batteuse de trèfle.	Suède	15
A. **Gubicz.** Pesth. — Charrues	Autriche	23
C. **Guilleux** Segré.—Pressoirs, machines agricoles	France	134
P.-J.-G. **Labarre.** Frasnes-les-Gosselies. — Charrues et houes à cheval	Belgique	17
P. de **Lagerhjelm**. Carlskoga-Bofors. — Bêches et pelles	Suède	9
P. **Polgar.** Mako. — Charrues	Autriche	59
Usine de Wedevag. Lindesberg-Wedevag. — Instruments agricoles	Suède	10

Woods et **Cocksedge**. Stowmarket. — Instruments agricoles	G^{de}-Bretagne.	61
Ashby et **Jeffery**. Stamford.—Instruments agricoles.	G^{de}-Bretagne.	3
F. **Auvillain**. Cluis. — Instruments agricoles	France	115
A.-C. **Bamlett**. Thirsk. — Moissonneuses, faucheuses.	G^{de}-Bretagne.	
Boutenop frères. Moscou. — Semoir, hache-paille, vanneuse	Russie	
Marquis G. **d'Auxy**. Frasnes-lez-Buissenal. — Silo-grenier pour les grains	Belgique	2
Hyacinthe **Della-Beffa**. Gênes. — Batteuse, crible	Italie	33
Martin **Dunoyer**. Duillier. — Charrues	Suisse	3
P. **Estabe**. Tours. — Instruments agricoles	France	129
Ivanoff. Saint-Pétersbourg. — Mesureur de grains	Russie	8
P. **Parrin**. Vracène. — Outils agricoles	Belgique	
Partridge-Fork-Works. Léominster.—Outils agricoles	États-Unis	
J. **Rauschenbach**. Schaffhouse. — Batteuse, hache-paille	Suisse	12
A.-J. **Romedenne**. Erpent. — Instruments agricoles.	Belgique	25
G. **Van Hecke**. Ledeberg-lez-Gand. — Nettoyeur-diviseur pour grains	Belgique	35
P. **Bortier**. Ghistelles. — Calcaire à nitrification	Belgique	4
Corolis père et fils. Toulouse. — Égrenoir à maïs	France	100
Champonnois frères. Chaumont.—Rouleau, buttoir.	France	120
Coutelet fils. Étrepilly. — Instruments agricoles	France	
Abbé J.-E. **Didelot**. Marre. — Charrues	France	127
L.-E. **Jacquet-Robillard**. — Arras. — Semoirs	France	138
H. **Kearsley**. Ripon. — Moissonneuse, faucheuse	G^{de}-Bretagne.	31
C. **Kesseler** et fils. Greifswald. — Locomobile, batteuse	Prusse	
Lhuillier. Dijon. — Trieurs	France	98
C. **Malaise**. Gembloux. — Carte agronomique	Belgique	
Moreau-Chaumier. Tours. — Instruments pour la culture de la vigne	France	161
H. **Quantin**. Cravant. — Charrues vigneronnes	France	152
Renault-Gouin. Sainte-Maure. — Instruments pour la culture de la vigne	France	
Waller et **Hartmann**. Bukarest. — Charrues	Roumanie	
Compagnie chaufournière de l'Ouest. Paris. — Procédé d'utilisation des vidanges	France	63
Vte de **Courval**. Pinon. — Méthodes d'élagage	France	74
Département de la Somme. — Analyse des sols, et instruments agricoles	France	49-96
J. **Schatiloff**. Gouvernement de Toula. — Plans de culture et outils d'agriculture	Russie	23
Simonin-Blanchard et Cie. Paris. —Outils de sylviculture	France	43
W. de **Lewis of Menar**. Panten. — Teillage de lin	Russie	

Mentions honorables.

Amies, Barford et Cie. Péterborough.— Instruments agricoles	Gde-Bretagne.	2
J.-L. **Bachelay** et frère. Lisbonne. — Charrues	Portugal	2
E. De **Greef**. Hal. — Outils agricoles	Belgique	14
F. **Del**. Vierzon-Forges. — Locomobiles et batteuses	France	109
A. **Duncan**. Canada. — Charrues	Col. anglaises	4
Jean **Frisen**. Altona. Gouvernement de Tauride. — Charrue	Russie	12
A. **Hidien** fils. Châteauroux. — Instruments agricoles.	France	135
Ch. **Hoffmann**. Gümmenen. — Charrues	Suisse	
Alexandre **Mac-Léod**. Lublin. — Batteuses et outils agricoles	Russie	20
H. **Maréchaux**. Fosse-Blanche.—Manéges, batteuses.	France	89
A. **Paris**. Aulnay. — Instruments viticoles	France	147
L.-V. **Parquin**. Villeparisis. — Charrues	France	148
B. **Pinel**. Thil-en-Vexin. — Instruments agricoles	France	149
J. **Sederholm**. Nykoeping. — Charrues et hachoirs	Suède	7
Comité central d'agriculture. Darmstadt.— Plans de culture	Hesse	1
Société d'agriculture. Bologne.—Ferme bolognaise avec son outillage	Italie	
A. de **Stockenstroem**. Mariefred-Aker. — Charrue.	Suède	3
J. **Tixhon**. Liége. — Instruments agricoles	Belgique	30
W.-S. **Underhill**. Newport. — Machines agricoles	Gde-Bretagne.	58
Vidats. Kraiowa. — Charrues	Roumanie	
J.-F. **Wouters**. Nivelles. — Tarares et trieurs	Belgique	38
N. **Witschy**. Hindelbank. — Charrues et herses	Suisse	16
W. **Ball** et fils. Rothwell. — Instruments agricoles	Gde-Bretagne.	5
C.-P.-P. **Carbonnier-Pauchet**. Trye-Château. — Tonneaux d'arrosage	France	92
Friestedt. Stockholm. — Engrais d'os	Suède	
Gits et Cie. Anvers. — Engrais artificiel	Belgique	21
F.-A. **Guérard-Deslauriers**. Caen. — Outils de drainage	France	110
C. **Jullien**. Barbançon. — Chariots	Belgique	
G.-F. **Lecrenier**. — Aywaille. — Tarares	Belgique	21
F. **Meugniot**. Dijon. — Charrues	France	144
J. et G. **Morgan**. Canada. — Extirpateurs	Col. anglaises	
J.-F. **Presson**. Bourges. — Tarares et trieurs	France	81
J.-F. **Richsen**. Rio de Janeiro. — Ventilateur pour nettoyer le café	Brésil	1
E. **Schwartz**. Granow. — Charrues et extirpateurs	Prusse	19

A. **Seidl.** Bodenbach. — Aménagements forestiers....	Autriche.....	67
Fabrique chimique de Lysager. Christiania. — Engrais d'os....................................	Norvége	
G. **Basiliadis** et Cie. Pirée. — Outils de drainage...	Grèce........	1
W. **Brown** et C.-N. **May.** Devizes. — Locomobiles et batteuses..	Gde-Bretagne.	13
J.-F. **Cail.** Paris. — Exploitation rurale............	France.......	2
Dr W. **Cohn.** Charlottenbourg. — Engrais...........	Prusse.......	8
H. **Demoor.** Bruxelles. — Brouette à frein..........	Belgique.....	
Comte A. des **Cars.** Paris. — Spécimens et méthodes d'élagage..	France.......	75
C. **Fievet.** Masny. — Plan d'exploitation rurale.....	France.......	14
Walker, Fox et Cie. Bristol. — Locomobile......	Gde-Bretagne.	21
A. **Frank.** Stassfurt. — Engrais potassiques.........	Prusse.......	16
Baron A. **Gay** de **Nexon.** Nexon. — Exploitation rurale..	France.......	31
Parkes, Palmer et **Hodgkinson,** Birmingham. — Instruments agricoles..............................	Gde-Bretagne.	40
Paterson frères. Richmond Hill, Canada. — Tarare et hache-paille......................................	Col. anglaises	2
Rolin frères. Minderhout. — Étables et porcheries....	Belgique.....	24
Rossing. Gothembourg. — Instruments forestiers....	Suède........	
L. **T'Serstevens.** Ittre-lez-Nivelles. — Citernes à purin..	Belgique.....	32
C. **Aboilard.** Paris. — Travaux et outils de drainage..	France.......	40
P. **Aldiguier.** Boufarik. — Charrues................	Algérie......	4
M. **Arnheiter.** Paris. — Outils agricoles............	France.......	47
L.-A. **Camery.** Guignes-Rabutin. — Travaux de drainage..	France.......	41
Comte de **Couedic.** Quimperlé.—École de drainage et d'irrigation..	France.......	
Frère. Paris. — Nettoyeur d'avoine................	France.......	97
M. **Schmidt.** Saeckingen. — Hache-paille	Bade........	4
E. **Derrien.** Chantenay-sur-Loire. — Rouleau et engrais..	France.......	103

COOPÉRATEURS.

Médailles de bronze.

E. **Bousfield.** Bedford. — Directeur de la maison Howard..	Gde-Bretagne.
G. **Biddel.** Ipswich. — Directeur de la maison Ransomes et Sims..	Gde Bretagne.

J. **Dumery.** Bruges. — Ajusteur de la maison Leclerc-Bourguinion..........	Belgique.....
V. **Coquatrix.** Liancourt. — Directeur de la maison Albaret..........	France.......
C. **Bolinder.** Stockholm. — Directeur de la maison Bolinder frères..........	Suède........
D. **Greig.** Londres. — Directeur de la maison Fowler..........	Gde-Bretagne.
G. **Wilkinson.** Lincoln. — Directeur de la maison Clayton et Shuttleworth et Cie..........	Gde-Bretagne.
J. **Baron.** Nantes. — Contre-maître de la maison Lotz fils aîné..........	France.......
A. **Chevalier.** Abilly. — Directeur de la maison Pinet..........	France.......
L. **Merlin.** Vierzon. — Directeur de la maison Gérard..........	France......
E. **Halot.** Bruxelles. — Ingénieur de la maison Cail, Halot et Cie..........	Belgique......
F.-M. **Massillon.** Liége. — Directeur de la maison Tilkin-Mention..........	Belgique......

CLASSE 49

ENGINS ET INSTRUMENTS DE LA CHASSE, DE LA PÊCHE ET DES CUEILLETTES.

EXPOSANTS.

Hors concours.

Ministère de l'Agriculture, du Commerce et des Travaux publics. (Administration de l'Etat.) Paris. — Etablissement de pisciculture d'Huningue..	France.......	
Ministère des domaines. (Administration de l'Etat.) Saint-Pétersbourg. — Ouvrage et album sur les pêches....................................	Russie........	
Institution des pêches. (Administration de l'Etat.) Katrineholm-Silsioe. — Bateaux et instruments de pêche....................................	Suède........	8
Commissaires des pêcheries irlandaises. Dublin. — Modèles d'échelles à saumons............	Gde-Bretagne.	4
Musée de Bergen. (Administration de l'Etat.) — Modèle d'établissement de pisciculture...........	Norvége......	52
Ministère de l'agriculture, du commerce et des travaux publics. (Administration de l'Etat.) Paris. — Etablissement de pisciculture de Coulommiers. Services hydrauliques des département de la Sarthe et de la Vienne. (Travaux de pisciculture et échelle à saumons.)...........................	France.....	6-36-37

Médaille d'or.

Rouquayrol-Denayrouse. Paris. — Appareils de plongeurs....................................	France......	55-56

Médailles d'argent.

Jouannin. Paris. — Machine à fabriquer les filets..	France.......	
J. et W. **Stuart.** Musselburgh. — Filets............	Gde-Bretagne.	
Broquant et Cie. Dunkerque.—Filets de pêche fabriqués à la mécanique............................	France.......	54

C. **Fabra**. Barcelone. — Filets	Espagne....	1
J.-M. **Cabirol**. Paris. — Scaphandre	France.......	47
A. **Gallibert**. Paris. — Appareil de sauvetage pour milieux asphyxiants	France.....	50
J.-D. **Dalhe**. Lövö. — Filets et lignes	Norvége.....	21
Andersen. Thisted. — Filets et engins de pêche....	Danemark....	1
Kirby, Beard et Cie. Londres et Paris. — Hameçons.	Gde-Bretagne.	
T. **Aldred**. Londres. — Lignes et cannes à pêche....	Gde-Bretagne.	1
M. **Kojevnikoff**. Astrakan. — Engins de pêche.....	Russie.......	1
P. **Carbonnier**. Paris. — Appareils de pisciculture.	France.......	7
A. **Moriceau** et fils. Paris. — Engins de pêche d'eau douce	France.......	13
Bluteau-Venier. Loches. — Articles de chasse.....	France.......	12
Sidoroff frères. Rostoff-sur-le-Don. — Engins de pêche	Russie.......	3
A. **Boche**. Paris. — Articles de chasse	France.......	14
L.-A.-J. **Lallemand**. Paris. — Articles de chasse....	France.......	15
A. **Lespiaut**. Paris.— Articles de chasse	France.......	16
C. **Toft**. Paris. — Articles de chasse	France.......	24

Médailles de bronze.

Habermann. Vienne. — Articles de chasse.........	Autriche.....	
M.-G. **Hetting**. Christiania. — Modèles d'appareils de pisciculture	Norvége	29
A. **Ouizille** et Cie. Lorient. — Chaudière pour la cuisson des sardines dans l'huile	France.......	3
G. **Douillard de Mahaudière**. Audenge. — Ecluse de pêcheries	France.......	40
Milward et fils. — Hameçons	Gde-Bretagne.	
Bartleet et fils. — Hameçons	Gde-Bretagne.	
A. **Dahl**. Austadfjord. — Filet et lignes	Norvége	19
Fiedler. Sterrede. — Filets et appareils de pêche...	Danemark....	2
J.-M. **Cleret**. Avranches.— Lignes et cannes à pêche.	France.......	8
Cte M.-P.-A.-O. de **Galbert**. La Buisse.—Pisciculture.	France.......	21 31
Sous-Commission de Cagliari. — Modèles de madragues pour la pêche du thon, de bateaux pour la pêche du corail	Italie........	5
Pellegrina **Mezzano**. Celle. — Filets	Italie....	3
E. **Kemmerer**. Saint-Martin-de-Ré. — Travaux d'ostréiculture et de pisciculture	France.......	18
Cicile **Brion**. Verdun. — Appareils de pisciculture..	France.......	

Mentions honorables.

T. **Kleyberg**. Stavanger. — Filet pour la pêche du hareng	Norvége	37

E.-H. de la **Bonninière**, Vte de **Beaumont**. Rodez. — Travaux de pisciculture	France	39
Robillard. Paris. — Engins de pêche et de chasse	France	25
W.-H. **Ryder**. Birmingham. — Moulinets pour la pêche	Gde-Bretagne.	
J.-C. **Johannesen**. Christiania. — Lignes de mer et d'eau douce	Norvége	34
E. **Wallon**. Montauban. — Pisciculture	France	20
James **Buchanan**. Glasgow. — Hameçons	Gde-Bretagne.	
Atelier-École de Dieppe. — Filets	France	34
J.-V. **Legal**. Dieppe. — Travaux relatifs aux pêches maritimes	France	38
M. **Warner**. Paris. — Engins de pêche	France	11
F.-A. **Lebatard**. Paris. — Articles de chasse	France	26
A.-G. **Bigorie**. Paris. Appareils pour la chasse	France	17
H.-F. **Serrin**. Neuilly-en-Thelle. — Piége	France	32
Loison. Morlaix. — Mouches artificielles pour la pêche.	France	
C.-D. **Courteaux** et A.-V. **Mélot**. Paris. — Articles de chasse	France	27
J.-L. **Soubeiran**. Paris. — Ouvrages sur la pisciculture	France	23
A. **Leroy**. Nantes. — Travaux de pisciculture	France	30

COOPÉRATEUR

Médaille de bronze.

A. **Giraudeau**. Paris. — Ingénieur du syndicat chargé de l'installation de la classe 49 dans la section française	France

CLASSE 50

MATÉRIEL ET PROCÉDÉS DES USINES AGRICOLES ET DES INDUSTRIES ALIMENTAIRES.

EXPOSANTS.

Hors concours.

Amirauté (Administration de l'État). — Appareil culinaire et spécimens des aliments consommés dans la marine royale.. Gde-Bretagne.

F.-J. **Devinck** (Membre du Conseil supérieur du Jury). Paris. — Machines pour la fabrication du chocolat.. France....... 56

C. **Touaillon** fils (Associé au Jury). Paris. — Machines de meunerie.. France....... 1-91

Médailles d'or.

J.-F. **Cail** et Cie. Paris. — Machines et appareils pour sucreries.. France....... 57

Savalle fils et Cie. Paris. — Appareils à distiller et à rectifier.. France.......45-126

Médailles d'argent.

P. **Samain**. Blois. — Presses........................ France....... 115

G. **Petit** et **Robert** aîné. Saintes. — Appareils pour la macération de la vendange..................... France....... 119

E.-A. **Egrot**. Paris. — Appareils à distiller.......... France....... 46

H. **Champonnois**, Paris, et **Champonnois** frères, Chaumont. — Outillage pour distillerie............ France.......48-129

Zambaux père, Paris, et **Nilus**, le Havre. — Appareil à triple effet pour sucreries.................. France....... 89

E. **Porion**. Wardrecques. — Appareil d'évaporation. France....... 123

Bequet-Champonnois, J.-F. **Cail** et Cie. Paris. — Procédés d'épuration et de rectification des alcools.. France....... 47

Brissonneau frères. Nantes. — Moulin à canne; essoreuse à sucre.. France....... 86

Mabille frères. Amboise. — Presses	France	116
Mlle A. **Blaise**. Signy-le-Petit. — Four pour la révivification du noir animal	France	63
Mignon et **Rouart**. Paris. — Appareils pour la fabrication de la glace	France	179
Dupety, Théurey-Gueuvin, Bouchon et Cie. La Ferté-sous-Jouarre. — Meules	France	162
Roger fils et Cie. La Ferté-sous-Jouarre. — Meules.	France	166
Compagnie de la baratte atmosphérique. Londres. — Appareil pour faire le beurre	G^de-Bretagne.	1
G. **Hermann**. Paris. — Machines pour la fabrication du chocolat	France	52
H. **Issartier**. Monségur. — Séchoir	France	66
J.-F. **Cail**, A. **Halot** et Cie. Molenbeek-Saint-Jean-lez-Bruxelles. — Appareils pour sucreries	Belgique	3
Van Gindertaelen et Cie. Bruxelles. — Appareils pour le travail des vins et des eaux-de-vie	Belgique	26
H. **Clayton** et Cie. Londres. — Machines à briques	G^de-Bretagne.	10
T. **Bradford** et Cie. Londres. — Machines à laver et sécher le linge	G^de-Bretagne.	6
T. **Spencer**. Londres. — Système de purification des eaux	G^de-Bretagne.	27
J. **Pernollet**. Paris. — Trieur, coupe-racines, semoir, laveur	France	103
Vachon père, fils et Cie. Lyon. — Trieur	France	100
L.-P. **Josse**. Ormesson. — Cribleurs, épierreurs	France	99
A.-C.-L. **Devaux**. Paris. — Greniers-silos aérateurs	France	
A. **Louvel**. Saint-Denis. — Appareils pour la conservation des grains	France	97
J. **Aders**. Neustadt-Magdebourg. — Appareils pour sucreries	Prusse	1
A. **Münnich** et Cie. Chemnitz. — Appareils pour brasseries et distilleries	Saxe royale	3
G.-H. **Ozouf**. Paris. — Appareils pour la fabrication des eaux gazeuses	France	133
D. **Cazaubon**. Paris. — Appareils pour la fabrication de l'eau de seltz	France	49
Pelletier. Paris. — Appareils pour la fabrication du chocolat et moulins à broyer le cacao	France	55
H. **Bouvin**. Paris. — Appareils pour la fabrication du chocolat	France	55
C. **Kronig**. Vienne. — Formes à sucre	Autriche	16
J. **Oser**. Krems. — Meules	Autriche	25
E. **Arnauld**. Saintes. — Chaudière à distiller les vins.	France	8
Kaulek fils et **Basy**. — Appareils pour la confiserie	France	

Médailles de bronze.

O.-I. **Boland**. Paris.— Pétrisseur mécanique.........	France.......	108
P. Du **Rieux** et Ed. **Roettger**. Lille.—Appareils pour sucreries..............................	France.......	83
Bour et **Chenaillier**. Paris.—Appareils pour sucreries..............................	France.......	75
P. **Chenaillier**. Paris. — Appareils pour sucreries..	France.......	76
Dufournet et Cie. Clichy-la-Garenne. — Formes à sucre..............................	France.......	24
J.-C.-M. **Beziat**. Paris. — Cric pour le soutirage des vins..............................	France.......	11
M. **Letang** et fils. Paris. — Moules et appareils pour chocolatiers, confiseurs et fabricants de biscuits....	France.......	35-56
E.-J. **Raspail**. Paris. — Filtres à niveau constant....	France.......	144
P. **Debatiste**. Paris. — Machines pour la fabrication du chocolat..............................	France.......	54
I. **Farinaux**, **Baudet** et **Boire**. Lille. — Appareils pour sucreries..............................	France.......	59
F. **Legal**. Nantes. — Appareils pour sucreries........	France.......	20
Deliry père et fils. Soissons. — Pétrin, machine à biscuits..............................	France.......	195
L. **Lebaudy** et H. **Landry**. Paris. — Appareils pour la boulangerie..............................	France.......	183
Joly de Marval. Paris. — Four....................	France.......	198
E. **Dincq-Jordan**. Jemmapes. — Appareils pour brasseries..............................	Belgique.....	7
E. **Dorzée** et A. **Andry**. Boussu. — Appareils pour brasseries..............................	Belgique.....	8
E. De **Bruyne** aîné. Hamme. — Étreindelles.........	Belgique.....	1
Briez fils. Arras. — Étreindelles et malfils..........	France.......	91
E. De **Bruyne**. Waesmunster. — Étreindelles.........	Belgique.....	2
Scalabre-Delcour. Tourcoing. — Malfils pour huileries; laines filées et sacs pour presses à betteraves.	France.......	79
E. **Herouart**. Beauvais. —Malfils, sacs à pulpes......	France.......	78
C. **Amelin**. Paris. — Soie pour bluteries............	France.......	2-196
W. **Landwehr**. Berlin. — Soie pour bluteries.......	Prusse.......	2
Trannin. Arras. — Fûts lignométalliques...........	France.......	74
J.-W. **Gundberg**. Stockholm. — Volières, seaux pour lait..............................	Suède.......	3
L.-M. **Marchand**. Paris. — Torréfacteur polygonal..	France.......	71
Morisseau. Montargis. — Machine à rhabiller et à rayonner les meules..............................	France.......	107
L. **Joly** et **Camus**. Masgny-lez-Compiègne. — Épierreur, râpe..............................	France.......	80

J. Mareschal. Paris. — Machine pour la préparation de la charcuterie, machine à fouetter	France	143
J. Lauzanne. Paris. — Moulins à café	France	30
Vve **D. Fèvre**. Paris. — Appareils et poudres pour la fabrication de l'eau de seltz	France	37
A.-J. Lejeune fils. Paris. — Appareils à liquides gazeux, syphons	France	38
A. Duvergier. Lyon. — Décanteur	France	50
Vve **Jacquin** et ses fils. Paris. — Bassines à dragées	France	58
Vergier. Saint-Savin. — Étuve	France	65
L. Lefebvre. Paris. — Appareil à cuire le sucre	France	77
J.-A.-J. Liebermann. Paris. — Essoreuse	France	88
X.-F. Girard. Paris. — Ustensiles de laiterie	France	92
C. Groult jeune. Paris. — Machines à nettoyer le tapioca, à diviser le riz	France	93
J. Perre. Ateliers Saint-Roch. — Décortiqueur	France	101
J.-C. Cloet. Paris. — Décortiqueur	France	102
J.-P. Fili et **E. Barrabé**. Rennes. — Nettoyeur-décortiqueur	France	104
Ganneron et Cie. Paris. — Décortiqueur, perleurs, tarares, trieurs	France	105
Brisson, **Fauchon** et Cie. Orléans. — Moulin	France	106
Mourot. Paris. — Tôles piquées	France	114
M. Juveneton. Tournon. — Vis et agrafes pour pressoirs	France	122
Peyruc cousins. Toulon-sur-Mer. — Appareil à distiller l'eau de mer	France	124
Lobis et **Bernard**. Bordeaux. — Appareils rectificateurs à double effet	France	125
L.-E. Vieilcazal. Paris. — Appareils pour la fabrication des eaux minérales	France	135
Greffier. Paris. — Appareils à eau de seltz et syphons	France	138
A. Bornibus. Paris. — Moulin et tamis à moutarde	France	146
A. Bordin-Tassart. Paris. — Appareils pour la fabrication de la moutarde	France	147
Gaillard fils aîné, **Petit** et **Halbou**. La Ferté-sous-Jouarre. — Meules	France	161
Bailly et Cie. La Ferté-sous-Jouarre. — Meules	France	163
Gilquin fils et Cie. La Ferté-sous-Jouarre. — Meules	France	164
Alexandre-Fauqueux. La Ferté-sous-Jouarre. — Meules	France	165
Tessier-Molin et Cie. La Ferté-sous-Jouarre. — Meules	France	167
Molin-Chauffour. La Ferté-sous-Jouarre. — Meules	France	168
O. Bonvallet-Védée. Sainte-Colombe. — Meules, carreaux et panneaux	France	172

Exposant	Pays	N°
Benez-Lauzeray. Épernon. — Meules	France	75
J. **Cassel**. Burbach. — Meules	Prusse	
Brault et **Bethouart**. Chartres. — Moulin	France	192
A. **Vaury** et C. **Plouin**. Paris. — Manutention civile	France	188
A.-A. **Vibert** et **Virette**. Paris. — Four	France	199
Felhœn frères. Courtrai. — Broyeuse	Belgique	11
H.-F. **Leurs**. Bruxelles. — Tilleuse et broyeuse	Belgique	20
A. **Algoever**. Breslau. — Crible	Prusse	5
J.-P.-A. **Vollmar**. Kempten. — Filtre	Hesse	1
G.-C. **Zimmer**. Mannheim. — Engrais	Bade	2
M. **Hacsek**. Pesth. — Appareils pour distilleries	Autriche	8
P. **Hudovernig**. Strasisch. — Cribles en crin	Autriche	10
Société de Kaschau Hegyallya, pour l'exploitation des carrières de pierres meulières et de produits minéraux. Szegilong. — Meules	Autriche	12
C. **Heinrich** fils. Döbling. — Pompe à vin	Autriche	13
J. **Körösi**. Andritz. — Appareil contrôleur pour distilleries	Autriche	1
Filature et Manufacture de lin. Brünn. — Toiles pour pressoirs à sucre	Autriche	19
G. **Noback**. Prague. — Plans de brasseries	Autriche	
J. et V. **Novak**. Sobotka. — Plaques pour brasseries	Autriche	24
R. **Plank**. Vienne. — Appareil contrôleur pour diviser la pâte à pain	Autriche	26
J.-P. **Reininghaus**. Gratz. — Appareils contrôleurs pour distilleries	Autriche	27
R. **Stumpe**. Vienne.—Appareils contrôleurs pour distilleries	Autriche	33
J. **Wojtechowsky**. Prague. — Appareils pour fabriquer les sirops et les bonbons	Autriche	38
C.-A. **Bauer**. Saint-Gall. — Machine à congeler	Suisse	2
J. **Klaus**. Le Locle.—Machine à fabriquer les pastilles.	Suisse	4
Pinaquy et **Sarvy**. Pampelune. — Fouloir; moulin; pompes	Espagne	3
J. et C.-G. **Bolinder**. Stockholm. — Fours de cuisine	Suède	6
Vincent **Cassa**. Carpénédole. — Moulin à bras	Italie	24
Moris-Tasker et Cie. Philadelphie. — Escareuse	États-Unis	11
D.-H. **Goodell**. Antrim. — Outil pour peler les pommes	États-Unis	2
L. **Collier**. Rochdale. — Machines pour la confiserie	Gde-Bretagne	11
Fleet et Cie. Londres. — Appareil à fabriquer l'eau de seltz; machine à boucher les bouteilles	Gde-Bretagne	16
G. **Kent**. Londres. — Appareils pour la pâtisserie et la confiserie	Gde-Bretagne	18

A. Lyon. Londres. — Hachoir à viande; machine à fabriquer les saucisses.	Gde-Bretagne.	20
H. Pontifex et **fils**. Londres. — Appareils pour brasseries et distilleries.	Gde-Bretagne.	22
W. Robinson. Bridgwater. — Machine à nettoyer les barils	Gde-Bretagne.	25
Compagnie des filtres en charbon silicatisé. Londres. — Vases pour la purification de l'eau.	Gde-Bretagne.	26
J. Tye. Lincoln. — Appareils pour minoteries.	Gde-Bretagne.	29
Meyer et Cie. — Broyeurs à cannes à sucre.	Col. françaises.	
C.-H. **Hermann-Lachapelle** et Ch. **Glover**. Paris.— Appareils pour la fabrication des boissons gazeuses.	France.	152
Lemonnier et **Nouvion** fils. Châtillon. — Pressoirs.	France.	118
Chollet-Champion. Bléré. — Presse hydraulique..	France.	120
Laurent aîné. Dijon. — Pressoir hydraulique.	France.	117
J. Aubin. Paris. — Meule, moulin.	France.	160-191
Thilloy. Paris. — Fours et pétrins.	France.	201
Perkins, Loftus. Londres. — Four militaire.	Gde-Bretagne.	
J. Lefébure. Bruxelles. — Broyeuse.	Belgique.	19
Joseph **Wochenmeyer.** Krems. — Four.	Autriche.	
C.-F. **Hertel** et Cie. Nienbourg.—Machine à briques.	Anhalt.	
Bouillon, Muller et Cie. Paris—Séchoir à air chaud pour fruits, légumes, céréales; appareil à cuire les légumes et les grains.	France.	68
Mme **Wauthier,** dite dame Saint-Charles. Paris. — Glacières; appareils à cuire.	France.	178
P.-L.-G. **Fouju.** Triel. — Glacières, cafetières.	France.	23
C. **Schlickeysen.** Berlin. — Machine à briques.	Prusse.	
Cardaillac. — Appareil à laver et à sécher les blés.	France.	

Mentions honorables.

Godrant frères. Abbeville. — Moulin à vent.	France.	3
Pissavy père. Lyon. — Comptoir, aérofores.	France.	10
J.-G.-A. **Deffez.** Nérac. — Esquive à robinet gradué et aérateur, bonde hermétique.	France.	18
E.-P. **Caillas.** Paris. — Claies coconnières.	France.	22
Durafort. Paris. — Appareils et syphons pour eaux gazeuses.	France.	25
Vve **Letang** fils. Paris. — Moules, machines à battre, glacières.	France.	26-53
E. **Denet.** Paris. — Moules, pâtes alimentaires.	France.	27
L. **Rockel.** Metz.— Cafetières, théières, réchauds.	France.	33
Gueret frères. Paris. — Appareils à eau de seltz et syphons.	France.	39

J. **Pennant**. Paris.— Cafetières et appareils réfrigérants. France....... 34
E. **Raparlier**. Paris. — Cafetières.................. France....... 40
F.-P.-A. **Juquin**. Paris. — Cafetières, savonneuses-lessiveuses.................................. France....... 41
J.-B. **Guigue**. Paris. — Cafetières, théières......... France....... 42
H. **Maldinet**. Paris. — Appareils à eau de seltz...... France....... 44
E. **Carré**. Moislains. — Appareils réfrigérants...... France....... 60
A. **Biabaud**. Paris. — Ustensiles de boulangerie.... France....... 61
P. **Gondolo**. Paris. — Fours...................... France....... 64
L. **Chausson**. Paris. — Torréfacteur............... France....... 69
Paris-Corroyer et fils. Amiens. — Torréfacteur.... France....... 72
C. **Hennion**. Lille. — Moulin pour diviser le noir animal.................................. France....... 87
G. **Ruault** neveu. Paris. — Casse-sucre............. France....... 90
Prudon. Paris. — Taille-soupe et taille-julienne.... France....... 94
V. **Gondolo**. — Pétrisseur......................... France....... 110
L. **Cowlet**. Paris. — Pétrisseur................... France....... 111
A. **Sezille**. Noyon. — Pétrin....................... France....... 112
Galon et Cie. Mehun-sur-Yèvre. — Pétrin........... France....... 113
Laporte. Lesparre. — Égrappoir................... France....... 121
Dreyfus frères. Paris. — Appareils pour distilleries. France....... 127
L.-C. **André** dit **Pontier**. Paris. — Erorateurs.... France....... 128
M.-H. **Mouquet**. Lille.—Condensateur pour distilleries. France....... 130
Mondollot fils. — Appareils pour la fabrication des eaux gazeuzes.............................. France....... 131
A. **Veyssière**. Paris. — Appareils à eau de seltz.... France....... 136
E.-S. **François**. Paris............................ France....... 137
Petit et **Boiseau**. Donzy.—Appareil à cuire les graines. France....... 145
E. **Day**. Paris. — Objets de meunerie............... France....... 149
P.-J. **Vizet-Camus**. Paris.—Accessoires de moulins.. France....... 150
J.-D. **Tajan**. Bayonne. — Marteaux pour rhabiller les meules.................................. France....... 151
Mouillier-Bertrand. Surgères. — Appareils pour distilleries.............................. France....... 157
Girbeaud. Brives. — Casseuse et trieuse de noix... France....... 158
F. **Boucherot**. Puteaux.— Appareils pour brasseries. France....... 159
Ladeuil. La Ferté-sous-Jouarre. — Meules.......... France....... 169
Dépaux et **Gatelier**. La Ferté-sous-Jouarre.—Meules. France....... 170
T.-C.-A. **Mesnet**. Cinq-Mars-la-Pile.— Meules........ France....... 171
Pochet. Mourmelon-le-Grand. — Meules............ France....... 173
E. **Leveau-Baudry**. Vibraye. — Meules .... France....... 176
E.-A. **Piel**. Paris. — Machines à faire les gaufres.... France....... 180
R.-N. **Goux**. Paris. — Système de vidange.......... France....... 181
Cluseau. Paris. — Fours pour les boulangers....... France....... 184

A.-E. **Caron.** Paris. — Pétrin, bluteries	France	197
J. **Straub.** Paris. — Pétrin	France	203
Doullay. Paris. — Appareil pour la conservation et l'élévation des boissons	France	207
J.-J. **Duchêne.** Aische-en-Refail. — Appareils pour laiteries	Belgique	9
E.-A. **Fauvel.** Molenbeek-Saint-Jean-lez-Bruxelles. — Nettoyeur-trieur de riz	Belgique	10
A. **Ferguson.** Liége. — Four	Belgique	12
C. **Ladrange.** Bruxelles. — Machines à hacher la viande	Belgique	17
C. **Leclercq-Bourguinion.** Bruges. — Moulin	Belgique	18
A. **Philips.** Eecloo. — Barattes	Belgique	22
G. **Van Hecke.** Gand. — Nettoyeurs pour malt	Belgique	27
R. **Dinglinger.** Coethen. — Essoreuses à sucre	Prusse	4
O. **Pauli.** Rueppurr. — Engrais	Bade	3
I. **Werner-Ino** et Cie. Mannheim. — Vernis d'émail pour tonneaux et guillières	Bade	4
G. **Boch.** Gundelfingen. — Sacs-filtres	Bavière	
H. **Schulze.** Nuremberg. — Sacs-filtres	Bavière	2
C. **Brand** et F. **Lhuillier.** Brünn. — Formes à sucre	Autriche	2
A. **Globotschnig.** Strasisch. — Cribles	Autriche	6
C.-A. **Specker.** Vienne. — Machines à préparer les viandes	Autriche	31
Antoine **Wiesenburg** et fils. Vienne. — Gaze pour bluteaux	Autriche	36
G. **Zugmayer.** Waldegg. — Coupe pour sucreries	Autriche	40
Fontannaz-Monnier. Cossonay. — Toiles à fromages	Suisse	1
A. **Millot.** Zurich. — Cylindre à brosses	Suisse	3
J.-A. **Neyendam.** Copenhague. — Machine à rôtir le café	Danemark	2
C. **Atterling.** Oerebro. — Seau à lait, tonneau, charrette	Suède	2
A. de **Maré.** Westervik-Ankarsrum. — Ustensiles de cuisine	Suède	5
J. **Dahler.** Christiania. — Appareils de cuisine	Norvége	1
Barthélemy **Ferrari.** Parme. — Appareils pour l'incubation des vers à soie	Italie	13
G.-R. **Baker.** Saint-Louis. — Pétrin	États-Unis	3
H. **Tilden.** Boston. — Tamis, coupe-tabac, instruments à fouetter les œufs	États-Unis	4
Compagnie métropolitaine d'appareils pour blanchisseries. New-York. — Essoreuse-laveuse	États-Unis	12
J. **Ward** et Cie. New-York. — Laveuse, essoreuse	États-Unis	13

G. **Purrington** junior. New-York.— Machine à balayer	États-Unis....	18
S.-T. **Bacon.** Boston. — Machine à fabriquer les biscuits	États-Unis....	23
S. **Barnett.** Londres. — Appareils pour la fabrication des eaux minérales	Gde-Bretagne.	3
P. **Bawden.** Londres. — Machine à briques	Gde-Bretagne.	4
Compagnie canadienne d'appareils pour blanchisseries et de matériel d'agriculture. Worcester. — Laveuse	Gde-Bretagne.	8
Clarke et **Dunham.** Londres.— Meules, mécanisme de moulin	Gde-Bretagne.	9
Farrow et **Jackson.** Londres. — Caves en fer, ustensiles de comptoir	Gde-Bretagne.	1
George **Keith.** Londres. — Appareils pour conserver la glace, poudres pour la production artificielle de la glace	Gde-Bretagne.	17
W. **Summerscales** et fils. Keighley. — Machines à laver, à tordre, à calandrer	Gde-Bretagne.	28
Wenham, Lake Ice Company. Londres.—Appareils réfrigérants	Gde-Bretagne.	31
J. **Whitmee** et Cie. Londres. — Moulins à blé, couveuses artificielles	Gde-Bretagne.	34
W. **Williamson.** Londres.— Machines à essorer, à laver, à calandrer	Gde-Bretagne.	35
Henckel et **Seck.** Francfort-sur-le-Mein. — Machine pour monder les grains	Prusse.......	7
J.-B. **Toselli.** Paris. — Glacières	Italie........	15
B. **Kirch.** Fribourg. — Pompes à vin	Bade........	
F.-X. **Michels.** Andernach. — Meules	Prusse.......	
F. **Wegner.** Stettin. — Meules	Prusse.......	
C. **Mosqua.** Hildesheim. — Meules	Prusse.......	
S. **Landau.** Niedermendig. — Pierres meulières	Prusse.......	
W.-E. **Hickling.** Leicester. — Machine à laver les bouteilles	Gde-Bretagne.	
Naye. Châtelet. — Machine à couper le tabac	Belgique.....	
Fisse-Thirion et Cie. Reims.— Système de bouchage pour vins mousseux	France.......	
Pesant frères. Maubeuge. — Machine à laver les tonneaux	France.......	
Héaume.— Marteaux à rhabiller les meules	France.......	
J.-A. **Marchand.** Paris. — Torréfacteur	France.......	73
E. **Pasquier.** Port-à-Binson. — Appareil à doser la liqueur sucrée pour la fabrication des vins de Champagne	France.......	
Etienne **Bertea.** Turin. — Machine à fabriquer les pastilles	Italie........	
Thibierge. — Appareil pour la distillation et la rectification des térébenthines, des goudrons et des essences	France.......	

Emm. **Pajot.** Lemontet. — Filtres.................. France.......

J.-G. **Leonardy.** Trèves. — Meules................. Prusse.......

Carson et **Toone.** Westminster. — Ustensiles de laiterie.. Gde-Bretagne.

COOPÉRATEURS.

Médaille d'or.

F. **Carré.** Paris. — Appareils pour la production de la glace.. France...........

Médailles d'argent.

Daupley. Paris. — De la maison Devinck.......... France...........

E. **Morin.** La Réunion. — Agent de la maison J.-F. Cail et Cie.............................. Col. françaises......

CLASSE 51

MATÉRIEL DES ARTS CHIMIQUES, DE LA PHARMACIE ET DE LA TANNERIE.

EXPOSANTS.

Hors concours.

Ministère des Finances. Direction générale des manufactures de l'Etat. (Administration de l'Etat.) Paris. — Service des tabacs .... France.......

Ministère de l'Instruction publique. Laboratoire de chimie de l'Ecole normale supérieure. (Administration de l'Etat.) Paris. — Appareils de chimie .... France.......

Hôtel des Monnaies. (Administration de l'Etat.) Saint-Pétersbourg. — Vases de platine .... Russie.......

Grand prix.

C.-W. **Siemens.** Londres. — Four à gaz à chaleur régénérée .... Gde-Bretagne.

Médailles d'or.

C. **Guibal** et Cie. Paris. — Travail du caoutchouc.... France....... 48

Aubert, Gérard et Cie. Paris. — Travail du caoutchouc .... France....... 47-78

Johnson, Matthey et Cie. Londres. — Traitement du platine .... Gde-Bretagne.

Morane frères. Paris. — Machines et appareils pour stéarineries .... France....... 19-30

Médailles d'argent.

C. **Leroy** et **Durand.** Gentilly. — Appareil pour la distillation des corps gras. Pyromètre et régulateur de vapeur surchauffée .... France.......83-114

E.-S. **Monot.** Pantin. — Cristallerie .... France....... 90

J.-H. **Chaudet** et **Tuillier Gellée.** Rouen. — Dégraissage, lavage et séchage des laines .... France....... 87

Bon A. **de Plazanet.** Paris. — Outillage et matériel pour la galvanoplastie .... France....... 88

L. **Bousquet** et Cie. Lyon. — Cornues en terre réfractaire .... France....... 46

Société anonyme d'Andenne. Namur. — Produits réfractaires et grès	Belgique	
E.-A. **Lentz.** Berlin. — Appareils pour distilleries	Prusse	6
Buffaud frères. Lyon. — Essoreuses	France	36
J. **Schaller.** Vienne. — Forges portatives et de campagne	Autriche	
Kretz. Paris. — Manomètre différentiel	France	43
L. **de Laminne.** Liége. — Fabrication de l'alun	Belgique	
T. **Schloesing.** Paris. — Chalumeau pour les hautes températures	France	112
C. et E. **Chapuis** frères. Paris. — Appareils en platine pour la concentration de l'acide sulfurique	France	71
F. **Berjot.** Caen. — Lessivage dans le vide et fabrication des extraits	France	34
Compagnie parisienne d'éclairage et de chauffage par le gaz. Paris. — Produits réfractaires.	France	45
Tessié du Motay et **Maréchal.** Metz. — Procédé de blanchiment et fabrication d'oxygène	France	31-105
Cucurny. Barcelone. — Produits réfractaires	Espagne	
H.-J. **Vygen** et Cie. Duisburg. — Produits réfractaires	Prusse	
L. **Martin.** Paris. — Procédés de traitement et de désinfection des huiles minérales d'éclairage	France	121
V. **Wiesnegg.** Paris. — Appareils à gaz pour laboratoires	France	72-108
Enfer et ses fils. Paris. — Forges portatives, soufflets de forge, machine soufflante	France	28-120
A. **Beyer.** Paris. — Machines pour la savonnerie, la parfumerie et la fabrication des produits chimiques.	France	37
Lionnet frères. Paris. — Atelier de galvanoplastie.	France	89
Warmbrunn, Quilitz et Cie. Berlin. — Appareils de laboratoire	Prusse	10
Derriey. Paris. — Machine à fabriquer les pastilles.	France	
Edmond **Carré.** Paris. — Machine à fabriquer la glace.	France	
J. **Galabrun** frères. Paris. — Machines et outillage pour stéarinerie	France	84
G.-A. **Lenoir.** Vienne. — Instruments de laboratoire.	Autriche	6
J. **Berendorff** fils. Paris. — Machines pour tanneries.	France	91
S. **Coy.** — Système de tannage	Gde-Bretagne.	
Pfetsch. Varangeville. — Procédés de traitement des sels gemmes	France	
Mme **Wanthier,** dite dame Saint-Charles. Paris. — Appareils pour le blanchissage du linge	France	85
L. **Golaz.** Paris. — Instruments de laboratoire	France	115
J. **Havrez.** Verviers. — Lessivage méthodique des soudes	Belgique	
H. **Giroud.** Paris. — Régulateurs à gaz	France	110-111

Bouillon, Muller et Cie. Paris. — Appareils pour blanchisseries	France	55-79
Wolff et fils. Heilbronn. — Appareils pharmaceutiques et à distiller	Wurtemberg	2
Schultz et **Warker**. New-York. — Appareils à eaux gazeuses	États-Unis	3
F. **Coste**. Tilleur. — Produits réfractaires	Belgique	
Desmoutis et **Quenessen**. Paris.—Vases de platine.	France	7
Kirchdörffer et fils. Hall. — Appareils pour la distillation des alcools	Wurtemberg	1
Lüsse, Marky et **Bernard**. Karolinenthal, Prague. — Presse pour fabriques de porcelaine	Autriche	8
A. **Richter**. Zabehlitz. — Produits réfractaires	Autriche	11
Compagnie brevetée des creusets en plombagine. —Creusets en plombagine	Gde-Bretagne.	
Audouin. Paris. — Four à huiles lourdes	France	
Alvergniat frères. Paris. — Appareils en verre pour laboratoires	France	109
Heraeus. Hanau. — Fabrication de platine	Prusse	
Guez Lavie. Wagnas. — Traitement des schistes	France	

Médailles de bronze.

Cte Eugène **Larrisch-Mönnich**. Polnischlurten. — Produits réfractaires	Autriche	4
Dezeaux-Lacour. Guise. — Machine à travailler les peaux	France	95
Usine de Saint-Ghislain. Saint-Ghislain. — Produits réfractaires	Belgique	
Ch. **Petit**. — Lampes à schiste et à pétrole	France	
J.-T.-B. **Porter** et Cie. Lincoln. — Production du gaz à l'aide du pétrole	Gde-Bretagne.	7
E. **Deyeux**. Paris. — Produits réfractaires	France	16
E. **Muller** et Cie. Ivry. — Produits réfractaires	France	94
H. **Jousseaume**. Ivry. — Cornues à gaz et produits réfractaires	France	50
A. **Dalifol** et L. **Huet**. Paris.—Produits réfractaires.	France	51
J. **Lemoine**. Paris. — Décortication chimique des graines	France	58
Ch. **Lefèvre**. Paris.—Étreindelles	France	27
Filature et manufacture de lin. Brünn. — Filtres pour stéarineries et huileries	Autriche	5
F **Briez** fils. Arras. — Étreindelles	France	25
J. **Dervieux** et Cie. Vienne. — Malfils et étreindelles.	France	26
C. **Graff**. Deggendorf. — Produits réfractaires	Bavière	1
Vennin-Dérégniaux. Lille.—Appareil pour trier la limaille de fer	France	

Ott et **Beaudoin.** — Machine à travailler les peaux..	France......	
H.-F.-L. Stender. Lamspringe. — Verrerie de laboratoire....................................	Prusse.......	2
P.-N. **Allard-Ferré.** Châteaudun. — Machines à travailler les peaux................................	France.......	94
Toelle frères. Herdecke-sur-la-Rhür. — Étreindelles.	Prusse.......	1
Berger-Cadet et fils. — Bollène. — Tuyaux à gaz et à eau..	France......	24
A. **Guedville.** Moscou. — Appareils de laboratoire...	Russie......	1
F. **Donny.** Gand. — Fourneaux à gaz.................	Belgique....	1
E. **Ott.** Saint-Denis. — Machines à travailler les peaux.	France......	92
Nessel. Soulzmatt. — Appareils à concentrer les eaux.	France......	
G. **Lutz.** Paris. — Outils pour tanneurs	France......	100
A. **Mallet.** Paris. — Appareils pour la fabrication de l'oxygène..	France......	103
L. **Achleitner.** Salzbourg. — Machine pour tremper les allumettes...	Autriche	1
N. **Bloch.** Tomblaine. — Syphon intermittent féenlomètre	France......	63
Godart et **Labordenave.** Paris. — Fabrication de vases de platine..	France......	69
Pflueger, Bruederlin et **Fleiner.** Schopfheim. — Machine à pulvériser	Bade	1
F. **Hermann.** Kaiserslautern. — Extraction des matières colorantes du bois............................	Bavière.....	2
A.-M. **Fleury.** Paris. — Machine à travailler les peaux.	France.......	93
Pce **Oettingen Wallerstein.** Königsaal. — Produits réfractaires...	Autriche.....	
C. **Atterlindh.** Œrebro. — Alambic à l'usage des pharmaciens	Suède........	2
O. **Kropff** et Cie. Nordhausen. — Appareil pour la fabrication des eaux gazeuses	Prusse.......	5
Durafort. Paris. — Syphons et appareils à eaux gazeuses...	France.......	64
L. **Somzée.** Marcinelle. — Gazomètre................	Belgique.....	5
Usine de Höganaes. Höganaes. — Produits réfractaires...	Suède........	
Hynam. Londres. — Creusets en plombagine	Gde-Bretagne.	
Doulton et Cie. Londres. — Creusets et vases réfractaires...	Gde-Bretagne.	
Jouanne. Paris. — Fabrication du gaz d'éclairage....	France.......	102
Vve de **Fuissaux.** Baudour. — Produits réfractaires.	Belgique.....	
A. **Delattre** et Cie. Couillet. — Produits réfractaires.	Belgique.....	
G. **Labayle.** Haut-Manco. — Appareil à distiller les résines	France.......	3
D. **Bievez.** Haine-Saint-Pierre. — Four à étendre le verre...	Belgique.....	

Exposant	Pays	N°
Limousin. Paris. — Appareils pour les inhalations d'oxygène	France	62
L. **Jarosson** et A. **Bastaert.** Lille. — Appareil pour le décreusage des matières textiles végétales	France	11-32
A. **Perrot.** Genève. — Four à gaz pour fondre les métaux	Suisse	
L. **Droux.** Paris. — Appareil pour le traitement des corps gras à haute pression	France	868
J. **Viel.** Tours. — Capsulateur	France	65
Hoglen et **Grafflin.** Dayton. — Machine à couper le tabac	États-Unis	
E. **Burel.** Paris. — Photomètre	France	6
P. **Brun.** Lyon. — Forges portatives	France	29
Ramay. Lyon. — Ventilateur	France	
Bréval. Paris. — Machine à sécher la tannée	France	99
Binet fils. Paris. — Creusets et vases réfractaires	France	14
Couenne-Hatier. Paris. — Creusets et vases réfractaires	France	19
J.-B. **Deruelle.** Paris. — Creusets et vases réfractaires.	France	13
A. **Crespe.** Bollène. — Briques réfractaires	France	

Mentions honorables.

Exposant	Pays	N°
A. **Lipp** et C. **Knaffl.** Vienne. — Outils de tanneur	Autriche	7
Gaillard et **Jesson.** Paris. — Machines à travailler les peaux	France	98
Fontsauvage. Thiers. — Moulin à tan	France	96
Damourette. Paris. — Moulin à tan	France	97
Chrétien **Haffner** fils. Thann. — Machines à fabriquer la chandelle	France	33
Sugg et Cie. Gand. — Produits réfractaires	Belgique	
F. **Goyard.** Paris. — Produits réfractaires	France	18
F. **Paneck** fils. Vienne. — Outils pour tanneurs	Autriche	10
Buzenet-Langlois. — Laboratoire portatif	France	
Flamm. Phlin. — Condensateur à sublimé et à acide sulfureux	France	22
Stucker. Neuchâtel. — Machines à pastilles	Suisse	
Compagnie du gaz général. Paris. — Éclairage des wagons et voitures	France	12-57
C. **Claus.** Genève. — Creusets	Suisse	2
H. **Maag.** Schaffhouse. — Creusets	Suisse	3
Chiandi. — Appareil à conserver le pétrole	France	
George **Kent.** Londres. — Agitateurs	Gde-Bretagne.	6
Bonnet. — Appareil à fabriquer l'éther	France	
L. **Delval** et Cie. Aniche. — Moules à canneler le verre.	France	74
A. **Vimont** et G. **Bruère.** Rougemont. — Verrerie de laboratoire	France	15

George **Bower.** Saint-Neots. — Appareils à gaz......	Gde-Bretagne.	3
Delaforge.— Soufflets de forges et forges portatives.	France.......	
Joseph **Cliff** et fils. Wortley-Leeds. — Produits réfractaires..	Gde-Bretagne.	
J. **Ward** et Cie. New-York. — Machines à laver......	États-Unis....	
O.-I. **Boland.** Paris. — Aleuromètre................	France.......	59
L. **Krafft.** Neuilly. — Utilisation des eaux vannes...	France.......	61
L.-C. **André dit Pontier.** Paris. — Appareils pour la distillation..................................	France......	17-119
Jacques **Pik.** Varsovie. — Densimètre pour alcools...	Russie	3
G. **Taragonet.** Saint-Symphorien-lez-Autun. — Modèles de fours à briques à cuisson continue........	France.......	23
Thelohan. Langon. — Plan d'une machine à mouler la terre..	France.......	7
Huxhams et **Brown.** Exeter. — Moulin à tan......	Gde-Bretagne.	
J. **Prentice.** New-York. — Machine à fabriquer les cigares..	États-Unis....	
J. **Lévy.** Paris. — Essoreuses.....................	France.......	
C.-M. **Somolinos.** Madrid.—Appareils de pharmacie.	Espagne	
J. **Rivero Valdemoro.** Madrid. — Appareils de pharmacie..	Espagne	1
T.-A. **Rouget de l'Isle.** Saint-Mandé. — Verreries et outils de verreries..........................	France.......	74
H. **Englebienne** et C. **Deharveny.** Mons. — Produits réfractaires.................................	Belgique.....	
J.-B. **Parmentier.** Jumet. — Produits réfractaires...	Belgique.....	
Planckh frères. Znaïm. — Briques réfractaires.....	Autriche	
A. **Lecat.** Baume. — Produits réfractaires..........	Belgique.....	
Baradat. — Fabrication du gaz de goudron	France.......	
Thomas **Carr.** Bristol. — Machine à pulvériser......	Gde-Bretagne.	4
H. **Carton.** — Machine à couper le tabac...........	Belgique.....	
James **Wilson.** Londres. — Soupapes hydrauliques pour le gaz...	Gde-Bretagne.	10
W.-J. **Baker.** Wakefield. — Appareils d'usines à gaz.	Gde-Bretagne.	1
W.-C. **Fikentscher.** Zwickau. — Appareils en terre cuite..	Saxe Royale..	3
Compagnie métropolitaine d'appareils pour blanchisseries. New-York— Appareils pour blanchisseries	États-Unis....	
W. **Bitter.** Bielefeld. — Appareils pour pharmacies .	Prusse.......	8
Rangod. — Machine à fabriquer les pastilles.......	France.......	
John-H. **Tyler.** Londres. — Matériel pour tanneries.	Gde-Bretagne.	
Wasseige, Dewalque et Cie. — Appareil pour la fabrication des fulminates......................	Belgique.....	

COOPÉRATEURS.

Médailles d'argent.

Nicklès. Paris. — Conducteur principal des travaux du service des tabacs.......................... France....... 51

Pierre **Thomas**. Paris. — Ingénieur de la maison Aubert, Gérard et Cie.......................... France.......

Médailles de bronze.

A. **Thomas**. Paris. — Ingénieur du syndicat chargé de l'installation de la classe 51 dans la section française ....

Labat. — Contre-maître mécanicien de la manufacture de Châteauroux.......................... France.......

Louis **Maurette**. — Ouvrier chaudronnier à la manufacture des tabacs de Paris.......................... France.......

Marie. Paris.— Ajusteur à la manufacture des tabacs. France.......

V. **Drouin**. Paris.— Chef d'atelier de l'usine C. Guibal et Cie.......................... France.......

J. **Landon**. Paris.— Chef ouvrier de la maison C. Guibal et Cie.......................... France.......

Thomas **Scelles**. Paris. — Chef général d'atelier de l'usine Gérard et Cie.......................... France.......

Draux. Gentilly. — Contre-maître de l'usine Leroy et Durand.......................... France.......

Mangin.—Contre-maître à l'usine à gaz de La Villette. France.......

Mentions honorables.

Constant. Paris. — Ouvrier mouleur de la maison Morane.......................... France.......

Michel **Guffroy**. Gentilly.—Contre-maître de la maison Leroy et Durand.......................... France.......

Goutière. Gentilly.—Contre-maître de la maison Leroy et Durand.......................... France.......

Samson. Gentilly.—Chef d'atelier de la maison Leroy et Durand.......................... France.......

Bouvier. Paris. — Mécanicien de la maison Morane.. France.......

Battarel. La Villette-Paris.—Contre-maître et chimiste à l'usine des goudrons de la Compagnie parisienne. France.....

CLASSE 52

MOTEURS, GÉNÉRATEURS ET APPAREILS MÉCANIQUES SPÉCIALEMENT AFFECTÉS AUX BESOINS DE L'EXPOSITION.

EXPOSANTS.

Hors concours.

Service mécanique.

Usine de Graffenstaden (Bon de **Bussierre**, président du Conseil d'administration, membre du Jury). — Machine à vapeur horizontale...........	France..... ..	7

Grand prix.

Service mécanique.

C.-F. **Hirn.** Logelbach. — Transmissions télodynamiques	France.......	54

Médailles d'or.

Service mécanique.

Lecouteux. Paris. — Machine à vapeur verticale....	France.......	3
Houget et **Teston**, à Verviers, et **Demeuse, Houget** et Cie, à Aix-la-Chapelle. — Machines à vapeur horizontales..	Belgique......	2
P. **Boyer.** Lille. — Machine à vapeur horizontale....	France.......	8
Thomas et T. **Powel.** Rouen. — Machines à vapeur verticales..	France.......	1
Le Gavrian et fils. Lille. — Machine à vapeur horizontale..	France.......	2

Ventilation.

Piarron de Mondésir, Lehaître et Julienne. — Ensemble des dispositions prises pour la ventilation du palais..	France......	23

Médailles d'argent.

C.-T. **Porter.** Manchester. — Machine à vapeur horizontale..	Gde-Bretagne.	18
W. et J. **Galloway** et fils. Manchester. — Chaudières à foyers intérieurs, et machine à vapeur horizontale..	Gde-Bretagne.	10

Laurens et **Thomas**. Paris.— Chaudière tubulaire et à foyer amovible	France	31
Compagnie parisienne du chauffage et de l'éclairage par le gaz. Paris. — Machines à gaz.	France	14
H. **Flaud**. Paris. — Machine à vapeur à deux cylindres inclinés	France	13
L. **Chevallier**. Lyon.—Chaudières tubulaires à foyer amovible	France	4
Roufosse, Houget et **Teston**. Verviers. — Appareils alimentateurs et compteurs d'eau pour chaudières à vapeur	Belgique	1
Bryan, Donkin et Cie. Londres.— Conduites de vapeur et transmissions	Gde-Bretagne.	8
Hick, Hargreaves et Cie. Bolton. — Machine à vapeur horizontale	Gde-Bretagne.	14
Fox, Walker et Cie. Bristol. — Machine à vapeur horizontale	Gde-Bretagne.	9
Martin Stein. Mulhouse. — Câbles pour transmissions télodynamiques	France	
J. **Frot**. Orléans. — Machine à ammoniaque	France	148

Service hydraulique.

Letestu. Paris. — Pompes	France	17
A. **Thirion**. Paris. — Pompes	France	21
A. **Rouffet**. Paris. — Locomobile	France	22
Calla. Paris. — Locomobile	France	
L. **Neut** et L. **Dumond**. Paris. — Pompes	France	18
L. **Coignard**. Paris. — Pompes	France	20
Thomas **Scott** et **Sagey**. Rouen. — Machines élévatoires	France	16

Ventilation.

Gargan et Cie. Paris. — Machine à vapeur horizontale et exhausteurs à gaz	France	24
Perrigault. Rennes. — Ventilateurs	France	56

Manutention et appareils élévatoires divers.

Hte **Vivaux** et Cie. Dammarie-sur-Saulx. — Grues fixes et roulantes	France	58
Neustadt. Paris. — Grues roulantes à vapeur, grues fixes	France	59
Martin aîné et **Calrow**. Paris. — Grues fixes	France	
Chrétien. Paris — Grue roulante à vapeur	France	62
Alexander **Shanks** et fils. Londres. — Grue roulante à vapeur	Gde-Bretagne.	22
Appleby frères. Londres. — Grue roulante à vapeur	Gde-Bretagne.	1
G. **Russell** et Cie. Glasgow.—Grue roulante à vapeur.	Gde-Bretagne.	20

James **Taylor** et Cie., Birkenhead. — Grue roulante à vapeur................................	Gde-Bretagne.	29
Stothert et **Pitt**. Bath. — Grue roulante à vapeur.	Gde-Bretagne.	25
Edoux. Paris. — Ascenseur hydraulique...........	France.......	
Laudet. Paris. — Ascenseur......................	France.......	

Médailles de bronze.

Service mécanique.

Sharp, Stewart et Cie. Manchester. — Injecteur Giffard perfectionné..................................	Gde-Bretagne.	23
Appleby frères. Londres. — Machine d'alimentation pour chaudières..................................	Gde-Bretagne.	1
Cordier aîné. Paris. — Cheminées en briques pour usines....................................	France.......	37
Mathieu. Paris. — Cheminées en briques pour usines.....................................	France..... .	50

COOPÉRATEURS.

Médaille d'or.

J.-J. **Rieter** et Cie. Wintherthur. — Fabrication de câbles pour transmissions télodynamiques.........	Suisse ....

Médaille d'argent.

Charles **Brauer**, sous-directeur de l'usine de Graffenstaden....................................	France.......

Médaille de bronze.

Lemoine-Benoît. Paris. — Architecte de la maison Farcot et fils..................................	France.......

CLASSE 53

MACHINES ET APPAREILS DE LA MÉCANIQUE GÉNÉRALE.

EXPOSANTS.

Hors concours.

Exposant	Pays	N°
Ministère de la maison de l'Empereur et des Beaux-Arts (Administration de l'État). Paris. — Modèle de la machine de Marly	France	270
Administration impériale et royale des mines et usines. Jenbach. — Turbine à axe horizontal.	Autriche	3
Institut technologique (Administration de l'Etat). Saint-Pétersbourg. — Modèles de machines	Russie	8
Ecole des métiers de l'hospice impérial des Enfants-Trouvés (Administration de l'Etat) Moscou. — Machines diverses	Russie	6
Ministère de l'agriculture, du commerce et des travaux publics. Écoles impériales d'arts et métiers (Administration de l'État). Aix, Angers, Châlons. — Machines à vapeur	France	76
Ecole technique d'artillerie (Administration de l'Etat). Saint-Pétersbourg. — Modèles de machines.	Russie	7
E. **Gouin** (Membre du Jury). — Locomobiles	France	171
B. **Fourneyron** (Membre du Jury). — Turbines et pompes	France	216
H.-D. **Schmid** (membre du Jury). Vienne. — Machines à vapeur	Autriche	27
L. **Foucault** (Membre du Jury). — Régulateur	France	108
Siemens et **Halske.** Berlin. (Le Dr Siemens, membre du jury). — Alcoomètre, compteur à eau	Prusse	12

Grand prix.

Exposant	Pays	N°
Farcot et ses fils. Saint-Ouen. — Machines à vapeur.	France	71

Médailles d'or.

Exposant	Pays	N°
Compagnie des machines à vapeur Corliss. — Machine à vapeur	Etats-Unis	
Compagnie de Fives-Lille. Paris. — Machine à vapeur	France	70
Société John Cockerill. Seraing. — Machine soufflante	Belgique	36

Merryweather et fils. Londres. — Pompes à incendie à vapeur...	Gde-Bretagne.	26
E. **Bourdon.** Paris. — Machines à vapeur, manomètres	France..	16-36-193
A. **Clair.** Paris. — Modèles de machines et dynamomètres	France.......	18
A. **Taurines.** Paris. — Dynamomètres et bascules..	France.......	40
N.-A. **Otto** et E. **Langen.** Cologne. — Machine à gaz	Prusse.......	15
Brault et **Bethouart.** Chartres. — Turbines......	France.......	219
C.-L. **Carels.** Gand. — Machines à vapeur.........	Belgique.....	6
Sulzer frères. Winterthur. — Machines à vapeur...	Suisse.......	9

Médailles d'argent.

D. **Artige** et Cie. Paris. — Machines à vapeur......	France......	48-254
Alexander frères. Barcelone. — Machines à vapeur.	Espagne.....	3
Armengaud aîné. Paris. — Dessins de machines...	France.......	85
J. **Belleville** et Cie. Paris. — Générateurs inexplosibles	France.......	158
Berendorf père et fils. Paris. — Machine de Woolf.	France.......	137
Boudier frères. Rouen. — Machine à vapeur à deux cylindres	France.......	39
Bollée. Le Mans. — Bélier hydraulique............	France.......	244
L. **Bréval.** Paris. — Machines à vapeur...........	France......	64-264
J. **Brunt** et Cie. Paris. — Compteurs à gaz.........	France.......	98
Calla. Paris. — Locomobiles.....................	France.....	149-256 260-263
Carrett, Marshall et Cie. Leeds. — Pompe à vapeur	Gde-Bretagne.	
F.-M. **Claparède.** Saint-Denis. — Machine à vapeur.	France.......	130
A. **Cochot.** Paris. — Locomobile et scierie.........	France.......	203
Compagnie belge pour la construction du matériel de chemins de fer. Bruxelles. — Grue à vapeur	Belgique.....	
Corbran fils et **Le Marchand.** Rouen. — Machine à vapeur à deux cylindres inclinés...............	France.......	34
A. **Damey.** Dôle. — Locomobile....................	France.......	167
Desgoffe et **Ollivier.** Paris. — Appareils sterhydrauliques	France.......	77
J. **Dingler** et J.-B. **Wolff.** Deux-Ponts. — Machine à vapeur	Bavière......	
Bryan, Donkin et Cie. Londres. — Machine à vapeur.	Gde-Bretagne.	10
Donnet. Lyon. — Système de puits à eau à grand débit	France.......	17
Durenne. — Chaudières et machines à vapeur......	France..	67-168-232
W. **Eades** et fils. Birmingham. — Poulie épicycloïdale	Gde-Bretagne.	11

F.-A. **Egells.** Berlin. — Presse hydraulique à forger.	Prusse.......	17
E. et T. **Fairbanks** et Cie. Saint-Johnsbury, Vermont. — Balances et bascules..........................	Etats-Unis....	14
H. **Flaud.** Paris. — Pompes à incendie, monte-charge..	France.	46-68-96-194
George **Glover** et Cie. Londres. — Compteurs secs à gaz ; gazomètres..............................	Gde-Bretagne..	3
Thomas **Glover.** Londres. — Compteurs à gaz......	Gde-Bretagne.	14
Gwynne et Cie. Londres. — Pompe centrifuge.......	Gde-Bretagne.	16
Hermann-Lachapelle et **Glover.** Paris. — Machines à vapeur fixes et locomobiles....................	France.....	47-132
H. **Hubert.** Paris. — Pompe à vapeur.............	France.......	199
P. **Hugon.** Paris. — Machines à gaz.................	France..	61-155-258
E. **Imbert** et Cie. Saint-Chamond. — Chaudières à vapeur..	France.......	74
H. **Kurtz.** Stuttgart. — Pompes à incendie...........	Wurtemberg..	2
M.-A.-E. **Letestu.** Paris. — Pompes diverses........	France.......	180
Thomas et **Laurens.** Paris. — Machine à vapeur.	France.......	59
C. **Lloyd.** Londres. — Ventilateur.................	Gde-Bretagne.	22
Malo et Cie. Dunkerque. — Locomobiles............	France.......	202
Manufacture de machines et fonderie de fer. Darmstadt. — Locomobiles......................	Hesse........	
Martin aîné et **Calrow.** Paris. — Locomobile et machine à vapeur demi-fixe.....................	France.......	170
Usine de Motala. Motala.— Machines à vapeur....	Suède........	81
L. **Neut** et L. **Dumont.** Paris. — Pompes centrifuges.	France.......	217
C.-B. **Normand.** Le Havre. — Machine à vapeur...	France......	35-168
A. **Pfeiffer.** Barcelone. — Pompes et noria.........	Espagne......	4
Prosper **Pimont.** Rouen. — Appareils économisant la chaleur..	France......	94-12
H. **Pooley** et fils. Liverpool. — Machine à peser les grains, bascules...............................	Gde-Bretagne.	
Usine dite « The Reading Iron Works. » Reading. — Machine à vapeur.......................	Gde-Bretagne.	
Rens et **Colson.** Gand. — Machine à vapeur.......	Belgique.....	33
J.-J. **Rieter** et Cie. Winterthur. — Moteur hydraulique..	Suisse.......	7
A. **Rouffet** aîné. Paris. — Machines à vapeur fixes et locomobiles...............................	France..	51-169-275
A. **Sagebien.** Amiens. — Roue hydraulique........	France.......	84
L. **Sagnier** et Cie. Montpellier. — Romaines et bascules, balances Roberval.......................	France.......	60
Schaeffer et **Budenberg.** Buckau. — Manomètres.	Prusse.......	1
E. **Scellos.** Paris. — Courroies.....................	France......	90-144
Shand, Mason et Cie. Londres. — Pompes à incendie à vapeur.....................................	Gde-Bretagne.	36
C. **Schember.** Vienne. — Balances..................	Autriche.....	26

G. **Sigl.** Vienne. — Machine à vapeur..............	Autriche.....	28-63
Siry-Lizars. Paris. — Compteurs à gaz...........	France......	96-256
Tangye frères. Birmingham. — Crics, poulies-moufles..	G^de^-Bretagne.	
Usine de Bergsund. Stockholm.—Machine à vapeur.	Suède.......	7
Usine de la Mulatière. Lyon. — Balances et bascules..	France.......	45
P. **Vandenkerchove.** Gand. — Machine à vapeur...	Belgique.....	40
J. **Voruz** aîné. Nantes. — Locomobile..............	France.......	200
T.-A. **Weston.** Birmingham.— Poulie différentielle..	G^de^-Bretagne.	45
Westerman frères. Gênes. — Machine à vapeur...	Italie........	11
E. **Hessé.** Marseille. Presses hydrauliques et appareil d'injection................................	France.......	131
C.-L.-J. **Carville** aîné. Paris. — Foyer de chaudière à vapeur..	France.......	131
Laudet. Paris. — Grue hydraulique à double effet..	France.......	134

Médailles de bronze.

J. **Ansaldo** et Cie. Gênes. — Machine à vapeur.....	Italie........	8
Ernest **Ansaldi.** Livourne. — Machine à vapeur sans point mort..	Italie........	15
A.-H. **Armandies.** Lagny. — Pompe à purin........	France... ...	182
Baechle et Cie. Vienne. — Locomobile verticale....	Autriche.....	1
W.-N. **Baines.** Glasgow. — Pièces de machines à vapeur..	G^de^-Bretagne.	3
Carl **Beringer.** Stuttgart. — Courroies............	Wurtemberg..	
J.-H. **Bleyenheuft.** Aix-la-Chapelle. — Courroies..	Prusse.......	7
E.-H. **Bernier.** Paris. — Appareils de levage........	France......	226
Bertrand et **Adenet.** Paris. — Compteur pour voitures..	France.......	19
O. **Beylich.** Munich. — Mécanisme pour la jointure des arbres..	Bavière......	
J. et C.-G. **Bolinder.** Stockholm. — Locomobile.....	Suède........	5
A. **Bouchard.** Lyon. — Pompe à incendie..........	France.......	197
F.-A. **Brossement.** Paris. — Pompes...............	France.......	183
J. et N. **Boutenop** frères. Moscou.—Pompes à incendie..	Russie........	1
L. **Chevalier.** — Locomobile à foyer amovible......	France.......	251
J.-A **Clément.** Orléans. — Compteur à eau.........	France.....	105-187
J. **Chrétien.** Paris. — Grue à vapeur...............	France.	
L. **Coignard** et Cie. Paris. — Compteur à eau.......	France..	66-106-209
T.-D. **Colladon.** Genève.—Roue hydraulique flottante	Suisse	2
M. **Colson.** Haine-Saint-Pierre. — Chaudière à vapeur et pompe à double effet....................	Belgique...	8
Compagnie électro-magnétique. Birmingham.— Machine électro-magnétique......................	G^de^-Bretagne.	

Compagnie Alliance de la fonderie de Massarellos. Porto. — Machine à vapeur..............	Portugal......	1
Compagnie de la fonderie de North-Moor. Oldham. — Machines diverses; turbines...........	Gde-Bretagne.	30
A.-J. **Coque.** Paris. — Machine à colonne d'eau.....	France.......	54
C. **Dedieu** aîné. Lyon. — Manomètres et appareils pour chaudières à vapeur.........................	France.......	14
N. **Defries.** Londres. — Compteur à gaz, sans eau...	Gde-Bretagne.	7
N. De **Landtsheer.** Malines. — Machine de Woolf..	Belgique.....	
A. **Delnest.** Mons. — Chaudière à vapeur; roue hydraulique................................	Belgique.....	
N.-F. **Desbordes.** Paris. — Manomètres métalliques.	France.......	13
H. **Dingler.** Vienne. — Pompe de presse hydraulique.	Autriche.....	6
W. et B. **Douglas.** Middletown. — Pompes.........	Etats-Unis....	
J.-J. **Ducomet.** Paris. — Manomètres métalliques....	France.......	9
A. **Duvergier.** Lyon. — Cric différentiel; élevateur hydraulique................................	France.......	112
E.-A. **Egrot.** Paris. — Chaudière verticale........	France.......	156
M.-N. **Engelbrecht.** Amsterdam. — Modèle de machine avec transmissions.........................	Pays-Bas.....	
Falcot et Cie. Lasarte. — Machine à vapeur........	France.......	44-237
J. **Florenz.** Vienne. — Balances..................	Autriche.....	10
C.-L.-F. **Franchot.** Saint-Denis. — Frein; poulie; turbinelle..................................	France.......	153
Fossey et Cie. Lasarte.— Machine à vapeur..........	Espagne.....	7
F. **Gaebert.** Berlin. — Robinetterie................	Prusse.......	
P. **Garnier.** Paris. — Compteur; indicateur dynamométrique................................	France.......	17
Compagnie **Gas-Meter.** Londres. — Compteur à gaz et à eau....................................	Gde-Bretagne.	12
H. **Giroud.** Paris. — Régulateur de pression.........	France.......	23
E. **Green** et fils. Wakefield. — Réchauffeur d'eau d'alimentation des chaudières..................	Gde-Bretagne.	15
Guppy et Cie. Naples. — Modèles de machines......	Italie........	17
L. **Haul.** Léobersdorf. — Courroies...............	Autriche.....	12
Henry et **Peyrolles.** — Pompes diverses..........	France.......	210
G. **Herdevin.** Paris. — Appareils pour chaudières à vapeur, manomètres et robinets................	France.......	8
J.-R. **Holmgren.** Stockholm. — Pompe à incendie..	Suède.......	
Compagnie Howe Scale. Brandon. — Bascules...	Etats-Unis....	15
L. **Jaeger.** Burtscheid. — Machine à vapeur........	Prusse.......	
Compagnie brevetée des compteurs à eau de Kennedy. — Compteurs à eau..................	Gde-Bretagne.	18
Jouffray aîné et fils. Vienne. — Paliers hydrauliques....................................	France.......	129
M.-H. **Kernaul.** Berlin. — Fabrication de vis........	Prusse.......	25

Kirchdörffer et fils. Hall. — Pompe à incendie.....	Wurtemberg..	
G. **Knaust**. Vienne. — Pompe à incendie...........	Autriche......	16
Lambelin et **Duballe**. Paris. — Graisseur et purgeur automatique..........................	France.......	5
Lanez et **Decaux**. Paris. — Monte-charge..........	France.......	
E. **Langen**. Cologne. — Grille étagée.............	Prusse.......	
Jean **Larger**. Felleringen. — Turbine.............	France.......	213
Larivière. Paris. — Régulateur de machines à vapeur..................................	France.......	109
Larmanjat. Paris. — Locomotive routière	France.......	
Laurent aîné. Dijon.— Turbine moteur hydraulique.	France.......	215
J. **Lecherf**. Fives-Lille. — Chaudière à vapeur.....	France.......	135
Leclercq. Paris. — Machine horizontale à détente variable..................................	France.......	161
G^{ve}. **Lefèbvre**. Paris. — Machine à gaz...........	France.......	63
C.-N. **Leroy**. Levallois-Perret. — Graisseur automatique..................................	France.......	27
Vve **Lethuillier-Pinel**. Rouen. — Appareils de sûreté pour chaudières à vapeur.................	France.......	49
D.-A. **Löhdefink**. Hanovre. — Manomètres.........	Prusse.......	
C.-D. **Magirus**. Ulm. — Pompe à incendie..........	Wurtemberg..	4
Marshall fils et Cie. Gainsborough. — Machine locomobile..................................	G^{de}-Bretagne.	
L.-H. **Olmstead**. Stamford. — Poulie d'embrayage...	Etats-Unis....	4
Orcel et Cie. Lyon. — Balances et bascules.........	France.......	32
Paul, **Matthew** et Cie. Dumbarton. — Treuil à vapeur..................................	G^{de}-Bretagne.	32
L. **Paupier**. Paris. — Balances et bascules..........	France.......	43
Placide **Peltereau**. Château-Renault. — Courroies..	France.....	91-116
L.-G. **Perreaux**. Paris. — Soupape à valvule de caoutchouc..............................	France......	117-192
Perret. Bordeaux. — Moteur à pression d'eau.......	France.......	69
J. **Piat** et fils. Paris. — Engrenages................	France.......	128
Pickering et **Davis**. New-York. — Régulateur à ressorts..................................	Etats-Unis....	1
A. **Bikkers** et fils. Rotterdam. — Pompes à incendie.	Pays-Bas.....	2
C.-F.-J. **Pintsch**. Berlin. — Compteur à gaz........	Prusse.......	
Maurice **Pollak**. Vienne. — Courroies.............	Autriche.....	23
L.-J.-B. **Protte**. Vendeuvre. — Turbine	France.......	221
F. **Requillé** jeune et J. **Béduwé**. Liége. — Pompes.	Belgique.....	
J.-B. **Root**. New-York. — Machine à vapeur........	États-Unis....	31
G.-A. **Riedel**. Philadelphie. — Alimentateur automatique..................................	États-Unis....	
P.-H. et F.-M. **Roots**. Connersville. — Machine soufflante..................................	États-Unis....	
A. **Rupp**. Paris. — Appareil règle-vitesse...........	France.......	113

W. **Van den Rydt**. Aix-la-Chapelle. — Pompe à incendie	Prusse	27
Gay. Paris. — Pompe d'arrosage	France	184
F. **Schenk**. Worblaufen. — Pompe à incendie	Suisse	
Schmaltz frères. Offenbach. — Locomobile	Hesse	
Société royale pour la protection de la vie. — Echelle de sauvetage	Gde-Bretagne	
Schabaver et **Fourès**. Castres. — Pompes	France	218
Charles-A. **Specker**. Vienne. — Régulateur pour turbines	Autriche	29
W. **Sugg**. Londres. — Compteur à gaz	Gde-Bretagne.	
J.-J. **Tengelin**. Stockholm. — Balances	Suède	1
A.-R. **Thirion**. Paris. — Pompes à incendie	France	204
Joseph **Tóth**. Kecskemet. — Appareil contre l'incrustation des chaudières	Autriche	32
M. **Turck**. Paris. — Injecteur	France	57
Tulpin aîné. Rouen. — Régulateur de pression	France	269
Société de l'usine à gaz et de l'atelier de construction. Neuchâtel. — Pompe à incendie	Suisse	10
L. **Valant** frères. Paris. — Alimentateur automatique.	France	123
L. **Van der Elst** et Cie. Braine-le-Comte.—Bascules.	Belgique	41
M. **Webers**. Berlin. — Locomobile	Prusse	16
West et **Gregson**. Oldham. — Compteur à gaz et à eau	Gde-Bretagne	44
C. **Wieland** et Cie. Ulm. — Robinetterie	Wurtemberg	3
Williamson frères. Kendal. — Ventilateur	Gde-Bretagne.	47
F. **Wohnlich**. Heidelberg. — Appareil contre les incrustations de chaudière	Bade	
J. **Zambaux** et E. **Michel**. Paris. — Injecteur et chaudière	France	4-172
A. **Hédiard**. Paris. — Chaudière à vapeur	France	131
Cart. Paris. — Locomobile	France	
P. **Shaw**. Boston. — Machine à air chaud	Etats-Unis	
J.-C. **Garnier** et Cie. — Contrôleur de gaz	France	101

Mentions honorables.

A. **Achard** et Cie. Paris. — Clapet magnétique; alimentateur à niveau constant des chaudières à vapeur	France	22
Achard et **Simon**. Paris. — Régulateur de pression.	France	
L. **Amene**. Clermont-Ferrand. — Graisseur automatique	France	30
Louis **Andrée**. Riga. — Pompe à incendie	Russie	4
W.-D. **Andrews** et frère. New-York. — Machine à vapeur oscillante	Etats-Unis	
G. **Arnould**. Mons. — Niveau d'eau; foyer fumivore.	Belgique	1

Vve **Aubenne**. Paris. — Crics	France	33
A. **Aubert**. Paris. — Machine portative	France	157
J.-B. **Babonaux**. Valenciennes. — Bascules	France	230
J.-U. **Bastier**. Londres. — Noria	Gde-Bretagne.	4
Norbert **Buatier Demougeot**. Parme. — Manomètre compensateur	Italie	26
Bellair. Paris. — Palan de sûreté	France	87
A. **Bemiest**. Gand. — Régulateur pour machines à vapeur	Belgique	3
Bernays. Londres. — Pompe centrifuge	Gde-Bretagne.	5
Blard et **Dureau**. Paris. — Appareil fumivore	France	138
M.-F. **Bleyenheuft Milliard**. Eupen. — Courroies	Prusse	7
P.-A. **Blondel**. Deville-lez-Rouen. — Extracteur de vapeur condensée	France	118
Robert **Bohte**. Varsovie. — Pompe à incendie	Russie	5
Boreïko de Chodzko. Paris. — Grille fumivore	France	143
Broughton et **Moore**. New-York. — Robinets	Etats-Unis	
J. **Bouillon**. Lyon, Ile-Barbe. — Graisseur automatique.	France	26
Brière. Bruxelles. — Alimentateur automatique de chaudières à vapeur	Belgique	4
H. **Kessler**. Oberlahnstein. — Graisseur	Prusse	6
A. **Cabany** et Cie. Gand. — Pompes	Belgique	
S. **Campbell**. Canada. — Courroie	Col. anglaises	7
Vincent **Calegari**. Livourne. — Machine à vapeur	Italie	13
J.-H. **Cazal**. Paris. — Moteur électro-magnétique	France	50
Ciervo et Cie. Barcelone. — Gazomètre	Espagne	9
Clark's fire Damper Company. New-York. — Registre à vapeur automobile	Etats-Unis	33
American Steam Gauge Company. Boston. — Manomètres	Etats-Unis	
Compagnie des compteurs de Londres et de Westminster. Londres. — Compteur à eau et à gaz.	Gde-Bretagne.	24
H.-C. **Dart** et Cie. New-York. — Machine rotative	Etats-Unis	
Daubrée et Cie. Clermont-Ferrand. — Locomobile	France	206
J. de la **Coux des Roseaux**. Paris. — Appareil de graissage	France	31
Delage jeune et **Boudinot**. Angoulême. — Appareil fumivore	France	141
De **Meester-De-Swaef**. Bruges. — Pompe à incendie.	Belgique	
H. **Demoor**. Bruxelles. — Poulie différentielle et treuil.	Belgique	13
Denisson. — Poulie romaine en l'air	Gde-Bretagne.	
Deplechin, Letombe et **Mathelin**. Lille. — Pompes diverses	France	208-288
J. **Dewrance** et Cie. Londres. — Manomètre	Gde-Bretagne.	9
Dopp frères. Berlin. — Balances	Prusse	20
J. **Devilder**. Cambrai. — Pompe à incendie	France	178

Dubois et **Casse**. Paris. — Manomètres..........	France.......	
H.-A.-F. **Duckham**. — Compteur à gaz.............	Gde-Bretagne.	
Dudon-Mahon et **Desvignes**. Soissons. — Pompes à purin..	France.	179
Dupluvinage fils. Paris. — Presse hydraulique.....	France.......	53
Duterne. Paris. — Boîte à garniture métallique......	France.......	
G. **Dwight** junior et Cie. Springfield. — Pompe à vapeur.	Etats-Unis....	
S. **Elster**. Berlin. — Compteur à gaz................	Prusse.......	
H.-L. et Léon **Enthoven**. Molenbeck-Saint-Jean-lez-Bruxelles. — Locomobile.........................	Belgique.....	15
Fétu fils aîné et Cie. Bruxelles. — Courroies en acier garnies de cuir..................................	Belgique.....	17
A. **Fétu** et **Deliège**. Liége. — Courroies............	Belgique.....	16
Ve **Feynt** et fils. Amsterdam. — Poulies et moufles...	Pays-Bas.....	3
Galibert et fils. Paris. — Tuyaux de toile...........	France.......	92
Gargan et Cie. Paris. — Machine à vapeur horizontale; appareils contre les incrustations de chaudière..	France.......	152
J.-J. et J. **Gimpert**. Küssnacht. — Pompe à incendie.	Suisse.......	7
M. **Gips**. Dordrecht. — Poulies et moufles...........	Pays-Bas	1
V. **Giraud**. Bourg. — Ponts à bascules..............	France.......	239
Fréderic **Giroud d'Argoud**. Lyon. — Fumivore.....	France.......	139
J. **Goossens**. Gand. — Pièces de machines..........	Belgique.....	19
Guevort-Papoutchdjian. Constantinople. — Pompe à incendie.......................................	Turquie......	
C. **Heinrich** fils. Dobling. — Pompe rotative........	Autriche.....	13
Heucken frères et Cie. Aix-la-Chapelle. — Appareils de graissage..	Prusse.......	5
C. **Heucken** et Cie. Aix-la-Chapelle. — Courroies....	Prusse.......	9
Compagnie des machines de Hicks. New-York. — Machine vapeur..................................	Etats-Unis....	
J.-C. **Hill** et Cie. Newport. — Machine rotative.......	Gde-Bretagne.	17
Hoël-Renier. Lille. — Appareils de sûreté pour chaudières à vapeur................................	France.......	
T. **Holt**. Trieste. — Chaudière à vapeur.............	Autriche.....	14
S. **Huber**. Prague. — Pompe à incendie............	Autriche.....	15
J.-B. **Kestemont**. Bruxelles. — Pompes............	Belgique.....	
Kaulek fils et **Bazy**. Paris. — Machine horizontale..	France.......	160
B. **Kirch**. Fribourg. — Pompe rotative.............	Bade........	3
Kuhn frères. Sainte-Barbe. — Bascules...........	France.......	238
J. **Körösi**. Andritz. — Crics.........................	Autriche.....	17
T. **Lambert** et fils. Londres. — Pièces de pompes; soupapes..	Gde-Bretagne.	21
A. **Larochaymond**. Tournai. — Machine à vapeur.	Belgique.....	23
Leleu et **Clavier**. Paris. — Machine portative.......	France.......	146

Sigismond **Léoni**. — Coussinets et robinets	Gde-Bretagne.	
Lixson-Rousselle. Liége. — Bascules	Belgique	25
O. **Mahoudeau**. Saint-Epain. — Moulin à vent	France	243
J.-C. **Mac Laren**. Canada. — Courroies	Col. anglaises.	
Marquais. Louviers. — Fumivore	France	
Meuley et **Verdier**. Paris. — Compteur pour voitures.	France	21
A. **Marye**. Barcelone. — Machine à vapeur	France	159
J. **Meurs** et F. **Michel**. Mons. — Bascules	Belgique	27
J. **Molard**. Lunéville. — Machine à vapeur rotative	France	177
A. **Mouthuy**. Bruxelles. — Courroies	Belgique	28
S. **Motte**. Paris. — Pompe à soufflet pour vidanges et épuisements	France	185
Newton et **Braddock**. Oldham. — Compteur sec à gaz	Gde-Bretagne.	28
Vve **Obach** et fils. Bruxelles. — Bascules	Belgique	30
J. **Pach**. Vienne. — Courroies pour machines	Autriche	20
B. **Palazot**. Paris. — Appareil fumivore	France	140
F.-S. **Pease**. Buffalo. — Pompes à pétrole	États-Unis	13
Piret et Cie. Paris. — Paniers à eau	France	31
H. **Potez** aîné. Paris. — Manomètres	France	11
Poullain frères. Paris. — Courroies, cuirs pour filatures et cardes	France	
G. De **Prez** et L. **Hendrickx**. Schaerbeek-lez-Bruxelles. — Machine à vapeur	Belgique	32
J.-B.-T. **Rebours** (jeune, dit Marchand). Saint-Germain-en-Laye. — Compteur-jauge	France	104
Robert. Paris. — Compteur pour voitures	France	20
J.-A. **Robinson**. New-York. — Machine à air chaud d'Ericson	États-Unis	10
A. **Rohée**. Paris. — Pompes	France	93
E.-A. **Roudault**. Paris. — Manomètres	France	1
N. **Roynette**. Sotteville-lez-Rouen. — Appareils de sûreté pour chaudières à vapeur	France	10
Rucher frères. Paris. — Chaudière, machine à vapeur	France	175
L. **Sautter** et Cie. Paris. — Régulateur-Foucault	France	108
F. **Schauerte**. Fredebourg. — Courroies	Prusse	10
E. **Scheutz**. Stockholm. — Machine rotative	Suède	6
C. **Schiele**. Francfort-sur-le-Mein. — Ventilateur	Prusse	18
I.-I. **Schlayer**. Reutlingen. — Courroies	Wurtemberg	
C.-F.-W. **Schreier**. Copenhague. — Courroies	Danemark	3
J.-H. **Sheldon**. New-Haven. — Régulateur pour la pression de l'eau	États-Unis	6
F. **Simon**. Saint-Dié. — Pompes à incendie et accessoires	France	196

Compagnie des pompes à vapeur. New-York. — Pompe à jet de vapeur	États-Unis....	7
J.-B. **Streicher** et fils. Vienne.— Appareil pour mesurer la résistance des cordes de pianos	Autriche......	31
C.-I. **Stumpf.** Wiesbaden. — Soupape hydraulique..	Prusse.......	2
A. **Suc, Chauvin** et Cie. Paris. — Balances et bascules	France......	41-240
J.-R. **Swan.** Édimbourg. — Soupape de sûreté......	Gde-Bretagne.	
Pius **Taddia.** Cento. — Balances	Italie........	31
Thierry fils et Cie. Paris. — Fumivore	France.......	142
R.-W. **Thomson.** Édimbourg. — Machine rotative...	Gde-Bretagne.	40
Usine de Bochum. — Machine à vapeur	Prusse.......	14
W. **Warne** et Cie. Londres. — Garnitures en caoutchouc	Gde-Bretagne.	
J. **Williams.** Paris. — Compteur à gaz	France.......	25
Jean **Zeh.** Vienne. — Grille mobile	Autriche.....	

COOPÉRATEURS.

Médaille d'or.

Giffard. — Injecteurs	France.....

Médailles d'argent.

Brialmont. Seraing.— Ingénieur en chef de la Société John Cockerill	Belgique.....
Dufrayer. Paris.— Ingénieur constructeur de la machine de Marly	France.......
Lenoir. Paris. — Machine à gaz	France.......
Meyer. Dessin de détente variable	France.......
H. **Muller.** Vienne.—Ingénieur en chef des ateliers de la maison Sigl	Autriche.....
Zuppinger, ingénieur	Suisse.......
Cne **Fowke.** — Pompe à incendie	Gde-Bretagne.

Médailles de bronze.

Jean **Carels.** Gand.— Contre-maître des ateliers de la maison Carels et Cie	Belgique.....
Guggenheim. Vienne. —Directeur des ateliers de la maison Schmid	Autriche.....
Lebœuf. Paris.—Contre-maître des ateliers de la maison Flaud	France.......

Lavo. Chartres. — Chef des études de la maison Brault et Bethouard........................... France.......

Plat. Paris.— Chef de l'atelier des manomètres de la maison Bourdon................................. France.......

Reynvoet. Gand.— Contre-maître des ateliers de la maison Rens et Colson.......................... Belgique.....

Wilkinson. Lincoln. — Contre-maître des ateliers de la maison Clayton Shuttleworth et Cie............ Gde-Bretagne.

Wiegant. Ulm.—Contre-maître des ateliers de la maison Wieland.................................. Wurtemberg..

Samanos. Saint-Etienne.— Ingénieur des ateliers de la maison Fourneyron........................... France.......

Thirion. Mirecourt. — Inventions appliquées dans l'industrie...................................... France.......

Mentions honorables.

S. **Fray.** Paris. — Ajusteur-monteur de la maison E. Bourdon... France.......

A. **Schnecke.** Paris. — Chef de l'atelier des machines à vapeur de la maison E. Bourdon............ France.......

Mast. Paris. — Contre-maître de la maison de Vve Aubenne... France.......

Jung. Paris. — Contre-maître de la maison de Vve Aubenne.. France.......

CLASSE 54

MACHINES-OUTILS.

EXPOSANTS.

Hors concours.

Usine de Graffenstaden (Bon **de Bussierre,** président du conseil d'administration, membre du Jury. — Machines-outils	France	60-72
Ministère de l'Agriculture, du Commerce et des Travaux publics. Écoles impériales d'arts et métiers. (Administration de l'État.) Châlons, Angers et Aix. — Machines-outils	France	35
Institut technologique. (Administration de l'État). Saint-Pétersbourg. — Machine à fraiser	Russie	

Grand prix.

Whitworth et Cie. Manchester. — Machines-outils	G^de^-Bretagne.	24

Médailles d'or.

J. **Zimmermann.** Chemnitz. — Machines-outils pour le travail du fer et du bois	Saxe royale	11
W. **Sellers** et Cie. Philadelphie. — Machines-outils	Etats-Unis	7
Sharp, Stewart et Cie. Manchester. — Machines-outils.	G^de^-Bretagne.	19
F.-C. **Kreutzberger.** Puteaux. — Machines pour la fabrication des armes	France	64
Compagnie anonyme des chantiers et ateliers de l'Océan. Paris. — Machines-outils	France	7-31-45
J. **Ducommun** et Cie. Mulhouse. — Machines-outils.	France	29
A. **Colmant.** Paris. — Tour universel de précision	France	44
Varall, Elwell et **Poulot.** Paris. — Machines à travailler les métaux	France	59-65-111
Shepherd, Hill et Cie. Leeds. — Machines-outils	G^de^-Bretagne.	20

Médailles d'argent.

J.-R. **Browne** et **Sharpe**. Providence. — Machines à fileter et à fraiser	États-Unis	5
D. **Davies**. Crumlin. — Frappeur à vapeur	Gde-Bretagne.	4
Thwaites et **Carbutt**. Bradford.—Marteaux-pilons.	Gde-Bretagne.	23
A. **Sautreuil** et Cie. Fécamp. — Machines à travailler le bois	France	30
J.-L. **Périn**. Paris. — Machines à travailler le bois	France	1-33
J.-B. **Evrard** et J.-P. **Boyer**. Paris. — Machines à fabriquer les charnières	France	49
Samuel **Worssam** et Cie. Chelsea, Londres.—Machines à travailler le bois	Gde-Bretagne.	25
L.-A. **Deshays**. Paris.—Machines à diviser le cercle.	France	56
R. **Hartmann**. Chemnitz. — Machines-outils	Saxe royale	10
E. **Bouhey**. Paris. — Machines-outils	France	62
A.-E.-A. **Pihet**. Paris. — Machines à ajuster les canons	France	48-74
J.-J. **Rieter** et Cie. Winterthur. — Machines à travailler le bois et les métaux	Suisse	10
A. **Guettier**. Paris.— Machines à aléser et à fraiser.	France	71-82
A. **Detombay**. Marcinelle. — Marteau-pilon	Belgique	3
C. **de Bergue** et Cie. Londres. — Machine à percer et à cisailler	Gde-Bretagne.	5
Denis **Poulot**. Paris. — Machines à tarauder	France	22-38
Alexis **Prat**. Paris. — Outils à découper	France	14
Bement et **Dougherty**. Philadelphie. — Machines-outils	États-Unis	6
L. **Deny**. Paris. — Machines à découper	France	36-67
Schultz jeune. Vienne. — Machine à tailler les engrenages	Autriche	
B. **Normand**. Le Havre. — Scie à plusieurs lames	France	34
Gschwindt et **Zimmermann**. Carlsruhe.—Machines à travailler le bois	Bade	1
Schmaltz frères. Offenbach. — Machines à travailler le bois	Hesse	
A. **Fetu** et **Deliége**. Liége. — Machines-outils	Belgique	4
Tannett-Walker et Cie. — Marteau-pilon	Gde-Bretagne.	
V. **Fréret**. Fécamp.— Machines à travailler le bois.	France	98
Henry et **Peyrolles**. Paris. — Machines à clous et à rivets	France	55
Dandoy-Mailliard, **Lucq** et Cie. Maubeuge. — Outils	France	42-68
Sculfort, Malliar et **Meurice**. Maubeuge. —Outils.	France	43-87
Cool, Ferguson et Cie, Glen Falls, New-York. — Machines à faire les tonneaux	États-Unis	

Médailles de bronze.

Compagnie Wickersham Nail. Boston. — Machines à découper les clous	États-Unis....	
Neilson frères. Glasgow. — Machine radiale à percer.	G^de-Bretagne.	14
M.-J. **Cheret**. Paris. — Balancier mécanique	France	57
James **Powis** et Cie. Londres. — Machines à travailler le bois	G^de-Bretagne.	16
A. **Duval**. Paris. — Machines à percer et à aléser	France	53-54
B. et S. **Massey**. Manchester. — Marteau-pilon et frappeur à vapeur	G^de-Bretagne.	12
Rens et **Colson**. Gand. — Machine à tailler les engrenages coniques	Belgique	8
L. **Van der Elst** et Cie. Braine-le-Comte. — Marteau-pilon	Belgique	9
Paul **Borie**. Paris. — Machine à briques	France	111
I. **Gregg**. Philadelphie. — Modèle d'une machine à briques	États-Unis	
Schmerber frères. Mulhouse. — Machine à tuiles	France	107
F. **Guilliet**. Auxerre. — Outils pour le travail du bois.	France	105
G. **Hermann**. Paris. — Machine à broyer	France	39
Abraham **Ganz**. Bude. — Machine à travailler le bois et les métaux	Autriche	5
J.-F. **Cail**, A. **Halot** et Cie. Molenbeek-Saint-Jean-lez-Bruxelles. — Machines-outils	Belgique	1
F. **Tussaud**. Paris. — Cisaille circulaire et machine à hacher	France	46
D.-L. **Harris** et Cie. Springfield. — Tour	États-Unis	3
Vve **Carbonnier** et fils. Paris. — Machine à fileter	France	79
T. **Germain**. Paris. — Tour à guillocher	France	52
T.-M. **Leroy**. Nantes. — Tour à guillocher le bronze.	France	81
Decker frères et Cie. Cannstatt. — Support de tour	Wurtemberg	59
S. **Ferrando**. Barcelone. — Machine à travailler le bois	Espagne	1
F. **Alder** et S. **Golay**. Genève. — Machine à dresser les meules	Suisse	2
L. **Baudat**. Paris. — Scie à plusieurs lames	France	102
Charles **Powis** et Cie. Londres. — Machines à travailler le bois	G^de-Bretagne.	15
P.-S. **Justice**. Philadelphie. — Martinet à ressort	États-Unis	9
C. **Delnest**. Mons. — Concasseur hyperbolique	Belgique	2
J. **Whitehead**. Preston. — Machines à briques	G^de-Bretagne.	
G. **Cazenave** et Cie. Paris. — Machine à briques	France	106
G.-F. **Hertel** et Cie. Nienbourg. — Presse à briques	Anhalt	
J.-M. **Fleury**. Paris. — Moulin à plâtre	France	95

F.-H. **Jannot**. Triel. — Moulin à plâtre	France	96
F. **Durand**. Paris. — Machine à briques	France	93
T. **Robinson** et fils. Rochdale. — Machines à travailler le bois	Gde-Bretagne.	18
David et Cie. Le Havre. — Machine à briques	France	92
A.-R. **Lizeray**. Paris. — Meules artificielles	France	24
Deplanque et ses fils. Paris. — Meules artificielles	France	26
L.-J. **Marie**. Marchienne-au-Pont. — Broyeur	Belgique	7
J.-G. **Bass** et Cie. Workington. — Machine à clous	Gde-Bretagne.	1
A.-E. **Lecacheux**. Paris. — Machine à poinçonner et à cisailler	France	40
F.-X. **Schlosser**. Paris. — Machine à malaxer les terres	France	101
Vve L. **Minier**. Rouen. — Machines-outils	France	61
G.-E. **Kurtz**. Paris. — Laminoirs et balanciers	France	21
Collet et **Engelhard**. Offenbach. — Machines-outils	Hesse	1

Mentions honorables.

F.-A. **Énodeau**. Paris. — Machine à fabriquer les talons en bois	France	41
Morris, Tasker et Cie. Philadelphie — Machine à couper les tubes	États-Unis	50-11
Amsler-Laffon. Shaffhouse. — Machine à comprimer les balles	Suisse	1
Wagner et Cie. Dortmund. — Machines-outils	Prusse	2
E.-U. **Parod**. Paris. — Machine à hacher	France	47
Dupriez. Paris. — Scie à lame sans fin à inclinaison variable et à table fixe	France	104
A. **Horak**. Vienne. — Découpoir automatique	Autriche	10
A.-J. **Édeline**. Paris. — Pierre à brunir	France	3
Easterbrook et **Allcard**. Sheffield. — Modèles d'outils	Gde-Bretagne.	6
E. **Hamelle**. Saint-Quentin. — Machines à travailler le bois	France	51
G. **Sigl**. Berlin. — Machines-outils	Prusse	1
L. **Weyer** et Cie. Saverne. — Meules à émoudre et à aiguiser	France	109
Radet-Ruotte. Provenchères. — Meules à aiguiser.	France	100
J.-G. **Sement**. Paris. — Papier-émeri	France	18
Tilloy et **Lefournier**. Paris. — Outils	France	23
C.-L. **Dumas-Frémy**. Ivry-Paris. — Papiers et toiles; verres et émerisés	France	25
J.-V. **Chouanard** frères. Paris. — Outils	France	25
B.-C. **Lefebvre**. Paris. — Meules artificielles	France	70

W. **Sketchley.** Weymouth. — Machines à travailler le bois	Gde-Bretagne.	21
J.-G. **Weisser** et fils. Saint-Georgen.—Machines-outils.	Bade	
H. **Lefebvre.** Albert. — Machine à percer	France	89
Usines d'Ijora. Kolpino. — Tour à outil tournant.	Russie	3
E. **Cochard** et Cie. Paris. — Petites machines-outils.	France	85
C. **Vitasse** et **Delinotte.** Paris. — Tour parallèle	France	80
Atelier mécanique de Koeping. — Etau limeur.	Suède	3
Duchaussoy et Cie. Paris. — Machine à raboter	France	54
Th. et F. **Bell.** Kriens. — Tour à fileter à pédale	Suisse	3
J. **Rhodes** et fils. Wakefield. — Machines-outils	Gde-Bretagne	17
E. **Rous.** Paris. — Outils de précision	France	91
J. et C.-G. **Bolinder.** Stockholm. — Machines-outils.	Suède	1
A. **Allemand.** Paris. — Machine à briques	France	97
P.-A. **Richard.** Paris. — Machine à percer	France	84
Boulet frères. Paris. — Machine à briques	France	94
C. **Boeldieu.** Paris. — Machine à refouler et à souder les cercles de roues	France	12
Duplay cousins. Saint-Étienne. — Machine à souder, et à refouler les cercles de roues et les essieux	France	13
L.-M. **Olhstead.** Stamford. — Machines-outils	États-Unis	1

COOPÉRATEURS.

Médailles d'argent.

Dœlling. Paris. — Contre-maître des tours et de l'outillage aux ateliers de la Compagnie du chemin de fer d'Orléans	France
Auguste **Wagner.** Graffenstaden.—Ingénieur-chef des études à l'usine de Graffenstaden	France
Théodore **Bergner.** Philadelphie.—Ingénieur des ateliers de la maison Sellers et Cie	États-Unis

Médailles de bronze.

J. **Neullies.** Maubeuge. — Ingénieur de la maison Sculfort, Malliar et Meurice	France
Welter. Paris.—Ingénieur de la maison Bouhey	France
H. **Nye.** Paris. — Ingénieur de la maison Varrall, Elwell et Poulot	France
Chavy. Paris.— Chef des ateliers de la maison Varrall, Elwell et Poulot	France
Novis, chef contre-maître à l'usine de Graffenstaden.	France
Thierry. Paris. —Directeur des ateliers de la maison Bouhey	France
E. **Borle.** Mulhouse. — Contre-maître des ateliers de la maison Ducommun et Cie	France

CLASSE 55

MATÉRIEL ET PROCÉDÉS DU FILAGE ET DE LA CORDERIE.

EXPOSANTS.

Hors concours.

M. **Alcan**. (Membre du Jury.) Paris. — Appareil phroso-dynamique. Traités de filature et de tissage. Machine à égousser les cotons	France	22
A. **Mercier**. (Membre du Jury.) Louviers. — Machines pour la filature de la laine	France	37
N. **Schlumberger** et Cie. (Membre du Jury.) Guebwiller. — Machines pour la filature de la laine et du coton	France	19-51
H. **Scrive**. (Membre du Jury.) Lille. — Plaques et rubans de cardes	France	133

Médailles d'or.

S. **Lawson** et fils. Leeds. — Machines pour la filature du lin	Gde-Bretagne	
Platt frères et Cie. Oldham. — Machines pour la filature du coton	Gde-Bretagne	15
R. **Hartmann**. Chemnitz. — Machines pour la filature de la laine et du lin	Saxe royale.	20
Stehelin et Cie. Bitschwiller. — Machines pour la filature de la laine et du coton	France	61
C. **Honegger**. Ruti. — Machine à assortir les fils de soie	Suisse	
F. **Besnard** et **Genest**. Angers. — Câbles et cordages	France	36

Médailles d'argent.

Houget et **Teston**. Verviers. — Machines pour la filature de la laine	Belgique	4
J.-J. **Rieter** et Cie. Wintherthur. — Machines pour la filature du coton	Suisse	2
C. **Martin**. Verviers. — Machines pour la filature de la laine	Belgique	

Marcheteau, Potraies et G. **Laroche.** Angers. — Câbles et cordages........................ France....... 33

Morel et Cie. Roubaix. — Peigneuse de laine........ France....... 82

Société du Phœnix. Gand. — Machines pour la filature de la laine........................ Belgique..... 9

Pierrard-Parpaite et fils. Reims. — Dégraisseuse, batteuse, lisseuse, carde, métier continu à filer, métier à tisser........................ France....... 93

Wegmann et Cie. Baden. — Machines pour le moulinage des soies........................ Suisse....... 5

J.-M. **Ryo-Catteau.** Roubaix. — Métier à filer la laine........................ France....... 35

Wren et **Hopkinson.** Manchester. — Machine à bobiner automatiquement........................ Gde-Bretagne. 17

Rens et **Colson.** Gand. — Métier continu à filer le lin. Belgique..... 5

F. **Martin.** Lyon. — Machine à fabriquer la chenille. France....... 140

F. **Vouillon.** Louviers. — Machine à feutrer les fils. France....... 38

J. **Combes** et Cie. Belfast. — Machine à filer le lin.. Gde-Bretagne. 5

L. **Thiphaine.** Paris. — Cordages........................ France....... 114

C. **Peugeot** et Cie. Audincourt. — Pièces détachées de métiers à filer........................ France....... 1

Dandoy-Mailliard, Lucq et Cie. Maubeuge. — Pièces détachées de machines à filer........................ France....... 27

Bourgeois-Botz. Reims. — Plaques et rubans de cardes........................ France....... 25

J. **Brook** et frères. Huddersfield. — Bobinoir pour fils de coton........................ Gde-Bretagne. 4

Commission des ardoisières d'Angers. — Câbles de fils métalliques........................ France....... 98

Vve J. **Ward.** Lille. — Peigneuse pour lin et chanvre; gills et peignes pour filatures........................ France....... 159

Harding-Cocker. Lille. — Gills et peignes pour filatures........................ France....... 120

W. **Horsfall.** Manchester. — Garnitures de cardes.. Gde-Bretagne. 9

J. **Ouarnier-Mathieu.** Compiègne. — Machine à fabriquer les cordages........................ France....... 54

Vertongen-Goens. Termonde. — Cordages....... Belgique..... 13

A. **Dannery.** Sotteville-lez-Rouen. — Débourrage automatique........................ France....... 96

A. et D. **Broux** frères et J. **Samson.** Roubaix. — Peignes, gills et barrettes pour laine, lin, coton et soie........................ France....... 15

Thomson. Paris. — Garnissage intérieur des ressorts métalliques au moyen de la laine........................ France..... 147-156

J.-B.-H. **Flécheux-Lainé.** Rouen. — Métier automatique à filer la laine cardée........................ France....... 46

G. **Heckel.** Sanct-Johann. — Cordages .... Prusse....... 7

L.-G. **Perreaux.** Paris. — Machine dynamométrique pour essayer la force des tissus........................ France....... 5

A. **Leroux.** Soissons. — Machine à teiller le lin.....	France.......	90
T.-J. **Martin.** Dison. — Cardes.....................	Belgique.....	
J. et S. **Smith.** Keighley. — Métiers à filer..........	Gde-Bretagne.	18
Jouravleff frères. Rybinsk. — Cordages...........	Russie.......	3

Médailles de bronze.

H. **Booth** et Cie. Preston. — Pièces détachées de métiers.....................................	Gde-Bretagne.	3
V. **Fumière.** Rouen. — Cardes...................	France.......	14
A. et L. **Mironde.** Rouen. — Cardes...............	France.......	32
J.-M. **Burdet.** Lyon. — Filature et instruments de précision pour l'essai des soies..................	France.....	149-150
C. **Dufrien.** Paris. — Cordages.......................	France.....	106
Calvet-Rogniat et Cie. Louviers. — Plaques et rubans de cardes..................................	France.......	31
S. **Villain.** Lille. — Métier continu à filer et à retordre.	France.......	58-59
C. **Latscha.** Jungholz. — Pièces détachées de métiers à filer.....................................	France.......	26
J. **Dixon** et fils. Steeton. — Pièces de métiers.......	Gde-Bretagne.	6
A. **Cazalet** et fils. Saint-Pétersbourg. — Cordages....	Russie.......	1
Th. et Èle **Loos** fils. Thann. — Machine à réunir...	France.......	157
A. **Vimont.** Vire. — Métier continu à filer pour laine cardée...	France.......	60
Auguste **Barrès.** Saint-Julien-en-Saint-Alban. — Appareils pour la filature et le moulinage de la soie...	France.......	83
A. **Busson.** Paris. — Machine à effilocher......	France.......	57
B. **Van Galen.** Gouda. — Cordages................	Pays-Bas.....	4
I.-François **Blumenstock.** Reichenberg. — Garnitures de cardes..................................	Autriche.....	2
C.-L. **Goddard.** New-York. — Echardonneuse.......	Etats-Unis....	
A. **Vallery** et A. **Delarocque.** Rouen. — Machines de filature de laine et de coton..................	France.......	95
Irvin et **Sellers.** Preston — Pièces détachées de métiers..	Gde-Bretagne.	
Vennemann et Cie. Bochum. — Câbles en fils de fer.	Prusse.......	10
W. **Metcalfe.** Meulan. — Garnitures de cardes......	France.......	21
Chaumette. Paris. — Brosses pour machines de filature......................................	France.......	
Félix **Nicard.** Limoges. — Carde fileuse............	France.......	88
R. **Honegger.** Wetzikon. — Pièces détachées de machines de filature............................	Suisse	6
C. **Fingado.** Mannheim. — Cordages................	Bade	1
E. et P. **Sée.** Roubaix et Lille. — Projet d'une filature de coton.....................................	France.......	2
Fétu et **Deliége.** — Garnitures de cardes..........	Belgique....	

J. **Berthaud** et Cie. Lyon.—Appareils pour la filature et le moulinage de la soie	France	75
S. **Leoni**. Londres. — Composition pour crapaudines	G^de-Bretagne.	
I. **Angeli**. Trieste. — Cordages	Autriche	1
Charles **Frêné**. Louviers. — Garnitures de cardes	France	153
H. **Grossin-Levalleux**. Rouen. — Garnitures de cardes	France	16
F. **Carimey** et A. **Crespin**. Paris. — Métiers à retordre la laine et carde	France	101
J. **Holm** et fils. Copenhague. — Cordages	Danemark	1
A. **Malteau**. Elbeuf. — Echardonneuse	France	48
T. **Watkins**. Bradford. — Pièces détachées de métiers	G^de-Bretagne.	16
Southern Cotton Gin Company. Bridgewater.— Machine à égrener le coton	États-Unis	5
M. **Fraissinet** père et fils. Marseille. — Machine à fabriquer les torons de chanvre	France	84
W. **Thrane** fils. Copenhague. — Cordages	Danemark	2

Mentions honorables.

F. **Briez** fils. Arras. — Machine à fabriquer les fils de caret	France	152
J. **Dehemptinne**. Gand. — Métier à filer les mèches de coton provenant des étirages	Belgique	1
J.-E. **Hodgkin**. West-Derby. — Machine à filer et à teiller le lin	G^de-Bretagne.	8
V. **Rack**. Erdmannsdorf. — Machine à teiller le lin et à nettoyer l'étoupe	Prusse	16
J.-B. **Pieux-Aubert**. Clermont-Ferrand. — Câbles métalliques	France	113
D. **Uhlhorn**. Grevenbroich. — Garnitures de cardes.	Prusse	
F. **Prat**. Grenoble. — Machine à carder les matelas.	France	100
L. **Brié**. Saint-Pierre-lez-Elbeuf. — Garnitures de cardes	France	126
T. **Dubus**. Rouen. — Tour à aiguiser les cardes	France	77
Bisson et **Guilbert**. Paris. — Ficelles écrues et de couleurs	France	118
Horstmans frères. Liége. — Garnitures de cardes	Belgique	3
Traverso frères. Alexandrie. — Tour à filer la soie.	Italie	1
Mallinson, **Knapton** et Cie. Wortley. — Garnitures de cardes	G^de-Bretagne.	13
A. **Touvenaint**. Paris. — Garnitures de cardes	France	29
Demot et Cie. Hornu. — Cordages	Belgique	2
P. **Gottmann** et **Lecomte**. Mézières. — Rubans de cardes	France	129

Haenel, Mänhardt et Cie. Bielitz. — Garnitures de cardes	Autriche	
Martin-Stein et Cie. Mulhouse. — Cordages	France	111
A.-B. **Lebœuf**. Paris. — Cordages	France	111
J.-J. **Wolff**. Mannheim. — Cordages	Bade	2
Péan frères. Nantes. — Fils et ficelles	France	110
L. **Wolff**. Mannheim. — Cordes de coton pour filatures de coton	Bade	3
E. **Allemand** et **Savoye**. Bourg-de-Péage. — Ficelles	France	104
Chaufourier. — Égreneuses de coton	Col. françaises.	
Antoine **Girardoni**. Ginselsdorf. — Carde	Autriche	

COOPÉRATEURS.

Médailles d'argent.

Lejeune. Bitschwiller — Thann. — Chef d'atelier de la maison Stehelin et Cie	France
V. **Peters.** Bitschwiller — Thann. — Directeur de la construction des machines de filature de la maison Stehelin et Cie	France
F. **Beys.** Gand. — Directeur de la construction des machines de la maison Rens et Colson	Belgique
L. **Offermann.** Louviers. — Directeur de la construction des machines de la maison Mercier	France

Médailles de bronze.

Gantois. Louviers. — Contre-maître de fonderie de la maison Mercier	France
C. **Dubus.** Lille. — Contre-maître de la maison Henri Scrive	France
C. **Valbecq.** Lille. — Contre-maître de la maison Henri Scrive	France
E.-G. **Fitton.** Leeds. — Inventeur d'un mouvement excentrique appliqué aux cardes de la maison S. Lawson et fils	Gde-Bretagne.
F. **Feeters.** Gand. — Ajusteur dans l'établissement du *Phœnix*	Belgique
A.-J. **Deru.** Verviers. — De la maison Houget et Teston	Belgique
J.-T. **Dumoulin.** Verviers. — Contre-maître de la maison Houget et Teston	Belgique
R. **Plisnier.** Termonde. — Contre-maître de la maison Vertongen-Goens	Belgique

CLASSE 56

MATÉRIEL ET PROCÉDÉS DU TISSAGE.

EXPOSANTS.

Hors concours.

A. **Mercier** (Membre du jury). Louviers. — Machines à tisser	France	
E. **Tailbouis** et **Renevey**. (M. E. Tailbouis, membre du jury). Paris. — Métiers à tricot	France	73

Grand prix.

P. **Meynier**. Lyon. — Métier à battant pour brocher les étoffes de soie	France	

Médailles d'or.

E. **Buxtorf**. Troyes. — Métiers à tricot	France	94
Howard et **Bullough**. Accrington. — Métier à tisser.	Gde-Bretagne.	10
J. **Leeming** et fils. Bradford. — Métier à battant brocheur automatique	Gde-Bretagne.	12
G. **Hodgson**. Bradford. — Métier à boîtes indépendantes	Gde-Bretagne.	8
N. **Berthelot** et Cie. Troyes. — Métiers à tricot	France	39

Médailles d'argent.

J.-W. **Lamb**. New-York. — Métier à tricot	États-Unis	
H. **Thomas**. Berlin. — Machines à apprêter	Prusse	1
R. **Ronze**. Lyon. — Mécanique Jacquart perfectionnée	France	64
J. **Keighley** et Cie. Bradford. — Métiers à tisser	Gde-Bretagne.	11
P. **Joyot** jeune. Paris. — Métier à la barre automatique pour le tissage des rubans de velours	France	72
C. **Parker** et fils. Dundee. — Tissage du lin	Gde-Bretagne.	14
Payen-Baudoin. Saint-Quentin. — Métier à tisser les rideaux brochés	France	80

G. **Hattersley** et fils. Keighley. — Métiers automatiques à tisser	Gde-Bretagne.	7
E. **Lacroix** fils. Rouen. — Métiers automatiques à tisser	France	69
W. **Smith** et frères. Hewwood. — Métiers automatiques à tisser	Gde-Bretagne.	19
L. **Schœnherr.** Chemnitz. — Métiers automatiques à tisser	Saxe Royale.	6
Tulpin aîné. Rouen.—Machines à apprêter les tissus.	France	
Houget et **Teston**. Verviers. — Machines à apprêter les tissus	Belgique	4
Lachaud et **Roussel**. Paris. — Métier Jacquart perfectionné	France	49
Neubarth et **Longtain.** Verviers. — Machines à tondre et à lainer	Belgique	7
Ed. **Gand.** Amiens. — Travaux de technologie sur le tissage	France	4
C. **Ducourtioux.** Paris. — Métier Jacquart pour bas élastiques	France	144
M. **Opper.** New-York. — Métier Jacquart pour corsets sans coutures	États-Unis	4
G. **Crompton.** Worcester. — Métier à armure pour drap	États-Unis	5
Pinel de Grandchamp. Paris. — Métier Jacquart et lisage fonctionnant avec le papier	France	103
R. **Hall.** Bury. — Métiers automatiques à tisser	Gde-Bretagne.	5
Charnelet père et fils. Paris. — Machine à apprêter les tissus	France	55
F. **Simon.** Saint-Dié. — Appareils pour tissage	France	148
Sallier aîné et fils. Lyon. — Métiers à tisser et à apprêter les tissus	France	97
Nos d'Argence. Rouen. — Machine à apprêter les tissus ; chardons métalliques	France	9-102

Médailles de bronze.

J. **Ferrabee.** Brinscombe. — Machine à faire les bobines	Gde-Bretagne.	7
Macaigne neveux et J. **Macaigne.** Paris. — Système de mécanique Jacquart	France	63
Sowden et **Stephenson.** Bradford. — Métiers automatiques à tisser	Gde-Bretagne.	20
Gillotin, David et Cie. — Lisieux. — Peignes et lames à tisser	France	10
Cook et **Hacking.** Bury. — Métiers à tisser automatiques	Gde-Bretagne.	3
P. **Bons.** Bolbec. — Peignes et lames	France	11
Manufacture royale de tapis de Tournai. Bruxelles et Tournai. — Métier à tisser les tapis	Belgique	13

A. **Marti**. Barcelone. — Métier à retordre	Espagne	1
Urquhart, Lindsay et Cie. Dundee. — Métiers à tisser la toile	Gde-Bretagne.	21
F.-J. **Leroy**. Verviers. — Machines à apprêter les tissus	Belgique	
A. **Moser** et Cie. Aix-la-Chapelle. — Machines à apprêter les tissus	Prusse	2
E. **Schneider, Legrand, Martinot** et Cie. Sedan. — Machines à apprêter les tissus	France	76
Debial et Cie. Verviers. — Lames de tondeuse	Belgique	3
J. **Schlenter** et Cie. Aix-la-Chapelle. — Lames de tondeuse	Prusse	4
S. **Heusch**. Aix-la-Chapelle. — Lames de tondeuse.	Prusse	5
Durand et **Souton**. Lyon. — Peignes à tisser	France	6
J.-R. **Bialon**. Berlin. — Machines à apprêter les tissus	Prusse	8
J.-B. **Beau**. Paris. — Métier à tisser à double chaîne	France	92
J. **Leclerc**. Sedan. — Machine à fouler à triple effet.	France	53
Hémet. Troyes. — Aiguilles en acier trempé pour métier à tricoter	France	
Radiguet et **Lecène**. Paris. — Débrayage électrique pour métier à tricot	France	74
Saintyves. Paris. — Métier à tisser la toile	France	67
J.-B. **Bearzi**. Vienne. — Peignes à tisser	Autriche	1
G.-F. **Morlot**. Essonnes. — Mécanique Jacquart	France	20
A. **Béranger**. Elbeuf. — Lainerie avec mouvement de va-et-vient au cylindre	France	78
W. **Schram**. Vienne. — Mécanique Jacquart	Autriche	4
A. **Müller**. Paris. — Métier à tisser	France	66
Coint aîné et Cie. Lyon. — Peignes à tisser	France	12
C. **Winter**. Vienne. — Peignes à tisser	Autriche	5
Stücklen et **Terrot**. Stuttgart. — Métiers à tricot	Wurtemberg	1

Mentions honorables.

J. **Ingham** et fils. Thornton. — Navettes	Gde-Bretagne	9
L. **Perret**. Lyon. — Peignes pour tissage	France	24
Cauchefert. Longchamps. — Système de cartons	France	62
Maumy frères et **Lestang**. Paris. — Métier à tisser	France	71
P. **Sommerhalder**. Bâle. — Peignes pour tissage	Suisse	3
F. **Roels**. Gand. — Navettes	Belgique	11
Houthave-Stragier. Roulers. — Peignes et lames.	Belgique	9
V. **Schmidt**. Bitschwiller. — Peignes et lames	France	23
Charles **Gœcklé**. Bitschwiller. — Navettes	France	151
Hallet. Paris. — Métier à tisser les tapis de corde	France	89

E.-H. **Junot**. Paris. — Mécaniques Jacquart......... France....... 79

J.-B. **Laneuville**. Paris. — Machines à apprêter les tissus.. France....... 52

J.-B. **Molozay**. Paris. — Séchoir.................... France....... 155

Laffay aîné. Roanne. — Cannetière.................. France....... 123

R. **Blanchard**. Paris. — Cannetière.................. France....... 34

F. **Mardienne**. Lyon. — Peignes pour tissage........ France....... 29

J. **Carreras** et **Alberich**. Barcelone. — Peignes pour tissage.. Espagne..... 1

J. **Vincent**. Alost. — Mécaniques Jacquart.......... Belgique..... 15

F. **Dreyfous**. Paris. — Cannetière.................... France....... 158

Samuel **Salter** et Cie. Market-Drayton. — Appareil à décatir.. Gde-Bretagne. 17

COOPÉRATEURS.

Médailles d'argent.

G. **Morlot**. Essonnes. — Directeur du tissage de la maison Feray et Cie.............................. France.......

N. **Cottet**. Troyes. — De la maison Buxtorf........ France.......

Bosche. Paris. — Perfectionnements apportés à la fabrication des châles........................... France.......

Médailles de bronze.

C. **Martinot**. Bitschwiller.— Chef des ateliers de dessin de la maison Stehelin et Cie................ France.......

A. **Hennequin**. Troyes. — Contre-maître aux essais de l'atelier de dessin de la maison de Buxtorf....... France.......

Alexandre **Bernard**. Louviers. — Contre-maître de menuiserie de la maison Mercier................. France.......

Forthomme. Verviers.—Contre-maître de la maison C. Martin.. Belgique.....

G. **Serpe**. Verviers. — Contre-maître de la maison C. Martin.. Belgique.....

R. **Lebrun**. Ossey-les-Trois-Maisons. — Perfectionnement apportté aux métiers circulaires pour la bonneterie.. France.......

Mentions honorables.

Eugène **Laurent**. Reims. — Contre-maître à la filature de MM. Villeminot-Huard, V. Rogelet et Cie.... France.......

Victor Antoni **Grisat**. Reims. — Contre-maître à la filature de MM. Villeminot-Huard, V. Rogelet et Cie.. France.......

CLASSE 57

MATÉRIEL ET PROCÉDÉS DE LA COUTURE ET DE LA CONFECTION DES VÊTEMENTS.

EXPOSANTS.

Hors concours.

Goodwin (Membre du Jury). Paris. — Machines à coudre	États-Unis....	29-24
Haas (Membre du Jury). Paris. — Fabrication de chapeaux de feutre	France.......	12

Médailles d'or.

S. **Dupuis** et **Dumery**. Paris. — Fabrication de chaussures à vis	France.......	41
Wheeler et **Wilson**. New-York. — Machine à coudre, machines à faire les boutonnières	États-Unis....	3

Médailles d'argent.

Compagnie américaine des machines à faire les boutonnières. Philadelphie. — Machine à coudre et à faire les boutonnières	États-Unis....	5
J. **Hugand**. Charlieu.—Machines à coudre, à broder, à soutacher	France.......	33-58
W.-F. **Thomas** et Cie. Londres.—Machines à coudre, machine à coudre les voiles de navires	Gde-Bretagne.	10
Coignard. Nantes. — Machines à coudre les sacs et les voiles de navires	France.......	56
Compagnie des machines à coudre de Wanzer. Londres. — Machines à coudre	Gde-Bretagne.	11
Compagnie des machines à coudre de Howe. New-York. — Machines à coudre	États-Unis....	6
Compagnie des machines à coudre de Weed. New-York. — Machine à coudre	États-Unis....	14
Compagnie des machines à coudre de Florence. New-York. — Machine à coudre	États-Unis....	8
B. **Barrère** et J. **Caussade**. Paris.—Machine à coudre	France.......	15
C. **Callebaut**. Paris. — Machine à coudre	France.......	30
C. **Coq**. Aix.—Machines à fabriquer les chapeaux de feutre	France.......	13
Mathias et **Legat**. Paris. — Machine à repasser les chapeaux	France.......	21

J.-C. **Touzet**. Paris. — Apprêteur mécanique........	France.......	40
E. **Lemercier.** Paris. — Machine à visser les chaussures....................................	France.......	39

Médailles de bronze.

R.-S. **Simpson** et Cie. Londres. — Machines à coudre.	Gde-Bretagne.	8
J. **Reiman.** Paris. — Machine à coudre.............	France.......	27
B.-G. **Dutel.** Saint-Quentin. — Machine à coudre...	France.......	43
A. **Bonnaz.** Paris. — Machine à broder............	France.......	11
D.-A. **Löhdefink.** Hanovre. — Machine à coudre....	Prusse.......	5
Compagnie Unie des machines à faire les boutonnières et la broderie. Boston.— Machine à faire les boutonnières.........................	États-Unis ...	4
European Sewing Machine Company. Coventry. — Machine à coudre........................	Gde-Bretagne.	
Baer et **Rempel.** Bielefeld. — Machine à coudre...	Prusse.......	8
A.-M. **Riebourg.** Paris. — Machine à coudre.......	France.......	50-62
Wilson, Newton et Cie. Londres. — Machine à coudre..	Gde-Bretagne.	13
A.-B. **Howe.** New-York. — Machine à coudre.......	États-Unis ...	13
Aubineau et **Bouriquet.** Paris. — Machine à coudre..	France.......	38-60
Compagnie de la manufacture Bartram et **Fanton**. Danbury.— Machines à coudre, à faire les boutonnières..................................	États-Unis....	17
Pollack, Schmidt et Cie. — Machine à coudre.....	Hambourg....	
A. **Gasteiger.** Innsbruck. — Machine à coudre.....	Autriche.....	
F. **Journaux-Leblond.** Paris.—Machines à coudre.	France.......	32-55
C. **Mossant**. Bourg-du-Péage. — Machine à fouler les chapeaux de feutre..........................	France.......	14
E. **Coanet**. Nancy. — Machine à dresser le feutre, la paille et les tissus................................	France.......	19
A. **Coanet**. Strasbourg.—Presse à découper les étoffes.	France.......	64
Chambon-Lacroisade. Paris. — Appareils pour le chauffage des fers à repasser....................	France.......	63
Mumford Forster et Cie. Détroit. — Formes pour chaussures..	États-Unis..	
C.-A. **Shaw.** Biddeford. — Machine à tricoter.......	États-Unis..	

Mentions honorables.

M. **Klotz**. Paris. — Machine à coudre...............	France.......	10-61
C. **Berthier** et Cie. Paris. — Machine à coudre......	France.......	26-57
Hurtu et **Hautin**. Paris. — Machine à coudre.....	France.......	42

Plaz et **Rexroth.** Paris. — Machine à coudre......	France.......	46
E. **Pruckner.** Berlin. — Machine à coudre.........	Prusse.......	1
Gauthier. — Machine à coudre....................	France.......	
Pitt frères. Cleckheaton. — Machine à coudre.......	Gde-Bretagne.	7
J.-M. **Clements.** Birmingham. — Machine à coudre, à faire les boutonnières..........................	Gde-Bretagne.	3
Compagnie des machines à coudre d'Empire. New-York. — Machine à coudre....................	États-Unis ...	19
Compagnie de la machine à coudre Alexandra. Londres. — Machine à coudre................	Gde-Bretagne.	1
C. **Irwin** et Cie. Canada. — Machine à coudre.......	Col. Anglaises.	2
Agnellet frères. Paris. — Machine à fabriquer les fonds de chapeaux pour dames..................	France.......	25
T. **Cabourg.** Paris. — Machine à visser les chaussures....................................	France.......	35
A. **Ratouis** père et fils. Paris. — Presse à découper.	France.......	16
Reed et **Childs.** Canada.—Formes pour chaussures.	Col. Angl....	6
L.-J. **Sénéchal.** Paris. — Emporte-pièce pour la taille des gants..............................	France.......	24
F.-J.-G. **Daudé.** Paris.— Machine à poser les œillets.	France.......	4
A.-L. **Thirion.** Bar-le-Duc. — Bustes pour l'apprêt des corsets cousus et des corsets sans coutures.....	France.......	3
Faivre père. Nantes. — Moteur hydraulique pour machines à coudre...........................	France.......	49
C. **Peugeot** et Cie. Audincourt.— Machine à coudre..	France.......	

COOPÉRATEURS.

Médaille d'or.

Élias **Howe** junior. New-York. — Promoteur de la machine à coudre..............................	États-Unis....

Médailles de bronze.

James A. **House.** New-York.—De la maison Wheeler et Wilson....................................	États-Unis....
Henry-A. **House.** New-York.— De la maison Wheeler et Wilson.................................	États-Unis....
Bardin. — Ingénieur des Syndicats chargés de l'installation des classes 57, 60 et 95 dans la section française..................................	France.......

CLASSE 58

MATÉRIEL ET PROCÉDÉS DE LA CONFECTION DES OBJETS DE MOBILIER ET D'HABITATION

EXPOSANTS.

Médailles d'or.

J.-L. **Perin.** Paris. — Scies à ruban; machine à faire les moulures	France	
B. **Barrère et Caussade.** Paris. — Machine à graver	France	3
C.-B. **Rogers** et Cie. — Machines à travailler le bois.	États-Unis	

Médailles d'argent.

P. **Vanloo.** Paris. — Machine à guillocher	France	5
B.-D. **Whitney.** Winchendon. — Machine à travailler le bois	États-Unis	4
J. **Cart.** Paris. — Machines à travailler le bois	France	8

Médailles de bronze.

F. **Arbey.** Paris. — Machine hélicoïdale à raboter	France	9
P.-C. **Gérard.** Paris. — Machines et outils à travailler le bois	France	2
C. **Contamin.** Paris. — Tour à portraits	France	4
J.-F. **Quetel-Tremois.** Paris.— Machine à travailler le bois	France	

Mentions honorables.

Schmaltz frères. Offenbach. — Machine à travailler le bois	Hesse	
C. **Mongin** et Cie. Paris. — Lames de scies et outils.	France	7
Ch^ller^ F. **Wertheim.** Vienne. — Outils et lames de scies	Autriche	11
J.-B. **Winslow.** New-York. — Machine à faire les moulures	États-Unis	3

J. **Bachrach**. Vienne. — Machine à scier la marqueterie	Autriche	1
Guidi Filippo. Tour à portraits	États-Pontif.	

COOPÉRATEURS.

Médaille de bronze.

J. **Mareschal**. Paris. — Machine héliçoïdale	France

Mentions honorables.

Aster Brochi. Paris.—Ingénieur attaché à la maison Périn	France
J. **Michel**. Paris. — Découpeur de la maison Périn	France

CLASSE 59

MATÉRIEL ET PROCÉDÉS DE LA PAPETERIE, DES TEINTURES ET DES IMPRESSIONS.

EXPOSANTS.

Hors concours.

Normand. (Membre du Jury). Paris. — Transmission.	France......	

Médailles d'or.

A.-B. **Dutartre**. Paris. — Presses typographiques...	France.......	6
Kœnig et **Bauer**. Oberzell. — Presses typographiques...	Bavière......	2
Dulos. Paris. — Procédés de gravure..............	France.......	
C. **Derriey**. Paris. — Machine à numéroter les billets de banque...	France.......	87
H. **Voelter** et **Decker** frères et Cie. Heindenheim et Cannstatt. — Machines à préparer la pâte de bois pour la fabrication du papier....................	Wurtemberg.	1
E. **Lecoq**. Paris. — Machines à imprimer les billets de chemin de fer; machines à numéroter	France..	20-27-35-92
P. **Alauzet**. Paris. — Presses typographiques.......	France......	67-91
Hte **Marinoni**. Paris. Presses typographiques.......	France......	56-100
Perreau et Cie. Paris. — Presses typographiques..	France.......	65

Médailles d'argent.

Aug. **Godchaux** et Cie. Paris.—Machines à imprimer en taille-douce....................................	France.......	37
Varrall, Elwell et **Poulot**. Paris.— Piles à papier.	France......	39-105
J. **Ducommun** et Cie. Mulhouse. — Machines à imprimer les étoffes....................................	France.......	31
Tulpin aîné. Rouen. — Appareils pour la teinture, le séchage et le grillage des étoffes................	France......	40-97
A.-Y. **Gaveaux**. Paris. — Presses typographiques...	France.......	66
J. **Derriey**. Paris. — Presses typographiques........	France......	26-101

H. **Voirin**. Paris. — Presses lithographiques.........	France.......	62
T. **Dupuy**. Paris. — Presses lithographiques.........	France.......	57
J.-B. **Huguet**. Paris. — Presses lithographiques.....	France.......	59
Heim frères. Offenbach. — Presses typographiques..	Hesse........	1
L. **Poirier**. Paris. — Machines à façonner et à numéroter le papier..................................	France.......	24-36
Bryan, Donkin et Cie. Londres.—Appareils pour la fabrication du papier..............................	G^de-Bretagne.	
Dautrebande et **Thiry**. Huy. — Machine à papier continu....................................	Belgique.....	1
J.-E. **Boildieu**. — Matériel d'imprimerie............	France.......	4
G. **Leboyer**. Riom. — Machines à imprimer sans encre..	France.......	82-90

Médailles de bronze.

Klein, Forst et **Bohn**. Johannesberg. — Presses typographiques..................................	Prusse.......	1
Vve **Foucher** et fils. Paris. — Fonderie de caractères.	France.......	64
J. **Bialon**. Berlin. — Presses typographiques; impression de papiers de tenture...................	Prusse.......	
F. **Hallmann**. Hernals. — Cylindres gravés pour la gaufrure......................................	Autriche	4
P.-E. **Gaiffe** et **Zglinicki**. Paris. — Procédés de gravure sur métal par l'électricité..............	France.......	32
Frédureau et H. de **Chavannes**. Paris. — Machines à plier les feuilles imprimées.................	France.......	63
J. **Robinson** et Cie. Saldsford. — Machines à apprêter le papier et les étoffes......................	G^de-Bretagne.	9
P. **Gauchot**. Paris. — Transmission de mouvement pour presses typographiques et lithographiques.....	France.......	58
Maschinen Fabrick. Augsbourg. — Presses typographiques..	Bavière......	3
Mauldé et **Wibart**. Paris. — Presses typographiques..	France......	55-102
A. **Trouillet**. Paris. — Numéroteurs mécaniques....	France.......	88-99
J.-E. **Sweet**. Syracuse. — Machine à composer......	États-Unis ...	3
P. **Flamm** et **Coyen-Carmouche**. Ligny.—Machine à composer, presses lithotypographiques..........	France........	86
Bichelbeyer. — Fabrication du papier.............	France.......	
Degener et **Weiler**. New-York. — Presses typographiques..	États-Unis....	4
Paul Nicolas. Mulhouse. — Procédés de gravure...	France.......	15
Feldtrappe frères. Paris. — Gravure sur rouleaux..	France.......	16
Schmautz frères et **Jacquart**. Paris. — Rouleaux pour la lithographie..............................	France... ...	42
V. **Coblence**. Paris.—Électrotypie, gravure électrique	France.......	19

N. Serrière. Paris. — Matériel d'imprimerie.	France	84
C. Fasol. Vienne. — Ornements pour imprimerie	Autriche	3
Rebourg. Paris. — Machines typographiques	France	
H. Jullien. Bruxelles. — Machine typographique	Belgique	8
N.-J. Coisne. Paris. — Presses typographiques	France	106
Delcambre-Cruys et Cie. Bruxelles. — Machine à composer et à distribuer les caractères d'imprimerie.	Belgique	2

Mentions honorables.

E. Brisset et Cie. Paris. — Presses lithographiques.	France	49
Wandel et **Steinmayer.** Reutlingen. — Épureur pour la pâte à papier	Wurtemberg	2
V.-M. **Weiler.** Angoulême. — Toiles métalliques	France	9
C. **Trousset** et A. **Delâge.** Angoulême. — Toiles métalliques pour papeterie	France	8
M.-V. **Stones.** Londres. — Toiles métalliques pour papeterie	Gde-Bretagne	10
Chrétien, Debouchaux, Mattard, Verit et Cie. Nersac. — Feutres pour papeterie	France	76
L. **Binet** et Cie. Annonay. — Feutres pour papeterie.	France	75
M.-J.-F. **Chappellier.** Paris. — Machines à façonner les angles des cartes à jouer	France	39
Meyer et Cie. Kaysersberg. — Platines pour piles de papeteries	France	21
Bracher et fils. Villingen. — Toiles métalliques	Bade	1
L. **Masselot.** Paris. — Appareils pour teindre les tissus de soie et de velours	France	109
P. **Vallès.** Barcelone. — Toiles métalliques pour papeterie	Espagne	2
T.-E. **Blot** et **Tournier.** Paris. — Procédés de réglure	France	34
F. **Kocher** et **Houssiaux.** Paris. — Impression lithographique continue	France	41
Danel. Lille. — Appareil pour l'application des poudres d'or sur les impressions	France	68
Schiffellmann et **Fuchs.** Mulhouse. — Rouleaux gravés	France	17
Pigache. Puteaux. — Rouleaux gravés	France	22
E. A. **Letang.** Paris. — Presses à billets de chemins de fer	France	14
E. **Briard.** Paris. — Machine à couper le papier	France	48
Mathieu. — Numéroteurs mécaniques	France	
A. **Aubert.** Paris. — Machines à gaufrer le papier et les étoffes	France	52
Ganachaud. — Rouleaux lithographiques	France	11

Binger, Tetterode et **Bréhan**. Paris. — Pâte pour rouleaux typographiques	France	46
Montgolfier père et fils. Fontenay-lez-Montbart. — Raffineuse continue	France	108
Z. **Orioli**. — Affleureuse continue	France	
Chevalier et Cie Paris. — Alphabets et vignettes à jour	France	25
F. **Derriey**. Paris. — Coins pour serrer les formes typographiques. Objets de stéréotypie	France	93
Jules **Vincent**. Paris.—Cisailles pour couper le carton	France	103
Jullien, Deplaye et Cie. Paris. — Pierres lithographiques	France	53
Méténier et **Guillot**. Paris. — Machines à timbre humide	France	94
E. **Bordes**. Paris. — Cylindres gravés	France	18
A. **Iwaszkiewicz**. Paris. — Machines à laver et à dégraisser les étoffes	France	110
Vve C. **Plancher**. Paris. — Tampons pour timbres	France	89
N.-F. **Boissonnault**. Canada. — Serre-forme typographique	Col. anglaises.	1
Delfin et **Bernardino Montells**. Barcelone. — Rouleau gravé	Espagne	3

COOPÉRATEURS.

Médailles d'argent.

A. **Buhours**. Rouen. — Monteur mécanicien de la maison Tulpin	France
F. **Tiquet**. Paris. — Directeur de la maison Alauzet	France

Médailles de bronze.

E.-E. **Mauviel**. Rouen. — Contre-maître modeleur de la maison Tulpin	France
E.-L. **Mustel**. Rouen. — Mécanicien de la maison Tulpin	France
C.-J. **Seurot**. Paris. — Contre-maître de la maison Alauzet	France
Laval. Paris. — Contre-maître de la maison Foucher, Renault et Robcis	France

Mentions honorables.

H. **Blancfené**. Paris. — Contre-maître de la maison Trouillet.. France.......

J.-B.-L.-H. **Fournié**. Paris.— Outilleur de la maison Alauzet.. France.......

D.-A. **Dubois**. Paris. — Monteur de la maison Alauzet.. France.......

E.-H.-D. **Renard**. Paris.— Prote de la maison Paul Dupont.. France.......

Herbert. Paris. — Dessinateur de la maison Trouillet.. France.......

E.-N. **Lebrun**. Paris. —Contre-maître artiste peintre de la maison Lecoq.............................. France.......

F. **Duché**. Paris. — Monteur-ajusteur de la maison Marinoni.. France.......

CLASSE 60

MACHINES, INSTRUMENTS ET PROCÉDÉS USITÉS DANS DIVERS TRAVAUX.

EXPOSANTS.

Médaille d'or.

P. **Welhs**. New-York. — Machine à dresser les formes d'imprimerie	États-Unis....	

Médailles d'argent.

M. et J. **Rimailho** frères. Paris. — Machine à tailler les allumettes rondes	France.......	
M. **Mugica**. Saint-Sébastien. — Machines pour la fabrication des allumettes-bougies	Espagne	
J.-L. **Gleuzer**. Paris.—Machine à faire les bouchons.	France... ...	
E. **Darier**. Genève. — Machine à guillocher	Suisse	7
Brd. **Steinmetz** Paris.— Presse pour la gaufrure et la dorure des reliures, les papiers de tentures et les étoffes	France.... ..	40
Renard. Paris. — Outillage pour la gravure	France.......	8
G. **Bourse**. Paris. — Limes et outils pour graveurs, horlogers, bijoutiers et dentistes	France.......	14
J.-S. **Guinier**. Paris. — Balanciers, moutons, découpoirs, presses cisailles circulaires	France.......	37
Bigot-Dumaine père et fils. Paris. — Outils de pierres fines	France.......	18
Dalphon-Favre et fils. Boveresse. — Tours pour l'horlogerie	Suisse	6
Fabricants réunis d'outils d'horlogerie. Couvet. — Outils d'horlogerie	Suisse	8
Beaumel et fils. Genève. — Limes pour horlogers..	Suisse	2
S. **Vautier** et fils. Carouge. — Limes fines et burins	Suisse	19

Médailles de bronze.

G. **Schmidt**. Paris.—Machines pour mettre les allumettes en presse	France.......	36
De **Susini**. Paris. — Machine à fabriquer les cigarettes	France.......	25

C.-M. **Rommetin**. Paris. — Limes, râpes et burins; machines pour tailler les limes	France.......	12-42
Aug. **Mathey** fils. Le Locle. — Acier laminé	Suisse.......	15
P.-F. **Besançon**. Paris. — Outils pour horlogers, bijoutiers et graveurs	France.......	
Fossey et Cie. Lasarte. — Presse monétaire	Espagne.....	3
Bourgeaux et **Delamure**. Genève. — Vis et filières	Suisse.......	
D. **Delahaye**. Paris. — Laminoirs pour bijoutiers et orfévres	France.......	17
S.**Robineau** et A. **Roumestant**. Paris.—Machine à faire les enveloppes	France.......	33
J. **Plançon**. Paris. — Machine à fabriquer les boutons	France.......	7-30
Jules **Lereche-Golay**. Valorbes.—Outils d'horlogers.	Suisse.......	22

Mentions honorables.

J.-B. **Lang**. Genève. — Tour à guillocher	Suisse.......	14
Antoine et **Darbour**. Paris. — Machine à faire les enveloppes	France.......	28
Stammelbach et **Bolley**. — Outils et fournitures d'horlogerie	Suisse.......	23
G.-A. **Bourgerie**. Paris. — Machine à fabriquer les agrafes	France.......	32
P. **Guental** père et fils. Montécheroux. — Outils pour horlogers, bijoutiers et graveurs	France.......	15
C. **Comeaux** aîné. Lyon. — Outils en acier fondu	France.......	16
F. **Reh**. Vienne. — Ciseaux à papier et à métaux	Autriche.....	3
Ch. **Weite**. Pont-de-Roide. — Limes d'horlogers	France.......	13
C. **Domenech**. Barcelone. — Laminoirs pour métaux précieux	Espagne.....	
E. **Ferret**. Paris. — Outils d'horlogers, réductions mécaniques, compteurs et numéroteurs à main	France.......	21
R. **Chatain**. Paris. — Outils d'horlogerie	France.......	19
F.-J. **Raux**. Paris. — Machine à fabriquer les manches de parapluie et d'ombrelle	France.......	31
Louvet-Numa. Paris. — Outils pour graver et ciseler les métaux	France.......	2
Renout. Ezy. — Machine à denteler les peignes	France.......	48
L.-F. **Chenel**. Jury-la-Bataille. — Machine à fendre les dents de peigne	France.......	49
A. **Frecassi**. Paris. — Scies	France.......	
E. **Berlie**. Genève. — Lames d'acier forgé	Suisse.......	

CLASSE 61

CARROSSERIE ET CHARRONNAGE.

EXPOSANTS.

Hors concours.

Binder frères. (L. **Binder**, membre du Jury.) Paris. — Voitures	France.	7-8-14-15-84
Hooper et Cie. (G.-N. **Hooper**, membre du Jury.) — Voitures	Gde-Bretagne.	14

Médailles d'or.

Belvallette frères. Paris. — Voitures	France.	49-50-57-58
T. **Peters** et fils. Londres. — Voitures	Gde-Bretagne.	28
Compagnie générale des Omnibus. Paris. — Omnibus	France	67
J.-G. **Ehrler**. Paris. — Voitures	France	5-6-12-13

Médailles d'argent.

Laurie et **Marner**. Londres. — Voitures	Gde-Bretagne.	17
G. **Poitrasson**. Paris. — Voitures	France	4
Kellner. Paris. — Voitures	France	23
Wyburn et Cie. Londres. — Voitures	Gde-Bretagne.	41
W. **Cole**. Londres. — Voitures	Gde-Bretagne.	7
E. et G.-H. **Morgan**. Londres. — Voitures	Gde-Bretagne.	23
Moingeard frères. Paris. — Voitures	France	32-40
H. **Binder**. Paris. — Voitures	France.	47-48-54-55
W.-H. **Mason**. Londres. — Voitures	Gde-Bretagne.	20
L. **Widerkehr**. Colmar. — Voitures	France	68
J. **Aldebert**. Londres. — Voitures	Gde-Bretagne.	1
Desouches fils et Cie. Paris. — Voitures	France	1-2-9-10
P. **Casalini**. Rome. — Voitures	États-Pontif.	1
Rock et fils. Hastings. — Voitures	Gde-Bretagne.	30
J. **Rothschild**. Paris. — Voitures	France	20-28

C. **Braeutigam**. Saint-Pétersbourg. — Voitures.... Russie....... 2
C. **Nellis**. Saint-Pétersbourg. — Voitures............ Russie....... 7
J. **Ward**. Londres. — Voitures...................... Gde-Bretagne. 37
H. et A. **Holmes**. Derby. — Voitures................ Gde-Bretagne. 13
J. **Woodall** et fils. Londres. — Voitures............ Gde-Bretagne. 39
P. de **Man**. Bruxelles. — Voitures.................. Belgique..... 3
Remery, **Gautier** et Cie. Paris. — Ressorts et essieux.. France....... 88
Colas, **Delongueil** et **Communay**. Courbevoie. — Roues et pièces détachées........................ France....... 94
C.-T. **Wecker**. Offenbach. — Essieux et Ressorts... Hesse........ 1
E.-R. **Bouillon**. Paris. — Voitures................. France....... 21-29
A. **Mazzuchelli**. Paris. — Voitures................. France....... 42
Mülhbacher et fils. Paris. — Voitures.............. France....... 36-43
A. **Henning**. Paris et Erfurt. — Voitures............ France et Prusse. 52
J. **Cockshoot** jeune. Manchester. — Voitures........ Gde-Bretagne. 6
Wood frères. New-York. — Phaéton.................. États-Unis.... 4
J. **Hall** et fils. Boston. — Voitures................ États-Unis.... 3

Médailles de bronze.

J. et A. **Fuller**. Bath. — Voitures.................. Gde-Bretagne.
T.-R. **Starey**. Nottingham. — Voitures.............. Gde-Bretagne. 32
Ivall et **Large**. Londres. — Voitures............ Gde-Bretagne. 16
J.-E. **Frédet**. Paris. — Voitures.................... France....... 60
J.-C. **Treffil**. Paris. — Voitures................... France....... 25
N. **Henocque, Arlot** aîné et Cie. — Voitures....... France....... 33
A. **Dupont**. Paris. — Dessins de voitures............ France....... 87
G. **Ball**. Paris. — Voitures......................... France....... 30
L.-C. **Ball** jeune. Paris. — Voitures................ France....... 16
J. **Lohner**. Vienne. — Voitures...................... Autriche..... 8
J. **Neuss**. Berlin. — Voitures....................... Prusse....... 1
M. **Hansen**. Aix-la-Chapelle. — Voitures .... Prusse....... 2
J. **Hutton** et fils. Dublin. — Voitures.............. Gde-Bretagne. 15
W. et F. **Thorn**. Londres. — Voitures .... Gde-Bretagne. 36
Labourdette frères et Cie. Paris. — Voitures....... France....... 56
Million, Guiet et Cie. Paris. — Voitures........... France....... 46-52
G.-S. **Windover**. Londres. — Voitures................ Gde-Bretagne. 38
A.-L. **Geibel**. Paris. — Voitures.................... France....... 51-59
H. **Mulliner**. Leamington. — Voitures................ Gde-Bretagne. 21
M. **Hauck**. Genève. — Voitures .... Suisse 2
M.-L. **Hermans**. La Haye. — Voitures .... Pays-Bas..... 2
Maurice **Bouché**. Paris. — Voitures.................. France....... 69
H. **Boulogne**. Sceaux. — Voitures omnibus........... France....... 70

Mac Naught et **Smith**. Worcester. — Voitures.....	Gde-Bretagne.	22
François **Bani**. Sienne. — Voitures..................	Italie........	4
Alexandre **Locati**. Turin. — Voitures..............	Italie........	1
Morel-Thibaut. Paris. — Voitures..................	France.......	66
Delaye oncle, neveu et Cie. Paris. — Voitures.......	France.......	17-24
A. **Frémont**. Paris. — Ressorts et essieux, roues, avant-train et ferrures pour voitures.............	France.......	73
Brice Thomas. Paris. — Dessins de voitures.......	France.......	87
F. **Mulliner**. Londres. — Voitures................	Gde-Bretagne.	24
A. **Hesse**. Varsovie. — Voitures....................	Russie.......	5
N. **Arbatsky**. Moscou. — Américaines..............	Russie.......	1
J. **Evans**. Liverpool. — Voitures..................	Gde-Bretagne.	10
J. et R. **Offord**. Londres. — Voitures..............	Gde-Bretagne.	27
J.-N. **Lemoine**. Paris. — Essieux et ressorts........	France.......	102

Mentions honorables.

Cooper. Londres. — Dessins de voitures............	Gde-Bretagne.	
Davies et fils. Northampton. — Voitures............	Gde-Bretagne.	9
C. **Raguin**. Montrichard. — Voitures................	France.......	62
F.-H.-E. **Delongueuil**. Paris. — Voitures...........	France.......	3-11
Lelorieux frères. Paris. — Voitures................	France.......	18
P.-M. **Charcot**. Paris. — Voitures..................	France.......	31-39
Maxime **Soboleff**. Moscou. — Droschki.............	Russie.......	12
Pierre **Iakovleff** et fils. Saint-Pétersbourg.—Voitures.	Russie.......	3
Dufour frères et P. **Dufour**. Périgueux. — Voitures.	France.......	45
Delasalle et fils. Caen. — Voitures................	France.......	44
E. **Boulogne**. Paris. — Voitures....................	France.......	64
Pilon. Paris. — Voitures...........................	France.......	22
Fabrique d'essieux de Kœping. Kœping.—Essieux	Suède.......	
Iversen. Drammen. — Voiture.....................	Norvége.....	
Vincent. Paris. — Voitures........................	France.......	72
C.-B. **Van Aken**. Anvers. — Voitures...............	Belgique.....	8
De Ruytter et Cie. Gand et Bruges. — Voitures...	Belgique.....	6
A. **Vanderborght**. Bruxelles. — Voitures..........	Belgique.....	9
Gustave-Jean et **Kellermann**. Paris. — Voitures................................	France.......	65
J.-M. **de Wolfe**. Nouvelle-Écosse. — Voitures......	Col. anglaises.	
O'Brien. Nouvelle-Écosse. — Voitures.............	Col. anglaises.	
Star manufacturing Company. Nouvelle-Écosse. — Essieux................................	Col. anglaises.	
Maharajah **Holkar**. Bengale.—Voitures indigènes.....	Col. anglaises.	
G. **Anthoni**. Paris. — Essieux et boîtes de sûreté. .	France.......	74
Huard aîné. Paris. — Essieux......................	France.......	86

A. **Guillon**. Paris. — Dessins de voitures.......... France........ 9
G. **Fontange**. Paris. — Marchepieds.............. France........ 91
C. **Jacquier**. Paris. — Voitures mécaniques........ France........ 71
H. **Johel**. Paris. — Voitures....................... France........ 96
P. **Doré**. Paris. — Mouvements de stores........... France.......
J. **Stephenson**. New-York. — Voiture................ États Unis....
Vve **Fauvax**. Lyon. — Voiture...................... France.......
B. **Arthenac**, Saint-Jean-d'Angely. — Voiture....... France.......

COOPÉRATEURS.

Médailles d'argent.

F. **Tostain**. Paris.— Contre-maître de la maison Binder frères.......... France.......

Breteau. Paris.—Contre-maître de la Compagnie des omnibus.......... France.......

Larcher. Paris.—Contre-maître de menuiserie de la maison Ehrler.......... France.......

Médailles de bronze.

J.-P. **Lake**. Londres. — Contre-maître de la maison Hooper et Cie.......... Gde-Bretagne.

Parvé. Paris.— Chef menuisier de la maison Binder frères.......... France.......

E. **Comté**. Paris. — Chef peintre de la maison Ehrler.......... France.......

Fabas. Paris. — Ingénieur des syndicats chargés de l'installation des classes 61 et 62 dans la section française.......... France.......

Mentions honorables.

Gau. Paris.— Chef menuisier à la Compagnie des omnibus.......... France.......

Guinand. Paris.— Chef peintre à la Compagnie des omnibus.......... France.......

Cavereau. Paris.—Chef charron à la Compagnie des omnibus.......... France.......

Maître Pierre. Boulogne-sur-Mer.—Contre-maître de la maison Belvallette frères.......... France.......

Cussonneau. Paris. — Contre-maître de la maison Belvallette frères.......... France.......

W. **Bolt**. Londres. — Chef menuisier de la maison Hooper et Cie.......... Gde-Bretagne.

W. Hewitt. Londres. — Chef peintre de la maison Hooper et Cie.................................... Gde-Bretagne.

T. Mac Grath. Londres.— Contre-maître de la maison Peters et fils................................ Gde-Bretagne.

J. Bolton. Londres.— Chef peintre de la maison Peters et fils.................................... Gde-Bretagne.

J. Leader Morgan. Londres. — Contre-maître de la maison Laurie et Marner......................... Gde-Bretagne.

W. Frift. Londres. — Chef menuisier de la maison Wyburn et Cie.................................... Gde-Bretagne. 41

P. Hudry. Lyon.—Contre-maître de la maison Faurax. France.......

Rousseau. Paris. — Premier forgeron de la maison Delaye et Cie.................................... France.......

CLASSE 62

BOURRELERIE ET SELLERIE.

EXPOSANTS.

Médailles d'or.

J. **Rodriguez-Zurdo.** Madrid. — Harnais, selles... Espagne 1
J.-J. **Roduwart.** Paris. — Harnais, selles........... France....... 8

Médailles d'argent.

Emile **Hermès.** Paris.— Harnais, selles............. France....... 12
Alexandre **Legrand.** Paris. — Fouets et cravaches.. France....... 3
J.-B.-F. **Lambin** et E. **Lefèvre.** Paris. — Selles, harnais, ustensiles d'écurie....................... France....... 29
Boyer et **Paturel** fils. Paris. — Fouets et cravaches. France....... -
A.-F.-M. **Loiseau.** Paris.— Mors de brides, étriers, éperons.. France....... 39
Swaine et **Adeney.** Londres. — Fouets, cravaches. Gde-Bretagne. 22
Mann-Elliott. Pont-Audemer. — Objets de sellerie. France....... 38
Gve **Brassart.** Paris. — Harnais et objets de sellerie. France....... 28
C. **Braeutigam.** Saint-Pétersbourg. — Harnais d'attelage... Russie....... 2
L. **Bernard.** Paris. — Harnais..................... France....... 36
Erb et **Heise.** Berlin. — Selles et harnais.......... Prusse....... 2
Chaudron et Cie. Paris. — Fouets................. France....... 2
Haynes et fils. Londres. — Bois de selles.......... Gde-Bretagne. 10
A. **Lasne.** Paris. — Selles et harnais............... France....... 35
L. **Cogent** et F.-T. **Moron-Cogent.** Paris. — Objets de sellerie.................................... France....... 16-17

Médailles de bronze.

W. **Shammon.** Birmingham. — Fouets, brides, mors. Gde-Bretagne. 19
Signac et fils. Paris. — Harnais et selles........... France....... 7
A. **Hesse.** Varsovie. — Harnais et selles............ Russie....... 12
W.-H. **Martin.** Londres. — Fouets, cravaches....... Gde-Bretagne. 15

F. **Steinmetz.** Berlin. — Selles et harnais..........	Prusse.......	1
J. **Hampson** et Cie. Walsall. — Mors, éperons, étriers....................................	Gde-Bretagne.	8
H. **Rabourdin.** Paris. — Construction et agencement d'écuries et de selleries..........................	France.......	40
H. **Reeg.** Paris. — Selles et brides................	France.......	10
Lemaître et Cie. Paris. — Brides, guides, licols et traits en filleterie.............................	France.	4
J.-B. **Fiet.** Paris. — Harnais......................	France.......	5
F. et L. **Dahlmann** frères. — Harnais, selles.......	Danemark....	1
E. **Schischkine.** Moscou. — Harnais..............	Russie.......	8
W. **Bliss.** Londres. — Selles et couvertures........	Gde-Bretagne.	3
A. **Serey.** Paris. — Colliers.......................	France.......	31

Mentions honorables.

Exposition collective de Turquie. — Selles indigènes......................................	Turquie....	
Exposition collective de Tunis. — Objets de sellerie..	Tunis........	
Exposition collective du Maroc. — Objets de sellerie..	Maroc........	
Exposition collective des possessions anglaises de Bombay et du Bengale. — Selles de dromadaires et housses brodées...............	Col. anglaises..	
Exposition collective de l'Algérie. — Selles indigènes......................................	Algérie	
T. **Aldred.** Londres. — Fouets et cravaches........	Gde-Bretagne.	1
P. **Garnier.** Paris. — Harnais et colliers...........	France.......	19
L. **Jassmann.** Londres. — Selles et harnais........	Gde-Bretagne.	14
B. **Ellam.** Londres. — Harnais, selles et fouets.......	Gde-Bretagne.	7
Cuff et fils. Londres. — Selles et harnais............	Gde-Bretagne.	6
P.-E. **Merlue.** Paris. — Objets de métal plaqué pour sellerie et carosserie..............................	France.......	34
V.-V. **Falour.** La Fère. — Colliers à rallonges	France.......	30
F. **Hartmann.** Berlin. — Harnais et selles..........	Prusse.......	3
Serge, Pierre et Simon **Varykhanoff.** Moscou. — Articles d'attelage..	Russie.......	10
John **Head.** Londres. — Selles et harnais............	Gde-Bretagne.	11
T. **Tavena.** Paris. — Passants fronteaux, cocardes, œillières et faux-colliers	France.......	37
Auguste **Stolzmann.** Varsovie. — Selle.............	Russie.......	16
A. **Mac-Cracken.** Birmingham. — Sellerie..........	Gde-Bretagne.	17
C. **Wellmann.** New-York. — Selles.................	États-Unis....	5
S. **Blackwell.** Londres. — Selles et harnais.........	Gde-Bretagne.	2

CLASSE 63

MATÉRIEL DES CHEMINS DE FER.

EXPOSANTS.

Hors concours.

Administration royale des postes. (Administration de l'Etat). Londres.— Echange des dépêches par les trains en marche........................ Gde-Bretagne.

Administration I. R. des usines de Neuberg. (Administration de l'Etat).—Bandages, essieux, tôles pour chaudières........................ Autriche...... 12

E. **Gouin.** (Membre du jury.) Paris. — Locomotive... France....... 24

Usine de Graffenstaden. (Bon **de Bussierre**, président du conseil d'administration, membre du jury.) Graffenstaden. —Locomotive et tender............ France....... 65-72

Société pour l'exploitation des chemins de fer de l'Etat. La Haye. — Voitures et wagons... Pays-Bas 4

Grand prix.

P. **Vignier.** Paris. — Appareils d'enclanchement pour relier les signaux aux aiguilles.............. France....... 8-105

Médailles d'or.

Compagnie du chemin de fer du Nord. Paris.— Dispositions des voies aux bifurcations de la Chapelle. France....... 54

A. **Borsig.** Berlin. — Locomotive et tender.......... Prusse....... 1

L. **Arbel, Déflassieux** frères et **Peillon.** Rive-de-Gier. — Roues en fer forgé .... France....... 34

Compagnie du chemin de fer de Paris à Orléans avec ses prolongements. Paris.— Locomotives, voitures et pièces diverses.............. France... 35-50-62

Compagnie des chemins de fer de l'Est. Paris. — Locomotive, wagons, voitures et appareils de la voie.............................. France.. 40-41-42-45-60-66-71-80-89-101-102-113-117

Compagnie des chemins de fer du Midi. Paris. — Locomotives, voitures et appareils de la voie.... France...... 44-64-70-79-85-90-112

Compagnie des chemins de fer de Paris à Lyon et à la Méditerranée. Paris. — Locomotive, wagons, grue et plaque tournante .... France...... 53-59-67-68-86-92-93-94-104-106

Compagnie belge pour la construction de machines et de matériel de chemins de fer. Molenbeek-Saint-Jean-lez-Bruxelles. — Locomotive, voitures, wagons et grue roulante................	Belgique.....	5
Société John Cockerill. Seraing. — Locomotive..	Belgique.....	21
Société anonyme de Marcinelle, Couillet. Couillet. — Locomotive..........................	Belgique.....	22
Société de Saint-Léonard. Liége. — Locomotive et tender....................................	Belgique.....	26
Ateliers de construction de machines. Esslingen. — Locomotive..........................	Wurtemberg .	2
G. **Krauss.** Munich. — Locomotive-tender..........	Bavière......	1
G. **Sigl.** Vienne. — Locomotives....................	Autriche.....	17
Société I.-R. autrichienne des chemins de fer de l'Etat. Vienne. — Locomotive...........	Autriche.....	18
Ateliers de construction de locomotives de Grant. Patterson. — Locomotive et tender........	États-Unis....	14
Kitson et Cie. Leeds. — Locomotive...............	G^de^-Bretagne .	9
R. **Stephenson** et Cie. Newcastle. — Locomotive...	G^de^-Bretagne.	18
Cail et Cie de **Fives-Lille** (en participation). Paris. — Locomotives, roues, pièces de forge et appareils divers, etc..................................	France.	33-37-51-63
Schneider et Cie. Creusot. — Locomotives.........	France.	150-151-152
Saxby et **Farmer**. Londres — Groupement des manœuvres des aiguilles et des signaux..............	G^de^-Bretagne.	16

Médailles d'argent.

Société des Mines et Usines de Bochum. — Roues et pièces en acier fondu..................	Prusse.......	
Société pour la fabrication du matériel roulant des chemins de fer. Berlin. — Voitures et wagon-poste..................................	Prusse.......	4
P. **Stilmant.** Paris. — Frein pour wagons.........	France.......	4
H^te^. **Vivaux** et Cie. Dammarie. — Cylindres pour locomotives, boîtes à graisse et fontes diverses, signaux	France.......	32
L. **Sagnier** et Cie. Montpellier.—Bascule à dix ponts indépendants et bascule pour wagons.............	France.......	38
Usine de la Mulatière. Lyon. — Bascule pour wagons..................................	France.......	48
J.-B. **Fell.** Lanslebourg —Matériel roulant pour chemin de fer à rail central..........................	France.......	56
Boigues, Rambourg et Cie. Commentry. — Locomotive pour voie étroite.........................	France.......	58
Coutant frères. Ivry. — Pièces de forge pour wagons..................................	France.......	76
Gouvy frères et Cie. Hombourg. — Ressorts pour chemins de fer................................	France.......	3

De Diétrich et Cie. Niederbronn. — Disque-signal automoteur et roues de wagons........................ France....... 110

Bonnefond et Cie. Ivry. — Voitures à voyageurs... France..... 132-138

Delettrez père. Paris. — Voitures et wagons........ France....... 133

Chevalier, Cheylus jeune et Cie. Paris. — Voitures à voyageurs et wagons. .... France....... 137

J. **Goffin**. Clabecq. — Tôles pour chaudières, longerons de locomotives........................... Belgique..... 12

Société anonyme de la fabrique de fer d'Ougrée. Seraing. — Roues et bandages sans soudure. Belgique..... 25

R. **Hartmann**. Chemnitz. — Locomotive.......... Saxe Royale.. 2

Schmidt et Cie. Breslau. — Wagon en tôle........ Prusse....... 3

Gruson. Magdebourg. — Roues et croisements en fonte.. Prusse.......

Société anonyme pour la fabrication des machines. Carlsruhe. — Locomotive............ Bade......... 1

Société I.-R. **du chemin de fer du Sud.** Gratz. — Essieux et manivelles de locomotives.......... Autriche..... 19

W. **Bender.** Vienne. — Signaux d'aiguilles......... Autriche..... 3

A. **Ganz**. Bude. — Roues et croisements en fonte... Autriche..... 5

Carl **Schember.** Vienne. — Bascule pour locomotives et wagons.................................. Autriche.....

Thomas **Agudio.** Turin. — Appareil de traction sur les rampes.................................. Italie.......

Compagnie de Lilleshall. Shiffnal.—Locomotive. Gde-Bretagne. 10

H. **Pooley** et fils. Liverpool. — Bascules............ Gde-Bretagne. 13

T. **Turton** et fils. Sheffield. — Ressorts, tampons de choc.. Gde-Bretagne. 21

Pihl. Christiania. — Voie et matériel des chemins de fer de la Norvége .... Norvége .....

Blondiaux. Thy-le-Château. — Rails pour chemins de fer.. Belgique.....

Médailles de bronze.

Molinos et **Pronnier**. Paris. — Véhicules à frein automoteur.. France....... 5-7

A. **Achard** et Cie. Paris.—Application de l'embrayage électrique au service des chemins de fer........... France 39

Delannoy. Paris. — Boîte à huile pour wagons, voitures et machines................................ France....... 43

Falcot et Cie. Lyon. — Bascules pour wagons...... France....... 46

Pinart et Cie. Marquise. — Plaque tournante....... France....... 69

Alexandre-Leseigneur et Cie. Ivry. — Roues et bandages en fer cémenté........................... France....... 73

C. **Tenbrinck**. Paris. — Appareil fumivore......... France....... 81

Société des hauts fourneaux de Maubeuge.— Grue roulante à équilibre constant................ France....... 103

Boutmy père, fils et Cie. Massempré. — Tôles et pièces de fonte pour wagons ; boîtes à graisse et à huile	France.......	145
L. **Luchaire** et Cie. Paris. — Appareils d'éclairage pour wagons et signaux..........................	France.......	149
De **Bergue**. Paris. — Frein de locomotive à air comprimé..	France.......	
A. **Cabany** et Cie. Gand. — Roues de locomotives et de wagons..	Belgique.....	3
J.-J. **Beynes**. Harlem. — Voiture à voyageurs.......	Pays-Bas.....	5
F.-J. **Dupont**. Fayt. — Roues de wagons...........	Belgique.....	9
Gobert père et fils. Bruxelles. — Boîtes à huile, ressorts de choc..................................	Belgique.....	13
Van der Zypen et **Charlier**. Dentz. — Grue roulante et ferrures de wagon..................	Prusse.......	7
Comte **Henckel de Donnersmark**. Wolfsberg. — Roues de wagons, bandages.....................	Autriche.....	6
G. **Zugmayer**. Waldegg. — Plaques pour foyers....	Autriche.....	22
François **Mayr de Melnhof**. Léoben. — Essieux, bandages et ressorts..............................	Autriche.....	
Société industrielle suisse. Neuhausen. — Voiture à voyageurs.................................	Suisse.......	2
W. **Zethelius**. Westeras-Surahammar. — Roues de wagons..	Suède........	1
Aciérie d'Oboukoff. Saint-Pétersbourg. — Essieux de machines.......................................	Russie.......	1
Benech-Rochetti. Padoue. — Boîte à graisse......	Italie........	5
Fairbanks et Cie. Saint-Johnsbury, Vermont. — Bascule pour chemin de fer.....................	États-Unis....	
A.-I. **Gordon**. Londres. — Communications dans les trains de chemins de fer et entre les trains en marche et les stations..........................	Gde-Bretagne.	6
W.-H. **Preece**. Southampton. — Signaux électriques.	Gde-Bretagne.	14
J. **Spencer** et fils. Newcastle. — Ressorts et tampons de choc..	Gde-Bretagne.	17
E. **Livesey** et **Edwards**. — Modèles de signaux...	Gde-Bretagne.	
C.-L. **Carels**. Gand. — Locomotive................	Belgique.....	4
O. **Steinbeis**. Brannenbourg. — Traverses injectées.	Bavière......	2

Mentions honorables.

G.-G. **Petau**. Paris. — Locomotive de terrassements..	France.......	
A. **Anjubault**. Paris. — Locomotive de terrassements.	France.......	2
L.-P. **Lapeyrie**. Le Mans. — Appareil pour accélérer le serrage des freins...........................	France.......	3
Desbrière. Paris. — Bagues en fonte pour consolider les crampons et chevilles......................	France.......	25
Prud'homme. Paris. — Appareils pour communication électrique sur les trains.....................	France.......	28

L. **Dorré**. Paris. — Modification au frein automoteur Guérin	France... ...	31
Joindy et fils. Paris. — Cadre de transport pour marchandises	France.......	47
Ménans et Cie. Besançon — Traverses métalliques..	France.......	77
A. F. **Bonnet**. Paris. — Appareil fumivore..........	France.......	88
Suc-Chauvin et Cie. La Villette. — Wagon et voie de terrassements	France......	95-135
J. **Bergeron**. Nîmes. — Croisements en fonte durcie et sémaphore	France.......	98-99
Gagin et Cie. Paris. — Bâches pour wagons.........	France.......	120
E. **Masson**. Paris. — Appareils d'éclairage pour chemins de fer	France.......	125
Dalifol père et fils. Paris.— Pièces en fonte malléable pour wagons	France.......	131
Chatel jeune. Paris. — Appareils d'éclairage pour wagons	France.......	146
J. **Haeck**. Saint-Josse-ten-Noode. — Boîtes à graisse et à eau	Belgique.....	14
Nicaise et **Delcuve**. La Louvière. — Roues de wagons	Belgique.....	18
Van der Elst et Cie. Braine-le-Comte. — Changement et croisement de voie	Belgique.....	28
Schulz Knaudt et Cie. Essen. — Plaques de tôle pour chaudières	Prusse.......	10
J.-C. **Lüders** aîné. Gœrlitz. — Voitures à voyageurs et wagons	Prusse.......	31
Direction royale du chemin de fer de la Basse - Silésie. Berlin. — Grue hydraulique et wagon	Prusse.......	17
Direction royale du chemin de fer de l'Est. Bromberg. — Dynamomètre	Prusse.......	19
H. **Kolesch**. Stettin. — Signaux de chemin de fer..	Prusse.......	24
Aug. **Kœstlin**. Stuttgart. — Voie métallique........	Wurtemberg..	1
Cte G. **Andrassy**. Vienne. — Roues de wagons......	Autriche.....	2
Société du Chemin de fer du Nord. Vienne. — Wagons et constructions diverses	Autriche	8
Pce J. **Liechtenstein**. Brünn. — Roues en fonte.	Autriche.....	10
Ateliers des chemins de fer Romains. Sienne. — Wagon-piston et pièces de locomotives	Italie........	6
Société des chemins de fer romains. Sienne.— Pièces de forge pour locomotives	Italie	7
G.-E. **Dering**. Welwyn. — Système de voie ferrée...	Gde-Bretagne.	3
H. **Hugues** et Cie. Loughborough. — Locomotive....	Gde-Bretagne.	7
Ruston-Proctor et Cie. Lincoln. — Locomotive.....	Gde-Bretagne.	»
Robert F. **Fairlie**. Londres. — Locomotives.........	Gde-Bretagne.	»
Compagnie du Chemin de fer du Grand-Tronc. Canada. — Modèle de wagon	Col. angl.....	

COOPÉRATEURS.

Médailles d'argent.

Vidard. Paris. — Voitures à deux étages........... France.......

Deloy. Paris. — Inspecteur principal du matériel et de la traction au chemin de fer de Lyon........... France.......

Dietz. Montigny-lèz-Metz. — Ingénieur au chemin de fer de l'Est.................................... France.......

Guillaume. Paris. — Ingénieur du matériel des voies au chemin de fer de l'Est........................ France.......

A.-F. **Bonnet.** Paris. — Ingénieur des ateliers du chemin de fer de l'Est............................ France.......

Boutard. Paris. — Ingénieur du matériel roulant au chemin de fer de l'Est.......................... France.......

Léonard, chef des études des locomotives à l'usine de Graffenstaden............................... France.......

Pius Fink. Vienne. — Ingénieur du matériel des chemins de fer autrichiens......................... Autriche.....

Fellot. Paris. — Ingénieur chargé de l'installation de la cl. 63 dans la section française................ France.......

Rancès. Bordeaux. — Ingénieur du matériel de la voie au chemin de fer du Midi................... France.......

Médailles de bronze.

Gerspach. Paris. — Chef du bureau des études du matériel au chemin de fer de l'Est................. France.......

Pichault. Seraing.—Ingénieur aux ateliers de la société John Cockerill............................ Belgique.....

Beuth. Liége. — Ingénieur des ateliers de Saint-Léonard.. Belgique.....

Simonnet. Bordeaux. — Chef des ateliers des machines au chemin de fer du Midi................... France.......

Labroue. Bordeaux. — Chef de traction au chemin de fer du Midi................................. France.......

Mentions honorables.

Bonifait. Paris. — Chef du bureau des études du matériel roulant au chemin de fer de Lyon......... France.......

Antoine **Léon.** Paris. — Chef de l'atelier central au chemin de fer de Lyon......................... France.......

G.-L. **Doelling**. Paris.—Contre-maître des tours et de l'outillage du chemin de fer d'Orléans.............. France.......

Florain. Commentry. — Contre-maître des usines de la maison Boigues, Rambourg et Cie .... France.......

Morel. Paris. — Contre-maître de la chaudronnerie du chemin de fer d'Orléans..................... France.......

Aubriot. Dannemarie.— Contre-maître à la fonderie de Dammarie.................................. France.......

Douchain. Paris.— Ingénieur de la maison Thiébaut. France.......

Bricotte. Dannemarie.—Contre-maître de la fonderie de Dannemarie.................................. France.......

Herman. Couillet. — Contre-maître des usines de Marcinelle et Couillet.......................... Belgique.....

Rousseau. Bruxelles. — Ingénieur de la Compagnie belge pour la construction des machines et du matériel des chemins de fer........................ Belgique.....

Sehor. Bordeaux. — Chef des études du matériel au chemin de fer du Midi........................ France......

Baillet. Bordeaux.— Chef des ateliers de la voie au chemin de fer du Midi.......................... France......

CLASSE 64

MATÉRIEL ET PROCÉDÉS DE LA TÉLÉGRAPHIE.[1]

EXPOSANTS.

Hors concours.

Ministère de l'intérieur. Administration des lignes télégraphiques (Administration de l'État). Paris. — Appareils et matériel télégraphiques.	France.......	
Direction royale du service télégraphique (Administration de l'État). Berlin. — Appareils et matériel télégraphiques..........................	Prusse.......	
Direction impériale-royale des télégraphes (Administration de l'Etat). Vienne. — Matériel de télégraphie militaire..........................	Autriche.....	
Atelier fédéral des télégraphes (Administration de l'État). Berne. — Appareils télégraphiques......	Suisse.......	1
L. **Bréguet**. (Membre du jury.) Paris. — Appareils télégraphiques..........................	France.......	20
Siemens et **Halske**. (Le Dr Siemens, Membre du Jury.) Berlin. — Appareils télégraphiques..............	Prusse.......	2
Siemens frères. (Le Dr Siemens, Membre du Jury.) Londres. — Appareils télégraphiques............	Gde-Bretagne.	7

Grands prix.

Cyrus **Field** et les **Compagnies anglo-américaines du Câble transatlantique**. — Câble transatlantique..........................	États-Unis et Gde-Bretagne.	
Hugues. New-York. — Télégraphe-imprimeur......	États-Unis....	

Médailles d'or.

Digney frères et Cie. — Appareils télégraphiques...	France.......	24
Rattier et Cie. Paris. — Câbles télégraphiques.....	France....	26-31-32
W. **Hooper**. Londres. — Câbles télégraphiques......	Gde-Bretagne.	2
J. **Caselli**. Paris. — Télégraphe autographique......	France.......	25
L. **Guyot d'Arlincourt**. Paris. — Appareil télégraphique imprimeur..........................	France.......	27

Médailles d'argent.

E. **Lenoir**. Paris. — Télégraphe autographique.....	France.......	17

Felton et **Guillaume**. — Câbles télégraphiques....	Prusse.......	
W.-J. **Henley**. Londres. — Câbles télégraphiques..	Gde-Bretagne.	1
P. **Dumoulin-Froment**. Paris. — Appareils télégraphiques..................................	France.......	14
Jean **Leopolder**. Vienne.— Appareils télégraphiques	Autriche.....	4
M. **Hipp**. Neufchâtel.—Appareils télégraphiques.....	Suisse.......	2
J. **Thomsen**. Copenhague.—Batterie de polarisation.	Danemark....	
M. **Gloesener**. Liége. — Appareils télégraphiques...	Belgique.....	

Médailles de bronze.

L. **Delperdange**. Bruxelles. — Tuyaux de conduite pour câbles télégraphiques.......................	Belgique.....	7
P.-A.-J. **Dujardin**. Lille. — Appareil télégraphique imprimeur..	France.......	15
W. **Walcker**. Paris. — Appareils à signaux par la compression de l'air............................	France.......	33
A. **Joly**. Paris. — Appareil télégraphique imprimeur.	France.......	3
Chevalier Adolphe **de Bergmüller**. Vienne. — Télégraphe pour service municipal.....................	Autriche.....	1
P.-D. **Prud'homme**. Paris. — Sonneries électriques et signaux..	France.......	36
W. **Gurlt**. Berlin. — Appareils télégraphiques.......	Prusse.......	
W. **Horn**. Berlin. — Appareils télégraphiques.......	Prusse.......	
C. **Devos**. Saint-Josse-ten-Noode. — Commutateur, parafoudre et appareils divers........................	Belgique.....	
Leclanché. Paris. — Pile et batterie de polarisation.	France.......	12
Direction des chemins de fer du Palatinat. Ludwigshafen.—Transmetteur télégraphique........	Bavière......	2
Levin et Cie. Berlin. — Appareil électro-magnétique.	Prusse.......	5
Mme C. **Bonis**. Paris. — Fils télégraphiques isolés..	France.......	35
E. **Grenet**. Paris. —Appareils télégraphiques et piles.	France.......	13
R. **Belle**. Aix-la-Chapelle. — Système de signaux d'alarme..	Prusse.......	
R. **Morenés**. Madrid. — Appareils télégraphiques..	Espagne.....	
T. **Sortais**. Lisieux. — Appareil à déclanchement automatique...	France.......	11

Mentions honorables.

P. **Guillot** et J. **Gatget**. Paris. — Appareil télégraphique magnéto-électrique........................	France.......	19
Bernier. — Appareil télégraphique.................	France.......	
C.-J. **Vogel**. Berlin. — Fils isolés..................	Prusse.......	7
B. **Behrend**. Coeslin. — Bandes de papier pour impression télégraphique..............................	Prusse.......	6

D. **Nicoll**. Londres. — Fils et câbles isolés..........	Gde-Bretagne.	5
A. **Holtzman**. Amsterdam. — Câble télégraphique souterrain..	Pays-Bas.....	1
A.-F. **Cacheleux**. Paris.—Appareils télégraphiques.	France.......	28
A.-N. **Bigant**. Paris. — Cartes des lignes télégraphiques..	France.......	37
C.-J.-B. **Roussy**. Paris. — Cartes des lignes télégraphiques..	France.......	29
Longoni et **Dell'Acqua**. Milan. — Appareils télégraphiques..	Italie........	3
Thomas **Picco**. Alexandrie.— Paratonnerre multiple.	Italie........	1
Joseph **Poggiali**. Florence. — Appareil Morse......	Italie........	5
Gaspard **Sacco**. Turin. — Appareil Morse...........	Italie........	2
Jacques **Pik**. Varsovie. — Appareil Morse............	Russie.......	3
A. **Caumont**. Paris. — Appareils et sonneries électriques..	France.......	7
E. **Bonet**. Madrid. — Appareil télégraphique........	Espagne	1

COOPÉRATEURS.

Médaille d'argent.

Bonis. Paris. — Directeur des ateliers des expériences et de la construction des appareils appliqués aux sciences physiques, de la maison Bréguet......	France.......

Médailles de bronze.

Barbier. Paris. — Directeur des ateliers d'isolement des fils de la maison Rattier et Cie	France.......
Jules **Legay**. Paris.—Directeur des ateliers d'armatures de câbles de la maison Rattier et Cie	France.......
Scholtz. Berlin. — Directeur des ateliers de la maison Siemens et Halske..........................	Prusse.......
Mittelhausen. Londres. — Directeur des ateliers de la maison Siemens frères	Gde-Bretagne.
Louis **Bara**. Paris.— Contre-maître de la maison Digney frères	France.......
Gustave **Migon**. Paris. — Contre-maître de la maison Digney frères	France.......

CLASSE 65

MATÉRIEL ET PROCÉDÉS DU GÉNIE CIVIL, DES TRAVAUX PUBLICS ET DE L'ARCHITECTURE.

EXPOSANTS.

Hors concours.

Exposant	Pays	
Ministère de l'agriculture, du commerce et des travaux publics (Administration de l'État). Paris. — Travaux publics	France	130
Ministères des travaux publics et de la guerre (Administrations de l'État). Florence. — Travaux publics	Italie	
Direction générale des travaux publics (Administration de l'État). Madrid. — Travaux publics	Espagne	
Corps des ingénieurs des mines (Administration de l'État). Madrid. — Marbres	Espagne	
Gouvernement général de l'Algérie (Administration de l'État). Alger. — Travaux publics	Algérie	
Corporation de Trinity-House. Londres. — Phares	Gde-Bretagne	
Direction royale du chemin de fer de Westphalie (Administration de l'État). Münster. — Pont métallique	Prusse	
Gouvernement égyptien. — Constructions diverses	Égypte	
Gouvernement tunisien. — Travaux publics	Tunis	
Gouvernement marocain. — Phare du cap Spartel; abreuvoir	Maroc	
Administration royale des domaines (Administration de l'État). Wiesbaden. — Ardoises	Prusse	40
Gouvernement hellénique. Athènes. — Collection de marbres	Grèce	
Direction royale des chemins de fer de l'Est (Administration de l'Etat). Bromberg. — Ponts métalliques	Prusse	89
E. **Gouin**. (Membre du Jury.) Paris. — Constructions métalliques	France	
Paul et Émile **March**. (P. March, Membre du Jury.) Charlottenbourg. — Terres cuites	Prusse	62

Cel **Scott**, R.-E. (Membre du Jury.) — Palais central des arts et des sciences........................ Gde-Bretagne. 21

Robert **Mallet** (Membre du Jury). Londres. —Plaques embouties.. Gde-Bretagne. 58

Grands prix.

Compagnie universelle du canal maritime de Suez. Paris. — Modèles et dessins de travaux..... France....... 393

F. **Hoffmann**. Berlin. — Four annulaire à cuire les produits céramiques............................ Prusse....... 86

Médailles d'or.

A. **Castor**. Paris.— Matériel construit et employé aux travaux publics.................................. France....... 158

G. **Martin**. Paris. — Ponts métalliques.............. France....... 131

Schneider et Cie. Creusot. — Ponts métalliques..... France....... 419

Cail et Cie, et Compagnie **de Fives-Lille**. Paris. — Ponts métalliques.................................. France....... 151

Minton, Hollinst et Cie. Londres. — Poteries...... Gde-Bretagne. 62

Chance frères et Cie. Birmingham. — Appareils de phares.. Gde-Bretagne..

Henry **Lepaute**. Paris. — Appareils de phares...... France....... 113

L. **Sautter** et Cie. Paris. — Appareils de phares.... France....... 112

Direction des chemins de fer du Palatinat Ludwigshafen. — Ponts de bateaux sur le Rhin pour chemin de fer.. Bavière...... 1

Mme Vve et héritiers **Joly**. Argenteuil.—Constructions en fer.. France....... 117

Rigolet. Paris. — Constructions en fer............. France.......

Direction royale du chemin de fer de Westphalie. Berlin. — Ponts métalliques............. Prusse....... 89

Demarle, Lonquéty et Cie. Boulogne-sur-Mer. — Ciments.. France. 272-321-401

H. **Drasche**. Vienne. — Tuiles, briques et ornements en terre cuite.. Autriche...... 1

A. **Fortin** et E. **Herrmann**. Paris.—Distributions d'eau France....... 148

C. **Neustadt**. Paris. — Appareils élévatoires........ France.......

Monduit et **Bechet**. Paris. — Cuivres et plombs repoussés... France....... 335

Borie. Paris. — Briques creuses.................. France.......

Médailles d'argent.

Désiré **Michel** et Cie. Marseille. — Ciment de la Méditerranée.. France..... 165-276

Alfred **Cottrau**. Florence. — Ponts métalliques......	Italie........	45
A. **Dumont**. Paris. — Distributions d'eau............	France.......	162
Commission des ardoisières d'Angers. — Ardoises......................................	France.......	42
M.-H. **Blanchard**. Londres. — Terres cuites.......	Gde-Bretagne.	5
Von der Hude. Berlin. — Monuments............	Prusse.......	82
A. **Baudrit**. Paris. — Serrurerie...................	France.......	57
J. **Huby** fils. Paris. — Serrurerie...................	France.......	12
Angelo **Saullich**. Perlmoos. — Ciment..............	Autriche.....	60
Chambre syndicale des entrepreneurs de maçonnerie de la Seine. Paris. — Restaurations et constructions d'édifices publics et privés...	France.......	167
C.-L.-B. **Fichet**. Paris. — Coffres-forts..............	France.......	108
Laureau frères. Paris. — Coffres-forts............	France.......	109
J. **Pulham**. Broxbourne. — Terres cuites...........	Gde-Bretagne.	69
André **Boni**. Milan. — Terres cuites................	Italie........	36
Bricard et **Gauthier**. Paris. — Serrurerie et quincaillerie..	France.......	50
Chubb et fils. Londres. — Serrures................	Gde-Bretagne.	14
Hobbs Hart et Cie. Londres. — Serrures..........	Gde-Bretagne.	46
Manufacture de ciment Portland. Stettin. — Ciment..	Prusse.......	41
Franz **Rziha**. — Cintres en fer pour tunnels..........	Autriche.....	
Nolla et **Sagrera**. Valence. — Mosaïques.........	Espagne.....	41
Société centrale des bétons agglomérés. Paris. — Constructions diverses...................	France.......	369
Compagnie générale des asphaltes. Paris. — Chaussées en asphalte, appareils mécaniques pour l'application des dalles de trottoirs................	France.......	26
J. **Cliff** et fils. Leeds. — Terres cuites..............	Gde-Bretagne.	17
Maw et Cie. Benthall. — Terres cuites.............	Gde-Bretagne.	60
F. **Wertheim** et Cie. Vienne. — Serrurerie.........	Autriche.....	61
V. **Thiébaut**. Paris. — Distribution d'eau..........	France.......	344
Isaac **Greeg**. Philadelphie. — Machine à faire les briques	États-Unis....	1
Barbier et **Fenestre**. Paris. — Appareils de phares..	France.......	111
J. **Roy**. Paris. — Grilles en fer.....................	France.......	161
Compagnie de la manufacture de Yale et Winn. Shelburne-Falls. — Serrures...............	Etats-Unis....	17
Joseph **Depoilly** et Cie. Escarbotin. — Serrurerie..	France.......	110
Fournier-Valery fils. Dargnies. — Serrurerie.....	France.......	59
E. **Maquennehen** et **Imbert**. Escarbotin. — Serrurerie...	France.......	82
C. **Guerville** fils. Fressenneville. — Serrurerie.....	France.......	138
Parigot et **Grivel**. Paris. — Coffres-forts et serrures..	France.......	99
L. et E. **Pavin de Lafarge**. Viviers. — Chaux hydraulique....................................	France.....	288-322

J. **Blashfield**. Stamford. — Terres cuites.........	Gde-Bretagne.	6
Sommermeyer et Cie. Magdebourg — Coffres-forts.	Prusse.......	3
C. de **Diebitsch**. Berlin. — Pavillon mauresque.....	Prusse.......	
Usine de Palazzuolo. Brescia. — Chaux hydraulique.........	Italie........	37
H. **Doulton** et Cie. Londres. — Poteries.........	Gde-Bretagne.	25
Couturier, Soulier et Cie. Teil. — Chaux hydraulique.........	France.....	287-345
Duru. Lyon. — Chaux hydraulique...............	France.......	
Lobereau jeune et **Meurgey**. Paris. — Ciments.	France.......	277
E. **Muller** et Cie. Ivry. — Poteries.............	France.......	32
F.-W. **Grundmann**. Kattowitz. — Ciment.........	Prusse.......	43
Gilardoni frères. Altkirch. — Poteries...........	France.......	29
H. **Cole**. Londres. — Spécimens de plafonds en fer.	Gde-Bretagne.	19
A. **Augustin**. Lauban. — Terres cuites...........	Prusse.......	63
Albert **Milde**. Vienne. — Serrurerie...............	Autriche.....	34
Louis **Prestini** et **Grazioso**. Milan. — Serrurerie.	Italie........	52
Société de Bergame pour la fabrication des ciments. Bergame. — Ciments................	Italie........	2
E. **Garnaud**. Paris. — Terres cuites.............	France.......	31
E. **Dumont**. Acheux et Roanne. — Terres cuites..	France.......	232
A. **Courtois**. Paris. — Terres cuites pour les constructions	France.....	27-422
T. **Peake**. Tunstall. — Tuiles....................	Gde-Bretagne.	68
Wurffbain. Erfurt. — Barrages..................	Prusse.......	87
Pce **Oettingen Wallerstein**. Königsaal. — Terres cuites.........	Autriche.....	40
Société Romaine. Rome — Marbres artificiels....	Etats-Pontif..	
Novella et **Garcés**. Valence. — Terres cuites......	Espagne.....	
G. **Jennings**. Londres. — Appareils de salubrité..	Gde-Bretagne.	49
F. **Bouquié**. Paris. — Système de touage..........	France.......	48
L. **Grados**. Paris. — Zinc repoussé..............	France.......	126
F. **Peters**. Berlin. — Zinc repoussé..............	Prusse.......	83
Chapin et **Wells**. Chicago. — Pont tournant.....	Etats-Unis....	22
Prang et Cie. Allagen. — Marbres................	Prusse.......	24
Bernier. Paris. — Machine élévatoire et parachute automatique.........	France.......	
J. **Cousté**. Paris. — Machine élévatoire..........	France.......	
J. **George**. Paris. — Machine élévatoire..........	France.......	330
Jonas **Lavater** et E.-W. **Niblett**. Paris. — Appareils de salubrité.........	France.......	381
Leube frères. Ulm. — Ciments...................	Wurtemberg..	1
C. **Zeller**. Ollwiller. — Tuyaux en terre..........	France.......	226
White et frères. Westminster. — Ciments........	Gde-Bretagne.	83
F.-W. **Krause**. Neusalz. — Escaliers en fonte....	Prusse.......	15

Jomain. Paris. — Persiennes brisées en tôle emboutie ou repoussée	France	177
Lebrun. Marsac. — Constructions en pierres artificielles	France	337
Conseil des travaux publics. Chicago.— Approvisionnement d'eau	Etats-Unis	8
Fabrique de fenêtres, portes et parquets. Vienne. — Menuiserie	Autriche	58
E. **Gellerat** et Cie. Paris. — Rouleau compresseur à vapeur	France	396
Manufacture d'Elfdalen. — Pierres dures	Suède	
Villeroy et **Boch**. Mettlach.—Carreaux mosaïques, terres cuites pour dallages	Prusse	115
G. **Hermann**. Paris. — Pierres dures	France	376
Vicat et Cie. Grenoble. — Ciments	France	24
Toni Fontenay. Grenoble. — Viaduc	France	147

Médailles de bronze.

Ardoisières Saint-Gilbert. Fumay. — Ardoises	France	34
J. **Riché**. Deville et Monthermé.— Ardoises	France	41
Société anonyme de l'ardoisière du moulin Sainte-Anne. Fumay. — Ardoises	France	406
Masbon. Paris. — Échelles articulées	France	
Guppy et Cie. Naples. — Pont métallique	Italie	66
Gallet et **Black-Tonnoir**. Saint-Quentin. — Ciment	France	290
Hermitte et **Ollagnier**. Gap. — Ciment	France	271
M. **Briand** et **Modenel**. Mansle. — Chaux d'Échoisy.	France	289
D. **Flobeck**. Gothembourg. — Phare métallique	Suède	19
H. **Joret**. Paris. — Ponts métalliques	France	395
A. **Robinson**. Londres. — Ardoises	Gde-Bretagne.	72
C. **Kulmiz**. Ida et Marienhütte.— Granits	Prusse	23
A. **Gerenday**. Pesth. — Marbres	Autriche	16
A. **Legrand**. Paris. — Ponts métalliques	France	166
Association des maîtres de carrières de pierres bleues dites petits granits. Bruxelles. — Petits granits et pierres calcaires	Belgique	1
Lievin-Davergne frères. Feuquières. — Quincaillerie et serrurerie	France	13
Vachette aîné. Paris. — Serrurerie pour meubles	France	84
P. **Machefer**. Feuquières.—Serrurerie, quincaillerie.	France	83
A. **Arnaud**. Saint-Bonnet-le-Château. — Quincaillerie	France	19
Louis **Baleyguier**. Saint-Bonnet-le-Château. — Quincaillerie	France	
J. **Fontaine, Vaillant** et **Ferté**. Paris.—Quincaillerie.	France	61

E. **Petitjean**. Paris. — Coffres-forts	France	100
A. **Lachambre**. Paris. — Système de chevronnages et lattis en fer s'adaptant sur combles en fer	France	334
H. **Michelet**. Paris. — Zinc repoussé	France	116
Wurfbain, Gerritsen et **Rodenhuis**. Arnheim. — Zinc repoussé	Pays-Bas	2
Gallichau et Cie. Leigh. — Poteries	Gde-Bretagne.	32
E. **Brooke**. Hudderfield. — Poteries	Gde-Bretagne.	10
C. **Vidal**. Fernsicht. — Terres cuites	Prusse	59
Heyn frères. Lunebourg. — Ciment	Prusse	37
J. **Llano** et **Wite**. Valence. — Carreaux	Espagne	40
Ojeda et Cie. Séville. — Carreaux	Espagne	
Commission centrale de Lisbonne. — Matériaux de construction	Portugal	2
Chrétien **Lothary**. Mayence. — Ciments	Hesse	1
Civet-Mathelin et Cie. Paris. — Pierres	France	261
Dècle-Vazelle. Neuville-de-Poitou. — Pierres	France	255
Cotteau. Auxerre. — Pierres de construction	France	259
A. **Guillier**. Mans. — Collection de matériaux	France	23
Sébille et Cie. Paris. — Produits en ardoises bitu-minées	France	33
Léon **Dalemagne**. Paris. — Silicatisation	France	221
Ch. **Avril** et Cie. Montchanin. — Terres cuites	France	235
Bon **Thénard**. Paris. — Terres cuites	France	25
Herdevin. Paris. — Robinets	France	149
W. **Eassie** et Cie. Glowcester. — Sonnette à vapeur.	Gde-Bretagne.	29
Clark et Cie. Londres. — Persienne métallique	Gde-Bretagne.	15
Union des mines et usines de Bonn. — Ciment.	Prusse	40
Henri **Escher**. Trieste. — Ciment	Autriche	14
Chameroy et Cie. Paris. — Tuyaux bituminés	France	137
Tolomée **Rondani**. Parme. — Terres cuites	Italie	12
Denans. Besançon. — Distribution d'eau	France	
Vedel, Bernard et Cie. — Filtres	France	313
Limouzin frères. Firminy. — Outils d'agriculture de terrassements et de mines	France	70
L.-N. **Babron-Aubert**. Coulommiers. — Outils de maçons	France	76
E. **Lavezzari**. Berck-sur-Mer. — Système de construction	France	8
L. **Puteaux** et E. **Paumier**. Paris. — Système de construction	France	153
C. **Blumer**. Strasbourg. — Parquets	France	303
E. **Olivier** et Cie. Paris. — Parquets	France	168
J. **Hitschler**. Crefeld. — Coffres-forts	Prusse	6
Cairol et **Conseil**. Paris. — Fermetures de persiennes	France	175

J.-C. **Cheyssac**. Saint-Bonnet-le-Château.— Serrures	France.......	63
Durafour neveu et fils. Saint-Étienne. — Serrurerie et quincaillerie	France.......	66
E. **Ransome**. Londres. — Pierre artificielle........	Gde-Bretagne.	70
Buesscher et **Hoffmann**. Neustadt, Eberswalde.— Cartons bituminés	Prusse.......	64
S.-J. **Arnheim**. Berlin. — Coffres-forts............	Prusse.......	1
J. **Czik**. Nousatz. — Chaux et ciments.............	Autriche.....	6
A. **Guillard**. Paris. — Ecuries et selleries	France.......	51
Herring, **Farrel** et **Sherman**. New-York. — Coffres-forts	États-Unis....	
P. **Haffner**. Paris. — Serrurerie..................	France.......	88
Société de la Richolle. Rimogne. — Ardoises...	France.......	30
Société anonyme des ardoisières de Chattemoue, Javron et Villepail.— Ardoises.......	France.......	37
L. **Lebon** et **Redon**. Paris. — Tuyaux flexibles....	France.......	142
F. **Varelle** et Cie. Servance. — Granits et porphyres travaillés	France.......	22
A. **Jaloureau**. Paris. — Asphalte..................	France.......	238
G **Bouchet**. Paris. — Peinture en silicate..........	France.......	3
Lippmann et Cie. Paris. — Similipierre, similimarbre, similibronze	France.......	3
Welsh, Slate et Cie. Londres. — Ardoises........	Gde-Bretagne.	82
Sissons et **White**. Hull. — Sonnette à vapeur....	Gde-Bretagne.	80
C. **Friedenthal**. Giesmansdorf. — Terres cuites...	Prusse.......	22
C. **Diener**. Vienne. — Ornements en zinc..........	Autriche.....	8
Lega. Rome. — Marbres artificiels................	Etats-Pontif.	
Sterbini. Rome. — Albâtres......................	Etats-Pontif.	
Gaëtan **Colonnese**. Naples. — Poteries............	Italie........	2
Lejard et Cie. Senonches. — Chaux hydraulique et ciments	France.......	284
D.-M. **Lacordaire** et **Bougueret**. Bussières-lez-Belmont. — Chaux hydraulique, ciments et plâtres.	France.......	279
Carvin fils. Marseille. — Chaux, ciments et plâtres..	France.......	285
H. **Fouinat**. Paris. — Briques....................	France.......	228
J. **Laforce**. Bollène. — Tuyaux en terre...........	France.......	237
Santos. Lisbonne. — Marbres......................	Portugal.....	22
Colthurst et Cie. Bridgewater. — Tuiles...........	Gde-Bretagne.	21
E.-A. **Apel**. Hambourg. — Toitures bituminées......	Hambourg....	
R. **Geburth**. Vienne. — Poêles en fonte avec ornements en zinc repoussé	Autriche.....	
Poupard aîné. Paris. — Couverture et plomberie d'art	France.......	
L. **Edoux** et Cie. Paris.—Monte-charge hydraulique.	France.......	1
A. **Camuzat**. Vincennes. — Sabots en tôle pour pilotis, machines à saboter les pieux, appareil pour décintrement, planchers alvéolaires	France.......	134

F. **Marmet**. Nevers. — Eboueur à main pour le nettoiement des routes et chemins	France	355
S. **Chatwood**. Bolton. — Coffres-forts	Gde-Bretagne.	13
Kux et **Weber**. Halberstadt. — Tuyaux flexibles	Prusse	81
P. **Maybon**, Ch. **Batiste** et Cie. Toulouse et Marseille. — Menuiserie et parquets	France	4
J. **Selva**. Annecy. — Menuiserie et parquets	France	9
Erichsen et Cie. Copenhague. — Toitures bituminées	Danemark	2
J. **Greaves**. Port-Madoc. — Ardoises	Gde-Bretagne.	36
Napoléon **Rebour**. Paris. — Serrures de sûreté	France	21
L. **Ducros**. Paris. — Grilles	France	373
J.-B. **Haffner** aîné. Paris. — Coffres-forts	France	105
J. **Epstein**. Varsovie. — Cartons bituminés	Russie	2
Delaye-Lepaul. Paris. — Coffres-forts, serrures	France	94
Fraigneux frères. Liége. — Coffres-forts, serrures	Belgique	31
Ouvriers carriers de Souppes et de **Château-Landon**. — Pierres	France	
J. **Schuberth**. Vienne. — Persiennes	Autriche	
Charles **Guillaume**. Naples. — Marbre bitumineux	Italie	39
Jean **Regis**. Turin. — Echelle articulée	Italie	64
Administration du majorat de Kesselstadt. Trèves. — Ardoises	Prusse	31
R. et N. **Norman**. Hutspierpoint. — Poteries	Gde-Bretagne.	65
Noualhier. Paris. — Appareils aspirateurs	France	203
Maximilien **Pougnet**. Landroff. — Pierre de Jaumont.	France	253
F. **Gotto**. Leighton-Buzzard. — Appareils de salubrité	Gde-Bretagne.	35
F. **Bourgeois** et **Bresson**. Paris. — Produits en asphaltes	France	312
F. **Schlesing**. Berlin. — Asphaltes	Prusse	69
Caffort. Carcassonne. — Marbre	France	46
Waaser. Paris. — Châlet	France	364
Seeger et **Müller**. Stuttgart. — Asphaltes	Wurtemberg.	6
Boch frères et Cie. Louvroil. — Carreaux mosaïques.	France	249
Mac Donald Field et Cie. Aberdeen. — Pierres dures	Gde-Bretagne.	
Pinart et Cie. Marquise. — Tuyaux et fontes	France	136
N. **Tronchon**. Paris. — Grilles	France	374
Lenoir. Paris. — Compteur à eau	France	
A. **Durenne**. Paris. — Fontes	France	185
G. **Singer**. Vienne. — Appareils de salubrité	Autriche	54
J. **Neumeyer**. Vienne. — Parquets	Autriche	39
Joseph **Mauser**. Trieste. — Drague	Autriche	
Rouvière-Cabane. Nîmes. — Pierre de Beaucaire	France	265

Mentions honorables.

Dunand et **Nick**. Filfila. — Marbres	Algérie	16
Tardieu. Cherchell. — Marbres	Algérie	
Députation générale d'Alava. Victoria. — Matériaux de construction	Espagne	12
Chaigneau frères. Périgueux. — Matériaux de construction	France	252
Guide **Dalla-Rosa-Prati**. Parme. — Terres cuites.	Italie	5
S. **Letellier**. Montreuil (Seine). — Plâtre	France	268
Fabrique de Munksiœ. Jönköping. — Carton bituminé	Suède	6
A. **Chevallier**. Paris. — Ciments	France	327
Jean **Ciechanowski**. Grodziec. — Ciments	Russie	1
A. **Pestel**. Honfleur. — Tuyaux et travaux divers en ciment	France	236
Société de construction de Saint-Imier. Saint-Imier. — Tuiles	Suisse	14
A. **Larmande** et Cie. Viviers. — Carrelages	France	246
Dumon et Cie. Tournai. — Chaux	Belgique	24
E. **Piquerel**. Lyons-la-Forêt. — Briques	France	229
N. **Van Heukelom**. Erlecom. — Briques	Pays-Bas	5
Damon et **Rousset**. Viviers. — Carreaux	France	323
Leclère frères et Cie. Brives. — Ardoises	France	39
G. **Rooke**. Londres. — Mosaïque	Gde-Bretagne	73
Schmerber et Cie. Illfurth. — Tuiles	France	223
Jeandrieu. Paris. — Robinetterie	France	150
T. **Khüry**. Pilsen. — Presse à faire les briques	Autriche	25
C. **Diaz Moraleda**. Tolède. — Carreaux	Espagne	39
Antoine **Espirat**. Marseille. — Filtre	France	315
Jules **Cocchi** et frères. Quercia. — Tuiles	Italie	6
H. **Marini**. Paris. — Tuyaux, joints	France	140
Fabrique Hœganaes. — Briques	Suède	24
J.-B. **Harnist**. Paris. — Échafaudages	France	359
Ville de Varsovie. — Pavés en fer	Russie	
A. **Bomblin**. Paris. — Échelles mécaniques	France	240
J. **Duyk** fils. Bruxelles. — Citernes en ciment	Belgique	27
Bosc. Paris. — Combles en bois	France	52
L. **Schütz**. Zeyst. — Zinc fondu	Pays-Bas	3
L. **Beaud** fils. Paris. — Escalier en fonte	France	186
Henry **Sandham**. Londres. — Ciments coloriés	Gde-Bretagne	75
L. **Parmentier**. Paris. — Persiennes en verre	France	174
J. **Hœppli**. Wiesbaden. — Terres cuites	Prusse	19

J. **Belliard.** Paris. — Portes automobiles	France	171
F. **Thielemann.** Berlin. — Zinc repoussé	Prusse	13
G. et J. **Cool.** Sneek. — Cheminée	Pays-Bas	11
Bouchard frères. Paris. — Appareils de salubrité	France	200
Cloetta et **Schwarz.** Trieste. — Pierres à bâtir	Autriche	
Vigneulle-Brepson. Paris. — Syphon	France	192
Antoine **Cristofoli.** Padoue. — Marbres artificiels	Italie	3
A. **Dumuis.** Paris. — Appareils de salubrité	France	
Société de Lessines. Lessines. — Porphyre	Belgique	68
J. **Dalmas.** Marseille. — Appareils hydrauliques et de salubrité	France	209
Lord **Willoughby de Eresby.** Little-Bytham. — Briques	Gde-Bretagne	84
V. **Marie.** Paris. — Appareils de salubrité	France	202
Meukow frères. Schwerin. — Ciment	Mecklembourg	34
Binet. Paris. — Grille en fer	France	
Eugène **Biagi** et Cie. Florence. — Briques	Italie	8
Gandillot et Cie. Paris. — Grilles en fer creux	France	
D. **Huguet.** Paris. — Grilles	France	375
C. **Rabitz.** Berlin. — Pierre artificielle	Prusse	18
Zamarani frères. Ferrare. — Poteries	Italie	13
V. **Durand.** Paris. — Grille de Chenonceaux	France	5-399
H. **Geister.** Berlin. — Zinc repoussé	Prusse	14
E. **Larchevêque.** Mehun-sur-Yèvre. — Serrurerie	France	122
Egide **Sanleolini.** Arezzo. — Poteries	Italie	15
Vve **Delon** et Cie. Paris. — Découpure métallique	France	77
A. **Bauche.** Gueux. — Coffres-forts incombustibles	France	107
Louis **Fontana.** Sienne. — Ciments	Italie	21
Paublan et fils. Paris. — Coffres-forts et serrures	France	93
J. **Oetl** frères. Pesth. — Coffres-forts	Autriche	
Martin **Peretmère** et Cie. Paris. — Carreaux incrustés	France	392
P. **Verdier.** Paris. — Poteries	France	234
Joseph **Anghirelli.** Sienne. — Briques	Italie	23
Royaux fils. Leforest. — Terres cuites	France	250
Société de Quenast. Bruxelles. — Porphyres	Belgique	65
J. **Perrusson.** Montchanin. — Tuiles et poteries	France	230
Mariano **Barbini.** Piancastagnaio. — Tuiles et poteries	Italie	24
Bourgoise. Paris. — Filtres	France	336
Cte de **Louvencourt.** Bargette et Paris. — Marbres noirs	Belgique	
Maillard. — Toitures bituminées	France	
E. **Revest.** Paris. — Toitures bituminées	France	118
Guicestre et Cie. — Paris. — Toitures bituminées.	France	119

Berthollet Lucas et Cie. Florence. — Chaux......	Italie........	29
Gaston **Delcros**. Ceret. — Marbre blanc..............	France.......	
Communes de Signa et **de Lastra à Signa**. Florence. — Pierre de construction................	Italie........	9
Institut de mécanique et de construction de Pesaro. — Pierres de construction.............	Italie........	28
F. **Hupin**. Nantes. — Outils de menuiserie..........	France.......	67
Haret et fils. Paris. — Chalets.....................	France.......	423
B. **L'Hermite**. Paris. — Coffres-forts..............	France.......	86
Verlaine frères. Liége. — Coffres-forts............	Belgique.....	80
J. **Raoult**. Paris. — Coffres-forts..................	France.......	97
S. **Torriani**. Mendrisio. — Serrures..............	Suisse.......	22
A. **Yvernel**. Paris. — Serrures et coffre-fort........	France.......	103
F. **Stenman**. Eskilstuna. — Serrures..............	Suède.......	12
X. **Hiblot**. Boulogne. — Pierres tournées..........	France.......	348
Y. **Hernot**. Lannion. — Granits..................	France.......	342
J. **Berg**. Stockholm. — Granits.....................	Suède.......	4
E. **Bonnard**. Piegiraud. — Carreaux...............	France.......	241
Mouton. Chartres. — Briques et carreaux de terre cuite...................................	France.......	231
C. **Morisot**. Rouvres. — Carreaux.................	France.......	247
Mme Vve **Bourgeois**. Paris. — Carreaux............	France.......	248
A. **Ferry**. Saint-Dié. — Poteries..................	France.......	210
P. **Desfeux**. Paris. — Toitures en carton-cuir......	France.......	121
M. **Baudouin**. Paris. — Zinc repoussé.............	France.......	115
P. **Collot**. Paris. — Outils de ravaleur.............	France.......	75
Millet. Paris. — Bois découpés..................	France.......	368
Kaeffer. Paris. — Chalet......................	France.......	365
A. **Clairin**. Paris. — Plancher en fer de la salle du nouvel Opéra..............................	France.......	340
Leroy et Cie. Paris. — Appareils de salubrité.......	France.......	198
R. **Garnier** fils. Paris. — Crémones	France.......	58
Garcin. Alger. — Plancher en fer.................	Algérie......	
Coypel. Alençon. — Tuiles à colonnes et fenêtres...	France.......	225
J. **Morand** et Cie. Bernay. — Parquets.............	France.......	123
Hirschberg. Kniebau. — Terres cuites.............	Prusse.......	20
Pauli. Nuttlar. — Ardoises......................	Prusse.......	28
Chevey et **Mathieu**. Paris. — Planchers insonores.	France.......	133
Prud'homme. Épinal. — Collection de marbres et de pierres dures.............................	France.......	181
Girou de Buzareingues. Paris. — Minéraux de l'Aveyron..............................	France.......	45
Herissay et Cie. Laigle. — Chaux hydraulique......	France.......	291
Hommey et **Bouillon**. Alençon. — Granits........	France.......	351

Barthélemon. Paris. — Arroseuse, balayeuse, ramasseuse .... France....... 353

Leture et **Baudet**. Paris. — Persiennes.......... France....... 421

Lecornu et **Rosereau**. Paris. — Serrures......... France....... 397

Toussain **Lemaistre**. Paris. — Ventilateurs. .... France....... 196

Auger fils. Paris. — Serrures.................. France....... 78

A. **Dezaunay**. Nantes. — Rouleau compresseur..... France....... 363

Michel **Greyveldinger**. Paris. — Broyeur à hélice. France....... 361

Havard frères. Paris. — Garde-robe.............. France....... 208

X. et E. **Maire**. Moisdon et le Plessis. — Ardoises.... France 38

Société de Vesin-Aulnoy. — Pierres artificielles. France....... 218

P. **Damien**. Villenavotte. — Terres cuites........... France....... 213

Roux. Paris. — Plan incliné....................... France....... 156

Candelot père. Paris. — Peinture contre l'humidité et le salpêtre................................ France....... 172

Compagnie chaufournière de l'Ouest. Paris.— Appareils de salubrité.......................... France....... 212

Fromentin. Paris. — Serrures...................... France....... 2

Godefroy. Paris. — Appareils de salubrité......... France....... 107

Gourguechon frères. Paris. — Parquets et lambris sur bitume..................................... France....... 128

Laudet. Paris. — Appareil élévatoire............... France....... 160

L. **Mazerat**. Saint-Etienne. — Travail public....... France....... 6

Bruyère et Cie. Fretteval. — Lucarnes en fonte.... France....... 129

COOPÉRATEURS.

Médailles d'argent.

Holmes. Londres. — Appareils pour signaux....... Gde-Bretagne.

Girard. Paris. — Roues hydrauliques de l'usine de Saint-Maur.. France.......

Matthiessen. Paris. — Ingénieur du syndicat chargé de l'installation de la classe 65 dans la section française.. France......

Médailles de bronze.

Rousseau. Paris.—Contre-maître de la maison Henry-Lepaute.. France.......

Baillet. Paris. — Contre-maître de la maison L. Sautter et Cie.. France.......

Goutenoire. Paris. — De la maison Rigolet........ France.......

Heuse. Paris.— Chef des dessinateurs à l'École des ponts et chaussées.................................. France.......

Philippe. Paris. — Constructeur de modèles......... France.......

Durand. Paris.—Chef d'atelier de la maison Monduit et Bechet.................................. France.......

A. Babinski. Paris — Dessinateur de la carte hydrologique du département de la Seine............... France.......

Douchain. Paris.—Ingénieur de la maison Thiébaut. France.......

Delannoy. Paris.—Conducteur des ponts et chaussées chargé de l'installation des modèles des travaux publics.................................. France.......

Mentions honorables.

Lejeune. Paris. — Appareilleur. Modèle du Poin -du Jour.. France.......

Jacquin. Paris. — Constructeur de modèles........ France.......

CLASSE 66

MATÉRIEL DE LA NAVIGATION ET DU SAUVETAGE.

EXPOSANTS.

Hors concours.

Ministère de la Marine et des Colonies. (Administration de l'Etat.) Paris. — Création de nouveaux types de navires cuirassés et de nouveaux types de machines marines, navires rapides, avisos et corvettes. Grands transports à vapeur, etc.... France....... 8-11

Amirauté. (Administration de l'État.) Londres. — Flotte cuirassée, installations intérieures de navires.. Gde-Bretagne. 7

Ministère de l'Agriculture, du Commerce et des travaux publics. Service des phares et balises. (Administration de l'État.) Paris. — Feux flottants; organisation générale du balisage sur les côtes de France, publication sur les travaux des phares et balises........................... France....... 89-21

Corporation de Trinity House.— Organisation du balisage sur les côtes d'Angleterre, bouées de divers systèmes, feux flottants.......................... Gde-Bretagne. 58

Ministère de la Marine impériale. (Administration de l'État.) Saint-Pétersbourg. — Navires cuirassés, bâtiments à tourelles, etc.............. Russie....... 1

Ministère de la Marine royale. (Administration de l'État.) La Haye. — Navires de la flotte actuelle, installations intérieures, pouliage et gréements.... Pays-Bas..... 2

Ministère de la Marine royale. (Administration de l'État.) Copenhague. — Roue de gouvernail, modèles de navires.............................. Danemark .. 3

Musée de Bergen. (Administration de l'État.)— Modèle de navire................................ Norvège......

Ministère de la Marine et des Colonies. Musée Colonial. (Administration de l'État.) Paris. — Embarcations.................................... France.......

Augustin **Normand** père. (Membre du Jury.) Le Havre. — Modèles de navires .... France....... 10

Ernest **Gonin**. (Membre du Jury.) Nantes. — Modèles de navires...................................... France....... 9

Grands prix.

Société anglaise de sauvetage. — Organisation de sauvetage, création du matériel................	Gde-Bretagne.	52
Société nouvelle des forges et chantiers de la Méditerranée. Paris. — Modèles de navires et machines marines..............................	France.......	12-94
R. **Napier** et fils. Glasgow. — Modèles de navires....	Gde-Bretagne.	40
J. **Penn** et fils. Greenwich. — Machines à vapeur....	Gde-Bretagne.	

Médailles d'or.

Schneider et Cie. Creusot. — Machines marines...	France.......	88
Laird frères. Birkenhead. — Modèles de navires....	Gde-Bretagne.	28
Société des chantiers et ateliers de l'Océan. Paris. — Modèles de navires et machines à vapeur.	France.......	34
Maudslay fils et **Field**. Londres. — Modèles de machines....................................	Gde-Bretagne.	35
Compagnie des ateliers de construction de la Tamise. Londres. — Modèles de navires........	Gde-Bretagne.	5
Compagnie générale transatlantique. Paris.— Paquebots transatlantiques.........................	France.......	50
Randolph Elderg et Cie. Glagosw. — Modèles de navires et de machines........................	Gde-Bretagne.	
Samuda frères. Londres. — Modèles de navires....	Gde-Bretagne.	33
Société centrale de sauvetage des naufragés. Paris. — Canots et appareils de sauvetage..........	France.......	64
Humphryt et **Fennant.** Londres. — Modèles de machines....................................	Gde-Bretagne.	23
Edwin **Clark**. Londres. — Modèle de bassin de radoub...	Gde-Bretagne.	9
F.-L. **Roux.** Toulon. — Plaques de fer doublées de cuivre..	France.......	39

Médailles d'argent.

P. **Colomb.** Londres. — Signaux de nuit...........	Gde-Bretagne.	11
Palmer's Ship Building et **Iron Company.** Newcastle-sur-Tyne. — Modèles de navires	Gde-Bretagne.	45
C.-L. **Daboll.** New-London (Connecticut). — Signaux de brume..	Etats-Unis....	16
Armand **Pâris.** Paris. — Appareil pour mesurer le roulis et les oscillations des vagues...............	France.......	41
Amiral E. **Halsted.** Londres.—Modèles de vaisseau à tourelles	Gde-Bretagne.	18
J.-A. **Normand** fils. Le Havre. — Oscillomètre....	France.......	
P.-M.-A. **Laurent.** Saint-Nazaire. — Sextant......	France.......	18

Delvigne. — Porte-amarre	France	
Farcot et ses fils. Saint-Ouen. — Modérateurs pour machines marines	France	75
Compagnie de navigation sur le Danube. Vienne. — Modèles de bâtiment et de chaudières	Autriche	7
L. **Smit** et fils. Kinderdyk. — Modèles de vaisseau.	Pays-Bas	
Ravenhill-Hodgson et Cie. Londres. — Machines à vapeur marines	Gde-Bretagne.	16
J. et G. **Rennie.** Londres. — Machines à vapeur et modèles	Gde-Bretagne.	48
C. **Mitchell** et Cie. Newcastle-sur-Tyne. — Modèles de navires	Gde-Bretagne.	37
Etablissement technique, Fiume. — Modèle de machine	Autriche	8
J. **Tonello**. Trieste. — Modèle d'un bateau à vapeur	Autriche	15
Jean **Ansaldo** et Cie. Gênes. — Machines marines	Italie	25
Denny frères. Dumbarton. — Modèles de navires	Gde-Bretagne.	14
J.-S. **White**. East-Cowes. — Modèles de yachts	Gde-Bretagne.	63
F.-N. **Gisborne**. Londres. — Signaux électriques	Gde-Bretagne.	16
Moulinié et **Labat**. Bordeaux. — Modèle de cale de halage	France	51
Cl. **Martin**. Newcastle-sur-Tyne. — Ancre	Gde-Bretagne.	34
Doremieux fils et Cie. Saint-Amand. — Chaînes-câbles	France	61
Pierre **Fremont**. Le Havre. — Système de ris pour les huniers	France	
F. **Claparède**. Saint-Denis. — Machine à vapeur	France	71

Médailles de bronze.

F. **Bolton**. Londres. — Signaux télégraphiques	Gde-Bretagne.	
Mme Vve J. **Sudre**. Paris. —Appareils pour fusées de nuit	France	21
F. **Chatel** jeune. Paris. — Appareils d'éclairage	France	13
David et Cie. Le Havre. — Ancres, cabestan et chaînes	France	23
E. **Cardon**. Honfleur. — Modèles de navires	France	46
N. **Kierkegaard**. Gothenbourg.—Modèles de navires.	Suède	3
A. **Dekke**. Bergen. — Modèles de navires	Norvége	6
Merlié-Lefèvre et Cie. Le Havre. — Cordages en fer et en chanvre	France	62
Harfield et Cie. — Guindeau en fonte	Gde-Bretagne.	
Escher-Wyss et Cie. Zurich. — Machine à vapeur pour bateau	Suisse	
Oswald et Cie. Sunderland. — Modèles de navires	Gde-Bretagne.	44

Richardson-Duck et Cie. Stokton sur-Tees. — Modèles de navires	Gde-Bretagne.	49
Gourlay frères et Cie. Dundee. — Modèles de navires	Gde-Bretagne.	17
J.-B. **Van Deusen**. New-York. — Modèles de navires	Etats-Unis ...	5
J. **Ward**. Londres. — Ceintures de sauvetage	Gde-Bretagne.	60
Cne J.-W. **Hurst**. New-Cross.—Radeaux de sauvetage.	Gde-Bretagne.	24
E. **Lahure**. Le Havre. — Yole de sauvetage	France	69
C. **Clifford**. Londres. — Système pour mettre les canots à la mer	Gde-Bretagne.	10
Brown et **Level**. New-York.— Echappement pour canots	Etats-Unis ...	11
Anfonso. Paris. — Loch électrique	France	35
K.-J. **Viehoff** et **Matthiesen**. Paris. — Axiomètre.	Pays-Bas	12-3
J. **Tisserant**. Paris. — Ceinture de sauvetage	France	2
Établissement de Carljohansvœrn. — Modèle de navire	Norvége	3
K. **Agerskow**. Stockholm. — Modèles de navires...	Suède	4
B. **Agnollo**. Naples. — Modèle de navire	Italie	14
J. **Harvey** et Cie. Wuenhoe. — Modèles de navire ...	Gde-Bretagne.	19
E. **Derycke**. Dunkerque. — Modèle de navire	France	3
A. **Cochot**. Paris. — Plan d'un bateau à vapeur	France	47
Atelier mécanique de Lindholmen. — Canots à vapeur	Suède	1
Jean-Baptiste **Cardenaccio.** Gênes. — Modèle de navire	Italie	11
Louis **Trambarullo**. Naples. — Modèle de navire...	Italie	18
Kétin frères et Cie. Blangy-lez-Arras. — Condenseur en fonte	France	79
Paul **Matthew** et Cie. Dumbarton. — Cabestan	Gde-Bretagne.	
Association des négociants de Christiansund. — Modèles d'embarcation	Norvége	1
Van Zeylen et **Decker**. Rotterdam. — Modèles de navires	Pays-Bas	3
Mitzlaff frères. Elbing. — Modèles de navires	Prusse	2
De **Behr**. Vargatz. — Modèles de navires	Prusse	3
A. **Vandezande**. Dunkerque. — Modèles de navires.	France	44
A. et J. **Inglis**. Glasgow. — Modèles de navires	Gde-Bretagne.	
Aniello **Castellano**. Naples. — Modèles de navires..	Italie	15
Augustin **Briasco**. Gênes. — Modèles de navires	Italie	9-10
G. **Claes**. Anvers. — Modèles de navires	Belgique	1
J. **Corradi**. Marseille. — Treuil à vapeur	France	28
J. **Taylor** et fils. Bickenhead. — Guindeau à vapeur.	Gde-Bretagne.	56
Westerman frères. Gênes. — Guindeau à vapeur..	Italie	1
Vincent **Calegari**. Livourne. — Modèles de navires.	Italie	

Marc **Fraissinet** père et fils. Marseille. — Machine à vapeur	France	82
Hugxams et **Brown**. Exeter. — Cabestan à vapeur.	Gde-Bretagne.	25
Rouquayrol-Denayrouse. Paris. — Appareils de plongeurs	France	38
J.-M. **Cabirol**. Paris. — Appareils de plongeurs	France	
A. **Galibert**. Paris. — Appareils respiratoires pour pénétrer dans les milieux asphyxiants	France	
Commission des ardoisières d'Angers. — Cordages en fer, acier, cuivre et chanvre	France	60
F. **Besnard** et **Genest**. Angers.— Cordages en fil de fer et de chanvre	France	58

Mentions honorables.

D. **Artige** et Cie. Paris. — Appareil à gouverner	France	73
Malo et Cie. Dunkerque. — Guindeau et cabestan	France	77
J.-Scott **Tucker**. Londres. — Gouvernail équilibré	Gde-Bretagne.	59
Capne H. **Lumley**. Londres. — Gouvernail équilibré.	Gde-Bretagne.	31
T.-B. **Daft**. Londres. — Doublages en zinc pour navires en fer	Gde-Bretagne.	13
W.-J. **Hay**. Southsea. — Enduit protecteur pour coques de navires	Gde-Bretagne.	20
Berendorf père et fils. Paris. — Modèle de machine oscillante	France	24
M. **Gips**. Dordrecht. — Poulies	Pays-Bas (cl. 53.)	7
W.-H. **Walker**. Liverpool. — Modèle de cale hydraulique	Gde-Bretagne.	
J.-M.-W. **Lecoëntre**. Paris. — Plomb de sondage	France	30
A. **Delafond** et **Corradi**. Marseille.— Surchauffeur.	France	16
A. **Bertora**. Paris. — Avertisseur du feu	France	43
L. **Mouë**. Le Havre. — Canot de sauvetage	France	70
Lavergne et **Delbeke**. Dunkerque. — Peintures pour carènes	France	31
P. **Jouvin**. Rochefort. — Préservation des coques de fer	France	15
I.-H. **Ritchie** jeune. Londres. — Modèles de navires.	Gde-Bretagne.	50
P. **Monnier**. Paris. — Crépine de prise d'eau	France	40
A. **Payerne**. Cherbourg. — Chaudière pyrotechnique.	France	76
L. **Perreaux**. Paris. — Hélices à ailes mobiles	France	54
Fontenau. Paris — Radeau de sauvetage	France	
C.-Arthus **Bertrand**. Paris. — Publication d'ouvrages sur la marine	France	25
François **Borri**. Trieste. — Modèle d'embarcation	Autriche	2
G. **Brazzoduro**. Fiume — Appareil de halage sur cale	Autriche	

Maigrot et **Avenin**. Paris. — Loch et sondeur enregistreur	France	5
Guerbigny. Villiers-le-Bel. — Propulseur à palettes verticales	France	
E.-W. **Page**. New-York. — Avirons fabriqués à la mécanique	États-Unis	14
James **Duffy**. Patterson, New-Jersey. — Canot sous-marin	États-Unis	
Thomas **Wishart**. Glasgow. — Projets de navires	Gde-Bretagne.	66
F. **Coquelin**. Vivier-sur-Mer. — Ceinture de sauvetage	France	1
Montvignier-Monnet. Saint-Gratien. — Loch mécanique	France	17
T. **Walker** et fils. Birmingham. — Loch et sondeur mécaniques	Gde-Bretagne.	

COOPÉRATEURS.

Médailles d'argent.

Langlois, maître entretenu de la Marine impériale	France
Denechaux, conducteur des ponts et chaussées attaché à l'administration des phares et balises	France
James **Douglas**, ingénieur en chef de la corporation de Trinity-House	Gde-Bretagne.
Capne G. **Nisbet**, ingénieur de la corporation de Trinity-House	Gde-Bretagne.
G. **Makrow**, architecte naval de la corporation de Trinity-House	Gde-Bretagne.

Médailles de bronze.

Gouezel. Belle-Isle-en-Mer.— Conducteur des ponts et chaussées	France
Gallois **Foucault**. Ile de Ré. — Serrurier	France
Rogers, contre-maître charpentier de la corporation de Trinity-House	Gde-Bretagne.
H. **Piddington**, master builder de la Corporation de Trinity-House	Gde-Bretagne.
James **Nation**. Greenwich. — Chef d'atelier de la maison Penn	Gde-Bretagne.
Harry-John **Cornish**, ingénieur du Lloyd register. Londres	Gde-Bretagne.
Lloyd register of british foreing shipping. Londres. — Construction mixte en bois et fer et dessins de navires	Gde-Bretagne.

RENSEIGNEMENTS DU GROUPE VI

CLASSE 50.

Installation d'Usines et de Machines à vapeur. — Construction d'Usines à Gaz.

L. **PERRET**, ingénieur civil, représentant à l'Exposition la Compagnie des Forges de *Low Moor*. (MÉDAILLE D'OR, etc.)

Agence générale de machines anglaises et françaises.
67, rue d'Hauteville, *Paris*.

Jules MARESCHAL, ingénieur-mécanicien, rue Grange-aux-Belles, 51, Paris. — Inventeur des machines à hacher à récipient hémisphérique et des machines à raboter à lames héliçoïdales. — 2 méd. de bronze.

L'ÉTABLISSEMENT DE **E. GANNERON**, ingénieur constructeur, est le plus vaste de Paris; il est toujours garni d'une collection complète des meilleures machines et instruments d'agriculture ; chaque cultivateur y trouve, soit pour la France, soit pour la Turquie, la Russie, l'Espagne, l'Italie ou les pays d'outre-mer, le matériel qui convient le mieux aux conditions spéciales de son exploitation. *Plus de cent médailles d'or, d'argent et de bronze obtenues* dans les diverses expositions et concours régionaux de France et d'Algérie, de 1857 à 1867.

SPÉCIALITÉ DE MACHINES A **DÉCORTIQUER LE RIZ**, dépôt des machines et instruments de MM. RANSOMES ET SIMES, *les célèbres constructeurs qui ont obtenu la* **Médaille d'Or** de la classe 48.

HERMANN-LACHAPELLE ET GLOVER

144, *faub. Poissonnière, Paris.*

Appareils pour boissons gazeuses.

Exposés dans l'annexe de la classe 50, hangar porte Dupleix.

Méd. de prix Londres 1862, la seule accordée à cette industrie en France.

Médaille de vermeil, Bayonne 1864
— d'argent, Nantes 1861

Médaille d'argent, Paris, 1867.

M. DUBOIS, ingénieur-mécanicien, 104, avenue de Paris, à Saint-Denis (Seine). Plusieurs médailles aux Expositions et Concours.

M. Dubois est constructeur d'un système de coupe-racines à lame courbe (brev. s. g. d. g.); ce coupe-racines est le seul qui offre l'immense avantage de ne donner aucune secousse en le faisant fonctionner.

CLASSE 51.

PLAZANET (baron A. de), ingénieur des arts et manufactures, maison Roseleur, rue des Gravilliers, 23, à Paris; fabriques, rue de Javel, 167 et rue Saint-Maur, 60. Éditeur du *Guide pratique* du *Doreur*, de *l'Argenteur* et du *Galvanoplaste*, avec 207 figures; 2e édition, par A. Roseleur. Produits chimiques, ustensiles et appareils pour les sciences et les arts, et spécialement pour la galvanoplastie et la photographie. Seul constructeur de la balance *métallométrique*. — Médaille d'argent.

CLASSE 53.

MÉDAILLE D'ARGENT 1867.

L. NEUT et L. DUMONT, 114, b. du Prince-Eugène, Paris. — **Pompe à force centrifuge, Irrigations**, épuisements, industrie en général.

HERMANN-LACHAPELLE ET GLOVER

144, *faub. Poissonnière, Paris*,

Machines à vapeur verticales,

Médaille d'argent, 1867.

Exposées classe 53, et dans son annexe, hangar Labourdonnaye.

Les seules machines de ce type ayant obtenu la MÉDAILLE D'OR dans *tous les concours*.

J. PIAT et fils, fondeurs-mécaniciens, 49, rue Saint-Maur, Paris. Méd. Londres 1862. — 6,000 modèles roues et poulies. — Brevets pour la confection des roues droites et d'angle sans modèle. — Méd. de bronze 1867.

CLASSE 57.

Compagnie des MACHINES HOWE, d'Amérique,

ÉLIAS HOWE Jr, président,

Inventeur de la Machine à Coudre.

Brevets du 10 sept. 1845. Usine modèle à Bridgepord, Connecticutt (Amérique), pouvant livrer 125 machines par jour. Médaille d'or 1862 à Londres. MÉDAILLE D'OR Paris 1867. La CROIX DE LA LÉGION D'HONNEUR à son chef pour la supériorité de sa fabrication. Enfin, la *seule maison* qui, dans l'industrie de la **machine à coudre,** ait obtenu *les deux plus hautes récompenses.*

Seul dépôt, chez MM. V. ANDRÉ et FONTAINE,

48, BOULEVARD DE SÉBASTOPOL, A PARIS.

MÉDAILLE A L'EXPOSITION UNIVERSELLE DE 1867.

J. REIMANN

FABRICANT, BREVETÉ S. G. D. G.

7, rue Papin (Square des Arts-et-Métiers)

PARIS

Usine à vapeur au Grand-Montrouge (Seine)

Les **Machines à coudre** de la maison J. REIMANN sont les plus répandues en France, en raison de leur beau travail, ainsi que de leur rapidité et précision de mécanisme.

Ce système de machine, combiné spécialement pour les besoins de l'industrie française, se recommande surtout aux fabricants de lingerie en tout genre, ainsi que pour la confection de dame, corsets, flanelle, etc., etc.

CLASSE 61.

MÉDAILLE D'ARGENT 1867.

A. MAZZUCCHELLI, Carrossier fabricant, 110, rue de la Pépinière, à Paris. — Médailles d'argent 1855 (Paris), Metz 1861 et Beaux-Arts 1863.

Cette maison vient de faire publier un catalogue renfermant : 1° les prix courants pour toutes les réparations ; 2° le prix fixe de toutes ses voitures neuves, fabriquées dans ses ateliers avec des matières de premier choix. Ce prix, qu'elle base sur la modicité de ses frais généraux, lui permet d'offrir toutes les garanties d'*élégance*, de *solidité* et de *bon marché* qu'un grand établissement peut seul accorder ; la récompense qu'elle vient d'obtenir en est un sûr garant, et la place définitivement au premier rang dans son industrie. Cette manière honorable et nouvelle, de traiter les affaires en carrosserie a été, du reste, appréciée à sa juste valeur par le public.

CLASSE 65.

MÉDAILLE DE BRONZE.

SILAS C. HERRING, fabricants brevetés de coffres-forts. — Leurs produits sont connus dans toute l'Amérique comme étant supérieurs par leur solidité ; ils résistent aux atteintes du feu et des voleurs.

Leurs établissements de **coffres-forts et de serrures de sûreté** sont les plus vastes du monde entier ; quatre cents ouvriers y sont employés en tout temps et dirigés exclusivement par :

MM. Herring, Farrel et Sherman, à New-York ;
Farrel, Herring et Cie, à Philadelphie (Pensilvanie) ;
Herring, Farrel et Sherman, à la Nouvelle-Orléans (Louisiane) ;
Herring et Cie, à Chicago (Illinois).

CLASSE 66.

DEUX MÉDAILLES 1867, DONT UNE D'ARGENT.

Appareils respiratoires, A. GALIBERT, brev. en France et à l'étranger, s. g. d. g. 111, boulevard Sébastopol, Paris.

Fournisseur du ministère de la marine, de la ville de Paris, de la préfecture de police, des sapeurs pompiers de Paris, de la compagnie parisienne du gaz, de la compagnie transatlantique, de l'amirauté anglaise, du gouvernement russe, etc.

Deux fois le **prix Montyon** des arts insalubres, décerné par l'Académie des sciences de l'Institut impérial de France. Plusieurs médailles d'or et d'argent.

Ces appareils respiratoires sont d'un prix très-modique et d'une simplicité telle que toute personne peut s'en servir sans exercice préalable. On peut pénétrer ainsi et séjourner un temps très-notable dans les gaz les plus méphitiques ou dans la fumée la plus asphyxiante et éteindre facilement les incendies à leur principe ou opérer le sauvetage des personnes asphyxiées.

AGRICULTURE ET INDUSTRIE

GROUPE VII

ALIMENTS (FRAIS OU CONSERVÉS) A DIVERS DEGRÉS DE PRÉPARATION.

CLASSE 67

CÉRÉALES ET AUTRES PRODUITS FARINEUX COMESTIBLES AVEC LEURS DÉRIVÉS.

EXPOSANTS.

Hors concours.

Darblay père et fils et **Béranger**. (**Darblay** père, membre du jury). Corbeil. — Produits de la mouture basse dite *mouture à l'anglaise*....................	France.......	
Elsner W. **Gronow**. (Membre du jury.) Kalinowitz. — Collections diverses............................	Prusse	39
Ch. **Touaillon**. (Associé au Jury.) Farines étuvées conservées depuis 1860............................	France.......	

Médailles d'or.

Rabourdin, Chasles et **Lefebvre**. Paris.— Farines et issues..	France.......	47
Truffaud. Maintenon. — Farines et issues..........	France	
Aubin et **Baron**. Paris. — Farines et issues.......	France.......	46
E. **Morel**. Paris. — Farines et issues................	France.......	12
Deshayes-Labiche. Paris. — Farines et issues.....	France.......	2
Abel **Leblanc**. Mouroux. — Farines et issues	France.......	13
Plicque. Sens. — Farines et issues................	France.......	60
Moulin d'Istvan. Debreczin, Hongrie. — Farines....	Autriche.....	75
Jean Blum. Bude. — Farines..........................	Autriche.....	11

Société de Borsod-Miskolcz. Miskolcz, Hongrie. — Farines	Autriche	12
Société du moulin à cylindres. Pesth. — Farines.	Autriche	122
Société du moulin à vapeur de Bude et Pesth. — Farines	Autriche	118
Comte **Thun-Hohenstein.** Tetschen. — Farines	Autriche	149
Adalbert **Hlavac.** Podiebrad. — Farines	Autriche	73
A. **Schoeller.** Ebenfurth. — Farines	Autriche	138
N.-C. **Block** et ses fils. Dutllenheim. — Fécules et amidons.	France	37
Guilgot, gérant de l'Association féculière d'Epinal. — Fécules	France	44
E. **Martin.** Paris. — Amidon et gluten	France	39
F. **Ancel.** Compiègne. — Fécules	France	23
Leconte Dupont. Estaires. — Amidons	France	38
A. **Morel.** Saint-Denis. — Fécules et amidons	France	18
Vve **Magnin** et fils. Clermont-Ferrand. — Pâtes alimentaires	France	36
Vermicelliers et semouleurs réunis. Clermont-Ferrand. — Semoule et blés	France	56
Actionnaires des moulins d'Alby. — Semoule et pâtes alimentaires	France	29
Boudier. Paris. — Pâtes alimentaires	France	49
Philippe **d'Asaro.** Palerme. — Pâtes alimentaires fines.	Italie	
Pascal **Grasso.** Catane. — Pâtes alimentaires fines	Italie	
Louis **Pelliciari.** Bari. — Variétés de blés durs	Italie	
L. et S. **Cioppi.** Pise. — Pâtes alimentaires fines	Italie	
Bertrand et Cie. Lyon. — Emploi des blés durs de l'Algérie	France	67
Brunet. Marseille. — Collection de semoules	France et Algérie	100
Algérie. — Collection de céréales	Algérie	
P. **Lavie.** Constantine. — Collection de semoules et farines	Algérie	99
Gouvernement impérial ottoman. — Collection de céréales, blés, farines, etc	Turquie	
Administration des domaines de l'État. — Collection de céréales	Russie	
Colonies allemandes. Gouvernement de Tiflis. — Froment, orge, avoine, riz, maïs, etc	Russie	91
Karlovka. (Administration des domaines de S. A. I. la Gde Duchesse Hélène). — Froment, orge, avoine, riz, maïs, etc	Russie	35
Agriculteurs de la Silésie. Exposition collective de Breslau. — Collection de céréales et autres produits.	Prusse	27
Commission grand-ducale de Mecklembourg-Schwerin. — Collection de céréales et autres produits.	Mecklembourg	
Union agricole de la Baltique. Eldena. — Collection de céréales et autres produits	Prusse	
A. **Beisert.** Sprottau. — Farine de froment et de seigle, semoule	Prusse	29

Exposant	Pays	N°
Lange frères. Neumuehlen. — Produits de mouture..	Prusse.......	24
Académie royale d'agriculture d'Eldena. — Collection de produits agricoles	Prusse.......	96
Académie royale d'agriculture de Poppelsdorf. — Collection de produits agricoles	Prusse.......	93
Société économique des Amis du pays de Murcie. — Froment et maïs....................	Espagne	
Société industrielle des farines. — Barcelone..	Espagne.......	
La Providencia. Valladolid. — Farines............	Espagne......	
Compagnie des Lesirias. Lisbonne. — Collection de céréales, blés, maïs, etc	Portugal......	33
Colonies portugaises. — Produits agricoles et tapiocas.....................................	Col. portugaises.	
August. **Michiels.** Anvers. — Produits de la décortication du riz, et farine de riz..................	Belgique.....	2
Remy et Cie. Louvain. — Produits de la décortication du riz, farine de riz et amidon................	Belgique	
A. **Bell.** Australie du Sud. — Froment	Col. anglaises.	
Tarditi et **Traversa.** Cuneo. — Produits de la mouture basse	Italie........	126
Antoine **Casali.** Calci. — Farine...................	Italie	13
Département du Nord. — Collection de céréales..	France.......	
J.-P. **Vaury.** Crisenoy. — Blés de semence..........	France.......	
H. **Dittrich.** Seitendorf. — Froments..............	Prusse.......	38
Louis **Pilat.** Brebières. — Blés	France	
L. **Bignon** aîné. Theneuille. — Céréales...........	France.......	59
Rouzé-Aviat. Chambly. — Semoules et gruaux.....	France.......	1
A. **Dupray.** Gouvieux. — Semoules et gruaux.......	France.......	15
Alfred **Langer.** Le Havre. — Riz et issues de riz....	France.......	45
Monari frères. Bologne. — Riz....................	Italie........	118

Médailles d'argent.

Exposant	Pays	N°
Moulin croate à turbines de Carlstadt. — Farines, gruau et orge perlé..........................	Autriche.....	
Moulin à vapeur d'Agram. Croatie. — Farines...	Autriche.....	24
Moulin à vapeur de Pannonia. Pesth. — Farines.	Autriche.....	121
Moulin à vapeur de Velence. — Farines	Autriche	158
Barber et **Klusemann.** Bude, Hongrie. — Farines...	Autriche	9
Moulin mécanique de Kaschau. Hongrie.—Farines	Autriche.....	19
Mautner et fils. Vienne. — Levûre comprimée........	Autriche.....	
Aristide **Doret.** Brünn. — Farines..................	Autriche	32
Antoine **Komers.** Mostau. — Farines...............	Autriche.....	108
Chevalier Rodolphe **De Dombrowski.** Ullitz et Jesna. — Farines	Autriche.....	30

Société des moulins à vapeur de Vienne. — Farines	Autriche	26
Pascal **Lo Piano.** Caltanisetta. — Levûre sèche	Italie	170
L.-V. **Benoit.** Vaux-sous-Colombes. — Farine de gruau et semoule	France	24
Marnat-Solenne. Mouroux. — Mouture	France	16
Bouchotte. Metz. — Farines	France	18
Legendre. Évreux. — Farines	France	8
Saint-Requier. Rouen. — Mouture	France	10
F.-J. Betz-Penot. Ulay. — Farines de maïs	France	32
Abel **Prouharam.** Coulommiers. — Blés et farines	France	4
Koechlin et Cie. La Haye. — Farine de froment	Pays-Bas	9
Van den Bogaard frères. Gennep. — Farines de froment	Pays-Bas	10
Exposants réunis des Indes orientales. — Farines, sagou, arrow-root	Col. néerl[es]	23
Nottebohm et Cie. Anvers. — Riz	Belgique	10
Storms et **Bellemans.** Anvers. — Riz	Belgique	71
Administration royale des moulins. Bromberg. — Mouture de froment et de seigle	Prusse	15
Moulins à vapeur de Stettin.—Farine de froment.	Prusse	17
Loebbecke. Mahndorf. — Orge perlé et orge mondé	Prusse	20
Paul **Chiarini.** Faënza. — Riz	Italie	123
François **Ballarini.** Imola. — Riz	Italie	122
Bernard **Clerici.** Milan. — Riz	Italie	104
Antonio **Buini.** Granaglione-Poretta. — Riz	Italie	120
Comte **Senni.** Frascati. — Blé	États-Pontif.	7
Glen Cove Starch manufacturing Company. New-York. — Amidon; perfectionnement dans la préparation du maïs	États-Unis	1
Samuel **Berger** et Cie. Bromlay-by-Bow. — Amidon de riz	G[de]-Bretagne	3
Raynbird, Caldecott, Bawtree, Dowlin et Cie. Basingstoke. — Céréales	G[de]-Bretagne	7
I. **Reckitt** et fils. Basingstoke. — Amidon de riz	G[de]-Bretagne.	
Jones Orlando et Cie. Basingstoke.—Amidon de riz.	G[de]-Bretagne.	
J.-J. Colman. Londres. — Amidon de riz	G[de]-Bretagne.	
J.-B. Bickle. Brooklyn, Canada. — Farine de blé	Col. anglaises.	20
Lawrence **Rose.** Georgetown. — Farines de sarrazin et maïs	Col. anglaises.	22
G. Mac Lean. Aberfoyle. — Farine et avoine	Col. anglaises.	21
Daniel. Pondichéry. — Fécules	Col. françaises.	
W. Luks. Newmarket, Canada. — Farines	Col. anglaises.	22
Frappier. La Réunion. — Tapioca et fécules diverses.	Col. françaises.	
Exposition collective des féculents	Brésil	

Louis **Charpillon** fils. Ciron. — Seigle et céréales obtenus dans des landes défrichées........ France....... 62

Reisler et Cie. Stains. — Amidon de blé, amidon de riz, pâtes alimentaires........ France....... 42

L. **Mauger**. Saint-Denis. — Amidon et fécules....... France....... 28

Groult jeune. Paris. — Pâtes, semoules et farines alimentaires........ France....... 52

Feyeux, Bastien et **Mongruel** successeurs. Paris. — Tapioca et sagou........ France....... 53

Bousquin. Paris. — Tapioca, fécules, farines....... France....... 54

Morel fils. Epinal. — Pâtes alimentaires....... France....... 35

Chipoulet et **Arnaud**. Toulouse.—Pâtes alimentaires. France....... 34

Roy et A. **Berger**. Poitiers. — Gluten-véron pour potage........ France....... 33

Comité agricole de Pondichéry. — Riz........ Col. franç....

Grima. Philippeville. — Céréales........ Algérie.......

Fr. **Nicolas**. Guebar-bou-aoun. — Céréales........ Algérie.......

Bourceret. L'Oued-Athmenia. — Céréales........ Algérie.......

Barnoin. Constantine. — Céréales........ Algérie.......

Smala du 3e régiment de spahis du tarf. — Céréales........ Algérie.......

Le Roy. Kouba. — Céréales........ Algérie.......

J.-T. **van Dorsser**. Rosenbourg. — Froment........ Pays-Bas..... 8

P.-L. **Paters**. Leyde. — Sarrasin........ Pays-Bas..... 13

A. **Perk**, Izn. Delft. — Préparation de céréales........ Pays-Bas..... 15

Association agricole de l'arrondissement d'Ypres. — Collection de céréales........ Belgique..... 1

De Biseau d'Hauteville. Entre-Monts. — Céréales. Belgique..... 4

Société agricole de la Flandre orientale. Gand. — Céréales........ Belgique..... 19

Wittekop et Cie. Brunswick. — Pâtes........ Brunswick... 12

Vicenta **Farell**. Barcelone. — Pâtes fines........ Espagne.....

Anhaeuser. Alzey. — Produits farineux........ Hesse....... 12

Bassermann, Herrschel et **Dieffenbach**. Mannheim. — Sagou........ Bade....... 4

A. **Bestelmayer** et Cie. Langenau. — Amidon........ Wurtemberg.. 10

Joseph **Schoellkopf**. Ulm. — Amidon........ Wurtemberg.. 12

Ferdinand **Zuppinger**. Weilermühle. — Farines........ Wurtemberg.. 13

Joh. **Mack**. Ulm. — Amidon........ Wurtemberg..

Nicolas **Feher**. Török-Becse, Hongrie. — Céréales........ Autriche..... 10

E. **Fellner**. Bekès-Gyula. — Froment........ Autriche..... 41

Comte Georges **Festetics**. Molnari. — Orge........ Autriche..... 42

F. **Kappel**. Kis-Thur, Hongrie. — Froment, seigle.. Autriche..... 77

Képessy. Török-Becse, Hongrie. — Froment........ Autriche..... 83

Koppély Abony, Hongrie. — Céréales........ Autriche..... 88

État de Californie. — Céréales........ États-Unis...

Max Springer. Reindorf, près Vienne.—Levûre comprimée et céréales	Autriche	
A. Olivas. Albacete. — Froment	Espagne	6
T. Rodriguez. Albacete. — Froment	Espagne	7
B. Berga. Valencia. — Collection de riz	Espagne	
Perez-Moreno. Guadalajara. — Froment	Espagne	97
Jean **Tognolati.** Saint-Pétersbourg. — Macaroni, vermicelles et semoule	Russie	81
Gabbri frères. Turin. — Pâtes	Italie	139
Ch. et J. **Bianchi** frères. Lucques. — Pâte d'Italie	Italie	146
Jean **Mettler**. Ancône. — Pâtes	Italie	148
Alexandre **Burresi.** Poggibonsi. — Pâtes	Italie	149
Buitoni frères. San Sepolcro. — Semoule et pâtes	Italie	150
Mathieu **Bottari.** Vasto. — Macaroni et vermicelle	Italie	143
Institut d'agronomie de Pesaro. — Collection	Italie	
Pierre **Benedetti** et frères. Faënza. — Pâtes	Italie	155
Chambre de commerce des arts de Milan. — Produits agricoles	Italie	5
Société économique agricole de Pérouse. — Céréales et produits farineux	Italie	23
Sous-Commission de Catane. — Produits agricoles et produits pour potages	Italie	39
Gouvernement du Chili. — Blés	Chili	
S. A. Le vice-roi d'Égypte. — Collection de froments de la Haute et Basse Égypte	Égypte	
Commission provinciale du Para.—Riz et fécules	Brésil	72
Comité du Présidio de Fernando de Noronha. Pernambuco. — Maïs	Brésil	
Colonies allemandes de Rio-Grande. — Tapioca et arrow-root	Brésil	98
École d'agriculture de Sainte-Anne. Canada. — Collection de produits et céréales	Col. anglaises	1
W. Logan. Montréal, Canada. — Céréales	Col. anglaises	5
Gouvernement du Bengale. Collection de céréales, farines et farines de riz	Inde anglaise	
Commission de l'Exposition de Jassy. Moldavie	Roumanie	
Dr **Hellriegel.** Dahme. — Orge cultivée en différents sols	Prusse	

Médailles de bronze.

Crespel. Arras. — Céréales	France	19
Société d'agriculture de Châteauroux. — Collection de céréales	France	21
Schattenmann. Beauvilliers. — Seigle	France	
Société d'agriculture pratique du Havre. — Collection	France	

Société centrale d'agriculture de la Seine-Inférieure — Collection de céréales.............	France.......	
Bernier. Mitry-Mory. — Céréales..................	France.......	20
Félix **Mey**. Aix. — Pâtes alimentaires...............	France.......	31
N'GuyenVan-Long. Cochinchine. — Trente-deux variétés de riz..............................	Col. franç....	
Comité agricole de Saïgon. — Collection de riz..	Col. franç....	
Burgy. Lancy, Genève. — Blé d'Australie..........	Suisse.......	4
Jean **de Brito**. Lisbonne. — Farine de blé..........	Portugal.....	15
Ferme modèle de Tyrinthe. — Collection de blés.	Grèce. 11 à 13-42-43 54-71-93 à 96	
W.-R. et Th. **Rubow**. Copenhague. — Produits farineux..	Danemark....	4
Ecole d'agriculture de la province Norrbotten. — Collection..............................	Suède.......	1
Ecole d'agriculture de la province Vesterbotten. — Collection..............................	Suède........	12
Bagge et **Ericsson**. Nykoeping. — Farines et gruau..	Suède........	25
Kisielnicki. Stawiski, Gouv^{t} d'Augustow. — Produits farineux..........................	Russie.......	37
Boldyreff et **Bessonoff**. Satarow.—Produits farineux.	Russie.......	12
P. **Koulakoff**. Gouv^{t} de Moscou.—Produits farineux.	Russie.......	41
Comte Auguste **Potocki**. Wilanow.—Produits farineux.	Russie.......	63
Victor **Maringe**. Gouv^{t} de Varsovie. — Produits farineux..	Russie.......	50
Philippe **De Gaëtano**. Gallico, Reggio de Calabre. — Céréales et pâtes..............................	Italie........	160
Jean-Baptiste **Collacchioni**. Arezzo. — Céréales.....	Italie........	50
Vincent **Tellini**. Pise. — Produits farineux..........	Italie........	137
Philippe **Somma** et frères. Gragnano. — Pâtes......	Italie........	157
Louis **Rocca**. Chiavari. — Pâtes.....................	Italie........	141
Paul **Zuccheri**. Trévise. — Farines.................	Italie........	129
Antoine **Turletti**. Vergato. — Farines...............	Italie........	130
Pansini, **Gallo** et Cie. Bari. — Farines............	Italie........	133
Jean **Guidi**. Novare. — Blés et céréales..............	Italie........	67
Sgarighi. — Blés et céréales....	Italie........	
Joseph **Piccardi**. Montecchio. — Blés et céréales....	Italie........	2
Comice agricole de Sienne. — Collection de blés tendres..	Italie........	
T. **Magri**. Pavie. — Riz mondé.....................	Italie........	109
John **Mitchell**. — Mono, Canada. — Blé............	Col. anglaises.	9
Francis **Barclay**. Innisfield, Canada. — Blé.........	Col. anglaises.	
John **Paterson**. Scarborough, Canada. — Orge......	Col. anglaises.	8
Brown et Cie. Penang. — Collection de farine de riz..	Inde anglaise	
Capitaine E. **Martin**. Penang. — Collection de céréales.	Inde anglaise.	

Exposant	Pays	N°
Sutton et fils. Reading. — Blés.	Gde-Bretagne.	
État de l'Illinois. — Céréales et farines.	États-Unis.	19
Department of agriculture. Washington. — Collection de céréales.	États-Unis.	
Etat de l'Ohio. — Collection de céréales.	États-Unis.	
Société d'agriculture du cap de Bonne-Espérance. — Collection.	Col. anglaises.	
Émile **Pahagnet**. Ile Maurice. — Arrow-root.	Col. anglaises.	13
Société économique agraire. Malte. — Céréales et produits farineux.	Col. anglaises.	1
Commission de la Nouvelle-Ecosse. — Céréales.	Col. anglaises.	1
Commission de Queensland. Exposition collective. — Céréales.	Col. anglaises.	
Société de Korenschoof. Utrecht. — Farines.	Pays-Bas.	11
Steens. Schooten. — Seigle.	Belgique.	51
R. **Scheilmann**. Rastorf. — Farine.	Prusse.	28
Benno Milch. Brelau. — Collection.	Prusse.	68
Comte **de Chamarrée**. Stolz. — Collection.	Prusse.	35
Jentsch. Brokotschine. — Blé rouge et avoine.	Prusse.	59
Union agricole de Nassau. Wiesbaden. — Collection.	Prusse.	23
Léopold **Schoeller**. Schwieben. — Collection.	Prusse.	82
Peter **Minnig**. Viernheim. — Épeautre et orge.	Hesse.	7
Comité général de la Société agricole de Bavière. Munich. — Collection de céréales.	Bavière.	1
Loder. Nouvelle-Galles du Sud. — Céréales.	Col. anglaises.	167
J. et W. **Mac Arthur**. Nouvelle-Galles du Sud. — Céréales.	Col. anglaises.	178
Trapitt. Nouvelle-Galles du Sud. — Céréales.	Col. anglaises.	180
G.-J. **Frankland**. Nouvelle-Galles du Sud. — Amidon.	Col. anglaises.	190
Dr **Shier**. Guyane. — Arrow-root.	Col. anglaises.	
École d'agriculture de Pantéléimon. — Collection.	Roumanie.	
Savardi. Smyrne. — Farines.	Roumanie.	
Clark. Smyrne. — Blé dur.	Turquie.	
Ottelet. Beuyuk-Turk. — Collection.	Turquie.	
Diamandi. Smyrme — Pâtes.	Turquie.	
François **Auber**. Aix. — Blés.	France.	3
Edmond **Caupenne** et Cie. Nérac. — Farines.	France.	5
Duclos fils et Cie. Escoute-sur-Lot. — Farines.	France.	6
Massot-Maunoury. Chartres. — Farines.	France.	9
Grenier et Cie. Montiviliers. — Farines.	France.	58
Vittecoq. Beaumontel. — Farines.	France.	11
Département de la Somme. — Exposition collective de céréales.	France.	

Baraignes aîné, Nérac. — Farines	France	
Costes et **Ledieu**. Ambert. — Fécules et amidon	France	4
Tissot fils et Cie. Asnières. — Amidon	France	41
Gardin. Vic-sur-Aisne. — Fécules	France	43
A. Spont. Paris. — Tapioca	France	60
A. Mauprivez. Paris. — Tapioca naturel	France	27
Comice de Vendôme. — Céréales	France	
E. **Bezard**. — Blé rouge	France	
Marquis **de Nadaillac**. — Blés	France	
Auger. — Avoine	France	
Daussy. — Blés	France	
E. Oran. Saverne. — Blé rouge	France	
Olivier. — Avoine	France	
Benjamin **de Cassonnet**. — Blés	France	
Triboulet. — Blés anglais	France	
Bouilly. — Sarrazin	France	
Mme **Anisson du Perron**. Saint-Aubin. — Fécules	France	
Mathieu et Cie. Neufchâteau. — Pâtes alimentaires	France	55
Noël **Martin**. Paris. — Pâtes et gluten	France	51
Bertrin-Dupuy et Cie. Bordeaux. — Meunerie	France	25
Cheviron. Médéah. — Pâtes alimentaires	Algérie	
Hardy. Alger. — Blés, etc	Algérie	101 *
Dulioust et **Flayol**. Blidah. — Farines et semoule	Algérie	52
Modeste **Garro**. Alger. — Farines et semoule	Algérie	41
Bleuse. Sidi-Brahim. — Blés et farines	Algérie	32
Giraud. Blidah. — Farines et semoule	Algérie	63
Gériola. Constantine. — Pâtes alimentaires	Algérie	
Ducoup. Constantine. — Farines et semoule	Algérie	
Vve **Fouet**. Saint-Charles. — Céréales	Algérie	
Lombard. Bréa. — Céréales	Algérie	
Compagnie française des cotons et produits algériens. — Céréales	Algérie	
Lakdar-Ben-Ouhaab. Guelma. — Céréales	Algérie	
Laperlier. Moustapha. — Céréales	Algérie	
Leture. Lambèse. — Céréales	Algérie	
Mme **des Étangs**. La Réunion. — Tapioca	Col. franç	
Thibault. La Réunion. — Fécules et tapioca	Col. franç	
Mlle **Mathias**. Guyane. — Bananes sèches et fécule de banane	Col. franç	
Mlle **Menou**. La Réunion. — Fécule	Col. franç	
De Villèle. La Réunion. — Fécule	Col. franç	
Califan-ben-Ali. Ile de Nossi-Bé. — Collection de riz.	Col. franç	
Beauvillain. La Réunion. — Échantillons de blé	Col. franç	

Fischer de Röslerstamm. Vienne. — Pâtes.....	Autriche.....	48
Gondocs. Kigyos, Hongrie. — Maïs.................	Autriche.....	59
Inspection générale des haras. Vienne. — Collection de céréales..........................	Autriche.....	54
Pick, Bergwein et **Löwit.** Leitmeritz. — Céréales.	Autriche....	124
Société d'Agriculture. Laibach. — Collection.....	Autriche.....	97
Comte Jean **Harrach.** Konarovic. — Seigle.........	Autriche.....	62
Josef **Ott.** Dornau, près Vienne. — Céréales........	Autriche.....	
Fidel **Quintana** et **Ruiz.** Burgos. — Blé...........	Espagne.....	74
Ferme provinciale. Léon. — Collection..........	Espagne......	112
Thomas **Moran.** Benavente. — Blé.................	Espagne......	203
A.-Rays **Pellicer.** Saragosse. — Produits farineux...	Espagne.....	156
Saturnino **de la Mora.** Valladolid.— Produits farineux.	Espagne......	
José **Agesta.** Vera. — Produits farineux...........	Espagne.....	
J. Moré. Madrid. — Produits farineux...............	Espagne.....	
Antonio Pedro Moniz **Galvão.** Alcacer do sal. — Riz décortiqué	Portugal.....	61
Commission de Faro. Faro. — Céréales.........	Portugal.....	30
A. **de Sousa Brito Maldonado Bandeira.** Alcacer do sal. — Riz.................................	Portugal.....	8
Francisco de Paula **Leite** senior. Alcacer do sal.—Blé dur.	Portugal.....	17
Ezequiel Candido Augusto César de **Vasconcellos.** Elvas. — Blé dur................................	Portugal.....	122
Eloy Jean **da França.** Funchal. — Blé...........	Portugal......	56
Comte de **Sobral.** — Blé.........................	Portugal.....	
Commission de Goa. — Riz	Col. portug..	5
J.-J. **Ramos.** Angola. — Tapioca.................	Col. portug..	20
Kaïris. Andros. — Blé...........................	Grèce........	34
Bruus. Copenhague. — Produits farineux..........	Danemark...	1
Société royale d'économie rurale. Copenhague. — Collection de céréales..........................	Danemark....	6
Comte **Hamilton.** Lund-Barsebaeck. — Collection...	Suède	6
École d'agriculture de la province de Skaraborg. Claestorp. — Collection..............	Suède	19
Romanoff. Kazan. — Produits farineux...........	Russie.......	67
Polejaeff frères. Bielosersk. — Produits farineux....	Russie......	
Roussanoff frères. Orel. — Produits farineux.......	Russie.......	69
Prince Victor **Bariatinsky.** Anatolievka, Gouv[t] de Kherson. — Céréales..........................	Russie.......	
Tritten. Odessa. — Céréales......................	Russie.......	82
Mme **Kouschakevitch.** St-Pétersbourg. — Céréales.	Russie.......	42
Jules **Frey.** Wiborg. — Orge......................	Russie.......	27
Linder. Svarto, Finlande. — Seigle................	Russie.......	46
Jean **Kravtchenko.** Elani, Gouv[t] de Saratov. — Blé..	Russie.......	43
Antonio **Casoni.** Imola. — Riz.....................	Italie........	119

Édouard **Zanetti**. Turin. — Riz	Italie	3
Albert **Torri**. Spoleto. — Pâtes	Italie	152
Régence de Tunis. — Collection	Tunis	
Empire du Maroc. — Collection	Maroc	
État du Wisconsin. — Collection de céréales et de farines	États-Unis	7
État du Kansas. — Collection	États-Unis	13
W.-S. **Carpenter**. Harrison. — Collection de maïs	États-Unis	16
Mme la baronne **de Santa-Anna**. Minas-Geraes. — Farines et fécule	Brésil	26
Rühl. Sainte-Catherine. — Riz	Brésil	6
Colonie Dona Francisca. Sainte-Catherine. — Céréales	Brésil	7
Vasillé **Georgesco**. Bukarest. — Pâtes	Roumanie	
Mme W.-T. **Mac Lean**. Barbades. — Amidon et arrow-root	Col. anglaises.	2
David **Cowie**. Saint-Vincent. — Amidon et arrow-root	Col. anglaises.	2
Édouard **Laborde**. Saint-Vincent. — Amidons et arrow-root	Col. anglaises.	2
A. **Stewart**. Bristol, Canada. — Céréales	Col. anglaises.	34
J. **Maldrum**. Bristol, Canada. — Céréales	Col. anglaises.	32
J. **Peb**. Whitby, Canada. — Seigle	Col. anglaises.	47
C. **Bois**. Saint-Jean-Port-Joli, Canada. — Seigle	Col. anglaises.	28
Bergicourt. Ile Maurice. — Arrow-root	Col. anglaises.	17
Dr **Meller**. Ile Maurice. — Arrow-root	Col. anglaises.	1
Alison et **Baker**. Natal. — Blé	Col. anglaises.	8
Landsberg, Barns et **Robson**. Natal. — Blé et maïs.	Col. anglaises.	1
Goddew, Buttery et **Davidson**. Natal.—Arrow-root.	Col. anglaises.	13
Sarboton. Natal. — Farine de maïs	Col. anglaises.	10
Gouvernementde Madras.—Arrow-root et tapioca.	Inde anglaise.	
Gouvernement de Bombay. — Collection	Inde anglaise.	
S. H. la **Begum de Bhoptal**. — Collection de riz	Inde anglaise.	
S. H. le **Maharajah Bahada**. — Collection	Inde anglaise.	
Major **Pollard**. — Arrow-root et tapioca	Inde anglaise.	
T. **Champ**. Brisbane. — Arrow-root	Col. anglaises.	5
Mac Andrew. Gulong. — Orge	Col. anglaises.	12
Coffee. Cheszvick. — Blé	Col. anglaises.	13
Thompson et Cie. Castlemaine. — Maïs	Col. anglaises.	21
N.-J. **Wouda**. Sneek. — Sarrasin	Pays-Bas	13
J.-P. **Six**. Amsterdam. — Sarrasin	Pays-Bas	7
G.-N. **Bouma** et fils. Sneek. — Sarrasin	Pays-Bas	3
A.-W. **Muysken**. Harlemmermeer. — Blé	Pays-Bas.. (No 43)	38
Société agricole du Nord. Anvers. — Collection	Belgique	20

J.-B. **Robillard**. Hensies. — Collection de produits agricoles........ Belgique..... 13

Pierre **Nieuwjaers**. Lierre. — Blé........ Belgique.....

Baron **de Caters**. Anvers. — Blé........ Belgique.....

Vicomte Arthur **Le Bailly-d'Inghuem**. Clemskerke. — Froment........ Belgique..... 9

De Becker, Farcy et Cie. Bruxelles. — Pâtes alimentaires........ Belgique.....

H. Berggracht-Deraeve. Gand. — Céréales........ Belgique.....

L. de **Karsnicki**. Château Emchen. — Blé, seigle... Prusse....... 10

Martiny. Scharfenort. — Céréales d'hiver........ Prusse....... 6

Bercht et **Fricke**. Rozwadze. — Céréales........ Prusse....... 30

F. de Loebbeke. Cantersdorf. — Céréales........ Prusse....... 66

A. Schoenfeldt. Heiligenhafen. — Farine........ Prusse....... 22

Blumenthal. Denkwitz. — Fécule........ Prusse....... 32

A. Farthmann. Kleinschwein. — Farine de pomme de terre........ Prusse....... 40

Huschka et **Weber**. Beeskow. — Amidon........ Prusse....... 18

Carl **Friedenthal**. Giessmannsdorf. — Amidon et fécules........ Prusse....... 42

G. Wiesand. Lendschütz. — Amidon........ Prusse....... 86

F.-W. Methner. Jacobsdorf. — Amidon et fécule .... Prusse....... 67

Guradze frères. Tost. — Farine........ Prusse....... 51

A. Joachim. Sprottau. — Farine........ Prusse....... 50

A.-T. Kruse. Stralsund. — Amidon........ Prusse.......

G. Hildebrand. Osthofen. — Produits farineux et blés. Hesse........ 4

P. Ehatt. Viernheim. — Orge........ Hesse........ 3

G. Duerkes. Viernheim. — Céréales........ Hesse........ 2

Waddel. Australie du Sud........ Col. anglaises.

T.-W. Hackett. Mount-Backer. — Froment........ Col. anglaises. 9

J. Smith. Mount-Gambier. — Blé........ Col. anglaises. 11

Dawson et fils. Gawler. — Farine........ Col. anglaises. 6

Charles **Moor**. Nouvelle-Galles du Sud. — Amidon.... Col. anglaises.

H. Moss. Nouvelle-Galles du Sud. — Amidon........ Col. anglaises.

E.-S. Hill. Nouvelle-Galles du Sud. — Amidon........ Col. anglaises.

Rudder. Nouvelle-Galles du Sud. — Amidon........ Col. anglaises. 169

Hetherington. Nouvelle-Galles du Sud. — Amidon.. Col. anglaises.

Merrimand. Guyane. — Arrow-root........ Col. anglaises.

Johnson. Guyane. — Arrow-root........ Col. anglaises.

E. Simmonds. Lagos. — Amidon........ Col. anglaises.

Buchanen. Victoria. — Blé et avoine........ Col. anglaises.

John **Orlebar**. Victoria. — Blé et avoine........ Col. anglaises. 1

Compagnie de distillerie. Ballarat. — Orge et malt. Col. anglaises. 3

Gough et Cie. Victoria. — Maltage d'orge........ Col. anglaises. 6

W. **Wilson.** Berwick. — Blé	Col. anglaises.	10
G.-F. **Docker.** Wangarratta. — Blé	Col. anglaises.	15
Siméon **Bogolioubski.** Nertchinsk.— Froment, seigle.	Russie	90
Prince V. **Vassiltchikoff.** Troubetchino, Gouv[t] de Tambov. — Froment	Russie	85
Baron Michel **Korff.** Saint-Pétersbourg. — Avoine, froment, seigle	Russie	39
Alexandre **Dehn.** Sippola, Finlande. — Froment, seigle, orge	Russie	19
Administration des domaines de l'État du gouvernement de Vologda. — Froment, seigle, orge	Russie	3
Administration des domaines de l'État du gouvernement de Perm. — Froment, seigle, orge	Russie	
Auguste **Czarnecki.** Gouv[t] de Varsovie. — Sarrasin.	Russie	20
Bernard **Reccagni.** Brescia. — Froment en épis et en grains	Italie	38
François **Cirio.** Turin	Italie	
Annibal **Monga.** Vérone. — Riz	Italie	105
Joseph **Gautieri.** Novare. — Riz indigène	Italie	103

Mentions honorables.

R. P. **Abram.** Misserghin. — Semoule et farines	Algérie	26
Denizot et **Boudon.** Blidah. — Farines	Algérie	45
Ducomps. Guelma. — Farines	Algérie	65
Righi. Batna. — Pâtes alimentaires	Algérie	77
Ahmed Khodja ben Achour. Caïd du Ferdjioua. — Céréales	Algérie	
Chuffart. Oued-el-Halleg. — Céréales	Algérie	
Sœur Saint-Bernard. Bone. — Céréales	Algérie	
Pépinière de Médéah. — Céréales	Algérie	
V. **Bussutil.** Souk-Ahras. — Pâtes alimentaires	Algérie	83
Debono. Bone. — Pâtes alimentaires	Algérie	87
Spiteri et **Grech.** Blidah. — Pâtes alimentaires	Algérie	
Bremont frères. Tlemcen. — Farines et semoules	Algérie	31
Avrial. Sidi-bel-Abbès. — Farines	Algérie	34
Moureau et **Arnaud.** Batna. — Farines et semoules.	Algérie	117
Jean **Pérès.** Batna. — Farines et semoules	Algérie	
Dufourc. Alger. — Farines et semoules	Algérie	11
Carrier. La Réunion. — Fécules	Col. françaises.	
Messejana. Damas. — Riz	Turquie	45
Justin **Garcin.** La Martinique. — Fécules	Col. françaises.	
Martin. Autas. — Tapioca	Col. françaises.	1

Exposant	Pays	N°
Bonnet. Taïti. — Tapioca	Col. françaises.	
Baron Simon **de Sina.** Pesth. — Céréales	Autriche	142
Abbaye de Göttweih. — Seigle	Autriche	1
Hatschek frères. Kloster-Hradisch. — Orge	Autriche	65
Société d'agriculture de Galicie. — Collection agricole	Autriche	94
E. **Neumann.** Radranitz. — Levûres pressées	Autriche	
F. **Blas y Simon.** Copernal. — Blé	Espagne	95
M. **Carreras.** Baléares. — Blé	Espagne	
C. **Nicolas.** Valseca. — Blé	Espagne	162
C. **Piñero.** Benavente. — Céréales	Espagne	
Ferme-modèle de Fortianell. Girone. — Collection.	Espagne	89
G. **Étulain.** Etulain. — Blé	Espagne	136
M. **Larraya.** Arguiñanno. — Blé	Espagne	138
J.-J. **Oliveira.** Porto. — Céréales.	Portugal	90
A. Palha **de Lacerda.** Villa-Franca de Xira. — Blés, orges et maïs	Portugal	70
Alexandre Martins Pamplona **Corte-Réal.** Angra-do-Heroismo. — Blés	Portugal	43
Demetrio. Elvas. — Blés	Portugal	48
Commission de Montemor. Montemor. — Blés et maïs	Portugal	37
Joaquim Coelho **De Mairelles.** Funchal. — Manioc.	Portugal	82
Pequito. Gavião. — Riz	Portugal	94
João Crossford **Rodrigues.** Ponte-de-Soure. — Riz	Portugal	109
Commission de Bouça. — Blés	Portugal	
Francisco Ribeiro dos **Santos.** Funchal. — Blés	Portugal	
Commission de Vianna do Castello. — Blés et seigles	Portugal	40
Domingos José Ramos **Pires.** Alcacer-do-Sal. — Riz	Portugal	100
Martins et **Filho.** — Riz	Portugal	
Domingos Antonio **De Freitas.** Coimbra. — Pâtes	Portugal	59
Commune de Milo. — Blé	Grèce	36
Pascalinopoulos. Argos. — Blé	Grèce	133
Commune de Bouphrasse. — Blé	Grèce	65
Couvent d'Évangélistria. — Blé	Grèce	
Commune d'Aegiium. — Blé	Grèce	38
Hansen. Nykjoebing-Seeland. — Orge	Danemark	2
De Virgin. Gothembourg. — Avoine	Suède	4
École d'agriculture de la province de Vermland. — Avoine	Suède	17
Moulin à vapeur d'Ystad. — Produits farineux	Suède	27
Gutzeit. Fredrikstadt. — Produits farineux	Norvége	4
Pierre **Aristoff.** Petrowsk. — Céréales	Russie	6

Guillaume **Repphan.** Petryki, Gouv[t] de Varsovie. — Céréales	Russie.......	66
Sous-Commission de Reggio d'Emilie. — Collection	Italie.........	44
Chambre de commerce et des arts. Caltanisetta. — Collection	Italie........	35
État de Minnesota. — Collection	États-Unis...	3
État de l'Iowa. — Collection	États-Unis...	6
Compagnie de l'usine de Honolulu. — Riz	Hawaï.......	1
J. da Silva **Albano.** Ceara. — Riz	Brésil........	32
J.-G. **De Mello.** Ceara. — Riz blanc	Brésil........	27
Ph. **Bartholomew.** Markham, Canada. — Avoine	Col. anglaises.	18
W.-H. **Vaughan.** Saint-Jean, Canada. — Céréales	Col. anglaises.	54
Caron. Saint-Jean-Port-Joli, Canada. — Blés	Col. anglaises.	26
Th. **Brownbie.** York, Canada. — Blés	Col. anglaises.	4
Vincent. Wangarratta, Victoria. — Orge	Col. anglaises.	16
Mme A.-C. **Allen.** Warrnambool, Victoria. — Avoine.	Col. anglaises.	24
C. **Binz.** Riegel. — Levûre sèche	Bade........	
A. **Gemander.** Belk. — Seigle et avoine	Prusse...	44-45-46
Hirt. Cammerau. — Blé	Prusse.......	57
Société agricole de Gœrlitz. — Collection	Prusse.......	48
Comte A. **de Magnis.** Ullersdorf. — Froment blanc..	Prusse.......	70
Neide. Seschwitz. — Blé	Prusse.......	71
Comte **de Rothkirch.** Panthenau. — Blé	Prusse.......	78
O. **Mentzel.** Berlin. — Avoine	Prusse.......	9
A. **De Delhaes.** Czempin. — Farines	Prusse.......	16
H. **Bodenberger.** Sand-Frankenberg. — Farines	Prusse.......	34
F. et B. **Franck-Lindheim.** Kuttlau. — Froment..	Prusse.......	41
G. **Hirsch.** Alsheim. — Blé	Hesse.......	5
Pfannebecker. Flomborn. — Blé	Hesse.......	9
Salvador **Manca.** Milan. — Pâtes	Italie........	
Sous-Commission de Lecce. — Pâtes	Italie........	27
Salvator **Carbone.** Catane. — Pâtes	Italie........	
Louis **Salvi.** Brescia. — Farines	Italie........	63
Comte Auguste **de Gori-Pannilini.** Sienne. — Farines	Italie........	49
Jacques **Bernardini.** Carrare. — Farines	Italie........	134
Institut technique de Ferrare. — Céréales	Italie........	18
Société économique agricole de Pérouse. — Produits farineux et céréales	Italie........	23
Chambre de commerce de Rovigo. — Céréales..	Italie........	15
Sous-Commission de Modène. — Céréales	Italie........	45
Sous-Commission de Catane. — Céréales	Italie........	95
Hadji-Vely. Koniah. — Collection de blé	Turquie......	
Hadji-Suleiman. Salonique. — Collection de blé...	Turquie......	

Abdullah. Mont-Liban. — Collection de blé........	Turquie......
Ahmet. Andrinople. — Produits agricoles..........	Turquie......
Petco. Braïla. — Blé dur.........................	Roumanie....
Balaban. Galatz. — Blé dur......................	Roumanie....
Jorj **Vassilaki.** Vulturesti. — Céréales............	Roumanie....
Borghetti et **Gerbolini.** Braïla. — Farines........	Roumanie....
Prince Georges **Soutzo.** Jassy. — Céréales..........	Roumanie....
Constantin **Nicolas.** Suciava. — Maïs...............	Roumanie....
Jules-Alfred **Martin.** Corbeil. — Compteur pour les moulins................................	France.......
Société rurale de la province de Buenos-Ayres. — Céréales................................	Conf. Argentine.
Fréd. Colle. Meerendré. — Céréales................	Belgique.....
Desmet-Delange. Gand. — Céréales..............	Belgique.....

CLASSE 68

PRODUITS DE LA BOULANGERIE ET DE LA PATISSERIE.

EXPOSANTS.

Médailles d'or.

Vaury et **Plouin**. Paris. — Boulangerie fonctionnant dans le parc	France	28
Guillout. Paris. — Biscuits de Reims et articles de dessert	France	18

Médailles d'argent.

Huntley et **Palmer**. Reading. — Articles de dessert et pâtes sèches	Gde-Bretagne.	
Valentin **Wanner**. Vienne. — Boulangerie	Autriche	
Peek, Frean et Cie. Londres. — Articles de dessert et pâtes sèches	Gde-Bretagne.	
Sigaut. Paris. — Pains d'épice et nonnettes	France	20

Médailles de bronze.

Bergeron et Cie. Paris. — Boulangerie	France	29
Gaëtan **Guelfi**. Cascina. — Pâtisseries sèches	Italie	14
Ve Olivier **Garnot**. Bordeaux. — Biscuits pour la marine	France	17
Chrétien **Damiani**. Livourne. — Cantucci	Italie	13
Rudolf **Mucha**. Speising. — Biscuits	Autriche	7
Gondolo. Paris. — Articles de pâtisserie, Gressini	France	10
Robin-Courtois. Paris. — Pains d'épice	France	

Mentions honorables.

Dupont, Paris. — Biscuits	France	
Lepère. Murat. — Biscuits	France	
Puricelli frères. Milan. — Articles de pâtisserie	Italie	9
Groult jeune. Paris. — Biscuits pour la marine	France	

Vassilakis. — Pain et biscuits pour la marine.....	Grèce.......	
Bernardbeig et **Sirben**. Toulouse. — Pain de gluten.	France.......	
Gendron. Couëron. — Biscuits pour la marine.....	France.......	14
Hénaut. Paris. — Biscuits dits *de Reims*, petits fours et pains d'épice..............................	France.......	12
Charles **Grassini**. Novare. — Biscuits de Novare....	Italie........	5
Antonio **Mattei**. Florence. — Cantucci................	Italie........	12
Agamemnon Vila. Livourne. — Articles de dessert.	Italie........	
François **Desanctis**. Pérouse. — Biscuits de Pérouse et amandes de pin sucrées........................	Italie........	21
Commission de la Nouvelle-Écosse. — Biscuits pour la marine et pâtisseries sèches...............	Col. anglaises.	
Rouzé. Paris. — Petits fours......................	France.......	19
J. **Javouhey**. Chartres. — Pains d'épice............	France.......	13
Courtois. Paris. — Biscuits dits *de Reims*, petits fours et pains d'épice................................	France.......	
Olibet. Bordeaux. — Pâtisseries sèches.............	France.......	

CLASSE 69

CORPS GRAS ALIMENTAIRES ; LAITAGE ET ŒUFS.

EXPOSANTS.

Médailles d'or.

Société du Moléson. Bulle.—Fromage de Gruyère..	Suisse......	
Canton de Berne. — Fromage de l'Emmenthal....	Suisse.......	
Jacques **Cattaneo** et frères. Pavie. — Fromage parmesan......................................	Italie........	17
Société d'agriculture de l'arrondissement de Bayeux. — Beurre..................................	France.......	
Société des caves réunies de Roquefort. — Fromage de Roquefort.............................	France.......	7
Société hollandaise d'agriculture. — Fromages de Hollande..	Pays-Bas....	

Médailles d'argent.

Victor **Paynel.** Champosoult. — Fromage de Camembert.......................................	France.......	8
D.-P. **Rousseau.** Saint-Faron. — Fromages de Brie..	France.......	
Société d'agriculture de l'arrondissement de Pont-l'Évêque. — Fromages..................	France.......	20
Lepelletier. Carentan. — Beurre salé.............	France.......	12
Adrien **Bailleux.** Maison du Val. — Fromages divers.	France.......	22
Balthazar **Franzini.** Pavie. — Fromage parmesan....	Italie........	173
Comte W. **Hamilton.** Mariestad-Oestereng.— Fromage dit *cheddar*..................................	Suède	3
Heymann. Copenhague. — Beurre salé.............	Danemark ...	2
Ange **Tacchini.** Plaisance. — Fromage parmesan et fromage de stracchino..............................	Italie........	177
Massol. Roquefort. — Fromage de Roquefort.........	France.......	9
Comte de **Kergorlay.** Paris. — Crème.............	France.......	

Médailles de bronze.

Serey. Bretteville-sur-Dives. — Fromage de Camembert......................................	France.......	5
Hervieu **Pitrais.** Pont-Lévêque. — Fromages........	France......	
Biancardi frères. Lodi. — Fromage parmesan.......	Italie........	169

Moura Beat. Grandvillard. — Fromage de Gruyère..	Suisse........	14
Ch. et J. **Gerber.** Thun. — Fromage façon Emmenthal.	Suisse........	6
Arregger-Sigwart. Schupfheim. — Fromage de l'Emmenthal..............................	Suisse........	1
J.-L. **Martin.** Les Verrières. — Fromage façon Gruyère.	Suisse........	26
A.-J. **Huygens.** Sybecarspel. — Fromage gras......	Pays-Bas.....	7
D.-R. **Gevers-Deynoot.** Loosduinen. — Fromage de Gouda....................................	Pays-Bas.....	1
F. **Klaare.** Harlemmermeer. — Fromages...........	Pays-Bas.....	3
Comte G. **Hamilton.** Mariestad-Oestereng. — Fromage dit *d'Oestereng*..............................	Suède........	2
Dehn. Sippola, Finlande. — Fromages..............	Russie.......	1
Rechner et **Felter.** Temesvar. — Saindoux........	Autriche.....	23
Herz frères. — Fromage de Gruyère................	Autriche.....	
Alb. **Hess.** Pleidelsheim. — Fromages..............	Wurtemberg..	6
Charpentier. Magny-le-Hongre. — Fromage de Brie.	France.......	
Camus. Chevry-Cossigny. — Fromages de Brie......	France.......	
Baudouin. Paris. — Fromage de Gruyère..........	France.......	6
Frère Eugène **Bachelet.** Port-du-Salut. — Fromages.	France.......	
Charles **Nouguier.** Cenonces. — Fromage de Roquefort.	France.......	11
Clément **de Peyrelade.** Peyrelade. — Fromage de Roquefort....................................	France.......	2
Philippe **Paynel.** Coupsarte. — Fromage de Camembert....................................	France.......	1
Léon **Gautieb.** Camembert. — Fromage de Camembert..	France.......	11
Laniesse. Paris. — Fromage de Coulommiers......	France.......	15
Xavier **Binet.** Lacambe. — Beurre.................	France.......	1
Cormier. Le Mans. — Œufs conservés............	France.......	
Société des paysans d'Uri. Altorf. — Fromages...	Suisse.......	16
Société d'agriculture d'Unterwald-le-Haut. Sachseln. — Fromages..........................	Suisse.......	17
Fresey. Grandvillard. — Fromage de Gruyère.......	Suisse.......	4
Menoud frères. La Magne. — Fromage de Gruyère..	Suisse.......	15
J. **Karlen** et fils. Erlenbach. — Fromage de Gruyère.	Suisse.......	11
Farner. Hégi. — Fromages aux herbes...........	Suisse.......	3
Société anglo-suisse pour la fabrication du lait conservé. Cham. — Lait conservé..........	Suisse.......	
Boccardi frères. Candela. — Fromage dit *provoloni*.	Italie........	105
Charles **Pollenghi.** Lodi. — Fromage parmesan.....	Italie........	170
Chambre de commerce de Ferrare. — Fromage de Ferrare..................................	Italie........	185
Étienne **Noce.** Chiavari. — Fromages...............	Italie........	200
A.-N. **Hansen** et Cie. Copenhague. — Saindoux......	Danemark....	1
Stenbeck. Fahlkœping-Gudhem. — Fromage dit *de Gudhem*..................................	Suède........	
Compagnie de Mandal. — Crème conservée.......	Norvége......	

Prince **Boris Meztcherski**. Gouvernement de Twer. — Fromages........ Russie....... 3

Prince A. **Schakhovskoy**. Gouvernement de Moscou. — Fromages........ Russie....... 4

Keding. Walmsdorf. — Beurre........ Mecklembourg. 6

G. **Caylet**. Labastide Pradines. — Fromages de Roquefort........ France....... 19

J. **Marco**. Uztarroz. — Fromages........ Espagne..... 67

H.-O. **Leibbrand**. Stuttgart. — Fromages........ Wurtemberg.. 6

E. **Kœchlin**. Pesth, Hongrie. — Saindoux........ Autriche..... 5

Corporation des charcutiers. Debreczin. — Lard.. Autriche.....

Mentions honorables.

Beimel et **Herz**. Pesth. — Saindoux et lard........ Autriche.....

Didier-Laurent. Les Plateaux. — Fromages...... France....... 17

Laurent **Claudel**. Presle — Fromages........ France....... 18

Benoît **Zarla**. Rovato. — Fromage parmesan........ Italie........ 168

Collége Alberoni. Plaisance. — Fromage parmesan. Italie....... 175

De Rosis frères. Cosenza. — Fromage parmesan.... Italie........ 196

Comte Auguste **de Gori-Pannilini**. Sienne. — Fromage parmesan........ Italie........ 202

André **Guerrieri**. Ascoli. — Fromage parmesan...... Italie........ 206

CLASSE 70

VIANDES ET POISSONS.

EXPOSANTS.

Médailles d'or.

Martin de Lignac. Paris. — Conservation des viandes. France.......
L. **Bignon** aîné. Paris. — Viande fraîche et gibier conservé...................................... France.......
Colonie de Saint-Pierre et **Miquelon**. — Pêche maritime................................... Col. françaises.
Ville de Bergen. — Pêche maritime.............. Norvége......
Compagnie pour la fabrication de l'extrait de viande Liebig dans l'Amérique du Sud. — — Londres. — Extrait de viande.................. Gde-Bretagne.
Commission de la Nouvelle-Écosse. — Poissons et crustacés.................................. Col. anglaises.

Médailles d'argent.

Dronne. Paris. — Charcuterie et conserves variées.. France.......
Chevet. Paris. — Conserves et viandes fraîches...... France.......
Pellier frères. Le Mans. — Conserves variées........ France.......
Battendier. Paris. — Conserves variées............ France.......
J. **Malan** jeune. Pau. — Jambons.................. France.......
Ch. **Philippe** et Cie. Nantes. — Conserves variées.. France.......
Pignolet et **Aumont**. Granville. — Huîtres conservées.. France.......
Doyen. Strasbourg. — Pâtés de foies gras.......... France.......
F.-A. **Ritti**. Strasbourg. — Pâtés de foies gras ; terrines. France.......
L. **Henry**. Strasbourg. — Pâtés de foies gras ; terrines. France.......
Victor **Lefrançois**. Granville. — Morues sèches.... France.......
Gremailly fils aîné. Bordeaux. — Conserves variées.. France.......
Duprat et Cie. Bordeaux. — Conserves variées....... France.......
Rodel et fils frères. Bordeaux. — Conserves variées.. France.......
Salles fils. Paris. — Conserves variées............. France.......
Chaillet et Sarah **Félix**. Régneville et Paris. — Huîtres conservées.............................. France.......
A. **Tivollier**. Toulouse. — Foies de canard.......... France.......

Deschamps-Bourdelle. Brives-la-Gaillarde. — Conserves diverses et pâtés	France
V. **Marquet** et E. **Andouin.** Port-Louis. — Sardines à l'huile	France
Balestrié. Concarneau. — Sardines conservées	France
Santreuil. Fécamp. — Poissons conservés	France
Félix **Marquet.** Étel. — Sardines à l'huile	France
Bourget. Paris. — Conserves diverses	France
Colonie française de Cochinchine. — Nids d'hirondelles	Col. françaises.
W. **Bonne.** Rhéda. — Jambons de Westphalie	Prusse
A.-N. **Hansen** et Cie. Copenhague. — Approvisionnements de navires	Danemark
Charles **Duffield.** Chicago. — Jambons	États-Unis
Cape, Culver et Cie. New-York. — Jambons	États-Unis
Culbertson-Blair et Cie. Chicago. — Bœuf et lard salés	États-Unis
Beth et **Huebler.** Buenos-Ayres. — Extrait de viande.	Con Argentine.
J.-J. **Morton** et Cie. Londres. — Conserves variées	Gde-Bretagne.
Crosse et **Blackweld.** Londres. — Conserves variées.	Gde-Bretagne.
Société de salaison de Bologne. — Mortadelles et saucissons	Italie
Biraben et Cie. Montevideo. — Jus glacé de viande.	Uruguay
Müller. Strasbourg. — Pâtés de foies gras	France

Médailles de bronze.

Pietrement. Paris. — Volailles et moutons	France
Mayer Paté. Paris. — Volailles et moutons	France
Fontaine. Paris. — Comestibles conservés	France
Briand. Paris. — Conserves variées	France
Carraud-Amieux. Nantes. — Conserves variées	France
Joseph **Peneau.** Nantes. — Conserves variées	France
Caillebotte et **Dumagnou.** Paris. — Conserves variées	France
Cormier. Paris. — Conserves variées	France
A. **Sage.** Brives-la-Gaillarde. — Conserves variées	France
Albrighi. Toulouse. — Foies de canard	France
Léon **Soubiran.** Nérac. — Terrines de Nérac	France
Morelon-Fleury. Nontron. — Terrines de gibier	France
Rayer. Trouville. — Saucisses marinières	France
Jaulain-Gandaubert. Barbezieux. — Conserves diverses	France
Leduc. Paris. — Conserves diverses	France
Levraud. Nantes. — Conserves diverses	France

A[dre] **Soymié**. Éthel. — Sardines conservées.......... France.......
Pouey jeune. Bordeaux. — Conserves alimentaires... France.......
Louis **Césana**. Paris. — Conserves alimentaires...... France.......
Charles **Saint-Martin**. Villefranche.—Foies de canards. France.......
Pétry. Nîmes. — Saucissons.......................... France.......
Boccardo. Nice. — Saucissons.................... France.......
Philippe **Cambon**. Montpellier. — Saucissons......... France.......
Pierre **Cambon**. Montpellier. — Saucissons.......... France.......
Mme **Dronne**. Paris. — Conserves diverses.......... France.......
Tinnier. Ile Tudy. — Sardines truffées............. Col. françaises.
Schneegans-Reeb. Strasbourg. — Pâtés et terrines. France.......
Moreau et **Dubois**. Nantes. — Sardines et thons... France.......
Nouvelle-Calédonie. — Tripangs et poissons salés. Col. françaises.
Protectorat de Taïti. — Tripangs.............. Col. françaises.
J.-H. **Nieuwenhuys** et Cie. Amsterdam. — Viandes conservées.................................. Pays-Bas ....
Aubry. Gand. — Pâtés de gibier.................. Belgique.....
J. **Tandel**. Diekirch.—Conserves diverses, saucissons. Luxembourg.
Société agricole du département d'Arnsberg. — Jambons...................................... Prusse.......
Baute et Cie. Dortmund. — Jambons............... Prusse.......
Comte **de Kleist**. Juchow. — Jambons............. Prusse.......
Carl. **Engelhardt**. Schwaebisch-Hall. — Jambons... Wurtemberg..
Georges **Bruck**. Landau. — Pâtés de foies, imitation de Strasbourg.................................. Bavière......
J. **Vernis**. Vich. — Saucissons.................... Espagne......
Ayuntamiento de Montanchez. — Jambons..... Espagne......
Ayuntamiento de Avilès. Oviedo. — Jambons.... Espagne......
J.-B.-D **Beauvais**. Copenhague. — Viande conservée. Danemark....
Abattoirs de porcs de Copenhague. — Porc conservé...................................... Danemark....
Sömme. Stavanger. — Harengs divers............. Norvége......
Mme Gina **Smith**. Christiania. — Anchois........... Norvége......
C. **Johnsen**. Christiansund. — Morues salées et harengs... Norvége......
N.-H. **Knutzon**. Christiansund. — Morues salées et harengs...................................... Norvége......
Catani. Helsingfors. — Gibier en conserve.......... Russie.......
Administration des Cosaques de l'Oural. — Poissons salés, caviar, esturgeons fumés........... Russie.......
François **Cirio**. Turin. — Viandes conservées........ Italie.......
Thomas **Ollden**. Buenos-Ayres. — Viandes sèches et salées.................................... C[on] Argentine.
Morgan. Buenos-Ayres. — Viande injectée.......... C[on] Argentine.
Juan-José **Mamoz**. Montevideo. — Viande préparée à la presse hydraulique......................... Uruguay.....

Commission orientale de Montevideo. — Viande injectée.. Uruguay.....

J. Burgess et fils. Londres. — Conserves variées.... Gde-Bretagne..

Duncan et Cie. Southwick. — Conserves variées..... Gde-Bretagne.

Barnes, Brown et **Baker**. Natal.—Viande de bœuf conservée.. Col. anglaises.

Smith et **Clark**. Melbourne. — Viande en conserves. Col. anglaises.

Compagnie australienne. Sydney. — Conserve de viande.. Col. anglaises.

Whitehead et Cie. Sidney. — Extrait de viande.... Col. anglaises.

R. **Tooth**. Sidney. — Extrait de viande............... Col. anglaises.

Bergès. Cazères. — Pâtés de foies de canard........ France.......

M.-J. **de Souza Coelho**. Rio-de-Janeiro. — Farine de poisson et garôpa en marinade.................. Brésil.......

A. **Castagnier**. Rio-de-Janeiro. — Bijupira et choux palmistes en conserves........................... Brésil........

Besset. Albi. — Conserves diverses.............. France.......

H. **Bell**. Sidney. — Viandes conservées............. Col. anglaises.

Mentions honorables.

Le Ray. Belle-Isle-en-Mer. — Sardines............. France.......

Isidore **Barbara**. Paris. — Conserves diverses....... France.......

Jourdan-Brive fils aîné. Marseille. — Conserves diverses.. France.......

Vve **Gaudin**. Saint-Jean-de-Luz. — Thon conservé.... France.......

A. **Deni**. Paris. — Tablettes de bouillon............ France.......

Pellouard. Vierzon. — Charcuterie............... France.......

Gillet. Paris. — Conserves alimentaires............. France.......

Ch.-A. **Frick**. Strasbourg. — Charcuterie........... France.......

Moussu. Paris. — Extrait de viande............... France.......

Surie Kouwenhoven. Rotterdam. — Viandes; potages; poissons conservés........................ Pays-Bas..... 1

Société royale. Amsterdam. — Conserves diverses.. Pays-Bas..... 4

P.-V.-P. **Goulmy**. Bois-le-Duc. — Extrait de bouillon. Pays-Bas..... 8

G.-A. **Raland**. Deventer. — Viandes et poissons conservés.. Pays-Bas..... 2

H. **Auerbach**. Gotha. — Andouilles............... Saxe-Gotha...

A. **Meyer-Berck**. Francfort-s.-M.— Extrait de viande. Prusse.......

Sous-Délégation de l'Institut agricole catalan de San-Isidro. Berga. — Jambons............... Espagne.....

Blas **Ballarin**. Sarvisé. — Mouton salé............ Espagne.....

Arsène **Marques**. Funchal. — Poisson salé.......... Portugal.....

August **Thorne Moss**. — Anchois et conserves...... Norvége......

Eide. Haugesund. — Harengs divers................ Norvége......

Thams. Trondhjem. — Conserves alimentaires........ Norvége......

Worsoé et Cie. Trondhjem. — Morues	Norvége	
Administration des Cosaques de la mer Noire. Ekatérinodar. — Poissons salés, séchés, caviar	Russie	
Société de pêcheries d'Élizavetinskaïa Stanitsa (pays des Cosaques du Don). — Poissons salés; caviar	Russie	
Ferrari. Turin. — Comestibles	Italie	
Chambre de commerce de Ferrare. — Saucissons, jambons	Italie	24
Sous-Commission de Catane. — Anchois et thon.	Italie	
Jean **Rainoldi.** Milan. — Saucissons	Italie	
Powel et Cie. Galatz. — Conserves diverses	Roumanie	
Commission de Siam. — Nids d'hirondelles	Siam	
Gail-Borden. New-York. — Extrait de viande	États-Unis	
Portland Packing Company. Portland, Me. — Conserves	États-Unis	
Bray et **Hayes.** Boston. — Conserves de poisson	États-Unis	18
Townsend frères. New-York. — Conserves; huîtres.	États-Unis	
Guillermo **Muller.** Buenos-Ayres. — Viande fumée et séchée	Con Argentine.	
Demaria et **Ariza.** Buenos-Ayres. — Viande séchée.	Con Argentine.	
W. **Tilley.** Terre-Neuve. — Poisson séché	Gde-Bretagne.	
Blackland et Cie. Melbourne. — Viande salée	Col. anglaises.	
L.-P. **Haillot** et Cie. Rio-de-Janeiro. — Conserves diverses	Brésil	

CLASSE 71

LÉGUMES ET FRUITS.

EXPOSANTS.

Médailles d'or.

Institut agricole catalan de San-Isidro. Barcelone. — Collection de fruits et légumes........... Espagne.....

Pelayo **Camps.** Girone. — Haricots; pois et autres légumes; dattes.................................... Espagne......

Philippe et Cie. Nantes. — Pois et conserves diverses. France.......

Boyer, Heyl et Cie. Gignac. — Truffes conservées.. France.......

Bordin-Tassart. Paris. — Légumes; variantes au vinaigre et moutarde........................... France.......

Salles fils. — Légumes et truffes.................. France.......

L. **Bignon** aîné. Paris. — Collection nombreuse de fruits frais..................................... France.......

Médailles d'argent.

Crosse et **Blackwell.**— Conserves de fruits de toute espèce.. Gde-Bretagne.

Mirland et Cie. Frameries. — Pâtes de pomme....... Belgique.....

Marquise de **Campo-Nuevo.** Malaga. — Raisins de table. Espagne .....

J. **Poey.** Cuba. — Collection de fruits frais.......... Col. espagnoles.

Salvador **Castello.** Barcelone. — Fruits d'Amérique acclimatés en Catalogne.......................... Espagne .....

M. **Estève** et **Alerany.** Tarragone. — Amandes..... Espagne .....

Carlos-Prast. Madrid. — Fruits et légumes conservés. Espagne .....

Saucerotte et **Parmentier.** Lunéville. — Fruits et légumes.................................... France......

Mouton. Paris. — Conserves variées................ France.......

Dodain et **Callier.** Paris. — Truffes................ France.......

Caillebotte et **Dumagnou.** Paris. — Truffes...... France.......

Lebreton et **Brée.** Paris — Champignons, fruits et légumes conservés............................. France.......

Maille et **Vannaisse.** Paris.—Moutarde et conserves. France.......

Fontaine. Paris. — Truffes.......................... France.......

Briant. Paris. — Truffes conservées................. France.......

Battendier. Paris. — Truffes conservées............ France.......

Bourget. Paris. — Produits variés.................. France.......

Félix **Perrier.** Crest. — Truffes...................... France.......

Guesde. La Guadeloupe. — Ananas................	Col. françaises.	
Ch. Peyraud. La Martinique. — Conserves diverses.	Col. françaises.	
Thélou. Algérie. — Fruits divers.................	Algérie	
Fontaine. Blidah. — Patates....................	Algérie	
Michel **Papadopoulos.** — Raisins.................	Grèce........	
Théodore-G. **Orphanidès.** Athènes.— Oranges; limons.	Grèce........	
Sous-Commission de Lecce. — Poires; cerises.	Italie........	
Nieuwenhuys et Cie. Amsterdam. — Fruits et légumes......................................	Pays-Bas.....	10
Martins et fils. Lisbonne. — Fruits secs..........	Portugal.....	
Commission de Goa. — Haricots................	Col. portug...	
H. Grüneberg. Berlin. — Pois; cerises...........	Prusse.......	
C. Mowitz. Doberan. — Haricots conservés........	Mecklembourg.	
Société d'agriculture de la Baltique. — Pois; haricots; fèves..................................	Prusse.......	
E. Seidel. Gruenberg. — Poires; prunes...........	Prusse	
Opleoukhine. Saint-Pétersbourg. — Choux rouges..	Russie.......	10
F. Hédiard.—Fruits divers des colonies et de l'Algérie.	Algérie.......	
A. François. Blidah. — Oranges et citrons........	Algérie	
Hardy. Alger. — Collection de fruits..............	Algérie.......	
Cormier. Le Mans. — Légumes variés.............	France.......	
Dubard-Dutartre. Corbeil.— Légumes secs variés.	France.......	

Médailles de bronze.

J.-J. Squire. New-London. — Épines-vinettes; variétés de conserves..................................	États-Unis ...
Batty. Londres. — Pickles variés..................	Gde-Bretagne.
John Burgess et fils. Londres. — Collection de fruits et légumes................................	Gde-Bretagne.
Kœchlin. Pesth. — Fruits variés..................	Autriche.....
Société d'agriculture de Laibach.— Collection de pois......................................	Autriche .....
Comité général de la Société agricole de Bavière. Munich. — Collection de fruits et de légumes..	Bavière ......
Constantino **Grund.** Malaga. — Raisins secs de table.	Espagne .....
Luis **Corro de Bresca.** Malaga. — Raisins secs de table..	Espagne......
Guillermo **Campos.** Alicante. — Raisins secs de table.	Espagne .....
Joachim **Balcells.** Tarragone. — Noisettes d'Espagne..	Espagne .....
José **Vallier.** Saragosse. — Haricots et lentilles	Espagne .....
Ocon frères. Calahorra. — Fruits et légumes conservés..	Espagne .....
Joseph **Sola.** San Felice de Llobregate. — Fèves ...	Espagne......
Prat et **Sagrista.** Fals. — Pois chiches...........	Espagne .....

P.-J. **Trias**. Baléares. — Amandes................	Espagne.....
F.-J. **Hernandez**. Avila — Pois chiches...........	Espagne.....
Manuel **Serrano**. Séville. — Olives................	Espagne.....
Cristobal-Bolufer. Valencia.—Raisins secs de table.	Espagne.....
Martin **Mayol**. Baléares. —Figues blanches et noires.	Espagne.....
J. **Quint Zaforteza**. Baléares. — Amandes.......	Espagne.....
Louit frères et Cie. Bordeaux. — Conserves, fruits au vinaigre..................................	France.......
Deschamps-Bourdelle. Brives. — Conserves et truffes....................................	France.......
Isidore **Barbara**. Paris. — Produits variés.........	France.......
Eugène **Benard**. Saumur.— Poires et pommes; conserves alimentaires..........................	France.......
Fromenteau. Lignières. — Haricots, flageolets.....	France.......
L. **Cornud**. Venterol. — Truffes...................	France.......
Leduc. Paris. — Conserves variées................	France.......
Jordan. Brives. — Câpres........................	France.......
Rouget de Lisle. Saint-Mandé. — Légumes secs...	France.......
A. **Sage**. Brives-la-Gaillarde. — Truffes............	France.......
Bonfils frères et Cie. Carpentras. — Truffes.........	France.......
Gallien. Paris. — Conserves de fruits.............	France.......
Dione. Paris. — Asperges..........................	France.......
Rousseau. Carpentras. — Truffes.................	France.......
Cesana. Paris. — Fruits et légumes...............	France.......
Groult jeune. Paris. — Légumes secs..............	France.......
Baudot. Paris. — Produits variés..................	France.......
Chevét. Paris. — Produits variés..................	France ......
Société d'agriculture de Châteauroux. — Produits variés..................................	France.......
Salles. La Martinique. — Ananas.................	Col. françaises.
Thébault-Nollet. La Martinique. — Produits variés.	Col. françaises.
Virgile **Fouché**. La Martinique. — Ananas.........	Col. françaises.
E. **Lacaze**. La Réunion. — Conserves variées.......	Col. françaises.
Delaselle. — Collection de tous les légumes farineux de l'Inde..............................	Col. françaises.
Béchu, directeur de la pépinière de Biskra. — Variétés de dattes............................	Algérie.......
Dubourg. Fruits assortis........................	Algérie......
D. **Poniropoulos**. — Raisins de Corinthe..........	Grèce........
Antoine **Pératoner** et fils. Catane. — Citrons......	Italie........
P.-R. **Van Ellekom**. Amsterdam. — Produits variés.	Pays-Bas.....
Compagnie des Léziries. Lisbonne — Lentilles et fèves....................................	Portugal.....
Joachim **Oliveira**. Porto. — Haricots.............	Portugal.....
Académie royale d'agriculture d'Eldena. — Haricots et pois................................	Prusse.......

Bode. Arnsdorf. — Pommes de terre............... Prusse.......
G. **Gœde.** Dambritsch. — Pois.................... Prusse.......
Bergés. Cazères. — Truffes et ceps............... France.......
Rouzé. Paris. — Conserves de fruits............... France.......
G. **Régnier.** Avallon. — Truffes de Bourgogne..... France.......
Félix **Potin.** Paris. — Conserves diverses........... France.......
Moreau et Dubois — Petits pois.................... France.......
Marga. Montevideo. — Fruits glacés............... Uruguay.....
Guidici. Smyrne. — Figues et raisins............. Turquie.....
Krikorian. Smyrne. — Figues et raisins........... Turquie.....
Dedeyan. Smyrne. — Figues et raisins............. Turquie.....
Kovac. Klausenbourg. — Collection de haricots..... Autriche.....
Manuel Cueto. Malaga. — Raisins frais........... Espagne.....

Mentions honorables.

Commune d'Oneida. Oneida (N.-Y.). — Variété de conserves diverses.............................. États-Unis....
Andrea **Ghiza.** Rovigno. — Petits pois.............. Autriche......
Carl **Warhanek.** Saint-Bartolo. — Conserves........ Autriche.....
G.-Bartholomé **Busch.** — Pois et haricots........... Brésil........
Gouvernement du Chili. — Prunes, amandes, raisins secs................................... Chili.........
J.-B.-D. **Beauvais.** Copenhague. — Asperges; pois; tomates.................................. Danemark....
Duc **de Solferino.** Barcelone. — Amandes.......... Espagne.....
A. **Aloy.** Barcelone. — Pois...................... Espagne.....
J. **Fortuny.** Baléares. — Légumes; fruits.......... Espagne.....
Sixto **Lopez Monreal.** Ayerbe. — Fruits secs....... Espagne.....
A. **Martin Toribio.** Villares de la Reina. — Pois chiches. Espagne.....
M. **Casas** et **Diaz.** Malaga. — Raisins secs........... Espagne.....
J. **Carmona** et **Tapia.** Fuente la Penâ. — Pois chiches. Espagne.....
J.-O. **Dodero.** Barcelone. — Caroubes.............. Espagne.....
R. **Llanza.** Barcelone. — Légumes................. Espagne.....
S. **Casas.** Huesca. — Noix; noisettes................ Espagne.....
Francisco **de Vivar.** Velez-Malaga. — Raisins secs... Espagne.....
Francisco **Gil** et **Barrâs.** Reus. — Noisettes......... Espagne.....
Juan Clemens. Malaga. — Raisins secs............. Espagne.....
Juan Miguel **Moreno** et Cie. Calahorra. — Fruits et légumes...................................... Espagne.....
Rousseau et **Laurens.** Paris. — Produits variés... France.......
Duprat et Cie. Bordeaux. — Truffes................ France.......
Moreau. Paris. — Fruits variés.................... France.......
Besset. Albi. — Confitures hygiéniques de légumes et fruits....................................... France.......

Prosper **Galopin** fils. Paris. — Truffes	France	
Rué aîné. Paris. — Fruits conservés	France	
Boudat. Paris. — Produits variés	France	
C. **Rey**. Paris. — Fruits conservés	France	
Flamand-Sezile. Noyon. — Produits variés	France	
Ch. **Rozière**. Romainville. — Oignons brûlés	France	
Capsa. Paris. — Produits variés	France	
Joseph **Hubert**. La Réunion. — Achards	Col. françaises.	
Frappier. La Réunion. — Légumes farineux	Col. françaises.	
Bertin d'Avesnes. La Réunion. — Légumes secs	Col. françaises.	
Ahmed bel Kadi Caïd de Batna. — Raisins secs	Algérie	
Ahmed ben Djelloul Caïd de Zatimas. — Noix, figues	Algérie	
Pierre **Baronnat**. Constantine. — Dattes	Algérie	
Antonio **Vaccarella**. Foggia. — Olives; raisins	Italie	
Emanuel **Alcalà**. Catanzaro. — Oranges; cédrats	Italie	
Stephano **Cafisi**. Girgenti. — Amandes	Italie	
Vincent Sylos **Labini**. Bari. — Raisins secs	Italie	
Jean **Luscia**. Brescia. — Cédrats	Italie	
Sous-Commission de Reggio d'Émilie. — Haricots	Italie	
Bernard **Reccagni**. Brescia. — Pois	Italie	
Chambre de commerce de Ferrare. — Légumes.	Italie	
Jean **Guida**. — Pois; haricots	Italie	
Chambre de commerce de Milan. — Pois, haricots.	Italie	
Institut d'agronomie de Pesaro. — Figues, raisins.	Italie	
Nickelsen. Christiania. — Conserves au vinaigre	Norvége	
Bensdorp et Cie. Amsterdam. — Carottes; asperges.	Pays-Bas	5
Nieuwenhuys et Cie. Rotterdam. — Produits divers.	Pays-Bas	7
Michel-Osorio-Cabral **de Castro**. — Fèves	Portugal	
Éloy-João **da França**. Funchal. — Haricots	Portugal	
Commission de Faro. Algarves. — Fruits secs	Portugal	
Neide. Seschwitz. — Pois	Prusse	
Louis **Prager**. Erfurt. — Haricots; fèves	Prusse	
Académie royale d'agriculture de Poppelsdorf. — Pommes de terre	Prusse	
Léopold **Schœller**. Schwieben. — Produits variés	Prusse	
De Reuss. Lossen. — Produits variés	Prusse	
Krug. Ober-Kunzendorf. — Produits variés	Prusse	
H. **Henze**. Weichnitz. — Produits divers	Prusse	
Mme **Linder** (Marie, née comtesse Pouschkine). Naës. — Conserves de fruits	Russie	
Philippe **Wiebe**. Tauride. — Fruits conservés	Russie	12
Bossard père et ses fils. Zug. — Fruits desséchés	Suisse	
Crapotte-Arnoult. Conflans. — Chasselas	France	

CLASSE 72

CONDIMENTS ET STIMULANTS; SUCRES ET PRODUITS DE LA CONFISERIE.

EXPOSANTS.

Hors concours.

J.-F. **Devinck.** (Membre du Jury.) Paris. — Chocolats. France.......

Vve **Jacquin** et ses fils. (M.-A. Jacquin, membre du Jury.) Paris. — Confiseries...................... France.......

E. **Ménier.** (Membre du Jury.) Paris. — Chocolats... France.......

Florentin **Robert.** (Membre du Jury.) Seelowitz (Moravie). — Sucres........................ Autriche.....

Médailles d'or.

C. **Say.** Paris. — Sucres raffinés.................. France.......

C. **Bennecke, Hecker** et Cie. Stassfurt.—Raffinade. Prusse.......

Jacob **Hennige.** Neustadt-Magdeburg. — Mélis...... Prusse.......

Fabrique de sucre de Waghaeusel. — Raffinade et candis..................................... Bade........

Wrede et **Klamroth.** Halberstadt. — Sucre brut... Prusse.......

Fabrique de sucre de Glauzig. —Mélis......... Anhalt.......

Cercle de Picardie. — Sucre de betterave......... France.......

F. **Lallouette** et Cie. — Sucre de betterave........ France.......

Régis **Bouvet** frères. — Sucre de betterave.......... France.......

E. **Icery.** Ile Maurice. — Sucre de canne.......... Col. anglaises.

Wiehé. Ile Maurice. — Sucre de canne........... Col. anglaises.

Pitot. Ile Maurice. — Sucre de canne........... Col. anglaises.

Marquis **de Rancougne.** La Guadeloupe. — Sucre de canne.................................. Col. françaises.

Guiollet et **Quennesson.** La Martinique. — Sucre de canne.................................. Col. françaises.

Établissement Savannah. La Réunion. — Sucre de canne.................................. Col. françaises.

Alex. **Schoeller.** Gross-Czakowitz. — Sucre de betterave.................................. Autriche.....

J.-H. **Gold.** Freiheitshausen. — Sucre de betterave.... Autriche.....

Cornill Wœstyn. Orlovetz, gouvernement de Kiew. — Sucre de betterave......................... Russie.......

H. **Epstein** et Cie. Hermanow, Gouvernement de Varsovie.— Sucre de betterave....................	Russie.......
Manuel da **Arocha Leão**. — Cafés.................	Brésil........
Juan **Poey**. Cuba. — Sucres........................	Col. espagnoles.
Jean-Manuel **Alfonso**. La Havane. — Sucres.........	Col. espagnoles.
Gouvernement des Indes : districts d'Assam, de Cachar, de Dehra-Dhoon, de Kumaon, du Punjab, des Neilgherry-Hills. — Thés.................	Inde anglaise.
Woussen et Cie. Houdain. — Sucres de betterave...	France.......
F.-J.-V. **Minchin**. Madras. — Sucres de canne obtenus par le procédé Robert, dit de *la Diffusion*.........	Inde anglaise ..

Médailles d'argent.

Dettwiller. Paris. — Chocolats.......................	France.......
Ibled frères et Cie. Paris. — Chocolats.............	France.......
Louit frères et Cie. Bordeaux.— Chocolats; condiments..	France.......
Marie **Brizard** et **Roger**. Bordeaux. — Liqueurs....	France.......
Rousseau et **Laurens**. Paris. — Liqueurs et fruits.	France.......
Rocher frères. La Côte-Saint-André. — Liqueurs....	France.......
E. **Baroche**. Saint-Leu d'Esserent. — Sucres	France.......
Jacotin et Cie. Réthel. — Sucres.................	France.......
Boulet et Cie. Hombleux. — Sucres	France.......
Grosheinz et **Scheurer**. Logelbach.—Glucose.....	France.......
Jordan et **Timaeus**. Bodenbach. — Liqueurs......	Autriche.....
François **Pokorny**. Agram. — Liqueurs..............	Autriche.....
Société par actions de Troppau. — Sucres de betterave..	Autriche.....
Comte **Clam Martiniz**. Studnowes. — Sucre de betterave..	Autriche.....
Comte **Larisch Mönnich**. Obersuchau. — Sucres...	Autriche.....
J.-A. **Roeder**. Cologne.—Liqueurs et extraits de punch.	Prusse.......
J.-A. **Gilka**. Berlin. — Liqueurs...................	Prusse.......
C.-L.-H. **Fischer**. Calbess. — Raffinade et mélis......	Prusse.......
A.-L. **Sombart** et Cie. Ermsleben. — Sucres bruts.	Prusse.......
A.-W. **Rimpau**. Schlanstedt. — Sucres bruts.......	Prusse ....
Jonas et **Lingner**. Garden. — Sucres bruts.......	Prusse.......
C.-A. **Maquet**. Magdebourg. — Mélis...............	Prusse.......
E. **Seeliger**. Brunswick. — Mélis..................	Brunswick ...
I.-H. **Grassau** et fils. Brunswick. — Candis.........	Brunswick ...
I.-Aug. **Coqui**. Ploetzkau. — Sucres bruts...........	Anhalt.......
Fabrique de sucre de Valdau.— Sucres bruts en gros cristaux..................................	Anhalt.......
Salt Chamber of commerce. Northwich. — Sels....	Gde-Bretagne.
Comte **Branicky**. Kiev. — Sucres....................	Russie.......
Cail-Galot-Bekers. Podolie. — Sucres............	Russie.......
Nathanson. Gouvernement de Varsovie. — Sucres....	Russie.......

Compagnie néerlandaise des Indes orientales. — Cafés et sucres	Pays-Bas.....
Wynand-Fockinck. Amsterdam. — Liqueurs	Pays-Bas.....
Raffinerie du Phénix. Copenhague. — Sucres	Danemark....
Guérin-Boutron frères. Paris. — Chocolats	France......
Frélut fils, **Fesquet** et Cie. Clermont-Ferrand. — Fruits confits	France......
Gaillard. Clermont-Ferrand. — Fruits confits	France......
E. **Lichtwitz** et Cie. Troppau. — Liqueurs	Autriche.....
J.-S. **Fry** et fils. Bristol. — Chocolats	Gde-Bretagne..
C. **Antelme.** Stanley-Estate, Ile Maurice. — Sucres et vanille	Col. anglaises.
Belzim et **Harel.** Trianon-Estate, Ile Maurice. — Sucres et vanille	Col. anglaises.
Souques et **Cail.** La Guadeloupe. — Sucres	Col. françaises.
Duchassaing. La Guadeloupe. — Sucres et vanille.	Col. françaises.
Eustache. La Martinique. — Sucres	Col. françaises.
Anicet-Orré. La Réunion. — Sucres	Col. françaises.
Jordan et **Timaeus.** Dresde. — Chocolats et dragées.	Saxe royale..
Les Héritiers Bols. Amsterdam. — Liqueurs.	Pays-Bas.....
W. **Hewitson.** Hewetson-Estate, Ile Maurice.—Sucres.	Col. anglaises.
J.-J. **Colman.** Londres. — Moutardes	Gde-Bretagne..
Sandbracher Tinné Anna Caterina Plantation. — Sucres	Col. anglaises.
Carew et Cie. Bengale. — Sucres	Inde anglaise.
Suchard. Neufchâtel. — Chocolats	Suisse......
Matias **Lopez.** Madrid. — Chocolats	Espagne......
Méric frères et Cie. Madrid. — Chocolats	Espagne......
Guiseppe **Majani.** Bologne. — Chocolats et dragées..	Italie.......
Walter, Baker et Cie. Dorchester. — Chocolats...	États-Unis....
Baronne **De Santa Anna.** — Cafés	Brésil.......
Baron **de Nova-Friburgo.** Rio-de-Janeiro. — Cafés.	Brésil.......
Commission provinciale du Para. — Cacaos..	Brésil ......
Millan, Ballen et Cie. Guayaquil. — Cacaos	Équateur.....
Marquis de **San Miguel.** Cuba. — Sucres	Col. espagnoles.
Raffinerie de Tanto. — Sucres raffinés	Suède ....
Sucrerie de Landskrona. — Sucres de betterave.	Suède........
Haentjens et Cie. Le Havre. — Sucres raffinés....	France.......
Jeanti et **Prevost.** Paris. — Sucres raffinés.....	France.......
Hermann **Wittekop** et Cie. Brunswick. — Chocolats.	Brunswick ...
Cederlund et fils. Stockholm. — Punch	Suède ......
L.-E. **Pelletier** et Cie. Paris. — Chocolats	France.......
Delloye Le Lièvre. Iwuy. — Sucre de betterave...	France.......
H. **Lawrence.** Nouvelle-Orléans. — Sucres bruts de canne	États-Unis....
Fabrique et raffinerie de sucre du Grand-Hornu, près Mons. — Sucres raffinés	Belgique.....

J. Neyt et fils. Gand. — Sucres raffinés........... Belgique.....
J.-B. Marlage et Cie. Thiant. — Sucres de betterave. France......

Médailles de bronze.

Lombard. Paris. — Chocolats..................... France.......
Chocquart. Paris. — Chocolats.................... France.......
Saintoin frères. Orléans. — Chocolats et dragées... France.......
Bordin-Tassart. Paris. — Moutardes............. France.......
Maille et **Vannaisse**. Paris. — Moutardes......... France.......
Vve **Justin Devillebichot** et Cie. Dijon. — Cassis... France.......
Lexcellent et **Chevassu**. Paris. — Fruits conservés. France.......
Marchand et fils. Paris. — Liqueurs................ France.......
Cossé-Duval et Cie. Nantes. — Candis de canne ... France.......
Schupp et **Humbert**. Épinal. — Glucose.......... France.......
Société des Salines de Sommerviller. — Sels. France.......
Sarda et Cie. Bordeaux. — Chocolats et confiserie.. France.......
Decrombecque. Lens. — Sucres raffinés......... France.......
Corbin et Cie. Paris. — Sucres.................... France.......
A. **Billet** et Cie. Paris. — Sucres................. France.......
A. **D'Osmoy** et Cie. Etrepagny. — Sucres.......... France.......
Durand et Cie. Carcassonne. — Sucres............ France.......
Bougenot. La Martinique. — Sucres............... Col. françaises.
De Kervéguen. La Réunion. — Sucres et cafés ... Col. françaises.
Jarno. La Martinique. — Cacaos.................. Col. françaises.
Mercier. La Guadeloupe. — Cacaos .... Col. françaises.
Césaire **Michaux**. La Guadeloupe. — Cafés .... Col. françaises.
A. **Guitteaud**. La Martinique. — Cafés............ Col. françaises.
Amand **Bouquet**. La Réunion. — Vanille........... Col. françaises.
Keen. Londres. — Moutardes .... G[de]-Bretagne.
Crosse et **Blackwell**. Londres.—Confitures et condiments.. G[de]-Bretagne.
J. Portal. Anse-Jonchée-Estate, Ile Maurice.— Sucres. Col. anglaises.
Henry **Barlow**. Lucia-Estate, Ile Maurice. — Sucres. Col. anglaises.
D'Arifat frères et A. **Ray**.Constance-Estate, Ile Maurice. — Sucres....................................... Col. anglaises.
Henry **Clementon**. La Guyane. — Sucres bruts.... Col. anglaises.
Wenping, Hill et **Ware**. Montréal, Canada. — Liqueurs et sirops.............................. Col. anglaises.
Jourde et **Nouvialle**. Bordeaux. — Fruits confits et liqueurs assorties .... France.......
Rey. Paris. — Compotes.......................... France.......
Jérôme **Luxardo**. Zara. — Marasquin............... Autriche .....
N. **Pigeon**. Montréal, Canada. — Sucre de maïs brut. Col. anglaises
Picon. Philippeville. — Amer africain .... Algérie ......

Vve **Brocard**. Alger. — Liqueurs algériennes........	Algérie ......
Jacques **Janasz**. Gouvern. de Varsovie. — Sucres...	Russie.......
N. **Balaboukha**. Kiew. — Conserves et pâtes de fruits.	Russie.......
Tchouprikoff. Kolomna. — Conserves et pâtes de fruits.	Russie.......
Berg. Carlshamn. — Punch......................	Suède ....
Platin. Gothembourg. — Punch	Suède ....
Raffinerie néerlandaise. Amsterdam. — Sucres.	Pays-Bas.....
M.-P. **Pollen** et fils. Rotterdam. — Liqueurs.. (Cl. 73.)	Pays-Bas.....
N. **Delannoy**. Tournai. — Chocolats	Belgique......
Batty et Cie. Londres. — Sauces.................	Gde-Bretagne.
Prochet-Gay et Cie. Turin. — Chocolats..........	Italie ....
J. et L. **Cora** frères. Turin, — Liqueurs............	Italie ....
Engelmann et Cie. Stuttgart. — Liqueurs.........	Wurtemberg..
A. **Roeder**. Wiesbade. — Fruits confits et sucres...	Prusse.......
Pavlidis. Athènes. — Chocolats et dragées.........	Grèce........
Maison P.-C. **Deichmann**. Copenhague. — Chocolats.	Danemark....
Peter F. **Heering**. Copenhague. — Cherry cordial...	Danemark....
J. **Aagaard**. Copenhague. — Vinaigre d'alcool......	Danemark....
Bogaers. La Guadeloupe. — Liqueurs............	Col. françaises.
Massieux. La Guadeloupe. — Liqueurs...........	Col. françaises.
Hugon. Paris. — Chocolats	France.......
Lucquin et **Millet**. Paris — Chocolats...........	France.......
Poulain. Blois. — Chocolats......................	France.......
A. **Auger**. Paris. — Chocolats....................	France.......
Victor **Dubosc**. Paris. — Moutarde................	France.......
Victor **Chatriot** et **Savary**. Paris. — Confiserie....	France.......
C. **Lassimonne**. Paris. — Confiserie...............	France.......
Lesage et **Paignard**. Paris. — Confitures	France.......
Quinette. Clermont-Ferrand. — Fruits confits.......	France ....
Vieillard. Clermond-Ferrand. — Fruits confits	France.......
Arnaud aîné et Cie. Voiron. — Liqueurs...........	France.......

H. **Funck**. Gratz. — Liqueurs.	Autriche
Merores et **Jeitteles**. Prague. — Liqueurs.	Autriche
Conseiller José-Ildefonso **de Souza-Ramos**. Rio de Janeiro. — Cafés.	Brésil
Baron de **Bella-Vista**. Saint-Paul. — Cafés.	Brésil
Commission provinciale de Maranhâo.—Cacaos.	Brésil
Januario-Antonio **da Silva**. Province de Para. — Sucres.	Brésil
Commission provinciale de Pernambuco.— Sucres.	Brésil
Paes-Leme. Province de Rio-de-Janeiro. — Sucres.	Brésil
Marques **da Oliveira**. Province de Pernambuco. — Liqueurs	Brésil
Hugo **Raussendorf**. Berlin. — Liqueurs.	Prusse
H. **Underberg-Albrecht**. Rheinberg. — Liqueurs.	Prusse
Damman et **Kordes**. Thorn. — Liqueurs.	Prusse
Volsteidt. Le Cap. — Fruits confits.	Col. anglaises.
A. et A. **Biffar**. Durkheim. — Fruits confits.	Bavière
José de Conceiçao Guerra. Elvas.—Fruits confits.	Portugal
Conseil des Colonies Portugaises. — Cafés de Saint-Thome.	Col. portug.
J.-A. **Martins**. Ile de Saint-Antâo.—Cafés du cap Vert.	Col. portug.
A. **Driessen**. Rotterdam. — Chocolats.	Pays-Bas
Azevedo et Cie. Bahia. — Sucres.	Brésil
M. **Alonso de Prado** et Cie. Léon. — Chocolats.	Espagne
Blas **Alonso**. Léon. — Chocolats.	Espagne
Costa et Cie. La Dominique. Cuba. — Confitures et fruits confits.	Col. espagnoles.
Petrona **Millan de Garcia**. Cuba. — Sucres bruts.	Col. espagnoles.
José **Martinez**. Province de Pampanga. Philippines. — Sucres bruts.	Col. espagnoles.
Guichard et fils. Philippines. — Sucres bruts.	Col. espagnoles.
Lebaigue. Bruxelles. — Chocolats.	Belgique
Schatin-Pierry et Cie. Spa. — Liqueur de Spa.	Belgique
Dewyndt-Aerts. Anvers. — Sucre candi.	Belgique
Starker et **Pobuda**. Stuttgart. — Chocolats.	Wurtemberg.
H. **Franck**. Vaihengen. — Chicorée.	Wurtemberg.
Jean-Philippe **Wagner** et Cie. Mayence. — Chocolats et bonbons.	Hesse
Kraus et **Ritter**. Mayence. — Liqueurs.	Hesse
P. **Jacquemin** père et fils. Meursault. — Moutardes.	France
Melchion fils et Pierre **Chappaz**. Marseille. — Liqueurs.	France
Chirac. Lyon. — Vermouth et liqueurs.	France
J.-F. **Fert**. Genève. — Vermouth.	Suisse
Auguste **Poupón**. Dijon. — Moutarde.	France

Foucher. Paris. — Glucose........................ France.......
F. Marquis et Groult jeune. Paris.—Cacao au tapioca. France.......
Eug. **Lenseigne**. Châteauroux. — Vinaigres....... France.......
Chantier Thauvin. Meung. — Vinaigres......... France.......
Paty jeune. Beaugency. — Vinaigres................ France.......
Cornette de Venancourt. La Martinique.—Liqueurs. Col. françaises.
B. **Musso** et Cie. Nice. — Fruits confits............ France.......
Waldbaur frères. Stuttgart. — Chocolats et liqueurs. Wurtemberg..
Courtin **Raoult**. Orléans. — Vinaigre de vin......... France.......
Dessaux et fils. Orléans. — Vinaigre de vin........ France.......
Fabrique de sucre de Koeniggraetz. — Sucres. Autriche.....
Braun frères. Pesth, Hongrie. — Liqueurs......... Autriche.....
Bernard. Londres. — Cacao...................... Gde-Bretagne.
F. **Potin**. Paris. — Chocolats et confiseries.......... France.......
Diétrich frères. Strasbourg. — Moutardes........... France.......
Tiessen et **Suedermann**. Elbing. — Liqueurs.... Prusse.......
Ed. **Kantorowitz**. Berlin. — Liqueurs............. Prusse.......
H.-A. **Kupferschmidt**. Danzig. — Liqueurs....... Prusse.......
Auguste **Tschinckel** fils. Schonfeld. — Chicorée.... Autriche.....
Joh. **Gemperlé**. Lettowitz. — Chicorée............ Autriche.....
Moritz **Bauer**. Brünn et Oedenburg. — Sucres de betterave... Autriche.....
Kluge et Cie. Prague. — Confiserie et glucose........ Autriche.....
Comte **Thun-Hohenstein**. Peruc.—Sucres de betterave. Autriche.....
Comte Charles **Althann**. Carlsthal. — Sucres raffinés. Autriche.....
Fabrique de sucre de Barzdorf. — Sucres de betterave... Autriche.....
Angelo Valerio. Trieste. — Chocolat............ Autriche.....
Théodore **Bauer**. Brünn. — Sucres de betterave...... Autriche.....
Franz **Stollwerck**. Cologne. — Chocolats et bonbons. Prusse.......
A. **De Niessen**. Danzig. — Liqueurs.............. Prusse.......
Seidel et Cie. Breslau. — Liqueurs................ Prusse.......
Louis **Ackermann**. Berlin. — Liqueurs............ Prusse.......
Baumann et **Maquet**. Buckau. — Mélis............ Prusse.......
H.-L. **Banck**. Bleckendorf. — Mélis................ Prusse.......
J.-J. **Jacob vom Rath** et Cie. Koberwitz. — Mélis. Prusse.......
Treutler Ssherzer et Cie. Neuhof. — Sucres bruts de betterave... Prusse.......
Fabrique de sucre de Trendelbusch. — Sucres bruts de betterave.......................... Brunswick...
Fabrique de sucre de Holland, près Cöthen. — Raffinade et mélis.............................. Anhalt.......
Fabrique de sucre de Gutschdorf. — Sucres bruts et mélis.................................. Prusse.......
Fabrique de sucre d'Irxleben.—Raffinade et mélis. Prusse.......
F. W. **Methner**. Jacobsdorf. — Sucres bruts et mélis. Prusse.....

Carl. **Friedenthal**. Giessmannsdorf. — Sucre de lait. Prusse.......
Ed. **Heymen**. Potsdam. — Liqueurs................ Prusse.......
G. **Landrin**. Saint-Pétersbourg.—Bonbons et confiserie. Russie.......
Fontecilla. — Vanille.......................... Mexique.....
Janion Green et Cie. — Sucres bruts.............. Hawaï......
Prince V. **Vassiltchikoff**. Troubetchino. — Sucres. Russie.......
Soukhovo-Kobyline frères. Gᵗ de Toula.—Sucres. Russie.......
L. **Epstein**. Kutno. Gᵗ de Varsovie. — Sucres..... Russie.......
Gomez de la Torre. — Cacaos................. Equateur.....
Fayk-Bey Della Sudda. Constantinople. — Sirops. Turquie......
G. **Heidlauff**. Lahr. — Chicorée.................. Bade........
H. **Gonin**. Paris. — Fleurs conservées à l'état frais par le sucre.................................. France.......
Princesse Marie **Dolgorouki**. Gouvernement de Tchernigov. — Sucre indigène......................... Russie.......
Comte J. **Apraksine**. Gouvernement de Tambov.—Sucre indigène.................................... Russie.......
Maumé. Paris. — Cafés torréfiés.................. France.......
Ch. **Chrétien**. Paris. — Cafés torréfiés............ France.......
Trébucien frères. Paris. — Cafés torréfiés........... France.......
E. **Choveaux**. Paris. — Cafés torrifiés............. France.......
B. **Johnson**. Nouvelle-Orléans. — Sucres bruts..... États-Unis....
James **Ouchterlony**. Neilgherry. — Cafés.......... Inde anglaise.
Macfarlane. Schevaray-Hill. — Cafés............. Inde anglaise.
C.-H.-R. **Cocq**. Tinnevelly. — Cafés.............. Inde anglaise.
W. **Maylor**. Wynaad. — Cafés..................... Inde anglaise.
A. **Taylor**. Coorg. — Cafés....................... Inde anglaise.
Adderley. Tinnevelly. — Cafés.................... Inde anglaise.
De Beurmann. Oppin. — Sucres bruts............ Prusse.......
Fabrique de sucre de Barleben. — Sucres en gros cristaux.................................. Prusse.......
Seube. Toulouse et Luchon. — Chocolats........... France.......
Fabrique de sucre de Brehna. — Sucres bruts. Prusse.......
Zuckschwerdt et **Beuchel**. Nienburg.— Sucres bruts. Anhalt.......
Schooling et Cie. Londres. — Confiserie............ Gde-Bretagne.
Damaso **Barrenengoa**. Ciudad-Réal. — Chocolats. Espagne......
Breton-Lorion. Orléans. — Vinaigres............ France.......
Ovejeros. Ledesma. — Sucres.................... Con Argentine.

Mentions honorables.

F.-J. **Dos Santos**. Lima. Province de Panama. — Herva Mate................................... Brésil.......
M.-G. **Da Cunha**. Bittincourt. Province de Panama. Herva Mate.................................... Brésil.......

A.-C.-F. **Borges**. Ile de Santiago, cap Vert. — Cafés du cap Vert	Col. portug...
Costa Magalhães. Canango. — Cafés d'Angola	Col. portug...
Conseil des Colonies d'Angola.— Cafés	Col. portug...
Charles **Osterlow**. Gouvernement de Varsovie. — Kümmel	Russie
Marie **Déchariot**. Moscou. — Crème de thé	Russie
Charles **Schneider**. Varsovie. — Liqueurs	Russie
Grégoire **Likhonine**. Gouvernement de Saint-Pétersbourg. — Liqueurs	Russie
Spakler et **Tetterode**. Amsterdam.— Sucres raffinés.	Pays-Bas
João Nunes da Conceição. Elvas.—Fruits confits.	Portugal
Decombes et Cie. Lisbonne. — Chocolats	Portugal
P. **Hoppe**. Amsterdam.— Liqueurs (Cl. 73.)	Pays-Bas
Francisco **Pascual**. Madrid. — Liqueurs	Espagne
José **Valls**. Cuba. — Confitures et fruits conservés..	Col. espagnoles.
Cipriano **Brioussaire**. Cuba. — Sucres	Col. espagnoles.
José **Caturla**. Cuba. — Sucres	Col. espagnoles.
Francisco **Fernandez**. Astorga. — Chocolats	Espagne
Pedro Alonso et fils. Mansilla de las Mulas.—Chocolats.	Espagne
Vve de **Roman** et fils. Léon. — Chocolats	Espagne
Tomas **Rubio** et **Silva**. Astorga. — Chocolats	Espagne
Vercruysse-Bracq. Gand. — Sucres	Belgique
C.-B. **Blaess**. Borgerhout. — Vinaigres	Belgique
Paolo-Biffi. Milan. — Liqueurs	Italie
Martini-Sola et Cie. Turin. — Liqueurs	Italie
Camillo Zigliani. Bergame. — Vinaigres	Italie
François **Slerca** et Cie. Crémone. — Vinaigres	Italie
Santé **Barbetti**. Fuligno. — Dragées	Italie
F. **Heine**. Saint-Burchardt. — Sucres bruts	Prusse
Honig. Egeln. — Sucres bruts	Prusse
F.-W. **Spielberg** et fils. Volkstedt. — Sucres bruts.	Prusse
H. et A. **Strauss**. Schermcke. — Sucres bruts	Prusse
Wrede et fils. Gr.-Oschersleben. — Sucres bruts	Prusse
Wiersdorff, Hecker et Cie. Groeningen. — Sucres bruts	Prusse
Berge, Braun et Cie. Hedersleben. — Sucres bruts.	Prusse
Wrede Schütze et Cie. Kloster Grœningen. — Sucres bruts	Prusse
Bercht et **Fricke**. Reinschdorf. Berlin. — Sucres bruts	Prusse
Koppe frères. Letschin. — Sucres bruts	Prusse
Baron H. **De Muenchhausen**. Nieder-Schwedeldorf. — Sucres bruts	Prusse
Fabrique de sucre de Neuwerk. — Sucres bruts.	Prusse

Vve A.-F. **van Heuvel.** Emden. — Candis.......... Prusse.......
Fabrique de sucre d'Allstedt. — Sucres bruts.. Saxe-Weimar.
F. **Wicke.** Wildungen. — Candis.................. Valdeck......
Gatti frères. Londres. — Chocolats............... Gde-Bretagne.
Jules **Lavaud.** Ile Maurice. — Liqueurs............ Col. anglaises.
P. **Monvoisin.** Ile Maurice. — Liqueurs........... Col. anglaises.
Grondstedt. Stockholm. — Punch.................. Suède........
Hogstedt. Stockholm. — Punch.................... Suède........
Cornelio **Dos Santos.** Rio-de-Janeiro.— Cafés....... Brésil........
F.-P. **de Vasconcellos.** Province de Bahia.—Cacao. Brésil........
Groudard. Paris. — Chocolats...................... France.......
Ch. **Besnier.** Le Mans. — Chocolats................. France.......
H. **Delespaul.** Lille. — Chocolats.................. France.......
Gilbert. Rochefort. — Chocolats................... France.......
Rasetti et **Guérin.** Paris. — Chocolats........... France.......
Hermann. Paris. — Chocolats....................... France.......
Pihan. Paris. — Chocolats.......................... France.......
Mourgues jeune. Paris. — Chocolats............... France.......
Quillet. Paris. — Moutardes........................ France.......
J.-H. **Vicat.** Paris. — Moutardes.................... France.......
Emile **Courtin.** Fresnes. — Chicorée................ France.......
Lervilles-Humbert. Lille. — Chicorée............ France.......
Louis **Baudot.** Verdun. — Confiserie................ France.......
A. **Soubeyran.** Montélimart. — Nougat............ France.......
Linder Gasnier. Paris. — Pastillages............ France.......
Celisse. Paris. — Pastillages....................... France.......
Cuzol et fils et Cie. Castelmoron. — Pruneaux..... France.......
Boyer fils et **Durand.** Carcassonne.—Fruits confits. France.......
Prosper **Blanchard.** Rochefort. — Liqueurs....... France.......
Capsa. Paris. — Confitures.......................... France.......
Cointreau frères. Angers. — Liqueurs............ France.......
Combier-Destre et fils. Saumur. — Liqueurs..... France.......
A. **Ducaux** et Cie. Bordeaux. — Liqueurs.......... France.......
Dutruc et **Grillat.** Saint-Marcellin. — Liqueurs... France.......
Gueulin-Renaud. Lyon. — Liqueurs.............. France.......
Albert **Hollier.** Paris. — Liqueurs.................. France.......
Moureaux frères. Paris. — Liqueurs.............. France.......
Adolphe **Obez.** Douai. — Sirop de Calabre......... France.......
Émile **Raspail.** Paris. — Liqueurs................. France.......
Fréderic **Tricas.** Paris. — Liqueurs................ France.......
Job **Marlier.** Bar-le-Duc. — Confitures............. France.......
Pecaut. Salines de Béarn. — Sels de source........ France.......
Léon **Brunet.** Paris. — Liqueurs.................... France.......

A. **Cuillerier** et Cie, Romans. — Liqueurs......... France.......
Clément **Maisallez**. Paris. — Fruits confits et bonbons de dessert.. France.......
Leguerrier. Paris. — Cafés torréfiés............. France.......
L. **Robin** fils. Isle d'Espagnac. — Cafés torréfiés.... France.......
Savigny. Chartres. — Cafés torréfiés............. France.......
Gerbault. Saint-Aignan. — Prunelline............. France.......
Herrouet. Philippeville. — Liqueurs.............. Algérie.......
Thiel et **Chartroux**. Mostaganem. — Liqueurs.... Algérie.......
De Perrinelle. La Martinique. — Sucres......... Col. françaises.
Laprade frères. La Réunion. — Sucres............ Col. françaises.
Louis **Chabrier**. La Réunion. — Sucres........... Col. françaises.
Saint-Michel-Préville. La Martinique. — Cacaos. Col. françaises.
Le Lorrain. La Martinique. — Cacaos........... Col. françaises.
Charles **Ledentu**. La Guadeloupe. — Cafés........ Col. françaises.
Colardeau. La Guadeloupe. — Cafés............. Col. françaises.
Lafitte. La Réunion. — Cafés.................. Col. françaises.
J. **Joret** fils. La Martinique. — Cafés.......... Col. françaises.
A. **Biberon**. La Réunion. — Vanilles............. Col. françaises.
Casimir **Bauer**. Vienne. — Liqueurs............... Autriche......
C.-F. **Piering**. Prague. — Vinaigre............... Autriche......
Josef **Archleb**. Gratz. — Liqueurs................ Autriche......
Mme Vve L. M. **Baczewsky** et fils. Lemberg.—Liqueurs. Autriche......
Edouard **Fünck**. Algersdorf. — Liqueurs........... Autriche......
Josef **Pastner**. Gratz. — Liqueurs................ Autriche......
Reiner et Cie. Turas. — Chicorée................ Autriche......
Georges **Stöger**. Pernegg-sur-Mur. — Liqueurs...... Autriche......
Christian **Peska**. Renau en Bohême. — Sucre de glucose en panier.. Autriche......
Nedwied et fils. Schlan. — Liqueurs.............. Autriche......
H. **Pritzkow** et Georges **Broche**. Berlin. — Liqueurs. Prusse.......
F. **Wilcke**. Berlin. — Liqueurs.................. Prusse.......
O. **Jannasch**. Bernburg. — Liqueurs .... Prusse.......
Koebke et **Bergener**. Magdebourg. — Liqueurs.... Prusse.......
Seeler et **Moiske**. Francfort-sur-Oder. — Liqueurs. Prusse.......
J. **Drouven** et Cie. Coblenz. — Liqueurs.......... Prusse.......
Kirchner et **Menge**. Arolsen. — Liqueurs........ Waldeck.....
C.-C. **Williams**. New-York. — Conserves de fruits au sucre... États-Unis....
J. **Waltemeyer**. Baltimore.— Conserves de fruits au sucre.. États-Unis....
G.-H. **Ohmsted**. Christiania. — Confiserie......... Norvége.....
A.-F. **Closs**. Neckar, Heilbronn. — Chicorée....... Wurtemberg..
Gerosimo et **Lounzi**. Céphalonie. — Liqueurs.... Grèce.......

Cloetta frères. Copenhague. — Chocolats .... Danemark....
Ramann. Copenhague. — Cafés .... Danemark....
O.-B. **Suhr**. Copenhague. — Confitures .... Danemark....
Beaujean. La Guadeloupe. — Liqueurs .... Col. françaises.
Richard **Goll**. Biberach. — Décors et pastillage..... Wurtemberg..
N.-C. **Bloch** et ses fils. Duttlenheim. — Glucoses... France.......
Curtarelli et Cie. Crémone. — Nougats. .... Italie........
Salvador Guli. Palerme. — Fruits confits .... Italie ....
Zeno **Gögl**. Krems. — Moutardes et vinaigres .... Autriche......
P. et P. **Derode** frères. Paris. — Thés .... France.......
Huan et **Gontagny**. Dijon. — Vinaigre de vin.... France.......
De **Lourde de Laplace**. Nérac. — Vinaigre de vin. France.......
Andrea Torricelli. Florence. — Liqueurs........ Italie........
Coriolano Giaccobini. Fano. — Liqueurs .... Italie........
Antonio Pizzolotto. Trévise. — Liqueurs........ Italie........
Pascal **Montini**. Fabriano. — Liqueurs............ Italie ....
Schtritter. Saint-Pétersbourg. — Liqueurs .... Russie.......
Frédéric **Engelhards**. Ruwelheim. — Chicorée.... Hesse........
J.-V. **Jungbluth**. Worms. — Chicorée............ Hesse........
Dr **Alfons-Tenner**. Darmstadt. — Extrait de viande. Hesse........
Jouveau-Dubreuil. Brest. — Chocolats........... France.......
Vaerst et **Rademacher**. Unna. — Liqueurs ..... Prusse.......
J.-F. **Tilemann**. Bendorf. — Chicorée............ Prusse.......
Joh. **Weyer**. Cologne. — Pastilles de menthe...... Prusse.......
R. **Heiden**. Naumbourg. — Chocolats et dragées ... Prusse.......
Ph. **Greve-Stirnberg**. Bonn. — Liqueurs .... Prusse.......
E.-F. **Hornung**. Barby-sur-l'Elbe. — Liqueurs..... Prusse.......
F. **Voss**. Preetz. — Liqueurs.................... Prusse.......
E. M. **Bollmann**. Hoya. — Vinaigre .... Prusse.......
Almairac frères. Cette. — Vermouth............. France.......
Francesco **Cinzano**. Turin. — Vermouth.......... Italie ....
Desvignes-Guitard. Paris. — Bitter............. France.......
Eug. **Vaudry**. Le Havre et Honfleur. — Bitter ..... France.......
Affolter-Jenny. Coire. — Liqueurs............. Suisse.......
Wirsing et **Reynolds**. Natal. — Sucres.......... Col. anglaises.
British Guiana Colonial Company. Guyane anglaise. — Sucres .... Col. anglaises.
Thomas **Daniel**. Guyane anglaise. — Sucres........ Col. anglaises.
Gabriel **Lafond de Lurcy**. — Cafés .... Costa-Rica...
Elisséeff frères. Saint-Pétersbourg. — Confiserie ... Russie.......
Justin **Specht**. Riga. — Liqueurs................. Russie.......
Olivier **Thibault**. Canada. — Sucres d'érable....... Col. anglaises.
G. **Mazari**. Rio-de-Janeiro. — Liqueurs.......... Brésil.......

Dr J.-G.-B. **Siegert** et fils. Ciudad-Bolivar. — Bitter. Vénézuéla....
Fo. L. **Davis**. — Cacaos.......................... Vénézuéla....
Colonel **Mann**. Penang. — Clous de girofle......... Inde anglaise.
Deputy superintendent. Mysore. — Sucres bruts.. Inde anglaise.
J. **Hayes**. Bangalore. — Sucres bruts............... Inde anglaise.
Brown et Cie. Penang. — Sucres bruts............ Inde anglaise.
Commission de Tucuman. — Sucres............... Con Argentine.
Pannetrat. Nouvelle-Calédonie. — Cafés.......... Col. françaises.
E. **Hogan**. Penang. — Cafés....................... Inde anglaise.
Ball et **Adam**. — Sucres bruts..................... Hawaï.......
Jose-Antonio **Gonzalès**. San-Salvador. — Cafés..... San-Salvador.
J. **Davidson**. Saint-Bernard Parish, La. — Sucres bruts. États-Unis....
G. **Sabatier**. Plaquemines Parish, La. — Sucres bruts. États-Unis....
D.-D. **Avery**. Petite Anse, La. — Sels gemmes...... États-Unis...
Vivien. Paris. — Sirops cristallisés................. France.......
F. et E. **Gerke**. Gt de Penza. — Sucres indigènes... Russie.......
N. **Skalon**. Gt de Kharkov. — Sucres indigènes...... Russie.......
E. **Joukowski**. Gt de Koursk. — Sucres indigènes... Russie.......
Société d'agriculture de Beauce. Canada. — Sirop d'érable.. Col. anglaises.
Wickert frères et **Weysser**. Durlach. — Chicorée.. Bade........
Kuenzer et Cie. Fribourg-en-Brisgau. — Chicorée... Bade........
P.-J. **Stahlberg**. Stettin. — Liqueurs.............. Prusse.......
Rademechers. Gangelt. — Liqueurs................. Prusse.......
G.-A.-W. **Mayer**. Breslau. — Sirops................ Prusse.......
Th. **Koepp** et fils. Wésel. — Punch................. Prusse.......
H. **Stibbe**. Cologne. — Liqueurs..................... Prusse.......
W. **Weithoff** et Cie. Cologne. — Liqueurs.......... Prusse.......
A. **Radicke** et Cie. Gruenberg. — Liqueurs.......... Prusse.......
Jos. **Selner**. Düsseldorf. — Punch.................. Prusse.......
Colon et **Malot**. Boulogne. — Punch et curaçao..... France.......
Daubitz. Berlin. — Liqueurs....................... Prusse.......
Jodocus **Robertz**. Cologne. — Liqueurs............. Prusse.......
Toutoute. La Guadeloupe. — Confitures............ Col. françaises.
Ghesquier-Bouisset. Lille. — Liqueurs........... France.......
Eugène **Perrin** et Cie. Gap. — Eaux parfumées..... France.......
Stoupany. Montélimart. — Nougat................ France.......
Lamouroux et **Mentel**. Paris. — Fruits confits.... France.......
R. **Requier** et P. **Moilin**. Périgueux. — Liqueurs.. France.......
Chevrier. Paris. — Élixir de coca.................. France.......
Marchand. Paris. — Cafés.......................... France.......
P. **Capouillet**. Bruxelles. — Sucres raffinés......... Belgique.....
John **Burgess** et fils. Londres. — Sucres et sirops.... Gde-Bretagne.
Rossignol-Lefebvre. Lille. — Sirops................ France.......

CLASSE 73

BOISSONS FERMENTÉES.

EXPOSANTS.

Hors concours.

Comte Hervé **de Kergorlay** (membre du Jury). Cerny — Cidres.	France.......
Comte H. **Zichy** (membre du Jury). — Vins de Tokay.	Autriche......
J.-A. **Gilka** (associé au Jury). Berlin	Prusse.......
Teissonnière (membre du Jury). Paris. — Vin de liqueur, vin d'imitation	France.......
Robert **Schlumberger** (membre du Jury). Voeslau..	Autriche.....
G. **Roy**, (membre du Jury). Château d'Issan. — Vins rouges du Médoc	France.......

Grands prix.

Pasteur. Paris. — Procédé de conservation des vins par le chauffage	France.......
H. **Marès**. Montpellier. — Étude de la maladie de la vigne, propagation de l'emploi du soufre	France.......

Médailles d'or.

Scott. — Château-Laffitte 1848	France.......
Vicomte O. **Aguado**. — Château-Margaux 1825-1848.	France.......
De Flers, **De Beaumont**, **De Graville**, **De Courtivron**, propriétaires indivis.—Château-Latour 1848	France.......
Eug. **Larrieu**. — Château-Haut-Brion 1857	France.......
Comte **Duchâtel**. — Peyraguey 1864	France.......
Marquis de **Las Cases**. — Léoville 1848	France.......
Baron E. de **Rothschild**. — Mouton 1864	France.......
Martyns. — Clos-Destournel	France.......
Berger frères et **Roy**. — Brane-Cantenac	France.......
E. **Durand**. — Rauzan-Segla	France.......
Faure et **Bethmann**. — Larose	France.......

Baron **Sarget de Lafontaine**. — Gruaud-Larose.. France.......
M. **Dollfus**. — Chateau-Montrose .... France.......
Erlanger et **Lalande**. — Léoville-Poyferré .... France.......
Johnston. — Ducrud-Beaucaillou.................. France.......
Maître et **Merman**. — Tour-Blanche............... France.......
Lafon-Desir. — Sauternes....................... France.......
Vicomte **de Pontac**. — Château-Vigneaux.......... France.......
Groupe des propriétaires exposants de Saint-Emilion. — Collection de vins.................. France.......
Comte de **Vogué**. — Musigny 1859-1864............ France.......
André **Argot**. — Nuits 1865......................... France.......
Marion. — Chambolle 1864......................... France.......
Gros-Cuénaud.—Clos des Réas. Vosnes-Romanée 1864. France.......
Ad. **Bocquet**.—Corton-Pouget 1862 et Savigny 1858. France.......
Dubois frères et **Masson**. — Clos des Mouches-Gelées 1862 et Beaune 1864......................... France.......
P. **Richard**. — Corton, Nuits 1864................. France.......
Comte **de l'Espinasse**. — Nuits-Boudot............ France.......
E. **Armand**. — Pommard-Épenaux.................. France.......
Ch. **Jacquinot**. — Corton 1854-1858................ France.......
Baillon-Royer. — Échezeaux-Vougeot 1864......... France.......
Marey-Monge. — Pommard 1854, Musigny 1846 ... France.......
Dumoulin aîné. — Vergelesse 1859-1862-1865...... France.......
J.-B. **Coirier**. — Nuits, Saint-Georges 1865.......... France.......
Naigeon. — Pommard 1865........................ France.......
Vieilhomme. — Musigny 1858 et Vougeot 1848-1865. France.......
L. **Lavirotte**. — Chambertin 1858................... France.......
L. **Barral**. — Frontignan-muscat 1848-1858-1865.... France.......
Forest aîné et Cie. — Romanée-Conti, Clos-Vougéot, Chambertin.................................. France.......
Salignac et Cie. — Cognac 1858................... France.......
Brasseurs de Strasbourg. — Exposition collective. Bière.. France.......
Rebello-Valente et H.-T. **Archer**. — Porto....... Portugal......
D.-Antonia Adelaïde **Ferreira**. Guarda. — Porto.... Portugal......
Luis-Teixeira **Mourão**. Alijo. — Porto .... Portugal......
Mathias **Feuerheerd** Junior et Cie. Bello-Monte. — Porto... Portugal......
José d'Almeida Campos Junior. — Porto .... Portugal......
A.-Gaëtano **Rodrigues**. Villa-nova da Regua.—Porto. Portugal......
Aff. **Botelho de Sampaïo-e-Sousa**. Peso da Regua. —Vins de Regua.................................. Portugal......
Joao-Vicente da **Silva**. Funchal. — Madère.......... Portugal......
G. **Sedlmayr**. Munich. — Bières .... Bavière.......

Henrique-Jose-Maria **Camacho**. Funchal. — Madère. Portugal.....
Domingos **Affonso**. Almadà.—Vins................ Portugal.....
Prince Metternich — Vins de Johannisberg...... Prusse......
Siegfried. Rauenthal. — Grands vins du Rhin..... Prusse.......
Koenig. Rauenthal. — Grands vins du Rhin....... Prusse.......
Weisskirch. Rauenthal. — Grands vins du Rhin. Prusse.......
A. **Wilhelmj**. Wiesbade. — Grands vins du Rhin. Prusse.......
F.-A. **Probst**. Ruedesheim. — Grands vins du Rhin. Prusse.......
Dilthey Sahl et Cie. Ruedesheim. — Grands vins du Rhin....................................... Prusse.......
Commune d'Eltville. — Grands vins du Rhin.... Prusse.......
P.-P. **Buhl**. Deidesheim. — Grands vins du Rhin... Bavière......
L.-A. **Jordan**. Deidesheim.— Grands vins du Rhin. Bavière......
Conseil central d'agriculture du Wurtemberg. — Collection de différents produits......... Wurtemberg..
Société viticole de Tokay-Hegyallja. — Grands vins.. Autriche.....
Abbaye de Kloster-Neuburg. — Vins d'Autriche et de Hongrie............................... Autriche.....
Comte Émeric **Miko**. Koloswar.—Vins de Transylvanie. Autriche.....
Baron Étienne **Kemény**. Koloswar.—Vins de Transylvanie.. Autriche.....
Baron **Brenner-Felsach**. Vienne.—Vin de Vöslau. Autriche.....
Évêque **Ranolder**. Vesprim. — Vin de Badezony (Hongrie)...................................... Autriche.....
Baron **Ozegovic**. — Vin de Croatie............... Autriche.....
J.-A. **Jalics**. Pesth. — Vin de Bude (Hongrie)....... Autriche.....
Comte Étienne **Pongratz**. Pesth. — Grands vins de Tokay (Hongrie)................................ Autriche.....
Comte Georges **Andrassy**. Pesth.— Grands vins de Tokay (Hongrie)................................ Autriche.....
La famille **Wrezl**. Marburg. — Grands vins de Tokay (Styrie)....................................... Autriche.....
Brasserie de Dreher. Vienne et Hongrie.—Bière. Autriche.....
José **Montaner**. Tarragone. — Collection de vins... Espagne......
Pablo **Martori et Cabré**. Catalogne.—Grenache 1767. Espagne......
Scholtz frères. Malaga. — Lacryma 1840........... Espagne......
Diaz Ceballos et Cie. Valladolid. — Amontillado.. Espagne......
Ballester et de Torres. Barcelone.—Vin des Gourmets. Espagne......
Ed. **Hidalgo et Verjano**. Cadix.—Muscat de 50 ans. Espagne.....
A. **de Respaldiza**. Cadix. — Malaga et Paxarete.... Espagne.....
A. **Galindo**. Séville. — Tintilla de Rota .... Espagne......
Joseph **Scala**. Naples. — Collection de vins......... Italie........
Baron B. **Ricasoli**. — Vin d'Aleatico .... Italie........
Rouff. — Muscat de Syracuse .... Italie........
Florio frères. Asti. — Vins d'Asti.................. Italie........

S. Allsopp et fils. — India pale-ale .... Gde-Bretagne.
Bass et Cie. — India pale-ale .... Gde-Bretagne..

Médailles d'argent.

La Violette-Rue. — Beaune 1864-1865 .... France ......
Imbault. — Pomard 1864 .... France.......
De Montille. — Volnay 1864 .... France.......
Crétin-Cholet. — Clos-Napoléon 1861 .... France.......
Bizot. — Clos-la-Rochelle 1859 .... France.......
Joanin et **Labussière**. — Corton 1859 .... France.......
Maurin. — Cognac .... France.......
André **Aîné**. — Saint-Georges 1865 .... France.......
Darolle. Barbezieux. — Eau-de-vie fine Champagne.. France.......
Barrault-Sorine. — Gravière .... France.......
M. Grapin. — Pernaud .... France.......
Jules **Senard**. — Corton 1858-1865 .... France.......
Truchetet. — Givrey .... France.......
Cholet-Lhuillier. — Fixin .... France.......
Gaussot. — Bellefonds .... France.......
M. Bissey-Mugneret. — Volnay 1861 .... France.......
Dejoux. — Vergelesses 1858 .... France.......
Mme **Charandon**. — Pomard 1858 .... France.......
Gauvain. — Latricières 1865 .... France.......
André. Beaune. — Rochetain 1858 .... France. .....
Josserand. — Blagny 1858 .... France.......
Ch. **Bernard**. — Meursault 1858 .... France.......
Labaume aîné. — Haut-Charmes 1864 .... France.......
De Beuverand et de **Poligny**.— La Chassagne 1846. France.......
Alexandre **Panariou**. — Blagny 1865 .... France.......
Charles **Sirot**. — Vin blanc d'Alise-Sainte-Reine 1865. France.......
Latour-Léchenaux. — Pomard 1865 .... France.......
A. **Fougères** et Cie. — Beaune 1865 .... France.......
Bouchard père et fils. — Collection de vins de la haute Bourgogne .... France. .....
Chanson père et fils. — Collection de vins de Bourgogne .... France.......
A. **Molin-Olinet**. — Beaune 1858 .... France.......
Buquet. — Prusilly 1865 .... France.......
Cte **Liger-Belair**. — La Romanée 1858 .... France.......
Champy frères. — Collection de grands vins .... France.......
Mathieu **Moreau**. — Pomard 1865 .... France.......
De Bahezre. — Échezeaux 1857. .... France.......

M.-J.-A. **Beauregard.** — Volnay 1834............	France.......
Gombault. Dominonde 1862-1864..................	France.......
C. **Marey** et Cie **Liger-Belair.** Nuits. — La Tache 1858-1859..................................	France.......
Poulet père et fils. — Pomard 1862..............	France.......
Jules **Lausseurre.** — Tache 1859.................	France.......
Ph. **André.** — Clos de la Mousse 1858 et Rochetain.	France.......
Morot, Michelot et fils. — Pomard 1858.........	France.......
Ed. **Michaud.** — Beaune 1858....................	France.......
Steer. — Collection de grands vins..............	France.......
Adolphe **Massé.** — Introduction de cépages du Médoc dans le Cher..................................	France.......
Comte **de Grancey.** — Corton 1811-1854..........	France.......
Montoy. — Corton 1858.........................	France.......
Lalande. — Brown-Cantenac......................	France.......
Mme **Bontemps-Dubarry.** — Cru de Saint-Pierre..	France.......
Guillot. — Vin blanc de Suduirau................	France.......
Marquis **de Rolland.** — Vins de Preignac et Sainte-Croix..	France.......
Turmann. — Vin de Sainte-Croix-du-Mont..........	France.......
C. **Halphen.** Batailley. — Vins de Médoc...........	France.......
Lacoste. — Grand-Puy..........................	France.......
I. **Pereire.** — Palmer............................	France.......
Pescatore. Giscours..............................	France.......
B. **Castaing.** — Château-Poujeaux................	France.......
J.-J. **Castaing.** — Chasse-spleen. Poujeaux (Médoc).	France.......
Célérier. — Cru de Lalande......................	France.......
De Georges. — Cru de Ludon 1864...............	France.......
Comte **de Lavergne.** — Cru de Morange-Ludon-Macau-Médoc..	France.......
Théophile **Malvezin.** — Cru de Picourneau........	France.......
Sourget. — Château-Carmeil......................	France.......
Baronne **d'Abbadie.** — Cru de Cantemerle.........	France.......
Louis **Peychaud.** — Cru de Cos-Labory............	France.......
E. Apiau. — Vins rouges. Preignac 1864..........	France.......
Brunet-Capdeville. — Vin rouge..................	France.......
Goudal. — Bassens 1864.........................	France.......
Louis **Olanyer.** — Blaye 1864.....................	France.......
P.-J.-Charles **Balguerie.** — Château-Thouars.......	France.......
Pommez. — Haut-Talence.........................	France.......
Larabit. — Palotte..............................	France.......
Laurent-Lesserré. — Chainette 1858..............	France.......
David **Gallereux.** — Chablis moutonne 1858.......	France.......
Defert. — Chablis grenouille 1865...............	France.......

Textoris. Chau de Cheney. — Vins................ France.......
Rouillé-Courbe.—Collection de vins de Saint-Avertin. France.......
Cottier. — Saint-Avertin 1865.................... France.......
Aucher. — Saint-Avertin 1865.................... France.......
De la Savinierre. — Vins blancs 1861-1864...... France.......
Beignac. — Vins blancs de Mas-Brenier 1865...... France.......
H. **Dussumier.** — Bergerac 1864................. France.......
De la Jaunie. — Bergerac 1864.................. France.......
Marquis **de Madeillan.** — Bergerac 1858........... France.......
Brunet. — Bergerac 1831......................... France.......
H. **Despaigne.** — Bergerac 1847................. France.......
Géraud. — Bergerac 1840-1848.................. France.......
Cte **De Constantin.** — Vins rouges de Marsalès. Bergerac 1834.............................. France.......
Comte **de Verdonet.** — Beaujolais-Poncié .... France.......
Abel **Sauzey.** — Villié............................ France.......
Marquis **de Vogué.** — Cher 1846................. France.......
L. **de Bengy de Puyvallée.** Orléans. — Cher 1846. France.......
Auguste **Habert.** — Cher 1846..................... France.......
Gressin. — Cher 1864........................... France.......
Morot. — Cher 1856............................. France.......
Chassaigne. — Cher 1865......................... France.......
Malfuson. — Cher 1865 .... France.......
Paultre. — Vins blancs......................... France.......
Mme **Regnault.** — Vins blancs.................... France.......
Vuillame. — Vins d'Arbois .... France.......
Aimé **Gallier.** — Vins d'Arbois .... France.......
Vercel. — Vins d'Arbois......................... France.......
Bouillet. — Vins d'Arbois........................ France.......
Taponet. Vins d'Arbois .... France.......
Théophile **Rœderer** et Cie. — Vins mousseux de Champagne.................................. France.......
Thomas **Bertrand des Balances.** — Vin de Xérès. France.......
Azaïs **Marès** de Mèze. — Vin blanc de l'Hérault 1866.. France.......
Marquis **de Turenne d'Aynac.**— Montarnaud 1861. France.......
E. **Guibal.** — Vin de l'Hérault 1866.............. France.......
Crotte. — Thorins 1865.......................... France.......
Cazalis de Fondouce. — Vin de l'Hérault 1866... France.......
Jean **Dardenne.** — Vin de l'Hérault 1865.......... France.......
Bouschet. Mauguio.— Collections de vins de l'Hérault 1865...................................... France.......
Louis **Royer.** Tain.—Collection de vins de l'Ermitage. France.......
Baron **de Chassiron.** Château de Beauregard. — Eau-de-vie.................................. France.......

Union vinicole de l'Armagnac. — Collection d'armagnac.. France.......
Belin. — Alcool d'industrie rectifié.................. France.......
La Martinique. — Rhum.......................... Col. franç....
Couvent de la Trappe. Staouëli. — Vins rouges et de liqueur.. France.......
Comtesse **De Thy de Milly.** — Thorins 1858........ France.......
Jorrot-Mutin. — Vosnes 1865.......................... France.......
Piot père. — Vin blanc de Pouilly 1858-1864-1865..... France.......
Madon-Chandon. — Vin blanc de Pouilly 1858-1864. France.......
Gruber et **Reeb.** Kœnigshoffen. Strasbourg. — Bière. France.......
Roche-Alix. — Marcy-sur-Anse 1815-1864-1865...... France.......
Ch. **Vienot.** Premeaux. — Nuits..................... France.......
Creyton. — Brillante 1865............................ France.......
Condeminal. — Vivier 1865.......................... France.......
Claude **Rampon.** — Brouilly 1865................. France.......
Felissent. — Chiroubles 1865........................ France.......
De la Ferrière. — Brouilly........................... France.......
Mouton. — Collection de durette.................... France.......
Chavat. — Morgon 1866................................ France.......
Pierre **Ruet.** — Brouilly 1864......................... France.......
Terrel des Chênes. — Douby 1854-1864-1865....... France.......
De Billy. — Lantinié 1858............................ France.......
Marc **Saulaville.** — Lantinié 1858................... France.......
Leignadier Puissalicon. — Collection de vins rouges. France.......
Bergier. Tain. — Collection de vins de l'Ermitage..... France.......
Comité départemental de Loir-et-Cher. — Collection de vins.................................. France.......
Comte **Zichy-Ferraris.** — Vins de Somlau (Hongrie)... Autriche.....
Comte **Erdoedy.** — Vin de Somlau (Hongrie)......... Autriche.....
Molnar et **Toerock.** Pesth. — Grands vins de Tokay (Hongrie).. Autriche.....
Comte Franz **Zichy.** Dioszègh (Hongrie). — Vin de Bakator.. Autriche.......
Max Greger de Londres. — Collection de vins de Hongrie... Autriche......
Löwenthal et **Faber.** Liesing. — Bières........... Autriche......
Brasserie de Hütteldorf. — Bières.................. Autriche......
Association vinicole de Klausenburg. — Collection de vins de Transylvanie (Hongrie)............ Autriche......
Commune de Geisenheim. — Vins blancs........ Prusse........
F. Kehrmann. Coblentz. — Vins mousseux.......... Prusse........
Dietrich et **Ewald.** Rüdesheim. — Vins mousseux.. Prusse........
Paul **Guillemot.** Dijon. — Collection de vins........ France.......
Comte de **Broissia.** — Vins d'Arbois .... France.......

Math. **Mueller**. Eltville. — Vins mousseux..........	Prusse.........
J.-B. **Urbach**. Cologne. — Vins mousseux...........	Prusse........
C.-A.-F. **Kahlbaum**. Berlin. — Trois-six d'industrie.	Prusse........
G.-M. **Pabtsmann**. — Hochheim. — Vins blancs......	Hesse..........
Cave royale de Wurzbourg. — Collection de vins.	Bavière.......
Charles **Waxmann**. Wurzbourg. — Vins mousseux.	Bavière.......
Michel **Oppmann**. Wurzbourg. — Vins mousseux. ...	Bavière.......
G.-C. **Kessler** et Cie, successeurs. Esslingen. — Vins mousseux....................................	Wurtemberg..
C. **Lauteren** et fils. Mayence. — Vins mousseux......	Hesse.........
P.-J. **Valkenberg**. Worms. — Vins de Liebfraumilch.	Hesse.........
Finck. Nierstein. — Vins blancs..................	Hesse.........
Pfannenbecker. Worms. — Vin rouge de Guntersheim.	Hesse.........
Grand-Duché de Bade. — Kirschwasser............	Bade.........
De Berkheim. Weinheim. — Vins de la Bergstrasse...	Bade..........
Fréd. **Monnerat**. Vevey. — Vins blancs d'Yvorne.....	Suisse.........
Vanden Bergh et Cie. Anvers. — Genièvre........	Belgique ......
Antonio-Bernardo **Ferreira**. — Vin de Porto.........	Portugal......
Antonio-Ferreira **Menezes**. — Porto.................	Portugal......
Edouardo **Kebe**. — Porto........................	Portugal......
Dejante et Cie. — Vin de Lisbonne..................	Portugal......
D.-J. Ferrao **Castello-Branco**. — Vin de Bucellas...	Portugal......
Welsch frères. — Madère........................	Portugal......
José Tereira **Sampaio**. — Porto....................	Portugal......
Vicomte **Alpendurada**. — Porto.....................	Portugal......
J. **Medici d'Otaiano**. Naples. — Vin de Vésuve......	Italie.........
Baron **Baracco**. — Vin de Calabre................	Italie.........
Philip. de **Pasqual**. Lipari. — Malvoisie et vin blanc sec.	Italie.........
Pulvirenti. Catania. — Vin blanc..................	Italie.........
Podere **Grinzano**. Alba. — Pineau blanc............	Italie.........
Philippe **Attucci**. Florence. — Vins d'Aleatico.........	Italie.........
Alemano frères. Asti. — Vins de Grignolino......	Italie.........
Joseph **Siderno**. Santacroce. — Vin Grec............	Italie.........
Baltazard **de Colubi**. Tarragone. — Vins de liqueur..	Espagne......
Tomas **Lorenzo**. Tarragone. — Collection de vins.....	Espagne......
José **Boule**. Tarragone. — Vin de Grenache...........	Espagne......
Pelayo **Camps**. Girone. — Vins divers..............	Espagne......
Domingo Ventallo et Llobateras. Tarrata. — Vins divers....................................	Espagne......
B. **Garcia Miralda**. Barcelone. — Vins divers...... ..	Espagne......
Manuel **Tomas**. Barcelone. — Vins divers............	Espagne......
Sébastien **Garcia**. Tarragone. — Vins divers..........	Espagne......
Pedro **Perdigon**. Canaries. — Malvoisie 1841.........	Espagne......
J. **Pedrosa** Barcelone. — Collection.................	Espagne......

Duc **de Solferino**. Barcelone.— Collection........... Espagne.......
Manuel **Estève** et **Alerany**. Tarragone.— Collection. Espagne.......
École de viticulture de Magaratch. Crimée. — Collection.. Russie........
Prince **Woronzoff**. Crimée. — Collection........... Russie........
Gius'eppo **Tomaro**.—Vins de liqueur.............. Turquie.......
Commune de Milo. — Vins de liqueur............ Grèce........
J.-P. **Cloete**. Cap de Bonne-Espérance. — Vins...... Col. anglaises.
Wyndham. Nouvelle-Galles du Sud. — Vins rouges. Col. anglaises.
Aitchison et Cie. Edimbourg. — Scotch-ale......... Gde-Bretagne.
Ballingall et fils. Dundee. — Bière................ Gde-Bretagne.
Burton-Brewery Company. Burton-on-Trent. — India pale-ale.................................... Gde-Bretagne.
Comte Fréderic **Kulmer**. Agram. — Vins de Croatie. Autriche......

Médailles de bronze.

De Loriol. — Pongelet 1865...................... France.......
Charles **De Glavenas**. — Saint-Julien 1865-1866.... France.......
Moniotti. — Saint-Julien 1865-1866............... France.......
Dulac. — Lapierre-Duret 1865-1866................ France.......
Delafond. — Morgon 1859.......................... France.......
Labruyère. — Odenas 1865......................... France.......
Corbet. — Laplaige-Rignier 1864.................. France.......
Pageaud. — Moriès 1866........................... France.......
Rose-Isidore. — Côte de Gros 1865................ France.......
Alexandre **Laporte**. — Épineuil 1858.............. France.......
L. **Quignard**. — Château-Tronchois 1864............ France.......
Lhoste.— Épineuil 1865........................... France.......
Baron de **Channe**. — Dannemoine 1858............... France.......
Yvon **Regnier**. — Tonnerre 1865.................... France.......
Vautrin père et fils. Ay. — Vin de Champagne mousseux.. France.......
Théodule **Joly**. Ay. — Vin de Champagne mousseux. France.......
Deullin frères. Pierry.—Vin de Champagne mousseux. France.......
Labouré-Gontard et **Lefèvre**. — Vins mousseux de Nuits.. France.......
Mlle **Couscher**. — Vins mousseux de Saumur........ France.......
Bruley. — Vins blancs de Vouvray................. France.......
Nicolle. — Vins blancs de Vouvray................ France.......
Georges **Barral**. Frontignan.—Vin rouge et Alicante. France.......
J. **Nayral** aîné. — Muscat de Frontignan........... France.......
Lacrouzette-Bellonnet. — Muscat de Frontignan.. France.......
G. **Wachter** et Cie. Cette. — Vins d'imitation....... France.......
Malègue. Pezilla. — Muscat de Rivesaltes.......... France.......

Parisot et **Rigaud**. Paris. — Liqueurs.............. France.......
Miegeville. Garaison.— Liqueur dite *de la Garaisonne*. France.......
Justin **Massiou-Magné**. Saintes. — Liqueurs. ...... France.......
Docteur **Faivre**. — Liqueur dite *du Mont-Carmel*... France.......
Dutruc fils et Cie. — Liqueurs.................... France.......
J.-H. **Gerten** dit : **Bruggemann**. Obrighoven.—Gelée de fruits.................................... Prusse.......
H.-B. **Wilms**. Flensburg. — Vinaigre............. Prusse.......
Johann **Woocker**. Cologne. — Extrait de café....... Prusse.......
Baehncke et Cie. Copenhague. — Moutardes......... Danemark....
A.-C. **Gamel**. Copenhague. — Cafés................ Danemark....
C.-A. **Neckelmann**. Assens. — Liqueurs........... Danemark....
Miguel **Yribas**. Saint-Sébastien. — Chocolats....... Espagne......
E. **Seelig**. Heilbronn. — Chicorée.................. Wurtemberg..
A. **Smitt**. Heilbronn. — Chicorée.................. Wurtemberg..
J. F. **Ludwig** et Cie. Stuttgart. — Dragées .... Wurtemberg..
Jeannin **Rémy**. Bar-le-Duc. — Confitures........... France.......
John **Mackay**. Édimbourg. — Essences .... Gde-Bretagne.
Evangeli-Atanasio. Galatz. — Confitures......... Roumanie....
Constantin **Ourlatziano**. Kitzorani. — Confitures.... Roumanie....
C. **Fiévet** et Cie. Masny. — Sucres bruts de betterave. France.......
Gregorio **Garcia**. — Cafés......................... Pérou........

COOPÉRATEURS.

Médailles d'argent.

H.-C. **Desbœuf**, directeur de l'usine de Noisiel, chez M. Ménier.. France.......
André **Duchesne**, contre-maître chez Mme Vve Jacquin et ses fils.. France.......

Médailles de bronze.

Pierre **Santafusta**, contre-maître chez MM. Marie Brizard et Roger.............................. France.......
Jacques **Reinhart**, ouvrier chez M. Menier .... France.......

Mentions honorables.

Mme E. **Fournier**, employée chez Mme Vve Jacquin et ses fils.. France.......
Mme **Krompholtz**, employée dans la maison Bordin-Tassart.. France.......
Dominique **Lardé**, contre-maître dans la maison Bordin-Tassart.. France.......

Faucon. Graveson. — Vins muscat................ France.......
Bérard frères. — Vins de Tokay.................. France.......
Paoli. Morsaglia. — Vin du Cap.................... France.......
Ed. **Landron**. Meung. — Vins rouges 1865......... France.......
Brouard-Legros. —Saint-Jean-de-Braye 1834-1859-1861.. France.......
Rouilly-Lefèvre. — Vins rouges 1865............ France.......
Christophe **Jaigle**. — Vins rouges 1865............ France.......
Jacques **Taillandier**. — Vins rouges 1865.......... France.......
Richer. — Vins blancs caillou-olivet............. France.......
B.-A. **Paret**. — Côte-Rôtie 1864-1865.............. France.......
Rigollier. — Côte-Rôtie 1865...................... France.......
Durieu. Souzy. — Quincié 1857-1861.............. France.......
J. **Bessy**. — Mercurey 1861-1864-1865............. France.......
Malet-Faure. — Saint-Peray blanc 1858-1862 ..... France.......
Union de propriétaires de vignes. Dijon. — Collection de vins................................ France.......
Vicomte **de Bizanet**. Bizanet. — Vin rouge 1861.... France.......
Comité central d'agriculture de la Côte-d'Or. — Collection de vins du département de la Côte-d'Or.. France.......
Société d'agriculture de Joigny. — Collection de vins.. France.......
Baron de **Marignan**. — Vins du Gers 1858......... France.......
Belluot. — Athée 1861............................. France.......
Bienvenu. — Joué 1862............................ France.......
Orye-Marquis. — Vins rouges 1806-1811.......... France.......
Derouet. — Vins blancs 1858...... .... France.......
Heritte. — Vins rouges du Cher 1846.............. France.......
De Thiac. — Vins rouges de la Charente........... France.......
De la Massardière. — Vins de la Gatinalière 1865.. France.......
J. **Creuzé**. — Château de la Tourette 1858-1865...... France.......
Jules **Charrier**. — Carbenet 1865.................. France.......
Ed. **de Coutans**. — Vins de la Duraudrie 1846...... France.......
Marteau Beauchaine. — Vaux 1825.............. France.......
Baboix. — Saint-Georges, 1865.................... France.......
Société industrielle d'Angers. — Collection de vins rouges et blancs........................... France.......
H. **Cuvillier** et frère, Bordeaux. — Collection de vins rouges et bancs.......................... France.......
Chevet. — Collection de vins rouges et blancs....... France.......
L. **Bignon** aîné. — Collection de vins rouges et blancs. France.......
Bury. Château-Châlons. — Vins du Jura............ France.......
Simonin. Frontenay. — Vins du Jura............... France.......
Pacoutel. — Vin..................................... France.......

Eug. Regnauld d'Épercy.— Vin mousseux d'Arbois. France.......
Olry. — Vin .... France.......
Comte **De Maleissye**. Orange.—Vin de la Nerthe 1864.. France.......
Berthon frères. — Vin rouge 1859.................. France.......
Rivière. Crécia. — Vins blancs et rouges........... Algérie.......
J.-B. Gallette. — Vin de Beaune 1865.............. France.......
Bertaudau. Juillac-le-Coq. — Eau-de-vie de Charente.. France.......
Société vigneronne de l'arrondissement d'Issoudun (Indre). — Collection de vins 1796 à 1863. France.......
Vve Kinkerbach. — Vins .... France.......
Cas jeune et fils, **A. Gouturon** et Cie. Mézin. — Eau-de-vie d'Armagnac tenarèse .... France.......
Pierre **Boyer**. — Eau-de-vie de Béziers............. France.......
Challiez-Guérin. Florensac. — Trois-six de vin.... France.......
De **Vilade**. Bayeux. — Eau-de-vie de cidre......... France.......
Joannon. Bone. — Trois-six de vin.............. Algérie.......
Mahurié. Bone. — Trois-six....................... Algérie......
Albert. La Martinique. — Tafia.................. Col. franç...
Fournier et Cie. Philippeville. — Trois-six......... Algérie......
Lepiney. Médéah. — Eau-de-vie de marc............ Algérie......
Fresneau. Mainejou. — Eau-de-vie vieille......... France.......
Pierlot et Cie. Bouzy. — Vins mousseux .... France.......
Comice agricole de Saintes. — Eau-de-vie..... France.......
E. **Pasquier**. Port-à-Binson. — Vins mousseux de Champagne.. France.......
Baudran et Cie. Bouzy.—Vins mousseux de Champagne. France.......
E. **Colin**. Avize. — Vins mousseux de Champagne.. France.......
Roussillon et Cie. Épernay. — Vins mousseux de Champagne .... France.......
Félix **Ancel**. Compiègne. — Produits de brasserie.... France.......
Ploquin et **Seguin**. Nantes. — Produits de brasserie.. France.......
Comice de Châteauroux.— Vins rouges de l'Indre. France.......
A. **Bouchardat**. — Vin blanc d'Avallon........... France.......
H. **Pontich**. Collioure. — Vin de Grenache......... France.......
Poulalion. Gigean. — Vin rouge.................... France.......
É. **Guettrot**. Tours. — Vins mousseux de Vouvray.. France.......
Cartier. Tours. — Vins mousseux de Vouvray........ France.......
Fonade. — Château-Boucheau......................... France.......
Billié-Girard. — Beaune 1865........................ France.......
Barat-Laviné. — Côte Saint-Jacques 1865 .... France.......
Verdier frères. Paris. — Collection de vins......... France.......
Tampier frères. Bordeaux. — Collection de vins.... France.......
E. **Paris** et **Damas**. Bordeaux. — Collection de vins. France......

Lacassagne. — Vin de 1846 (Lot)...................	France.......
Villard-Brouzet. Vauvert. — Vin de Rancio 1764...	France.......
Gourry et Cie. Cognac. — Eau-de-vie...............	France.......
Ritzo. Milianah. — Vin blanc	Algérie......
Ferme-École de Puilboreau.— Eaux-de-vie d'Aigrefeuille....................................	France.......
M.-A. Binette. Saint-Julien-sur-Calonne (Pont-l'Évêque). — Eaux-de-vie de cidre..................	France.......
Dayras-Tronchet. Puilboreau. — Eaux-de-vie de la Rochelle..	France.......
Département de la Savoie. — Collection de vins...	France.......
Pierre **Sergé.**— Vin blanc. Clos de Terre-Rouge (Saumur)...	France.......
Charles **Gautier.** — Valence 1831	France.......
Placide **Cappeau.** Roquemaure.— Collection de vins.	France.......
H. Daurel. Beziers. — Muscat......................	France.......
Granel. Gourgazeau. — Piquepoule 1863............	France.......
Porcheron. Cher.—Introduction de cépages de Bourgogne	France.......
F. **Dubois.** — Corton 1865..........................	France.......
Rose-Firmin. — Tonnerre-Pochet 1865.............	France.......
Poulain-Rampont.—Chablis du cru de Mont-de-Milieu 1865...	France.......
Cte Victor **De Messemé.** — Vin rouge du château de Messemé (Vienne)................................	France.......
Butruille et **de Baillieucourt.** Douai. — Produits de brasserie..	France.......
Comtesse **de Villa-Real.** — Vin de Lisbonne........	Portugal.....
Ellicot et **Abreu.** — Vin de Lisbonne.............	Portugal.....
Ferdinand **Affonso.** — Vin de Cantanhede...........	Portugal.....
Antonio **de Lemos Teixeira d'Aguilar.** — Vin de Porto..	Portugal.....
Dona Anna-Augusta **Araujo.** — Vin de Regua........	Portugal.....
Miguel **da Veiga-Cabral.** — Vin d'Alijo...........	Portugal.....
Gonçalo Guedès **Carvalho.** — Vin de Porto.........	Portugal.....
Antonio de Mello vaz Sampaio. — Vin de Porto.	Portugal.....
Édouard **Santos.** — Vin de Lacryma-Christi.........	Portugal.....
Bouharde et **Ferreira-Pontes.** — Vin de Porto...	Portugal.....
Gonçab **Carvalho.** — Vin de Porto.................	Portugal.....
Joachin **Pinto Machado.** — Vin de Porto..........	Portugal.....
José Maria da Veiga-Cabral de Sampaio. Alijo — Vin de Porto............................	Portugal.....
Ermelinda **Da Veiga.** — Vin de Porto.............	Portugal.....
Kopke et Cie. — Vin de Porto.....................	Portugal.....
Baron de **Villalva.** — Vin de Malvoisie............	Portugal.....

J.-V. **Domingues.** — Vin de Porto.	Portugal.....
Antoine Montes Champalimaud. Regua.— Vin de Porto	Portugal.....
Compagnie commerciale des vins de Douro. — Collection de vins	Portugal.....
Commission centrale portugaise. — Collection de vins de Porto	Portugal.....
Buenaventura Castellet. Barcelone.—Vins rouges et blancs	Espagne......
Soberano et Cie. Reus. — Collection de vins	Espagne.....
Jorje **Thuillier**. Puerto de Santa Maria. — Collection de vins	Espagne.....
M. **Moreno-Mazon**. Malaga. — Collection de vins...	Espagne.....
Rafael **Blanco et Alcalde**. Cordoue.—Pedro-Jimenès.	Espagne.....
Marquis **de Alfarras**. Barcelone.— Collection de vins divers	Espagne.....
Antonio **Castells de Pons.** Tarragona. — Grenache.	Espagne.....
M. **Ruiz-Mateos Bernal**. Rota. — Tintilla de Rota.	Espagne.....
Carey frères et Cie. Tarragone. — Vins doux	Espagne.....
Ignacio **Bassols**. Martorel. — Mistela	Espagne.....
Diaz Ceballos et Cie. Nava del Rey. — Collection.	Espagne.....
Juan-Martinez **Gutierrez.** San-Lucar. — Pedro-Jimenès	Espagne.....
Fils de M.-A. **Heredia**. Malaga.— Vins divers	Espagne.....
Manuel **Rubio-Velazquez**. Malaga. — Collection de vins	Espagne.....
Andrès **Reyès y Vilches**.Vins divers. — Malaga....	Espagne.....
Buenaventura **Garcia**. Girone. — Nectar et rancio...	Espagne.....
José **Buxerès.** Barcelone. — Grenache, vin doux	Espagne.....
Salvador **Soler** et fils. Tarragone.—Trois-six de vin.	Espagne......
Étienne **Zirelli**. Milazzo.— Vins	Italie........
Junte industrielle de Camerino. — Collection de vins	Italie........
Damien **Caselli.** — Vin noble de table	Italie........
Alex. **Bonucci**. Foligno. — Vin muscat	Italie........
Louis-Greco **Cassia**. Syracuse. — Vin de Syracuse...	Italie........
Ludovic **Bettoni**. Brescia. — Vin blanc sec	Italie........
Ubalde **Picciolini**. Gubbio. — Vin rouge	Italie........
Pierre **Masetti.** Florence. — Vin rouge ordinaire	Italie........
Sanfelice. Chianti. — Vin aleatico	Italie........
Baron **de Recum**. Creuznach. — Vins blancs	Prusse.......
Buderus et Cie. Niedermendig. — Bière	Prusse.......
Prince **de Wied**. Runkel, près Neuwied.—Vin rouge...	Prusse.......
H.-S. **Aschrott** aîné. Hochheim. — Vin blanc	Prusse.......
C.-Th. **Travers**. Lorch. — Vins blancs	Prusse.......

Fabrique de vin mousseux du Rheingau. Schierstein. — Vins mousseux.................... Prusse.....

M.-J. **Kreutzberg.** Ahrweiler.—Vins rouges de l'Ahr. Prusse.......

B. **Neuerburg.** Linz. — Vins rouges.................. Prusse........

Doyen **Schroeder.** Camp-sur-le-Rhin. — Vins rouges.................................... Prusse.......

Docteur **Hoffmann.** Durkheim. — Vins blancs...... Bavière......

Kraemer et Cie. Wachenheim. — Vins blancs....... Bavière......

Otto Steinbeis. Bramenburg. — Bières.............. Bavière......

George **Pschorr.** Munich. — Bières.................. Bavière......

Henri **Henninger.** Nuremberg. — Bières........... Bavière......

Brasserie du comte de Rechberg. — Bière de Weisseinstein.................................. Wurtemberg.

A. **Steingaesser.** Bodenheim. — Vins blancs....... Hesse........

Joseph **Dolles.** Bodenheim. — Vins blancs.......... Hesse........

Weiss-Jung. Baden. — Vin rouge d'Affenthal... .. Bade.........

Bouvier frères. Neuchâtel. — Vin mousseux......... Suisse.......

Charles **Bonvin.** Sion. — Vin du Valais........... Suisse.......

Eugène **Duboux.** Cully. — Vin de Lavaux.......... Suisse.......

Samuel **Lenk.** Oedenburg (Hongrie). — Vins d'Œdenburg et de Rust.............................. Autriche.....

Ign. **Flandorfer.** Œdenburg (Hongrie). — Grands vins d'Œdenburg.............................. Autriche.....

M. **Fischl** fils. Prague. — Alcool de pommes de terre. Autriche.....

C. **Schmidt.** Trieste. — Grands vins d'Œdenburg.... Autriche.....

Auguste **Schneider.** Vienne.—Vins blancs d'Autriche. Autriche.....

Chambre de commerce de Botzen. — Collection de vins du Tyrol.............................. Autriche.....

Commune de Mediasch. Hongrie. — Vins de Transylvanie.................................. Autriche.....

Joseph **Greiner.** Nussdorf. — Vins de Nussdorf...... Autriche.....

C. **Schraml.** Marburg. — Vin rouge de Styrie...... Autriche.....

Kleinoschegg frères. Gratz. — Vins mousseux de Styrie.................................. Autriche.....

Jean **Fischer.** Pressburg. — Vins mousseux........ Autriche.....

Michel **Schwarzenberger.** Perchtolsdorf. — Vins d'Autriche.................................. Autriche.....

Successeurs de A. **Schwartzer.** Vienne. — Collection de vins d'Autriche et de Hongrie................ Autriche.....

Jean **Stifft.** Vienne. — Collection de vins........... Autriche.....

Mathieu **Beros.** Neresi d'ell' Isola Brazza. — Vins de Dalmatie.................................. Autriche.....

Comte **Brandis.** Marburg. — Vins de Styrie........ Autriche.....

Joseph **Domany.** Arad. — Vins de Hongrie......... Autriche.....

François **Lippoczy.** Pudlein. — Vins de Tokay...... Autriche.....

Baron Antoine **Augusz.** Szegszard (Hongrie). — Vins de Szegszard.............................. Autriche.....

Oligiro **Merton-Vineyard.** Nouvelle-Galles du Sud.— Muscatel.. Col. anglaises.

Georgandas. Athènes. — Vins........................ Grèce........

Société vinicole de Patras. — Vins............ Grèce........

Georgiadis. Tripolitza. — Vins..................... Grèce........

Clarendon **Baisling**. Australie du Sud. — Vin de 1863.. Col. anglaises.

Randall. Australie du Sud. — Shiras 1865......... Col. anglaises.

Gillard. Australie du Sud. — Mataro 1861......... Col. anglaises.

Monatet-Peake. Australie du Sud.—Verdalho 1864. Col. anglaises.

S. **Barber** et Cie. Guyane. —Rhum coloré.......... Col. anglaises.

S. **Rosmanith.** Varsovie. — Hydromel 1806, Tokay 1732.. Russie.......

Kniajevitch. Crimée. — Vins blancs et rouges..... Russie.......

Deutschmann. — Vins du Caucase............... Russie.......

Prince **Menschikoff.** — Eau-de-vie et alcool....... Russie.......

S. **Van Reuen** et Cie. Cap de Bonne-Espérance. — Collection de vins............................ Col. anglaises.

Haupt et Cie. Cap de Bonne-Espérance. — Collection de vins.. Col. anglaises.

Sedgwick. Cap de Bonne-Espérance.—Collection de vins. Col. anglaises.

Ch. **Gadpaille** et Cie. Jamaïque. — Rhum......... Col. anglaises.

J.-H. **Henkes.** Delftshaven. — Distillation de genièvre. Pays-Bas..... 120

A. **Keller** et Cie. Saint-Pétersbourg. — Esprits-de-vin et eaux-de-vie.................................. Russie......

Guiseppe **Mussir.** Samos. — Vin rouge............. Turquie.....

Claudio **Montel.** — Vin de Bordeaux................ Chili.......

Megard-Bosnier. Mâcon. — La Chapelle 1861...... France.......

Chafin. Morin. — Vins de Morin 1865.............. France.......

L. **Durand.** — Julienas............................ France.......

Charles-Théodore **Tisserand.** — Nuits 1864........ France.......

Courvoisier et **Curlier** frères.—Eau-de-vie de Cognac. France.......

B. **Lapierre.** Saint-Amour.—Vins de Saint-Amour 1865. France.......

Fellot. — Rivolet 1858-1855....................... France.......

Marquis **de Dampierre.** — Eau-de-vie de Cognac... France.......

Bonnemaison. Jonzac. — Eau-de-vie de Cognac.... France.......

Gautier frères. Aigre. — Eau-de-vie de Cognac...... France.......

J. **Seillan.** — Eau-de-vie de bas Armagnac.......... France.......

Deschaseaux et **Godard.** Aillevillers. — Kirsch.... France.......

Marquis **d'Exea.** Sérame. Lezignan.—Vins rouges 1856. France.......

Groult. — Appareil pour le chauffage des vins...... France.......

Comité cantonal de Thurgovie. Frauenfeld. — Collection de vins.............................. Suisse.......

Rodolphe **Genton.** Roche. — Vins blancs............ Suisse.......

C.-G. **Heinzely.** Hauterive. — Vins rouges et blancs.. Suisse.......

Étienne **Veret**. Nyon. — Vins blancs de Lacôte....	Suisse.......	
Société de brasserie de Stockholm. — Bière dite bavaroise..................................	Suède........	
J.-A. **Mayer**. Nancy. — Côte Chanoine mousseux, vins du Rhin..................................	France.......	
Justus **Hildebrandt**. Pfungstadt. — Bière............	Hesse........	
Caspar **Jung**. Grossteinheim. — Bière................	Hesse........	
Henkell et Cie. Mayence. — Vins mousseux........	Hesse........	
A. **Geyger** et Cie. Creuznach. — Vins mousseux....	Prusse.......	
Stoeck et fils. Creuznach. — Vins mousseux.........	Prusse.......	
Francisco **Mestre** et **Domenech**. Tarragone. — Vins de liqueur..................................	Espagne......	
Édouard **Lin**. Porto-Rico. — Rhum..................	Col. espagnoles.	
Rojas frères. Iles Philippines. — Rhum............	Col. espagnoles.	
Pierre **Marini**. Cagliari. — Vins mousseux...........	Italie........	
Demetrius **Ciotti**. Firenze. — Vin ordinaire.........	Italie........	
Antoine **Pizzolotti**. Trévise. — Vins Prosecco extra-vieux.	Italie........	
Cuccoli frères. Arezzo. — Lacryma................	Italie........	
Manfredo **Balbo Bertone di Sambuy**. Castel-Ceriola. — Vins de Tretiano secs..................	Italie.........	
Alexandre **Poggi Banchieri**. Pistoia. — Vins......	Italie.........	
Antoine **Radice**. — Vins rouges ordinaires..........	France.......	
A. **Devaux**. Lons-le-Saunier. — Vins blancs mousseux.	France.......	
Henri **Jansen**. Lisbonne. — Vin.....................	Portugal.....	
A. **de Queiroz**. Alencastre. — Vins Santa-Martha....	Portugal......	
Mac P. et D. **Smith**. New-York. — Bière...........	États-Unis....	
Chacra de Ochagavia. Santiago. — Vins rouges et blancs..................................	Chili.........	
Dr **Russ**. Jassy. — Eau-de-vie de cerise et d'abricot....	Roumanie....	
Michel **Pouget**. Mendoza. — Vins blancs et eau-de vie..................................	Con Argentine.	
Mme Vve J. **Lefebvre-Dupiéreux** et fils. Braine-le-Comte. — Liqueurs et spiritueux.................	Belgique.....	
J.-D. **Durez**. Bruxelles. — Liqueurs...............	Belgique.....	11
F. **Lehon** aîné. Bruxelles. — Liqueurs..............	Belgique.....	14
N. **Vandevelde**. Gand. — Liqueurs et bières.......	Belgique.....	
Deyman-Druart. Bruxelles. — Liqueurs............	Belgique.....	19
A. **Gomes Bastos**. Rio de Janeiro. — Bières......	Brésil........	
J.-J.-M. **Petersen**. Copenhague. — Alcool purifié et genièvre..................................	Danemark....	
A. **Broendum**. Copenhague. — Alcool rectifié......	Danemark.....	
Compagnie des vignerons du Canada........	Col. angl....	
De la Devèze de Charrin. — Vins du Gers.........	France.......	
Prince don Clément **Rospigliosi.** — Vin de Zagarolo..	États-Pontific.	
Prince François **Pallaviccini.** — Vin de Grossa-Pallotta.	États-Pontific.	

E. Soetherstem. Stockholm. — Eau-de-vie de grains.. Suède.......
Louis **Brey.** Munich. — Bières,... .... Bavière......

Mentions honorables.

Justinard. Épineuil. — Vin blanc mousseux........ France.......
Febvre, Forgeot et **Simonnet.**—Chablis mousseux. France.......
Rossignol. Rochecorboin. — Vin blanc mousseux.... France.......
P. **Mazaroz.** Montchauvin. — Vin blanc mousseux... France.......
Mérlon. Bar-le-Duc. — Vin blanc mousseux.......... France.......
A. **Chateauneuf.** Balaruc-les-Bains. — Vins........ France.......
Commune d'Adissan. — Vin blanc doux.......... France.......
Jayet. Lunel-Viel. — Vin de Tokay............... France.......
Dellard. Montpellier. — Muscat................... France.......
L. **Kœster** et Cie. Cette. — Collection de vins imités. France.......
Esprit **Singla.** Rivesaltes. — Muscat................ France.......
Nicolas **Sautel.** Mazan. — Grenache blanc........... France.......
Cabassot frères. Mascara. — Vins doux............ Algérie......
De Gourgas. Philippeville. — Muscat............. Algérie......
Rouire. Mascara. — Vins imités......... .... Algérie......
Joannès **Lassalle** et **Laresse** fils. Seyssel.—Vins blancs. France.......
Ch. **Sadourny.** Pérelles. — Vin rouge.............. France.......
De La Salle. — Vin de Bufférend............... France.......
François **Gonnet.** Bourg-Saint-Andéol.— Vins de 1859, 1862, 1863.. France.......
Barnaud. — Renaison 1865...................... France.......
Em.-Georges **Quenedey.** Riceys. — Pineau 1865..... France.......
Chenu. Clos de Gondreville. — Vins du Gâtinais 1858, 1865.. France.......
Pellerin. — Vins du Gâtinais 1865................ France.......
Hugnot. Vin de la Bataille 1859, 1865............. France.......
Frecon. — Vin blanc du Blonde 1865............... France.......
Allain, neveu de **Paris.** — Moulin-à-Vent et Clos-Vougeot.. France.......
Comice de l'Avallonnais. — Collection de vins... France.......
Comte **de Plinval.** Côte de Rouvres. Avallon. — Vins rouges 1865.. France.......
Gariel. — Vins de l'Avallonnais 1858............... France.......
Mme **De Crécy.** — Vins de l'Avallonnais 1865....... France.......
Dupuis-Sevenut. — Côte Saint-Jacques 1865....... France.......
Reynier **Garon.** — Vin de Tonnerre............... France.......
Lazare **Prunier.** — Côte Beausoleil 1865........... France.......
Brivois. — Fleury-Sauriet 1865.................. France.......
J.-B. **Ablon.** — Côte Saint-Jacques 1862........... France.......
Virgile **Bouvet.** — Côte Saint-Jacques 1861 .... France.......
Laour et **Evrat.** — Vin blanc de Tonnerre 1865... France.......

Veuve **Garillon**. — Vin rouge 1850-1865............ France.......

Lespinasse de **Saune**. Villandrie-Pairac. — Vin rouge 1864................................ France.......

Finke. Bordeaux. — Collection de vins............ France.......

De Bossouille. — Vin blanc.................... France.......

A. **Dubreuil**. Castillon. — Vin blanc 1846.......... France.......

Martineau. Castillon. — Vin de 1854............... France.......

Bourbeau. — Vin rouge du Cher 1858-1865......... France.......

Mavidal. — Corrèze 1858-1866..................... France.......

Rodolosse. — Lot 1862........................... France.......

Du Fossat de Saturac. — Lot 1865............. France.......

Cardinaud. — Deux-Sèvres 1846................... France.......

Charles **Gapail-Chiron**. — Charente 1865.......... France.......

Journu frères. Bordeaux. — Collection de vins...... France.......

Rieunier et Cie. Bordeaux. — Vin rouge 1864...... France.......

Monard. — Vin de Cesancey....................... France.......

J.-A. **Bertucat**.—Vin de Garde, dit Château-Châlon. France.......

Renaud. — Vin de l'Étoile......................... France.......

Fagot. — Vin rouge de Champagne................ France.......

Gust. **Gibert**. — Vin rouge de Champagne.......... France.......

Ville de Guebwiller. — Vin du Haut-Rhin....... France.......

Khun. — Vin du Bas-Rhin....................... France.......

Vignoble de Wolsheim. — Vin du Bas-Rhin..... France.......

Bouarviller. — Vin du Bas-Rhin.................. France.......

Louis **Baculard**. Roquemaure — Vin rouge 1865... France.......

Mme Vve Charles **Prachazal**. Saint-Gilles. — Vin rouge 1866.............................. France.......

Gaussens. Oran. — Vin blanc.................. Algérie.......

Mondelle. Douera. — Vin blanc.................. Algérie.......

Barnoin. Constantine. — Vin blanc............... Algérie.......

Charles **Braud**. Dra-el-Mizan. — Vin blanc.......... Algérie.......

Mascioni. — Vin blanc......................... Algérie.......

Miguel **Bottella**. Aïn-el-Truck. — Vin rouge......... Algérie.......

Boudet. El-Hadjar. — Vin rouge.................. Algérie.......

Eugène **Labarrère**. Lambèse. — Vin rouge......... Algérie.......

Lambert. Blidah. — Vin rouge..................... Algérie.......

Achille **Guiliani**. Oran. — Vin rouge............... Algérie.......

Grima. Philippeville. — Vin rouge................. Algérie.......

Lesueur. Fleurus. — Vin rouge................... Algérie.......

Geaud. Médéah. — Vin rouge..................... Algérie.......

Tribot fils et Cie. — Cognac...................... France.......

L. **Arnaud**. Cognac. — Cognac..................... France.......

J. **Chassaigne**. Chevanceaux. — Eau-de-vie....... France.......

Lotherie. Segonzac. — Eau-de-vie................ France.......

Raymon Massonaud. Lunel. — Eau-de-vie....... France.......
Bianabe. Corneau. — Eau-de-vie d'Armagnac...... France.......
Amédée **Cassius**. — Eau-de-vie d'Armagnac.......... France.......
A. **Pougnet**. Niort. — Trois-six d'industrie........ France.......
A. **Pattus**. Aubais. — Trois-six de vin........... France.......
Mauger. Charriot. — Trois-six de marc............. France.......
Falatieu. Bains-en-Vosges. — Kirsch............ France.......
Nicolas. Guebar-ben-Aoün. — Trois-six de vin..... Algérie.......
Veuve **Mathonnet**. Gannat. — Bière............... France.......
Fritsch. Orléans. — Malt d'orge.................. France.......
Nestor **Bassot**. Dijon. — Malt d'orge.............. France.......
Ch. **Sturbois**. Trith-lez-Valenciennes. — Bière...... France.......
Bogaers. La Guadeloupe. — Vin d'ananas......... Col. franç....
Roque. La Martinique. — Vin d'orange............ Col. franç....
Vezian. Veyrargues. — Vin blanc 1866............. France.......
G. **Vallier.** Saint-Alban. — Vin blanc 1866......... France.......
Bruguière. Val-l'Aune. — Vin blanc 1866.......... France.......
Léon **Marès**. Saint-Gély-du-Fesc. — Vin blanc 1865.. France.......
Pierre **Berger**. Saint-Drézéry. — Vin rouge 1863.... France.......
Gordon. Saint-Georges-d'Orques. — Vin rouge 1863. France.......
L. **Benezech**. Frontignan. — Vin rouge 1867........ France.......
E. **Laurent**. Petit-Saint-Loup. — Vin rouge 1866.... France.......
J. André **Pons**. Villeveyrac. — Vin rouge 1866...... France.......
Abert **Bousquet**. Saint-André-de-Sangonis. — Vin rouge 1866.................................... France.......
B. **Sipierre**. Puisserguier. — Vin blanc............ France.......
Louis **Causse**. Massereau. — Collection de vins...... France.......
Guillard. Orsan. — Vin rouge 1866................ France.......
Mathieu. Meynes. — Vin rouge 1866.............. France.......
Rogier. Meynes. — Vin rouge 1866................ France.......
Recoulin. Meynes. — Vin rouge 1866.............. France.......
Bessières. Saint-Gilles du Gard. — Vin rouge 1866.. France.......
Maruéjol. Nîmes. — Vin rouge 1866............... France.......
Pierre **Benezet**. Vauvert. — Vin rouge 1866 ... . France.......
Bouvier aîné. — Vin de Costières................ France.......
Just **Burges**. Ornaison. — Vin rouge 1860-1866...... France.......
A. **Riondé**. Hyères. — Vin rouge................. France.......
Charbonnel. Côte-Saint-André. — Vins rouges et vins blancs.................................... France.......
Baron **du Cluzeau.** — Château de Clérant......... France.......
Champs. Garcia. — Vin rouge.................... France.......
Don Jacques **Giacomoni.** Sainte-Lucie de Tallano.— Vin rouge 1860.............................. France.......
Jean Félix **Sanguinetti.** Bastia. — Alicante 1864.... France.......

Rey. — Vin de Gaillac 1812-65-66.................... France.......

Comte de **Croy.** Château de Cremault.—Vins rouges de la Vienne 1858-65.............................. France.......

Mérine.—Vins rouges Saint-Georges-lez-Baillargeaux. France.......

Allard. — Vin de Châteauneuf...................... France.......

Luzet. Luxeuil. — Kirsch.......................... France.......

Chevalier **De Fontenaille.** Saumur.—Vins mousseux. France.......

F. **Marty** jeune. — Vin rouge de la Vienne......... France.......

Baron **de Jerphanion.** — Vin blanc de l'Ain...... France.......

Bruch Foucher et Cie. Mareuil-sur-Ay. — Vins de Champagne.................................... France.......

Gérin. Saint-Jean-d'Angély. — Eau-de-vie.......... France......

B. **de la Villardière.** Château de la Frette. — Vin blanc.. France.......

Gustave **Bastien.** Mirecourt. — Kirsch.............. France.......

Lerveillé-Guionnet. Château-Bernard.— Eau-de-vie de Cognac.................................... France.......

Mosnier **Delarbre.** Courmont. — Collection de vins.. France.......

L. **Maurial.** Paris. — Vins......................... France.......

Christ **Single.** Stuttgart. — Vins rouges............ Wurtemberg..

Marquardt. Stuttgart. — Vins rouges............. Wurtemberg..

G. **Walther.** Zeilhof, près Weinsberg.—Vins rouges. Wurtemberg..

Fr. **Esenwein.** Backnang. — Vins blancs........... Wurtemberg..

C. **Staehle.** Heilbronn. — Vins blancs..... .... Wurtemberg..

H. **Schoenberger.** Heilbronn. — Vins rouges...... Wurtemberg..

Ed. **Krætzer.** Mayence. — Vin de Nackenheim..... Hesse........

Ph. **Ludwig.** Oberingelheim. — Vins rouges........ Hesse........

Louis **Guntrum.** Bensheim. — Vin de la Bergstrasse. Hesse........

Dr R.-W. **Foerster.** Oppenheim. — Vins blancs..... Hesse........

Braunwarth frères. Hechtsheim. — Vins blancs. .. Hesse........

François **Allmann.** Bingen. — Vins blancs.......... Hesse........

François **Sickinger.** Bensheim. — Vins de Pfaffenstein.................................... Hesse........

J. **Michel**. Zornheim. — Vins blancs.............. Hesse........

A. **Schuett.** Buelh. — Vins rouges.................. Bade.........

H. **Bender.** Weinheim. — Vins rouges et vins blancs. Bade.........

F.-X. **Fischer.** Offenbourg.—Vins rouges et vins blancs. Bade.........

J. **Birmelin.** Ihringen. — Vins blancs.............. Bade.........

R. **Blankenhorn** frères. Muelheim. — Vins blancs. Bade.........

C.-F. **Sexauer.** Sultzbourg. — Vin de Chasselas.... Bade.........

Alphonse **Wavre.** Neuchâtel. — Vin rouge.......... Suisse.......

Administration de l'ancien couvent de Rheinau. Zurich. — Vin rouge....................... Suisse.......

Jean **Kaeser.** Boesigen. Fribourg. — Kirsch........ Suisse.......

Chevalier **de Chervaz.** Vétroz. — Vin de Malvoisie... Suisse.......

Joseph **Oppmann**. Wurzbourg. — Vins mousseux.... Bavière......
Aloïs **de Loës.** Aigle. — Vin blanc................ Suisse......
Aimé **Cuénod.** Vevey. — Vin blanc Yvorne,......... Suisse.......
Sebastiano **Scuto Tomaselli.** Catane. — Vins noirs de l'Etna...................................... Italie.........
Rafaël **Santini.** Biondo-Tevere. — Vins............. Italie........
Vincent **Crolle.** Turin. — Vins noirs faits avec des raisins secs.. Italie........
Henri **Angelici.** Arezzo. — Vin du mont San-Savino. Italie........
Joseph **Cenci.** Florence. — Vin noir................ Italie.......
Antoine **Rosso Tedeschi.** Catane. — Vin rosé..... Italie.......
François **Gasparini.** Padoue. — Muscat blanc....... Italie........
Antoine **Pampillonia.** Palerme. — Vin Garibaldi.... Italie........
Clément **Santi.** Montalcino. — Vin de Moscatel..... Italie........
Antonio **Rosso Tedeschi.** Catane. — Vin de Sicile.. Italie........
Ludovic **Bettoni.** Brescia. — Vin blanc........... Italie........
Charles **Cattania.** Reggio d'Émilie. — Vin muscat... Italie........
Comte Auguste de **Gori-Pannilini.** Sienne. — Vin de Carmignano.................................... Italie........
Robert Beglia. Vercelli. — Vin blanc............. Italie........
Alexandre **Fulcheris.** Mondovi. — Muscat blanc..... Italie........
Silvestri frères. Vérone. — Vins................. Italie........
Joseph et Melchior **Colomiati** frères. Chieti et Turin. — Vin erbaluce passito......................... Italie........
Octave **Graziani.** Monaldi. — Vin aleatico......... Italie........
Joseph **Civetta.** Cuneo. — Muscat haut Montferrat.... Italie........
Sigismonde **Thalberg.** Naples. — Vins de Naples.... Italie........
César **Alfieri de Sostegno.** Turin. — Vin caluso blanc... Italie........
Ignace **Deliarzi.** — Vin rouge..................... Italie........
José O. **Dodero.** Barcelone. — Sumall............. Espagne......
Blas de Ondategui. Madrid. — Moscatel......... Espagne......
Société vinicole. Madrid. — Albillo.............. Espagne......
José **Ramonéda.** Barcelone. — Rancio............... Espagne......
F. de P. **Rivas.** Villabuena. — Vin Médoc.......... Espagne......
Thomas **Aranguren.** Madrid. — Malaga............ Espagne......
A. **Navarro** et Cie. Valence. — Macabeo........... Espagne......
Vve et fils de V. **Bayon.** Rueda. — Cerezo.......... Espagne......
Successeurs de Félix **Trapero.** Rota. — Muscat..... Espagne......
A.-M. **Llobet.** Barcelone. — Grenache et vin doux. Espagne......
Juan Lino **Lasierra.** Huesca. — Grenache.......... Espagne......
Jean **Miret.** Tarragone. — Mistela................. Espagne......
F. **Oliver** et **Coll.** Barcelone. — Mistela........... Espagne......
Leandre **Ribot.** Barcelone. — Mistela............... Espagne......

José **Farrerons** et **Escola**. Lerida. — Vin de liqueur .... Espagne......

Manuel **Arias**. Sarragosse. — Vin blanc doux........ Espagne......

José **Palet**. Barcelone. — Mistela.................... Espagne......

J. **Baldasano**. Carthagène. — Vins.............. Espagne......

Bruce Hamilton et Cie. Ténériffe. — Malvoisie..... Espagne......

Mariano **Bartolomé**. Falset. — Vin ordinaire....... Espagne......

Francisco **de las Rivas**. Madrid. — Vin ordinaire... Espagne .....

Vicente **Calvo**. Toro. — Vin ordinaire.............. Espagne......

Galo **Pobes**. Labastida. — Vin ordinaire............ Espagne .....

Ét. **Platthy**. Unghvàr. — Vin de Szerednye......... Autriche.....

Comte Eug. **Pongràtz**. Nagy-Bagzan. — Vin de Hongrie.................. Autriche .....

Ant. **Wutt**. Marburg. — Vin de Styrie.............. Autriche.....

Comte **Trautmannsdorf**. Négan. — Vin de Styrie.... Autriche .....

J.-R. et **Pfrimer**. Marburg. — Vin de Styrie .... Autriche .....

J.-G. **Wöhrl**. Vienne. — Collection de vins......... Autriche.....

Ch. **Zanelli**. Güns. — Vins de Hongrie .... Autriche .....

Joseph **Gillming**. Neusatz. — Vin de Hongrie........ Autriche .....

Jean **Joo**. Erlau. — Vins d'Erlau.................. Autriche .....

Béla **Hanauer**. Pâpa. — Vins de Somlau. .... Autriche .....

Joseph **Schuster**. Hermanstadt.—Vins de Transylvanie. Autriche .....

Comte **Thun Hohenstein**. Bodenbach. — Bière..... Autriche .....

Ant. **Bartholovich**. Essegg.—Eau-de-vie de prunes. Autriche .....

Édouard **Zdencaj**. Canjero. — Eau-de-vie de prunes. Autriche .....

Jean **Plesch** et fils. Pesth. — Eau-de-vie de prunes. Autriche .....

F.-A. **de Vasconcellos**. — Vin de Bucellas........ Portugal .....

J.-Baptista **Sampaio**. Alijo. — Vins de Porto....... Portugal .....

Gaudelaine. Lisbonne. — Vins.................. Portugal .....

João-Maria **Péres Vasques**. Cuba. Béja. — Vins... Portugal .....

D. Thereza-Candida **Monteiro**. — Regua........... Portugal .....

Nestorio **Dias**. Figueira da for. — Vins............ Portugal ....

R.-L. **Jenkins**. Nouvelle-Galles du Sud. — Vin...... Col. anglaises.

G.-T. et J.-B. **Carmichaël**. Nouvelle-Galles du Sud. — Vin.............. Col. anglaises.

Dr John **Lindeman**. Nouvelle-Galles du Sud. — Vin rouge.............. Col. anglaises.

Sir **Daniel Cooper**. Nouvelle-Galles du Sud. — Collection de vins .... Col. anglaises.

D. **Fisher**. Australie du Sud. — Collection de vins.. Col. anglaises.

W. **Green**. Australie du Sud. — Shiras 1802........ Col. anglaises.

E.-J. **Peake**. Australie du Sud. — Vin de Gauss-le-Parc 1860.............. Col. anglaises.

Wilson frères. Australie du Sud. — Vin d'Amandale 1865 .... Col. anglaises.

H.-T. **Bam.** Cap de Bonne-Espérance. — Vins........ Col. anglaises.

T. **Roos.** Cap de Bonne-Espérance. — Vins........ Col. anglaises.

E.-C. **Green.** Cap de Bonne-Espérance. — Vins........ Col. anglaises.

A. **Pelzer.** Cap de Bonne-Espérance. — Vins........ Col. anglaises.

Van Zuylekom-Levert et Cie. Amsterdam. — Distillation de genièvre........ Pays-Bas.... 12

Boll et **Dunlop.** Rotterdam. — Distillation de genièvre. Pays-Bas..... 16

J.-J. **Van Vinckeroye** et Cie. Hasselt. — Distillation de genièvre........ Belgique......

Bal et Cie. Anvers. — Distillation de genièvre........ Belgique......

J.-B. et E.-D. **Cloquet.** Monsouhait. — Trois-six à 97°. Belgique......

Mme Vve **Carbonnelle-Nerinckx.** Tournai. — Trois-six de betterave à 97°........ Belgique.....

M. **Werk** et fils. Cincinnati. — Vins mousseux........ États-Unis....

Buena vista vinicultural Society. San Francisco. — Vins mousseux........ États-Unis....

Longworth's Winehouse. Cincinnati. — Vins mousseux........ États-Unis....

Ch. **Bottler.** Cincinnati. — Vins mousseux........ États-Unis....

American Wine Company. Saint-Louis. — Vins mousseux........ États-Unis....

Pleasant, Valley Wine Company. Hammondsport. New-York. — Eau-de-vie........ États-Unis....

Dorsharmet. Smyrne. — Muscat sec........ Turquie......

Jean **Delendas.** Santorin. — Vin doux........ Grèce........

Michel Aimé **Pouget.** Mendoza. — Vin blanc........ Con-Argentine.

Ignace **Reybaud.** Mendoza. — Vin........ Con-Argentine.

P. **Garnier.** Arica. — Vin rouge et vin blanc........ Pérou........

Gregorio **Cabello.** Moquegua. — Collection de vins... Pérou........

Donesnel. Bayeux. — Cidre........ France.......

Saguin frères. Fougerolles. — Kirsch........ France.......

Antoine **Goux.** Seyssel. — Vin blanc........ France.......

E. **Fleurot** et **Thierry.** Val-d'Ajol. — Kirsch........ France.......

Comité des fabricants de sucre du département du Nord. — Alcool de betterave........ France.......

Bigo-Tilloy. Lille. — Alcool de betterave........ France.......

B. **Traunin.** Clos de l'Abbaye. — Alcool de betterave. France.......

Comte **de Laistre.** Château-Mornay, Vienne. — Introduction de cépages nouveaux........ France.......

Dubos frères. Bordeaux. — Vin du Médoc........ France.......

J. **do Carmo Azevedo-Canavarro.** Sabrosa. — Vins. Portugal.....

Commission de Bragança. — Vin de Bragance... Portugal.....

Commission de Cantanhède. Coimbra. — Vins.. Portugal.....

Vicomte de **Espérança.** Cuba, Béja. — Vins........ Portugal.....

A. **Pereira-do-Spirito-Santo.** Regua. — Vins....	Portugal.....
E. **da Silveira-Pinto-da-Fonseca.** Regua.—Vins.	Portugal.....
R. Augusto **Magalhães.** Alijò. — Vin d'Alijo.......	Portugal.....
B. **de Quéiroz Pinto Serpa e Mello.** Alijo. — Vins d'Alijo....................................	Portugal.....
M.-A. **Carvalho-Seixas-Penetra.** Regua. — Vins.	Portugal.....
Manuel Alvares Pereira **Sampaio.** Alijo. — Vins d'Alijo..	Potrugal.....
Comte **de Sobral.** Lisbonne. — Vins..............	Portugal.....
Vicomte **de Soveral.** Porto. — Vins de Porto.......	Portugal.....
Comte **de Thomar.** Santarem. — Vins de Santarem.	Portugal.....
L. **Jorisse.** Sion. — Vin de Malvoisie.............	Suisse.......
Mme Henriette **Gindroz.** Lavaux. — Vin blanc du Roux d'Epesses..................................	Suisse.......
F. **Belenot.** Monruz. — Vin rouge................	Suisse.......
Charles **Unger.** Klein. Rohosetz. — Bière...........	Autriche.....
A. **Dey** et Cie. Coblentz. — Vins mousseux.........	Prusse.......
Étienne **George.** Ruedesheim. — Vin blanc.........	Hesse........
Aloys **van Gries.** Benshein.—Vin de la Bergstrasse..	Hesse........
Vve J-B. **Feigel.** Benshein. — Vin de Pfaffenstein...	Hesse........
Frédéric **Engelbach.** Bosenheim. — Vin blanc......	Hesse........
Winberg et **Ewerdt.** Cette. — Vins imités........	France.......
J. **Huber.** Achern. — Vins blancs et rouges.........	Bade........
Comité local de Madras. — Arrack...............	Inde anglaise.
Manuel **la Rosa.** Lerida. — Vins.................	Espagne.....
José Cadafalch. Barcelone. — Vins...............	Espagne.....
Comte **de Cirat** et **de Villa Franqueza.** Haro. — Vins..	Espagne.....
Antonio **Chocomeli.** Sativa. — Vins...............	Espagne.....
J. **Gimenez de Pedro.** Arganda. — Vins.........	Espagne.....
Société Los Cuatro Amigos. Logroño. — Vins..	Espagne.....
Jean **Almerighi.** Forli. — Vin de Transano........	Italie........
Panzano. Chianti. — Vins......................	Italie........
Alexandre **Grassano.** Acireale. — Vins rouges......	Italie........
Svetoni frères. Montepulciano. — Vins blancs........	Italie........
Paul **Gurgo-Salice.** Biella. — Chiaretto amaro....	Italie........
Jacques **Uffreduzzi.** Pérouse. — Vin aleatico.......	Italie........
Henley et fils. Londres. — Poiré et cidre mousseux.	Gde-Bretagne.
Antoine **Salomon.** Mondovi. — Vin blanc..........	Italie........
Henri **Spano.** Gênes. — Vin blanc................	Italie........
Sous-Commission de Rimini. — Vin blanc.....	Italie........
Institut agronomique de Pesaro. — Vin blanc.	Italie........
Antonio Lobo Pereira **Caldos de Barros.** Regua. — Vins..	Portugal.....

Bernard **Baroni**. Lucques. — Vin rouge............ Italie........
Cosme **Bernardini.** Lucques. Vin rouge............ Italie........
Société économique agricole de Pérouse. — Collection de vins............................... Italie........
Sous-Commission d'Ascoli. — Collection de vins. Italie........
François **de Blasiis.** Tersamo. — Vin rouge....... Italie........
Première Société industrielle des Abruzzes. Chieti. — Collection de vins..................... Italie........
Junte industrielle de Brindisi. — Collection de vins... Italie........
Sous-Commission de Catanzaro. — Collection de vins.. Italie........
Sous-Commission de Catane. — Collection de vins... Italie........
E.-T. **De Posson.** Cappellen.—Alcool, genièvre et liqueurs.. Belgique.....
Van Hille frères. Eessen-lez-Dixmude. — Esprits et liqueurs.. Belgique.....
H. **Vloebergh.** Marchienne-au-Pont. — Liqueurs.... Belgique.....
de Wauters-Busscher. Malines. — Liqueurs.... Belgique.....
C. **Ihmdahl.** Bruxelles. — Alcool et genièvre....... Belgique.....

COOPÉRATEURS.

Médailles d'argent.

Roux. — Clos-Vougeot.............................. France.......

Médailles de bronze.

Auguste **Compan,** régisseur au château de Montarnaud.. France.......
Eugène **Amadou,** régisseur du domaine de Valmagne France.......
Jacques **Visset,** La Provenquière................... France.......
François **Dufour,** chef de culture du domaine de Beauregard.............................. France.......
Barbou et fils. Paris. — Installation des caves..... France.......

AGRICULTURE ET INDUSTRIE

GROUPE VIII

PRODUITS VIVANTS ET SPÉCIMENS D'ÉTABLISSEMENTS DE L'AGRICULTURE.

GRAND PRIX

(OBJET D'ART DE LA VALEUR DE 10,000 FRANCS.)

Decrombecque. Lens. — Agriculteur............ France.......

CLASSE 74

SPÉCIMENS D'EXPLOITATIONS RURALES ET D'USINES AGRICOLES.

GRANDS PRIX.

S. M. l'Empereur d'Autriche. — Encouragements à l'agriculture.................................. Autriche.....

Charles-Henri **Schattenmann**. Bouxwiller. — Agriculteur.................................... France.......

Flévet. Masny. — Agriculteur....................... France.......

Ransomes et **Sims**. Ipswich.— Machines agricoles. Gde-Bretagne..

James et Frédérick **Howard**. Bedford. — Machines agricoles.................................. Gde-Bretagne..

C.-H. Mac **Cormick**. Chicago. — Machine à moissonner... États-Unis....

Cléments R. **Markham**. Londres. — Introduction de la culture du quinquina et création de grandes plantations de cette essence dans les Indes anglaises... Gde-Bretagne..

Prince Alexandre **Torlonia**. Rome et Avezzano. — Dessèchement du lac de Fucino .... États-Pontif. et Italie.

Médailles d'or avec objets d'art.

Mary. Oisy-le-Verger. — Agriculteur...............	France.......
H. **Champonnois**. Paris. — Appareils de distillerie agricole	France.......
Comte de **Kergorlay**. Canisy. — Agriculteur.......	France.......
Walter A. **Wood**. Hoosick-Falls. — Machine à faucher...	États-Unis ...
Garrett et fils. Leiston. — Machines agricoles.......	Gde-Bretagne.
Célestin **Gérard**. Vierzon. — Machines à battre et locomobiles...	France.......
Smyth et fils. Peasen-Hall. — Semoirs............	Gde-Bretagne..
J. **Pinet** fils. Abilly. — Machines à battre et manéges	France.......
Ch. de **Meixmoron de Dombasle** et **Noël**. Nancy. — Instruments aratoires.........................	France.......
Peltier jeune. Paris. — Machines et instruments agricoles...	France.......

Médailles d'or.

Vallerand. Moufflaye. — Charrues à défoncer.....	France.......
Damey. Dôle. — Machines agricoles..............	France.......
Marshall fils et Cie. Gainsborough. — Machines à battre et machines à vapeur.....................	Gde-Bretagne..
Picksley, Sims et Cie. Leigh. — Machines agricoles...	Gde-Bretagne..
Delahaye-Tailleur. Liancourt. — Instruments aratoires...	France.......
Théophile **Gautreau**. Dourdan. — Machines agricoles	France.......
Société des caves réunies de Roquefort. — Fabrication de fromage..........................	France.......
Haussmann. Paris. — Silo conservateur pour le grain...	France.......
T.-J.-M. **Bertrand** aîné (des Balances). Béziers. — Viticulteur, producteur de vins naturels d'Espagne et de Portugal	France.......
James **Jameson**. Laharumpore. — Culture du thé dans l'Inde anglaise..........................	Gde-Bretagne..
Société d'agriculture de Hollande. — Ferme modèle de la Hollande méridionale..................	Pays-Bas ....
Chevalier Michel **Del Prino**. Alexandrie. — Magnanerie cellulaire..	Italie........
Sitger. Le Mans. — Machine à teiller le chanvre...	France.......
Samain. Blois. — Pressoirs.........................	France.......
Mabille frères. Amboise. — Pressoirs et presses.......	France.......

Moreau-Chaumier. Tours. — Instruments propres à la culture de la vigne........................... France.......

Fusellier. Saumur. — Égreneuse de trèfle.......... France.......

L. **Bignon** aîné. Theneuille.—Installation de bouverie. France.......

De **Saint-Romas**. Paris. — Noria à siphon......... France.......

Dr **Rau**. Carlsruhe. — Collection complète de charrues de tous les temps et de tous les pays........ Bade.........

Prince Alexandre **Morouzy-Sworechteano**. Sworechta. — Élevage de la race mérinos et du cheval arabe ; machines et distilleries agricoles............ Roumanie....

Médaille d'argent avec objet d'art.

Michel **Perret**. Tullins. — Cuve à étage............ France.......

Médailles d'argent.

Clayton Shuttleworth et Cie. Lincoln.— Machines à battre.. Gde-Bretagne.

E.-H. **Bentall**. Heybridge-Works. — Coupe-racines.. Gde-Bretagne.

Coleman et **Morton**. Chelmsford. — Scarificateur.. Gde-Bretagne.

W.-N. **Nicholson**. Newark. — Faneuse et râteau à cheval... Gde-Bretagne.

Ferdinand **Del**. Vierzon-Forges. — Machines à battre et locomobiles.................................. France.......

Perry. Kingston. — Machine à faucher............. États-Unis...

Amies Barford et Cie. Peterborough. — Rouleaux.. Gde-Bretagne.

Jacquet-Robillard. Arras. — Semoir............. France.......

Marquis de **Caligny**. Versailles. — Appareils hydrauliques....................................... France.......

Renault-Gouin. Sainte-Maure. — Instruments de viticulture..................................... France.......

Josse. Ormesson. — Cribleur-Epierreur............ France.......

Laburthe. Mont-de-Marsan. — Pompe à air comprimé pour vin, eau-de-vie, etc........................ France.......

Usines de la Mulatière. Lyon. — Bascules......... France.......

Marot. Niort. — Coupe-racines..................... France.......

Pernollet. Paris. — Trieur........................ France.......

Vachon. Lyon. — Trieur........................... France.......

Chollet-Champion. Bléré. — Pressoir............. France.......

Coignard. Paris. — Pompe à force centrifuge....... France.......

Neut et **Dumont**. Lille et Paris. — Pompe à force centrifuge..................................... France.......

A. **Donnet**. Lyon. — Puits et puisards pneumatiques à grand débit................................. France.......

Barrett. — Manége à terre........................ Gde-Bretagne.

Paul **François.** Vitry-le-François. — Bascules...... France.......

Valck-Virey. Saint-Dié. — Hache-paille............ France.......

Vilcocq. Meaux. — Tarare à cylindre-trieur.......... France.......

Sue et **Chauvin.** Paris. — Wagon à caisse automatique et système d'aiguillage pour chemins de fer d'usines .... France.......

Abbé **Didelot.** Marre. — Charrues.................. France.......

Minelle. Villardelle. — Brabant double.............. France.......

Casanova. Château de Montilfaut. — Épierreuse et trisoc.. France.......

Coultas. Grantham. — Semoir...................... Gde-Bretagne..

Ph. **Durand.** Lignières. — Machine à moissonner.... France.......

Marquis Emile-Bertone de **Sambuy.** Cuneo. — Charrue.. Italie........

Henry frères. Dury-lez-Amiens. — Scarificateurs et instruments divers .... France.......

Porion. Wardrecques-Saint-Omer. — Évaporateur..... France.......

Frère. Paris. — Nettoyeur d'avoine............... .. France.......

X. et A. de **Nabat.** Levallois-Perret. — Tondeuse pour chevaux et bœufs .... France.......

Comte Amédée des **Cars.** Paris. — Élagage des arbres forestiers...................................... France.......

Joly et **Camus.** Masgny-lez-Compiègne. — Féculerie agricole.. France.......

Maréchaux. Montmorillon. — Machine à battre.... France.......

Hugon. Paris. — Machine à carboniser le bois...... France.......

Joseph **Maître.** Châtillon-sur-Seine. — Procédé d'écorçage du bois...................................... France.......

Boitel. Soissons. — Brabant double................ France.......

Jeannin frères. Pontarlier. — Pompes............... France.......

Constant **Zeller.** Ollwiller. — Tuyaux d'argile comprimée.. France.......

Pinaquy et **Sarvy.** Pampelune. — Machine à moissonner et presse................................. Espagne .....

L.-V. **Parquin.** Villeparisis. — Charrue........... .. France.......

Hayes et fils. Stamford. — Chariots................ Gde-Bretagne .

Shuttler. Chicago. — Chariots..................... États-Unis . .

Mimard. Villeneuve-sur-Yonne. — Appareil de vinification .... France.......

Compagnie de la baratte atmosphérique (Clifton). Londres. — Baratte atmosphérique............ Gde-Bretagne .

J.-C. **Bidwell.** Pittsburg — Bêche rotative.......... États-Unis ...

De Carayon La Tour. — Niveleuse................... France.......

Théophile **Mercier.** La Ferté-sous-Jouarre. — Moulin agricole.. France.......

Giacomelli frères et Cie. Trévise.—Égrenoir pour maïs. Italie........

Carolis père et fils. Toulouse. — Égrenoir pour maïs. France.......

Emile **Mannequin.** Troyes. — Pressoir hydraulique.. France.......

Amador **Pfeiffer.** Barcelone. — Moulin à écraser les olives	Espagne
Thiébaut. Paris. — Pompes	France
Lotte. Mansle. — Fouloirs	France
Veillon. Matha. — Appareil à distiller	France
Egrot. Paris. — Appareil à distiller	France
Marrot. Paris. — Moulin à vent	France
L. **Huguet** et Cie. Turin. — Tarares divers	Italie
Partridge. Fork-Works Leominster. — Fourches d'acier	États-Unis
Bouthillier de Beaumont. Collonge-sous-Salève. Charrue tourne-oreille	France
Leduc et Cie. Bar-sur-Aube. — Presse-fourrage-bascule	France
Raveneau. Paris. — Appareils d'arrosage	France
P. **Benini.** Florence — Presse à huile	Italie
Vicomte de **Saint-Trivier.** Château du Thil. — Cônes draineurs	France
Aboillard. Paris. — Drainage	France
Tricotel. Paris. — Constructions rustiques	France
Jusseaume. Nantes. — Appareils de cuisson	France
Teste. Paris. — Balayeuse et épandeuse de gravier	France
Compagnie chaufournière de l'Ouest (Renard et Cie). Paris. — Fabrication de Taffo	France
Tailfer. Paris. — Balayeuses mécaniques de la Ville de Paris	France
Villard. Dijon. — Semoirs	France
École d'agriculture de Pantéleimon. — Collection de machines agricoles	Roumanie
Charpy. — Appareil de sauvetage	France
Chalopin. Paris. — Machine à boucher les bouteilles	France
Dubois-Gérard. Sergines. — Meule à aération	France
Pilter. Paris. — Égreneuse de trèfle et machines diverses	France
Isaac **James.** Cheltenham. — Tonneau pour engrais liquides	Gde-Bretagne
Ganneron. Paris. — Pompes	France
Giot. Chevry-Cossigny. — Spécimen de construction rurale	France
Docteur H. **Hellriegel.** Dahme. — Travaux sur la physiologie agricole	Prusse
État de l'Illinois. — Maison de fermier	États-Unis
Commission de Suède. — Habitation rurale	Suède
Commission de Norvége. — Habitation rurale	Norvége
Gromoff. Saint-Pétersbourg. — Habitation rurale	Russie
Comité départemental de Seine-et-Marne. Melun. — Hangar économique	France

Carbonnier-Pauchet. Trye-le-Château. — Tonneau pneumatique distributeur d'engrais liquide..... France.......

Compagnie de transport de vidanges. Paris. — Citerne à vidanges.............................. France.......

E. **Packard** et Cie. Ipswich. — Extraction du phosphate de chaux fossile........................ Gde-Bretagne.

Médailles de bronze.

Garnier. Redon. — Charrue....................... France.......

Heylandt-Sitter. Colmar. — Faneuse .... France.......

Samuelson et Cie. Banbury. — Machine à moissonner. Gde-Bretagne.

Ashby et **Jeffery**. Stamford. — Faneuse .... Gde-Bretagne.

Brisson-Fauchon et Cie. Orléans. — Moulin....... France.......

Paulvé-Millot. Troyes. — Coupe-racines........... France.......

Annibal **Gardini.** Bologne. — Charrue............. Italie.......

Estabe. Tours. — Fouilleuse........................ France.......

Auvillain. Cluis. — Fouilleuse..................... France.......

Depoix. La Chapelle-en-Serval. — Charrue bisoc.... France.......

Fondeur. Viry. — Scarificateur.................... France.......

Legendre Cte de **Montenol.** Barquet — Semoir ...... France.......

Colonel **Christoforoff.** — Cultivateur universel..... Russie.......

Berger et **Barillot.** Moulins. — Buttoir........... France.......

Armand **Paris.** Aulnay. — Instruments de viticulture. France.......

Leclerc. Rouen. — Semoirs......................... France.......

Martinez Lopez. Madrid. — Semoir................. Espagne.......

Boulleuger. Saint-Germain-Laxis. — Distributeur d'engrais pulvérulents.......................... France.......

Bauvin. Wattignies. — Semoir...................... France.......

Pareydt. Bergues. — Tilleuse de lin................ France.......

Chenel. Nantes. — Égreneuse de trèfle............ France.......

Ecole des arts et métiers de Jassy. — Égreneuse de maïs.. Roumanie.......

Abbé **Perdrigeon.** Versigny. — Baratte............. France.......

Fouju. Poissy. — Baratte polyédrique............ France.......

Aubry. Paris. — Pompe............................. France.......

Didier-Corroy. Rouceux. — Tarare................. France.......

Leprohon-Bolvin. Beaufort. — Coupe-chicorée..... France.......

Grassin-Baledans. Saint-Sauveur-les-Arraz. — Clôtures métalliques................................ France.......

Mlle **Maurey**. Gacé. — Perfectionnement de fromages. France.......

Chrétiennot. Essoyes. — Appareil à distiller....... France.......

André **Pontier.** Paris. — Évorateur................. France.......

F.-A. **Fuynel**. Montaigu. — Appareil à distiller..... France.......

Hyacinthe **Lo Faso.** Termini. — Modèle d'huilerie... Italie........
Fossey et Cie. Lasarte. — Pressoir à huile........... Espagne.....
Maurice **Rateau.** Chagny. — Pressoir à vin......... France.......
Santerre-Taconet. Guise. — Noria............... France.......
Breduillieard. Neufchâtel. — Charrue polysoc...... France.......
Félix **Eldin.** Lyon. — Pompe à purin.............. France.......
Durozoi. Paris. — Pompe à purin................ France.......
Brossement. Paris. — Pompe à purin.............. France.......
E. Félix. La Garenne-Colombes. — Bélier hydraulique. France.......
Waller et **Hartmann.** Bukarest. — Pompe......... Roumanie....
Lemaire. Beaumont-sur-Oise. — Chariot pour pompe à incendie.............................. France.......
Rétif. Saincoins. — Véhicules...................... France.......
Goubé. Paris. — Colliers.......................... France.......
Laurent **Glatard.** Roanne. — Harnais à dételage instantané.................................... France.......
Société protectrice des animaux. Paris. — Harnais.................................... France.......
Prévost. Saint-Germain-la-Poterie. — Tuyaux de drainage.. France.......
Saynor et **Cooke.** Scheffield. — Outils divers...... Gde-Bretagne..
J.-P. **Grueber.** Wehringhausen. — Outils divers .... Prusse.......
Jules **Scavezzani.** Carpenedolo. — Magnanerie tournante...................................... Italie........
Victor **Chatel.** Valcongrain. — Recherches sur la culture des pommes de terre....................... France.......
Chéneval. Compiègne. — Noria pour les grains...... France.......
Pratt et **Wentworth.** Boston. — Fourneau économique.................................... États-Unis.....
Mme **Charles.** Paris. — Fourneau économique....... France.......
Mme d'**Aubréville.** Paris. — Prompts rôtisseurs..... France.......
Dromart. Solferino. — Appareil pour la carbonisation du bois .... France.......
Mangeon. Melun. — Siéges d'aisances à fermeture hermétique............................... France.......
Goux. Paris. — Tinette spéciale................... France.......
Baron-Chartier. Antony. — Engrais servant à la destruction du ver blanc........................ France.......
Louet frères. Issoudun. — Clôture en fer.......... France.......
A.-A. **Allen.** Londres. — Machine à vapeur........ Gde-Bretagne.
Gallié. La Charité-sur-Loire. — Raidisseurs .... France.......
Leclerc. Ry. — Parc en fer....................... France.......
Galibert. Paris. — Appareil respiratoire pour sauvetage................................... France.......
Barrows et **Carmichael.** Banbury. — Machine à battre.................................. Gde-Bretagne.
Barbou et fils. Paris. — Porte-bouteilles........... France.......

Robey et Cie. Lincoln. — Machine à battre.........	Gde-Bretagne.
Rioureano. Bukarest. — Charrue..................	Roumanie....
Ruston, Proctor et Cie. Lincoln.—Machine à battre.	Gde-Bretagne.
Masson. Paris. — Procédé d'éclairage...............	France.......
Lejeune. Paris. — Tranche-gazon..................	France.......
Hatté frères. Damery. — Aspirateur................	France.......
Pentray. Paris. — Brouette-voiture................	France.......
Massey. Newcastle. — Machine à faucher..........	Canada.......
Gherardo Prosperi. Ferrare. — Agromètre.......	Italie ....
Eugène **Raspail**. Gigondas. — Coupe-sarments......	France.......
J.-P. **Youf**. Torigni-sur-Vire. — Tarare.............	France.......
Paul **Didier**. Reims. — Bouche-bouteilles...........	France.......
Paul **Lacharme**. Saint-Léger. — Machine à battre les faux..	France.......
Jules **Lepercq**. Quesnoy-sur-Deule. — Amélioration de la betterave à sucre et drainage..................	France.......
Sézille. Noyon. — Pétrin............................	France.......
Sagnier et Cie. Paris. — Bascule...................	France.......
Perre. Ateliers Saint-Roch. — Décortiqueur.........	France.......
Falcot et Cie. Lyon. — Bascules diverses..........	France.......
Guérard-Deslauriers. Caen. — Instruments de drainage et de sondage...........................	France.......
Société anonyme des hauts fourneaux, usines et charbonnages de Châtelineau. — Moulin à vent..	Belgique .....
Girard. Paris. — Ustensiles de laiterie.............	France.......
Fossier-Bouchy. Ham. — Semoir à toutes graines..	France.......
Seguy. Béziers. — Charrues défonceuses	France.......
François **Jérôme** fils. Amiens. — Trieur..........	France.......
État de la Louisiane. — Maison-modèle........	États-Unis....
Chauvet-Pillemant. Juvigny. — Charrue bisoc...	France.......
Cichowski. Linow, Pologne. — Charrue polysoc...	Russie.......
Dr **Painchaud**. Varennes. — Rateau en bois à cheval.	Canada.......
Louis **Botter**. Bologne. — Semoir à chanvre.......	Italie.........
Beaussard-Vion. Auxy-le-Château. — Brise-pommes.	France.......
Chatel-Touyon. Vire. — Laveuse de laine.........	France.......
Musgrave frères. Belfast. — Appareils d'écurie de luxe..	Gde-Bretagne.
Boulanger. Paris. — Système de fermeture pour les vases à transporter le lait........................	France.......
Comte Alexis **Bobrinski**. Smela, Gouvernement de Kiev. — Charrue....................................	Russie.......

Mentions honorables.

Édouard **Dalloz**. Lons-le-Saulnier. — Maisons de vignerons	France
Lor. Besançon. — Semoir	France
Silas Herring. New-York. — Faneuse	États-Unis
Edmond de **Chaudesaigues de Tarrieux**. Château-de-Saint-Bonnet. — Moyettes	France
J. Ménard. Botz. — Tarare	France
Bobba et **Pejretti**. Carmagnola. — Tarare	Italie
De Linières. Clermont-Gallerande. — Baratte	France
R. Tinckler. Peneith. — Baratte	Gde-Bretagne
Carré. Vendôme. — Baratte	France
Fronteau. Le Mans. — Vases à lait	France
Jean **Porcellana**. Asti. — Pressoir	Italie
Roman. Bukarest. — Véhicules	Roumanie
Giraud. Bourg. — Bascule	France
Reynaud-Pillard. Troyes. — Tuyaux et briques	France
F. Beyersmann. Wehringhausen. — Outils	Prusse
Naslot. Champs-sur-Yonne. — Outils	France
Chambre de commerce et des arts d'Alexandrie. — Propagation du système Del Prino	Italie
Chambre de commerce et des arts de Cuneo. — Propagation du système Del Prino	Italie
Charlot. Le Mans. — Appareils de cuisson	France
Toupet. Chantilly. — Parc à moutons	France
Figus. Regmalard. — Armature de faux	France
Bouillon. Paris. — Chaudière fumivore	France
Také **Marin**. Bukarest. — Collection de tonneaux	Roumanie
Duchon. Meigneville. — Parc abri	France
Protte et **Thouvenin**. Vandœuvre. — Moteur à vapeur	France

COOPÉRATEURS.

Médailles d'or avec objets d'art.

Eugène **Tisserand**. Paris. — Création de domaines agricoles	France
Chevandier de Valdrôme. Cirey. — Sylviculteur et agriculteur	France

Chambre de commerce de Lille. — Création d'un marché spécial pour l'industrie linière. Utilisation du coton et du lin d'Algérie.................. France......

Médailles d'or.

De **Lapparent**. Paris. — Procédé de conservation des bois.................................. France.......

Dr **Arenstein**. Vienne. — Services rendus à l'agriculture.. Autriche.....

Henri **Bermont**. Avezzano. — Directeur des travaux de dessèchement du lac de Fucino.............. Italie........

Blanchard et **Château**. Paris. — Fabrication du phosphate de magnésie et de fer. Désinfection durable des fosses d'aisances. — Fixation de l'azote des vidanges à l'état de phosphate ammoniaco-magnésien. France.......

Prince **Barbou Stirbey**. Bukarest. — Culture du mûrier et élevage du ver à soie.................. Roumanie....

Vibranowski. — Gouvernement de Voronèje. — Travaux d'endiguement.......................... Russie.......

K. **Hasskarl**. Clèves. — Introduction de la culture du quinquina à Java....................... Pays-Bas....

G. de **Serière**. Batavia. — Introduction de la culture du thé à Java.............................. Col. néerles..

Médaille d'argent avec objet d'art.

Geoffroy **Hochstetter**. Lille. — Fabrication des engrais avec les phosphates naturels, coopérateur de MM. Kuhlmann et Cie........................... France.......

Médailles d'argent.

Sir William Mac **Arthur**. Comden-Town. — Introduction de la vigne en Australie...................... .. Australie.....

De **Meezemaker**. Bergues. — Doyen des présidents de section des Waeteringues.......................... France.......

Vandewalle. Dunkerque. — Président de la 4e section des Waeteringues.......................... France.......

De **Laroière**. Bergues. — Président de la commission syndicale des Moëres........................ France.......

Zweifel. Cernay. — Directeur de l'asile agricole de Cernay ; améliorations agricoles et enseignement.... France.......

Syndicat du dessèchement des marais de la Haute-Deule. (Lefort, directeur) Lille............ France.......

Porquet. Bourbourg. — Cultivateur.................. France.......

Alexandre **Brisse**. Avezzano. — Sous-directeur des travaux de dessèchement du lac de Fucino......... Italie.......

Dr A. **Frank**. Stassfurt. — Découverte et utilisation à l'agriculture des sels de potasse des salines de Stassfurt. Prusse.......

Jules **Gindre.** — Application à l'agriculture du feldspath de potasse.................................... France.......

Guillaume **Zoller.** Lille. — Fabrication d'engrais avec les phosphates naturels; coopérateur de MM. Kuhlmann et Cie.. France.......

Léon **Bernardin.** Solferino. — Régisseur du domaine impérial des Landes................................ France.......

Saucourt. Quartier impérial. — Régisseur des fermes impériales du camp de Châlons....................... France.......

Matthis. Pompadour. — Régisseur du domaine impérial de Pompadour.................................. France.......

Mougeat. Marais d'Orx. — Régisseur du marais d'Orx. France.......

Caun. Lamothe-Beuvron. — Directeur des domaines impériaux de la Sologne........................ France.......

Auguste **Ménard.** Baños-la-Rioja. — Grands travaux d'irrigation, de plantation et de semis forestiers; conquêtes de graviers et création d'un vignoble de 150 hectares (domaine privé de S. M. l'Impératrice des Français).................................... Espagne.....

John **Head.** Ipswich. — Collaborateur de MM. Ransomes et Sims.. Gde-Bretagne.

Leveau. Le Mans. — Collaborateur de M. Pinet..... France.......

Tony **Hess.** Paris. — Collaborateur de M. Peltier.... France.......

Alfred **Peltier.** Paris. — Collaborateur de M. Peltier. France.......

N.-Rosetti **Rosnovano.** Jassy. — Culture de vigne et fabrication de vin.................................. Roumanie....

Théodore **Bratiano.** Petesti. — Améliorations agricoles et races de chevaux.............................. Roumanie....

Alexandre **Slatiniano.** Bukarest. — Améliorations de vignobles et fabrication de vin..................... Roumanie....

Jorj **Vassilaké.** Vulturesti. — Améliorations agricoles et distillation d'eau-de-vie de prunes.......... Roumanie....

Marquis Del **Duero.** Madrid. — Améliorations agricoles. Espagne......

Edward **Gothiel.** Nouvelle-Orléans. — Services rendus à l'agriculture dans la Louisiane................. États-Unis...

Server Effendi. Constantinople. — Améliorations agricoles.. Turquie......

Médailles de bronze.

Calsat. Virelade. — Constructeur de la niveleuse de M. de Carayon La Tour............................ France.......

Faure. Paris. — Coopérateur de M. Ganneron....... France.......

Louis **Durand.** Paris. — Contre-maître de M. Aboilard. France.......

Jules **Machuel.** Paris. — Contre-maître de M. Aboilard. France.......

Louis **Nicaise.** Paris. — Contre-maître de M. Renard. France.......

Lesimple. — Coopérateur de M. Gautreau.......... France.......

Hagron. Bergues. — Conducteur des travaux de desséchement de Waeteringues.............................. France.......

Vercoustre. Bourbourg. — Conducteur des travaux de desséchement de Waeteringues.................. France.......

Georges **Simoulesco**. Dragachani. — Viticulture.... Roumanie....

Nicolas **Pecleano**. Bukarest — Viticulture......... Roumanie....

Constantin **Boslano**. Bukarest. — Viticulture....... Roumanie....

Jean **Marghiloman**. Buzeo. — Agriculteur......... Roumanie....

Nicolas **Rochou**. Bukarest. — Agriculteur.......... Roumanie....

Grégoire **Cosadini**. Niamtzo. — Agriculteur et forestier...................................... Roumanie....

Alexandre **Vasesco**. Botoehani. — Agriculteur..... Roumanie....

Major Micha **Anastasievich**. Bukarest. — Agriculteur.. Roumanie....

Nicolas **Mimi**. Bukarest. — Éleveur................ Roumanie....

Jean **Bratiano**. Pitesti. — Agriculteur et distillateur. Roumanie....

Dousset. Theneuille. — Collaborateur de M. Bignon. France.......

Suchot. Theneuille. — Collaborateur de M. Bignon.. France.......

Guet. Theneuille. — Collaborateur de M. Bignon.... France.......

Calvi. Alexandrie. — Secrétaire de la Chambre d'agriculture et de commerce d'Alexandrie.......... Italie........

Vineis. Cuneo. — Secrétaire de la Chambre d'agriculture et de commerce de Cuneo..................... Italie........

André **Brozone**. Alexandrie. — Coopérateur de M. Del Prino.................................. Italie........

Charles **Ricci**. Gênes. — Mécanicien dans l'établissement agricole de M. Della Beffa................. Italie........

Société économique de Chiavari. — Encouragements donnés à l'agriculture et à l'industrie...... Italie........

Société économique de Savone. — Encouragements donnés à l'agriculture et à l'industrie........ Italie........

Houdbine. Vincennes. — Régisseur de la ferme impériale de Vincennes........................... France.......

Laverge. La Motte-Beuvron. — Régisseur de la ferme de la Motte-Beuvron.......................... France.......

Cabaret. Steene. — Chef de labour chez M. Dantu.. France.......

Auguste **Potié**. Haubourdin. — Défrichements...... France.......

Masquelier. Saint-André. — Engraineur............ France.......

Lepeuple-Lecouffe. Bersée. — Production de graine de betterave à sucre............................ France.......

Tevfik Effendi. Constantinople. — Travaux de défrichement...................................... Turquie......

Kevork-Korassandjian. — Smyrne. — Développement de la culture du coton....................... Turquie......

CLASSE 75

CHEVAUX, ANES, MULETS, ETC.

EXPOSANTS.

Grand prix.

S. M. l'Empereur de Russie. — Amélioration de la race chevaline.............................. Russie......

Médailles d'or avec objets d'art.

Delaville. Bretteville-sur-Odon. — Étalons d'attelage et de trait.................................... France.......

Marion. Blainville. — Étalons et juments d'attelage. France.......

Charlier. Paris. — Nouveau système de ferrure, dite ferrure périplantaire.............................. France.......

Médailles d'or.

S. M. **l'Empereur du Maroc.** — Chevaux........ Maroc........

S. A. le **Vice-roi d'Égypte.**—Anes et dromadaires. Égypte.......

S. A. le **Bey de Tunis.** — Chevaux............. Tunis........

Castillon. Troarn. — Juments d'attelage .... France.......

Baron de **Fourment.** Cercamp. — Étalons de trait et d'attelage.................................... France.......

Prince Roman-Damien **Sangouchko.** Saint-Pétersbourg. — Étalon de selle......................... Russie.......

Botkine. Moscou. — Trotteur.................... Russie.......

Kouznetsoff. Vessoloe, Gouvernement de Kharkov. — Trotteurs.................................... Russie.......

Werner. Muhlack. — Étalons et juments de la race de Trakehnen.................................. Prusse.......

Jacques **Turpaud.** Puissec. — Baudet et ânesse de race mulassière.............................. France.......

E. **Mansoy** et Cie. Paris. — Fabrication de fers à la mécanique.................................... France.......

Médailles d'argent.

Robin. Saint-Aignan. — Jument de pur sang........	France.......
Lecoispellier. Cagny. — Étalons d'attelage.........	France.......
Léonce **Fougeron.** Breilly. — Étalons d'attelage....	France.......
Mme Vve **Brion.** Rumesnil. — Jument d'attelage.....	France.......
Lebaudy. Cagny. — Jument d'attelage............	France.......
Guillemin. Coudray-au-Perche. — Jument de trait..	France.......
E. **Gamare.** Coudray. — Jument d'attelage.........	France.......
Hamel-Thibault. Bayeux. — Jument d'attelage...	France.......
Amédée **Hervieu.** Varaville. — Jument d'attelage...	France.......
Hurel. Cléville. — Jument d'attelage..............	France.......
Perpère. Pin-la-Garenne. — Étalons de trait........	France.......
Lacour. Saint-Fargeau. — Juments de trait........	France.......
Georges-Moreau **Chaslon.** Paris. — Juments de trait...	France.......
Compagnie générale des Omnibus. Paris. — Etalons de trait..................................	France.......
Engelhardt. Alexandrovskoë. — Trotteur.........	Russie.......
Molostvoff. Saint-Pétersbourg. — Étalon de selle...	Russie.......
Gouvernement de Voronèje. — Étalons de race bitiougue..	Russie.......
Boutenkoff (Cosaques du Don). — Cheval cosaque..	Russie.......
Jumenterie de Torguel. Gouvernement de Livonie. — Cheval Doppel Klepper......................	Russie.......
Kaminine. Vassilievskoë, Gouvernement de Voronèje. — Jument trotteuse............................	Russie.......
Howard. Bedford. — Chevaux de trait, race de Clydesdale..	Gde-Bretagne.
Ali-Bey, caïd de Tougourt. Tougourt. — Dromadaires, Meharis................................	Algérie......
Rimbaud. Cherveux. — Mule....................	France.......
Abel-Martin de **Laprade.** Mazerolles. — Mules.....	France.......
Texier. Ruffigny. — Mule.......................	France.......
Louis **Mousset.** Echiré. — Jument mulassière.....	France.......
Peschelle et Coutant. Ivry. — Fabrication de fers à cheval.......................................	France.......
Contet. Saint-Jean-de-Losne. — Collection de fers et habileté de main-d'œuvre.....................	France.......
Legrix. Louviers. — Collection de fers et habileté de main-d'œuvre..................................	France.......
Cénac (19e d'artillerie). Vincennes. — Collection de fers et habileté de main-d'œuvre................	France.......
Dollar. — Ensemble de son exposition de fers à cheval.	Gde-Bretagne..
Prince **Belosselsky.** Saint-Pétersbourg. — Collection de fers à cheval................................	Russie.......

J. **Neuss**. Berlin. — Fers en acier fondu............	Prusse.......
Louis **Brambilla**, professeur à l'École vétérinaire de Milan. — Collection de fers à cheval...............	Italie.........

Médailles de bronze.

Chéradame. Ecouché. — Étalons de trait..........	France.......
Simon. Carrouges. — Étalons de trait..............	France.......
L. **Bignon** aîné. Theneuille. — Juments d'attelage..	France.......
Charles **Marx**. Paris. — Chevaux dressés............	France.......
Taconnet. Puy-Verger. — Jument d'attelage	France.......
Modesse-Berquet. Any-Martin-Rieux. — Étalons d'attelage....................................	France.......
Creach. Tredern. — Étalons d'attelage.............	France.......
Danielou. Kerrom. — Étalon de selle	France.......
Fardouet. Verrières. — Étalons de trait...........	France.......
Méritte. Villemesle. — Étalons de trait	France.......
Resanoff. — Cheval de la race d'Obva...............	Russie.......
Prince B.-A. **Galitzine**. Saint-Pétersbourg. — Cheval Bachkir..	Russie.......
Jean **Stalter**. Ernstweilerhof. — Etalons et juments de la race de Deux-Ponts..........................	Bavière......
Guionnet. La Mothe Saint-Héraye. — Mulet.......	France.......
Forgeau. Saint-Etienne-de-Brillouet. — Mule.......	France.......
Bouchet. Valence. — Anesse.......................	France.......
Hamot. Charmont. — Anesses	France.......
Pouponnot. Puissec. — Baudet....................	France.......
Tessereau. Prahecq. — Baudet	France.......
Denis. Vouillé-les-Marais. — Jument mulassière.....	France.......
Louis et François **Roy**. Saint-Roman-lez-Melle. — Etalon de race mulassière........................	France.......
Société de la Fabrication de fers à cheval de Milan, représentée par M. Victor **Vezzoli**. Milan. — Fers à la mécanique....................	Italie ....
Goodenough. (Horse-shœ Company). New-York. — Fers à la mécanique............................	Etats-Unis....

Mentions honorables.

Darche. Gognies-Chaussée. — Étalon d'attelage.....	France.......
Ballot. Taissy. — Étalons de selle................	France.......
Parcellier-Martial. Clermont-Ferrand. — Cheval de selle..	France.......
Borrou. Montgaillard. — Jument de selle..........	France.......
De **Rusunan**. Lesplouénan. — Étalon de trait......	France.......
Bailleau. Illiers. — Jument de trait.............	France.......

Leroy. Le Chaply. — Jument de trait.............. France.......
Glot. Chevry-Cossigny. — Jument de trait.......... France ......
J. Cintrat. Droué. — Jument de trait............. France.......
Bernheim. Paris. — Chevaux de service dressés... France.......
Sainton. Niort. — Chevaux de service dressés...... France.......
Rousseau. Aulmes. — Étalon de race mulassière.... France.......
Vlyberge. Ravières. — Baudet.................... France.......
Abraham **Mousset**. François. — Mule............. France.......
Boutet. Sainte-Hermine. — Mule.................. France.......
Renaud. Vouillé-les-Marais. — Jument mulassière.. France.......
Percheron. Paris. — Collections de fers............ France.......
Académie royale d'agriculture d'Eldena. Eldena. — Collections de fers...................... Prusse.......
Van Hove. Bruges. — Collections de fers............. Belgique.....
Stanley. — Collections de fers..................... Gde-Bretagne.

COOPÉRATEURS.

—

Médailles d'argent.

Ignatoff. Saint-Pétersbourg. — Vétérinaire des haras russes.. Russie.......
Wagner. Vienne. — Premier lieutenant aux haras militaires................................ Autriche .....

Médailles de bronze.

Tkatchenko. Saint-Pétersbourg. — Chef du service des écuries russes............................ Russie.......
Johann Teska. Muhlack. — Palefrenier de M. Werner. Prusse.......
Ahmed ben Mohammed. Le Souf. — Chamelier.. Algérie .....
Mohammed ben Ahmed. Chambaa. — Chamelier. Algérie ......
Amichault. Vincennes. — Maréchal au 19e d'artillerie à cheval.. France.......
Boudierle. Vincennes. — Maréchal au 19e d'artillerie à cheval.. France.......
Jolivet. Vincennes. — Maréchal au 19e d'artillerie à cheval .... France.......

Jean **Clément**. Paris. — Employé aux omnibus du chemin de fer du Nord .... France.......

Victor **Lefrançois**. Blainville. — Palefrenier chez M. Marion .... France.......

Sauveur **Outurquin**. Cercamp. — Palefrenier chez M. de Fourment.................................. France......

Amand **Herbault**. Bretteville-sur-Odon. — Palefrenier chez M. Delaville .... France.......

Nicolas **Clément**. Paris.—Palefrenier chez M. Moreau-Chaslon .... France ....

CLASSE 76

BŒUFS, BUFFLES, ETC.

Hors concours.

Gouvernement de Belgique. — Mesures prises contre le typhus contagieux des bêtes à cornes...... Belgique.....

Gouvernement de Suisse. — Mesures prises contre le typhus contagieux des bêtes à cornes............ Suisse.......

Gouvernement de Bavière. — Mesures prises contre le typhus contagieux des bêtes à cornes...... Bavière.......

Gouvernement de Prusse. — Mesures prises contre le typhus contagieux des bêtes à cornes...... Prusse.......

EXPOSANTS.

Grand prix.

L. **Bignon** aîné. Theneuille. — Améliorations agricoles. Élevage de la race charollaise.................... France.......

Médailles d'or avec objets d'art.

Vicomte Paul **Benoist d'Azy**. Saint-Benin-d'Azy. — Élevage d'animaux de boucherie.................. France.......

Lacour. Saint-Fargeau. — Élevage d'animaux de boucherie.................................. France.......

Lacharme. Sermages. — Application de la sélection à la race du Morvan........................... France.......

S. A. Mme la princesse **Baciocchi**. Korn-er-Hoüet. — Élevage de la race bretonne et de la race d'Ayr.. France.......

Ferdinand **Suif**. Le Pavillon. — Application de la sélection à la race charollaise.................... France.......

François **Vachon**. Tèches et Beaulieu. — Application de la sélection à la race jurassienne.............. France.......

Teisserenc de Bort. Château de Bort. — Application de la sélection à la race limousine............ France.......

Saint-Avit Duvigneau. Le Marais. — Application de la sélection à la race garonnaise................ France.......

Hilaire Garnot. Villaroche. — Élevage de la race hollandaise.. France.......

Médailles d'or.

Dassonville-Guyot. Préseau. — Travail des vaches dans le Nord.. France.......

Helion de la **Romagère**. La Romagère. — Application de la sélection à la race charollaise............ France.......

De **Béhague**. Dampierre. — Élevage de la race Durham.. France.......

Comte de **Kergorlay**. Canisy.— Ensemble d'animaux de race normande réunissant l'aptitude laitière à celle de la boucherie.. France.......

Foulhiade. Montvalent. — Élevage de la race d'Ayr. France.......

Pilet. Saint-Étienne de Montluc. — Application de la sélection à la race vendéenne........................ France.......

Charles **Duraud** fils. Salles-Basses. — Élevage de la race d'Aubrac.. France.......

Armand **Puntous**. Beaumont-sur-Lèze. — Application de la sélection à la race gasconne.................. France.......

Louis **Declerq**. Laon. — Élevage de la race flamande. France.......

De **Montgermont**. Château de Coubert. — Élevage de la race hollandaise.. France.......

Marquis d'**Havrincourt**. Havrincourt. — Ensemble d'animaux de croisement Durham-Picard........... France.......

Général de **Solliers**. Masgellier-Grand-Bourg. — Application de la sélection au bétail de la Marche...... France.......

Guittard. Flaghac. — Application de la sélection à la race auvergnate.. France.......

Labitte frères. Fitz-James. — Travail du bœuf dans la région du Nord.. France.......

Vavasseur. Ferrières. — Vaches laitières........... France.......

Médailles d'argent.

Louis **Renard**. Vaudainvillers. — Race jurassienne... France.......

Damien **Desvignes**. La Chapelle de Guinchay. — Race jurassienne.. France.......

Ernest **Gilbert**. Le Manet. — Travail du bœuf dans Seine-et-Oise.. France.......

Fiévet. Masny — Race flamande........................ France.......

Etienne **Arnaud**. Surgères. — Race d'Ayr........... France.......

Mailhes-Omer. Momères. — Race Lourdaise........ France.......

Deleporte-Bayart. Valenciennes.— Races diverses. France.......

Xavier **Grousset**. Barjac. — Race d'Aubrac.......... France.......

Cherbonneau. Contigné. — Race durham............ France.......

Comte de **Massol**. Souhey. — Race durham.......... France.......
Lamiable. Coucy. — Race jurassienne.............. France.......
Branthôme. Poitiers. — Race vendéenne............ France.......
Jacques **Joly**. Fontrailles. — Race gasconne......... France.......
Nouette-Delorme. La Manderie. — Race normande. France.......
Reynier. Chadebec. — Race limousine............. France.......
Caubet. Lyon. — Race Schwitz................... France.......
André **Bellard**. Saint-Aubin-les-Forges. — Race charollaise.. France.......
Boiscourbeau. Palluau. — Race vendéenne........ France.......
Boisseau. Bas-Montgé. — Race hollandaise.......... France.......
Mériel. Angoville-au-Plain. — Race normande....... France.......
Armand **Bertel**. Ancretteville-sur-Mer. — Race normande.. France.......
Le Borlhe de Juniat. Juniat. — Race limousine.. France.......
Millasseau. La Crépellière. — Race parthenaise.... France.......
Delaville. Bretteville-sur-Odon. — Race normande... France.......
Félix **Pleige**. Verchisy. — Race charollaise......... France.......
Marcellin de **Noussat**. Chanhut. — Race garonnaise.. France.......
Vicomte d'**Auber de Peyrelongue**. Marmande. — Race garonnaise.................................. France.......
Jean **Papot**. Veaudeleigne. — Race vendéenne.... .. France.......
Comité départemental de la Haute-Savoie. Annecy. — Race tarentaise....... .... France.......
Cyrille **Paynel**. Mesnil-Mauger. — Race normande.. France.......
Paul **Christofle**. Brunoy. — Race hollandaise...... France.......
Marquis de **Vogüé**. Le Crotet. — Race charollaise.... France.......
Mesnage. Appeville. — Race normande........... France.......
Giot. Chevry-Cossigny. — Ensemble de son exposition. France.......
Bourdin. Lugny. — Vaches laitières............... France.......

Médailles de bronze.

Cavailhon. Roufiat. — Race marchoise............. France.......
Eugène **Majonenc**. Aurillac. — Race auvergnate..... France.......
François **Couderc**. Château de Candes. — Race garonnaise............... .... France.......
Descacq. Cudos. — Race bazadaise............... France.......
Guévenoux. La Coudrai. — Race bretonne........ France.......
Faucompré. Besançon. — Race comtoise.......... France.......
Alexandre **Cingal**. Condé-sur-If. — Race normande.. France.......
Baron **Walckenaer**. Le Paraclet. — Race bretonne.. France.......
Chapron. Le Jeandemoreau. — Race vendéenne..... France.......

Jambon aîné. Arles. — Race Schwitz.............. France.......
Parage-Farran. Angers. — Race durham......... France.......
Bonafet. Arpajon. — Race auvergnate............. France.......
Joseph **Milhas**. Mazérolles. — Race gasconne....... France.......
Chappot. Napoléon-Vendée. — Race vendéenne..... France.......
Seguin. Fougeraye. — Race vendéenne............ France.......
Portier. Camp de la Chopinière. — Race durham.... France.......
Victor **Paynel**. Champosoult. — Race normande..... France.......
Stanislas **Paillart**. Hymmeville. — Race flamande.... France.......
Mongrolle. Marly-la-Ville. — Race hollandaise...... France.......
Éd. **Hamoir**. Rougeville. — Race hollandaise........ France.......
Deloges. Dolus. — Race durham.................. France.......
Comtesse de **Champagny**. Château de Loyat. — Race d'Ayr.................................. France.......
Victor **Lamothe**. Lapeyre. — Race gasconne........ France.......
D'Auzay. Le Plessis. — Race parthenaise........... France.......
Louis **Tristant**. Boisberthier. — Race vendéenne.... France.......
Thomas **Grillot**. Gray. — Race comtoise............ France.......
Bajau. Toulouse. — Race Saint-Gironnaise.......... France.......
Clément **Maurice**. Boissy-Fresnoy.—Race hollandaise. France.......
Joucla. Toulouse. — Race hollandaise............. France.......
Mme **Pescatore**. La Celle Saint-Cloud.—Race Schwitz. France.......
Edmond **Savin**. Bois de Cholet. — Race vendéenne.. France.......
Hurtaud. L'ille d'Elle. — Race vendéenne.......... France.......
Darroman. Bazas. — Race bazadaise.............. France.......
Chauveau. Saint-Herblon. — Race vendéenne....... France.......
Chartier. Annet. — Race normande............... France.......

COOPÉRATEURS.

Médaille d'or.

Bellefroid. Bruxelles. — Mesures prises contre le typhus contagieux des bêtes à cornes............. Belgique.....

Médailles d'argent.

Dr **Zangger**. Zurich.—Mesures prises contre le typhus contagieux des bêtes à cornes.... .... Suisse.......
Muller. Berlin. — Mesures prises contre le typhus contagieux des bêtes à cornes.................... Prusse.......

Hahn, Munich. — Mesures prises contre le typhus contagieux des bêtes à cornes.................... Bavière......

Fuchs, Carlsruhe. — Mesures prises contre le typhus contagieux des bêtes à cornes.................... Bade.........

S. Exc. M. de **Gessler**, Ministre de l'intérieur. Stuttgart. — Mesures prises contre le typhus contagieux des bêtes à cornes.................... Wurtemberg..

Wüst. Darmstadt. — Mesures prises contre le typhus contagieux des bêtes à cornes.................... Hesse........

Fischer. Luxembourg. — Mesures prises contre le typhus contagieux des bêtes à cornes.................... Luxembourg..

Jean **Pons**. Beaumont-sur-Lèze. — Bouvier de M. Puntous.................... France.......

Fouet. Saint-Fargeau. — Bouvier de M. Lacour..... France.......

Médailles de bronze.

Jean-Antoine **Hugonet**. Salles-Basses. — Régisseur chez M. Ch. Durand fils.................... France.......

Pierre **Renaud**. Saint-Benin-d'Azy. — Bouvier de M. Benoist d'Azy.................... France.......

Augustin **Silvert**. Masny. — Bouvier de M. Fiévet... France.......

Félix **Deboosèr**. Fitz-James. — Bouvier de M. Labitte. France.......

Augustin **Demay**. Havrincourt. — Bouvier de M. d'Havrincour.................... France.......

Jean **Malon**. Ch. de Bort. — Bouvier de M. de Bort.... France.......

Fabien **Valmont**. Souhey. — Bouvier du comte de Massol.................... France.......

Auguste **Grousset**. — Chef bouvier à la ferme-école de Recoulette.................... France.......

Jules **Fremy**. Appeville. — Bouvier de M. Mesnage... France.......

Millaveau. Theneuille. — Bouvier de M. Bignon.... France.......

Jean **Gachot**. Saint-Aubin-les-Forges. — Bouvier de M. Bellard.................... France.......

Joseph **Daru**. Teches et Beaulieu. — Bouvier de M. Vachon.................... France.......

Claude **Boulé**. Sermages. — Bouvier de M. Lacharme. France.......

Jacob **Muller**. Villaroche. — Bouvier de M. Garno.... France.......

François **Valencourt**. Préseau. — Bouvier de M. Dassonville-Guyot.................... France.......

Denis. Moncaret. — Bouvier de M. Saint-Avit Duvigneau.................... France.......

Léonard **Durandeau**. Surgères. — Bouvier de M. Arnaud.................... France.......

CLASSE 77

MOUTONS, CHÈVRES, ETC.

EXPOSANTS.

Hors concours.

Comte Charles de **Bouillé**. (Membre du Jury.) Villars. — Race southdown.............................. France.......

Charles **Lefebvre.** (Associé au Jury.) Sainte-Escobille. — Race mérinos.............................. France.......

Grand prix.

S. M. l'Empereur des Français. — Encouragements à l'agriculture. Amélioration de la race mérinos.................................... France.......

Médailles d'or avec objets d'art.

Pluchet. Trappes. — Moutons dishley-mérinos (race de Trappes)................................ France.......

De **Béhague.** Dampierre. — Race south-down...... France.......

Japiot-Cotton. Châtillon-sur-Seine. — Mérinos non plissés.................................... France.......

Montenot-Beau. Nesle. — Mérinos non plissés..... France.......

Ernest **Gilbert.** Le Manet. — Mérinos plissés........ France.......

Cugnot. La Douairière. — Mérinos plissés.......... France.......

Médailles d'or.

Nouette-Delorme. La Manderie. — Race southdown.................................... France.......

Germain **Garnot.** Genouilly. — Mérinos non plissés. France.......

Rouhier-Chaussenot. Dijon.—Mérinos non plissés. France.......

Achille **Maître.** Châtillon-sur-Seine. — Mérinos non plissés.................................... France.......

Noblet. Château-Renard. — Mérinos non plissés..... France.......

Lemoine. Ferme du Puits-aux-Loups. — Mérinos non plissés.. France.......

Vuaflart-Oudin. Caumont. — Mérinos plissés...... France.......

Vve **Guérin-Manceau.** Challet. — Mérinos plissés... France.......

Rabier. Émerville. — Mérinos plissés............... France.......

Couteau. Léouville. — Mérinos plissés .... France.......

C. de **Chlapowski.** Kopaczewo. — Mérinos négretti.. Prusse.......

Cte de **Mielzynski.** Kotowa. — Mérinos négretti...... Prusse.......

Louis **Graux.** Juvincourt. — Mérinos soyeux de Mauchamp.. France.......

Vve Paul **Malingié.** La Charmoise.— Race charmoise. France.......

Médailles d'argent.

Gaspard **Trouche.** Arles. — Moutons des races de la Crau et de la Camargue......................... France.......

L. **Pilat.** Brebières. — Moutons gras............... France.......

Léonce **Crespel.** Arras. — Moutons dishley-artésiens. France.......

Vte **Benoist d'Azy.** Saint-Benin d'Azy. — Moutons Oxfordshires.................................. France.......

Mis de **Vogüé.** Le Crotet. — Moutons south-down-berrichons .... France.......

Mis d'**Havrincourt.** Havrincourt. — Moutons dishley-mérinos.. France.......

Signoret. Sermoise. — Moutons dishley et south-down.. France.......

Pierre **Camus.** Pontru. — Moutons mérinos Rambouillet.. France.......

Hutin. Lessard-Montron. — Moutons mérinos non plissés.. France.......

Charles **Maître.** Saint-Souplet. — Moutons mérinos non plissés .... France.......

Jozon. La Chapelle. — Moutons mérinos non plissés. France.......

Guilleminot. Buncey.— Moutons mérinos non plissés. France.......

Duclert. Édrolles. — Moutons mérinos non plissés.. France.......

Conseil-Lamy. Oulchy-le-Château. — Moutons mérinos non plissés................................ France.......

Sorreau. Machery. — Moutons mérinos plissés...... France.......

Brunet. Challet. — Moutons mérinos plissés .... France.......

Bailleau. Illiers. — Moutons mérinos plissés........ France.......

Roger. Château de Thierville. — Moutons mérinos plissés.. France.......

Landrieu. La Vierge de Saint-Firmin-lez-Crotoy. — Moutons dishley-mérinos............................ France.......

Riverain-Collin. Vendôme. — Moutons south-down et south-down berrichons........................ France.......

Céran-Maillard. Ferme de Laval. — Moutons south-down et dishley.............................. France.......

Poulain. Pontlevoy. — Moutons charmoise-berrichons. France.......

Hamot. Charmont. — Moutons south-down.......... France.......

Jules **Renard.** Sevigny. — Moutons mérinos non plissés.. France.......

Thierrée. Orvilliers. — Moutons mérinos non plissés. France.......

Delizy. Matémafroy. — Moutons mérinos non plissés.. France.......

Minelle. Villardelle. — Moutons mérinos non plissés.. France.......

Étienne-Aimé **Camus-Pitoux.** Berzieux. — Moutons mérinos non plissés............................ France.......

Lefèvre. Les Aulnois.—Moutons mérinos non plissés. France.......

Terrillon-Lemoine. Bréviande. — Moutons mérinos non plissés................................... France.......

Leroy. Le Chaply. — Moutons mérinos non plissés.. France.......

Lacharme. Sermages. — Moutons morvandeaux..... France.......

Amédée **Aubergé.** Cramayel.— Moutons métis mérinos. France.......

Robcis. Le Génitoy. — Moutons métis mérinos....... France.......

Chrétien. Villeblain. — Moutons dishley........... France.......

Comité de l'Aveyron. Rhodez.—Moutons du Larzac. France.......

Médailles de bronze.

Mongas. Champeaux. — Race dishley............. France.......

Fouquier d'**Hérouël.** Foreste. — Moutons dishley-mérinos.................................... France.......

Rasset fils. Monterollier. — Moutons south-down-cauchois.. France.......

Eugène **Lemaire.** Bettignies. — Moutons flamands... France.......

Lacour. Saint-Fargeau. — Moutons south-down...... France.......

G.-A. **Fourot.** Évaux. — Moutons de race charmoise. France.......

L. **Bignon** aîné. Theneuille. — Moutons du centre... France.......

Hocquet. Quennemont. — Moutons de race picarde améliorée...................................... France.......

De **Saint-Maurice.** Châteauneuf-sur-Cher. — Moutons south-down................................. France.......

Achille **Farjas.** Au Deffan. — Moutons south-down. France.......

Leluc. Vert-Saint-Père. — Moutons métis mérinos.... France.......

Mériel. Angoville-au-Plain. — Moutons gras......... France.......

Dodé. Saint-Lazare. — Race métis-mérinos......... France.......

Poisson. Senive. — Race mérinos non plissée....... France.......

Varin d'Epensival. Epensival. — Race mérinos non plissée.. France.......

J. **Joly.** Dizy-le-Gros. — Mérinos non plissés........ France.......

Hainguerlot. Alaincourt.—Race mérinos non plissée. France.......

Louis **Fabre.** Carpentras. — Croisement barbarin-mauchamp-mérinos.................................. France.......

Briard. Grégy. — Croisement dishley-mauchamp-mérinos...................................... France.......

Giot. Chevry-Cossigny. — Race métis mérinos....... France.......

Hennecart. Combreux. — Race métis mérinos...... France.......

Michenon. La Borde d'Andrezel.—Race métis mérinos France.......

Mme **Nicoud.** Ormoy. — Chèvres.................. France.......

COOPÉRATEURS.

Médailles d'argent.

Alexis **Dion.** Dampierre. — Berger de M. de Béhague. France.......

Adrien **Lonqueux.** Trappes. — Berger de M. Pluchet...................................... France.......

Félix **Leroy.** Ste-Escobille. — Berger de M. Lefebvre. . France.......

Désiré **Gourdon.** Villars. — Berger de M. le comte Charles de Bouillé........................... France.......

Médailles de bronze.

Alfred **Dufour.** Juvincourt. — Berger de M. Graux.. France ......

Durand. Vincennes. — Berger de la Ferme impériale. France.......

Désiré **Dupré.** La Manderie. — Berger de M. Nouette-Delorme.. France.......

Louis **Bajou.** Château-Renard. — Berger de M. Noblet. France.......

F.-J. **Baurin.** Les Aulnois. — Berger de M. Lefebvre. France.......

Girard. Wideville. — Berger de M. Gilbert........ France.......

Eugène **Gauthier.** Caumont. — Berger de M. Vuaflart-Oudin.................................. France.......

CLASSE 78

PORCS, LAPINS, ETC.

EXPOSANTS.

Médailles d'or.

Maisonhaute. Levéville.—Élevage de la race Berkshire. France.......
Stanislas **Paillart**. Hymmeville. — Croisement New-Leicester-Picard.................................. France.......
Paquet. La Mazeire. — Élevage de la race marchoise. France.......

Médailles d'argent.

Labitte frères. Fitz-James.—Élevage de la race yorkshire France.......
D. **Poisson**. Laumoy. — Élevage de la race middlesex. France.......
Noblet. Château-Renard.— Élevage de la race suffolk. France.......
Lacour. Saint-Fargeau.—Élevage de la race middlesex. France.......
Breschet. Paris.— Élevage de lapins, béliers....... France.......

Médailles de bronze.

S. A. Madame la princesse Baciocchi. Korner-Houët.—Elevage de la race berkshire.......... France.......
L. **Bignon** aîné. Theneuille. — Croisement Leicester-français.. France.......
Félix **Durand**. Bléré. — Collection de lapins....... France.......
Charles **Bocquet**. Paris. — Collection de lapins ..... France.......

Mentions honorables.

Pierre-François **Wargny**. Fresnoy-le-Grand. — Élevage de lapins suisses........................... France.......
Levaré. Le Vallois.— Elevage de lapins écossais.... France.......

COOPÉRATEURS.

Médailles de bronze.

F.-T. **Dumont.** — Porcher de M. Maisonhaute...... France.......
Victorine **Nau**. — Porchère de M. Lacour........ .. France.......

CLASSE 79

OISEAUX DE BASSE-COUR.

EXPOSANTS.

Médailles d'or.

Félix **Durand.** Bléré. — Coqs et poules de races diverses.. France.......

James **Cooper.** Limerick. — Dindons, oies, coqs et poules.. Gde-Bretagne.

Charles **Simier.** La Suze-sur-Sarthe. — Collection de coqs et de poules.................................. France.......

Mme Ildefonse **Rousset.** Alfort. —Coqs et poules de la race d'Alfort.................................. France.......

Giot. Chevry-Cossigny. — Poulailler roulant......... France.......

Médailles d'argent.

CLASSE 80

CHIENS DE CHASSE ET DE GARDE.

EXPOSANTS.

Médailles d'or.

S. M. l'Empereur de Russie. — Levriers à long poil .... Russie.......
De la **Besge**. Persac. — Meute d'Anglo-Poitevins .... France.......
Audiguier. Varennes. — Meute d'Anglo-Poitevins... France......
Napoléon **Dora**. Paris. — Braques.................. France.......
Schumacher. Holligen. — Chiens du mont Saint-Bernard .... Suisse.......

Médailles d'argent.

Capot. Issy. — Dogue espagnol .... France.......
E.-F.-Léonce **Claverie**. Saint-Sicaire. — Blood-hounds France.......
Dumas. Roanne. — Petits briquets vendéens....... France.......
Babinet. Murault. — Bâtards anglo-poitevins-saintongeois .... France.......
D'Incourt de Metz. Paris. — Bassets vendéens... France.......
Kleinfelder. Paris. — Bassets allemands......... France.......
Émile **Malo**. Hautvillers (Marne). — Braques français, race du prince de Condé........................ France.......
De **Perrochel**. Le Jade. — Braques bleus.......... France.......
Sanfourche. Paris. — Épagneul Pont-Audemer .... France.......
Howard. Bedford. — Épagneuls, retrievers, lévriers .... G^de^-Bretagne.
Schneider. Belfort. — Griffon à poil dur.......... France.......
Leclerc. Crisenoy. — Chien de Brie............... France.......
Amiral **Carnégie**. Paris. — Caniche noir........... France.......
Ravry. Paris. — Levrettes italiennes, terriers griffons.. France.......
Mme **Roch**. Paris. — Havanais blancs.............. France.......
Warmington. Paris. — Petits rattiers, King-Charles.. France.......

Mis de **Courcy**. — Chien des Pyrénées............. France.......

Gouvenot. Paris. — Grands danois................ France.......

Bocquet. Paris. — Chiens de Gascogne et Bassets-griffons.................................... France.......

Flour. Sainte-Marguerite. — Grands briquets (artésiens-normands).................................... France.......

Guiet. Napoléon-Vendée. — Bâtards anglo-vendéens. France.......

Fournier. Paris. — Taxhounds allemands.......... France.......

Green. Saint-Pierre-lez-Calais. — Pointer anglais et épagneuls Sussex .... France.......

Broquette. Seine-Port. — Petits braques (Courte-Queue).................................... France.......

Cte L. de **Turenne**. Paris. — Épagneul blanc et or. France.......

De **Rivery**. Arras. — Griffons barbets............ France.......

Félicien **Feuse**. Paris. — Chien de Beauce......... France.......

Traiffort. Paris. — Caniche blanc................ France.......

Coin. Paris. — Bull-dog blanc.................... France.......

Jules **Béliard**. Paris. — Levrette chinoise .... France.......

Mme **Lachau**. Paris. — Havanais blanc............ France.......

Kaufmann. Levallois-Perret. — Petit terrier griffon écossais .... France.......

Médailles de bronze.

Maury. Auteuil. — Chien de montagne .... France.......

Constant. Villemorte. — Terre-neuve blanc et noir. France.......

Drezet. Paris. — Grands danois.................. France.......

De **Quandalle**. Hesdin. — Grands briquets d'Artois .... France.......

Sarrazin. Paris. — Chiens courants du Languedoc. France.......

De **Montbron**. Chaufaille. — Chiens bâtards .... France.......

Godde. Paris. — Braque blanc et marron.......... France.......

Galloyer. Sceaux. — Braque marron à courte queue. France.......

V. **Acquier-Launois**. Paris. — Griffon double-nez, poil dur.................................... France.......

Jérôme. Paris. — Caniche blanc et noir.......... France.......

Mme de la **Sudda**. Papillon havane .... France.......

Talamon. Paris — Chienne Skye................. France.......

Mentions honorables.

Delarue-Buisson. Abbeville. — Artésiens........ France .....

Tronchet. Paris. — Chiens des Pyrénées .... France......

Devraux. Paris. — Terre-neuve blanc et noir ..... France.......

Lamarche. Strasbourg. — Grand danois........... France.......

Blandin. Versailles. — Briquet tricolore............ France......
Denamps. Ris-Orangis. — Bassets français......... France.......
Vix. Paris. — Grand braque...................... France.......
Manchon. Caen. — Épagneul noir et feu........... France.......
Gantois. Paris. — Griffon d'arrêt russe........... France.......
Giot. Chevry-Cossigny. — Chien de Brie........... France.......
Paquet. Paris. — Bull-terrier brun............... France.......
Ponthieu. Paris. — Bull-terrier brun.............. France.......
Martin-Duverger. Paris. — Levrette chinoise...... France.......
Puchieux. Paris. — Havanais..................... France.......

COOPÉRATEURS.

Médailles d'argent.

Charles **Souille**. Persac. — Premier piqueur de M. de la Besge..................................... France.......
Truaut. — Services rendus à l'exposition canine... . France.......

CLASSE 81

INSECTES UTILES.

EXPOSANTS.

Hors concours.

D'**Hubert** aîné. (Membre du Jury.) Donzy. — Ruches. France.......

Médailles d'or.

J.-B. **Dufour**. Annonay.—Culture du mûrier à l'orientale ; élevage des vers à soie à l'orientale ; études sur la maladie des vers à soie en Orient depuis 1857 ; plusieurs communications à l'Académie des sciences.... France.......

Comte Auguste de **Gori-Pannilini**. Sienne. — Amélioration de l'éducation des vers à soie .... Italie ....

Camille **Personnat**. Laval.— Acclimatation du vers à soie du chêne (Bombyx Yama-Maï). Publications.... France.......

Médailles d'argent.

Eugène **Robert**. Bellevue. — Procédé de destruction des insectes nuisibles aux arbres forestiers......... France.......

Krug. Grosbliederstrof. — Ruche ingénieuse à cadres; appareil à force centrifuge pour l'extraction du miel.. France.......

Mona. Faido. — Ruche à cadres mobiles tournant sur charnières.. Suisse ....

Neighbour et fils. Londres. — Exposition de ruches de divers systèmes. Ruche d'observation............ Gde-Bretagne .

A. **Warquin**. Château de Bellevue. — Ruche d'observation .... France.......

Dr A. **Pollmann**. Bonn. — Ruche à cadres, système Dierson modifié .... Prusse.......

Valiquet. Saint-Hilaire. — Ruche à cadres, avec collecteurs spéciaux .... Col. anglaises.

Amédée **Mauget**. Argences. — Ruche normande à bon marché.. France.......

Hamet. Paris. — Exposition de divers systèmes..... France.......

Médailles de bronze.

Abbé **Sagot**. Saint-Ouen-l'Aumône. — Ruche à compartiments mobiles................................	France......
Velikdan. Paltchiki (gouvernement de Tchernigov). — Ruche russe..	Russie.......
Klykowsky. Kazan. — Ruche russe...............	Russie.......
Edouard-Thierry **Mieg**. Mulhouse. — Ruche à cadres mobiles	France.......
Delinotte. Paris. — Ruche à hausse et à coins mobiles..	France.......
De **Burchardi**. Hermsdorf. — Ruche à cadres......	Saxe.........
W.-J. **Pettitt**. Douvres. — Ruche à cadres..........	Gde-Bretagne..
Edward **Lovey**. Perran-Wharf. — Ruche	Gde-Bretagne..
Gérardin. Omelmont. — Ruche..................	France.......
Léon **Rigon**. Chelles. — Inventeur d'un appareil propre à la destruction des guêpes.................	France.......

CLASSE 82

POISSONS, CRUSTACÉS ET MOLLUSQUES.

EXPOSANTS.

Hors concours.

Ministère de la marine et des colonies. (Administration de l'Etat.) Paris. — Parcs impériaux du bassin d'Arcachon........................ France.......

Ministère de la marine et des colonies. (Administration de l'Etat.) Paris. — Parcs de l'État à Concarneau, à Penerf et à Auray.................... France.......

Etablissement départemental de pisciculture de l'Oise. (Administration départementale.) — Travaux de pisciculture........................ France.......

Etablissement départemental de pisciculture de la Loire. (Administration départementale.) — Travaux de pisciculture........................ France.......

Établissement départemental de pisciculture de la Haute-Vienne. (Administration départementale.) — Travaux de pisciculture.................. France.......

Société de pisciculture de Crefeld. — Travaux de pisciculture........................ Prusse.......

Marquis de **Vibraye.** (Membre du Jury.) — Travaux de pisciculture........................ France.......

Schramm. (Membre du Jury.) — Travaux de pisciculture........................ Belgique.....

Médailles d'or.

Battandier. Marennes. — Elevage du poisson et industrie huîtrière........................ France.......

Charles. Lorient. — Développement de l'industrie huîtrière........................ France.......

Chaillet et Sarah **Félix.** Regneville. — Élevage et reproduction des huîtres........................ France.......

Samuel **Chantran.** Paris. — Reproduction artificielle du poisson........................ France.......

Carbonnier. Paris. — Travaux et appareils de pisciculture........................ France.......

Médailles d'argent.

Brizard. Ile de Ré. — Elevage de coquillages....... France.......

Chevr de **Erco.** Trieste.—Propagation de la pisciculture. Autriche.....

Hove **Holm.** Bergen. — Préparation des harengs d'été. Norvége. ....

N.-M. **Lescaudron.** Le Croisic. — Développement de l'industrie de la pêche........................ France.......

Douillard de **Mahaudière.** La Teste. — Réservoir à poisson.................................. France.......

Médailles de bronze.

René **Caillaud.** — Perfectionnements introduits dans l'industrie huîtrière et travaux de pisciculture....... France.......

E.-P.-S. **Delidon.** Saint-Gilles-sur-Vie. — Perfectionnements introduits dans l'industrie huîtrière et travaux de pisciculture.................................. France.......

Dr de **Séré,** chirurgien au 58e de ligne. —Travaux de pisciculture..................................... France.......

Dubois. La Trinité-sur-Mer. — Parqueur............ France.......

Leroux. La Trinité-sur-Mer. — Parqueur............ France.......

Formann. Bergen. — Préparation des harengs d'été.. Norvége. ....

Jacques **Nachtmann.** Sedletz (Bohême). — Conservation des sangsues.................................. Autriche.....

COOPÉRATEURS.

Médailles d'or.

Guillou. Concarneau. — Élevage et conservation du poisson.................................. France.......

Le Grix. Trouville. — Développement de l'industrie de la pêche.................................. France.......

Monnier. Fécamp. — Développement de l'industrie de la pêche.................................. France.......

Rasch. Christiania. — Professeur de l'Université de Christiania. (Etudes sur les mœurs des poissons).... Norvége. ....

Auguste **Duméril.** Paris. — Etude sur les axolotls du Mexique.................................. France.......

Médailles d'argent.

A.-A.-E. **Leherpeur.** Caen. — Patron pêcheur. Développement de la pêche........................ France.......

C.-B. **Bruman.** Cherbourg. — Patron pêcheur. Développement de la pêche........................... France.......

Joseph **Huret.** Boulogne. — Patron pêcheur. Développement de la pêche........................... France.......

Jean **Chaumeil.** Le Havre. — Patron pêcheur. Développement de la pêche........................... France.......

L.-S. **Pannevel.** Fécamp. — Patron pêcheur. Développement de la pêche........................... France.......

Jh. **Turbot.** Dunkerque. — Patron pêcheur. Développement de la pêche........................... France.......

Léopold **Deschamps.** Roscoff. — Armateur. Développement de la pêche........................... France.......

Chancerelle frères. Douarnenez. — Armateurs. Développement de la pêche........................... France.......

Allenou. Paimpol. — Armateur. Développement de la pêche........................... France.......

Victor **Lefrançois.** Granville. — Armateur. Développement de la pêche........................... France.......

Gustave **Corlouer.** Tréguier. — Armateur. Développement de la pêche........................... France.......

Jean-Marie **David.** Auray. — Patron pêcheur. Développement de la pêche........................... France.......

Bozec **Cado.** Auray. — Patron pêcheur. Développement de la pêche........................... France.......

Pierre **Soumagnac.** Fouras. — Patron et armateur. Développement de la pêche........................... France......

Alexandre **Halley.** Trouville. — Patron et armateur. Développement de la pêche........................... France.......

L.-P.-L. **Bétuel.** La Rochelle. — Patron pêcheur. Développement de la pêche........................... France.......

T.-F. **Cheillan.** Les Martigues. — Patron pêcheur. Développement de la pêche........................... France.......

Sven **Foyn.** Grand armateur. — Développement de la pêche dans la mer Glaciale........................... Norvége.....

Helberg. Hammerfest. — Capitaine et armateur. Pêche du squale et chasse du morse........................... Norvége.....

Pierre **Bortier.** La Panne. — Ancien armateur. Perfectionnements introduits dans l'industrie de la pêche maritime........................... Belgique.....

Léon **Dujardin.** Blankenberghe. — Perfectionnements introduits dans l'industrie de la pêche maritime..... Belgique.....

A.-E. **Maas.** Cheveningue. — Armateur. Perfectionnements introduits dans l'industrie de la pêche....... Pays-Bas....

Hoogendijk. — Armateur. Perfectionnements introduits dans l'industrie de la pêche........................... Pays-Bas.....

Harboë. — Chef de service à la direction du commerce du Groënland........................... Danemark....

Société Danoise de pêche. Copenhague. — Perfectionnements introduits dans l'industrie de la pêche. Danemark...

H.-A. **Clausen.** Copenhague. — Armateur. Perfectionnements introduits dans l'industrie de la pêche..... Danemark....

Kemmerer. Ile de Ré. — Perfectionnements introduits dans l'industrie huîtrière.................... France.......

Rico. — Empoissonnement du lac Pavin............. France.......

Vicomte de **Tocqueville.** Bougy. — Travaux de pisciculture.................................... France.......

Médailles de bronze.

Charles-Pierre **Lavie.** Dunkerque. — Patron. Développement de la pêche............................ France.......

P.-N.-J. **Gossart.**—Maître au cabotage. Développement de la pêche.................................... France.......

P.-A. **Lachèvre.** Fécamp. — Patron. Développement de la pêche.................................... France.......

E.-D. **Lucas.** Trouville. — Patron. Développement de la pêche.................................... France.......

P.-F. **Halley.** Trouville. — Patron. Développement de la pêche.................................... France.......

E.-F. **Perchey.** Trouville. — Patron. Développement de la pêche.................................... France.......

Auguste **Halley.** Trouville. — Patron. Développement de la pêche.................................... France.......

Jules **Marie.** Caen. — Patron. Développement de la pêche.................................... France.......

Ducasse. Lannion. — Armateur. Développement de la pêche.................................... France.......

Mathurin **Guibert** et fils. Saint-Servan. — Armateur. Développement de la pêche......................... France.......

Paul **Fontan.** Saint-Mâlo. — Armateur. Développement de la pêche.................................... France.......

Riotteau père et fils. Granville. — Armateur. Développement de la pêche............................ France.......

Vve **Le Pomellec** et fils. Saint-Servan. — Armateur. Développement de la pêche......................... France.......

Beust père et fils. Granville. — Patron. Développement de la pêche.................................... France.......

J.-Etienne **Le Cléach.** Pont-l'Abbé. — Pêcheur. Développement de la pêche......................... France.......

J.-François **Pencalet.** Douarnenez. — Pêcheur. Développement de la pêche......................... France.......

Le Guillou **Pénanros.** Douarnenez. — Armateur. Développement de la pêche......................... France.......

Aubert **Lefebvre.** Paimpol. — Armateur. Développement de la pêche.................................... France.......

Réné-Guénolé **Sauban.** Concarneau. — Pêcheur. Développement de la pêche......................... France.......

Louis-Marie **Le Maître.** Cancale. — Patron pêcheur. Développement de la pêche......................... France.......

T.-J.-François **Thomas.** Cancale. — Patron pêcheur. Développement de la pêche......................... France.......

Alexandre Soymié. Etel. — Armateur et fabricant de conserves alimentaires. Développement de la pêche. France.......

Pierre **Boy.** Etel. — Armateur et fabricant de conserves alimentaires. Développement de la pêche........ France.......

Vve **Rozier.** Etel. — Armateur et fabricant de conserves alimentaires. Développement de la pêche........ France.......

Dano. Etel. — Armateur et fabricant de conserves alimentaires. Développement de la pêche........... France.......

Alexandre **Bouniot.** La Rochelle. — Patron. Développement de la pêche................................. France.......

Bernard-Frédéric **Blein.** La Rochelle.— Patron. Développement de la pêche............................. France.......

Comolet frères et fils de l'aîné. Cette. — Armateurs. Développement de la pêche.......................... France.......

Louis-Noël **Mazard.** Aigues-Mortes.— Patron pêcheur. Développement de la pêche.......................... France.......

Isnard. Marseille. — Prud'homme; pêcheur. Développement de la pêche.................................. France.......

Jacques **Naud.** Aigues-Mortes. — Patron pêcheur. Développement de la pêche........................... France.......

Roness. Kjcöen. — Armateur et pêcheur. Développement de la pêche du hareng....................... Norvége.....

J. **Kildal.** Trondenœs.— Armateur et pêcheur....... Norvége. ...

Peder Isacson **Troldvik.** Kaafjord. — Pêcheur lapon. Norvége. ...

Aagaard. Hammerfest. — Armateur. Développement de la pêche................................... Norvége.....

L.-J. **Eide.** Haugesund. — Consul et négociant. Développement de la pêche............................. Norvége .....

Jacques Van **Baelen.** Anvers. — Armateur. Développement de la pêche................................. Belgique.....

H.-G. **Kruse.** Korsöer. — Armateur. Pêche de l'anguille.. Danemark....

N.-N. **Bryde.** Copenhague — Etablissement en Islande, pêche de la morue................................. Danemark...

Wilh. **Hakonarsson.** Kjerkewog. — Pêche de la morue.. Islande.......

Fred. **Larsen.** Hirtsholm. — Pêche et préparation des morues.. Danemark....

Niels-Basse **Foens.** Hindsgavl (Fionie). — Pêche d'anguilles... Danemark....

Faith. Frisenvold.— Pêche et préparation des saumons. Danemark....

E.-B. **Muus.** Copenhague. — Fabrication de guano artificiel de poisson...................................... Danemark...

Fiedler et **Feddersen.** Copenhague. — Revue de la pêche.. Danemark....

Baron **de Washington.** Pöls. — Grands établissements pour l'élevage du poisson......................... Autriche.....

De **Bont.** Amsterdam. — Travaux de pisciculture et peuplement d'étangs................................ Pays-Bas....

Blanchet. Rives. — Travaux de pisciculture........ France.......

Chaper. La Mure. — Travaux de pisciculture........ France.......

Marquis de **Selve.** La Ferté-Alais. — Travaux de pisciculture.. France.......

Abbé **Douillot.** Bar-le-Duc. — Travaux de pisciculture.. France.......

Nicole. Le Havre. — Travaux de pisciculture....... France.......

Vidal. Port-de-Bouc. — Elevage et conservation du poisson de mer vivant........................ France.......

Vassal. Golfe de Juan. — Essai de stabulation du poisson.. France.......

Leclair. Auray. — Parqueur. Développement de l'industrie huitrière................................ France.......

Chevrier. Saint-Gilles-sur-Mer. — Parqueur. Développement de l'industrie huîtrière.................... France.......

Wanpers. Rochefort. — Parqueur. Développement de l'industrie huîtrière.......................... France.......

Phélippot. Ile-de-Ré. — Parqueur. Développement de l'industrie huîtrière.......................... France.......

Chevalier. Roscoff. — Parqueur. Réservoir de homards et de langoustes.......................... France.......

Yvon. Ile-de-Croix. — Pêcheur. Industrie de la pêche. France.......

Festugière. Le Teich. — Réservoirs de poisson...... France.......

De **Boissière.** Audenge. — Réservoirs à poisson de mer.. France.......

Javal. La Teste. — Réservoirs de poisson.......... France.......

Laymet. Ile de Tudy. — Industrie de la pêche...... France.......

Dubois. Nantes. — Industrie de la pêche........... France.......

Blanchard fils. Marennes. — Industrie de la pêche.. France.......

Peyron. Quimperlé. — Industrie de la pêche....... France.......

Vte **Héricart de Thury.** Arcachon. — Parqueur.... France.......

Bayard de la **Vingtrie.** Locmariaquer. — Parqueur... France.......

Lacombe. Bergerac. — Parqueur. Industrie huîtrière. France.......

De **Poulpiquet.** Fouesnon. — Parqueur. Industrie huîtrière.. France.......

André. Grandchamp. — Parqueur. Industrie huîtrière. France.......

Ridel. Saint-Valery-en-Caux. — Patron. Industrie de la pêche.. France.......

Du **Mesnil.** Mesnillard. — Travaux de pisciculture.. France.......

Des **Nouhes.** Pouzanges. — Travaux de pisciculture. France.......

Marozeau. Wesserling. — Travaux de pisciculture... France.......

Adrien **Sicard.** Marseille. — Travaux de pisciculture. France.......

Christiern **Abildgaard.** Nibe. — Développement de la pêche dans le Liimfjord........................ Danemark....

Erik **Abildgaard.** Nibe. — Développement de la pêche dans le Liimfjord........................ Danemark....

Soeren **Holm.** Nykjöbing. — Pêche des limandes et des cabillauds................................ Danemark....

Anders **Johnsen.** Nykjöbing. — Pêche des limandes et des cabillauds.................................. Danemark....

Laust **Pedersen** aîné. Harbooere, — Pêche d'anguilles dans le Liimfjord.............................. Danemark....

Jens-Andersen **Stausholm.** Harbooere. — Fabricant de filets et pêcheur.............................. Danemark....

Peder **Bertelsen.** Lundö. — Fabricant de filets et pêcheur.. Danemark....

Hillebert **Petersen.** Tromsoe. — Négociant armateur. Norvége. ....

Ditlev W. **Lund.** Tromsoe. — Négociant armateur.... Norvége.....

Rönnbäck. Hammerfest. — Capitaine pêcheur...... Norvége. ....

J. **Lumijervi.** Hammerfest. — Capitaine pêcheur. Norvége . ....

Jean **Franke.** Anvers. — Chef d'équipage pêcheur.. Belgique.....

RENSEIGNEMENTS DU GROUPE VII

CLASSE 67.

MÉDAILLE D'ARGENT 1867.

BOUSQUIN, galerie Vivienne, 26, 28 et 30. **Pâtes alimentaires.**

Cette maison a été honorée d'une des premières récompenses de sa classe, pour la qualité supérieure et le choix varié des produits qu'elle a exposés, fabriqués par elle ou importés de l'étranger. Cette distinction a été motivée aussi par ses efforts continuels, depuis vingt-sept ans, pour faire progresser cette industrie intéressante au point de vue de l'hygiène et du confortable. Elle vend en gros, demi-gros et au détail, naturels ou préparés : Tapioca du Brésil, Sagou des Indes, Arrow-Root de la Jamaïque, Salep de Perse et autres produits analeptiques; tous les genres de **pâtes d'Italie :** Macaroni, Vermicelle, etc., et les Pâtes romaines alphabétiques et chiffrées (inventeur); semoules diverses; crême de champignon pour sauces et ragoûts; crême de fécules pour gâteaux; farines de légumes cuits pour potages et purées à la minute; farines pour potages et purées de marron, gruau, maïs, orge etc.; conserves, par dessication, de légumes de tous genres pour plats et julienne. Extraits divers pour les préparations culinaires telles que : citrons, oranges. La maison Bousquin possède *seule* le célèbre **Faham,** ou thé de l'île de la Réunion, dont les propriétés rafraîchissantes et aromatiques sont si fort appréciées par les consommateurs. On y trouve également la Zéïde du Dr Baud, aliment spécial pour les jeunes enfants, les malades et les vieillards, ainsi que le tapioca au cacao, avec les mêmes propriétés.

CLASSE 71.

BORDIN-TASSART, vinaigrier distillateur, fournisseur de S. M. l'Empereur et de plusieurs cours, rue Sainte-Croix-de-la-Bretonnerie, 44, Paris. Usine modèle à vapeur à Montrouge (Seine).

La finesse et la supériorité des produits exposés par Bordin-Tassart lui ont valu :

1° La grande **MÉDAILLE D'OR** à la classe 71, pour ses fruits et légumes conservés au vinaigre et moutarde.
2° Une médaille de bronze à la classe 72, condiments et vinaigres.
3° Une médaille de bronze à la classe 91, produits à bon marché.
4° Une méd. de bronze à la cl. 50, spécimen de machine à fabriquer la moutarde.

AGRICULTURE ET INDUSTRIE

GROUPE IX

PRODUITS VIVANTS ET SPÉCIMENS D'ÉTABLISSEMENTS DE L'HORTICULTURE.

CLASSE 83

SERRES ET MATÉRIEL DE L'HORTICULTURE.

EXPOSANTS.

Médaille d'or.

P.-M. **Dormois.** Paris. — Construction de serres... France.......

Médailles d'argent.

Arnheiter. Paris. — Outils de jardin............. France.......
A.-L. **Basset**. Paris. — Construction de serres...... France.......
Betencourt. Boulogne-sur-Mer.—Aquarium et rochers monolithes.. France.......
Carré. Paris. — Siéges de jardin à lames d'acier... France.......
Cerbelaud. Paris. — Chauffage des serres.......... France.......
Combaz. Paris. — Rochers artificiels .... France.......
Gervais. Paris. — Chauffage des serres........... France.......
G. **Meyer.** Postdam. — Jardin de l'Exposition (section prussienne) .... Prusse.......
I. **Ponce**. Paris. — Irrigations pour jardins maraîchers.. France.......
Potel. Paris. — Chauffage des serres............... France.......
A. **Shanks**. Londres.—Machine à faucher les gazons. Gde-Bretagne .

Médailles de bronze.

F. André. Strasbourg. — Siéges et bacs en bois..... France.......
Armandies. Lagny. — Chauffage des serres .... France.......
G. **Aumont**. Paris. — Tracés de jardins .... France.......
G. **Bodenheim** et Cie. Allendorf. — Sacs en papier. Prusse.......
Brassoud. Paris. — Outils de jardin............... France.......
Borel. Paris. — Mobilier de jardins.................. France.......
Charroppin. Paris. — Chauffage des serres......... France.......
Chomette. Lagny. — Chauffage des serres......... France.......
Herbeaumont. Paris. — Construction de serres.... France.......
Izambert. Paris. — Construction de serres......... France.......
J. **Larass**. Bromberg. — Tracés de jardins......... Prusse.......
Lebœuf. Paris. — Claies à ombrer les serres....... France.......
L. **Le Breton**. Paris. — Tracés de jardins......... France.......
Lécuyer. Paris. — Poteries de jardins.............. France.......
P. **Loyre**. Paris. — Tracés de jardins.............. France.......
P. **Masserano** fils aîné. Paris. — Claies à ombrer les serres...................................... France.......
A. **Michaux**. Asnières. — Construction de serres.... France.......
Saynor et **Cooke**. Scheffield. — Outils de jardin... G[de]-Bretagne.
Stocker. Paris. — Outils de jardin................ France.......

Mentions honorables.

Amies, **Barford** et Cie. Peterborough. — Rouleau pour gazon...................................... G[de]-Bretagne.
Anez. Meudon. — Chauffage des serres............ France.......
H. **Aubert**. Paris. — Étiquettes en zinc gravées....... France.......
Barbier et **Juissiani**. Paris. — Claies à ombrer... France.......
E. **Beretta**. Paris. — Volières de jardin............ France.......
Binet. Levallois-Perret. — Construction de serres... France.......
Célard. Paris. — Vitrerie de serres................ France.......
M. **Desbordes**. Melun. — Outils de jardin.......... France.......
Dubuc. Paris. — Pompes de jardin................ France.......
Durand. Bourg-la-Reine. — Tracés de jardin........ France.......
Duvillers. Paris. — Tracés de jardin.............. France.......
Geneste fils et **Herscher** frères. Paris. — Chauffage des serres...................................... France.......
Grassin-Baledans. Saint-Sauveur-lez-Arras. — Mobilier de jardin.............................. France.......
L.-V. **Guillaume**. Paris. — Jets d'eau et imitations de fleurs aquatiques.............................. France.....

Gurney. Paris. — Tracés de jardins .... France.......
E. **Jacquemin.** Paris. — Mobilier de jardin........ France.......
E. **Laquas.** Presles. — Construction de serres...... France.......
A. **Lavialle.** Paris. — Tracés de jardins............ France.......
Louet frères. Issoudun. — Raidisseurs............ France.......
P. **Martre.** Paris. — Chauffage de serres........... France.......
A.-F. **Maury.** Paris. — Construction de serres...... France.......
Pécheur. Robinson, près le Plessis-Piquet. — Imitations de bois pour constructions rustiques........ France.......
Pillon. Issy-lès-Paris. — Claies à ombrer les serres.. France.......
Picksley, Sims et Cie. Bedford Leigh.—Rouleau pour gazon.. Gde-Bretagne.
J.-C. **Schmidt.** Erfurt. —Fleurs naturelles desséchées. Prusse.......
C. **Smits.** Forest-lès-Bruxelles. — Tracés de jardin... Belgique.....
Tricotel. Paris. —Abris en bois à surfaces courbes. France.......
C.-T. **Wells.** Londres. — Construction de serres.... Gde-Bretagne.

COOPÉRATEURS.

Médailles de bronze.

Garabed-bey-Karakiahia. Smyrne. — Cultures horticoles.................................... Turquie......
J. **Niepraschk.** Cologne. — Entretien du jardin prussien à l'Exposition.............................. Prusse.......

Mention honorable.

H. **Voigt.** Cologne. — Entretien du jardin prussien à l'Exposition................................. Prusse.......

CLASSE 84

FLEURS ET PLANTES D'ORNEMENT.

EXPOSANTS.

Grands prix.

J. **Veitch** et fils. Londres. — Plantes d'ornement, conifères, introductions nouvelles .... Gde-Bretagne.

Vilmorin-Andrieux et Cie. Paris. — Plantes d'ornement de pleine terre .... France.......

Médailles d'or avec objet d'art.

H. **Jamain**. Paris. — Rosiers......................... France.......
Margottin. Bourg-la-Reine. — Rosiers............ France.......

Médailles d'or.

Bernard. Paris. — Bouquets....................... France.......
Alp. **Dufoy**. Paris. — Plantes d'ornement.......... France.......
Gauthier-Dubos. Pierrefitte. — Œillets .... France.......
E.-H. **Krelage** et fils. Harlem. — Jacinthes......... Pays-Bas.....
Lierval. Paris. — Phlox .... France.......
Loise-Chauvière. Paris. — Plantes d'ornement.... France.......
Souchet. Fontainebleau. — Glaïeuls............... France.......
Van Acker. Fromont-lès-Ris-Orangis. — Plantes d'ornement .... France.......

Médailles d'argent avec objet d'art.

E. **Deschamps.** Boulogne-sur-Seine.—Fleurs et fruits. France.......
Duval. Montmorency. — Rosiers.................... France.......
Guénot. Paris. — Plantes d'ornement et légumes .... France.......

Médailles d'argent.

Baudry et **Hamel.** Avranches. — Œillets et Calcéolaires ligneuses........ France.......
L. **Brot-Delahaie.** Paris. — Œillets .... France.......
Carter. Londres. — Gazons.................. Gde-Bretagne.
D'Avoine. Malines. — Plantes d'ornement et aucuba. Belgique.....
Duppuis. Paris. — Bouquets de lilas et de gardenia... France.......
Duvivier. Paris. — Plantes d'ornement............. France.......
F. **Fontaine.** Châtillon (Seine). — Rosiers.......... France.......
Guenoux. Voisenon. — Dahlias de semis........... France.......
Havard et Cie. Paris. — Plantes d'ornement....... France.......
Mlle **Lion.** Paris. — Bouquets..................... France.......
Marest et fils. Paris. — Rosiers et plantes d'ornement................ France.......
Mezard. Rueil. — Dahlia et pelargonium .... France.......
Moricard et **Asclept.** Paris. — Dahlias .... France.......
Ramel. Paris. — Eucalyptus...................... France.......
P.-C. **Rouillard.** Paris. — Dahlias.............. France.......
Thibault-Prudent. Paris. — Plantes d'ornement.. France.......
P. **Tollard.** Paris. — Gazons...................... France.......
Ch. **Verdier.** Paris. — Roses, pivoines et iris germanica .... France.......
Eug. **Verdier.** Paris. — Glaïeuls................. France.......
Mme Vve **Von Siebold.** Leyde. — Plantes du Japon.. Pays-Bas....

Médailles de bronze.

A.-E. **Barnaart.** Vogelenzang. — Jacinthes et tulipes. Pays-Bas...
Billiard fils. Fontenay-aux-Roses. — Arbustes d'ornement................ France.......
Bonamy frères. Toulouse. — Bouleau pleureur..... France.......
J. **Calot.** Douai. — Pivoines herbacées de semis .... France.......
F.-D. **Chardine.** Pierrefitte. — Plantes d'ornement. . France.......
E. **Delacroix.** Berlin. — Jacinthes .... Prusse.......
Alex. **Devaux.** Ermont. — Dahlias et légumes...... France.......
Downie Laird et **Laing.** Londres. — Pensées...... Gde-Bretagne.
Garçon. Rouen. — Roses......................... France.......
Gautreau. Brie-Comte-Robert. - Roses de semis ... France.......
Armand **Gontier.** Fontenay-aux-Roses. — Conifères et plantes aquatiques.............. France.......
L.-A. **Granger.** Suisnes. — Roses. .... France.......
Grimard. Saint-Mandé-Paris. — Bruyères......... France.......

J.-B. **Guillot.** Lyon. — Roses...................... France.......
Guillot fils. Lyon. — Roses........................ France.......
Henri **Laloy** fils. Rueil. — Dahlias nouveaux .... France.......
Lebatteux. Le Mans. — Plantes d'ornement........ France.......
Legendre-Garriau. Paris. — Iris anglais.......... France.......
Mangin. Paris. — Dahlias et glaïeuls............. France.......
A. **Mazerati.** Aix-la-Chapelle. — Bouquets........ Prusse.......
Prof. G. **Münter.** Greifswald. — Jacinthes.......... Prusse.......
K. **Niessing.** Zehdenick. — Noisetier pleureur...... Prusse.......
G. **Oudin.** Meudon. — Plantes d'ornement......... France.......
R. **Paré.** Paris. — Œillets Flon.................. France.......
Ad. **Pelé.** Paris. — Plantes d'ornement............ France.......
Ragneau. Vaux-le-Pénil. — Tulipes............... France.......
Mme Léon **Rameau.** Bagneux. — Bouquets.......... France.......
Alex. **Regnier.** Evry. — Pelargonium et zinnia .... France.......
Rohard. Beauvais. — Dahlias..................... France.......
Sieckmann. Köstritz. — Dahlias.................. Prusse.......
D.-A. **Souchet.** Bagnolet. — Dahlias............... France.......
L. **Spaeth.** Berlin. — Jacinthes.................. Prusse.......
J. **Unterrainer.** Innsbruck.—Fleurs alpines....... Autriche.....
Mme **Van Driessche,** née Marie Leys. Gand. — Bouquets.................................... Belgique.....
F. **Van Driessche.** Gand. — Sedum spectabile.... Belgique.....
J. **Van Eeckhoute.** Gand. — Rhododendrons..... Belgique.....
A. **Van Geert.** Gand. — Plantes d'ornement....... Belgique.....
J. **Van Rieth.** Anvers. — Bouquets .... Belgique.....
J. **Vood.** Rouen. — Rhododendrons de pleine terre.. France.......
Vyeaux-Duvaux et Cie. Paris. — Réséda .... France.......
M. **Van Waveren** et fils. Hillegom. — Jacinthes... Pays-Bas.....
P. **Wyckaert** et fils. Gand. — Bouquets........... Belgique.....
J.-B. **Yvon.** Montrouge. — Plantes d'ornement...... France.......
Zalme. La Haye.— Bouquets....................... Pays-Bas....

Mentions honorables.

Auguste **Blutz.** Verviers. — Bouquets............... Belgique.....
Boucharlat. Lyon. — Œillets..................... France.......
Boyer. Houdan. — Rhododendrons................ France.......
Coulon. Plessis-Bouchard. — Dahlias............. France.......
Devoitine. Livry. — Dahlias..................... France.......
Dominique fils. Houlde. — Reines-Marguerites..... France.......
Dubois père et fils. Brie-Comte-Robert.— Glaïeuls.. France.......

B. Dufetelle. Amiens. — Tulipes.................. France.......
Victor **Duflot.** Mantes-la-Ville. — Dahlias........... France.......
Edm. **Falaise.** Paris. — Pensées.................. France......
Ledechaux. Villecresnes. — Roses de semis....... France.......
Lefresne. Puteaux. — Roses trémières........... France.......
Meurant. Château-Thierry. — Roses............... France.......
Moulard. Levallois-Perret. — Pensées........... France.......
Nardy. Lyon. — Œillets......................... France.......
Alexandre **Oudin.** Paris. — Magnolias............. France.......
Pernet et Cie. Lyon. — Roses de semis........... France.......
Marcel **Poulin.** Trion, près Coulanges-sur-Yonne. — Tulipes....................................... France......
Ryfkogel. Paris. — Statice....................... France.......
Pierre **Slock.** Puteaux. — Bouquets................ France.......
A. **Vigneau.** Montmorency. — Dahlias............. France.......
J. **Vigneron.** Olivet. — Roses nouvelles.......... France......

COOPÉRATEURS.

Médaille d'argent.

Lambotte, dessinateur au Fleuriste de la ville. Paris. — Dessins de plantes.......................... France.......

Médaille de bronze.

Cordeau, jardinier chez M. H. Jamain. Paris.... France.......

CLASSE 85

TES POTAGÈRES.

EX SANTS.

Ho"s concours.

Courtois-Gérard. (Membre du Jury). Paris. — Légumes et gazons. .... France.......

Grand prix.

Société de secours mutuels des jardiniers maraîchers du département de la Seine. Paris. — Légumes.......... France.......

Médailles d'or.

Société d'horticulture de Clermont (Oise). — Légumes et fruits.......... France.......

Crémont frères. Sarcelles. — Ananas et fruits forcés. France.......

Rémont. Versailles. — Igname de la Chine.......... France.......

Médaille d'argent avec objet d'art.

Société d'horticulture de Nantes. — Légumes et fruits.......... France.......

Médailles d'argent.

A. Berger. Verrières-le-Buisson. — Fraises.......... France.......

A. Besson. Pont-de-Vivaux. Marseille. — Pommes de terre.......... France.......

Chauvart. Belleville. — Légumes.......... France.......

J.-J. Chennevière. Pontoise. — Légumes.......... France.......

Decauville. Petit-Bourg. — Légumes.......... France.......

Société Dodonée. Uccle. — Légumes et fruits..... Belgique.....
A. **Dupuis.** Noisiel. — Ananas.......................... France.......
Falaise aîné. Boulogne. — Choux-fleurs et tomates. France......
Mme Vve **Froment.** Montrouge. — Ananas et fruits forcés .... France.......
F. **Gloede**. Beauvais. — Fraises.................... France.......
Ch. **Leroy**. Kouba (Algérie). — Légumes et fruits.. France.......
Lesseur. Lagny. — Légumes .... France.......
Lhérault-Salbœuf. Argenteuil. — Asperges....... France.......
Robine. Sceaux. — Fraisiers........................ France.......
Scalabré-Delcour. Tourcoing. — Pommes de terre et dahlias .... France.......
Jardin de l'académie royale d'agriculture de Stockholm. — Légumes.................... Suède........
Sutton. Londres. — Graines potagères............ Gde-Bretagne.

Objets d'art en bronze.

Fontaine. Paris. — Légumes et fruits de primeurs. France.......
Désiré **Gallien**. Paris. Légumes et fruits de primeurs. France.......

Médailles de bronze.

S. **Adler**. Cologne. — Pommes de terre .... Prusse.......
Boncenne fils. Fontenay-le-Comte. — Pommes de terre .... France.......
Champagne. Paris. — Légumes.................... France.......
Henry **Charles.** Bagneux. — Fraises et fruits forcés. France.......
Ch. **Converset** fils. Beaume-les-Dames. — Pommes de terre de semis.................................. France.......
Dautrebande-Defays. Andenelle.—Pommes de terre. Belgique.....
Duriez. Les Sablons. — Asperges................ France.......
A. **Dumas**. Bazin (Gers). — Légumes............. France.......
Société d'horticulture d'Étampes. — Légumes. France.......
Fontaine. Levallois-Perret. — Légumes............ France.......
R.-R. **Gauthier**. Paris. — Fraises................. France.......
Anatole de **Gotte**. — Andenne. — Pommes de terre. Belgique .....
Gussander. Sœderhamn. — Légumes.............. Suède ....
Hayot-Gibert. Pithiviers. — Asperges............ France.......
J.-E. **Julin.** Bonneville. — Pommes de terre .... Belgique.....
Lavoisey. Caudebec. — Légumes.................. France.......
L'Huillier. Chantilly. — Légumes................. France.......
Louvel. Regmalard. — Ignames de la Chine et fruits. France.......

Société d'horticulture de Pontoise. — Légumes et fruits.................................... France.......

Remy. Pontoise. — Pommes de terre.................. France.......

Renaudot. Méry-sur-Oise. — Champignons......... France.......

Ringius. Pite. — Légumes........................ Suède.......

Société d'horticulture du Rhône. Lyon. — Légumes.................................... France.......

P. **Rouget.** Chaudon. — Pommes de terre......... France.......

Tassin. Senlis. — Cerfeuil bulbeux................ France.......

E. **Vavin.** Pontoise. — Légumes................... France.......

Vivet. Asnières. — Igname de la Chine et cerfeuil bulbeux.................................... France.......

Warzée. Andenne. — Légumes.................... Belgique.....

Mentions honorables.

Batzke. Frederiksbourg. — Légumes et fruits....... Danemark...

L.-D. **Cajon.** Montesson. — Légumes et fleurs....... France......

José do **Canto.** Iles Açores. — Ananas.............. Portugal.....

M. **Chevalier.** Dax. — Oignons..................... France......

Forsell. Vestrogothie. — Légumes.................. Suède.......

J. **Hoffmann.** Berlin. — Asperges blanches........ Prusse.......

J.-B. **Martinet.** Paris. — Fraises et fruits.......... France.......

Nathorst. Alnarp. — Légumes...................... Suède.......

R. **Neumann.** Erfürt. — Graines potagères.......... Prusse.......

L.-D. **Verneuil.** Joinville-le-Pont. — Cerfeuil bulbeux. France.......

COOPÉRATEURS.

Médaille d'or.

Louis-François **Gontier.** Montrouge-Paris. — Légumes forcés et soufrage de la vigne...................... France.......

Médaille d'argent.

Victor **Enfer,** jardinier chez M. Decauville, à Petit-Bourg France.......

CLASSE 86

FRUITS ET ARBRES FRUITIERS.

EXPOSANTS.

Hors concours.

L. **Bouchard-Huzard** (Sécrétaire du Jury du groupe IX). Paris. — Pommes....................	France.......
Buchetet (Associé au Jury). Paris. — Fruits modelés.	France.......
Grégoire-Nélis (Associé au Jury). Jodoigne. — Fruits..	Belgique.....
Hortolès fils (Associé au Jury). Montpellier — Fruits.	France.......
André **Leroy** (Associé au Jury). Angers. — Arbres et fruits..	France.......
De **La Loyère** (Associé au Jury). Savigny. — Viticulture..	France.......
Auguste **Rivière** (Membre du Jury). Paris. — Multiplication de la vigne........................	France.......

Médailles d'or avec objet d'art.

Croux et fils. Aulnay-lez-Sceaux. — Arbres et fruits.	France.......
Jamin et **Durand.** Bourg-la-Reine. — Arbres et fruits.	France.......
J. **Marcon.** Lamothe-Montravel et Saint-Émilion. — Viticulture..	France.......

Médailles d'or.

D. **Chevalier**. Montreuil-sous-Bois.—Pêchers et pêches.	France.......
Constant **Charmeux**. Thomery. — Raisins.........	France.......
Rose **Charmeux**. Thomery. — Raisins............	France.......
Cirjean. Conflans-Sainte-Honorine. — Raisins,......	France.......
Crapotte. Conflans-Sainte-Honorine. — Raisins....	France.......
Alexis **Lepère**. Montreuil-sous-Bois. — Pêches......	France.......

Médailles d'or.

Louis **Lherault**. Argenteuil. — Figues, raisins et asperges .... France.......
Rollet. Thiaucourt (Meurthe). — Viticulture......... France.......
Société des horticulteurs de Stockholm. — Fruits........ Suède.......
Vte de **Saint-Trivier**. Château-du-Thil (Rhône). — Viticulture........ France.......

Médailles d'argent avec objet d'art.

H. **Bouschet**. Montpellier. — Raisins à cuve....... France.......
E. de **Chaudesaignes** de **Tarrieux**. Saint-Bonnet. — Viticulture........ France.......
Comice agricole de la Marne. Sections d'Épernay, Châlons et Reims. Châlons. — Viticulture.... France.......
Société d'horticulture de Marseille. — Fruits et raisins........ France.......

Médailles d'argent.

R. **Aguillon**. Issoire. — Fruits........ France.......
Société de Viticulture d'Arbois. — Viticulture.. France.......
Société horticole vigneronne et forestière de l'Aube. Troyes. — Viticulture........ France.......
Baudon. Vivens, près Clairac. — Fruits........ France.......
Société d'horticulture de Beaune. — Fruits... France.......
Comité d'agriculture de Beaune. —Viticulture. France.......
Bergier. Tain. — Viticulture........ France.......
Bourgeois. Le Perray, près Rambouillet. — Incision annulaire de la vigne........ France.......
Société d'horticulture et d'arboriculture de la Côte-d'Or. Dijon. — Fruits........ France.......
Faure-Pomier. Brioude. — Raisins à cuve........ France.......
Degoes. Schaerbeck-lez-Bruxelles. — Raisins....... Belgique.....
Dr **Houdbine**. Feneu, près Angers. — Raisins....... France.......
Fr. **Lade**. Geisenheim. — Fruits........ Prusse.......
Lelandais père. Caen. — Fruits et fleurs........ France.......
A. **Massé**. Soye. — Raisins à cuve........ France.......
Mauduit. Rouen. — Pommes........ France.......
Mestre fils. Salles d'Aude. — Viticulture........ France.......
H. **Millet**. Tirlemont. — Fruits........ Belgique.....
F. **Morel**. Vaise-lez-Lyon. — Fruits........ France.......

Comice agricole d'Orléans. — Viticulture...... France.......
Th. **Phelippot**. La Benatière, île de Ré.—Viticulture. France.......
V. **Pulliat**. Chirouble-en-Baujolais. — Raisins....... France.......
Rouillé-Courbe. Saint-Avertin-lès-Tours. — Fruits. France.......
Félix **Sahut**. Montpellier. — Pêchers en forme tabulaire.......... France.......
Svensson. Bœckaskog. — Fruits.............. Suède ....
Société de Trèves. — Vignes de la Sarre et de la Moselle.............. Prusse.......
Vasseur père et fils. Sauxillanges. — Fruits....... France.......
Vignial. Bordeaux. — Viticulture.............. France.......

Médailles de bronze.

Julien **Affre**. Narbonne. — Raisins à cuve.......... France.......
Société d'horticulture de Berlin. — Pommes.. Prusse.......
Adolphe **Bertron Liberge des Bois**. Sceaux.—Fruits France.......
De **Biseau d'Hauteville**. Binche. — Fruits........ Belgique .....
Alexandre **Bivort**. Fleurus. — Fruits.............. Belgique .....
A. **Boinette**. Bar-le-Duc. — Viticulture............ France.......
A. **Boisselot de la Rigaudière**. Nantes. — Greffe. France.......
Bouchard. Lyon. — Fruits.................. France.......
Breteau. Paris. — Application du soufrage de la vigne. France.......
Capeinick. Gand. — Fruits.................. Belgique.....
Société d'horticulture de Coulommiers. — Fruits.................. France.......
J. **Danet**. Anneville-sur-Seine. — Fruits........... France.......
M. **Desportes**. Angers. — Fruits.................. France.......
N. **Donné**. Sourches. — Fruits.................. France.......
Ducarpe Junior. Saint-Émilion. — Viticulture....... France.......
Dupuy-Jamain. Paris. — Fruits.................. France.......
L. **Fahy**. Angoulême. — Poiriers.................. France.......
Formann. Stedje. — Fruits.................. Norvége......
F. **Gaillard**. Brignais. — Fruits.................. France.......
Guillot. Clermont-Ferrand. — Fruits.............. France.......
Hudelot. Beure, près Besançon. — Viticulture....... France.......
Société vigneronne de l'arrondissement d'Issoudun. — Viticulture.................. France.......
J. **Jurrissen** et fils. Naarden. — Arbres fruitiers.... Pays-Bas.....
Koster et fils. Boskoop. — Arbres fruitiers......... Pays-Bas.....
Dr G. **Krantz**. Perl. — Viticulture.............. Prusse.......
Lahaye. Montreuil-sous-Bois. — Fruits............ France.......
A. **Lepère** fils. Mecklembourg. — Fruits.......... Mecklembourg
Marqui. Ille-sur-Tet. — Oranges et citrons.......... France.......

A. **Massé**. La Ferté-Macé. — Fruits à cidre........ France.......
Méchin. Chenonceaux. — Fruits.................... France.......
Menudier. Plaud-Chermignac. — Viticulture........ France.......
Société d'horticulture d'Orléans. — Fruits.... France.......
Ottolander et Hooftman. Boskoop. — Arbres fruitiers.................................. Pays-Bas.....
Lambert-Pacotte. Conflans-Sainte-Honorine.— Raisins.. France.......
Ricard. Ervy. — Viticulture...................... France.......
Richer. Anneville-sur-Seine. — Fruits............ France.......
Auguste **Roy** et Cie. Paris. — Fruits à pépins....... France.......
Tjœder. Stockholm. — Arbres fruitiers............. Suède........
Société d'agriculture, sciences et arts de Vesoul. — Viticulture.......................... France.......

Mentions honorables.

Amblard jeune. Lorry-devant-le-Pont.—Raisins à cuve. France.......
Baillon aîné. Châtillon (Seine). — Pommes.......... France.......
Beluze. Vaise-lez-Lyon. — Poires de semis......... France.......
Charbonnier. Avignon. — Raisins................. France.......
Chauvin. Versailles. — Fruits conservés........... France.......
Collette. Rouen. — Fruits......................... France.......
Cuissard et **Barret**. Écully-lez-Lyon. — Fruits de semis.. France.......
Dambuyant. Vienne. — Fruits..................... France.......
Mlle L. **Desmoulins**. Rouen. — Pommier modelé en laine.. France.......
Desvignes. Montchourier. — Viticulture........... France.......
Dithurbide. Sare. — Noix......................... France.......
Société d'agriculture du Doubs. Besançon. — Viticulture..................................... France.......
Auguste **Dubois**. Voré. — Fruits.................. France.......
Société d'Erfurt. — Fruits modelés.............. Prusse.......
Falluel. Bessancourt. — Fruits.................. France.......
Alexandre **Feher**. Torock-Becse (Hongrie). — Raisins. Autriche.....
G. **Felut-Foulloux**. Clermont-Ferrand. — Pêche de semis.. France.......
Chev. R. **De Fontenailles**. Morains. — Viticulture.. France.......
Foulc. Clarensac. — Raisins...................... France.......
Gagnerot-Arnoux. Beaune. — Greffe en écusson de la vigne..................................... France.......
Léopold **Gillekens**. Courcelles. — Arbres fruitiers... Belgique.....
Société agricole et horticole du Hainaut. Mons. — Fruits................................. Belgique.....
Aug. **Henrard**. Bruxelles. — Fruits modelés........ Belgique.....

Société d'agriculture de Joigny. — Fruits.... France.......
Adolphe **Jouvet**. Montivilliers. — Arbres fruitiers... France.......
Abbé **Laporte**. Lesparre. — Viticulture. .... France.......
Laurens. Foix. — Viticulture.................... France.......
Isidore **Lefèvre**. Sablé. — Fruits................. France.......
Lloret. Antony. — Fruits........................ France.......
F. **Marc** et fils. Notre-Dame-de-Vaudreuil. — Fruits. France.......
Romain **Martin**. Le Sudbray — Noix............... France.......
Société d'horticulture de Melun et Fontainebleau. — Fruits.............................. France.......
Société d'horticulture de la Moselle. Metz. — Fruits.. France.......
Ohlin. Visingsœ. — Arbres fruitiers................ Suède........
Parfait Giot. Montevideo. — Fruits exotiques....... Uruguay.....
Dr **Prunaire**. Beaune. — Raisins.................. France.......
H. **Raymond**. Pont-Saint-Esprit.— Culture du pineau noir dans le Midi................................ France.......
Rivière. Amiens. — Fruits....................... France.......
Seigneur. Marines. — Fruits..................... France.......
Sinet. Conflans-Sainte-Honorine. — Raisins......... France.......
Société viticole de Tarn-et-Garonne. Montauban. — Viticulture.............................. France.......
Van Iseghem. Nantes. — Raisins à cuve.......... France.......

COOPÉRATEURS.

Médaille d'or.

Forest. Paris.—Travaux d'arboriculture chez M. Cochet. France.......

Médailles de bronze.

Jean **Azéma**, chez M. Hortolès, à Montpellier........ France.......
Brulet, chez MM. Jamin et Durand, à Bourg-la-Reine. France.......
Désiré **Bruneau**, chez MM. Jamin et Durand, à Bourg-la-Reine................................ France.......
Germain **Godefroy**, chef de culture chez MM. Croux et fils, à Aulnay-les-Sceaux......................... France.......
Théodore **Masson**, chez M. Rose Charmeux, à Thomery.. France.......
Auguste **Picard**, chez MM. Jamin et Durand, à Bourg-la-Reine................................ France.......

Mentions honorables.

Félix **Guiguet**, chez M. Lade, à Geisenheim........ Prusse.......
Louis **Philippe**, jardinier, chez M. Ad. Bertron, à Sceaux.. France.......

CLASSE 87

GRAINES ET PLANTES D'ESSENCES FORESTIÈRES.

EXPOSANTS.

Hors concours.

Commission royale de Norvége. (Administration de l'Etat.) — Arbres et arbustes.................. Norvége......

Médailles d'or avec objet d'art.

Cochet. Suisnes. — Conifères, rosiers, arbres d'ornement et arbres fruitiers........................ France.......

Deseine. Bougival. — Conifères, arbres fruitiers et arbres d'ornement.............................. France.......

Oudin aîné. Lisieux. — Conifères, arbres de pépinières forestiers et fruitiers...................... France.......

Objet d'art en argent.

Baltet frères. Troyes. — Arbres, arbustes et fruits.. France.......

Médailles d'argent.

Defresne et fils. Vitry-sur-Seine. — Conifères, arbres et arbustes................................. France.......

Louis **Leroy.** Angers. — Magnolia et Houx......... France.......

G. **Morlet.** Avon-Fontainebleau. — Arbres et arbustes. France.......

Paillet fils. Châtenay-lès-Sceaux. — Arbres et arbustes...

Rovelli frères. Pallanza. — Conifères et Camelias.... Italie........

Adrien **Sénéclause.** Bourg-Argental. — Conifères... France.......

Médailles de bronze.

Alfroy neveu. Lieusaint. — Conifères et fruits. ..... France.......

Charozé. Angers. — Conifères et Aucuba........... France.......
H. **Daudin.** Pouilly. — Araucaria et Bambous...... France.......
Société d'**Hillersiœ.** — Plantes ligneuses........... Suède.......
A. **Sannier.** Rouen. — Houx..................... France.......
Villevieille et ses fils. Manosque. — Acacia Decaisneana..................................... France.......

Mentions honorables.

Alfroy-Duguet. Lieusaint. — Conifères........... France.......
Mme la marquise de **Bédée.** Montcontour. — Cône d'Araucaria................................... France.......
Cauchois. Les Andelys. — Conifères.............. France.......
D. **Dauvesse.** Orléans. — Abies de semis.......... France.......
Mme **Delaire.** Orléans. — Graines forestières........ France.......
Delaunay. Montlignon. — Arbres de pépinières.... France.......
Louis **Douchet.** Malines. — Houx................ Belgique......
F. **Moreau.** Fontenay-aux-Roses. — Conifères...... France.......

COOPÉRATEURS.

Médaille d'argent avec objet d'art.

Pissot, inspecteur des forêts, conservateur du bois de Boulogne.. France.......

Médailles d'argent.

Jean-François **Lecocq,** chef des cultures chez M. Deseine, à Bougival.............................. France.......
P. **Payn,** chez MM. Baltet frères, à Troyes.......... France.......

Médaille de bronze.

P. **Ruelle,** chez MM. Baltet frères, à Troyes........ France.......

Mentions honorables.

Jules **Bleuset,** chez M. Oudin aîné, à Lisieux........ France.......
Amand **Dubois,** chez M. Oudin aîné, à Lisieux...... France.......
Jules **Rivière,** chez M. Oudin aîné, à Lisieux....... France.......

CLASSE 88

PLANTES DE SERRE.

EXPOSANTS.

Hors concours.

Isidore **Leroy** (Associé au Jury). Passy-Paris. — Orchidées.. France.......

Grand prix avec objet d'art.

Jean-Jules **Linden.** Bruxelles. — Plantes d'introduction nouvelle et plantes de serre.................. Belgique.....

Grand prix.

A. **Chantin.** Paris. — Plantes de serre............. France.......

Médailles d'or avec objet d'art.

Thibaut et **Keteleer.** Sceaux. — Plantes de serre. France.......
Guibert. Paris. — Orchidées...................... France.......
Comte de **Nadaillac.** Paris. — Orchidées........... France.......

Médailles d'or.

A. **Bleu.** Paris. — Caladium de semis............... France.......
Fr. **Cels.** Paris. — Cactées, cierges, agavées......... France.......
E. **Chaté** fils. Paris. — Plantes de serre............ France......
Mme **Legrelle-d'Hanis**. Anvers. — Belgique........ Belgique.....
G. **Luddemann.** Paris. — Orchidées et bromeliacées. France.......
Pfersdorff. Paris. — Cactées, aloès, plantes d'appartement.. France......
Ambroise **Verschaffelt**. Gand. — Plantes de serre.. Belgique.....

Médailles d'argent avec objet d'art.

H. **Knight.** Pontchartrain. — Arbustes de serre, fleurs et fruits forcés.................................. France.......

Malet. Plessis-Piquet. — Pelargonium.............. France.......

Rendatler. Nancy. — Plantes de serre et de pleine terre.. France......

Médailles d'argent.

Duc d'**Ayen.** Champlatreux. — Orchidées........... France.......

Bonâtre. Neuilly. — Plantes de serre.............. France.......

E. **Cappe.** Le Vésinet. — Bromeliacées, fougères, plantes de rocailles.............................. France.......

Carcenac. Bougival. — Gloxinia et tydœa.......... France.......

C. **Chenu.** L'Isle-Adam. — Pelargonium et gloxinia.. France.......

Dallière. Gand. — Palmiers........................ Belgique.....

Debeuckelaer. Saint-Josse-ten-Nood-lez-Bruxelles.— Dracœna et Azalées de l'Inde.................... Belgique.....

A. **Denis.** Hyères. — Palmiers...................... France.......

De **Ghellinck de Walle.** Wondelgem-lez-Gand. — Cycadées.. Belgique.....

Fr. de **Graet-Bracq.** Gand. — Rhododendrons et azalées.. Belgique.....

Huillier. Bagneux. — Plantes de serre............. France.......

Léopold **Kellerman.** Liesing, près Viennne. — Aroïdées nouvelles.................................. Autriche.....

Mlle Zoé de **Knyff.** Berchem. — Broméliacée du Mexique. Belgique.....

Kolb. Munich. — Plantes aquatiques de serre........ Bavière......

V. **Lemoine.** Nancy. — Plantes de serre froide....... France.......

D. Ferdinand **Muller** S. Melbourne. — Balantium antarcticum.................................... Australie.....

Ramus. Dannemarie. — Cactées...................... France.......

Savoye. Paris. — Dracœna et ficus................. France.......

Stelzner. Gand. — Araliacées, fougères, bambous.... Belgique.....

Vaudron. Saint-Germain-en-Laye.— Pelargonium et calcéolaires...................................... France.......

Jean **Verschaffelt.** Gand. — Agave, tillandsia...... Belgique.....

Dominique **Vervaene.** Ledeberg-lez-Gand. — Azalées de l'Inde.. Belgique.....

Médailles de bronze.

C. **Bouché,** Berlin. — Plantes à feuillage ornemental. Prusse.......

Cassier. Suresne. — Geranium zonale de semis...... France.......

E. **Chantrier** Mortefontaine. — Dracœna............ France.......

Chevet. Saint-Mandé. — Plantes de serre chaude.... France.......

Delaire. Orléans. — Doryanthes excelsa............ France.......

Gustave **Delamotte.** Paris. — Calcéolaires et begonia. France.......

Louis de **Smet**. Gand. — Plantes de serre tempérée. Belgique.....
Dieuzy-Fillion et fils. Versailles. — Agaves et Lierres. France.......
Société Flora. Cologne. — Plantes à feuillage ornemental.. Prusse.......
Grangé. Orléans. — Azalées de l'Inde............. France.......
A. **Haage** jeune. Erfurt. — Agave................. Prusse.......
Jubert. Neuilly-sur-Seine. — Begonia............. France.......
Lassus. Paris. — Plantes à feuillage ornemental...... France.......
E. **Libaud**. Neuilly-sur-Seine. — Cereus et pelargonium zonale.. France.......
Michel fils. Paris. — Bruyères..................... France.......
Joseph **Pacotto**. Vincennes. — Plantes de serre chaude. France.......
Palisson. Neuilly-sur Seine. — Begonia............. France.......
Pigny. Rueil. — Plantes de serre.................. France.......
Tabar. Sarcelles. — Pelargonium et petunia......... France.......
Touchais frères. Bagneux. — Begonia............. France.......
Valée. La Tour-Montlignon. — Gloxinia............ France.......
Edmond **Vandercruysse**. Gand. — Azalées......... Belgique.....
Van Hulle. Gand. — Plantes officinales, Victoria regia. Belgique.....
Joseph **Vervaene** et Cie. Gand. — Azalées de l'Inde et Rhododendrons..................................... Belgique.....
J.-A. **Willink** Wzn. Amsterdam. — Lycopodium et Fougères... Pays-Bas.....

Mentions honorables.

Aldebert. Lille. — Pelargonium de semis.......... France.......
Arnoul jeune. — Plantes de serre................. France.......
C. **Baron**. Paris. — Areca lutescens............... France.......
Billard. Auteuil-Paris. — Plantes de serre chaude... France.......
Ch. **Boelens** et fils. Gand. — Amaryllis et ligularia.. Belgique.....
Bonnault. Châtellerault. — Araucaria............. France.......
William **Bull**. Chelsea-Londres. — Orchidée......... Gde-Bretagne.
Buzin. Montgagny (Seine-et-Oise). — Pandanus..... France.......
François **Coene**. — Gand. — Fuschia............... Belgique.....
Dagneau. Nogent-sur Marne. — Pelargonium zonale. France.......
Louis-Joseph de **Smet**. — Gand. — Azalées.......... Belgique.....
Despaux. Brunoy. — Achimenes.................... France.......
Desse. Orléans. — Fuschia de semis............... France.......
Émile **Dufoix**. Montreuil-sous-Bois. — Pelargonium... France.......
Horat. Bellevue. — Philodendron et Begonia........ France.......
Marquis de **Lambertye-Gerbéviller**. Gerbéviller. — Orchidée.. France.......
Mme Ve **Lepley-Tirard**. Caen. — Anémones....... France.......

Loise. Paris. — Canna........................... France.......
Mme Ve Léon **Maenhout**. Gand. — Azalées......... Belgique.....
Merle. Paris. — Pelargonium...................... France.......
Félix **Muller**. Bruxelles. — Yucca pendula.......... Belgique.....
F. **Normand**. Bagneux. — Petunia et Briophillum... France.......
Rieul-Pouliguier. Paris. — Gloxinia............ France.......
François **Van Damme**. Gand. — Camellia.......... Belgique.....
Jean **Vervaene** et fils. Gand. — Azalées........... Belgique.....
E.-V. **Villejean**. Sainte-Colombe-sur-Seine. — Cactus et cereus.................................. France.......

COOPÉRATEURS.

Médaille d'or.

Gustave **Wallis**, naturaliste voyageur de M. Linden, à Bruxelles.................................... Belgique.....

Médailles d'argent.

Chenu aîné, jardinier chez M. le comte de Nadaillac. Passy-Paris................................ France.......
G. **Ermens**, jardinier principal, au Fleuriste de la Ville de Paris.............................. France.......

Médailles de bronze.

Fanton, jardinier de M. le duc d'Ayen, à Champlatreux....................................... France.......
Jules **Vallerand**, jardinier de M. Carcenac, à Bougival. France.......

Mention honorable.

Léon **Rameau**, jardinier chez M. Huillier, à Bagneux. France.......

AGRICULTURE ET INDUSTRIE

GROUPE X

OBJETS SPÉCIALEMENT EXPOSÉS EN VUE D'AMÉLIORER LA CONDITION PHYSIQUE ET MORALE DE LA POPULATION.

CLASSE 89

MATÉRIEL ET MÉTHODES DE L'ENSEIGNEMENT DES ENFANTS.

EXPOSANTS.

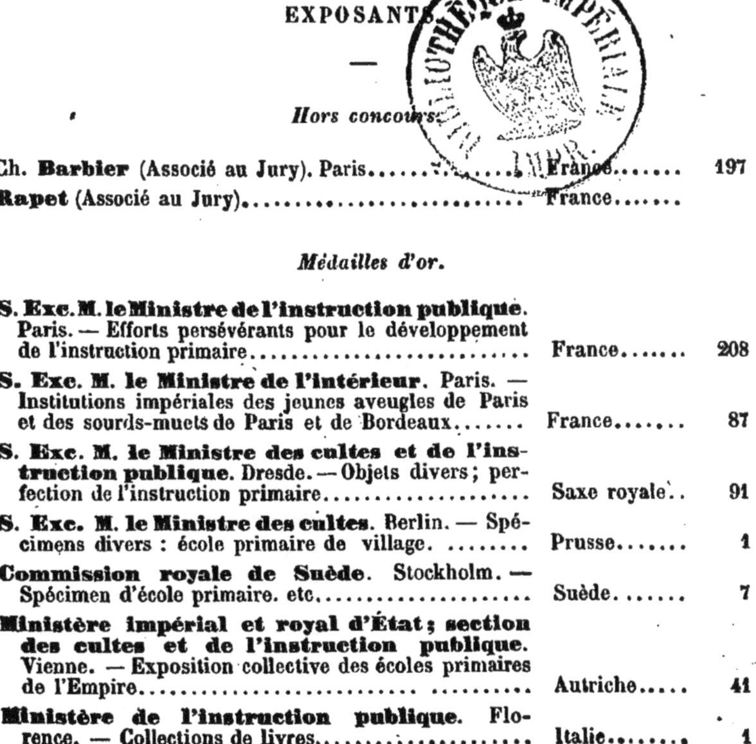

Hors concours.

Ch. **Barbier** (Associé au Jury). Paris........................	France.......	197
Rapet (Associé au Jury)........................	France.......	

Médailles d'or.

S. Exc. M. le Ministre de l'instruction publique. Paris. — Efforts persévérants pour le développement de l'instruction primaire........................	France.......	208
S. Exc. M. le Ministre de l'intérieur. Paris. — Institutions impériales des jeunes aveugles de Paris et des sourds-muets de Paris et de Bordeaux.......	France.......	87
S. Exc. M. le Ministre des cultes et de l'instruction publique. Dresde. — Objets divers; perfection de l'instruction primaire........................	Saxe royale..	91
S. Exc. M. le Ministre des cultes. Berlin. — Spécimens divers : école primaire de village.	Prusse.......	1
Commission royale de Suède. Stockholm. — Spécimen d'école primaire. etc........................	Suède.......	7
Ministère impérial et royal d'État; section des cultes et de l'instruction publique. Vienne. — Exposition collective des écoles primaires de l'Empire........................	Autriche.....	41
Ministère de l'instruction publique. Florence. — Collections de livres........................	Italie.......	1

M. le Ministre de l'intérieur. Bruxelles. — Collection de documents relatifs à l'enseignement primaire technique et aux ateliers d'apprentissage des Flandres.	Belgique.....	
Sociétés orphéoniques de France, représentées par le Comité de patronage du Ministère de l'instruction publique. Paris. — Œuvres........	France.......	
Schneider et Cie, usines du Creusot. — Plans d'école, organisation, etc.	France.......	

Médailles d'argent.

Society for promoting christian knowledge. Londres. — Livres divers.	Gde-Bretagne.	30
Sunday School Union. Londres. — Ouvrages pour l'enseignement	Gde-Bretagne.	32
Home and Colonial School Society. Londres. — Appareils, livres, etc.	Gde-Bretagne.	23
Association des dames de Madrid. — Propagation de l'enseignement des filles	Espagne.....	
Société pour l'instruction élémentaire. Paris. — Journal d'éducation populaire	France.(Cl.90)	103
Société pour l'encouragement de l'instruction primaire parmi les protestants. Paris. — Journal et rapports annuels	France.......	214
De Cormenin. — Bains dans les établissements scolaires, œuvres	France.......	209
P.-J.-O. **Chauveau**, directeur de l'instruction publique dans le bas Canada. Montréal. — Livres d'écoles	Col. anglaises.	3
Valade-Gabel. Paris. — Ouvrages pour l'enseignement des sourds-muets	France.......	99
Institut des aveugles. Milan. — Tapis brodés en laine, etc.	Italie........	47
Léon **Vaïsse**. Paris. — Tableaux de procédés pédagogiques pour les sourds-muets	France.......	98
Uchard. Paris. — Plans d'écoles, asiles et mobiliers	France.......	
Papin. Paris. — Méthode de musique	France.......	187
Hippolyte **Delafontaine**. Paris. — Méthode de musique vocale	France.......	170
Batiste et **Heugel**. Paris. — Solféges et méthodes...	France.......	178
Docteur S.-G. **Howe**, Boston. — Travaux des aveugles.	États-Unis...	
J. **Hullah**. Londres. — Ouvrages de musique.......	Gde-Bretagne.	
J.-B. **Paravia** et Cie. Florence et Turin — Ouvrages d'enseignement	Italie........	26
Delagrave. Paris. — Ouvrages d'enseignement......	France.......	120
Hachette et Cie. Paris. — Ouvrages d'enseignement..	France.......	130
Henry **Gervais**. Paris. — Cartographie de l'enseignement, méthode graduée	France.......	22
Von Mentzer. Stockholm. — Cartes	Suède........	11

Holbech, directeur des écoles communales de Copenhague. — Livres, atlas, etc	Danemark...	2
Braun. Nivelles. — Livres, etc	Belgique (Cl. 90).	2
Grosselin. Paris. — Méthode pour les sourds muets.	France.......	94
François **Delille**. Paris. — Ouvrages de mathématiques.	France.......	123
Daléchamps. Paris. — Tableau du système métrique	France.......	73
Larochette et **Bonnefont**. Paris. — Globe terrestre.	France.......	26
Joseph de **Luca**. Naples. — Livres d'enseignement.	Italie.......	38
Institut royal des sourds-muets. Milan. — Travaux d'élèves	Italie.......	21
Bernard. Paris. — Mouvement des corps célestes, machines de cuivre	France.......	6
Galin **Chevé**. Paris. — Méthode élémentaire de musique vocale	France.......	164
Etat de l'Illinois. — Spécimen d'école primaire.	États-Unis....	
H, **Vallée**. Bicêtre. — Directeur d'une école d'enfants idiots	France.......	143

Médailles de bronze.

Institut royal des sourds-muets. Sienne. — Travaux des élèves	Italie........	40
Mlle **Guyard**. Paris. — Travaux à l'aiguille	France.......	35
Ecole des filles à Arnsberg. — Travaux de jeunes filles	Prusse.......	
Institut pour l'éducation des aveugles de Moravie et de Silésie. — Travaux des élèves...	Autriche	13
National Asylum for idiots. Earslsvood, Redhill, Surrey. — Institution	G[de]-Bret[gne].(Cl.91.)	4
Haguental. Pont-à-Mousson. — Imagerie, livres illustrés pour l'enfance	France.......	2
Institution des sourds-muets et des aveugles. Stockholm. — Travaux des élèves	Suède.......	2
Institut royal des sourds-muets et des aveugles. Liége. — Travaux des élèves	Belgique.....	9
Rossi. — Méthode de chant	Italie........	
Claude **Perrin**. Turin. — Calligraphie	Italie........	13
Viaud. Commercy. — Plans d'école	France.......	10
Carpentier. Boulogne-sur-Mer. — Nécessaire métrique	France.......	79
Paul **Dupont**. Paris. — Livres classiques	France.......	125
Eugène **Belin**. Paris. — Livres classiques	France.......	116
Delalain et fils. Paris. — Livres classiques	France.......	121
Linarès. Paris. — Objets d'enseignement et tableau de système métrique	France.......	152
Taupier. Paris. — Méthode et cahiers d'écriture....	France.......	5

Lundy. Paris. — Paléographie universelle.......... France. (Cl. 90.) 244

Demkès. Paris. — Escalier métrique.............. France....... 76

Armand **Le Chevalier**. Paris. — Atlas universel... France....... 17

Illas et **Figuerola**. Barcelone. — Grammaire..... Espagne..... 3

Aug. **Godchaux** et Cie. Paris. — Méthode et cahiers d'écriture.................................. France....... 149

Berliner. Paris. — Calligraphie.................. France....... 37

Abbé **Lambert**. Paris. — Langage de la physionomie et du geste. Sourds-muets.................. France...... 96

Frère **Paphnutius**. Paris. — Livres classiques...... France....... 141

Laisné. Paris. — Gymnastique...................... France....... 113

Code des lois concernant les écoles et les églises de la Saxe............................ Saxe royale. 9-2

Lüben. Dresde. — Histoire naturelle.............. Saxe royale. 9-97

De Schnorr. Dresde. — La Bible en tableaux....... Saxe royale. 9-33

Oliver et **Boyd**. Édimbourg. — Ouvrages d'enseignement.................................. G^de-Bretagne. 25

Leras. Auxerre. — Poêle pour les écoles........... France....... 105

Lahausse d'Issy. Paris. — Méthode pour l'enseignement du chant collectif..................... France....... 179

Alfred **Williams**. Windsor. — Pupitre d'écolier dit de Windsor.................................. G^de-Bretagne. 14

F. **Morenilla**. Ubeda. — Méthode de lecture........ Espagne..... 73

Carue. Paris. — Appareils gymnastiques........... France....... 110

H. **Lelièvre**. Paris. — Matériel. Instruments pour le dessin linéaire et la géométrie.................. France....... 151

Léon **Feret**. Pont-l'Évêque. — Musique et agriculture. France....... 174

Pierre-Charles **Musso**. Turin. — Tableaux de lecture. Italie........ 9

R. **Schultz**. Paris. — Publications diverses relatives à la méthode d'enseignement par l'aspect.......... France....... 85

Pauraux. Paris. — Tableau mécanique pour la composition des gammes.......................... France....... 188

Dessirier. Paris — Méthode de musique vocale.... France....... 171

Ruprecht. Dresde. — Atlas d'histoire naturelle..... Saxe royale.. 9-97

Avendano et **Carderera**. Madrid. — Revues et livres.. Espagne...... 86

Laurecirque. Paris. — Géographie................. France....... 27

Félix **Clément**. Paris. — Musique, archéologie, plain-chant.. France....... 166

Saintoin-Leroy. Orléans. — Comptabilité agricole et commerciale.................................. France....... 84

Deshais et **Harreaux**. Paris. — Globe divisible... France....... 18

Carrière. Courbevoie. — Bureau pour salles d'asile. France....... 110

Mme **Kuhn**. Paris. — Calligraphie, méthode........ France....... 42

Froment. Paris. — Fonctionnement de l'œuvre des bains dans les écoles communales et les salles d'asile de Paris.................................. France....... 209

Demunter. Bruxelles. — Collection de modèles servant à l'enseignement de la géométrie............	Belgique. (Cl. 12.)	2
Ramon Arabia. Barcelone—Appareils pédagogiques.	Espagne.	
Ch. **Vervoitte.** Paris. — Archives des cathédrales, musique religieuse..............................	France.......	
Municipalité de Gênes. — Collection de rapports sur l'instruction publique.........................	Italie........	

Mentions honorables.

Mme **Château-Pompée.** Ivry.—Globe des écoles, cartes	France.......	16
Alphonse **Kœchlin**, directeur de l'asile des aveugles à Illzach. — Travaux d'aveugles..................	France.......	36
Bazin et **Cadet.** — Atlas spécial de la géographie de la France..	France.......	
École royale supérieure. Venise.—Modèle élément.	Italie........	3
P. **Flament.** Paris. — Plans d'école...............	France.......	8
Adolphe **Delahaye.** Paris. — Dessins d'élèves......	France.......	201
Institut impérial et royal pour les aveugles. Vienne. — Travaux d'élèves.........................	Autriche.....	3
Institution royale pour les aveugles. Copenhague. — Travaux d'élèves.........................	Danemark....	3
Ministère impérial et royal d'État. Aveugles de Pesth. — Travaux d'élèves........................	Hongrie......	41
A. **Pinet.** Paris. — Ouvrage pédagogique...........	France.......	135
Institut des aveugles de Linz.—Travaux d'élèves	Autriche.....	41
Regimbeau. Paris.—Méthode d'écriture, syllabaires et tableaux..	France.......	68
M. **Soriano-Fuertes.** Barcelone. — Musique......	Espagne	
Th. **Joly.** Ixelles-lez-Bruxelles.—Atlas de géographie.	Belgique.....	11
Aveugles indigents. Rotterdam.—Travaux d'élèves	Pays-Bas.....	2
Grassart. Paris. — Librairie protestante pour les écoles et la jeunesse..............................	France.......	129
Mouzin. Metz. — Petite grammaire musicale.......	France.......	186
Rahn. Paris. — Méthode d'harmonie et de composition musicale......................................	France.......	385
Mme **Cartier.** Saint-Denis.—Travaux à l'aiguille......	France. (Cl. 90)	34
Henri-Marie **Bouasse-Lebel.** Paris. — Tableaux synoptiques livres...............................	France.......	1
Callewaert frères. Bruxelles. — Atlas géographiques et modèles d'écriture..............................	Belgique.....	3
Société pour la propagation de la sainte Bible. — Bibles pour les aveugles...........................	Wurtemberg.	50
Bosc. Paris. — Méthode de lecture Vernhes-Bosc....	France......	59
Mme Paul **Caillard.** Paris. — Entretiens familiers...	France.......	146
Lange. Leipzig. — Atlas et cartes de Saxe.........	Saxe Royale..	9-81

V. **Hernando**. Madrid. — Livres classiques.........	Espagne.....	89
Vogel. Leipzig. — Atlas........................	Saxe royale	9-62-67 70-7
Stein. Leipzig. — Traité de géographie............	Saxe royale.	9-58
Delitzsch. Leipzig. — Atlas....................	Saxe royale.	9-71-78
Bazin et **Girardot**. Paris.—Papeterie classique....	France......	
J. **Wirth**. Guebwiller. — Langue française dans les départements allemands........................	France.......	
Dominique **Carbonati**. Milan. — Livres divers......	Italie........	
Jules **Delbruck**. Paris. Publications illustrées......	France.......	
Lebeau aîné. Paris. — Éditions de musique	France.......	
Detriché. Saumur. — Tenue de livres............	France.......	
Grimal. Paris. — Calligraphie..................	France.......	
Christensen. Gjœdstrup. — Méthode d'écriture.....	Danemark....	
E. **Bunzel**. Prague. — Méthode d'écriture...........	Autriche.....	
Frères de la Doctrine Chrétienne. Bordeaux. — Calligraphiedu frère Léobert. Travaux d'elèves. ...	France.......	
Frère Victoris. Paris. — Méthode d'écriture	France.......	52
L. et C. **Hardtmuth**. Budweis.—Tablettes élastiques pour remplacer l'ardoise........................	Autriche.....	20
Ch. **Winternitz**. Vienne. — Jeux instructifs.......	Autriche.....	40
Gédalge. Paris. — Lavabo, jeux, livres............	France.......	21
J. **Level**. Strasbourg.—Appareils pour le système métrique..................................	France.......	82
E. **Deniau**. Paris. — Mobiliers scolaires...........	France.......	
J. **Bastinos** et fils. Barcelone. — Mobilier d'écoles..	Espagne.....	33
L. **Ralero**. Madrid. — Histoire sainte.............	Espagne......	105
Wiedemann. Dresde.—Récits de la Bible..........	Saxe royale.	9-30
Duvigneau. Paris. — Appareil pour l'écriture des aveugles..................................	France.......	89
École primaire d'Oran. — Dessins d'élèves.....	Algérie......	
Berthelt. Dresde. — Livres de lecture.	Saxe royale.	9-35-37
Chaumeil. Barbezieux. — Boulier-compteur.......	France.......	102
Félix **Paggi**. Florence. — Editions................	Italie........	34
École des Frères Moraves. Dresde. — Modèles d'écriture..................................	Saxe royale..	9-133
Société pédagogique. Dresde.—Modèles d'écriture.	Saxe royale..	9-126
Spal. St-Florentin-le-Vieil. — Dessins d'élèves.......	France.......	207
Lelion-Damiens.Paris.—Livres de dictée et de lecture.	France.......	133
Ecoles des aveugles et des sourds-muets de Barcelone. — Travaux d'élèves..................	Espagne......	11
Lallement. Vitry-le-Français. — Appareil scolaire, lecture, orthographe, arithmétique et système métrique	France.......	104
Pellerin. Épinal. — Imagerie......................	France......	3
Hanon. Boulogne-sur-Mer. — Système nouveau pour accompagner le plain-chant, méthode de musique.	France. (Cl. 90.)	383

F. **Sobrino Iglésias.** Santiago. — Solides géométriques	Espagne.....	87
Collége national de sourds-muets et d'aveugles. Madrid. — Travaux des élèves..............	Espagne.....	83
Willequet. Gand. — Calcul mental...............	Belgique.....	16
Pierre **Bruno.** Turin. — Calligraphie..............	Italie........	12
Fiorenzo **Forzani.** Turin. — Calligraphie...........	Italie........	14
F. **Iturzaeta.** Madrid. — Modèles d'écritures.......	Espagne.....	91
Klauwell. Leipzig. — Guide pour la lecture........	Saxe royale..	9-40
Jourdan. Paris. — Grammaire française............	France.......	144
Vannet. Paris. — Nouveaux porte-plumes, guides pour les écoles..................................	France.......	155
James **Wiloughby.** Paris. — Porte-crayon, almanach perpétuel....................................	France......	156
W. **Stévens.** Londres. — Fleurs desséchées........	Gde-Bretagne.	13
Ch. **de Jaeger.** Bruxelles. — Méthode d'écriture et de lecture..................................	Belgique.....	10
Société biblique. Florence. — Documents.........	Italie........	
Établissement Saint-Anne. Canada. — Plans en relief......................................	Col. anglaises.	1
Quételart. Paris. — Dessins à la plume...........	France.......	57
Joseph **Bindeles.** Prague. — Méthodes calligraphiques	Autriche.....	2
Danel. Lille. — Méthode de chant populaire........	France.......	168
Ferdinand **Baudette.** Paris. — Calligraphie........	France.......	38
Victor **Duflot.** Villeneuve-sur-Yonne. — Dessins à la plume......................................	France.......	40
Moncœur. Paris. — Calligraphie..................	France.......	43
Fleury. Lyon. — Tableau des comptes courants et calligraphie...............................	France.......	49
Gresse. Paris. — Ouvrages pour les écoles primaires	France.......	60
Lacoste. Paris. — Couvertures de cahiers, clichés pour les métiers en images.....................	France.......	150
Rousseau. Paris. — Cahiers questionnaires et programme d'enseignement..........................	France.......	154
Hurel. Paris. — Tableau de système métrique......	France.......	131
Slomboing. Péronne. — Travaux d'élèves..........	France (Cl. 90.)	206
Meyer. Paris. — Grammaire française..............	France	134
Louis **Colas** et Cie. Paris. — Ouvrages d'enseignement primaire...................................	France.......	119
Monot. Paris. — Horloge géographique.............	France.......	28
V. **Colombel.** Beauvais. — Cours et méthode d'écriture	France.......	47
Demont. Orléans. — Système métrique.............	France.......	75
Renaux. Vitry-le-Français. — Guide-main pour les aveugles et les vues faibles.....................	France.......	90
Bedelet. Paris. — Éducation en famille............	France.......	115
Gretz et **Buisson.** Paris. — Matériel et méthode pour l'enseignement..............................	France.......	127

Mlle **du Puget.** Paris. — Livres pour l'enfance......	France......	136
Gouëzel. Belle-Isle-en-Mer.— Études de maison d'école à la campagne, conduite barométrique.........	France......	9
Marlier. Le Raincy.—Cahiers d'écriture grammaticale.	France......	13
Perreau. Lyon. — Méthode d'écriture et travaux d'élèves	France......	50
Houdin. Paris. — Ouvrage pour l'enseignement des sourds-muets par la parole articulée.............	France......	
Sinet. Paris.—Régulateur calligraphique élémentaire.	France......	

COOPÉRATEURS.

Médailles d'argent.

Raphaël **Lambruschini.** Florence. — Méthode d'enseignement et direction des études (*Guida de l'Educazione*)............................	Italie.......	25
Guadet, chef de l'enseignement de l'Institution impériale des jeunes aveugles. Paris. — Méthode d'enseignement et direction des études...............	France.......	87
Mlle **Cailhe,** institutrice à l'Institution impériale des jeunes aveugles. Paris. — Travaux des élèves......	France.......	87
Pablasek, directeur de l'Institution impériale et royale de Vienne. — Ouvrages, rapports et appareils.......	Autriche.....	3
Michel, collaborateur de M. Delagrave. Paris. — Ouvrages d'enseignement..........................	France.......	120
Siou, collaborateur de l'Institution des jeunes aveugles. Paris. — Accord de pianos...................	France.......	87
Pierre-François-Eugène **Cortambert,** collaborateur de M. Andriveau-Goujon. Paris. — Carte murale.......	France.......	12
Gaultier, élève de M. Barbier. Paris. — Carte manuscrite..	France.......	197

Médailles de bronze.

Delcasso et **Gross,** chez M. Delagrave. Paris. — Méthode de chant..................................	France.......	120
Guerre, chez MM. Gœtz et Buisson. Paris. — Méthode de lecture..................................	France.......	127
Nollet, chez MM. Schneider et Cie. Le Creusot. — Travaux des élèves..............................	France.......	11

Mentions honorables.

Levitte, à l'Institution impériale des jeunes aveugles. Paris. — Machine perfectionnée pour l'écriture des aveugles..	France.......	
Bahis, chez MM. Ohberthur et fils. Rennes.—Méthode de lecture..	France.......	67
Herman, collaborateur de M. Joly. Bruxelles.—Atlas.	Belgique.....	

CLASSE 90

BIBLIOTHÈQUES ET MATÉRIEL DE L'ENSEIGNEMENT DONNÉ AUX ADULTES DANS LA FAMILLE, L'ATELIER, LA COMMUNE OU LA CORPORATION.

EXPOSANTS.

Hors concours.

Mariano Carderera (membre du Jury). Madrid. — Ouvrages d'éducation .... Espagne...... 10

Pompée (membre du Jury). Ivry. — Directeur de l'École professionnelle........ France....... 30

Grand prix.

Comité génevois, fondateur de l'œuvre internationale des secours aux blessés militaires. — Documents, statuts et matériel.......... Suisse ....

Commission sanitaire des États-Unis. — Matériel ayant servi dans la guerre de 1861.......... États-Unis . .

Médailles d'or.

Instituteurs français directeurs de cours d'adultes, représentés par M. le Ministre de l'instruction publique. — Rapports, documents et travaux des élèves .... France.......

Union ouvrière de Berlin. — Rapports et documents .... Prusse....... 1

Société du colportage (*Book hawking Union*). — Rapports et documents........ G^de^-Bretagne.

Société industrielle de Mulhouse.—Documents, règlements d'écoles et travaux des élèves.......... France....... 364

Colonie pénitentiaire de jeunes détenus de Mettray. — Rapports, documents et travaux d'élèves........ France....... 343

Institut des Frères des écoles chrétiennes.— Méthode de dessin et travaux d'élèves........ France...... 301

Écoles réelles d'Autriche. — Travaux d'élèves. Autriche. (Cl. 89.) 41

Écoles ouvrières de perfectionnement de Wurtemberg. — Méthodes et modèles de dessins, travaux d'élèves........ Wurtemberg. 1 à 47

Association polytechnique poux l'instruction gratuite des ouvriers. Paris. — Rapports et documents.. France....... 327

École des arts et métiers de Nuremberg. — Modèles de dessins et dessins d'élèves............ Bavière...... 1-89

École d'art de South-Kensington. Londres. — Méthodes et modèles de dessins.............. Gde-Bretagne. (Cl. 89.) 34

Médailles d'argent.

École de tissage. Brünn. — Méthodes et travaux d'élèves.. Autriche..... 58

Cours d'adultes et bibliothèque de Guebwiller fondés par M. J.-J. Bourcart.................... France....... 54

Société d'éducation et de secours mutuels des instituteurs de Turin.—Rapports et documents. Italie........

Ministère de l'agriculture, du commerce et des travaux publics. — Ecole d'arts et métiers; travaux d'élèves.......................... France....... 358

Enseignement primaire et professionnel du Ministère de la marine.......................... France....... 366

École normale spéciale de Cluny. — Méthodes et travaux d'élèves............................ France.......

Musée impérial-royal des beaux-arts appliqués à l'industrie. Vienne. — Modèles de dessin. Autriche..... 14

Gouvernement Hawaïen. — Rapports, documents et livres d'éducation............................ Havaï. (Cl. 89.) 10

Société pédagogique de Milan. — Rapports et documents.. Italie.......

Gouvernement russe. Écoles techniques et artistiques, et École Strogonoff de Moscou. — Modèles et travaux d'élèves............................ Russie.......

Association philotechnique pour l'instruction gratuite des ouvriers. Paris. — Rapports et documents.. France....... 328

École de dessin et de sculpture de M. Levasseur. Paris. — Travaux d'élèves.............. France....... 2?3

École de dessin de M. Lequien fils. Paris. — Travaux d'élèves.................................. France....... 257

Cours d'adultes de Duisbourg. — Rapports et documents.. Prusse.......

Société industrielle pour le grand-duché de Hesse-Darmstadt. — Modèles de dessins et de mécanique des écoles d'ouvriers.................... Hesse... (Cl. 89.) 2

École impériale-royale d'agriculture de Hongrie. Altenburg. — Méthodes et collections.......... Autriche..... 11

Chambre de commerce de Vienne. Cours techniques du soir. — Travaux d'élèves.............. Autriche..... 57

L. Gossin. Beauvais. — Enseignement agricole et publications.. France....... 151

École centrale lyonnaise. — Travaux d'élèves... France....... 357

Asile-École Fénelon. Vaujours. — Rapports et travaux d'élèves....... France....... 348

Société d'instruction primaire du Rhône. Lyon. — Rapports et travaux d'élèves....... France....... 104

Écoles d'enseignement professionnel Lemonnier, pour les jeunes filles. Paris. — Rapports et travaux d'élèves....... France....... 337

Institution professionnelle de Notre-Dame-des-Arts, pour les jeunes filles des artistes et des littérateurs. Paris. — Méthodes et travaux d'élèves.. France....... 338

École centrale d'architecture. Paris. — Rapports et travaux d'élèves....... France....... 365

École israélite des arts et métiers de Strasbourg. — Rapports et travaux d'élèves....... France....... 330

Bibliothèque des Amis de l'instruction. 3e arrondissement, Paris. — Rapports et documents..... France....... 47

Mme **de Clercq.** Fondation d'Écoles et d'établissements d'intérêt public. Oignies. — Plans, rapports et documents....... France.......

Département de l'agriculture, des arts et de la statistique au Canada. — Rapports et documents relatifs au collége de Québec et à l'École d'agriculture de Sainte-Anne....... Col. anglaises. 1

Gouvernement Pontifical. — Spécimen des catacombes de Rome....... États Pontif..

Médailles de bronze.

J. François **Bonhommé.** Paris. — Collection de tableaux et dessins, intitulée : les Soldats de l'industrie....... France....... 316

Vasseur. Paris. — Physiologie d'histoire naturelle.. France....... 310

Ruprich-Robert. Paris. — Modèles d'ornements.... France....... 228

J^n **Best** et Cie. Paris. — Collection du Magasin pittoresque....... France....... 60

Chevalier F. **Wertheim.** Vienne. — Description de modèles, d'outils et de machines....... Autriche..... 19

École israélite d'arts et métiers de Mulhouse — Rapports et documents....... France....... 331

Pensionnat d'apprentis de l'abbé Halluin. Arras. — Rapports et documents....... France....... 332

Institut Manin. Venise. — Travaux d'élèves....... Italie. (Cl. 89.) 49

Société industrielle. Bergame. — École du soir, gratuite pour les ouvriers....... Italie. (Cl. 89.) 44

Société philomatique. Bordeaux. — Rapports et travaux d'élèves....... France....... 329

Jeannard. Sourdun. — Méthode d'enseignement agricole et travaux d'élèves....... France.......

Société des bibliothèques communales du Haut-Rhin. Mulhouse. — Rapports et documents. France....... 54

Société alsacienne pour la propagation des bibliothèques populaires. Colmar. — Rapports et documents....	France.......	46
Mariano **Borrell.** Madrid. — Méthodes de dessin et travaux d'élèves....	Espagne. (Cl. 89.)	98
Société industrielle. Elbeuf. — Méthodes de dessin et travaux d'élèves....	France.......	354
Cours municipal de dessin industriel. Saint-Quentin. — Dirigé par **M.** Schreiber....	France.......	252
Institut royal technique. Florence. — Travaux d'élèves....	Italie. (Cl. 89.)	4
Ls-Frédéric **Gillet.** Genève. — Méthode de dessin.	(Cl. 89.) Suisse	
Société des bibliothèques communales. Aisne. — Statuts, catalogue, instructions, bulletins mensuels.	France......	42
École municipale de dessin de Metz. — Travaux d'élèves....	France......	261
Société de l'enseignement professionnel. Rhône. — Travaux, rapports et documents....	France......	355
Rousseau. Paris. — Collections scientifiques élémentaires de chimie....	France.......	314
Silbermann. Paris. — Collections élémentaires de physique....	France.......	30
École de tissage des draperies de Reichenberg. Bohême. — Dessins et travaux d'élèves.....	Autriche.....	
École technique. Copenhague. — Travaux d'élèves.	Danemark...	
Joly-Grangedor. — Modèles de dessin....	France.......	235
École de dessin de Mme Levasseur pour les jeunes filles. Paris. — Enseignements, travaux d'élèves....	France.......	264
École de dessin. Nassau. — Travaux d'élèves.....	Prusse.......	
Institut royal technique. Naples. — Travaux d'élèves....	Italie. (Cl. 89.)	2
Eugène **Mouton.** Rodez. — Bibliothèques aveyronnaises. — Rapports, documents et matériel....	France.......	43
J. Patzelt. École de commerce. Vienne. — Travaux d'élèves....	Autriche.....	15
Asile agricole. Cernay. — Rapports et documents.	France.......	142
Bibliothèque populaire. Dieu-le-Fit. — Rapports et documents....	France.......	
Société protestante des écoles du dimanche, de France. — Publications pour la jeunesse et bibliothèque populaire....	France.......	26
Chambre de commerce de Marseille. École de mousses et novices. — Travaux d'élèves....	France.......	
Hardy. Paris. — Cours et publications horticoles....	France.......	152
Henri **de Parville.** Paris. — Ouvrages scientifiques.	France.......	88
Louis **Figuier.** Paris. — Ouvrages scientifiques.....	France.......	83
Léon **Chateau.** Paris. — Histoire de l'architecture...	France.......	141
Harant. Paris. — Publications et cours relatifs à l'enseignement des sciences....	France.......	134

École professionnelle municipale. Nantes. — Travaux d'élèves	France......	268
Leroyer. Vincennes. — Travaux d'élèves	France......	272
Hément. Paris. — Cours et publications scientifiques.	France......	85
Audiganne. Paris. — Cours et publications sur l'économie sociale	France......	80
Soret. Elbeuf. — Traité théorique et pratique sur la fabrication des draps	France......	177
Éloffe et Cie. Paris. — Collections géologiques	France......	309
Société des livres utiles. Paris. — Traités populaires d'économie domestique et sociale	France......	40
Société des apprentis et apprenties de la ville de Paris. — Rapports et documents	France......	
Œuvre de l'adoption. Paris. — Orphelins de père et mère. Rapports et documents	France......	374
Wenceslaus **Fric.** Prague. — Collections pour l'enseignement de l'histoire naturelle	Autriche....	4
F.-W. **Hofmann.** Vienne. — Ouvrages d'agriculture.	Autriche....	9
École de dessin. Milan. — Travaux d'élèves	Italie.......	9
Établissement des pupilles de la marine. — Travaux d'élèves	France......	367
École maritime de Brest. — Travaux d'élèves..	France......	367
École maritime de Cherbourg.—Travaux d'élèves.	France......	367
École maritime de Lorient.—Travaux d'élèves..	France......	367
École maritime de Rochefort—Travaux d'élèves.	France......	367
École maritime de Toulon.— Travaux d'élèves..	France......	367
École d'arts et métiers d'Aix. — Travaux d'élèves	France......	358
École d'arts et métiers d'Angers. — Travaux d'élèves	France......	358
École d'arts et métiers de Châlons.—Travaux d'élèves	France......	358
Léopold **Martin.** Stuttgart. — Animaux fossiles et antédiluviens	Wurtemberg.	48
Instituteurs primaires des Vosges. — Travaux d'élèves	France......	
J. **Delalain** et fils. Paris. — Éditions	France......	214

Mentions honorables.

Institut royal industriel. Madrid. — École de dessin	Espagne. (Cl. 89.)	94
Institut de San-Isidro. Madrid. — École de dessin	Espagne	93
Société royale d'économie rurale. Copenhague. — Enseignement agricole	Danemark...	7
Colonie agricole pénitentiaire de Sainte-Foy. Gironde. — Enseignement agricole	France......	341
Demond. Orléans. — Enseignement secondaire spécial.	France......	145

Lentilhac. Paris. — Dessins, modèles et reliefs....	France......	237
Leroy. Paris. — Modèles artistiques.................	France......	231
Placet. Paris. — Modèles artistiques, gravure héliographique.......................................	France......	240
É. Gaucherel. St-Martin de Ré. — Modèles de lavis.	France......	
Armengaud. Paris. — Modèles géométriques, recueils industriels concernant l'enseignement.............	France......	242
Fouché. Paris. — Modèles géométriques...........	France......	233
L. Chrétien. Paris. — Nouveau cours de dessin au lavis.	France......	241
Hillardt. — Modèles géométriques................	Prusse......	
L. Hachette et Cie. Paris. — Collections générales d'ouvrages pour les bibliothèques populaires et pour l'enseignement..................................	France......	217
Delagrave. Paris. — Collections générales.........	France......	213
J.-M. et H. **Cronmire.** Londres. — Collections mathématiques..	Gde-Bretagne.	1
Georges **Salet.** Paris. — Collections physiques.......	France......	307
Pierre-Joseph **Jager.** Paris. — Appareils cosmographiques et astronomiques.....................	France......	318
Charles **Emmanuel.** — Pantographe astronomique et alphabet céleste..............................	France......	313
Mar. — Appareils astronomiques................	France......	48
Heinrich. Stuttgart. — Tellurium..................	Wurtemberg.	320
Gaspard **Barbèra.** Florence. — Collections d'histoire naturelle..	Italie.......	
Dr G. **Krantz.** Perl. — Collections d'histoire naturelle.	Prusse......	3
Bryce **Wright.** Londres. — Collections d'histoire naturelle..	Gde-Bretagne	16
Rouget de l'Isle. Saint-Mandé. — Albums de dessins pour travaux de femme........................	France......	339
Cabin. Paris. — Travaux de femmes..............	France......	340
Direction de l'instruction publique du canton de Berne — Ouvrages pédagogiques..............	Suisse......	
Frédéric **Monnier.** Paris. — Ouvrages pédagogiques.	France......	110
Firmin **Caballero.** Madrid. — Publications agricoles.	Espagne....	9
Dr E. **Wagner.** Carlsruhe. — Ouvrages pédagogiques.	Bade.......	1
Delapalme. Paris. — Ouvrages généraux..........	France......	113
Lefèvre. Paris. — Ouvrages généraux............	France......	
Ch. **Rameau.** Versailles. — Cours de législation usuelle.	France......	112
Robertson. Bellevue. — Enseignement de langues...	France......	122
Docteur **Tessereau.** Paris. — Hygiène............	France......	139
A. et J. **Thomsen.** Copenhague. — Sciences et physique.	Danemark...	8
Chevalier Joseph **de Hempel.** Gratz. — Sciences physiques..	Autriche....	7
Vasquez Quéipo. Madrid. — Sciences et mathématiques..	Espagne....	
Freyssinaud. Limoges. — Sciences mathématiques.	France......	135

Charles **Touaillon**. Paris. — Sciences technologiques.	France......	178
F. **Peyot**. Lyon. — Sciences technologiques..........	France......	175
George **Harel**. Le Cateau. — Traité sur la filature de la laine peignée..	France......	171
Gadriot. Paris. — Sciences technologiques..........	France......	170
Mme **Millet-Robinet**. Genillé. — Publications agricoles.	France......	158
Eug. **Forney**. Paris. — Publications horticoles......	France......	148
Victor **Rey**. Autun. — Catéchisme agricole..........	France......	159
B. Anton. **Ramirez**. Madrid. — Publications agricoles.	Espagne....	7
Antoine **Komers**. Prague. — Publications agricoles..	Autriche....	
Ct. **Belleville**. Toulouse. — Publications diverses..	France......	203
Masquelez. Saint-Cyr. — Publications militaires...	France......	204
Monginot. Paris. — Méthode de comptabilité......	France......	194
Vannier. Paris. — Méthode de comptabilité.........	France......	
Cauderon. Paris. — Contrôle de comptabilité.......	France......	187
Joseph **Antonelli**. Venise — Librairie. Ouvrages divers	Italie.......	»
Jacques **Bernardi**. Turin. — Librairie. Ouvrages divers..	Italie.......	1
J. **Dumaine**. Paris. — Librairie militaire............	France......	209
Dunod. Paris. — Librairie scientifique d'enseignement.	France......	182
Larousse et **Boyer**. Paris. — Ouvrages d'instruction élémentaire..	France......	218
W. **Nitzschke**. Stuttgart. — Librairie. Ouvrages divers.	Wurtemberg.	51
Félix **Paggi**. Florence. — Librairie. Ouvrages divers.	Italie.......	34
Roret. Paris. — Librairie technologique et scientifique.	France......	183
F. **Savy**. Paris. — Librairie scientifique............	France......	222
Jules **Hoffmann**. Stuttgart. — Librairie. Ouvrages divers..	Wurtemberg.	52
Joseph **Rirzetti**. Turin. — Librairie. Ouvrages divers.	Italie.......	
Marty. Paris. — Reliure mobile..................	France......	62
Engel. Paris. — Reliures à bon marché...........	France......	61

COOPÉRATEURS.

Médaille d'or.

Edouard **Charton**, fondateur et rédacteur en chef du *Magasin pittoresque*, coopérateur de M. Best.......	France......	60

Médailles d'argent.

Docteur **Penot**, vice-président de la Société industrielle de Mulhouse..	France......	364

Frère **Victoris**, de l'Institut des frères des écoles chrétiennes. — Enseignement du dessin géométrique. France...... 301

Président **de Steinbeis**. — Enseignement du dessin dans les écoles ouvrières.......................... Wurtemberg. 1

De Kreling. Nuremberg. — Enseignement du dessin dans l'École de Nuremberg....................... Bavière. (Cl. 89.). 1

Burchett. Londres. — Direction de l'École de South-Kensington.................................... Gde-Bretagne. (Cl. 34.)

Girard. — Participation à la création des premières bibliothèques populaires.......................... France...... 47

Jean **Macé**. — Propagande des bibliothèques communales dans le Haut-Rhin.......................... France...... 54

E. **Martelet**, doyen des professeurs de l'Association polytechnique et l'un de ses fondateurs........... France......

Dr **Lette**, collaborateur de l'Association ouvrière de Berlin et l'un de ses fondateurs............... Prusse......

Chateau, directeur des études de l'École professionnelle d'Ivry.................................... France...... 306

Jullien. Vanves. Proviseur du lycée du Prince Impérial. France......

Mme **Pape-Carpentier**, directrice des cours pratiques des salles d'asile................................. France......

Médailles de bronze.

Mlle **Luquin**. Société pour l'instruction primaire du Rhône. — Cours de comptabilité pour les femmes. France...... 104

Facq. Chevrières. — Conférences agricoles......... France......

Mentions honorables.

Savreux, élève de M. Levasseur. Paris. — Groupe et statue.. France......

Napoléon **Alliot**, élève de M. Levasseur. Paris. — Groupe et statue................................ France......

Gustave **Biermant**, élève de M. Levasseur. Paris. — Groupe et statue................................ France......

Edmond **Houblert**, élève de M. Levasseur. Paris. — Groupe et statue................................ France......

Gilbert, élève de l'école de M. Lequien fils. Paris. — Statue.. France......

Pesné, élève de l'école de M. Lequien fils. Paris. — Buste... France......

Deleyre, élève de l'école de M. Lequien fils. Paris. — Peinture décorative des portes d'entrée, classes 89 et 90.. France .....

Bourgogne, élève de l'école de M. Lequien fils. Paris. — Études de fleurs.................................. France......

Roussel, élève du frère Arcadius. Paris. — Statue.. France......

W. **Rawle**, élève de South-Kensington. Londres. — Dessins.. Gde-Bretagne.

J.-C. **Boone,** élève de South-Kensington. Londres — Dessins...................................... Gde-Bretagne.

O.-H. **Juulmanne,** élève de l'École technique pour les jeunes artisans. Copenhague. — Dessins...... Danemark..

Codoner, élève de l'Institut industriel de Madrid. — Dessins...................................... Espagne....

Martinez, élève de l'Institut industriel de Madrid. Dessins...................................... Espagne....

Graude, élève de l'Institut industriel de Madrid. — Dessins...................................... Espagne....

Hœffler, élève de l'Institut industriel de Madrid. — Dessins...................................... Espagne....

Ernest **Mann,** élève de l'École industrielle. Nassau. — Dessins...................................... Prusse......

Pierre **Kittel,** élève de l'École industrielle. Nassau. — Dessins...................................... Prusse......

Dupuis, dessinateur, élève de l'école de Maistrance de Brest. — Tableau de machines................ France......

Vidal, élève de l'école de dessin de Toulon — Dessins à la plume...................................... France......

Hercule, élève des écoles de la Marine de Toulon. — Buste du Prince impérial........................ France......

Piazzalunga, élève adulte de l'École du soir de dessin pour les ouvriers de Bergame. — Dessins....... Italie.......

Louis **Tua,** élève adulte de l'École du soir de dessin pour les ouvriers de Bergame. — Dessins.......... Italie.......

Pierre **Luciani,** élève adulte de l'École du soir de dessin pour les ouvriers de Bergame.— Dessins....... Italie.......

Pellegrino, **Vecchi,** élève adulte de l'École du soir, de dessin pour les ouvriers de Bergame. — Dessins.... Italie.......

Bazin, élève de l'École professionnelle d'Ivry. — Dessins d'architecture, de machines; manipulations chimiques...................................... France......

Bouvard, élève de l'École professionnelle d'Ivry. — Dessins d'architecture, de machines; manipulations chimiques...................................... France......

Saint-Clair, élève de l'École professionnelle d'Ivry. — Dessins d'architecture, de machines; manipulations chimiques...................................... France......

Serrus, élève de l'École professionnelle d'Ivry. — Dessins d'architecture, de machines; manipulations chimiques...................................... France......

Hébert, élève de l'École professionnelle d'Ivry. — Dessins d'architecture, de machines..................... France......

M. **Taxil,** élève de l'École professionnelle Lemonnier. — Commerce...................................... France......

D. **Gaudez,** élève de l'École professionnelle Lemonnier. — Dessins...................................... France......

N. **Dupuy,** élève de l'École professionnelle Lemonnier. — Peinture sur porcelaine...................... France......

J. **Schiff,** élève de l'École professionnelle Lemonnier. — Gravure sur bois................................ France......

P. Louis, élève de l'École professionnelle Lemonnier. — Gravure sur bois.............................. France......

Hillmann, élève de l'École de Vienne. — Travaux de dessin.. Autriche....

Litschell, élève de l'École de Vienne. — Travaux de dessin.. Autriche....

A. Fauchon, élève des Écoles des frères. — Travaux de dessin.............................. France......

A. Robillard, élève des Écoles des frères. — Travaux de dessin.............................. France......

Marcel **Jambon**, élève des Écoles des frères. — Travaux de dessin.............................. France......

Louis **Robillard**, élève des Écoles des frères. — Travaux de dessin.............................. France......

Garcia, élève de l'Institut royal San-Isidro. — Travaux de dessin.............................. Espagne....

Rodriguez, élève de l'Institut royal San-Isidro. — Travaux de dessin.............................. Espagne....

Sala, élève de l'Institut royal San-Isidro. — Travaux de dessin.................................. Espagne....

CLASSE 91.

MEUBLES, VÊTEMENTS ET ALIMENTS DE TOUTE ESPÈCE, DISTINGUÉS PAR LES QUALITÉS UTILES UNIES AU BON MARCHÉ.

EXPOSANTS.

Hors concours.

J.-F. **Devinck**. (Membre du Jury.) Paris.—Chocolats.	France......	454
C. **Groult**. (Associé au Jury.) Paris.—Pâtes alimentaires.	France......	407
Menier. (Membre du Jury.) Paris. — Chocolats......	France......	453
Haas. (Membre du Jury.) Paris.—Chapeaux de feutre.	France......	407
Laville. (Membre du Jury.) Paris. — Vins..........	France......	438

Médailles d'or.

Industrie cotonnière de la ville de Rouen. — Tissus de coton..................................	France......	229
Chambre de commerce d'Elbeuf. — Draperie..	France.....	211-221
Ville de Roubaix. — Exposition de tissus divers..	France......	291
Chambre consultative de Sedan. — Draperie...	France......	223
Ville de Reims. Exposition collective. — Tissus laine..	France.....	242-248
Département de l'Hérault. — Exposition de vins à bon marché..................................	France......	490
Japy frères. Beaucourt. — Articles de ménage......	France......	27
Utzschneider. Sarreguemines. — Céramique.......	France......	148
Gosse. Bayeux. — Céramique.....................	France......	151
Miroy frères et fils. Paris. — Zinc d'ameublement et de grande décoration..............................	France......	19
Ville de Tourcoing. Exposition collective — Tissus divers..	France......	290
De Cartier. Auderghem. — Minium de fer pour remplacer le blanc de plomb..........................	Belgique....	2
Chambre consultative de la Ville de Cholet. Exposition collective. — Tissus de fil	France......	357
Bessand et Cie. Paris. — Confections pour hommes.	France......	364

Médailles d'argent.

Chambre des arts et manufactures de Mazamet. — Draperie et tissus de laine foulée......	France....	256-266
P. **Klein.** Paris. — Fourneaux pour la préparation des aliments populaires..............................	France......	

Jules **Huart** et Cie. Paris. — Chaudronnerie	France	173
Chambre de commerce de Limoges. — Tissus de laine et de coton	France	270-275
Ville de Saint-Quentin. Exposition collective. — Tissus divers	France	224-227
Fabricants de tissus de la ville de Condé-sur-Noireau. Exposition collective	France	276, 278, 279, 280, 282
Chambre de commerce de Lille. Exposition collective. — Vêtements confectionnés	France	350
Compagnie d'exportation de Stuttgart. — Vêtements confectionnés	Wurtemberg.	»
Chambre consultative des arts et manufactures de Saint-Claude	France	55
Retour frères. La Ferte-Macé. — Toiles et mouchoirs.	France	284
Bouvier frères. Vienne. — Draperie et tissus de laine mélangés de coton	France	255
E. **Conchou**, successeur de M. Léon Barret. Périgueux. — Draperie à bas prix	France	308
Hussenot, Berne et **Brunard.** Paris. — Châles et tissus de laine	France	252
Lemaieur frères. Bruxelles. — Châles et effilochages.	Belgique	4
Chenal. Saint-Dié. — Coutils et tissus de coton	France	334
Société industrielle et commerciale de Vienne. Isère. — Draperie	France	254
Piednoir et **Gontier.** Laval. — Coutils de fil et de coton	France	317
Magnier, Pouilly, Brunet et Cie. Paris. — Toiles de ménage	France	316
Saint frères. Paris. — Grosses toiles	France	315
S. A. le **Vice-Roi d'Égypte.** — Tissus et vêtements.	Égypte	
A. **Leleux.** Paris. — Confections pour hommes	France	365
Société du palais Bonne-Nouvelle. Paris. — Mobilier et articles de ménage	France	32
J.-B. **Bouillet.** Paris. — Confections pour femmes	France	395
Lainé père et fils. Paris. — Teinture et mise à neuf de tissus et vêtements	France	370
Savart. Paris. — Chaussures	France	408
Jean **Repetto.** Chiavari. — Meubles	Italie	19
E. **Boucher** et Cie. Fumay. — Poterie de fonte	France	24
Ricot-Patret et Cie. Varigney. — Poterie et fourneaux en fonte	France	28
Faure et Cie. Revin. — Poterie de fonte	France	33
Allez frères. Paris. — Fourneaux de cuisine	France	92
Hte **Boulenger.** Choisy-le-Roi. — Céramique	France	
Victor **de Pruines.** Plombières. — Couverts, ustensiles de ménage en fer battu étamés	France	
Gillou fils et **Thoraillier.** Paris. — Papiers peints.	France	20

Isidore **Leroy.** Paris. — Papiers peints........... France..... 210
Hugedé. Paris. — Lettres et enseignes............ France. (Cl. 14)
L. **Lebaudy-Landry** et Cie. Paris. — Fabrication mécanique de pain........................... France...... 500
Roussel-Pilatrie. La Ferté-Macé.—Toiles et coutils. France...... 283
Bideau. Paris. — Châles et tissus de laine........ France......
Martin et Cie. Paris. — Tablettes de bouillon de bœuf...................................... France...... 492
Lebreton et **Brée.** Paris. — Champignons et légumes conservés................................. France......
Joseph-A. **Brunet.** Marseille. — Semoules et farines. France...... 456
Noël **Martin.** Paris. — Pâtes et farines, etc.......... France...... 458
Ch. **Leroy-Durand.** Gentilly. — Bougies économiques et savons.................................. France...... 74
Edmond **de Fadate de Saint-George.** La Brèche. — Vins à bas prix............................. France......
Rödel et fils, frères. Bordeaux. — Viandes et légumes conservés.................................. France......
Jean **Schuberth.** Ottakring. — Rouleaux de bois.... Autriche..... 23
M. Joh. **Hossner.** Schluckenau. — Chapeaux et casquettes en sparterie........................... Autriche....
Maire de Montassone di Fermo. — Chapeaux de paille...................................... Italie....... 29
Raphaël **Vermigli.** Falerone de Fermo. — Chapeaux de paille.................................. Italie....... 28
Rennes. Paris. — Brosses........................ France...... 63
Muret Solanet et **Palangié** frères. Saint-Geniez-d'Olt. — Tissus de laine........................... France...... 307
Dupont et **Deschamps.** Beauvais. — Brosserie.... France...... 56
Manuel **Mas** et fils. — Sparterie et nattes............ Espagne....
Jacquemin-Verguet aîné et frères. Saint-Claude. — Manufacturiers en mesures linéaires françaises et étrangères...................................... France...... 184
P.-J. **Cère.** Montevrain.—Fruits et légumes conservés.. France...... 460
Edme **Guillout.** Paris.—Biscuits, petits fours et pains d'épice.. France...... 437
Lesage et **Paignard.** Paris.— Confitures à bon marché. France...... 440
G. **Gaillard.** Clermont-Ferrand. — Confitures....... France...... 441
Victor **Chatel.** — Vins............................ France......
Chocolaterie parisienne. Paris. — Chocolats à bon marché....................................... France..... 443-454
Lambert frères. Paris. — Orfévrerie Ruolz et Maillechort... France...... 144
Paraf Javal et Cie. Thann. — Tissus de coton teints et imprimés................................ France...... 230
E.-A. **Paillard.** Paris.—Zinc ordinaire et petites glaces. France 15
Mantin frères. Arpajon. — Chaussures mécaniques... France 419
S. **Hayem** aîné. Paris. — Confection de lingerie et flanelles..................................... France...... 383

Lucien **Fromage** et Cie. Rouen. — Bretelles, ceintures et jarretières	France......	387
Geoffroy, Guérin et Cie. Gien. — Céramique......	France......	158
Bastien et **Mongruel**. Paris. — Pâtes alimentaires..	France......	459
Corblet aîné. Paris. — Ornements en métal estampé pour ameublement....	France......	201
Michel **Chavagnat**. Paris. — Articles de ménage en fer-blanc....	France......	179
Boudier Donninger et **Ulbrich**. Paris.— Pipes en racine de bruyère....	France......	117
Adolphe **Boulenger**. Paris. — Tôles vernies.......	France......	
Gervasio **Amat**. Barcelone. — Nattes...............	Espagne....	
Dahler. Christiania. — Marmite économique.........	Norvége....	

Médailles de bronze.

C. **Gentil**. Mans.—Légumes conservés de toutes espèces.	France......	465
Augustin **Fau** et Cie. Lodève.—Effilochages de laines.	France......	341
Henri **Giroud** et Cie. Tullins.— Effilochages de laines.	France......	336
Fabricants de tissus, draps, molletons, tricots des villes de Lodève et Bédarieux. Exposition collective....	France....	293-297
Lemaignen fils. Lisieux. — Tissus de laines foulées, draperie....	France......	299
Bertre aîné et fils. Lisieux. — Tissus de laines foulées, draperie....	France......	302
Xer **Bels-Sicar**. Limoux. — Tissus de laines foulées, draperie....	France......	268
Vve **Laporte** et fils. Limoges. — Tissus de laines foulées, draperie....	France......	272
Commission provinciale de Burgos. — Tissus et couvertures de laine....	Espagne....	3
Mely père et fils. Mende. — Flanelles et molletons..	France......	331
Rachou frères. Pont-de-Camarès. — Flanelles et molletons....	France......	306
E. **Pourpoint**. Solre-le-Château. — Flanelles et molletons....	France......	327
Guérin et **Jouault**. Paris.— Châles et tissus de laine.	France......	250
B. **Wulveryck**. Paris. — Châles et tissus de laine...	France......	253
X. **Belveau Temain** père et fils. Asnières. — Tissus de laine, de coton, chaînes, fil....	France......	326
Delattre aîné et Cie. Abbeville. — Forts tissus sans apprêts, fil et fil de coton....	France......	356
Chapon frères. Paris. — Tissus de lin, de chanvre et bâches imperméables....	France......	313
E. **Masson** et Cie. Paris. — Déchets de coton dégraissé, blanchis et effilochés....	France......	354
L.-C. **Faure** et Vve **Brunet**. Pousas. — Grès et poterie....	France......	165

A.-P. **Rousseville** frères. Paris. — Poterie d'étain. France...... 175

Pélissié, Beau et Cie. Paris. — Tissus de coton et tissus mélangés.. France...... 286

Férouelle et **Rolland**. Paris. — Tissus de coton écru. France...... 289

Covindagaassomchetty. Pondichéry. — Toiles à voiles.. Col. franç...

Ed. **Bourgine**. Paris. — Sceaux hygiéniques...... France...... 141

Amalric et Cie. Pondichéry. — Toiles à voiles...... Col. franç...

J. **Faucille**. Paris. — Toiles cirées imperméables, bâches.. France...... 359

L. **Lecrosnier**. Paris. — Toiles cirées imperméables, bâches.. France...... 324

A. **Dujoncquoy** et fils. Pussay et Villebrun. — Bonneterie de laine et coton........................ France...... 237

A.-F. **Contour**. Paris. — Bonneterie de laine et coton. France...... 239

Francisco **Navarro**. Olot-Girone. — Bonneterie de laine et coton.. Espagne....

Cir **Carcassonne** fils. Lisle-sur-la-Sorgues. — Vêtements confectionnés pour hommes et enfants...... France......

H. **Piotet**. Paris. — Vêtements confectionnés pour hommes et enfants.. France...... 368

Arnoux et E. **Fourmon**. Vaucluse. — Vêtements confectionnés pour hommes et enfants............. France......

J. **Levy** et H. **Simon**. Paris. — Vêtements confectionnés pour hommes et enfants.................... France...... 367

Louis-Arnaud **Moléon**. Paris. — Vêtements confectionnés pour hommes et enfants................. France...... 369

Bodson. Paris. — Vêtements confectionnés pour hommes et enfants.................................. France...... 363

Bernard **Sallé** et Cie. Paris. — Vêtements confectionnés pour femmes et fillettes.................... France...... 394

Monteux et **Gilly**. Paris. — Chaussures pour hommes, femmes et enfants................................ France...... 414

L.-R. **Chollet** fils aîné. Versailles. — Chaussures cousues perfectionnées pour la ville et la chasse..... France...... 416

Pellentz-Leroy. Paris. — Brides à sabots et galoches France...... 372

Néel frères et **Verpilleu**. Chapelle-sur-Lyon. — Chapeaux de feutre et casquettes................ France...... 399

Tirard frères. Évron. — Chapeaux de feutre....... France...... 402

J.-C. **Zehme**. Munich. — Chapeaux de feutre et casquettes.. Bavière..... 35

Rey, Cousins et **Galan**. Caussade. — Chapeaux de paille.. France...... 424

E. **Gérinot**. Paris. — Papiers à cigarettes.......... France......

Pinchon-Decaux et **Mauge**. Paris. — Tissus imprimés France...... 240

F. **Leborgne** et Cie. Grenoble. — Chapeaux de paille. France...... 426

J. P. **Haas** et Cie. Schramberg. — Chapeaux de paille cousus, brésiliens et panama................ Wurtemberg. 3

Exposant	Pays	N°
Pius **Kumpf.** Schluckenau. — Chapeaux et casquettes en sparterie	Autriche (Cl. 35.)	36
G. **Bobillier** et Cie. Paris. — Corsets	France......	389
Engrand et Cie. Puteaux. — Tissus, rubans et chaussures en caoutchouc	France......	319
Spohn et **Daublin.** Mulhouse. — Tissus, élastiques pour chaussures	France......	321
J.-M. **Vicat.** Paris. — Poudre insecticide et insufflateurs	France......	470
H. **Paget.** Vienne. — Tissus, rubans et chaussures en caoutchouc	Autriche....	19
Ignace **Hirsch** et fils. Pesth. — Toiles, sacs et bâches en caoutchouc	Autriche....	8
Maurice **Unterwalder.** Vienne. — Toiles, sacs et bâches en caoutchouc	Autriche....	27
Van Gorp. Paris. — Boutons d'or et de corozo	France......	339
Letourneur frères. Paris. — Lits et meubles en fer.	France......	2
A. **Berl.** Paris. — Lits et meubles en fer	France. (Cl. 40.)	
J. **Viollet.** Paris. — Meubles en bois	France......	12
Léon et Henri **Cambier** frères. Ath. — Meubles en bois.	Belgique....	1
Jacques et **Hay.** Toronto. — Meubles en bois	Canada.....	2
Dr **Meidinger.** Carlsruhe. — Chauffage	Bade........	3
F. **Boué** et Cie. Paris. — Chenets chauffeurs, système Frédic Passy	France......	22
J.-P. **Grueber.** Wehringhausen. — Fonderie et grosse quincaillerie	Prusse......	
La Boissière. Exposition collective. — Tabletterie..	France......	74 à 87
Hippolyte **David.** Nantua. — Peignes	France......	106
Clair-Joseph **Fermond** père et fils. Saint-Vallier. — Porcelaines à feu brunes et blanches	France......	160
J. **Bossot.** Ciry. — Poterie, céramique	France......	507
Charles **Rubbiani** et frères. Sassuolo. — Poterie, céramique	Italie.......	
César **Piccozzi.** Salajco. — Poterie, céramique	Italie.......	
J.-Ferd. **Carapinhal.** Miranda. — Poterie, céramique	Portugal....	
E.-V. **Corlieu.** Paris. — Poterie d'étain	France......	176
J.-C.-E. **Dagand.** Paris. — Cafetière et percolateur.	France......	169
B.-G. **Thinet.** Paris. — Coutellerie	France......	138
Ch.-Alexandre **Girard.** Nogent. — Coutellerie	France......	137
Regniaud. Paris. — Chaudronnerie de cuivre	France......	172
J.-J. **Caruchet** et **Magisson.** Paris. — Lits et meubles en noyer	France......	8
J.-B. **Fougère.** Paris. — Cuivre bronzé et ustensiles de table	France......	86-106
C. **Jouvensel.** Paris. — Cuivre bronzé et ustensiles de table	France......	167
F.-X. **Kolb.** Platten. — Couverts de fer étamé	Autriche....	16

Turquetil et **Malzard.** Paris. — Papiers peints.... France...... 208

E. **Chauvel.** Evreux.—Dés à coudre et produits divers. France...... 102

P. **Chambon-Lacroisade.** Paris. — Fourneaux, fers à repasser, etc........ France...... 26

P. **Flamm** et Cie. Phlin. — Aiguilles à coudre...... France...... 95

A.-M. **Beschorner** et Cie. Vienne. — Fabrication des cercueils métalliques........ Autriche.... 2

Grandry-Grandry et fils. Nouzon. — Pelles, pincettes, chenêts, etc........ France..... 146

Ducrot et **Coudere.** Paris. — Fourneaux économiques........ France...... 338

P.-L. **Gautrot** aîné. Château-Thierry. — Instruments de musique........ France...... 140

Thibouville-Lamy. Paris.— Instruments de musique. France......

Carmoy. Paris. — Clous dorés........ France...... 187

Hirbec jeune. Paris. — Objets relatifs au feu........ France.... 113-145

Saintoin frères. Orléans. — Chocolat........ France...... 446

Thébucien frères. Paris. — Cafés torréfiés........ France...... 434

P.-J.-B. **Louvel.** Paris. — Biscuits, petits fours et pain d'épices........ France...... 438

Frélut fils, **Fesquet** et Cie. Clermont-Ferrand. — Confitures........ France......

A.-H. **Antheaume.** Paris. — Sirops de glucose et caramel........ France...... 475

J. **Blon** père. Nantes. — Fruits, viandes, poissons et légumes conservés........ France...... 463

Letourneur. Le Havre. — Biscottes pour enfants et convalescents........ France..... 491

L. **Briant.** Paris.—Légumes conservés de toutes nature France...... 467

Vildé et **Tétard.** Paris. — Moutardes, conserves, etc. France...... 471

Bordin-Tassart. Paris.—Moutardes, conserves, etc. France...... 473

J. **Aguettant** et **Tallon.** Paris.—Vinaigres d'alcool. France...... 472

Commune de Landreville (Aube). — Vins........ France......

Amyot **Grattepain.** Loches. — Vins........ France...... 497

Bertherand. Chacenay. — Vins........ France...... 488

J. **Raimond.** Paris. — Porte-huiliers et autres articles. France...... 183

Robbes fils aîné. Mayenne.— Toiles et coutils........ France...... 353

Mathias-Cleticnne. Saint-Dié.— Tissus mélangés.. France...... 330

Benjamin **Bohin.** Laigle.— Petite quincaillerie, aiguilles France...... 97-98

J. **Hérold.** Paris.— Képis d'uniformes........ France...... 405

L. **Nicolas.** Paris.— Vins........ France......

André **Wegmann** fils aîné. Ivry. — Bières........ France...... 495

Louis **Barral.** Paris. — Procédé pour conserver les vins en les bonifiant........ France...... 494

Millet, Bricourt et Cie. Masnières. — Bouteilles, cloches et dames-jeannes........ France...... 154

S. **Oppenheimer.** Paris. — Imitation de bronze, ébénisterie	France......	17
Louis-André. **Descalzi.** Chiavari. — Chaises à bon marché	Italie.	
Devergie. Paris. — Bonneterie et chemises de flanelle.	France......	
Levallois. Vire. — Linge damassé	France......	355
Desbordes. Paris. — Garniture de feux	France......	16
Vve **Brag** et fils. Paris. — Lits en fer	France......	9
Félix **Dieudonné** et Gustave **Dorenlot.** Paris. — Meubles en bois	France......	9
G^{ve}. **Dubois.** Paris. — Chaussures	France	410
Vve **Lamy.** Paris. — Fontaines à filtrer ordinaires et au charbon	France......	
J.-M. **Ancian.** Paris. — Lettres et enseignes	France.	202
A. **Esteuf.** Paris. — Tôles et cartons vernis	France......	45
Augé. Auxerre. — Bancs et siéges en bois pour jardin.	France......	
Labarre. Roanne. — Poterie vernie sans base de plomb	France......	
Eugène **Richardière** et Cie. Paris. — Boutons céramiques et perles	France......	346
Fichot. Paris. — Bras en bois articulés	France......	
Ernest **Werber.** Paris. — Jambes en bois articulées.	France......	
Bourel Daussy. Paris. — Toiles vernies à l'huile de goudron	France......	
A. **Trèves** et fils. Paris. — Devants de chemises, tissus et mouchoirs	France......	384
Porcinai Abati et **Cenedese.** Madrid. — Chapeaux de paille	Espagne	
Amédé **Charpentier.** Paris. — Fournitures pour les machines à coudre	France......	349
Poiret et **Valentin.** Paris. — Déchets et effilochages de laine	France......	337
J.-B. **Durel.** Paris. — Chaussures à semelle de bois..	France......	374
Vve J. **Preis** et Cie. Strasbourg. — Articles en tôle et fer-blanc vernis	France......	44
Mme **Massé.** Paris. — Sommier oriental	France......	1
J.-V. **Delestre.** Paris. — Piéges à mouches en verre.	France......	150
M.-C. **Trottier.** Paris. — Moules à pâtisserie	France......	135
Comice agricole de Chinon. Chinon. — Vins et produits alimentaires	France......	
Destouches et Cie. Paris. — Cols en papier	France......	385
A, **Féliker.** Paris. — Jouets, bimbeloterie	France......	382
L.-A. **Singer.** Paris. — Encriers-pompe	France......	23
Carpentier. Paris. — Pastilles de légumes pour le pot-au-feu	France	436
E. de **Gobart.** Bruxelles. — Machines à coudre	Belgique....	

J.-A.-V. **Burq**. — Filtres économiques.............. France......
H.-J. **Petit**. Bruxelles. — Machines à coudre........ Belgique....

Mentions honorables.

Théodore **Pierre**. Paris. — Devants de chemise.... France...... 390*bis*
Dr **Charnaux**. Bourbon l'Archambault. — Vêtements imperméables laissant passer la transpiration....... France......
Anquetin. Paris. — Sabots et galoches........... France...... 375
Eugène **Besgc**. Côte Chamborand. — Flanelles fantaisie unie, chaîne coton.......................... France...... 309
Mailhebiau père et fils. Marvejols. — Tissus ras de laine pure peignée et cardée..................... France...... 311
Laubry, Aubeux et Cie. Paris. — Châles et tissus de laine....................................... France...... 249
Lucien **Cambuzat**. Asnières. — Tissus de laine et coton chaîne fil................................ France...... 325
André **Million** et Cie. Nantua. — Draperie.......... France...... 298
Ph. **Bally**. Faymoreau. — Bouteilles................ France...... 155
Rollin fils aîné. Roanne. — Tissus de lin, de chanvre et de jute.................................... France...... 318
Esnault **Pelterie** aîné et Cie. Paris. — Tissus de coton écru, etc.................................. France...... 288
Ch. **Lefebvre** jeune et Cie. Paris. — Tissus de coton écru, etc....................................... France...... 231
A. **Boissaye**. Paris. — Tissus de coton écru, etc..... France...... 287
Gallois-Montbrun. Pondichéry. — Toiles.......... Col. franç...
J. **Cantel**. Rouen. — Toiles, cuirs unis et illustrés... France...... 28
Lambert. Madagascar. — Tissus en paille de Raphia, imitation de nankin............................ Col. franç...
Trotry-Latouche frères. Chatou. — Bonneterie orientale et casquettes............................. France...... 238
Escoffier, Gindre et Cie. Arvilliers. — Bonneterie de laine et de coton.......................... France...... 232
Devillard et **Devillette**. Paris. — Vêtements confectionnés pour jeunes gens et enfants............. France...... 366
B. **Cahen** frères. Paris. — Vêtements confectionnés pour hommes et enfants........................ France......
Carère. Paris. — Lettres et enseignes............... France..... 539
Eug. **Madiot** jeune. Fougères. — Chaussures d'homme, de femme et d'enfant......................... France...... 419
Ch. **Nathan-Picard**. Nancy. — Chaussures de tresse et d'étoffes.................................... France...... 417
Narciso **Pereanton**. Barcelone. — Sandales, espadrilles.. Espagne.... 2
G. **Moustié**. Bordeaux. — Sabots, galoches......... France...... 377
Bathier et **Augé**. La Souterraine. — Chaussures et semelles de bois................................ France...... 376

Picart **Ledoux**. Paris.— Petites mécaniques pour étalage	France......	
F. **Louvel**. Paris. — Sabots, galoches, brides......	France......	374
Chabre fils. Paris. — Manufacture de casquettes....	France......	404
Léon **Duflos**. Paris. — Visières, brides et jugulaires pour chapellerie..................................	France......	432
Suchel Damas et fils. Thizy. — Corsets...........	France......	388
Vve Aug. **Fesbermayer**. Pesth. — Toiles, sacs et bâches en caoutchouc............................	Autriche....	5
A. **Parent** et **Hamet**. Paris.—Boutons d'or et de métal.	France......	351
Vivant, J. Delmas. Paris.—Garnitures de feu dorées par applique..............................	France.....	147
Parrabère et **Schang**. Versailles. — Sièges à dossiers d'une seule pièce..........................	France.....	13
Rouillier. Paris. — Cuirs pour premières semelles, etc..................................	France......	347
Xavier **Tournay**. Paris. — Fleurs artificielles.......	France......	421
L.-A. **Bailly**. Paris. — Fleurs artificielles..........	France......	430
Macé. Paris. — Lanternes et suspension............	France......	
De Laterrière. (Usine Tucker.) Paris. — Lavabos et siéges....................................	France......	
P. **Michaut**. Paris. — Oreillers de santé...........	France......	
Pascal **Rossi**. Arezzo. — Chaises et meubles en bois.	Italie.......	
Verheyden. Malines. — Chaises et meubles en bois.	Belgique....	5
Mackelvey. Ste-Catherine.— Ustensiles etc.........	Col. anglaises	3
Stern. Stuttgart. — Chaises et meubles en bois....	Wurtemberg.	1
J.-M. **Reinhard**. Mayence. — Chaises..............	Hesse.......	1
Lépine et **Bourdon**. Paris.—Lampes et suspension.	France......	129
Figeac et **Druau**. Paris. — Soufflets et balais......	France......	41
Héritiers de Ch. **Gottbill**. Mariahütte. — Grosse quincaillerie de fer et de fonte.......................	Prusse......	
Bachoud Caillat. Nantua. — Tabletterie..........	France......	69
Morin fils et Cie. Charleville.—Brosserie grosse et fine	France......	71
Cossart et Cie. Paris. — Brosses à dents et ongles.	France......	59
Loddé fils. Paris. — Brosserie et plumeaux.........	France......	64
F. **Sargent** et Cie. Paris. — Épingles..............	France.....	96
Benoit **Maret-Besson**. Roanne. — Lettres et enseignes.	France......	204
A. **Cattoor**. Paris. — Porte-monnaies, porte-cigares.	France......	122
Boy-Humbert et **Ranvier**. Paris. — Suspensions et lampes.....................................	France......	20
Guérard-Deslauriers. Caen. — Balais de route et d'usine.....................................	France......	519
Bez et fils et **Courtois**. Labastide-sur-l'Hers.—Peignes.	France......	111
Fauvel-Delabarre et fils. Paris. — Peignes.......	France......	105
L.-A. **Ravenet** aîné. Paris. — Peignes à décrasser, en buffle, etc................................	France......	107
Ch. **de Boissimon**. Langeais. — Céramique et poterie.	France......	161

Exposant	Pays	N°
Joseph **Legnani.** Milan. — Poterie, céramique.....	Italie.......	
Ranieri Nardi et fils. Florence. — Verrerie........	Italie.......	
José Nobre **Gorèm.** Poyares. — Poterie, céramique, verrerie....................................	Portugal....	
Harry-Tayler et Cie. Londres. — Planches à couteaux....................................	Gde-Bretagne.	
J. **Piault.** Paris. — Coutellerie....................	France......	139
Dureault-Motte et Cie. Grigny. — Poterie, céramique.	France......	159
Fauvel. Paris. — Bougeoirs à lanternes pour jardin.	France......	132
Bernot et Cie. La Guillotière, Renvigny. — Poterie réfractaire..................................	France......	162
L. **Lang.** Montreuil. — Ferblanterie..............	France......	170
J. **Schoenfeld.** Paris. — Bourse de peau, étuis à cigares, etc..................................	France.....	120
Pauwels et fils. Paris. — Cuivre, bronze, ustensiles de ménage et de table......................	France......	171
P.-A. **Foin.** Paris — Chaînes, colliers pour chiens...	France......	99
Ve L. **Jacquinot.** Droiteval. — Couverts étamés...	France......	194
C.-A. **Langlois.** Darney. — Couverts étamés......	France......	192
Adolphe **Millerot** et Cie. Fontenoy-le-Château. — Couverts étamés..................................	France......	193
Mathez. Fontenoy-le-Château. — Couverts étamés..	France......	198
Ch. **Möschl,** successeur. Neuhmamer. — Couverts étamés....................................	Autriche....	16
Niderer. Paris. — Siéges de salons couverts en velours.	France.....	14
Burin. Paris. — Produits divers, inventions.........	France......	
Octave **Le Chesne.** Paris. — Meuble conservateur du calorique....................................	France......	134
P. **Girardin.** Paris. — Lampes, lanternes marines..	France......	130
Mme **Gouttebaron.** Paris. — Paille de fer pour nettoyer les parquets............................	France......	57
Poncin Léonard. Givonne. — Pelles à terre, grosse ferronnerie..................................	France......	114
Bimant jeune. Paris. — Ballons et jouets en caoutchouc.	France......	150
Aug. **Reiss.** Vienne. — Produits de ferblanterie et inventions..................................	Autriche....	21
Joseph **Neumayer.** Vienne. — Articles de ménage.	Autriche....	18
G. **Klemming.** Stockholm. — Produits divers, inventions..................................	Suède.......	3
F. **Buchegger.** Stockach. — Produits divers, inventions..................................	Bade........	2
C. **David.** Paris. — Enveloppes pour l'emballage des bouteilles..................................	France......	51
Barbou et fils. Paris. — Porte-bouteilles en fer......	France......	510
Mouillon et **Edon.** Paris. — Objets en albâtre....	France......	103
Tingry et **Quetscher.** Paris. — Objets en albâtre..	France......	34
A.-J. **Barbotte.** Paris. — Vannerie fine...........	France......	50

W. **Takacs** et fils. Altsohl. — Pipes en argiles et en bruyère	Autriche....	25
L.-C. **Rozière.** Romainville. — Pastilles de légumes pour pot-au-feu	France......	477
Mamoz. Paris. — Viandes, légumes, conserves	France......	500
Duprat et Cie. Bordeaux. — Viandes, légumes, conserves	France......	468
F. **Jossinet.** Saint-Hilaire-du-Harcouët. — Salaisons	France......	462
Ph. **Jeannot** fils aîné. Saint-Jean-de-Losne.—Farines de maïs	France......	457
Société des usines de Villars. Mathieu et Cie. — Pâtes alimentaires, amidonnerie	France......	498
J.-H. **Vicat.** Paris. — Moutarde	France......	470
H. **Redelix.** Paris. — Tabletterie en bois sculptés; boutons se fixant sans couture	France......	101
Fauveau fils. Arvilliers. — Bonneterie de laine	France......	241
Dumont et **Massip.** Nîmes. — Vins	France......	
Léonce **Guirard.** Nîmes. — Vins	France......	
Moroche. — Vins	France......	
G. **Bouguereau.** Varrains. — Vins mousseux	France......	484
Boinette et fils. Bar-le-Duc. — Vins mousseux et vins rouges	France......	481
Th. **Foucault.** Paris. — Huiles de bois et de houille pour l'éclairage	France......	43
Peret et vicomte **de Tregomain.** Paris. — Bondes ou faussets chimiques	France......	476
Boulenger. Saint-Sulpice. — Brosses à dents et à ongles	France......	88
Robert. Paris. — Orfèvrerie à bon marché	France......	143
E. **Lhuillier.** Paris. — Plumeaux et plumes brutes.	France......	185
Edouard **Hénoc** fils. Paris. — Plumeaux	France......	195
Maldant. Paris. — Literie moderne hygiénique	France......	4
Ducommun. Paris. — Fontaines à filtre de charbon	France......	502
Duchesne-Hutan. Savignies. — Fontaines en grès	France......	505
Morisot. Paris. — Ameublements en bois pour cuisine, jardin et autres	France......	10
A.-E. **Legrand.** Paris. — Brosses à barbe	France......	58
J.-B. **Hemet.** Paris. — Peignes en buffle	France......	112
J. **Pauliat.** Beynat. — Cabas en paille et paille tressée	France......	53
Chandelier. Paris. — Pince-nez et lunettes	France......	126
J. **Imbs.** Strasbourg. — Fusils-affiloir	France......	
Yver. Granville. — Cuvettes modernes	France......	504
Depeyre. Montcuq.— Mesures de capacité en métal.	France......	182
Drugeon. Paris. — Fourneaux économiques et encriers	France......	123

J.-J. **Maës.** Paris. — Lampes et suspensions......... France....... 11

C. **Lesent.** Paris. — Lavabo pour hospice et pension. France...... 25

Édouard **Fraissinet** et Cie. Paris. — Porte-bouteilles égouttoir en fer et claies........................ France...... 511

Pruym. Orléans. — Porte-bouteilles en fer.......... France...... 514

J.-J. Siméon **Saignol.** Vincennes. — Porte-bouteilles et brosses mécaniques........................ France...... 66

A. **Cellé.** Charleville. — Brosses et pinceaux .... France......

C.-C. **Barbier.** Paris. — Mesures linéaires .... France...... 62

E. **Rougier.** Paris. — Mesures linéaires............. France...... 61

Coulon et **Joubert.** Paris, — Poudre à polir l'or, l'argent, etc.................................. France...... 91

E.-F. **Mutet.** Paris. — Siéges, meubles en jonc..... France...... 11

Pierre **Vène.** Paris. — Décanture et rince-bouteille. Invention..................................... France...... 19

Victor **Boeck.** Strasbourg. — Pinceaux et brosses... France......

A.-F. **Chapiseau.** Paris. — Boites pour parfumerie, suspension.................................... France...... 178

Eve. Paris. — Robinets en métal inoxydable........ France.......

Bouillin. Paris. — Egouttoir, porte-bouteille .... France.......

F. **Chenet.** Vitry-le-Français. — Statuette en terre cuite...................................... France.......

J. B. **Pelletier.** Paris. — Timbres pour table...... France.......

C. **Desmarest.** Paris. — Articles pour garniture de feu, invention................................ France.......

Mlles J. **Poussin** et D. **Poussin.** Paris. — Literie sanitaire pour l'enfance........................ France....... 5

Moyse-Cohen. Paris. — Brosserie................. France....... 70

Duret aîné. Paris. — Couleurs non vénéneuses..... France...... 380

E. **Delrieux.** Paris. — Ressorts pour jupons....... France...... 391

Vermeulen-Bernaert. Roulers. — Navettes...... Belgique....

COOPÉRATEURS

Médailles d'or

Comte **de Beaufort**, coopérateur des Sociétés internationales de secours aux blessés. Paris. — Appareils mécaniques pour blessés................... France......

G.-C. **Giebert,** fondateur et directeur des établissements de la Compagnie pour la fabrication de l'extrait de viande Liebig. — Fray-Bentos .... Uruguay....

Médaille de bronze

Hasselman, directeur chez M. de Cartier. Auderghem.. Belgique.... 2

Mentions honorables

Maerschalk, contre-maître chez M. de Cartier. Auderghem....	Belgique....	2
De Pauw, ouvrier chez M. de Cartier. Auderghem..	Belgique....	2
Defrançois, chez MM. Jacob Lévy et H. Simon. Paris....	France......	367
Napoléon-Louis **Lemasle,** chez MM. Jacob Lévy et H. Simon. Paris....	France......	367
Macé, chez MM. Jacob Lévy et H. Simon. Paris....	France......	367
Alphonse **Hédeline,** chez M. Moléon. Paris.........	France......	369
Antoine **Delleuvin,** chez M. J.-B. Bouillet. Paris...	France......	395
Veuve **Cochois,** chez M. J.-B. Bouillet. Paris.....	France......	395
Mme **Delaville,** chez M. J.-B. Bouillet. Paris......	France......	395
Léon **Schneider,** chez M. Savart. Paris...........	France......	408
Alphonse **Vitu,** chez M. Savart. Paris.............	France......	408
Aynard, contre-maître chez MM. Miroy frères et fils. Paris....	France.......	19
G. **Lambert,** contre-maître chez MM. Lambert frères Paris....	France.......	144
André-Etienne **Nicolas** aîné, chez MM. Bessand et Cie. Paris....	France.......	364
Alfred **Bardot,** chez MM. Bessand et Cie. Paris....	France.......	364
Jules **Barbier,** chez MM. Bessand et Cie. Paris.....	France.......	364
Alexis **Nicolas** jeune, chez MM. Bessand et Cie. Paris.	France.......	364
Louis **Félix,** chez MM. Bessand et Cie. Paris.......	France.......	364
Louzier, chez MM. Bessand et Cie. Paris..........	France.......	364

CLASSE 92.

SPÉCIMENS DES COSTUMES POPULAIRES DES DIVERSES CONTRÉES.

EXPOSANTS.

Médaille d'or.

Commissions royales de Suède et de Norvége. — Costumes populaires des deux sexes............ Suède et Norv. 1

Médailles d'argent.

Gouvernement ottoman. Constantinople. — Collection générale de costumes populaires............ Turquie.....

Jacob. Quimper. — Costumes bretons.............. France..... 23

Al. **Andreou** et Th. **Tzenos.** — Costumes nationaux. Grèce.......

Michel **Sidoroff.** — Costumes d'Ostiaks nomades.... Russie...... 4

G.-A. **de la Foulhouse.** Clermont-Ferrand. — Costumes d'Auvergne et dessins..................... France..... 24

Députation provinciale de Murcie. — Costumes nationaux.................................. Espagne....

Médailles de bronze.

S. A. le Vice-Roi d'Égypte.—Costumes populaires. Égypte......

Comité du département de la Vendée. — Costumes populaires.................................. France..... 14

Confédération Argentine. — Costumes populaires. Con Argentine

Comité du département des Basses-Pyrénées. — Costumes nationaux......................... France..... 4

A. Magnissalis. — Costumes nationaux........... Grèce.......

Mme Joseph **Bunea.** Bukarest. — Costumes nationaux.................................. Roumanie...

Comité auxiliaire du Caucase. Tiflis. — Costumes nationaux.............................. Russie...... 8

S.-A. **le Bey de Tunis.** — Costumes populaires.... Tunisie.....

S. A. le **Taïcoun.** — Costumes nationaux.......... Japon.......

S. A. le **Taishiou de Satsouma.**—Costumes nationaux Japon.......

R. **Jacquemin.** Paris. — Iconographie du costume.. France..... 45

Mme **Odobesco.** Bukarest. — Costumes nationaux.. Roumanie ..

Gouvernement de l'Uruguay. — Costumes populaires	Uruguay....	

Mentions honorables.

Henry **Singer.** Paris. — Bijoux populaires	France	34
Gouvernement du duché de Saxe-Altenbourg. — Costumes populaires	Saxe-Altenb.	46
Commission grand-ducale de Meklembourg-Schwerin. — Costumes nationaux	Mecklembourg.	
Députation provinciale de la Corogne. — Costumes nationaux	Espagne ...	2
Pavloff. Iakouts. — Costumes des indigènes de la Sibérie	Russie.....	14
Costa-Bitcho. Yanina. — Costumes albanais	Turquie....	6 à 10
Duchemin-Ducasse et Cie. Paris.—Costumes populaires	Chine	
École des Sœurs de charité de Smyrne. — Costumes de femmes et d'enfants	Turquie....	21
Le Mallier. Carentan. — Coiffures normandes	France.....	26
Mesdames **Racovitza.** Golesti.— Costumes nationaux.	Roumanie..	
Baron de **Bardies.** Oust. — Costumes populaires	France.....	1
E. Zappas. — Costumes nationaux	Grèce......	
George **Cernadak.** Agram. — Costumes populaires..	Autriche....	
Mme H. **Lucasiewitz.** Bukarest. — Costumes roumains pour petite fille	Roumanie...	
Comité local de Cochinchine. — Costumes locaux	Col. franç...	
Comité local de la Guyane. — Costumes et armes portatives	Col. franç...	
Jacobsen. Copenhague. — Costumes danois	Danemark...	
Religieuses du couvent de Viforita. — Costumes de religieuses	Roumanie....	

COOPÉRATEUR.

Médaille d'argent.

A. Meslier. Paris. — Costumes de différents départements	France.....

CLASSE 93

SPÉCIMENS D'HABITATIONS CARACTÉRISÉES PAR LE BON MARCHÉ UNI AUX CONDITIONS D'HYGIÈNE ET DE BIEN-ÊTRE.

EXPOSANTS

Grand prix.

S. M. l'Empereur des Français. — Maisons ouvrières. — Ferme-modèle	France. (Cl. 48).	1

Médailles d'or.

Mme Louise **Jouffroy-Renault.** Paris. — Cité Jouffroy-Renault à Clichy-la-Garenne	France......	14
Société des cités ouvrières de Mulhouse. — Maisons groupées pour le logement de quatre familles	France......	
Association métropolitaine, pour l'amélioration des maisons d'ouvriers. Londres	Gde-Bretagne	3
Société pour l'amélioration de la condition des classes ouvrières. Londres	Gde-Bretagne	4

Médailles d'argent.

Une Réunion d'ouvriers de Paris. — Maison à six logements pour six familles	France......	5
Société coopérative immobilière de Paris. — Maison à bon marché pour une famille	France......	6
Japy frères et Cie. Beaucourt. — Maison pour le logement d'une seule famille d'ouvriers	France......	2
Houget et **Teston.** Verviers. — Maison pour le logement d'une famille ouvrière	Belgique....	1
Compagnie d'Anzin. — Cités ouvrières	France......	8
Scrive frères. Marcq-en-Barœuil-lez-Lille. — Cités ouvrières	France......	11
De Behr. Vargatz. — Maisons pour deux familles d'ouvriers agricoles	Prusse......	1
Gouvernement des Etats-Unis. — Maison en bois pour colon	Etats-Unis ..	

Médailles de bronze.

Schneider et Cie. Creusot. — Maisons ouvrières	France......	17
Lord **Digby.** Irlande. — Maisons pour familles d'ouvriers agricoles	Gde-Bretagne	

Staub et Cie. Kuchen. — Maisons ouvrières........ Wurtemberg. 1

Mentions honorables.

Fabien. Paris. — Plans, modèles et maisons ouvrières pour Paris.. France...... 16

Société des mines de Blanzy. — Maisons pour deux familles d'ouvriers mineurs................. France...... 4

Janin frères. Montluçon. — Maisons ouvrières...... France...... 15

Henry **Drasche.** Vienne. — Maisons ouvrières...... Autriche....

Jean **Liebieg** et Cie. Reichenberg. — Maisons ouvrières.. Autriche....

COOPÉRATEURS.

Hors concours.

Jacquemyns. (Membre du Jury.) Minderhout. — Maisons en briques .... Belgique....

Médaille d'or.

S. A. R. le Prince royal de Prusse. — Président de la Société des petits logements à Berlin... Prusse......

Médailles d'argent.

Professeur **Huber.** Wernigerode. — Auteur de publications ayant servi de point de départ à la fondation, à Berlin, d'un premier groupe de maisons séparées pour la classe ouvrière.................. Prusse......

Émile **Muller.** Paris. — Architecte de la Société mulhousienne des cités ouvrières, auteur d'un ouvrage spécial .... France......

Godin-Lemaire. Guise. — Fondateur du familistère de Guise.. France......

Edwin **Chadwick.** Londres. — Auteur d'un rapport qui a déterminé, en Angleterre, le mouvement tendant à l'amélioration des logements des classes ouvrières.. Gde-Bretagne

Société pour la construction des petits logements. Berlin. — Construction pour les ouvriers.. Prusse...... 90

Charles **Gatliff.** — Secrétaire de l'association métropolitaine de Londres.............................. Gde-Bretagne. 3

Lucien **Puteaux.** Paris. — Architecte, auteur de divers systèmes de maisons.......................... France. (Cl. 65 et 93.)

Médailles de bronze.

Hoffmann. Neustadt. — Architecte, constructeur de logements pour la classe ouvrière dans des maisons disséminées, de manière à combattre la séparation des différentes classes.............................. Prusse......

Bernard, directeur des cités de Mulhouse........... France....

Hervey **Picard.** Paris. — Architecte de la cité Jouffroy-Renault.. France......

CLASSE 94

PRODUITS DE TOUTE SORTE FABRIQUÉS PAR DES OUVRIERS CHEFS DE MÉTIERS.

EXPOSANTS.

Grand prix.

Henri **Dufresne.** Paris. — Nouveau procédé de dorure sur cuivre et sur argent, sans dangers pour les ouvriers; œuvres d'art	France	47

Médailles d'or.

Bastié. Paris. — Tour tournant carré	France	14
Eugène **Gonon.** Paris. — Bronzes à cire perdue d'un seul jet sans ciselure	France	175
M. et Mme **Vernaz-Vechte.** Levallois-Perret. — Objets ciselés, repoussés et damasquinés	France	159

Médailles d'argent.

Jean **Baudouin.** Paris. — Gravure et sculpture microscopiques pour restauration de missels et d'antiquités	France	24
Millee. Beauvais. — Tapisseries de Beauvais	France	185
Moulinet. Paris. — Formes et dessins typographiques; invention et exécution	France	190
Émile **Vallier.** Paris. — Cadres en bois sculptés	France	254
F. **Poux.** Paris. — Diverses pièces de ciselures, notamment le Milon de Crotone; modelés	France	124-151
Xavier **Bulsine.** Sotteville-lez-Rouen. — Pièces de mécaniques pour machines à fabriquer les cardes. Invention et exécution	France	168
Egner Otto. — Ivoire sculpté	Hesse	3
Parfait **Hébert.** Paris. — Forge portative	France	178
Etienne **Monot.** Paris. — Pendules astronomiques	France	114
Soupir. Paris. — Papiers peints, gravure	France	156
Neveux. Paris. — Accordéon transpositeur	France	249
Mme **Maria van Coppenolle.** Paris. — Fleurs en porcelaine	France	

Bon. Paris. — Imitation de pierres fines et de jade, perles fausses.. France...... 242

Jh **Bourdron**. Cozes. — Table à coulisse et à rallonges.. France...... 21

Princesse Ch. **de Bauveau**. Paris. — Broderies.... France...... 197

Mme Alfred **Quesnel**. Le Havre. — Tapisserie........ France....... 133

Médailles de bronze.

Compagnons passants charpentiers. Paris. — Chef-d'œuvre de charpente........................ France...... 31

Charles G. **Morin**. Caen.—Cathédrale en bois découpé et sculpté.. France...... 202

Émile **Guérin**. Paris. — Application de la pile au bichromate à la chirurgie pour cautérisation et sonneries électriques........................ France...... 75

Philippe **May**. Paris. — Zinc d'art, torchère et candélabre.. France...... 271

Chérif-Agha. — Acier rubané et damasquiné....... Égypte......

Saïd Hussein-Nahravy. — Acier rubané et damasquiné, ciseaux.. Égypte......

Mme **Bénézit**. — Fleurs artificielles................ France...... 23

M. **Florentin**. Paris. — Dessins héraldiques en cheveux.. France...... 66

Joseph **Kindl**. Zircz, Hongrie. — Coiffures hongroises en amadou.. Autriche.... 4

Eugène **Michaux**. Paris. — Ornements repoussés et ciselés.. France...... 221

Jules **Abeille**. Paris. — Plateau à fleurs et ciselures. France...... 225

M. **Dulac**. Paris. — Groupe, réparure et guirlandes dans la masse.. France...... 213

Charles **Lenoir**. Paris. — Quatre tableaux, guirlandes et moulures, bronze moulé et ciselé................ France...... 220

Siouty. — Coupes et vases en albâtre oriental et en corne de rhinocéros........................ Égypte.....

Ambroise **Alavoine**. Elbeuf. — Invention d'un métier mécanique à plusieurs navettes................ France...... 3

Ch. **Chartier**. Tours. — Tour à planter. Invention et exécution.. France...... 81

J.-B.-A. **Gailtouste**. Neuilly. — Outils de menuiserie et d'ébénisterie........................ France...... 70

G. **Lefebvre**. Le Havre. — Modèle de navire....... France....... 100

Balland. Paris. — Chariot à couper l'ivoire; tour à graver le verre. Invention et exécution............ France...... 18

Themar. Paris — Machines à coudre; calculateurs mécaniques; bouche-bouteilles; pied de lunette.... France...... 160

Lamour et **Roullet**. Paris. — Jouets automatiques. France...... 97

Simon. Baccarat. — Gravure sur verre.............. France........ 183

Auguste **Barat.** Paris. — Modèle de locomotive et de son tender. Exécution	France......	19
Compagnons charpentiers du devoir de liberté. Paris. — Chef-d'œuvre	France......	30
Bataille. Paris. — Modèles de vitrines, modèle de maison	France......	7
Têtaz. Lyon. — Balance de précision. Exécution	France......	264
Lafosse. Rueil. — Chalet et cadres de glace à la scie à découper	France......	258
Société de l'Industrie des bronzes. Paris. — Fabrique d'appareils pour le chauffage et l'éclairage au gaz	France......	180
Garnier. Paris. — Éventails	France......	84
Mlle **Malsy Dubois-Davesnes.** Auteuil.—Éventails.	France......	45
Mme **Badin.** Paris. — Brosserie en plumes	France......	167
M. Alvarez. Tolède. — Ciselure et damasquine sur fer.	Espagne (Cl. 26).	1
Société industrielle d'Hermanstadt. Transylvanie. — Serrurerie, cordonnerie, étoffes de laine	Autriche....	3
Ferdinand **Levillain.** Paris. — Modelés, coupes en plâtre	France......	208
Désiré **Attarge.** Paris. — Coffret et vase galvano-ciselé	France......	224
Gravier. Paris. — Faïence émaillée, peinture sur cru.	France......	74
Ch.-Eugène **Sollier.** Paris. — Gobelets, argent et cuivre repoussé	France......	238
F.-A. Boyer. Paris. — Église de Saint-Sulpice. Bronze, tour, monture et ciselure	France......	10
G. Caton. Paris. — Métal d'alliage repoussé, monture, argenture, galvanoplastie	France......	38

Mentions honorables.

Laloy et **Perrin.** Paris. — Pendules en bronze	France......	104
Alexis **Granger.** Paris. — Garnitures de cheminées en acier poli	France......	83
Mlle Émilie **Sivel.** Saint-Dié. — Miniatures sur parchemin pour missels	France......	159
Société de la bibliothèque nationale. Paris. — Diverses publications	France......	152
Mlle Elisabeth **de Seinemont.** Paris-Passy.—Éventails	France......	148
Jean **Tixier.** Champeix. — Autel en bois sculpté	France......	157
Mays frères. Paris. — Presse en taille-douce. Invention et exécution	France......	110
Valdun et Cie. Paris. — Bronze d'imitation, zinc d'art.	France......	26«
Abdhou fils. — Chiboucks, ornements en filigrane d'argent doré	Égypte......	7
Nos **Blondetti.** Paris. — Vases d'acier poli	France......	27

Frank de Gaudel. Rouen. — Coupe de cuirs, bottes de chasse d'une seule pièce. Invention et exécution. France...... 68

James **Quinlin**, mécanicien. Rouen. — Outils de construction mécanique........................ France...... 134

C. **Aumaistre.** Paris. — Réveils à bougies automatiques.................................... France...... 195

Grossot. Paris. — Fonds de cheminée, calorifère, fourneaux de cuisine........................ France...... 85

Lefebvre. Paris. — Imitation d'écaille, d'ivoire, d'émail, etc. Invention et exécution.................. France...... 248

Auger, dit **Roger.** Paris. — Modelé, vase......... France...... 204

Maurice **Marchand.** Paris. — Orfévrerie, bijouterie, argent ciselé intercristal........................ France....... 257

A. **De Sorbet, Rouany** et Cie. — Meubles, ébénisterie. Association d'ouvriers fabricants............... France...... 196

G. **Bougon.** Paris. — Ouvrages en zinc, lucarnes et tabatières, cantines d'ouvriers..................... France...... 17

Joseph **Gyorgy.** Hongrie. — Tapis en mosaïque de pelleterie................................... Autriche....

Dolléans. Paris. — Impressions vitrifiables........ France...... 262

Mlle Camille **Tragin.** Paris. — Fleurs en porcelaine modelée...................................... France..... 163-194

P.-H.-F. **Recordon.** Paris. — Fabricants de jouets mécaniques..................................... France...... 145

J. **Caron** et Henri **Muller** jeune. Paris. — Télégraphe mécanique, impressions simultanées de plusieurs couleurs.. France...... 169

H. **Carence.** Paris. — Ivoires guillochés. Invention et exécution................................... France...... 28

H. N. **Landeau.** Paris. — Colliers articulés. Invention et exécution.............................. France...... 98

Henri **Bordeaux.** Paris. — Étiquettes à la main.... France...... 6

Bodard. Paris. — Chaussures piquées, semelles de liége collées à la poix.......................... France...... 12

Mme Vve **Évesque.** Paris. — Sabres et équipements militaires pour enfants......................... France...... 65

Acier. Paris. — Boîtes en cuivre pour pendules de voyage et régulateur.......................... France...... 266

Antoine **Rasek.** Vienne. — Ostensoirs en argent doré. Autriche....

Charles **Baldner.** Paris. — Modèle de machine à vapeur France...... 166

W. **Hubert.** Paris. — Ouvrages en passementerie. Invention et exécution......................... France...... 89

Robin. Paris. — Cartonnage de fantaisie. Invention et exécution.................................. France...... 140

Taxy. Paris. — Tiges de bottines piquées à la main. France...... 161

Bernardel. Paris. — Chaussures orthopédiques, invention et exécution........................ France...... 241

J.-B. **Larivière.** Paris. — Appareils d'orthopédie. Corsets et ceintures hypogastriques.............. France (Cl. 11). 103

J.-B. **Ochsenbein.** — Tailleur hors-rang aux lanciers de la garde....................................	France......	120
Jean **Mesnard.** Paris. — Bourrelets flexibles pour fenêtres..	France......	118
L.-T. **Decharnat.** Coulommiers. — Cuirs lustrés sur chair et sur fleur................................	France......	59
Grootaert. Passy. — Invention et exécution de patrons mécaniques en zinc pour cordonniers......	France......	79
Marmande. Paris. — Enclume et marteau pour faux, attache. Invention et exécution..................	France......	116
Auguste **Roger.** Paris. — Peignes en écaille.......	France......	138
Joseph **Bigeh,** à la Baline, près Annecy. — Objets d'orfévrerie, cuivre repoussé....................	France......	»
Mme **Pfertzel.** Paris. — Gravure pour tapisserie..	France......	263

COOPÉRATEURS.

Médaille d'argent.

François, dit Fannus, **Mazoyer.** Paris. — Contremaître de la maison Picard......................	France......	47

Médailles de bronze.

Victor **Tuillard.** Paris. — Ouvrier repousseur sur acier..	France......	47
Prudent **Villain.** Paris. — Ciseleur................	France......	47
Mulleret. Sèvres. — Ciseleur......................	France......	47
Gaëtan **Grenier.** Paris. — Ciseleur................	France......	47

CLASSE 95

INSTRUMENTS ET PROCÉDÉS DE TRAVAIL SPÉCIAUX AUX OUVRIERS CHEFS DE MÉTIERS.

EXPOSANTS.

Hors concours.

S. A. le Vice-Roi d'Egypte.—Industries diverses. Egypte.......

Ministère de la Guerre. (Administration de l'État.) Paris. — Industries diverses de l'Algérie.......... France.......

J. **Haas.** (Membre du Jury.) Paris. — Fabrication de chapeaux.................................. France.......

Latour (membre du Jury). Paris. — Fabrication de chaussures.................................. France.......

Médailles d'or.

Paul **Dupont.** Paris. — Composition et impression typographiques.................................. France....... 19

Aug. **Lefébure** et fils. Paris. — Fabrication de dentelles.................................. France....... 2

Monduit et **Béchet.** Paris. — Industrie du plomb et du cuivre repoussés.................................. France....... 16

Gonelle frères. Paris. — Dessins pour châles....... France....... 31

J.-L. **Moreau.** Paris. — Tabletterie d'ivoire........ France....... 4

A.-A. **Deforge.** Paris. — Passementerie............ France....... 6

L. **Marienval, Flamet** et Cie. Paris. — Fleurs artificielles et plumes pour parures.................. France....... 5

Dulos. Paris. — Gravure en creux et en relief..... France....... 25

Pierre **Besson.** Paris. — Fabrication de bouchons de liége.................................. France.......

C.-G. et E. de **Langenhagen** fils et **Hepp.** Strasbourg. — Fabrication de chapeaux de baleine et de paille de panama et de palmier.................. France....... 11

Armand **Lemaire.** Paris. — Fabrication d'instruments d'optique.................................. France....... 20

A. **Savard.** Paris. — Fabrication de bijouterie en doublé-or et en or.................................. France....... 18

Simon **Schloss** et neveu. Paris. — Fabrication de maroquinerie et de tabletterie....................	France........	23
P.-A. **Brizet**. Paris. — Fabrication de vannerie.....	France........	17
J. **Bernard**. Paris. — Taillerie de diamants........	France.......	21
L.-A. **Mahler**. Paris. — Gravure sur cristal.........	France.......	28
Famille **Souchet** (Mr, Mme et Mlles Souchet). Paris. — Fabrication de fleurs en émail....................	France.......	27

Médailles d'argent.

E. **Cassella**. Paris. — Fabrication de peignes en écaille et en corne............	France.......	15
Cardon et **Illat**. Paris. — Fabrication de pipes en écume de mer	France.......	24
Constant, Valès et Cie. Paris. — Imitation de perles fines......................................	France.......	30
C. **Jouanin**. Paris. — Gravure et sculpture sur pierres fines et coquilles...........................	France.......	1
E.-C. **Girard Thibault**. Paris. — Fabrication de filets pour résilles................................	France.......	9
A. **Buissot**. Paris. — Fabrication d'éventails........	France.......	7
E. **Taburet**. Paris. — Fabrication de bijoux en métaux précieux ciselés, filigranés et ornés de pierreries	France.......	
Ch. **Dotin**. Paris. — Émaillage en tous genres......	France.......	32
P. **Château**. Paris. — Fabrication d'instruments de précision en verre soufflé.........................	France.......	26
J. **Cabin**. Paris. — Tapisserie à la main...........	France.......	29
Gerson et **Weber**. Paris. — Meubles sculptés......	France.......	22
Faugeron et **Dupuis**. Paris. — Décoration de porcelaines et de faïences............................	France.......	
Ve F. **Raze**. Paris. — Fabrication de cordons de montre en soie.......................................	France.......	
L. **Beaufour-Lemonnier**. Paris. — Bijouterie en cheveux..	France.......	8
J.-L.-F. **Bardin**. Paris. — Fabrication de tapis en plumes; paillantines et biots......................	France.......	

Médailles de bronze.

H. **Guérinot**. Paris. — Fabrication de franges à points de tapisserie..................................	France.......	
Ch. **Dupuis** et Cie. Paris. — Broderies en soie et en or.	France.......	
S. **Bellanger**. Paris. — Fabrication de meubles sculptés..	France.......	14
E. **Ducheine**. Lille. — Fabrication de pelotes de fil de lin..	France.......	
Neuss. Aix-la-Chapelle. — Fabrication d'épingles à tête en émail....................................	Prusse.......	

COOPÉRATEURS.

Médailles d'or.

C.-J. **Morel**. Paris. — Premier ouvrier marteleur de la maison Monduit et Béchet........................ France.......

J. **Daumas**. Paris. — Directeur des ateliers de la maison A. Lemaire................................ France.......

Abdallah Sadik Effendi. — Organisateur du travail manuel dans la section égyptienne .... Égypte.......

Médailles d'argent.

Jules **Boyer**. Paris. — Directeur de l'imprimerie Paul Dupont .... France.......

Mlle Héléna **Bénard**. Bayeux. — Directrice du point d'Alençon, de la maison Aug. Lefébure et fils....... France.......

Antoine **Durand**. Paris. — directeur des ateliers de la maison Monduit et Béchet .... France.......

Antoine **Lorenzy**. Paris. — Chef d'atelier du martelage du plomb de la maison Monduit et Béchet...... France.......

Albert **Boignes**. Paris. — Chef d'atelier du martelage du cuivre de la maison Monduit et Béchet.......... France.......

Eugène **Janin**. Paris. — Dessinateur de la maison Gonelle frères.................................... France.......

Chrétien **Neuhaeuser**. Paris. — Contre-maître de la maison Déforge.................................. France.......

Mme **Deneu**. Paris. — Contre-maîtresse de la maison Déforge.. France.......

Mme **Gogly**. Paris. — Directrice des ateliers de la maison Marienval, Flamet et Cie...................... France.......

L.-J. **Boutelié**. Paris. — Ouvrier graveur de la maison Dulos .... France.......

Ch. **Voyez**. Paris. — Ouvrier graveur de la maison Dulos.. France.......

M. **Olivier**. Collo. — Contre-maître de la maison Pierre Besson...................................... Algérie.......

Mlle Marguerite **Klepper**. Saar-Union. — Contre-maîtresse de la maison C.-G. et E. de Langenhagen fils et Hepp .... France.......

Wilhelm **Weber**. Paris. — Graveur sur acier de la maison Savard.................................... France.......

Mme **Lalouette**. Paris. — Directrice des polisseuses de la maison Savard.............................. France.......

Edmond **Sourdry**. Paris. — Graveur sur or de la maison Savard.................................... France.......

L. **Fadin**. Paris. — Contre-maître en chef de la maison Simon Schloss et neveu .... France.......

L. **Pineau**. Paris. — Mécanicien en chef de la maison Simon Schloss et neveu .... France.......

J. **Jardin**. Paris. — Horloger en chef de la maison Simon Schloss et neveu........................ France.......

A. **Meurice**. Paris. — Contre-maître en chef de la maison J. Haas.................................... France.......

Mme **Boureau**. Paris. — Contre-maîtresse de la maison J. Haas.................................... France.......

E.-B. **Taymont**. Aix. — Contre-maître de l'atelier d'Aix de la maison J. Haas........................ France.......

Lesieur, Lesbroussart et Cie. Sainte-Geneviève. — Fabricant de montures d'éventails de la maison Buissot. France.......

Prosper **Darte**. Paris. — Constructeur mécanicien de la maison Gerson et Weber .... France.......

François **Chollet**. Paris. — Contre-maître de la maison Latour.................................... France.......

Victor **Hoffmann**. Paris. — Contre-maître de la maison Latour.................................... France.......

L.-G. **Sance**. Paris.—Contre-maître de la maison Latour. France.......

J. **Driancourt**. Paris. — Monteur de la maison Latour.................................... France.......

Médailles de bronze.

Pierre **Juin**. Clichy-la-Garenne. — Prote de l'imprimerie Paul Dupont........................ France.......

A.-Désiré **Maille**. Clichy-la-Garenne. — Surveillant des tirages de l'imprimerie Paul Dupont............ France.......

L.-J. **Sauvineau**. Clichy-la-Garenne. — Conducteur de l'imprimerie Paul Dupont.................... France.......

Mlle Geneviève **Caballle**. Clichy-la-Garenne. — Margeuse de l'imprimerie Paul Dupont................ France.......

J.-F. **Dupoint**. Clichy-la-Garenne. — Fondeur en caractères de l'imprimerie Paul Dupont............ France.......

J. **Sage**. Paris. — Metteur en pages à l'imprimerie Paul Dupont.................................... France.......

X. **Vidard**. Paris. — Metteur en pages à l'imprimerie Paul Dupont.................................... France.......

Mlle Marguerite **Lefèbvre**. Bayeux. — Alençonneuse de la maison Auguste Lefèbure et fils.............. France.......

Mme Angeline **Jeanne**. Saint-Vigor-le-Grand. — Dentellière de la maison Auguste Lefébure et fils....... France.......

Mlle Louise **Jeanne**. Saint-Vigor-le-Grand — Dentellière de la maison Auguste Lefébure et fils......... France.......

Mlle Théodorine **Jeanne**. Saint-Vigor-le-Grand. — Dentellière de la maison Auguste Lefébure et fils....... France.......

R. **Giard**. Bayeux. — Piqueur de cartes de la maison Auguste Lefébure et fils........................ France.......

Mlle Eléonore **Fellecoq**. Bayeux. — Alençonneuse de la maison Lefébure et fils........................ France.......

Mlle Elisa **Marie**. Bayeux. Alençonneuse de la maison Auguste Lefébure et fils	France
Mlle Adrienne **Lefèbvre**. Bayeux. — Alençonneuse de la maison Auguste Lefébure et fils	France
Mlle Elisa **Le Canu**. Bayeux. — Raboutisseuse de la maison Auguste Lefébure et fils	France
Mlle Léonie **Maufras**. Bayeux. — Dentellière de la maison Auguste Lefébure et fils	France
Mlle Henriette **Maufras**. Bayeux. — Dentellière de la maison Auguste Lefébure et fils	France
Mlle Aglaé **Badin**. Bayeux. — Dentellière de la maison Auguste Lefébure et fils	France
P. **Bournazel**. Levallois. — Contre-maître pour les travaux extérieurs de la maison Monduit et Béchet	France
Anatole **Monduit**. Paris. — Contre-maître pour les travaux extérieurs de la maison Monduit et Béchet	France
V. **Vivenot**. Paris. — Contre-maître de la maison Monduit et Béchet	France
P. **Ligué** Paris. — Contre-maître des serruriers de la maison Monduit et Béchet	France
E. **Hugard**. Paris. — Ouvrier forgeron de la maison Monduit et Béchet	France
J. **Renaurt**. Paris. — Ouvrier marteleur de la maison Monduit et Béchet	France
L. **Barron**. Paris. — Contre-maître des modeleurs en bois de la maison Monduit et Béchet	France
F. **Heurtois**. Levallois. — Ouvrier marteleur de la maison Monduit et Béchet	France
J. **Vieillard**. Paris. — Maître compagnon de la maison Monduit et Béchet	France
P. **Morel**. Levallois. — Ouvrier marteleur de la maison Monduit et Béchet	France
P. **Tassin**. Paris. — Chef d'atelier de la maison Gonelle frères	France
Hte. **Loret**. Asnières. — Façonneur de la maison Moreau	France
J. **Fournier**. Paris. — Chef d'atelier de la maison Moreau	France
J. **Prud'homme**. Paris. — Ouvrier tourneur de la maison Moreau	France
L.-A. **Séguin**. Paris. — Ouvrier retordeur de la maison Déforge	France
N.-M. **Maréchal**. Paris. — Ouvrier crétier de la maison Déforge	France
H.-A.-J. **Leborne**. Paris. — Ouvrier retordeur de la maison Déforge	France
J.-B.-F. **Leclerc**. Paris. — Ouvrier crétier de la maison Déforge	France
V. **Dupré**. Paris. — Ouvrier crétier de la maison Déforge	France

Mme **Macart**. Paris. — Ouvrière à l'établi de la maison Déforge.	France.......
P.-E. **Michel**. Paris. — Ouvrier galonnier de la maison Deforge	France.......
Cheik-Aly-Hassan. Soudan.—Bijoutier en filigrane.	Egypte.......
Guirguès-Mikhaïl. Le Caire. — Ouvrier en bijouterie arabe	Égypte.......
Boutrous. Le Caire. — Bijouterie en filigrane	Egypte.......
Ibrahim-Cherkawi. Le Caire. — Ouvrier en passementerie	Egypte.......
Mohammed-Id. Le Caire. — Ouvrier en broderies d'or et d'argent	Egypte.......
Hassen-el-Agha. Le Caire. — Ouvrier en sellerie et broderies sur cuir	Egypte.......
Ahmed-Hamed. Le Caire.—Fabricant de chibouks.	Egypte.......
Ali-el-Kourdy. Le Caire. — Tourneur en os, ivoire et bois	Egypte.......
Saïd-Ahmed. Le Caire. — Fabricant de nattes	Egypte.......
Aly-Dawaba. Le Caire. — Barbier	Egypte.......
Agha-Hassen. Badawi. Le Caire. — Chef cafetier.	Egypte.......
Ali-ben-Mohammed. Alger. — Ouvrier en broderies en or fin	Algérie.......
Mohammed-ben-Yahia. Alger. — Ouvrier en broderies en or fin	Algérie.......
Mohammed-ben-Ziad. Constantine. — Fabricant d'ouvrages en filali	Algérie.......
Ali-ben-Seliman. Constantine. — Fabricant d'ouvrages en filali	Algérie.......
Abraham **Sebaoun**. Tlemcen. — Fabricant de bijoux en argent et en métal d'Alger	Algérie.......
Juda **Sebaoun**. Tlemcen. — Fabricant de bijoux en argent et en métal d'Alger	Algérie.......
Baba Salem. Alger. — Vannier	Algérie.......
Hadj Mohammed-Labi. Alger. — Tisseur de laine et de soie	Algérie.......
Mme **Michon**. Paris. — Ouvrière en fleurs de la maison Marienval, Flamet et Cie	France.......
Mlle Mariette **Mercier**. Paris. — Ouvrière en fleurs de la maison Marienval, Flamet et Cie	France.......
Mlle Louisa **Feuillette**. Paris. — Ouvrière en fleurs de la maison Marienval, Flamet et Cie	France.......
Louis **Durand**. Paris. — Ouvrier de la maison Marienval, Flamet et Cie	France.......
A. **Berger**. Paris. — Contre-maître de la maison Marienval, Flamet et Cie	France.......
J. **Niel**. Paris. — Graveur de la maison Dulos	France.......
P. **Boutelié**. Paris. — Dessinateur et graveur de la maison Dulos	France.......
L. **Pommot**. Paris. — Graveur en relief de la maison Dulos	France.......

J.-B. **Paradis**. Paris. — Contre-maître mécanicien de la maison Sylvain Dupuis et Cie........	France.......
Mohammed-ben-Saïd. Collo. — Ouvrier de la maison P. Besson........	Algérie.......
Raba-ben-Sala. Collo. — Ouvrier de la maison P. Besson........	Algérie.......
Chrétien **Schmidt**. Strasbourg. — Contre-maître en chef de la maison C.-G. et E. Langenhagen fils et Hepp.	France.......
F. **Bourgeot**. Strasbourg. — Contre-maître de la maison C.-G. et E. Langenhagen fils et Hepp........	France.......
F. **Schneider**. Ensisheim. — Contre-maître de la maison C.-G. et E. Langenhagen fils et Hepp........	France.......
D. **Goussard**. Paris. — Essayeur vérificateur des jumelles de la maison Lemaire........	France.......
J. **Deneufville**. Paris. — Esssayeur vérificateur des jumelles de la maison Lemaire........	France.......
A.-Ch. **Martin**. Paris. — Premier contre-maître des tourneurs de la maison Lemaire	France.......
E. **Gauthier**. Paris. — Contre-maître des nacriers de la maison Lemaire........	France.......
J. **Tournier**. Paris. — Contre-maître des mécaniciens de la maison Lemaire	France.......
F.-P. **Demazeau**. Paris. — Contre-maître des opticiens de la maison Lemaire........	France.......
Ch. **Jumeline**. Paris. — Contre-maître des monteurs de la maison Lemaire........	France.......
E. **Simon**. Paris. — Premier contre-maître des opticiens de la maison Lemaire........	France.......
J.-B. **Fournier**. Paris. — Chef d'atelier de la maison Lemaire........	France.......
E. **Breton**. Paris. — Bijoutier en or de la maison Savard........	France.......
F. **Batardon**. Paris. — Bijoutier en doublé or de la maison Savard	France.......
A. **Pirot**. Paris. — Apprêteur des matières de la maison Savard	France.......
A.-Désiré **Taquet**. Paris. — Bijoutier en or de la maison Savard	France.......
A[dré]-Désiré **Audoint**. Paris. — Bijoutier en doublé or de la maison Savard........	France.......
J.-B. **Leserre**. Paris. — Chef de la tréfilerie de la maison Savard	France.......
L. **Mongé**. Paris.—Portefeuilliste de la maison Simon Schloss et Neveu.	France.......
V. **Paquier**. Paris. — Portefeuilliste de la maison Simon Schloss et Neveu........	France.......
A. **Bahrmann**. Paris. — Maroquinier de la maison Simon Schloss et Neveu........	France.......
A.-A. **Texier**. Paris. — Portefeuilliste de la maison Simon Schloss et Neveu........	France.......

Ch.-J. **Prutz**. Paris. — Maroquinier de la maison Simon Schloss et Neveu .... France.......

Ch. **Bertrand**. Paris. — Sellier de la maison Simon Schloss et Neveu .... France.......

P.-H. **Lesage**. Paris. — Chef de l'atelier de tabletterie de la maison Simon Schloss et Neveu.......... France.......

Delaby-Vasseur. Lahérie. — Contre-maître de la maison Brizet .... France.......

H. **Gattelet**. Landouzé-la-Ville. — Contre-maître de la maison Brizet .... France.......

J.-M. **Okker**. Paris. — Ouvrier polisseur de la maison Bernard .... Pays-Bas.....

J. **Haartz**. Paris. — Ouvrier polisseur de la maison Bernard .... Pays-Bas.....

P. **Bazin**. Paris. — Graveur imprimeur de la maison J. Haas .... France.......

G. **Borelly**. Aix. — Contre-maître des foules de la maison J. Haas .... France.......

T. **Drouaine**. Paris. — Contre-maître coupeur de casquettes de la maison J. Haas .... France.......

Mlle Louise **Volz**. Paris. — Contre-maîtresse à la garniture de la maison J. Haas.......................... France.......

Mlle Braxède **Combanère**. Paris. — Contre-maîtresse à la garniture de la maison J. Haas.......................... France.......

Mlle Amélie **Mercadier**. Paris. — Contre-maîtresse des coiffures de fantaisie de la maison J. Haas...... France.......

Mlle Palmyre **Egaze**. Paris. — Ouvrière en casquettes de la maison J. Haas.......................... France.......

Borgnet et Mme **Borgnet**. Paris. — Ouvriers en casquettes de la maison J. Haas.......................... France.......

Mme **Dhaese**. Paris. — Ouvrière en casquettes de la maison J. Haas .... France.......

A. **Samez**. Paris. — Ouvrier en casquettes de la maison J. Haas.......................... France.......

Mme Vve **Rosset**. Ozonnan. — Directrice à l'usine de la maison Cassella.......................... France.......

L. **Bijex**. Paris. — Contre-maître de la maison Cassella.......................... France.......

P. **Jardinier**. Esy. — Contre-maître à l'usine de la maison Cassella .... France.......

Christian **Völlhaf**. Paris. — Ouvrier tourneur de la maison Cardon et Illat.......................... France.......

A. **Kilius**. Paris. — Ouvrier tourneur de la maison Cardon et Illat.......................... France.......

V. **Noël**. Menucourt. — Ouvrier souffleur de la maison Constant, Valès et Cie .... France.......

J.-M. **Massé**. Paris. — Ouvrier souffleur de la maison Constant, Valès et Cie.......................... France.......

Mme **Rémy**. Paris. — Première ouvrière de la maison Constant, Valès et Cie.......................... France.......

Mme **Goujon**. Paris. — Directrice de la fabrique de Belleville de la maison Constant, Valès et Cie....... France.......

E. **Bery**. Paris. — Graveur de la maison Jouannin... France.......

J.-H. **Foley**. Paris.— Graveur de la maison Jouannin. France.......

Mme **Metz**. La Robertsau. — Chef d'atelier de la maison Girard Thibault .... France.......

Thiébault. Strasbourg. — Contre-maître de la maison Girard Thibault................................ France.......

Mme **Bonifacio**. Saint-Servan. — Chef d'atelier de la maison Girard Thibault........................ France.......

H. **Schefter**. Paris. — Premier ouvrier de la maison Girard Thibault................................ France.......

Mme Vve **Freysch**. Paris. — Maîtresse ouvrière de la maison Girard Thibault .... France.......

A.-A. **Lafève**. Paris. — Décorateur borduriste de la maison Buissot................................ France.......

J.-Ch. **Giraut**. Paris.—Décorateur fleuriste de la maison Buissot................................ France.......

Mme **Humbert**. Paris. — Monteuse d'éventails de la maison Buissot................................ France.......

E.-Ch. **Cottin**. Paris. — Décorateur ornemaniste de la maison Buissot................................ France.......

J. **Pouzenq**. Paris. — Ouvrier ciseleur de la maison Taburet .... France.......

Th. **Goossens**. Paris. — Ouvrier émailleur de la maison Dotin................................ France.......

E. **Dowton**. Paris. — Graveur de la maison Château. France.......

Mlle Clara **Guillaume**. Paris. — Dessinateur de la maison Cabin................................ France.......

A. **Colau**. Paris. — Chef des ateliers de la maison Gerson et Weber .... France.......

N. **Ménager**. Ivry-sur-Seine. — Contre-maître de la maison Gerson et Weber........................ France.......

G. **Perrin**. Paris. —Tourneur de la maison Gerson et Weber .... France.......

A. **Vayre**. Paris.—Marqueteur de la maison Gerson et Weber .... France.......

H.-A. **Vilmont**. Saint-Denis. — Peintre décorateur de la maison Faugeron et Dupuis........................ France.......

J.-P. **Donzel**. Paris.—Peintre de figures de la maison Faugeron et Dupuis .... France.......

Mme **Riouton**. Paris. — Ouvrière de la maison Vve Raze .... France.......

Mme Vve **Huet**. Paris. — Tresseuse et mécanicienne de la maison Beaufour-Lemonnier................ France.......

Féron. Joinville-le-Pont. — Contre-maître de la maison Bardin................................ France.......

E. **Soyez**. Joinville-le-Pont. — Ouvrier de la maison Bardin .... France.......

H. **Pourouse**. Paris. —Sculpteur de la maison Bellanger................................ France.......

H. **Guillon**. Paris. — Menuisier de la maison Bellanger .... France.......

J. **Coste**. Paris. — Sculpteur de la maison Bellanger .... France.......

Mlle Élisabeth **Paffe**. Aix-la-Chapelle. — Ouvrière de la maison Neuss........ Prusse.......

S. **Sallé**. — Contre-maître de la maison Latour..... France.......

Ch. **Laurent**. — Contre-maître de la maison Latour. France.......

P. **Saltel**. — Contre-maître de la maison Latour... France.......

Gratien **Lemoine**. Paris. — Monteur de la maison Latour........ France.......

A. **Thierry**. Paris. — Monteur de la maison Latour........ France.......

J. **Mérope**. Paris. — Monteur de la maison Latour........ France.......

C. **Deaucourt**. Paris. — Monteur de la maison Latour........ France.......

J. **Delafollie**. Paris. — Monteur de la maison Latour........ France.......

L. **Massé**. Paris. — Monteur de la maison Latour.. France.......

H. **Sallé**. Paris. — Monteur de la maison Latour..... France.......

J. **Aimé**. Paris. — Ouvrier de la maison Guérinot... France.......

Mentions honorables.

Mme **Sellier**. Clichy-la-Garenne. — Compositrice de l'imprimerie Paul Dupont........ France.......

Mme **Mercier**. Clichy-la-Garenne. — Compositrice de l'imprimerie Paul Dupont........ France.......

Mme **Gaillard**. Clichy-la-Garenne. — Compositrice de l'imprimerie Paul Dupont........ France.......

Mlle Marie **Pierre**. Clichy-la-Garenne. — Compositrice de l'imprimerie Paul Dupont........ France.......

Mlle Berthe **Pierre**. Clichy-la-Garenne. — Compositrice de l'imprimerie Paul Dupont........ France.......

Mlle Marie **Culot**. Clichy-la-Garenne. — Compositrice de l'imprimerie Paul Dupont........ France.......

Mlle Reine **Thomas**. Clichy-la-Garenne. — Receveuse de l'imprimerie Paul Dupont........ France.......

Mlle Julie **Mégnant**. Clichy-la-Garenne. — Compositrice de l'imprimerie Paul Dupont........ France.......

L. **Dubuc**. Clichy-la-Garenne. — Chef relieur de la maison Paul Dupont........ France.......

Mme **Hequet**. Bayeux. — Alençonneuse de la maison Aug. Lefébure et fils........ France.......

Mme Louise **Bessin**. Bayeux. — Alençonneuse de la maison Aug. Lefébure et fils........ France.......

Mlle Noémi **Aumont**. Bayeux. — Alençonneuse de la maison Aug. Lefébure et fils........ France.......

Mlle Véronique **Blet**. Ver. — Dentellière de la maison Aug. Lefébure et fils.............................. France.......

Mlle Marianne **Loiseleur**. Ver. — Dentellière de la maison Aug. Lefébure et fils.................... France.......

Mlle Véronique **Loiseleur**. Ver. — Dentellière de la maison Aug. Lefébure et fils.................... France.......

Mlle **Frenel**. Le Tronquay. — Dentellière de la maison Aug. Lefébure et fils .... France.......

L. **Dubarry**. Paris. — Ouvrier marteleur de la maison Monduit et Béchet........................... France.......

Edmond **Mazurier**. Paris. — Ouvrier marteleur de la maison Monduit et Béchet......................... France.......

Eugène **Mazurier**. Paris. — Ouvrier marteleur de la maison Monduit et Béchet......................... France.......

J. **Blomme**. Paris. — Ouvrier marteleur de la maison Monduit et Béchet............................ France.......

A. **Vatillaux**. Levallois. — Ouvrier marteleur de la maison Monduit et Béchet .... France.......

Ch. **Féneux**. Paris. — Ouvrier marteleur de la maison Monduit et Béchet........................... France.......

A. **Thomé**. Paris. — Ouvrier marteleur de la maison Monduit et Béchet .... France.......

L. **Riberolt**. Paris. — Ouvrier marteleur de la maison Monduit et Béchet.............. .... France.......

Hte **Schockaert**. Paris. — Ouvrier marteleur de la maison Monduit et Béchet......................... France.......

J. **Devillers**. Paris.— Ouvrier marteleur de la maison Monduit et Béchet .... France.......

L. **Gilbon**. Paris. — Ouvrier marteleur de la maison Monduit et Béchet .... France.......

L. **Bazelot**. Paris. — Ouvrier marteleur de la maison Monduit et Béchet.............................. France.......

Mlle **Maugery**. Paris. — Dessinateur de la maison Gonelle frères.. France.......

Edmond **Fournier**. Paris. — Ouvrier tourneur de la la maison Moreau .... France.......

Scaillier. Paris. — Ouvrier sculpteur de la maison Moreau.. France.......

Ph. **Gillet**. Asnières. — Ouvrier tourneur de la maison Moreau.. France.......

Mme Vve **Fouque**. Paris. — Ouvrière guipeuse de la maison Deforge.................................... France.......

Mlle Marie **Berthier**. Paris. — Ouvrière à l'établi de la maison Deforge................................ France.......

Mohamed ben Ali. — Ouvrier tisseur............. Algérie.......

Ahmed ben Mohamed. — Ouvrier tisseur........ Algérie.......

Mlle Marie **Oudard**. Paris. — Ouvrière en fleurs de la maison Marienval, Flamet et Cie.................. France.......

Mlle Marie **Besançon**. Paris. — Ouvrière en roses de la maison Marienval, Flamet et Cie........... France.......

Mlle Blanche **Oudard**. Paris. — Ouvrière en roses de la maison Marienval, Flamet et Cie .... France.......

Mlle Sarah **Khan**. Paris. — Elève ouvrière de la maison Marienval, Flamet et Cie .... France.......

Mme **Jacquemin**. Paris. — Ouvrière de maison Marienval, Flamot et Cie .... France.......

Mlle Émilie **Sacré**. Paris. — Ouvrière monteuse de la maison Marienval, Flamet et Cie .... France.......

Mlle Eugénie **Henry**. Paris. — Élève ouvrière de la maison Marienval, Flamet et Cie .... France.......

Mlle Suzanne **Genty**. Paris. — Élève ouvrière de la maison Marienval, Flamet et Cie .... France.......

Mme Léon **Fréret**. Paris. — Fleuriste en roses, de la maison Marienval, Flamet et Cie .... France.......

Mme **Berger**. Paris. — Élève ouvrière de la maisou Marienval, Flamet et Cie .... France.......

E. **Perrinet**. Paris. — Ouvrier graveur de la maison Dulos .... France.......

E. **Mortas**. Paris. — Ouvrier graveur au burin de la maison Dulos .... France.......

L. **Smith**. Paris. — Ouvrier graveur de lettres de la maison Dulos .... France.......

A. **Lamblin**. Paris. — Ouvrier graveur au burin de la maison Dulos .... France.......

X. **Lebel**. Paris. — Ouvrier graveur au burin de la maison Dulos .... France.......

J. **Froyer**. Paris. — Ouvrier graveur en relief de la maison Dulos .... France.......

Mlle Marie **Masson**. Paris. — Piqueuse de la maison Sylvain Dupuis et Cie .... France.......

Mlle Elise **Rillard**. Paris. — Ouvrière monteuse de la maison Sylvain Dupuis et Cie .... France.......

Mlle Delphine **Caudy**. Paris. — Ouvrière visseuse de la maison Sylvain Dupuis et Cie .... France.......

Mlle Marie **Laurent**. Paris. — Ouvrière coupeuse et meuleuse de la maison Sylvain Dupuis et Cie .... France.......

C. **Bozung**. Biennig. — Ouvrier de la maison C.-G. et E. de Langenhagen fils et Hepp .... France.......

Mlle Marie **Braun**. Paris. — Ouvrière de la maison C.-G. et E. de Langenhagen fils et Hepp .... France.......

Mlle Marie **Riffa**. Saint-Jean de Rohrbach. — Ouvrière de la maison C.-G. et E. de Langenhagen fils et Hepp .... France.......

Mlle Marie **Bour**. Saint-Jean de Rohrbach. — Ouvrière de la maison C. G. et E. de Langenhagen fils et Hepp .... France.......

J. **Nizard**. Paris. — Débiteur d'ivoire de la maison Lemaire .... France.......

J.-M. **Closson**. Paris. — Contre-maître des jumelles de la maison Lemaire .... France.......

L. **Pommier**. Paris.— Contre-maître de l'étirage des tubes de la maison Lemaire .... France.......

Calzino **Goudenee**. Paris. — Ouvrier monteur de la maison Lemaire.............................. France.......

F. **Leriche**. Paris. — Ouvrier tourneur mécanicien de la maison Lemaire .... France.......

H. **Fournier**. Paris. — Ouvrier tourneur de la maison Lemaire .... France.......

Ch. **Rhimbert**. Paris. — Ouvrier opticien de la maison Lemaire.............................. France.......

C. **Duhou**. Paris. — Estampeur de la maison Savard France.......

E. **Gilliet**. Paris. — Ouvrier bijoutier de la maison Savard .... France......

J. **Métais**. Paris. — Ouvrier bijoutier de la maison Savard.............................. France.......

H^te **Chardin**. Paris. — Ouvrier bijoutier de la maison Savard .... France.......

L. **Laborie**. Paris. — Ouvrier bijoutier de la maison Savard .... France.......

J. **Gounot**. Paris. — Ouvrier bijoutier de la maison Savard.............................. France.......

E. **Bailleul**. Paris. Ouvrier ciseleur de la maison Savard .... France.......

J. **Baysac**. Paris.— Découpeur de la maison Savard. France... ...

Mme **Demouchy**. Paris. — Polisseuse de la maison Savard.............................. France.......

Mme **Gaillot**. Paris.—Polisseuse de la maison Savard. France.......

T. **Simon**. Paris. — Sertisseur de la maison Savard. France.......

R. **Couturié**. Landouzé-la-Ville. — Ouvrier vannier de la maison Brizet.............................. France.......

J.-B. **Noizet**. Landouzé-la-Ville. — Ouvrier vannier de la maison Brizet.............................. France.......

Mme **Meurice**. Paris.— Garnisseuse de casquettes de la maison J. Haas.............................. France.......

J. **Placent**. Paris. — Aide-coupeur de casquettes de la maison J. Haas.............................. France.......

A. **Cherriere**. Paris. — Approprieur de la maison J. Haas.............................. France.......

A. **Collard**. Paris. — Ponceur de la maison J. Haas. .... France.......

J. **Salard**. Paris.— Bastisseur de la maison J. Haas. France.......

F. **Payen**. Paris. — Fouleur de la maison J. Haas. France.......

J. **Didelay**. Paris. — Fouleur de la maison J. Haas. France.......

P. **Madeleine**. Paris. — Fouleur de la maison J. Haas.............................. France.......

A. **Madeleine**. Paris. — Trempeur de la maison J. Haas.............................. France.......

A. **Valette**. Paris. — Mécanicien de la maison J. Haas.............................. France.......

Mme **Madeleine**. Paris.— Simousseuse de la maison J. Haas .... France.......

Mme **Salard**. Paris. — Simousseuse de la maison J. Haas.. France.......

Mme **Valette**. Paris. — Simousseuse de la maison J. Haas .... France.......

Mlle Elide **Frateschi**. Paris. — Remailleuse de paille de la maison J. Haas .... France.......

Mlle Mérope **Frateschi**. Paris. — Tresseuse de paille de la maison J. Haas.......................... France.......

Mlle Marie **Bolle**. Paris. — Couseuse de paille de la maison J. Haas................................ France.......

Mlle Maria **Meurice**. Paris. — Garnisseuse de la maison J. Haas.................................... France.......

Mlle Julia **Meurice**. Paris. — Garnisseuse de la maison J. Haas.................................... France.......

Mlle Victorine **Meurice**. Paris — Garnissseuse de la maison J Haas.................................. France.......

Mlle Clotilde Marie **Elie**. Paris. — Doreuse de fonds de chapeaux de la maison J. Haas................ France.......

Mlle Euphrasie Marguerite **Masson**. Paris — Doreuse de fonds de chapeaux dela maison J. Haas........ France.......

G. **Sevraz**. Esy. — Ouvrier coupeur de la maison Cassella .... France.......

D. **Letard**. Esy. — Ouvrier coupeur de la maison Cassella.. France.......

P. **L'Hermerault**. Esy. — Contre-maître de l'usine d'Esy de la maison Casella....................... France.......

Mlle Louise **Juillard**. Ozonnan. — Metteuse en façon de la maison Cassella.......................... France.......

R. **Bouvet**. Paris.—Graveur de la maison Jouannin. France.......

P. **Mangin**. Paris.—Graveur de la maison Jouannin. France.......

Mlle Jeannette **Avontes**. Paris. — Ouvrière de la maison Girard-Thibault............................ France.......

Mlle Angélique **Dubus**. Paris. — Ouvrière de la maison Girard-Thibault .... France.......

Mme **Bertin**. Paris. — Ouvrière monteuse de la maison Buissot .... France.......

Mme **François**. Paris.—Ouvrière monteuse de la maison Buissot.. France.......

Mme **Pfertzel**. Paris — Ouvrière de la maison Cabin. France.......

V. **Douzin**. Paris. — Sculpteur et modeleur de la maison Gerson et Weber.............................. France.......

F. **Gaudron**. Paris. — Peintre décorateur et chiffreur de la maison Faugeron et Dupuis............... France.......

A. **Béranger**. Paris. — Peintre décorateur de la maison Faugeron et Dupuis........................... France.......

J. **Leroy**. Paris. — Peintre de figures de la maison Faugeron et Dupuis .... France.......

Mlle Marie **Petiet**. Paris. — Ouvrière de la maison Vve Raze .... France.......

Mlle Héloïse-Louise **Laden**. Paris. — Tresseuse et dessinateur de la maison Beaufour-Lemonnier.......... France......

Mlle Suzanne **Capp**. Gravelle-Saint-Maurice. — Ouvrière tisseuse de la maison Bardin................ France.......

Mlle Emilie **Toussaint**. Gravelle-Saint-Maurice. — Ouvrière tisseuse de la maison Bardin .... France.......

Mlle Marie **Capp**. Gravelle-Saint-Maurice. — Ouvrière tisseuse de la maison Bardin..................... France.......

Mme **Lecoq**. Gravelle-Saint-Maurice. — Ouvrière tisseuse de la maison Bardin.......................... France.......

Mme **Devot**. — Ouvrière passementière de la maison Guérinot...................................... France.......

Petit Orphelinat de jeunes filles. Le Bourget.— Broderies de la maison Ch. Dupuis et Cie.......... France.......

Mlle Angèle **Painleve**. Paris. — Brodeuse de la maison Ch. Dupuis et Cie........................... France.......

Mlle Victoire **Leroy**. Paris. — Brodeuse de la maison Ch. Dupuis et Cie........................... France.......

A. **Noël**. Paris. — Sculpteur de la maison Bellanger. France.......

L. **Dietch**. Paris.—Sculpteur de la maison Bellanger. France.......

F. **Gouteneigre**. Paris. — Menuisier de la maison Bellanger................................... France.......

L. **Dameron**. Paris. — Cloueur de la maison Latour. France.......

O. **Dameron**. Paris. —Cloueur de la maison Latour. France.......

A. **Lemoine**. Paris. — Cloueur de la maison Latour. France.......

D. **Mérope**. Paris. — Cloueur de la maison Latour. . France.......

APPENDICE

LISTE DES RÉCOMPENSES

accordées par le Comité de la Navigation de plaisance institué en Jury spécial par arrêté de S. Exc. le Ministre d'État et des Finances en date du 20 avril 1867.

Médailles d'honneur.

S. M. l'Impératrice. — Gondole et caïk.......... France......
S. M. le Sultan. — Caïks.......................... Turquie.....
S. A. le Vice-Roi d'Égypte. — Dahabieh....... Égypte......
S. A. Mustapha Pacha. — Caïk................. Égypte......
S. M. le Roi de Siam. — Pirogues................ Siam........
Commandant A. **Du Buisson.** — Canot à vapeur (*Mouche*).. France......
Delvigne. — Engins porte-amarres de sauvetage.... France......
Société de sauvetage de Brême. — Fusées porte-amarres.. All. du Nord.
A. **Lafont.** Consul d'Italie, à Rouen.—Goëlette (*Sirène*). France......
A. **Van Mackers.** — Galiotes de plaisance.......... Belgique ....
E. **Bourdon.** — Steam-Yacht (*Furet*)................. France......
Comte Ed. **Széchenyi.** (Steam-Yacht.) — Voyage de Pesth à Paris.................................... Autriche.....

Premiers prix.

Usine de Lindholmen, près Stockholm.— Coques de chaloupes à vapeur.............................. Suède.......
Wauthelet, constructeur. Paris. — Embarcations à l'aviron.. France......
Lecœur et **Rabel**. Rouen. — Dessins d'installations, modèle de l'*Étincelle* .... France......
Belleville. Paris. — Chaudière inexplosible........ France......

Seconds prix.

A. Pitrel, ingénieur. Saint-Malo.— Modèle du *Cygne*.	France......
Ph. **Sylvestre,** constructeur. Neuilly.—Canot à l'aviron.	France......
Oriolle, ingénieur. Nantes. — Canot à vapeur......	France......
Cardon, constructeur. Honfleur. — Modèles........	France......
Besançon. Paris. — Ornementation de yachts.....	France......
J. Petit, amateur. Paris. — Plan et modèle de clipper à dérive..................................	France......

Mentions honorables.

Viard, amateur. — Carte de pilotage de la Seine....	France......
Hamel, graveur. — Médaille des régates internationales..	France......
Carlier, artiste. — Dessins de yachts..............	France......
Yvon, photographe. — Photographies de canots de course..	France......
Caccia, photographe. — Photographies maritimes...	France......
Lavergne et **Delbecke.** — Enduit métallique......	France......
Puech, tapissier. — Matelas de sauvetage..........	France......
Quinier, quincaillier. — Quincaillerie de canotage..	France......
Société linière du Finistère. — Toiles à voiles.	France......
E.-D. **Farcot,** ingénieur. — Appareils à ramer......	France......

Rappel des prix de la course des bateaux à vapeur.

Premier prix *ex æquo.* — *Sophie*, de Stockholm, et *Vauban*, du Havre.......................................	France......
Deuxième prix.—*Éole*, à M. Durenne, de Courbevoie.	France......
Troisième prix. — *Mouche*, à M. A. Du Buisson...	France......

LISTE DES RÉCOMPENSES

DÉCERNÉES SUR LA PROPOSITION DES COMITÉS DE L'EXPOSITION DES ŒUVRES MUSICALES.

COMITÉ DE LA COMPOSITION MUSICALE.

MÉDAILLE D'OR de 1,000 francs. — M. Romain **Cornut.** (Paroles d'une Cantate.)

MÉDAILLE D'OR de 500 francs. — M. François **Coppée.** (Paroles d'un Hymne à la paix.)

MÉDAILLE D'OR de 500 francs. — M. Gustave **Chouquet.** (Paroles d'un Hymne à la paix.)

MÉDAILLE D'OR de 1,000 francs. — M. Camille **Saint-Saëns.** (Musique de la Cantate.)

COMITÉ DE L'EXÉCUTION MUSICALE.

2e SECTION. — FESTIVALS ET CONCOURS ORPHÉONIQUES.

1° *Concours de chant.*

Division internationale d'excellence.

1er PRIX (5,000 francs et une *couronne de vermeil*). — **La Société impériale des Orphéonistes de Lille,** directeur M. Boulanger.

2e PRIX. — **La Société royale « la Legia » de Liége,** directeur M. Vercken.

Division spéciale.

Couronne de vermeil. — **La Société « Tonic sol fa » de Londres,** directeur M. Proudman.

Division française d'excellence.

1er PRIX (2,000 francs et une *couronne de vermeil*). — **La Société impériale des Orphéonistes de Lille,** directeur M. Boulanger.

2e PRIX (Grande coupe et *médaille de vermeil*). — **L'Union chorale de Lille,** directeur M. Larsonneur.

3e PRIX (Vase d'argent et *médaille de vermeil*).— **Les Enfants de Lutèce,** directeur M. Gaubert.

4e PRIX (Bâton d'ivoire et *médaille d'or*). — **L'Orphéon du Prince-Impérial de Marseille,** directeur M. Bertôt.

Division supérieure.

Première section.

1er PRIX. — **La Parisienne,** directeur M. Dubois.

2e PRIX. — **Les Neustriens de Caen,** directeur M. Lechangeur.

3e PRIX. — **La Chorale de Poitiers,** directeur M. Puisais.

Deuxième section.

1er PRIX *ex æquo*. { **Choral Parisien,** directeur M. Minard. / **Chorale du Mans,** directeur M. Van Ghèle. }

2e PRIX. — **L'Ensemble de Paris,** directeur M. Damas.

3e PRIX. — **Les Enfants de Choisy-le-Roi,** directeur M. Legrand.

4e PRIX. — **Société de Saint-Trophyme de Mondragon,** directeur M. Marron.

Première division.

1er PRIX. — **Orphéon Bitterois de Béziers,** directeur M. Viguier.

2e PRIX. — **Orphéon de Tarascon,** directeur M. Allègre.

3e PRIX. — **École militaire de gymnastique de Joinville-le-Pont,** directeur M. Vigneau.

4e PRIX. — **Le Choral du Louvre,** directeur M. Baslaire.

5e PRIX. — **Orphéon de Villeneuve-lez-Avignon,** directeur M. Borty.

6e PRIX. — **Les Enfants de Beauvais,** directeur M. Prévost.

Deuxième division.

1er PRIX. — **Société chorale de Nantes,** directeur M. Pérès.

2e PRIX. — **Orphéon de Bédarieux,** directeur M. Roger.

3e PRIX *ex æquo*. { **Chorale de Maubeuge,** directeur M. Guillot. / **Allobroges de Paris,** directeur M. Boirard. }

4e PRIX. — **Orphéon de Provins,** directeur M. Elie Haye.

5e PRIX. — **Orphéon de Neuville-sur-Saône,** directeur M. E. Guimet.

6e PRIX. — **Choral Saint-Bernard de Paris,** directeur M. Morand.

7e PRIX. — **Choral Saint-Jacques de Paris,** directeur M. Merlé.

8e PRIX. — **Orphéon de Laval,** directeur M. Devaux.

9e PRIX. — **Neustrienne d'Orbec,** directeur M. Lilman.

10e PRIX.— **Lyre de Crest,** directeur M. Albarel.

11e PRIX.— **Cercle orphéonique de Condom,** directeur M. Bondu.

12e PRIX.— **Orphéon d'Argenteuil,** directeur M. Lambert.

Troisième division.

Première section.

Groupe A.

1er prix. — **Choral Saint-Jacques de Castres,** directeur M. Sauvaget.
2e prix. — **Orphéon de Thann,** directeur M. Donadieu.
3e prix. — **Chorale de Saint-Maixent,** directeur M. Bernazay.
4e prix. — **Le Kremlin de Gentilly,** directeur M. Renet.
5e prix. — **Philharmonique de Condom,** directeur M. Frœmer.
6e prix *ex æquo.* { **Orphéon de Bar-sur-Aube,** directeur M. Herzog. **Orphéon de Castel-Sarrazin,** directeur M. Holé.

Groupe B.

1er prix. — **Chorale autunoise d'Autun,** directeur M. Veny.
2e prix. — **Orphéon de Pantin,** directeur M. Porchet.
3e prix. — **Orphéon de Breloux,** directeur M. Airault.
4e prix. — **Union lyrique de Lyon,** directeur M. Charvin.
5e prix. — **Galinistes de Melun,** directeur M. Bouchard.
6e prix. — **Choral d'Annecy,** directeur M. Perier.
7e prix. — **Orphéon de Sarcelles,** directeur M. Cottin.
8e prix *ex æquo.* { **Orphéon de Boulogne-sur-Seine,** directeur M. Foucart. **Choral de Sceaux,** directeur M. Quénard.
9e prix. — **Orphéon de Vitré,** directeur M. Duclos.

Deuxième section.

1er prix. — **L'Avenir de Crest,** directeur M. Aubert.
2e prix *ex æquo.* { **Orphéon d'Aubervilliers,** directeur M. Cantarel. **Chorale de Saint-Dié,** directeur M. Dennery.
3e prix. — **Orphéon de Capestang,** directeur M. Dieulafé.
4e prix. — **Orphéon de Vincennes,** directeur M. Peny.
5e prix. — **Orphéon de Vaux,** directeur M. Retif.
6e prix. — **Orphéon d'Aignan,** directeur M. Planté.
7e prix. — **Orphéon de Castelnau-Médoc,** directeur M. Arberet.
8e prix. — **Chorale de Brest,** directeur M. Gouzien.
9e prix. — **Union chorale d'Emmerin,** directeur M. Bar.
10e prix. — **Chorale de Troarn,** directeur M. Thieulin.
11e prix. — **Chorale Stanislas de Lunéville,** directeur M. Caspa.
12e prix. — **Saint-Jacques de Houdan,** directeur M. l'abbé Crépin.
13e prix. — **Chorale de Lusignan,** directeur M. René Léony.
14e prix. — **Orphéon de Deuil,** directeur M. Léraut.

Troisième section.

1er PRIX. — **Rozoy-en-Brie,** directeur M. Nitot.

2e PRIX. — **Orphéon de la Princesse-Mathilde de Saint-Gratien,** directeur M. l'abbé Vié.

3e PRIX. — **Orphéon de la Reine-Blanche d'Asnières-sur-Oise,** directeur M. Lalliaume.

4e PRIX. — **Orphéon de Mandres,** directeur M. l'abbé Chevalier.

5e PRIX. — **Orphéon d'Epernon,** directeur M. Ledru.

6e PRIX. — **Orphéon de Courpalay,** directeur M. Fourault.

7e PRIX. — **Orphéon de Thiais,** directeur M. Desmoulin.

8e PRIX. — **Orphéon de Neuilly-sur-Marne,** directeur M. Parquet.

Quatrième section.

1er PRIX. — **Chorale Chevé de Levallois-Perret,** directeur M. Fréchon.

2e PRIX. — **Les Enfants de la Mer de Serignan,** directeur M. Gautier.

3e PRIX. — **Orphéon de Verrières-le-Buisson,** directeur M. Camus.

4e PRIX. — **Orphéon de Nouzon,** directeur M. Hardy.

ORPHÉONS MILITAIRES.

1er PRIX *ex æquo*.
- **1er régiment des grenadiers,** chef de musique M. Magnier.
- **43e régiment de ligne,** chef M. Kakosky.

2e PRIX. — **3e régiment des grenadiers,** chef M. Sohier.

3e PRIX *ex æquo*.
- **58e régiment de ligne,** chef M. Zwerzina.
- **1er bataillon de chasseurs,** chef M. Bangratz.

4e PRIX. — **2e régiment des voltigeurs,** chef M. Sellenick.

5e PRIX. — **14e régiment de ligne,** chef M. Krebs.

2° LECTURE A VUE.

Première division.

Première section.

1er PRIX, A L'UNANIMITÉ. — **Société impériale de Lille,** directeur M. Boulanger.

2e PRIX *ex æquo*.
- **Les Enfants de Lutèce,** directeur M. Gaubert.
- **Les Enfants de Paris,** directeur M. Bollaert.

3e PRIX, A L'UNANIMITÉ. — **Société Amand-Chevé de Paris.**

Deuxième section.

1er PRIX *ex æquo.* { **Choral Parisien,** directeur M. Minard.
Chorale du Mans, directeur M. Van Ghèle.

2e PRIX, A L'UNANIMITÉ. — **Chorale de Poitiers,** directeur M. Puisais.

Deuxième division.

Première section.

1er PRIX *ex æquo.* { **Chorale de Saint-Dié** (à l'unanimité), directeur M. Dennery.
Chorale de Brest (à la majorité), directeur M. Gouzien.

2e PRIX, A L'UNANIMITÉ. — **École militaire de gymnastique de Joinville-le-Pont,** directeur M. Vigneau.

3e PRIX. — **Chorale de Maubeuge,** directeur M. Guillot.

Deuxième section.

1er PRIX. — **Orphéon de Houdan,** directeur M. l'abbé Crépin.

2e PRIX. — **Orphéon de Pantin,** directeur M. Porchet.

MENTION. — **Chorale de Troarn,** directeur M. Thieulin.

2e SECTION. FANFARES, MUSIQUES D'HARMONIE, MUSIQUES MILITAIRES.

CONCOURS DIVISIONNAIRES.

1o Fanfares.

Première classe.

1er PRIX, A L'UNANIMITÉ. *Médaille d'or.* — **La Fanfare de Dijon,** directeur M. Pierrot.

2e PRIX. *Médaille d'or.* — **La Société municipale de Ville-sur-Saulx,** directeur M. le comte de Beurges.

3e PRIX. *Médaille d'or.* — **La Musique des sapeurs-pompiers de Poitiers,** directeur M. Allianme.

Deuxième classe.

1er PRIX. *Médaille d'or.* — **La Société de Mâcon,** directeur M. Guerra.

2e PRIX. *Médaille d'or.* — **La Société municipale d'Angoulême,** directeur M. Renon.

3e PRIX. *Médaille de vermeil.* — **La Société de Saint-Martin d'Albois,** directeur M. Matheis.

4e PRIX, A L'UNANIMITÉ. *Médaille de vermeil.* — **La Société de Balagny,** directeur M. Boulanger.

5e PRIX, A L'UNANIMITÉ. *Médaille de vermeil.* — **La Société des sapeurs-pompiers des Andelys,** directeur M. Girod.

2e Musiques d'harmonie.

Première classe.

2e PRIX. *Médaille d'or.* — **La Musique municipale du Mans,** directeur M. Boulanger.

3e PRIX. *Médaille d'or.* — **La Musique des sapeurs-pompiers d'Épinal,** directeur M. Tourrey.

5e PRIX. *Médaille d'or.* — **La Musique municipale de Vire,** directeur M. Custaud.

Deuxième classe.

1er PRIX, A L'UNANIMITÉ. *Médaille d'or.* — **La Société philharmonique de Cannes,** directeur M. Cresp.

2e PRIX. *Médaille d'or.* — **Musique municipale des sapeurs-pompiers de Rennes,** directeur M. Moya.

3e PRIX, A L'UNANIMITÉ. *Médaille de vermeil.* — **La Musique municipale de Caen,** directeur M. Tanneur.

CONCOURS DES GRANDS PRIX.

1o Fanfares.

1er GRAND PRIX. *Médaille d'or,* valeur 3,000 francs. — **Société fanfare Sax,** directeur M. Sax.

2e GRAND PRIX. *Médaille d'or,* valeur 2,000 francs. — **Société philharmonique de Pamiers,** directeur M. Bejot.

3e GRAND PRIX. *Médaille d'or,* valeur 1,000 francs. — **Société fanfare de Lille,** directeur M. Colin.

2o Musiques d'harmonie

1er GRAND PRIX *ex æquo.*
- *Médaille d'or,* valeur 4,500 francs. — **Société musique des canonniers sédentaires de Lille,** directeur M. Delannoy.
- **Musique municipale de Tourcoing,** directeur M. Stappen.

2e GRAND PRIX. *Médaille d'or,* valeur 1,500 francs. — **Société philharmonique de Sainte-Marie-d'Oignies,** directeur M. Valentin Bender.

3e GRAND PRIX. *Médaille d'or,* valeur 1,000 francs. — **Société musique des sapeurs-pompiers d'Angers,** directeur M. Maire.

4e GRAND PRIX. *Médaille d'or,* valeur 500 francs. — **Société des Enfants de la Loire,** directeur M. Courally.

CONCOURS DE MUSIQUES MILITAIRES.

1er GRAND PRIX *ex æquo*, valeur 7,500 francs :

Autriche. — **Régiment du duc de Wurtemberg, n° 73**, chef M. Zimmermann.

France. — **Garde de Paris**, chef M. Paulus.

Prusse. — **2e régiment de la garde royale et grenadiers de la garde, n° 2**, réunis sous la direction de M. Wieprecht.

2e GRAND PRIX *ex æquo*, valeur 4,500 francs :

France. — **Guides de la garde impériale**, chef M. Cressonnois.

Russie. — **Chevaliers-gardes**, chef M. Dœrfeld.

Bavière. — **1er régiment royal d'infanterie**, chef M. Siebenkaès.

3e GRAND PRIX *ex æquo*, valeur 2,000 francs :

Pays-Bas. — **Grenadiers et chasseurs**, chef M. Dunkler.

Grand-duché de Bade. — **Grenadiers de la garde**, chef M. Burg.

4e GRAND PRIX *ex æquo*, valeur 1,000 francs :

Espagne. — **1er régiment du génie**, chef M. Maïmo.

Belgique. — **Grenadiers belges**, chef M. C. Bender.

CLASSE 95

INSTRUMENTS ET PROCÉDÉS DE TRAVAIL SPÉCIAUX AUX OUVRIERS CHEFS DE MÉTIERS.

LISTE DES RÉCOMPENSES, PAR ATELIER.

Ateliers installés par les soins du gouvernement de S. A. le VICE-ROI d'ÉGYPTE.

INDUSTRIES DIVERSES.

EXPOSANT.

S. A. le Vice-Roi d'Egypte. — Industries diverses..................	Hors concours......	Égypte......

COOPÉRATEURS.

Abdallah Sadik Effendi. — Organisateur du travail manuel dans la section égyptienne..................	Médaille d'or......	Égypte......
Cheik-Aly-Hassan. Soudan. — Bijoutier en filigrane..................	Médaille de bronze.	Égypte......
Guirguès-Mikhail. Le Caire. — Ouvrier en bijouterie arabe............	Médaille de bronze.	Égypte......
Boutrous. Le Caire. — Bijoutier en filigrane..........................	Médaille de bronze.	Égypte......
Ibrahim Cherkawi. Le Caire. — Ouvrier en passementerie.............	Médaille de bronze.	Égypte......
Mohammed-Id. Le Caire. — Ouvrier en broderies d'or et d'argent.........	Médaille de bronze.	Égypte......
Hassen-el-Agha. Le Caire. — Ouvrier en sellerie et broderies sur cuir.	Médaille de bronze.	Égypte......
Ahmed-Hamed. Le Caire. — Fabricant de chibouks..................	Médaille de bronze.	Égypte......
Aly-el-Kourdy. Le Caire. — Tourneur en os, ivoire et bois............	Médaille de bronze.	Égypte......
Saïd Ahmed. Le Caire. — Fabricant de nattes..........................	Médaille de bronze.	Égypte......
Aly-Dawaba. Le Caire. — Barbier...	Médaille de bronze.	Égypte......
Agha-Hassen-Badawi. Le Caire. — Chef cafetier..........................	Médaille de bronze.	Égypte......

Ateliers installés par le MINISTÈRE DE LA GUERRE.

INDUSTRIES DIVERSES.

EXPOSANT.

Ministère de la Guerre. Paris. — Industries diverses de l'Algérie...... Hors concours..... France.......

COOPÉRATEURS.

Ali-ben-Mohammed. Alger. — Ouvrier en broderies en or fin......... Médaille de bronze. Algérie......

Mohammed-ben-Yahia. Alger. — Ouvrier en broderies en or fin....... Médaille de bronze. Algérie......

Mohammed-ben-Ziad. Constantine. Fabricant d'ouvrages en filali...... Médaille de bronze. Algérie.......

Ali-ben-Seliman. Constantine. — Fabricant d'ouvrages en filali....... Médaille de bronze. Algérie......

Abraham Sebaoun. Tlemcen. — Fabricant de bijoux en argent et en métal d'Alger..................... Médaille de bronze. Algérie......

Juda Sebaoun. Tlemcen. — Fabricant de bijoux en argent et en métal d'Alger.......................... Médaille de bronze. Algérie......

Baba Salem. Alger. — Vannier..... Médaille de bronze. Algérie......

Hadj Mohammed-Labi. Alger. — tisseur de laine et de soie........... Médaille de bronze. Algérie......

Mohamed-ben-Ali. — Ouvrier tisseur............................... Mention honorable.. Algérie......

Ahmed-ben-Mohamed. — Ouvrier tisseur.......................... Mention honorable.. Algérie......

Atelier J. HAAS.

FABRICATION DE CHAPEAUX DE FEUTRE, DE CHAPEAUX DE PAILLE ET DE CASQUETTES.

EXPOSANT.

J. Haas (Membre du Jury). Paris. — Fabrication de chapeaux........... Hors concours. France....... 3

COOPÉRATEURS.

A. Meurice. Paris. — Contre-maître en chef............................ Médaille d'argent. France.......

Mme **Boureau.** Paris. — Contre-maîtresse	Médaille d'argent.	France
E.-B. **Taymont.** Aix. — Contre-maître à l'usine d'Aix	Médaille d'argent.	France
P. **Bazin.** Paris. — Graveur imprimeur	Médaille de bronze.	France
G. **Borelly.** Aix. — Contre-maître des foules	Médaille de bronze.	France
T. **Drouaine.** Paris. — Contre-maître coupeur de casquettes	Médaille de bronze.	France
Mlle Louise **Volz.** Paris. — Contre-maîtresse à la garniture	Médaille de bronze.	France
Mlle Praxède **Combanère.** Paris. — Contre-maîtresse à la garniture	Médaille de bronze.	France
Mlle Amélie **Mercadier.** Paris. — Contre-maîtresse des coiffures de fantaisie	Médaille de bronze.	France
Mlle Palmyre **Egaze.** Paris. — Ouvrière en casquettes	Médaille de bronze.	France
Borgnet et Mme **Borgnet.** Paris. — Ouvriers en casquettes	Médaille de bronze.	France
Mme **Dhaese.** Paris. — Ouvrière en casquettes	Médaille de bronze.	France
A. **Samez.** Paris. — Ouvrier en casquettes	Médaille de bronze.	France
Mme **Meurice.** Paris. — Garnisseuse de casquettes	Mention honorable.	France
J. **Placent.** Paris. — Aide coupeur de casquettes	Mention honorable.	France
A. **Cherrière.** Paris. — Approprieur.	Mention honorable.	France
A. **Collard.** Paris. — Ponceur	Mention honorable.	France
J. **Salard.** Paris. — Bastisseur	Mention honorable.	France
F. **Payen.** Paris. — Fouleur	Mention honorable.	France
J. **Didelay.** Paris. — Fouleur	Mention honorable.	France
P. **Madeleine.** Paris. — Fouleur	Mention honorable.	France
A. **Madeleine.** Paris. — Trempeur	Mention honorable.	France
A. **Valette.** Paris. — Mécanicien	Mention honorable.	France
Mme **Madeleine.** Paris. — Simousseuse	Mention honorable.	France
Mme **Salard.** Paris. — Simousseuse.	Mention honorable.	France
Mme **Valette.** Paris. — Simousseuse.	Mention honorable.	France
Mlle Élide **Frateschi.** Paris. — Remailleuse de paille	Mention honorable.	France
Mlle Mérope **Frateschi.** Paris. — Tresseuse de paille	Mention honorable.	France
Mlle Marie **Bolle.** Paris. — Couseuse de paille	Mention honorable.	France
Mlle Maria **Meurice.** Paris. — Garnisseuse	Mention honorable.	France

Mlle Julia **Meurice.** Paris. — Garnisseuse	Mention honorable.	France
Mlle Victorine **Meurice.** Paris. — Garnisseuse	Mention honorable.	France
Mlle Clotilde-Marie **Elie.** Paris. — Doreuse de fonds de chapeaux	Mention honorable.	France
Mlle Euphrasie-Marguerite **Masson.** Paris. — Doreuse de fonds de chapeaux	Mention honorable.	France

Atelier LATOUR.

FABRICATION DE CHAUSSURES.

EXPOSANT.

Latour (Membre du Jury). Paris. — Fabrication de chaussures	Hors concours	France

COOPÉRATEURS.

François **Chollet.** Paris — Contremaître	Médaille d'argent	France
Victor **Hoffmann.** Paris. — Contremaître	Médaille d'argent	France
L.-G. **Sance.** Paris. — Contre-maître	Médaille d'argent	France
J. **Driancourt.** Paris. — Monteur	Médaille d'argent	France
Gratien **Lemoine.** Paris. — Monteur	Médaille de bronze.	France
A. **Thierry.** Paris. — Monteur	Médaille de bronze.	France
J. **Mérope.** Paris. — Monteur	Médaille de bronze.	France
C. **Dancourt.** Paris. — Monteur	Médaille de bronze.	France
J. **Délafollie.** Paris. — Monteur	Médaille de bronze.	France
L. **Massé.** Paris. — Monteur	Médaille de bronze.	France
H. **Sallé.** Paris. — Monteur	Médaille de bronze.	France
Ch. **Laurent.** Paris. — Monteur	Médaille de bronze.	France
Simon **Sallé.** Paris. — Monteur	Médaille de bronze.	France
Pierre **Saltel.** Paris. — Monteur	Médaille de bronze.	France
L. **Dameron.** Paris. — Cloueur	Mention honorable.	France
O. **Dameron.** Paris. — Cloueur	Mention honorable.	France
A. **Lemoine.** Paris. — Cloueur	Mention honorable.	France
D. **Mérope.** Paris. — Cloueur	Mention honorable.	France

Atelier Paul DUPONT.

COMPOSITION TYPOGRAPHIQUE.

EXPOSANT.

Paul Dupont. Paris. — Composition et impression typographiques	Médaille d'or	France	19

COOPÉRATEURS.

Jules **Boyer.** Paris. — Directeur de l'imprimerie	Médaille d'argent	France
Pierre **Juin.** Clichy-la-Garenne. — Prote.	Médaille de bronze.	France
A.-Désiré **Maille.** Clichy-la-Garenne. — Surveillant des tirages	Médaille de bronze.	France
L.-J. **Sauvineau.** Clichy-la-Garenne. — Conducteur	Médaille de bronze.	France
Mlle Geneviève **Caballle.** Clichy-la-Garenne. — Margeuse	Médaille de bronze.	France
J.-F. **Dupoint.** Clichy-la-Garenne. — Fondeur en caractères	Médaille de bronze.	France
J. **Sage.** Paris. — Metteur en pages.	Médaille de bronze.	France
X. **Vidard.** Paris. — Metteur en pages.	Médaille de bronze.	France
Mme **Sellier.** Clichy-la-Garenne. — Compositrice	Mention honorable.	France
Mme **Mercier.** Clichy-la-Garenne. — Compositrice	Mention honorable.	France
Mme **Gaillard.** Clichy-la-Garenne. — Compositrice	Mention honorable.	France
Mlle Marie **Pierre.** Clichy-la-Garenne. — Compositrice	Mention honorable.	France
Mlle Berthe **Pierre.** Clichy-la-Garenne. — Compositrice	Mention honorable.	France
Mlle Marie **Culot.** Clichy-la-Garenne. — Compositrice	Mention honorable.	France
Mlle Reine **Thomas.** Clichy-la-Garenne. — Receveuse	Mention honorable.	France
Mlle Julie **Mégnant.** Clichy-la-Garenne. — Compositrice	Mention honorable.	France
L. **Dubuc.** Clichy-la-Garenne. — Chef relieur	Mention honorable.	France

Atelier Auguste LEFÉBURE et Fils

FABRICATION DE DENTELLES.

EXPOSANT.

Auguste **Lefébure** et fils. Paris. — Fabrication de dentelles............ Médaille d'or...... France........ 2

COOPÉRATEURS.

Mlle Héléna **Bénard.** Bayeux. — Directrice du point d'Alençon......... Médaille d'argent... France.......

Mlle Marguerite **Lefebvre.** Bayeux. — Alençonneuse...................... Médaille de bronze. France.......

Mme Angeline **Jeanne.** Saint-Vigor-le-Grand. — Dentellière............... Médaille de bronze. France.......

Mlle Louise **Jeanne.** Saint-Vigor-le-Grand. — Dentellière............... Médaille de bronze France.......

Mlle Théodorine **Jeanne.** Saint-Vigor-le-Grand. — Dentellière............. Médaille de bronze. France.......

R. **Giard.** Bayeux. — Piqueur de cartes............................ Médaille de bronze. France.......

Mlle Éléonore **Fellecoq.** Bayeux. — Alençonneuse...................... Médaille de bronze. France.......

Mlle Elisa **Marie.** Bayeux. — Alençonneuse........................ Médaille de bronze. France.......

Mlle Adrienne **Lefebvre.** Bayeux. — Alençonneuse...................... Médaille de bronze. France.......

Mlle Elisa **Le Canu.** Bayeux.—Raboutisseuse.......................... Médaille de bronze. France.......

Mlle Léonie **Maufras.** Bayeux. — Dentellière............................ Médaille de bronze. France.......

Mlle Henriette **Maufras.** Bayeux. — Dentellière........................ Médaille de bronze. France.......

Mlle Aglaée **Badin.** Sommervieu. — Dentellière...................... Médaille de bronze. France.......

Mme **Hequet.** Bayeux. — Alençonneuse............................. Mention honorable. France.......

Mme Louise **Bessin.** Bayeux. — Alençonneuse........................ Mention honorable. France.......

Mlle Noémie **Aumont.** Bayeux. — Alençonneuse...................... Mention honorable. France.......

Mlle Véronique **Blet.** Ver.—Dentellière. Mention honorable. France.......

Mlle Marianne **Loiseleur.** Ver. —Dentellière.......................... Mention honorable. France.......

Mlle Véronique **Loiseleur.** Ver. — Dentellière...................... Mention honorable. France.......

Mme **Frenel.** Le Tronquay.—Dentellière. Mention honorable. France.......

Atelier MONDUIT et BÉCHET.

SCULPTURE EN CUIVRE ET EN PLOMB REPOUSSÉS.

EXPOSANT.

Monduit et **Béchet.** Paris. — Industrie du plomb et du cuivre repoussé.	Médaille d'or......	France.......	16

COOPÉRATEURS.

C.-J. **Morel.** Paris. — Premier ouvrier marteleur....................	Médaille d'or......	France.......
Antoine **Durand.** Paris. — Directeur des ateteliers......................	Médaille d'argent..	France.......
Antoine **Lorenzy.** Paris. — Chef d'atelier du martelage du plomb.......	Médaille d'argent..	France.......
Albert **Boigues.** Paris. — Chef d'atelier du martelage du cuivre.......	Médaille d'argent...	France.......
P. **Bournazel.** Levallois. — Contremaître pour les travaux extérieurs..	Médaille de bronze.	France.......
Anatole **Monduit.** Paris. — Contremaître pour les travaux extérieurs...	Médaille de bronze.	France.......
V. **Vivenot.** Paris. — Contre-maître.	Médaille de bronze.	France.......
P. **Ligué.** Paris. — Contre-maître des serruriers..........................	Médaille de bronze.	France.......
E. **Hugard.** Paris. — Ouvrier forgeron.	Médaille de bronze.	France.......
J. **Renaurt.** Paris.—Ouvrier marteleur.	Médaille de bronze.	France.......
L. **Barron.** Paris. — Contre-maître des modeleurs en bois.............	Médaille de bronze.	France.......
F. **Heurtois.** Levallois. — Ouvrier marteleur..........................	Médaille de bronze.	France.......
J. **Vieillard.** Paris. — Maître compagnon..............................	Médaille de bronze.	France.......
P. **Morel.** Levallois. — Ouvrier marteleur.............................	Médaille de bronze.	France ......
J. **Dubarry.** Paris. — Ouvrier marteleur.............................	Mention honorable..	France.......
Edmond **Mazurier.** Paris. — Ouvrier marteleur..........................	Mention honorable..	France.......
Eugène **Mazurier.** Paris. — Ouvrier marteleur......	Mention honorable..	France.......
G. **Blomme.** Paris. — Ouvrier marteleur.............................	Mention honorable..	France.......
A. **Vatillaux.** Levallois. — Ouvrier marteleur..........................	Mention honorable..	France.......
Ch. **Feneux.** Paris. — Ouvrier marteleur.............................	Mention honorable.	France.......

A. Thomé. Paris. — Ouvrier marteleur .... Mention honorable.. France.......

L. Riberolt. Paris. — Ouvrier marteleur .... Mention honorable.. France.......

H^te^ Schoeckaert. Paris. — Ouvrier marteleur .... Mention honorable.. France.......

J. Devillers. Paris. — Ouvrier marteleur .... Mention honorable. France.......

L. Gilbon. Paris. — Ouvrier marteleur. Mention honorable. France.......

L. Bazelot. Paris. — Ouvrier marteleur .... Mention honorable. France.......

Atelier GONELLE frères.

DESSINS POUR CHALES.

EXPOSANT.

Gonelle frères. Paris. — Dessins pour châles .... Médaille d'or...... France....... 31

COOPÉRATEURS.

Eugène **Janin.** Paris. — Dessinateur. Médaille d'argent... France.......

P. Tassin. Paris. — Chef d'atelier... Médaille de bronze. France.......

Mlle **Maugery.** Paris. — Dessinateur.. Mention honorable.. France.......

Atelier MOREAU.

OBJETS EN IVOIRE TOURNÉS, SCULPTÉS, GUILLOCHÉS ET GRAVÉS.

EXPOSANT.

J.-L. Moreau. Paris. — Tabletterie d'ivoire .... Médaille d'or....... France....... 4

COOPÉRATEURS.

H^te^ **Loret.** Asnières. — Façonneur.... Médaille de bronze. France.......

J. Fournier. Paris. — Chef d'atelier. Médaille de bronze. France.......

J. Prud'homme. Paris. — Ouvrier tourneur .... Médaille de bronze. France.......

Edmond **Fournier.** Paris. — Ouvrier tourneur .... Mention honorable. France.......

Scaillier. Paris. — Ouvrier sculpteur. Mention honorable.. France.......

Ph. Gillet. Asnières. — Ouvrier tourneur.............................. Mention honorable.. France.......

Atelier DÉFORGE.

PASSEMENTERIE.

EXPOSANT.

A.-A. **Déforge.** Paris. — Passementerie.............................. Médaille d'or...... France....... 6

COOPÉRATEURS.

Chrétien **Neuhaeuser.** Paris. — Contre-maître.............................. Médaille d'argent .. France.......

Mme **Deneu.** Paris. — Contre-maîtresse. Médaille d'argent .. France.......

L.-A. **Seguin.** Paris. — Ouvrier retordeur.............................. Médaille de bronze. France.......

N.-M. **Maréchal.** Paris. — Ouvrier crétier.............................. Médaille de bronze. France......

A.-A.-J. **Leborne.** Paris. — Ouvrier retordeur.............................. Médaille de bronze. France......

J.-B.-F. **Leclerc.** Paris. — Ouvrier crétier.............................. Médaille de bronze. France......

V. **Dupré.** Paris. — Ouvrier crétier... Médaille de bronze. France......

Mme L. **Macart.** Paris. — Ouvrière à l'établi.............................. Médaille de bronze. France......

P.-E. **Michel.** Paris. — Ouvrier galonnier.............................. Médaille de bronze. France......

Mme Vve **Fouque.** Paris. — Ouvrière guipeuse.............................. Mention honorable. . France......

Mlle Marie **Berthier.** Paris. — Ouvrière à l'établi.............................. Mention honorable. . France......

Atelier MARIENVAL, FLAMET et Cie.

FLEURS ARTIFICIELLES ET PLUMES POUR PARURES.

EXPOSANT.

L. **Marienval, Flamet** et Cie. Paris. — Fleurs artificielles et plumes pour parures.............................. Médaille d'or...... France....... 5

COOPÉRATEURS.

Mme **Gogly.** Paris. — Directrice des ateliers........................... Médaille d'argent... France.......

Mme **Michon.** Paris. — Ouvrière en fleurs............................ Médaille de bronze. France.......

Mlle Mariette **Mercier.** Paris. — Ouvrière en fleurs..................... Médaille de bronze. France.......

A. **Berger.** Paris. — Contre-maître. Médaille de bronze. France.......

L. **Durand.** Paris. — Ouvrier........ Médaille de bronze. France.......

Mlle **Feuillette.** Paris. — Ouvrière en fleurs............................ Médaille de bronze. France.......

Mlle Emilie **Sacré.** Paris. — Ouvrière monteuse..................... Mention honorable.. France.......

Mlle Marie **Oudard.** Paris. — Ouvrière en fleurs......................... Mention honorable. France.......

Mlle Marie **Besançon.** Paris. — Ouvrière en roses................... Mention honorable.. France.......

Mlle Blanche **Oudard.** Paris. — Ouvrière en roses.................... Mention honorable. France.......

Mlle Sarah **Khan.** Paris. — Élève ouvrière............................ Mention honorable. France.......

Mme **Jacquemin.** Paris. — Ouvrière. Mention honorable.. France.......

Mlle Eugénie **Henry.** Paris. — Élève ouvrière......................... Mention honorable.. France.......

Mlle Suzanne **Genty.** Paris. — Élève ouvrière......................... Mention honorable.. France.......

Mme Léon **Fréret.** Paris. — Fleuriste en roses............................ Mention honorable.. France.......

Mme **Berger.** Paris. — Élève ouvrière. Mention honorable.. France.......

Atelier DULOS.

GRAVURE EN CREUX ET EN RELIEF.

EXPOSANT.

Dulos. Paris. — Gravure en creux et en relief....... .... Médaille d'or...... France....... 23

COOPÉRATEURS.

L.-J. **Boutellé.** Paris. — Graveur... Médaille d'argent.. France.......

Ch. **Voyez.** Paris. — Graveur....... Médaille d'argent... France.......

J. **Niel.** Paris. — Graveur.......... Médaille de bronze. France.......

P. **Boutellé.** Paris. — Dessinateur et graveur........................ Médaille de bronze. France.......

L. **Pommot.** Paris.— Graveur en relief. Médaille de bronze. France.......

E. **Perrinet.** Paris. — Graveur...... Mention honorable.. France.......

E. **Mortas.** Paris. — Graveur au burin. Mention honorable.. France.......

L. **Smith.** Paris. — Graveur de lettres. Mention honorable.. France.......

A. **Lamblin.** Paris.— Graveur au burin. Mention honorable. France.......

X. **Lebel.** Paris. — Graveur au burin. Mention honorable.. France.......

F. **Froyer.** Paris. — Graveur en relief. Mention honorable,. France.......

Atelier Sylvain DUPUIS et Cie.

FABRICATION DE CHAUSSURES A VIS.

EXPOSANT.

Sylvain **Dupuis** et Cie. Paris. — Fabrication de chaussures à vis....... (Voir classe 57).... France.......

COOPÉRATEURS.

J.-B. **Paradis.** Paris. — Contre-maître mécanicien......................... Médaille de bronze. France.......

Mlle Marie **Masson.** Paris. — Piqueuse. Mention honorable.. France.......

Mlle Elise **Rillard.** Paris. — Ouvrière monteuse......................... Mention honorable.. France.......

Mlle Delphine **Caudy.** Paris. — Ouvrière visseuse......................... Mention honorable. France.......

Mlle Marie **Laurent.** Paris. — Ouvrière coupeuse et meuleuse............. Mention honorable. France.......

Atelier BESSON.

FABRICATION DE BOUCHONS EN LIÉGE.

EXPOSANT.

Pierre **Besson.** Paris. — Fabrication de bouchons en liége.............. Médaille d'or...... France.......

COOPÉRATEURS.

M. **Olivier.** Collo. — Contre-maître.. Médaille d'argent... Algérie.......

Mohammed-ben-Saïd. Collo. — Ouvrier............................ Médaille de bronze. Algérie.......

Raba-ben-Salah. Collo. — Ouvrier.. Médaille de bronze. Algérie.......

Atelier C.-G. et E. de LANGENHAGEN fils et HEPP.

FABRICATION DE CHAPEAUX DE BALEINE ET DE PAILLE DE PANAMA ET DE PALMIER.

EXPOSANT.

C.-G. et E. **de Langenhagen** fils et **Hepp.** Strasbourg — Fabrication de chapeaux de baleine et de paille de panama et de palmier.............. Médaille d'or...... France....... 11

COOPÉRATEURS.

Mlle Marguerite **Klepper.** Saar-Union. — Contre-maîtresse............... Médaille d'argent... France.......

Chrétien **Schmidt.** Strasbourg. — Contre-maître en chef............. Médaille de bronze. France.......

F. **Bourgeot.** Strasbourg. — Contre-maître........................... Médaille de bronze. France.......

F. **Schneider.** Ensisheim. — Contre-maître........................... Médaille de bronze. France.......

G. **Bozung.** Bienning. — Ouvrier..... Mention honorable.. France.......

Mlle Marie **Braun.** — Grosbliederstroff. — Ouvrière...................... Mention honorable. France.......

Mlle Marie **Riff.** Saint-Jean-de-Rohrbach. — Ouvrière...................... Mention honorable.. France.......

Mlle Marie **Bour.** Saint-Jean-de-Rohrbach. — Ouvrière................ Mention honorable.. France.......

Atelier LEMAIRE.

FABRICATION D'INSTRUMENTS D'OPTIQUE USUELLE.

EXPOSANT.

Armand **Lemaire.** Paris. — Fabrication d'instruments d'optique usuelle. Médaille d'or...... France....... 20

COOPÉRATEURS.

J. **Daumas.** Paris. — Directeur des ateliers............................ Médaille d'or...... France.......

D. **Goussard.** Paris. — Essayeur vérificateur de jumelles............... Médaille de bronze. France.......

J. **Deneufville.** Paris. — Essayeur vérificateur de jumelles............ Médaille de bronze. France.......

E. **Simon.** Paris. — Opticien directeur. Médaille de bronze. France....... 4

F.-P. **Demazeaux.** Paris. — Contre-maître des opticiens................ Médaille de bronze. France.......

A.-Ch. **Martin.** Paris. — Premier contre-maître des tourneurs........ Médaille de bronze. France.......

E. **Gauthier.** Paris. — Contre-maître des nacriers...................... Médaille de bronze. France.......

J. **Tournier.** Paris. — Contre-maître des mécaniciens.................. Médaille de bronze. France.......

J.-B. **Fournier.** Paris. — Chef d'atelier tourneur...................... Médaille de bronze. France....... 9

Ch. **Jumeline.** Paris. — Contre-maître des apprentis.................. Médaille de bronze. France....... 10

J.-M. **Closson.** Paris. — Contre-maître chef du magasin des pièces... Mention honorable. France....... 11

J. **Nizard.** Paris. — Débiteur d'ivoire. Mention honorable. France....... 12

L. **Pommier.** Paris. — Chef des ateliers de l'embouti et de l'étirage des tubes............................ Mention honorable. France....... 13

F. **Leriche.** Paris. — Ouvrier tourneur mécanicien.................. Mention honorable. France....... 14

G. **Calzino.** Paris. — Ouvrier monteur. Mention honorable. France....... 15

H. **Fournier** fils. Paris. — Ouvrier tourneur............................ Mention honorable. France....... 16

Ch. **Rimbert.** Paris. — Ouvrier opticien............................ Mention honorable. France....... 17

Atelier SAVARD.

FABRICATION DE BIJOUX EN DOUBLÉ OR ET EN OR.

EXPOSANT.

A. **Savard.** Paris. — Bijouterie en doublé or et en or................. Médaille d'or. France....... 1

COOPÉRATEURS.

Wilhelm **Weber.** Paris. — Graveur sur acier......................... Médaille d'argent. France.......

Mme **Lalouette.** Paris. — Directrice des polisseuses..................... Médaille d'argent. France.......

Edmond **Sourdry.** Paris. — Graveur sur or............................. Médaille d'argent. France.......

E. **Breton.** Paris. — Bijoutier en or.	Médaillé de bronze.	France.......	
F. **Batardon.** Paris. — Bijoutier en doublé or........................	Médaille de bronze.	France.......	
A. **Pirot.** Paris. — Apprêteur des matières........................	Médaille de bronze.	France.......	
A. Désiré **Taquet.** Paris. — Bijoutier en or	Médaille de bronze.	France.......	
A. Désiré **Audouint.** Paris. — Bijoutier en doublé or..................	Médaille de bronze.	France.......	
J.-B. **Leserre.** Paris. — chef de la tréfilerie........................	Médaille de bronze.	France......	
C. **Duon.** Paris. — Estampeur	Mention honorable.	France.......	
E. **Gilliet.** Paris. — Ouvrier bijoutier........................	Mention honorable.	France.......	
J. **Métais.** Paris. — Ouvrier bijoutier........................	Mention honorable.	France.......	
H. **Chardin.** Paris. — Ouvrier bijoutier	Mention honorable.	France.......	
L. **Laborie.** Paris. — Ouvrier bijoutier........................	Mention honorable.	France.......	
J. **Gouneaud.** Paris. — Ouvrier bijoutier........................	Mention honorable.	France.......	
E. **Bailleul.** Paris. — Ouvrier ciseleur........................	Mention honorable.	France,......	
J. **Baysac.** Paris. — Découpeur.....	Mention honorable.	France.......	
Mme **Demonchy.** Paris. — Polisseuse.	Mention honorable.	France.......	
Mlle **Gaillot.** Paris. — Polisseuse....	Mention honorable.	France.......	
T. **Simon.** Paris. — Sertisseur......	Mention honorable.	France.......	

Atelier SCHLOSS et neveu.

FABRICATION DE MAROQUINERIE ET DE TABLETTERIE.

EXPOSANT.

Simon **Schloss** et neveu. Paris. — Fabrication de maroquinerie et de tabletterie	Médaille d'or.	France.......	13

COOPÉRATEURS.

L. **Fadin.** Paris. — Contre-maître en chef........................	Médaille d'argent.	France.......	
L. **Pineau.** Paris. — Mécanicien en chef........................	Médaille d'argent.	France.......	
J. **Jardin.** Paris. — Horloger en chef.	Médaille d'argent.	France.......	

L. **Mongé.** Paris. — Portefeuilliste.. Médaille de bronze. France.......
V. **Pasquier.** Paris. — Portefeuilliste. Médaille de bronze. France.......
A. **Bahrmann.** Paris. — Maroquinier. Médaille de bronze. France.......
A.-A. **Texier.** Paris. — Portefeuilliste.......... Médaille de bronze. France.......
Ch.-J. **Prutz.** Paris. — Maroquinier.. Médaille de bronze. France.......
Ch. **Bertrand.** Paris. — Sellier..... Médaille de bronze. France.......
P.-H. **Lesage.** Paris. — Chef de l'atelier de tabletterie .... Médaille de bronze. France.......

Atelier BRIZET.

FABRICATION DE VANNERIE FINE.

EXPOSANT.

P.-A. **Brizet.** Paris. — Fabrication de vannerie fine.................... Médaille d'or. France....... 17

COOPÉRATEURS.

Delaby-Vasseur. Lahérie. — Ouvrier vannier........................ Médaille de bronze. France.......
H. **Gatelet.** Landouzé-la-Ville. — Ouvrier vannier.................... Médaille de bronze. France.......
R. **Couturié.** Landouzé-la-Ville. — Ouvrier vannier .... Mention honorable. France.......
J.-B. **Noizet.** Landouzé-la-Ville. — Ouvrier vannier.................. Mention honorable. France.......

Atelier BERNARD.

TAILLERIE DE DIAMANTS.

EXPOSANT.

J. **Bernard.** Paris. — Taillerie de diamants .... Médaille d'or. France.......

COOPÉRATEURS.

J.-M. **Okker.** Paris. — Ouvrier polisseur........................... Médaille de bronze. Pays-Bas.....
J. **Harz.** Paris. — Ouvrier polisseur.. Médaille de bronze. Pays-Bas.....

Atelier MAHLER.

GRAVURE SUR CRISTAL.

EXPOSANT.

L.-A. **Mahler.** Paris. — Gravure sur cristal.......................... Médaille d'or. France....... 28

Atelier SOUCHET.

FABRICATION DE FLEURS EN ÉMAIL.

EXPOSANT.

M., Mme et Mlles **Souchet.** Paris. — Fabrication de fleurs en émail...... Médaille d'or...... France...... 27

Atelier CASSELLA.

FABRICATION DE PEIGNES EN ÉCAILLE ET EN CORNE.

EXPOSANT.

E. **Cassella.** Paris. — Fabrication de peignes en écaille et en corne....... Médaille d'argent. France...... 15

COOPÉRATEURS.

Mme Vve **Rosset.** Oyonnax. — Directrice à l'usine...................... Médaille de bronze. France.......

L. **Bijex.** Paris. — Contre-maître.... Médaille de bronze. France.......

P. **Jardinier.** Ézy. — Contre-maître à l'usine.......................... Médaille de bronze. France.......

G. **Sevray.** Ézy. — Ouvrier coupeur. Mention honorable. France.......

D. **Letartre.** Ézy. — Ouvrier coupeur. Mention honorable. France.......

P. **L'Hermeroult.** Ézy. — Contre-maître à l'usine d'Ézy.............. Mention honorable. France.......

Mlle Louise **Juillard.** Oyonnax. — Metteuse en façon................ Mention honorable. France.......

Atelier CARDON et ILLAT.

FABRICATION DE PIPES EN ÉCUME DE MER.

EXPOSANT.

Cardon et **Illat.** Paris. — Fabrication de pipes en écume de mer..... Médaille d'argent. France....... 24

COOPÉRATEURS.

Christian **Völlhaf.** Paris. — Ouvrier tourneur.......................... Médaille de bronze. Wurtemberg.

A. **Killius.** Paris.—Ouvrier tourneur. Médaille de bronze. Bade.

Atelier CONSTANT, VALÈS et Cie.

IMITATION DE PERLES FINES.

EXPOSANT.

Constant, Valès et Cie. Paris. — Imitation de perles fines........... Médailles d'argent. France....... 30

COOPÉRATEURS.

V. **Noël.** Menucourt. — Ouvrier souffleur............................ Médaille de bronze. France.......

J.-M. **Massé.** Paris. — Ouvrier souffleur............................ Médaille de bronze. France.......

Mme **Rémy.** Paris. — Première ouvrière Médaille de bronze. France.......

Mme **Goujon.** Paris. — Directrice de la fabrique de Belleville........... Médaille de bronze. France.......

Atelier JOUANIN.

GRAVURE ET SCULPTURE SUR PIERRES FINES ET COQUILLES.

EXPOSANT.

Ch. **Jouanin.** Paris. — Gravure et sculpture sur pierres fines et coquilles. Médaille d'argent. France....... 4

COOPÉRATEURS.

E. Béry. Paris. — Graveur........... Médaille de bronze. France.......

J.-H. Foley. Paris. — Graveur....... Médaille de bronze. France.......

R. Bouvet. Paris. — Graveur........ Mention honorable. France.......

P. Mangin. Paris. — Graveur...... Mention honorable. France.......

Atelier GIRARD-THIBAULT.

FABRICATION DE FILETS POUR RÉSILLES.

EXPOSANT.

E.-C. Girard-Thibault. Paris. — Fabrication de filets pour résilles... Médailles d'argent. France....... 9

COOPÉRATEURS.

Mme **Metz.** La Robertsau. — Chef d'atelier........................... Médaille de bronze. France.......

Thiébault. Strasbourg. — Chef d'atelier........................... Médaille de bronze. France.......

Mme **Bonifacio.** Saint-Servan. — Chef d'atelier........................ Médaille de bronze. France.......

H. Schefter. Paris. — Premier ouvrier. Médaille de bronze. France.......

Mme Vve **Freysch.** Paris. — Maîtresse ouvrière .... Médaille de bronze. France.......

Mlle Jeannette **Avonts.** Paris. — Ouvrière........................ Mention honorable. France.......

Mlle Angélique **Dubus.** Paris. — Ouvrière Mention honorable. France.......

Atelier BUISSOT.

FABRICATION D'ÉVENTAILS.

EXPOSANT.

A^te^. **Buissot.** Paris. — Fabrication d'éventails........................ Médaille d'argent. France....... 7

COOPÉRATEURS.

Lesieur **Lesbroussart** et Cie. Sainte-Geneviève. — Fabricants de montures d'éventails .... Médaille d'argent. France.......

A.-A. **Lafève.** Paris. — Décorateur borduriste........................ Médaille de bronze. France.......

J.-Ch. **Girant.** Paris. — Décorateur fleuriste........................... Médaille de bronze. France.......

Mme **Humbert.** Paris. — Monteuse d'éventails........................... Médaille de bronze. France.......

E.-Ch. **Cottin.** Paris. — Décorateur ornemaniste....................... Médaille de bronze. France.......

Mme **Bertin.** Paris. — Ouvrière monteuse............................. Mention honorable. France.......

Mme **François.** Paris. — Ouvrière monteuse........................ Mention honorable. France.......

Atelier TABURET.

FABRICATION DE BIJOUX EN MÉTAUX PRÉCIEUX, CISELÉS, FILIGRANÉS ET ORNÉS DE PIERRERIES.

EXPOSANT.

E. **Taburet.** Paris. — Fabrication de bijoux en métaux précieux, ciselés, filigranés et ornés de pierreries...... Médaille d'argent.. France.......

COOPÉRATEUR.

J. **Pouzenq.** Paris. — Ouvrier bijoutier. Médaille de bronze. France.......

Atelier DOTIN.

ÉMAILLAGE.

EXPOSANT.

Ch. **Dotin.** Paris. — Émaillage.... Médaille d'argent.. France....... 32

COOPÉRATEUR.

Th. **Goossens.** Paris. — Ouvrier émailleur......................... Médaille de bronze. France.......

Atelier CHATEAU.

FABRICATION D'INSTRUMENTS DE PRÉCISION EN VERRE SOUFFLÉ.

EXPOSANT.

P. **Château.** Paris. — Fabrication d'instruments de précision en verre soufflé.......................... Médaille d'argent.. France....... 26

COOPÉRATEUR.

E. Dewton. Paris. — Graveur........ Médaille de bronze. France.......

Atelier CABIN.

TAPISSERIE A LA MAIN.

EXPOSANT.

Cabin. Paris. — Tapisserie à la main.. Médaille d'argent.. France....... 29

COOPÉRATEURS.

Mlle Clara **Guillaume.** Paris. — Dessinateur........................... Médaille de bronze. France.......

Mme **Pfertzel.** Paris. — Ouvrière... Mention honorable. France.......

Atelier GERSON et WEBER.

FABRICATION DE PETITS MEUBLES EN MOSAÏQUE ET MARQUETERIE.
SCULPTURE SUR BOIS.

EXPOSANT.

Gerson et **Weber.** Paris. — Petits meubles en mosaïque et marqueterie. Sculpture sur bois................. Médaille d'argent.. France...... 22

COOPÉRATEURS.

Prosper **Darte.** Paris. — Mécanicien.. Médaille d'argent.. France.......

A. Colau. Paris. — Chef des ateliers. Médaille de bronze. France.......

N. Ménager. Ivry-sur-Seine. — Contre-maître........................... Médaille de bronze. France.......

G. Perrin. Paris. — Tourneur..... Médaille de bronze. France.......

A. Vayre. Paris. — Marqueteur... Médaille de bronze. France.......

V. Douzin. Paris. — Sculpteur et modeleur........................... Mention honorable. France.......

Atelier FAUGERON et DUPUIS.

DÉCORATION DE PORCELAINE ET DE FAÏENCE.

EXPOSANT.

Faugeron et **Dupuis**. Paris. — Décoration de porcelaine et de faïence... Médailles d'argent. France.......

COOPÉRATEURS.

H.-A. **Vilmont**. Saint-Denis. — Peintre-décorateur..................... Médaille de bronze. France.......

J.-P. **Donzel**. Paris. — Peintre de figures........................ Médaille de bronze. France.......

F. **Gaudron**. Paris. — Peintre-décorateur et chiffreur.................. Mention honorable. France.......

A. **Bérenger**. Paris. — Peintre-décorateur........................ Mention honorable. France.......

J. **Leroy**. Paris. — Peintre de figures. Mention honorable. France.......

Atelier de Mme Vve RAZE.

FABRICATION DE CORDONS DE MONTRE EN SOIE.

EXPOSANT.

Vve F. **Raze**. Paris. — Fabrication de cordons de montre en soie.......... Médaille d'argent.. France.......

COOPÉRATEURS.

Mme **Riouton**. Paris. — Ouvrière... Médaille de bronze. France.......

Mlle Marie **Petiet**. Paris. — Ouvrière. Mention honorable. France.......

Atelier BEAUFOUR-LEMONNIER.

FABRICATION DE BIJOUX ET DE DESSINS EN CHEVEUX.

EXPOSANT.

L. **Beaufour-Lemonnier**. Paris. — Bijouterie et dessins en cheveux...... Médaille d'argent.. France....... 8

COOPÉRATEURS.

Mme Vve **Huet**. Paris. — Tresseuse et mécanicienne.................. Médaille de bronze. France.......

Mlle Héloïse-Louise **Laden**. Paris. — Tresseuse et dessinateur........... Mention honorable. France.......

Atelier BARDIN.

FABRICATION DE TAPIS EN PLUMES, PAILLANTINES ET BIOTS.

EXPOSANT.

J.-L.-F. **Bardin**. Paris. — Fabrication de tapis en plumes, paillantines et biots. Médaille d'argent.. France.......

COOPÉRATEURS.

Féron. Joinville-le-Pont. — Contre-maître.......................... Médaille de bronze. France.......

E. **Soyez**. Joinville-le-Pont.—Ouvrier. Médaille de bronze. France.......

Mlle Émilie **Toussaint**. Gravelle-Saint-Maurice. — Ouvrière tisseuse. Mention honorable. France.......

Mlle Suzanne **Capp**. Gravelle-Saint-Maurice. — Ouvrière tisseuse...... Mention honorable. France.......

Mlle Marie **Capp**. Gravelle-Saint-Maurice. — Ouvrière tisseuse.......... Mention honorable. France.......

Mme **Lecoq**. Gravelle-Saint-Maurice. — Ouvrière tisseuse................ Mention honorable. France.......

Atelier GUÉRINOT.

FABRICATION DE FRANGES A POINTS DE TAPISSERIE.

EXPOSANT.

H. **Guérinot**. Paris. — Fabrication de franges à points................ Médaille de bronze. France.......

COOPÉRATEURS.

J. **Anné**. Paris. — Ouvrier passementier.............................. Médaille de bronze. France......

Mme **Devot**. Paris. — Ouvrière passementière.......................... Mention honorable. France.......

Atelier Charles DUPUIS.

BRODERIES EN SOIE ET EN OR.

EXPOSANT.

Charles **Dupuis**. Paris. — Broderies en soie et en or..................... Médaille de bronze. France.......

COOPÉRATEURS.

Petit Orphelinat de jeunes filles. Le Bourget. — Broderies........... Mention honorable. France.......

Mlle Angèle **Painlevé.** Paris. — Brodeuse........................... Mention honorable. France.......

Mlle Victoire **Leroy.** Paris. — Confectionneuse....................... Mention honorable. France.......

Atelier BELLANGER.

FABRICATION DE MEUBLES SCULPTÉS.

EXPOSANT.

S. **Bellanger.** Paris. — Fabrication de meubles sculptés................ Médaille de bronze. France...... 14

COOPÉRATEURS.

H. **Peaurroux.** Paris. — Sculpteur.. Médaille de bronze. France......

H. **Guyon.** Paris.— Menuisier....... Médaille de bronze. France......

J. **Coste.** Paris. — Sculpteur........ Médaille de bronze. France......

A. **Noël.** Paris. — Sculpteur........ Mention honorable. France......

L. **Dietche.** Paris. — Sculpteur..... Mention honorable. France......

F. **Goutenégre.** Paris. — Menuisier.. Mention honorable. France......

Atelier DUCHEINE.

FABRICATION DE PELOTES DE FIL DE LIN.

EXPOSANT.

E. Ducheine. Lille. — Fabrication de pelotes de fil de lin............ Médaille de bronze. France.......

Atelier NEUSS.

FABRICATION D'ÉPINGLES A TÊTE EN ÉMAIL.

EXPOSANT.

Neuss. Aix-la-Chapelle. — Fabrication d'épingles à tête en émail........... Médaille de bronze. Prusse......

COOPÉRATEUR.

Mlle Élisabeth **Paffe.** Aix-la-Chapelle. — Ouvrière........................ Médaille de bronze. Prusse......

LISTE DU JURY INTERNATIONAL

JURY SPÉCIAL DU NOUVEL ORDRE DE RÉCOMPENSES.

PRÉSIDENTS.

Son Exc. M. **Rouher,** Ministre d'État, *Vice-Président de la Commission impériale. — France.*

Son Exc. M. **de Forcade de la Roquette,** Ministre de l'agriculture, du commerce et des travaux publics, *Vice-Président de la Commission impériale. — France.*

Son Exc. le Maréchal **Vaillant,** Ministre de la maison de l'Empereur et des beaux-arts, *Vice-Président de la Commission impériale. — France.*

MEMBRES.

Son Exc. M. **Magne,** membre du Conseil privé, Sénateur, *membre de la Commission impériale. — France.*

Son Exc. Mgr **Darboy,** Archevêque de Paris, Grand aumônier de l'Empereur, Sénateur. — *France.*

Son Exc. M. **Schneider,** Président du Corps législatif, *membre de la Commission impériale. — France.*

Alfred **Le Roux,** Vice-Président du Corps législatif, *membre de la Commission impériale. — France.*

Paulin **Talabot,** député au Corps législatif, *membre de la Commission impériale. — France.*

F. **Le Play,** conseiller d'État, *membre de la Commission impériale. — France.*

Ch. **Faider,** membre de l'Académie royale des sciences, lettres et beaux-arts de Belgique, ancien Ministre de la justice, premier avocat général à la Cour de cassation. *Pays-Bas et Belgique.*

Herzog, conseiller intime au ministère du commerce, de l'industrie et des travaux publics. — *Prusse et États de l'Allemagne du nord.*

De Steinbeis, président du Conseil royal de Wurtemberg pour le commerce et l'industrie. — *Hesse, Bade, Wurtemberg et Bavière.*

Le chevalier **de Schæffer,** conseiller aulique. — *Autriche.*

J.-J. **Dubochet,** vice-président de la Société helvétique de bienfaisance, président du Comité exécutif de l'Asile suisse des vieillards, à Paris. —*Suisse.*

Le comte **d'Avila,** Pair du royaume de Portugal, Ministre de S. M. le roi de Portugal, à Madrid. — *Portugal et Grèce.*

Le comte **de Moriana,** marquis **de Cilleruelo.** — *Espagne.*

Le docteur Charles **Dickson,** membre du Storthing de Suède. — *Danemark, Suède et Norvége.*

Suppléant : **De Fahnehjelm,** chambellan au service de S. M. le roi de Suède et de Norvége.

V. **de Parochine,** professeur d'économie politique. — *Russie.*

Le chevalier Marco **Minghetti,** député au Parlement italien, ancien Président du Conseil des Ministres, membre correspondant de l'Institut de France. — *Italie.*

Son Exc. **Djemil-Pacha,** Ambassadeur de Turquie, à Paris. — *Turquie, Principautés roumaines, Égypte, Perse, Tunis et Maroc.*

Moukafouyama Hayatochau, Plénipotentiaire de S. A. le Taïcoun du Japon. — *Japon. — Chine. — Siam.*

Charles **Perkins.** — *États-Unis d'Amérique.*

Le baron **du Penedo,** Envoyé extraordinaire et ministre plénipotentiaire de S. M. l'Empereur du Brésil, à Londres. — *Amérique centrale et méridionale.*

SECRÉTAIRES.

B. **de Chancourtois,** ingénieur en chef au corps impérial des Mines et professeur à l'École des Mines, membre du Jury international de 1855, *secrétaire de la Commission impériale.*

E. **Cumenge,** ingénieur au Corps impérial des mines, *secrétaire adjoint de la Commission impériale.*

Secrétaires des Enquêtes.

Léon **Donnat,** ingénieur des mines, secrétaire de la Société internationale d'économie sociale.

F. **Monnier,** auditeur au Conseil d'État.

L. **Lefébure,** auditeur au Conseil d'État.

Adjoint : Albert **Mathieu.**

JURY DES BEAUX-ARTS.

PREMIER GROUPE DU SYSTÈME DE CLASSIFICATION.

ŒUVRES D'ART.

JURYS DE CLASSE.

PREMIÈRE SECTION. — CLASSES 1 ET 2 RÉUNIES.

PEINTURE ET DESSIN.

Bida, artiste peintre. — *France.*

Cabanel, artiste peintre, membre de l'Institut. — *France.*

Français, artiste peintre. — *France.*

Fromentin, artiste peintre. — *France.*

Gerome, artiste peintre. — *France.*

Le marquis **Maison**. — *France.* — Vice-Président.

Meissonnier, artiste peintre, membre de l'Institut. — *France.*

Pils, artiste peintre. — *France.*

Fr. **Reiset**, conservateur des Musées impériaux au Louvre. — *France.*

Théodore **Rousseau**, artiste peintre. — *France.*

Paul **de Saint-Victor**. — *France.*

Le comte **Welles de Lavalette**. — *France.*

J. **Wittering**. — *Pays-Bas.*

De Laveleye. — *Belgique.* — Secrétaire.

E. **Magnus**, professeur, membre de l'Académie royale des beaux-arts. — *Prusse et États de l'Allemagne du nord.*

Th. **Horschelt**. — *Bavière.*

Fd. **Engerth**, professeur à l'Académie des beaux-arts. — *Autriche.*

Gleyre. — *Suisse.*

Benito **Soriano y Murillo**. — *Espagne.*

De Dardel. — *Suède.*

Bruni, recteur de l'Académie des beaux-arts de Saint-Pétersbourg. — *Russie.*

Le chevalier **Morelli**. — *Italie.*

Le chevalier **Bertini**. — *Italie.*

W.-F. **Hoppin**. — *États-Unis d'Amérique.*

Lord **Hardinge**. — *Grande-Bretagne.* Président.

Suppléant : Jonh **Leslie**, Esq.

Hon. Spencer **Cowper**. — *Grande-Bretagne.*

Suppléant : S. **Vincent**, Esq.

DEUXIÈME SECTION. — CLASSE 3.

SCULPTURE.

Barye, sculpteur. — *France.*

Cavelier, sculpteur, membre de l'Institut. — *France.*

Dumont, sculpteur, membre de l'Institut. — *France.* — Vice-Président.

Jouffroy, sculpteur, membre de l'Institut. — *France.*

Théophile **Gautier**. — *France.* — Secrétaire.

Guillaume, sculpteur, membre de l'Institut. — *France.*

Michaux, chef de la section des beaux-arts à la Préfecture de la Seine. — *France.*

Loos. — *Belgique.*

E. **Wolff**, professeur, membre de l'Académie des beaux-arts. — *Prusse et États de l'Allemagne du nord.*

Son Exc. le marquis **de Bedmar**. — *Espagne.* — Président.

Le docteur **Zambacos**. — *Grèce.*

Le chevalier Jean **Dupré**. — *Italie.*

Victor **Schnetz**. — *États-Pontificaux.*

J.-P. **Kennedy**. — *États-Unis d'Amérique.*

A.-H. **Layard**, Esq. M.-P. — *Grande-Bretagne.*

Suppléant : W. **Calder Marshall**, Esq. R. A.

TROISIÈME SECTION. — CLASSE 4.

ARCHITECTURE.

Ballu, architecte. — *France.*

Duban, architecte, membre de l'Institut. — *France.* — Président.

Duc, architecte, membre de l'Institut. — *France.*

Le baron **de Guilhermy.** — *France.*

Albert **Lenoir.** — *France.* — Secrétaire.

R. **Cremer**, architecte, conseiller. — *Prusse et États de l'Allemagne du nord.*

Fr. **Schmidt**, professeur d'architecture à l'École des beaux-arts. — *Autriche.*

Le docteur **Rota.** — *Grèce.*

A. **Mariette-Bey.** — *Égypte.*

R.-M. **Hunt.** — *États-Unis d'Amérique.*

James **Fergusson**, Esq. — *Grande-Bretagne.* — Vice-Président.

Suppléant : le lieutenant-colonel **Scott**, R. E.

QUATRIÈME SECTION. — CLASSE 5.

GRAVURE ET LITHOGRAPHIE.

Le vicomte H. **Delaborde**, conservateur des Estampes à la Bibliothèque impériale. — *France.* — Vice-Président.

Henriquel-Dupont, graveur, membre de l'Institut. — *France.* — Président.

Marcille. — *France.* — Secrétaire.

Achille **Martinet**, graveur, membre de l'Institut. — *France.*

Mouilleron, lithographe. — *France.*

Ehrhardt, professeur à Dresde. — *Prusse et États de l'Allemagne du nord.*

F. **Leslie.** — *États-Unis d'Amérique.*

Jul. **Marshall**, Esq. — *Grande-Bretagne.*

Hichens, R. E. — *Grande-Bretagne.*

JURY DE GROUPE.

PRÉSIDENT.

Le comte **de Nieuwerkerke**, sénateur, surintendant des beaux-arts, *membre de la Commission impériale.* — *France.*

MEMBRES.

Les membres des 4 sections du Jury.

Secrétaires.

Le marquis **de Chennevières**, conservateur adjoint des Musées impériaux, chargé des expositions d'art, *chef de service.*

Le comte Clément **de Ris**, secrétaire adjoint du Jury des beaux-arts de l'Exposition universelle de 1855.

Buon, inspecteur adjoint des beaux-arts.

JURY DE L'AGRICULTURE ET DE L'INDUSTRIE.

2e GROUPE.

MATÉRIEL ET APPLICATION DES ARTS LIBÉRAUX.

JURYS DE CLASSE.

CLASSE 6. — PRODUITS D'IMPRIMERIE ET DE LIBRAIRIE.

Le vicomte **de la Guéronnière,** Sénateur. — *France.* — Président.

Derenémesnil, chef du Service des travaux à l'Imprimerie impériale. — *France.* — Rapporteur.

Jamar, membre de la Chambre des représentants, membre du Jury international de 1862. — *Belgique.*

Varrentrapp, docteur, professeur à l'École polytechnique, à Brunswick. — *Prusse et États de l'Allemagne du nord.* — Secrétaire.

George **Clowes**, Esq. — *Grande-Bretagne.* — Vice Président.

Suppléant : Rivers **Wilson,** Esq.

CLASSE 7. — OBJETS DE PAPETERIE; RELIURES; MATÉRIEL DES ARTS DE LA PEINTURE ET DU DESSIN.

Anselme **Petetin,** conseiller d'État, directeur de l'Imprimerie impériale.

Suppléant : **Kleber,** fabricant de papiers.

Roulhac, négociant, ancien juge au Tribunal de commerce de la Seine, membre de la Chambre de commerce de Paris. — *France.* — Vice-Président.

E. **Hösch,** fabricant, à Düren. — *Prusse et États de l'Allemagne du nord.* — Président.

H. **Meynier,** fabricant de papier, à Fiume. — *Autriche.*

Warren de la Rue, F. R. S. — *Grande-Bretagne.* — Secrétaire rapporteur.

Suppléant : F. **Hankey,** Esq.

CLASSE 8. — APPLICATION DU DESSIN ET DE LA PLASTIQUE AUX ARTS USUELS.

Baltard, membre de l'Institut. — *France.* — Rapporteur.

Ed. **Taigny,** maître des requêtes au Conseil d'État. — *France.* — Secrétaire.

Antoine **Bovy,** graveur. — *Suisse.*

R. **Redgrave,** R. A. — *Grande-Bretagne.* — Président.

Suppléant : H.-A. **Bowler,** Esq.

CLASSE 9. — ÉPREUVES ET APPAREILS DE PHOTOGRAPHIE.

Le comte Olympe **Aguado,** membre de la Société de photographie. — *France.* — Président.

Niepce de Saint-Victor. — *France.*

H. **Vogel,** docteur, professeur à l'Académie polytechnique à Berlin. — *Prusse et États de l'Allemagne du nord.* — Secrétaire rapporteur.

A. **Melingo,** conseiller municipal, à Vienne. — *Autriche.* — Vice-Président.

W.-A. **Adams.** — *États-Unis.*

Suppléant : W.-A. **Hoppin.**

Le docteur Hugh-W. **Diamond.** — *Grande-Bretagne.*

Suppléant : le lieutenant-colonel C. **Gordon,** R. E.

CLASSE 10. — INSTRUMENTS DE MUSIQUE.

Le général **Mellinet,** Sénateur, commandant supérieur de la garde nationale de la Seine. — *France.* — Président.

Ambroise **Thomas,** membre de l'Institut, professeur au Conservatoire impérial de musique et de déclamation. — *France*. — Vice-Président.

Kastner, membre de l'Institut. — *France*.

Fétis, membre de l'Académie royale des sciences, des lettres et des beaux-arts, directeur du Conservatoire royal de musique de Bruxelles, membre des Jurys internationaux de 1855 et 1862. — *Belgique*. — Rapporteur.

Suppléant : **Gevaert**, compositeur de musique.

Jules **Schiedmayer**, fabricant d'instruments de musique à Stuttgart. — *Wurtemberg*.

E. **Hanslick**, docteur, professeur de l'histoire de la musique à l'Université de Vienne. — *Autriche*. — Secrétaire.

Lord Gerald **Fitzgerald**. — *Grande-Bretagne*.

Suppléant : Hon. **Seymour Egerton**.

CLASSE 11. — APPAREILS ET INSTRUMENTS DE L'ART MÉDICAL, AMBULANCES CIVILES ET MILITAIRES.

Nélaton, chirurgien ordinaire de l'Empereur, professeur à la Faculté de médecine de Paris, membre de l'Académie impériale de médecine. — *France*. — Président.

Tardieu, président de l'Académie impériale de médecine, professeur à la Faculté de médecine de Paris, médecin consultant de l'Empereur, membre du Jury international de 1855. — *France*. — Secrétaire rapporteur.

Thomas-W. **Evans**, médecin dentiste de S. M. l'Empereur. — *États-Unis d'Amérique*.

Sir J.-F. **Olliffe**, M. D. — *Grande-Bretagne*. — Vice-Président.

CLASSE 12. — INSTRUMENTS DE PRÉCISION ET MATÉRIEL DE L'ENSEIGNEMENT DES SCIENCES.

Milne-Edwards, membre de l'Institut, doyen de la Faculté des sciences de Paris, professeur au Muséum d'histoire naturelle, membre du Jury international de 1855. — *France*. — Président.

Foucault, membre de l'Institut, physicien de l'Observatoire impérial de Paris, membre du Jury international de 1855. — *France*.

Lissajous, professeur au lycée Saint-Louis, membre du Jury international de 1862. — *France*. — Secrétaire rapporteur.

G. **Magnus**, membre de l'Académie royale des sciences, conseiller intime, professeur de l'Université, à Berlin. — *Prusse et États de l'Allemagne du nord*. — Vice-Président.

Le professeur **Barnard**. — *États-Unis d'Amérique*.

C. **Brooke**, Esq. F. R. S. — *Grande-Bretagne*.

Suppl. : le lieutenant-colonel **Strange**, F. R. S.

CLASSE 13. — CARTES ET APPAREILS DE GÉOGRAPHIE ET DE COSMOGRAPHIE.

Le vice-amiral **Pâris**, membre de l'Institut, directeur général du Dépôt des cartes de la marine, membre du Jury international de 1862. — *France*. — Vice-Président.

Ferri Pisani, colonel d'état-major. — *France*. — Secrétaire rapporteur.

H.-W. **Dove**, membre de l'Académie royale des sciences, conseiller intime, professeur de l'Université, à Berlin. — *Prusse et États de l'Allemagne du nord*. — Président.

Le capitaine G.-H. **Richards**, F. R. S. — *Grande-Bretagne*.

Suppléant : le lieutenant-colonel **Cooke**, R. E.

JURY DE GROUPE.

PRÉSIDENTS.

Élie de Beaumont, Sénateur, secrétaire perpétuel de l'Académie des sciences, inspecteur général des mines, *membre de la Commission impériale*. — *France*. — Président.

Feer-Herzog, membre du Conseil fédéral. — *Suisse*. — Vice-Président.

Lord **Houghton**. — *Grande-Bretagne*. — Vice-Président.

Suppléant : **Baillie Cockrane**, Esq. M. P.

MEMBRES.

Les présidents et rapporteurs des 8 *jurys de classes*.

Secrétaires.

Ad. **Focillon**, professeur de l'Université, membre du Jury international de 1855, *chef de service*.

Grateau, ingénieur civil des mines.

Monod de Montricher, attaché à la Commission Impériale.

Privat-Deschanel, professeur de l'Université.

Davanne, membre du Comité d'admission.

3e GROUPE.

MEUBLES ET AUTRES OBJETS DESTINÉS A L'HABITATION.

JURY DE GROUPE.

CLASSE 14. — MEUBLES DE LUXE.

Du Sommerard, directeur du musée des Thermes et de l'hôtel de Cluny, membre des Jurys internationaux de 1855 et 1862. — *France*. — Président.

Williamson, administrateur du mobilier de la Couronne. — *France*.

W. **Knussmann**, fabricant de meubles, à Mayence. — *Hesse*.

Fr. **Stache**, architecte. — *Autriche*.

Le comte **Finocchiotti**, gouverneur du palais de S. M. le roi d'Italie, membre de la Commission royale.—*Italie*.

J.-H. **Pollen**, Esq. — *Grande-Bretagne*. — Secrétaire rapporteur.

Suppléant : Owen **Jones**, Esq.

CLASSE 15. — OUVRAGES DE TAPISSIER ET DE DÉCORATEUR.

Gustave **de Rothschild**. — *France*.

Diéterle, artiste peintre décorateur, membre du Jury international de 1855, membre du Conseil de perfectionnement du Conservatoire des arts et métiers. — *France*. — Secrétaire rapporteur.

E. **Romberg**, vice-président de la Commission belge de 1867, directeur général honoraire des Beaux-Arts, des lettres et des sciences. — *Belgique*.— Président.

Digby Wyatt, Esq.F.S.A. — *Grande-Bretagne*.

CLASSE 16. — CRISTAUX, VERRERIE DE LUXE ET VITRAUX.

Peligot, membre de l'Institut, professeur au Conservatoire impérial des arts et métiers et à l'École impériale centrale des arts et manufactures, membre des Jurys internationaux de 1851, 1855 et 1862. — *France*. — Président.

Georges **Bontemps**, ancien fabricant. — *France*. — Rapporteur.

Jonet, membre de la Chambre des représentants, vice-président du Comité des maîtres verriers du Hainaut, membre du Jury international de 1862. — *Belgique*.

Le Dr **Hasenclever**, directeur général de la Société anonyme *Rhénania*, à Aix-la-Chapelle. — *Prusse et États de l'Allemagne du nord*.

Rasch, fabricant. — *Autriche*.

E.-W. **Cooke**, R. A. F. R. S.— *Grande-Bretagne*. — Vice-Président.

Suppléant : Henry **Chance**, Esq.

CLASSE 17. — PORCELAINES, FAÏENCES ET AUTRES POTERIES DE LUXE.

Regnault, membre de l'Institut, professeur au Collége de France et à l'École polytechnique, directeur de la Manufacture impériale de Sèvres. — *France*. — Président.

Dommartin, négociant, juge au Tribunal de commerce de la Seine. — *France*.

Chandelon, professeur à l'Université de Liége, membre de l'Académie royale de médecine, membre du Jury international de 1862. — *Belgique*. — Secrétaire rapporteur.

Paul **March**, fabricant à Charlottembourg. — *Prusse et États de l'Allemagne du nord*.

Germain **Halphen**. — *Chine*.

Right Hon. W.-E. **Gladstone**, M. P. — *Grande-Bretagne*. — Vice-Président.

Suppléant : J.-C. **Robinson**, Esq. F. S. A.

CLASSE 18. — TAPIS, TAPISSERIES ET AUTRES TISSUS D'AMEUBLEMENT.

Badin, directeur des Manufactures impériales des Gobelins et de Beauvais, membre des Jurys internationaux de 1855 et 1862. — *France*. — Président.

Carlhian, négociant, président de la Chambre syndicale des tissus.—*France*. — Secrétaire.

F. **Leisler**, fabricant, à Hanau. — *Prusse et États de l'Allemagne du nord*. — Rapporteur.

De Carauza, ingénieur, ancien directeur de la verrerie impériale ottomane, professeur de chimie. — *Turquie*.

Adalbert **de Beaumont**. — *Perse*.

Peter **Graham**, Esq. — *Grande-Bretagne*. — Vice-Président.

CLASSE 19. — PAPIERS PEINTS.

Aldrophe, architecte de la Commission impériale, membre du Jury international de 1862. — *France*. — Président.

Délicourt, ancien fabricant, président du Conseil des prud'hommes de Paris (produits chimiques). — *France*. — Vice-Président.

J.-G. **Crace**, Esq. — *Grande-Bretagne*. — Secrétaire rapporteur.

CLASSE 20. — COUTELLERIE.

Le général **Guiod**, membre des Jurys internationaux de 1855 et 1862.—*France*. — Président.

Dubocq, ingénieur en chef du Corps impérial des mines, membre du Jury international de 1862. — *France*. — Secrétaire rapporteur.

K. **Karmarsch**, docteur, directeur de l'Ecole polytechnique, à Hanovre. — *Prusse et États de l'Allemagne du nord*. — Vice-Président.

Wm **Slade**. — *États-Unis d'Amérique*.

Suppléant : Charles-H. **May**.

G. **Wostenholm**, Esq. — *Grande-Bretagne*.

Suppléant : C. **Asprey**, Esq.

CLASSE 21. — ORFÉVRERIE.

Son Exc. le duc **de Cambacérès**, Grand-maître des cérémonies, Sénateur. — *France*. — Président.

P. **Christofle**, orfévre. — *France*. — Secrétaire rapporteur.

G. **Hossauer**, ancien orfévre du Roi, artiste reçu à l'Académie royale des Beaux-Arts, à Berlin.—*Prusse et États de l'Allemagne du nord*. — Vice-Président.

Percy **Doyle**, Esq. C. B. — *Grande-Bretagne*.

Suppléant : G.-J. **Cayley**, Esq.

CLASSE 22. — BRONZES D'ART, FONTES D'ART DIVERSES, OBJETS EN MÉTAUX REPOUSSÉS.

Le baron **de Butenval**, Sénateur. — *France*. — Président.

Barbedienne, fabricant, président de la Réunion des fabricants de bronzes et des industries de l'art plastique. — *France*. — Rapporteur.

L. **Ravené**, négociant; membre de la Chambre de commerce, à Berlin. — *Prusse et États de l'Allemagne du nord*. — Secrétaire.

Le chevalier **de Friedland**, membre du Comité consultatif du Musée I. R. de l'industrie et des beaux-arts. — *Autriche*. — Vice-Président.

Yekoussima Magotarou, secrétaire de la mission japonaise. — *Japon*.

CLASSE 23. — HORLOGERIE.

Laugier, membre de l'Institut, membre du Bureau des longitudes, membre du Jury international de 1862. — *France*. — Président.

Bréguet, horloger, membre du Bureau des longitudes. — *France*. — Secrétaire.

Le docteur **Frick**, membre du Conseil supérieur de l'instruction publique, membre du Jury international de 1852. — *Bade*.

El. **Wartmann**, professeur de physique à l'Académie de Genève, membre du Jury international de 1855. — *Suisse*. — Rapporteur.

Ch.-A. **Wille**, fabricant d'horlogerie à la Chaux-de-Fonds. — *Suisse*.

C. **Frodsham**, Esq. — *Grande-Bretagne*. — Vice-Président.

CLASSE 24.—APPAREILS ET PROCÉDÉS DE CHAUFFAGE ET D'ÉCLAIRAGE.

Clerget, membre du Conseil de la Société d'encouragement, membre du Jury international de 1855. — *France*. — Président.

Camus, ingénieur au Corps impérial des ponts et chaussées, sous-directeur de la Compagnie parisienne du gaz. — *France.* — Secrétaire.

G. **Stobwasser,** fabricant, à Berlin. — *Prusse et États de l'Allemagne du nord.* — Vice-Président rapporteur.

J. **Tyndall,** F. R. S. — *Grande-Bretagne.*

Suppléant : amiral **Ryder,** C. B. R. N.

CLASSE 25. — PARFUMERIE.

Barreswil, membre du Comité consultatif des arts et manufactures, membre des Jurys internationaux de 1855 et 1862. — *France.* — Rapporteur.

Aubry-Lecomte, commissaire-adjoint de la marine, conservateur de l'Exposition permanente des colonies. — *France.* — Secrétaire.

Le colonel **Essad-Bey,** directeur des études militaires ottomanes à Paris. — *Turquie.* — Vice-Président.

Le docteur **Odling.** — *Grande-Bretagne.* — Président.

CLASSE 26. — OBJETS DE MAROQUINERIE, DE TABLETTERIE ET DE VANNERIE.

Wolowski, membre de l'Institut, professeur au Conservatoire impérial des arts et métiers, membre des Jurys internationaux de 1851, 1855 et 1862. — *France.* — Président.

Louis **Aucoc,** fabricant. — *France.* — Secrétaire rapporteur.

Ch. **Stoelzel,** président de la Société industrielle de Nuremberg et professeur à l'École provinciale de l'industrie. — *Bavière.*

J.-J. **Bauer,** négociant, membre de la Chambre de commerce, conseiller de la Bourse, conseiller I. R. — *Autriche.*

J. **Stanley,** Esq. — *Grande-Bretagne.* — Vice-Président,

Suppléant : F. **West,** Esq.

JURY DE GROUPE.

PRÉSIDENTS.

S. A. R. le Prince **de Hohenzollern-Sigmaringen.** — *Prusse et États de l'Allemagne du nord.* — Président.

Suppléant : le duc **de Valençay** et **de Sagan.**

Denière, ancien président du Tribunal de commerce de la Seine, et membre du Conseil municipal de Paris, *membre de la Commission impériale.* — *France.* — Vice-Président.

Le baron **de Burg,** conseiller aulique. — *Autriche.* — Vice-Président.

MEMBRES.

MM. les Présidents et Rapporteurs des treize Jurys de classe.

Secrétaires.

Ad. **Focillon,** *chef de service.*

Philippe **Delaroche,** attaché au Ministère des affaires étrangères.

Aimé **Girard,** répétiteur de chimie à l'École polytechnique.

Hardy, architecte.

Élysée **Ollivier,** attaché au secrétariat du Jury international de 1855.

Louis **Ser,** ingénieur de l'Administration de l'Assistance publique.

4e GROUPE.

VÊTEMENTS (TISSUS COMPRIS) ET AUTRES OBJETS PORTÉS PAR LA PERSONNE.

JURYS DE CLASSE.

CLASSE 27. — FILS ET TISSUS DE COTON.

Gustave **Roy**, négociant, membre du Comité consultatif des arts et manufactures. — *France*. — Président.

Fauquet-Lemaître, manufacturier, à Bolbec. — *France*. — Secrétaire rapporteur.

Henri **Loyer**, manufacturier, membre de la Chambre de commerce de Lille, vice-président du Comité des filateurs du Nord. — *France*.

Jules **Kœchlin**, manufacturier, à Mulhouse. — *France*.

F. **Wolff**, fabricant, membre de la Chambre de commerce, à Gladbach. — *Prusse et Etats de l'Allemagne du nord*.

Ch. **Zimmermann**. — *Autriche*.

De Gonzenbach, président du Directoire commercial, à Saint-Gall. — *Suisse*.

Scherer, membre du Conseil des manufactures. — *Russie*.

Malcolm **Ross**, Esq. — *Grande-Bretagne*. — Vice-Président.

William **Spotten**, Esq. — *Grande-Bretagne*.

Suppléant : George **Wallis**, Esq.

CLASSE 28. — FILS ET TISSUS DE LIN ET DE CHANVRE.

Varin, négociant. — *France*. — Vice-Président.

Legentil fils, membre du Comité consultatif des arts et manufactures. — *France*.

Casse, manufacturier, à Lille. — *France*. — Secrétaire rapporteur.

De Brabandère, ancien fabricant, membre suppléant du Jury international de 1862. — *Belgique*.

G. **Mevissen**, conseiller intime. — *Prusse, et Etats de l'Allemagne du nord*. — Président.

Charles **Lang**, fabricant de tissus de lin, à Blaubeuren. — *Wurtemberg*.

A. **Regenhardt**, membre de la Chambre de commerce, conseiller I. R., vice-président de la Société des industriels de Vienne. — *Autriche*.

CLASSE 29. — FILS ET TISSUS DE LAINE PEIGNÉE.

G. **Larsonnier**, fabricant, membre de la Chambre de commerce de Paris, membre du Jury international de 1862. — *France*. — Président.

J.-E.-Charles **Seydoux**, manufacturier, au Cateau. — *France*. — Rapporteur.

H. **Delattre** père, ancien manufacturier, membre du Jury international de 1855, à Roubaix. — *France*.

De Brunet, négociant, membre de la Chambre de commerce et du Conseil municipal de Reims, membre du Jury international de 1855. — *France*.

A. **Ledeboer**, fabricant, à Tilbourg. — *Pays-Bas*.

Winkler, fabricant, à Rochlitz (Saxe). — *Prusse et Etats de l'Allemagne du nord*.

Nemesio **Singla**. — *Espagne*. — Secrétaire.

Le chevalier A. **Rossi**, député au parlement italien, membre de la Commission royale, fabricant de draperies, à Schio. — *Italie*.

W. **Morris**, Esq. — *Grande-Bretagne*.

Suppléant : J. **Law**, Esq.

CLASSE 30. — FILS ET TISSUS DE LAINE CARDÉE.

De Montagnac, fabricant, député au Corps législatif. — *France*.

Guillaume **Petit**, ancien manufacturier, député au Corps législatif, membre du Jury international de 1862. — *France*. — Vice-Président.

Vauquelin, fabricant. — *France*. — Rapporteur.

Laoureux, membre du Sénat, membre des Jurys internationaux de 1855 et 1862. — *Belgique*. — Président.

Suppléant : **Offermann**, membre de la Chambre de commerce de Verviers.

J.-H. **Hardt**, négociant, à Berlin. — *Prusse et États de l'Allemagne du nord.*

Le chevalier Gustave de **Schöller**, fabricant. — *Autriche.* — Secrétaire.

Ramiro **Larcher**. — *Portugal.*

C.-F. **Lundstroem**, fabricant à Carlovik, près Stockholm. — *Suède.*

Andreieff, membre du Conseil des manufactures. — *Russie.*

Edward **Huth**, Esq. — *Grande-Bretagne.*

Suppléant : H.-S. **Way**, Esq.

CLASSE 31. — FILS ET TISSUS DE SOIE.

Alphonse **Payen**, négociant, membre de la Chambre de commerce de Paris, membre des Jurys internationaux de 1855 et 1862. — *France.* — Président.

Jules **Raimbert**, négociant. — *France.* — Secrétaire-rapporteur.

Girodon, ancien membre de la Chambre de commerce de Lyon, membre des Jurys internationaux de 1855 et 1862. — *France.*

Antoine **Harpke**, membre de la Chambre de commerce, conseiller I. R. — *Autriche.*

Eug. **Battier**, de Bâle, membre du Jury international de 1855. — *Suisse.*

Le commandeur J.-B. **Tasca**, président de la Chambre de commerce de Turin. — *Italie.*

Sir B.-S. **Philipps**. — *Grande-Bretagne*, — Vice-Président.

Suppléant : C. **Haden**, Esq.

CLASSE 32. — CHALES.

Germain **Thibaut**, ancien fabricant, syndic du Conseil municipal de la Seine, membre du Jury international de 1855. — *France.* — Président.

Gaussen, ancien fabricant, membre des Jurys internationaux de 1851, 1855 et 1862. — *France.* — Rapporteur.

D. **Gerson**, négociant, à Paris. — *Prusse et États de l'Allemagne du nord.* — Secrétaire.

W.-H. **Clabburn**, Esq. — *Grande-Bretagne.* — Vice-Président.

Suppléant : J.-P. **Hoare**, Esq.

CLASSE 33. — DENTELLES, TULLES, BRODERIES ET PASSEMENTERIES.

Louvet, ancien fabricant, président du Tribunal de commerce de la Seine. — *France.* — Secrétaire-rapporteur.

Lieven-Delhaye, ancien fabricant, à Calais, membre du Jury international de 1855. — *France.*

Félix **Aubry**, ancien juge au Tribunal de commerce de la Seine, membre des Jurys internationaux de 1851, 1855 et 1862. — *France.* — Président.

Duhayon-Brunfaut, fabricant de dentelles, à Bruxelles et à Ypres, membre du Jury international de 1862. — *Belgique.* — Vice-Président.

J.-H.-A. **Bergmann**, fabricant, à Berlin. — *Prusse et États de l'Allemagne du nord.*

Kursteiner, manufacturier, à Saint-Gall. — *Suisse.*

De Launay, attaché au Conseil des travaux publics, membre de la Commission ottomane. — *Turquie.*

Daniel **Biddle**, Esq. — *Grande-Bretagne.*

Suppléant : Thomas **Ball**, Esq.

CLASSE 34. — ARTICLES DE BONNETERIE ET DE LINGERIE, OBJETS ACCESSOIRES DU VÊTEMENT.

E. **Tailbouis**, fabricant. — *France.* — Rapporteur.

Duvelleroy, fabricant. — *France.* — Président.

Carcenac, ancien négociant, ancien juge au Tribunal de commerce de la Seine. — *France.*

Kindt, inspecteur général de l'industrie, ancien membre des Jurys internationaux de 1855 et 1862. — *Belgique.* — Vice-Président.

Th. **Esche**, fabricant, à Leimbach (Saxe). — *Prusse et États de l'Allemagne du nord.*

L.-J. **Groen**, manufacturier, à Copenhague. — *Danemark.*

A.-J. **Mundella**, Esq. — *Grande-Bretagne.*

CLASSE 35. — HABILLEMENTS DES DEUX SEXES.

A. **Dusautoy**, fournisseur d'habillements pour les armées, membre du Conseil général de l'Yonne. — *France.* — Président.

Ch. **Petit**, fabricant. — *France.* — Secrétaire-rapporteur.

Latour, fabricant. — *France.*

Laville, fabricant. — *France.*

Balsan, fabricant, à Châteauroux. — *France.*

Hermann **Schmidt**, fabricant, à Pirmasens. — *Bavière.*

Fred. **Uhl**. — *Autriche.* — Vice-Président.

De Boutowski, directeur du Département du commerce et des manufactures. — *Russie.*

Le lieutenant-colonel **Hudson.** — *Grande-Bretagne.*

CLASSE 36. — JOAILLERIE, BIJOUTERIE.

Fossin, ancien juge au Tribunal de commerce de la Seine, membre des Jurys internationaux de 1855 et 1862. *France.* — Vice-Président.

Baugrand, joaillier-bijoutier, juge au Tribunal de commerce de la Seine. — *France.* — Rapporteur.

Georges **Ehni,** chef d'une maison d'exportation de bijouterie, à Stuttgart. — *Wurtemberg.*

Le comte **Dudley.** — *Grande-Bretagne.* — Président.

Suppléant : N.-S. **Maskelyne,** Esq.

CLASSE 37. — ARMES PORTATIVES.

Le général baron **Treuille de Beaulieu,** membre du Jury international de 1862. — *France.* — Président.

Suppléant : **Maldan,** chef d'escadron d'artillerie, directeur de l'atelier des modèles d'armes au dépôt central.

Alexandre **Fouquier,** maître des requêtes au Conseil d'État. — *France.* — Secrétaire.

Neuens, colonel de l'état major de l'artillerie, directeur de la fonderie royale de canons de Liége. — *Belgique.* — Rapporteur.

Suppléant : **Vautier,** capitaine commandant d'artillerie, professeur à l'École militaire de Belgique.

F. **Weyersberg,** fabricant, à Solingen. — *Prusse et États de l'Allemagne du nord.*

Godoline, général-major, membre du Comité d'artillerie. — *Russie*

Le major-général sir W. **Gordon,** K. C. B. — *Grande-Bretagne.* — Vice-Président.

Suppléant : le major - général C. **Dickson,** C. B. R. A.

CLASSE 38. — OBJETS DE VOYAGE ET DE CAMPEMENT.

Alexis **Godillot,** fabricant. — *France.*

Teston, chef de bureau au Ministère de la guerre, commissaire de l'exposition permanente de l'Algérie. — *France.* — Secrétaire rapporteur.

S. E. le général **Elorza y Aguirre.** — *Espagne.* — Président.

Sir S. **Baker.** — *Grande-Bretagne.*

Edward **Page,** Esq. — *Grande-Bretagne.*

Suppléant : **Mac Leod of Mac Leod**

CLASSE 39. — BIMBELOTERIE.

Jules **Delbruck,** auteur d'ouvrages spéciaux. — *France.* — Secrétaire rapporteur.

Trélon, ancien fabricant, ancien juge au Tribunal de commerce de la Seine, membre du Jury international de 1855. — *France.* — Président.

Guthmann, professeur à l'École des arts et métiers, à Chemnitz (Saxe). — *Prusse et États de l'Allemagne du nord.*

JURY DE GROUPE.

PRÉSIDENTS.

Le duc **de Manchester.** — *Grande-Bretagne.* — Président.

Suppléant : right hon. Sir W. **Hutt,** M. P. K. C. B.

Arlès Dufour, membre de la Chambre de commerce de Lyon, *membre de la Commission impériale.* — *France.* — Vice-Président.

Fortamps, membre du Sénat, président de la Commission belge de l'Exposition universelle de 1867, membre des Jurys internationaux de 1855 et 1862. — *Belgique.* — Vice-Président.

MEMBRES.

Les présidents et rapporteurs des 13 jurys de classe.

Secrétaires.

Ad. **Focillon,** *chef de service.*

Alfred **Collin,** négociant.

Deschamps, ingénieur civil.

Mimerel fils, manufacturier.

Rondelet, fabricant de tissus.

5e GROUPE.

PRODUITS (BRUTS ET OUVRÉS) DES INDUSTRIES EXTRACTIVES.

JURYS DE CLASSE.

CLASSE 40. — PRODUITS DE L'EXPLOITATION DES MINES ET DE LA MÉTALLURGIE.

De Billy, inspecteur général au Corps impérial des mines. — *France.*

Daubrée, membre de l'Institut, inspecteur général au Corps impérial des mines, professeur au Muséum et à l'Ecole impériale des Mines, membre du Jury international de 1862. — *France.* — Vice-Président.

Goldenberg, fabricant, membre des Jurys internationaux de 1851, 1855 et 1862, au Zornhoff (Bas-Rhin).—*France* — Président.

Rivot, ingénieur en chef au Corps impérial des Mines, professeur et directeur des laboratoires et du Bureau des essais à l'Ecole des Mines, membre du Jury international de 1855.—*France.*

R. **Bluhme,** conseiller supérieur des mines, à Bonn. — *Prusse et États de l'Allemagne du nord.* — Rapporteur.

J.-A.-C. **das Neves Cabral,** ingénieur en chef des mines. —*Portugal.*

Le chevalier P. **de Tunner,** directeur de l'Académie des mines de Leoben. — *Autriche.*

K. **Styffe,** chef de l'Institut polytechnique, à Stockholm. — *Suède.* — Secrétaire.

Koulibine, ingénieur des mines, professeur à l'Institut des mines de Saint-Pétersbourg. — *Russie.*

Suppléant : **Mestchérinoff,** ingénieur des mines.

Le commandeur J. **Curioni,** secrétaire de l'Institut lombard des sciences, lettres et arts. — *Italie.*

L. **Tenré** fils. — *Républiques de l'Amérique centrale et méridionale.*

S.-H. **Blackwell,** Esq. — *Grande-Bretagne.*

Suppléant : le capitaine W.-S. **Roden.**

CLASSE 41. — PRODUITS DES EXPLOITATIONS ET DES INDUSTRIES FORESTIÈRES.

Le marquis **de Vibraye,** propriétaire sylviculteur, correspondant de l'Institut, membre de la Société impériale et centrale d'agriculture. — *France.*— Président.

Des Meloizes, conservateur des forêts, à Bourges. — *France.* — Rapporteur.

Joseph **Wessely,** inspecteur général des domaines. — *Autriche.* — Vice-Président.

Ths.-Joh. **Heftye.** — *Norvége.*

Émile **Fournier.** — *Brésil.* — Secrétaire

Hon. F.-D. **Mac Gee.** — *Grande-Bretagne.*

Suppléant : P. **Simmonds,** Esq.

CLASSE 42. — PRODUITS DE LA CHASSE, DE LA PÊCHE ET DES CUEILLETTES.

Duchartre, membre de l'Institut, professeur à la Faculté des sciences de Paris. — *France.* — Président.

Servant, négociant. — *France.* — Secrétaire.

Joseph **Provenzal,** consul de Grèce à Bordeaux. — *Grèce.*

Le baron **de Bonnemains,** maire du 16e arrondissement, ancien inspecteur des finances. — *Turquie.* — Rapporteur.

Bajanoff, professeur à l'Institut agricole de Saint-Pétersbourg. — *Russie.*

João **Martins da Silva Continho.** — *Brésil.*

Le professeur **Wyville Thomson,** F. R. S. — *Grande-Bretagne.* — Vice-Président.

Suppléant : major **Michael.**

CLASSE 43. — PRODUITS AGRICOLES (NON ALIMENTAIRES) DE FACILE CONSERVATION.

Lestiboudois, conseiller d'État. — *France.* — Président.

Moll, professeur au Conservatoire impérial des arts et métiers, membre des Jurys internationaux de 1851, 1855 et 1862. — *France.* — Rapporteur.

Victor **Borie,** rédacteur en chef de l'*Écho agricole.* — *France.*

D. R. Gevers **Deynoot**, avocat, secrétaire de la Société agricole de la Hollande, membre de la Commission royale des Pays-Bas. — *Pays-Bas.*

De Langsdorff, secrétaire de la Société agricole de Bade. — *Bade.*

Hecke. — *Autriche.*

Le chevalier Philippe **Parlatore**, professeur de botanique à l'Institut royal de perfectionnement pour les études supérieures, à Florence. — *Italie.* — Vice-Président.

Barral, directeur du journal l'*Agriculture.* — *Turquie.* — Secrétaire.

J.-G. **Wehner.** — *Républiques de l'Amérique centrale et méridionale.*

D. **Hanbury**, Esq. — *Grande-Bretagne.*

CLASSE 44. — PRODUITS CHIMIQUES ET PHARMACEUTIQUES.

Balard, membre de l'Institut, professeur au Collége de France et à la Faculté des sciences, membre des Jurys internationaux de 1851, 1855 et 1862. — *France.* — Rapporteur.

Henri **Sainte-Claire Deville**, membre de l'Institut, maître des conférences à l'École normale supérieure, professeur à la Sorbonne, membre des Jurys internationaux de 1855 et 1862. — *France.*

Daguin, ingénieur civil, directeur gérant de la Société des Salines de Saint-Nicolas, juge au Tribunal de commerce de la Seine. — *France.* — Secrétaire.

Von **Baumhauer**, membre de l'Académie des sciences des Pays-Bas et des Jurys internationaux de 1855 et 1862. — *Pays-Bas.*

Le Docteur L.-A.-H. **Kunheim**, fabricant, à Berlin. — *Prusse et États de l'Allemagne du Nord.*

Le professeur **de Fehling**, conseiller intime, à Stuttgart. — *Wurtemberg.* — Président.

Le docteur **Schrötter**, professeur. — *Autriche.*

J.-A. **Beck**, conseiller de justice. — *Danemark.*

Danielsen, médecin en chef, lauréat de l'Institut de France. — *Norvége.*

Le docteur **Frankland**, F. R. S. — *Grande-Bretagne.*

Suppléant : le docteur David **Price.**

CLASSE 45. — SPÉCIMENS DES PROCÉDÉS CHIMIQUES DE BLANCHIMENT, DE TEINTURE, D'IMPRESSION ET D'APPRÊT.

Persoz, professeur au Conservatoire impérial des arts et métiers, directeur de la condition des soies et laines, membre des Jurys internationaux de 1851, 1855 et 1862. — *France.* — Président.

Aimé **Boutarel**, teinturier, membre du Jury international de 1862. — *France.* — Vice-Président.

Le docteur Aug. **Kékulé**, professeur à l'Université de Gand. — *Belgique.*

L. **Reichenheim**, fabricant, membre de la Chambre de commerce, à Berlin. — *Prusse et États de l'Allemagne du nord.*

P. **Bolley**, commissaire Suisse à l'Exposition de 1851, professeur à l'École polytechnique de Zurich. — *Suisse.* — Rapporteur.

Sir Robert **Kane**, F. R. S. — *Grande-Bretagne.*

Suppléant : le docteur **Cameron.**

CLASSE 46. — CUIRS ET PEAUX.

Fauler, ancien fabricant, ancien juge au Tribunal de commerce de la Seine, membre des Jurys internationaux de 1851, 1855 et 1862. — *France.* — Président.

Ricord, négociant, juge au Tribunal de commerce de la Seine. — *France.* — Vice-Président.

Fr. **Suess**, fabricant, à Vienne. — *Autriche.* — Secrétaire Rapporteur.

Fink, conseiller de commerce, à Darmstadt. — *Hesse.*

Zinin, membre de l'Académie des sciences de Saint-Pétersbourg. — *Russie.*

Le caïd **Nyssim.** — *Maroc.*

Le docteur Forbes **Watson**, A. M. F. R. S. — *Grande-Bretagne.*

Suppléant : J. **Evershed**, Esq.

JURY DE GROUPE.

PRÉSIDENTS.

Dumas, sénateur, membre de l'Institut, président du Conseil municipal de la Seine, *membre de la Commission impériale.* — *France.* — Président.

A.-W. **Hofmann**, docteur, membre de l'Académie royale des sciences, professeur de l'Université, à Berlin. — *Prusse et États de l'Allemagne du nord.* — Vice-Président.

Le professeur J. Lawrence **Smith.** — *États-Unis d'Amérique.* — Vice-Président.

MEMBRES.

Les présidents et rapporteurs des 7 *jurys de classe.*

Secrétaires.

Ad. **Focillon,** *chef de service.*

Cavaré fils, ingénieur.

Fourcade, fabricant de produits chimiques.

Edmond **Fuchs,** ingénieur au Corps impérial des mines.

J. **Martelet,** ingénieur au Corps impérial des mines.

6e GROUPE.

INSTRUMENTS ET PROCÉDÉS DES ARTS USUELS.

JURYS DE CLASSE.

CLASSE 47. — MATÉRIEL ET PROCÉDÉS DE L'EXPLOITATION DES MINES ET DE LA MÉTALLURGIE.

Callon, ingénieur en chef au Corps impérial des mines, professeur à l'École des mines, membre des Jurys internationaux de 1855 et 1862. — *France.* — Rapporteur.

Gustave **Salmon** fils, négociant, juge au Tribunal de commerce de la Seine. — *France.* — Secrétaire.

Lan, ingénieur au Corps impérial des mines, membre du Jury international de 1862. — *France.*

Gernaert, inspecteur général des mines. — *Belgique.* — Président.

Suppléant : **Van Scherpenzeel-Thym,** ingénieur principal des mines.

M. **Braun,** ingénieur en chef de la Société la Vieille-Montagne, à Moresnet. — *Prusse et États de l'Allemagne du nord.*

Warington W. Smyth, Esq., F. R. S. — *Grande-Bretagne.* — Vice Président.

Suppléant : C. **Le Neve Foster,** Esq.

CLASSE 48. — MATÉRIEL ET PROCÉDÉS DES EXPLOITATIONS RURALES ET FORESTIÈRES.

Le général **Allard,** président de section au Conseil d'État. — *France.* — Président.

Boitel, inspecteur général de l'agriculture. — *France.*

Hervé-Mangon, ingénieur en chef au Corps impérial des ponts et chaussées, professeur au Conservatoire des arts et métiers, membre des Jurys internationaux de 1855 et 1862. — *France.*

Leclerc, inspecteur général de l'agriculture et des chemins vicinaux, membre du Jury international de 1862. — *Belgique.* — Secrétaire rapporteur.

Suppléant : **de Mathelin,** vice-président du Conseil supérieur d'agriculture de Belgique.

Juhlin-Dannfelt, membre rapporteur de l'Académie royale d'agriculture, à Stockholm. — *Suède.*

Le docteur Adalbert **Fuchs,** professeur à l'École polytechnique de Vienne. — *Autriche.* — Vice-Président.

Tcherniaieff, directeur du Musée agricole de Saint-Petersbourg. — *Russie.*

Jacob **Wilson,** Esq. — *Grande-Bretagne.*

Suppléant : Thomas **Webb,** Esq.

CLASSE 49. — ENGINS ET INSTRUMENTS DE LA CHASSE, DE LA PÊCHE ET DES CUEILLETTES.

Coste, membre de l'Institut, professeur au Collége de France, inspecteur général des pêches. — *France.* — Président.

Coumes, inspecteur général au Corps impérial des ponts et chaussées, président du Comité départemental du Bas-Rhin. — *France.* — Rapporteur.

Paul **Calon,** consul de Danemark à Paris. — *Danemark.*

Le colonel Hon. H.-F. **Keane.** — *Grande-Bretagne.* — Vice-Président.

Suppléant : le major **Edwards,** R. E.

CLASSE 50. — MATÉRIEL ET PROCÉDÉS DES USINES AGRICOLES ET DES INDUSTRIES ALIMENTAIRES.

Boussingault, membre de l'Institut, professeur au Conservatoire des arts et métiers, membre des Jurys internationaux de 1855 et 1862. — *France.* — Président.

Lœuilliet, directeur de l'Ecole impériale d'agriculture de la Saulsaie. — *France.* — Secrétaire.

Le comte Robert **de Pourtalès**, propriétaire-agriculteur à Bandeville, près Dourdan. — *France.* — Rapporteur.

Le docteur **Kraemer**, secrétaire général des comices agricoles du grand-duché de Hesse. — *Hesse.*

Le chevalier Gaëtan **Cantoni**, professeur d'agriculture au Musée royal industriel de Turin. — *Italie.* — Vice-président.

James C. **Amos**, Esq. — *Grande-Bretagne.*

Suppléant : C. **Wren Hoskins**, Esq.

CLASSE 51. — MATÉRIEL DES ARTS CHIMIQUES, DE LA PHARMACIE ET DE LA TANNERIE.

Pelouze, membre de l'Institut, président de la Commission des monnaies et médailles, membre des Jurys internationaux de 1855 et 1862. — *France.*

Frémy, membre de l'Institut, professeur à l'École polytechnique et au muséum d'histoire naturelle, membre des Jurys internationaux de 1855 et de 1862. — *France.* — Président.

L. **Grandeau**, docteur ès-sciences et docteur en médecine. — *France.* — Secrétaire rapporteur.

Rudolph **Wagner**, professeur, à Wurzbourg. — *Bavière.* — Vice-président.

J.-P. **Lesley**, membre de l'Académie nationale. — *Etats-Unis d'Amérique.*

Suppléant : le docteur T. **Sterry-Hunt**, F. R. S., membre du Jury international de 1855.

Le docteur Lyon **Playfer**, C.B., F.R.S. —*Grande-Bretagne.*

Suppléant : le professeur T. C. **Archer**.

CLASSE 52. — MOTEURS, GÉNÉRATEURS ET APPAREILS MÉCANIQUES SPÉCIALEMENT ADAPTÉS AUX BESOINS DE L'EXPOSITION.

Gouin, ingénieur constructeur, membre du Conseil municipal et de la Chambre de commerce de Paris. — *France.* — Vice-président.

Jacqmin, ingénieur au Corps impérial des ponts et chaussées, professeur à l'École des ponts et chaussées, directeur de l'exploitation des chemins de l'Est. — *France.* — Secrétaire rapporteur.

Mantion, ingénieur au Corps impérial des ponts et chaussées, professeur à l'Ecole centrale des arts et manufactures. — *France.*

Du Pré, ingénieur en chef honoraire des ponts et chaussées, membre des Jurys internationaux de 1855 et 1862. — *Belgique.* — Président.

C. R. **Goodwin**. — *États-Unis d'Amérique.*

J. **Scott Russell**. F. R. S. — *Grande-Bretagne.*

Suppléant : le capitaine **Beaumont**, R. E.

CLASSE 53. — MACHINES ET APPAREILS DE LA MÉCANIQUE GÉNÉRALE.

Combes, membre de l'Institut, inspecteur général au Corps impérial des mines, membre des Jurys internationaux de 1851, 1855 et 1862. — *France.* Président.

Fourneyron, ingénieur civil. — *France.*

Luuyt, ingénieur au Corps impérial des mines, membre du Jury international de 1862. — *France.* — Secrétaire.

F. **Reuleaux**, professeur à l'Académie polytechnique, à Berlin. — *Prusse et États de l'Allemagne du Nord.* — Rapporteur.

Diefenbach, ingénieur au Conseil royal pour l'industrie et le commerce. — *Wurtemberg.*

Jenny, professeur à l'Ecole polytechnique de Vienne. — *Autriche.*

Le comte de **Caithness**. — *Grande-Bretagne.*

Suppléant : John **Anderson**, Esq.

Robert **Mallet**, Esq., F. R. S. — *Grande-Bretagne.*

CLASSE 54. — MACHINES OUTILS.

Le baron **Renouard de Bussierre**, député au Corps législatif, directeur de la Monnaie de Paris. — *France.*

Le général **Morin**, membre de l'Institut, directeur du Conservatoire impérial des arts et métiers, membre des Jurys internationaux de 1851, 1855 et 1862. — *France.* — Président.

Tresca, sous-directeur et professeur au Conservatoire impérial des arts et métiers, membre du Jury international de 1855. — *France.* — Secrétaire rapporteur.

Andries, professeur à l'École spéciale

du génie civil de l'Université de Gand. — *Belgique.*

J.-E. **Holmes.** — *États-Unis d'Amérique.* — Vice-président.

G. W. **Hemans**, Esq. F. R. G. S. — *Grande-Bretagne.*

Suppléant : John **Anderson**, Esq.

CLASSE 55. — MATÉRIEL ET PROCÉDÉS DU FILAGE ET DE LA CORDERIE.

Alcan, professeur au Conservatoire impérial des arts et métiers, membre des Jurys internationaux de 1855 et 1862. *France.* — Président.

A. **Mercier**, constructeur-mécanicien, à Louviers. — *France.*

G. **Scribe**, ancien constructeur de machines, membre de la Chambre de commerce de Gand.— *Belgique.*— Secrétaire rapporteur.

J. **Wild Siler**, manufacturier à Zurich. — *Suisse.*

Le commandeur J. **de Luca**, directeur des constructions navales. — *Italie.*

R. **Marshall**, Esq. — *Grande-Bretagne.* — Vice-président.

CLASSE 56. — MATÉRIEL ET PROCÉDÉS DU TISSAGE.

Nicolas **Schlumberger**, constructeur-mécanicien, à Guebwiller. — *France.*

Villeminot-Huart, manufacturier, membre de la Chambre de commerce de Reims, membre du Jury international de 1862. — *France.* — Président.

Henri **Scrive**, fabricant, à Lille. — *France.* — Secrétaire rapporteur.

Kankelwitz, professeur à l'École des contre-maîtres de fabrique, à Chemnitz (Saxe). — *Prusse et États de l'Allemagne du Nord.*

M. **Curtis**, Esq. — *Grande-Bretagne.*

Suppléant : R. **Lloyd**, Esq.

CLASSE 57. — MATÉRIEL ET PROCÉDÉS DE LA COUTURE ET DE LA CONFECTION DES VÊTEMENTS.

Le baron **Séguier**, membre de l'Institut, membre des Jurys internationaux de 1851, 1855 et 1862. — *France.* — Président.

M. **Haas**, fabricant. — *France.* — Secrétaire.

Quarré d'Aligny. — *États-Unis d'Amérique.* — Rapporteur.

Peter **Tait**, Esq. — *Grande-Bretagne.* — Vice-président.

Suppléant : le capitaine **Ponsomby Cox**. R. E.

CLASSE 58. — MATÉRIEL ET PROCÉDÉS DE LA CONFECTION DES OBJETS DE MOBILIER ET D'HABITATION.

Bonniceau, ingénieur en chef au Corps impérial des ponts et chaussées. — *France.* — Président.

Renard, entrepreneur de travaux publics. — *France.* — Secrétaire rapporteur.

Le chevalier Gabriel **Capello**, dit **Moncalvo**, ancien fabricant, à Turin, — *Italie.*

Le lieutenant colonel **Ewart**, R. E. — *Grande-Bretagne.* — Vice-président.

CLASSE 59. — MATÉRIEL ET PROCÉDÉS DE LA PAPETERIE, DES TEINTURES ET DES IMPRESSIONS.

Charles **Laboulaye**, ancien fabricant, membre du Jury international de 1862. — *France.* — Président.

F. **Normand**, ancien constructeur-mécanicien. — *France.* — Rapporteur.

Auguste **Doumerc**, directeur des papeteries du Marais et de Sainte-Marie. — *France.* — Secrétaire.

Le chevalier François **Wertheim**, vice-président de la Chambre de commerce de Vienne. — *Autriche.* — Vice-président.

Wyndham B. **Portal**, Esq. — *Grande-Bretagne.*

Suppléant : le révérend W. H. **Brookfield**.

CLASSE 60. — MACHINES, INSTRUMENTS ET PROCÉDÉS USITÉS DANS DIVERS TRAVAUX.

Leblanc, maître des requêtes au Conseil d'État, vice-président du Comité de perfectionnement des lignes télégraphiques, membre du Jury international de 1862. — *France.* — Secrétaire rapporteur.

Ch. **Callon**, ingénieur civil, professeur à l'École centrale des arts et manufactures. — *France.* — Vice-président.

C. F. **Beyer**, Esq. — *Grande Bretagne.* — Président.

CLASSE 61. — CARROSSERIE ET CHARRONNAGE.

Louis **Binder**, ancien juge au Tribunal de commerce de la Seine. — *France.* — Président.

Charles **Lavollée**, administrateur de la Compagnie générale des omnibus — *France.*

Guillaume **Mengelbier**, fabricant, à Aix-la-Chapelle. — *Prusse et États de l'Allemagne du Nord.* — Secrétaire.

C. N. **Hooper**, Esq. — *Grande-Bretagne.* — Vice-président rapporteur.

Suppléant : **Minton Campbell**, Esq.

CLASSE 62. — BOURELLERIE, SELLERIE.

Le prince **de Beauvau**, député au Corps législatif. — *France.* — Président.

Noisette, ingénieur, directeur des ateliers et des constructions de la Compagnie générale des omnibus. — *France.* — Secrétaire rapporteur.

Della Vos, professeur à l'Académie agricole de Moscou. — *Russie.* — Vice-président.

Le capitaine **Fenn.** — *Grande-Bretagne.*

Suppléant : Henry **Goeschen**, Esq.

CLASSE 63. — MATÉRIEL DES CHEMINS DE FER.

Gayant, inspecteur général au Corps impérial des ponts et chaussées. — *France.* — Président.

Eugène **Flachat**, ingénieur-conseil des chemins de fer de l'Ouest et du Midi, membre des Jurys internationaux de 1855 et de 1862. — *France.*

Couche, ingénieur en chef au Corps impérial des mines, professeur à l'École des mines. — *France.* — Secrétaire.

Spitaels, ancien membre du Sénat, et membre des Jurys internationaux de 1855 et 1862. — *Belgique.* — Vice-président.

Suppléant : **Poncelet**, ingénieur en chef des ponts et chaussées.

Th. **Weishaupt**, ingénieur des chemins de fer, conseiller intime au Ministère des travaux Publics, à Berlin. — *Prusse et États de l'Allemagne du Nord.*

H.-D. **Schmidt**, constructeur de machines, à Vienne. — *Autriche.*

Suppléant : Le chevalier Théodore **de Goldschmidt**, ingénieur de la Compagnie des chemins de fer du sud de l'Autriche.

J.-E. **M'Connell**, Esq. *Grande-Bretagne.* — Rapporteur.

Suppléant : Sir Donald **Campbell**, Bt.

CLASSE 64. — MATÉRIEL ET PROCÉDÉS DE LA TÉLÉGRAPHIE.

Le vicomte **de Vougy**, directeur général des lignes télégraphiques. — *France.* — Président.

Edmond **Becquerel**, membre de l'Institut, professeur au Conservatoire impérial des arts et métiers, membre des Jurys internationaux de 1855 et 1862. — *France.* — Secrétaire rapporteur.

Le docteur E.-W. **Siemens**, fabricant, membre de la Chambre de commerce, à Berlin. — *Prusse et États de l'Allemagne du Nord.*

C. **Wheatstone**, Esq. F. R. S. — Vice-président. — *Grande-Bretagne.*

Suppléant : Lord **Sackville Cecil.**

CLASSE 65. — MATÉRIEL ET PROCÉDÉS DU GÉNIE CIVIL, DES TRAVAUX PUBLICS ET DE L'ARCHITECTURE.

Reynaud, inspecteur général au Corps impérial des ponts et chaussées, professeur à l'École polytechnique et à l'École impériale des ponts et chaussées. — *France.* — Président.

Viollet-le-Duc, architecte. — *France.*

Delesse, ingénieur en chef au Corps impérial des mines, maître de conférences à l'École normale supérieure, professeur à l'École des mines, membre des Jurys internationaux de 1855 et 1862. — *France.*

Le baron **Baude**, ingénieur au Corps impérial des ponts et chaussées, professeur à l'École des ponts et chaussées et à l'École des beaux arts. — *France.* — Secrétaire.

B. **Schœnfelder**, ingénieur, conseiller intime au Ministère des travaux publics, à Berlin. — *Prusse et États de l'Allemagne du Nord.* — Vice-Président rapporteur.

Théophile **Hauser**, architecte. — *Autriche.*

Le chevalier Antoine **Cipolla**, ingénieur. — *Italie.*

C.-H. **Gregory**, Esq. — *Grande-Bretagne.*

Suppléant : le major A. **Clarke**, R. E.

CLASSE 66.—MATÉRIEL DE LA NAVIGATION ET DU SAUVETAGE.

De Fréminville, sous-directeur de l'École du génie maritime. — *France.* — Secrétaire rapporteur.

Augustin **Normand**, constructeur au Havre. — *France.*

Dumoustier, chef de division au Ministère de l'agriculture, du commerce et des travaux publics. — *France.* — Vice-Président.

Van Oordt, président de la Commission royale des Pays-Bas. — *Pays-Bas.*

Le Vice-amiral **Boutakov**, agent du Ministère de la marine, à Londres. — *Russie.* — Président.

Le capitaine F. **Arrow.** — *Grande-Bretagne.*

Suppléant : le révérend J. **Woolley,** LL. D.

JURY DE GROUPE.

PRÉSIDENT.

Du Puy de Lôme, conseiller d'État, membre de l'Institut, directeur des Constructions navales, *membre de la Commission impériale.* — *France.* — Président.

Lefuel, membre de l'Institut, architecte de l'Empereur, *membre de la Commission impériale.* — *France.* — Vice-Président.

Lord Richard **Grosvenor.** — *Grande-Bretagne.* — Vice-Président.

Suppléant : H. C. E. **Childers,** Esq. M. P.

MEMBRES.

Les présidents et rapporteurs des 20 jurys de classe.

Secrétaires.

Cheysson, ingénieur au Corps impérial des ponts et chaussées, *chef de service.*

Hangard, ingénieur civil.

Le Bleu, ingénieur au Corps impérial des mines.

Marin, ingénieur au Corps impérial des ponts et chaussés.

Henri **Mathieu,** ingénieur au chemin de fer du Midi.

Jules **Morandière,** ingénieur civil attaché à la Compagnie du chemin de fer du Nord.

Arnould **Thénard,** attaché à la Commission impériale de 1862.

7e GROUPE.

ALIMENTS (FRAIS OU CONSERVÉS) A DIVERS DEGRÉS DE PRÉPARATION.

JURYS DE CLASSE.

CLASSE 67. — CÉRÉALES ET AUTRES PRODUITS FARINEUX COMESTIBLES, AVEC LEURS DÉRIVÉS.

Darblay jeune, négociant, membre de la Chambre de commerce de Paris, député au Corps législatif. — *France.* — Président.

Forlier, chef de bureau au Ministère de l'agriculture, du commerce et des travaux publics, membre du Jury international de 1862. — *France.* — Secrétaire rapporteur.

Elsner de Gronow, propriétaire-agriculteur, membre du Conseil central de l'agriculture, à Kalinowitz. — *Prusse et États de l'Allemagne du nord.* — Vice-Président

Le comte de **Picalho.** — *Portugal.*

Le comte Henry **Zichy.** — *Autriche.*

Le Chevalier **Targioni-Torzetti,** professeur à l'Institut royal de perfectionnement pour les études supérieures, membre de la Commission royale. — *Italie.*

Ohannès Effendi Tuyssuzian, membre de la Commission ottomane. — *Turquie.*

J. **Druce,** Esq. — *Grande-Bretagne.*

Suppléant : C. **Woolloton,** Esq.

CLASSE 68. — PRODUITS DE LA BOULANGERIE ET DE LA PATISSERIE.

Husson, membre de l'Institut, directeur de l'Administration générale de l'assistance publique, à Paris. — *France.* — Président.

Foubert, chef de division au Ministère de l'agriculture, du commerce et des travaux publics. — *France.* — Secrétaire rapporteur.

Roman **Uhl**, boulanger de la cour. — *Autriche.*

Le chevalier Joseph **Orosi**, professeur de chimie à l'Université royale de Pise, membre de la Commission royale. — *Italie.*

CLASSE 69. — CORPS GRAS ALIMENTAIRES, LAITAGE ET ŒUFS.

Wurtz, doyen de la Faculté de médecine, membre de l'Académie de médecine, membre des Jurys internationaux de 1855 et 1862. — *France.* — Président.

Poggiale, membre de l'Académie de médecine et du Conseil de santé des armées, inspecteur général de la pharmacie militaire. — *France.* — Secrétaire rapporteur.

Jos. **Répond**, membre de la Commission fédérale. — *Suisse.*

Le marquis E. **Bertone de Sambuy**, président du Comice agricole et de la Commission œnologique de Turin. — *Italie.*

CLASSE 70. — VIANDES ET POISSONS.

Payen, membre de l'Institut, professeur au Conservatoire impérial des arts et métiers et à l'École centrale des arts et manufactures, membre des Jurys internationaux de 1851, 1855 et 1862. — *France.* — Président.

A. **Legendre**, membre du Conseil municipal de Paris. — *France.*

Christen **Gran**, consul. — *Norvége.*

Martin **de Moussy**. — *Républiques de l'Amérique centrale et méridionale.* — Secrétaire rapporteur.

CLASSE 71. — LÉGUMES ET FRUITS.

Mercier, juge au Tribunal de commerce de la Seine. — *France.* — Secrétaire.

Suppléant : **Bignon**, propriétaire-agriculteur. — Rapporteur.

Pépin, chef des cultures au Muséum d'histoire naturelle, membre de la Société impériale et centrale d'agriculture. — *France.*

Stoll, inspecteur royal des jardins, à Breslau. — *Prusse et États de l'Allemagne du Nord.*

Suppléant : Le docteur **Wittmack.**

Le marquis **de Arcicollar.** — *Espagne.* — Président.

CLASSE 72. — CONDIMENTS ET STIMULANTS, SUCRES ET PRODUITS DE LA CONFISERIE.

Ménier, fabricant, membre du Jury international de 1862. — *France.* — Président.

Jacquin, fils, fabricant. — *France.* — Rapporteur.

L. **Wrede**, ancien fabricant, à Berlin. — *Prusse et États de l'Allemagne du Nord.* — Vice-Président.

Florentin **Robert**, fabricant de sucre de betteraves, à Seelovitz. — *Autriche.*

Le baron **de Bertouch**, chambellan du roi de Danemark. — *Danemark.*

G. **Moffatt**, Esq. M. P. — *Grande-Bretagne.* — Secrétaire.

Suppléant : Éric **Baker.**

CLASSE 73. — BOISSONS FERMENTÉES.

Pasteur, membre de l'Institut, directeur des études scientifiques à l'École normale supérieure, professeur à l'École des beaux-arts — *France.*

Suppléant : **Claudon**, négociant.

Le comte **Hervé de Kergorlay**, membre des Jurys internationaux de 1851 et 1855. — *France.* — Vice-Président.

Teissonnière, membre du Conseil municipal de Paris, Président de la commission des vins. — *France.* — Rapporteur.

D. **Leiden**, négociant, à Cologne. — *Prusse et États de l'Allemagne du Nord.* — Président.

Schlumberger. — *Autriche.*

Louis **Ormond**, négociant et propriétaire-agriculteur, à Vevey. — *Suisse.*

Le vicomte **de Villa-Major.** — *Portugal.*

Hon. H. A. **Howard.** — *Grande-Bretagne.*

Suppléant : E. L. **Beckwith**, Esq.

JURY DE GROUPE.

PRÉSIDENTS.

Le comte Edmond **Zichy**, membre du Comité consultatif du musée I. R. de l'industrie et des beaux-arts. — *Autriche.* — Président.

Le duc **d'Albuféra**, député au Corps législatif, *membre de la Commission* *impériale.* — *France.* — Vice-Président.

Le comte **de Gori-Pannilini,** sénateur du royaume d'Italie, membre de la Commission royale. — *Italie.* — Vice-Président.

MEMBRES.

Les présidents et rapporteurs des 7 jurys de classe.

Secrétaires.

Ad. **Focillon,** *chef de service.*

Berger, attaché à la Commission impériale.

Pedro **Champoiseau,** attaché à la Commission impériale.

Gustave **Heuzé,** membre de la Société impériale et centrale d'agriculture.

de Marveille de Calviac, attaché à la Commission impériale.

8e GROUPE.

PRODUITS VIVANTS ET SPÉCIMENS D'ÉTABLISSEMENTS DE L'AGRICULTURE.

JURYS DE CLASSE.

CLASSE 74. — SPÉCIMENS D'EXPLOITATION RURALE ET D'USINES AGRICOLES.

Le marquis **d'Havrincourt,** député au Corps législatif. — *France.* — Président

Tisserand, chef de la division des établissements agricoles de la Couronne, au Ministère de la Maison de l'Empereur et des beaux-arts. —*France.* — Vice-Président.

Le marquis **de Almaguer.** — *Espagne.* — Vice-Président.

Suppléant: **de Santos,** chef supérieur de l'administration en Espagne.

Le commandeur Séverin **Grattoni,** ingénieur, député au Parlement Italien. — *Italie.*

Aureliano. — *Principautés Roumaines.* — Secrétaire rapporteur.

CLASSE 75. — CHEVAUX, ANES, MULETS, ETC.

Rouy, chef de division à l'Administration des haras. — *France.* — Président.

Simons, propriétaire-agriculteur. — *France.* — Secrétaire rapporteur.

Le capitaine L. **de Siniavine.** — *Russie.*

M. **Higgins,** Esq. — *Grande-Bretagne.*

Suppléant: le capitaine **Cockerell.**

CLASSE 76. — BOEUFS, BUFFLES, ETC.

A. de **Saint-Léger,** propriétaire-agriculteur, membre du Conseil général de la Nièvre, membre du Jury international de 1855. — *France.* — Président.

Henry **Bouley,** membre de l'Académie de médecine, inspecteur général des Ecoles impériales vétérinaires. — *France.* Secrétaire rapporteur.

CLASSE 77. — MOUTONS, CHÈVRES, ETC.

Le comte **de Bouillé,** propriétaire-agriculteur. — *France* — Président.

Magne, membre de l'Académie de médecine, directeur de l'Ecole vétérinaire d'Alfort. — *France.* — Secrétaire rapporteur.

CLASSE 78. — PORCS, LAPINS, ETC.

Bella, directeur de l'Ecole impériale d'agriculture de Grignon, membre du Jury international de 1862. — *France.* — Président.

Reynal, professeur à l'Ecole vétérinaire d'Alfort, membre de la Société impériale et centrale d'agriculture de France. — *France.* — Rapporteur.

CLASSE 79. — OISEAUX DE BASSE-COUR.

Le comte Léopold **Le Hon,** député au Corps législatif. — *France.* — Rapporteur.

Florent **Prévost,** aide-naturaliste au Muséum d'histoire naturelle, membre de la Société impériale et centrale d'agriculture de France. — *France.* — Rapporteur.

CLASSE 80. — CHIENS DE CHASSE ET DE GARDE.

Godefroid **Jadin**, peintre de la Vénerie impériale. — *France.* — Président.

Pierre **Pichot**, membre du Jury de l'exposition de la race canine. — *France.* — rapporteur.

CLASSE 81. — INSECTES UTILES.

De Quatrefages de Bréau, membre de l'Institut, professeur au Muséum d'histoire naturelle. — *France.* — Président.

Emile **Blanchard**, membre de l'Institut, professeur au Muséum d'histoire naturelle. — *France.* — Rapporteur.

CLASSE 82. — POISSONS, CRUSTACÉS ET MOLLUSQUES.

De Champeaux, capitaine de vaisseau. — *France.* — Président.

Gerbe, préparateur au Collége de France. — *France.* — Rapporteur.

JURY DE GROUPE.

PRÉSIDENTS.

Michel Chevalier, sénateur, membre de l'Institut, *membre de la Commission impériale.* — *France.* — Président.

Kuhlmann, correspondant de l'Institut, président de la Chambre de commerce de Lille, *membre de la Commission impériale.* — *France.* — Vice-Président.

Le général **Mœrder**, aide de camp de S. M. l'Empereur de Russie. — *Russie.* — Vice-Président.

MEMBRES.

Les présidents et rapporteurs des 9 Jurys de classe.

Secrétaires.

Ad. **Focillon**, *chef de service.*

De Behr, membre de la Commission consultative de l'exposition d'agriculture.

Albert **Le Play**, docteur en médecine, secrétaire de la Commission consultative de l'exposition d'agriculture.

Prillieux, membre de la Commission consultative de l'exposition d'agriculture.

Richard, attaché au Ministère de la Maison de l'Empereur et des Beaux-Arts.

9e GROUPE.

PRODUITS VIVANTS ET SPÉCIMENS D'ÉTABLISSEMENTS DE L'HORTICULTURE.

JURYS DE CLASSE.

CLASSE 83. — SERRES ET MATÉRIEL DE L'HORTICULTURE.

Alphand, ingénieur en chef au corps impérial des ponts et chaussées, chef du service des promenades et plantations de la ville de Paris. — *France.* — Président.

Darcel, ingénieur au corps impérial des ponts et chaussées. — *France.* — Secrétaire.

Hardy, chef des cultures impériales au potager de Versailles. — *France.* — Rapporteur.

Trasenster, professeur à l'Université de Liége, membre des Jurys internationaux de 1855 et 1862. — *Belgique* — Vice-Président.

Le professeur **Balfour**, M. D. — *Grande-Bretagne.*

Suppléant : le docteur T. **Thomson**, F. R. S.

CLASSE 84. — FLEURS ET PLANTES D'ORNEMENT.

Adolphe **Brongniart**, membre de l'Institut, professeur au Muséum d'histoire naturelle. — *France*. — Président.

Lucy, ancien vice-président de la Société impériale et centrale d'horticulture de France, à Nointel. — *France*.

L. **Koch**, docteur, professeur à l'Université, secrétaire général de la Société d'horticulture, à Berlin. — *Prusse et États de l'Allemagne du Nord*. — Secrétaire rapporteur.

Suppléant : Le docteur **Wittmack**.

CLASSE 85. — PLANTES POTAGÈRES.

Auguste **Rivière**, jardinier en chef du jardin du Luxembourg. — *France*. — Président.

Courtois - Gérard, négociant. — *France*. — Rapporteur.

CLASSE 86. — FRUITS ET ARBRES FRUITIERS.

Decaisne, membre de l'Institut, professeur au Muséum d'histoire naturelle. — *France*. — Président.

Le docteur **Guyot**, viticulteur. — *France*. — Rapporteur.

CLASSE 87. — GRAINES ET PLANTS D'ESSENCES FORESTIÈRES.

Frédéric **Moreau**, juge au tribunal de commerce de la Seine. — *France*. — Vice-président.

De Gayffier, inspecteur des forêts. — *France*. — Secrétaire rapporteur.

Jean-Charles **Siemoni**. — *Italie*.

Le docteur **Hooker**. F. R. S. — *Grande-Bretagne*. — Président.

Suppléant : le docteur **Moore**.

CLASSE 88. — PLANTES DE SERRES.

Chatin, membre de l'Académie de médecine, pharmacien en chef de l'Hôtel-Dieu, professeur à l'École de pharmacie. — *France*. — Vice-président.

Barillet, jardinier en chef de la ville de Paris. — *France*. — Secrétaire rapporteur.

De Cannart-d'Hamale, membre du Sénat, président de la Fédération des Sociétés d'horticulture du royaume et de la Société agricole du Nord. — *Belgique*. — Président.

Suppléant : **Morren**, professeur à l'Université de Liége, membre correspondant de l'Académie royale de Belgique.

James **Veitch**, Esq. — *Grande-Bretagne*.

Suppléant : F. W. **Brady**, Esq.

JURY DE GROUPE.

PRÉSIDENTS.

Le duc de **Cleveland**, K. G. — *Grande-Bretagne*. — Président.

Devinck, ancien président du Tribunal de commerce de la Seine, membre du Conseil municipal de Paris, *membre de la Commission impériale*. — *France*. — Vice-président.

S. A. S. **Victor**, duc **de Ratibor**, prince **de Corvey**. — *Prusse et États de l'Allemagne du nord*. — Vice-Président.

MEMBRES.

Les présidents et rapporteurs des 6 jurys de classe.

Secrétaires.

Ad. **Focillon**, *chef de service*.

Guérard, ingénieur au Corps impérial des ponts et chaussées.

L. **Bouchard-Huzard**, secrétaire général de la Société d'horticulture, membre de la Commission consultative de l'exposition d'horticulture.

De Galbert, membre de la Société d'horticulture de l'Isère.

Tarbé des Sablons, auditeur au Conseil d'État.

10e GROUPE.

OBJETS SPÉCIALEMENT EXPOSÉS EN VUE D'AMÉLIORER LA CONDITION PHYSIQUE ET MORALE DES POPULATIONS.

JURYS DE CLASSE.

CLASSE 89. — MATÉRIEL ET MÉTHODES DE L'ENSEIGNEMENT DES ENFANTS.

Flandin, conseiller d'État, membre du Conseil impérial de l'instruction publique, membre du Jury international de 1862. — *France*. — Président.

Léon **Plée**. — *France*.

Marguerin, directeur de l'École municipale de Turgot. — *France*.

Laurent de Rillé, président honoraire de l'Association des orphéons de la Seine. — *France*.

De Boe, ancien membre de la Chambre des représentants et de la Commission belge de l'Exposition universelle de 1862, membre du Conseil de perfectionnement de l'enseignement moyen. — *Belgique*. — Secrétaire rapporteur.

Altgelt, conseiller intime de régence, à Düsseldorf. — *Prusse et États de l'Allemagne du nord*. — Vice-président.

Le chevalier Pascal **Villari**, professeur à l'Institut royal de perfectionnement pour les études supérieures, à Florence. — *Italie*.

Le révérend chanoine **Norris**. — *Grande-Bretagne*.

Suppléant : E. C. **Johnson**, Esq.

CLASSE 90. — BIBLIOTHÈQUES ET MATÉRIEL DE L'ENSEIGNEMENT DONNÉ AUX ADULTES DANS LA FAMILLE, L'ATELIER, LA COMMUNE OU LA CORPORATION.

Charles **Robert**, conseiller d'État, secrétaire général du Ministère de l'instruction publique, membre du Jury international de 1862. — *France*. — Président.

Ph. **Pompée**, fondateur et directeur de l'École professionnelle d'Ivry, membre du Conseil supérieur de l'enseignement secondaire spécial, vice-président de l'Association polytechnique. — *France*. — Rapporteur.

Demarquay, chirurgien en chef de la Maison municipale de santé et du Conseil d'État, membre du Jury international de 1855. — *France*.

De Mofras, secrétaire d'ambassade. — *France*. — Secrétaire.

Sébastien **Cornu**, peintre d'histoire. — *France*.

Leins, conseiller supérieur, architecte. — *Wurtemberg*.

Kornhuber, professeur à l'École polytechnique de Vienne. — *Autriche*.

Mariano **Cardera**. — *Espagne*.

Le révérend W. **Rogers**. — *Grande-Bretagne*. — Vice-président.

Suppléant : le révérend M. **Mitchell**.

CLASSE 91. — MEUBLES, VÊTEMENTS ET ALIMENTS DE TOUTE ESPÈCE, DISTINGUÉS PAR LES QUALITÉS UTILES UNIES AU BON MARCHÉ.

Bonjean, sénateur, président de chambre à la Cour de cassation. — *France*. — Président.

A. **Cochin**, membre de l'Institut, ancien maire du 7e arrondissement de Paris, administrateur des compagnies d'Orléans et de Saint-Gobain. — *France*. — Rapporteur.

V. **Darroux**, officier d'administration principal du service de l'habillement et du campement. — *France*.

Moréno-Henriquès, directeur de la Manutention de la Chambre de commerce de Paris, à la douane et à l'Exposition universelle de 1867. — *France*.

Bouffard, négociant, ancien juge au Tribunal de commerce de la Seine. — *France*.

Ducuing, économiste. — *France*. — Secrétaire.

Frédéric **Jourdain**, ancien manufacturier. — *France*.

Aimé **Seillière**, fabricant. — *France*.

Jacquemyns, membre de la Chambre des représentants, membre du Jury international de 1862. — *Belgique*. — Vice-président.

Le commandeur Pierre **Maestri**, directeur de la statistique et du commerce, membre de la commission royale. — *Italie*.

Lord **Canterbury**.— *Grande-Bretagne*.

Suppléant : Nassau J. **Senior**, Esq.

CLASSE 92. — SPÉCIMENS DES COSTUMES POPULAIRES DES DIVERSES CONTRÉES.

Armand **Dumaresq**, artiste peintre.— *France*. — Président.

Ernest **Dréolle**. — *France*.— Secrétaire rapporteur.

Apostolopoulo, directeur de l'École d'agriculture de Tyrinthe. — *Grèce*. — Vice-président.

De Dardel. — *Suède*.

CLASSE 93. — SPÉCIMENS D'HABITATIONS CARACTÉRISÉES PAR LE BON MARCHÉ UNI AUX CONDITIONS D'HYGIÈNE ET DE BIEN-ÊTRE.

Conti, conseiller d'État, secrétaire de l'Empereur, chef du cabinet de Sa Majesté. — *France*. — Président.

Degrand, ingénieur au Corps impérial des ponts et chaussées. — *France*. — Secrétaire rapporteur.

Le docteur J. **Faucher**. — *Prusse et États de l'Allemagne du nord*.

CLASSE 94. — PRODUITS DE TOUTE SORTE FABRIQUÉS PAR DES OUVRIERS CHEFS DE MÉTIERS.

Mathieu, député au Corps législatif. — *France*. — Président.

Auguste **Vitu**. — *France*. — Vice-président.

Saint-Yves, ingénieur au Corps impérial des ponts et chaussées. — *France*. — Secrétaire.

Le chevalier **Salvagnioli-Marchetti**, docteur, député au Parlement italien, membre de la Commission royale. — *Italie*.

Charles-Edmond **Choiecki**, membre de la commission égyptienne. — *Égypte*.

CLASSE 95. — INSTRUMENTS ET PROCÉDÉS DE TRAVAIL SPÉCIAUX AUX OUVRIERS CHEFS DE MÉTIERS.

Alfred **Darimon**, député au Corps législatif. — *France*. — Président.

Van Blarenberghe, ingénieur en chef au Corps impérial des ponts et chaussées. — *France*.— Secrétaire rapporteur.

Grohé, fabricant. — *France*.

Le chevalier Pierre **Torrigiani**, professeur d'économie politique à l'Université royale de Parme, député au Parlement italien, membre de la Commission royale. — *Italie*. — Vice-président.

Le comte **des Cantons de Montblanc**. — *Tunis*.

JURY DE GROUPE.

PRÉSIDENTS.

Le baron J. **de Liebig**, conseiller intime, président de l'Académie des sciences de Bavière. — *Hesse, Bade, Wurtemberg et Bavière*. — Président.

Jean **Dollfus**, maire de Mulhouse, *membre de la Commission impériale*. — *France*. — Vice-Président.

Sir J. **Kay Shuttleworth**, Bart. — *Grande-Bretagne*. — Vice-président.

MEMBRES.

Les présidents et rapporteurs des 7 jurys de classe.

Secrétaires.

Guyot-Montpayroux, secrétaire de la réunion des bureaux du dixième groupe, *chef de service*.

Chauvy, secrétaire particulier de Son Exc. le Ministre d'État.

Desvernay, attaché à la Commission impériale.

F. **Giraudeau**, chef de bureau du cabinet de Son Exc. le Ministre d'État.

Parisot, membre du Comité d'admission de la classe 91.

Sacaley, sous-chef du cabinet de l'Empereur.

Sudre, attaché à la Commission impériale.

Tabourier, fabricant.

Le baron **de Watteville**, chef de bureau au cabinet du Ministre de l'instruction publique.

CONSEIL SUPÉRIEUR.

PRÉSIDENTS.

Son Exc. M. **Rouher**, Ministre d'Etat, *vice-président de la Commission impériale. — France.*

Son Exc. M. **de Forcade la Roquette**, Ministre de l'agriculture, du commerce et des travaux publics, *vice-président de la Commission impériale. — France.*

Son Exc. le maréchal **Vaillant**, Ministre de la Maison de l'Empereur et des Beaux-Arts, *vice-président de la Commission impériale. — France.*

MEMBRES.

Élie de Beaumont, sénateur, secrétaire perpétuel de l'Académie des sciences, inspecteur général des mines, *membre de la Commission impériale. — France.* — (P. 2e groupe.)

Feer-Herzog, membre du Conseil fédéral.— *Suisse.*— (V.-P. 2e groupe.)

Lord **Houghton.** — *Grande-Bretagne.* — (V.-P., 2e groupe.)

Suppléant : **Baillie Cockrane**, Esq. M. P.

S. A. R. le prince **de Hohenzollern-Sigmaringen.** — *Prusse et États de l'Allemagne du Nord.*—(P. 3e groupe.)

Suppléant : le duc **de Valençay et de Sagan.**

Denière, ancien président du Tribunal de commerce de la Seine et membre du Conseil municipal de Paris, *membre de la Commission impériale. — France.* — (V.-P., 3e groupe.)

Le baron **de Burg**, conseiller aulique. — *Autriche.* — (V.-P., 3e groupe.)

Le duc **de Manchester.** — *Grande-Bretagne.* — (P., 4e groupe).

Suppléant : right hon. Sir **W. Hutt**, M. P. K. C. B.

Arlès Dufour, membre de la Chambre de commerce de Lyon, *membre de la Commission impériale. — France.* (V.-P., 4e groupe.)

Fortamps, membre du sénat, président de la Commission belge de l'Exposition universelle de 1867, membre des Jurys internationaux de 1855 et 1862. — *Belgique.* — (V.-P., 4e groupe.)

Dumas, sénateur, membre de l'Institut, président du conseil municipal de la Seine, *membre de la Commission impériale. — France.* — (P., 5e groupe.)

A. W. **Hofmann**, docteur, membre de l'Académie royale des sciences, professeur de l'Université à Berlin. — *Prusse et États de l'Allemagne du nord.* (V.-P., 5e groupe.)

Le professeur J. **Lawrence Smith.** — *États-Unis d'Amérique.* — (V.-P., 5e groupe.)

Du Puy de Lôme, conseiller d'État, membre de l'Institut, directeur des constructions navales, *membre de la Commission impériale. — France.* — (P., 6e groupe.)

Lefuel, membre de l'Institut, architecte de l'Empereur, *membre de la Commission impériale. — France,* — (V.-P., 6e groupe.)

Lord **Richard Grosvenor.**—*Grande-Bretagne.* — (V.-P., 6e groupe.)

Suppléant : H. C. E. **Childers**, Esq. M. P.

Le comte **Edmond Zichy**, membre du Comité consultatif du musée I. R. de l'industrie et des beaux-arts. — *Autriche.* (P., 7e groupe.)

Le duc **d'Albuféra**, député au Corps législatif, *membre de la Commission impériale.—France.*— (V.-P., 7e groupe.)

Le comte **de Gori-Pannilini**, sénateur du royaume d'Italie, membre de la Commission royale. — *Italie.* — (V.-P., 7e groupe.)

Michel Chevalier, sénateur membre de l'Institut, *membre de la Commission impériale. — France.* — (P., 8e groupe.)

Kuhlmann, correspondant de l'Institut, président de la Chambre de commerce de Lille, *membre de la Commission impériale. — France.* — (V.-P., 8e groupe.)

Le général **Mœrder**, aide de camp de S. M. l'empereur de Russie. — *Russie.* —(V.-P., 8e groupe.)

Le duc **de Cleveland**, K. G. — *Grande-Bretagne.* — (P., 9e groupe.)

Devinck, ancien président du Tribunal de commerce de la Seine, membre du Conseil municipal de Paris, *membre* *de la Commission impériale.* — *France.* — (V.-P., 9e groupe.)

S. A. S. **Victor,** duc **de Ratibor,** prince **de Corvey.** — *Prusse et États de l'Allemagne du nord.* — (V.-P., 9e groupe.)

Le baron J. **de Liebig,** conseiller intime, président de l'Académie des sciences de Bavière. — *Hesse, Bade, Wurtemberg et Bavière.* — (P., 10e groupe.)

Jean Dollfus, maire de Mulhouse, *membre de la Commission impériale.* — *France.* — (V.-P., 10e groupe.)

Sir J. **Kay Shuttleworth,** Bart. — *Grande-Bretagne.* — (V.-P., 10e groupe.)

Secrétaires.

B. **de Chancourtois,** ingénieur en chef au corps impérial des mines et professeur à l'École des mines, membre du Jury international de 1855, *secrétaire de la Commission impériale.*

E. **Cumenge,** ingénieur au Corps impérial des mines, *secrétaire-adjoint de la Commission impériale.*

Paris.-Imp. PAUL DUPONT, 45, rue de Grenelle-Saint-Honoré.

e.)

en
et
n-
5,
le.

n-
nt

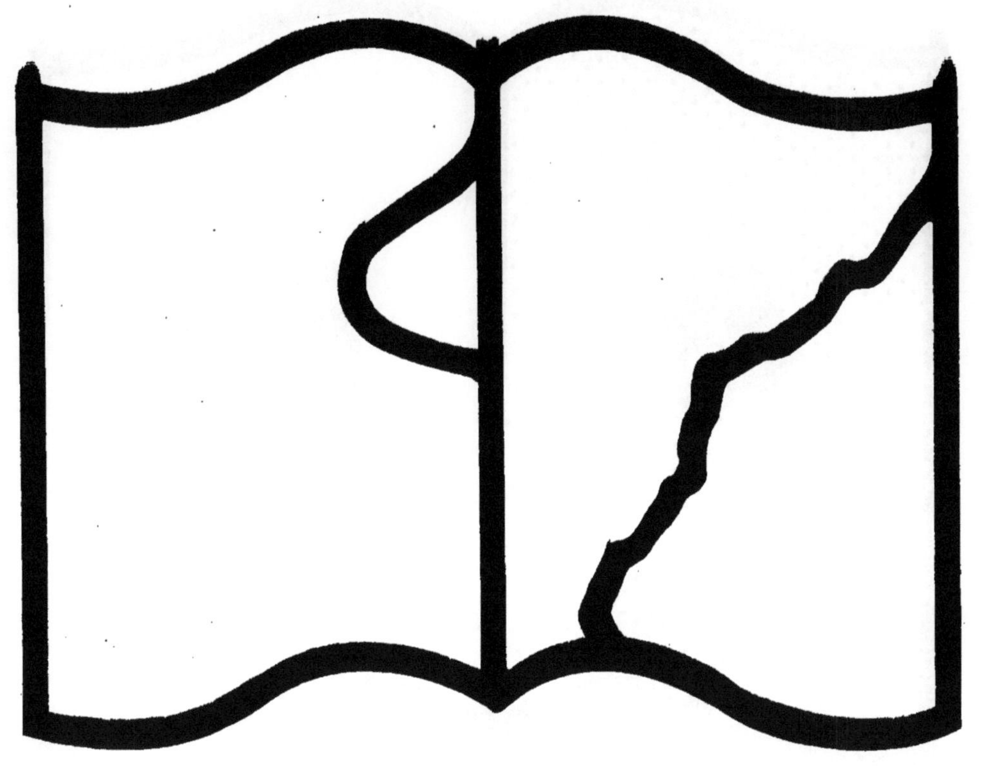

Texte détérioré — reliure défectueuse

NF Z 43-120-11

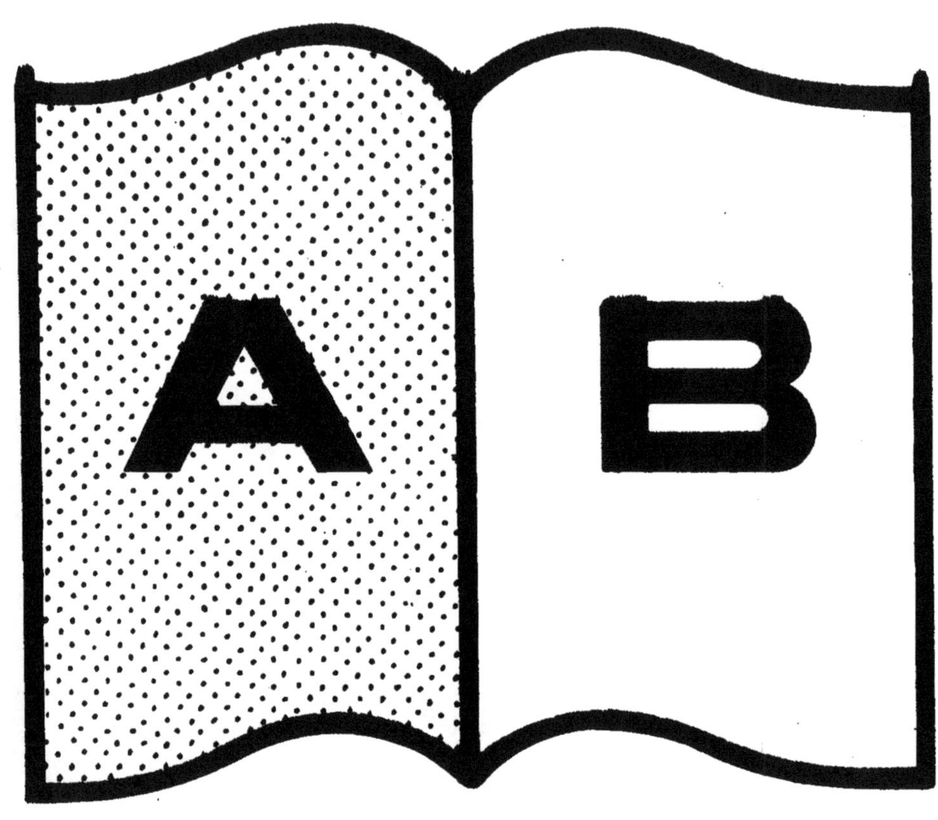

Contraste insuffisant

NF Z 43-120-14

www.ingramcontent.com/pod-product-compliance
Ingram Content Group UK Ltd.
Pitfield, Milton Keynes, MK11 3LW, UK
UKHW020253230726
13925UKWH00001B/25